PÓS-GUERRA

OBJETIVA

TONY JUDT

PÓS-GUERRA

UMA HISTÓRIA DA EUROPA DESDE 1945

Tradução
José Roberto O'Shea

OBJETIVA

Editora Objetiva Ltda. Rua Cosme Velho, 103
Rio de Janeiro — RJ — Cep: 22241-090
Tel.: (21) 2199-7824 — Fax: (21) 2199-7825
www.objetiva.com.br

Título original
Postwar: A History of Europe since 1945

Capa
Ô de casa sobre design original de Dean Nicastro

Imagens de capa
Homem caminha pela cidade destruída de Freiburg im Breisgau,
1945 © Werner Bischof/Magnum Photos
Crianças brincando junto ao muro de Berlim,
1963 © Thomas Hoepker/Magnum Photos

Preparação de texto
Julia Michaels

Revisão
Marta Miranda O'Shea
Umberto Figueiredo Pinto
Onézio Paiva
Diogo Henriques

Editoração eletrônica
Abreu's System Ltda.

CIP-BRASIL. CATALOGAÇÃO-NA-FONTE
SINDICATO NACIONAL DOS EDITORES DE LIVROS, RJ

J85p

Judt, Tony
Pós-guerra : Uma história da Europa desde 1945 / Tony Judt ; tradução José Roberto O'Shea - Rio de Janeiro : Objetiva, 2008.

847p. ISBN 978-85-7302-879-9
Tradução de: *Postwar: a History of Europe since 1945*
Inclui bibliografia

1. Europa - História, 1945-. I. Título.

07-2095 CDD: 940.55
CDU: 94(4)"1945/..."

Para Jennifer

Não será a distância do passado mais marcante, mais lendária, quanto mais imediata for em relação ao presente?

THOMAS MANN, *A Montanha Mágica*

Sumário

Prefácio e Agradecimentos 11
Introdução 15

PRIMEIRA PARTE: Pós-Guerra: 1945-1953
I O Legado da Guerra 27
II Punição 55
III A Reabilitação da Europa 77
IV O Acordo Impossível 114
V O Advento da Guerra Fria 143
VI Entrando no Furacão 178
VII Guerras de Culturas 209
CODA O Fim da Velha Europa 237

SEGUNDA PARTE: O Mal-Estar na Prosperidade: 1953-1971
VIII A Política da Estabilidade 251
IX Ilusões Perdidas 286
X A Era da Prosperidade 331
XI O Momento Socialdemocrata 367
XII O Fantasma da Revolução 396
XIII Fim de Caso 427

TERCEIRA PARTE: Recessão: 1971-1989
XIV Expectativas Reduzidas 457
XV Política em Novo Tom 487
XVI Tempo de Transição 506
XVII O Novo Realismo 536
XVIII O Poder dos Impotentes 559
XIX O Fim da Velha Ordem 583

QUARTA PARTE: Depois da Queda: 1989-2005
XX Um Continente Divisível 631
XXI O Ajuste de Contas 658
XXII A Velha Europa — e a Nova 692
XXIII As Variedades de Europa 737
XXIV A Europa como Estilo de Vida 763

EPÍLOGO: Da Casa dos Mortos
Ensaio sobre a Memória Européia Moderna 789

Índice 818

Prefácio e Agradecimentos

A Europa é o menor continente. Sequer chega a ser um continente — é apenas um anexo subcontinental da Ásia. Toda a Europa (excluindo a Rússia e a Turquia) compreende não mais do que 5,5 milhões de quilômetros quadrados: menos do que dois terços da superfície do Brasil, pouco mais do que a metade da área da China ou dos Estados Unidos. É apequenada pela Rússia, que cobre 17 milhões de quilômetros quadrados. Mas, quanto à intensidade das diferenças e dos contrastes internos, a Europa é singular. Na contagem mais recente, abrangia 46 países, a maioria dos quais consistindo em Estados e nações com idiomas próprios; vários desses países incorporam outras nações e línguas desprovidas de Estados; todos têm histórias, políticas, culturas e memórias distintas e sobrepostas; e cada um deles foi estudado a fundo. Mesmo para o breve período de sessenta anos de história européia desde o fim da Segunda Guerra Mundial — na verdade, sobretudo em relação a esse período —, as fontes secundárias de pesquisa, e para mencionar apenas as de língua inglesa, são inesgotáveis.

Ninguém, portanto, pode pretender escrever a história completa ou definitiva da Europa contemporânea. Minha inadequação para a tarefa é agravada pela proximidade: nascido pouco tempo depois do fim da guerra, sou contemporâneo à maioria dos eventos descritos neste livro e posso me lembrar dos momentos em que ouvi ou assisti aos relatos (ou até tomei parte) de muito dessa história, enquanto ela acontecia. Isso facilita ou dificulta o meu entendimento da narrativa atinente à Europa no pós-guerra? Não sei. O que sei é que, por vezes, tal condição impede o distanciamento desapaixonado do historiador.

O presente livro não aspira ao distanciamento de um deus do Olimpo. Sem, espero eu, abrir mão da objetividade e da justiça, *Pós-guerra* oferece uma interpretação francamente pessoal do recente passado europeu. Definido por uma expressão que, imerecidamente, adquiriu conotações pejorativas, o livro é "cheio de opiniões". Alguns julgamentos talvez sejam controversos; outros, equivocados. Todos são falíveis. Para o bem ou para o mal, são meus — assim como quaisquer equívocos inevitáveis numa obra de tal extensão e escopo. Porém, se equívocos foram sustados, e se ao menos algumas das avaliações e conclusões deste livro se mostrarem duráveis, devo isso, em grande medida, aos diversos estudiosos e amigos nos quais confiei durante a pesquisa e redação deste trabalho.

Em primeiro lugar, um livro deste tipo toma por base outros livros.[1] Os clássicos da historiografia moderna nos quais busquei inspiração e modelo incluem *A Era dos Extremos*, de Eric Hobsbawm; *A Europa no Século XX*, de George Lichtheim; *História Inglesa 1914-1945*, de A. J. P. Taylor; e *O Fim de uma Ilusão*, do falecido François Furet. Ainda que díspares

[1] Nos capítulos que seguem, as notas, em sua maioria, são convencionais: isto é, tecem comentários ao texto, em vez de identificar fontes. A fim de não estender um livro já bastante extenso, e que se dirige ao público em geral, não é aqui oferecida a completa documentação relativa às referências. Em breve, as fontes de *Pós-guerra*, além de uma bibliografia completa, estarão disponíveis para consulta no portal do Instituto Remarque [*http://www.nyu.edu/pages/remarque/*].

entre si, esses livros e seus respectivos autores compartilham uma solidez que é fruto de vasto conhecimento e de uma autoconfiança intelectual raramente encontrada em seus sucessores — além de uma clareza de estilo que deve servir de padrão para todo historiador.

Entre os estudiosos cujos escritos sobre a história recente da Europa mais me ensinaram, devo mencionar e agradecer, de modo especial, a Harold James, Mark Mazower e Andrew Moravcsik. A marca do trabalho deles será visível nas páginas seguintes. A exemplo de todos os que estudam a Europa moderna, devo muito a Alan S. Milward, por seus estudos eruditos e iconoclastas da economia do pós-guerra.

Se posso afirmar que tenho familiaridade com a história da Europa Central e Oriental — assunto tantas vezes menosprezado em compêndios de história européia escritos por especialistas na metade ocidental do continente —, devo isso ao trabalho de um talentoso grupo de jovens acadêmicos, a saber: Brad Abrams, Catherine Merridale, Marci Shore e Timothy Snyder, bem como a meus amigos Jacques Rupnik e István Deák. Com Timothy Garton Ash aprendi não apenas questões relacionadas à Europa Central (tópico do qual, durante tantos anos, ele se apropriou), mas também, de modo especial, às duas Alemanhas durante a era da *Ostpolitik*. Ao longo de anos de conversas com Jan Gross — e graças aos seus escritos pioneiros —, assimilei não apenas um pouco de história polonesa, mas também aprendi a entender as conseqüências sociais da guerra, assunto sobre o qual Jan tem escrito com discernimento e senso de humanidade incomparáveis.

Os trechos deste livro que discorrem sobre a Itália muito devem ao trabalho de Paul Ginsborg, assim como os capítulos que tratam da Espanha refletem o que aprendi ao ler e ouvir o notável Victor Perez-Diaz. A ambos, e a Annette Wieviorka — cuja análise magistral da ambivalência da França, no período pós-guerra, diante do Holocausto, no livro *Déportation et Génocide*, marcou profundamente a minha avaliação daquela história conturbada —, expresso gratidão especial. Minhas observações finais sobre "A Europa como Estilo de Vida" foram influenciadas pelos escritos de uma brilhante advogada, especialista em Direito Internacional, Anne-Marie Slaughter, cujo trabalho sobre "Estados desagregados" defende, com contundência, a forma de governo internacional praticada pela União Européia, não porque seja basicamente melhor ou porque constitua o modelo ideal, mas porque — no mundo em que vivemos — nada mais funcionará.

Em toda a Europa, amigos, colegas e ouvintes ensinaram-me muito mais sobre o passado recente e o momento atual do continente do que eu poderia depreender de livros e arquivos. Sou grato, em particular, a Krzysztof Czyzewski, Peter Kellner, Ivan Krastev, Denis Lacorne, Krzysztof Michalski, Mircea Mihaes, Berti Musliu, Susan Neiman e David Travis, por sua hospitalidade e assistência. Agradeço a István Rév por ter insistido que eu visitasse a Casa do Terror, em Budapeste, por mais desagradável que fosse a experiência. Em Nova York, meus amigos e colegas Richard Mitten, Katherine Fleming e Jerrold Seigel foram sempre generosos, oferecendo-me tempo e idéias. Dino Buturovic, gentilmente, examinou meu relato da complexidade lingüística iugoslava.

Sou grato a sucessivos diretores da Faculdade de Artes e Ciências da Universidade de Nova York — Philip Furmansky, Jess Benhabib e Richard Foley —, por terem apoiado minha pesquisa, e ao Instituto Remarque, fundado por mim com o objetivo de incentivar o estudo e o debate sobre a Europa. Eu não poderia ter fomentado o Instituto Remarque — que promoveu muitas das oficinas e aulas nas quais tanto aprendi — sem o apoio generoso e o patrocínio de Yves-André Istel; e jamais poderia ter escrito este livro, ao mesmo tempo em que dirigia o Remarque, sem a colaboração ultra-eficiente e dócil do diretor administrativo, Jair Kessler.

A exemplo de tantos autores, sou imensamente agradecido pela amizade e orientação de meus agentes, Andrew Wylie e Sarah Chalfant; foram incansáveis no apoio a um projeto que levou mais tempo — e se tornou mais abrangente — do que eles poderiam supor. Agradeço também aos meus editores — Ravi Mirchandani e Caroline Knight, em Londres, e Scott Moyers e Jane Fleming, em Nova York —, pelo trabalho que desenvolveram, com o intuito de levar a termo o projeto deste livro. Graças à hospitalidade de Leon Wieseltier, algumas das avaliações e opiniões que surgem nos Capítulos 12 e 14 foram anteriormente publicadas em forma de ensaio, nas notáveis páginas sobre arte por ele cultivadas na seção final da *New Republic*. Mas a minha maior dívida profissional é com o imbatível editor da *New York Review of Books*, Robert Silvers, que ao longo dos anos tem me incentivado a percorrer uma esfera política e histórica cada vez mais ampla, com todos os riscos e benefícios que tal aventura acarreta.

Este livro muito se valeu da contribuição de alunos da Universidade de Nova York. Alguns deles — de modo particular, a doutora Paulina Bren, o doutor Daniel Cohen (que atualmente integram os quadros da Universidade Rice) e a doutora Nicole Rudolph — ajudaram-me a compreender o período em questão através de suas próprias pesquisas históricas, pesquisas que eles verão mencionadas nas páginas deste livro. Outros — Jessica Cooperman e Avi Patt — realizaram um trabalho inestimável como assistentes de pesquisa. Michelle Pinto, ao lado de Simon Jackson, tornou-se, de bom grado, diligente pesquisadora de imagens; foi responsável pela localização de muitas das ilustrações mais interessantes, notadamente o Lenin embrulhado que decora o fim da Terceira Parte. Demonstrando competência, Alex Molot localizou e reuniu relatórios e dados estatísticos, publicados e inéditos, com os quais um livro desta natureza não pode deixar de contar. É certo que eu não poderia ter realizado este trabalho sem o aporte desses alunos.

Minha família conviveu com a Europa do pós-guerra durante muito tempo — no caso dos meus filhos, durante toda a infância. Não apenas foram tolerantes com as ausências, as viagens e as obsessões provocadas pelo meu interesse pelo assunto, mas fizeram contribuições concretas para o conteúdo do livro. A Daniel, o livro deve o título; a Nicholas, o lembrete de que nem todas as boas histórias têm final feliz. À minha esposa Jennifer o livro também deve muito — inclusive duas leituras cuidadosas e construtivas. Mas o autor deve muito, muito mais. *O Pós-guerra* é dedicado a ela.

Introdução

"Cada época é uma esfinge que se precipita no abismo,
tão logo o enigma é decifrado."
Heinrich Heine

"As circunstâncias (que para alguns cavalheiros nada significam!),
na realidade, conferem a cada princípio político a sua cor peculiar
e o seu efeito especial."
Edmund Burke

"Eventos, meu caro rapaz, eventos."
Harold Macmillan

"A história mundial não é o solo em que germina a felicidade.
Períodos de felicidade são, na história mundial, páginas em branco."
Georg Wilhelm Friedrich Hegel

Decidi escrever este livro enquanto fazia uma baldeação no terminal ferroviário de Westbahnhof, a estação central de Viena. Era dezembro de 1989, momento propício. Eu acabava de voltar de Praga, onde dramaturgos e historiadores do Fórum Cívico de Václav Havel desalojavam um Estado policial comunista e atiravam quarenta anos de "socialismo real" na lata de lixo da História. Poucas semanas antes, inesperadamente, o Muro de Berlim tinha sido derrubado. Na Hungria e na Polônia, todos se surpreendiam com os desafios das políticas pós-comunistas: o antigo regime — todo-poderoso até poucos meses antes — retrocedia a uma posição irrelevante. O Partido Comunista da Lituânia acabava de se declarar favorável à independência imediata em relação à União Soviética. E no táxi, a caminho da estação ferroviária austríaca, o rádio anunciava os primeiros relatos de um levante contra a ditadura nepotista de Nicolau Ceauşescu, na Romênia. Um terremoto político rachava a topografia da Europa, congelada desde o fim da Segunda Guerra Mundial.

Uma era chegara ao fim e nascia uma nova Europa. Isso era óbvio. Mas, com o fim da velha ordem, muitos conceitos antigos seriam questionados. O que antes parecera permanente e, de certo modo, inevitável assumiria um caráter passageiro. O confronto da Guerra Fria; a divisão entre Oriente e Ocidente; a disputa entre "comunismo" e "capitalismo"; as histórias distintas e estanques da próspera Europa Ocidental e dos satélites do bloco soviético, a leste: nada disso poderia continuar a ser entendido como resultante de necessidades ideológicas ou da lógica férrea da política. Tratava-se de conseqüências acidentais da História — e a História empurrava tudo isso para o lado.

O futuro da Europa teria uma configuração bem diferente — e o passado também. Em retrospecto, o período de 1945 a 1989 passaria a ser visto não como o limiar de uma nova era, mas como um interstício: seria como parênteses abertos no período pós-guerra, compreendendo questões mal resolvidas de um conflito terminado em 1945 mas cujo epílogo perdurara por mais meio século. A despeito da forma que a Europa assumisse nos anos vindouros, o relato conhecido e bem contado sobre o que ocorrera no passado havia se alterado para sempre. Pareceu-me evidente, naquele dezembro gelado na Europa Central, que a história da Europa no pós-guerra precisava ser reescrita.

O momento era propício, e o local também. Viena, em 1989, configurava um palimpsesto dos passados sobrepostos e complexos da Europa. Nos primeiros anos do século XX, Viena *era* a Europa: o centro fértil, nervoso e autocomplacente de uma cultura e civilização às vésperas do apocalipse. Entre as duas guerras, reduzida da condição de gloriosa metrópole imperial à de capital empobrecida de um diminuto rebotalho de Estado, Viena decaíra de modo constante, acabando por se tornar um posto avançado do império nazista, ao qual a maioria dos vienenses jurou fervorosa lealdade.

Depois que a Alemanha foi derrotada, a Áustria viu-se do lado ocidental e foi agraciada com o status de "primeira vítima" de Hitler. Esse golpe de sorte, duplamente imerecido, permitiu a Viena exorcizar o passado. Esquecida, convenientemente, a aliança nazista, a capital da Áustria — cidade "ocidental" cercada pela Europa "oriental" soviética — adquiriu nova identidade, passando a ser vista como guardiã e modelo do mundo livre. Na percepção dos antigos súditos, agora encurralados na Tchecoslováquia, Polônia, Hungria, Romênia e Iugoslávia, Viena representava a "Europa Central": uma comunidade imaginária caracterizada pela civilidade cosmopolita que os europeus tinham, de certo modo, perdido ao longo do século. Nos anos em que o comunismo agonizou, a cidade tornou-se uma espécie de posto de escuta da liberdade, um local revigorado de encontros e despedidas para cidadãos do Leste Europeu que fugiam para o Ocidente e para ocidentais que construíam pontes para o Oriente.

Viena, em 1989, era portanto um bom local onde "pensar" a Europa. A Áustria incorporava todos os atributos um tanto quanto presunçosos do Oeste Europeu no pós-guerra: prosperidade capitalista ancorada em rico Estado previdenciário; paz social obtida ao custo de empregos e benesses distribuídos generosamente aos principais grupos sociais e partidos políticos; segurança externa garantida pela proteção implícita do guarda-chuva nuclear ocidental — ao mesmo tempo que a nação austríaca se mantinha orgulhosamente "neutra". Nesse ínterim, do outro lado dos rios Leitha e Danúbio, poucos quilômetros a leste, localizava-se a "outra" Europa, a Europa da pobreza desoladora e da polícia secreta. A distância que as separava ficava bem sintetizada no contraste entre as duas estações ferroviárias de Viena: a progressista e movimentada Westbahnhof, onde executivos e turistas embarcavam em modernos trens expressos, com destino a Munique, Zurique ou Paris, e a sombria Südbahnhof, ponto de encontro dilapidado, sujo e perigoso, onde estrangeiros necessitados desembarcavam de trens imundos provenientes de Budapeste ou Belgrado.

Assim como as duas principais estações ferroviárias da cidade, inadvertidamente, apontavam a divisão geográfica da Europa — uma das estações voltada com otimismo e esperança para o Ocidente, a outra, displicentemente, admitindo a vocação oriental de Viena —, as próprias ruas da capital austríaca testemunhavam o abismo de silêncio que separava o presente tranqüilo da Europa do seu passado tão incômodo. Os prédios imponentes e seguros ao longo da grande Ringstrasse eram lembrança da antiga vocação imperial de Viena (embora a própria Ring parecesse excessivamente grandiosa para servir de simples artéria cotidiana a serviço de indivíduos a caminho do trabalho, numa capital européia de porte médio), e a cidade tinha motivos para se orgulhar de seus edifícios públicos e espaços cívicos. A bem dizer, Viena mostrava-se propensa a invocar glórias antigas. No entanto, em relação ao passado recente, a cidade era sem dúvida reticente.

E, em relação aos judeus, que tinham ocupado tantos dos prédios centrais da metrópole e que contribuíram, de modo decisivo, para a arte, a música, o teatro, a literatura, o jornalismo [illegible] que [illegible] Viena em seu apogeu, a cidade mostrava-se mais reticente que nunca. A própria violência com que os judeus de Viena foram expulsos de seus lares, despachados para regiões situadas a leste da cidade e apagados da memória da capital ajudava a explicar a tranqüilidade culposa observada no presente. A Viena no pós-guerra — à semelhança da Europa Ocidental no pós-guerra — era um edifício imponente assentado sobre um passado indizível. Grande parte desse passado infausto ocorrera em regiões que ficaram sob o controle soviético, motivo pelo qual o período foi tão facilmente esquecido (no Ocidente) ou abafado (no Leste Europeu). Com a recuperação da Europa Oriental, o passado não seria menos indizível, mas passaria a ser, inevitavelmente, debatido. Depois de 1989, nada mais — nem o futuro, nem o presente e, muito menos, o passado — seria o mesmo.

Embora a minha decisão de lidar com a história da Europa no pós-guerra remontasse a dezembro de 1989, o livro só foi escrito muitos anos depois. As circunstâncias interferiram. Em retrospecto, foi uma sorte: muitas questões que hoje se tornaram um pouco mais claras estavam então obscuras. Arquivos foram abertos. A confusão inescapável que se observa em processos de transformação revolucionária resolveu-se por si mesma, e ao menos algumas das conseqüências de longo prazo da reviravolta de 1989 são agora inteligíveis. Mas os tremores que sucederam aos abalos sísmicos de 1989 demoraram a diminuir. Quando voltei a Viena, depois da data em questão, a cidade tentava encontrar meios de abrigar milhares de refugiados oriundos de países vizinhos, como a Croácia e a Bósnia.

Três anos mais tarde, a Áustria abandonou a autonomia cuidadosamente cultivada no período pós-guerra e ingressou na União Européia, cujo surgimento como potência em questões européias foi conseqüência direta das revoluções ocorridas no Leste Europeu. Visitando Viena em outubro de 1999, encontrei a Westbahnhof coberta de cartazes do Partido da Liberdade, de Jörg Haider, que, apesar da admiração declarada pelos "homens honrados" dos exércitos nazistas que "cumpriram seu dever" na frente oriental, obteve, naquele ano, 27% dos votos, conseguindo apelar para a preocupação e perplexidade dos compatriotas austríacos diante das mudanças ocorridas em seu mundo ao longo da década anterior. Após quase meio século de imobilidade, Viena — a exemplo do resto da Europa — voltara a entrar para a história.

* * *

Este livro narra a história da Europa desde a Segunda Guerra Mundial e, por conseguinte, inicia em 1945: *Stunde nul*, conforme diziam os alemães — a Hora Zero. Porém, a exemplo de tudo mais no século XX, tal história já está esboçada na guerra de trinta anos que teve início em 1914, quando o continente europeu embarcou rumo à catástrofe. A Primeira Guerra Mundial, para todos os que dela participaram, foi um massacre traumático — a metade dos homens da Sérvia, com idade entre 18 e 55 anos, sucumbiu na luta —, mas o conflito nada resolveu. A Alemanha (ao contrário do que se pensava à época) não foi esmagada na guerra, nem nos acordos firmados no pós-guerra: se o tivesse sido, seria difícil explicar a escalada que permitiu àquele país o domínio quase total da Europa apenas 25 anos depois. Na realidade, porque a Alemanha não pagou as dívidas que resultaram da Primeira Guerra Mundial, o custo da vitória para os Aliados foi mais alto do que o custo da derrota para a Alemanha, que assim ressurgiu, relativamente, mais forte do que em 1913. O "problema alemão", surgido na Europa na geração anterior com a ascensão da Prússia, continuava sem solução.

Os pequenos países que em 1918 emergiram do colapso dos velhos impérios eram pobres, instáveis, inseguros — e rancorosos em relação aos vizinhos. No período entre as duas grandes guerras, a Europa esteve repleta de nações "revisionistas": Rússia, Alemanha, Áustria, Hungria e Bulgária foram todas derrotadas na Grande Guerra e aguardavam a oportunidade de ajuste territorial. Depois de 1918, não foi restaurada a estabilidade internacional, não foi resgatado o equilíbrio entre as potências: houve apenas um interlúdio decorrente de exaustão. A violência da guerra não se abateu. Em vez disso, transformou-se em questões domésticas — em polêmicas nacionalistas, preconceito racial, luta de classes e guerra civil. A Europa nos anos 20 e, especialmente, nos anos 30 entrou numa zona de crepúsculo, entre a pós-vida de uma guerra e a perturbadora expectativa de outra.

Durante o período entre as duas guerras mundiais, conflitos internos e antagonismos entre Estados foram exacerbados — e, em certa medida, provocados — pelo concomitante colapso da economia européia. Com efeito, a vida econômica na Europa recebeu naqueles anos um golpe triplo. A Primeira Guerra Mundial distorceu índices de emprego, destruiu o comércio e devastou regiões inteiras — além de levar nações à bancarrota. Muitos países — sobretudo na Europa Central — jamais se recuperaram dos efeitos dela. Os que conseguiram fazê-lo foram novamente derrubados pela Depressão dos anos 30, quando deflação, falências e iniciativas desesperadas para instituir tarifas protecionistas contra a concorrência internacional resultaram não apenas em níveis de desemprego jamais vistos e na destruição da capacidade industrial, mas também no fracasso do comércio internacional (entre 1929 e 1936 o comércio franco-germânico caiu 83%), tudo acompanhado de rivalidade e ressentimentos ferrenhos entre as nações. Então, veio a Segunda Guerra Mundial, cujo impacto, sem precedentes, nas populações *civis* e nas economias domésticas dos países envolvidos é discutido na Primeira Parte deste livro.

O impacto cumulativo desses golpes haveria de destruir uma civilização. A escala do desastre que a Europa se impusera era plenamente visível aos contemporâneos, mesmo enquanto tudo acontecia. Alguns, tanto na extrema esquerda quanto na extrema direita, enxergavam na auto-imolação da Europa burguesa uma oportunidade de lutar por algo melhor. Os anos 30 foram, para Auden, "a década vil, desonesta"; mas foram também um tempo de engajamento e determinação política, culminando nas ilusões e vidas perdidas na Guerra Civil espanhola. Foram o verão tardio das visões radicais surgidas no século XIX, agora investidas dos intensos compromissos ideológicos de um tempo mais severo: "Que tremendo anseio por uma nova ordem para a humanidade houve no período entre as duas guerras mundiais, e que triste foi a incapacidade de pôr em prática tal ordem" (Arthur Koestler).

Desesperados com a situação na Europa, alguns fugiram: primeiro para as democracias liberais que ainda restavam no extremo ocidental do continente; depois — aqueles que conseguiram sair a tempo — para as Américas. E alguns, como Stefan Zweig e Walter Benjamin, acabaram com as próprias vidas. Nas vésperas da queda final do continente no precipício, parecia não haver qualquer esperança para a Europa. Seja lá o que se perdeu quando da implosão da civilização européia — perda cujas implicações tinham sido há muito intuídas por Karl Kraus e Franz Kafka na Viena de Zweig —, jamais seria recapturado. No clássico filme de Jean Renoir, produzido em 1937, a *Grande Ilusão* da época era recorrer à guerra e aos mitos de honra, casta e classe a ela atinentes. Mas, já em 1940, para os europeus mais perspicazes, a maior das ilusões da Europa — agora desacreditada a ponto de ser considerada irresgatável — era a própria "civilização européia".

À luz dos acontecimentos pregressos, é compreensível o desejo de narrar a história da inesperada recuperação da Europa, a partir de 1945, em tom de autocongratulação, ou mesmo de lirismo. E esse, deveras, tem sido o tema predominante que subjaz às histórias do pós-guerra na Europa, especialmente as escritas antes de 1989 — e esse era também o tom adotado por estadistas europeus, quando refletiam sobre seus feitos pessoais nas referidas décadas. A simples sobrevivência e o ressurgimento dos Estados independentes da Europa continental após o cataclismo da guerra total; a ausência de disputas entre nações e a intensificação das formas institucionalizadas de cooperação intra-européia; a recuperação sustentada após trinta anos de implosão econômica e a "normalização" da prosperidade, do otimismo e da paz: fatores como esses propiciaram uma reação exagerada. A recuperação da Europa era um "milagre". A Europa "pós-nacional" aprendera as lições amargas da história recente. Havia surgido um continente conciliatório, pacífico, "qual a Fênix", das cinzas do seu próprio passado assassino-suicida.

A exemplo de tantos mitos, essa avaliação benevolente da Europa na segunda metade do século XX contém um núcleo de verdade. Mas ignora muitas questões. A Europa Oriental — desde a fronteira austríaca até os montes Urais, de Tallinn até Tirana — aqui não se encaixa. É certo que nessas regiões as décadas do pós-guerra foram pacíficas, comparadas ao que acontecia antes, mas isso se deu ao custo da presença do Exército Vermelho: tratava-se da paz do presídio, da paz guardada pelo tanque. E se os países-satélites do bloco soviético praticavam uma cooperação internacional, superficialmente comparável à dos Estados do Oeste Europeu, era porque Moscou lhes impunha interação bem como a criação de instituições "fraternais".

A história das duas metades da Europa no pós-guerra não pode ser contada separadamente. O legado da Segunda Guerra Mundial (e as décadas que antecederam a guerra, bem como a guerra anterior) impôs aos governos e aos povos da Europa Oriental e Ocidental escolhas difíceis quanto aos melhores meios de evitar qualquer retorno ao passado. Uma opção — seguir a agenda radical dos movimentos populares da década de 1930 — foi, a princípio, bastante aceita em *ambas* as metades da Europa (um lembrete de que, na realidade, 1945 jamais foi o novo começo que às vezes parece ser). No Leste Europeu, algum tipo de transformação radical era inevitável. Não existia qualquer possibilidade de voltar a um passado desacreditado. O que, então, haveria de substituí-lo? O comunismo talvez fosse uma solução equivocada, mas o dilema ao qual ele buscava responder era bastante real.

No Ocidente, a perspectiva de mudança radical foi afastada, graças inclusive à ajuda (e pressão) norte-americana. O apelo da agenda das frentes populares — e do comunismo — perdeu a força: ambos eram receitas para tempos difíceis e, no Ocidente, ao menos depois de 1952, os tempos já não eram tão difíceis. E assim, nas décadas seguintes, as incertezas dos primeiros anos do pós-guerra foram esquecidas. Mas em 1945 a possibilidade de que as coisas tomassem um rumo diferente — deveras, a probabilidade de que *tomariam* um rumo diferente — parecia muito real; foi para impedir a volta de velhos demônios (desemprego, fascismo, militarismo germânico, guerra, revolução) que a Europa Ocidental seguiu a nova trilha que hoje conhecemos. Pós-nacional, praticando o Estado previdenciário e a cooperação, a Europa pacífica não nasceu do projeto otimista, ambicioso e progressista imaginado com bons olhos pelos idealistas que hoje defendem o euro. A Europa foi uma filha insegura da ansiedade. Oprimidos pela história, os líderes europeus implementaram reformas sociais e criaram instituições de caráter profilático, a fim de acuar o passado.

Fica mais fácil compreender a situação quando nos lembramos de que, basicamente, as autoridades do bloco soviético estavam engajadas no mesmo projeto. Elas também buscavam, acima de tudo, construir uma barreira contra o retrocesso político — ainda que nos países sob o regime comunista tal objetivo fosse alcançado nem tanto através do progresso social mas do uso da força física. A história recente foi reescrita — e os cidadãos foram encorajados a esquecê-la — a partir da asserção de que uma revolução social liderada por comunistas havia, definitivamente, apagado não apenas as deficiências do passado mas também as condições que as propiciaram. Conforme veremos, essa reivindicação também é mito, na melhor das hipóteses, meia-verdade.

Mas o mito comunista, involuntariamente, constitui um testemunho da importância (e da dificuldade), em *ambas* as metades da Europa, de lidar com uma herança onerosa. A Primeira Guerra Mundial destruiu a velha Europa; a Segunda Guerra Mundial criou as condições para uma nova Europa. Mas, depois de 1945, todo o continente viveu durante muitos anos sob o efeito sombrio de ditadores e guerras que pertenciam ao passado europeu recente. Essa é uma das experiências que os europeus da geração pós-guerra têm em comum e que os distingue dos norte-americanos, aos quais o século XX ensinou lições bem diferentes e muito mais otimistas. É também, necessariamente, o ponto de partida para qualquer pessoa que pretenda compreender a história da Europa antes de 1989 — e constatar o quanto essa história mudou desde então.

* * *

Ao discutir a visão que Tolstoi tem da História, Isaiah Berlin estabeleceu uma influente distinção entre dois estilos de raciocínio intelectual, citando palavras célebres do poeta grego Arquíloco: "A raposa sabe muitas coisas, mas o porco-espinho sabe uma grande coisa." Segundo os termos de Berlin, este livro não é, absolutamente, um "porco-espinho". Não tenho uma grande teoria a respeito da história européia contemporânea a propor nestas páginas; nenhum tema dominante a desenvolver; nenhum relato único, superabrangente, a apresentar. Isso não quer dizer, todavia, que eu ache que a história do período que sucedeu à Segunda Guerra Mundial na Europa não tenha forma temática. Ao contrário: tem mais de uma. A exemplo da raposa, a Europa sabe muitas coisas.

Em primeiro lugar, trata-se do relato da redução da Europa. Depois de 1945, os Estados constituintes do continente europeu já não podiam aspirar a um status internacional ou imperial. As duas exceções a essa regra — a União Soviética e, até certo ponto, a Grã-Bretanha — consideravam-se apenas parcialmente européias e, em todo caso, no final do período aqui abordado, ambas também se encontravam bastante diminuídas. A maior parte do restante da Europa continental tinha sido humilhada pela derrota e pela ocupação. Exclusivamente através dos seus próprios esforços, a Europa não havia conseguido se libertar do fascismo; tampouco conseguira, sem auxílio externo, intimidar o comunismo. A Europa no pós-guerra foi libertada — ou imunizada — por terceiros. Somente através de grande esforço e de um processo que demorou décadas os europeus recuperaram o controle do seu próprio destino. Podados dos territórios ultramarinos, os antigos impérios marítimos europeus (da Grã-Bretanha, da Holanda, da Bélgica, de Portugal), no decorrer dos anos em questão, encolheram, voltando aos seus núcleos europeus e redirecionando a atenção para a própria Europa.

Em segundo lugar, as últimas décadas do século XX testemunharam o enfraquecimento das "narrativas-mestras" da história européia: as grandes teorias da História surgidas no século XIX, com seus modelos de progresso e mudança, de revolução e transformação, que abasteceram os projetos políticos e os movimentos sociais responsáveis pela destruição da Europa na primeira metade do século. Também esse relato só faz sentido numa tela pan-européia: o declínio do fervor político no Ocidente (exceto entre uma minoria intelectual marginalizada) foi acompanhado — por razões bem diversas — pela perda de fé na política e pelo descrédito em relação ao marxismo oficial no Leste Europeu. Durante um breve momento nos anos 80, sem dúvida, parecia que a *direita* intelectual seria capaz de encenar um renascimento em torno de um projeto (também oitocentista) de desmantelamento da "sociedade" e da entrega das questões públicas ao livre-mercado e a um Estado minimalista; mas o espasmo passou. Depois de 1989, não foi oferecido na Europa qualquer projeto ideológico abrangente, fosse de esquerda *ou* de direita — a não ser a perspectiva de liberdade, que para a maioria dos europeus era uma promessa agora devidamente cumprida.

Em terceiro lugar, e como substituto modesto das ambições extintas no passado ideológico europeu, surgiu, tardiamente — e bastante por acaso —, o "modelo europeu". Nascido de uma mescla eclética de legislação socialdemocrata e democrata cristã e do crescimento institucional da Comunidade Européia e da União subseqüente, o modelo era, distintamente, um mecanismo "europeu" para regular a interação social e as relações entre Estados. Abarcando tudo, desde puericultura até legislação internacional, essa abordagem européia significava mais do que meras práticas burocráticas da União Européia e dos países membros; já no início do século XXI, a abordagem tornara-se sinal e exemplo para nações aspirantes à União Européia, bem como um desafio global aos Estados Unidos e ao apelo rival representado pelo "American way of life".

Essa transformação imprevista da Europa, de uma expressão geográfica (aliás, bastante conturbada) a modelo exemplar e pólo de atração para indivíduos e países, foi um processo lento, cumulativo. A Europa não estava, segundo a paráfrase irônica de Alexander Wat ao se referir às desilusões dos estadistas poloneses no período entre as guerras, "fadada à grandeza". O surgimento da Europa nessa nova condição não poderia, absolutamente, ser previsto com base nas circunstâncias de 1945, nem mesmo nas de 1975. Essa nova Europa não era um projeto comum e preconcebido: ninguém se incumbiu de criá-lo. Mas, tendo ficado claro, depois de 1992, que a Europa *ocupava* essa nova posição no esquema internacional, as relações entre o continente e os EUA, em particular, assumiram um aspecto diferente — tanto para europeus quanto para norte-americanos.

Eis o quarto tema que se entrelaça neste relato da Europa no pós-guerra: as relações entre o continente e os Estados Unidos, complexas e freqüentemente incompreendidas. Depois de 1945, os europeus ocidentais passaram a desejar o envolvimento dos EUA em questões européias — mas também se ressentiam desse envolvimento e do que ele pudesse sugerir quanto ao declínio da Europa. Além disso, a despeito da presença dos EUA na Europa, especialmente depois de 1949, os dois lados do "Ocidente" continuaram a ser locais bastante diferentes. A Guerra Fria era vista na Europa Ocidental de modo bastante diverso da reação alarmista que o fenômeno provocou nos EUA, e a subseqüente e suposta "americanização" da Europa nos anos 50 e 60 foi um tanto exagerada, conforme veremos.

A Europa Oriental, evidentemente, enxergava os Estados Unidos e seus atributos de maneira bastante distinta. Mas, também nesse caso, seria errôneo exagerar a influência dos EUA sobre os europeus do leste, seja antes ou depois de 1989. Críticos dissidentes, nas duas metades da Europa — por exemplo, Raymond Aron, na França, ou Václav Havel, na Tchecoslováquia —, tinham o cuidado de enfatizar que não consideravam os EUA modelo ou exemplo para as suas respectivas sociedades. E, embora uma geração de europeus orientais pós-1989, durante algum tempo, almejasse a liberalização de seus países de acordo com o modelo norte-americano, com serviços públicos limitados, impostos baixos e livre-mercado, a moda não pegou. O "momento norte-americano" da Europa ficou no passado. O futuro das "mini-Américas" da Europa Oriental estava exclusivamente na Europa.

Finalmente, a história do pós-guerra na Europa constitui um relato marcado pelo silêncio, pela ausência. O continente europeu fora, no passado, uma intrincada tapeçaria, com idiomas, religiões, comunidades e nações sobrepostas. Muitas cidades européias — em especial, as menores, situadas nas divisas dos velhos e dos novos impérios, tais como Trieste, Sarajevo, Salonika, Cernovitz, Odessa ou Vilna — eram sociedades verdadeira e precocemente multiculturais, onde viviam católicos, gregos ortodoxos, muçulmanos, judeus e seguidores de outras religiões habituados a tal justaposição. Mas não devemos idealizar essa velha Europa. O que o escritor polonês Tadeusz Borowski chamou de "incrível, quase cômico caldeirão de povos e nacionalidades, fervendo perigosamente no coração da Europa" costumava ser lacerado em conseqüência de rebeliões, massacres e *pogroms* — mas era real, e sobreviveu até a memória recente.

Entre 1914 e 1945, contudo, *aquela* Europa foi esmagada por completo. A Europa mais arrumada que surgiu de olhos arregalados na segunda metade do século XX tinha menos pendências. Graças à guerra, à ocupação, aos ajustes de fronteiras, às expulsões e aos genocídios, quase todos agora viviam em seus respectivos países, entre a sua própria gente. Durante os quarenta anos que se seguiram à Segunda Guerra Mundial, europeus nas duas metades do continente viveram em enclaves nacionais herméticos, onde minorias étnicas ou religiosas — por exemplo, os judeus na França — representavam uma percentagem diminuta da população, tendo sido inteiramente integradas às respectivas culturas e ao meio político dominante. Somente a Iugoslávia e a União Soviética — esta um império, não um país, e, em todo caso, apenas parcialmente européia, conforme já foi observado — mantinham-se à parte dessa nova Europa, cada vez mais homogênea.

Mas, desde os anos 80, e principalmente desde a queda da União Soviética e da expansão da União Européia, a Europa tem encarado um futuro multicultural. Refugiados, trabalhadores estrangeiros, cidadãos de antigas colônias européias atraídos para a metrópole pela perspectiva de emprego ou liberdade e migrantes voluntários e involuntários provenientes de Estados fracassados ou repressivos situados às margens expandidas da Europa transformaram Londres, Paris, Antuérpia, Amsterdã, Berlim, Milão e uma dezena de outros locais em cidades globais e cosmopolitas, querendo elas ou não.

Essa nova presença dos "outros", vivos, na Europa — por exemplo, é possível que 15 milhões de muçulmanos já estejam na União Européia, conforme hoje constituída, e mais 80 milhões aguardem admissão na Bulgária e na Turquia — fez ressaltar não apenas a atual inquietação européia diante da perspectiva de crescente variedade, mas também a facilidade com que os "outros", mortos do passado europeu, foram obliterados do pensamento. Desde 1989, ficou mais claro do que nunca o quanto a estabilidade da Europa no pós-guerra dependeu das realizações de Josef Stalin e Adolf Hitler. Somados seus esforços, e auxiliados pelos colaboracionistas durante a guerra, os dois ditadores arrasaram a charneca demográfica sobre a qual as fundações de um continente novo e menos complicado foram então construídas.

Essa dificuldade desconcertante na tranqüila narrativa do progresso da Europa em direção ao que Winston Churchill chamou de "plagas ensolaradas" foi pouco mencionada, nas duas metades do continente — ao menos até os anos 60, quando passou a ser invocada exclusivamente em relação ao extermínio dos judeus pelos alemães. A não ser pela ocasional e controversa exceção, o registro de outros criminosos — e de outras vítimas — foi mantido em silêncio. A História e a memória da Segunda Guerra Mundial ficaram, tipicamente, restritas a um conhecido conjunto de convenções morais: o bem contra o mal, antifascistas *versus* fascistas, membros das resistências *versus* colaboracionistas etc.

Desde 1989 — com a superação de antigas inibições — tornou-se possível admitir (por vezes, mesmo diante de objeções e negações virulentas) o custo moral do renascimento da Europa. Poloneses, franceses, suíços, italianos, romenos e outros povos têm hoje melhores condições de saber — se quiserem saber — o que de fato ocorreu em seus países há poucas décadas. Até os alemães estão revisitando a história oficial de seu país — com conseqüências paradoxais. Agora — pela primeira vez em muitas décadas — são o sofrimento *alemão* e a condição de vítima dos *alemães*, seja em conseqüência de bombardeiros britânicos, soldados russos ou expulsores tchecos, que se tornaram alvos de atenção. Os judeus, mais uma vez se pretende sugerir, em certos círculos respeitáveis, não foram as únicas vítimas...

Se tais discussões são positivas ou negativas é questão a se debater. Será toda essa memória pública um sinal de saúde política? Ou será, às vezes, mais prudente, conforme De Gaulle e outros entendiam tão bem, esquecer? Esta questão será retomada no Epílogo. Aqui, quero apenas observar que os recentes soluços de lembranças perturbadoras não precisam ser entendidos — como por vezes o são (notadamente nos Estados Unidos), quando justapostos a erupções de preconceito étnico e racial — como provas negativas do Pecado Original europeu: a incapacidade de aprender com os crimes do passado, a nostalgia amnésica, a eterna propensão de voltar a 1938. A situação não configura, nas palavras do jogador norte-americano de beisebol Yogi Berra, "outro *déjà-vu* novo".

A Europa não está voltando ao turbulento passado guerreiro — ao contrário, está deixando esse passado para trás. A Alemanha, tanto quanto o restante da Europa, mostra-se hoje mais consciente da sua própria história no século XX do que nos últimos cinqüenta anos. Mas isso não quer dizer que ela esteja sendo atraída *de volta* ao passado, pois a referida história jamais se afastou. Conforme o presente livro procura demonstrar, a grande sombra da Segunda Guerra Mundial pesou sobre toda a Europa no período pós-guerra. No entanto, tal sombra não podia ser reconhecida em toda a sua plenitude. O silêncio em relação ao passado recente da Europa foi condição necessária para a construção de um futuro europeu. Hoje em dia — no rastro de espinhosos debates públicos em quase todos os demais países europeus — parece concebível (e, em todo caso, inevitável) que também os alemães sintam-se finalmente capazes de questionar os cânones da memória oficial bem-intencionada. É possível que essa idéia nos cause desconforto; talvez nem mesmo seja um bom presságio. Mas não deixa de ser uma espécie de conclusão. Sessenta anos depois da morte de Hitler, a guerra que ele causou e as conseqüências do conflito estão entrando para a História. O pós-guerra na Europa durou muito tempo, mas, afinal, está chegando ao fim.

Primeira Parte

Pós-guerra: 1945-1953

I

O Legado da Guerra

"Não foi uma decadência lenta que se abateu sobre o mundo europeu — outras civilizações tombaram e ruíram, a civilização européia foi, por assim dizer, explodida."
H. G. Wells, A Guerra no Ar *(1908)*

"O problema humano que a guerra vai deixar atrás de si ainda não foi sequer imaginado, muito menos enfrentado por quem quer que seja. Jamais houve tamanha destruição, tamanha desintegração da estrutura da vida."
Anne O'Hare McCormick

"Por toda parte existe uma ânsia por milagres e curas. A guerra empurrou os napolitanos de volta para a Idade Média."
Norman Lewis, Nápoles '44

Na seqüência da Segunda Guerra Mundial, a perspectiva da Europa era de miséria e desolação total. Fotografias e documentários da época mostram fluxos patéticos de civis impotentes atravessando paisagens arrasadas, com cidades destruídas e campos áridos. Crianças órfãs perambulam melancólicas, passando por grupos de mulheres exaustas que reviram montes de entulho. Deportados e prisioneiros de campos de concentração, com as cabeças raspadas e vestindo pijamas listrados, fitam a câmera, com indiferença, famintos e doentes. Até os bondes parecem traumatizados — impulsionados por corrente elétrica intermitente, aos trancos, ao longo de trilhos danificados. Tudo e todos — exceto as bem nutridas forças aliadas de ocupação — parecem surrados, desprovidos de recursos, exauridos.

Essa imagem precisa ser matizada, se pretendermos entender como o continente arrasado foi capaz de se recuperar tão rapidamente nos anos seguintes. Mas a imagem expressa uma verdade essencial sobre a condição da Europa após a derrota da Alemanha. Os europeus sentiam-se, de fato, desesperançados, e estavam exaustos — e tinham motivos para tal. A guerra européia que teve início com a invasão da Polônia por Hitler, em setembro de 1939, e terminou com a rendição incondicional da Alemanha, em maio de 1945, foi uma guerra total. Envolveu civis e militares.

Na verdade, nos países ocupados pela Alemanha nazista, da França à Ucrânia, da Noruega à Grécia, a Segunda Guerra Mundial constituiu uma experiência *primordialmente* civil. O combate militar formal ficou restrito ao início e ao final do conflito. Entre esses dois momentos, a guerra foi caracterizada pela ocupação, repressão, exploração e pelo extermínio, em que soldados, tropas de assalto e policiais dispunham das rotinas e das vidas de milhões de prisioneiros. Em alguns países a ocupação durou quase todo o período da guerra; em todos onde se fez presente espalhou medo e privação.

À diferença da Primeira Guerra, então, a Segunda — a guerra de Hitler — foi uma experiência quase universal. E durou muito tempo — perto de seis anos, para os países que nela se engajaram do começo ao fim (Grã-Bretanha e Alemanha). Na Tchecoslováquia começou ainda antes, com a ocupação nazista da região dos Sudetos, em outubro de 1938. No Leste Europeu e nos Bálcãs, o conflito não terminou com a derrota de Hitler, pois a ocupação (pelo exército soviético) e a guerra civil continuaram até muito tempo depois do desmembramento da Alemanha.

Evidentemente, guerras de ocupação não eram desconhecidas na Europa. Longe disso. Lembranças da Guerra dos Trinta Anos, na Alemanha seiscentista, quando exércitos de mercenários estrangeiros sobreviveram à custa da terra e aterrorizaram a população local, sobreviviam, três séculos mais tarde, em mitos regionais e contos de fadas. Na década de 1930, na Espanha, avós ainda ralhavam com crianças travessas invocando a ameaça de Napoleão. Mas a experiência de ocupação durante a Segunda Guerra Mundial se caracterizou por uma intensidade própria. Em parte, isso ocorreu devido à peculiar atitude nazista diante das populações dominadas.

Anteriormente, exércitos de ocupação — suecos, na Alemanha no século XVII; prussianos, na França, depois de 1815 — viviam da terra e atacavam e matavam civis ocasional e aleatoriamente. Mas os povos submetidos ao comando germânico depois de 1939 ou foram obrigados a servir ao Reich ou então foram marcados para o extermínio. Para os europeus, tratava-se de uma nova experiência. Nas colônias ultramarinas, os Estados europeus tiveram por hábito contratar ou escravizar as populações nativas, para o benefício da metrópole. Não se abstiveram de recorrer à tortura, mutilação ou chacinas, a fim de coagir as vítimas a obedecer. Contudo, desde o século XVIII, tais práticas eram, de modo geral, desconhecidas dos europeus, ao menos a oeste dos rios Bug e Prut.

Foi, portanto, na Segunda Guerra Mundial que, pela primeira vez, foi mobilizado todo o poderio do Estado europeu moderno, e com o objetivo principal de conquistar e explorar outros europeus. Para lutar e vencer a guerra, os britânicos exploraram e pilharam seus *próprios* recursos: no final do conflito, a Grã-Bretanha gastava mais da metade do seu Produto Interno Bruto no esforço de guerra. A Alemanha nazista, entretanto, guerreou — especialmente nos anos finais — com o auxílio decisivo das economias saqueadas das vítimas (assim como procedera Napoleão, depois de 1805, embora com uma eficiência incomparavelmente maior). Noruega, Holanda, Bélgica, Boêmia-Morávia e, de modo especial, França fizeram grandes contribuições involuntárias ao esforço de guerra alemão. Minas, fábricas, fazendas e estradas de ferro desses países foram destinadas a atender às exigências da Alemanha, e as respectivas populações viram-se obrigadas a trabalhar em prol da produção bélica germânica: inicialmente, em seus próprios países; mais tarde, em solo alemão. Em setembro de 1944, havia na Alemanha 7.487.000 estrangeiros, a maioria dos quais forçada a permanecer no país, e o referido contingente constituía 21% da força total de trabalho.

Os nazistas viveram o máximo que puderam à custa da riqueza das vítimas — e foram tão bem-sucedidos que somente em 1944 a população civil alemã começou a sentir o

Europa sob ocupação do Eixo: Novembro de 1942

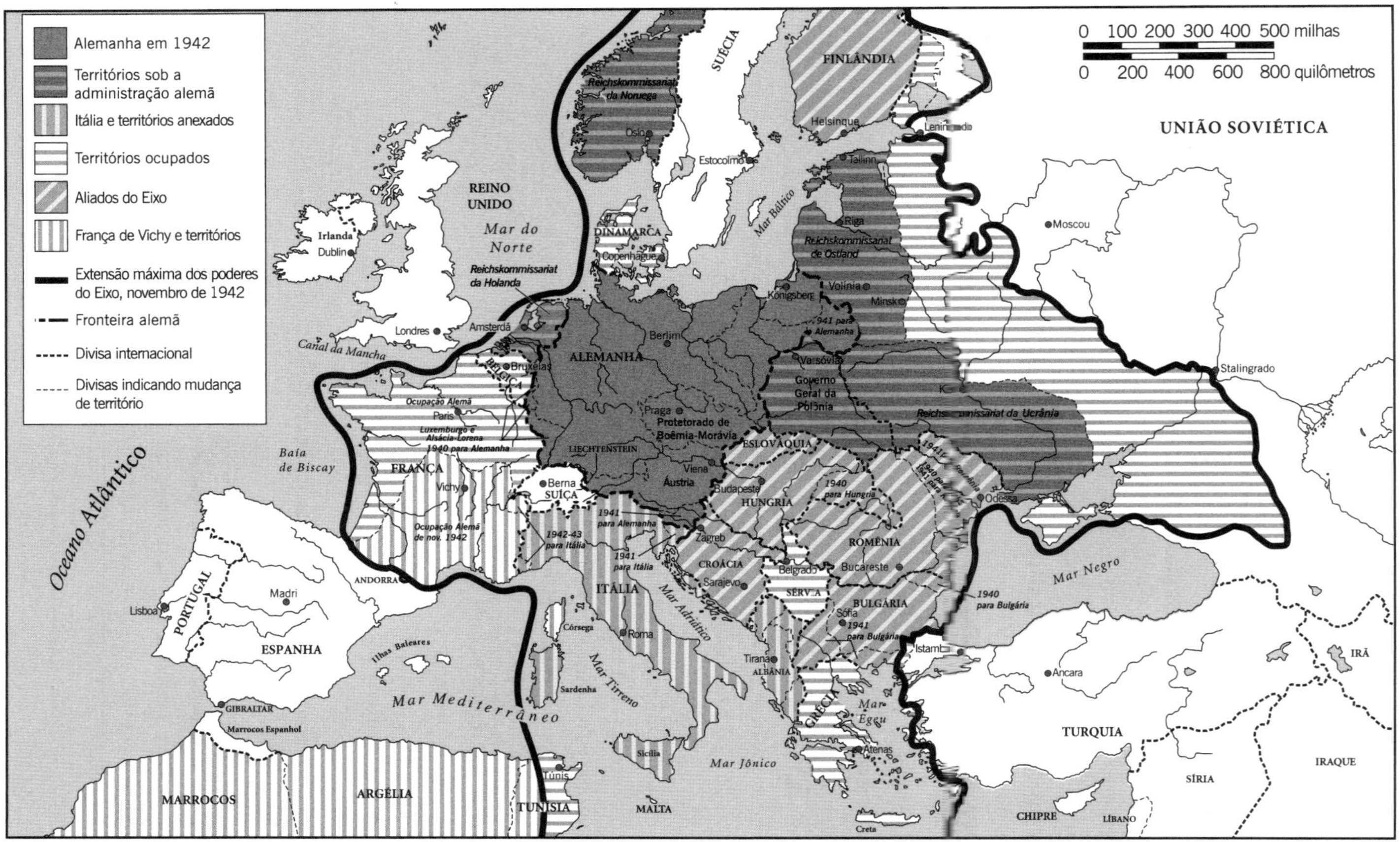

impacto de restrições e da escassez típicas de épocas de guerra. Àquela altura, todavia, o conflito militar fechava o cerco em torno da mencionada população civil, primeiramente pela ação dos bombardeios e, em seguida, pelo avanço simultâneo dos exércitos Aliados, a partir do leste e do oeste. E foi naquele último ano do conflito, durante o período relativamente breve da campanha realizada a oeste da União Soviética, que o pior da destruição física aconteceu.

Sob o ponto de vista dos contemporâneos, o impacto da guerra não foi aferido em termos de lucros e perdas da indústria ou valor líquido do patrimônio nacional em 1945 em comparação com o de 1938, mas em termos dos prejuízos visíveis ao meio ambiente e às comunidades. É com essas questões que devemos começar, se quisermos compreender o trauma que estava por trás das imagens de desolação e desesperança que atraíram a atenção dos observadores em 1945.

Poucas aldeias e cidades européias, a despeito do seu tamanho, conseguiram escapar ilesas da guerra. Por um acordo informal, ou por sorte, os centros clássicos, medievais e renascentistas de algumas célebres cidades européias — Roma, Veneza, Praga, Paris, Oxford — jamais foram alvejados. Mas, no primeiro ano da guerra, bombardeiros alemães arrasaram Roterdã e destruíram Coventry, cidade industrial inglesa. A Wehrmacht riscou do mapa muitos vilarejos nas rotas de invasão através da Polônia e, mais tarde, também da Iugoslávia e da União Soviética. Bairros inteiros no centro de Londres, sobretudo nas áreas pobres em torno das docas do East End, foram vítimas da *blitzkrieg* da Luftwaffe no decorrer da guerra.

Mas o maior dano material foi causado pelos bombardeios sem precedentes realizados pelos Aliados ocidentais em 1944 e 1945 e pelo avanço implacável do Exército Vermelho, desde Stalingrado até Praga. As cidades litorâneas francesas de Royan, Le Havre e Caen foram estripadas pela Força Aérea Norte-Americana. Hamburgo, Colônia, Dusseldorf, Dresden e dezenas de outras cidades alemãs foram arrasadas pelas bombas múltiplas lançadas de aviões britânicos e norte-americanos. No Leste Europeu, 80% da cidade de Minsk, na Bielo-Rússia, estavam destruídos ao final da guerra; Kiev, na Ucrânia, era uma grande ruína ardendo a fogo lento; e, no outono de 1944, Varsóvia, a capital polonesa, foi incendiada e dinamitada, casa por casa, rua por rua, pelo Exército alemão em retirada. Quando a guerra na Europa acabou — quando Berlim caiu nas mãos do Exército Vermelho, em maio de 1945, depois de agüentar 40 mil toneladas de bombas nos 14 dias finais —, grande parte da capital alemã estava reduzida a montes de escombros e metal retorcido soltando fumaça. Dos prédios da cidade, 75% estavam inabitáveis.

As cidades em ruínas eram a prova mais evidente — e captada em fotografias — da devastação, e passaram a servir de uma espécie de emblema que expressava a tristeza da guerra. Uma vez que a maior parte da destruição fora imposta a casas e prédios residenciais e que, conseqüentemente, era imenso o número de sem-teto (estimativas apontavam 25 milhões na União Soviética; 20 milhões na Alemanha, dos quais 500 mil só em Hamburgo), a paisagem urbana coberta de escombros constituía a lembrança mais imediata da guerra recém-acabada. Mas não era a única. No Oeste Europeu, os sistemas de transportes e comunicação estavam seriamente avariados: das 12 mil locomotivas existentes na França antes da guerra, apenas

2.800 funcionavam quando da rendição alemã. Muitas rodovias, ferrovias e pontes tinham sido explodidas — fosse pelos alemães em retirada, pelo avanço dos Aliados ou, ainda, por ações da Resistência Francesa. Dois terços da frota mercante francesa tinham sido afundados. Somente em 1944 e 1945 a França perdeu 500 mil residências.

Mas os franceses — tanto quanto os britânicos, belgas, holandeses (que perderam 219 mil hectares de terras inundadas pelos alemães e que, se levarmos em conta a situação do país antes da guerra, viram, em 1945, sua rede de transportes ferroviários, rodoviários e aquáticos por meio de canais reduzida a 40% do que era), dinamarqueses, noruegueses (que no decurso da ocupação alemã perderam 14% do capital do país antes da guerra) e até italianos — tiveram sorte, embora não soubessem disso. Os verdadeiros horrores da guerra ocorreram mais a leste. Os nazistas trataram os europeus ocidentais com certo respeito, ainda que para melhor poder explorá-los, e os europeus ocidentais retribuíram a deferência fazendo relativamente pouco para atrapalhar o esforço de guerra alemão. No Leste e Sudeste Europeu, as forças de ocupação alemãs foram impiedosas, e não apenas porque a resistência local — na Grécia, na Iugoslávia e na Ucrânia, especialmente — travava contra elas uma batalha tão incansável quanto inútil.

No Leste Europeu, as conseqüências materiais da ocupação alemã, do avanço soviético e da ação da resistência foram, portanto, de ordem bastante diversa em relação à experiência da guerra no Ocidente. Na União Soviética, 70 mil vilarejos e 1.700 cidades de pequeno porte foram destruídos durante a guerra, além de 32 mil fábricas e 64 mil quilômetros de ferrovias. Na Grécia, dois terços da frota da Marinha Mercante, vital para o país, foram perdidos, um terço das florestas foi arrasado e milhares de vilarejos foram riscados do mapa. Entrementes, a política alemã de fixar o custo da ocupação de acordo com as necessidades germânicas e não com a capacidade de desembolso dos gregos provocou hiperinflação.

A Iugoslávia perdeu 25% dos seus vinhedos, 50% do gado, 60% das estradas, 75% das terras cultivadas e das pontes em vias férreas, uma em cada cinco residências, bem como a terça parte do limitado potencial da indústria do país — além de 10% da população que existia antes da guerra. Na Polônia, três quartos das ferrovias de bitola padrão ficaram imprestáveis, e uma fazenda em cada seis faliu. A maioria dos vilarejos e cidades do país mal podia funcionar (ainda que somente Varsóvia estivesse totalmente destruída).

No entanto, esses números, por mais dramáticos que sejam, exprimem apenas parte do cenário: o lúgubre pano de fundo "físico". As perdas materiais sofridas pelos europeus durante a guerra, por mais terrível que tenha sido o conflito, foram insignificantes, comparadas às perdas humanas. Estima-se que cerca de 36,5 milhões de europeus sucumbiram, entre 1939 e 1945, de causas relacionadas com a guerra (o que equivale à *totalidade* da população da França quando o conflito eclodiu) — número que não inclui mortes naturais nos anos em questão, tampouco qualquer estimativa da quantidade de crianças não-concebidas ou que deixaram de nascer, à época e mais tarde, em conseqüência do confronto.

O número total de mortos é assombroso (os cálculos aqui apresentados não incluem baixas de japoneses, norte-americanos, nem de povos não-europeus). Essa estatística torna pequeno o índice de mortandade registrado na Grande Guerra de 1914-1918, já absolutamente vergonhoso. Conflito algum registrado pela História matou tanta gente em tão pouco tempo. Porém, o mais impactante é o número de mortos entre os civis não-combatentes: ao menos

19 milhões, ou seja, mais da metade do total. O número de mortos entre a população civil superou as baixas militares na União Soviética, Hungria, Polônia, Iugoslávia, Grécia, França, Holanda, Bélgica e Noruega. Somente no Reino Unido e na Alemanha as baixas militares superaram significativamente as baixas entre civis.

As estimativas de perda de vidas civis no território da União Soviética variam muito, embora o número mais provável exceda 16 milhões (aproximadamente o dobro do total de baixas militares, sendo que estas, somente na batalha por Berlim, somaram 78 mil). O total de mortes de civis no território que antes da guerra pertencia à Polônia chegou perto de 5 milhões; na Iugoslávia o número total foi de 1,4 milhão; na Grécia, 430 mil; na França, 350 mil; na Hungria, 270 mil; na Holanda, 204 mil; na Romênia, 200 mil. Entre esses civis, e sobretudo nas estatísticas relativas à Polônia, Holanda e Hungria, estão incluídos 5,7 milhões de judeus, aos quais devem ser somados 221 mil ciganos.

As causas das mortes de civis incluíam massacres em campos de extermínio e campos de batalha, desde Odessa até o Báltico; doenças, subnutrição e fome (induzidas ou não); fuzilamento ou incineração de reféns — pela Wehrmacht, pelo Exército Vermelho e por integrantes de diversas resistências; represálias; conseqüências de explosões, bombardeios e batalhas travadas pela infantaria, em campos e cidades, na frente oriental durante toda a guerra, e na frente ocidental desde o desembarque na Normandia (em junho de 1944) até a derrota de Hitler, em maio do ano seguinte; fuzilamento de filas de refugiados e o sacrifício de indivíduos submetidos a trabalho forçado em indústrias e campos de prisioneiros de guerra.

As maiores baixas *militares* foram registradas pela União Soviética, que, segundo consta, perdeu 8,6 milhões de homens e mulheres nas Forças Armadas; pela Alemanha, com 4 milhões de mortes; pela Itália, que perdeu 400 mil soldados, marinheiros e aeronautas; e pela Romênia, que perdeu cerca de 300 mil militares, a maioria lutando ao lado dos exércitos do Eixo, na frente russa. Contudo, em proporção às respectivas populações, austríacos, húngaros, albaneses e iugoslavos tiveram as maiores perdas militares. Somando-se todas as mortes — de civis e militares —, Polônia, Iugoslávia, União Soviética e Grécia foram os países mais afetados. A Polônia perdeu, aproximadamente, um em cada cinco cidadãos (levando-se em conta a população antes da guerra), incluindo um elevado percentual da população culta, que foi alvo premeditado de execução por parte dos nazistas.[1] A Iugoslávia, um em cada sete; a União Soviética, um em cada 11; a Grécia, um em cada 14. Para assinalar o contraste, note-se que a Alemanha sofreu perdas na ordem de 1/15; a França, de 1/77; a Grã-Bretanha, de 1/125.

As baixas soviéticas incluem, especialmente, prisioneiros de guerra. Os alemães capturaram cerca de 5,5 milhões de soldados soviéticos durante o conflito, três quartos dos quais nos primeiros sete meses que se seguiram ao ataque à União Soviética, em junho de 1941. Desses, 3,3 milhões morreram em campos alemães, em conseqüência de fome, abandono ou maus-tratos — mais russos morreram em campos de prisioneiros de guerra mantidos por alemães entre 1941 e 1945 do que em toda a Primeira Guerra Mundial. Dos 750 mil soldados soviéticos capturados quando os alemães tomaram Kiev, em setembro de 1941, apenas 22 mil

[1] Ou por parte de Stalin, que em 1940 ordenou a execução de 23 mil oficiais poloneses, atribuindo a culpa aos alemães.

sobreviveram para ver a Alemanha derrotada. Por seu turno, os soviéticos fizeram 3,5 milhões de prisioneiros de guerra (principalmente alemães, austríacos, romenos e húngaros); a maioria deles voltou para casa quando a guerra acabou.

Diante dessas estatísticas, não será surpresa que a Europa no pós-guerra, em particular a Europa Central e a Oriental, tenha padecido de grande escassez de homens. Na União Soviética, o total de mulheres excedia o de homens em 20 milhões, desequilíbrio que para ser corrigido necessitaria de mais do que uma geração. A economia rural soviética passou a depender fortemente das mulheres, para todo tipo de trabalho: não havia apenas escassez de homens, como também quase não havia cavalos. Na Iugoslávia — em decorrência de represálias alemãs nas quais todos os homens acima de 15 anos foram executados —, muitos vilarejos não tinham sequer um homem adulto. Na própria Alemanha, dois em cada três homens nascidos em 1918 não sobreviveram à guerra de Hitler: numa comunidade da qual dispomos de estatísticas detalhadas — o subúrbio berlinense de Treptow —, em fevereiro de 1946, entre os adultos na faixa etária de 19 a 21 anos, havia apenas 181 homens, para 1.105 mulheres.

Muito se tem falado dessa predominância feminina, especialmente na Alemanha do pós-guerra. A condição humilhada, diminuída, da população masculina alemã — reduzida, de super-homens dos exércitos impecáveis de Hitler, a bandos esfarrapados de prisioneiros devolvidos tardiamente, em confronto com uma geração de mulheres empedernidas que, por força das circunstâncias, tinham aprendido a sobreviver sem eles — não é uma ficção (o chanceler alemão Gerhard Schröder é apenas uma das milhares de crianças alemãs que cresceram depois da guerra sem as figuras paternas). Rainer Fassbinder valeu-se dessa imagem da mulher alemã no pós-guerra no filme *O Casamento de Maria Braun* (1979), em que a protagonista que empresta o nome ao título tira vantagem da própria beleza e da cínica energia, apesar da insistência da mãe para que ela nada faça "que possa prejudicar a alma". Mas, se a Maria criada por Fassbinder carregava o peso da desilusão e do ressentimento de uma geração futura, as mulheres de carne e osso da Alemanha, em 1945, enfrentavam dificuldades mais imediatas.

Nos últimos meses da guerra, enquanto os exércitos da União Soviética avançavam no sentido oeste, entrando na Europa Central e na Prússia Oriental, milhões de civis — a maioria dos quais alemães — fugiam à frente dos soviéticos. O diplomata norte-americano George Kennan, em suas memórias, descreve a cena: "O desastre que se abateu sobre esta região, com a entrada das forças soviéticas, não tem paralelo na experiência européia moderna. Em grandes áreas, a julgar por todas as evidências, mal sobrou homem, mulher ou criança das populações nativas após a passagem das forças soviéticas [...]. Os russos [...] arrasaram as populações nativas de um modo sem precedentes desde os dias das hordas asiáticas."

As principais vítimas eram os homens adultos (se houvesse sobreviventes) e mulheres de qualquer idade. Em Viena, segundo os registros de clínicas e médicos, 87 mil mulheres foram estupradas por soldados soviéticos nas três semanas subseqüentes à chegada do Exército Vermelho na cidade. Em Berlim, ocorreu um número ligeiramente mais elevado de estupros de mulheres durante a marcha soviética que ocupou a cidade, a maioria dos casos acontecendo na semana de 2 a 7 de maio, logo antes da rendição alemã. Ambas as estatísticas são, certamente, modestas e não incluem os ataques a mulheres cometidos em vilarejos e cidades localizados na rota das forças soviéticas durante a marcha pela Áustria através do oeste da Polônia até a Alemanha.

O comportamento do Exército Vermelho não era segredo. Milovan Djilas, colaborador íntimo de Tito no exército de resistência iugoslavo e, à época, comunista ferrenho, chegou a abordar o assunto com o próprio Stalin. A resposta do ditador, conforme registrou Djilas, é reveladora: "Será que Djilas, que é escritor, sabe o que são o sofrimento e o coração humano? Não será ele capaz de entender o soldado que passou por sangue, fogo e morte, e que se diverte com uma mulher, ou furta uma ninharia?"

Ao seu modo grotesco, em parte, Stalin estava certo. Não havia política de licenças no Exército soviético. Muitos soldados da infantaria e dos pelotões de tanques tinham lutado durante três anos terríveis, numa série ininterrupta de batalhas e marchas pelo oeste da União Soviética, pela Rússia e pela Ucrânia. Durante o avanço, eles viram e ouviram inúmeras provas de atrocidades perpetradas pelos alemães. O tratamento dispensado pela Wehrmacht aos prisioneiros de guerra, aos civis, aos membros das resistências e, na verdade, a qualquer pessoa ou fator que impedisse o caminho dos alemães, inicialmente no avanço garboso até o Volga e as portas de Moscou e Leningrado, depois durante a retirada amarga e sangrenta, deixara marcas na terra e na alma do povo.

Quando o Exército Vermelho, finalmente, alcançou a Europa Central, os soldados exaustos encontraram um outro mundo. Entre a Rússia e o Ocidente o contraste sempre fora grande (o Tsar Alexandre I, muito tempo antes, lamentara ter permitido aos russos contemplar o estilo de vida dos ocidentais), e se tornara ainda mais marcante durante a guerra. Enquanto os soldados alemães praticavam devastação e extermínio em massa no Leste Europeu, a Alemanha se manteve próspera — tanto que a população civil só se deu conta do custo material da guerra já no final do conflito. Durante a guerra, a Alemanha era um mundo com cidades, eletricidade, alimentos, roupas, lojas e bens de consumo, um mundo com mulheres e crianças razoavelmente bem alimentadas. O contraste com a pátria russa devastada deve ter sido incomensurável para um recruta soviético. Os alemães tinham feito coisas terríveis na Rússia; agora era a vez deles sofrerem. Seus bens e suas mulheres ali estavam, prontos para serem agarrados. Com a anuência tácita dos comandantes, o Exército Vermelho lançou-se sobre a população civil das recém-conquistadas terras germânicas.

Na rota oeste, o Exército Vermelho estuprou e saqueou na Hungria, Romênia, Eslováquia e Iugoslávia; mas as mulheres alemãs foram as que mais sofreram. Em 1945 e 1946, entre 150 mil e 200 mil "bebês russos" nasceram na zona alemã sob ocupação soviética, e esses números ignoram os incontáveis abortos, em virtude dos quais muitas mulheres morreram com os fetos indesejados. Muitos dos recém-nascidos sobreviventes engrossaram as estatísticas dos órfãos e dos sem-teto: destroços humanos da guerra.

Somente em Berlim, no final de 1945, havia 53 mil crianças perdidas. Os Jardins Quirinale, em Roma, ficaram notórios, durante algum tempo, como local de encontro de milhares de crianças italianas mutiladas, desfiguradas e perdidas. Na Tchecoslováquia libertada havia 49 mil pequenos órfãos; na Holanda, 60 mil; na Polônia estimava-se que o número de órfaos estivesse em torno de 200 mil; na Iugoslávia, talvez 300 mil. Poucas das crianças mais novas eram judias — as crianças judias que sobreviveram aos *pogroms* e ao extermínio praticado durante a guerra eram agora, em sua maioria, adolescentes. Em Buchenwald, oitocentas crianças foram encontradas vivas quando da libertação do campo; em Belsen, apenas quinhentas, algumas das quais sobreviventes da Marcha da Morte, desde Auschwitz.

Sobreviver em tempo de guerra era uma coisa, sobreviver em tempo de paz era outra. Graças à intervenção imediata e eficaz da Administração das Nações Unidas para Auxílio e Restabelecimento (ANUAR) e dos exércitos Aliados de ocupação, grandes epidemias e a disseminação de doenças contagiosas puderam ser evitadas — a lembrança da gripe asiática, que grassou pela Europa em seguida à Primeira Guerra Mundial, ainda estava viva. Durante grande parte do ano de 1945 a população de Viena subsistiu com uma ração de 800 calorias diárias; em Budapeste, em dezembro de 1945, a ração fornecida oficialmente era de apenas 556 calorias por dia (crianças em creches recebiam 800). Durante o "inverno de fome" na Holanda, na passagem de 1944 para 1945 (quando algumas regiões do país já haviam sido libertadas), a ração *semanal* de calorias em determinadas áreas ficava abaixo das provisões *diárias* recomendadas pela Força Expedicionária Aliada para os soldados; 16 mil cidadãos holandeses morreram, a maioria dos quais idosos e crianças.

Na Alemanha, a ingestão média entre adultos, em 1940 e 1941, era de 2.445 calorias diárias; em 1943, passou a ser de 2.078 calorias por dia, caindo para 1.412 no período de 1945 a 1946. Mas esses números referem-se a médias. Em junho de 1945, na zona de ocupação norte-americana, a ração diária oficial disponível para consumidores alemães "normais" (excluindo-se operários de categorias favorecidas) não passava de 860 calorias. Esses índices conferiam um sentido triste a uma piada alemã que circulava durante a guerra: "É melhor aproveitar a guerra — a paz será terrível." Mas a situação não era muito melhor na maioria das regiões da Itália e bem pior em alguns setores da Iugoslávia e da Grécia.[2]

O problema decorria, em parte, da destruição de fazendas, bem como de falhas no sistema de comunicação e, sobretudo, do número elevado de pessoas desprotegidas e improdutivas que precisavam ser alimentadas. Em locais onde *conseguiam* cultivar alimentos, os fazendeiros europeus relutavam em fornecer a produção para as cidades vizinhas. A maioria das moedas européias estava totalmente desvalorizada; e mesmo que houvesse recursos necessários para pagar os camponeses pela produção, dinheiro pouco lhes interessava — nada havia para comprar. Portanto, a comida aparecia no mercado paralelo, mas a preços que somente os criminosos, os ricos e as forças de ocupação podiam pagar.

Nesse ínterim, o povo padecia de fome e de doenças. Em 1945, um terço da população de Pireus, na Grécia, foi acometido de conjuntivite, devido à aguda deficiência vitamínica. Em Berlim, durante um surto de disenteria ocorrido em julho de 1945 — resultante de danos causados ao sistema de esgotos e de mananciais poluídos —, foram registradas 66 mortes em cada cem crianças nascidas. Robert Murphy, adido político norte-americano na Alemanha, relatou, em outubro de 1945, a média de dez óbitos por dia, na estação ferroviária de Lehrter, em Berlim, em conseqüência de exaustão, subnutrição e doença. Na zona britânica de Berlim, em dezembro de 1945, o índice de mortalidade entre crianças com menos de um

[2] A título de comparação, a ingestão média diária de calorias na França, em 1990, era de 3.618.

ano era de uma em cada quatro, e naquele mesmo mês houve 1.023 novos casos de tifo e 2.193 de difteria.

Durante muitas semanas depois do término da guerra, no verão de 1945, foram sérios os riscos, especialmente em Berlim, de doenças provocadas por cadáveres em decomposição. Em Varsóvia, uma pessoa em cada cinco sofria de tuberculose. Em janeiro de 1946, autoridades tchecas informaram que a metade das 700 mil crianças carentes do país estava infectada pela referida doença. Por toda a Europa, crianças contraíam enfermidades resultantes da escassez: principalmente tuberculose e raquitismo, mas também pelagra, disenteria e impetigo. Poucos eram os recursos disponíveis para os pequenos enfermos: para as 90 mil crianças que viviam em Varsóvia depois da libertação havia apenas um hospital, com cinqüenta leitos. Crianças saudáveis pereciam em conseqüência da falta de leite (milhões de cabeças de gado foram dizimadas nas batalhas travadas no Sul e no Leste Europeu nos anos de 1944 e 1945), e a maioria das crianças sofria de subnutrição crônica. Em Viena, durante o verão de 1945, a mortalidade infantil foi quase quatro vezes maior do que a registrada em 1938. Mesmo nas ruas relativamente prósperas de cidades do Oeste Europeu crianças passavam fome e a comida era rigidamente racionada.

O problema de alimentar, abrigar, vestir e cuidar dos sofridos civis europeus (e de milhões de prisioneiros de guerra das ex-potências do Eixo) foi agravado e aumentado pela escalada sem precedentes da crise dos refugiados. Esse era um componente inaudito na experiência européia. Todas as guerras afetam as vidas das populações civis: destruindo-lhes terras e lares, interferindo no sistema de comunicação, recrutando e matando maridos, pais, filhos. Mas, na Segunda Guerra Mundial, foi a política do Estado, não o conflito armado, que causou os maiores danos.

Stalin deu seguimento à prática iniciada antes da guerra de deslocar povos inteiros através do império soviético. Entre 1939 e 1941, na Polônia sob ocupação soviética, a partir do oeste da Ucrânia e da região do Báltico, mais de um milhão de pessoas foram deportadas para o leste. Naqueles mesmos anos, os nazistas expulsaram 750 mil lavradores poloneses que viviam no oeste do país, forçando-os a seguir para o leste, e ofereceram as terras evacuadas aos *Volksdeutsche*, cidadãos de origem étnica alemã oriundos de regiões ocupadas no Leste Europeu, convidados a "voltar para casa", para terras do Reich recém-expandido. A oferta atraiu 120 mil alemães da região do Báltico, 136 mil da Polônia sob ocupação soviética, 200 mil da Romênia e outros ainda (poucos anos mais tarde, todos seriam expulsos das mencionadas terras). Por conseguinte, a política de Hitler relacionada a deslocamento de etnias e genocídio em terras do Leste Europeu conquistadas pela Alemanha deve ser compreendida em função do projeto nazista de devolver ao Reich (e fixar em terras recém-desapropriadas das vítimas) distantes povoações alemãs que remontavam à Idade Média. Os alemães deslocaram eslavos, exterminaram judeus e, tanto do oeste quanto do leste, importaram indivíduos para realizar trabalho forçado.

Somados seus esforços, Stalin e Hitler, entre 1939 e 1943, expatriaram, deslocaram, expulsaram, deportaram e dispersaram cerca de 30 milhões de pessoas. Com a retirada dos exércitos do Eixo, o processo foi revertido. Alemães recentemente "transplantados" juntaram-se a milhões de comunidades germânicas já enraizadas por todo o Leste Europeu, numa fuga desabalada, à frente do Exército Vermelho. Os que conseguiram chegar à Alemanha sãos e salvos juntaram-se a uma multidão de deslocados de guerra. Em 1945, William Byford-Jones, oficial do Exército britânico, assim descreveu a situação:

> Destroços de naufrágio, cargas ao mar! Mulheres que perderam maridos e filhos, homens que perderam esposas; homens e mulheres que perderam lares e filhos; famílias que perderam grandes fazendas, propriedades, estabelecimentos comerciais, destilarias, fábricas, moinhos de trigo, mansões. Havia também crianças abandonadas, carregando pequenas trouxas, portando patéticos crachás. Tais crianças perderam-se das mães, ou as mães morreram e foram sepultadas por outros deslocados de guerra em alguma beira de estrada.

Do leste vinham bálticos, poloneses, ucranianos, cossacos, húngaros, romenos e outros povos: alguns apenas fugiam dos horrores da guerra, outros escapavam rumo ao oeste, para não serem submetidos ao regime comunista. Um repórter do *New York Times* descreveu uma coluna de 24 mil soldados e famílias de cossacos que se deslocavam pelo sul da Áustria: "Cena idêntica, em todos os detalhes, a uma pintura que retratasse as guerras napoleônicas."

Dos Bálcãs vieram não apenas alemães, mas 100 mil croatas egressos do regime fascista de Ante Pavelic, fracassado durante a guerra, e que fugiam da ira dos partidários de Tito.[3] Na Alemanha e na Áustria, além dos milhões de soldados da Wehrmacht detidos pelos Aliados e de soldados Aliados recém-libertados dos campos de prisioneiros alemães, havia muitos cidadãos não-germânicos que tinham lutado contra os Aliados, a favor dos alemães ou sob comando alemão: eram soldados russos, ucranianos e de outras nacionalidades, pertencentes ao Exército anti-soviético do general Andrei Vlasov; voluntários das Waffen-SS, oriundos da Holanda, Noruega, Bélgica e França; outros combatentes alemães, funcionários de campos de concentração e indivíduos recrutados abertamente na Letônia, Ucrânia, Croácia e em outros locais. Todos tinham motivos para tentar escapar de represálias soviéticas.

Havia também homens e mulheres recém-libertados que tinham sido recrutados pelos nazistas para trabalhar na Alemanha. Trazidos de todas as partes do continente para fazendas e fábricas alemãs, tais segmentos, que somavam vários milhões, espalharam-se pela Alemanha e por territórios anexados, e em 1945 constituíam o maior grupo de deslocados pelos nazistas de guerra. A migração *econômica* involuntária foi então, para muitos civis europeus, a principal experiência social relacionada à Segunda Guerra Mundial, incluindo-se 280 mil italianos obrigados a se transferir para a Alemanha pelo antigo aliado do Eixo, depois da rendição da Itália aos Aliados, em setembro de 1943.

A maioria dos trabalhadores provenientes do exterior foi levada à força para a Alemanha — mas não a totalidade deles. Alguns, arrastados pelo turbilhão da derrota alemã em maio de 1945, foram por livre e espontânea vontade — como os holandeses desempregados que

[3] O receio dos croatas tinha fundamento. Em tempo, o Exército britânico na Áustria os entregaria às autoridades iugoslavas (nos termos de um acordo aliado que previa a devolução desses prisioneiros para o governo contra o qual haviam lutado), e pelo menos 40 mil foram mortos.

tinham aceitado oferta de trabalho na Alemanha nazista, antes de 1939, e ali haviam permanecido.[4] Mesmo com os salários irrisórios pagos na Alemanha em tempo de guerra, muitas vezes homens e mulheres provenientes do Leste Europeu, dos Bálcãs, da França e do Benelux (Bélgica, Holanda e Luxemburgo) tinham melhor condição de vida na Alemanha do que em seus países de origem. E trabalhadores soviéticos (que em setembro de 1944 somavam mais de 2 milhões na Alemanha), mesmo que fossem levados à força para a Alemanha, nem sempre se arrependiam de seu paradeiro — conforme relembra uma operária, Elena Skrjabena, depois da guerra: "Ninguém se queixava de ter sido obrigado a ir trabalhar na indústria alemã. Era o único meio de sair da União Soviética."

Outro grupo de deslocados de guerra, os sobreviventes dos campos de concentração, tinha sentimentos bastante diferentes. Seus "crimes" eram vários — oposição política ou religiosa ao nazismo ou ao fascismo, resistência armada, punições coletivas por ataques desferidos contra soldados ou instalações da Wehrmacht, pequenas infrações das normas de ocupação, atividades criminosas verdadeiras ou fictícias, enquadramento nas leis raciais nazistas. Tais indivíduos tinham sobrevivido em campos onde, ao final da guerra, cadáveres se empilhavam e doenças de todo tipo eram endêmicas: disenteria, tuberculose, tifo, broncopneumonia, gastrenterite, gangrena e muitas outras. Mas até esses sobreviventes estavam em melhor estado do que os judeus, pois não eram objeto de um programa de extermínio sistemático e coletivo.

Poucos judeus sobraram. Dentre os que foram libertados, quatro em cada dez morreram poucas semanas após a chegada dos exércitos aliados — o estado de saúde dos sobreviventes estava além da capacidade da medicina ocidental. Contudo, os judeus sobreviventes, a exemplo da maioria dos milhões de sem-teto na Europa, dirigiram-se para a Alemanha. Era na Alemanha que as agências e os acampamentos dos Aliados se localizariam — e, de qualquer modo, a Europa Oriental ainda não era local seguro para judeus. Depois de uma série de *pogroms* ocorridos na Polônia no pós-guerra, muitos dos judeus sobreviventes partiram para sempre: 63.387 deles chegaram à Alemanha, oriundos da Polônia, somente no período de julho a setembro de 1946.

O que se passou em 1945, e que já ocorria pelo menos havia um ano, foi portanto um exercício de faxina étnica e deslocamento populacional sem precedentes. Até certo ponto, o processo resultou de separação étnica "voluntária": por exemplo, eram sobreviventes judeus que abandonavam a Polônia, onde não tinham segurança e se sentiam indesejados; ou italianos que preferiam deixar a península Istriana a viver sob o jugo iugoslavo. Muitas minorias étnicas que haviam colaborado com as forças de ocupação (italianos na Iugoslávia; húngaros no norte da Transilvânia, antes sob ocupação húngara e agora de volta ao domínio da Romênia; ucranianos na parte ocidental da União Soviética etc.) fugiram ao lado da Wehrmacht em retirada, a fim de evitar represálias por parte da maioria local, ou a ação do Exército Vermelho, e jamais retornaram. A saída dessas populações talvez não fosse decretada ou fiscalizada pelas autoridades locais, mas eram poucas as alternativas.

---

[4] Mas tampouco estes dispunham de muitas opções — durante os anos da Depressão, qualquer um que recusasse um contrato de trabalho oferecido pela Alemanha corria o risco de perder o auxílio-desemprego disponibilizado pela Holanda.

Em outros locais, entretanto, políticas oficiais já vigoravam bem antes do fim da guerra. Os alemães, evidentemente, deram início à prática, com a remoção e o genocídio dos judeus e com a expulsão em massa dos poloneses e outros povos eslavos. Durante o domínio alemão, entre 1939 e 1943, romenos e húngaros se deslocaram de um lado para outro, cruzando novas linhas de divisas na Transilvânia, cuja área estava em disputa. Por seu turno, as autoridades soviéticas arquitetaram uma série de trocas populacionais forçadas entre a Ucrânia e a Polônia; um milhão de poloneses fugiram ou foram expulsos de seus lares, localizados em terras que passaram a pertencer à Ucrânia (ocidental), enquanto meio milhão de ucranianos deixaram a Polônia, dirigindo-se à União Soviética, entre outubro de 1944 e junho de 1946. No espaço de alguns meses, o que um dia fora uma região com crenças, idiomas e comunidades diferentes tornou-se dois territórios distintos, mono-étnicos.

A Bulgária transferiu 160 mil turcos para a Turquia; a Tchecoslováquia, em fevereiro de 1946, por meio de um acordo firmado com a Hungria, trocou 120 mil eslovacos residentes na Hungria por um número equivalente de húngaros pertencentes a comunidades situadas ao norte do Danúbio, na Eslováquia. Outras transferências desse tipo ocorreram entre a Polônia e a Lituânia, e entre a Tchecoslováquia e a União Soviética. Quatrocentas mil pessoas originárias do sul da Iugoslávia foram deslocadas para terras ao norte, a fim de ocupar o espaço deixado por 600 mil alemães e italianos que haviam partido da região. Ali, assim como em outros locais, as populações em questão não foram consultadas. Mas o grupo mais afetado foi o alemão.

É provável que, de qualquer modo, os alemães do Leste Europeu tivessem fugido para o oeste: em 1945, já eram indesejados nos países onde seus antepassados tinham se fixado havia centenas de anos. Cercadas de um lado por um desejo popular autêntico de punição aos alemães locais pelas devastações da guerra e da ocupação e de outro pela exploração dessa atmosfera pelos governos do pós-guerra, as comunidades de língua alemã estabelecidas na Iugoslávia, Hungria, Tchecoslováquia, Polônia, na região dos Bálcãs e na parte ocidental da União Soviética estavam condenadas, e tinham plena consciência disso.

Na realidade, essas comunidades não tiveram escolha. Já em 1942, os britânicos tinham atendido à solicitação dos tchecos relativa à remoção da população de origem alemã dos Sudetos, depois que a guerra acabasse, e no ano seguinte russos e norte-americanos entraram no mesmo esquema. Em 19 de maio de 1945, o presidente Edvard Beneš, da Tchecoslováquia, decretou: "Decidimos eliminar o problema alemão na nossa república de uma vez por todas."[5] Alemães (tanto quanto húngaros e outros "traidores") teriam seu patrimônio entregue ao controle do Estado. Em junho de 1945, suas terras foram desapropriadas, e em 2 de agosto daquele mesmo ano perderam a condição de cidadãos tchecos. Ao longo dos 18 meses seguintes, quase 3 milhões de alemães, a maioria originária da região dos Sudetos, na Tchecoslováquia, foram expulsos da referida região e enviados para a Alemanha. Cerca de 267 mil

[5] Em discurso proferido em Bratislava, em 9 de maio de 1945, Beneš declarou que tchecos e eslovacos já não queriam viver no mesmo Estado que húngaros e alemães. Esse sentimento (e as ações que se seguiram) tem rondado as relações tcheco-alemãs e eslovaco-húngaras desde então.

pereceram durante o processo expulsório. Enquanto, em 1930, os alemães constituíam 29% da população da Boêmia e da Morávia, no censo de 1950 correspondiam a apenas 1,8%.

Da Hungria, outros 623 mil indivíduos de origem alemã foram expulsos; da Romênia, 786 mil; da Iugoslávia, cerca de meio milhão; e da Polônia, 1,3 milhão. Mas o maior número de refugiados alemães veio de áreas a leste, que haviam pertencido à própria Alemanha: da Silésia, da Prússia Oriental, da Pomerânia Oriental e do leste de Brandemburgo. Num encontro entre EUA, Grã-Bretanha e Rússia, realizado em Potsdam (de 17 de julho a 2 de agosto de 1945), ficou acertado, nos termos do Artigo 13° do acordo subseqüente, que os três governos "reconhecem que a transferência, para a Alemanha, de populações alemãs, ou de origem alemã, remanescentes na Polônia, na Tchecoslováquia e na Hungria, haveria de ser implementada". De certo modo, isso apenas confirmava algo já ocorrido, mas também representava o reconhecimento formal das implicações da mudança das fronteiras da Polônia mais para oeste. Cerca de 7 milhões de alemães agora estariam na Polônia, e as autoridades polonesas (e as forças soviéticas de ocupação) queriam vê-los removidos — em parte para que poloneses e outras nacionalidades que haviam perdido terras em regiões do Leste Europeu agora absorvidas pela União Soviética pudessem ser fixados nas novas terras localizadas a oeste.

O resultado foi o reconhecimento, de direito, de uma nova realidade. A Europa Oriental tinha sido esvaziada das populações de origem alemã à base da força: conforme prometido, em setembro de 1941, Stalin devolvera "a Prússia Oriental ao mundo eslavo, ao qual ela pertence". Na Declaração de Potsdam ficou acordado que "toda e qualquer transferência seria realizada de modo ordeiro e humano", mas, dadas as circunstâncias da época, isso era muito improvável. Alguns observadores ocidentais ficaram estarrecidos com o tratamento dispensado às comunidades alemãs. Em 23 de outubro de 1946, Anne O'Hare McCormick, correspondente do *New York Times*, registrou suas impressões: "A escala desse reassentamento e as condições em que ele ocorre não têm precedentes na história. Ninguém que, em primeira mão, constate esses horrores poderá duvidar de que se trata de um crime contra a humanidade, pelo qual a História vai cobrar muito caro."

A História não cobrou caro. Na verdade, os 13 milhões de refugiados se estabeleceram e se integraram à sociedade da Alemanha Ocidental, com êxito notável, apesar das recordações e do fato de que, na Bavária (para onde muitos refugiados se dirigiram), o assunto ainda pode despertar emoções fortes. Para pessoas que viviam naquela época, talvez fosse revoltante ouvir a expulsão de populações de origem alemã descrita como "crime contra a humanidade", poucos meses após a revelação de crimes de uma escala totalmente diversa, cometidos em nome daquelas mesmas populações. Ocorre que, àquela altura, os alemães estavam vivos e presentes, ao passo que suas vítimas — principalmente os judeus — estavam, em grande parte, mortas e ausentes. Conforme, décadas mais tarde, escreveu Telford Taylor, promotor público norte-americano que trabalhou nos julgamentos de Nuremberg, havia uma diferença crucial entre a expulsão realizada no pós-guerra e os esvaziamentos populacionais levados a termo durante a guerra, "quando aqueles que expulsam acompanham os expulsos, para se certificar de que estes são mantidos em guetos, para então matá-los ou utilizá-los no trabalho forçado".

Quando acabou a Primeira Guerra Mundial, as fronteiras é que foram inventadas e ajustadas, enquanto, de modo geral, as pessoas ficaram onde estavam.[6] Depois de 1945, aconteceu exatamente o oposto: com uma grande exceção, as fronteiras permaneceram basicamente intactas e as pessoas foram deslocadas. Entre os estrategistas políticos ocidentais observava-se o sentimento de que a Liga das Nações e as cláusulas relativas às minorias nos Tratados de Versalhes haviam fracassado, e que seria um erro qualquer tentativa de ressuscitá-las. Por isso, os estrategistas concordaram prontamente com as transferências de populações. Se as minorias sobreviventes na Europa Central e Oriental não podiam contar com uma proteção internacional eficaz, seria melhor que fossem despachadas para locais mais favoráveis. A expressão "limpeza étnica" ainda não existia, mas é certo que a respectiva realidade sim — e estava longe de suscitar grande desaprovação ou constrangimento.

A exceção, conforme tantas vezes ocorria, era a Polônia. A reorganização geográfica da Polônia — que perdeu para a União Soviética 178 mil quilômetros quadrados na divisa oriental, compensados por 103 mil quilômetros quadrados de terras de qualidade bem superior, tomadas de territórios alemães a leste dos rios Oder-Neisse — foi dramática e importante para poloneses, ucranianos e alemães nas regiões afetadas. Mas, nas circunstâncias de 1945, o fato era raro e deve ser entendido como parte do amplo esquema de ajuste territorial imposto por Stalin ao longo de toda a fronteira ocidental de seu império: recuperar da Romênia a Bessarábia; tomar a Bucovina e a Rutênia Cárpata da Romênia e da Tchecoslováquia, respectivamente; anexar os Estados bálticos à União Soviética e conservar a península Careliana, tomada da Finlândia durante a guerra.

A oeste das novas fronteiras soviéticas houve poucas alterações. A Bulgária recuperou da Romênia uma fatia de terra, na região de Dobrudja; os tchecos obtiveram da Hungria (força pertencente ao Eixo e, portanto, incapacitada de fazer objeções) três vilarejos na margem direita do Danúbio, do outro lado de Bratislava; Tito pôde conservar parte do antigo território italiano em torno de Trieste e Veneza-Júlia ocupado por suas forças no final da guerra. De resto, as terras tomadas à força entre 1938 e 1945 foram devolvidas e o *status quo* anterior restabelecido.

Com algumas exceções, o resultado foi uma Europa constituída de Estados-nações mais etnicamente homogêneos do que nunca. A União Soviética continuou a ser um império multinacional. A Iugoslávia não perdeu a sua complexidade étnica, a despeito de sangrentos combates entre as diversas comunidades durante a guerra. A Romênia ainda dispunha de razoável minoria húngara, na Transilvânia, bem como de quantidades incontáveis — milhões — de ciganos. Mas a Polônia, cuja população, em 1938, era constituída de apenas 68% de poloneses, em 1946 estava maciçamente povoada por poloneses. A Alemanha era quase toda alemã (descontando-se os refugiados e deslocados de guerra); a Tchecoslováquia, cuja população, antes de Munique, constituía-se de 22% de alemães, 5% de húngaros, 3% de ucranianos carpatianos e 1,5% de judeus, era agora quase exclusivamente tcheca e eslovaca: dos 55 mil judeus tchecos que sobreviveram à guerra, somente 16 mil permaneceriam no país por volta de 1950. As antigas diásporas da Europa — gregos e turcos nos Bálcãs meridionais

[6] Com a importante exceção dos gregos e dos turcos, na esteira do Tratado de Lausanne, em 1923.

e em torno do mar Negro; italianos na Dalmácia, húngaros na Transilvânia e nos Bálcãs setentrionais; poloneses na Volínia (Ucrânia), Lituânia e Bucovina; alemães (do Báltico ao mar Negro, do Reno ao Volga) e judeus por toda parte — comprimiam-se e desapareciam. Nascia uma Europa nova, mais "arrumada".

Em grande parte, o gerenciamento inicial de refugiados e deslocados de guerra — o esforço de reuni-los, montar acampamentos e prover alimentação, roupas e atendimento médico — ficou a cargo dos Exércitos Aliados que ocupavam a Alemanha, especialmente do Exército dos EUA. Não havia outra autoridade, fosse na Alemanha, na Áustria ou no norte da Itália, que eram as demais regiões onde se congregavam refugiados. Somente o Exército contava com os recursos e a capacidade administrativa para gerenciar o equivalente demográfico a um país de porte médio. Tratava-se de uma atribuição inusitada para uma imensa máquina militar que até poucas semanas antes se dedicara quase exclusivamente à luta contra a Wehrmacht. Conforme expressou o general Dwight D. Eisenhower (comandante supremo dos Aliados), ao se reportar ao presidente Harry Truman, em 8 de outubro de 1945, respondendo a críticas feitas ao modo como os militares lidavam com refugiados e sobreviventes de campos de concentração: "Sob alguns aspectos, ficamos aquém dos padrões, mas devo assinalar que todo o Exército se vê diante do problema complexo de precisar se adaptar, de uma situação de combate, passando pela experiência da repatriação em massa e chegando à atual fase estática, com as dificuldades típicas de ações que visam o bem-estar social."

Contudo, depois que o sistema de acampamentos foi instituído, a responsabilidade pelo bem-estar e pela repatriação ou reassentamento de milhões de deslocados de guerra coube, cada vez mais, à Administração das Nações Unidas para Auxílio e Restabelecimento. A ANUAR foi fundada em 9 de novembro de 1943, numa reunião realizada em Washington com a presença de representantes de 44 futuros membros da ONU. O encontro foi convocado como preparação para prováveis necessidades que surgiriam depois que a guerra acabasse, e a ANUAR desempenhou papel vital na situação de emergência que se instalou no período pós-guerra. A agência gastou 10 bilhões de dólares entre julho de 1945 e junho de 1947, sendo os recursos, quase em sua totalidade, concedidos pelos governos de EUA, Canadá e Reino Unido. Grande parte do auxílio destinou-se, diretamente, a antigos aliados na Europa Oriental — Polônia, Iugoslávia e Tchecoslováquia — e à União Soviética, bem como à assistência a deslocados de guerra na Alemanha e em outros países. Dos antigos integrantes do Eixo, somente a Hungria recebeu auxílio da ANUAR, mas o montante não foi elevado.

Em fins de 1945, a ANUAR administrava 227 acampamentos e centros assistenciais para deslocados e refugiados na Alemanha, com mais 25 acampamentos localizados na Áustria e outros instalados na França e nos países do Benelux. Em junho de 1947, a agência contava com 762 unidades na Europa Ocidental, a grande maioria situada na Zona Ocidental da Alemanha. Em seu ponto máximo, observado em setembro de 1945, o número de civis libertados das Nações Unidas (i.e., excluindo cidadãos de países que haviam composto o Eixo) e que se encontravam sob os cuidados da ANUAR e outras agências Aliadas era de 6.795.000 — aos quais devem ser somados outros 7 milhões sob a guarda da autoridade soviética, além de milhões de alemães deslocados de guerra. Em termos de nacionalidade, os grupos mais numerosos eram da União Soviética: prisioneiros libertados e operários que tinham sido empregados no trabalho forçado. Havia ainda 2 milhões de franceses (prisioneiros de guerra, operários e deportados); 1,6 milhão de poloneses; 700 mil italianos; 350 mil tchecos; mais de 300 mil holandeses; 300 mil belgas e inúmeros outros grupos.

Os alimentos fornecidos pela ANUAR tiveram um papel vital, especialmente no caso da Iugoslávia: sem as contribuições da agência, muito mais gente teria morrido entre 1945 e 1947. Na Polônia, a ANUAR ajudou a manter o nível de consumo de alimentos em 60% em relação aos índices observados antes da guerra; na Tchecoslováquia, chegou-se a 80%. Na Alemanha e na Áustria, a agência dividiu a responsabilidade da gestão de deslocados e refugiados de guerra com a Organização Internacional de Refugiados (OIR), cujos estatutos foram aprovados pela Assembléia Geral da ONU em dezembro de 1946.

Também a OIR foi financiada, em grande parte, pelas potências ocidentais aliadas. No primeiro orçamento da agência (1947), a dotação concedida pelos EUA foi de 46%, subindo a 60% em 1949; o Reino Unido contribuiu com 15%; a França, com 4%. Devido a discordâncias entre os Aliados e a União Soviética acerca de repatriações compulsórias, a OIR foi sempre considerada pela URSS (e mais tarde pelo bloco soviético) um instrumento exclusivamente ocidental, e os serviços da agência ficaram, portanto, restritos a refugiados em áreas controladas pelos Exércitos aliados de ocupação. Além disso, como a OIR se dedicava à assistência a refugiados, os deslocados de guerra alemães eram impedidos de usufruir benefícios.

A distinção entre deslocados (que, supostamente, tinham um lar para onde retornar) e refugiados (classificados como desabrigados) foi uma das várias nuanças introduzidas naquele período. As pessoas eram tratadas de modo diferente se fossem cidadãs de países aliados (Tchecoslováquia, Polônia, Bélgica etc.) ou de antigos países inimigos (Alemanha, Romênia, Hungria, Bulgária etc.) Essa distinção valia também no momento de se estabelecer prioridades para a repatriação de refugiados. Os primeiros a serem submetidos a triagens e encaminhados aos países de origem eram cidadãos de países signatários das Nações Unidas libertados de campos de concentração; em seguida vinham os cidadãos da ONU que tinham sido prisioneiros de guerra, seguidos de cidadãos da ONU classificados como deslocados (em muitos casos, indivíduos submetidos a trabalho forçado); então, cuidava-se dos deslocados da Itália e, finalmente, de cidadãos dos demais antigos países inimigos. Quanto aos alemães, a determinação era deixá-los onde estavam, para serem absorvidos pela cultura local.

Devolver cidadãos franceses, belgas, holandeses, britânicos ou italianos aos seus países de origem era tarefa relativamente simples, e as únicas dificuldades tinham caráter logístico: definir quem deveria seguir para determinado destino e localizar trens suficientes para o respectivo transporte. Já em 18 de junho de 1945, de 1,2 milhão de franceses encontrados na Alemanha por ocasião da rendição, ocorrida um mês antes, apenas 40.550 não tinham sido repatriados. Os italianos tiveram de esperar mais, por serem antigos inimigos e porque o governo italiano não dispunha de planejamento coordenado para a repatriação de seus cidadãos. Porém, já em 1947, até os italianos tinham todos retornado à Itália. No Leste Europeu, entretanto, constatava-se duas complicações graves. Havia deslocados na Europa Oriental, a rigor, desprovidos de uma nação para onde retornar. E muitos não queriam voltar. De início, a situação confundiu os administradores ocidentais. Nos termos de um acordo assinado em

Halle, na Alemanha, em maio de 1945, todos os ex-prisioneiros de guerra e cidadãos da União Soviética deveriam voltar aos locais de origem, e a premissa era de que desejariam fazê-lo. Havia uma exceção: os Aliados não reconheciam a anexação dos Estados bálticos à URSS imposta por Stalin durante a guerra, e, portanto, estonianos, letões e lituanos abrigados em acampamentos de deslocados de guerra nas zonas ocidentais da Alemanha e da Áustria tinham a opção de retornar para o leste ou buscar novas pátrias no oeste.

Mas não eram apenas os bálticos que não queriam voltar para suas regiões de origem. Um número elevado de ex-cidadãos soviéticos, poloneses, romenos e iugoslavos também preferia ficar em acampamentos temporários na Alemanha a voltar para seus países. No caso dos cidadãos soviéticos, muitas vezes, a relutância decorria do medo (justificado) de represálias, por terem permanecido no Ocidente, mesmo que tal permanência tivesse ocorrido em campos de prisioneiros. Nos casos dos bálticos, ucranianos, croatas e outros constatava-se uma relutância em voltar para países que estavam agora sob o domínio comunista, ao menos na prática, se não na teoria; freqüentemente, a oposição era motivada por receio de punições por crimes de guerra, cometidos ou não, mas era também impelida pelo desejo, puro e simples, de fugir para o Ocidente, para uma vida melhor.

Ao longo de 1945 e 1946, as autoridades ocidentais preferiram ignorar esses sentimentos e obrigar cidadãos soviéticos e de outras nações do Leste Europeu a voltar aos seus locais de origem, às vezes recorrendo à força. Enquanto funcionários soviéticos se ocupavam de reunir seus concidadãos, retirando-os dos campos de concentração alemães, refugiados provenientes da Europa Oriental tentavam, desesperadamente, convencer os atônitos representantes franceses, norte-americanos e britânicos de que não desejavam voltar para "casa", e que preferiam ficar — por incrível que pareça — na Alemanha. Nem sempre conseguiram seu intento: entre 1945 e 1947, 2.270.000 cidadãos soviéticos foram devolvidos pelos Aliados.

Houve cenas terríveis, de luta desesperada, especialmente nos primeiros meses do pós-guerra, quando emigrantes russos que não eram cidadãos soviéticos, guerrilheiros ucranianos e muitos outros foram agrupados por tropas britânicas e norte-americanas e empurrados — por vezes, literalmente — fronteira adentro, para cair nas garras do Comissariado do Povo para Assuntos Internos (NKVD).[7] Uma vez nas mãos dos soviéticos, esses indivíduos juntavam-se a centenas de milhares de outros repatriados soviéticos, bem como a cidadãos húngaros, alemães e demais ex-inimigos deportados para o leste pelo Exército Vermelho. Em 1953, 5,5 milhões de cidadãos soviéticos já haviam sido repatriados. Um em cada cinco deles foi executado ou despachado para o Gulag. Muitos outros foram enviados diretamente para o exílio, na Sibéria, ou encaminhados para os Batalhões de Engenharia de Construção.

Somente em 1947 a repatriação forçada foi suspensa, com o início da Guerra Fria e a nova disposição de tratar os deslocados do bloco soviético como refugiados *políticos* (os 50 mil cidadãos tchecos que ainda se achavam na Alemanha e na Áustria na ocasião do golpe comunista ocorrido em Praga, em fevereiro de 1948, adquiriram, imediatamente, o referido status).

[7] Em fins de maio de 1945, o Exército britânico entregou às autoridades iugoslavas 10 mil soldados e civis eslovenos que haviam fugido da Áustria. A maioria deles foi transportada de caminhão para o sul, onde foram sumariamente fuzilados nas florestas de Kocevje.

Um total de 1,5 milhão de poloneses, húngaros, búlgaros, romenos, iugoslavos, cidadãos soviéticos e judeus conseguiram evitar a repatriação. Somado aos bálticos, o grupo constituiu a imensa maioria de deslocados que permaneceram nas zonas ocidentais da Alemanha e da Áustria, bem como na Itália. Em 1951, a Convenção Européia dos Direitos do Homem codificou a proteção à qual os estrangeiros deslocados faziam jus e garantiu-lhes, finalmente, o direito de não serem repatriados à força para locais onde seriam perseguidos.

No entanto, a questão continuava em aberto: o que fazer com aquela gente? Os refugiados e deslocados não tinham dúvida. Nas palavras de Genêt (Janet Flanner), em artigo publicado na revista *The New Yorker*, em outubro de 1948, "[Os deslocados] estão dispostos a ir para qualquer lugar do planeta, menos para casa". Mas quem os aceitaria? Estados da Europa Ocidental, carentes de mão-de-obra e em plena reconstrução econômica e física, de início mostraram-se bastante abertos à importação de determinadas categorias de apátridas. Bélgica, França e Grã-Bretanha, em especial, precisavam de mineradores de carvão, operários para construção civil e lavradores. Em 1946 e 1947, a Bélgica aceitou 22 mil deslocados de guerra (acompanhados das respectivas famílias), para trabalhar nas minas da Valônia. A França abrigou 38 mil pessoas, para realizar diversos tipos de trabalho braçal. A Grã-Bretanha recebeu 86 mil indivíduos, inclusive muitos veteranos do Exército polonês e ucranianos que tinham lutado na Divisão Halychnya, das Waffen-SS.[8]

Os critérios de admissão eram simples — os Estados do Oeste Europeu tinham interesse em trabalhadores fortes (do sexo masculino) e, valorizando tal característica, não mostravam qualquer constrangimento em dar preferência a bálticos, poloneses e ucranianos, não obstante o histórico desses grupos durante a guerra. Mulheres solteiras eram bem-vindas como operárias ou domésticas — mas o Ministério do Trabalho canadense, em 1948, rejeitava mulheres jovens e maduras que se candidatavam a emigrar para o Canadá, para realizar serviços domésticos, se houvesse qualquer indício de que as candidatas tivessem formação além do nível médio. E ninguém queria idosos, órfãos ou mães solteiras. De modo geral, os refugiados não eram recebidos de braços abertos — pesquisas conduzidas no pós-guerra nos EUA e na Europa Ocidental revelaram pouca simpatia diante da situação difícil dos refugiados. A maioria das pessoas expressava a vontade de que a imigração fosse reduzida, e não incrementada.

O problema dos judeus era diferente. A princípio, as autoridades ocidentais lidaram com judeus deslocados de guerra como lidavam com qualquer outro grupo, reunindo-os em acampamentos, na Alemanha, ao lado de muitos indivíduos que os haviam perseguido. Porém, em agosto de 1945, o presidente Truman anunciou que a todos os judeus deslocados de guerra seriam fornecidas instalações separadas, e que estas se situariam na Zona Norte-americana da Alemanha: segundo o texto de um relatório encomendado pelo presidente, os acampamentos e centros integrados configuravam "uma abordagem flagrantemente impraticável para o problema. Recusar o reconhecimento da condição dos judeus é [...] fechar os olhos à perseguição

[8] A Divisão Halychnya, ou Galiciana, das Waffen-SS era formada por ucranianos que no período entre as duas guerras tinham se tornado cidadãos da Polônia e cuja região de origem foi incorporada à URSS depois da guerra. Portanto, não foram repatriados para a União Soviética e, a despeito de terem lutado contra a URSS ao lado da Wehrmacht, eram considerados apátridas pelas autoridades ocidentais.

bárbara que sofreram". Já em fins de setembro de 1945, todos os judeus que se encontravam na Zona Norte-americana recebiam tratamento diferenciado.

Jamais se cogitou devolver judeus para o Leste da Europa — ninguém na União Soviética, na Polônia ou em qualquer outro local manifestou o menor interesse em recebê-los de volta. Tampouco eram os judeus muito bem-vindos no Ocidente, sobretudo se fossem formados ou qualificados em ofícios que não envolvessem trabalho manual. E portanto, ironicamente, os judeus permaneceram na Alemanha. A dificuldade de "situar" a população judaica européia só foi resolvida com a criação do Estado de Israel: entre 1948 e 1951, 332 mil judeus naturais da Europa partiram para Israel, fosse desde centros da OIR localizados na Alemanha ou então, diretamente, da Romênia, da Polônia e de outros locais, no caso dos judeus remanescentes nesses países. Depois, outros 165 mil partiram rumo à França, Grã-Bretanha, Austrália, América do Norte e América do Sul.

Nos locais de destino os judeus juntavam-se a deslocados e refugiados da Segunda Guerra Mundial, aos quais, entre 1947 e 1949, seria somada uma nova geração de refugiados políticos saídos de países da Europa Central e Oriental. Ao todo, os EUA admitiram 400 mil pessoas nos anos em questão, e mais 185 mil entre 1953 e 1957. O Canadá recebeu, no total, 157 mil refugiados e deslocados de guerra, e a Austrália aceitou 182 mil (entre os quais 60 mil poloneses e 36 mil bálticos).

É preciso enfatizar a escala dessa façanha. Houve pessoas, notadamente certas categorias de indivíduos de origem alemã na Iugoslávia e na Romênia, que ficaram no limbo, porque os acordos de Potsdam não as contemplavam. Mas durante cerca de meia década, operando num continente marcado, amargurado e empobrecido, que emergia de seis anos de uma guerra terrível, e já prevendo as divisões acarretadas pela Guerra Fria, os governos militares aliados e as agências civis da ONU conseguiram repatriar, integrar e reassentar um número sem precedentes — muitos milhões — de pessoas desesperadas, egressas de todo o continente, e dezenas de nações e comunidades distintas. Em fins de 1951, quando a ANUAR e a OIR foram substituídas pelo recém-criado Alto Comissariado das Nações Unidas para os Refugiados (ACNUR), restavam apenas 177 mil pessoas em acampamentos de deslocados de guerra na Europa — em sua maioria, idosos e doentes, porque ninguém queria aceitá-los. O último acampamento de deslocados de guerra na Alemanha, em Föhrenwald, na Bavária, foi fechado em 1957.

Os deslocados e refugiados na Europa sobreviveram não apenas à guerra generalizada, mas a uma série de guerras civis locais. De fato, de 1934 a 1949, a Europa vivenciou uma seqüência inusitada de sangrentos conflitos civis dentro das divisas dos Estados constituídos. Em muitos casos, a ocupação estrangeira que se seguiu — fosse por parte de alemães, italianos ou russos — serviu, acima de tudo, para legitimar, por meios tão novos quanto violentos, a busca de interesses políticos e o reforço de antagonismos que já existiam antes da guerra. As forças de ocupação, evidentemente, não eram neutras. Tinham por hábito unir-se a facções internas da nação ocupada, a fim de lutar contra um inimigo comum. Desse modo, uma determinada tendência política ou minoria étnica que estivera em desvantagem em tempos de paz podia explorar as novas circunstâncias e promover ajustes de contas em nível local. Os alemães, em especial, gostavam de mobilizar e explorar tais sentimentos, não apenas para dividir e assim conquistar mais facilmente, mas também para reduzir o constrangimento e o custo de administrar e policiar os territórios conquistados: confiavam essas tarefas aos colaboracionistas locais.

A partir de 1945, o termo "colaboracionista" adquiriu conotação moral especificamente pejorativa. Mas as divisões e alianças em tempo de guerra muitas vezes levavam consigo implicações locais bem mais complexas e ambíguas do que as denominações surgidas no pós-guerra — "colaboracionismo" e "resistência" — podem sugerir. Assim, na Bélgica ocupada, alguns falantes de flamengo, repetindo um erro cometido na Primeira Guerra Mundial, cederam à tentação da promessa de autonomia e da possibilidade de romper o domínio que a elite francófona exercia sobre o Estado belga e aceitaram o jugo alemão. Naquela região, assim como em outras, os nazistas, de bom grado, fizeram o jogo da comunidade enquanto foi conveniente a seus propósitos — prisioneiros de guerra belgas que falavam flamengo foram liberados em 1940, quando as hostilidades cessaram, ao passo que valões que falavam francês permaneceram em acampamentos prisionais durante toda a guerra.

Na França e na Bélgica, assim como na Noruega, a resistência contra os alemães era concreta, especialmente nos dois últimos anos da ocupação, quando o esforço nazista no sentido de obrigar jovens a realizar trabalho forçado na Alemanha fez com que muitos vissem nas *maquis* (florestas) um risco menor. Mas somente nos momentos finais da ocupação o número de membros ativos das resistências excedeu o número dos que colaboraram com os nazistas, fosse por convicção, venalidade ou interesse pessoal — na França, estima-se que o número provável de homens e mulheres engajados era praticamente idêntico em ambos os lados, entre 160 e 170 mil, no máximo. E o inimigo principal, no mais das vezes, era o próprio grupo oponente: os alemães mantinham-se, em grande medida, à distância.

Na Itália, as circunstâncias eram mais complicadas. Quando Mussolini foi derrubado no golpe palaciano de julho de 1943, os fascistas estavam no poder havia vinte anos. Talvez por esse motivo a resistência ao regime fosse reduzida; a maioria dos antifascistas estava no exílio. Depois de setembro de 1943, quando a Itália se tornou "co-beligerante", unindo-se aos Aliados, o norte do país, sob ocupação alemã, dividiu-se entre um Estado fantoche — a "República de Saló" de Mussolini — e uma pequena mas valente resistência que cooperava com o avanço dos Exércitos aliados e, às vezes, era por eles apoiada.

Mas, também nesse caso, o que ambas as forças descreviam como uma maioria de italianos conscienciosos engajados na luta contra um bando de terroristas assassinos aliados a uma potência estrangeira foi, efetivamente, entre 1943 e 1945, uma verdadeira guerra civil, com elevado número de italianos de ambos os lados. Os fascistas de Saló eram, de fato, colaboracionistas atípicos de um invasor brutal; mas o apoio doméstico com o qual contavam à época não era desprezível, e certamente não menor do que o apoio oferecido aos seus adversários mais agressivos, os guerrilheiros comandados pelos comunistas. A resistência antifascista constituiu, na realidade, um dos lados de um embate entre italianos cuja lembrança foi convenientemente bloqueada nas décadas do pós-guerra.

No leste da Europa a problemática era ainda mais complexa. Eslovacos e croatas valeram-se da presença alemã para estabelecer Estados hipoteticamente independentes, de acordo com projetos cultivados por partidos separatistas antes da guerra. Na Polônia, os alemães não procuraram colaboracionistas; porém, mais ao norte — nos Estados bálticos e até na Finlândia —, a Wehrmacht foi, de início, bem-vinda como alternativa à ocupação e anexação à União Soviética. Os ucranianos, em particular, depois de 1941, de tudo fizeram para se beneficiar da ocupação alemã, na busca da tão esperada independência, e as regiões do leste da Galícia e do oeste da Ucrânia registraram sangrento conflito civil entre ucranianos e poloneses, tanto sob o patrocínio da guerrilha antinazista quanto da anti-soviética. Sob tais circunstâncias, distinções sutis entre guerra ideológica, conflito entre comunidades e luta por independência política perderam o sentido — sobretudo para as populações locais, sempre as maiores vítimas.

Poloneses e ucranianos lutaram ao lado da Wehrmacht, contra a Wehrmacht, contra o Exército Vermelho e entre si, dependendo do momento e local. Na Polônia, a luta, que depois de 1944 transformou-se em guerrilha contra o Estado comunista, entre 1945 e 1948, custou a vida de aproximadamente 30 mil poloneses. Na Ucrânia sob ocupação soviética, o último comandante da resistência, Roman Shukhevitch, foi morto perto de Lvov, em 1950, mas a atividade anti-soviética, embora esporádica, prosseguiu durante alguns anos, especialmente na Ucrânia e na Estônia.

Foi nos Bálcãs, no entanto, que a Segunda Guerra Mundial, antes de tudo, constituiu um conflito civil, e como tal se mostrou singularmente sangrento. Na Iugoslávia, o sentido dos rótulos convencionais — colaboracionista, membro da resistência — era bastante opaco. Como definir Draza Mihajlovic, o líder sérvio dos integrantes da resistência chetnik?[9] Patriota? Membro da resistência? Colaboracionista? O que levava os homens à luta? Resistência contra os invasores (alemães, italianos)? Vingança contra inimigos políticos domésticos no âmbito do Estado iugoslavo durante o período entre as duas guerras? Conflitos entre comunidades sérvias, croatas e muçulmanas? Inclinações pró ou anticomunistas? Para muita gente, havia mais de uma coisa em jogo.

Deste modo, o regime Ustase, de Ante Pavelic, no Estado fantoche croata, exterminou sérvios (mais de 200 mil) e muçulmanos. Mas os monarquistas liderados por Mihajlovic (em sua maioria sérvios) também mataram muçulmanos. Por esse motivo, e não outro, os muçulmanos da Bósnia, para se defender, às vezes colaboraram com o Exército alemão. Os partidários comunistas de Tito, a despeito do objetivo estratégico de livrar a Iugoslávia das forças alemãs e italianas, dedicaram tempo e recursos, primeiramente, à destruição dos chetniks — mesmo porque tal propósito era viável. Uma década mais tarde, e já desiludido com o resultado da luta entre partidários e chetniks, na qual ele próprio desempenhara um papel heróico, Milovan Djilas prestou testemunho da verdadeira experiência da guerra e da resistência na Iugoslávia ocupada: "Durante horas, os dois exércitos subiram barrancos pedregosos para escapar da morte ou destruir um pequeno grupo de compatriotas, não raro vizinhos, em algum pico de 1.800 metros de altura, numa terra faminta, ferida, cativa. Vinha à mente que aquele era o grande resultado de todas as nossas teorias e visões sobre a luta dos trabalhadores e camponeses contra a burguesia."

---

[9] Durante a guerra, os integrantes da resistência chetnik foram assim chamados em homenagem a bandos guerrilheiros que no século XVIII lutaram contra o domínio otomano sobre a Sérvia.

Mais ao sul, na Grécia — a exemplo da Iugoslávia —, a Segunda Guerra Mundial foi um ciclo de invasão, ocupação, resistência, represálias e guerra civil, culminando, em dezembro de 1944, em cinco semanas de combate, em Atenas, entre comunistas e forças britânicas que defendiam a monarquia; logo em seguida, em fevereiro de 1945, foi firmado um armistício. No entanto, a luta ressurgiu em 1946 e durou mais três anos, só acabando quando os comunistas foram expulsos de seus redutos nas montanhas do norte. Embora não reste dúvida de que a resistência imposta pelos gregos a italianos e alemães tenha sido mais eficaz do que os movimentos de resistência existentes na França e na Itália (e que eram mais conhecidos do que o movimento grego) — apenas em 1943-1944 a resistência grega matou ou feriu mais de 6 mil soldados alemães —, os danos que o movimento acarretou aos próprios gregos foram, comparativamente, bem maiores. Os guerrilheiros do KKE (Partido Comunista) e o governo monárquico, baseado em Atenas e apoiado pelo Ocidente, aterrorizaram vilarejos, destruíram sistemas de comunicação e provocaram uma divisão no país que perdurou durante décadas. Quando a luta terminou, em setembro de 1949, 10% da população estavam desabrigados. A guerra civil na Grécia careceu de muitas das complexidades étnicas observadas em confrontos na Iugoslávia e na Ucrânia,[10] mas, em termos humanos, o custo do conflito foi ainda mais elevado.

O impacto dessas lutas civis européias no pós-guerra foi imenso. Trocando em miúdos, tais conflitos significaram que a guerra na Europa não acabou em 1945, com a saída dos alemães: uma das características traumáticas da guerra civil é que, mesmo depois de derrotado, o inimigo continua presente; e, com ele, a lembrança do embate. Mas as lutas mortais daqueles anos realizaram outro feito. Somadas à brutalidade nazista, sem precedentes, e, mais tarde, às ocupações soviéticas, as guerras civis corroeram a estrutura do Estado europeu. Depois dos conflitos, nada seria o mesmo. No sentido verdadeiro de uma expressão bastante gasta, as referidas lutas transformaram a Segunda Guerra Mundial — a guerra de Hitler — numa revolução social.

Para começar, a ocupação em série de territórios por potências estrangeiras, inevitavelmente, desgastou a autoridade e a legitimidade dos governantes locais. Supostamente autônomo, o regime francês em Vichy — à semelhança do Estado eslovaco do padre Józef Tiso, ou o regime Ustase, de Pavelic, em Zagreb — era agente de Hitler, e a maioria das pessoas tinha ciência do fato. Em nível municipal, as autoridades colaboracionistas locais, na Holanda e na Boêmia, preservavam alguma iniciativa, mas para tal precisavam evitar qualquer contrariedade por parte dos senhores alemães. Mais a leste, nazistas e, mais tarde, soviéticos substituíram instituições preexistentes por homens e maquinaria seus, a não ser onde lhes conviesse explorar, durante algum tempo, desavenças e aspirações locais em benefício próprio. Ironicamente, somente nos países aliados aos nazistas (Finlândia, Bulgária, Romênia e Hungria), e que portanto mantiveram autonomia governamental, observou-se certo grau de verdadeira independência local, ao menos até 1944.

[10] Mas não careceu de todas — o apoio oportunista que os comunistas gregos ofereceram, no pós-guerra, à Bulgária comunista, visando à anexação de regiões de etnia eslava no norte da Grécia, não contribuiu muito com o avanço da causa grega.

Exceto a Alemanha e a área central da União Soviética, todos os Estados continentais europeus envolvidos na Segunda Guerra Mundial foram ocupados ao menos duas vezes: primeiro pelos inimigos, depois pelos exércitos de libertação. Alguns países — Polônia, Estados bálticos, Grécia, Iugoslávia — foram ocupados três vezes em cinco anos. A cada nova invasão, era destruído o regime anterior, sua autoridade desmontada, suas elites reduzidas. O resultado, em alguns lugares, era uma espécie de tábula rasa, em que as antigas hierarquias ficavam desacreditadas e seus representantes comprometidos. Na Grécia, por exemplo, Metaxas, ditador que governara antes da guerra, havia desprezado a antiga classe parlamentar. Os alemães o destituíram. Então, por seu turno, os alemães foram expulsos, e os que com eles tinham colaborado ficaram vulneráveis e humilhados.

O aniquilamento de antigas elites sociais e econômicas talvez tenha sido a mudança mais dramática. O extermínio dos judeus da Europa pelos nazistas não foi apenas devastador por si só. O fato teve conseqüências sociais significativas para os tantos vilarejos e cidades da Europa Central onde os judeus constituíam a classe profissional: médicos, advogados, empresários, professores. Mais tarde, muitas vezes nessas mesmas localidades, outro segmento importante da burguesia local — os alemães — foi também removido, conforme já vimos. O resultado foi a transformação radical do cenário social — e a oportunidade de poloneses, bálticos, ucranianos, eslovacos, húngaros e outros se alçarem aos empregos (e tomarem as casas) dos que haviam partido.

Esse processo de nivelamento, por meio do qual as populações nativas da Europa Central e Oriental tomaram o lugar das minorias banidas, foi a contribuição mais permanente de Hitler para a história social da Europa. O plano alemão era destruir os judeus e a intelectualidade local na Polônia e no oeste da União Soviética, reduzir os demais povos eslavos a uma neo-servidão e entregar a terra e o governo a alemães reassentados. Porém, com a chegada do Exército Vermelho e a expulsão dos alemães, a nova situação mostrou-se particularmente adequada aos projetos soviéticos, deveras mais radicais.

Isso ocorreu porque os anos de ocupação promoveram não apenas uma ascensão social rápida e à custa de muito sangue, mas também o colapso total da lei e de hábitos de vida num Estado de direito. É ilusório pensar a ocupação alemã da Europa continental como um tempo de paz e ordem, sob o olhar de uma potência onisciente e onipresente. Mesmo na Polônia, o mais policiado e reprimido de todos os territórios ocupados, a sociedade continuou a funcionar, desafiando as novas regras: os poloneses criaram para si um mundo subterrâneo paralelo, com jornais, escolas, atividades culturais, serviços assistenciais, transações econômicas e até um exército — tudo isso proibido pelos alemães, realizado em desrespeito às leis e com grande risco pessoal.

Mas a questão era exatamente essa. Viver na Europa ocupada significava infringir leis: primeiramente, leis das forças de ocupação (toque de recolher, restrições a viagens, leis raciais etc.), mas também leis e normas convencionais. A maioria das pessoas comuns que não tinham acesso a produtos hortigranjeiros, por exemplo, era obrigada a recorrer ao mercado paralelo ou à troca ilegal de mercadorias para alimentar suas famílias. O furto — fosse do Estado, de um concidadão ou de um estabelecimento comercial pertencente a um judeu — era tão corriqueiro que, aos olhos de muita gente, tinha deixado de ser crime. Na verdade, com policiais e prefeitos municipais representando e servindo o invasor, e com as próprias forças de ocupação praticando criminalidade organizada à custa de determinadas populações civis, crimes graves eram transformados em atos de resistência (ainda que muitas vezes em retrospecto, após a libertação).

Acima de tudo, a violência passou a fazer parte do cotidiano. A autoridade máxima do Estado moderno reside, em última análise, no monopólio sobre a violência e na disposição do uso da força, se necessário. Contudo, na Europa ocupada, autoridade era função exclusiva da força, empregada sem melindre. Curioso é que precisamente nessas circunstâncias o Estado *perdeu* o monopólio sobre a violência. Grupos e exércitos de resistência competiam por uma legitimidade determinada a partir da capacidade de fazer valer um mandado em determinado território. Isso ficava mais evidente nas regiões mais remotas da Grécia, em Montenegro e nos charcos a leste da Polônia, onde a autoridade dos Estados modernos jamais fora muito firme. Mas, no final da Segunda Guerra, a situação também se aplicava a regiões da França e da Itália.

Violência gerava cinismo. Na condição de forças de ocupação, nazistas e soviéticos deflagraram uma guerra de todos contra todos. Desestimulavam não apenas alianças com a autoridade extinta do regime ou Estado anterior, mas também qualquer senso de civilidade ou ligação entre indivíduos, e, no mais das vezes, as forças de ocupação eram bem-sucedidas na empreitada. Se a força invasora se comportava de modo brutal e ilegal no trato com determinado cidadão — por ser ele judeu, membro de uma elite intelectual ou de alguma minoria étnica, por ter caído em desgraça aos olhos do regime ou por nenhum motivo aparente —, por que a população local haveria de demonstrar respeito por esse cidadão? Na realidade, muitas vezes era mais prudente tentar cativar a simpatia das autoridades através da incriminação de algum vizinho.

Por toda a Europa ocupada pelos alemães (e também em regiões não ocupadas), já no final da guerra, a incidência de relatos anônimos, acusações e boatos ainda era surpreendentemente elevada. Entre 1940 e 1944, registrou-se um número extremo de delações à SS, à Gestapo e às polícias locais na Hungria, Noruega, França e Holanda. Muitas delações sequer rendiam recompensa ou ganho material. Sob o domínio soviético — notadamente no leste da Polônia, entre 1939 e 1941 —, o incentivo aos informantes, em estilo jacobino, e o hábito revolucionário (francês) de duvidar da lealdade de terceiros prevaleceram sem restrições.

Em suma, todos tinham motivos para temer todos. Suspeitando das motivações de terceiros, as pessoas se apressavam em denunciá-los, por qualquer suposta contravenção ou vantagem ilícita. Não havia como recorrer à proteção de instituições superiores: na realidade, os que detinham poder eram, freqüentemente, os mais corruptos. Para a maioria dos europeus, entre 1939 e 1945, *direitos* — civis, legais, políticos — não mais existiam. O Estado deixou de ser o defensor da lei e da justiça; ao contrário, sob a Nova Ordem de Hitler, o governo era o principal predador. A atitude dos nazistas em relação à vida humana é notória; mas a maneira como trataram a *propriedade privada* talvez tenha sido, na prática, o legado mais importante por eles deixado quanto à forma do mundo no pós-guerra.

No contexto da ocupação alemã, o direito à propriedade era, na melhor das hipóteses, uma incerteza. Os judeus da Europa foram, simplesmente, destituídos de dinheiro, bens, casas, lojas e empresas. Essa propriedade foi dividida entre os nazistas, seus colaboradores e amigos, o restante ficando à mercê de saque e furto por parte das comunidades locais. Mas a prática de seqüestro e confisco não se ateve aos judeus. O "direito" à propriedade mostrou ser algo frágil, não raro desprovido de sentido, algo que dependia, exclusivamente, da boa vontade, do interesse e do capricho dos que detinham o poder.

Houve ganhadores, tanto quanto perdedores, na série de transações drásticas e involuntárias que envolveram o patrimônio privado. Com a saída de judeus e outras vítimas étnicas, estabelecimentos comerciais e apartamentos que a eles pertenceram puderam ser ocupados por gente do lugar; ferramentas, mobília e roupas foram confiscadas ou roubadas pelos novos proprietários. Esse processo foi mais longe na zona de batalha, de Odessa ao Báltico, mas ocorreu por toda parte — sobreviventes de campos de concentração, voltando para Paris ou Praga, em 1945, muitas vezes encontraram suas residências ocupadas por "posseiros" que ali haviam se instalado durante a guerra e que, agressivamente, reivindicavam posse e se recusavam a sair. Assim, centenas de milhares de cidadãos húngaros, poloneses, tchecos, holandeses, franceses e de outras nacionalidades tornaram-se cúmplices do genocídio nazista, mesmo que apenas na condição de beneficiários.

Em todos os países ocupados, fábricas, veículos, terras, maquinaria e bens manufaturados foram apropriados sem indenização, em benefício dos novos governantes, no que configurou, de fato, intenso processo de nacionalização. Principalmente na Europa Central e Oriental, muito patrimônio privado e várias instituições financeiras foram apoderados pelos nazistas, que os integraram ao seu próprio sistema econômico. Nem sempre tal processo foi algo sem precedentes. Depois de 1931, a reviravolta desastrosa observada na região a favor do poder absoluto havia acarretado alto grau de intervenção e manipulação estatal; na Polônia, Hungria e Romênia, nas mãos do Estado, o setor produtivo tinha passado por considerável expansão durante os anos imediatamente anteriores à guerra e nos primeiros anos do conflito, como medida preventiva contra a invasão econômica alemã. Na Europa Oriental, a condução da economia pelo Estado não teve início em 1945.

No pós-guerra, a expropriação das populações alemãs, desde a Polônia até a Iugoslávia, completou a transformação radical iniciada com a remoção dos judeus, posta em prática pelos próprios alemães. Muitos cidadãos de origem alemã, dos Sudetos, da Silésia, da Transilvânia e do norte da Iugoslávia, detinham considerável número de propriedades rurais. Quando esse patrimônio caiu nas mãos do Estado para ser redistribuído, o impacto foi imediato. Na Tchecoslováquia, bens e propriedades desapropriadas dos alemães e seus colaboradores chegavam à quarta parte da riqueza nacional, e a redistribuição de terras cultiváveis beneficiou, diretamente, mais de 300 mil camponeses, lavradores e suas famílias. Mudanças desse porte só podem ser descritas como revolucionárias e, a exemplo da própria guerra, representaram, a um só tempo, um rompimento radical com o passado e uma preparação para novas transformações ainda por ocorrer.

Na Europa *Ocidental* libertada, havia pouca propriedade pertencente a alemães para ser redistribuída, e a guerra não tinha sido vivenciada como o cataclismo que se observou mais a leste. Mas também no Oeste Europeu a legitimidade das autoridades constituídas foi questionada. As administrações locais, na França, na Noruega e no Benelux, não se haviam coberto de glória. Antes, haviam executado, de maneira diligente, as ordens das forças de ocupação. Em 1941, os alemães conseguiam administrar a Noruega ocupada com um contingente de apenas 806 funcionários administrativos. Os alemães tinham tamanha confiança na polícia e nas milícias francesas que designaram (além do pessoal administrativo) somente 6 mil policiais civis e militares para garantir a obediência de uma nação de 35 milhões de habitantes. O mesmo se dava na Holanda. Em declaração prestada depois do fim da guerra, o secretário de Segurança alemão lotado em Amsterdã afirmou que "o principal apoio das forças alemãs junto à polícia e a setores afins era a própria polícia holandesa. Sem ela, nem 10% dos trabalhos previstos durante a ocupação teriam sido concluídos". Contrastando a situação na Iugoslávia, veremos que ali foi necessária a atenção constante de divisões germânicas inteiras somente para conter os guerrilheiros armados.[11]

Essa era uma das diferenças entre a Europa Ocidental e a Oriental. Outra era o próprio tratamento dispensado pelos nazistas às nações ocupadas. Noruegueses, dinamarqueses, holandeses, belgas, franceses e (depois de setembro de 1943) italianos foram humilhados e explorados. Mas, à exceção dos de origem judaica, os comunistas ou membros das resistências, de modo geral, não foram muito importunados. Como resultado, os povos libertados do Oeste Europeu tinham condições de imaginar um retorno a algo similar ao seu passado. Na verdade, as democracias parlamentaristas dos anos entre as duas guerras até começaram a parecer menos desgastadas, graças ao interlúdio nazista — Hitler tinha conseguido provocar o descrédito de pelo menos uma alternativa radical ao pluralismo político e ao domínio da lei. As populações exaustas do Oeste Europeu aspiravam, acima de tudo, ao resgate de uma vida normal, num Estado de direito.

Em seguida à libertação, a situação nos países da Europa Ocidental não era das melhores. Mas, na Europa Central, segundo as palavras de John McCloy, integrante da Comissão de Controle dos EUA na Alemanha, prevalecia "o colapso total, econômico, social e político [...] cuja extensão não tem paralelos na História, a menos que se invoque a queda do Império Romano". McCloy referia-se à Alemanha, onde os governos militares aliados tiveram de reconstruir tudo: lei, ordem, serviços, comunicações, administração. No entanto, os Aliados ao menos dispunham de recursos para fazê-lo. Mais a leste, a situação era bem pior.

Por conseguinte, foi Hitler, tanto quanto Stalin, que abriu a fenda e dividiu o continente. A história da Europa Central — das terras dos Impérios Alemão e Habsburgo, da região norte do antigo Império Otomano e até dos territórios mais ocidentais dos tsares da Rússia — sempre fora diferente, em termos de grau, daquela dos Estados-nações do oeste. Mas não diferia, necessariamente, em natureza. Antes de 1939, húngaros, romenos, tchecos, poloneses, croatas e bálticos talvez olhassem com inveja os habitantes da Holanda ou da França, mais prósperos. Mas não viam por que não almejar prosperidade e estabilidade comparáveis. Romenos sonhavam com Paris. A economia tcheca, em 1937, superou o desempenho da vizinha Áustria, e rivalizava com a Bélgica.

[11] No entanto, vale registrar que, em 1942, o Protetorado da Boêmia era administrado por apenas 1.900 burocratas alemães. Sob esse aspecto, além de outros, a Tchecoslováquia era ao menos em parte ocidental.

A guerra tudo alterou. A leste do Elba, os soviéticos e seus representantes locais herdaram um subcontinente onde um rompimento radical com o passado já havia ocorrido. Aquilo que não estava inteiramente desacreditado estava irremediavelmente avariado. Mas os governos exilados de Oslo, Bruxelas ou Haia podiam voltar de Londres, na expectativa de assumir a autoridade legítima da qual tinham sido obrigados a abrir mão em 1940. No entanto, os antigos governantes de Bucareste, Sófia, Varsóvia e até de Praga não tinham futuro: seu mundo tinha sido varrido pela violência transformadora dos nazistas. Restava decidir a forma política da nova ordem que agora haveria de substituir o passado irresgatável.

II

Punição

"Durante a guerra, belgas, franceses e holandeses cresceram aprendendo que seu dever patriota era enganar, mentir, atuar no mercado paralelo, duvidar e defraudar: esses hábitos se consolidaram depois de cinco anos."

Paul-Henri Spaak (ex-ministro das Relações Exteriores da Bélgica)

"A vingança é um despropósito, mas havia quem não tivesse lugar no mundo que pretendíamos construir."

Simone de Beauvoir

"Que uma sentença justa e rigorosa seja lavrada e executada, como requer a honra da nação e como bem merece seu maior traidor."

Decisão da resistência organizada tcheca, exigindo punição severa para o padre Józef Tiso, em novembro de 1946

A fim de que os governos da Europa libertada tivessem legitimidade, para que pudessem reivindicar a autoridade de Estados devidamente constituídos, foi necessário, primeiramente, lidar com o legado dos regimes infames instalados durante a guerra. Os nazistas e seus parceiros tinham sido derrotados, mas, em vista da escala dos crimes por eles cometidos, derrota, evidentemente, não bastava. Se a legitimidade dos governos do pós-guerra dependia apenas da vitória militar sobre os fascistas, em que medida eram melhores do que os regimes dos tempos de guerra? Era importante classificar como crimes as atividades desses últimos regimes e puni-los com o devido rigor. Havia, por trás de tudo isso, uma adequada motivação legal e política. Mas o desejo de punição visava também a uma necessidade mais premente. Para a maioria dos europeus, a Segunda Guerra Mundial não foi uma rotina de manobras e batalhas, mas de degradação diária, um processo em que homens e mulheres eram traídos e humilhados, forçados a cometer delitos mesquinhos e degradantes, nos quais todos perderam um pouco e muitos perderam tudo.

Além disso, e em contraste marcante com a lembrança ainda viva da Primeira Guerra em vários locais, havia, em 1945, pouco do que se orgulhar e muito do que se envergonhar e se sentir culpado. Como já vimos, para a maioria dos europeus a experiência da guerra foi algo passivo — derrota e ocupação por um grupo de estrangeiros, e libertação por outro. A única fonte de orgulho nacional coletivo eram os movimentos de resistência armada aos invasores, motivo pelo qual foi na Europa Ocidental, onde a resistência efetiva tinha sido menos visível, que o mito da Resistência teve maior importância. Na Grécia, Iugoslávia, Polônia ou Ucrânia, onde números elevados de membros ativos da resistência tinham entrado em combate direto com as forças de ocupação e entre si, a situação era, como de hábito, mais complicada.

Na Polônia libertada, por exemplo, as autoridades soviéticas não viam com bons olhos as homenagens à resistência armada, cujo sentimento era tão anticomunista quanto antinazista. Na Iugoslávia, durante o pós-guerra, como já foi visto, alguns grupos de resistência tinham mais valor do que outros — ao menos aos olhos do marechal Tito e de seus vitoriosos combatentes comunistas. Na Grécia, a exemplo da Ucrânia, em 1945, as autoridades locais caçavam, aprisionavam e executavam todos os membros da resistência identificados como tal.

Em suma, "resistência" era categoria variável, incerta e, em alguns locais, inventada. Mas "colaboracionismo" constituía algo diferente. Colaboracionistas tendiam a ser universalmente execrados. Eram homens e mulheres que trabalhavam para as forças de ocupação, que com elas mantinham relações sexuais, homens e mulheres que selavam a própria sorte com a sorte dos nazistas ou fascistas e que, com oportunismo, buscavam vantagens políticas ou econômicas valendo-se do contexto da guerra. Por vezes, tratava-se de minorias religiosas, étnicas ou lingüísticas e, portanto, já desprezadas ou temidas por outros motivos; e ainda que "colaboracionismo" não fosse considerado crime, com definições legais e punições explicitadas, colaboracionistas eram passíveis da acusação de traição, crime flagrante, com punição merecidamente rigorosa.

A punição dos colaboracionistas (verídicos e imaginados) teve início antes mesmo do fim dos combates. Na realidade, tal punição operou durante todo o período da guerra, espontaneamente ou sob instruções de organizações secretas de resistência. Mas, no intervalo entre a saída dos exércitos alemães e o estabelecimento do controle efetivo por parte dos governos aliados, as frustrações das populações e as vinganças pessoais, muitas vezes matizadas por oportunismo político e vantagem econômica, geraram um ciclo breve mas sangrento de acerto de contas. Na França, cerca de 10 mil pessoas foram mortas em processos "extrajudiciais", muitas das quais por grupos de resistência independentes, de modo particular as Milices Patriotiques, que caçavam colaboracionistas suspeitos, confiscavam-lhes as propriedades e, não raro, fuzilavam-nos sumariamente.

Cerca de um terço das execuções sumárias ocorreu antes do desembarque na Normandia, em 6 de junho de 1944, e a maioria das restantes foi registrada ao longo dos quatro meses seguintes de lutas travadas em solo francês. De certo modo, os números são bastante reduzidos, considerando a intensidade do ódio recíproco e a desconfiança constatada na França depois de quatro anos de ocupação e do regime do marechal Pétain, em Vichy; ninguém se surpreendeu com as represálias — nas palavras de um ex-primeiro-ministro francês, já idoso, Edouard Herriot: "A França precisa primeiro passar por um banho de sangue, antes que os republicanos possam retomar as rédeas do poder."

Sentimento idêntico era observado na Itália, onde represálias e punições extra-oficiais, de modo especial nas regiões da Emília-Romana e da Lombardia, resultaram num número de mortos que, nos últimos meses da guerra, aproximou-se de 15 mil, e prosseguiram, esporadicamente, ao menos nos três anos seguintes. Em outros locais da Europa Ocidental o grau de derramamento de sangue foi bem mais baixo — na Bélgica, cerca de 265 colaboracionistas, de ambos os sexos foram linchados ou executados; na Holanda, menos de cem. Outras formas de represália, no entanto, eram bastante comuns. Acusações contra mulheres, que cínicos (falantes de língua francesa) tachavam de "colaboração horizontal", eram freqüentes: "*moffenmeiden*", na Holanda, eram lambuzadas de alcatrão e cobertas de penas, e por toda a França houve cenas de mulheres despidas e raspadas, em praças públicas, muitas vezes, no dia em que o respectivo povoado era libertado das forças de ocupação, ou pouco tempo depois.

A freqüência com que mulheres eram acusadas — não raro por outras mulheres — de ter relações com alemães é reveladora. Havia um fundo de verdade em muitas acusações: a oferta de favores sexuais em troca de comida, roupas ou algum tipo de auxílio pessoal era um caminho, muitas vezes o único, disponível a mulheres e famílias em situações desesperadoras. Mas, a popularidade da imputação e o prazer da vingança atinente à punição constituem um lembrete de que, tanto para homens quanto para mulheres, a experiência era encarada, acima de tudo, como uma *humilhação*. Jean-Paul Sartre, mais tarde, descreveria "colaboracionismo" em termos nitidamente sexuais, como "submissão" à força do invasor, e em mais de um romance francês dos anos 40 colaboracionistas eram retratados ora como mulheres, ora como homens fracos ("efeminados"), seduzidos pelo charme teutônico dos invasores. Descarregar sentimentos de vingança em mulheres corrompidas era um meio de superar a memória desconcertante de fraqueza pessoal e coletiva.

Atos anárquicos de represálias violentas eram também comuns no Leste Europeu, mas assumiam formas distintas. No oeste, fora intensa a procura dos alemães por quem colaborasse; em terras eslavas ocupadas, os alemães governavam diretamente e por meio da força. Apenas a colaboração dos separatistas locais era incentivada de maneira sistemática, e mesmo assim somente na medida em que atendesse aos propósitos germânicos. Como resultado, depois da retirada dos alemães as primeiras vítimas de represálias espontâneas no Leste Europeu foram as minorias étnicas. As forças da União Soviética e os aliados locais nada fizeram para inibir tal ação. Ao contrário, os acertos de contas de natureza espontânea (que nem sempre deixaram de ser incitados) contribuíram para a remoção de elites e políticos locais que pudessem constituir empecilhos às aspirações comunistas no pós-guerra. Na Bulgária, por exemplo, a recém-criada Frente da Pátria incentivou represálias extra-oficiais contra colaboracionistas de todos os tipos, recorrendo de modo generalizado à acusação de "simpatizante fascista" e estimulando a denúncia de qualquer indivíduo que exibisse sentimentos a favor do Ocidente.

Na Polônia, os judeus eram o alvo principal de represálias por parte da população — 150 judeus foram mortos na Polônia libertada nos primeiros meses de 1945. Já em abril de 1946 os números beiravam 1.200. Ataques em menor escala ocorreram na Eslováquia (em Velké Topolcany, em setembro de 1945) e na Hungria (em Kunmadaras, em maio de 1946), mas o pior *pogrom* aconteceu em Kielce (Polônia), em 4 de julho de 1946, onde 42 judeus foram mortos e muitos outros feridos, em seguida ao boato do seqüestro e assassinato de uma criança da região durante um ritual religioso. Em certo sentido, essas mortes também configuravam represálias contra colaboracionistas, pois, aos olhos de muitos poloneses (inclusive de antigos guerrilheiros antinazistas), os judeus eram suspeitos de simpatizar com as forças soviéticas de ocupação.

O número preciso de execuções na Europa Oriental sob ocupação soviética, ou na Iugoslávia, durante os primeiros meses de expurgo e matança "não-autorizada" é desconhecido. Mas em lugar nenhum o acerto de contas desregulado durou muito tempo. Não era do interesse de governos novos e frágeis, que estavam longe de ser universalmente aceitos e que eram, muitas vezes, flagrantemente provisórios, torturar e matar à vontade. A primeira tarefa das novas autoridades era garantir o monopólio da força, a legitimidade e as instituições da justiça. Qualquer detenção ou acusação referente a crimes cometidos durante a ocupação era responsabilidade das autoridades competentes. Quaisquer julgamentos deveriam transcorrer sob o domínio da lei. Qualquer derramamento de sangue era questão exclusiva do Estado. Tal transição ocorria assim que as novas forças sentiam-se poderosas o suficiente para desarmar os ex-guerrilheiros, impor a autoridade da nova polícia e refrear a ânsia popular por punições severas e castigos coletivos.

O desarmamento das resistências mostrou-se surpreendentemente pacífico, ao menos na Europa Ocidental e Central. Fez-se vista grossa em relação a assassinatos e outros delitos cometidos durante os meses frenéticos do período de libertação: o governo provisório da Bélgica decretou anistia para todas as contravenções cometidas pela Resistência ou em nome dela, com prazo de vigência de 41 dias em seguida à data oficial da libertação do país. Porém, prevalecia o acordo tácito de que as recém-constituídas instituições governamentais assumiriam a tarefa de punir os culpados.

Aqui começavam os problemas. O que era um "colaboracionista"? Com quem teriam colaborado, e com qual propósito? Além de casos óbvios de assassinato ou furto, do que seriam os "colaboracionistas" acusados? Alguém haveria de pagar pelo sofrimento da nação, mas como definir esse sofrimento, e quem seria responsabilizado por ele? A forma desses enigmas variava de país para país, mas o dilema geral era comum: não havia precedente para a experiência européia dos seis anos anteriores.

Em primeiro lugar, qualquer lei que contemplasse as ações de indivíduos que houvessem colaborado com os alemães seria, necessariamente, retroativa — antes de 1939, o crime de "colaboração com as forças de ocupação" era desconhecido. Houve guerras anteriores em que exércitos de ocupação buscaram e conseguiram a cooperação e assistência dos povos cujas terras tinham sido invadidas; no entanto, exceto em circunstâncias muito específicas — como, por exemplo, o caso dos nacionalistas flamengos na Bélgica sob ocupação alemã, entre 1914 e 1918 —, a prática não era vista como um convite ao crime, mas apenas como parte dos prejuízos paralelos à guerra.

Conforme já foi observado, o único sentido em que se poderia dizer que o crime de colaboração estava contemplado na lei era quando o delito envolvia traição. Para considerar um exemplo representativo, na França, muitos colaboracionistas — quaisquer que fossem os detalhes do seu comportamento — foram julgados e condenados nos termos do Artigo 75 do Código Penal de 1939 por "passar informações ao inimigo". No entanto, com freqüência, homens e mulheres julgados pelos tribunais franceses tinham colaborado não com os nazistas, mas com o regime de Vichy, liderado e administrado por franceses e constituído, nitidamente, como herdeiro legítimo do Estado francês que funcionava antes da guerra. Aqui, tanto quanto na Eslováquia, na Croácia, no Protetorado da Boêmia, na República Social de Saló (de Mussolini), na Romênia do marechal Ion Antonescu e na Hungria, durante a guerra, colaboracionistas se defendiam alegando que trabalhavam tão-somente para as autoridades dos seus próprios Estados.

No caso de policiais de alto escalão ou funcionários do governo flagrantemente culpados de servir aos interesses nazistas através dos regimes fantoches que os empregavam, a referida defesa era, na melhor das hipóteses, insincera. Mas a situação de figuras de menor importância, sem falar nos milhares de indivíduos acusados de aceitar emprego em governos de fachada, ou em agências ou empresas que para eles trabalhavam, revelava a confusão em torno do problema. Seria correto, por exemplo, depois de maio de 1940, acusar alguém de pertencer a um partido político que gozava de representação legal no Parlamento antes da guerra, mas que passara a colaborar com os alemães durante a ocupação?

Os governos exilados franceses, belgas e noruegueses tinham procurado se prevenir em relação a esses dilemas por meio de decretos baixados durante a guerra que continham advertências acerca de punições severas depois do término do conflito. Mas o objetivo desses decretos era dissuadir a população de colaborar com os nazistas; os dispositivos não abordavam questões mais amplas, tais como jurisprudência e eqüidade. Acima de tudo, os decretos não podiam resolver, por antecipação, o problema de se pesar a responsabilidade individual contra a coletiva. Em 1944 e 1945, o saldo da vantagem política permitiu a atribuição, de modo generalizado, de responsabilidade por crimes de guerra e de colaboração a categorias predeterminadas de pessoas: membros de certos partidos políticos, organizações militares e agências governamentais. Porém, tal procedimento ignorava muitos indivíduos cuja punição era amplamente exigida; isso incluía gente cuja ofensa principal fora inércia ou covardia; e, o mais importante, a prática implicava uma forma de indiciamento coletivo, algo execrado pela maioria dos juristas europeus.

Como alternativa, indivíduos foram levados a juízo, com resultados bastante variados, dependendo do tempo e lugar. Muitos homens e mulheres foram injustamente "escolhidos". E muitos outros escaparam de qualquer punição. Houve inúmeras irregularidades e ironias processuais, e as motivações de governos, promotores públicos e jurados estavam longe de ser dignas — fosse por interesse próprio, calculismo político ou paixão. Esse resultado foi negativo. Mas, para avaliar os processos criminais (e a catarse pública a eles associada) que marcaram a transição, na Europa, de um tempo de guerra para um tempo de paz, é preciso ter sempre em mente o drama do que acabara de ocorrer. Sob as circunstâncias de 1945, é deveras extraordinário que o domínio da lei tenha sido restabelecido — afinal, jamais um continente inteiro tentara definir um novo conjunto de crimes em tamanha escala e levar os criminosos a algo que se assemelhasse à justiça.

Os números de pessoas punidas e o grau das punições variavam muito de país para país. Na Noruega, país com população de apenas 3 milhões de habitantes, todos os 55 mil membros do Nasjonal Sammlung, a principal organização de colaboracionistas pró-nazistas, foram julgados, além de outros 40 mil indivíduos; 17 mil homens e mulheres receberam penas de detenção e trinta sentenças de morte foram expedidas, 25 das quais levadas a cabo.

Em nenhum outro local as proporções foram tão elevadas. Na Holanda, 200 mil pessoas foram investigadas, das quais quase a metade foi detida, algumas pelo crime de terem adotado a saudação nazista; 17.500 funcionários públicos perderam o emprego (mas quase ninguém no mundo empresarial, na área da educação ou nas profissões liberais); 154 pessoas foram condenadas à morte, quarenta das quais executadas. Na vizinha Bélgica, um número bem mais elevado de sentenças de morte foi exarado (2.940), porém um número mais reduzido de sentenças (apenas 242) foi cumprido. Um número basicamente idêntico de colaboracionistas foi para a prisão; contudo, enquanto os holandeses logo anistiaram a maioria dos detidos, o Estado belga os manteve encarcerados por mais tempo, e ex-colaboracionistas condenados por crimes graves jamais recuperaram totalmente os direitos civis. Ao contrário do que propõe um antigo mito do pós-guerra, a população flamenga não foi alvo de punições desproporcionais, mas, ao reprimir indivíduos que durante a guerra defenderam a Nova Ordem, as elites belgas — católicos, socialistas e liberais — restabeleceram o controle tanto sobre Flandres quanto sobre a Valônia.

O contraste entre Noruega, Bélgica, Holanda (e Dinamarca), onde os governos legítimos fugiram para o exílio, e a França, onde, na visão de muita gente, o regime de Vichy constituía o *governo legítimo*, é sugestivo. Na Dinamarca, o crime de colaboracionismo era praticamente desconhecido. Porém, de cada 10 mil dinamarqueses 374 foram condenados à detenção, em julgamentos realizados no pós-guerra. Na França, onde o colaboracionismo em tempo de guerra foi generalizado, por esse mesmo motivo a prática foi punida timidamente. Uma vez que o próprio Estado atuou como o principal colaboracionista, parecia excessivo e um tanto quanto desagregador condenar cidadãos comuns pelo mesmo crime — ainda mais porque, na França, três em cada quatro juízes que presidiam os julgamentos de colaboracionistas tinham, eles próprios, servido ao Estado colaboracionista. Em todo caso, 94 indivíduos em cada 100 mil (menos de 0,1% da população) foram presos por delitos cometidos durante a guerra. Dos 38 mil detidos, a maioria foi libertada com base na anistia parcial concedida em 1947, e todos, exceto 1.500 dos remanescentes, foram soltos na anistia de 1951.

Na França, entre 1944 e 1951, os tribunais oficiais condenaram à morte 6.763 pessoas (3.910 *in absentia*) por traição e crimes afins. Dessas sentenças, apenas 791 foram cumpridas. A principal punição que pesou sobre os colaboracionistas franceses foi a chamada "degradação nacional", introduzida em 26 de agosto de 1944, logo após a libertação de Paris, e definida, sardonicamente, por Janet Flanner: "Degradação nacional consistirá em ser privado de quase tudo que os franceses apreciam — como o direito de exibir condecorações de guerra; o direito de ser advogado, tabelião, professor de escola pública, juiz e até testemunha; o direito de dirigir editora, estação de rádio ou empresa cinematográfica; e, acima de tudo, o direito de atuar como diretor de seguradora ou banco."

Na França, 49.723 homens e mulheres receberam essa punição. Entre os servidores públicos, 11 mil (1,3% federais, número bem inferior aos 35 mil demitidos sob o regime de Vichy) foram afastados ou penalizados, mas a maioria foi reinstituída no prazo de seis anos. Ao todo, a *épuration* (depuração, expurgo), conforme o processo ficou conhecido, envolveu 350 mil pessoas, cujas vidas e carreiras, na maioria dos casos, não foram afetadas de maneira dramática. Ninguém foi punido pelo que hoje chamaríamos de crimes contra a humanidade. A responsabilidade por esse tipo de delito, assim como por outros crimes de guerra, foi imputada apenas aos alemães.

A experiência italiana divergiu, por várias razões. Embora fosse uma das potências ex-integrantes do Eixo, a Itália foi autorizada pelos governos aliados a realizar seus próprios julgamentos e depurações — afinal, em setembro de 1943, o país tinha mudado de lado.

Mas havia muita ambigüidade quanto a quem e o que deveria ser levado a juízo. Enquanto em outros locais da Europa a maioria dos colaboracionistas foi, por definição, acusada de "fascista", na Itália o termo abarcava um contingente por demais vasto e ambíguo. Tendo sido governado por fascistas de 1922 até 1943, o país começou a ser libertado do regime de Mussolini por um dos marechais do próprio ditador, Pietro Badoglio, cujo primeiro governo antifascista era constituído por muitos ex-fascistas.

O único crime fascista claramente condenável era colaboração com o inimigo após 8 de setembro de 1943 (data da invasão alemã). Como conseqüência, a maioria dos acusados encontrava-se no norte sob ocupação e tinha ligações com o Estado fantoche instalado em Saló, no lago Garda. O questionário "Foste fascista?" (o "*Scheda Personale*"), alvo de tanta zombaria, que circulou em 1944, centrava-se precisamente na diferença entre fascistas de Saló e de outros locais. As sanções contra os primeiros baseavam-se no Decreto n° 159, baixado em julho de 1944 pela Assembléia Legislativa Interina, um documento que explicitava "os atos de gravidade especial que, embora não configurassem crime, [eram] considerados contrários às normas de sobriedade e decência política".

Essa legislação obscura destinava-se a contornar a dificuldade de se condenar homens e mulheres por atos cometidos sob as ordens de autoridades nacionais constituídas. E o Supremo Tribunal, instituído em setembro de 1944 para julgar os prisioneiros mais importantes, compunha-se de juízes e advogados que, em sua maioria, eram ex-fascistas, tanto quanto os membros dos Tribunais Especiais, estabelecidos para punir funcionários de escalões inferiores pertencentes ao regime colaboracionista. Dadas as circunstâncias, os processos judiciais dificilmente conquistariam o respeito por parte da população de modo geral.

Não é de se estranhar que o resultado não tenha deixado ninguém satisfeito. Já em fevereiro de 1946, 394 mil funcionários públicos tinham sido investigados, dos quais apenas 1.580 foram demitidos. A maioria dos questionados alegou *gattopardismo* (mudança de aparência para conservar, oportunisticamente, intacto um privilégio), argumentando que, diante da pressão fascista, havia recorrido a um sutil jogo duplo — afinal, funcionários públicos eram obrigados a ingressar no Partido Fascista. Visto que muitos dos que comandavam os interrogatórios poderiam, perfeitamente, estar do outro lado da mesa, era grande a simpatia por essa linha de defesa. Após os julgamentos, amplamente divulgados pela mídia, de alguns generais e fascistas graduados, o prometido expurgo do governo diminuiu de intensidade.

O Alto Comissariado, cuja tarefa era dirigir o expurgo, foi extinto em março de 1946, e três meses mais tarde as primeiras anistias foram anunciadas, inclusive o cancelamento de todas as sentenças prisionais com penas inferiores a cinco anos. Praticamente todos os governadores, prefeitos e burocratas do médio escalão exonerados durante 1944 e 1945 iriam reconquistar o emprego perdido ou evitar o pagamento das multas impostas, e a maioria dos quase 50 mil italianos detidos em decorrência de atividades fascistas ficou pouco tempo em reclusão.[1] Não mais do que cinqüenta pessoas foram condenadas judicialmente e executadas

---

[1] Ainda em 1960, 62 dos 64 governadores responsáveis pela administração das províncias italianas tinham exercido atividade funcional sob o regime fascista, e o mesmo pode ser dito de todos os 135 chefes de polícia do país.

em conseqüência de crimes praticados, mas o número não inclui 55 fascistas massacrados por guerrilheiros na Penitenciária de Schio, em 17 de julho de 1945.

Durante a Guerra Fria, a transição suspeita e indolor observada na Itália, que passou de potência do Eixo à condição de aliada democrata, foi muitas vezes atribuída à pressão internacional (norte-americana), assim como à influência política do Vaticano. Na realidade, a questão era mais complexa. É certo que a Igreja Católica saiu-se muito bem, considerando as relações amistosas do papa Pio XII com o fascismo e a vista grossa (preventiva) que fez o pontífice em relação a crimes nazistas cometidos na Itália e em outros locais. A pressão da Igreja *foi* exercida. E, enquanto procuravam restabelecer a normalidade do cotidiano na península, as autoridades militares anglo-americanas *relutaram* em remover administradores comprometidos. Além disso, de modo geral, o expurgo de fascistas foi *mais eficiente* em regiões onde prevaleciam a Resistência esquerdista e seus representantes políticos.

No entanto, foi Palmiro Togliatti, 51, líder do Partido Comunista Italiano, que, no cargo de ministro da Justiça do governo de coalizão no pós-guerra, esboçou a Anistia de junho de 1946. Após duas décadas no exílio e muitos anos exercendo um alto posto na Internacional Comunista, Togliatti tinha poucas ilusões acerca do que era possível e impossível no período subseqüente à guerra na Europa. Ao retornar de Moscou, em março de 1944, ele anunciou, em Salerno, o compromisso do partido com a unidade nacional e a democracia parlamentarista — para a perplexidade e surpresa de muitos seguidores.

Num país onde milhões de pessoas (que nem sempre pertenciam à direita) estavam comprometidas em decorrência de seu envolvimento com o fascismo, Togliatti não via muita vantagem em empurrar a nação para uma guerra civil — ou melhor, em prolongar a guerra civil que já estava em curso. Era bem melhor trabalhar pelo restabelecimento da ordem e da normalidade cotidiana, deixar para trás a era fascista e buscar o poder através das urnas. Além disso, Togliatti, a partir de sua posição privilegiada como figura importante do movimento internacional comunista, cuja perspectiva estratégica transcendia os limites da Itália, tinha em mente a situação da Grécia, como precaução e advertência.

Na Grécia, apesar do nível significativo de cooperação entre as elites burocrática e empresarial, expurgos realizados no pós-guerra não visaram à direita, mas à esquerda. O caso foi único, mas também revelador. A guerra civil de 1944 e 1945 convencera os britânicos de que somente o firme restabelecimento de um regime conservador em Atenas haveria de estabilizar aquele país pequeno porém estrategicamente vital. Expurgar ou ameaçar empresários ou políticos que haviam trabalhado com italianos ou alemães poderia ter implicações radicais num país onde a esquerda revolucionária parecia pronta a tomar o poder.

Em pouco tempo, a ameaça à estabilidade no Egeu e no sul dos Bálcãs deixou de ser o Exército alemão em retirada e passou a ser os bem entrincheirados comunistas gregos e seus guerrilheiros aliados nas montanhas. Na Grécia, poucas pessoas foram punidas com rigor por terem, durante a guerra, colaborado com as potências do Eixo, mas a pena de morte foi aplicada amplamente na luta contra a esquerda. Por não haver, em Atenas, distinção congruente entre guerrilheiros esquerdistas que lutaram contra Hitler e guerrilheiros comunistas que tentavam derrubar o Estado grego do pós-guerra (e, na verdade, muitas vezes tratava-se dos mesmos homens), foram os membros da resistência, e não seus inimigos colaboracionistas, que nos anos seguintes seriam julgados e detidos. Além disso, ficariam excluídos da vida civil durante décadas: até seus filhos e netos haveriam de pagar caro, pois ainda em plena década de 1970 não conseguiam obter emprego no inchado setor público.

Os expurgos e julgamentos na Grécia foram, portanto, flagrantemente políticos. Mas, em certo sentido, o mesmo se pode dizer dos processos mais convencionais observados no Oeste Europeu. Qualquer processo judicial realizado em conseqüência direta de uma guerra ou luta política será político. A atmosfera dos julgamentos de Pierre Laval ou Philippe Pétain, na França, ou do chefe de polícia Pietro Caruso, na Itália, não foi, absolutamente, aquela que se verifica em processos judiciais comuns. Acerto de contas, sangria, represália e calculismo político desempenharam papéis cruciais nos referidos julgamentos e em muitos outros processos e expurgos. É preciso ter em mente tal noção, quando consideramos as punições oficiais aplicadas no período pós-guerra na Europa Central e Ocidental.

Não resta dúvida de que, sob o ponto de vista de Stalin e das autoridades soviéticas de ocupação que atuavam em todos os territórios controlados pelo Exército Vermelho, os julgamentos e outras penalidades impostas a colaboracionistas, fascistas e alemães constituíam sempre, e antes de tudo, um meio de desobstruir o cenário político e social local de empecilhos ao domínio comunista. O mesmo se aplicava à Iugoslávia de Tito. Muitos homens e mulheres foram acusados de delitos fascistas graves, quando seu maior crime era pertencerem ao grupo social errado, estarem associados a alguma comunidade religiosa ou partido político inoportuno, ou apenas disporem de visibilidade ou popularidade na comunidade local. Expurgos, expropriação imobiliária, expulsões, sentenças prisionais e execuções que visavam à eliminação de adversários políticos incriminados eram estágios importantes num processo de transformação política e social, conforme veremos. Mas essas medidas também atingiram e puniram fascistas convictos e criminosos de guerra.

Assim, ao atacar a Igreja Católica na Croácia, Tito aproveitou para processar o notório cardeal de Zagreb, Alois Stepinac, apologista de alguns dos piores crimes perpetrados pelo regime croata Ustase; o cardeal teve sorte por ter passado apenas 14 anos em prisão domiciliar, antes de falecer, em casa, em 1960. Draza Mihajlovic, líder da resistência chetnik, foi julgado e executado em julho de 1946. Na seqüência da execução de Mihajlovic, durante os dois anos seguintes à libertação da Iugoslávia, dezenas de milhares de outros não-comunistas foram mortos, todos vítimas de uma represália cuja motivação era política; porém, levando em conta as ações desses indivíduos, seja junto aos chetniks, ao Ustasa, à Guarda Branca Eslovênia ou como *domobranci* armados, muitos teriam recebido sentenças severas sob qualquer sistema jurídico.[2] Os iugoslavos executaram e deportaram muitos indivíduos de origem húngara pela participação em massacres militares cometidos pelos húngaros em Voivodina, em janeiro de 1942, e suas terras foram entregues a partidários do novo regime (que não tinham origem húngara). Foi um gesto político deliberado, mas em muitos casos as vítimas eram, de fato, culpadas.

O caso da Iugoslávia foi particularmente complexo. Mais ao norte, na Hungria, no decorrer de 1944, os Tribunais Populares criados no pós-guerra iniciaram seus trabalhos julgando,

---

[2] A Domobran era a Guarda Nacional croata durante a guerra. É certo que o comportamento dos guerrilheiros comunistas partidários de Tito nem sempre tinha sido melhor; mas ocorre que os guerrilheiros foram vitoriosos.

precisamente, criminosos de guerra, sobretudo os ativistas dos regimes pró-germânicos de Döme Sztójay e Ferenc Szálasi. No pós-guerra, o índice de fascistas e colaboracionistas condenados na Hungria não excedeu os números de condenados na Bélgica ou na Holanda — mas não resta dúvida de que cometeram crimes graves, inclusive ao antecipar e implementar, com entusiasmo, os planos alemães para arrebanhar e transportar para os campos de concentração milhares de judeus húngaros. Somente mais tarde as autoridades húngaras acrescentaram categorias como "sabotagem" e "conspiração", cujo claro propósito era abranger um número maior de opositores e indivíduos propensos a resistir à tomada de poder pelos comunistas.

Na Tchecoslováquia, os Tribunais Populares Extraordinários, estabelecidos em 19 de maio de 1945 por decreto presidencial, exararam 713 sentenças de morte, 741 sentenças de prisão perpétua e 19.888 sentenças mais brandas a "traidores, colaboracionistas e elementos fascistas pertencentes às fileiras da nação tcheca e eslovaca". A linguagem do decreto se assemelha ao jargão legalista soviético e, com certeza, pressagia o futuro sombrio da Tchecoslováquia. Mas houve, de fato, traidores, colaboracionistas e fascistas na Tchecoslováquia durante a ocupação; um deles, o padre Tiso, foi enforcado em 18 de abril de 1947. Se Tiso e outros foram objeto de julgamento justo — se *poderiam* ter sido objeto de julgamento justo naquela atmosfera —, é questão procedente. Mas o tratamento que tiveram não foi pior do que o tratamento dispensado, digamos, a Pierre Laval. A justiça tcheca no pós-guerra preocupava-se sobremaneira com a categoria vaga e inquietante de "crimes contra a nação", mecanismo utilizado para conferir punição coletiva, de modo especial a alemães da região dos Sudetos. Mas, naqueles anos, o mesmo era verdade em relação à justiça francesa, talvez com menos motivos para tal.

Em se tratando do pós-guerra, é difícil avaliar o sucesso dos julgamentos e expurgos antifascistas realizados na Europa antes ocupada. O procedimento das sentenças era muito criticado à época — pessoas julgadas enquanto a guerra ainda transcorria, ou logo após a libertação de um determinado país, estavam sujeitas a penas mais severas do que indivíduos julgados posteriormente. Como resultado, na primavera de 1945, transgressores acusados de crimes menos graves receberam sentenças prisionais bem mais longas do que colaboracionistas inveterados cujos processos só chegariam aos tribunais um ano mais tarde. Na Boêmia e na Morávia, registrou-se um percentual bastante elevado (95%) de sentenças de morte, em conseqüência de uma norma segundo a qual o prisioneiro devia ser executado dentro de duas horas a partir da promulgação da sentença; em outras localidades, qualquer pessoa que escapasse da execução imediata podia contemplar a possibilidade da comutação da sua própria sentença.

Penas de morte eram comuns à época e suscitavam pouca oposição: a depreciação do valor da vida durante a guerra fez com que penas capitais parecessem algo menos extremo — e mais respaldado — do que sob circunstâncias normais. O que causava mais indignação e, em alguns locais, talvez tenha mesmo comprometido a validade dos processos era a evidente falta de coerência das punições, sem falar que muitas penas eram determinadas por juízes e júris cujo histórico pessoal durante a guerra era bastante maculado. A situação de escritores e jornalistas, pelo fato de terem deixado registros escritos de suas alianças na época da guerra, era a mais difícil. Julgamentos que eram objeto de grande publicidade — por exemplo, o processo que envolveu Robert Brasillach, em janeiro de 1945, em Paris — provocavam protestos de resistentes ferrenhos, como Albert Camus, que considerava injusto e imprudente condenar e executar indivíduos em decorrência de suas opiniões, por mais medonhas que elas fossem.

Em contrapartida, empresários e altos funcionários que tinham lucrado com a ocupação pouco sofreram, ao menos na Europa Ocidental. Na Itália, os Aliados insistiam que um homem como Vittorio Valletta, da Fiat, fosse mantido em seu posto, apesar de sua notória ligação com as autoridades fascistas. Outros executivos italianos sobreviveram, por comprovarem que haviam feito oposição à República Social de Saló — e, de fato, muitas vezes esses executivos *tinham* se oposto a Saló, precisamente por ser a república por demais "social". Na França, processos com base em colaboração de caráter econômico foram preteridos pela nacionalização seletiva — das fábricas da Renault, por exemplo, como punição pela importante contribuição de Louis Renault para o esforço de guerra germânico. E, por toda parte, pequenas empresas, banqueiros e funcionários que haviam auxiliado na administração dos regimes de ocupação — construindo a "Muralha do Atlântico", cujo propósito era defender a França de qualquer invasão, prestando assistência ao abastecimento das forças alemãs etc. — foram mantidos em seus postos, a fim de desempenhar funções similares a favor das democracias subseqüentes e garantir continuidade e estabilidade.

Concessões desse tipo foram, provavelmente, inevitáveis. A própria escala de destruição e colapso moral constatados em 1945 indicava que qualquer coisa que restasse seria necessária como laje de construção para o futuro. Os governos provisórios instalados durante os meses de libertação eram quase impotentes. A cooperação incondicional (e grata) das elites econômicas, financeiras e industriais era vital para que alimentos, vestimentas e combustíveis fossem fornecidos às populações indefesas e famintas. Expurgos econômicos poderiam ser contraprodutivos, até mesmo incapacitantes.

Mas o preço disso foi o cinismo político e uma acentuada desilusão com as esperanças surgidas em torno da libertação. Já em 27 de dezembro de 1944 o escritor napolitano Guglielmo Giannini escreveu as seguintes palavras em *L'Uomo Qualunque*, jornal de um novo partido italiano homônimo que apelava, precisamente, para esse sentimento de amargo desencanto: "Sou o sujeito que, ao encontrar um ex-*gerarca* (superior), indaga: 'Como você se tornou um expurgador?' [...] Sou o sujeito que olha em volta e diz: 'Esses métodos e sistemas são fascistas' [...] Sou o sujeito que já não acredita em nada e em ninguém."

A Itália, como vimos, foi um caso difícil. Mas em fins de 1945 sentimentos como os expressos por Giannini eram comuns na Europa, e abriram caminho para uma súbita alteração do estado de espírito. Após atribuir culpa pelo passado recente e punir indivíduos cujos casos eram mais graves ou psicologicamente gratificantes, a maioria das pessoas que vivia em terras até recentemente sob ocupação alemã estava interessada em deixar para trás memórias constrangedoras ou desagradáveis e tocar para a frente as vidas sofridas. De qualquer modo, poucos homens e mulheres naquela época estavam dispostos a incriminar seus conterrâneos por crimes hediondos. Em relação a estes, segundo o consenso geral, a responsabilidade era totalmente dos alemães.

Na realidade, era tão difundida a noção de que a culpa máxima dos horrores da Segunda Guerra Mundial recaía, exclusivamente, sobre os ombros da Alemanha que até a Áustria ficou isenta. Nos termos de um acordo firmado pelos Aliados, com data de 1943, a Áustria fora declarada, oficialmente, a "primeira vítima" de Hitler e, portanto, terminada a guerra, mereceu tratamento diferenciado em relação à Alemanha. Isso convinha à insistência de Winston Churchill quanto à origem prussiana do nazismo, visão incitada a partir da obsessão da geração de Churchill pelo surgimento da ameaça prussiana à estabilidade européia ao longo do último terço do século XIX. Mas a idéia também convinha aos demais aliados — e a localização geográfica estratégica da Áustria e a incerteza em relação ao futuro político da Europa Central sugeriam ser prudente separar o destino da Áustria do destino da Alemanha.

Contudo, não era cabível tratar a Áustria como qualquer outro país ocupado pelos nazistas, um país onde bastava punir fascistas e colaboracionistas nazistas para que a vida normal pudesse ser restabelecida. A Áustria, país com menos de 7 milhões de habitantes, tinha contado com 700 mil membros do Partido Nacional Socialista dos Trabalhadores Alemães: no final da guerra, ainda havia 536 mil nazistas registrados na Áustria; 1,2 milhão de austríacos tinham servido em unidades germânicas durante o conflito. A representação austríaca na SS e na gestão dos campos de concentração tinha sido desproporcional. A vida pública e a alta cultura austríaca estiveram saturadas de simpatizantes nazistas — 45 dos 117 integrantes da Orquestra Filarmônica de Viena eram nazistas (ao passo que a Filarmônica de Berlim tinha apenas oito membros do Partido Nazista entre 110 músicos).

Considerando as circunstâncias, a Áustria foi poupada, surpreendentemente poupada. Cento e trinta mil austríacos foram investigados por crimes de guerra, dos quais 23 mil foram a julgamento, 13.600 considerados culpados, 43 condenados à morte e apenas trinta executados. Cerca de 70 mil funcionários públicos foram exonerados. No outono de 1946, as quatro potências aliadas envolvidas nas ocupações concordaram em, a partir de então, deixar a Áustria lidar com seus próprios criminosos e com o processo de erradicação do nazismo. O sistema educacional, que estivera especialmente infestado, foi devidamente "desnazificado": 2.943 professores do ensino fundamental e 447 do ensino médio foram demitidos, mas somente 27 professores universitários perderam o emprego — a despeito da notória simpatia nazista demonstrada por parte de muitos acadêmicos veteranos.

Em 1947, autoridades austríacas aprovaram uma lei que distinguia entre nazistas "mais" e "menos" incriminados. Dentre os últimos, 500 mil foram anistiados no ano seguinte, reconquistando o direito ao voto. Os primeiros — ao todo cerca de 42 mil — seriam anistiados até 1956. Depois disso, os austríacos simplesmente esqueceram seu envolvimento com Hitler. Uma razão que explica a facilidade com que a Áustria sobreviveu ao flerte com o nazismo é que convinha a todos os interesses locais ajustar seu passado recente para seu proveito: o Partido Popular (conservador), herdeiro do Partido Socialista Cristão (que remontava ao período anterior à guerra), tinha motivos para limpar as credenciais "não-germânicas" do próprio partido e da Áustria, a fim de desviar a atenção que recaía sobre o regime corporativista imposto pelo Partido Popular em 1934. Os socialdemocratas austríacos, inquestionavelmente antinazistas, tiveram, no entanto, que superar o histórico de suas próprias reivindicações, antes de 1933, por *Anschluss* com a Alemanha. Outra razão era que todos os partidos tinham interesse em buscar os votos de ex-nazistas, um eleitorado de peso que haveria de moldar o futuro político do país. E mais, conforme veremos, havia as novas configurações delineadas pelo advento da Guerra Fria.

Ponderações como essas também se aplicavam à Alemanha. Mas ali a população local não era ouvida no que dizia respeito ao próprio destino. Na mesma Declaração de Moscou, de 30 de outubro de 1943, que isentava a Áustria de responsabilidade pela aliança com os nazistas, os Aliados advertiam os alemães de que eles seriam responsabilizados por crimes de guerra. E, de fato, o foram. Numa série de julgamentos realizados entre 1945 e 1947, as forças de ocupação presentes na Alemanha processaram nazistas e colaboracionistas por crimes de guerra, crimes contra a humanidade, assassinato e outros delitos cometidos em defesa dos objetivos nazistas.

Entre esses processos, o Tribunal Militar Internacional de Nuremberg, que de outubro de 1945 a outubro de 1946 julgou o alto escalão da liderança nazista, é o mais conhecido, mas houve vários outros tribunais militares norte-americanos, britânicos e franceses, em suas respectivas zonas de ocupação, julgaram nazistas pertencentes a escalões inferiores e, ao lado da União Soviética, as referidas forças de ocupação extraditaram nazistas — primordialmente para a Polônia e França —, para que fossem julgados em foros onde os crimes haviam sido cometidos. O programa de Tribunais de Crimes de Guerra prosseguiu durante todo o período em que os Aliados ocuparam a Alemanha: nas zonas ocidentais, mais de 5 mil pessoas foram condenadas por crimes de guerra ou crimes contra a humanidade, das quais quase oitocentas receberam pena capital, sendo 486 executadas — as últimas execuções ocorreram na cadeia de Landsberg, em junho de 1951, ignorando veementes apelos de clemência expressos pelos alemães.

Punir alemães *apenas* por serem nazistas era algo praticamente fora de questão, ainda que o Tribunal de Nuremberg houvesse definido o Partido Nazista como organização criminosa. Os números eram por demais elevados, e os argumentos contrários à noção de culpa coletiva por demais contundentes. E, além disso, desconhecia-se o que poderia advir de se condenar milhões de pessoas. As responsabilidades dos líderes nazistas eram, no entanto, patentes, e jamais houve dúvida sobre o destino que lhes caberia. Nas palavras de Telford Taylor, um dos promotores públicos norte-americanos que atuaram em Nuremberg e chefe da Promotoria em julgamentos subseqüentes: "Muita gente achava que tinha sido prejudicada *maliciosamente* pelos líderes do Terceiro Reich e desejava um *julgamento* nesses termos."

Desde o início, os julgamentos de crimes de guerra perpetrados por alemães tanto envolveram pedagogia quanto justiça. As sessões do Tribunal de Nuremberg foram transmitidas pela rádio alemã, duas vezes ao dia, e as provas ali acumuladas seriam expostas em escolas, cinemas e centros educacionais por todo o país; contudo, a ação exemplar dos julgamentos nem sempre era óbvia. Em vários dos primeiros processos julgados, que envolviam comandantes e guardas de campos de concentração, muitos acusados escaparam de qualquer tipo de pena. Os advogados desses indivíduos se valeram do sistema anglo-americano de justiça inquisitorial, interrogando e humilhando testemunhas e sobreviventes de campos de concentração. No Tribunal de Lüneberg, onde foram julgados os empregados de Bergen-Belsen (de 17 de setembro a 17 de novembro de 1945), foram os advogados de defesa *britânicos* que argumentaram, com algum sucesso, que seus clientes apenas obedeciam às leis (nazistas); dos 45 réus, 15 foram absolvidos.

É, portanto, difícil saber até que ponto os julgamentos dos nazistas contribuíram para a reeducação política e moral da Alemanha e dos alemães. Muitos reclamaram dos processos, definindo-os como "justiça de vencedor", e isso é o que, de fato, eles foram. Mas foram também julgamentos legítimos de criminosos autênticos acusados de comportamentos nitidamente delituosos, e abriram precedentes vitais para a jurisprudência internacional nas décadas subseqüentes. Os julgamentos e as investigações realizadas entre 1945 e 1948 (quando foi desfeito o Tribunal de Crimes de Guerra instituído pela ONU) trouxeram à tona uma quantidade extraordinária de documentação e depoimentos (em especial no que dizia respeito ao projeto germânico de extermínio dos judeus da Europa), precisamente no momento em que os alemães e outros povos estavam dispostos a esquecer o passado o quanto antes. Os referidos dados deixavam claro que crimes perpetrados com propósitos ideológicos ou de Estado tinham, apesar de tudo, responsabilidade individual e eram plausíveis de punição nos termos da lei. O argumento de obedecer a ordens não constituía defesa.

Havia, entretanto, duas deficiências inevitáveis no processo de punição imposto pelos Aliados aos alemães por crimes de guerra. A presença de promotores e juízes soviéticos era interpretada por muitos observadores na Alemanha e na Europa Oriental como evidência de hipocrisia. A conduta do Exército Vermelho e as práticas soviéticas em regiões "libertadas" não eram segredo — na realidade, tais fatos eram então mais conhecidos e divulgados do que o seriam em anos futuros. E os expurgos e massacres cometidos nos anos 30 ainda estavam impressos na memória do povo. Permitir que soviéticos julgassem nazistas — às vezes acusados de crimes que os primeiros haviam, eles mesmos, cometido — desvalorizava o Tribunal de Nuremberg (e outros tribunais) e fazia com que aquilo tudo aparentasse ser nada mais do que um exercício de represália contra os alemães. Segundo as palavras de George Kennan: "A única implicação que tais procedimentos podiam sugerir era de que, afinal de contas, os crimes em questão eram justificáveis e desculpáveis quando cometidos por líderes governamentais em determinadas circunstâncias, mas injustificáveis e indesculpáveis — e puníveis com pena de morte — quando cometidos por um outro governo em circunstâncias diferentes."

A presença soviética em Nuremberg foi o preço pago pela aliança firmada durante a guerra e pelo papel preeminente que o Exército Vermelho desempenhou na derrota de Hitler. Mas a segunda deficiência dos julgamentos era inerente à própria natureza do processo jurídico. Precisamente porque a culpa pessoal da liderança nazista, a começar pelo próprio Hitler, era tão intensa e meticulosamente estabelecida, muitos alemães achavam-se no direito de acreditar que o restante da nação era inocente, que o povo alemão, de modo geral, era vítima passiva do nazismo, tanto quanto qualquer outra comunidade. Pode até ser que os crimes dos nazistas tenham sido "cometidos em nome da Alemanha" (para citar as palavras do ex-chanceler alemão Helmut Kohl, pronunciadas meio século mais tarde), mas era reduzida a percepção de que tais crimes haviam sido perpetrados *por alemães*.

Os norte-americanos, de modo especial, tinham ciência disso e, na zona por eles ocupada, logo deram início a um programa de reeducação e neutralização do nazismo, cujo objetivo era

Alemanha e Áustria: Setores de Ocupações Aliadas

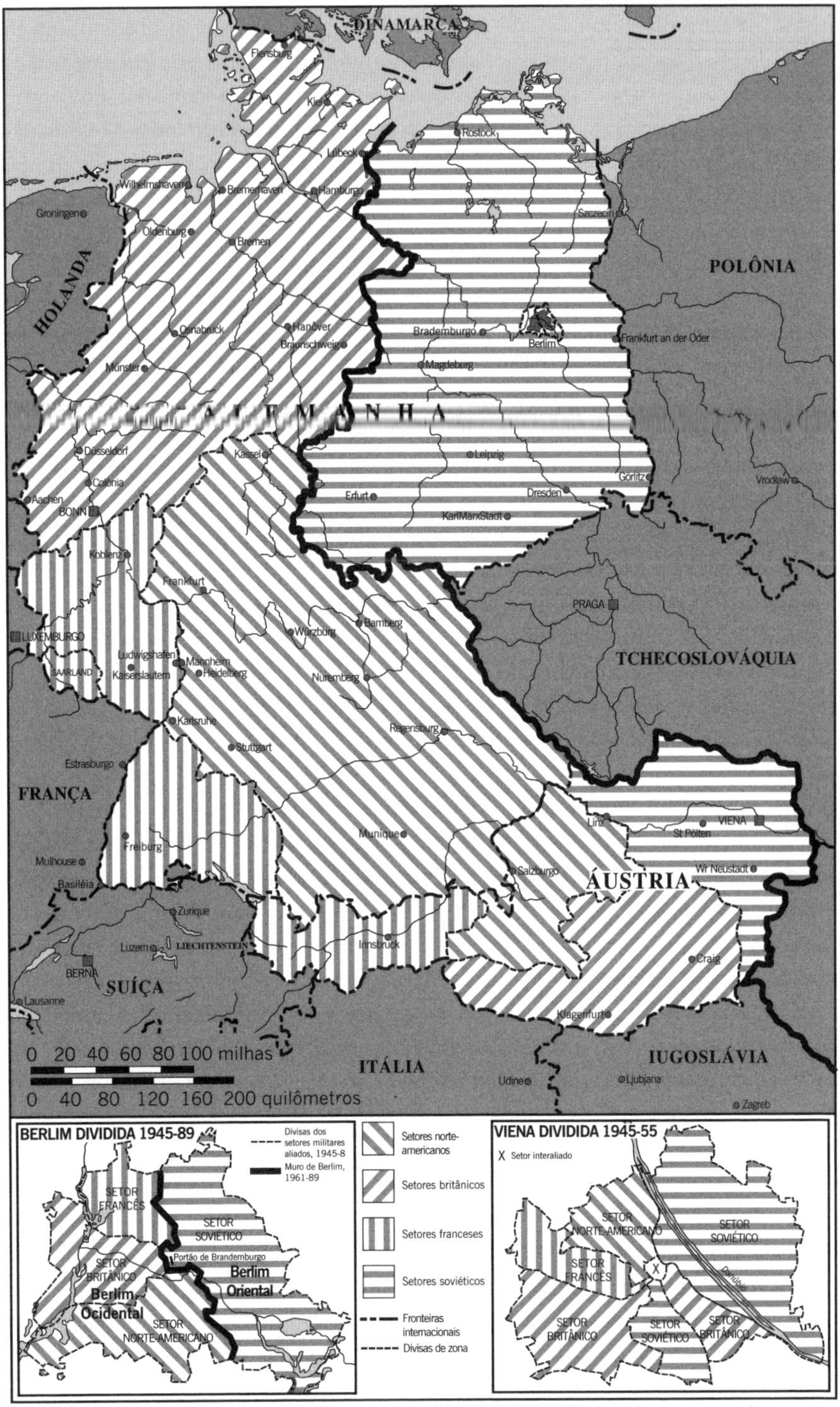

extinguir o Partido Nazista, arrancar-lhe as raízes e plantar as sementes da democracia e da liberdade na vida pública alemã. O Exército norte-americano era acompanhado de um grande número de psicólogos e outros especialistas cuja missão era descobrir por que os alemães tinham se desviado tanto. Os britânicos desenvolveram projetos similares, ainda que com maior ceticismo e menos recursos. Os franceses demonstraram pouco interesse na questão. Já os soviéticos a princípio assentiram plenamente, e medidas agressivas em prol da erradicação do nazismo foram um dos poucos pontos sobre os quais as autoridades aliadas de ocupação concordaram, ao menos durante algum tempo.

O verdadeiro problema relativo a qualquer programa eficaz destinado a erradicar o nazismo da vida alemã é que tal erradicação simplesmente não era factível nas circunstâncias de 1945. Nas palavras do general Lucius Clay, comandante militar norte-americano: "Nosso maior problema administrativo era encontrar alemães razoavelmente competentes que não tivessem sido filiados ou associados ao regime nazista [...]. No mais das vezes, parece que os únicos homens qualificados [...] eram os servidores públicos de carreira [...] muitos dos quais foram mais do que meros participantes (segundo a nossa definição) das atividades do Partido Nazista."

Clay não estava exagerando. Em 8 de maio de 1945, quando acabou a guerra na Europa, havia na Alemanha 8 milhões de nazistas. Em Bonn, 102 em cada 112 médicos eram ou tinham sido membros do Partido. Em Colônia, arrasada, dos 21 especialistas que trabalhavam no abastecimento de água da cidade — cuja experiência era vital na reconstrução dos sistemas de água e esgoto e na prevenção de doenças —, 18 tinham sido nazistas. A administração e a saúde pública, a reconstrução urbana e a iniciativa privada na Alemanha do pós-guerra seriam, inevitavelmente, assumidas por homens como esses, ainda que sob a supervisão dos Aliados. Deveria estar fora de questão a idéia de retirá-los do cotidiano na Alemanha.

No entanto, esforços foram envidados nesse sentido. Dezesseis milhões de *Fragebogen* (questionários) foram respondidos nas três zonas ocidentais ocupadas na Alemanha, a maioria dos quais na área sob controle norte-americano. Ali, as autoridades americanas registraram 3,5 milhões de alemães (cerca da quarta parte da população total da referida zona) como "casos plausíveis de acusação", embora muitas dessas pessoas jamais fossem ser levadas perante os tribunais locais responsáveis pelo processo de erradicação do nazismo, instituído em março de 1946 sob responsabilidade alemã, mas com supervisão dos Aliados. Civis alemães foram conduzidos em visitas compulsórias a campos de concentração e obrigados a assistir a filmes que documentavam atrocidades nazistas. Professores nazistas foram afastados, acervos de bibliotecas foram renovados, o papel para impressão de jornais ficou sob controle direto dos Aliados e entregue a editores com credenciais genuinamente antinazistas.

Houve oposição considerável a essas medidas. Em 5 de maio de 1946, o futuro chanceler da Alemanha Ocidental, Konrad Adenauer, em discurso proferido em Wuppertal, criticou as medidas que visavam à erradicação do nazismo, exigindo que os "companheiros de viagem nazistas" fossem deixados em paz. Dois meses mais tarde, dirigindo-se à recém-formada União Democrática Cristã, ele voltou a tocar nesse ponto: o processo de extinção do nazismo estaria se estendendo demasiadamente, nada trazendo de útil. A preocupação de Adenauer era sincera. No seu entender, confrontar os alemães por crimes cometidos pelos nazistas — fosse por meio de processos, tribunais ou projetos de reeducação — poderia provocar uma reação nacionalista, em vez de arrependimento. Justamente porque o nazismo fixara raízes *profundas* no país, o futuro chanceler achava mais prudente permitir, e mesmo encorajar, silêncio a respeito do assunto.

Ele não estava de todo errado. Na década de 1940, os alemães tinham uma percepção limitada de como o resto do mundo os encarava. Não aquilatavam o que eles próprios e seus líderes haviam feito e estavam mais preocupados com suas dificuldades no pós-guerra — escassez de alimento e moradia e coisas do gênero — do que com o sofrimento das vítimas da Alemanha espalhadas por toda a Europa ocupada. Na realidade, mostravam-se mais propensos a ver a si mesmos no papel de vítimas e, portanto, consideravam julgamentos e confronto por crimes nazistas uma desforra dos Aliados contra um regime extinto.[3] Com algumas honrosas exceções, as autoridades políticas e religiosas alemãs durante o pós-guerra pouco fizeram para desmentir tal visão, e os líderes naturais do país — nas profissões liberais, no Judiciário, no serviço público — eram os mais comprometidos.

Por conseguinte, os questionários foram tratados com desdém. No mínimo, serviram para esconder suspeitos, auxiliando-os na obtenção de "fichas limpas" (os chamados certificados "Persil", em referência ao sabão em pó homônimo). O projeto de reeducação teve um impacto sumamente limitado. Uma coisa era exigir que os alemães assistissem a projeções de filmes documentários; outra, bem diferente, era forçá-los a prestar atenção, e mais ainda a pensar naquilo que viam. Muitos anos depois, o escritor Stephan Hermlin descreveu uma cena, registrada num cinema de Frankfurt, em que alemães eram obrigados a assistir a documentários sobre Dachau e Buchenwald antes de receber seus cartões de racionamento: "A meia-luz do projetor, eu podia ver que a maioria das pessoas virava o rosto assim que o documentário começava e permanecia naquela posição até que acabasse. Hoje penso que aquele rosto virado era, na verdade, a atitude de milhões de pessoas [...]. O povo infeliz ao qual eu pertencia estava, ao mesmo tempo, sensível e insensível. Não queria ser abalado pelos eventos, não estava interessado em coisas do tipo 'Conhece a ti mesmo'."[4]

Quando, com o advento da Guerra Fria, os Aliados abandonaram os esforços destinados à erradicação do nazismo, ficou claro que o impacto do projeto tinha sido bastante limitado. Na Bavária, já em 1946, cerca da metade dos professores do ensino médio tinha sido demitida, mas eles recuperaram os empregos dois anos depois. Em 1949, a recém-criada República Federal pôs um fim a todas as investigações de conduta pregressa de funcionários públicos e oficiais do Exército. Em 1951, na Bavária, 94% dos juízes e promotores públicos, 77% dos funcionários do Ministério da Fazenda e 60% dos funcionários públicos do Ministério Regional da Agricultura eram ex-nazistas. Em 1952, um em cada três funcionários do Ministério das Relações Exteriores, em Bonn, era ex-

[3] Em 1946, o Länderrat (Conselho das Regiões) da Alemanha Ocidental recomendou às autoridades aliadas que, em vista da escassez observada na Alemanha, fossem reduzidas as rações alimentares para deslocados de guerra. O general Lucius Clay restringiu sua resposta ao lembrete de que os alimentos em questão eram fornecidos por nações européias vitimadas pela agressão bélica germânica.

[4] Stephan Hermlin, *Bestimmungsorte* (Berlim, 1958), p. 46, citado por Frank Stern, em *The Whitewashing of the Yellow Badge* (1992), p. xvi.

membro do Partido Nazista. No novo corpo diplomático da Alemanha Ocidental, 43% do quadro eram formados por ex-integrantes do Serviço Secreto (SS), e 17% tinham atuado junto ao Serviço de Segurança (SD) e à Gestapo. Hans Globke, principal assessor do chanceler Adenauer durante toda a década de 1950, tinha sido responsável pelo comentário oficial sobre as Leis de Nuremberg, editadas por Hitler em 1935. O chefe de Polícia do palatinado da Renânia, Wilhelm Hauser, fora o *Obersturmführer* responsável pelos massacres ocorridos na Bielo-Rússia durante a guerra.

O mesmo procedimento valeu para setores fora do serviço público. As universidades e a prática advocatícia foram os segmentos *menos* afetados pelo processo de erradicação do nazismo, a despeito da notória simpatia que tais segmentos nutriam pelo regime de Hitler. Empresários também pouco sofreram. Friedrich Flick, preso como criminoso de guerra em 1947, foi solto três anos mais tarde por autoridades de Bonn e reinvestido de sua antiga importância, na condição de acionista principal da Daimler-Benz. Altos executivos de conglomerados industriais incriminados, como os grupos I. G. Farben e Krupp, foram todos logo liberados e retornaram à vida pública, sem grande desgaste. Já em 1952, a Fordwerke, subsidiária alemã da Ford Motor Company, havia reconvocado toda a cúpula administrativa atuante na época do nazismo. Até juízes nazistas e médicos de campos de concentração condenados sob a jurisdição norte-americana tiveram sentenças reduzidas ou comutadas (pelo administrador americano John J. McCloy).

Pesquisas de opinião realizadas nos primeiros anos do pós-guerra confirmam o impacto limitado dos esforços aliados. Em outubro de 1946, quando foram concluídos os julgamentos de Nuremberg, apenas 6% dos alemães admitiam considerá-los "injustos", mas, quatro anos depois, um em cada três expressava essa visão. Tal sentimento não deve surpreender, pois, de 1945 a 1949, a maioria absoluta dos alemães acreditava que "o nazismo era uma boa idéia, mal aplicada". Em novembro de 1946, 37% dos alemães consultados numa pesquisa realizada na zona norte-americana expressaram a opinião de que "o extermínio de judeus, poloneses e outros não-arianos foi necessário para a segurança dos alemães".

Na mesma pesquisa, com data de novembro de 1946, um alemão em cada três concordava com a proposição de que "judeus não deveriam ter os mesmos direitos que indivíduos pertencentes à raça ariana". Isso não deve causar surpresa, uma vez que os entrevistados acabavam de sair de um regime autoritário que perdurara 12 anos, um regime comprometido com tal noção. O que surpreende é uma pesquisa realizada *seis anos* mais tarde, em que uma porcentagem ligeiramente mais elevada de alemães ocidentais — 37% — afirmou ser melhor para a Alemanha não ter judeus em seu território. Além do mais, diga-se de passagem, naquele mesmo ano (1952), 25% dos alemães ocidentais admitiam ter uma "opinião positiva" acerca de Hitler.

Na zona de ocupação soviética, o tratamento recebido pelo legado nazista foi um pouco diferente. Embora juízes e advogados soviéticos houvessem participado dos julgamentos de Nuremberg, no Leste Europeu, no que dizia respeito à erradicação do nazismo, a ênfase recaiu sobre a punição coletiva de nazistas e a extirpação do nazismo em todos os setores da sociedade. A liderança comunista local não se iludiu quanto ao que havia ocorrido. Como disse Walter Ulbricht, futuro líder da República Democrática Alemã (RDA), em discurso proferido perante representantes do Partido Comunista Alemão, em Berlim, passadas apenas seis semanas após a derrota de seu país: "A tragédia do povo alemão consiste no fato de haver obedecido a um bando de criminosos [...]. A classe operária alemã e os segmentos produtivos da população falharam diante da História."

Isso era mais do que Adenauer ou a maioria dos políticos da Alemanha Ocidental estavam dispostos a admitir, ao menos em público. Porém, tanto quanto as autoridades soviéticas às quais respondia, Ulbricht estava menos interessado em obter punição por crimes cometidos pelos nazistas do que em garantir o poder comunista na Alemanha e eliminar o capitalismo. Por conseguinte, ainda que na zona soviética, em certos casos, a erradicação do nazismo tivesse ido mais longe do que no Ocidente, o processo baseou-se em duas distorções do nazismo: uma inerente à teoria comunista, a outra deliberadamente oportunista.

Era lugar-comum no marxismo e na doutrina soviética oficial que o nazismo não passava de fascismo e que, por sua vez, o fascismo era produto dos interesses próprios do capitalismo em momentos de crise. Por conseguinte, as autoridades soviéticas prestaram pouca atenção ao lado marcantemente racista do nazismo e às respectivas conseqüências genocidas, e, em vez disso, centraram as capturas e expropriações em empresários, funcionários corruptos, professores e outros indivíduos responsáveis pela defesa dos interesses da classe social que supostamente apoiava Hitler. Assim sendo, o desmantelamento que os soviéticos fizeram da herança do nazismo na Alemanha não foi fundamentalmente diferente da transformação social introduzida por Stalin em outras regiões da Europa Central e Oriental.

A dimensão oportunista da política soviética em relação aos ex-nazistas foi uma questão de fraqueza. Na Alemanha ocupada, os comunistas não constituíam um movimento forte — e sua chegada, na esteira do Exército Vermelho, não haveria de lhes garantir a simpatia dos eleitores. A única perspectiva política do grupo, além da força bruta e da fraude eleitoral, era apelar, de modo calculista, para interesses locais. No leste e no sul, os comunistas assim o fizeram, incentivando a expulsão de pessoas de origem alemã e se oferecendo como protetores dos novos ocupantes (poloneses/eslovacos/sérvios) de fazendas, empresas e apartamentos desocupados pelos alemães. Evidentemente, na própria Alemanha, tal opção não existia. Na Áustria, em eleições realizadas no final de 1945, o Partido Comunista cometeu o erro de rejeitar o apoio crucial de nazistas comuns e antigos membros do Partido. Ao fazê-lo, o partido acabou com as perspectivas do comunismo na Áustria no pós-guerra. A lição serviu para Berlim. O Partido Comunista Alemão (KPD) decidiu, então, oferecer assistência e proteção a milhões de ex-nazistas.

As duas perspectivas — doutrina e calculismo — não eram, necessariamente, conflitantes. Ulbricht e seus colegas por certo acreditavam que o meio de expurgar o nazismo da Alemanha seria pôr em prática uma transformação socioeconômica: não era grande o interesse em responsabilidade individual e reeducação moral. Mas eles sabiam que o nazismo não tinha sido apenas uma peça pregada no inocente proletariado alemão. A classe operária alemã, a exemplo da burguesia alemã, havia faltado com suas responsabilidades. Mas, justamente por isso, o proletariado melhor se adaptaria aos objetivos comunistas, considerando o potencial de cooptação. Em todo caso, as autoridades na Alemanha Oriental, tanto quanto na Alemanha Ocidental, tinham poucas alternativas — com quem mais haveriam de gerir o país, senão com ex-nazistas?

Então, por um lado, as forças soviéticas de ocupação demitiram um número elevado de ex-nazistas — 520 mil até abril de 1948 — e apontaram "antifascistas" para assumir cargos administrativos na mencionada zona de ocupação. Por outro lado, líderes comunistas germânicos incentivaram o recrutamento de ex-nazistas cujos históricos não eram demasiadamente comprometedores. Não surpreende que tenham sido nisso muito bem-sucedidos. Ex-nazistas estavam mais do que dispostos a apagar o passado, aliando-se aos vencedores. Na condição de membros do Partido, administradores locais, informantes e policiais, os ex-nazistas se mostraram extremamente bem-adaptados às necessidades do Estado comunista.

Afinal, o novo sistema era muito semelhante ao antigo, que eles tão bem conheciam: os comunistas simplesmente assumiram o controle de instituições nazistas, tais como frentes de trabalho e milícias que operavam em áreas residenciais, e atribuíram a elas novos nomes e novos dirigentes. Mas a adaptabilidade dos ex-nazistas também resultava de sua vulnerabilidade à chantagem. As autoridades soviéticas dispunham-se a conspirar com os ex-inimigos, mentindo a respeito da natureza e extensão do nazismo no leste da Alemanha — afirmando que o legado capitalista e nazista no país estava restrito às zonas ocidentais e que a futura República Democrática Alemã era uma terra de trabalhadores, camponeses e heróis antifascistas —, mas sabiam com quem estavam lidando e, portanto, mantinham os arquivos nazistas, caso precisassem de comprovações. Pessoas envolvidas com o mercado negro, especuladores que se beneficiaram da guerra e ex-nazistas de todos os tipos tornaram-se, assim, comunistas excelentes, pois não lhes faltaram incentivos.

Já no início da década de 1950, mais de 50% dos reitores de instituições de ensino superior na Alemanha Oriental eram ex-integrantes do Partido Nazista e, na década seguinte, eram também constituídos de ex-membros do Partido mais de 10% do Parlamento da RDA. A recém-criada *Stasi* (agência de segurança estatal) não apenas assumiu o papel e as práticas da Gestapo nazista, como incorporou milhares de seus funcionários e informantes. Vítimas políticas do novo regime comunista, muitas vezes acusadas sob o rótulo genérico de "criminoso nazista", foram capturadas por policiais ex-nazistas, julgadas por juízes ex-nazistas e detidas por guardas ex-nazistas, em penitenciárias existentes no período nazista e em campos de concentração tomados em bloco pelas novas autoridades.

A facilidade com que indivíduos e instituições passaram do nazismo ou do fascismo para o comunismo não foi exclusividade da Alemanha Oriental, a não ser, talvez, em termos de escala. Na Itália, a resistência durante a guerra acolheu muitos ex-fascistas, de vários tipos, e a moderação demonstrada pelo Partido Comunista Italiano no pós-guerra provavelmente deveu-se ao fato de que diversos possíveis defensores do Partido estavam comprometidos com o fascismo. Na Hungria, durante o pós-guerra, os comunistas flertavam abertamente com ex-integrantes da Cruz de Flechas Fascista, chegando a ponto de oferecer-lhes apoio contra judeus que tentavam retornar às suas propriedades. Em Londres, durante a guerra, os comunistas eslovacos Vlado Clementis e Eugen Löbl foram perseguidos por agentes soviéticos recrutados por partidos fascistas tchecos anteriores à guerra; os depoimentos desses agentes seriam usados contra Clementis e Löbl no julgamento montado de uma década mais tarde.

Os comunistas não foram os únicos a fazer vista grossa para o passado nazista ou fascista dos cidadãos em troca de serviços políticos no pós-guerra. Na Áustria, ex-fascistas foram muitas vezes favorecidos por autoridades ocidentais e receberam permissão para trabalhar em jornalismo e em outras atividades sensíveis: a associação desses indivíduos com o regime corporativista e autoritário da Áustria no período anterior à guerra foi neutralizada pela invasão nazista e pela antipatia sincera e cada vez mais útil do referido grupo em relação à esquerda. Na zona fronteiriça do nordeste da Itália, o governo militar aliado protegeu ex-fascistas e colaboracionistas, muitos deles procurados por iugoslavos, enquanto, por toda parte, serviços ocidentais de inteligência recrutavam ex-nazistas experientes e bem informados — até mesmo o "Açougueiro de Lyon", o oficial da Gestapo Klaus Barbie — para uso futuro: inclusive na perseguição a ex-nazistas a serviço da União Soviética, os quais podiam ser identificados por tais recrutas.

Em seu primeiro discurso oficial diante do Parlamento da República Federal da Alemanha, em 20 de setembro de 1949, Konrad Adenauer proferiu as seguintes palavras, referindo-se ao processo de erradicação do nazismo e ao legado nazista: "O governo da República Federal, acreditando que muitos expiaram, subjetivamente, uma culpa que não pesava muito, está decidido a deixar o passado para trás, até onde for aceitável." Não resta dúvida de que muitos alemães endossaram com entusiasmo essa asserção. Se o processo oficial de extinção do nazismo fracassou, foi porque, por motivos políticos, os alemães haviam expurgado o nazismo espontaneamente em 8 de maio de 1945.

E o povo alemão não foi o único. Na Itália, no dia da morte de Hitler, o jornal diário publicado pelo novo Partido Democrata Cristão divulgou clamor semelhante, a favor do esquecimento: "Temos força para esquecer!", proclamou o periódico. "Esquecer, quanto antes, melhor!" No Leste Europeu, o apelo mais contundente dos comunistas era a promessa de propiciar um novo início revolucionário em países onde todas as pessoas tinham algo a esquecer — fossem atos cometidos contra elas ou atos por elas próprias cometidos. Por toda a Europa era firme a disposição de deixar o passado para trás e recomeçar, seguir a recomendação de Isócrates aos atenienses, no fim da Guerra do Peloponeso: "Governemos coletivamente, como se nada de mau tivesse acontecido."

Esse descrédito em relação à memória recente, a busca por mitos de antifascismo que pudessem ser úteis — para a Alemanha dos antinazistas, a França da Resistência ou a Polônia das vítimas — foi o legado invisível mais importante da Segunda Guerra Mundial na Europa. No seu aspecto positivo, tal legado facilitou a recuperação nacional, permitindo que homens como o marechal Tito, Charles de Gaulle e Konrad Adenauer propiciassem a seus compatriotas uma concepção plausível e até orgulhosa de si mesmos. Até a Alemanha Oriental reivindicou uma origem nobre, uma tradição inventada: o lendário e, em grande parte, construído "levante" comunista de Buchenwald, em abril de 1945. Tudo isso possibilitou às nações que haviam sofrido passivamente na guerra, como a Holanda, esquecer o histórico de suas concessões, e àquelas cujo ativismo se mostrara equivocado, como a Croácia, enterrar tudo num relato nebuloso de heroísmos dúbios.

Sem essa amnésia coletiva, a espantosa recuperação verificada na Europa no período pós-guerra não teria sido viável. É certo que muito do que foi esquecido haveria de ressurgir, causando mal-estar. Mas somente tempos depois ficaria claro o quanto a Europa no pós-guerra foi erguida sobre mitos fundadores que haveriam de rachar e deslocar com a passagem dos anos. Nas circunstâncias de 1945, num continente coberto de destroços, era extremamente benéfico agir como se o passado estivesse de fato morto e enterrado, e uma nova era prestes a iniciar. O preço pago por isso foi um certo esquecimento seletivo e coletivo, especialmente na Alemanha. Mas, vale dizer, sobretudo na Alemanha, havia muito que esquecer.

III

A Reabilitação da Europa

"Todos sabemos agora que, dessa guerra, não há trilha de volta para uma situação de laissez-faire na sociedade, que a guerra em si provoca uma revolução silenciosa ao abrir caminho para um novo tipo de ordem planejada."
Karl Mannheim

"A opinião geral parece ser a de que os métodos capitalistas ficarão aquém da tarefa de reconstrução."
Joseph Schumpeter

"Muitos de nós nos decepcionamos com a Grã-Bretanha para a qual regressamos [...] ninguém poderia, da noite para o dia, transformá-la na Grã-Bretanha que desejávamos."
Sra. Winnie Whitehouse (no livro Now the War is Over, *de Paul Addison)*

"A solução está na quebra do ciclo vicioso e no resgate da confiança do povo europeu no futuro econômico de seus países e da Europa como um todo."
George C. Marshall

A simples magnitude da calamidade européia abriu novas oportunidades. A guerra mudou tudo. Voltar ao estado em que a situação se encontrava antes de 1939 estava fora de cogitação. Essa era, naturalmente, a visão dos jovens e extremistas, mas era o entendimento também de observadores perspicazes pertencentes à geração mais madura. Charles de Gaulle, que tinha 54 anos quando a França foi libertada e havia nascido numa família burguesa, católica e conservadora do norte da França, expressou a questão com a objetividade característica: "Durante a catástrofe, sob o peso da derrota, uma grande mudança ocorreu na mente dos homens. Para muitos, o desastre de 1940 pareceu ser o fracasso da classe dominante e do sistema em todos os setores."

Mas os problemas não tinham começado em 1940, fosse na França ou em qualquer outra parte. Membros da resistência antifascista, em toda a Europa, viam-se em confronto direto não apenas com as forças de ocupação durante a guerra e seus representantes locais, mas com um sistema político e social por eles considerado diretamente responsável pelos desastres que seus países tinham sofrido. Foram os políticos, banqueiros, empresários e soldados que, no período entre as duas guerras mundiais, conduziram seus respectivos países para a catástrofe, que traíram os sacrifícios da Primeira Guerra Mundial e prepararam o terreno para a Segunda. Esses, nas palavras de um panfleto britânico que denunciava defensores da conciliação, antes de 1940, eram os "Homens Culpados". Eles e o sistema deles eram o alvo dos planos elaborados durante a guerra e que contemplavam mudanças no pós-guerra.

A Resistência foi, portanto, em toda parte, implicitamente revolucionária. Isso era inerente à lógica de resistir. Rejeitar uma sociedade que havia produzido o fascismo levava as pessoas, naturalmente, "a um sonho de revolução que partiria de uma tábula rasa" (Italo Calvino). Em grande parte da Europa Oriental, conforme vimos, seria de fato possível começar do zero. Mas, mesmo no Oeste Europeu, a expectativa de uma transformação social rápida e dramática era generalizada: quem, afinal, haveria de impedi-la?

Sob o ponto de vista dos movimentos de resistência que operavam na época da guerra, as políticas do pós-guerra seriam a continuação da luta, a projeção e extensão natural da existência clandestina de tais grupos. Muitos jovens, de ambos os sexos, que se apresentaram para desempenhar atividades secretas durante a guerra desconheciam qualquer outro tipo de vida pública: na Itália, desde 1924, na Alemanha, na Áustria e na maior parte do Leste Europeu, desde o início dos anos 30, e por toda a Europa continental ocupada, desde 1940, procedimentos políticos normais eram desconhecidos. Partidos políticos tinham sido interditados, eleições eram manipuladas ou impedidas. Fazer oposição às autoridades, defender mudanças sociais ou mesmo reforma política era se colocar fora da lei.

Por conseguinte, para aquela nova geração, política *significava* resistência — resistência à autoridade, resistência às estruturas sociais e econômicas convencionais, resistência ao passado. Claude Bourdet, ativista da Resistência Francesa, proeminente editor de uma revista de esquerda e escritor nos anos do pós-guerra, captou a atmosfera reinante, em suas memórias, *L'aventure incertaine*: "A Resistência", ele escreveu, "fez de todos nós *contestataires*, em todos os sentidos da palavra, em relação aos homens e em relação ao sistema social". Da resistência ao fascismo à resistência a um recuo pós-guerra para os erros da década de 1930 era um pequeno passo. Disso decorreu a estranha atmosfera de otimismo registrada por tantos observadores imediatamente após a Libertação. Apesar da penúria onipresente — com efeito, por causa da penúria —, algo novo e melhor haveria de surgir. "Nenhum de nós", escreveram os editores da revista italiana *Società*, em novembro de 1945, "reconhece o próprio passado. Parece-nos incompreensível [...]. Hoje em dia, nossa vida é dominada pela sensação de estupor e pela busca instintiva de um rumo. Fomos, simplesmente, desarmados pelos fatos".

Os reacionários ou os fascistas (que apostaram nos ditadores e ao lado deles tinham sido derrotados) não foram o principal empecilho à introdução de mudanças radicais após a derrota de Hitler, e sim os governos exilados legítimos, a maioria dos quais se mantivera longe da guerra, em Londres, planejando o retorno. Para eles, organizações locais de resistência eram um problema, não uma força aliada: tratava-se de jovens imprudentes que precisariam ser desarmados e devolvidos à vida civil, deixando as questões públicas nas mãos de uma classe política devidamente purificada de colaboracionistas e traidores. Qualquer alternativa seria vista como anarquia — ou então implicaria a ocupação por parte dos exércitos aliados por tempo indeterminado.

Por seu turno, os grupos que durante a guerra haviam atuado na resistência, e que por volta de 1944 e 1945 tinham se organizado em vários movimentos políticos, mostravam-se igualmente desconfiados. Para eles, políticos, funcionários e nobres que tinham escapado da ocupação estavam duplamente desacreditados: devido aos erros cometidos antes da guerra e por terem ficado ausentes. Na França e na Noruega, membros de órgãos legislativos eleitos em 1936 foram desqualificados em conseqüência dos atos praticados em 1940. Na Bélgica e na Holanda, a ausência de tais indivíduos durante os cinco anos seguintes impediu que mais tarde os governos reinstituídos pudessem compreender o sofrimento das populações locais e a mudança no estado de espírito do povo provocada pela ocupação nazista. Na Europa Central e no Leste Europeu, com a importante exceção da Tchecoslováquia, após a chegada do Exército Vermelho, os governos reconduzidos tornaram-se irrelevantes (embora, muitas vezes, demorassem a perceber tal fato).

As autoridades reinstituídas mostravam-se francamente dispostas a fazer concessões políticas — especialmente quanto às reformas sociais e econômicas, conforme veremos. No entanto, insistiam no que De Gaulle e outros entendiam como "transição ordeira". Uma vez que essa também era a preferência das forças aliadas de ocupação, no leste e no oeste, as ilusões da Resistência logo se desfizeram. Na Europa Oriental (à exceção da Iugoslávia), foram os soviéticos que determinaram a forma dos governos no pós-guerra e que dirigiram as suas ações. Na Europa Ocidental, autoridades interinas assumiram o poder, enquanto novas eleições eram aguardadas. Invariavelmente, os movimentos de resistência eram incentivados e, em última instância, forçados a entregar as armas e desmobilizar suas organizações.

É impressionante, em retrospecto, que a oposição à restauração do *status quo* institucional tenha sido tão tímida. Na Polônia e em regiões da União Soviética, grupos de guerrilheiros armados sobreviveram durante mais alguns anos, mas a luta desses grupos era, especificamente, nacionalista e anticomunista. Na Noruega, Bélgica, França e Itália, no período pós-guerra, a resistência organizada incorporou-se, de modo pacífico, a partidos políticos e sindicatos, com protestos pouco audíveis. Na Bélgica, em novembro de 1944, foi estipulado o prazo de duas semanas para que ex-integrantes da Resistência entregassem as armas. A determinação gerou grande passeata de protesto em Bruxelas, em 25 de novembro, na qual a polícia abriu fogo, ferindo 45 pessoas. Mas incidentes assim foram raros.[1] Típico foi o que se passou na França, onde 200 mil membros da Resistência foram integrados ao Exército, após a organização dos resistentes, as Forces Françaises de l'Intérieur, ter sido dispersada sem protestos.

A desmobilização da Resistência foi em muito facilitada pela estratégia soviética, que favorecia a restauração de regimes parlamentares na Europa Ocidental (como, em teoria, na Europa Oriental também). Líderes comunistas como Maurice Thorez, na França, e Palmiro Togliatti, na Itália, desempenharam papel fundamental na obtenção da cooperação de seus seguidores (por vezes, perplexos). Contudo, muitos se dispunham a crer que as energias e aspirações da Resistência agora seriam canalizadas para projetos políticos a favor da renovação nacional.

Contatos feitos durante a Resistência, às vezes, perduraram — a "despilarização" da sociedade holandesa no pós-guerra, por exemplo, isto é, a remoção do sectarismo que havia

---

[1] Os últimos guerrilheiros armados italianos foram capturados numa série de operações militares realizadas nas cercanias de Bolonha no outono de 1948.

séculos separava as comunidades de católicos e protestantes, teve início com ligações pessoais estabelecidas durante a guerra. No entanto, os planos para um "Partido de Resistência" no pós-guerra fracassaram por toda parte. Chegaram mais perto da concretização na Itália, onde em junho de 1945 Ferrucio Parri tornou-se primeiro-ministro e prometeu que seu Partido da Ação haveria de defender o espírito e as metas da Resistência. Mas Parri não era político, e quando, seis meses mais tarde, ele caiu, o poder passou definitivamente para as mãos dos partidos tradicionais. De Gaulle, na França, era estrategista político bem mais competente, mas também deixou o cargo (um mês após Parri), para não ter de acomodar à rotina parlamentar aspirações surgidas no tempo da guerra — deste modo prestando uma homenagem involuntária ao seu próprio sucesso no restabelecimento da continuidade da república.

Então, em vez de ser governada por uma comunidade nova e fraternal composta por ex-integrantes da Resistência, a maioria dos europeus, nos primeiros anos do pós-guerra, viu-se liderada por coalizões de políticos de esquerda e centro-esquerda bastante parecidas com as Frentes Populares dos anos 30. Fazia sentido. Dos partidos políticos existentes antes da guerra, os únicos que conseguiam funcionar normalmente no pós-guerra eram os que tinham credenciais antifascistas — ou, no Leste Europeu ocupado pelos soviéticos, partidos aos quais convinha às novas autoridades atribuir tais credenciais, ao menos durante algum tempo. Na prática, esses partidos eram compostos por comunistas, socialistas e um punhado de grupos liberais ou radicais. Ao lado dos recém-valorizados partidos democratas cristãos, esses partidos formaram os governos nos anos iniciais do pós-guerra e trouxeram consigo muitas políticas e indivíduos da era da Frente Popular.

Os partidos de esquerda ganharam imensamente com a participação na Resistência durante a guerra: de modo particular na França, onde os comunistas conseguiram converter suas façanhas de guerra (por vezes, exageradas) em capital político e convencer até os observadores desapaixonados de que os comunistas eram dotados de singular estofo moral — "os grandes heróis da Resistência", conforme os descreveu Janet Flanner, em dezembro de 1944. Não é, portanto, de se estranhar que os programas reformistas dos governos europeus no pós-guerra ecoassem e recapitulassem questões pendentes desde os anos 30.

Se não foi difícil para políticos experientes, depois de 1945, desmobilizar ativistas dos tempos da guerra, foi porque a Resistência e seus herdeiros, embora compartilhassem do espírito antifascista e do desejo de mudança, tinham propósitos bastante vagos. Na Itália, o Partido da Ação tentou extinguir a monarquia, nacionalizar a indústria e o grande capital e implementar a reforma agrária. O Programa de Ação do Conselho Nacional Francês de Resistência não tinha um rei a derrubar, mas suas aspirações também eram vagas. As unidades da Resistência haviam se preocupado com a luta armada, ou mesmo com a sobrevivência, e não tiveram tempo para elaborar planos de legislação para o pós-guerra.

Acima de tudo, a desvantagem dos membros da Resistência decorria de falta de experiência. Nas organizações clandestinas, somente os comunistas tinham conhecimento prático de política e, exceto no caso dos franceses, tal conhecimento era limitado. Mas os comunistas, de modo especial, relutavam em se comprometer com posições programáticas detalhadas que pudessem alienar futuros aliados táticos. Daí, a Resistência pouco legou, em termos de projetos no pós-guerra, além de nobres declarações de intenções e generalidades — e mesmo assim, conforme, em agosto de 1944, observou François Mauriac, simpatizante da causa da Resistência, o legado se constitui de "programas fantasiosos datilografados às pressas".

Num ponto, porém, todos concordavam — tanto os membros da Resistência quanto os políticos: "planejamento." Os desastres ocorridos nas décadas do período entre as duas guerras mundiais — as oportunidades desperdiçadas depois de 1918, a grande depressão que se seguiu à quebra da Bolsa de Valores, em 1929, o sofrimento do desemprego, as desigualdades, injustiças e deficiências de um capitalismo *laissez-faire* que conduziu tantos indivíduos à tentação do autoritarismo, a indiferença descarada de uma elite arrogante e a incompetência de uma classe política incapaz —, tudo isso parecia interligado pelo fracasso total da tentativa de melhor organização da sociedade. Se a democracia haveria de funcionar, se a democracia haveria de recuperar o seu apelo, precisava ser *planejada*.

Às vezes é sugerido que essa fé em planejamento, que foi a religião política da Europa no pós-guerra, procedeu do exemplo da União Soviética: uma economia planejada que, ostensivamente, escapara dos traumas do capitalismo europeu, resistira ao ataque nazista e vencera a Segunda Guerra Mundial graças a uma série de detalhados Planos Qüinqüenais. Isso é um engano total. Na Europa Ocidental e Central, durante o pós-guerra, somente os comunistas acreditavam em planos no estilo soviético (dos quais os próprios comunistas pouco sabiam), e nem eles mesmos faziam idéia de como tais planos poderiam ser adaptados às circunstâncias locais. A obsessão soviética com objetivos numéricos, cotas de produção e gestão centralizada era estranha a quase todos os contemporâneos que defendiam a idéia de planejamento na Europa Ocidental. Estes últimos — grupo bastante diversificado — recorriam a um conjunto de fontes muito diferentes.

A moda dos planos e planejamento teve início muito antes de 1945. Durante todo o período de depressão entre as duas guerras, desde a Hungria até a Grã-Bretanha, vozes se ergueram em apoio à economia planejada, fosse qual fosse a modalidade desta. Algumas idéias apresentadas, notadamente na Áustria e entre os fabianistas britânicos, originavam-se numa antiga tradição socialista, mas muitas outras noções remontavam ao reformismo liberal pré-1914. O Estado "guardião", cuja atenção se restringia à segurança e ao policiamento, estava ultrapassado — esse era o argumento. Ainda que apenas por prudência — para prevenir convulsão política —, seria agora necessário intervir na atividade econômica, a fim de ajustar desequilíbrios, eliminar ineficiências e compensar as iniqüidades e injustiças do mercado.

Antes de 1914, a ênfase desses projetos reformistas limitava-se a reivindicações por uma escala progressiva de impostos, pela proteção ao trabalho e, ocasionalmente, pela estatização de um número restrito de monopólios naturais. No entanto, com o colapso da economia internacional e a guerra que se seguiu, a idéia de planejamento assumiu um caráter de maior urgência e aspiração. Propostas rivais de planejamento nacional, em que o Estado interviria ativamente a fim de apoiar, inibir, facilitar e, se necessário, dirigir setores econômicos essenciais, circulavam entre jovens engenheiros, economistas e funcionários públicos na França e na Alemanha.

Durante a maioria dos anos do período entre as duas guerras, indivíduos que aspiravam à condição de planejadores (e os que os apoiavam) padeceram de frustração, à margem da política. A geração de políticos mais velhos não lhes dava ouvidos: para muitos integrantes da direita conservadora e do centro, intervenção na economia era algo ainda detestável, ao passo que na esquerda socialista prevalecia a crença de que somente uma sociedade pós-revolucionária poderia planejar racionalmente seus interesses econômicos. Enquanto isso não ocorresse, o capitalismo estaria condenado a sofrer e, finalmente, ruir, em conseqüência de suas próprias contradições. A idéia de que alguém pudesse "planejar" uma economia capitalista parecia, para ambos os lados, uma insensatez. Os frustrados defensores do planejamento econômico, por conseguinte, viam-se freqüentemente atraídos por partidos autoritários da extrema direita, nitidamente mais favoráveis à abordagem dos planejadores.

Não foi por acaso, portanto, que Oswald Mosley e alguns outros membros do Partido Trabalhista Britânico, frustrados com a reação inadequada do Partido diante da Grande Depressão, voltaram-se para o fascismo. Na Bélgica, Hendrik de Man tampouco conseguiu convencer os companheiros socialistas da viabilidade de seu "Plano", e passou a propor soluções mais autoritárias. Na França, vários dos jovens líderes mais brilhantes do Partido Socialista se afastaram, para formar novos movimentos, decepcionados com a incapacidade do Partido de reagir construtivamente diante da crise econômica. Muitos deles, e outros como eles, se tornaram fascistas.

Antes de 1940, entusiastas de Mussolini na França e na Grã-Bretanha invejavam o sucesso do líder italiano por ter supostamente superado a desvantagem econômica da Itália através do planejamento estatal e da criação de grandes agências responsáveis por setores inteiros da economia. Albert Speer, gestor da Nova Ordem de Hitler, era muito admirado no exterior devido ao seu programa de direção e regulação econômica. Em setembro de 1943, Speer e Jean Bichelonne, ministro da Produção Industrial do governo de Vichy, instituíram um sistema de reduções tarifárias baseado em idéias de "planejamento" surgidas no período entre as duas guerras; o referido sistema constituiu claro presságio das relações comerciais européias e da cooperação econômica franco-alemã que despontaram anos mais tarde. No âmbito do Jeune Europe, clube fundado em 1933 para atrair jovens pensadores e políticos ávidos por traçar uma nova direção à criação de políticas, o futuro estadista belga e eurófilo Paul-Henri Spaak trocava idéias sobre o crescimento da importância do papel do Estado enquanto interagia com companheiros simpáticos à sua proposta, vindos de todas as partes do continente, inclusive Otto Abetz, futuro administrador de Paris sob ocupação nazista.

Em suma, "planejamento" teve uma história complicada. Muitos defensores da idéia tiveram suas primeiras experiências afins durante a guerra, trabalhando como servidores públicos e administradores de empresas, no contexto de regimes de ocupação — na França, na Bélgica e na Tchecoslováquia, sem falar da Alemanha e da Itália. A Grã-Bretanha não esteve sob ocupação, mas ali também foi a guerra que introduziu e domesticou a noção até então bastante abstrata de "planejamento" governamental. De fato, na Grã-Bretanha, foi a guerra, acima de tudo, que posicionou o governo no centro da vida econômica. A Lei de Poderes Emergenciais, de maio de 1940, autorizou o governo a exigir que qualquer cidadão tomasse qualquer medida considerada de interesse nacional, a controlar qualquer propriedade e designar qualquer indústria nacional para qualquer finalidade que ao governo conviesse. De acordo com Kenneth Harris, biógrafo de Clement Attlee, líder trabalhista britânico no pós-guerra, "planejamento nacional e estatização, que entre 1945 e 1951 pareciam resultar de um governo trabalhista que punha em prática princípios socialistas, eram, em grande medida, a herança de um Estado que se organizara para lutar uma guerra total".

O fascismo e a guerra foram, portanto, a ponte de ligação entre noções heterodoxas, marginais e muitas vezes controversas de planejamento econômico e a política econômica oficial no pós-guerra. Todavia, essa herança comprometida causou pouco impacto no apelo exercido pela noção de planejamento — quaisquer que tenham sido as relações com a extrema direita, com a extrema esquerda, com a ocupação ou com a guerra, o planejamento, no período entre as duas guerras, *não estava* associado às políticas desacreditadas, ponto amplamente considerado positivo. Na verdade, planejamento significava confiança no Estado. Em muitos países, tal percepção refletia a consciência bem fundamentada (e acentuada pela experiência da guerra) de que, na falta de qualquer outra agência reguladora ou multiplicadora, somente o Estado impediria o indivíduo de cair na miséria. Mas o entusiasmo contemporâneo por um Estado intervencionista foi além do desespero ou da defesa de interesses próprios. A visão de Clement Attlee, líder trabalhista britânico cujo partido derrotou os conservadores que apoiavam Churchill no dramático revés eleitoral de 1945, captou bem a atmosfera da época: a necessidade agora era de "cidades bem construídas e bem planejadas, além de parques e campos para prática esportiva, casas e escolas, fábricas e lojas".

Era grande a confiança na capacidade (e não apenas no dever) do governo para resolver problemas vultosos mobilizando e direcionando pessoas e recursos para empreendimentos de proveito coletivo. Evidentemente, para os socialistas, esse modo de ver era muito cativante; mas a idéia de que uma economia bem planejada implicava uma sociedade mais rica, mais justa e mais bem regulamentada foi absorvida por um vasto eleitorado, inclusive por partidos democratas cristãos então emergentes em todo o Oeste Europeu. O historiador inglês A. J. P. Taylor disse a ouvintes da BBC, em novembro de 1945, que "ninguém na Europa acredita no estilo de vida norte-americano — isto é, na iniciativa privada; ou melhor, os que acreditam formam um partido derrotado que parece não ter mais futuro na Inglaterra do que os jacobitas depois de 1688". Como sempre, Taylor exagerou e, a longo prazo, estava equivocado (mas quem não se equivoca a longo prazo?), e talvez se surpreendesse ao saber do afã de planejamento exibido por muitos entusiastas do New Deal que à época atuavam na administração norte-americana da Alemanha. Mas, naquele momento, de modo geral, ele tinha razão.

O que significava "Planejamento"? O termo é capcioso. O que todos os planejadores tinham em comum era a crença no aumento do papel desempenhado pelo Estado em questões sociais e econômicas. Além desse aspecto comum, havia muita variação, não raro em conseqüência de diferentes tradições políticas nacionais. Na Grã-Bretanha, onde pouco *planejamento*, de fato, ocorreu, a questão central era o *controle* — sobre indústrias e serviços sociais e econômicos — a ser implementado por meio da estatização como um fim em si mesmo. Assim sendo, a nacionalização — sobretudo de minas, ferrovias, transporte de cargas e empresas prestadoras de serviços públicos — e o provimento de assistência médica eram o centro do programa do Partido Trabalhista após 1945. Em suma, o "alto comando" da economia foi tomado. Mas era apenas isso.

Na Itália, a herança institucional fascista — que havia colocado grandes setores da economia sob a supervisão do Estado — ficou, em grande medida, intacta depois da guerra. O que mudou foi o matiz político de partidos que passaram a se beneficiar do apoio industrial e financeiro a eles fornecido por empresas controladoras e agências estatais. Na Alemanha Ocidental, depois de 1948, de modo geral, o setor econômico ficaria nas mãos da iniciativa privada, mas com base em acordos publicamente aprovados que tratavam da gestão de fábricas, das relações entre empregadores e empregados e das condições de trabalho e distribuição. Na Holanda, o planejamento centralizado envolvia um misto de normas preditivas e prescritivas para uso da iniciativa privada.

Na maioria dos países da Europa Ocidental, o setor público cresceu rapidamente, se aferido com base em gastos do governo ou número de funcionários públicos. Mas somente na França o entusiasmo retórico por planejamento obteve resultado concreto. A exemplo dos governos britânicos, as administrações francesas no pós-guerra nacionalizaram o transporte aéreo, bancos, 32 companhias seguradoras, serviços públicos essenciais, minas, fábricas de munição e de aeronaves, além do gigantesco complexo da Renault (em represália pela contribuição que o proprietário do conglomerado fizera para o esforço de guerra alemão). Em maio de 1946, um quinto de toda a capacidade industrial da França pertencia ao Estado.

Enquanto isso, em 4 de dezembro de 1945, Jean Monnet apresentou ao presidente De Gaulle seu Plan de Modernisation et d'Équipement. Um mês depois, foi instituído o Commissariat General du Plan, encabeçado por Monnet. Nos meses seguintes, Monnet criou Comissões de Modernização para diversos setores industriais (mineração, eletricidade, transporte, material de construção, aço e maquinaria agrícola; em tempo, seriam instituídas comissões para os setores do petróleo, produtos químicos, fertilizantes, fibras sintéticas e transporte de carga); por seu turno, as comissões apresentaram propostas e planejamento setorial. Em janeiro de 1947, exatamente um ano após ter sido criado, o Commissariat teve seu primeiro Plano Nacional aprovado pelo Conselho Ministerial francês — sem discussão.

O Plano Monnet foi algo singular, fruto do trabalho de um homem fora do comum.[2] Mas foi também, e acima de tudo, o resultado de uma cultura política já inclinada a favorecer processos decisórios autoritários e construção de consenso através de sanções governamentais. Sob a chancela do Plano Monnet, a França foi o primeiro país ocidental a se comprometer inteiramente com crescimento econômico e modernização enquanto políticas públicas. O plano dependia, em grande parte, de suposições acerca do acesso que os franceses teriam a matérias-primas e mercados alemães; portanto, a história do sucesso da empreitada faz parte da narrativa das relações da França com a Alemanha e com o restante da Europa na década do pós-guerra: um relato que apresenta muitas decolagens falsas, constrangimentos e decepções.

O primeiro Plano Monnet foi, basicamente, uma medida de emergência voltada para a crise que se instalou na França no pós-guerra. Somente depois o Plano Monnet foi ex-

[2] Jean Monnet nasceu em Cognac, em 1888, filho de um comerciante de *brandy*. Ao sair da escola, viveu e trabalhou muitos anos no exterior, especialmente em Londres; depois da Primeira Guerra Mundial, foi nomeado secretário-geral da recém-criada Liga das Nações. Durante grande parte da Segunda Guerra Mundial, ficou nos EUA, negociando o suprimento de armas em nome do governo britânico e dos Franceses Livres. Sua dedicação ao planejamento econômico e a contribuição que mais tarde fez para o Plano Schuman de cooperação européia, portanto, baseavam-se numa familiaridade com gerenciamento em grande escala e colaboração internacional que naquela época eram extremamente raras num francês de sua classe social.

pandido e adaptado aos termos do Plano Marshall. Mas o desenho básico da estratégia econômica francesa no pós-guerra esteve presente desde o início. O planejamento francês nunca foi mais do que "indicativo": sempre se limitando a estabelecer objetivos, e não cotas de produção. Nesse particular, o planejamento francês muito diferia do soviético, cujo traço característico (e principal defeito) era a insistência na fixação de metas de produção arbitrárias e rígidas, setor por setor, mercadoria por mercadoria. O Plano Monnet restringia-se a prover o governo de uma estratégia e de alavancas para estimular, ativamente, a concretização de determinados objetivos priorizados. Ao mesmo tempo, tratava-se de uma iniciativa sumamente original.

Na Tchecoslováquia, em junho de 1946, uma Comissão de Planejamento Central, com certas características e aspirações similares às de Monnet, foi criada para orientar e coordenar o vasto setor público nacionalizado pelo presidente Beneš, em 1945. No ano *anterior* ao golpe comunista em Praga, ocorrido em fevereiro de 1948, 93% dos empregados do setor de transportes e 78% dos operários da indústria já trabalhavam para o Estado. Bancos, minas, seguradoras, prestadoras de serviços públicos, indústrias de aço, de produtos químicos e processamento de alimentos e todas as grandes empresas tinham sido estatizadas: 2.119 empreendimentos, alcançando cerca de 75% de toda a produção industrial.

Como se vê, no caso da Tchecoslováquia, a nacionalização e o planejamento estatal da economia começaram bem antes da tomada de poder pelos comunistas e representavam políticas que contavam com a preferência da maioria do eleitorado — somente em fevereiro de 1949, um ano depois do golpe comunista, é que a Comissão de Planejamento foi expurgada e rebatizada de Secretaria do Planejamento Estatal, com um escopo bastante diverso. Em outros locais da mesma região, a nacionalização em grande escala, como a que foi determinada na Polônia, em janeiro de 1946, pela Lei de Nacionalização, resultou do trabalho de governos de coalizão dominados pelos comunistas. Mas também no caso da Polônia havia origens pré-comunistas: já em 1936, antes da guerra, o governo autoritário da República da Polônia tinha inaugurado um "Plano Quadrienal de Investimento", com base num sistema rudimentar de planejamento diretivo centralizado.

O objetivo principal do planejamento na Europa continental durante o pós-guerra era o investimento público. Numa época de aguda escassez de capital e de imensa demanda por investimento em todos os setores, planejamento governamental envolvia escolhas difíceis: onde alocar os limitados recursos do Estado e às custas de quem? No Leste Europeu, a ênfase recaía, inevitavelmente, sobre gastos com infra-estrutura básica — rodovias, ferrovias, fábricas, serviços públicos essenciais. Mas, com isso, restavam poucos recursos para alimentação e moradia, menos ainda para serviços de saúde, educação e assistência social, e absolutamente nada para bens de consumo supérfluos. Tal programa de gastos não haveria de cativar eleitorado algum, especialmente nos países que tinham vivido anos de privação material; e não deve surpreender o fato de que esse tipo de planejamento levado a termo sob condições de pavorosa carência, mais cedo ou mais tarde, tenha sido quase sempre acompanhado de governos autoritários e Estados repressores.

Mas a situação na Europa Ocidental não era muito diferente. Os britânicos, como veremos, foram obrigados a aceitar anos de "austeridade" como o preço pago pela recuperação econômica. Na França ou na Itália, onde quase não havia mercado de capitais a longo prazo operado pelo setor privado, todos os investimentos de vulto tinham de ser financiados pelo setor público — motivo pelo qual o primeiro Plano Monnet voltou-se para o investimento de capital em grandes indústrias, em detrimento de consumo doméstico, habitação e serviços. As conseqüências políticas da medida eram previsíveis: já em 1947, a França, a exemplo da Itália, estava ameaçada por greves, por violentas manifestações de protesto e pelo crescimento constante de apoio ao Partido Comunista e aos seus sindicatos. Preterir, propositadamente, o setor de bens de consumo e direcionar os parcos recursos nacionais para um punhado de setores industriais-chave constituía medida econômica sensata, a longo termo: mas era também uma estratégia de alto risco.

A economia de planejamento seguiu de perto as lições aprendidas nos anos 30 — uma estratégia bem-sucedida para recuperação no pós-guerra deve evitar qualquer retorno à estagnação econômica, à depressão, ao protecionismo e, sobretudo, ao desemprego. Considerações idênticas pautaram a criação do moderno Estado previdenciário europeu. De acordo com o saber corrente na década de 1940, as polarizações políticas dos dez anos que compreenderam o período entre as duas guerras foram geradas, diretamente, pela depressão econômica e por seu custo social. Tanto o fascismo quanto o comunismo prosperaram com o desespero social, com o abismo que separava os ricos dos pobres. Se as democracias haveriam de se recuperar, a problemática da "condição do povo" precisava ser contemplada. Nas palavras de Thomas Carlyle, cem anos antes: "Se algo não for feito, algo há de se fazer a si mesmo algum dia, e de um modo que não vai agradar a quem quer que seja."

Mas o "Estado previdenciário" — planejamento social — era mais do que um profilático contra a instabilidade política. O constrangimento que hoje sentimos diante de noções como raça, eugenia, "degeneração" e similares encobre o papel importante que tais idéias desempenharam no pensamento público europeu durante a primeira metade do século XX: os nazistas não eram os únicos que levavam a sério essas questões. Já em 1945, duas gerações de médicos, antropólogos, técnicos em saúde pública e comentaristas políticos na Europa haviam contribuído para amplos debates e polêmicas sobre "saúde racial", crescimento populacional, bem-estar ocupacional e políticas públicas através das quais tudo isso pudesse ser aperfeiçoado e garantido. Havia bastante consenso de que as condições físicas e morais dos cidadãos eram assunto de interesse comum e, portanto, responsabilidade do Estado.

Conseqüentemente, desde 1945, medidas rudimentares de previdência social, de diversos tipos, já eram comuns, embora a qualidade e o alcance de tais provisões variassem muito. Tipicamente, a Alemanha era o país mais evoluído, pois já entre 1883 e 1889, na época de Bismarck, havia criado sistemas previdenciários de pensão, assistência médica e seguro contra acidente. Mas outros países seguiram de perto, nos anos imediatamente antes e depois da Primeira Guerra Mundial. Esquemas embrionários de pensão e previdência pública foram introduzidos na Grã-Bretanha pelos governos liberais de Asquith, na primeira década do século XX; e tanto a Grã-Bretanha quanto a França criaram Ministérios da Saúde logo após o término da Primeira Guerra, respectivamente, em 1919 e 1920.

O seguro-desemprego obrigatório, criado na Grã-Bretanha em 1911, foi introduzido na Itália (1919), Áustria (1920), Irlanda (1923), Polônia (1924), Bulgária (1925), Alemanha e Iugoslávia (1926) e Noruega (1938). Romênia e Hungria já contavam com esquemas de seguro de saúde e contra acidente desde antes da Primeira Guerra, e todos os demais países da Europa Oriental instituíram sistemas nacionais de pensão durante o período entre as duas guerras. O auxílio financeiro às famílias era componente-chave nos planos de aumento de índices de natalidade — verdadeira obsessão, depois de 1918, em países que sofreram elevado número de baixas populacionais durante a guerra — e foi instituído pela Bélgica (1930), seguida pela França (1932) e pela Hungria e a Holanda pouco antes da eclosão da guerra.

No entanto, nenhum desses esquemas, nem mesmo os dos nazistas, configurava sistemas previdenciários abrangentes. Eram reformas cumulativas *ad hoc*, cada uma voltada para determinado problema social ou para o aperfeiçoamento de deficiências comprovadas em esquemas anteriores. Os diversos sistemas de pensão e seguro de saúde introduzidos na Grã-Bretanha, por exemplo, tinham benefícios bastante restritos e só se aplicavam a trabalhadores do sexo masculino: esposas e outros dependentes ficavam excluídos. Na Grã-Bretanha, entre as duas guerras, elegibilidade para seguro-desemprego dependia de um "Teste de Meios", prática inspirada no princípio de "menor elegibilidade", que remontava à Lei dos Desvalidos, promulgada no século XIX, e o solicitante precisava comprovar pobreza absoluta para poder receber o benefício. Àquela época, ainda não havia país que reconhecesse a obrigação do Estado de garantir um conjunto de serviços a todos os cidadãos, fossem homens ou mulheres, empregados ou desempregados, velhos ou jovens.

Foi a guerra que alterou tudo isso. Assim como a Primeira Guerra Mundial, uma vez terminada, apressara o surgimento de legislação e medidas de cunho social — para lidar com viúvas, órfãos, inválidos e desempregados nos primeiros anos do pós-guerra —, a Segunda Guerra transformou o papel do Estado moderno e as expectativas que sobre ele pesavam. A transformação foi mais marcante na Grã-Bretanha, onde Maynard Keynes, corretamente, previu um pós-guerra "ávido por *previdência* social e pessoal". Mas, em toda parte (citando as palavras do historiador Michael Howard), "guerra e previdência caminhavam de mãos dadas". Em alguns países, nutrição e assistência médica, na verdade, melhoraram durante a guerra: mobilizar homens e mulheres para uma guerra generalizada implicava avaliar-lhes a condição física e fazer o que fosse necessário para mantê-los produtivos.

Os Estados previdenciários europeus pós-1945 variavam bastante em termos da oferta de recursos e métodos de financiamento. Mas é possível estabelecer alguns pontos gerais. A provisão de *serviços* sociais dizia respeito, principalmente, à educação, moradia e assistência médica, bem como ao provimento de áreas de recreação situadas em subúrbios, transporte público subsidiado, arte e cultura financiadas com recursos públicos e outros benefícios indiretos do Estado intervencionista. Previdência *social* consistia, primordialmente, em cobertura de seguro — contra doença, desemprego, acidente e os riscos da terceira idade. No pós-guerra, todos os Estados europeus ofereceram ou financiaram a maioria desses recursos, alguns Estados mais do que outros.

As diferenças importantes residiam nos esquemas criados para custear as novas coberturas oferecidas pelo setor público. Alguns países captavam receita através da arrecadação de impostos e ofereciam assistência e serviços gratuitos, ou amplamente subsidiados — era esse o sistema escolhido na Grã-Bretanha, onde o esquema refletia a preferência de então por monopólios estatais. Em outros países, cidadãos recebiam benefícios em espécie, de acordo com critérios de elegibilidade determinados a partir de parâmetros sociais, ficando os beneficiários livres para escolher os serviços que pretendessem adquirir. Na França e em alguns países menores, cidadãos pagavam por determinados tipos de serviços médicos, por exemplo, mas depois o Estado lhes ressarcia boa parte das despesas.

Essas diferenças refletiam sistemas distintos de financiamento e contabilidade nacionais, mas também traduziam uma opção estratégica fundamental. Por mais generosa que fosse, a previdência social por si só não era, em princípio, politicamente radical — já vimos como o mecanismo foi introduzido relativamente cedo até nos regimes mais conservadores. Entretanto, sistemas previdenciários *universais* são inerentemente redistribuidores. A natureza universal e a grande escala em que tais sistemas operam exigem a transferência de recursos — geralmente através da cobrança de impostos — dos mais privilegiados para os menos prósperos. O Estado previdenciário foi, portanto, um projeto radical, e as variações entre os Estados previdenciários europeus depois de 1945 refletiram não apenas procedimentos institucionais, mas também considerações políticas.

No Leste Europeu, por exemplo, os regimes comunistas pós-1948, de modo geral, *nem sempre* eram favoráveis a sistemas previdenciários estatais — não precisavam ser, pois podiam impor a redistribuição de recursos sem necessitar despender em serviços públicos as escassas receitas do Estado. Por razões políticas, camponeses, por exemplo, eram freqüentemente excluídos da previdência social e dos esquemas de pensão. Na Europa Ocidental, depois de 1945, apenas seis países — Bélgica, Itália, Noruega, Áustria, República Federal da Alemanha e Reino Unido — introduziram seguro-desemprego compulsório e universal. Esquemas voluntários subsidiados continuaram a existir na Holanda até 1949, na França até 1967 e na Suíça até meados dos anos 70. Na Europa católica, antigos esquemas regionais e comunitários de cobertura contra desemprego provavelmente impediram o avanço de sistemas previdenciários universais, reduzindo-lhes a necessidade. Em países onde o desemprego no período entre as guerras tinha sido particularmente dramático — no Reino Unido e na Bélgica —, o gasto com a previdência era movido em parte pela vontade de garantir pleno, ou quase pleno, emprego. Onde o desemprego não tinha sido muito significativo — na França e na Itália, por exemplo —, tal fato se refletia na definição de prioridades bem díspares.

Embora a Suécia e a Noruega (mas não a Dinamarca) estivessem na vanguarda da provisão de benefícios, englobando vasta gama de serviços sociais, e a Alemanha Ocidental houvesse preservado medidas previdenciárias herdadas de antigos regimes (inclusive programas da era nazista que incentivavam o aumento da taxa de natalidade), foi na Grã-Bretanha que se envidaram os esforços mais ambiciosos para a construção, a partir do zero, de um autêntico "Estado previdenciário". De certo modo, isso refletia a posição singular do Partido Trabalhista britânico, que obteve vitória total nas eleições de julho de 1945 e que — ao contrário dos governos da maioria dos demais países europeus — tinha condições para elaborar todo o seu programa eleitoral sem precisar se preocupar com parceiros de coalizões. Mas a construção do referido Estado previdenciário também teve origem em fontes bastante específicas do reformismo britânico.

A legislação social da Grã-Bretanha no pós-guerra baseava-se no célebre relatório escrito por Sir William Beveridge, publicado em novembro de 1942, livro que logo se tornou um *best-seller*. Beveridge nasceu em 1879, filho de um juiz britânico lotado na Índia imperial, e suas sensibilidades e aspirações eram típicas dos grandes reformistas liberais da Grã-Bretanha eduardiana. O relatório constituiu, a um só tempo, denúncia de injustiças sociais na sociedade britânica pré-1939 e modelo de políticas para reformas radicais a serem implementadas depois que a guerra acabasse. Nem mesmo o Partido Conservador ousou fazer oposição às principais recomendações do relatório, e o documento se tornou a base moral dos elementos mais apreciados e duradouros do programa do Partido Trabalhista para o pós-guerra.

Beveridge partiu de quatro premissas acerca de programas previdenciários no pós-guerra, e todas as quatro seriam incorporadas às políticas britânicas praticadas pela geração seguinte: a necessidade de um serviço nacional de saúde pública, de um esquema adequado de pensão estatal, do pagamento de auxílio financeiro às famílias e de algo próximo ao pleno emprego. Esta última premissa não constituía, em si mesma, um item do programa previdenciário, mas servia de base para tudo, pois baseava-se no preceito de que no pós-guerra a situação normal de um adulto saudável era contar com trabalho remunerado em tempo integral. A partir dessa premissa, seria possível oferecer programas generosos para seguro-desemprego, pensão, auxílio financeiro para famílias, assistência médica e outros serviços, pois tudo seria pago com a arrecadação de impostos sobre ganhos salariais e com a cobrança de tributação progressiva junto à população economicamente ativa.

As implicações eram significativas. Pela primeira vez, mulheres que não trabalhavam fora e que não dispunham de seguro particular de saúde obtiveram cobertura. A humilhação e a dependência social da antiga Lei dos Desvalidos e sua prova de indisponibilidade de recursos financeiros chegaram ao fim; nas ocasiões (supostamente raras) em que precisasse de assistência pública, o cidadão ou cidadã do Estado previdenciário teria agora pleno direito ao auxílio solicitado. Serviços médicos e dentários eram oferecidos gratuitamente, o pagamento de pensão tornou-se universal, e um auxílio financeiro às famílias (na base de 5 xelins [25 pence] por semana, para cada filho, a partir do segundo) foi introduzido. O principal projeto de lei encaminhado pelo Parlamento a respeito desses programas recebeu sanção real em novembro de 1946, e a Lei do Serviço Nacional de Saúde (NHS) — que é o pilar do sistema previdenciário — foi ratificada em 5 de julho de 1948.

O Estado previdenciário britânico foi, ao mesmo tempo, a conclusão de um ciclo anterior de reformas, com raízes nas Leis Fabris (datadas do século XIX), e uma inovação autenticamente radical. O contraste entre a Grã-Bretanha da obra de George Orwell *A Caminho de Wigan* (publicada em 1937) e a Grã-Bretanha de Harold Macmillan, primeiro-ministro conservador que vinte anos mais tarde repreendeu um manifestante com a célebre frase "O senhor nunca viveu tão bem", é um tributo ao Serviço Nacional de Saúde (NHS) e aos programas de bem-estar social, auxílio de renda e emprego que o acompanharam. Hoje em dia, quando olhamos para trás e constatamos os erros de cálculo dos primeiros reformistas do pós-guerra, é muito fácil minimizar ou mesmo desprezar-lhes as realizações. Passados poucos anos, muitas das provisões universais do NHS mostraram-se insustentavelmente caras; a qualidade dos serviços oferecidos não pôde ser mantida, e o tempo comprovou que algumas das suposições fundamentais — inclusive a previsão otimista relativa a emprego pleno e estável — eram, no mínimo, infundadas. Mas qualquer pessoa que tenha crescido (como o presente autor) na Grã-Bretanha durante o pós-guerra tem bons motivos para ser grato ao Estado previdenciário.

O mesmo é verdadeiro em se tratando da geração pós-guerra por todo o continente europeu, embora em local algum, além da Grã-Bretanha, a previdência social universal tenha sido experimentada em escala tão generosa — e tudo de uma vez. Graças ao surgimento de Estados previdenciários, os europeus, mais do que nunca, passaram a se alimentar mais e (de modo geral) melhor, a viver mais e com mais saúde, a residir em casas melhores e a se vestir melhor. Acima de tudo, sentiam-se mais seguros. Não é por acaso que, quando perguntados sobre o que pensam dos serviços públicos, os europeus quase sempre apontam em primeiro lugar o esquema de cobertura de seguro e pensão que o Estado lhes propiciou no pós-guerra. Até na Suíça, país que segundo os padrões previdenciários europeus é deficiente em cobertura, a Lei Federal de Previdência da Terceira Idade e dos Sobreviventes, promulgada em dezembro de 1948, é considerada por muitos cidadãos um dos grandes feitos do país.

O Estado previdenciário não saiu barato. O custo, para países que ainda não tinham se recuperado da queda econômica sofrida nos anos 30, nem da destruição da guerra, foi considerável. A França, que em 1938 destinara apenas 5% do Produto Interno Bruto (PIB) aos serviços sociais, em 1949 consignava a essa rubrica 8,2%. Na Grã-Bretanha, já em 1949, quase 17% da totalidade dos gastos públicos ficava por conta da previdência social, um aumento de 50% em relação ao nível registrado em 1938, e isso ocorreu num momento em que a nação passava por severo aperto financeiro. Até na Itália, país bem mais pobre, em que o governo procurava evitar custos elevados com previdência social, desviando serviços e benefícios para o setor privado ou para o local de trabalho, o percentual de despesas do governo com serviços sociais em relação ao PIB subiu de 3,3%, em 1938, para 5,2%, em 1949.

Por que os europeus estavam dispostos a pagar tanto por seguro e outros itens previdenciários numa época em que a vida ainda era tão difícil e as carências materiais tão endêmicas? A primeira razão é que, *precisamente* porque os tempos eram difíceis, os sistemas previdenciários no pós-guerra garantiam o mínimo de justiça. O cenário não configurava a revolução espiritual e social sonhada por muitos integrantes da Resistência durante a guerra, mas era o começo de um distanciamento em relação à desesperança e ao cinismo dos anos que antecederam o conflito.

Em segundo lugar, os Estados previdenciários do Oeste Europeu não tinham tendências politicamente desagregadoras. A propensão geral era *a favor* da redistribuição (alguns Estados mais do que outros), mas não havia, absolutamente, inclinação revolucionária — não se pretendia "explorar os ricos". Ao contrário: embora as maiores vantagens imediatas tenham sido percebidas pelos pobres, a longo prazo foram os integrantes da classe média profissional e comercial os verdadeiros beneficiários. Anteriormente, em muitos casos, tais indivíduos não tinham direito a benefícios relacionados com saúde, desemprego ou aposentadoria e, antes da guerra, eram obrigados a obter serviços e benefícios dessa natureza junto ao setor privado. Agora dispunham de pleno acesso a tudo isso, gratuitamente ou a custo baixo. Somada à educação estatal gratuita ou subsidiada em nível médio e superior, tal provisão permitia aos profissionais assalariados e funcionários administrativos melhor qualidade de vida e mais renda disponível. Longe de promover a divisão de classes, o Estado previdenciário europeu as aproximou, mais do que nunca, defendendo o interesse comum por autopreservação e defesa.

Mas a verdadeira base de apoio à previdência e à provisão de serviço social com financiamento do Estado era o entendimento popular de que tais tarefas cabiam ao governo. No pós-guerra, em toda a Europa, o Estado era "previdenciário", com responsabilidade implícita (e, muitas vezes, constitucionalmente explícita) pelo bem-estar dos cidadãos. Tinha a obrigação não apenas de prover as instituições e os serviços necessários a uma nação bem regulamentada, segura e próspera, como também de *melhorar* as condições de vida da população, de acordo com uma vasta e crescente gama de índices. Se o Estado podia, na realidade, satisfazer a todas essas exigências era outra questão.

Evidentemente, era mais fácil alcançar os ideais do Estado social, "do berço ao túmulo", no contexto da população reduzida de um país rico e homogêneo como a Suécia do que no contexto de um país como a Itália. Contudo, a confiança no Estado era igualmente marcante em regiões pobres e ricas — talvez até mais nas primeiras, pois em regiões pobres somente o Estado era capaz de oferecer esperança e salvação para as massas. E na sequência da depressão, ocupação e guerra civil, o Estado — enquanto agente de previdência, segurança e justiça — era a força vital de coesão comunitária e social. Hoje em dia, muitos observadores mostram-se inclinados a ver a estatização e a dependência do Estado como o grande problema europeu, e consideram a "salvação que vem de cima" a grande ilusão da atualidade. Para a geração de 1945, um equilíbrio praticável entre liberdades políticas e a função distributiva racional e correta do Estado gestor constituía a rota exclusiva para sair do abismo.

Depois de 1945, o ímpeto de mudança foi muito além da questão de programas de previdência. Os anos que se seguiram à Segunda Guerra Mundial caracterizaram uma espécie de breve Era de Reformas, durante a qual muitos problemas antigos foram, finalmente, enfrentados. Um dos mais importantes foi a questão da reforma agrária, que muitas pessoas bem informadas da época consideravam o dilema mais urgente da Europa. O passado ainda pesava sobre os camponeses do continente. Somente na Inglaterra, na Holanda, na Dinamarca, na região alpina e em partes da França era possível se falar de uma classe próspera e independente de fazendeiros. A maioria arrasadora da população predominantemente rural da Europa vivia sob condições de penúria e endividamento.

Uma razão para isso era que grandes extensões das terras mais férteis e, mais ainda, de pastos continuavam nas mãos de relativamente poucos proprietários abastados, muitas vezes ausentes e em muitos casos irredutivelmente contrários a qualquer melhoria das condições da terra, dos arrendatários ou dos lavradores. Outro fator era o já antigo declínio dos preços de produtos agrícolas em relação a manufaturados, processo que se exacerbou a partir da década de 1870 com a importação de grãos e (mais tarde) carne, a preços mais baixos, provenientes das Américas e das colônias inglesas. Já na década de 1930, os camponeses europeus conviviam há quase três gerações com a implacável deterioração de suas condições de vida. Muitos — na Grécia, no sul da Itália, nos Bálcãs, na Europa Central e Oriental — emigraram para os EUA, a Argentina e outros países. Os que permaneceram em muitos casos tornaram-se presas fáceis para demagogos nacionalistas e fascistas. Por conseguinte, depois da guerra, generalizou-se a convicção, especialmente por parte da esquerda, de que o fascismo tinha grande apelo entre os camponeses desesperados, e que qualquer ressurgimento do fascismo na Europa começaria no campo. O problema agrário era, portanto, duplo: como melhorar as perspectivas econômicas do camponês e assim livrá-lo da tentação autoritária.

O primeiro objetivo já havia sido perseguido depois da Primeira Guerra, por meio de uma série de reformas agrárias (notadamente na Romênia e na Itália, mas, em certa medida, praticamente por toda parte) cujo propósito era redistribuir grandes propriedades, reduzir o número de "microfúndios" (lotes de terra improdutivos) e oferecer aos fazendeiros melhores condições para produzir eficientemente, visando ao mercado. Mas essas reformas falharam em seus propósitos — em parte porque, sob as circunstâncias econômicas desastrosas da Europa no período entre as duas guerras, com preços em queda ainda mais acelerada do que antes de 1914, os novos camponeses, proprietários "independentes", na realidade ficaram mais vulneráveis do que nunca.

Depois da Segunda Guerra Mundial, fez-se nova tentativa de reforma agrária. Na Romênia, em março de 1945, um milhão de hectares foram tomados das mãos de "*kulaks*" e "criminosos de guerra" e distribuídos a mais de 600 mil camponeses até então pobres ou sem-terra. Na Hungria, onde o governo do almirante Horthy (vigente no período entre as guerras) havia impedido qualquer redistribuição significativa de terras, a terça parte da superfície do país foi expropriada dos antigos proprietários — tudo feito nos moldes do Programa Szeged, de dezembro de 1944, criado pelo governo de coalizão interino instituído no pós-guerra. Naquele mesmo ano, e nos primeiros meses depois do fim da guerra, o governo da Frente Nacional Tcheca elaborou um programa semelhante e, prontamente, redistribuiu grandes extensões de terras — sobretudo fazendas tomadas de húngaros e indivíduos de origem alemã que viviam nos Sudetos. Entre 1944 e 1947, todos os países do Leste Europeu assistiram ao surgimento de uma numerosa classe de pequenos proprietários que deviam a obtenção de suas terras às autoridades. Poucos anos mais tarde, esses mesmos pequenos proprietários seriam, por seu turno, expropriados pelos regimes comunistas, no ímpeto da coletivização. Mas, nesse ínterim, segmentos inteiros de elites rurais e grandes fazendeiros, na Polônia, no leste da Prússia, na Hungria, Romênia e Iugoslávia, simplesmente desapareceram.

Na Europa Ocidental, apenas o sul da Itália vivenciou algo comparável às mudanças dramáticas verificadas no Leste Europeu. Na década de 1950, uma abrangente legislação reformista anunciou a redistribuição de terras estatais por toda a Sicília e o *Mezzogiorno*, na seqüência de expropriações e invasões ocorridas em Basilicata, Abruzzi e Sicília. Mas, apesar de todo o alvoroço, pouca coisa mudou — grande parte das terras de antigos latifúndios distribuídas não tinha água, estradas ou casas. Dos 74 mil hectares redistribuídos na Sicília depois da Segunda Guerra Mundial, 95% correspondiam a terras "marginais" ou de qualidade inferior, inadequadas ao cultivo. Os camponeses depauperados aos quais os terrenos foram oferecidos não tinham recursos financeiros nem acesso ao crédito; pouco podiam fazer em benefício de suas novas propriedades. As reformas agrárias na Itália fracassaram. A meta declarada — a solução da "Questão do Sul" — só foi alcançada uma década mais tarde, e apenas em parte, quando a classe camponesa que habitava o sul abandonou o solo e partiu em busca de trabalho nas prósperas cidades do norte, localizadas na região do "milagre" italiano.

Mas o caso do sul da Itália foi particularmente difícil. Na França e em outros locais, direitos recém-adquiridos por agricultores arrendatários serviram de incentivo para investimentos em pequenas propriedades, viabilizados por sistemas de crédito inovadores e bancos rurais. Subsídios por parte do Estado contribuíram para a reversão de um declínio em preços que já remontava há várias décadas e estimularam o setor a produzir o máximo possível, mediante garantia de compra da produção por um valor mínimo previamente estabelecido. Enquanto isso, durante o pós-guerra, a demanda sem precedentes de mão-de-obra nas cidades atraía trabalhadores excedentes das zonas rurais empobrecidas, deixando uma população agrícola mais eficiente e com menos bocas a alimentar.

As dimensões políticas do problema agrário foram abordadas indiretamente pelo grande pacote de reformas políticas introduzido nos primeiros anos do pós-guerra. Muitas dessas reformas eram de natureza constitucional, mais uma vez dando seguimento a questões não resolvidas em 1918. Na Itália, França e Bélgica, as mulheres finalmente ganharam o direito ao voto. Em junho de 1946 os italianos votaram pela república, mas a margem foi estreita (12,7 milhões de eleitores a favor do fim da monarquia e 10,7 milhões pela manutenção do sistema), e as históricas divisões observadas no país foram, no mínimo, exacerbadas pelo referido resultado: o sul, excetuando-se a região de Basilicata, votou maciçamente a favor do rei (em Nápoles, a proporção foi de quatro para um).

Em contraste, em setembro de 1946 os gregos votaram pela manutenção da monarquia. Os belgas também mantiveram o sistema, mas removeram o monarca que então ocupava o trono, o rei Leopoldo III, como punição por ele ter colaborado com os nazistas. Tal decisão, tomada em 1950 mediante pressão popular, e contrária à (pequena) maioria da população, causou profunda divisão no país, em termos comunitários e lingüísticos: valões francófonos votaram pela remoção de Leopoldo, ao passo que 72% de flamengos que falavam holandês expressaram preferência pela manutenção do governante. Os franceses não dispunham de um rei no qual extravasar a lembrança das humilhações da guerra e, em 1946, votaram apenas pela substituição da desonrada Terceira República por uma sucessora numérica. A exemplo das Leis Básicas alemãs, com data de 1949, a constituição da Quarta República destinava-se a eliminar, o máximo possível, o risco de subordinação a regimes autoritários ou cesaristas — aspiração que haveria de se mostrar muito bem-sucedida.

As Assembléias Provisórias ou Constituintes que promulgaram essas Constituições no pós-guerra, propuseram plebiscitos sobre tópicos controversos e votaram a favor de grandes reformas institucionais de modo geral demonstravam inclinações esquerdistas. Na Itália, França e Tchecoslováquia, depois da guerra, os partidos comunistas saíram-se bem. Nas eleições italianas de 1946, o Partido Comunista Italiano (PCI) obteve 19% dos votos; nas segundas eleições francesas naquele mesmo ano, o Partido Comunista Francês (PCF) conseguiu 28,6% dos votos, o melhor resultado de todos os tempos. Na Tchecoslováquia, em eleições livres realizadas em maio de 1946, os comunistas garantiram 38% do eleitorado nacional (40% em terras tchecas). Em outros locais, os comunistas não obtiveram tanto sucesso nas urnas, ainda que os resultados então alcançados jamais tenham sido superados, mantendo-se entre 13%, na Bélgica, e apenas 0,4% no Reino Unido.

A alavancagem política inicial dos comunistas na Europa Ocidental adveio da associação com partidos socialistas, a maioria dos quais, antes de 1947, relutava em romper alianças do estilo "Frente Popular" conforme esta fora (re)formada nos movimentos de resistência. Nas primeiras eleições realizadas no pós-guerra, os partidos socialistas na França e na Itália saíram-se quase tão bem quanto os comunistas, e na Bélgica obtiveram resultados ainda melhores. Na Escandinávia, os socialdemocratas venceram com folga os demais partidos, obtendo entre 38% e 41% dos votos na Dinamarca, Noruega e Suécia nas eleições realizadas entre 1945 e 1948.

Contudo, exceto na Grã-Bretanha e nos países nórdicos, a "velha esquerda" dos comunistas e socialistas jamais conseguiu governar sozinha. Na Europa Ocidental, o equilíbrio era sempre mantido, e em muitos casos dominado por um novo ente político, os partidos democratas cristãos. Partidos católicos já eram conhecidos na Europa continental — há muito tempo vicejavam na Holanda e na Bélgica. A Alemanha de Guilherme e Weimar tivera um Partido de Centro Católico e há muito tempo a ala conservadora da política austríaca estava proximamente ligada ao Partido Popular (católico). Nem mesmo a própria "democracia cristã" era idéia inteiramente nova — suas origens remontavam ao início do século XX, ao reformismo católico e aos movimentos católicos de centro que tentaram em vão avançar durante os anos conturbados posteriores à Primeira Guerra. Mas, depois de 1945, a situação era bastante diversa, e inteiramente favorável aos mencionados movimentos.

Em primeiro lugar, esses partidos — especialmente a União Democrática Cristã (UDC), na Alemanha Ocidental, os Cristãos Democratas (CD), na Itália, e o Movimento Republicano Popular (MRP), na França — detinham agora quase o monopólio do voto católico. Em 1945, na Europa, esse fator tinha grande importância: o voto católico ainda era bastante conservador, particularmente em se tratando de questões sociais e em regiões nas quais o catolicismo era muito praticado. Eleitores católicos tradicionais, na Itália, França, Bélgica, Holanda e Alemanha (no oeste e no sul) raramente votavam nos socialistas, e quase nunca nos comunistas. Mas, e isso foi uma peculiaridade do pós-guerra, em muitos países, até os católicos conservadores muitas vezes não tinham escolha, a não ser votar nos democratas cristãos, a despeito das tendências reformistas das políticas e dos políticos da referida legenda, porque os partidos da direita convencional estavam em descrédito ou simplesmente proscritos. Até os conservadores que não eram católicos passaram a buscar os democratas cristãos, como um meio de barrar a esquerda "marxista".

Em segundo lugar, e por razões afins, os partidos democratas cristãos foram os principais beneficiários do voto feminino — em 1952, na França, cerca de dois terços das mulheres católicas praticantes votaram no MRP. Sem dúvida, a influência do púlpito teve o seu papel. Porém, grande parte do apelo que os partidos democratas cristãos exerciam sobre as mulheres devia-se ao programa partidário. Em contraste com o persistente tom de insurreição subjacente à retórica socialista e comunista, até mesmo no caso da retórica mais domesticada, democratas cristãos proeminentes — Maurice Schumann e Georges Bidault, na França; Alcide de Gasperi, na Itália; e Konrad Adenauer, na República Federal da Alemanha — sempre enfatizavam reconciliação e estabilidade.

A democracia cristã evitava apelos voltados para determinada classe e, em vez disso, ressaltava reformas de caráter social e moral. De modo particular, essa corrente insistia na importância da *família*, tema cristão apropriado e que apresentava implicações políticas significativas, numa época em que as necessidades de famílias de um só provedor, sem-teto e carentes nunca tinham sido tão grandes. Portanto, os partidos democratas cristãos estavam numa posição ideal para tirar proveito de quase todas as condições verificadas no pós-guerra: o desejo de estabilidade e segurança, a expectativa de renovação, a ausência das tradicionais alternativas de direita e as expectativas investidas no Estado — pois, ao contrário dos políticos católicos convencionais da geração anterior, os líderes dos partidos democratas cristãos e seus seguidores mais jovens e radicais não tinham qualquer inibição diante do recrutamento do poder do Estado na busca de seus objetivos. No mínimo, durante os primeiros anos do pós-guerra, os democratas cristãos viam os liberais que defendiam o livre mercado, e não a esquerda coletivista, como seus principais oponentes, e estavam mais do que dispostos a demonstrar que o Estado moderno poderia se adaptar a modelos não-socialistas de intervenção benevolente.

Como conseqüência, na Itália e na Alemanha Ocidental, durante anos, os partidos democratas cristãos (com alguma ajuda norte-americana) exerceram quase o monopólio sobre o poder político. Já na França — em conseqüência dos efeitos corrosivos de duas guerras coloniais, às quais se seguiu, em 1958, a volta de De Gaulle ao poder — o MRP não se saiu tão bem. No entanto, mesmo assim, o partido continuou a arbitrar poder até meados dos anos 50, sempre garantindo o comando de determinados ministérios (notadamente o das Relações Exteriores). Partidos católicos de inclinação democrata cristã exerceram poder ininterrupto nos países do Benelux durante mais de uma geração, e na Áustria até os anos 70.

Os líderes de partidos democratas cristãos, a exemplo de Winston Churchill na Grã-Bretanha, eram homens de uma era passada: Konrad Adenauer nascera em 1876, Alcide de Gasperi cinco anos mais tarde, o próprio Churchill, em 1874. Não se tratava de mera coincidência ou curiosidade biográfica. Já em 1945, muitos países da Europa continental tinham perdido duas gerações de líderes potenciais: a primeira, devido à morte ou invalidez na Primeira Guerra; a segunda, diante da tentação do fascismo, ou exterminada pelas mãos dos nazistas e seus amigos. Esse déficit se manifestava na qualidade geralmente medíocre dos jovens políticos atuantes naqueles anos — Palmiro Togliatti (que passara boa parte dos vinte anos anteriores como agente político em Moscou) não era exceção. O atrativo especial de Léon Blum, que retornou à vida pública na França após ter sido preso pelas autoridades de Vichy e encarcerado em Dachau e Buchenwald, não era apenas o heroísmo, mas também a idade (tendo nascido em 1872).

À primeira vista, pode parecer um tanto estranho que, em grande parte, a reabilitação da Europa tenha resultado do trabalho de homens que alcançaram a maturidade e entraram para a política muitas décadas antes. Churchill, que ingressou no Parlamento em 1901, definia-se como "filho da Era Vitoriana". Clement Attlee era, igualmente, vitoriano, nascido em 1883. Mas, afinal, isso talvez não seja tão surpreendente. Em primeiro lugar, esses homens mais maduros eram singulares, pois haviam sobrevivido ética e politicamente incólumes a trinta anos de distúrbios — e sua credibilidade política tinha aumentado devido, digamos, ao valor da necessidade. Em segundo lugar, todos pertenciam à extraordinária geração de reformistas sociais europeus que atingiram a maturidade entre 1880 e 1910 — fosse como socialistas (Blum, Attlee), liberais (Beveridge, ou o futuro presidente italiano, Luigi Einaudi, nascido em 1874) ou católicos progressistas (De Gasperi, Adenauer). Seus instintos e interesses se encaixaram muito bem na atmosfera do pós-guerra.

Mas o terceiro motivo, e talvez o mais importante, é que os velhos que reconstruíram a Europa Ocidental representavam continuidade. Entre as duas guerras, a preferência tinha sido pelo novo e moderno. Parlamentos e democracias eram vistos por muitos — e não apenas fascistas e comunistas — como algo decadente, estagnado, corrupto e incapaz de levar a termo as tarefas do Estado moderno. A guerra e a ocupação afastaram essas ilusões, entre o grande eleitorado, ainda que não entre os intelectuais. Sob a luz fria da paz, as concessões maçantes da democracia constitucional assumiram um aspecto novo, interessante. Em 1945, a maioria das pessoas ansiava por progresso e renovação social, com certeza, mas associados à confiança em formas políticas estáveis e conhecidas. Enquanto a Primeira Guerra Mundial provocou politização, radicalização, a guerra seguinte produziu o efeito oposto: um profundo desejo de normalidade.

Estadistas cuja experiência remetia a um tempo anterior às décadas turbulentas do período entreguerras, antes de 1914, a uma época de mais estabilidade e autoconfiança, eram, portanto, especialmente cativantes. Na continuidade de suas presenças, tais indivíduos podiam facilitar a transição difícil entre a política superaquecida do passado recente e uma era futura de rápida transformação social. Não obstante a filiação partidária, em 1945 os estadistas maduros da Europa eram todos adeptos pragmáticos da arte do possível. A distância pessoal mantida por esses estadistas em relação aos dogmas presunçosos da política do entreguerras refletia, fielmente, o estado de espírito do eleitorado. Tinha início a era "pós-ideológica".

As perspectivas de estabilidade política e reforma social na Europa depois da Segunda Guerra Mundial dependiam, primeiramente, da recuperação da economia do continente. Nenhum planejamento estatal ou liderança política seria capaz de eliminar a tarefa hercúlea que se apresentava diante dos europeus em 1945. O impacto econômico mais óbvio da guerra foi na oferta de habitação. O prejuízo em Londres, onde 3,5 milhões de residências na área metropolitana foram destruídas, foi maior do que o causado pelo Grande Incêndio de 1666. Noventa por cento das moradias de Varsóvia foram arrasadas. Apenas 27% dos prédios residenciais em Budapeste eram habitáveis em 1945. Na Alemanha, 40% da oferta de casas desapareceu; na Grã-Bretanha, 30%; na França, 20%. Na Itália, 1,2 milhão de habitações foram destruídas, a maioria em cidades com população igual ou superior a 50 mil habitantes. O problema dos sem-teto, como já foi visto, foi talvez a conseqüência mais evidente do conflito durante os primeiros tempos do pós-guerra — na Alemanha Ocidental e na Grã-Bretanha, a escassez de habitação perduraria até meados dos anos 50. Conforme disse uma mulher de classe média, ao sair da exposição "Casas para o Pós-guerra", organizada em Londres: "Estou tão desesperada por uma casa que qualquer coisa me agrada. Quatro paredes e um teto é o tamanho da minha ambição."[3]

O segundo setor no qual os prejuízos foram mais evidentes foi o transporte — frotas mercantes, linhas férreas, transportadoras de carga, pontes, canais e linhas de bonde. Não havia pontes sobre o Sena, entre Paris e o mar; sobre o Reno, apenas uma permanecera intacta. Como conseqüência, mesmo que minas e fábricas conseguissem produzir bens necessários, não conseguiriam transportá-los — em dezembro de 1945, várias minas de carvão européias voltaram a funcionar, mas Viena continuava sem carvão.

O impacto visual foi o pior: *visualmente*, parecia que muitos países tinham sido golpeados e surrados a ponto de não haver qualquer esperança de recuperação. E era verdade que, em quase todos os países europeus envolvidos na Segunda Guerra Mundial, a economia nacional estagnou ou encolheu, quando comparada ao desempenho medíocre registrado nos anos entre as duas guerras. Mas guerra nem sempre é desastre econômico — ao contrário, pode constituir forte estímulo ao crescimento acelerado de determinados setores. Graças à Segunda Guerra Mundial, os EUA elevaram-se a uma incontestável posição de liderança comercial e tecnológica, conforme ocorrera com a Grã-Bretanha durante as Guerras Napoleônicas.

E, de fato, o impacto destrutivo *econômico* da guerra contra Hitler, conforme logo verificaram os inspetores aliados, não tinha sido tão arrasador quanto inicialmente se pensava, nem mesmo na própria Alemanha. Os bombardeios, apesar das perdas com vidas humanas, haviam causado menos prejuízo econômico do que esperavam os defensores da prática. Em maio de 1945, pouco mais de 20% do parque industrial da Alemanha estavam destruídos; mesmo no Ruhr, onde grande parte do bombardeio Aliado tinha se concentrado, dois terços das fábricas e da maquinaria sobreviveram, intactos. Em outros locais, por exemplo em terras tchecas, indústria e agricultura prosperaram sob ocupação alemã e, praticamente, nada sofreram — a Eslováquia, à semelhança de partes da Hungria, passou por um processo acelerado de industrialização durante os anos da guerra e, na realidade, ressurgiu melhor que antes.

A natureza dramaticamente distorcida de grande parte dos danos, segundo os quais seres humanos e localidades tanto sofreram, enquanto fábricas e bens foram relativamente poupados, contribuiu para uma recuperação de setores econômicos básicos cuja rapidez surpreendeu (após 1945). Indústrias mecanizadas vicejaram durante a guerra. Reino Unido, União Soviética, França, Itália e Alemanha (assim como Japão e Estados Unidos), *todos* emergiram com estoques de máquinas operatrizes superiores aos registrados no início do conflito. Na Itália, somente as indústrias aeronáutica e de construção naval sofreram sérios prejuízos. Fábricas situadas no norte do país, e portanto fora do alcance da luta mais pesada durante a Campanha da Itália, prosperaram (tanto quanto por ocasião da Primeira Guerra), e a produção e os investimentos acumulados durante o conflito compensaram qualquer prejuízo incorrido. Quanto à indústria de máquinas operatrizes, a futura Alemanha Ocidental perdeu apenas 6,5% de equipamentos em conseqüência de danos causados pela guerra.

Em alguns países, evidentemente, *não houve* prejuízos. Irlanda, Espanha, Portugal, Suíça e Suécia permaneceram neutros durante todo o conflito. Isso não quer dizer que não tenham

[3] Citado no livro de Maureen Waller intitulado *London 1945* (2004), p. 150.

sido afetados. Ao contrário, a maioria dos países europeus neutros se engajou, ainda que indiretamente, no esforço de guerra nazista. A Alemanha muito dependia da Espanha de Franco para o suprimento de manganês durante a guerra. Tungstênio chegava à Alemanha proveniente de colônias portuguesas, via Lisboa. Durante a guerra, a Alemanha supria 40% das suas necessidades de minério de ferro com produção vinda da Suécia (transportada até portos alemães por navios suecos). E tudo isso era pago em ouro, em grande parte roubado das vítimas da Alemanha e canalizado pela Suíça.

Os suíços fizeram mais do que lavar dinheiro e canalizar recursos para a Alemanha, atos que, por si só, contribuíram substancialmente para a guerra de Hitler. Em 1941 e 1942, 60% das indústrias de munição na Suíça, 50% da indústria ótica e 40% da produção em engenharia atendiam à demanda da Alemanha, tudo remunerado em ouro. Em abril de 1945, a Bührle-Oerlikon, fabricante de armas de pequeno porte, ainda vendia armas ligeiras para a Wehrmacht. Durante a Segunda Guerra Mundial, o Reichsbank alemão depositou, no total, 1.638.000.000 francos suíços na Suíça. E foram as autoridades suíças que antes do início da guerra passaram a exigir que os passaportes alemães indicassem se os portadores eram judeus, a fim de dificultar a entrada de viajantes indesejados.

Em defesa das autoridades suíças, pode-se dizer que tinham bons motivos para resguardar a amizade dos nazistas. Embora o Alto Comando da Wehrmacht houvesse adiado os planos para invadir a Suíça em junho de 1940, a idéia jamais foi abandonada; a experiência da Bélgica e da Holanda era uma lembrança amarga do destino que aguardava Estados neutros que atrapalhassem o avanço de Hitler. Por razões parecidas, os suecos também ofereceram cooperação a Berlim, pois, historicamente, dependiam da Alemanha para o abastecimento de carvão. Vender minério de ferro para a Alemanha era prática da Suécia havia muitos anos — mesmo antes da guerra, metade das importações alemãs de minério de ferro vinha do outro lado do Báltico, e três quartos das exportações suecas de minério de ferro destinavam-se à Alemanha. Além do mais, devido ao receio das ambições russas, fazia tempo que a neutralidade sueca pendia para a Alemanha. A cooperação com os nazistas — a permissão para o trânsito de 14.700 soldados da Wehrmacht no início da Operação Barbarossa, a autorização para a passagem por solo sueco de soldados alemães em gozo de licença (provenientes da Noruega, a caminho da Alemanha) e o adiamento do recrutamento militar de mineradores suecos, para garantir o abastecimento da Alemanha — não era, portanto, uma quebra de hábito.

Depois da guerra, os suíços (mas não os suecos) foram, inicialmente, alvo do ressentimento da comunidade internacional, que suspeitava que a Suíça tinha sido cúmplice do esforço de guerra alemão; nos Acordos de Washington, firmados em maio de 1946, os suíços foram pressionados a oferecer uma contribuição "voluntária" de 250 milhões de francos suíços para a reconstrução da Europa, como acerto final de contas referente a transações do Reichsbank realizadas através de bancos suíços. Mas, àquela altura, a Suíça já se reabilitara à condição de próspera ilha de retidão fiscal: seus bancos extremamente lucrativos, suas fazendas e indústrias mecanizadas prontas para fornecer alimento e maquinaria a mercados europeus necessitados.

Antes da guerra, nem a Suíça nem a Suécia se destacavam pela prosperidade — na realidade, ambas tinham regiões marcantes de pobreza rural. Mas o avanço que essas nações conseguiram no decorrer da guerra mostrou-se duradouro: ambas estão hoje no topo da liga européia, e faz quatro décadas que ali se mantêm. Em outros locais, a trilha da recuperação foi um pouco mais íngreme. Contudo, mesmo na Europa Oriental a infra-estrutura econômica foi restaurada com uma rapidez notável. A despeito dos esforços contrários da Wehrmacht em retirada e do Exército Vermelho em seu avanço, as pontes, estradas, ferrovias e cidades da Hungria, Polônia e Iugoslávia foram reconstruídas. Já em 1947, redes de transporte geral e de carga na Europa Central haviam recuperado ou superado os índices registrados antes da guerra. Na Tchecoslováquia, Bulgária, Albânia e Romênia, onde havia menos destruição resultante da guerra, esse processo levou menos tempo do que na Iugoslávia e na Polônia. Mas até a economia polonesa se recuperou rapidamente — em parte porque os territórios ocidentais recém-tomados da Alemanha eram, na verdade, mais férteis e bem providos de cidades industriais e fábricas.

Também no Oeste Europeu prejuízos materiais foram recuperados em ritmo extraordinário — mais rapidamente, de modo geral, na Bélgica, nem tão rapidamente na França, Itália e Noruega, mais devagar na Holanda, onde os piores danos (a fazendas, diques, estradas, canais e seres humanos) tinham ocorrido nos últimos meses da guerra. Os belgas se beneficiaram da condição privilegiada da Antuérpia, o único grande porto europeu relativamente intacto ao fim da guerra, e da elevada concentração de tropas aliadas na Bélgica, que injetaram um fluxo direto de recursos numa economia há muito tempo especializada em carvão, cimento e metais semi-acabados, materiais vitais para o trabalho de reconstrução.

Por outro lado, a situação da Noruega era consideravelmente pior. A metade da frota pesqueira e mercante do país se perdera na guerra. Em conseqüência da destruição proposital causada pela Wehrmacht em retirada, a produção industrial norueguesa em 1945 chegou a apenas 57% do nível registrado em 1938, com perdas de quase um quinto das reservas de capital da nação. Anos mais tarde, o contraste com a Suécia marcaria os amargurados noruegueses. Mas, já no final de 1946, até a Noruega tinha sido capaz de restaurar a maior parte de suas redes ferroviária e rodoviária; no decorrer do ano seguinte, a exemplo do que acontecia no restante da Europa Ocidental e em grande parte da Europa Oriental, escassez de combustível e comunicações deficientes já não eram empecilho à recuperação econômica.

Para os observadores da época, entretanto, foi a capacidade de recuperação da *Alemanha* que pareceu mais extraordinária. Isso foi um tributo aos esforços dos habitantes, que trabalharam com uma determinação impressionante e inusitada para reconstruir o país arrasado. No dia em que Hitler morreu, apenas 10% das ferrovias alemãs operavam, e o país estava literalmente paralisado. Um ano depois, em junho de 1946, 93% das vias férreas alemãs tinham sido reabertas e oitocentas pontes reconstruídas. Em maio de 1945, a produção alemã de carvão mal chegava a um décimo da que fora registrada em 1939; um ano depois, a produtividade havia quintuplicado. Em abril de 1945, Saul K. Padover, observador do Exército dos EUA (força que então avançava pela Alemanha Ocidental), expressou a opinião de que, seguramente, seriam necessários vinte anos para que a cidade de Aachen, totalmente destruída, fosse recuperada. No entanto, em poucas semanas ele registrava a reabertura das fábricas municipais de pneus e têxteis e o recomeço da vida econômica.

Um motivo da velocidade da recuperação inicial da Alemanha foi que, tão logo as casas dos operários foram reconstruídas e as redes de transportes voltaram a operar, a indústria ficou plenamente apta a produzir. Na fábrica da Volkswagen, 91% da maquinaria tinham sobrevivido aos bombardeios e aos saques do pós-guerra, e já em 1948 a montadora estava equipada para produzir um em cada dois carros fabricados na Alemanha Ocidental. A Ford alemã quase não sofreu danos. Graças a investimentos efetuados durante a guerra, um terço do equipamento industrial alemão tinha, em 1945, menos de cinco anos de existência, comparado ao índice de apenas 9% em 1939. E as indústrias nas quais a Alemanha mais investira durante a guerra — indústria ótica, química, engenharia leve, veículos, metais não-ferrosos — foram, precisamente, aquelas que haveriam de servir de base para o crescimento súbito ocorrido na década de 1950. No início de 1947, o principal entrave à recuperação alemã já não eram os prejuízos sofridos durante a guerra, mas a escassez de matérias-primas e outros itens — e, acima de tudo, a incerteza diante do futuro político do país.

O ano de 1947 seria crucial, o alicerce do qual dependeria o destino do continente. Até então, os europeus tinham estado absorvidos pela ânsia dos reparos e da reconstrução, ou então ocupados em implantar a infra-estrutura institucional que permitisse uma recuperação duradoura. Ao longo dos 18 meses subseqüentes à vitória aliada, o estado de espírito do continente deu uma reviravolta: passando de uma sensação de alívio diante da simples perspectiva de paz e novo começo à resignação fria e à crescente desilusão diante da magnitude das tarefas ainda por realizar. No início de 1947, ficou claro que as decisões mais difíceis ainda não tinham sido tomadas, e que não podiam mais ser adiadas.

Para começar, o problema fundamental de provisão de alimento ainda não fora sanado. A escassez de víveres era endêmica, exceto na Suécia e na Suíça. Não fossem os suprimentos da ANUAR, estocados durante a primavera de 1946, os austríacos teriam passado fome nos 12 meses seguintes. A provisão de calorias na Zona Britânica da Alemanha caiu de 1.500 por dia, por adulto, em meados de 1946, para 1.050, no início de 1947. Os italianos, que padeceram de fome dois anos seguidos, em 1945 e 1946, apresentavam, na primavera de 1947, níveis nutricionais médios inferiores aos de todas as populações do Oeste Europeu. Em pesquisas de opinião realizadas na França ao longo de 1946, os itens "alimentação", "pão" e "carne" superavam todos os demais enquanto principal preocupação do povo.

Parte do problema era que a Europa Ocidental já não podia recorrer aos celeiros da Europa Oriental, com os quais, tradicionalmente, havia contado. Ocorreu que também no Leste Europeu faltava comida. Na Romênia, a safra de 1945 fora um fracasso, em decorrência de gerenciamento incompetente e do mau tempo. No outono de 1946, desde a Valáquia Ocidental e a Moldávia, passando pelo oeste da Ucrânia e pela região central do Volga, na União Soviética, safras deficientes e a seca produziram condições de quase fome; agências assistenciais registraram crianças de um ano pesando apenas 3 quilos e reportaram casos de canibalismo. Voluntários na Albânia descreveram a situação local como "sofrimento terrível".

Então, veio o inverno brutal de 1947, o pior desde 1880. Canais congelaram, estradas ficaram intransitáveis durante semanas, pontos congelados provocaram a paralisação de sistemas ferroviários inteiros. A incipiente recuperação em andamento durante o pós-guerra foi subitamente interrompida. O carvão, ainda escasso, não foi bastante para atender à demanda doméstica e, em todo caso, não tinha como ser transportado. A produção industrial sofreu uma queda brusca — a fabricação de aço, que apenas começara a se recuperar, diminuiu 40% em relação ao ano anterior. Quando a neve derreteu, muitas regiões da Europa foram inundadas. Alguns meses depois, em junho de 1947, o continente entrou num dos verões mais quentes e secos já registrados. Ficou evidente que a safra seria insuficiente, em algumas localidades, pelo terceiro ano consecutivo: a produção agrícola caiu cerca de um terço, até em relação aos números observados na fraca colheita do ano anterior. A escassez de carvão foi compensada, em certa medida, por importações provenientes dos Estados Unidos (34 milhões de toneladas, em 1947). Gêneros alimentícios também foram comprados dos EUA e das possessões britânicas. Mas todas essas importações tinham de ser pagas em moeda forte, geralmente dólar.

Dois problemas estruturais subjaziam à crise européia de 1947. Um foi o efetivo desaparecimento da Alemanha da economia européia. Antes da guerra, a Alemanha era um grande mercado para a maioria dos países da Europa Central e Oriental, assim como também o era para a Holanda, a Bélgica e a região mediterrânea (até 1939, por exemplo, a Alemanha comprava 38% das exportações da Grécia e supria cerca de um terço das importações do país). O carvão vindo da Alemanha era fonte vital para a fabricação de aço na França. Mas, enquanto o futuro político da Alemanha não era resolvido, a economia nacional — apesar do potencial resgatado — permanecia estagnada, efetivamente obstruindo a recuperação econômica do resto do continente.

O segundo problema não dizia respeito à Alemanha, mas aos EUA, embora os dois países estivessem ligados. Em 1938, 44% das importações britânicas de maquinaria partiam dos EUA, e 25% da Alemanha. Em 1947, os valores foram, respectivamente, 65% e 3%. A situação era semelhante em outros países europeus. Esse elevado crescimento da procura por bens norte-americanos, ironicamente, indicava a melhoria da atividade econômica européia — porém, para se comprar produtos ou matérias-primas americanas eram necessários dólares. Os europeus nada tinham para vender ao resto do mundo; mas, sem moeda, não podiam adquirir alimentos para impedir que milhões de pessoas passassem fome, tampouco podiam importar as matérias-primas e maquinaria necessárias para desenvolver a sua própria produção.

A crise de dólares foi grave. Em 1947, no Reino Unido, cuja dívida externa havia quadruplicado desde 1939, e onde quase metade das importações era proveniente dos EUA, os recursos financeiros estavam quase esgotados. A França, então o maior importador mundial de carvão, tinha um déficit anual com os EUA na ordem de 2,0 bilhões de dólares. A maioria dos demais países europeus sequer dispunha de moedas com as quais negociar. Na Romênia, a inflação atingiu os piores níveis em agosto de 1947. Na vizinha Hungria, a inflação, que estabeleceu o pior recorde da História, muito acima dos índices registrados em 1923 na Alemanha, chegou a 5 quintilhões de *pengos* para cada dólar — o que significa que, quando em agosto de 1946 o *pengo* foi substituído pelo *forint*, o valor em dólares de todo o papel-moeda em circulação na Hungria era apenas um milésimo de centavo.

Na Alemanha, não havia moeda corrente. O mercado negro prosperava e cigarros eram aceitos como produto de troca: nos campos de deslocados de guerra, a remuneração dos professores era de cinco maços por semana. Em Berlim, o valor de um pacote de cigarros norte-americanos variava entre 60 e 165 dólares, o que propiciou aos soldados das forças de ocupação dos EUA excelentes ganhos com a venda de suas cotas de cigarros: nos primeiros quatro meses da ocupação aliada, as tropas norte-americanas em Berlim enviaram para os EUA 11 milhões de dólares além dos valores recebidos como soldo. Em Braunschweig, seiscentos cigarros eram o valor de compra de uma bicicleta — necessidade na Alemanha, tanto quanto na Itália, conforme, em 1948, registrou Vittorio de Sica no inesquecível *Ladrões de Bicicletas*.

A gravidade da crise européia não passou despercebida pelos norte-americanos. Conforme veremos, a crise foi uma das razões principais que levou os EUA a buscar uma solução para o problema da Alemanha, com ou sem cooperação soviética. Na opinião de assessores presidenciais bem informados, como George Kennan, a Europa, na primavera de 1947, estava à beira do abismo. As frustrações dos europeus ocidentais, que inicialmente foram levados a crer numa recuperação acelerada e na volta a condições econômicas normais, somadas à desesperança dos alemães e outros povos da Europa Central e à crise de abastecimento verificada em 1947 (e imprevista), só poderiam fortalecer o apelo do comunismo como alternativa ao risco de um mergulho na anarquia.

O atrativo do comunismo era real. Embora os partidos comunistas da Itália, França e Bélgica (assim como os da Finlândia e Islândia) integrassem coalizões de governos até maio de 1947, por meio das atividades de sindicatos filiados e demonstrações de protesto, os referidos partidos conseguiram mobilizar a indignação do povo e capitalizar o fracasso dos governos dos quais eles mesmos participavam. Na Itália (assim como na França e na Tchecoslováquia), o sucesso de comunistas locais nas urnas, combinado com a aura do invencível Exército Vermelho, tornou viável e atraente o "caminho do socialismo". Já em 1947, 907 mil homens e mulheres haviam ingressado no Partido Comunista Francês. Na Itália, esse número era de 2,25 milhões, bem mais do que na Polônia ou mesmo na Iugoslávia. Até na Dinamarca e na Noruega, em cada oito eleitores um sentia-se atraído pela promessa da alternativa comunista. Nas zonas da Alemanha Ocidental, as autoridades aliadas temiam que o neonazismo ou os soviéticos pudessem tirar vantagem da nostalgia pelos dias melhores do nazismo, somada à reação contra os programas de "desnazificação", à escassez de alimento e à prática generalizada de contravenções.

Talvez tenha sido uma sorte que na primavera de 1947 os Estados da Europa Ocidental ainda trilhassem o caminho moderado, democrático, adotado em 1944. Na França, Maurice Thorez ainda encorajava os operários das minas de carvão a "produzir". Na Itália, o embaixador britânico descreveu Togliatti como influência moderadora diante dos irascíveis companheiros socialistas. Por motivos próprios, Stalin ainda não incitava seus muitos defensores na Europa Central e Ocidental a explorar a indignação e frustração populares. Mesmo assim, o fantasma da guerra civil e da revolução jamais se afastou. Na Bélgica, observadores aliados qualificaram como graves as tensões comunitárias e políticas e classificaram o país, ao lado da Grécia e da Itália, como "instável".

Na França, as tribulações econômicas do inverno de 1947 já incitavam a desilusão popular com a nova república do pós guerra. Uma pesquisa de opinião realizada no país em 1° de julho de 1947 revelou que 92% dos entrevistados pensavam que a situação nacional era "ruim ou muito ruim". Na Grã-Bretanha, o primeiro-ministro trabalhista Hugh Dalton, refletindo sobre o esfriamento do entusiasmo verificado nos primeiros anos do pós-guerra, confidenciou em seu diário: "Jamais voltaremos a ter manhãs de luz e confiança." O colega francês, André Philip, ministro socialista da Economia Nacional, tocou no mesmo ponto, ainda que de modo mais contundente, num discurso proferido em abril de 1947: "Estamos ameaçados", ele declarou, "de total catástrofe econômica e financeira."

Tal sensação de desesperança e desastre iminente existia por toda parte. "Nos últimos dois meses", reportou Janet Flanner, de Paris, em março de 1947, "verifica-se em Paris, e talvez em toda a Europa, um indubitável e crescente clima de mal-estar, como se os franceses, ou todos os europeus, estejam esperando que algo aconteça, ou, pior, que nada aconteça". O continente europeu, conforme a própria Flanner observara alguns meses antes, entrava, lentamente, numa nova Idade do Gelo. George Kennan concordaria com tal visão. Seis semanas mais tarde, num documento interno sobre Planejamento de Políticas, ele sugeriu que o verdadeiro problema não era o comunismo, ou, se fosse, o seria apenas de maneira indireta. A verdadeira causa do mal-estar europeu eram os efeitos da guerra, e o que Kennan diagnosticava como "profundo esgotamento da capacidade produtiva e do vigor espiritual". Agora que o ímpeto inicial de esperança e reconstrução observado no início do pós-guerra se esvaíra, os obstáculos que o continente precisava transpor pareciam grandes demais. Hamilton Fish, editor da *Foreign Affairs*, influente publicação da comunidade norte-americana ligada à política externa, assim descreve suas impressões da Europa, em julho de 1947:

> Existe escassez de tudo — de trens, bondes, ônibus e automóveis para transportar pessoas até o trabalho, que dirá para transportá-las nos feriados; escassez de farinha para fazer pão sem adulterantes, e mesmo com adulterantes não há pão suficiente para prover as energias necessárias ao trabalho pesado; escassez de papel para impressão de jornais em que é divulgada apenas uma pequena fração das notícias do mundo; escassez de sementes para plantar e escassez de fertilizantes que as fortaleçam; escassez de moradias e de vidro para fazer janelas; escassez de couro para sapatos, lã para suéteres, gás para cozinhar, tecido de algodão para fraldas, açúcar para geléia, gordura para fritar, leite para os bebês, sabão para lavar.

Nos dias de hoje, é geral o entendimento dos estudiosos de que, apesar da melancolia predominante à época, a recuperação inicial do pós-guerra e as reformas e os planos relativos ao período de 1945 a 1947 estabeleceram as bases para o futuro bem-estar da Europa. E, com certeza, ao menos no caso da Europa Ocidental, 1947 foi o ano decisivo na recuperação do continente. Mas nada disso era então óbvio. Ao contrário. A Segunda Guerra Mundial e as incertezas subseqüentes poderiam ter, de fato, precipitado o declínio irreversível da Europa. Para Konrad Adenauer e muitos outros líderes, a escala do caos europeu parecia ainda pior do que em 1918. Lembrando-se dos erros cometidos na esteira da Primeira Guerra Mundial, muitos observadores europeus e norte-americanos, na verdade, temiam o pior. Na melhor das hipóteses, segundo eles avaliavam, o continente passaria por décadas de pobreza e tribulação. Residentes germânicos da Zona Norte-americana acreditavam que levaria ao menos vinte anos até que o país conseguisse se recuperar. Em outubro de 1945, Charles de Gaulle informou, em tom imperial, ao povo francês que seriam necessários 25 anos de "trabalho insano" até que a França pudesse ressuscitar.

E na visão dos pessimistas, muito antes disso, a Europa continental voltaria a sucumbir à guerra civil, ao fascismo e ao comunismo. Quando, em 28 de abril de 1947, regressou de um encontro realizado em Moscou com ministros das Relações Exteriores aliados, decepcionado com a indisposição soviética em colaborar com uma solução para a Alemanha, e abalado pela constatação das condições econômicas e psicológicas da Europa Ocidental, o secretário de Estado norte-americano, George C. Marshall, intimamente, estava convicto de que era preciso tomar medidas drásticas — e logo. E, a julgar pelo estado de espírito abatido que prevalecia em Paris, Roma, Berlim e outros locais, a iniciativa teria de partir de Washington.

O plano de Marshall para um Programa de Recuperação Européia, discutido pelos assessores do secretário ao longo das semanas seguintes, e levado a público num célebre discurso de colação de grau na Universidade de Harvard, em 5 de junho de 1947, era tão contumaz quanto singular. Mas não surgiu do nada. Entre o término da guerra e o anúncio do Plano Marshall, os Estados Unidos já haviam despendido muitos bilhões de dólares em auxílios e empréstimos à Europa. Os principais beneficiários tinham sido o Reino Unido e a França, que receberam 4,4 bilhões e 1,9 bilhão de dólares, respectivamente, mas nenhum país foi excluído — em meados de 1947, empréstimos para a Itália excediam 513 milhões de dólares; para a Polônia, 251 milhões; para a Dinamarca, 272 milhões; para a Grécia, 161 milhões, e muitos outros países também tomaram empréstimos dos EUA.

Mas esses empréstimos tinham servido para tapar buracos e fazer frente a emergências. Até então, o auxílio obtido junto aos Estados Unidos não era utilizado para reconstrução ou investimento a longo prazo, mas para suprimentos essenciais, serviços e reparos. Além disso, os empréstimos — especialmente os destinados aos principais Estados da Europa Ocidental — implicavam certos compromissos. Logo após a rendição japonesa, o presidente Truman, imprudentemente, cancelou os Contratos de Empréstimo e Arrendamento firmados durante a guerra, o que levou Maynard Keynes, num memorando com data de 14 de agosto de 1945, a advertir o Conselho Ministerial britânico de que o país estava diante de uma "Dunquerque econômica". No decorrer dos meses seguintes, Keynes conseguiu negociar um empréstimo substancioso com os EUA, visando ao fornecimento dos dólares de que a Grã-Bretanha precisaria para comprar bens que, com o cancelamento dos Contratos de Empréstimo e Arrendamento, já não estavam disponíveis; mas os termos propostos pelos norte-americanos eram por demais restritivos, e estavam fora da realidade — notadamente as exigências de que a Grã-Bretanha abrisse mão da preferência demonstrada pelas possessões ultramarinas, abandonasse o controle das operações de câmbio e tornasse a libra prontamente conversível. O resultado, conforme Keynes e outros previram, foi a primeira de muitas corridas pela libra esterlina, o rápido desaparecimento das reservas de dólares na Grã-Bretanha e uma crise ainda mais grave no ano seguinte.

Os termos do empréstimo negociado em Washington, em maio de 1946, entre os Estados Unidos e a França eram pouco menos restritivos. Além de uma amortização no valor de 2,25 bilhões de dólares relativos a empréstimos contraídos durante a guerra, os franceses obtiveram milhões de dólares em créditos e a promessa de futuros empréstimos a juros baixos. Em contrapartida, Paris se comprometia a abandonar a adoção de cotas de importação protecionistas, permitindo mais liberdade à entrada de produtos norte-americanos e de outros países. À semelhança do empréstimo concedido aos britânicos, o referido contrato de empréstimo destinava-se também a defender os interesses norte-americanos por um comércio internacional mais livre, transações de câmbio mais abertas e estáveis e cooperação internacional mais intensa. Na prática, entretanto, os recursos do empréstimo acabaram em um ano, e o único legado em médio prazo foi o crescente ressentimento popular (bastante manipulado pela esquerda) diante da exploração que os EUA impunham com base em sua força econômica.

Já na primavera de 1947, portanto, a abordagem bilateral adotada por Washington para fazer frente aos problemas econômicos da Europa tinha fracassado. Em 1947, o déficit da balança comercial entre Europa e EUA chegaria a 4,7 bilhões de dólares, mais do que o dobro dos valores constatados em 1946. Se aquilo era um "espasmo de crescimento", conforme alguns observadores mais tarde comentaram, então a Europa estava perto de expirar. Foi por isso que Ernest Bevin, ministro das Relações Exteriores britânico, definiu a fala de Marshall na colação de grau em Harvard como "um dos maiores discursos da história mundial", e ele não estava errado.

As propostas de Marshall configuravam, nitidamente, um rompimento com práticas passadas. Para começar, exceto por certas disposições, ficaria a critério dos europeus a decisão de aceitar auxílio norte-americano e como empregá-lo, ainda que conselheiros e especialistas norte-americanos desempenhassem papel de destaque na gestão dos recursos. Em segundo lugar, o auxílio deveria se estender durante alguns anos, sendo, portanto, desde o início, um programa estratégico de recuperação e crescimento, e não um fundo emergencial de desastre.

Em terceiro lugar, os montantes em questão eram de fato substanciosos. Quando, em 1952, a Ajuda Marshall chegou ao fim, os Estados Unidos haviam gasto cerca de 13 bilhões de dólares, mais do que a soma de todo o auxílio internacional previamente oferecido pelo país. O Reino Unido e a França receberam as quantias mais elevadas, em termos absolutos, mas é provável que o impacto relativo na Itália e nos receptores menores tenha sido ainda maior: na Áustria, durante o primeiro ano do Programa de Recuperação Européia (PRE), de julho de 1948 a junho de 1949, 14% da receita nacional vieram da Ajuda Marshall. Esses valores eram vultosos para a época: em termos de recursos em caixa, o PRE representava o equivalente a cerca de 100 bilhões de dólares em valores atuais (2004), mas como uma porcentagem equivalente do Produto Interno Bruto norte-americano (entre 1948 e 1951, o plano consumia cerca de 0,5% do PIB), um Plano Marshall do início do século XXI iria custar em torno de 201 bilhões de dólares.

Logo em seguida ao discurso de Marshall, os ministros das Relações Exteriores da Grã-Bretanha, França e União Soviética reuniram-se em Paris, por sugestão de Bevin, para entabular uma resposta. Em 2 de julho, o ministro das Relações Exteriores soviético, Viacheslav Molotov, retirou-se da reunião, e dois dias depois a Grã-Bretanha e a França convidaram, formalmente, representantes de 22 países europeus (excluindo apenas a Espanha e a União Soviética) para debater as propostas. Em 12 de julho, 16 Estados europeus participaram dessas discussões. Todos — Grã-Bretanha, França, Itália, Bélgica, Luxemburgo, Holanda, Dinamarca, Noruega, Suécia, Suíça, Grécia, Turquia, Irlanda, Islândia, Áustria e Portugal —

estariam entre os beneficiários. Porém, a despeito do interesse inicial demonstrado pela Polônia, Tchecoslováquia, Hungria, Bulgária e Albânia, nenhum futuro país comunista participou do Programa de Recuperação Européia ou recebeu um único dólar da Ajuda Marshall.

Vale a pena parar e considerar as implicações disso. Sem dúvida, o fato de o dinheiro se restringir ao Ocidente (sendo Grécia e Turquia países europeus ocidentais honorários) facilitou o trabalho de Truman para que o Congresso aprovasse o PRE no ano seguinte. Mas, àquela altura, muita coisa tinha mudado, e o Congresso estava disposto a aceitar a Ajuda Marshall como uma barreira econômica à expansão soviética. Em junho de 1947, entretanto, a oferta de auxílio através do novo programa Marshall foi feita a todos os países europeus, sem distinção. Stalin e Molotov, evidentemente, suspeitavam da motivação norte-americana — os termos propostos por Marshall eram incompatíveis com a fechada economia soviética —, mas os sentimentos dos dois não prevaleciam na Europa Oriental, que ainda não constituía um *bloco*.

Assim, Jan Masaryk, ministro das Relações Exteriores da Tchecoslováquia (indivíduo que não era comunista), aceitou com entusiasmo a convocação franco-britânica para o encontro em 4 de julho. No dia seguinte, o líder do Partido Comunista Tcheco e primeiro-ministro, Klement Gottwald, foi chamado a Moscou e instruído a comparecer à reunião em Paris. As ordens eram claras: sua presença em Paris serviria para "demonstrar que o plano anglo-francês era inaceitável, impedir a adoção de decisões unânimes e, então, deixar o encontro levando consigo o maior número possível de delegados de outras nações".

Quatro dias depois, Stalin voltou atrás. Gottwald recebeu ordens para retirar a aceitação do convite para o encontro em Paris. Reunindo-se com uma delegação do governo tcheco, inclusive Masaryk, Stalin advertiu os tchecos, dizendo que considerava "a questão fundamental, da qual dependia a amizade [da Tchecoslováquia] com a URSS. Se os senhores forem a Paris, estarão demonstrando disposição de cooperar com ações que visam ao isolamento da União Soviética". No dia seguinte, o governo de coalizão tcheco anunciou que não enviaria delegação a Paris. "A participação da Tchecoslováquia seria interpretada como ato contrário à amizade com a União Soviética e nossos demais aliados. Por isso, o governo decidiu, por unanimidade, não participar da reunião."

Por que os tchecos cederam? Os vizinhos poloneses e búlgaros, com os comunistas já no comando e o Exército Vermelho a postos, não tiveram alternativa, exceto acatar a "orientação" soviética. Mas fazia tempo que o Exército Vermelho deixara a Tchecoslováquia, e os comunistas ainda não detinham ali o monopólio sobre o poder. No entanto, Masaryk e seus colegas se dobraram diante da primeira manifestação de desagrado por parte de Stalin. Se os partidos tchecos não-comunistas houvessem insistido em aceitar a Ajuda Marshall, teriam conseguido a adesão da grande maioria dos concidadãos (e de muitos comunistas tchecos), o que em muito dificultaria, para Stalin, fazer valer a sua vontade. No contexto mais amplo da política pós-Munique, a decisão tcheca de se voltar para a proteção soviética é compreensível; mas é provável que a atitude tenha aberto caminho para o êxito do golpe comunista em Praga, sete meses mais tarde.

A exclusão da Tchecoslováquia do programa da Ajuda Marshall foi uma catástrofe econômica e política para o país. O mesmo é verdade em se tratando da "opção" imposta aos demais países da região e, principalmente, talvez, da própria União Soviética. A decisão de ficar de fora do Programa de Recuperação Européia foi um dos maiores equívocos estratégicos de Stalin. A despeito de qualquer calculismo, os EUA não tinham escolha senão incluir a Europa Oriental no PRE, pois a oferta fora estendida a todos, e as conseqüências futuras teriam sido imensuráveis. Em vez disso, a ajuda ficou restrita ao Oeste Europeu e marcou a divisão entre as duas metades do continente.

Desde o início, a Ajuda Marshall destinava-se a ser "autolimitada". A meta, conforme estabeleceu o próprio Marshall no discurso de Harvard, era "romper o círculo vicioso e resgatar a confiança do povo europeu no futuro econômico de seus respectivos países e da Europa como um todo". Em vez de simplesmente oferecer auxílio financeiro, o plano propunha o suprimento de bens, gratuitamente, a ser entregues aos países europeus com base em requisições anuais formuladas num plano quadrienal elaborado por cada Estado receptor. Esses bens, a serem vendidos em cada país, gerariam as chamadas "contrapartidas financeiras", em moeda local, que poderiam ser utilizadas com base em acordos bilaterais firmados entre Washington e cada governo nacional. Alguns países empregaram os recursos para aumentar a importação; outros, como a Itália, transferiram os valores para suas reservas nacionais, prevendo futuras necessidades cambiais.

Esse método inusitado de oferecer auxílio trazia consigo implicações inovadoras. O programa obrigava os governos europeus a planejar com antecedência e avaliar a necessidade de investimentos futuros. Estabelecia a exigência de os governos negociarem e trocarem idéias não apenas com os Estados Unidos, mas entre eles mesmos, uma vez que o comércio e as trocas previstas destinavam-se a sair do processo bilateral para o multilateral o quanto antes. Obrigava governos, empresas e sindicatos a colaborar no planejamento dos índices de aumento de produção e das condições capazes de viabilizar o alcance desses índices. E, acima de tudo, o programa impedia qualquer retorno às tentações que haviam obstruído a economia no período entre as duas guerras: baixa produção, protecionismo mutuamente destrutivo e colapso comercial.

Embora os gestores norte-americanos do plano não escondessem as expectativas, foi deixada a cargo dos europeus a responsabilidade sobre a especificação do nível de ajuda e a maneira como esta seria distribuída. Os políticos europeus — habituados ao insensível auto-interesse anteriormente demonstrado pelos EUA em negociações financeiras bilaterais — foram pegos de surpresa. A perplexidade é compreensível. Os próprios norte-americanos sentiam-se divididos em relação aos objetivos do plano. Idealistas simpatizantes do New Deal — e havia muitos entre os administradores norte-americanos no pós-guerra — viam no plano uma oportunidade de reconstruir a Europa à imagem norte-americana, priorizando modernização, investimento em infra-estrutura, produtividade industrial, crescimento econômico e cooperação entre capital e trabalho.

Sendo assim, entre 1948 e 1952, "missões de produtividade" financiadas pelo Plano Marshall levaram aos EUA milhares de gerentes, técnicos e sindicalistas, a fim de estudar o estilo empresarial norte-americano — somente da França, vieram 5 mil (um em cada quatro do total). Em 1951, entre março e julho, 145 "equipes européias de produtividade" chegaram aos EUA — em sua maioria formadas por homens (raramente por mulheres) que jamais tinham saído da Europa. Nesse ínterim, entusiastas do New Deal que participavam da Organização Européia de Cooperação Econômica (OECE), estabelecida em 1948 a fim de canalizar recursos para o PRE, recomendavam aos colegas europeus as virtudes de um comércio mais livre, da colaboração internacional e da integração interestatal.

Essas recomendações, cumpre registrar, não foram prontamente aceitas. A maioria dos políticos e planejadores ainda não estava pronta para contemplar grandes projetos de integração econômica internacional. Nesse particular, a maior façanha dos idealizadores do Plano Marshall foi talvez a União Européia de Pagamentos (UEP) — proposta em dezembro de 1949 e inaugurada um ano mais tarde —, cujo objetivo específico era tornar "multilateral" o comércio europeu, criando uma espécie de câmara de compensação que processasse débitos e créditos em moedas européias. A medida destinava-se a neutralizar o risco de os países europeus pouparem dólares escassos e necessários, restringindo importações de outros países europeus, para desvantagem geral.

Valendo-se do Banco de Compensações Internacionais como agente, os Estados europeus foram estimulados a abrir linhas de crédito proporcionais às suas necessidades comerciais. Então, em vez de gastar os dólares escassos, os Estados podiam cumprir suas obrigações por meio de transferências de crédito dentro da própria Europa. O importante não era com quem se negociava, mas o saldo existente entre créditos e débitos em moedas européias. Em 1958, ao ser desativada, a União de Pagamentos havia contribuído, em surdina, não apenas para a expansão do comércio entre os países da Europa, mas para o surgimento de um inusitado grau de colaboração mutuamente vantajosa — colaboração financiada, vale observar, por uma substanciosa injeção de dólares para a formação da base de crédito inicial.

Sob a perspectiva convencional norte-americana, entretanto, o livre-comércio e os respectivos benefícios eram, por si só, objetivo suficiente e justificativa para o PRE. Na década de 30, os Estados Unidos haviam sofrido muito com a queda do comércio e das exportações, e não mediam esforços para convencer outros países da importância da restauração de regimes de liberação de tarifas e da instituição de moedas conversíveis no pós-guerra. A exemplo do entusiasmo dos liberais ingleses pelo livre-comércio antes de 1914, o apelo norte-americano a favor da irrestrita circulação de mercadorias não era totalmente desinteressado.

Contudo, esse interesse era bastante lúcido. Afinal, conforme observou o diretor da CIA, Allen Dulles: "O Plano pressupõe que pretendemos colaborar em prol da restauração de uma Europa capaz de competir conosco nos mercados mundiais e que, por essa mesma razão, possa adquirir nossos produtos em grandes quantidades." Em alguns casos, houve benefícios mais imediatos: nos EUA, o apoio sindical ao Plano Marshall foi obtido através da promessa de que toda transferência de mercadorias que partisse do país seria embarcada em navios de bandeira norte-americana, carregados por estivadores norte-americanos filiados à federação sindical americana AFL-CIO. Mas esse foi um caso raro de vantagem direta e imediata. Em grande parte, Dulles tinha razão: o Plano Marshall beneficiaria os EUA ao devolver à Europa o status de maior parceira comercial dos norte-americanos, e não ao reduzir o continente europeu à dependência imperial.

No entanto, mais do que isso estava em jogo. Ainda que à época o fato não fosse plenamente visível, em 1947 a Europa tinha opções. Uma parte da opção era reabilitar-se ou sucumbir, mas a questão-chave era se a Europa e os europeus teriam perdido o controle do destino, se trinta anos de conflitos homicidas entre os Estados europeus não haviam entregado o destino do continente nas mãos das grandes potências periféricas: os EUA e a URSS. A União Soviética aguardava com satisfação tal perspectiva — conforme registrou Kennan em suas memórias, a mortalha do medo que envolvia a Europa em 1947 era uma preparação para que o continente caísse, qual fruto maduro, nas mãos de Stalin. Mas, para os norte-americanos responsáveis pela definição de políticas, a vulnerabilidade da Europa era um problema, não uma oportunidade. Conforme argumentava um relatório da CIA com data de abril de 1947, "o maior perigo para a segurança dos Estados Unidos é o possível colapso econômico da Europa Ocidental e a conseqüente subida ao poder por parte de elementos comunistas".

Um comitê *ad hoc* de coordenação integrado por representantes dos ministérios do Interior, da Guerra e da Marinha detalhou a questão num relatório com data de 21 de abril de 1947: "É importante manter em mãos amigas áreas que contenham ou protejam reservas de metais, petróleo e outros recursos naturais, que representem objetivos estratégicos ou que estejam estrategicamente localizadas, que demonstrem potencial industrial significativo, onde existam mão-de-obra e forças militares organizadas ou que, por razões políticas ou psicológicas, propiciem aos EUA exercer maior influência em prol da estabilidade, segurança e paz mundiais." Eis o contexto amplo do Plano Marshall, uma paisagem sombria no que dizia respeito à política e segurança, na qual os interesses norte-americanos estavam inextricavelmente ligados aos interesses de um subcontinente europeu fragilizado e doente.

Os receptores europeus da Ajuda Marshall que dispunham de melhores informações, especialmente Bevin e Georges Bidault, este seu colega titular do Ministério das Relações Exteriores da França, no Quai d'Orsay, compreendiam muito bem a situação. Mas, evidentemente, o interesse doméstico europeu no próprio Programa de Recuperação Européia e na utilização feita do programa variava bastante de país para país. Na Bélgica, onde a assistência dos EUA era, segundo consta, menos urgente, é possível que, em última instância, o Plano Marshall tenha causado um impacto negativo, levando o governo a despender grandes somas em investimentos voltados para indústrias tradicionais e politicamente sensíveis, como mineração de carvão, sem levar em conta o custo a longo prazo.

Na maioria dos casos, entretanto, a Ajuda Marshall foi aplicada conforme prevista. No primeiro ano do plano, o auxílio à Itália foi direcionado, em grande medida, à importação urgente de carvão e grãos e à assistência de setores que se encontravam em dificuldades, como a indústria têxtil. Mas, a partir de então, 90% da contrapartida financeira da Itália passaram a ser destinadas, diretamente, a investimentos: construção civil, energia, agricultura e redes de transportes. Com efeito, sob a liderança de Alcide de Gasperi e dos democratas cristãos, o planejamento econômico italiano no final dos anos 40 muito se assemelhou ao verificado na Europa Oriental, em que bens não-duráveis eram propositadamente preteridos, o consumo de alimentos era mantido em níveis baixos (iguais aos registrados no período anterior à guerra) e os recursos desviados para investimentos em infra-estrutura. A situação começava a configurar um certo exagero: observadores norte-americanos mostraram-se apreensivos e tentaram em vão incentivar o governo a introduzir uma cobrança de imposto mais progressista, relaxar um pouco as medidas de austeridade, permitir que as reservas diminuíssem e evitar o advento de uma recessão. Na Itália, assim como na Alemanha Ocidental, os gestores norte-americanos do Plano Marshall teriam preferido que as políticas sociais e econômicas se inclinassem mais para o centro, distanciando-se das políticas deflacionárias tradicionais.

Na França, a Ajuda Marshall atendeu muito bem às metas dos "gestores". Conforme Pierre Uri, um dos assistentes de Monnet, mais tarde reconheceria: "Usamos os norte-americanos para impor ao governo francês aquilo que considerávamos necessário", ignorando o desejo americano de liberalização, mas reagindo positivamente ao estímulo dos EUA ao investimento e à modernização. Sob a égide do Plano Monnet (durante os anos do Plano Marshall), dólares do PRE — 1,3 bilhão em 1948 e 1949 e mais 1,6 bilhão nos três anos seguintes — financiaram quase 50% do investimento da França no setor público, e o país jamais teria conseguido enfrentar a crise sem tal auxílio. É, por conseguinte, um tanto irônico que precisamente na França o Plano Marshall enfrentasse as críticas mais intensas por parte da opinião pública. Em meados da década de 1950, somente um em cada três adultos admitia ter ouvido falar do Plano Marshall e, desses, 64% afirmavam que o plano era "ruim" para o país!

A imagem relativamente negativa do plano na França significava, em parte, um sucesso de relações públicas para os comunistas franceses, talvez o seu maior sucesso.[4] Na Áustria, os comunistas locais — apoiados pelas forças soviéticas que ainda ocupavam a região leste do país — jamais conseguiram abalar a popularidade dos norte-americanos e da ajuda dos EUA; os norte-americanos estavam provendo alimento para o povo, e isso era o mais importante. Na Grécia, a situação era ainda mais clara. No contexto de uma guerra civil brutal, a Ajuda Marshall, estendida à Grécia em abril de 1948, marcou a diferença entre sobrevivência e miséria. Os 649 milhões de dólares em auxílio norte-americano para o país (no âmbito do PRE) serviram para oferecer apoio aos refugiados e evitar a fome e a doença: o simples provimento de mulas para agricultores pobres possibilitou a sobrevivência de milhares de famílias de camponeses. Em 1950, a Ajuda Marshall correspondeu à metade do PIB grego.

Que sucesso obteve o Programa de Recuperação Européia? Não resta dúvida de que a Europa Ocidental recuperou-se, e precisamente no período do Plano Marshall (1948-1951). Já em 1949 a produção industrial e agrícola da França, pela primeira vez, excedia os níveis de 1938. Pelo mesmo critério, a recuperação sustentada foi alcançada na Holanda, em 1948; na Áustria e na Itália, em 1949; e na Grécia e na Alemanha Ocidental, em 1950. Dentre os países ocupados durante a guerra, somente Bélgica, Dinamarca e Noruega recuperaram-se mais cedo (em 1947). Entre 1947 e 1951, o total do PIB do Oeste Europeu subiu 30%.

A curto prazo, a principal contribuição do programa para esse restabelecimento foi, certamente, a oferta de crédito em dólares. Tais créditos serviram de garantia para déficits comerciais, facilitaram a importação em larga escala de matérias-primas essenciais e, por conseguinte, guiaram a Europa Ocidental através da crise ocorrida em meados de 1947. Quatro quintos de todo o trigo consumido pelos europeus entre 1949 e 1951 originaram-se de países que haviam recebido auxílio em dólares. Sem a Ajuda Marshall, não se sabe como

[4] Convém observar, no entanto, que quatro em cada dez eleitores comunistas na França eram favoráveis à aceitação da Ajuda Marshall, a despeito da oposição do partido. A desconfiança francesa em relação ao Plano Marshall não era tanto de ordem política, mas de ordem cultural; supõe-se que muita gente se ofendesse com o que ficou conhecido por "*des questionnaires insipides et nombreux*", procedentes da burocracia norte-americana — um lembrete irritante da subordinação francesa a uma civilização inferior.

a escassez de combustível, de alimentos, de algodão e outras mercadorias poderia ter sido superada a um custo politicamente aceitável; embora, com certeza, as economias da Europa Ocidental *pudessem* continuar crescendo sem a ajuda norte-americana, tal crescimento só poderia ter acontecido através da repressão à demanda interna, da diminuição da oferta de serviços sociais recentemente introduzidos e da redução do padrão de vida local.

Esse risco a maioria dos governos eleitos relutava em correr (o que é compreensível). Em 1947, os governos de coalizão do Oeste Europeu estavam encurralados, e sabiam disso. É fácil para nós, em retrospecto, reconhecer que a Ajuda Marshall "simplesmente" desobstruiu um bloqueio causado por uma demanda reprimida, que a abordagem de Washington superou uma escassez "temporária" de dólares. Mas, em 1947, ninguém poderia saber que o buraco de 4,6 bilhões de dólares era "temporário". E quem, à época, poderia saber ao certo se o bloqueio não estaria desviando as frágeis democracias européias para uma catarata? Mesmo que o PRE nada fizesse além de ganhar tempo, isso já terá sido uma contribuição crucial, pois era de tempo, precisamente, que a Europa carecia. O Plano Marshall foi um programa econômico, mas a crise que ele evitou foi política.

Os benefícios do plano, a longo prazo, são mais difíceis de aferir. Alguns observadores se decepcionaram porque os norte-americanos, supostamente, não conseguiram convencer os europeus a cooperar na integração do planejamento, isto é, não no grau de intensidade que havia sido previsto. E, é verdade, quaisquer que tenham sido os hábitos de cooperação finalmente adquiridos pelos europeus, tais hábitos resultaram apenas indiretamente dos esforços norte-americanos (ou não). Mas, à luz do recente passado europeu, *qualquer* movimento nessa direção traduzia progresso; e a convocação de Marshall ao menos obrigou os Estados europeus, mutuamente desconfiados, a se reunir, coordenar suas respostas e, afinal, muita coisa mais. O *Times* não exagerava quando afirmou, em editorial publicado em 3 de janeiro de 1949, que "quando se contrasta os esforços coordenados do ano passado com o intenso nacionalismo econômico observado no entreguerras, certamente cabe a sugestão de que o Plano Marshall inicia uma nova e promissora era da história da Europa".

Os verdadeiros benefícios foram psicológicos. Na verdade, quase se pode dizer que o Plano Marshall ajudou a melhorar a auto-imagem dos europeus. Ajudou-os a romper, definitivamente, com um legado de chauvinismo, depressão e soluções autoritárias. Fez com que coordenação de política econômica parecesse algo normal, e não estranho. Fez com que as práticas monetárias e comerciais dos anos 30, que defendiam a prosperidade de uma nação à custa da nação vizinha, parecessem, em primeiro lugar, imprudentes, depois desnecessárias e, finalmente, absurdas.

Nada disso seria viável se o Plano Marshall tivesse sido apresentado como um projeto para a "americanização" da Europa. No pós-guerra, os europeus tinham tamanha noção de sua humilhante dependência da ajuda e proteção dos EUA que qualquer pressão insensível nesse sentido teria sido, com toda certeza, contraproducente. E, ao permitir que os governos europeus adotassem políticas que haviam surgido de compromissos e experiências domésticas, e ao evitar uma abordagem do tipo "tamanho único" para os programas de recuperação, Washington, na realidade, teve de desistir de determinadas esperanças de integrar a Europa Ocidental, ao menos a curto prazo.

Pois o PRE não caiu de pára-quedas num vazio. A Europa Ocidental pôde se beneficiar da ajuda norte-americana porque há muito tempo era uma região onde predominavam a propriedade privada, a economia de mercado e, exceto em anos recentes, regimes de governo estáveis. Mas, por essa mesma razão, o Oeste Europeu precisava tomar as suas próprias decisões, e no fim das contas insistiria em fazê-lo. Conforme disse o diplomata inglês Oliver Franks: "O sentido do Plano Marshall era depositar dólares norte-americanos nas mãos dos europeus, para que estes pudessem comprar as ferramentas da recuperação." O restante — moedas conversíveis, boas relações trabalhistas, orçamentos equilibrados e comércio liberalizado — dependeria dos próprios europeus.

A comparação óbvia, entretanto, não era entre visões americanas e práticas européias, mas entre 1945 e 1918. Em mais aspectos do que hoje somos capazes de recordar, os dois pós-guerras foram incrivelmente distintos. Em 1920, os norte-americanos já incentivavam os europeus a adotar técnicas de produção e relações trabalhistas americanas. Na década de 1920, muitos observadores norte-americanos viam a salvação da Europa na integração econômica e no investimento de capital. E, na mesma década, os europeus olhavam para o outro lado do Atlântico em busca de orientação para o futuro e auxílio concreto para o presente da Europa.

Mas a grande diferença era que, depois da Primeira Guerra Mundial, os EUA fizeram apenas empréstimos, não doações; e os empréstimos eram quase sempre concedidos através do mercado de capitais. Como resultado, levavam consigo uma etiqueta de preço e, geralmente, venciam a curto prazo. Quando, no início da Depressão, as dívidas foram cobradas, o efeito foi desastroso. O contraste, nesse particular, é impressionante — depois de tropeços iniciais, entre 1945 e 1947, os norte-americanos responsáveis pela formulação de políticas procuraram, até certo ponto, corrigir os erros cometidos no pós-guerra anterior. O Plano Marshall foi importante não apenas pelo que fez, mas pelo que teve o cuidado de evitar.

Havia um problema europeu, entretanto, que o Programa de Recuperação Européia não podia resolver nem evitar, embora tudo mais dependesse da resolução desse impasse. Tratava-se da Questão Alemã. Sem a recuperação alemã o planejamento francês resultaria nulo: a França planejava utilizar contrapartidas financeiras do Plano Marshall para construir grandes usinas de aço na região de Lorena, por exemplo, mas sem o carvão proveniente da Alemanha tais usinas seriam inúteis. Era bom poder contar com o crédito viabilizado pelo Plano Marshall para a compra de carvão alemão, mas e se *não existisse* carvão? Na primavera de 1948, a produção industrial alemã ainda era a metade da de 1936. A economia britânica jamais se recuperaria enquanto a Grã-Bretanha gastasse somas inauditas (317 milhões de dólares somente em 1947) apenas para cuidar da subsistência da população indefesa da Zona de Ocupação Britânica no nordeste da Alemanha. Sem as compras feitas pela Alemanha, as economias comerciais da Holanda e da Dinamarca agonizavam.

A lógica do Plano Marshall exigia a suspensão de todas as restrições impostas à produção na Alemanha (Ocidental), para que o país pudesse dar novamente a sua contribuição indispensável para a economia européia. Na realidade, o secretário de Estado, Marshall, deixou claro desde o início que o plano implicava o fim das esperanças francesas de receber da Alemanha indenizações de guerra — afinal, a idéia era desenvolver e integrar a Alemanha, e não torná-la um pária dependente. Mas, a fim de evitar uma reprise trágica dos eventos dos anos 20 — em que, conforme parecia em retrospecto, esforços frustrados de arrancar de uma Alemanha prostrada indenizações de guerra resultaram, diretamente, na insegurança francesa, no ressentimento alemão e no surgimento de Hitler —, era patente para americanos e aliados que o Plano Marshall só funcionaria como parte de um acordo político abrangente, no qual franceses e alemães pudessem contemplar vantagens concretas e duradouras. Nisso não havia mistério — no pós-guerra, um acordo com a Alemanha era a chave para o futuro da Europa, e a idéia era tão óbvia em Moscou quanto em Paris, Londres ou Washington. Mas o formato que esse acordo deveria assumir era questão bem mais controversa.

IV

O Acordo Impossível

"Os que não estavam vivos àquela época talvez tenham dificuldade de compreender o quanto as políticas européias do pós-guerra foram guiadas pelo medo de uma revitalização germânica e direcionadas para medidas que impedissem que isso jamais voltasse a ocorrer."
Sir Michael Howard

"Não se enganem: toda a região dos Bálcãs, exceto a Grécia, será bolchevizada, e nada posso fazer para impedi-lo. Nada posso fazer em relação à Polônia, tampouco."
Winston Churchill, janeiro de 1945

"Fazia-me lembrar os déspotas da Renascença — nenhum princípio, todos os meios, mas sem a linguagem rebuscada —, sempre Sim ou Não, embora só se pudesse confiar nele se fosse Não."
Clement Attlee, referindo-se a Stalin

"No período de cinco anos, adquirimos um imenso complexo de inferioridade."
Jean-Paul Sartre (1945)

"Ninguém no mundo pode entender o que os europeus achavam dos alemães enquanto não conversar com belgas, franceses ou russos. Para estes, os únicos alemães bons são os alemães mortos." O autor destas palavras, por ele registradas em seu diário, em 1945, é Saul K. Padover, observador do Exército norte-americano com quem já nos deparamos no Capítulo III. A observação de Padover deve ser lembrada em qualquer relato da divisão da Europa ocorrida no pós-guerra. O propósito da Segunda Guerra Mundial na Europa era a derrota da Alemanha, e quase todas as demais considerações ficavam de lado, contanto que a luta continuasse.

Durante a guerra, a principal preocupação dos Aliados era o comprometimento de todos os parceiros com o conflito em si. Norte-americanos e britânicos se preocupavam constantemente com a possibilidade de Stalin negociar com Hitler uma trégua separada, especialmente após a União Soviética recuperar o território perdido a partir de junho de 1941. Por seu turno, Stalin via a demora no estabelecimento de uma Segunda Frente (Ocidental) como estratégia dos Aliados ocidentais para sangrar a Rússia e, então, beneficiarem-se dos sacrifícios russos. Cada lado poderia considerar que conciliações e pactos firmados antes da guerra comprovavam a falta de confiabilidade do outro; permaneciam unidos apenas devido ao inimigo comum.

Esse desconforto mútuo informa as conversações e os acordos firmados entre os três maiores governos aliados. Em Casablanca, em janeiro de 1943, foi acordado que a guerra na Europa só poderia terminar com a rendição incondicional da Alemanha. Em Teerã, 11 meses mais tarde, os "Três Grandes" (Stalin, Roosevelt e Churchill) concordaram, em princípio, com o desmantelamento da Alemanha no pós-guerra, a volta da chamada "Linha Curzon"[1] entre a Polônia e a URSS, o reconhecimento da autoridade de Tito na Iugoslávia e o acesso soviético ao Báltico, pelo porto de Königsberg, que pertencera à Prússia Oriental.

O beneficiário evidente desses acordos foi Stalin, mas, uma vez que o Exército Vermelho desempenhou, sem dúvida, o papel mais importante na luta contra Hitler, tal benefício era razoável. Pelo mesmo motivo, quando, em outubro de 1944, reuniu-se com Stalin, em Moscou, e rubricou o célebre "acordo das porcentagens", Churchill apenas cedia ao ditador soviético terreno que Stalin por certo mais tarde tomaria. No referido acordo, esboçado às pressas por Churchill e passado ao outro lado da mesa para Stalin, que "pegou um lápis azul e fez um grande 'V', como quem elimina um item cumprido", a Grã-Bretanha e a Rússia aceitavam dividir ao meio o controle da Iugoslávia e da Hungria no pós-guerra; 90% da Romênia ficariam sob o controle russo, assim como 75% da Bulgária, ao passo que 90% da Grécia caberiam aos britânicos.

Três questões precisam ser esclarecidas acerca dessa "tratativa" secreta. A primeira é que as porcentagens relativas à Hungria e à Romênia foram mera formalidade: o verdadeiro problema eram os Bálcãs. Em segundo lugar, o trato foi bastante respeitado, de ambos os lados, conforme veremos. Mas, em terceiro lugar, e por mais cruel que possa parecer sob o ponto de vista dos respectivos países, o trato não teve grande significado. O mesmo se aplica às discussões realizadas em Yalta, em fevereiro de 1945. "Yalta" entrou para o léxico da política da Europa Central como sinônimo da traição ocidental, o momento em que os Aliados ocidentais venderam a Polônia e os demais Estados de pequena superfície situados entre a Rússia e a Alemanha.

Mas, para todos os efeitos, a importância de Yalta era reduzida. Com certeza, os Aliados assinaram a Declaração da Libertação da Europa — "para propiciar condições que permitam aos povos libertados exercer seus direitos [democráticos], os três governos, em conjunto, prestarão assistência à população de qualquer Estado europeu libertado ou ex-satélite do Eixo na Europa [...]" — com o objetivo de constituir governos representativos, viabilizar eleições livres etc. E, no pós-guerra, com toda razão, porta-vozes das nações sitiadas, decepcionados, cobrariam do Ocidente o cinismo da União Soviética em relação a esses compromissos. Mas nada foi decidido em Yalta que já não houvesse sido acordado em Teerã ou outros locais.

O máximo que se pode dizer sobre a Conferência de Yalta é que o evento constitui um exemplo impressionante de mal-entendido, sendo Roosevelt, de modo especial, vítima de suas próprias ilusões, pois, àquela altura, Stalin não precisava de permissão do Ocidente para fazer o que bem entendesse no Leste Europeu, como os britânicos (ao menos) bem o sabiam. Os territórios da Europa Oriental cedidos a Stalin nos termos dos protocolos secretos dos pactos nazi-sovéticos firmados em 1939 e 1940 voltaram para mãos soviéticas: por ocasião

---

[1] Divisa entre a Polônia e a Rússia soviética, conforme proposta pelo ministro das Relações Exteriores britânico, depois da Primeira Guerra Mundial.

da Conferência de Yalta (de 4 a 11 de fevereiro de 1945), o Comitê de Lublin, composto por comunistas poloneses trazidos para o oeste num trem de carga soviético com o propósito de governar a Polônia no pós-guerra, já estava instalado em Varsóvia.[2]

Na realidade, a Conferência de Yalta deixou fora da agenda a questão de maior importância — das disposições relativas ao pós-guerra na Alemanha —, justamente por ser *mesmo* tão importante e intratável. E é improvável que os negociadores ocidentais pudessem obter um negócio melhor junto a Stalin durante aqueles últimos meses da guerra, mesmo que lhes ocorresse tentar. A única esperança para poloneses e os demais era que Stalin fosse generoso com eles, em retribuição à boa vontade demonstrada pelo Ocidente. Mas o próprio Stalin era objeto dessa boa vontade, e muito depois da derrota de Hitler eram os Aliados ocidentais que buscavam a cooperação de Stalin, não o oposto. A União Soviética tinha de ser mantida em guerra contra a Alemanha (e, mais tarde, conforme se supunha à época, contra o Japão); o problema da Europa Central porventura dependeria da paz; caso contrário, Roosevelt e Churchill talvez tivessem protestado com mais veemência quando, em agosto de 1944, 200 mil poloneses foram mortos pelos alemães num levante malfadado em Varsóvia, enquanto o Exército Vermelho a tudo assistia, do outro lado do Vístula.

É possível que os líderes ocidentais não concordassem com a visão de Stalin de que o chamado "Exército de Casa" da resistência polonesa seria um "punhado de aventureiros e criminosos sedentos de poder", mas, por certo, não haveriam de se opor ao seu principal aliado militar apenas seis semanas após o Dia D, a Invasão da Normandia. Na percepção dos poloneses, desde aquela época, o incidente significou a traição do propósito da guerra — afinal, em setembro de 1939, a Grã-Bretanha e a França haviam declarado guerra a Hitler em decorrência da invasão da Polônia. Contudo, para os Aliados ocidentais, dar carta branca a Stalin no Leste Europeu era inevitável. O propósito da guerra era derrotar a Alemanha.

E foi esse o impulso principal, até o fim. Em abril de 1945, com a Alemanha praticamente rendida, Roosevelt ainda declarava que, mesmo quanto aos acertos relativos ao pós-guerra na própria Alemanha, "nossa atitude deve se pautar pelo estudo e adiamento de uma decisão final". Havia bons motivos para se adotar tal atitude — a busca de um acordo para a Questão Alemã se mostraria extremamente difícil, conforme já previam os observadores mais perspicazes, e fazia sentido preservar ao máximo a aliança antigermânica que unira os parceiros durante a guerra. Porém, a conseqüência foi que o formato da Europa depois da guerra foi ditado, primeiramente, não por tratos e acordos firmados no decorrer do conflito, mas pela localização dos exércitos de ocupação quando os alemães se renderam. Conforme Stalin explicou a Molotov, na ocasião em que este expressou dúvidas quanto à redação da bem-intencionada Declaração da Libertação da Europa: "Podemos executar o projeto ao nosso modo. O que importa é a correlação de forças."

---

[2] Em 1943, Stalin rompera relações com o governo polonês exilado em Londres, quando o referido governo exigiu que uma comissão internacional investigasse o massacre de Katyn. Os alemães, que descobriram o local, alegavam, com correção, que ali os soviéticos haviam realizado a execução em massa de oficiais poloneses. As autoridades soviéticas e seus defensores ocidentais, à época e durante meio século, negaram rispidamente a alegação.

No sudeste da Europa, a guerra acabou no final de 1944, com as forças soviéticas assumindo o controle total do norte dos Bálcãs. Em maio de 1945, na Europa Central e Oriental, o Exército Vermelho já havia libertado e reocupado a Hungria, a Polônia e a maior parte da Tchecoslováquia. Tropas soviéticas tinham atravessado a Prússia e alcançado a Saxônia. No oeste, onde britânicos e norte-americanos participavam de conflitos praticamente distintos, respectivamente no nordeste e no sudeste da Alemanha, é certo que Eisenhower *poderia* ter chegado a Berlim antes dos russos, mas Washington o desaconselhou a fazê-lo. Churchill era favorável ao avanço ocidental sobre Berlim, mas Roosevelt levava em conta tanto a preocupação de seus generais com a perda de vidas humanas (um quinto da totalidade das baixas norte-americanas na Segunda Guerra Mundial ocorrera na Batalha do Bulge, nas Ardenas, no inverno anterior) quanto o interesse de Stalin na capital alemã.

Como resultado, na Alemanha e na Tchecoslováquia (onde o Exército dos EUA chegou a 29 quilômetros de Praga e libertou a região de Pilsen, na Boêmia, mas entregou tudo ao Exército Vermelho, pouco tempo depois), a linha divisória entre áreas que ainda não se chamavam Europa Oriental e Ocidental foi traçada um pouco mais a oeste do que poderia sugerir o resultado da luta. Mas somente um pouco: por mais que os generais Patton e Montgomery avançassem, o resultado final não teria sido muito diferente. Nesse ínterim, mais ao sul, em 2 de maio de 1945, o Exército iugoslavo de Libertação Nacional e o Octogésimo Exército britânico ficaram frente a frente em Trieste, dividindo aquela cidade cosmopolita da Europa Central com uma linha que se tornaria a primeira divisa da Guerra Fria.

Evidentemente, a Guerra Fria "oficial" pertencia ao futuro. Mas, sob certos aspectos, o fenômeno teve início muito antes de maio de 1945. Enquanto a Alemanha fosse a inimiga, era fácil esquecer as desavenças e os antagonismos que separavam a União Soviética dos seus aliados de guerra. Mas as diferenças ali estavam. Quatro anos de uma cooperação arisca, numa luta de vida ou morte contra um inimigo comum, não tinham sido suficientes para anular quase trinta anos de desconfiança mútua. O fato é que, na Europa, a Guerra Fria não começou depois da Segunda Guerra Mundial, mas depois da Primeira.

A questão ficou muito clara na Polônia, que em 1920 travou uma guerra desesperada contra a jovem União Soviética; na Grã-Bretanha, onde, no período entre as duas guerras, Churchill, até certo ponto, construiu sua reputação com base no Terror Vermelho do início dos anos 20 e no tema do antibolchevismo; na França, onde, de 1921 até a invasão alemã em maio de 1940, o anticomunismo era a plataforma mais contundente da direita em termos de assuntos domésticos; na Espanha, onde convinha tanto a Stalin quanto a Franco exagerar a importância do comunismo na Guerra Civil espanhola; e, acima de tudo, obviamente, na própria União Soviética, onde o monopólio de Stalin sobre o poder e o expurgo sangrento de críticos do partido dependiam, em grande parte, da acusação de que o Ocidente e seus parceiros conspiravam para enfraquecer a União Soviética e destruir a experiência comunista. O período que abrangeu de 1941 a 1945 foi mero interlúdio de um embate internacional entre as democracias ocidentais e o totalitarismo soviético, um embate cujo formato foi obscurecido, mas não fundamentalmente alterado, pela ameaça que o surgimento do fascismo e do nazismo no seio do continente impôs aos dois lados.

Foi a Alemanha que, em 1941, aproximou a Rússia e o Ocidente, assim como já o fizera antes de 1914. Mas a aliança estava condenada de antemão. De 1918 a 1934, a estratégia soviética na Europa Central e Ocidental — rachar a esquerda e incentivar a subversão e o protesto violento — contribuiu para a formação de uma imagem do "bolchevismo" como algo, fundamentalmente, divergente e hostil. Quatro anos de alianças controversas e turbulentas envolvendo "Frentes Populares" dissiparam, em certa medida, essa impressão, apesar do sofrimento e dos assassinatos em massa verificados na própria União Soviética. Mas o Pacto Molotov-Ribbentrop, firmado em agosto de 1939, e a colaboração de Stalin com Hitler no desmembramento dos vizinhos comuns no ano seguinte minaram consideravelmente os ganhos da propaganda constatados no tempo das Frentes Populares. Somente o heroísmo do Exército Vermelho e dos cidadãos soviéticos, entre 1941 e 1945, e os crimes sem precedentes cometidos pelos nazistas ajudaram a apagar aquelas lembranças antigas.

Quanto aos soviéticos, jamais abandonaram a desconfiança em relação ao Ocidente — uma desconfiança cujas raízes em muito precediam 1917, é claro, mas que foram bem irrigadas pela intervenção militar ocidental durante a guerra civil de 1917 a 1921, pela ausência da União Soviética de agências e assuntos internacionais ao longo dos 15 anos seguintes, pela suspeita bem fundamentada de que, se fossem obrigados a fazer uma escolha, os líderes ocidentais, em sua maioria, prefeririam o fascismo ao comunismo, e pela intuição de que a Grã-Bretanha e a França não lamentariam ver a União Soviética e a Alemanha nazista se envolverem num conflito mutuamente destrutivo, para o benefício de terceiros. Mesmo depois que a aliança de guerra foi estabelecida e o interesse comum na derrota da Alemanha ficou claro, o grau de desconfiança recíproca era impressionante: é revelador o fato de ter havido durante a guerra pouca troca de informações sigilosas entre Ocidente e Oriente.

O desenlace da aliança de guerra e a subseqüente divisão da Europa, portanto, não decorreram de um equívoco, nem de qualquer auto-interesse flagrante, ou maledicência; o que ocorreu estava enraizado na História. Antes da Segunda Guerra Mundial, as relações entre os EUA e o Reino Unido, de um lado, e a URSS, do outro, sempre tinham sido tensas. A diferença era que nenhum desses países fora responsável por grandes extensões de terras no continente europeu. Além disso, os três países tinham estado separados, entre outras considerações, pela presença da França e da Alemanha. Mas, com a humilhação francesa em 1940 e a derrota alemã cinco anos mais tarde, tudo mudou. A retomada da Guerra Fria na Europa era sempre possível, e não era evitável. Foi causada pelos objetivos e necessidades incompatíveis das várias partes interessadas.

Graças à agressão germânica, os Estados Unidos eram agora, pela primeira vez, uma potência na Europa. Que os EUA tinham uma força irresistível era evidente, na opinião até mesmo dos que se encantavam com as façanhas do Exército Vermelho. O PIB dos EUA havia dobrado ao longo da guerra e, na primavera de 1945, o país produzia a metade da capacidade industrial do planeta, a maior parte das reservas de alimentos e detinha, praticamente, a totalidade das reservas financeiras internacionais. Os EUA haviam destacado 12 milhões de homens armados para a luta contra a Alemanha e seus aliados e, quando o Japão se rendeu, a esquadra norte-americana era maior do que todas as demais somadas. O que fariam os EUA com tal força? No rastro da Primeira Guerra Mundial, Washington tinha preferido não exercer o poder; como ficariam as coisas após a Segunda Guerra? O que os EUA pretendiam?

No que dizia respeito à Alemanha — e 85% do esforço de guerra norte-americano tinha sido despendido na guerra contra a Alemanha —, a intenção inicial era bastante severa. Uma diretiva oficial expedida pelo Estado-maior Conjunto (JCS 1067) foi apresentada ao presidente Truman, em 26 de abril de 1945, duas semanas depois do falecimento de Roosevelt. Expressando a visão de Henry Morgenthau (entre outros), secretário do Tesouro dos EUA, o documento recomendava:

> É preciso deixar claro aos alemães que a sua guerra cruel e a fanática resistência nazista destruíram a economia alemã e tornaram inevitáveis o caos e o sofrimento, e que os alemães não poderão fugir da responsabilidade pelo que causaram a si mesmos. A Alemanha não será ocupada como nação libertada, mas como país inimigo derrotado.

Ou, como disse o próprio Morgenthau: "É extremamente importante que cada pessoa na Alemanha compreenda que, desta feita, a Alemanha é uma nação derrotada."

O objetivo, em suma, era evitar um dos maiores equívocos do Tratado de Versalhes, conforme entendiam, em retrospecto, os formuladores de políticas em 1945: a incapacidade de definir para os alemães a extensão de seus crimes e estabelecer o merecido castigo. A lógica dessa abordagem inicial da questão alemã implicava, portanto, desmilitarização, "desnazificação" e o desmantelamento do parque industrial — i.e., despojar a Alemanha de seus recursos militares e econômicos e reeducar a população. Tal política foi devidamente implementada, ao menos em parte: a Wehrmacht foi oficialmente dissolvida (em 20 de agosto de 1946); programas de "desnazificação" foram instituídos, especialmente na Zona de Ocupação Norte-americana, conforme vimos no Capítulo II; e limites rígidos foram impostos à capacidade e à produção industrial germânica, ficando a fabricação de aço particularmente restrita, segundo os termos do "Plano de Nivelamento da Economia Alemã no Pós-guerra", que passou a vigorar em março de 1946.

Mas, desde o início, a "estratégia de Morgenthau" foi veementemente criticada dentro da própria máquina administrativa norte-americana. Que benefício adviria de reduzir a Alemanha (controlada pelos EUA) a uma condição praticamente pré-industrial? A maior parte das terras férteis que integravam o território alemão antes da guerra estava agora sob o controle soviético, ou tinha sido transferida para a Polônia. Enquanto isso, a Alemanha Ocidental via-se inundada de refugiados que não tinham acesso nem à terra nem à alimentação. Restrições à produção urbana ou industrial talvez mantivessem a Alemanha humilhada, mas não conseguiriam alimentá-la nem reconstruí-la. Esse ônus, bastante considerável, caberia às vitoriosas forças de ocupação. Cedo ou tarde, seria necessário passar essa responsabilidade aos próprios alemães e, nesse momento, os alemães *haveriam de ter* permissão para reconstruir sua economia.

Além dessas preocupações, os críticos da "linha dura" inicial proposta pelos EUA apontaram outra consideração. Era correto forçar os alemães a reconhecer a derrota, mas, a menos que lhes fosse oferecida alguma perspectiva de um futuro melhor, o resultado poderia ser o mesmo de antes: uma nação ressentida e humilhada, vulnerável à demagogia da esquerda e da direita. Conforme o ex-presidente Herbert Hoover, em 1946, expressou ao próprio Truman: "Podemos ter vingança ou paz, mas não podemos ter ambas." Se, no tratamento dispensado pelos EUA à Alemanha, a balança pesava cada vez mais para o lado da "paz", isso se devia à perspectiva cada vez mais sombria das relações entre norte-americanos e soviéticos.

No círculo restrito de pessoas bem informadas em Washington, ficou óbvio, desde o início, que a incompatibilidade entre os interesses soviéticos e ocidentais levaria ao conflito, e que zonas de poder claramente delimitadas talvez fossem uma solução prudente aos problemas do pós-guerra. Essa era a visão de George Kennan. "Por que", escreveu ele em 26 de janeiro de 1945, "não podemos estabelecer um acordo decente e definitivo [com a URSS]? — dividir a Europa, de maneira franca, em esferas de influência — nos manter fora da seara russa e os russos fora da nossa? [...] E, na seara que nos coubesse, poderíamos ao menos (tentar) reinstituir a vida, depois da guerra, em bases dignas e estáveis".

Seis semanas mais tarde, ainda no que dizia respeito às ações soviéticas no Leste Europeu, uma reação mais pessimista e, no fundo, antagônica foi proposta ao presidente Roosevelt, num memorando assinado por Averell Harriman, embaixador dos EUA em Moscou: "A menos que seja nossa intenção aceitar uma invasão bárbara da Europa no século XX, com repressão cada vez mais vasta no leste também, precisamos encontrar meios de deter a política de dominação soviética [...]. Se não enfrentarmos o problema agora, a História haverá de registrar o período da próxima geração como a Era Soviética."

Harriman e Kennan divergiam implicitamente quanto à reação diante das ações soviéticas, mas não discordavam quanto à avaliação dos feitos de Stalin. Outros líderes norte-americanos estavam bem mais otimistas, no entanto, e não apenas na primavera de 1945. Charles Bohlen, outro diplomata norte-americano e destinatário da carta de Kennan citada anteriormente, acreditava na possibilidade de um acordo durante o pós-guerra baseado em princípios abrangentes de autodeterminação e cooperação entre as Grandes Potências. Reconhecendo a necessidade de resguardar a cooperação soviética na resolução do problema da Alemanha, Bohlen e outros — como James Byrnes, secretário de Estado no pós-guerra — acreditavam na ocupação militar aliada dos Estados (e satélites) que haviam integrado o Eixo e na realização de eleições livres, conforme previsto em Yalta. Somente mais tarde — depois de observarem sob a égide dos Conselhos de Controle Aliados as ações do poder soviético, especialmente na Romênia e na Bulgária — eles aceitariam a incompatibilidade dessas metas e concordariam com a preferência de Kennan pela política franca de searas distintas.

Uma base do otimismo inicial era a percepção generalizada de que Stalin não tinha interesse em provocar confronto e guerra. Conforme disse o próprio general Eisenhower, em junho de 1946, dirigindo-se ao presidente Truman e ao Estado-maior Conjunto: "Não acho que os Vermelhos queiram a guerra. O que podem ganhar agora com um conflito armado? Já obtiveram o máximo que podem absorver." Em certo sentido, Eisenhower estava certo: Stalin não faria uma guerra contra os EUA (embora a conclusão lógica, de que a União Soviética tinha interesse em cooperar intensamente com os antigos aliados, não tenha se concretizado). E, nesse caso, os EUA, que detinham o monopólio sobre armas atômicas, arriscavam pouco ao manter com a União Soviética os canais de comunicação abertos e buscar soluções mutuamente compatíveis para problemas comuns.

Outros elementos da política dos EUA no início do pós-guerra eram as novas instituições internacionais que os norte-americanos tinham ajudado a criar e cujo sucesso eles tanto almejavam. Dentre essas, as Nações Unidas, cuja Carta foi ratificada em 24 de outubro de 1945 e cuja Assembléia Geral reuniu-se pela primeira vez em janeiro de 1946, é, obviamente, a mais conhecida; mas as agências econômicas e financeiras, bem como os acordos associados a "Bretton Woods" talvez tenham sido mais importantes aos formuladores de políticas àquela época.

Especialmente na visão dos norte-americanos, a desintegração econômica observada no período entre as duas guerras teria sido a causa principal da crise européia (e mundial). A menos que moedas fossem conversíveis e nações pudessem se beneficiar mutuamente do incremento do comércio, nada poderia impedir a volta aos dias terríveis de setembro de 1931, quando ruiu o sistema monetário que sucedeu à Primeira Guerra Mundial. Liderados por Maynard Keynes — cujas idéias nortearam o encontro realizado em Bretton Woods, no estado de New Hampshire, em julho de 1944 —, economistas e estadistas buscaram uma alternativa a um sistema financeiro internacional que remontava ao período anterior à guerra: algo menos rígido e deflacionário do que o padrão-ouro, mas que fosse mais confiável e garantido do que o regime de flutuação monetária cambial. Fosse qual fosse, o novo regime, argumentava Keynes, precisaria de algo semelhante a um banco internacional, que funcionasse nos moldes de um Banco Central doméstico e que administrasse o sistema, mantendo os índices cambiais e, ao mesmo tempo, incentivando e facilitando transações em moedas estrangeiras.

Essencialmente, foi esse o acerto firmado em Bretton Woods. Um Fundo Monetário Internacional foi criado (com recursos dos EUA), "a fim de facilitar a expansão e o crescimento equilibrado do comércio internacional" (Artigo I). A primeira Diretoria Executiva do FMI, moldada à semelhança do Conselho de Segurança da ONU, tinha representantes dos EUA, Reino Unido, França, China e URSS. Foi proposta a criação de uma Organização Internacional do Comércio, que haveria de se concretizar em 1947 com o Acordo Geral sobre Tarifas e Comércio (GATT, na sigla em inglês, e mais tarde Organização Mundial do Comércio). Os signatários concordavam acerca de tarifas e concessões e de práticas e procedimentos para lidar com violações e disputas. Tudo isso constituía um rompimento dramático em relação às abordagens "mercantilistas" anteriores, e o objetivo, em tempo, era inaugurar uma nova era de livre-comércio.

Implícito nas metas e instituições de Bretton Woods, que também incluíam a criação de um novo "Banco Mundial", estava um grau inusitado de interferência externa em práticas nacionais. Além disso, as moedas se tornariam conversíveis, com base na relação com o dólar, condição necessária para um comércio internacional sustentado e confiável. Na prática, a medida mostrou-se problemática: tanto a Grã-Bretanha quanto a França resistiam à conversibilidade, os britânicos por causa da "Área da Libra Esterlina"[3] e da fragilidade da economia

---

[3] A Índia e algumas possessões britânicas ultramarinas possuíam grandes reservas em libras esterlinas, acumuladas como créditos, especialmente durante a guerra. Se a libra se tornasse conversível em dólares no início do pós-guerra, muitas

britânica no pós-guerra, e os franceses por causa de uma antiga obsessão pelo "franco forte" e do desejo de preservar taxas cambiais múltiplas, de acordo com setor ou produto, herança neocolbertiana de uma era passada. Ainda seria necessária uma década até que a conversibilidade total fosse implementada, com o franco e a libra, finalmente, sendo incorporados ao sistema de Bretton Woods, respectivamente, em 1958 e 1959 (seriam seguidos pelo *Deutschmark*, em maio de 1959, e pela lira, em janeiro de 1960).

Como se vê, o sistema de Bretton Woods criado no pós-guerra não se concretizou de uma só vez. Os participantes do encontro tinham previsto a implementação da conversibilidade universal para o final da década de 1940, mas a previsão deixou de levar em conta as conseqüências políticas e econômicas da iminente Guerra Fria (ou mesmo do Plano Marshall). Em outras palavras, os ideais elevados dos que criaram planos e instituições em prol do aperfeiçoamento do sistema internacional vislumbraram uma era estável de cooperação entre as nações, uma era da qual todos se beneficiariam. A União Soviética, originalmente, tinha um papel importante no sistema financeiro proposto em Bretton Woods — o país seria o terceiro maior contribuinte do Fundo Monetário Internacional. Talvez fosse ingenuidade dos norte-americanos (e alguns ingleses) supor que as propostas seriam aceitáveis para os governantes russos — ou mesmo para os franceses; em todo caso, o obstáculo foi contornado por meio de um expediente simples: os planos foram elaborados sem que russos, franceses (ou quem quer que seja) fossem consultados.

Todavia, os idealizadores dos referidos planos esperavam, sinceramente, que os benefícios mútuos do incremento do comércio internacional e da estabilidade financeira, em última instância, superassem princípios nacionais e desconfianças políticas. Portanto, quando, no início de 1946, a União Soviética anunciou abruptamente que não participaria das instituições criadas em Bretton Woods, o Departamento do Tesouro Norte-americano ficou verdadeiramente perplexo; e foi para explicar o pensamento que estava por trás do ato de Stalin que George Kennan, na noite de 22 de fevereiro de 1946, despachou de Moscou o célebre Longo Telegrama, a primeira indicação significativa de que os EUA admitiam a possibilidade de um futuro confronto.

Colocar a situação nesses termos é representar os formuladores da política externa dos EUA, exceto Kennan, como extremamente ingênuos. E talvez fossem mesmo, e não apenas indivíduos como o senador Estes Kefauver ou Walter Lippmann, que simplesmente se recusavam a crer no que lhes era relatado acerca das ações soviéticas no Leste Europeu e em outros locais. Ao menos até meados de 1946, muitos líderes norte-americanos falavam e agiam como se de fato acreditassem na continuação da parceria formada com Stalin durante a guerra. Mas, até mesmo Lucretius Pătraşcanu, veterano da liderança comunista romena (e mais tarde vítima de um julgamento montado em seu próprio país), foi levado a comentar, por ocasião das ne-

dessas reservas talvez perdessem valor, enfraquecendo ainda mais a já precária reserva britânica de capital estrangeiro. Por isso, depois de um experimento inicial desastroso com conversibilidade, imposto por Washington como condição para a concessão de empréstimos norte-americanos, a Grã-Bretanha, em 1947, reinstituiu controles em libras esterlinas.

gociações do Tratado de Paris, no verão de 1946, que "os americanos enlouqueceram. Estão oferecendo mais aos russos do que [eles, os russos] estão pedindo ou esperando".[4]

Mas a política norte-americana não era apenas ingênua. Os Estados Unidos, em 1945 e durante algum tempo depois, esperavam poder se livrar da Europa o quanto antes, e portanto tinham pressa de pôr em prática um acordo viável que não exigisse a presença ou a supervisão norte-americana. Essa faceta do pensamento americano no pós-guerra não é bem lembrada ou compreendida atualmente, mas figurava com primazia nos planos dos EUA à época — conforme Roosevelt explicara em Yalta, os EUA não pretendiam permanecer ocupando a Alemanha (e, por conseguinte, fazer-se presentes na Europa) mais do que dois anos.

Foi grande a pressão exercida sobre Truman para que ele levasse a termo tal comprometimento. A interrupção súbita do sistema de Empréstimo-Arrendamento fez parte de uma contenção de compromissos econômicos e militares diante da Europa. O orçamento norte-americano de defesa foi reduzido em cinco sextos, entre 1945 e 1947. No fim da guerra na Europa, os EUA contavam com 97 divisões de combate no solo; em meados de 1947, havia apenas 12 divisões, a maioria operando abaixo da capacidade e desempenhando tarefas administrativas. As demais tinham sido desmobilizadas e mandadas para casa. O quadro refletia as expectativas dos eleitores norte-americanos, pois em outubro de 1945 apenas 7% deles consideravam problemas internacionais mais importantes do que as preocupações domésticas; contudo, as medidas foram devastadoras para os parceiros europeus dos EUA, que começaram a recear uma reprise do isolacionismo ocorrido no entreguerras. E os parceiros não estavam de todo enganados; conforme os britânicos sabiam, depois de 1945, no caso de uma invasão da Europa Ocidental por parte dos soviéticos, a estratégia norte-americana consistia em se retirar, imediatamente, para bases periféricas na Grã-Bretanha, na Espanha e no Oriente Médio.

No entanto, mesmo enquanto reduziam o comprometimento militar com a Europa, diplomatas norte-americanos passavam por uma significativa aprendizagem. O mesmo secretário Byrnes, que inicialmente expressara confiança nos acordos firmados durante a guerra e nas boas intenções da União Soviética, fez um discurso em Stuttgart, em 6 de setembro de 1946, no qual procurava tranqüilizar os alemães presentes: "Enquanto uma força de ocupação for necessária na Alemanha, o Exército dos Estados Unidos fará parte dessa força de ocupação." Não se tratava, na verdade, de uma retumbante afirmação de comprometimento com a defesa da Europa, mas, talvez induzidas por uma carta de Truman, escrita em junho ("Estou cansado de mimar os russos"), as palavras refletissem a crescente frustração norte-americana perante a dificuldade de negociar com a União Soviética.

Os alemães não eram o único povo que precisava ser tranqüilizado — os britânicos, de modo especial, estavam apreensivos com a suposta intenção dos norte-americanos de escapar do ônus europeu. A Grã-Bretanha não era universalmente benquista em Washington. Em discurso proferido em 12 de abril de 1946, o vice-presidente Henry Wallace lembrou à platéia que "a não ser pelo nosso idioma e pela nossa tradição literária, não temos mais em comum

[4] De acordo com Kennan, "Nossos líderes nacionais, em Washington, não faziam a menor idéia, e provavelmente não poderiam sequer imaginar, do que uma ocupação soviética, apoiada pela polícia secreta russa do tempo de Beria, significava para as pessoas sujeitas a tal ocupação".

com a Inglaterra imperialista do que com a Rússia comunista". É sabido, evidentemente, que Wallace era "mole" em relação ao comunismo, mas sua insatisfação diante do envolvimento norte-americano com a Grã-Bretanha e a Europa encontrava grande ressonância pelo cenário político como um todo. Quando Winston Churchill fez o célebre discurso sobre a "Cortina de Ferro", em Fulton, Missouri, em março de 1946, o *Wall Street Journal* comentou, de maneira incisiva: "A reação do país ao discurso de Churchill pronunciado em Fulton deve constituir prova convincente de que os EUA não querem aliança, ou qualquer coisa que se assemelhe à aliança, com qualquer nação que seja."

O próprio Churchill não deve ter se surpreendido, seja com Wallace ou com o editorialista do *Wall Street Journal*. Já em 1943, Churchill constatara a dimensão da vontade de Roosevelt de ver o fim do Império Britânico — com efeito, no pós-guerra, houve momentos em que Roosevelt parecia tão preocupado com a redução da Grã-Bretanha quanto com a contenção da Rússia soviética. Se for viável falar de estratégia coerente norte-americana entre os anos 1944 e 1947, tal estratégia seria a seguinte: conseguir um acordo europeu em dimensão continental com Stalin; pressionar a Grã-Bretanha a abandonar o império ultramarino e abraçar o livre-comércio e a conversibilidade da libra esterlina e sair da Europa o mais rapidamente possível. Dos três objetivos, somente o segundo foi alcançado — o terceiro tombou diante da impossibilidade do primeiro.

A perspectiva britânica era bem diferente. Em 1944, uma subcomissão ministerial listou quatro áreas de interesse primário a serem consideradas em conversações com a União Soviética: 1) petróleo do Oriente Médio; 2) a bacia do Mediterrâneo; 3) ligações marítimas vitais; 4) manutenção e proteção da força industrial britânica. Nenhuma dessas questões, vale notar, relacionava-se diretamente à Europa — exceto a segunda, o que explica o envolvimento britânico na Grécia. Não havia menção à Europa Oriental. Se os líderes britânicos procediam com cautela ao lidar com Stalin, não era por apreensão quanto aos planos do líder soviético para a Europa Central, mas por preverem ações soviéticas na Ásia Central e no Oriente Médio.

Isso fazia sentido à luz das prioridades contínuas da Grã-Bretanha — no leste da Ásia, na Índia, na África e no Caribe. Mas aquelas mesmas ilusões imperialistas (conforme alguns indivíduos, e não apenas em Washington, começavam a chamá-las) tornavam os estrategistas britânicos bem mais realistas do que os parceiros norte-americanos no que dizia respeito à Europa. Sob o ponto de vista de Londres, a guerra tinha sido travada para derrotar a Alemanha, e se o custo disso fora o surgimento de um império soviético na Europa Oriental, assim haveria de ser. Os britânicos continuavam a ver as questões européias em termos de um equilíbrio de forças: segundo as palavras de Sir William Strang, do Ministério das Relações Exteriores, "é melhor a Rússia dominar a Europa Oriental do que a Alemanha dominar a Europa Ocidental".

Strang escreveu isso em 1943. Já em 1945, quando a extensão do domínio russo se tornava evidente, os líderes britânicos mostravam-se menos otimistas do que os colegas norte-americanos. Depois do golpe de Bucareste, arquitetado pelos russos em fevereiro de 1945, e da subseqüente pressão soviética sobre a Romênia e a Bulgária, ficou óbvio que o custo local da hegemonia soviética seria elevado. Mas os britânicos não alimentavam esperanças de melhorias para a região — conforme disse o ministro das Relações Exteriores, Ernest Bevin, em conversa com o colega norte-americano Byrnes: "Nesses países, devemos estar preparados para a troca de um bando de escroques por outro."

O verdadeiro medo britânico em relação à Europa não era que a URSS pudesse controlar o Leste Europeu — em fins de 1944 isso já era fato consumado —, mas que a União Soviética pudesse atrair para sua órbita uma Alemanha prostrada e ressentida, e assim estabelecer o domínio sobre todo o continente. Para evitar isso, conforme, no outono de 1944, concluíram os chefes do Estado-maior britânico, seria provavelmente necessário dividir a Alemanha e ocupar a parte ocidental. Nesse caso, segundo a conclusão de um documento secreto preparado em março de 1945 pelo Tesouro Britânico, uma resposta ao problema alemão seria esquecer uma solução que abrangesse toda a Alemanha e incorporar à economia do Oeste Europeu uma zona alemã ocidental. Conforme o general Alan Brook, chefe do Estado-maior Imperial, registrou em seu diário, em 27 de julho de 1944,

> a Alemanha já não é a potência que domina a Europa. A Rússia é [...]. Ela [...] será, inevitavelmente, a principal ameaça daqui a 15 anos. Portanto, cultivemos a Alemanha; aos poucos, vamos desenvolvê-la e trazê-la para a Federação da Europa Ocidental. Infelizmente, tudo isso deve ser feito sob o manto de uma santa aliança entre a Rússia, a Inglaterra e os Estados Unidos.

Evidentemente, foi mais ou menos isso o que aconteceu quatro anos depois. Das potências aliadas, a Grã-Bretanha chegou mais perto de prever e até buscar o acordo que, finalmente, emergiu. Mas, sozinhos, os britânicos não tinham condições de impor resultados, ou impor seja lá o que fosse. No fim da guerra, era óbvio que Londres não era páreo para Washington e Moscou. A Grã-Bretanha tinha se exaurido no embate épico travado com a Alemanha, e não conseguiria por muito mais tempo manter sequer as aparências de grande potência. Entre o Dia da Vitória na Europa, em 1945, e a primavera de 1947, as Forças Armadas britânicas foram reduzidas, de um total de 5,5 milhões de homens e mulheres, para apenas 1,1 milhão. No outono de 1947, a fim de economizar óleo combustível, o país se viu forçado até a cancelar manobras navais. De acordo com as palavras do embaixador norte-americano William Clayton, observador nada insensível, "os britânicos agarram-se com unhas e dentes à esperança de que de algum modo, com a nossa ajuda, consigam preservar o Império Britânico e a liderança imperial britânica".

Dadas as circunstâncias, é compreensível que os britânicos não se preocupassem com um ataque russo (a política britânica baseava-se na suposição de que a agressão soviética assumiria qualquer forma *exceto* a guerra), mas com a retirada dos americanos. Uma minoria do Partido Trabalhista britânico, que estava no governo, bem que gostaria de vê-los ir embora, uma vez que, no pós-guerra, essa minoria depositava sua fé numa aliança de defesa européia com inclinações neutras. Mas o primeiro-ministro, Clement Attlee, não tinha ilusões, e explicava o porquê numa carta para o colega do Partido Trabalhista, Fanner Brockway:

> Algumas pessoas [do Partido Trabalhista] pensavam que deveríamos concentrar nossos esforços na construção de uma Terceira Força na Europa. Muito bom, sem dúvida.

> Mas, naquela época, não havia bases espirituais ou materiais para fazê-lo. O que restara da Europa não tinha força suficiente para enfrentar a Rússia sozinha. Faz-se necessária uma potência mundial, quando se está diante de uma potência mundial [...]. Sem a força obstrucionista dos norte-americanos, os russos talvez tentassem levar tudo de roldão. Não sei se o fariam, mas era uma possibilidade que não se podia ignorar.

Mas era possível contar com os norte-americanos? Os diplomatas ingleses não tinham esquecido a Lei da Neutralidade, de 1937. E, obviamente, compreendiam bem a ambivalência norte-americana no envolvimento em ações transoceânicas, pois tal posição não era muito diferente daquela dos próprios ingleses no passado. Desde meados do século XVIII até o envio da Força Expedicionária Britânica para a França, em 1914, os ingleses preferiram lutar por meio de representantes, prescindindo de um exército permanente, evitando ações prolongadas no continente e não mantendo tropas permanentes em solo europeu. No passado, uma potência marítima que quisesse guerrear na Europa utilizando soldados de terceiros podia recorrer a aliados, tais como espanhóis, holandeses, suíços, suecos, prussianos e, evidentemente, russos. Mas os tempos haviam mudado.

Daí a decisão britânica, em janeiro de 1947, no sentido de dar continuidade ao programa nacional de armamento nuclear. A importância dessa opção só seria visível no futuro, entretanto. Nas circunstâncias dos primeiros anos do pós-guerra, a maior esperança da Grã-Bretanha estava no incentivo para que os EUA continuassem envolvidos com a Europa (o que significava defender, publicamente, a crença americana num acordo negociado), ao mesmo tempo em que colaborava com os soviéticos, até onde fosse viável fazê-lo. Enquanto o medo do revanchismo germânico tivesse precedência sobre tudo mais, essa política poderia ser mantida.

Já no início de 1947, no entanto, tal política começava a ruir. Não estava claro se a União Soviética representava um perigo verdadeiro e presente (ainda em dezembro de 1947, até Bevin considerava a Rússia menos ameaçadora do que uma Alemanha que ressurgisse no futuro). Mas o que *estava* muito claro era que a Alemanha não poderia continuar no limbo — com a economia do país na condição de refém de discussões políticas não-resolvidas e os britânicos pagando contas elevadas nas zonas de ocupação. A economia alemã precisava ser reativada, com ou sem acordo soviético. Eram os britânicos — que tinham lutado em duas guerras demoradas, do começo ao fim, contra a Alemanha, e sofrido com as vitórias difíceis — os mais ávidos pelo final daquele capítulo e pelo estabelecimento de um acordo acerca de questões continentais, para poderem tocar a vida para a frente.

Em tempos mais propícios, os britânicos teriam se retirado para suas ilhas (assim como receavam que os norte-americanos quisessem se retirar para a América), deixando a segurança da Europa Ocidental a cargo dos guardiães de sempre, os franceses. Recentemente, em 1938, essa tinha sido a premissa básica do planejamento estratégico britânico: que a França, a maior potência militar do continente, poderia servir de contrapeso não apenas para as ambições alemãs na Europa Central, como também para futuras ameaças soviéticas mais a leste. A imagem da França como Grande Potência européia estava abalada com o Acordo de Munique, mas, fora das chancelarias da Europa Oriental, a percepção ainda prevalecia. O choque sísmico que sacudiu a Europa em maio e junho de 1940, quando o ilustre Exército francês caiu e se despedaçou diante do ataque dos Panzers do outro lado do rio Meuse e através da Picardia, foi então maior por ter sido tão inesperado.

Em seis semanas traumáticas, os pontos cardeais das relações entre os Estados europeus mudaram para sempre. A França deixou não apenas de ser uma Grande Potência, mas de ser potência, e apesar dos nobres esforços de De Gaulle, jamais recuperou a condição de Grande Potência. Ocorreu que a derrota arrasadora em junho de 1940 foi seguida de quatro anos de uma ocupação humilhante, aviltante, subserviente, com o regime do marechal Pétain, em Vichy, atuando como uma espécie de Uriah Heep a serviço de um Bill Sikes que personificasse a Alemanha. A despeito do que diziam em público, os líderes e formuladores de políticas franceses com certeza sabiam o que se passava no país. Conforme descreve um documento oficial interno francês, redigido uma semana após a libertação de Paris, em 1944: "Se, na próxima geração, a França se submeter a uma terceira investida, devemos recear que [...] sucumba para sempre."

Esse reconhecimento era expresso internamente. Em público, estadistas e políticos franceses seguiam reivindicando o reconhecimento do país como integrante da vitoriosa coalizão aliada, uma potência mundial que merecia ser equiparada aos pares. Essa ilusão pôde ser mantida, até certo ponto, porque convinha às outras potências que assim o fosse. A União Soviética queria ter um aliado tático no Ocidente que compartilhasse a sua desconfiança em relação aos "anglo-americanos"; os britânicos queriam uma França renovada que pudesse ocupar um posto nos conselhos da Europa e aliviar a Grã-Bretanha de obrigações continentais; até os norte-americanos reconheciam algumas vantagens, embora não muitas, em conceder a Paris um lugar à mesa principal. Portanto, aos franceses foi oferecido assento permanente no novo Conselho de Segurança das Nações Unidas, um papel na administração militar conjunta de Viena e Berlim e (diante da insistência britânica) um distrito de ocupação, entalhado para os franceses na Zona Norte-americana a sudoeste da Alemanha Ocidental, numa região contígua à fronteira francesa, bem longe da linha fronteiriça soviética.

Mas a conseqüência do incentivo foi mais humilhação para uma nação já bastante degradada. E, de início, os franceses reagiram com previsível aspereza. Na Alemanha, no Conselho de Controle Aliado, eles sempre obstruíam ou vetavam a implementação de decisões tomadas no encontro dos Três Grandes, em Potsdam, alegando que a França não participara das decisões. As autoridades interinas francesas, inicialmente, recusavam-se a cooperar com a ANUAR e com os governos militares aliados quanto às medidas a serem adotadas com deslocados de guerra, alegando que refugiados e deslocados *franceses* deveriam ser direcionados e gerenciados através de uma operação independente e exclusivamente *francesa*.

Acima de tudo, os governos franceses no pós-guerra sentiam-se excluídos dos conselhos mais ilustres encarregados do processo decisório dos Aliados. Britânicos e norte-americanos não eram confiáveis, isoladamente, pensavam os franceses (lembrando-se da retirada dos EUA da Europa, depois de 1920, e da destruição causada pelos britânicos à esquadra francesa, em Mers-el-Kebir, em julho de 1940); sobretudo, não se podia confiar neles quando estavam juntos — sentimento que marcava De Gaulle, perseguido pelas lembranças da degradante condição de convidado de Londres durante a guerra e de sua posição irrelevante aos olhos de FDR. Decisões eram tomadas em Washington e Londres, acreditavam os franceses, que lhes afetavam diretamente, mas sobre as quais eles não tinham qualquer influência.

A exemplo da Grã-Bretanha, a França era um império, ao menos no papel. Mas Paris se afastou de seus domínios coloniais no decorrer da ocupação. Em todo caso, e apesar das possessões na África e no sudeste da Ásia, a França sempre foi uma potência *continental*. Ações soviéticas na Ásia, ou a futura crise no Oriente Médio eram questões com as quais os franceses, ao contrário dos ingleses, tinham uma preocupação apenas indireta. Precisamente porque a França estava agora reduzida, a Europa parecia maior do que nunca no horizonte francês. E, na Europa, Paris tinha motivos para se preocupar. A influência da França no Leste Europeu, arena onde a diplomacia francesa tinha sido bastante ativa no período entre as duas guerras, estava acabada: é notório que, em outubro de 1938, atônito, Edouard Benes confessou que seu "grande erro diante da História [...] terá sido a fidelidade à França" — e esse tipo de desilusão era onipresente.

A atenção da França estava agora voltada, na verdade fixada, na Alemanha. Isso não era ilógico: entre 1814 e 1940, o solo francês fora invadido e ocupado pelos alemães em cinco ocasiões, três das quais relativamente recentes. O país tinha pago um preço incalculável por perdas territoriais e materiais, por vidas humanas e sofrimento. A lembrança da incapacidade de se implantar, depois de 1918, um sistema de controles e alianças capaz de restringir uma Alemanha ressurgente e revanchista perseguia o Quai d'Orsay, sede francesa do Ministério das Relações Exteriores. A prioridade número 1 do país após a derrota de Hitler foi se certificar de que o erro não se repetiria.

Por conseguinte, a posição inicial da França em relação ao problema alemão foi bem clara, e se baseou na lição aprendida entre 1918 e 1924: tanto que, para quem estava de fora, a posição francesa parecia uma tentativa de reprisar o roteiro do pós-Primeira Guerra Mundial, só que dessa vez o Exército seria o do outro país. O que os formuladores de políticas na França pretendiam era o desarmamento total e o desmantelamento econômico da Alemanha: a produção de armas e munições deveria ser proibida, compensações eram esperadas (inclusive trabalho forçado na França para operários alemães), produtos agrícolas, madeira, carvão e maquinaria seriam requisitados e transferidos. As localidades mineradoras do Ruhr, a Saarlândia e determinadas áreas da Renânia deveriam ser separadas do Estado germânico, ficando os recursos e a produção dessas regiões à disposição da França.

É certo que tal esquema, se fosse implementado, teria desmantelado a Alemanha durante muitos anos: era esse o objetivo tácito (e cativante plataforma política na França). Mas o esquema também serviria para colocar os imensos recursos primários da Alemanha a serviço dos planos de recuperação da França — na realidade, o Plano Monnet contava com a disponibilidade de carvão proveniente da Alemanha, sem o qual a indústria de aço francesa seria improdutiva. Já em 1938, a França era a maior importadora mundial de carvão, adquirindo no exterior cerca de 40% de suas necessidades de carvão e coque. Em 1944, a produção doméstica francesa desse mineral decaíra a menos da metade dos níveis registrados em 1938. O país se tornara ainda mais dependente do carvão estrangeiro. Contudo, em 1946, quando a produção doméstica voltou aos níveis de 1938, a importação francesa de carvão — na casa dos 10 milhões de toneladas — ainda estava bem abaixo da quantidade necessária. Sem o carvão e o coque provenientes da Alemanha, a recuperação francesa no pós-guerra seria natimorta.

Havia, entretanto, uma série de desvantagens nos planos franceses. Em primeiro lugar, eles esbarraram nas mesmas objeções levantadas por Keynes à política francesa 25 anos antes. Não tinha muito sentido destruir os recursos alemães, se tais recursos eram vitais à recuperação da própria França; e, simplesmente, não havia meios de obrigar os alemães a trabalhar para a França enquanto o padrão de vida, na Alemanha, era baixo e apresentava pouca perspectiva de melhora. O risco de se provocar uma recaída nacionalista na Alemanha contra a opressão estrangeira parecia tão grande na década de 1940 quanto vinte anos antes.

Todavia, a objeção mais séria aos planos franceses para o pós-guerra na Alemanha foi o fato de que as propostas não levavam muito em conta os interesses nem os planos dos aliados da França no Ocidente, desatenção imprudente num momento em que a França dependia inteiramente desses mesmos aliados, não apenas por uma questão de segurança, mas também de sobrevivência. Em tópicos secundários — tais como a parceria monetária e alfandegária com a Saarlândia, instituída em 1947, em cujo pleito a vontade dos franceses prevaleceu —, os Aliados ocidentais aceitavam as exigências da França. Mas, quanto à questão central do futuro da Alemanha, Paris não tinha alavancagem com a qual forçar os "anglo-americanos" a obedecer.

A relação da França com a União Soviética era um pouco diferente. A França e a Rússia tinham entrado e saído de alianças ao longo de meio século, e a Rússia ainda ocupava um lugar especial no afeto do povo francês: pesquisas de opinião realizadas no país durante o pós-guerra sempre revelavam grande simpatia pela União Soviética.[5] Assim sendo, diplomatas franceses, na seqüência da derrota alemã, esperavam que uma comunhão natural de interesses — o medo compartilhado em relação à Alemanha e a desconfiança diante dos "anglo-americanos" — pudesse se traduzir em firme apoio soviético às metas diplomáticas francesas. À semelhança de Churchill, De Gaulle pensava e falava na URSS como "Rússia" e raciocinava em termos de grandiosas analogias históricas: a caminho de Moscou, em dezembro de 1944, a fim de negociar um Tratado Franco-russo bastante inócuo, cujo propósito era impedir qualquer nova agressão por parte da Alemanha, o líder francês disse à sua comitiva que lidava com Stalin assim como Francisco I lidara com Suleiman, o Magnífico, quatro séculos antes, com a diferença de que "na França do século XVI não havia um partido muçulmano".

Todavia, Stalin não compartilhava das ilusões francesas. E não tinha interesse em servir de contrapeso para ajudar a França a compensar a carga da política externa de Londres e Washington, embora isso só tenha ficado claro para os franceses na reunião dos ministros das Relações Exteriores aliados, realizada em Moscou, em abril de 1947, quando Molotov recusou-se a apoiar as propostas de Georges Bidault relativas à separação da Renânia e ao controle estrangeiro sobre o cinturão industrial do Ruhr. Os franceses, porém, continuaram a sonhar com meios alternativos de garantir uma independência impossível no que dizia respeito à formulação de políticas. Houve negociações frustradas com a Tchecoslováquia e com a Polônia, destinadas a garantir carvão e mercados para o aço e os produtos agrícolas franceses. E o Ministério da Guerra francês pôde propor, confidencialmente, ainda em 1947, que a França adotasse uma posi-

[5] Em fevereiro de 1945, diante da pergunta "Quem fará mais pela recuperação da França?", 25% dos entrevistados responderam a favor da URSS e 24% a favor dos EUA.

ção de neutralidade internacional, estabelecendo entendimentos ou alianças preventivas com os EUA *e com a URSS*, e dispondo-se a confrontar o primeiro desses dois países que a agredisse.

Se, em 1947, a França finalmente abandonou essas fantasias e se voltou para a posição dos parceiros ocidentais, isso aconteceu por três razões: em primeiro lugar, as estratégias francesas em relação à Alemanha tinham fracassado — não haveria qualquer desmantelamento da Alemanha, e não haveria indenizações. Sozinha, a França não tinha condições de impor uma solução para o problema da Alemanha, e ninguém mais queria adotar a solução por ela proposta. A segunda razão para o recuo da França em relação à sua posição inicial era o desespero da situação econômica que vigorava em meados de 1947: a exemplo do restante da Europa, a França (conforme vimos) precisava, urgentemente, não apenas do auxílio norte-americano, mas também da recuperação da Alemanha. A primeira necessidade dependia indiretamente (mas claramente) do consentimento francês para uma estratégia voltada para a segunda.

Mas, em terceiro lugar, e o fator decisivo, na segunda metade de 1947: os políticos e o estado de espírito na França mudaram de uma vez por todas. A rejeição soviética à Ajuda Marshall e o advento da Cominform (assunto do próximo capítulo) transformaram o poderoso Partido Comunista Francês, de canhestro integrante de uma coalizão de governo em crítico veemente das políticas internas e externas da França: tanto que, no final de 1947, e durante quase todo o ano de 1948, na opinião de muitos observadores, a França parecia estar caminhando para a guerra civil. Ao mesmo tempo, havia em Paris um receio de guerra, somando-se uma preocupação constante com o revanchismo alemão aos boatos de iminente invasão soviética.

Nessas circunstâncias, e depois da negativa expressa por Molotov, os franceses, ainda que relutantes, voltaram-se para o Ocidente. Diante da pergunta feita pelo secretário de Estado dos EUA, George Marshall, em abril de 1947, se os Estados Unidos "podiam confiar na França", o ministro das Relações Exteriores, Bidault, respondeu "Sim", com o tempo, e se a França conseguisse evitar a guerra civil. Marshall não se impressionou muito com a resposta, o que é compreensível, e 11 meses depois ainda se mostrava pouco impressionado, ao dizer que Bidault sofria de "tremedeira". Marshall considerava a preocupação francesa com a ameaça alemã "antiquada e irreal".[6]

O que Marshall disse a respeito do receio da França era, sem dúvida, verdade, embora isso denote falta de empatia com o passado recente do país. Portanto, foi significativa a aprovação do Parlamento francês aos planos anglo-americanos para a Alemanha Ocidental, em 1948, ainda que a votação tenha sido extremamente apertada: 297 votos contra 289. Os franceses não tinham escolha, e sabiam disso. Se queriam recuperação econômica *bem como* alguma garantia, por parte de americanos e britânicos, contra o ressurgimento da Alemanha ou a expansão da URSS, precisavam concordar — especialmente agora que a França se enredara numa dispendiosa guerra colonial na Indochina, na qual necessitava, urgentemente, da ajuda dos EUA.

---

[6] É provável que Marshall não tenha se abalado muito, porque Bidault lhe disse que a ênfase na ameaça *alemã* era, estritamente, para consumo doméstico.

Norte-americanos e britânicos tinham condições de oferecer garantias à França contra a ameaça militar germânica; e a política externa americana podia manter firme a promessa de recuperação econômica para a Alemanha. Mas nada disso resolvia o antigo dilema da França — como assegurar ao país acesso privilegiado às matérias-primas e aos recursos localizados na Alemanha? Se tais objetivos não seriam alcançados pela força ou pela anexação, então era necessário encontrar um meio alternativo. A solução, conforme consolidada no pensamento francês ao longo dos meses seguintes, foi "europeizar" o Problema Alemão; de acordo com as palavras de Bidault, em janeiro de 1948: "Não só no plano econômico, mas também no plano político, é preciso [...] propor como objetivo aos Aliados e aos próprios alemães a integração da Alemanha à Europa [...]. É [...] o único meio de dar vida e solidez a uma Alemanha politicamente descentralizada, mas economicamente próspera."

Em suma, se não era possível destruir a Alemanha, a alternativa era integrá-la a uma estrutura européia em que ela nada pudesse fazer de mal, belicamente, mas em que muito pudesse fazer de bem, economicamente. Se a idéia não tinha ocorrido aos líderes franceses antes de 1948, não foi por falta de imaginação, mas porque não lhes pareceu à época a melhor hipótese. Uma solução "européia" para o problema alemão, no que tocava à França, só poderia ser adotada quando uma solução "francesa" fosse abandonada, e foram necessários três anos até que os líderes franceses aceitassem tal fato. Naqueles três anos, a França foi obrigada, efetivamente, a encarar a súbita negação de trezentos anos de História. Naquelas circunstâncias, foi uma proeza.

Em 1945, a situação da União Soviética era precisamente oposta à da França. Após ser excluída dos assuntos europeus durante duas décadas, a Rússia havia ressurgido. A fibra da população russa, o sucesso do Exército Vermelho e, cumpre registrar, a capacidade dos nazistas de conquistar a antipatia até das nações que menos simpatizavam com a causa soviética propiciaram a credibilidade e a influência de Stalin, nos Conselhos governamentais e nas ruas.

Esse novo apelo bolchevique fundamentava-se na sedução pelo poder. E a URSS era, de fato, muito popular: a despeito das perdas imensas sofridas nos primeiros seis meses da invasão alemã — quando o Exército Vermelho perdeu 4 milhões de homens, 8 mil aviões e 17 mil tanques —, as forças soviéticas recuperaram-se a ponto de, em 1945, constituírem a maior potência militar jamais vista na Europa: somente na Hungria e na Romênia, os soviéticos mantiveram, ao longo de 1946, uma presença militar de cerca de 1,6 milhão de homens. Stalin detinha controle direto ou (no caso da Iugoslávia) indireto de uma gigantesca faixa de terra na Europa Central e Oriental. Por muito pouco, graças ao rápido avanço dos britânicos sob o comando de Montgomery, os exércitos de Stalin não entraram pelo norte da Alemanha, alcançando a divisa com a Dinamarca.

Conforme os generais do Ocidente bem sabiam, nada poderia impedir o Exército Vermelho de avançar até o Atlântico, se Stalin assim ordenasse. É certo que norte-americanos e britânicos levavam nítida vantagem quanto à capacidade de bombardeio estratégico, e os EUA tinham a bomba atômica, fato do qual Stalin estava ciente mesmo antes de ser informado por Truman, em Potsdam, em julho de 1945. Não resta dúvida de que Stalin queria a bomba atômica soviética — esse é um dos motivos pelos quais ele insistiu no controle soviético de regiões da Alemanha Oriental e, especialmente, da Tchecoslováquia, onde havia reservas de urânio; em poucos anos, 200 mil europeus orientais estariam trabalhando nessas minas de urânio, como parte do programa atômico soviético.[7]

Mas a bomba atômica, embora preocupasse os líderes soviéticos e fizesse Stalin desconfiar ainda mais dos motivos e planos dos EUA, não alterou muito as maquinações militares soviéticas. Estas decorriam, diretamente, das metas políticas de Stalin, que, por seu turno, resultavam de antigos objetivos soviéticos e russos. O primeiro desses objetivos era territorial: Stalin queria de volta a terra que os bolcheviques tinham perdido em decorrência do Tratado de Brest-Litovsk, em 1918, e durante a guerra com a Polônia, dois anos depois. Tal objetivo tinha sido em parte alcançado através das cláusulas secretas dos pactos firmados entre Stalin e Hitler, em 1939 e 1940. O restante Stalin deveu à decisão de Hitler de invadir a União Soviética, em junho de 1941, mais tarde propiciando ao Exército Vermelho, durante o avanço rumo a Berlim, a reocupação dos territórios disputados. Assim, a ocupação e a anexação, por parte da União Soviética, da Bessarábia (tomada da Romênia), da Bucovina (também da Romênia), da Rutênia Cárpata (tomada da Tchecoslováquia), da Ucrânia Ocidental (tomada da Polônia), da região oriental da Finlândia, das três repúblicas bálticas independentes e de Königsberg/Kaliningrado, na Prússia Oriental, podiam ser caracterizadas como espólios de guerra, e não como resultado de negociatas desagradáveis com o inimigo fascista.

Para a União Soviética, essa expansão territorial tinha duas razões. Primeiramente, acabava com a condição de pária do país. Esse era um ponto importante para Stalin, que no trato de questões mundiais agora se tornara líder de um imenso bloco eurasiano, cujo novo poder era simbolizado pela insistência da União Soviética na criação de um sistema de veto no novo Conselho de Segurança da ONU. No entanto, terras não representavam apenas prestígio, mas também, acima de tudo, segurança. Sob o ponto de vista soviético, ter uma *glacis* a oeste, uma larga faixa de terra que precisaria ser atravessada, especialmente pelos alemães, no caso de uma invasão da Rússia, era questão vital de segurança. Em Yalta e, mais uma vez, em Potsdam, Stalin tornou explícita a insistência de que os territórios entre a Rússia e a Alemanha, se não pudessem ser inteiramente anexados à URSS, fossem governados por regimes amigos, "livres de elementos fascistas e reacionários".

A interpretação desta última frase mostrar-se-ia, no mínimo, problemática. Mas, em 1945, norte-americanos e britânicos não estavam dispostos a discutir com Stalin essa questão. Achava-se que os soviéticos haviam conquistado o privilégio de definir a sua própria segurança como melhor lhes conviesse; assim como ficou, inicialmente, acordado que Moscou tinha o direito de exigir indenizações, recompensas, mão-de-obra e matérias-primas de países ex-integrantes do Eixo (Alemanha, Áustria, Hungria, Romênia, Bulgária e Finlândia). Em retrospecto, tem-se propensão a enxergar nessas apropriações territoriais e exploração econômica os primeiros estágios da "bolchevização" da metade oriental da Europa, e, de fato, foi isso que ocorreu. Porém, àquela época, tal processo não era evidente para ninguém — na opinião

[7] De acordo com os termos de um acordo secreto tcheco-soviético, firmado em março de 1945, a URSS obteve o direito de explorar e extrair urânio dos depósitos de Jáchymov, no oeste da Boêmia.

dos observadores ocidentais, havia até algo já conhecido e reconfortante na atitude inicial de Moscou no pós-guerra.[8] E havia um precedente.

De modo geral, não é possível entender o regime comunista na Rússia, a menos que se levem a sério as respectivas reivindicações e ambições ideológicas. Mas houve momentos, e os anos 1945-1947 foram um desses, em que mesmo quem conhecesse pouco a doutrina bolchevique poderia compreender razoavelmente bem a política *externa* soviética, simplesmente examinando a política dos tsares. Foi Pedro, o Grande, afinal, que introduziu a estratégia pela qual a Rússia dominaria os vizinhos oferecendo-lhes "proteção"; foi Catarina, a Grande, que expandiu o império para o sul e sudoeste; e foi o tsar Alexandre I, principalmente, que estabeleceu o modelo para o envolvimento imperial russo na Europa.

No Congresso de Viena, em 1815, onde — conforme ocorreu em 1945 — as potências aliadas vitoriosas (e mutuamente desconfiadas) reuniram-se para restabelecer o equilíbrio continental na seqüência da derrota de um outro tirano, os objetivos de Alexandre ficaram bastante explícitos. Os interesses das pequenas nações estariam subordinados aos das Grandes Potências. Uma vez que os interesses britânicos situavam-se em regiões ultramarinas e nenhuma outra potência continental se equiparava à Rússia, o tsar serviria de árbitro para um acordo continental no pós-guerra. Protestos locais seriam tratados como ameaças ao acordo e debelados com a energia necessária. A segurança russa seria definida pelo território sob o controle do tsar — nunca mais um exército ocidental haveria de alcançar Moscou sem ser interceptado — e pela eficácia em obrigar os ocupantes desses territórios a aceitar o novo sistema.

Não há nisso o que não se aplique aos planos soviéticos em 1945. Na verdade, Alexandre e seus ministros não encontrariam o que criticar num memorando redigido por Ivan Maisky, representante do Comissariado do Povo para Assuntos Externos, em novembro de 1944: "A situação mais vantajosa para nós seria a existência, na Europa do pós-guerra, de uma única grande potência continental — a URSS — e uma única grande potência marítima — a Grã-Bretanha." Evidentemente, dada a distância de 130 anos, nada pode ser idêntico: em 1945, Stalin preocupava-se mais com a Ásia Central e o Oriente Próximo do que Alexandre (embora os sucessores imediatos de Alexandre atuassem bastante nessas regiões); em contrapartida, os estrategistas soviéticos não compartilhavam a obsessão tsarista com Constantinopla, os estreitos e o sul dos Bálcãs. No entanto, a continuidade das políticas pesa bem mais do que as diferenças. Tal continuidade está ligada, por assim dizer, pelos planos de Sazunov (ministro das Relações Exteriores da Rússia por ocasião do início da guerra de 1914), que já contemplavam o futuro da Europa Oriental como um conjunto de Estados pequenos e vulneráveis, supostamente independentes, mas, na prática, clientes da Grande Rússia.

A esses temas, que remontavam à política externa tsarista na Europa, Stalin acrescentou os seus próprios planos. Ele esperava, de fato, o futuro colapso econômico do Ocidente — a partir de extrapolações calcadas em precedentes ocorridos no período entre as guerras bem como em dogmas marxistas — e exagerou ao prever um conflito inevitável entre a Grã-

[8] Na Polônia, é claro, a questão nada tinha de reconfortante — justamente por ser bem conhecida.

Bretanha e os EUA, na condição de concorrentes imperiais num mercado mundial cada vez menor. A partir daí, Stalin deduzia não apenas o advento de uma era de crescente turbulência — e, portanto, a necessidade de a União Soviética garantir seus ganhos —, mas a possibilidade concreta de "rachar" os Aliados ocidentais, que divergiriam, especialmente acerca do Oriente Médio, mas talvez da Alemanha também. Essa era uma razão pela qual Stalin não demonstrava qualquer pressa no estabelecimento de um acordo — o tempo, ele acreditava, estava a seu favor.

Mas isso não o deixou mais seguro. Ao contrário, defensiva e desconfiança caracterizavam todos os aspectos da política externa soviética — "a visão neurótica que tem o Kremlin das questões mundiais", conforme descreveu George Kennan, em 1946. Daí o célebre discurso, proferido no Teatro Bolshoi, em 9 de fevereiro de 1946, em que Stalin anunciou que a União Soviética voltava à ênfase conferida, no período que antecedeu a guerra, à industrialização, à preparação para o embate e à inevitabilidade do conflito entre capitalismo e comunismo, e explicitou o que já era óbvio: que a partir de então, a União Soviética cooperaria com o Ocidente apenas quando a ela conviesse.

Nada disso era novidade; Stalin recuava para a "linha dura" adotada pelos bolcheviques antes de 1912 e, novamente, entre 1927 e o advento das Frentes Populares. O regime bolchevique sempre fora inseguro — afinal de contas, tinha nascido do golpe de uma minoria, sob circunstâncias desfavoráveis e num ambiente bastante adverso — e Stalin, como todo tirano, precisava invocar ameaças e inimigos, fossem domésticos ou estrangeiros. Além disso, Stalin sabia melhor do que muita gente que a Segunda Guerra Mundial tinha sido um risco e tanto: se, em 1941, os alemães tivessem invadido um mês antes (conforme determinavam os planos originais de Hitler), a União Soviética, provavelmente, teria se curvado. A exemplo dos EUA depois de Pearl Harbor, mas por uma causa bem melhor, a liderança soviética ficou obcecada, paranóica, pela idéia dos "ataques surpresa" e desafios ao seu novo status. E os russos (mais até do que os franceses) continuaram, por várias décadas, a ver na Alemanha a principal ameaça.[9]

O que, então, queria Stalin? Que ele previa um esfriamento de relações com o Ocidente e pretendia se beneficiar ao máximo da fraqueza do Ocidente é, sem dúvida, verdadeiro. Mas não era, absolutamente, óbvio que, além disso, Stalin tivesse uma estratégia. Conforme Norman Naimark, historiador da ocupação soviética do pós-guerra na Alemanha Oriental, conclui: "Em sua zona, os soviéticos eram impelidos por eventos concretos, e não por planos preconcebidos ou imperativos ideológicos." Isso condiz com o que sabemos acerca da abordagem geral adotada por Stalin, e também se aplica além do caso da Alemanha Oriental.

É certo que os soviéticos, a curto prazo, não tinham planos para uma Terceira Guerra Mundial. Entre junho de 1945 e o final de 1947, o Exército Vermelho foi reduzido de 11.365.000 integrantes para 2.874.000 — índice de redução comparável aos constatados nas forças norte-americanas e britânicas (embora o Exército Vermelho mantivesse em campo um contingente bem mais numeroso, constituído de muitas divisões motorizadas e

[9] Em 1990, Edvard Shevardnadze, ministro das Relações Exteriores da URSS, segundo consta, teria comentado que, a despeito de quarenta anos de Guerra Fria, quando seus netos brincavam de guerra, a Alemanha ainda era a inimiga.

bem armadas). É claro que os planos soviéticos não eram evidentes para os contemporâneos ocidentais; nem mesmo aqueles que viam Stalin como um pragmático cauteloso podiam ter certeza do conteúdo de tais planos. Além disso, Molotov diz a verdade, quando sugere em suas memórias que a União Soviética preferia se beneficiar de situações propícias, mas não se arriscaria a concretizá-las: "Nossa ideologia defende operações ofensivas, quando possível; se não, aguardamos."

Notoriamente, o próprio Stalin mostrava-se avesso a correr riscos, motivo que levou observadores à época e desde então a lamentar o fato de o Ocidente não ter exercido uma "contenção" mais precoce e extensiva. Contudo, naqueles anos, ninguém queria outra guerra, e embora Stalin pudesse ser prontamente dissuadido de tentar desestabilizar Paris ou Roma (pois não tinha exércitos seus nessas cidades), a presença soviética no Leste Europeu era questão inegociável, conforme todos admitiam. Nos Conselhos de Controle Aliados, na Bulgária e na Romênia, os soviéticos não fingiam levar em conta a vontade de britânicos ou norte-americanos, muito menos a dos habitantes locais. Somente na Tchecoslováquia havia um grau de ambigüidade, visto que há muito tempo o Exército Vermelho tinha se retirado de lá.

Sob o seu próprio ponto de vista, Stalin adotava um modo de operar que, em Moscou, era percebido como "boa-fé". Stalin e seus companheiros supunham que os Aliados ocidentais entendessem que os soviéticos pretendiam ocupar e controlar a metade da Europa que lhes "pertencia", e tinham propensão para tratar os protestos realizados contra o comportamento soviético nas zonas sob o seu comando como mera formalidade, bobagem da hipocrisia democrática. Quando parecia que o Ocidente estava levando demasiadamente a sério a sua própria retórica, exigindo liberdade e autonomia na Europa Oriental, a liderança soviética reagiu com autêntica indignação. Um apontamento de Molotov, feito em fevereiro de 1945, comentando a interferência ocidental no futuro da Polônia, expressa esse tom: "Como os governos estão sendo organizados, na Bélgica, França, Grécia etc., não sabemos. Não nos foi perguntado, e não dizemos se nos agrada esse ou aquele governo. Não interferimos porque se trata da zona de ação militar anglo-americana."

Todos esperavam que a Segunda Guerra Mundial acabasse, a exemplo da guerra que a antecedera, com um abrangente Tratado de Paz, e, de fato, em 1946, cinco tratados distintos foram assinados em Paris. Esses documentos definiam questões territoriais (e outras) na Romênia, Bulgária, Hungria, Finlândia e Itália, mas não na Noruega, que, a rigor, permaneceu em estado de guerra com a Alemanha até 1951.[10] Todavia, por mais que essas questões fossem importantes para os povos envolvidos (e, no caso da Romênia, Bulgária e Hungria, elas sinalizaram a submissão definitiva dessas nações ao domínio soviético), os acordos puderam ser

[10] A Itália perdeu todas as colônias, pagou 360 milhões de dólares como indenização à URSS, Iugoslávia, Grécia, Albânia e Etiópia e cedeu a península da Ístria à Iugoslávia. A situação da cidade fronteiriça de Trieste foi objeto de disputa durante os oito anos seguintes.

firmados porque, em última instância, nenhuma das Grandes Potências queria arriscar um confronto por eles motivado.

O caso da Alemanha, entretanto, era flagrantemente diverso. Para os russos, em especial, a Alemanha tinha grande importância. Assim como a guerra ocorrera por causa da Alemanha, o mesmo podia ser dito em relação à paz, e o fantasma do revanchismo germânico rondava as conjecturas soviéticas assim como as francesas. Quando Stalin, Truman e Churchill se encontraram em Potsdam (de 17 de julho a 2 de agosto de 1945, sendo que Attlee substituiu Churchill depois da vitória do Partido Trabalhista nas eleições gerais britânicas), foi possível chegar a um acordo quanto à expulsão dos alemães da Europa Oriental, à subdivisão administrativa da Alemanha para fins de ocupação, bem como às metas de "democratização", "desnazificação" e "descartelização". Além desse nível de intenções comuns, no entanto, começavam a surgir dificuldades.

Ficou, porém, acordado tratar a economia alemã como unidade, mas aos soviéticos foi concedido o direito de explorar e remover bens, serviços e ativos financeiros da zona sob a sua responsabilidade. Além disso, receberiam das zonas ocidentais um adicional de 10%, em contrapartida à provisão de alimentos e matérias-primas a serem fornecidas desde a Alemanha Oriental. Mas esses acordos introduziram uma contradição, ao tratar os recursos econômicos do leste e do oeste como separados e diversos. Portanto, desde o primeiro momento, as compensações seriam causa de divergência (assim como tinham sido depois da Primeira Guerra Mundial): os russos (e franceses) exigiam-nas, e as autoridades soviéticas não hesitaram em logo desmontar e remover fábricas e equipamentos, com ou sem o consentimento das outras forças aliadas de ocupação.

Não houve acordo final quanto às novas fronteiras entre a Alemanha e a Polônia, e até mesmo o consenso acerca da democratização apresentava dificuldades práticas, no que dizia respeito à implementação. Conseqüentemente, os líderes Aliados concordaram em divergir e protelar, instruindo os respectivos ministros das Relações Exteriores a voltarem a se reunir e a debater o assunto em data futura. Teve início, então, um período de dois anos de reuniões de ministros das Relações Exteriores aliados — representando os governos da URSS, dos EUA, da Grã-Bretanha e, mais tarde, da França; o primeiro encontro ocorreu em Londres, dois meses após a reunião em Potsdam; o último, em dezembro de 1947, novamente em Londres. O propósito dessas reuniões, em princípio, era elaborar planos definitivos para a Alemanha no pós-guerra e estabelecer Tratados de Paz entre as potências aliadas, a Alemanha e a Áustria. Foi durante esses encontros — notadamente em Moscou, em março e abril de 1947 — que a distância que separava as abordagens ocidental e soviética em relação ao problema da Alemanha ficou patente.

A estratégia anglo-americana foi conduzida, em certa medida, por orientações de prudência política. Se os alemães da zona ocidental de ocupação permanecessem derrotados, empobrecidos e não lhes fosse oferecida uma perspectiva de melhora, eles, cedo ou tarde, voltariam a buscar o nazismo — ou então o comunismo. Nas regiões da Alemanha ocupadas pelos governos militares norte americano e britânico, por conseguinte, a ênfase logo recaiu sobre a reconstrução das instituições cívicas e políticas e sobre a transferência, para os alemães, da responsabilidade por seus assuntos domésticos. Isso conferiu a políticos alemães emergentes mais alavancagem do que eles poderiam esperar ao final da guerra, e tais políticos não hesitaram em explorar esse expediente — insinuando que, a menos que a situação melhorasse e as forças de ocupação seguissem suas recomendações, eles não poderiam responder pela lealdade política da nação alemã no futuro.

Felizmente, para os Aliados, a política comunista implementada durante a ocupação de Berlim e do território soviético ocupado da Alemanha Oriental não lograva atrair sentimentos e votos de alemães descontentes. Por mais impopulares que norte-americanos, britânicos ou franceses fossem aos olhos de alemães carregados de ressentimento, a alternativa era bem pior: se Stalin queria, sinceramente, que a Alemanha ficasse unificada, reivindicação que nos primeiros anos do pós-guerra ele instruiu os comunistas alemães a fazer, as táticas soviéticas empregadas nesse sentido foram muito mal escolhidas. Desde o começo, os soviéticos estabeleceram em sua zona de ocupação um governo de liderança comunista sem o consentimento dos Aliados, e procederam à banalização dos acordos de Potsdam, ao explorarem e desmantelarem, implacavelmente, tudo o que lhes caía em mãos.

Não que Stalin tivesse muita escolha. Jamais houve qualquer possibilidade de os comunistas controlarem o país, ou mesmo a própria zona de ocupação soviética, a não ser pela força. Nas eleições municipais de Berlim, realizadas em 20 de outubro de 1946, os candidatos comunistas ficaram muito atrás dos socialdemocratas e dos democratas cristãos. Diante disso, a política soviética, visivelmente, endureceu. Porém, àquela altura, as forças ocidentais de ocupação também enfrentavam dificuldades. Já em julho de 1946, a Grã-Bretanha tinha sido forçada a importar 112 mil toneladas de trigo e 50 mil toneladas de batatas, a fim de alimentar a população que habitava a sua respectiva zona de ocupação (o nordeste urbano e industrial da Alemanha), tudo pago com recursos obtidos através de empréstimo feito junto aos EUA.

Os britânicos angariavam, no máximo, 29 milhões de dólares em indenizações pagas pela Alemanha; mas a ocupação custava a Londres 80 milhões de dólares por ano, e o pagamento da diferença ficava por conta do contribuinte britânico, ao mesmo tempo que o governo britânico era obrigado a impor à Grã-Bretanha racionamento de pão (medida que tinha sido evitada durante todo o decorrer da guerra). Na opinião do chanceler do chanceler do Erário britânico, Hugh Dalton, os britânicos é que estavam "pagando indenização aos alemães". Os norte-americanos não sofriam as mesmas pressões econômicas, e a zona de ocupação sob a sua responsabilidade não tinha sido tão danificada na guerra; contudo, a situação não lhes parecia menos absurda — o Exército dos EUA, em especial, estava descontente, pois o custo da alimentação de milhões de alemães famintos era coberto pelo orçamento do mencionado Exército. Conforme observou George Kennan: "A rendição incondicional da Alemanha [...] deixou-nos responsáveis por um setor do país que, na era moderna, jamais tinha sido economicamente auto-suficiente, e cuja capacidade de auto-sustento fora reduzida, catastroficamente, pelas circunstâncias da guerra e pela derrota. No momento em que aceitamos tal responsabilidade, não dispúnhamos de um programa de reabilitação da economia na nossa zona, e preferimos deixar isso para ser resolvido mais tarde, por meio de um acordo internacional."

Diante desse dilema, e do crescente ressentimento germânico com o desmonte de fábricas e instalações que estavam sendo transferidas para o Leste europeu, o governador militar americano, general Clay, em maio de 1946, tomou uma decisão unilateral: suspender o processo de indenizações que partiam da zona norte-americana para a União Soviética (ou qualquer outro destino), observando que as autoridades soviéticas não haviam cumprido a parte que lhes coubera dos acordos de Potsdam. Dois meses depois, os britânicos fizeram o mesmo. A medida sinalizou uma primeira bifurcação nos caminhos, mas não mais do que isso. A França, a exemplo da URSS, ainda queria receber indenizações, e os quatro Aliados ainda estavam formalmente comprometidos com o acordo de Níveis de Produção Industrial de 1946, que estabelecia que o padrão de vida na Alemanha não podia exceder a média européia (excluindo a Grã-Bretanha e a União Soviética). Além disso, o Conselho Ministerial britânico, reunido em maio de 1946, ainda relutava em aceitar a divisão formal da Alemanha ocupada em duas metades (oriental e ocidental), com todas as implicações que tal divisão teria para a segurança da Europa.

Mas ficava cada vez mais óbvio que as quatro potências de ocupação não chegariam a um consenso. Depois que o segmento principal dos julgamentos de Nuremberg foi concluído, em outubro de 1946, e os termos dos Tratados de Paz de Paris foram finalizados no mês seguinte, poucos elos uniam os Aliados, além da co-responsabilidade pela Alemanha, e as contradições em relação a tal responsabilidade passaram a ser flagrantes. Norte-americanos e britânicos concordaram, em fins de 1946, em fundir os sistemas econômicos das duas zonas de ocupação por eles controladas, criando a chamada "Bizona"; mas isso não significava ainda uma divisão da Alemanha, muito menos o compromisso de integrar a Bizona ao Ocidente. Ao contrário: três meses depois, em fevereiro de 1947, franceses e britânicos assinaram com grande alarde o Tratado de Dunquerque, no qual se comprometiam a oferecer apoio mútuo contra qualquer agressão *alemã* no futuro. E, no início de 1947, o secretário de Estado, Marshall, ainda se dizia otimista de que os acordos necessários para a resolução do enigma germânico não resultariam numa Alemanha dividida. Ao menos a esse respeito, Oriente e Ocidente ainda concordavam.

O rompimento ocorreu na primavera de 1947, na reunião dos ministros das Relações Exteriores dos EUA, Grã-Bretanha, França e URSS, realizada em Moscou, de 10 de março a 24 de abril, reconvocada para retomar as discussões sobre um Tratado de Paz com a Alemanha e a Áustria. Àquela altura, as fissuras eram visíveis. Britânicos e norte-americanos estavam decididos a fortalecer a economia da Alemanha Ocidental, não só para que os alemães pudessem prover o próprio sustento, mas também para contribuir com o renascimento da economia européia de modo geral. Os representantes soviéticos queriam a retomada dos pagamentos de indenizações provenientes das zonas ocidentais da Alemanha e, para esse fim, uma administração e economia alemã unificada, como fora inicialmente concebida (ainda que vagamente), em Potsdam. Mas, a esta altura, os Aliados já não contemplavam uma administração alemã única. Tal medida acarretaria não apenas o abandono da população das zonas ocidentais da Alemanha — fator que se tornara politicamente importante —, mas a efetiva entrega do país à esfera soviética de controle, considerando-se a assimetria militar então existente.

Conforme Robert K. Murphy, assessor político do governo militar dos EUA na Alemanha, admitiu: "Foi a Conferência de Moscou, em 1947 [...] que fez cair a Cortina de Ferro". Antes mesmo de chegar a Moscou, Ernest Bevin já havia abandonado qualquer esperança de um acordo em relação à Alemanha, mas, para Marshall (e Bidault), o momento foi decisivo. Para Molotov e Stalin também, sem dúvida. Quando os quatro ministros das Relações Exteriores voltaram a se reunir, em Paris, de 27 de junho a 2 de julho, com o intuito de discutir o novo e dramático Plano Marshall, norte-americanos e britânicos já haviam concordado (em 23 de maio) em permitir uma representação alemã junto ao novo "Conselho Econômico" da Bizona, o que constituía o prelúdio de um governo para a Alemanha Ocidental.

A partir daquele momento, o processo avançou rapidamente. Nenhum dos lados fez ou solicitou mais concessões: norte-americanos e britânicos, que de longa data receavam um acordo de paz exclusivo entre russos e alemães, e tinham incentivado manobras e expedientes que impedissem tal acordo, deixaram de se preocupar com uma eventualidade que agora podia ser descartada. Em agosto, em decisão unilateral, eles aumentaram a produção da Bizona (diante de um coro de críticas soviéticas *e* francesas). A decisão do Estado-maior Conjunto n° 1.067 (o Plano Morgenthau) foi substituída pela n° 1.779, que reconhecia, formalmente, as novas metas norte-americanas: unificação econômica da zona ocidental da Alemanha e estímulo ao autogoverno alemão. Na visão dos norte-americanos, especialmente, os alemães deixavam de ser o inimigo.[11]

Os ministros das Relações Exteriores — Molotov, Bevin, Marshall e Bidault — encontraram-se uma última vez, em Londres, de 25 de novembro a 16 de dezembro de 1947. A reunião foi estranha, pois as relações já estavam praticamente rompidas. Os Aliados avançavam com planos independentes para a recuperação do Oeste Europeu, e dois meses antes Stalin havia criado a Cominform, além de ter instruído os partidos comunistas da França e da Itália a adotarem uma linha de intransigência em questões nacionais e de ter intensificado a repressão nos países sob controle comunista, no que passou a se chamar de "bloco soviético". Conforme ocorrera em encontros passados, os ministros debateram as perspectivas de um governo para toda a Alemanha, sob controle aliado, e outros termos relativos a um eventual Tratado de Paz. Mas não houve acordo quanto à implantação de uma gestão comum a toda a Alemanha, nem quanto aos planos para o futuro do país; portanto, a reunião acabou sem que encontros subseqüentes fossem agendados.

Em vez disso, Grã-Bretanha, França e EUA deram início a discussões tripartites acerca do futuro da Alemanha, durante um longo encontro, realizado mais uma vez em Londres, aberto em 23 de janeiro de 1948. Naquela mesma semana, o Partido Comunista da Tchecoslováquia levou a termo um golpe de Estado, sinalizando que Stalin abandonara, definitivamente, a estratégia anterior e que admitia a inevitabilidade do confronto, em lugar de acordo, com o Ocidente. Na seqüência do Golpe de Praga, França e Grã-Bretanha desmembraram o Tratado de Dunquerque, firmando o Pacto de Bruxelas em 17 de março, que estabelecia uma aliança de defesa mútua entre Grã-Bretanha, França e os países que compunham o Benelux.

Não havia agora o que pudesse inibir os líderes ocidentais; a Conferência de Londres logo deliberou a favor da extensão do Plano Marshall em benefício da Alemanha Ocidental e defi-

[11] O processo foi até fácil. Nas palavras de um recruta norte-americano, diante da grata surpresa da recepção encontrada na Alemanha, depois da relativamente fria reação francesa aos libertadores: "Ora, essa gente é mais limpa e bem mais simpática do que os franceses. É o nosso tipo de gente". Citado no livro *The US Army in the Occupation of Germany, 1914-46*, de Earl Ziemke (Washington, D.C., 1985), p. 142.

niu esquemas relativos à eventual instalação de um governo para um Estado alemão ocidental (esquema aprovado pela delegação francesa, desde que Saar se separasse — temporariamente — da Alemanha e que fosse instituída uma autoridade independente para supervisionar as indústrias localizadas na região do Ruhr). Os planos configuravam um desvio evidente em relação ao espírito dos acordos de Potsdam, e o general Vassili Sokolovski, representante soviético no Conselho de Controle Aliado, em Berlim, expressou seu protesto (esquecendo de reconhecer os freqüentes descumprimentos desses mesmos acordos por parte da União Soviética).

Em 10 de março, Sokolovski criticou os planos para a criação da Alemanha Ocidental, dizendo que se tratava da imposição de interesses capitalistas à população alemã, à qual teria sido negada a oportunidade de demonstrar aspirações ao socialismo, e repetiu afirmações soviéticas de que as potências ocidentais abusavam de sua presença em Berlim — que, segundo a reivindicação de Sokolovski, pertencia à Zona Soviética —, interferindo em assuntos da Alemanha Oriental. Dez dias mais tarde, em 20 de março, durante uma reunião do Conselho de Controle Aliado realizada em Berlim, Sokolovski denunciou as "ações unilaterais" dos Aliados ocidentais, "realizadas na Alemanha Ocidental, e que contrariam os interesses dos países pacíficos e dos alemães pacifistas que buscam a unidade e a democratização de seu país". Em seguida, Sokolovski retirou-se do salão, seguido dos demais integrantes da delegação soviética. Não foi estabelecida uma data para outra reunião. A ocupação conjunta aliada da Alemanha chegara ao fim: menos de duas semanas depois, em 1° de abril, as autoridades soviéticas em Berlim começaram a interferir no tráfego entre a Alemanha Ocidental e as Zonas de Ocupação aliada em Berlim. Tinha início na Europa a verdadeira Guerra Fria.

O presente relato deverá deixar claro que pouco se pode ganhar com a pergunta: "Quem iniciou a Guerra Fria?" Visto que a causa da Guerra Fria foi a Alemanha, o resultado final — uma nação dividida — era, provavelmente, preferível por todos os países envolvidos a uma Alemanha unida contra eles. Em maio de 1945, ninguém planejou tal desfecho, mas poucos se sentiram profundamente contrariados com o que ocorreu. Alguns políticos alemães, sobretudo o próprio Konrad Adenauer, chegaram a dever a própria carreira à divisão do país: se a Alemanha permanecesse um país organizado em quatro zonas, ou então unificado, um político desconhecido, egresso de uma região distante como a Renânia católica, dificilmente teria chegado ao topo do poder.

Mas Adenauer não podia defender a divisão da Alemanha, por mais que, no íntimo, a idéia lhe agradasse. Seu principal oponente, nos primeiros anos da República Federal, o socialdemocrata Kurt Schumacher, era um protestante originário da Prússia Ocidental e defensor incansável da unidade alemã. Ao contrário de Adenauer, Schumacher teria aceito, prontamente, uma Alemanha neutralizada, se tal fosse o preço a ser pago pela criação de um Estado alemão unificado, o que parecia ser a oferta de Stalin. E a posição de Schumacher era, provavelmente, a que à época predominava na Alemanha, motivo pelo qual Adenauer tinha de proceder com cautela e garantir que a responsabilidade pela divisão da Alemanha pesasse inteiramente sobre as forças de ocupação.

Em 1948, os Estados Unidos, tanto quanto a Grã-Bretanha, não desgostavam de ver surgir uma Alemanha dividida, com a influência norte-americana instalada no segmento ocidental, maior. Mas, embora alguns, por exemplo, George Kennan, houvessem previsto tal desenlace (já em 1945, Kennan concluíra que os EUA "não tinham escolha, exceto levar o setor da Alemanha que estava sob a sua jurisdição [...] a uma forma de independência tão próspera, tão segura, tão superior que não poderá ser ameaçada pelo Leste Europeu"), tais indivíduos eram a minoria. Naqueles anos, os americanos, a exemplo de Stalin, improvisavam. Às vezes, é sugerido que algumas decisões e declarações cruciais norte-americanas, notadamente a Doutrina Truman, de março de 1947, precipitaram o recuo de Stalin, levando-o da concessão à inflexibilidade, e que, nesse sentido, as divisões na Europa decorrem da insensibilidade de Washington ou, pior ainda, da intransigência proposital dos EUA. Mas isso não procede.

Ocorre que a Doutrina Truman, para ficarmos nesse exemplo, causou pequeníssimo impacto nos planos soviéticos. O discurso do presidente Truman diante do Congresso, em 12 de março de 1947 — "a política dos Estados Unidos deve ser de apoio aos povos livres que resistem às tentativas de submissão impostas por minorias armadas ou pressão externa" —, foi uma resposta direta à incapacidade de Londres de continuar a oferecer ajuda à Grécia e à Turquia, depois da crise econômica britânica ocorrida em fevereiro de 1947. Os Estados Unidos precisavam assumir o papel da Grã-Bretanha. Truman, portanto, buscava a aprovação do Congresso para um aumento de 400 milhões de dólares na rubrica do orçamento relativa à ajuda internacional: para garantir o financiamento, ele inseriu a solicitação no contexto de uma crise de insurreição comunista.

O Congresso levou-o a sério, mas Moscou, não. Stalin não estava muito interessado na Turquia e na Grécia — os principais países beneficiários do pacote de ajuda — e, como ele bem sabia, era improvável que a sua própria esfera de interesse fosse afetada pela retórica de Truman. Ao contrário, Stalin continuou a supor que havia ótimas perspectivas para dissidência no campo ocidental. Um sinal de aviso disso veio quando os norte-americanos assumiram as responsabilidades britânicas no leste do Mediterrâneo. Seja lá o que tenha levado Stalin a um ajuste dos planos relativos à Europa Oriental, decididamente não terá sido a retórica da política doméstica americana.[12]

A causa imediata da divisão da Alemanha e da Europa reside, antes, nos equívocos cometidos pelo próprio Stalin naqueles anos. Na Europa Central, onde teria preferido uma Alemanha unificada, fraca e neutra, Stalin desperdiçou sua vantagem, em 1945 e nos anos subseqüentes, ao insistir numa rigidez inabalável e em táticas de confronto. Se a expectativa de Stalin era deixar a Alemanha apodrecer, até que o fruto do ressentimento e da desesperança germânica lhe caísse ao colo, seu erro de cálculo foi grave — embora houvesse momentos

[12] Em setembro de 1947, Andrej Zdanov, sempre falando em nome do mestre, informou aos delegados presentes ao encontro que fundou a Cominform que a Doutrina Truman era tão contrária à Grã-Bretanha quanto à URSS, "porque implica a expulsão da Grã-Bretanha da esfera de influência em que costumava operar, no Mediterrâneo e no Oriente Médio".

em que as autoridades aliadas na Alemanha Ocidental se perguntassem se ele não levaria a melhor. Nesse sentido, a Guerra Fria na Europa foi o resultado inevitável da personalidade do ditador soviético e do sistema por ele comandado.

Mas o fato é que a Alemanha estava aos pés de Stalin, como os adversários deste bem sabiam — "O problema é estarmos brincando com um fogo que não temos como apagar", disse Marshall ao Conselho de Segurança Nacional, em 13 de fevereiro de 1948. Tudo o que a União Soviética precisava fazer era aceitar o Plano Marshall e convencer a maioria dos alemães de que Moscou agia de boa-fé ao buscar uma Alemanha neutra e independente. Em 1947, isso teria alterado radicalmente o equilíbrio de vantagens na Europa. A despeito do pensamento de Marshall, Bevin e seus conselheiros acerca de tais manobras, eles não conseguiriam impedi-las. O fato de Stalin não ter percebido essas táticas não pode ser creditado ao Ocidente. Como disse Dean Acheson, em outra ocasião: "Demos sorte com os nossos oponentes."

Em retrospecto, é um tanto quanto irônico que, depois de lutarem juntos numa guerra tremenda, cujo propósito era reduzir a força de uma Alemanha poderosa situada no coração do continente europeu, os vitoriosos se mostrassem a tal ponto incapazes de concordar a respeito de acordos no pós-guerra que pudessem coibir o colosso germânico, que acabassem por dividi-lo entre si, a fim de se beneficiarem, separadamente, da força alemã restaurada. Tinha ficado bem claro — primeiro para os britânicos, depois para os norte-americanos, mais tarde para os franceses e, finalmente, para os soviéticos — que o único meio de impedir que a Alemanha fosse o problema seria mudar os termos do debate e considerá-la a solução. Isso foi constrangedor, mas funcionou. Nas palavras de Noel Annan, oficial da inteligência britânica lotado na Alemanha ocupada, "era detestável que, para inibir o comunismo, fosse necessário se aliar a um povo que se dispusera a seguir Hitler". Mas a maior esperança para o Ocidente era incentivar os alemães a criar um Estado democrático ocidental.

V

O Advento da Guerra Fria

"Imaginemos o Império Austríaco fragmentado numa série de repúblicas maiores e menores. Que bela base para a monarquia russa universal!"
František Palacký (abril de 1848)

"Os iugoslavos querem tomar a Macedônia grega. Querem a Albânia também, e até mesmo partes da Áustria e da Hungria. Isso não é razoável. Não me agrada o modo como estão agindo."
Josef Stalin, 1945

"Para chegar até o mar do Norte, o Exército Vermelho só precisava de botas."
Dennis Healey

"A idéia de uma ordem européia não é uma criação artificiosa da Alemanha, mas uma necessidade."
Paul-Henri Spaak (abril de 1942)

"Isso é algo que, no fundo do nosso ser, estamos cientes de que não podemos fazer."
Anthony Eden (janeiro de 1952)

"Esta guerra não é como ocorria no passado; quem ocupa um território impõe sobre ele o sistema social da força de ocupação. Todos impõem o seu próprio sistema, até onde o seu Exército chegar. Não pode ser de outro modo." O célebre aforismo de Stalin — segundo o relato de Milovan Djilas, no livro *Conversações com Stalin* — não é tão original quanto parece. A Segunda Guerra Mundial não foi, absolutamente, a primeira guerra européia em que resultados militares determinaram sistemas sociais: as guerras religiosas do século XVI acabaram em 1555, com o advento da Paz de Augsburgo, em que o princípio de *cuius regio eius religio*[1] autorizou os governantes a estabelecer em seus territórios a religião de sua preferência; e nos estágios iniciais das conquistas napoleônicas, no começo do século XIX na Europa, sucesso militar traduzia-se, prontamente, em revolução social e institucional, segundo o modelo francês.

Contudo, a posição de Stalin era clara — e foi colocada para Djilas muito antes de os comunistas tomarem o poder no Leste Europeu. Na perspectiva soviética, a guerra tinha sido

[1] Isto é, "De acordo com sua região, sua religião". (N. do T.)

travada para derrotar a Alemanha e restaurar o domínio e a segurança da Rússia em suas fronteiras ocidentais. A despeito do que acontecesse com a Alemanha, não podia pairar qualquer incerteza na região que separava a Alemanha da Rússia. Os territórios que formavam um arco, no sentido norte-sul, desde a Finlândia até a Iugoslávia, compreendiam Estados pequenos, vulneráveis, cujos governos do período entreguerras (à exceção, até certo ponto, da Tchecoslováquia) tinham sido hostis à União Soviética. De modo especial, Polônia, Hungria e Romênia tinham sido sempre inamistosas com Moscou e desconfiadas das intenções soviéticas. A única saída aceitável para Stalin — em regiões que, por prevenção, não houvessem sido absorvidas pela URSS — era a instalação de governos que inspirassem a certeza de que jamais constituiriam uma ameaça à segurança soviética.

Mas a única maneira de garantir tal saída era alinhar o sistema político desses Estados da Europa Oriental ao da União Soviética, e foi isso, desde o começo, que Stalin quis e buscou. De um lado, tal propósito parecia ser bastante simples: as antigas elites, em países como a Romênia ou a Hungria, estavam desacreditadas, e não seria difícil removê-las, a favor de um novo começo. Em muitos locais, as forças soviéticas de ocupação foram, a princípio, recebidas como libertadoras, arautos de mudança e reforma.

Por outro lado, no entanto, a União Soviética quase não exercia influência sobre assuntos domésticos dos países vizinhos, a não ser pela autoridade de sua esmagadora presença militar. Em muitos pontos da região, nos 25 anos anteriores, os comunistas tinham sido banidos da vida pública e de atividades políticas legais. Mesmo onde os partidos comunistas eram legalizados, a identificação com a Rússia e as táticas severas e sectárias impostas por Moscou pós-1927 reduziram-nos a uma condição marginal e irrelevante no cenário político da Europa Oriental. A União Soviética tornou os partidos ainda mais enfraquecidos, ao aprisionar e expurgar muitos comunistas poloneses, húngaros e iugoslavos que haviam se refugiado em Moscou; no caso polonês, a liderança do Partido Comunista no período entre as duas guerras foi quase totalmente aniquilada.

Portanto, quando Mátyás Rákosi, líder do Partido Comunista Húngaro, foi devolvido por Moscou a Bucareste, em fevereiro de 1945, só pôde contar com o apoio de 4 mil comunistas na Hungria. Na Romênia, de acordo com a líder comunista romena Ana Pauker, o partido tinha menos de mil integrantes, numa população de quase 20 milhões. A situação na Bulgária não era muito melhor: em setembro de 1944, os comunistas somavam cerca de 8 mil indivíduos. Somente nas regiões industriais da Boêmia e da Iugoslávia, onde o partido se identificava com a resistência vitoriosa, o comunismo tinha alguma base nas massas.

Sempre cauteloso e, em todo caso, mantendo relações de trabalho com as potências ocidentais, Stalin adotou uma tática já empregada durante os anos da Frente Popular, na década de 1930, e durante a Guerra Civil espanhola: o apoio à formação de governos de "Frente", coalizões de comunistas, socialistas e outros partidos "antifascistas", que excluiriam e puniriam os antigos regimes e seus defensores, mas que seriam prudentes e "democráticos", reformistas e não revolucionários. Já no fim da guerra, ou pouco tempo depois, todos os países da Europa Oriental dispunham de um desses governos de coalizão.

Diante da contínua discórdia entre os estudiosos quanto à responsabilidade pela divisão da Europa, talvez valha a pena ressaltar que nem Stalin nem seus representantes locais tinham qualquer dúvida em relação ao objetivo a longo prazo. Em regiões onde os partidos comunistas eram historicamente fracos, as coalizões constituíam o caminho para o poder; eram sempre o meio para se alcançar tal objetivo. Como Walter Ulbricht, líder comunista da Alemanha Oriental, explicou, falando em particular a seus seguidores quando, em 1945, eles expressaram preocupação com a política do partido: "É muito claro — a coisa deve parecer democrática, mas precisamos ter tudo sob o nosso controle."

Controle, na realidade, era muito mais importante do que política. Não por acaso, em todos os governos de coalizão — "Frente pela Pátria", "Governo de Unidade" ou "Bloco de Partidos Antifascistas" — da Europa Oriental os comunistas buscavam o controle de ministérios essenciais: o Ministério do Interior, que garantia ao partido autoridade sobre a polícia e as forças de segurança, bem como poderes para conceder ou sustar licenças para o funcionamento de jornais; o Ministério da Justiça, que controlava tribunais e juízes; o Ministério da Agricultura, que administrava reformas agrárias e, portanto, podia oferecer favores e comprar a adesão de milhões de camponeses. Os comunistas também se posicionavam em funções-chave nos comitês de "desnazificação", em comissões distritais e sindicatos.

Por outro lado, na Europa Oriental, os comunistas não tinham pressa de aspirar aos cargos de presidente, primeiro-ministro ou ministro das Relações Exteriores, muitas vezes preferindo deixá-los para seus aliados em partidos liberais, socialistas ou agrários. Essa atitude refletia a disposição inicial dos cargos governamentais no pós-guerra — com os comunistas em minoria — e tranqüilizava os observadores ocidentais. As populações locais não se deixaram enganar e tomaram precauções — a filiação ao Partido Comunista Romeno subiu para 800 mil membros, em fins de 1945 —, mas, sob muitos aspectos, a estratégia comunista foi, de fato, bastante moderada. Longe de coletivizar a terra, o partido defendia a distribuição de lotes entre os sem-terra. Além do confisco de propriedade "fascista", o partido não exercia pressão em nome da nacionalização ou da propriedade estatal — nesse sentido, por certo, não exercia mais pressão (geralmente, bem menos) do que os parceiros de coalizão. E pouco se falava de "socialismo" enquanto meta.

Em 1945 e 1946, o objetivo expresso dos comunistas era "completar" as revoluções burguesas inacabadas de 1848, redistribuir a propriedade privada, garantir a igualdade e afirmar os direitos democráticos numa região da Europa na qual esses três elementos sempre foram escassos. Tais objetivos eram viáveis, ao menos superficialmente, e agradavam a muita gente na região e na Europa Ocidental, gente disposta a ver com bons olhos Stalin e seus propósitos. O apelo desses mesmos objetivos aos próprios comunistas, entretanto, diminuiu consideravelmente, conforme demonstrado em eleições locais e nacionais realizadas na Alemanha Oriental, Áustria e Hungria. Nesses países, logo ficou patente (no caso da Hungria, nas eleições municipais de Budapeste, em novembro de 1945) que, por mais bem-sucedidos ao se inserirem em postos de influência local, os comunistas jamais conquistariam o poder público através das urnas. Apesar das vantagens inerentes à ocupação militar e ao apoio econômico, os candidatos comunistas eram sempre derrotados por representantes dos antigos partidos liberais, socialdemocratas e agrários.

O resultado foi que os partidos comunistas passaram a adotar uma estratégia de pressão velada, seguida de terrorismo e repressão. No decorrer de 1946 e também em 1947, candidatos concorrentes foram difamados, ameaçados, espancados, presos, julgados como "fascistas" ou "colaboracionistas" e até mesmo fuzilados. Milícias "populares" contribuíram para a criação de um clima de medo e insegurança provocado, segundo os porta-vozes comunistas, pelos seus adversários. Políticos vulneráveis e impopulares que pertencessem a outros partidos eram transformados em alvo de execração pública, e os colegas consentiam esses procedimentos escusos porque tinham a esperança de que tais medidas não se aplicariam a eles. Assim sendo, na Bulgária, já no verão de 1946, sete em cada 22 membros do Praesidium e 35 dos oitenta membros do Conselho Administrativo do Sindicato dos Agricultores tinham sido encarcerados. Era típica a acusação feita contra o jornalista Kunev, membro do Partido Agrário, de que, num de seus artigos, ele havia "chamado os integrantes do governo búlgaro de sonhadores políticos e econômicos, de maneira verdadeiramente criminosa".

Partidos agrários, liberais e similares (geralmente hegemônicos) eram alvos fáceis, sendo tachados de fascistas ou traidores do sentimento nacional. O empecilho mais sério às ambições comunistas eram os partidos socialistas e socialdemocratas locais, que compartilhavam as ambições reformistas do próprio comunismo. Na Europa Central, não era fácil acusar socialdemocratas de "fascismo" ou colaboracionismo — os membros desses partidos tinham sido vítimas de repressão, tanto quanto os comunistas. E, até onde existia um eleitorado composto por uma classe operária industrial num Leste Europeu predominantemente rural, a aliança dessa classe era com o socialismo, não com o comunismo. Por conseguinte, já que os socialistas não seriam facilmente derrotados, os comunistas preferiram a eles se unir.

Ou melhor, optaram por fazer com que os socialistas se unissem *a eles*. Tratava-se de um venerável procedimento comunista. A tática inicial de Lenin, de 1918 a 1921, tinha sido rachar os Partidos Socialistas da Europa, separando a esquerda radical em novos movimentos comunistas, e denunciar os demais integrantes como reacionários e retrógrados. Porém, quando ao longo das duas décadas seguintes os partidos comunistas se viram em minoria, Moscou mudou a abordagem, e os comunistas passaram a oferecer aos partidos socialistas (geralmente mais numerosos) a perspectiva de "união" da esquerda — mas sob a égide comunista. Nas circunstâncias da Europa Oriental pós-libertação, para muitos socialistas, a proposta parecia sensata.

Mesmo na Europa Ocidental, alguns integrantes dos Partidos Socialistas da França e da Itália com tendências de esquerda foram seduzidos pelo apelo comunista, a favor de uma fusão que consolidasse o poder político. Na Europa Oriental, a pressão se mostrou, literalmente, irresistível. O processo começou na Zona Soviética da Alemanha, onde (numa reunião secreta realizada em Moscou, em fevereiro de 1946) os comunistas deliberaram a favor da fusão com seus "aliados" socialistas, bem mais numerosos. Tal fusão foi consumada dois meses mais tarde, com o nascimento do Partido de Unidade Socialista (era típico dessas fusões que o termo "comunista" fosse evitado pelo novo partido unido). Diversos ex-líderes dos socialdemocratas na Alemanha Oriental mostraram-se favoráveis à fusão e receberam cargos honorários no novo partido e, subseqüentemente, no governo da Alemanha Oriental. Socialistas que protestassem ou se opusessem ao novo partido eram denunciados, expulsos e, no mínimo, expurgados da vida pública ou exilados.

No restante do bloco soviético essas "uniões" entre comunistas e socialistas, com estruturas similares, surgiram um pouco mais tarde, no decorrer de 1948: na Romênia, em fevereiro do referido ano; na Hungria e na Tchecoslováquia, em junho; na Bulgária, em agosto; e na Polônia, em dezembro. Àquela altura, os partidos socialistas já haviam rachado, precisamente em torno do problema das fusões, de maneira que, muito antes de desaparecerem, eles já tinham deixado de constituir poderes políticos efetivos em seus respectivos países. E, a exemplo da Alemanha, antigos socialdemocratas que ficaram do lado dos comunistas foram devidamente recompensados com títulos vazios: o primeiro chefe de Estado na Hungria comunista — nomeado em 30 de julho de 1948 — foi Árpád Szakasits, ex-socialista.

No Leste Europeu, os socialdemocratas achavam-se numa posição absurda. Socialistas ocidentais os incentivavam a se unir aos comunistas, fosse na crença inocente de que todos se beneficiariam, fosse na esperança de moderar o comportamento comunista. Ainda em 1947, partidos socialistas independentes na Europa Oriental (i.e., socialistas que se recusavam a cooperar com os camaradas comunistas) eram impedidos de ingressar em organizações socialistas internacionais, sob a alegação de que tais partidos eram um impedimento à aliança de forças "progressistas". Nesse ínterim, em seus próprios países, esses partidos eram submetidos à humilhação e violência. Mesmo depois de aceitarem a proteção comunista, sua situação pouco melhorou: em fevereiro de 1948, durante um congresso realizado para promover a "fusão" dos dois partidos na Romênia, a líder comunista Ana Pauker acusou os antigos colegas socialistas de praticar sabotagem sistemática, ser submissos a governos reacionários e divulgar "calúnias" anti-soviéticas.

Depois de dizimar, aprisionar ou cooptar os seus principais opositores, os comunistas saíram-se bem melhor nas eleições de 1947, e dali em diante; mas isso ocorreu também devido aos violentos ataques desferidos contra oponentes que ainda restassem, devido à intimidação nas zonas eleitorais e à contagem de votos escandalosamente fraudulenta. Seguiu-se, então, a formação de governos nos quais o Partido Comunista (ou os recém-formados "Partido do Trabalhador" ou "Partido da União") passou a ser absolutamente dominante: parceiros de coalizão, se é que existiam, ficavam reduzidos a funções triviais, esvaziadas. Condizendo com essa transição — de coalizões de frente a monopólio comunista de poder —, a estratégia soviética, ao longo de 1948 e 1949, reverteu para uma política radical de controle por parte do Estado, coletivização, destruição da classe média e expurgo e punição de adversários reais e imaginados.

Esse relato da tomada de poder pelos soviéticos no Leste Europeu descreve um processo comum a todos os países da região. Os planos de Stalin eram, tipicamente, indiferentes a particularidades nacionais. A preferência de Stalin, ao menos até o outono de 1947, era por locais onde os comunistas esperavam conquistar o poder através de meios legais, ou pretensamente legais. E a questão era o poder, não a legalidade, motivo pelo qual, no momento em que ficou claro que o sucesso nas urnas lhes escaparia, os comunistas adotaram táticas cada vez mais confrontadoras e menos preocupadas com limitações jurídicas ou políticas, mesmo que para isso fosse necessário alienar a simpatia internacional.

No entanto, as particularidades locais eram significativas. Na Bulgária e na Romênia, a mão soviética foi mais pesada — isso porque os dois países tinham guerreado contra a URSS e por causa da debilidade comunista local, mas acima de tudo porque, geograficamente, ambos estavam consignados à esfera soviética, desde o início. Na Bulgária, o líder comunista (e ex-secretário do Comintern) Georgi Dimitrov declarou, rispidamente, já em outubro de 1946, que qualquer indivíduo que votasse a favor da oposição anticomunista seria considerado traidor. Mesmo assim, na eleição seguinte, a oposição aos comunistas conquistou 101 dos 465 assentos no Parlamento. Mas a oposição estava condenada: o único fator que impedia o Exército Vermelho de ocupação e seus aliados locais de destruírem toda dissensão, direta e imediatamente, era a necessidade de cooperar com os Aliados na assinatura de um Tratado de Paz com a Bulgária e de conseguir que os EUA e a Grã-Bretanha reconhecessem um governo comunista na Bulgária como autoridade legítima.

Depois que os tratados de paz foram assinados, os comunistas nada ganhariam se continuassem a procrastinar, e a cronologia dos eventos é, portanto, reveladora. Em 5 de junho de 1947, o Senado dos EUA ratificou os Tratados de Paz de Paris, firmados com a Bulgária, Romênia, Hungria, Finlândia e Itália, não obstante os receios dos diplomatas norte-americanos em Sófia e Bucareste. No dia seguinte, o principal político anticomunista da Bulgária, o líder do Partido Agrário Nikola Petkov (que se recusara a seguir os Agrários mais cordatos e ingressar na Frente Nacional integrada pelos comunistas), foi detido. Seu julgamento durou de 5 a 15 de agosto. Em 15 de setembro, o Tratado de Paz da Bulgária entrou, oficialmente, em vigor, e quatro dias depois os EUA se dispuseram a oferecer reconhecimento diplomático ao governo de Sófia. Noventa e seis horas mais tarde, Petkov foi executado, a sentença tendo sido adiada até que saísse o anúncio do reconhecimento por parte dos EUA. Com a execução de Petkov, os comunistas búlgaros não tinham por que temer outros impedimentos. Conforme mais tarde observou o general soviético Biriuzov, ao discutir o apoio do Exército Vermelho aos comunistas búlgaros no combate aos partidos "burgueses": "Não tínhamos o direito de negar assistência aos esforços do povo búlgaro para esmagar aquele réptil."

Na Romênia, a posição dos comunistas era ainda mais fraca do que na Bulgária, onde ao menos havia um histórico de sentimento pró-russo, do qual o partido podia se valer.[2] Embora os soviéticos garantissem que a região norte da Transilvânia seria devolvida à Romênia (área que havia sido designada, sob coação, à Hungria em 1940), Stalin não tinha a menor intenção de devolver a Bessarábia ou a Bucovina, ambas incorporadas à URSS, tampouco a região sul da Dobrudja, situada no sudeste da Romênia, então pertencente à Bulgária; como conseqüência, os comunistas romenos foram obrigados a defender grandes perdas territoriais, e durante os anos entre as duas guerras já haviam sido enfraquecidos pela reivindicação soviética da Bessarábia, então território romeno.

O que era pior, muitos dos líderes comunistas romenos sequer eram nativos da Romênia, ao menos segundo critérios tradicionais romenos. Ana Pauker era judia, Emil Bodnaras era ucraniano, Vasile Luca era de origem germano-transilvana. Outros eram húngaros ou búlgaros. Vistos como presença estrangeira, os comunistas romenos dependiam, inteiramente,

---

[2] Os búlgaros, na verdade, tinham oscilado bastante ao longo dos anos, desde o apoio entusiasmado ao germanismo até o culto ao eslavismo. Nenhum dos dois serviu bem à Bulgária. Como comentou um comandante local à época: "A Bulgária sempre escolhe a carta errada [...] e *bate* com ela na mesa!"

das forças soviéticas. A sobrevivência doméstica desses romenos não dependia da vitória do voto popular — objetivo jamais considerado prático —, mas da rapidez e eficiência com que eram capazes de ocupar o Estado e dividir e destruir os oponentes que integravam partidos "históricos" do centro liberal, tarefa na qual os comunistas romenos se mostraram peritos: já em março de 1948, nas eleições nacionais, a chapa do governo conquistou 405 dos 414 assentos. Na Romênia, assim como na Bulgária (ou na Albânia, onde Enver Hodxa mobilizou as comunidades sulinas de Tosk contra a resistência tribal dos Ghegs, ao norte), subversão e violência não eram uma opção entre outras — eram o único meio de chegar ao poder.

Também os poloneses estavam condenados à esfera soviética depois da Segunda Guerra Mundial. Isso se devia à localização do país, em plena rota Berlim-Moscou; à história da Polônia, como antigo obstáculo para as ambições imperiais russas no Ocidente; e ao fato de que também na Polônia as perspectivas de que um governo pró-soviético surgisse espontaneamente, por escolha popular, eram mínimas. A diferença entre a Polônia e os países balcânicos, entretanto, era que a primeira tinha sido vítima de Hitler, não aliada; centenas de milhares de soldados poloneses tinham lutado com os Exércitos aliados nas frentes orientais e ocidentais; e os poloneses tinham expectativas próprias em relação ao pós-guerra.

Conforme se pôde perceber, tais expectativas não eram das piores. Os comunistas poloneses que integravam o chamado "Comitê Lublin" — criado em julho de 1944 pelas autoridades soviéticas, para contar com um governo encomendado que pudesse assumir o comando tão logo os soviéticos chegassem a Varsóvia — não tinham qualquer base de apoio nas massas, mas dispunham de algum apoio local, especialmente entre a juventude, e podiam apontar alguns benefícios concretos da "amizade" soviética: a efetiva garantia contra o revanchismo territorial alemão (consideração procedente à época) e uma política de troca de cidadãos por meio da qual a Polônia foi "expurgada" da minoria ucraniana que ainda restava em território polonês e indivíduos de origem polonesa que viviam no Leste Europeu foram reassentados no interior das novas fronteiras nacionais. Essas considerações permitiram aos comunistas poloneses, a despeito de sua marginalidade (muitos deles tinham origem judaica), reivindicar uma posição nas tradições políticas nacionais e nacionalistas polonesas.

Apesar disso, em termos eleitorais, também os comunistas poloneses seriam sempre minoria. Na Polônia, em dezembro de 1945, o Partido dos Camponeses, de Stanisław Mikolajczyk, contava com cerca de 600 mil membros, dez vezes mais do que o número de ativistas no Partido dos Trabalhadores Poloneses (que se tornou Partido dos Trabalhadores Poloneses *Unidos*, depois do ingresso dos socialistas, em dezembro de 1948). Contudo, Mikolajczyk, primeiro-ministro do governo exilado na época da guerra, foi prejudicado, fatalmente, pela insistência do partido (tipicamente polonesa) em ser *ao mesmo tempo* antinazista *e* anti-soviético.

Stalin era um tanto indiferente ao sucesso do "socialismo" na Polônia, conforme revelariam eventos posteriores. Mas não era nada indiferente à tendência geral da política polonesa, especialmente da política externa polonesa. Na realidade, juntamente ao impasse germânico, tal política era para Stalin o que havia de mais importante, ao menos na Europa. Por conseguinte, o Partido dos Camponeses foi pressionado, seus seguidores foram ameaçados, os líderes, atacados, a credibilidade do partido contestada. Nas eleições legislativas polonesas realizadas em janeiro de 1947 — flagrantemente manipuladas —, o "bloco democrático" comandado pelos comunistas obteve 80% dos votos e o Partido dos Camponeses apenas 10%.[3] Nove meses depois, ameaçado de morte, Mikolajczyk fugiu do país. Durante alguns anos, remanescentes do "Exército de Casa" continuaram a combater as autoridades comunistas através de guerrilha, mas a causa dos guerrilheiros estava igualmente perdida.

Na Polônia, era tão óbvio o interesse da União Soviética no tecido político do país que as ilusões dos poloneses observadas durante a guerra — antes e depois de Yalta — podem parecer quixotescas. Na Hungria, entretanto, noções tais como "o caminho húngaro para o socialismo" não eram consideradas fantasiosas. O principal interesse de Moscou na Hungria era garantir uma via segura para as tropas do Exército Vermelho, caso fosse necessário um deslocamento para o oeste, Áustria adentro (ou, mais tarde, para o sul, através da Iugoslávia). Se houvesse amplo apoio popular aos comunistas locais, os conselheiros soviéticos talvez se dispusessem a encenar a tática "democrática" durante mais tempo.

Mas também na Hungria os comunistas se mostraram bastante impopulares, mesmo em Budapeste. Apesar de ser tachado de reacionário e até de fascista, o Partido dos Pequenos Proprietários (versão húngara do Partido Agrário) obteve maioria absoluta nas eleições nacionais realizadas em novembro de 1945. Com o apoio dos socialistas (cuja líder Anna Kéthly se recusava a crer que os comunistas decaíssem a ponto de manipular eleições), os comunistas conseguiram expulsar do Parlamento alguns dos representantes dos Pequenos Proprietários e, em fevereiro de 1947, acusaram-nos de conspiração, sendo que, no caso do líder do grupo, Béla Kovács, a acusação foi de espionagem contra o Exército Vermelho (Kovács foi enviado à Sibéria, de onde retornaria em 1956). Em nova eleição, realizada em agosto de 1947, vergonhosamente fraudada pelo ministro do Interior, o comunista László Rajk, os comunistas só conseguiram garantir 22% dos votos, embora os Pequenos Proprietários ficassem reduzidos a uma cota de 15%. Nessas circunstâncias, o caminho húngaro para o socialismo convergiu, rapidamente, com o dos vizinhos do Leste Europeu. Na eleição seguinte, em maio de 1949, a "Frente Popular" foi creditada com 95,6% dos votos.

Em retrospecto, é fácil perceber que depois de 1945 as esperanças relativas a uma Europa Oriental democrática foram sempre frustradas. A Europa Centro-Oriental tinha pouca tradição democrática ou liberal. No período entre as guerras, os regimes daquela região do continente tinham sido corruptos, autoritários e, em alguns casos, sanguinários. As antigas castas dominantes eram, freqüentemente, venais. A verdadeira classe governante na Europa Oriental no entreguerras foi a burocracia, recrutada junto aos mesmos grupos sociais que proviam a estrutura administrativa dos Estados comunistas. Não obstante a retórica do "socialismo", a transição de um estágio de atraso autoritário para uma "democracia popular" comunista configurou processo rápido e fácil. Não é tão surpreendente que a História tenha dado a guinada que deu.

Além do mais, na Romênia, Polônia ou Hungria, a alternativa de uma volta aos políticos e às políticas anteriores a 1939 enfraqueceu substancialmente a causa anticomunista, ao menos

[3] Não foi a primeira vez que tropas russas armadas supervisionaram eleições cruciais na Polônia: durante a eleição parlamentar de 1772, na qual os poloneses tiveram de escolher representantes que haveriam de ratificar a divisão do país, tropas estrangeiras assumiram uma postura ameaçadora, a fim de garantir o resultado desejado.

até que a força do terror soviético começasse a ser sentida, depois de 1949. Afinal, conforme indagou, com malícia, o líder comunista francês Jacques Duclos, no diário comunista *l'Humanité*, em 1° de julho de 1948, não era a União Soviética a maior garantia desses países, não apenas contra a volta aos tempos ruins, mas quanto à própria possibilidade de independência? Era assim mesmo que parecia a muita gente à época. Conforme observou Churchill: "Um dia os alemães haverão de querer seu território de volta, e os poloneses não conseguirão impedi-los." A União Soviética agora havia se intitulado protetora das novas divisas da Romênia e da Polônia, sem falar das terras redistribuídas que haviam pertencido a alemães e outros povos em toda a região.

Isso era um lembrete da onipresença do Exército Vermelho (como se tal lembrança fosse necessária). Em setembro de 1944, o 37° Exército da Terceira Frente Ucraniana foi destacado das forças que ocupavam a Romênia e posicionado na Bulgária, onde permaneceu até a assinatura dos Tratados de Paz, em 1947. As forças soviéticas ficaram na Hungria até meados dos anos 50 (e, novamente, depois de 1956), e na Romênia, até 1958. A República Democrática Alemã esteve sob ocupação militar soviética durante os quarenta anos de sua existência, e tropas soviéticas transitavam regularmente pela Polônia. A União Soviética não se via inclinada a deixar aquela região da Europa, cujo futuro se tornou intimamente ligado ao destino do vizinho gigantesco, conforme os eventos haveriam de demonstrar.

A exceção foi, evidentemente, a Tchecoslováquia. Muitos tchecos receberam os russos como libertadores. Graças a Munique, os tchecos tinham poucas ilusões acerca das potências ocidentais, e o governo de Edvard Beneš, exilado em Londres, foi o único a apresentar propostas inequívocas a Moscou, muito antes de 1945. Conforme o próprio Beneš expressou, em dezembro de 1943, dirigindo-se a Molotov: "No que disser respeito a questões de grande importância, [nós] [...] sempre falaremos e agiremos em conformidade com os representantes do governo soviético." Talvez Beneš não fosse tão consciente quanto o seu mentor, o falecido presidente Tomáš Masaryk, dos riscos inerentes à proteção russa ou soviética, mas também não era nenhum tolo. Praga seria afável com Moscou pelo mesmo motivo que a levara a se aproximar de Paris antes de 1938: porque a Tchecoslováquia era um país pequeno e vulnerável, situado em plena Europa Central, e precisava de um protetor.

Portanto, apesar de ser, em vários sentidos, o mais ocidentalizado dos países do "Leste" europeu — com uma cultura política historicamente pluralista, um importante setor industrial e urbano, uma próspera economia capitalista (antes da guerra) e uma política socialdemocrata ocidentalizada (depois da guerra) —, a Tchecoslováquia, após 1945, foi também a maior aliada da União Soviética na região, embora houvesse perdido o seu distrito mais oriental (a Rutênia Cárpata), em decorrência dos "ajustes" territoriais soviéticos. Foi por isso que, de todos os primeiros-ministros do leste e do sudeste europeu exilados durante a guerra, Beneš foi o único que conseguiu levar o governo de volta ao país de origem — onde, em abril de 1945, ele reestruturou o referido governo, incluindo sete comunistas e 11 ministros provenientes dos outros quatro partidos.

Os comunistas tchecos, sob a liderança de Klement Gottwald, acreditavam, sinceramente, que as chances de chegar ao poder através das urnas fossem boas. Tinham exibido um desempenho respeitável nas últimas eleições tchecas antes da guerra, somando 849 mil votos

(10% do total) em 1935. Não dependiam do Exército Vermelho, que se retirou da Tchecoslováquia em novembro de 1945 (embora em Praga, tanto quanto em outros locais, a União Soviética mantivesse marcante presença de serviços de inteligência e polícia secreta, através de sua representação diplomática). Nas eleições tchecas de maio de 1946, legítimas embora psicologicamente carregadas, o Partido Comunista obteve 40,2% dos votos nos distritos tchecos da Boêmia e da Morávia, e 31% na Eslováquia, predominantemente rural e católica. Somente o Partido Democrata Eslovaco se saiu melhor, e o apelo deste ficava, por definição, restrito ao terço eslovaco da população.[4]

Os comunistas tchecos previam a continuação do sucesso, razão pela qual, inicialmente, aceitaram a perspectiva de Ajuda Marshall e realizaram recrutamento partidário, a fim de reforçar as próprias chances em eleições futuras — a filiação ao partido, que em maio de 1945 beirava 50 mil, subiu para 1,22 milhão, em abril de 1946, chegando a 1,31 milhão em janeiro de 1948 (numa população total de apenas 12 milhões). Para obter apoio, os comunistas, sem dúvida, não deixavam de oferecer "proteção" e exercer pressão. E, conforme ocorrera em outros locais, por precaução, eles ocuparam os ministérios vitais, posicionando membros do partido em funções cruciais na polícia e em outros setores. Tendo em vista as eleições de 1948, os comunistas da Tchecoslováquia preparavam-se para alcançar o poder por um "caminho tcheco" que ainda era bem diferente dos caminhos trilhados mais a leste.

Se a liderança soviética acreditava nas declarações de Gottwald de que o Partido Comunista Tcheco venceria sem qualquer auxílio, é assunto que permanece obscuro. Mas, ao menos até o outono de 1947, Stalin deixou a Tchecoslováquia em paz. Os tchecos tinham expulsado dos Sudetos os cidadãos de origem alemã (fato que expôs a Tchecoslováquia à hostilidade alemã, e assim tornou o país ainda mais dependente da proteção soviética) e, em maio de 1947, a ênfase que o governo de Benéš no pós-guerra conferiu ao planejamento econômico, à propriedade estatal e à dedicação ao trabalho fez lembrar a pelo menos um jornalista francês a retórica e o estado de espírito dos primórdios do stakhanovismo soviético. Cartazes em Praga exibiam retratos de Stalin ao lado dos do próprio presidente Benéš, muito antes de os comunistas instituírem um governo seu, portanto bem antes do estabelecimento de um monopólio de poder. Já vimos que no verão de 1947 o ministro das Relações Exteriores, Jan Masaryk, e seus companheiros não hesitaram em recusar a Ajuda Marshall, sob ordens de Moscou. Em suma, Stalin não tinha do que se queixar, em se tratando da conduta tcheca.

No entanto, em fevereiro de 1948, os comunistas engendraram um golpe político em Praga, aproveitando as demissões imprudentes de ministros não-comunistas (em protesto contra uma questão importante, mas obscura: a infiltração comunista na polícia) para tomar o poder no país. O golpe de Praga teve grande significado, precisamente porque ocorreu num país mais ou menos democrático, e que parecia ser tão amistoso em relação a Moscou. O golpe alarmou os Aliados ocidentais, que a partir daquele momento deduziram que o comunismo estava em marcha, rumo ao Ocidente.[5] É provável que o ocorrido em Praga tenha salvo os

[4] O Partido Agrário em terras tchecas e seu parceiro, o Partido Popular, na Eslováquia, foram banidos depois da guerra, por conivência com a política nazista.

[5] A opinião pública ocidental foi influenciada também pela morte de Masaryk, em 10 de março de 1948 — constou que ele tivesse "caído" da janela, no pátio interno do Ministério das Relações Exteriores. As circunstâncias exatas da morte jamais foram elucidadas.

finlandeses: graças aos problemas que o golpe na Tchecoslováquia lhe causara na Alemanha e em outros locais, Stalin, em abril de 1948, foi obrigado a ceder a Helsinque e assinar um Tratado de Amizade (depois de tentar impor à Finlândia uma solução no estilo do Leste Europeu, rachando os socialdemocratas, forçando-os a uma união com os comunistas, criando uma "Liga de Defesa do Povo Finlandês", cujo propósito era chegar ao poder).

No Ocidente, Praga fez com que os socialistas despertassem para a realidade da vida política no Leste Europeu. Em 29 de fevereiro de 1948, já idoso, Léon Blum publicou no jornal socialista francês *Le Populaire* um artigo sumamente influente, criticando a omissão dos socialistas ocidentais que se calaram diante do destino dos camaradas na Europa Oriental. Graças a Praga, um segmento significativo da esquerda não-comunista na França, na Itália e em outros locais passou a se posicionar, com firmeza, no campo ocidental, evolução que consignou ao isolamento e a uma crescente impotência os partidos comunistas de países que se situavam além do alcance soviético.

Se Stalin arquitetou o golpe de Praga sem prever tais conseqüências, não foi apenas porque pretendia fazer valer a sua vontade de um modo específico em todo o bloco. Tampouco seria porque a Tchecoslováquia tivesse grande importância no grandioso esquema geral. O que aconteceu em Praga — e o que estava acontecendo na mesma época na Alemanha, onde a política soviética se modificava agilmente, passando de táticas de obstrução e da divergência para o confronto com os antigos aliados — foi o retrocesso de Stalin ao estilo e à estratégia de uma era passada. De modo geral, tal mudança decorreu da inquietação de Stalin diante de sua própria incapacidade de moldar as questões européias e germânicas à sua vontade; mas também, e acima de tudo, da sua crescente irritação diante da Iugoslávia.

Em 1947, o governo comunista da Iugoslávia, sob o comando de Josip Broz Tito, tinha uma condição singular. Entre os partidos comunistas da Europa, os iugoslavos eram os únicos que haviam ascendido ao poder por meio de seus próprios esforços, sem depender de aliados locais nem de ajuda externa. É verdade que em dezembro de 1943 os britânicos suspenderam o envio de auxílio à resistência rival chetnik e passaram a apoiar Tito e que, nos primeiros anos do pós-guerra, a Administração das Nações Unidas para Auxílio e Restabelecimento (ANUAR) destinou mais recursos (415 milhões de dólares) à Iugoslávia do que a qualquer outra região da Europa, sendo que 72% dos recursos provinham dos EUA. Mas, na visão dos contemporâneos, o que importava era que os guerrilheiros comunistas iugoslavos tinham levado a termo a única resistência eficaz contra as forças de ocupação alemãs e italianas.

Animados com a vitória, os comunistas que seguiam Tito não quiseram saber de coalizões como as que estavam sendo formadas em outros locais da Europa Oriental libertada, e logo procederam à eliminação de todos os adversários. Nas primeiras eleições realizadas no pós-guerra, em novembro de 1945, foi apresentada aos eleitores uma escolha inequívoca: a "Frente Popular" de Tito... ou uma urna rotulada, publicamente, de "oposição". Em janeiro de 1946, o Partido Comunista da Iugoslávia introduziu uma Constituição inspirada diretamente na Constituição da URSS. Tito levou a cabo detenções em massa e execuções de seus opositores, além da coletivização forçada da terra, num momento em que os comunistas das vizinhas Hungria e Romênia ainda se esforçavam para manter uma imagem cordata. A Iugoslávia, segundo parecia, era a frente mais agressiva do comunismo europeu.

Aparentemente, o radicalismo iugoslavo e o sucesso do Partido Comunista da Iugoslávia, ao assumir o firme controle de uma região estrategicamente crucial, eram vantajosos para a União Soviética, e as relações entre Moscou e Belgrado mostravam-se amistosas. Moscou rasgava elogios para Tito e seu partido, demonstrava grande entusiasmo por seus feitos revolucionários e exibia a Iugoslávia como exemplo a ser seguido. Em contrapartida, os líderes iugoslavos aproveitavam qualquer oportunidade para afirmar o respeito que sentiam pela União Soviética e acreditavam estar introduzindo nos Bálcãs o modelo bolchevique de revolução e governo. Conforme relembra Milovan Djilas, "todos nós tínhamos o espírito voltado para [a URSS]. E todos teríamos mantido a nossa dedicação, mas por seus próprios padrões de lealdade de Grande Potência".

Mas, sob o ponto de vista de Stalin, a dedicação iugoslava ao bolchevismo era sempre entusiasmada *demais*. Stalin, como já vimos, interessava-se menos por revolução do que por poder. Cabia a Moscou determinar a estratégia dos partidos comunistas, decidir quando uma abordagem moderada era recomendável e quando uma ação radical deveria ser adotada. Como origem e fonte da revolução mundial, a União Soviética não era *um* modelo, mas *o* modelo. Dependendo das circunstâncias, partidos comunistas menores podiam seguir os soviéticos, mas não era aconselhável ultrapassá-los. Na visão de Stalin, nisso residia a fraqueza inoportuna de Tito. Ao querer implantar o padrão comunista no sudeste europeu, o ex-general da resistência estava correndo à frente dos planos soviéticos. O sucesso da revolução lhe subira à cabeça: Tito se tornava mais real do que o rei.

Stalin não chegou a essas conclusões de uma só vez, ainda que sua frustração com o "inexperiente" Tito já apareça registrada em janeiro de 1945. Além da crescente noção, em Moscou, de que Tito estava se excedendo e estabelecendo a revolução iugoslava como um modelo a ser contrastado com o soviético, divergências entre Stalin e Tito surgiram em relação a questões práticas de política regional. Sob a liderança de Tito, os iugoslavos alimentavam ambições (enraizadas na antiga história dos Bálcãs) quanto à anexação da Albânia, Bulgária e partes de Grécia, formando uma grande Iugoslávia, uma nova "Federação Balcânica". Essa idéia exercia algum apelo além das fronteiras da Iugoslávia — em termos econômicos, fazia sentido para a Bulgária, na visão de Traicho Kostov, um dos líderes comunistas em Sófia, e implicava maior distanciamento em relação ao nacionalismo dos pequenos Estados que tanto prejudicara os intentos dos mencionados países antes da guerra.

O próprio Stalin, de início, não era avesso a discutir a Federação Balcânica, e Dimitrov, seu conselheiro no Comintern e primeiro líder comunista da Bulgária, ainda falava abertamente da idéia em janeiro de 1948. Mas, apesar de atraente, o plano de reunir todo o sudeste da Europa num único esquema federal comunista apresentava dois problemas. O que era, a princípio, uma base de cooperação mútua entre comunistas localizados logo pareceu, sob o olhar desconfiado de Stalin, uma tentativa de conquista de hegemonia regional por uma das partes. Só isso, com o tempo, provavelmente, já faria Stalin pôr um basta às ambições de Tito. Mas, para completar (e acima de tudo), Tito estava criando problemas para Stalin no Ocidente.

Os iugoslavos apoiavam e incitavam, abertamente, a revolta grega já em 1944 e, o que foi mais significativo, quando a guerra civil grega irrompeu três anos depois. Esse apoio condizia com o ativismo bastante narcisista de Tito — a idéia de ele ajudar os comunistas gregos a copiar-lhe o sucesso — e era matizado também pelos interesses iugoslavos nas disputadas regiões "eslavas" da Macedônia grega. A Grécia, porém, pertencia à esfera de interesse ocidental, conforme Churchill e depois Truman deixaram claro. Stalin não pretendia provocar uma rixa com o Ocidente por causa da Grécia, questão para ele secundária. Ingenuamente, os comunistas gregos supunham que uma revolta ensejaria a ajuda soviética, talvez até a intervenção de forças soviéticas, mas isso não estava nas cartas. Ao contrário, Stalin os considerava aventureiros indisciplinados que defendiam uma causa perdida e que corriam o risco de provocar uma intervenção norte-americana.

Portanto, a incitação que Tito dirigia aos rebeldes gregos incomodava Stalin — que, com razão, inferia que, sem a assistência iugoslava, a confusão na Grécia já teria se resolvido pacificamente[6] — e o afastou ainda mais do acólito iugoslavo. Mas não era apenas no sul dos Bálcãs que Tito constrangia Stalin e irritava britânicos e norte-americanos. Em Trieste e na península Istriana as ambições territoriais iugoslavas constituíam uma obstrução à anuência aliada relativa a um Tratado de Paz com a Itália: quando, em setembro de 1947, foi finalmente assinado, o tratado deixou incerto o futuro da região de Trieste, e tropas aliadas ainda guarneciam a área, a fim de impedir uma invasão iugoslava. Na vizinha Caríntia, o distrito mais meridional da Áustria, Tito exigia um acordo territorial favorável à Iugoslávia, enquanto Stalin preferia manter a região como estava (com a vantagem de permitir aos soviéticos a manutenção de um exército no leste da Áustria e, do mesmo modo, na Hungria).

A combinação do irredentismo iugoslavo com o fervor revolucionário que caracterizava Tito era, portanto, motivo de crescente constrangimento para Stalin. De acordo com a *Official British History of the Second World War*, depois de maio de 1945 era geral a crença nos círculos militares ocidentais que, se uma Terceira Guerra Mundial eclodisse brevemente, seria na região de Trieste. Mas Stalin não tinha interesse em provocar a Terceira Guerra, e certamente não o faria por causa de um canto obscuro do nordeste da Itália. E tampouco lhe agradava ver o Partido Comunista Italiano constrangido pelas impopulares ambições territoriais do vizinho comunista da Itália.

Por todos esses motivos, já no verão de 1947, Stalin, no íntimo, exasperava-se em relação à Iugoslávia. Devem tê-lo desagradado os fatos de que a estação ferroviária na capital búlgara estivesse coberta de cartazes de Tito (ao lado dos dele próprio e de Dimitrov) e que os comunistas húngaros começassem a falar em seguir o regime comunista segundo o modelo iugoslavo — até o submisso e leal Rákosi, segundo consta, elogiou Tito, em conversa com o próprio Stalin, durante uma reunião realizada em Moscou, em fins de 1947. Tito não apenas representava um constrangimento diplomático para a União Soviética em suas relações com os Aliados ocidentais; ele criava caso dentro do próprio movimento comunista internacional.

---

[6] Quando, em julho de 1949, em seguida ao rompimento com Stalin, Tito fechou a fronteira terrestre entre a Iugoslávia e a Grécia, a resistência comunista grega desmoronou quase imediatamente.

Para observadores externos, o comunismo era uma entidade política única, moldada e gerida a partir do "Centro", em Moscou. Porém, sob a perspectiva de Stalin, a questão era mais complicada. Do final dos anos 20 até o início da guerra, Moscou, de fato, conseguiu impor certo controle ao movimento comunista mundial, exceto na China. Mas a guerra tinha mudado tudo. Para resistir aos alemães, a União Soviética fora obrigada a apelar para patriotismo, liberdade, democracia e muitos outros objetivos "burgueses". O comunismo perdera o seu lado revolucionário e se tornara, por opção, parte de uma ampla coalizão antifascista. Evidentemente, a tática havia sido também empregada pelas Frentes Populares antes da guerra, mas nos anos 30 Moscou conseguia controlar de perto as sucursais do partido no exterior — por meio de auxílio financeiro, intervenção pessoal e terrorismo.

No decorrer da guerra esse controle foi perdido — fato simbolizado pelo fechamento do Comintern, em 1943. E o controle não seria totalmente recuperado nos primeiros anos do pós-guerra: o partido iugoslavo foi o único na Europa que chegou ao poder sem intervenção soviética, mas mesmo na Itália e na França os partidos comunistas, embora sempre professassem fidelidade a Moscou, funcionavam no dia-a-dia sem orientação ou instrução vinda do exterior. Nesses países, os líderes do partido não compartilhavam das intenções de Stalin. À semelhança dos tchecos, porém com ainda menos orientação da URSS, essas nações trilhavam o que por elas era descrito como "o caminho do socialismo" francês ou italiano, trabalhando no âmbito de coalizões de governo e tratando objetivos nacionais e comunistas como se fossem naturalmente compatíveis.

Tudo isso começou a mudar no verão de 1947. Em maio de 1947, ministros comunistas foram expulsos dos governos na França e na Itália. O fato foi um tanto surpreendente, e Maurice Thorez, líder comunista francês, durante algum tempo nutriu esperanças de que o partido logo voltasse a integrar a coalizão do governo; no congresso do partido, realizado em Estrasburgo em junho de 1947, Thorez definiu como "aventureiros" os que defendiam uma oposição radical. Comunistas no Oeste Europeu não sabiam ao certo como reagir diante do Plano Marshall e só se posicionaram depois de inspirados pela rejeição de Stalin ao referido plano. De modo geral, a comunicação entre Moscou e os partidos comunistas ocidentais era deficiente. Depois que os comunistas franceses deixaram o governo, Andrei Zdanov enviou uma carta confidencial a Thorez (com cópia para o líder comunista tcheco Gottwald, detalhe importante): "Muitos pensam que as ações dos comunistas franceses foram orquestradas [com a nossa colaboração]. Você sabe que isso não é verdade, e que as medidas que você tomou foram uma surpresa para o Comitê Central."

Evidentemente, os comunistas na Europa Ocidental estavam ficando para trás. Poucas semanas depois da carta a Thorez, em 2 de junho, Moscou já firmava tratados comerciais com os vizinhos no Leste Europeu, como parte da reação engendrada contra o Plano Marshall e a ameaça que o esquema representava para a influência soviética na região. A política de cooperação, adotada em Praga, Paris e Roma, e até então aceita tacitamente por Stalin, estava sendo substituída por um retrocesso à estratégia de confronto embasada pela teoria de Zdanov relativa aos dois "campos" irreconciliáveis.

Para implementar a nova abordagem, Stalin convocou uma reunião em Szklarska Poręba, na Polônia, em fins de setembro de 1947. Foram convidados os partidos comunistas da Polônia, Hungria, Romênia, Bulgária, Tchecoslováquia, Iugoslávia, França, Itália e, obviamente, da União Soviética. O motivo expresso do encontro era a criação da "Cominform"

— Agência de Informação Comunista: sucessora da Internacional Comunista, cuja tarefa era "coordenar" a atividade comunista internacional e melhorar a comunicação entre Moscou e os partidos satélites. Mas o verdadeiro objetivo da reunião e da Cominform (que só se reuniu três vezes e foi desativada em 1956) era restabelecer o domínio soviético no movimento internacional comunista.

Assim como fizera no âmbito do Partido Bolchevique vinte anos antes, Stalin visava penalizar e desabonar qualquer desvio "direitista". Em Szklarska Poręba, os delegados iugoslavos Edvard Kerdelj e Milovan Djilas, cujo "esquerdismo" exemplar foi motivo dos elogios de Zdanov e Malenkov (delegados soviéticos), sujeitaram os representantes franceses e italianos a preleções condescendentes. Os comunistas ocidentais (ao lado dos representantes dos partidos comunistas tcheco e eslovaco, aos quais a crítica era claramente também dirigida) foram surpreendidos. Uma coexistência pacífica, como a que vinha sendo buscada na política interna, chegava ao fim. Um "campo democrático antiimperialista" (segundo as palavras de Zdanov) estava se formando e uma nova linha deveria ser seguida. A partir daquele momento, Moscou esperava que os comunistas ficassem mais atentos e subordinassem considerações locais aos interesses soviéticos.

Depois de Szklarska Poręba, comunistas em toda parte passaram a adotar táticas de confronto: greves, protestos, campanhas contrárias ao Plano Marshall e — no Leste Europeu — a aceleração do processo de tomada de poder. O Comitê Central do Partido Comunista Francês reuniu-se em Paris, em 29 e 30 de outubro de 1947, e inaugurou oficialmente uma campanha de difamação dirigida aos antigos aliados socialistas. Os comunistas italianos demoraram um pouco mais para fazer a transição, mas no congresso de janeiro de 1948 o Partido Comunista Italiano (PCI) também adotou um "novo curso", cujo foco seria "a luta pela paz". A conseqüência disso foi que os comunistas da Europa Ocidental certamente sofreram — ficaram marginalizados em relação aos assuntos domésticos e, no caso da Itália, perderam feio nas eleições gerais de abril de 1948, nas quais o Vaticano e a Embaixada dos EUA intervieram maciçamente no lado anticomunista.[7] Mas isso já não importava. Segundo a teoria dos "dois campos" defendida por Zdanov, os comunistas do campo ocidental estavam restritos a um papel secundário.

Caberia a suposição de que o fervor revolucionário dos iugoslavos, que até então representava um impedimento à diplomacia de Stalin, agora seria uma vantagem — e assim pareceu em Szklarska Poręba, onde ao Partido Comunista Iugoslavo fora atribuído o papel principal. É certo que os delegados franceses, italianos e de outros países nunca perdoaram os iugoslavos por seu condescendente ar de superioridade e pelo privilégio de que desfrutaram em Szklarska Poręba: depois do cisma soviético-iugoslavo, comunistas de todos os lugares, de bom grado, condenaram o desvio "titoísta" e não precisaram de muito incentivo soviético para insultar e menosprezar os infelizes camaradas dos Bálcãs.

Ocorreu, no entanto, que a desavença entre Tito e Stalin surgiu publicamente em fevereiro de 1948, quando Stalin condenou a idéia da Federação Balcânica e os soviéticos efetivaram

[7] O PCI, na realidade, recebeu mais votos nas eleições de 1948, mas à custa dos socialistas, que perderam de muito. Os democratas cristãos, vitoriosos, bateram as esquerdas unidas por mais de 4 milhões de votos.

o cancelamento de negociações comerciais, atos que, no mês seguinte, foram seguidos pela retirada de Belgrado de conselheiros soviéticos civis e militares. A desavença foi acirrada pela troca de correspondência oficial e acusações, nas quais os dois lados afirmavam as melhores intenções, e culminou com a recusa de Tito em participar da segunda reunião da Cominform. A ruptura foi efetivada na referida reunião, em 28 de junho de 1948, por meio de uma resolução que expulsava a Iugoslávia da organização, por não reconhecer o papel de liderança do Exército Vermelho e da URSS na libertação e na transformação socialista do país. Oficialmente, Belgrado foi acusada de conduzir uma política externa nacionalista e uma política interna equivocada. Na realidade, diante do monopólio de poder instituído por Stalin, a Iugoslávia representava o equivalente internacional a uma "oposição", e o conflito era inevitável: Stalin precisava dobrar Tito, a fim de deixar bem claro aos companheiros comunistas do líder iugoslavo que Moscou não toleraria dissensão.

Tito, evidentemente, não foi dominado. No entanto, ele e a Iugoslávia estavam mais vulneráveis do que pareciam e, se não fosse o crescente apoio do Ocidente, teria sido difícil para Tito sobreviver ao boicote econômico soviético — em 1948, 46% do comércio iugoslavo dependia do bloco soviético, nível que caiu para 14% um ano depois — e às ameaças concretas de intervenção soviética. Os iugoslavos certamente pagaram um elevado preço retórico por insistir tanto em suas ações obstinadas. Nos dois anos seguintes, os ataques da Cominform aumentaram sistematicamente. No vocabulário azeitado dos insultos leninistas, Tito se tornou "Tito-Judas e seus cúmplices", "o novo tsar dos pan-sérvios e de toda a burguesia iugoslava". Seus seguidores eram "traidores desprezíveis e mercenários imperialistas", "sinistros arautos do campo da guerra e da morte, traiçoeiros instigadores de guerra e herdeiros dignos de Hitler". O Partido Comunista Iugoslavo foi condenado como "gangue de espiões, agitadores e assassinos", "cães atrelados a correias americanas, roendo ossos imperialistas e ladrando por capital americano".

É significativo que os ataques a Tito e seus adeptos tenham coincidido com o auge do culto à personalidade de Stalin, com os expurgos e os julgamentos forjados que ocorreram nos anos seguintes. Não restam grandes dúvidas de que Stalin via em Tito uma ameaça e um desafio, e temia o efeito corrosivo causado por Tito na fidelidade e obediência de outros regimes e partidos comunistas. A insistência da Cominform, expressa em periódicos e publicações a seu cargo, no "agravamento da luta de classes inerente à transição do capitalismo ao socialismo" e no "papel de destaque" encarnado pelo partido, corria o risco de fazer lembrar à população que tais políticas tinham sido, precisamente, aquelas empregadas pelo Partido Comunista Iugoslavo desde 1945. Daí a ênfase constante na lealdade à União Soviética e a Stalin, a rejeição a caminhos "nacionais" ou "exclusivos" para o socialismo e a exigência de "vigilância redobrada". Começava a segunda Idade do Gelo stalinista.

Se Stalin se deu todo esse trabalho para afirmar e reafirmar sua autoridade na Europa Oriental foi porque, em grande medida, perdia terreno na Alemanha.[8] Em 1º de junho de 1948,

[8] Não foi coincidência o fato de os conselheiros soviéticos terem sido chamados da Iugoslávia, em 18 de março de 1948, quando faltavam apenas 48 horas para que o general Sokolovski se retirasse da reunião do Conselho de Controle Aliado, na Alemanha.

os Aliados ocidentais, reunidos em Londres, anunciaram planos para estabelecer um Estado alemão ocidental. Em 18 de junho, uma nova moeda, o *Deutschemark*, foi anunciada; três dias depois, foi posta em circulação (as notas tinham sido impressas secretamente, nos EUA, e transportadas até Frankfurt sob escolta do Exército norte-americano). O velho Reichsmark foi retirado de circulação, e cada residente alemão pôde trocar apenas 40 Reichsmark pelos novos marcos à taxa de 1 para 1; para qualquer valor superior, a taxa era 10 para 1. Apesar de ser inicialmente impopular (porque destruiu a poupança, fez subir os preços e deixou as mercadorias além do alcance da maioria das pessoas), a moeda foi logo aceita, pois as lojas se encheram de itens de consumo que os fazendeiros e comerciantes estavam agora dispostos a vender a preços fixos, recebendo em troca uma moeda confiável.

Em 23 de junho, as autoridades soviéticas responderam criando na Alemanha Oriental um novo *Mark* e interrompendo as linhas férreas entre Berlim e a Alemanha Ocidental (três semanas mais tarde, fechariam também os canais). No dia seguinte, o governo militar ocidental de Berlim bloqueou os esforços soviéticos no sentido de estender a Berlim Ocidental a nova moeda adotada na zona oriental — importante questão de princípio, pois a cidade de Berlim era governada por quatro potências e a zona ocidental jamais fora tratada como se integrasse a Alemanha Oriental sob ocupação soviética. Uma vez que as tropas soviéticas apertavam o controle das ligações de superfície que davam acesso à cidade, os governos norte-americano e britânico decidiram abastecer suas respectivas zonas por via aérea, e em 26 de junho o primeiro avião de transporte de carga aterrissou no aeroporto de Tempelhof, em Berlim (Ocidental).

A ligação aérea com Berlim durou até 12 de maio de 1949. No decorrer daqueles 11 meses, os Aliados ocidentais transportaram cerca de 2,3 milhões de toneladas de alimentos, realizando 277.500 vôos, que custaram a vida de 73 aeronautas aliados. A intenção de Stalin com o bloqueio de Berlim (valendo-se da ausência nos protocolos de Postdam de qualquer garantia de acesso aliado à cidade por superfície) era forçar o Ocidente a optar entre desistir de Berlim ou então abandonar os planos relativos a um Estado alemão ocidental. Era isso o que Stalin realmente queria — Berlim era para ele sempre um ponto de negociação —, mas, no final, o líder soviético não conseguiu concretizar nenhum dos dois objetivos.

Ocorreu não apenas que os Aliados ocidentais persistiram com a presença na sua parte de Berlim (o que, até certo ponto, foi uma surpresa para os próprios Aliados e ensejou a gratidão dos berlinenses ocidentais), mas o bloqueio soviético, na seqüência do golpe de Praga, fez com que os Aliados ficassem mais decididos a prosseguir com os planos para a criação da Alemanha Ocidental e tornou a divisão do país mais aceitável aos próprios alemães. Em abril de 1949, a França se uniu à Bizona, o que significou a criação de uma unidade econômica para toda a Alemanha Ocidental, com 49 milhões de habitantes (contra apenas 17 milhões na Zona Soviética).

A exemplo da maioria das aventuras diplomáticas de Stalin, o bloqueio de Berlim foi uma improvisação, e não parte de um desígnio agressivo e premeditado (embora o Ocidente não possa ser culpado de não sabê-lo à época). Stalin não estava prestes a entrar em guerra por causa de Berlim.[9] Por conseguinte, quando o bloqueio fracassou, o líder soviético mudou o

[9] Se ele desejasse o contrário, poucos seriam os impedimentos. Na primavera de 1948, a União Soviética tinha trezentas divisões ao alcance de Berlim. Os EUA tinham apenas 60 mil soldados em toda a Europa, e menos de 7 mil em Berlim.

rumo. Em 31 de janeiro de 1949, ele propôs publicamente a suspensão do bloqueio em troca do adiamento dos planos relativos a um Estado alemão ocidental. Os Aliados ocidentais não pretendiam fazer tal concessão, mas marcaram uma reunião para discutir o assunto e, em 12 de maio, a União Soviética pôs um fim ao bloqueio, em troca de nada além de um encontro de ministros das Relações Exteriores, convocado para 23 de maio.

De fato, o encontro ocorreu e teve a duração de um mês, mas, como era previsível, não se chegou a qualquer acordo. Na verdade, as discussões mal haviam começado quando, em Bonn, o Conselho parlamentar alemão ocidental aprovou a "Lei Básica" que estabelecia um governo para a Alemanha Ocidental; uma semana mais tarde, Stalin respondeu, anunciando os planos para um Estado complementar — a Alemanha Oriental —, criado formalmente em 7 de outubro.[10] Quando, em 20 de junho, o encontro chegou ao fim, o governo militar da Alemanha Ocidental já havia sido substituído por Altos Comissários dos EUA, da Grã-Bretanha e da França. Tinha nascido a República Federal da Alemanha, embora os Aliados reservassem para si alguns poderes de intervenção e até o direito de reassumir o comando direto, se assim julgassem necessário. Em 15 de setembro de 1949, na seqüência do sucesso do Partido Democrata Cristão nas eleições realizadas um mês antes, Konrad Adenauer tornou-se o primeiro chanceler da República.

A crise de Berlim teve três resultados significativos. Em primeiro lugar, ensejou, diretamente, a criação de dois Estados alemães, desfecho que nenhum dos Aliados esperava quatro anos antes. Para as potências ocidentais, o fato se tornara um objetivo atraente e realizável; na realidade, a despeito de toda a retórica que desde a época clamava a unificação alemã, ninguém teria pressa de concretizar tal feito. Conforme o primeiro-ministro britânico, Harold Macmillan, respondeu ao presidente Charles de Gaulle, nove meses mais tarde, quando este lhe perguntou o que achava de uma Alemanha unificada: "Teoricamente. Teoricamente, devemos sempre apoiar a reunificação. Não há nisso perigo algum." Para Stalin, tão logo ficou patente que ele não podia competir com os Aliados no que dizia respeito à lealdade dos alemães, tampouco forçá-los a abandonar seus planos, um Estado alemão oriental comunista era o menor dos males.

Segundo, a crise de Berlim comprometeu os Estados Unidos, pela primeira vez, a manter uma substancial presença militar na Europa, por tempo indefinido. Isso foi um feito de Ernest Bevin, ministro das Relações Exteriores britânico — foi Bevin que convenceu os americanos a comandar uma ponte aérea para Berlim, depois que Truman obteve de Marshall e do general Clay (comandante norte-americano em Berlim) a garantia de que valia a pena correr o risco. Os franceses envolveram-se menos na crise de Berlim porque, de 18 de julho a 10 de setembro de 1948, o país esteve em meio a uma crise política, sem maioria na Assemblée Nationale que pudesse governar.

Mas, em terceiro lugar, e como decorrência dos dois primeiros resultados, a crise de Berlim propiciou, diretamente, uma reavaliação dos planos militares ocidentais. Se o Ocidente pretendia proteger os clientes alemães contra uma agressão soviética, seria necessário prover

[10] A Lei Básica foi criada em cunho *experimental* — "a fim de fornecer uma nova ordem para a vida política, durante um período de transição": i.e., até que o país fosse reunificado.

Pouco tempo após a derrota da Alemanha, em 1945, uma criança caminha ao lado de cadáveres de centenas de ex-internos do campo de concentração de Bergen-Belsen, estendidos ao longo de uma estrada de terra. À semelhança da maioria dos alemães adultos nos anos do pós-guerra, o menino desvia o olhar.

Soldados alemães enforcados publicamente em Kiev, em 1946, após condenação por crimes de guerra. Por mais ambígua que fosse a motivação soviética na encenação de julgamentos e execuções no pós-guerra, os crimes horrendos cometidos pelo Exército alemão, pela SS e pelos colaboracionistas locais eram absolutamente concretos.

Draza Mihailović, líder da resistência iugoslava (nacionalista) chetnik, *diante de um tribunal militar, em junho de 1946. Para os guerrilheiros comunistas, os* chetnik *representavam uma ameaça quase tão grande quanto as forças estrangeiras de ocupação; depois da guerra, Tito reprimiu-os severamente. O próprio Mihailović foi fuzilado em 18 de julho de 1946.*

Acusada de "colaboração horizontal" com as forças alemãs de ocupação, uma francesa tem a cabeça quase raspada e é exibida pelas ruas da cidade de Lanval, poucas horas depois que as tropas americanas libertaram a França, em agosto de 1944. Milhares de mulheres na França, Bélgica e Holanda receberam castigo similar.

Mulheres em fila para obter carvão, em Londres, no auge do terrível inverno de fevereiro de 1947. A escassez de combustível era tão grande que a maioria dessas mulheres precisava esperar um dia inteiro para receber a ração semanal. Os carrinhos são para transportar carvão, e não bebês.

Mãe e filhos recebendo a ração da família, em Stratford, no oeste de Londres, em 6 de agosto de 1946 — no dia em que rações começaram a ser distribuídas. Os Estados previdenciários da Europa no pós-guerra acarretaram verdadeira revolução social, melhorando de modo dramático as condições de vida das classes média e operária.

Ajuda Marshall – 1). Sob a égide do Plano Marshall, chega às docas de Londres, em 3 de fevereiro de 1949, o primeiro carregamento de açúcar proveniente do Caribe (recebido pelo ministro trabalhista John Strachey, à esquerda, e Elmer Holmgreen, representante do Plano Marshall, no centro).

Ajuda Marshall – 2). Atenas, Natal de 1949: pão feito com "farinha do Plano Marshall" é distribuído a órfãos gregos. Mesmo numa Grécia empobrecida, o efeito moral positivo do plano foi tão importante quanto a contribuição material para a recuperação econômica.

Ajuda Marshall – 3). "A população mundial não quer a repetição das tristezas da guerra" – J. Stalin (o rifle que acompanha os ovos vem embrulhado num documento onde se lê "Aliança do Atlântico Norte"). Note-se que os simpatizantes ocidentais marcham com uma bandeira com dizeres em francês.

Tchecos reunidos na praça Wenceslau, em Praga, em 25 de fevereiro de 1948, para ouvir Klement Gottwald anunciar a formação do novo governo. Note-se a variedade de emoções estampadas nos rostos dos espectadores – o golpe comunista não foi, absolutamente, objeto de consternação universal.

A imagem de Josip Broz Tito adorna um edifício em Belgrado, julho de 1948. Stalin rompeu com a Iugoslávia comunista na primavera de 1948, não em decorrência da política iugoslava, mas por irritação diante da desobediência de Tito, do culto à personalidade do líder iugoslavo e do desafio que este impunha ao monopólio moscovita sobre a autoridade comunista.

Avião norte-americano aterrissando no Aeroporto de Tempelhof, em Berlim, junho de 1948. O Bloqueio de Berlim, que durou 11 meses, foi um grande erro estratégico de Stalin: acabou com ilusões de neutralidade na Alemanha, forçou o comprometimento aliado com Berlim e precipitou a formação da OTAN.

Presentes na Criação. Da esquerda para a direita: Dean Acheson, secretário de Estado dos EUA e incentivador da "política de contenção"; Ernest Bevin, ministro das Relações Exteriores do Reino Unido no pós-guerra, idealizador da Aliança Atlântica; Robert Schuman, estadista francês que propôs a Comunidade Européia do Carvão e do Aço.

A face humana do socialismo: "Tio Joe" num palanque de recepção em Moscou, 1949. "Fazia-me lembrar os déspotas da Renascença — nenhum princípio, todos os meios, mas sem a linguagem rebuscada —, sempre Sim ou Não, embora só se pudesse confiar nele se fosse Não" (Clement Attlee, primeiro-ministro britânico).

O levante em Berlim Oriental, em 17 de junho de 1953, foi o primeiro sinal no bloco soviético de que o povo pudesse "trair a confiança do governo". A opção (proposta por Brecht com ironia) de "dissolver o povo e eleger outro" mostrou-se inviável, embora não fosse por falta de tentativas.

László Rajk (centro) no último dia do julgamento, 23 de setembro de 1949. Na condição de ministro do Interior comunista, Rajk fora responsável pela morte de muitos inocentes; mas seu julgamento e posterior execução o transformaram em mártir para gerações futuras.

Trabalhadores em Gulag soviético, por volta de 1952. Naquele ano, no auge da segunda onda de terror stalinista, 1,7 milhão de prisioneiros estavam confinados em campos de trabalho forçado soviéticos, outros 800 mil em colônias penais e 2.753.000 em "assentamentos especiais". A sentença "normal" num Gulag era de 25 anos.

Jean-Paul Sartre admirando livros raros na Biblioteca Nacional de Leningrado, em 23 de junho de 1954. A simpatia de Sartre pelo comunismo nesses anos decorria de ilusões românticas (e antiamericanismo), e não de ideologia; nas décadas seguintes, porém, tal simpatia haveria de manchar-lhe a reputação internacional e empanar-lhe o brilho durante o pós-guerra.

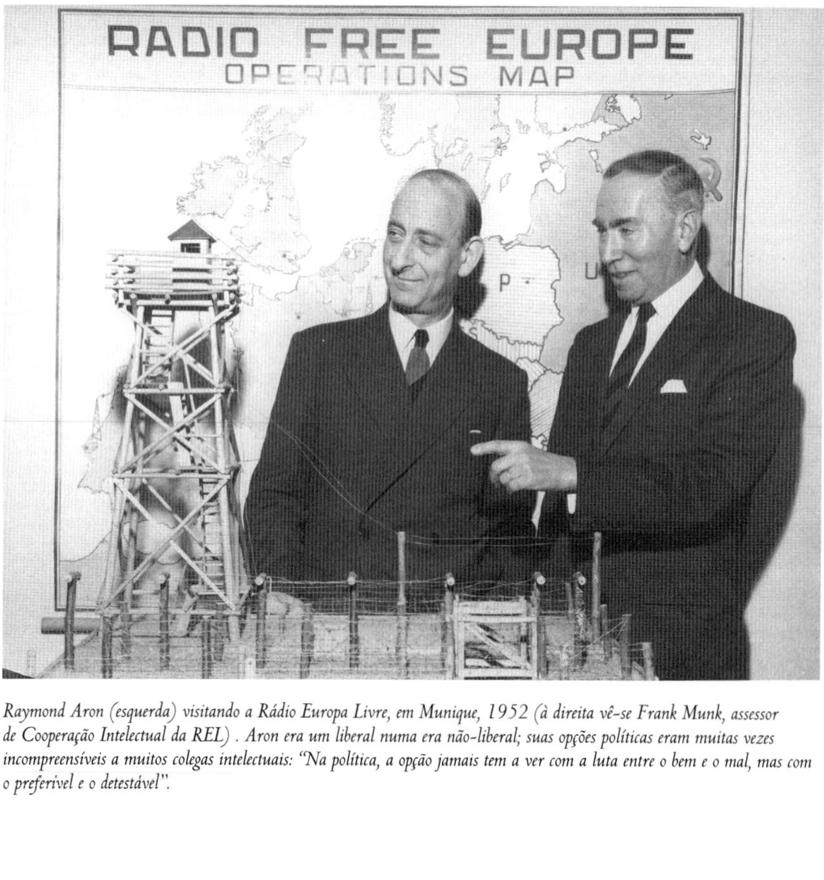

Raymond Aron (esquerda) visitando a Rádio Europa Livre, em Munique, 1952 (à direita vê-se Frank Munk, assessor de Cooperação Intelectual da REL). Aron era um liberal numa era não-liberal; suas opções políticas eram muitas vezes incompreensíveis a muitos colegas intelectuais: "Na política, a opção jamais tem a ver com a luta entre o bem e o mal, mas com o preferível e o detestável".

os meios de fazê-lo. Os norte-americanos haviam posicionado bombardeiros estratégicos na Grã-Bretanha, no início da crise de Berlim, e tais aeronaves estavam equipadas para transportar bombas atômicas; à época, os EUA dispunham de 56. Mas Washington não tinha uma política definida acerca do uso de bombas atômicas (o próprio Truman relutava muito em considerar a utilização das bombas) e, no caso de um avanço soviético, a estratégia norte-americana na Europa ainda presumia a retirada do continente.

O novo ideário militar surgiu com o golpe tcheco, que provocou na Europa um período de grande insegurança, originando muita discussão sobre a guerra. Até o general Clay, que não era chegado a exageros, compartilhava do medo reinante: "Durante muitos meses, com base em analise lógica, pensei e sustentei que a guerra não aconteceria nos próximos dez anos, pelo menos. Nas últimas semanas, percebi uma alteração sutil na atitude soviética cuja definição me escapa, mas agora tenho a sensação de que a guerra pode vir com uma brevidade dramática." Foi nessa atmosfera que o Congresso dos EUA aprovou a legislação do Plano Marshall e os Aliados europeus assinaram o Pacto de Bruxelas, em 17 de março de 1948. O Pacto de Bruxelas, no entanto, foi um tratado convencional, com validade de cinqüenta anos, através do qual Grã-Bretanha, França e os países do Benelux se comprometiam a "colaborar em medidas de assistência mútua, na eventualidade de nova agressão alemã", mas os políticos europeus estavam cada vez mais cientes da sua fragilidade diante da pressão soviética. Nesse particular, esses políticos se mostravam vulneráveis como sempre: como mais tarde observou Dirk Stikker, ministro das Relações Exteriores holandês: "Na Europa, em se tratando do apoio dos americanos, tínhamos apenas a promessa verbal do presidente Truman."

Foram os britânicos que iniciaram uma nova abordagem diante de Washington. Em 22 de janeiro de 1948, em discurso ao Parlamento, Bevin comprometera a Grã-Bretanha a se engajar ao lado dos vizinhos continentais numa estratégia de defesa comum, uma "União Européia Ocidental", baseando-se na hipótese de que as necessidades de segurança da Grã-Bretanha já não podiam ser diferenciadas das do continente — mudança significativa em relação ao pensamento britânico do passado. Essa União Européia Ocidental foi inaugurada oficialmente com o Pacto de Bruxelas, mas, conforme Bevin explicou a Marshall em mensagem com data de 11 de março, o acordo ficaria incompleto a não ser que abrangesse o conceito de segurança do Atlântico Norte como um todo — ponto que Marshall via com bons olhos porque, na ocasião, Stalin pressionava a Noruega, para fazê-la assinar com a União Soviética um pacto de "não-agressão".

Por insistência de Bevin foram, portanto, realizadas discussões secretas em Washington, entre representantes britânicos, norte-americanos e canadenses, com o intuito de esboçar um tratado de defesa do Atlântico. Em 6 de julho de 1948, dez dias após o início da ponte aérea para Berlim, e logo em seguida à expulsão da Iugoslávia da Cominform, as discussões foram abertas para outros membros do Pacto de Bruxelas, sendo que os franceses não gostaram muito de saber que mais uma vez os "anglo-americanos" haviam estado "arrumando" o globo à revelia da França. Em abril do ano seguinte, estava criada a Organização do Tratado do Atlântico Norte (OTAN), sendo o acordo assinado por EUA, Canadá e dez Estados europeus.

A OTAN foi um acontecimento notável. Em 1947, poucos observadores previam que os Estados Unidos se comprometessem com uma aliança militar européia. Na realidade, no

Congresso norte-americano, muitos relutavam em aprovar o Artigo V do tratado (que obrigava os participantes da OTAN a oferecer ajuda recíproca, em caso de agressão), e este só obteve a aprovação do Congresso depois de três meses de debate, porque o documento foi apresentado como um pacto de defesa do *Atlântico*, e não uma aliança européia-americana. A bem dizer, quando apresentou ao Senado a proposta do governo, Dean Acheson teve o cuidado de ressaltar que os EUA *não manteriam* uma presença militar substancial em solo europeu.

E essa era de fato a intenção norte-americana. Se os Estados Unidos, pela primeira vez, estavam se envolvendo numa complicada aliança européia, era porque muita gente em Washington via a OTAN assim como via o Plano Marshall: um mecanismo que auxiliaria os europeus a se sentir mais confiantes e a gerir as suas próprias questões — nesse caso, a sua própria defesa. Por si só, a OTAN nada alterou no equilíbrio militar europeu: das 14 divisões posicionadas na Europa Ocidental, somente duas eram americanas. Os Aliados ocidentais ainda estavam em desvantagem numérica: 12 para 1. Em 1949, os chefes de Estado-maior nos EUA calculavam que somente a partir de 1957 poderia estar implantada a defesa efetiva do Reno. Não foi, absolutamente, inadequado que durante a cerimônia de assinatura do tratado que criou a OTAN, no Constitution Hall, em Washington, em 9 de abril de 1949, a orquestra tenha tocado *I've Got Plenty of Nothing*.[11]

Do lado europeu, entretanto, as coisas pareciam bem díspares. Os norte-americanos não davam muita importância para alianças militares, mas os europeus, como disse Walter Bedell Smith aos colegas do Conselho de Planejamento de Políticas do Departamento de Estado, "atribuem muito mais importância do que nós ao pedaço de papel que promete apoio". Mas isso não deve surpreender — os europeus não tinham mais nada. Os britânicos, ao menos, habitavam uma ilha. Mas os franceses, tanto quanto os demais, estavam vulneráveis como sempre: em relação aos alemães *e agora* aos russos também.

Para a França, portanto, a OTAN era duplamente interessante: a organização traçaria a linha de defesa contra as forças soviéticas mais a leste do que até então era o caso; como observou Charles Bohlnen, alguns meses antes da assinatura do tratado, "o único resquício de confiança ao qual [os franceses] se agarram é o fato de que as tropas americanas, a despeito do número de soldados, estão posicionadas entre [os franceses] e o Exército Vermelho". E, talvez mais importante, a OTAN serviria de política de anteparo ao revanchismo germânico. Com efeito, foi somente diante da promessa de proteção da OTAN que o governo francês, com o resultado da Primeira Guerra Mundial ainda em mente, concedeu aprovação ao Estado ocidental alemão.

Por conseguinte, os franceses acolheram a OTAN como garantia contra o ressurgimento da Alemanha, uma garantia que eles não tinham conseguido obter por meios diplomáticos nos três anos anteriores. Holandeses e belgas também viram na OTAN um impedimento ao futuro revanchismo alemão. Os italianos foram incluídos para reforçar o apoio doméstico de Alcide de Gasperi contra os opositores comunistas. Os britânicos viam o tratado da OTAN como uma realização importante da campanha por eles empreendida para manter os EUA engajados na defesa da Europa. E a administração de Truman vendeu o acordo para o Con-

---

[11] Canção de autoria de George Gershwin, cujo título significa, literalmente: "Eu tenho muito de nada". (N. do T.)

Europa Central e Oriental depois da Segunda Guerra Mundial

gresso e o povo norte-americano como uma barreira contra a agressão soviética no Atlântico Norte. Daí o gracejo de lorde Ismay, ao ser empossado como o primeiro secretário-geral da OTAN, em 1952: o objetivo da Organização do Tratado do Atlântico Norte era "manter os russos por fora, os americanos por dentro e os alemães por baixo".

A OTAN foi um blefe. Conforme Denis Healey, um futuro ministro da Defesa britânico, observou em suas memórias: "Para a maioria dos europeus, a OTAN era inútil, a menos que pudesse evitar outra guerra; ninguém queria lutar." A originalidade do tratado não estava tanto no que seria capaz de realizar, mas no que representava; à semelhança do Plano Marshall — e do Tratado de Bruxelas, do qual resultou —, a OTAN exemplificou a mudança mais significativa verificada na Europa (e nos EUA) em decorrência da guerra: a disposição de dividir informações e cooperar em defesa, segurança, comércio, regulação monetária e muito mais. Afinal, um comando integrado aliado em tempo de paz representava um desvio sem precedentes em relação às práticas estabelecidas.

Mas a OTAN não nasceu pronta dos acordos de 1949. Na primavera de 1950, Washington ainda se preocupava com a explicação a ser dada aos franceses e demais europeus para o argumento de que a única esperança realista de defesa para a Europa Ocidental era rearmar a Alemanha, tópico que causava desconforto geral e provavelmente provocaria uma reação imprevisível por parte de Stalin. Em todo caso, ninguém queria despender recursos preciosos em rearmamento. O apelo à neutralidade — como alternativa a um confronto desprotegido — crescia, tanto na Alemanha quanto na França. Se a Guerra da Coréia não tivesse estourado exatamente naquele momento (razoável noção contrafactual, pois a guerra quase não aconteceu), o contorno da história européia recente talvez fosse bastante diverso.

O apoio à invasão da Coréia do Sul por Kim Il Sung, em 25 de junho de 1950, foi o pior erro de cálculo cometido por Stalin. Imediatamente, norte-americanos e europeus ocidentais chegaram à conclusão (equivocada) de que a Coréia era um ensaio, um prelúdio, e que a Alemanha seria a próxima — inferência reforçada pela bravata de Walter Ulbricht de que a República Federal seria a próxima a tombar. A União Soviética havia realizado um teste bem-sucedido com a bomba atômica fazia apenas oito meses, o que levou especialistas militares norte-americanos a pensar que a preparação soviética para a guerra era bem maior do que na realidade; mesmo assim, é provável que os aumentos no orçamento solicitados no ofício número 68 pelo Conselho de Segurança Nacional (apresentado em 7 de abril de 1950) não fossem aprovados, não fosse o ataque à Coréia.

O risco de uma guerra européia, embora bastante exagerado, não era de todo inexistente. Stalin *contemplou* a possibilidade de um ataque — à Iugoslávia, não à Alemanha Ocidental —, mas abandonou a idéia diante do rearmamento ocidental. E, assim como o Ocidente se confundiu diante do propósito soviético na Coréia, Stalin — aconselhado pelos serviços de inteligência sobre a rápida escalada militar dos EUA — supôs, equivocadamente, que os norte-americanos tinham as suas próprias intenções agressivas em relação à esfera soviética no Leste Europeu. Mas nenhuma dessas suposições ou erros de cálculo era evidente à época, e políticos e generais faziam o melhor que podiam, baseando-se em informações limitadas e na análise de precedentes.

A escalada do rearmamento ocidental foi bastante intensa. O orçamento militar dos EUA subiu de 15,5 bilhões de dólares, em agosto de 1950, para 70 bilhões, em dezembro do ano seguinte, na seqüência da declaração de Emergência Nacional feita pelo presidente Truman. Em 1952 e 1953, os gastos com defesa consumiram 17,8% do PIB norte-americano, comparados a apenas 4,7% em 1949. Em resposta a uma solicitação de Washington, os aliados dos EUA na OTAN também aumentaram o dispêndio com defesa: após decrescer continuamente desde 1946, os gastos britânicos com o setor militar em 1951 e 1952 elevaram-se a quase 10% do PIB, crescendo em ritmo ainda mais acelerado do que durante o afã de rearmamento constatado nos anos que precederam o início da guerra. A França também aumentou a despesa com defesa em níveis comparáveis. Em todos os países membros da OTAN, os gastos com defesa alcançaram os índices mais elevados do pós-guerra entre 1951 e 1953.

O impacto econômico desse aumento súbito em investimento militar foi inusitado. Especialmente na Alemanha houve uma inundação de pedidos de maquinária, ferramentas, veículos e outros produtos que a República Federal tinha plenas condições de fornecer, ainda mais porque a Alemanha Ocidental estava proibida de fabricar armas e podia, portanto, concentrar-se na produção de tudo mais. A produção de aço da República Democrática, que era de 2,5 milhões de toneladas em 1946 e 9 milhões em 1949, elevou-se a quase 15 milhões de toneladas em 1953. O déficit em dólares com a Europa e o resto do mundo caiu 65% em um ano, enquanto os Estados Unidos gastavam somas imensas no exterior, em armas, estoques de equipamentos, instalações militares e tropas. Em Turim, a Fiat obteve os primeiros contratos com os EUA, para prestar assistência em solo a aeronaves a jato (contrato que a Embaixada norte-americana em Roma, por motivos políticos, defendeu junto a Washington).

Mas nem todas as notícias econômicas eram positivas. O governo britânico foi forçado a desviar receitas públicas previamente destinadas a serviços de bem-estar social a fim de fazer frente a compromissos de defesa, decisão que dividiu o Partido Trabalhista, que então comandava o país, e contribuiu para a derrota dos trabalhistas nas eleições de 1951. O custo de vida na Europa Ocidental subiu, pois os gastos do governo alimentaram a inflação — na França, os preços para o consumidor se elevaram em 40% em dois anos, depois do início da guerra na Coréia. Os europeus ocidentais, que apenas começavam a colher os benefícios da Ajuda Marshall, não tinham a menor condição de suportar por muito tempo o que havia se tornado uma economia de guerra, e em 1951 a Lei de Segurança Mútua, promulgada nos EUA, reconheceu tal fato, desativando o Plano Marshall e transformando-o em programa de assistência militar. Em fins de 1951, os EUA transferiram aproximadamente 5 bilhões de dólares em apoio militar ao Oeste Europeu.

De simples reforço psicológico à confiança européia, a OTAN passou a constituir um grande comprometimento militar, recorrendo aos recursos aparentemente ilimitados da economia norte-americana e empenhando os americanos e seus aliados numa escalada de homens e equipamentos sem precedentes em tempo de paz. O general Eisenhower voltou para a Europa como comandante aliado supremo, e quartéis-generais e sedes administrativas aliadas foram estabelecidos na Bélgica e na França. A Organização do Tratado do Atlântico Norte passou a ser, abertamente, uma *aliança.* A principal tarefa da OTAN era o que os estrategistas militares chamavam de "defesa avançada" da Europa: i.e., confronto com o Exército Vermelho no meio da Alemanha. Para desempenhar esse papel, ficou decidido, na reunião do Conselho da OTAN realizada em Lisboa em fevereiro de 1952, que a aliança precisaria reunir ao menos 96 novas divisões militares em dois anos.

Porém, mesmo com a significativa e crescente presença militar norte-americana, só havia um meio de a OTAN atingir seus objetivos: rearmar os alemães ocidentais. Graças à Coréia, os americanos viam-se obrigados a tocar nesse assunto delicado (a questão foi abordada formalmente, pela primeira vez, por Dean Acheson, numa reunião de ministros das Relações Exteriores realizada em setembro de 1950), apesar da relutância inicial do presidente Truman. De um lado, ninguém queria pôr armas nas mãos dos alemães, passados apenas cinco anos da libertação da Europa; de outro, e por analogia às dificuldades econômicas observadas na Bizona três anos antes, havia algo de perverso em se gastar bilhões de dólares para defender os alemães ocidentais de um ataque russo sem solicitar-lhes qualquer contribuição. E se a Alemanha se tornaria, conforme alguns previam, uma espécie de zona intermediária e futuro campo de batalha, então o risco de se alienar a simpatia alemã e incentivar sentimentos neutros não poderia ser ignorado.

Moscou, evidentemente, não aceitaria de bom grado o rearmamento da Alemanha Ocidental. Mas, depois de junho de 1950, as suscetibilidades soviéticas já não representavam uma consideração fundamental. Os britânicos, por mais que relutassem, não viam alternativa senão encontrar um mecanismo que permitisse o rearmamento da Alemanha, mas que a mantivesse sob firme controle aliado. Eram os *franceses* os oponentes mais contumazes da idéia de se armar a Alemanha, e a França não tinha se unido à OTAN apenas para ver a organização se tornar uma cobertura para a remilitarização alemã. A França conseguiu obstruir e adiar o rearmamento da Alemanha até 1954. Porém, muito antes disso, a política francesa já sinalizava uma transição, permitindo que Paris aceitasse com algum grau de serenidade uma restauração contida da Alemanha. Infeliz e frustrada por se ver reduzida à condição de menor das Grandes Potências, a França abraçara uma nova vocação: de iniciadora de uma nova Europa.

A idéia de uma União Européia, de uma forma ou de outra, não era nova. O século XIX havia experimentado na Europa Central uma variedade de uniões alfandegárias, com diferentes graus de sucesso, e mesmo antes da Primeira Guerra Mundial, ocasionalmente, falava-se com idealismo a respeito da noção de que o futuro da Europa estava na convergência das diversas partes. A própria Primeira Guerra Mundial, longe de dissipar essas visões otimistas, parece ter-lhes conferido mais vigor: conforme Aristide Briand — estadista francês e autor entusiasmado de pactos e projetos europeus — insistia, chegara o momento de superar rivalidades passadas e pensar e falar como europeu, sentir-se europeu. Em 1924, o economista francês Charles Gide uniu-se a outros signatários por toda a Europa para o lançamento de um Comitê Internacional em prol da União Alfandegária Européia. Três anos mais tarde, um jovem ministro do Ministério das Relações Exteriores britânico se diria "perplexo" diante da extensão do interesse continental na idéia "pan-européia".

E o que é até prosaico, a Grande Guerra levara franceses e alemães, curiosamente, a uma melhor apreciação de sua dependência mútua. Quando findou o transtorno do pós-guerra e

Paris abandonou os esforços inúteis para obter à força indenizações junto à Alemanha, foi assinado o chamado Pacto do Aço, em setembro de 1926, entre França, Alemanha, Luxemburgo, Bélgica e a região da Saarlândia (então autônoma), visando à regulamentação da produção de aço e à prevenção de estoques excedentes. Embora, no ano seguinte, Tchecoslováquia, Áustria e Hungria tenham assinado o pacto, o esquema jamais passou de um cartel típico; mas o primeiro-ministro alemão, Gustav Stresemann, com certeza, viu no pacto o modelo embrionário de futuros acordos transnacionais. Ele não era o único que pensava assim.

A exemplo de outros projetos ambiciosos da década de 1920, o Pacto do Aço mal conseguiu sobreviver à crise de 1929 e à depressão subseqüente. No entanto, o acordo reconhecia algo que em 1919 já se tornava evidente para os magnatas do ferro: que a indústria do aço francesa, depois que teve a sua dimensão duplicada em conseqüência da reintegração da Alsácia-Lorena, ficaria totalmente dependente do coque e do carvão originários da Alemanha e, portanto, precisaria encontrar bases para uma colaboração duradoura. A situação era igualmente óbvia para os alemães, e quando, em 1940, os nazistas ocuparam a França e chegaram a um acordo com Pétain sobre um sistema de pagamentos e entregas que se traduzia na aplicação de recursos franceses ao esforço de guerra alemão, muita gente, de ambos os lados, viu nessa recente "colaboração" franco-germânica o embrião de uma nova ordem econômica "européia".

Assim, Pierre Pucheu, veterano gestor da administração de Vichy, que mais tarde foi executado pelos Franceses Livres, contemplava uma ordem européia no pós-guerra em que barreiras alfandegárias fossem eliminadas e uma economia européia única que abrangesse todo o continente, com uma só moeda. A visão de Pucheu — compartilhada por Albert Speer e muitos outros — representava uma espécie de atualização do Sistema Continental de Napoleão sob a égide de Hitler, e agradava a uma geração mais jovem de burocratas e profissionais continentais que na década de 1930 tinham sofrido decepções decorrentes de formulação de política econômica.

O que tornava tais projetos especialmente tentadores era o fato de serem, tipicamente, apresentados em termos do interesse comum, pan-europeu, e não como projeções egoístas de planos nacionais estanques. Eram projetos "europeus", e não alemães ou franceses, e eram muito admirados durante a guerra por aqueles que se esforçavam para crer que algo de bom poderia advir da ocupação nazista. O fato de que os próprios nazistas, a rigor, haviam unificado grande parte da Europa — removendo fronteiras, realizando expropriações, integrando redes de transportes etc. — tornou a idéia ainda mais plausível. E o atrativo de uma Europa liberada do passado e dos antagonismos mútuos era reconhecido também no exterior. Quatro anos após a derrota nazista, em outubro de 1949, George Kennan confessaria a Dean Acheson que, embora compreendesse a apreensão quanto à crescente importância da Alemanha em questões do Oeste Europeu, "sempre me pareceu, enquanto lá morei durante a guerra, que o que havia de errado com a nova ordem de Hitler era o fato de ser de Hitler".

A observação de Kennan foi feita em particular. Em público, depois de 1945, poucos se dispunham a dizer algo positivo acerca da Nova Ordem proposta durante a guerra — cuja ineficiência e má-fé Kennan subestimara um tanto. O argumento a favor da cooperação intraeuropéia, evidentemente, não arrefeceu — Jean Monnet, por exemplo, continuou a acreditar, depois da guerra (e já em 1943), que para usufruir "prosperidade e progresso social [...] os Estados da Europa devem formar [...] uma 'entidade européia', que os transforme em unidade". E havia entusiastas do Movimento pela Unidade Européia, formado em janeiro de 1947, a partir do incentivo de Churchill.

Winston Churchill foi um dos primeiros e mais influentes defensores de algum tipo de assembléia européia. Em 21 de outubro de 1942, escreveu a Anthony Eden: "Devo admitir que meus pensamentos estão, primeiramente, na Europa, no renascer da glória da Europa [...]. Seria um desastre imensurável se o bolchevismo russo encobrisse a cultura e a independência dos veneráveis Estados da Europa. Por mais difícil que seja agora prever, espero que a família européia possa agir com união, sob um Conselho da Europa." Mas as circunstâncias políticas do pós-guerra pareciam inadequadas a esses ideais. O melhor que se podia esperar era a criação de uma espécie de fórum europeu de debates, proposta formulada durante o Congresso do Movimento de Unidade Européia, realizado em Haia em maio de 1948. O "Conselho da Europa", que nasceu dessa sugestão, foi inaugurado em Estrasburgo, em maio de 1949, e reuniu-se, pela primeira vez, naquela mesma cidade, em agosto do mesmo ano, com a participação de delegados vindos da Grã-Bretanha, Irlanda, França, dos países do Benelux, da Itália, Suécia, Dinamarca e Noruega.

O Conselho não tinha poder nem autoridade, e tampouco status jurídico, legislativo ou executivo. Os "delegados" não representavam ninguém. O maior trunfo do Conselho era o simples fato da sua existência, mas, em novembro de 1950, o órgão expediu a "Convenção Européia dos Direitos Humanos", cuja importância se tornaria mais marcante nas décadas seguintes. Conforme o próprio Churchill havia reconhecido, num discurso feito em Zurique, em 19 de setembro de 1946: "O primeiro passo na recriação da família européia deve ser uma sociedade entre a França e a Alemanha." Mas nos anos do pós-guerra os franceses, como já vimos, não estavam dispostos a vislumbrar tal sociedade.

Contudo, ao norte da França, os vizinhos menores não perdiam tempo. Mesmo antes do fim da guerra, os governos exilados de Bélgica, Luxemburgo e Holanda assinaram o "Acordo do Benelux", que eliminava barreiras tarifárias e contemplava o trânsito livre de trabalho, capital e serviços entre os países signatários. A União Alfandegária do Benelux entrou em vigor em 1° de julho de 1948, sendo seguida por discussões esporádicas com a França e a Itália acerca de projetos que ampliassem a área de cooperação. Contudo, esses projetos embrionários relativos a uma "Pequena Europa" encalharam no problema alemão.

Todos concordavam, conforme concluíram os negociadores do Plano Marshall, reunidos em Paris em julho de 1947, que a "economia alemã deveria ser integrada à economia da Europa de modo a contribuir para a elevação do padrão de vida". A pergunta era — como? A Alemanha Ocidental, mesmo depois de 1949, quando se tornou um Estado, não tinha ligações orgânicas com o restante do continente, a não ser através dos mecanismos do Plano Marshall e da ocupação aliada — ambos temporários. A maioria dos europeus ocidentais ainda considerava a Alemanha uma ameaça, não uma parceira. No setor econômico, os holandeses sempre tinham dependido da Alemanha — 48% dos ganhos "invisíveis" da Holanda antes de 1939 vinham do comércio com a Alemanha, transportados pelos portos e canais da Holanda —, e o renascimento econômico germânico era vital para a região. Porém, em

1947, apenas 29% da população holandesa tinham uma atitude "amigável" em relação aos alemães, e para a Holanda era importante que uma Alemanha economicamente restabelecida fosse política e militarmente fraca. Essa visão era endossada pela Bélgica com veemência. Nem a Bélgica nem a Holanda contemplavam um acerto com a Alemanha, a menos que fosse contrabalançado pela garantia do envolvimento da Grã-Bretanha.

O impasse foi desfeito pelos eventos internacionais de 1948 e 1949. Com o golpe de Praga, o acordo para um Estado alemão ocidental, o bloqueio a Berlim e os planos para a formação da OTAN, ficou evidente para estadistas franceses, como Georges Bidault e Robert Schuman, que a França precisava repensar a abordagem a ser adotada diante da Alemanha. Haveria agora uma entidade política, a Alemanha Ocidental, que incluía o Ruhr e a Renânia — somente a pequenina Saarlândia tinha sido separada, temporariamente, do território da Alemanha, e o carvão da região não se prestava à fabricação de coque. Como seriam os recursos dessa nova República Federal, a um só tempo contidos e mobilizados a favor da França?

Em 30 de outubro de 1949, Dean Acheson apelou a Schuman para que a França tomasse a iniciativa de incorporar o novo Estado alemão ocidental aos assuntos de interesse europeu. Os franceses estavam bem a par da necessidade de *agir* — como Jean Monnet mais tarde lembraria a George Bidault, os EUA, certamente, incentivariam uma nova e independente Alemanha Ocidental a incrementar a produção de aço, o que provavelmente saturaria o mercado, forçando a França a proteger a sua própria indústria siderúrgica e, por conseguinte, provocando uma volta às guerras comerciais. Conforme vimos no Capítulo III, o plano de Monnet — e, com o plano, o restabelecimento da França — dependia de uma solução eficaz para esse dilema.

Foi nessas circunstâncias que Jean Monnet propôs ao ministro de Relações Exteriores da França o que ficou conhecido como "Plano Schuman". A medida constituiu verdadeira revolução diplomática, embora o processo já estivesse se desenvolvendo havia cinco anos. A essência do plano era bastante simples. Nas palavras de Schuman: "O governo francês propõe que a totalidade da produção franco-germânica de carvão e aço fique sujeita a uma Alta Autoridade Conjunta, inserida na estrutura de uma organização que também ficasse aberta à participação dos demais países da Europa." Mais do que um cartel de carvão e aço, mas muito, muito menos do que um projeto de integração européia, a proposta de Schuman representou uma solução prática para um problema que afligia a França desde 1945. No esquema de Schuman, a Alta Autoridade Conjunta tinha poderes para estimular a competição, fixar política de preços, direcionar investimentos e comprar e vender em nome dos países participantes. Mas, acima de tudo, a Alta Autoridade tomaria de mãos estritamente alemãs o controle do Ruhr e de outros recursos vitais germânicos. Representava uma solução européia para um — para *o* — problema francês.

Robert Schuman anunciou seu plano em 9 de maio de 1950, informando Dean Acheson a respeito um dia antes. Os britânicos não foram avisados previamente. O Quai d'Orsay obteve com essa atitude uma certa satisfação: foi a primeira de uma série de pequenas represálias contra decisões anglo-americanas tomadas anteriormente sem consulta a Paris. A mais recente dessas decisões tinha sido a desvalorização unilateral de 30% da libra esterlina, promovida pela Grã-Bretanha oito meses antes, ocasião em que somente os norte-americanos foram notificados com antecedência, o restante da Europa tendo se visto obrigado a seguir a Grã-Bretanha.[12] Ironicamente, foi a lembrança dos riscos de um renovado egoísmo econômico e da falta de comunicação entre os Estados europeus que levara Monnet e outros a pensar num meio de avançar rumo à solução por eles proposta.

O governo alemão acolheu, imediatamente, a proposta de Schuman, o que poderia parecer improvável: na exultante resposta a Schuman, Konrad Adenauer declarou que "esse plano do governo francês conferiu às relações entre nossos dois países, que estavam ameaçadas de paralisação devido a desconfianças e diferenças, um novo ímpeto em prol de uma cooperação construtiva". Ou, conforme ele disse, de modo mais direto, a seus assessores: "*Das ist unser Durchbruch*" — isto é o nosso grande avanço. Pela primeira vez, a República Federal da Alemanha entrava numa organização internacional nas mesmas bases que outros Estados independentes — e o país estaria agora comprometido com a aliança ocidental, como Adenauer desejava.

Os alemães foram os primeiros a ratificar o Plano Schuman. A Itália e os países do Benelux seguiram a Alemanha, embora os holandeses, a princípio, relutassem em se comprometer sem a adesão dos britânicos. Mas os britânicos declinaram o convite de Schuman e, sem a Grã-Bretanha, não havia a menor hipótese de os escandinavos assinarem. Portanto, apenas seis Estados da Europa Ocidental assinaram (em abril de 1951) o Tratado de Paris, fundando a Comunidade Européia do Carvão e do Aço (CECA).

Talvez valha a pena parar um instante para destacar uma característica da Comunidade que à época não passou despercebida. Todos os seis ministros das Relações Exteriores que assinaram o tratado em 1951 pertenciam aos partidos democratas cristãos dos respectivos países. Os três estadistas dominantes dos principais países membros — Alcide de Gasperi, Konrad Adenauer e Robert Schuman — eram egressos de regiões marginais de seus países: De Gasperi era de Trentino, no nordeste da Itália; Adenauer era da Renânia; Schuman, da Lorena. Quando De Gasperi nasceu — e ainda quando já era adulto —, Trentino fazia parte do Império Austro-húngaro, e De Gasperi estudou em Viena. Schuman cresceu numa Lorena que tinha sido incorporada ao Império Germânico. Na juventude, a exemplo de Adenauer, ele pertencera a associações católicas — na verdade, às mesmas associações a que Adenauer pertencera dez anos antes. Quando se encontravam, os três conversavam em alemão, seu idioma comum.

Para os três, assim como para os colegas democratas cristãos nativos de Luxemburgo (país bilíngüe), da Bélgica (bilíngüe e bicultural) e da Holanda, um projeto de cooperação européia fazia sentido tanto em termos culturais quanto econômicos: era razoável que tal projeto fosse visto como um aporte para a superação da crise de civilização que havia rachado a Europa cosmopolita do tempo da juventude desses homens. Originários das regiões marginais de seus respectivos países, onde identidades eram múltiplas e fronteiras fungíveis, Schuman e seus colegas não se perturbavam muito diante da perspectiva de certo grau de fusão da soberania nacional. Pouco tempo antes, os seis países membros da CECA tinham visto a sua soberania

---

[12] O ministro da Fazenda francês, Henri Queuille, queixou-se ao embaixador dos EUA na França, referindo-se à "total falta de lealdade da Grã-Bretanha".

ignorada, pisoteada pela guerra e pela ocupação; restava-lhes pouca soberania que pudesse ser perdida. E a preocupação comum (de democratas cristãos) quanto à coesão social e responsabilidade coletiva os predispunha a aceitar a idéia de uma "Alta Autoridade" transnacional que exercesse poderes executivos pelo bem comum.

Porém, mais ao norte, a perspectiva era bem diferente. Nas terras protestantes da Escandinávia e da Grã-Bretanha (ou sob o ponto de vista protestante de um alemão do norte, como Schumacher), a Comunidade Européia do Carvão e do Aço exalava um pouco de incenso autoritário. Tage Erlander, primeiro-ministro socialdemocrata sueco de 1948 a 1968, na verdade atribuía à presença da maioria católica na nova comunidade o motivo da ambivalência da Suécia em aderir à CECA. Em 14 de maio de 1950 — cinco dias após tomar conhecimento do Plano de Schuman —, Kenneth Younger, veterano conselheiro de Bevin, registrou em seu diário que, embora, de modo geral, fosse favorável à integração econômica européia, as novas propostas "por outro lado, [... talvez pudessem constituir] um passo rumo à consolidação de uma 'internacional negra' católica, força que sempre achei que estivesse por trás do Conselho da Europa". Na ocasião, esse ponto de vista não era considerado extremo, tampouco era incomum.

A CECA não era uma "internacional negra". Não era sequer uma alavanca econômica eficaz, uma vez que a Alta Autoridade nunca exerceu o tipo de poder pretendido por Monnet. Antes, e a exemplo de tantas outras inovações institucionais daqueles anos, a Comunidade propiciava o espaço psicológico para a Europa avançar com renovada autoconfiança. Conforme Adenauer explicou a Macmillan dez anos mais tarde, a CECA nem mesmo era uma organização econômica (e a Grã-Bretanha, em sua opinião, bem fizera em não aderir). Não se tratava de um projeto de integração européia, a despeito das fantasias de Monnet; era uma espécie de mínimo denominador comum do interesse mútuo que havia na Europa Ocidental na ocasião da assinatura do acordo, um veículo político disfarçado de mecanismo econômico, um artifício para superar a hostilidade franco-germânica.

Nesse ínterim, os problemas que a Comunidade Européia do Carvão e do Aço se destinava a tratar começaram a se resolver sozinhos. No último trimestre de 1949, a República Federal da Alemanha recuperou os níveis de produção industrial observados em 1936; já em fins de 1950, os níveis de 1936 haviam sido ultrapassados em um terço. Em 1949, a balança comercial da Alemanha Ocidental com a Europa baseava-se na exportação de matérias-primas (basicamente carvão). Um ano depois, em 1950, o saldo estava negativo, pois a Alemanha consumia as suas próprias matérias-primas, para alimentar a indústria local. Já em 1951, o saldo voltou a ser positivo e assim permaneceria por muitos anos, graças à exportação alemã de itens *industrializados*. No final de 1951, as exportações germânicas já superavam em mais de seis vezes o nível de 1948, e carvão, produtos manufaturados e o comércio da Alemanha abasteciam uma renascença econômica na Europa — na verdade, em fins dos anos 50, a Europa Ocidental sofria os efeitos de uma saturação de carvão. O quanto disso pode ser atribuído à CECA é questão um tanto duvidosa — foi a Coréia, e não Schuman, que acelerou a máquina industrial da Alemanha Ocidental. Mas, em última análise, a questão não teve grande importância.

Se a Comunidade Européia do Carvão e do Aço foi algo bem menor do que se julgava — se o comprometimento francês com os organismos supranacionais era apenas um mecanismo para controlar uma Alemanha da qual os franceses continuavam a desconfiar, e se o crescimento econômico europeu deveu pouco às ações de uma Alta Autoridade cujo impacto na competição, no emprego e nos preços foi mínimo —, por que, então, os britânicos se recusaram a aderir à CECA? Por que parecia ser algo tão importante que justificasse a opção britânica?

Os britânicos nada tinham contra uma união alfandegária na Europa — eram bastante favoráveis à união, ao menos no que se referia a outros europeus. O que os deixou pouco à vontade foi a idéia de uma instância executiva supranacional, implicada na instituição da Alta Autoridade, ainda que esta dirigisse apenas a produção e a fixação de preços de duas mercadorias. Já fazia algum tempo que Londres esclarecera esse ponto — em 1948, quando Bevin debateu com o Conselho Ministerial do governo trabalhista propostas relativas a uma futura Organização Européia de Cooperação Econômica, sua principal preocupação era que "o controle efetivo deveria ficar nas mãos das delegações nacionais [...] a fim de impedir que o colegiado (ou algum alto executivo 'independente') agisse sozinho [...]. Estava fora de questão que instruções fossem dadas pela organização a um determinado país membro, separadamente".

Essa relutância britânica em abrir mão de um controle em nível nacional era, evidentemente, incompatível com o propósito de Monnet em relação à CECA. Mas os britânicos consideravam a Comunidade uma ponta de interferência continental em assuntos britânicos, uma interferência cujas implicações eram ainda mais arriscadas por serem obscuras. Conforme Bevin explicou a Acheson, ao justificar a recusa da Grã-Bretanha em aderir à Comunidade, "quando estão em jogo questões de importância vital, não podemos comprar gato por lebre, e [tenho] certeza de que, se estivessem numa posição similar, os americanos pensariam o mesmo". Ou, como ele disse aos assessores, de modo mais expressivo, quando lhes falou das dúvidas que tinha acerca do Conselho da Europa: "Ao se abrir essa Caixa de Pandora, nunca se sabe que cavalos de Tróia pularão para fora."

Em parte, o raciocínio britânico era de natureza econômica. A economia britânica — especialmente o segmento que dependia do comércio — parecia estar bem mais saudável do que a dos vizinhos continentais. Em 1947, as exportações britânicas representavam, em valores, a soma das exportações da Franca, Itália, Alemanha Ocidental, dos países do Benelux, da Noruega e Dinamarca. Enquanto, naquela época, os Estados europeus negociavam sobretudo entre si, a Grã-Bretanha mantinha relações comerciais com o mundo inteiro — na realidade, em 1950, o comércio da Grã-Bretanha com a Europa era bem *inferior* ao que fora em 1913.

Aos olhos das autoridades britânicas, portanto, o país tinha mais a perder do que a ganhar comprometendo-se com uma participação em acordos econômicos restritivos e firmados com países cujos panoramas pareciam um tanto indefinidos. Um ano antes da proposta de Schuman, a posição do Reino Unido, expressa em particular por funcionários do alto escalão, era a de que, "a longo prazo, não é atraente para nós a cooperação econômica com a Europa.

Na melhor das hipóteses, será um desperdício de recursos. Na pior, pode causar sérios danos à nossa economia". Ao que deve ser acrescentada a apreensão do Partido Trabalhista diante da idéia de aderir a acordos continentais cuja natureza pudesse limitar a liberdade do partido para adotar políticas "socialistas" em âmbito doméstico, políticas intimamente relacionadas aos interesses dos antigos sindicatos da indústria que haviam fundado o Partido Trabalhista cinqüenta anos antes: conforme, em 1950, o primeiro-ministro interino, Herbert Morrison, explicou ao Conselho Ministerial, no momento em que o convite feito por Schuman era (brevemente) considerado: "Não adianta; não podemos fazer isso; os mineradores de Durham não vão vestir essa camisa."

E havia também a Comunidade das Nações Britânicas. Em 1950, a Comunidade incluía grandes extensões de terras na África, no sul da Ásia e nas Américas, muitas das quais ainda se encontravam em mãos britânicas. Territórios coloniais, da Malásia à Costa do Ouro (Gana), possuíam reservas em dólares e mantinham depósitos elevados em Londres — os notórios "saldos em libras esterlinas". A Comunidade (ou Império, termo ainda empregado pela maioria das pessoas) era grande fonte de matérias-primas e alimentos, e fazia parte da identidade nacional britânica, ou assim parecia à época. Para a maioria dos formuladores de políticas, era uma imprudência flagrante — além de ser praticamente impossível — integrar a Grã-Bretanha a qualquer sistema europeu continental que separasse o país dessa sua outra dimensão.

A Grã-Bretanha, então, fazia parte da Europa, mas também integrava uma comunidade imperial anglófona que se espalhava por todo o mundo. E tinha com os Estados Unidos uma ligação bastante peculiar. O povo britânico tendia a uma certa ambivalência em relação aos EUA: enxergava o país, à distância, como um "paraíso de esplendores de consumo" (Malcolm Bradbury), em contraste com a vida apertada dos britânicos, mas, pelo mesmo motivo, ressentia-se. Os dois governos, entretanto, continuavam a professar fé no que mais tarde seria chamado de "relação especial" entre os dois países. Em certa medida, isso decorreu da presença da Grã-Bretanha durante a guerra na "mesa principal", como uma das Três Grandes Potências em Yalta e Potsdam, e como a terceira potência nuclear, depois do sucesso do teste da bomba britânica, em 1952. Decorreu também da colaboração intensa entre os dois países durante a própria guerra. E apoiou-se um pouco na sensação de superioridade tipicamente inglesa em relação ao país que substituíra a Grã-Bretanha no ápice imperial.[13]

Os americanos sentiam-se decepcionados em face à relutância do Reino Unido diante da idéia de unir o seu destino à Europa, e irritados com a insistência da Grã-Bretanha em preservar seu status imperial. Entretanto, a atitude de Londres, em 1950, traduzia mais do que auto-engano imperial ou teimosia. A Grã-Bretanha, conforme mais tarde admitiria Jean Monnet em suas memórias, não tinha sido invadida ou ocupada: "Não sentia a necessidade de exorcizar a História." Os britânicos vivenciaram a Segunda Guerra Mundial como um momento de reconciliação nacional, de união de esforços, e não como um rasgão na malha do Estado e da nação (como a guerra era lembrada do outro lado do canal). Na França, o conflito reve-

[13] Ponto de vista captado com sutileza nestes versos anônimos, escritos durante as negociações do empréstimo concedido à Grã-Bretanha no pós-guerra: "Em Washington, lorde Halifax / Certa vez sussurrou a lorde Keynes: / É verdade, eles têm mais dinheiro / Mas somos *nós* que pensamos primeiro."

lou tudo o que havia de errado na cultura política da nação; na Grã-Bretanha, a luta pareceu confirmar tudo o que havia de certo e positivo nas instituições e nos hábitos nacionais. A Segunda Guerra Mundial, para a maioria dos britânicos, fora travada entre a Alemanha e a Grã-Bretanha, e os britânicos tinham saído triunfantes e devidamente vingados.[14]

Esse orgulho contido diante da capacidade de sofrer, resistir e vencer marcou a Grã-Bretanha, em contraste com o continente. E isso também modelou a cultura política dos anos do pós-guerra. Nas eleições de 1945, pela primeira vez na História, o Partido Trabalhista obteve ampla maioria no Parlamento e, conforme vimos, fez avançar uma vasta gama de nacionalizações e reformas sociais, culminando com a implantação do primeiro Estado previdenciário do mundo. As reformas introduzidas pelo governo foram, de modo geral, bem recebidas pelo povo — apesar de causarem poucas mudanças nos hábitos e afinidades mais arraigados da nação. Nas palavras de J. B. Priestley, escrevendo para o periódico *New Statesman*, em julho de 1949: "Somos uma monarquia socialista que na realidade é o último monumento ao liberalismo."

Na Grã-Bretanha do pós-guerra, a política interna ocupou-se de questões de justiça social e das reformas institucionais necessárias à concretização dessa justiça. Em grande medida, a situação resultou da soma de equívocos por parte de governos anteriores quanto à maneira de abordar as desigualdades sociais; na opinião de muitos observadores, a retomada tardia do debate acerca de gastos públicos urgentes — para saúde, educação, transporte, habitação, pensões etc. — constituía uma merecida recompensa pelos sacrifícios recentemente feitos pelo país. Mas significava também que a maioria dos eleitores britânicos (e muitos parlamentares) não fazia a menor idéia do grau de pobreza que existia no país, nem do quanto custara à população a vitória na luta épica travada contra a Alemanha.

Em 1945, a Grã-Bretanha estava insolvente. Os britânicos recrutaram mais indivíduos (e durante mais tempo) para as Forças Armadas do que qualquer outro país: em 1945, 10 milhões de homens e mulheres empunhavam armas, ou as fabricavam, isso num universo de 21,5 milhões de adultos empregados. Em vez de ajustar o esforço de guerra britânico aos recursos limitados do país, Winston Churchill gastou todas as fichas — tomando empréstimos aos americanos e vendendo patrimônio britânico no exterior, para manter o fluxo de verbas e equipamentos. Como disse um ministro da Fazenda do tempo da guerra, naqueles anos observou-se "a transição da Inglaterra, do status de maior nação credora do mundo ao de maior nação devedora do mundo". O custo da Segunda Guerra Mundial para a Grã-Bretanha foi duas vezes maior do que o da Primeira Guerra; o país perdeu a quarta parte da riqueza nacional.

Isso explica as recorrentes crises monetárias da Grã-Bretanha no pós-guerra, pois a nação se esforçava para pagar dívidas imensas em dólares, recorrendo a uma receita drasticamente reduzida. Esse é um motivo pelo qual, na Grã-Bretanha, o Plano Marshall quase não teve impacto em termos de investimento ou modernização industrial: 97% da contrapartida de recursos (mais do que em qualquer outro lugar) foram utilizados para pagar a gigantesca

[14] É compreensível que os alemães *não* recordassem a guerra nesses termos e, nas décadas seguintes, tenham ficado atônitos diante de canções de torcedores ingleses de futebol e manchetes de jornais britânicos em que alemães eram chamados de "Hans", "Krauts" etc.

dívida do país. Para qualquer nação européia de porte médio, as circunstâncias difíceis observadas no pós-guerra na Grã-Bretanha seriam bastante problemáticas; mas, no caso britânico, os problemas ficavam evidentemente exacerbados pela escala global das responsabilidades imperiais do país.

Para a Grã-Bretanha, o custo da manutenção do status de Grande Potência aumentara muito desde 1939. Entre 1934 e 1938, os gastos totais do país com atividades militares e diplomáticas contabilizaram 6 milhões de libras esterlinas por ano. Em 1947, somente para a rubrica de gastos com o setor militar, o governo orçou 209 milhões de libras. Em julho de 1950, às vésperas da Guerra da Coréia — i.e., *antes* que as despesas com defesa, após o início da guerra, aumentassem —, a Grã-Bretanha tinha uma esquadra completa no Atlântico, outra no Mediterrâneo e uma terceira no oceano Índico, além de uma "Estação-China" permanente. O país mantinha 120 esquadrões da Real Força Aérea pelo mundo inteiro, e dispunha de exércitos ou setores de exércitos lotados em bases permanentes em Hong Kong, na Malásia, no Golfo Pérsico e no Norte da África, em Trieste e na Áustria, na Alemanha Ocidental e no próprio Reino Unido. Além do mais, havia uma extensa e dispendiosa rede diplomática, consular e de inteligência espalhada mundo afora, aliada ao serviço público que operava junto às colônias, o que, por si só, já constituía um peso burocrático e administrativo, ainda que tivesse sido recentemente reduzido, em decorrência da saída britânica da Índia.

Dadas as circunstâncias extenuantes, o único meio de o país honrar os pagamentos era impor a si mesmo medidas de austeridade e penúria sem precedentes — o que, em parte, explica uma característica tão comentada quando se fala daqueles anos: a altiva e vitoriosa Grã-Bretanha parecia mais sovina, mais pobre, mais cinzenta e sombria do que qualquer das terras derrotadas, ocupadas e arrasadas que ficavam do outro lado do canal. Tudo era racionado, restringido, controlado. O editor e ensaísta Cyril Connolly, apesar de ser reconhecidamente pessimista (mesmo nos melhores tempos), captou muito bem o estado de espírito da época, numa comparação que fez entre os Estados Unidos e a Grã-Bretanha, em abril de 1947:

> Aqui o ego está um tanto sob pressão; a maioria de nós não é constituída de indivíduos, mas de integrantes de uma numerosa classe neutra, abatida, exausta, submetida a um número excessivo de leis, com nossas roupas desmazeladas, nossos cartões de racionamento e nossas histórias de suspense, nossa apatia invejosa, severa, típica do velho mundo — um povo exaurido. E o símbolo desse estado de espírito é Londres, hoje em dia a maior, mais triste e mais suja das grandes cidades, com quilômetros de casas sem pintura, sem habitantes, restaurantes sem comida, pubs sem cerveja, bairros outrora vivos ora perdendo a personalidade, praças desprovidas de elegância [...] multidões vagueando pelo vime verde manchado das lanchonetes, com suas capas de chuva surradas, sob um céu sempre sombrio e pesado como uma tampa metal de travessa.

Foi um tempo de austeridade. Com o intuito de aumentar os níveis de exportação do país (e assim obter moeda estrangeira), quase tudo era racionado ou, simplesmente, indisponível: carne, açúcar, roupas, carros, gasolina, viagens internacionais, até doces. O racionamento de pão, jamais imposto durante a guerra, foi introduzido em 1946 e somente abandonado em julho de 1948. Em 5 de novembro de 1949, o governo comemorou, com alarde, o "fim das restrições"; mas com o aperto do cinto causado pela Guerra da Coréia, muitas daquelas mesmas restrições tiveram de ser reinstituídas, e o racionamento básico de comida só acabou na Grã-Bretanha em 1954 — muito depois do restante da Europa Ocidental. Cenas urbanas na Grã-Bretanha do pós-guerra pareceriam rotineiras aos cidadãos do bloco soviético — segundo as palavras de uma dona de casa inglesa, relembrando aqueles anos: "Era fila para tudo [...], mesmo que desconhecêssemos o motivo da fila [...], entrávamos na fila, porque sabíamos que haveria algo nos esperando no final dela".

Os britânicos se mostraram extremamente tolerantes diante das privações — em parte devido à crença de que tais privações eram, ao menos, vivenciadas por toda a comunidade; mas o acúmulo de frustração decorrente do racionamento e das restrições, bem como um certo ar de paternalismo puritano observado em alguns ministros do Partido Trabalhista (especialmente o chanceler do Erário, sir Stafford Cripps), contribuiu para a recuperação eleitoral dos conservadores, na década de 1950. A sensação de que não havia escolha e de que o governo sabia o que estava fazendo tornou a primeira geração do pós-guerra na Inglaterra, conforme relembra o romancista David Lodge, falando de sua juventude, "cautelosa, hesitante, grata por pequenos favores e modesta em ambição", estabelecendo um contraste marcante com a geração seguinte. E, ao que parece, os favores não eram tão pequenos. Conforme Sam Watson, veterano líder do sindicato dos mineradores de Durham, fez lembrar aos colegas, durante a convenção anual do Partido Trabalhista, em 1950: "A pobreza está extinta. A fome é algo desconhecido. Os doentes têm assistência, os idosos, carinho; nossos filhos crescem numa terra de oportunidades."

A Grã-Bretanha continuava a ser uma sociedade reverente, dividida em classes — e o Estado previdenciário, conforme vimos, beneficiou o "cidadão mediano", acima de tudo. E, na realidade, renda e riqueza *foram* redistribuídas como resultado da legislação do pós-guerra — o quinhão da riqueza nacional nas mãos do segmento mais rico da população (1%) caiu de 56%, em 1938, para 43%, em 1954; e o efetivo desaparecimento do desemprego apontou um contraste otimista em relação à sombria década que antecedeu a guerra. Entre 1946 e 1948, 150 mil britânicos migraram para Canadá, Austrália e Nova Zelândia, e muitos outros contemplaram migração; porém, a partir de 1951, parecia que os piores momentos dos anos de austeridade já haviam passado, e o país pôde oferecer a si mesmo o espetáculo otimista do "Festival da Grã-Bretanha", em comemoração ao centenário da grande Exposição de 1851, promovida pelo príncipe Albert.

Os sentimentos daquele momento foram bem captados pelo documentário cinematográfico que Humphrey Jennings produziu a respeito da Inglaterra, em 1951, intitulado *Retrato de Família*. O próprio título já aponta algo característico do país — documentarista algum na França, Itália, Alemanha ou Bélgica pensaria em tal formulação. O filme celebra a "inglesidade", fortemente colorida por lembranças comuns de sofrimento e glória na guerra recente, e é imbuído de indisfarçável orgulho das peculiaridades locais. É grande a ênfase em ciência e progresso, propósito e trabalho. E não há qualquer referência a vizinhos ou aliados da Inglaterra. Em 1951, o país é apresentado sozinho, conforme a situação na qual já se achava em 1949. Já em 1828, o poeta alemão Heinrich Heine fez o comentário de que "raramente é possível, para os ingleses, em seus debates parlamentares, expressarem princípios. Limitam-se a discutir a utilidade ou inutilidade de algo, e a apresentar fatos a favor e contra". Os britânicos recusaram o convite feito por Robert Schuman, em 1950, porque julgavam inútil a adesão a um projeto econômico europeu, e por causa de um antigo incômodo em relação às trapalhadas continentais. Mas a decisão britânica de ficar de fora da CECA foi, acima de tudo, instintiva, psicológica, fruto da extrema peculiaridade da experiência britânica recente. Falando para uma platéia de nova-iorquinos, em janeiro de 1952, Anthony Eden assim resume a decisão britânica: "Isso é algo que sabemos, no íntimo, que não podemos fazer."

A decisão não foi definitiva; porém, tomada naquele momento, mostrou-se profética. Com a ausência da Grã-Bretanha (e dos escandinavos, na esteira da Grã-Bretanha), o poder na "pequena Europa" Ocidental caiu, automaticamente, nas mãos da França. Os franceses, então, fizeram o que os britânicos teriam feito em outras circunstâncias, e forjaram a "Europa" à imagem francesa, moldando instituições e políticas de acordo com um formato baseado em precedentes franceses. Naquele momento, foram os europeus continentais, não os britânicos, que lamentaram o curso dos acontecimentos. Muitos líderes europeus ilustres desejavam, sinceramente, a adesão da Grã-Bretanha. Conforme mais tarde observou Paul-Henri Spaak, estadista belga, em tom pesaroso: "A liderança moral — viria de bandeja." Também Monnet, mais tarde, indagaria como teria sido se a Grã-Bretanha tivesse tomado a iniciativa num momento em que a autoridade britânica era inigualável. Dez anos depois, é verdade, os britânicos reconsiderariam. Mas, na Europa do pós-guerra, dez anos era muito tempo, e àquela altura os dados já tinham sido lançados.

VI
Entrando no Furacão

"Digam o que quiserem — os comunistas foram mais inteligentes. Tinham um programa grandioso, planos para um mundo novo em folha, em que todos teriam o seu lugar [...]. Desde o início, houve quem percebesse que carecia de natureza idílica e desejasse deixar o país. Mas, uma vez que, por definição, idílio é um mundo para todos, os indivíduos que queriam emigrar negavam, implicitamente, a validade do idílio. Em vez de irem para o exterior, foram parar detrás das grades."

Milan Kundera

"E, portanto, foi necessário ensinar às pessoas a não pensar e não julgar, induzi-las a ver o que não existia e a defender o oposto do que era óbvio para todos."

Boris Pasternak, Doutor Jivago

"Conheci muita gente no campo capaz de combinar um arguto entendimento do que se passava no país como um todo com o culto religioso a Stalin."

Eugenia Ginsburg, Journey into the Whirlwind (Jornada ao Furacão)

"Stalinismo significa matar o homem interior. A despeito do que dizem os sofistas, a despeito das mentiras dos intelectuais comunistas, essa é a questão básica. O homem interior precisa ser morto para que o Decálogo comunista seja alojado na alma."

Alexander Wat

"Aqui, eles primeiro enforcam o sujeito, depois o julgam."

Molière, Monsieur de Pourceaugnac

Para os observadores ocidentais, nos anos subseqüentes a 1945, a União Soviética apresentava características assustadoras. O Exército Vermelho se deslocava a pé e arrastava armas e suprimentos em carroças puxadas por animais de carga; os soldados não tinham direito a licença e, se vacilassem, não contavam com clemência nenhuma: apenas em 1941 e 1942, 153.593 soldados foram executados por "covardia". Porém, depois de um início titubeante, a URSS produziu mais e lutou mais do que o colosso nazista, arrancando o coração da magnífica máquina militar alemã. Tanto para os amigos quanto para os inimigos, a vitória soviética na Segunda Guerra Mundial prestou testemunho dos feitos dos bolcheviques. A política de Stalin foi justificada, e os crimes por ele cometidos antes da guerra, em grande medida, esquecidos. O sucesso, conforme Stalin bem sabia, é uma fórmula que dá certo.

Mas a vitória soviética custou muito caro. De todos os vencedores da Segunda Guerra Mundial — na verdade, de todas as nações que participaram do conflito (vencedores e vencidos) —, a URSS foi a única que sofreu danos econômicos permanentes. As perdas em vidas humanas e recursos foram imensas, e seriam sentidas durante décadas. Zdeněk Mlynář, comunista tcheco que em 1951 estudava em Moscou, relembra a capital atolada em "pobreza e atraso [...] um imenso vilarejo de casebres de madeira". Longe das cidades, a situação era bem pior. Estradas, pontes, ferrovias tinham sido deliberadamente destruídas em quase toda a Bielo-Rússia, na Ucrânia e no oeste da Rússia. No início dos anos 50, a safra de grãos foi menor do que a de 1929, a qual, por sua vez, havia sido bem inferior à última safra colhida em tempo de paz, na época dos tsares. A guerra tinha sido travada em algumas das terras soviéticas mais férteis, e centenas de milhares de cavalos, vacas, porcos e outros animais foram mortos. A Ucrânia, que jamais se recuperara da fome propositada e punitiva dos anos 30, deparava-se com nova fome — agora não planejada — no inverno de 1946 e na primavera de 1947.

Mas os anos da guerra também testemunharam o que viria a ser uma duradoura semimilitarização da vida soviética. A administração centralizada e o foco implacável na produção de tanques, canhões e aviões tinham transformado a URSS, no decorrer da guerra, em máquina bélica extremamente eficaz, negligente quanto à vida e ao bem-estar humano, mas bem preparada para enfrentar a guerra generalizada. O grupo de burocratas do partido formado durante a guerra — a geração de Brejnev — acreditava que força e sucesso dependiam da produção em larga escala por parte de indústrias ligadas à defesa, e tal grupo haveria de dirigir o país ao longo dos quarenta anos seguintes, tendo sempre em mente esse modelo. Antigas metáforas leninistas de luta e confronto de classes podiam agora ser relacionadas a nobres lembranças de uma guerra real. O Estado-Partido Soviético adquiriu um novo mito fundador: a Grande Guerra Patriótica.

Graças ao tratamento que os nazistas davam às terras e aos povos subjugados, a luta de 1941 a 1945 na Rússia *foi* uma guerra patriótica. Stalin encorajava expressões autônomas de sentimento nacional e religioso da população russa, permitindo que o partido e seus objetivos fossem, temporariamente, substituídos por uma aura de propósito comum na batalha titânica contra os invasores germânicos. E a ênfase nas raízes soviéticas do passado imperial russo também serviu aos objetivos de Stalin durante a investida soviética sobre a Europa Central.

O que Stalin queria na Europa, mais do que tudo, como vimos, era segurança. Mas ele também tinha interesse nos benefícios econômicos que decorriam das vitórias no Ocidente. Os pequenos Estados da Europa Central, desde a Polônia até a Bulgária, já viviam sob a ameaça do domínio germânico muito antes da Segunda Guerra Mundial: especialmente na década de 1930, a Alemanha nazista era o principal parceiro comercial desses países e fonte de capital estrangeiro. Durante a guerra, essa relação foi simplificada, transformada na relação semelhante à que existe entre senhor e escravo, na qual a Alemanha, em seu esforço de guerra, arrancava o máximo possível da terra e da população. O que aconteceu depois de 1945 foi que a União Soviética assumiu o controle, literalmente, a partir do ponto em que os alemães tinham deixado, anexando a Europa Oriental à economia da URSS, como uma fonte a ser explorada à vontade.

A União Soviética recebeu indenizações da Hungria e da Romênia, ex-aliadas de Hitler. Essas indenizações, assim como as que foram extraídas da Zona Soviética na Alemanha, pouco recompensaram as perdas da Rússia, mas representaram grandes sacrifícios por parte dos países pagadores: em 1948, as indenizações pagas pela Romênia à URSS somaram 15% da renda nacional; na Hungria, esse valor foi de 17%. Em relação aos países que não haviam lutado contra ele, Stalin não foi menos exigente, mas o fez em termos "fraternais" e não punitivos.

Estima-se que até o final da década de 1950 a União Soviética tenha retirado da RDA, Romênia e Hungria muito mais do que despendeu para controlá-las. Na Tchecoslováquia as despesas se equipararam às receitas. Entre 1945 e 1960, o auxílio à Bulgária e, especialmente, à Polônia deve ter custado bem mais a Moscou do que esses países propiciaram à metrópole em termos de comércio e produção industrial. Esse modelo de benefícios inconstantes nas relações econômicas entre metrópole e colônia é conhecido por historiadores que estudam o colonialismo, e nesse particular a relação entre a URSS e suas terras a oeste era convencionalmente "imperial" (exceto que, no caso soviético, o centro imperial era, na verdade, mais pobre e mais atrasado do que a periferia subjugada).

A diferença entre Stalin e outros construtores de impérios, inclusive os tsares, era a insistência de Stalin em reproduzir nos territórios sob seu controle formas de governo e sociedade *idênticas* àquelas verificadas na União Soviética. Assim como fizera no leste da Polônia entre 1939 e 1941, e nos Estados bálticos, em 1940 e, novamente (depois que a região foi reconquistada dos nazistas), em 1945, Stalin dispôs-se a remodelar a Europa Oriental à imagem soviética, a reproduzir a História, as instituições e práticas soviéticas em cada um dos pequenos Estados agora controlados pelos partidos comunistas.

Albânia, Bulgária, Romênia, Hungria, Tchecoslováquia, Polônia e a República Democrática Alemã destinavam-se a se tornar, na expressão bem escolhida de um estudioso, "réplicas do Estado [soviético], geograficamente contíguas".[1] Cada um desses países deveria ter a sua Constituição inspirada na Constituição soviética (a primeira dessas Constituições foi adotada na Bulgária, em dezembro de 1947; a última, na Polônia, em julho de 1952). Todos deveriam implementar "reformas" econômicas e adotar Planos Qüinqüenais a fim de alinhar suas instituições e práticas às da União Soviética. Todos deveriam se tornar Estados policiais, segundo o modelo soviético. E todos deveriam ser governados através do aparato de um Partido Comunista subserviente (de fato, se não de direito) ao Partido Comunista que governava em Moscou.[2]

Os motivos que levaram Stalin a reproduzir a sociedade soviética nos Estados-satélites eram, mais uma vez, bastante simples. Na Europa Oriental do pós-guerra, o desejo generalizado por paz, terra, alimento e um novo começo talvez tenha facilitado o caminho dos comunistas até o poder, mas não era uma garantia de apoio local à política soviética. A preferência por comunistas, em relação a fascistas ou a alguma forma de socialdemocracia, não bastava

[1] Professor Kenneth Jowett, da Universidade da Califórnia, em Berkeley.

[2] As instituições da República Democrática Alemã eram um tanto diferentes, o que refletia a condição da RDA aos olhos soviéticos. Mas o espírito das leis e das práticas na RDA era, impecavelmente, ortodoxo.

para se sobreviver à experiência concreta de um domínio comunista. Até mesmo o apelo da garantia soviética contra o revanchismo alemão talvez declinasse com o passar do tempo.

Stalin precisava assegurar a aliança inabalável dos vizinhos satélites, e só conhecia um meio de fazê-lo. Primeiro, o partido precisava conquistar o monopólio do poder. De acordo com a Constituição húngara de agosto de 1949, o partido deveria reservar para si o "papel principal", extinguindo ou absorvendo todas as demais entidades políticas. O partido se tornou o único veículo de mobilidade social, a única fonte de patrocínio, e ministrador de justiça — através do controle exercido sobre os tribunais. Inseparável do Estado, cujas instituições eram por ele mobilizadas, e recebendo instruções diretamente de Moscou, o partido local e seu aparato de segurança estatal eram a alavanca mais direta à disposição do comando soviético.

Segundo, o partido-Estado exerceria o monopólio sobre as decisões econômicas. Essa não era uma questão simples. As economias dos Estados do Leste Europeu variavam consideravelmente. Algumas eram modernas, urbanas e industriais, com uma classe operária considerável; outras (a maioria) eram rurais e empobrecidas. Algumas, como a Polônia e a Hungria, contavam com setores estatais bastante desenvolvidos, que remontavam a um período anterior à guerra, ocasião em que foram adotadas estratégias de proteção contra a invasão econômica alemã. Em outras, como a Tchecoslováquia antes da guerra, propriedade e atividade empresarial tinham estado, primordialmente, em mãos do setor privado. Alguns países e regiões tinham um setor comercial próspero; outros faziam lembrar regiões da própria União Soviética. A maior parte da região havia sofrido amargamente os efeitos da Depressão e das políticas protecionistas autárquicas adotadas para combatê-la; porém, durante a guerra, como vimos, determinados setores industriais — especialmente na Hungria e na Eslováquia — tinham, na realidade, se beneficiado do investimento germânico em produção bélica.

Apesar dessa variedade, as tomadas de controle pelos comunistas foram logo seguidas da imposição de uniformidade econômica em toda a região. Primeiramente, em consonância com a redefinição leninista de "socialismo" como questão de propriedade e não de relações sociais, o Estado expropriou grandes empresas de serviços, comércio e indústria, nos casos em que essas ainda não estivessem nas mãos do setor público. Em seguida, o Estado tomou, tributou ou levou à falência todas as empresas que empregavam mais do que cinqüenta pessoas. Na Tchecoslováquia, já em dezembro de 1948, quase não existia empresa privada com mais de vinte empregados. Na mesma data, 83% da indústria húngara estavam em mãos do Estado, 84% da indústria polonesa, 85% da indústria romena e 98% da indústria búlgara.

Um dos procedimentos utilizados para a eliminação da classe média detentora de propriedade privada no Leste Europeu foi a reforma monetária. O mecanismo se mostrou eficaz na destruição das poupanças financeiras de camponeses e empresários, constituindo uma espécie de atualização de imposições antigas como a tributação forçada sobre o capital. Na Romênia houve duas reformas, uma em agosto de 1947 (cujo objetivo legítimo era acabar com a hiperinflação) e a outra em janeiro de 1952, ocasião em que camponeses que acumularam poupanças nos quatro anos anteriores (havia pouco em que gastar dinheiro) tiveram as suas economias anuladas.

Tanto quanto na União Soviética, no Leste Europeu, sob o domínio soviético, a classe camponesa estava condenada. Nas zonas rurais, as primeiras reformas implementadas no pós-guerra promoveram a distribuição de pequenos lotes de terra a um grande número de agricultores. Porém, ainda que politicamente populares, as reformas apenas exacerbaram na região a antiga crise agrária: investimentos insuficientes em maquinaria e fertilizantes, elevados índices de subemprego e cinco décadas de contínuo declínio de preços de produtos agrícolas. Enquanto não se viram firmemente investidos de poder, os Partidos Comunistas do Leste Europeu estimularam, ativamente, uma redistribuição ineficiente de terras. Porém, a partir de 1949, com crescente urgência e agressividade, os partidos promoveram a destruição dos "*nepmen*" e "*kulaks*".[3]

Nos primeiros estágios da coletivização rural, pequenos proprietários de terras — àquela altura eram poucos os grandes proprietários — foram penalizados com tributação pesada (muitas vezes superior à renda desses mesmos camponeses), com preços e cotas diferenciadas que favoreciam as novas fazendas coletivas e estatais, com a retenção de cartões de racionamento e discriminação contra seus filhos, aos quais era negado estudo além do nível fundamental. Mesmo sob tais condições, um número inesperado de camponeses independentes continuou fixado à terra, embora, no mais das vezes, em "minifúndios" de 2 hectares ou menos, economicamente insignificantes.

Na Romênia, onde no outono de 1950 dezenas de milhares de camponeses foram compulsoriamente registrados em fazendas coletivas, e onde o regime exercia a força sem qualquer inibição, em 1962 o futuro presidente Nicolau Ceauşescu pôde anunciar, orgulhosamente, a completude da coletivização rural "três anos antes do prazo". Na Bulgária, no decorrer dos dois primeiros Planos Qüinqüenais, com início em 1949, as terras férteis foram inteiramente removidas do setor privado. Na Tchecoslováquia, onde a coletivização teve um começo bastante tardio (em 1956, a maior parte das terras aráveis ainda era propriedade privada), 95% das terras agrícolas seriam apropriados nos dez anos seguintes, e pouco menos (85%) em regiões retrógradas e inacessíveis da Eslováquia. Mas ali, assim como na Hungria e por toda a região, fazendeiros independentes mal sobreviviam. As medidas adotadas contra eles e a destruição de mercados e redes de distribuição eram a garantia do seu empobrecimento e da sua ruína.

A natureza irracional, por vezes surreal, das práticas econômicas soviéticas era fielmente reproduzida em todo o bloco. Em 30 de setembro de 1948, Gheorghe Gheorghiu-Dej, membro do Partido Comunista Romeno, anunciou: "Pretendemos realizar um acúmulo socialista à custa dos elementos capitalistas presentes na zona rural" — isso num país onde "elementos capitalistas" na economia rural eram notoriamente inexistentes. Na Eslováquia, ao longo de 1951, constatou-se até mesmo um esforço de enviar trabalhadores urbanos e funcionários públicos para o campo. A chamada "Operação Setenta Mil Devem Ser Produtivos" foi desastrosa, e logo abandonada; mas esse exercício de maoísmo *avant l'heure*, a apenas 80 quilômetros a leste de Viena, revela muito da atmosfera da época. Nesse ínterim, em terras bálticas

[3] Respectivamente, "novos burgueses" e "fazendeiros ricos". (N. do T.)

recém-sovietizadas, a conseqüência da reforma agrária comunista foi uma escassez duradoura e institucionalizada, em países onde até então comida era farta e de baixo custo.[4]

Para lidar com o fracasso de tal política, as autoridades introduziram leis no estilo soviético que condenavam "parasitismo", "especulação" e "sabotagem". Nas palavras da Dra. Zdenka Patschová, juíza e integrante da Assembléia Nacional Tchecoslovaca, dirigindo-se, em 27 de março de 1952, aos colegas legisladores: "Desmascarar os ricos dos vilarejos é a tarefa principal dos processos jurídicos [...]. A falha no embarque e o descumprimento do plano de produção [agrícola] devem ser punidos severamente, como sabotagem." Conforme esse eco da retórica soviética dos anos 30 sugere, a antipatia pelo camponês e a implementação da coletivização rural eram provas cabais da ortodoxia stalinista.

A curto prazo, a implementação de planos de inspiração soviética para a *indústria* foi um desastre bem menos óbvio: há certas coisas que economias hegemônicas podem fazer muito bem. A coletivização da terra e a destruição da pequena empresa liberaram um excedente de homens e mulheres para o trabalho em minas e fábricas; a obstinada ênfase comunista em investimentos na produção de maquinaria pesada, em vez de bens de consumo, garantiu níveis de produção sem precedentes. Planos Qüinqüenais foram adotados por toda parte, com objetivos extremamente ambiciosos. Em termos de produção bruta, os índices de crescimento observados durante a primeira fase de industrialização impressionam, notadamente em países como Bulgária e Romênia, que começaram praticamente do nada.

O número de pessoas empregadas na agricultura, mesmo na Tchecoslováquia, o país mais urbanizado da região, caiu 18% entre 1948 e 1952. Na Zona Soviética da Alemanha, a produção de aço bruto subiu de 120 mil toneladas, em 1946, para mais de 2 milhões, em 1953. Regiões da Europa Oriental (o sudoeste da Polônia e o cinturão industrial a noroeste de Bucareste) transformaram-se, quase da noite para o dia: cidades inteiras foram construídas — por exemplo, Nowa Huta, perto de Cracóvia — para abrigar os milhares de trabalhadores empregados na fabricação de ferro, aço e ferramentas. Numa escala devidamente menor, a industrialização semimilitarizada, monolítica e de primeira geração que ocorrera na União Soviética no entreguerras estava sendo repetida em todo o bloco soviético. Assim como haviam feito na Rússia, no Leste Europeu os comunistas produziam uma versão reduzida e acelerada da revolução industrial vivida pelo Oeste Europeu no século XIX.

Vista sob essa luz, a história econômica do Leste Europeu, após 1945, relembra o modelo de recuperação da Europa Ocidental naqueles mesmos anos. Também na Europa Ocidental, investimentos em produtividade e crescimento tiveram prioridade sobre a provisão de serviços e bens de consumo, embora o Plano Marshall atenuasse a severidade dessa estratégia. Também na Europa Ocidental, determinados setores industriais e locais partiram de índices baixos, e uma transição dramática, do campo para a cidade, ocorreu ao longo dos anos 50, especialmente na Itália e na França. Mas aí acabam as semelhanças. A característica marcante

---

[4] Os Estados bálticos, inteiramente incorporados à União Soviética, ficaram em condições ainda piores do que o restante do Leste Europeu. Em 1949, *kolkhozi* (propriedades coletivas) no norte da Estônia foram obrigados a começar o embarque de grãos antes mesmo do início da colheita, a fim de seguir o ritmo da Letônia, 400 quilômetros ao sul. Já em 1953, as condições rurais na Estônia, antes próspera, haviam deteriorado a tal ponto que o gado era derrubado pelo vento e não tinha forças para se levantar sem ajuda.

da história econômica do Leste Europeu comunista é que, além de carvão, aço, fábricas e prédios residenciais, a primeira fase da industrialização soviética produziu distorções grotescas e contradições, mais até do que na própria URSS.

Depois da criação, em janeiro de 1944, do Comecon (Conselho para Assistência Econômica Mútua),[5] as regras aplicáveis ao comércio entre os Estados comunistas foram estabelecidas. Cada país tinha de negociar bilateralmente com a União Soviética (outro eco de exigências que remontavam à era nazista, com Moscou, novamente, substituindo Berlim) e era obrigado a desempenhar um papel não-negociável na economia comunista internacional. Assim, Alemanha Oriental, Tchecoslováquia e Hungria forneceriam produtos industriais acabados para a URSS (a preços fixados por Moscou), enquanto Polônia e Romênia se especializariam na produção e exportação de alimentos e produtos industriais primários. Em troca, a União Soviética forneceria matérias-primas e combustíveis.

A não ser pela estranha inversão aqui previamente destacada — na qual a potência imperial fornecia matérias-primas e as colônias exportavam produtos acabados —, a estrutura é remanescente da colonização européia ultramarina. E, conforme se deu no caso de colônias não-européias, assim foi no Leste Europeu: as economias nativas padeceram de deformações e subemprego. Alguns países foram proibidos de fabricar produtos acabados, outros instruídos a manufaturar determinados itens em larga escala (sapatos na Tchecoslováquia, caminhões na Hungria) e vendê-los para a URSS. Não se prestava atenção à economia de vantagens comparativas.

O modelo soviético dos anos 30, improvisado para se adequar às circunstâncias nacionais específicas — grandes distâncias, fartura de matérias-primas e infinita mão-de-obra de baixo custo e não-especializada —, não fazia o menor sentido em países pequeninos como a Hungria e a Tchecoslováquia, carentes de matérias-primas, mas dotados de força de trabalho especializada e mercados internacionais consolidados para produtos de alto valor agregado. O caso tcheco é particularmente interessante. Antes da Segunda Guerra Mundial, as regiões tchecas da Boêmia e da Morávia (que antes de 1914 já eram o coração industrial do Império Austro-húngaro) tinham produção *per capita* mais elevada do que a da França, sendo especializadas na fabricação de artigos de couro, veículos motorizados, armas de alta tecnologia e uma vasta gama de itens de luxo. Com base em índices de especialização industrial, produtividade, padrão de vida e participação em mercados internacionais, a Tchecoslováquia pré-1938 comparava-se à Bélgica e estava bem à frente da Áustria e da Itália.

Em 1956, a Tchecoslováquia comunista não apenas estava *atrás* da Áustria, Bélgica e do restante da Europa Ocidental, mas tornara-se bem menos eficiente e mais pobre do que vinte anos antes. Em 1938, o índice de carros por habitante na Tchecoslováquia e na Áustria registrava níveis similares; em 1960, o índice relativo era um para três. Nem mesmo os produtos em que o país ainda era competitivo — especialmente as armas de baixo calibre

---

[5] Os primeiros participantes do Comecon foram Bulgária, Tchecoslováquia, Hungria, Polônia, Romênia e URSS, logo seguidos da Albânia e da RDA. Anos depois, Iugoslávia, Mongólia, China, Coréia do Norte e Vietnã do Norte também ingressaram no Conselho. Em 1963, a participação de países do Comecon no comércio internacional era de 12%; já em 1979, esse índice era de 9%, mantendo a tendência de queda.

— propiciavam aos tchecos quaisquer benefícios, devido à obrigatoriedade de direcionar a exportação exclusivamente para os senhores soviéticos. Quanto à criação de indústrias gigantescas, como a Siderúrgica Gottwald, em Ostrava (semelhante às siderúrgicas existentes na Polônia, República Democrática Alemã, Hungria, Romênia, Bulgária e URSS), estas não significavam para os tchecos uma industrialização acelerada, mas um atraso compulsório (programas intensivos de industrialização baseados na produção de aço eram implementados a despeito dos recursos limitados da Tchecoslováquia em minério de ferro). Depois de um ímpeto inicial, com benefícios obtidos em virtude de um crescimento industrial básico sem precedentes, observou-se um processo idêntico em todos os demais Estados-satélites. Já em meados dos anos 50, o Leste Europeu soviético mostrava sinais de declínio, em direção a uma obsolescência "planejada".

Há duas exceções (parciais) nesse breve relato das economias do bloco soviético. Embora o processo de industrialização na Polônia tenha sido realizado com o entusiasmo observado em outros locais, o mesmo não pode ser dito quanto a coletivização da terra. Parece que Stalin percebeu que era impraticável forçar os camponeses da Polônia a trabalhar em fazendas coletivas, mas tal consideração, por si só, dificilmente o levaria a hesitar. O cuidado soviético no trato com a Polônia (teremos oportunidade de um novo encontro a esse respeito) era basicamente instrumental. Em contraste marcante com os demais povos subjugados do Leste Europeu, os poloneses constituíam uma população numerosa, e a sua capacidade e inclinação para se rebelar contra a servidão diante da Rússia eram conhecidas por gerações de oficiais e burocratas russos; reconhecidamente, o domínio soviético era objeto de mais ressentimento na Polônia do que em qualquer outro lugar.

Sob o ponto de vista soviético, a oposição polonesa era inoportuna — remanescentes do movimento secreto polonês de resistência continuaram a guerrilha contra o regime comunista pelo menos até fins da década de 1940 — e, supostamente, imerecida. Não tinham os poloneses ganhado 104 mil quilômetros quadrados de terras férteis em troca de 180 mil quilômetros quadrados de charcos na parte oriental do país, transferidos para a URSS depois da guerra? E não foi Moscou a (única) segurança dos poloneses contra uma Alemanha cujo ressurgimento todos previam? Além disso, a Polônia agora estava livre das minorias ali existentes antes da guerra: os judeus tinham sido mortos pelos alemães e os alemães e os ucranianos tinham sido expulsos pelos soviéticos. Se, em toda a sua complexa história, a Polônia estava agora mais "polonesa" do que nunca, deveria agradecer a Moscou.

Mas as relações entre Estados, sobretudo no bloco soviético, não dependiam de gratidão nem de ingratidão. Para Moscou, a utilidade da Polônia residia no seu potencial de servir de anteparo à agressão alemã ou ocidental. Era desejável que a Polônia se tornasse socialista, mas era imperativo que o país se mantivesse estável e confiável. Em troca da tranqüilidade doméstica polonesa, Stalin estava disposto a tolerar uma classe de agricultores independentes (por mais ineficientes e ideologicamente desalinhados que fossem), bem como uma Igreja Católica publicamente ativa, algo que seria impensável mais ao sul ou a leste. As universidades polonesas também foram deixadas praticamente em paz, em contraste com os expurgos que esvaziaram o corpo docente de instituições de ensino superior na vizinha Tchecoslováquia e em outros locais.

A outra exceção, evidentemente, foi a Iugoslávia. Até ocorrer a ruptura entre Stalin e Tito, a Iugoslávia era, conforme vimos, o mais "avançado" dos Estados europeus no caminho do socialismo. O primeiro Plano Qüinqüenal de Tito superou o de Stalin, ao vislumbrar um índice de investimento industrial mais elevado do que em qualquer outro local do bloco soviético. Sete mil fazendas coletivas já haviam sido estabelecidas antes que a coletivização sequer tivesse começado nos demais Estados-satélites; e durante o pós-guerra a Iugoslávia encaminhava-se para ultrapassar Moscou, no que dizia respeito à eficiência e onipresença do aparato repressor. Os serviços de segurança empregados pelos partisans no decorrer da guerra foram expandidos para uma rede policial de grande escala, cuja tarefa, nas palavras de Tito, era "instalar o terror nos corações daqueles que não gostam de uma Iugoslávia assim".

A renda *per capita* na Iugoslávia por ocasião da ruptura com Stalin era a mais baixa da Europa, com exceção da vizinha Albânia; uma terra já empobrecida tinha sido surrada até a miséria, ao longo de quatro anos de ocupação e guerra civil. Para a Iugoslávia, o legado amargo da experiência da guerra tornou-se ainda mais complicado devido à composição étnica do país, o último Estado da Europa genuinamente multinacional: de acordo com o censo de 1946, a população da Iugoslávia — 15,7 milhões de habitantes — era composta de 6,5 milhões de sérvios; 3,8 milhões de croatas; 1,4 milhão de eslovenos; 800 mil muçulmanos (a maioria na Bósnia); 800 mil macedônios; 750 mil albaneses; 496 mil húngaros; 400 mil montenegrinos; 100 mil valáquios e um número não especificado de búlgaros, tchecos, alemães, italianos, romenos, russos, gregos, turcos, judeus e ciganos.

Desses, somente sérvios, croatas, eslovenos, montenegrinos e macedônios eram reconhecidos pela Constituição de 1946, embora fossem incentivados a considerar a si mesmos e aos demais "iugoslavos".[6] Na condição de iugoslavos, esses cidadãos tinham perspectivas que pareciam realmente soturnas. Escrevendo de Belgrado a um amigo grego, no final da década de 1940, Lawrence Durrell disse o seguinte, referindo-se ao país: "As condições aqui são bastante deprimentes — é quase uma situação de guerra, superpovoamento, pobreza. Quanto ao comunismo, meu caro Teodoro, uma breve visita aqui será o bastante para fazer qualquer pessoa concluir que vale a pena lutar pelo capitalismo. Por mais negro que seja, com todas as manchas de sangue, é menos deprimente, menos árido, menos desesperador do que este Estado policial inerte e pavoroso."

Nos meses que se seguiram à ruptura com Stalin, Tito, na verdade, tornou-se *mais* radical, mais "bolchevique", como se quisesse provar a autenticidade de suas reivindicações e a falsidade dos críticos soviéticos. Mas a postura dele jamais poderia ser mantida por muito tempo. Sem auxílio externo, e confrontado pela possibilidade real de uma invasão soviética, Tito voltou-se para o Ocidente, em busca de ajuda. Em setembro de 1949, o US Export-Import Bank emprestou a Belgrado 20 milhões de dólares. No mês seguinte, a Iugoslávia tomou emprestados 3 milhões de dólares ao Fundo Monetário Internacional e, em dezembro daquele mesmo ano, assinou um contrato comercial com a Grã-Bretanha, recebendo 8 milhões de dólares em créditos.

---

[6] De acordo com a Constituição de 1946, as repúblicas constituintes — Sérvia, Croácia, Eslovênia, Bósnia, Macedônia e Montenegro — estavam livres para se separar da Federação, direito que lhes foi revogado sete anos mais tarde.

A ameaça soviética obrigou Tito a aumentar os gastos com defesa (em relação à minguada renda nacional iugoslava), de 9,4% em 1948 para 16,7% em 1950; por motivo de segurança, as fábricas de munição do país foram transferidas para as montanhas da Bósnia (questão que teve conseqüências nas guerras da década de 1990). Em 1950, o Congresso dos EUA, agora convencido da possível relevância da Iugoslávia na Guerra Fria global, ofereceu mais 50 milhões de dólares como ajuda, nos termos da Lei de Assistência Emergencial à Iugoslávia, promulgada em 1950, e em novembro de 1951 firmou um acordo que permitia à Iugoslávia receber ajuda militar nos termos da Lei de Segurança Mútua. Em 1953, o déficit nacional iugoslavo já havia sido inteiramente coberto pelo auxílio norte-americano; de 1949 a 1955, o auxílio recebido por Tito, vindo de diversas fontes ocidentais, somava 1,2 bilhão de dólares, dos quais somente 55 milhões foram pagos. O impasse em relação a Trieste, que atormentara as relações da Iugoslávia com a Itália e o Ocidente desde 1945, foi finalmente resolvido através de um Memorando de Entendimento assinado pela Iugoslávia, Itália, Grã-Bretanha e os EUA, em 5 de outubro de 1954.

A assistência fornecida pelo Ocidente permitiu ao regime iugoslavo prosseguir priorizando a indústria pesada e a defesa, conforme já fazia antes da ruptura de 1948. Mas, embora a Liga dos Comunistas Iugoslavos detivesse as rédeas do poder autoritário, o bolchevismo radical verificado nos anos do pós-guerra foi abandonado. Já na primavera de 1951, somente o serviço postal e o sistema de transportes ferroviário, aéreo e fluvial permaneciam sob controle federal (i.e., do governo central). Outros serviços e a totalidade dos empreendimentos econômicos estavam nas mãos das repúblicas constituintes. Em 1954, 80% das terras agrícolas tinham sido devolvidas ao setor privado, depois de um decreto de 30 de março de 1953 que permitia aos camponeses se retirarem das fazendas coletivas. Das 7 mil fazendas coletivas, apenas mil restaram.

Stalin saiu da vitória sobre Hitler bem mais forte do que antes, iluminado pela glória do "seu" Exército Vermelho, no país e no exterior. O culto à personalidade do ditador soviético, já bastante desenvolvido antes da guerra, agora chegava ao apogeu. Documentários soviéticos sobre a Segunda Guerra Mundial exibiam Stalin vencendo a guerra praticamente sozinho, planejando estratégias e comandando batalhas sem qualquer general ao seu lado. Em quase todos os campos da experiência humana, da dialética à botânica, Stalin era declarado autoridade suprema e incontestável. Biólogos soviéticos receberam instruções para pôr em prática as teorias do charlatão Lysenko, que prometera a Stalin melhorias na agricultura jamais sonhadas, se suas teorias acerca da hereditariedade de características adquiridas fossem adotadas oficialmente e aplicadas ao setor agrícola soviético — o que, de fato, aconteceu, com resultados desastrosos.[7] Em dezembro de 1949, na comemoração dos 70 anos de Stalin, a imagem do ditador, focalizada por holofotes pendurados em balões, iluminou o céu sobre o Kremlin.

[7] É significativo o fato de ter deixado os físicos nucleares soviéticos em paz, jamais lhes criticando os planos. Stalin pode ter sido louco, mas não era tolo.

Poetas competiam entre si, cantando louvores ao líder — um dístico do poeta letão V. Lukss, composto em 1951, é típico:

> Em vermelho tecemos no coração,
> Teu nome, Stalin, nosso pai, nosso irmão.

Essa obsequiosa e neobizantina unção do déspota, essa atribuição a Stalin de poderes quase mágicos, despontava diante de um pano de fundo de tirania e terror cada vez mais lúgubre. Nos últimos anos da guerra, sob o manto do nacionalismo russo, Stalin expulsou para o leste (para a Sibéria e Ásia Central) vários pequenos povos oriundos de regiões fronteiriças do oeste e sudoeste, especialmente do Cáucaso: tchetchenos, ingush, karachays, nalkars, kalmyks, tártaros da Criméia e outros, após a deportação, em 1941, dos habitantes de origem alemã que viviam na região do Volga. Esse tratamento brutal de nações pequenas não era, absolutamente, novidade — poloneses e bálticos tinham sido exilados no leste, às centenas de milhares, entre 1939 e 1941; ucranianos, na década de 1930, e outras nacionalidades, antes dos ucranianos, desde 1921.

Os primeiros julgamentos de colaboracionistas e traidores realizados por toda a região no pós-guerra também reverberavam o sentimento nacionalista. Entre 1945 e 1947, líderes de partidos de camponeses, na Polônia, Hungria e Bulgária, foram detidos, julgados e executados, com base numa mescla de acusações de crimes verdadeiros e falsos, abrangendo desde simpatias fascistas, passando por colaboracionismo em tempo de guerra e chegando à espionagem sob mando ocidental; e, em todos os processos, os promotores se empenharam em impugnar o patriotismo e a credibilidade dos acusados na condição de representantes do povo búlgaro/húngaro/polonês. Socialistas que recusavam o abraço do Partido Comunista, como o búlgaro Krastyn Partakhov (julgado em 1946 e condenado à prisão, onde morreu três anos depois), também eram punidos como inimigos do povo.

O que é impressionante a respeito das vítimas não-comunistas daqueles primeiros julgamentos públicos é que — à exceção dos que realmente tinham ficado do lado dos alemães e cujas atividades eram, portanto, do conhecimento geral — elas se recusavam a admitir qualquer culpa ou a confessar os supostos crimes "antinacionais". No julgamento forjado, visivelmente manipulado, do líder do Partido Agrário, Nikola Petkov, e de seus parceiros "conspiradores", ocorrido em Sófia, em agosto de 1947, quatro dos cinco acusados insistiram em proclamar inocência, apesar de submetidos à tortura e a falsos testemunhos.[8]

Com a crise iugoslava de 1948, Stalin mudou de atitude. Como alternativa a Moscou, Belgrado agradava a muita gente. Ao contrário de Stalin, Tito não era uma ameaça imperial (a não ser no contexto local dos Bálcãs); e, ao libertar seu país e conduzi-lo ao comunismo sem a ajuda de Moscou, o líder iugoslavo estabelecera um precedente interessante para qualquer comunista no Leste Europeu ainda tentado a basear a revolução no sentimento nacional. Era

[8] Mas, mesmo assim, eles foram executados. Três semanas depois da morte de Petkov, o regime publicou a "confissão" póstuma do líder camponês. O documento era tão obviamente falso que em breve se tornou motivo de constrangimento até na Bulgária comunista. As autoridades pararam de mencioná-lo e o chefe da polícia secreta búlgara responsável pela insensata publicação do documento foi devidamente executado.

notória a paranóia de Stalin diante de ameaças ao seu monopólio do poder; mas isso não significa que ele estivesse de todo errado, ao ver em Tito e no "titoísmo" um perigo real. Por conseguinte, a partir de então, o nacionalismo ("nacionalismo de Estado pequeno", "nacionalismo burguês") deixou de ser um valor local e passou a ser o principal inimigo. O termo "nacionalista" foi empregado pejorativamente pela primeira vez na retórica comunista como censura ao "desvio" iugoslavo no encontro da Cominform realizado em junho de 1948.

Mas, com todos os adversários domésticos do comunismo mortos, presos ou exilados, a que perigo real estaria exposto o monopólio soviético do poder? Os intelectuais estavam vendidos ou intimidados. Os militares estavam sob as rédeas das forças soviéticas de ocupação. Os protestos por parte das massas populares eram a única ameaça mais séria aos regimes comunistas, pois desgastavam as credenciais do Estado do "operário e do camponês". E, nos seus primeiros anos, as democracias populares não eram absolutamente malquistas pelo proletariado do qual se diziam representantes. Ao contrário: a destruição das classes médias e a expulsão das minorias étnicas abriram perspectivas para a ascensão social de camponeses, operários e seus filhos.

As oportunidades eram muitas, especialmente em níveis inferiores e no emprego público: havia cargos a ocupar; apartamentos a habitar (com aluguéis subsidiados); vagas reservadas nas escolas para os filhos dos operários e indisponíveis para os filhos da "burguesia". Competência contava menos do que confiança política, trabalho era algo garantido, e a crescente burocracia comunista buscava homens e mulheres confiáveis para o desempenho de todo tipo de função, desde administrador de quarteirão até interrogador policial.[9] A maioria da população do Leste Europeu soviético, particularmente em regiões mais atrasadas, aceitava o destino sem protestar, ao menos durante os anos em questão.

As duas exceções mais célebres a essa generalização ocorreram nos pontos mais urbanizados e desenvolvidos do bloco: na Boêmia industrial e nas ruas de Berlim sob ocupação soviética. A "reforma monetária" de 31 de maio de 1953, na Tchecoslováquia, supostamente "um golpe arrasador contra os antigos capitalistas", representou um efetivo corte de 12% nos salários pagos pela indústria (em decorrência da elevação dos preços depois da reforma). Somado à constante deterioração das condições de trabalho, num cenário onde um dia existira uma avançada economia industrial alicerçada em mão-de-obra especializada e bem remunerada, o referido corte desencadeou o protesto de 20 mil trabalhadores, na fábrica da Škoda, em Pilsen, importante centro industrial no oeste da Boêmia, seguido de uma passeata até a Prefeitura municipal, em 1° de junho de 1953, formada por milhares de trabalhadores que carregavam retratos de Beneš e do presidente Tomáš Masaryk, cujo mandato fora antes da guerra.

Os protestos em Pilsen, restritos a uma cidade provinciana, logo perderam força e pararam. Mas, poucos dias depois, um protesto maior foi deflagrado a algumas dezenas de quilômetros ao norte, em decorrência do enrijecimento (não-remunerado) das normas oficiais de trabalho na República Democrática Alemã. Tais normas foram impostas por um regime impopular, mais severo do que o dos senhores soviéticos em Moscou, cujo conselho, para a

[9] Ainda em 1966, 80% dos servidores públicos federais poloneses tinham cursado apenas o ensino fundamental. Dirigia o país uma casta administrativa cuja educação formal era surpreendentemente reduzida.

liderança comunista da Alemanha Oriental, no sentido de aceitar reformas e fazer concessões que detivessem o êxodo de operários especializados para o Ocidente, foi ignorado. Em 16 de junho, cerca de 400 mil trabalhadores entraram em greve em toda a Alemanha Oriental, e as maiores manifestações ocorreram na própria Berlim.

A exemplo do que tinha acontecido com os manifestantes em Pilsen, os trabalhadores alemães foram facilmente reprimidos pela *Volkspolizei*, mas não sem um custo. Cerca de trezentos manifestantes foram mortos, depois que os tanques do Exército Vermelho foram chamados; milhares foram detidos, dos quais 1.400 receberam sentenças prisionais longas. Duzentos líderes foram executados. O Levante de Berlim ocasionou a única dissensão literária explícita de Bertolt Brecht em relação ao regime comunista com o qual ele — com certa ambivalência — havia se comprometido:

> Em seguida ao levante de 17 de junho,
> o secretário da Liga dos Escritores
> mandou distribuir panfletos na avenida Stalin,
> onde se lia que o povo havia traído a confiança do governo
> e só a recuperaria com esforços redobrados.
> Não seria mais simples, nessas circunstâncias,
> o governo dissolver o povo e eleger outro?

Na fronteira ocidental industrializada do império soviético, operários revoltados constituíam uma propaganda negativa para o comunismo, mas não chegavam a representar ameaça ao poder soviético — e não foi coincidência que tanto o levante de Pilsen quanto o de Berlim ocorreram depois da morte de Stalin. No tempo de Stalin, o verdadeiro desafio vinha, segundo parecia, de dentro do próprio aparato comunista. Era essa a implicação real da ruptura com a Iugoslávia, e foi como resposta direta ao "titoísmo" que Stalin retornou aos métodos antigos, atualizados e adaptados às circunstâncias. De 1948 a 1954, o mundo comunista viveu uma segunda onda de prisões, expurgos e, acima de tudo, julgamentos políticos "montados".

O principal precedente para os expurgos e julgamentos realizados naqueles anos foi, evidentemente, o Terror Soviético dos anos 30. Também naquela ocasião, as maiores vítimas tinham sido os próprios comunistas, pois a meta era expurgar do partido "traidores" e outras ameaças às políticas e à pessoa do secretário-geral. Na década de 1930, o suposto líder era Lev Trotski — a exemplo de Tito, autêntico herói comunista que nada devia a Stalin e defensor de idéias próprias sobre estratégias e práticas comunistas. O terror dos anos 30 serviu para confirmar e ilustrar o poder e a autoridade total de Stalin, e os expurgos durante o pós-guerra serviriam a um objetivo similar na Europa Oriental.

Mas se os julgamentos realizados em Moscou na década de 1930, especialmente o julgamento de Nikolai Bukharin, em 1938, tinham sido muito originais, inovações cênicas cujo impacto residia no espetáculo medonho da Revolução, consumindo não apenas os seus filhos, mas os seus próprios arquitetos, os julgamentos e expurgos ocorridos em décadas posteriores foram cópias descaradas, propositadamente modeladas a partir de práticas soviéticas do passado, como se os regimes satélites não merecessem qualquer esforço em termos de verossimilhança. E os referidos julgamentos, afinal, aconteceram no fim de uma longa série de expurgos judiciais.

Além dos julgamentos realizados no pós-guerra por motivo de traição e dos julgamentos de políticos anticomunistas, os regimes comunistas da Europa Oriental valeram-se dos tribunais para punir e fechar igrejas em todo lugar, exceto na Polônia, onde um confronto aberto com a Igreja Católica era considerado por demais arriscado. Em 1949, na Bulgária, os líderes da Igreja Protestante Unida foram julgados por conspirar o "retorno do capitalismo". No ano anterior, a Igreja Uniata da Romênia fora obrigada pelo novo regime comunista a se fundir com a mais maleável Igreja Ortodoxa Romena, em consonância com a antiga tradição de perseguição que remontava aos tsares russos do século XVIII. Em Praga, padres católicos foram julgados em duas ocasiões distintas, acusados de espionagem para o Vaticano (e para os EUA), tendo recebido sentenças que variaram entre dez anos de detenção e prisão perpétua; no início da década de 1950, havia nas prisões da Tchecoslováquia 8 mil frades e freiras. O monsenhor Grosz, que em janeiro de 1949 sucedeu ao cardeal Mindszenty na liderança da Igreja Católica da Hungria (depois que o cardeal foi encarcerado), foi acusado e condenado por trabalhar em prol da restauração dos Habsburgo *e* por tramar com partidários de Tito o armamento dos fascistas húngaros.

Os julgamentos dos próprios comunistas eram divididos em dois grupos distintos. O primeiro, iniciado em 1948 e vigorando até 1950, constituiu uma resposta imediata à ruptura entre Tito e Stalin. Na Albânia, o comunista e ministro do Interior Koçi Xoxe foi julgado de maio a junho de 1949, condenado e enforcado no mês seguinte. Acusado de ser seguidor de Tito, Xoxe distinguia-se por ter sido, *de fato*, partidário de Tito e dos planos deste voltados aos Bálcãs, numa época em que tais planos contavam com o apoio de Moscou. Nesse particular, o caso de Xoxe era um tanto raro, assim como foi raro o fato de o processo ter sido conduzido secretamente.

O julgamento do albanês foi seguido, na Bulgária, da detenção, processo e execução de Traicho Kostov, um dos fundadores do Partido Comunista Búlgaro. Kostov, fisicamente incapacitado em conseqüência do que havia sofrido nas mãos dos governantes búlgaros no período entre as guerras,[10] era na realidade conhecido oponente de Tito e crítico dos planos deste para absorver a Bulgária à Federação Balcânica (Tito não gostava de Kostov, e o sentimento era mútuo). Mas, ainda assim, Stalin não confiava em Kostov — que cometera a imprudência de criticar um acordo econômico entre a União Soviética e a Bulgária, declarando-o desvantajoso ao seu país —, e Kostov era o candidato ideal para um julgamento destinado a ilustrar os crimes do nacionalismo.

Em dezembro de 1949, Kostov e seu "grupo" ("O Traiçoeiro Grupo de Espionagem e Pilhagem de Traicho Kostov") foram acusados de colaboração com búlgaros fascistas antes da guerra, de espionagem para o serviço britânico de inteligência e de conspiração com Tito. Depois de ser torturado e ceder à assinatura de uma "confissão", Kostov recusou-se a verba-

[10] Em 1924, aos 27 anos, Kostov foi preso e torturado pela polícia búlgara. Com medo de trair os comunistas (da resistência secreta), ele pulou de uma janela no quarto andar da central de polícia em Sófia e quebrou as duas pernas.

lizar diante do tribunal o texto previamente acordado, revogou publicamente as afirmações que havia feito aos interrogadores e foi retirado da sala do tribunal afirmando inocência. Dois dias mais tarde, em 16 de dezembro de 1949, Kostov foi enforcado, e os companheiros "conspiradores" condenados a longos períodos de detenção, de acordo com decisões tomadas por Stalin e seu chefe de polícia Lavrenti Beria antes mesmo do início do julgamento. O caso de Kostov foi raro, visto ter sido ele o único comunista do Leste Europeu a retirar uma confissão e clamar a própria inocência num julgamento público. O fato causou certo constrangimento internacional para o regime (o julgamento de Kostov foi transmitido por rádio e divulgado no Ocidente), e foram dadas instruções para que aquilo jamais voltasse a ocorrer. E não mais ocorreu.

Pouco tempo antes da execução de Kostov, os comunistas húngaros haviam encenado um julgamento do pretenso "Tito" da Hungria, o comunista e ministro do Interior László Rajk. O texto foi idêntico ao utilizado na Bulgária — literalmente, apenas os nomes foram trocados. Acusações, detalhes, confissões eram absolutamente as mesmas, o que não surpreende, pois ambos os julgamentos foram roteirizados em Moscou. Rajk não tinha nada de inocente; na função de ministro do Interior do regime comunista, ele mandou muita gente para a cadeia — e fez pior. Mas no caso de Rajk, o indiciamento ressaltava sua "ação de traidor", como "agente pago por uma potência estrangeira"; a ocupação soviética era particularmente antipatizada na Hungria, e Moscou não queria correr o risco de transformar Rajk em herói do "comunismo nacional".

Conforme demonstraram os acontecimentos, tal risco não chegou a existir. Rajk falou o texto corretamente, admitiu haver trabalhado como agente anglo-americano, com o propósito de derrubar o comunismo na Hungria, informou ao tribunal que seu nome verdadeiro era Reich (portanto, de origem germânica e não húngara), e que fora recrutado em 1946 pelo serviço de inteligência iugoslavo, o qual ameaçou divulgar sua atuação como colaboracionista dos nazistas húngaros, "se ele não realizasse todas as ordens dos iugoslavos". Os trabalhos no tribunal em que foram julgados Rajk e seus companheiros de "conspiração", inclusive a confissão de Rajk (feita em 16 de setembro de 1949), foram transmitidos ao vivo pela Rádio Budapeste. O veredicto predeterminado foi anunciado em 24 de setembro: Rajk e outros dois foram condenados à morte. As execuções, por enforcamento, foram levadas a cabo em 15 de outubro.

Os julgamentos públicos de Rajk e Kostov eram apenas a ponta do iceberg dos processos e julgamentos secretos deflagrados pela caça aos titoístas infiltrados em partidos comunistas e governos da região. Os mais afetados foram os Estados comunistas mais próximos da Iugoslávia: Bulgária, Romênia, Albânia e Hungria. Somente na Hungria — onde o receio de Stalin diante do titoísmo crescente tinha mais fundamento, dada a proximidade da Iugoslávia, a numerosa minoria húngara situada na região de Voivodina (na Sérvia) e o alinhamento das políticas externas da Hungria e da Iugoslávia em 1947 —, cerca de 2 mil grupos comunistas foram sumariamente executados, outros 150 mil indivíduos condenados à reclusão e cerca de 350 mil expulsos do partido (o que muitas vezes significava perda de emprego, moradia, privilégios e do direito à educação superior).

As perseguições na Polônia e na Alemanha Oriental, embora tenham levado milhares de homens e mulheres para o cárcere, não resultaram em grandes julgamentos forjados. *Havia* na

Polônia um candidato ao papel de Tito-Kostov-Rajk: Władisław Gomułka, secretário-geral do Partido dos Trabalhadores Poloneses Unidos e vice-presidente do Conselho de Ministros da Polônia. Gomułka havia criticado abertamente os planos de coletivização de terras na Polônia, e era associado pelo público ao discurso de um "caminho nacional" polonês para o socialismo. Na verdade, por esse motivo, Gomułka tinha sido criticado por stalinistas convictos que integravam o partido na Polônia e, em agosto de 1948, foi substituído no cargo de secretário-geral por Bolesław Bierut. Cinco meses mais tarde, ele se demitiu da função ministerial; em novembro de 1949, foi expulso do partido e, em dezembro daquele mesmo ano, Bierut acusou Gomułka e seu "grupo", publicamente, de nacionalismo e titoísmo.

Reduzido ao cargo de administrador da Previdência Social em Varsóvia, Gomułka foi finalmente detido, em julho de 1951, só sendo libertado em setembro de 1954. Contudo, não sofreu fisicamente, e não houve em Varsóvia julgamento baseado em acusação de titoísmo. *Houve* julgamentos na Polônia — um deles, em que um grupo de oficiais foi acusado de tramar contra o Estado, teve início no dia em que Gomułka foi detido, em 1951. E, de acordo com um esquema montado pelo serviço secreto em Moscou, Gomułka deveria ter sido incriminado por vínculo com Rajk, Tito *et al.*, através de uma intrincada rede de contatos (reais e fictícios) centrados num cidadão norte-americano, Noel Field, diretor da campanha assistencial da Igreja Unitarista na Europa durante o pós-guerra. Sediada em Budapeste, a suposta rede de mestres espiões e titoístas comandada por Field já havia sido arrolada nas acusações contra Rajk e outros e, segundo o esquema, serviria de prova principal contra Gomułka.

Mas os poloneses conseguiram resistir à pressão soviética para a realização de uma grande caçada às bruxas, ao estilo húngaro. O aniquilamento do Partido Comunista Polonês exilado, perpetrado dez anos antes em Moscou pelas mãos de Stalin, agora permitia a Bierut prever o seu destino provável se a Polônia entrasse num vórtice de detenções, expurgos e julgamentos. Além disso, os poloneses tiveram sorte: a preparação do dossiê sobre Gomułka atrasou — ele se recusara a ceder durante os interrogatórios, bem como a assinar qualquer confissão forjada —, Stalin morreu e Beria, seu homem de confiança, foi morto antes de se instituir um julgamento na Polônia. Finalmente, naqueles anos iniciais, alguns líderes soviéticos, sem dúvida, achavam imprudente destruir a liderança comunista polonesa diante dos olhos do público.

Esse tipo de inibição não se aplicava à Tchecoslováquia, entretanto, onde em Praga, em novembro de 1952, foi encenado o maior de todos os julgamentos montados. Um grande espetáculo dessa natureza estava planejado para a Tchecoslováquia desde 1950, na seqüência imediata dos expurgos de Rajk e Kostov. Quando o julgamento foi finalmente encenado, a ênfase já não era a mesma. Tito ainda era o inimigo e as acusações de espionagem a mando do Ocidente ainda figuravam nos indiciamentos. Mas, dos 14 réus do "Julgamento dos Líderes do Centro de Conspiração contra o Estado", 11 eram judeus. Logo na primeira página do processo ficava evidente que tal fato não era mera coincidência. Os "trotskistas, titoístas, burgueses, nacionalistas, traidores e inimigos do povo tcheco" eram também, e acima de tudo, "sionistas".

Stalin, desde sempre, fora anti-semita. Mas até o advento da Segunda Guerra Mundial sua antipatia pelos judeus estava tão bem inserida na destruição de outros tipos de seres humanos

— antigos bolcheviques, trotskistas, dissidentes de esquerda e direita, intelectuais, burgueses etc. — que a origem judaica representava quase um fator secundário no destino desses indivíduos. Em todo caso, era dogma do comunismo não se imiscuir em preconceito racial ou religioso; e, uma vez que a causa soviética estava associada à bandeira do "antifascismo", conforme foi o caso desde 1935 até agosto de 1939 e, novamente, a partir de junho de 1941, os judeus da Europa não tinham um amigo melhor do que o próprio Josef Stalin.

Essa última asserção é irônica apenas em parte. Os partidos comunistas europeus, de modo especial os da Europa Central e Oriental, contavam com elevado número de judeus entre seus membros. No período entre as duas guerras, os judeus da Polônia, Tchecoslováquia, Hungria e Romênia eram uma minoria oprimida e malquista. Judeus jovens, sem inclinação religiosa, tinham poucas opções políticas: sionismo, bundismo,[11] socialdemocracia (onde esta era legal) ou comunismo. Sendo o mais antinacional e ambicioso desses movimentos, o comunismo tinha um apelo especial. Apesar dos defeitos, a União Soviética oferecia uma alternativa revolucionária numa época em que a Europa Central e a Oriental pareciam confrontar uma escolha entre um passado autoritário e um futuro fascista.

O apelo da URSS foi acentuado pela experiência da guerra. Muitos judeus que estavam na Polônia ocupada pelos soviéticos depois do ataque dos alemães em 1939 foram deportados para o leste, e muitos pereceram em conseqüência de doenças e privações. Mas não foram, sistematicamente, exterminados. O avanço do Exército Vermelho pela Ucrânia e Bielo-Rússia, entrando pelos Estados bálticos, pela Romênia, Hungria, Tchecoslováquia, Polônia e Alemanha, salvou os judeus que restavam nessas regiões. Foi o Exército Vermelho que libertou Auschwitz. É certo que na Segunda Guerra Stalin *não* lutou pelos judeus; mas se Hitler tivesse vencido — se os alemães e seus colaboradores permanecessem no controle dos territórios por eles capturados até a Batalha de Stalingrado —, outros milhões de judeus teriam sido exterminados.

Quando os partidos comunistas assumiram o poder no Leste Europeu, muitos dos grupos de liderança tinham origem judaica. Tal fato era mais marcante no segundo escalão: os chefes de polícia comunistas na Polônia e na Hungria eram judeus, assim como eram judeus os formuladores de política econômica, secretários administrativos, jornalistas de destaque e teóricos do partido. Na Hungria, o líder do partido (Mátyás Rákosi) era judeu; na Romênia, Tchecoslováquia e Polônia, o líder do partido não era judeu, mas a maioria dos integrantes dos grupos de liderança era. Judeus comunistas por todo o bloco soviético deviam tudo a Stalin. Não eram muito bem-vindos nem como comunistas nem como judeus nos países aos quais haviam retornado, muitas vezes após longo período de exílio. A experiência da guerra e da ocupação provocou nas populações locais ainda mais ressentimento em relação aos judeus ("Por que você voltou?", perguntou uma vizinha a Heda Margolius, quando esta escapou da marcha da morte até Auschwitz e conseguiu voltar a Praga no final da guerra);[12] os judeus co-

[11] O *Bund* era um movimento trabalhista judaico com raízes na Rússia tsarista e cujas atividades no entreguerras restringiam-se à Polônia.

[12] Ver Heda Margolius Kovaly, *Under a Cruel Star* (Sob uma Estrela Cruel) (1986). Nos 18 meses que se seguiram ao fim da Segunda Guerra Mundial, mais judeus foram mortos na Polônia, na Hungria e na Tchecoslováquia do que nos dez anos que antecederam a guerra.

munistas do Leste Europeu, talvez mais do que qualquer outro grupo, cumpririam fielmente os ditames de Stalin.

Nos primeiros anos do pós-guerra, Stalin não demonstrou hostilidade aos subordinados judeus. Nas Nações Unidas, a União Soviética apoiou com entusiasmo o projeto sionista, sendo favorável à criação de um Estado judeu no Oriente Médio, como obstáculo às ambições imperialistas britânicas. No âmbito doméstico, Stalin via com bons olhos o trabalho do Comitê Antifascista Judaico, formado durante a guerra com o propósito de mobilizar a opinião judaica na URSS e (especialmente) no exterior a favor da luta soviética contra os nazistas. Os judeus soviéticos, a exemplo de tantos outros sob o comando de Moscou, supunham, credulamente, que o espírito ecumênico que prevaleceu durante os anos da guerra, quando Stalin buscava e aceitava toda e qualquer ajuda, implicaria tempos mais fáceis depois da vitória.

Na realidade, aconteceu o oposto. Antes mesmo do fim da guerra, Stalin, como já vimos, exilava nações inteiras no leste da Europa e, sem dúvida, tinha planos semelhantes para os judeus. O que ocorria na Europa Central ocorria também nos territórios da União Soviética: embora os judeus houvessem perdido mais do que qualquer outro povo, era fácil e de praxe culpá-los pelo sofrimento de todos. Durante a guerra, o apelo à bandeira do nacionalismo russo aproximou a retórica soviética da linguagem eslava exclusivista, típica dos velhos anti-semitas russos; isso, certamente, convinha ao regime. Para Stalin, representava a volta a um terreno conhecido, seus instintos antijudaicos reforçados pela observação do proveito que Hitler havia tirado do anti-semitismo popular.

Por vários motivos, sempre conviera aos propósitos soviéticos diminuir a natureza claramente *racista* da brutalidade dos nazistas: o massacre dos judeus ucranianos em Babi Yar foi honrado oficialmente como "o assassinato de pacíficos cidadãos soviéticos", assim como o memorial construído em Auschwitz no pós-guerra limitava-se a referências gerais às "vítimas do fascismo". Racismo não tinha lugar no léxico marxista; judeus mortos foram postumamente assimilados pelas mesmas comunidades locais que tanto os rejeitaram quando vivos. Mas agora as presumíveis qualidades cosmopolitas dos judeus — as ligações internacionais das quais Stalin quis se beneficiar durante os meses sombrios que se seguiram ao ataque germânico — voltavam a pesar contra eles, à medida que as linhas de batalha da Guerra Fria se posicionavam e os contatos e comunicações internacionais que remontavam ao tempo da guerra tornavam-se uma desvantagem aos olhos de Stalin.

As primeiras vítimas foram os líderes judeus que durante a guerra tinham dirigido o próprio Comitê Antifascista. Solomon Mikhoels, principal incentivador do comitê e figura proeminente do teatro iídiche da Rússia, foi assassinado em 12 de janeiro de 1948. A chegada em Moscou da embaixadora de Israel, Golda Meir, em 11 de setembro de 1948, ocasionou manifestações espontâneas de entusiasmo judaico, com demonstrações públicas no Rosh Hashana e no Yom Kippur, bem como brados de "Ano-novo em Jerusalém", em frente ao local onde estava a delegação israelense. Para Stalin, isso configuraria uma provocação inaceitável. E com rapidez ele perdia o entusiasmo pelo novo Estado de Israel: embora apresentasse leves inclinações socialistas, Israel não tinha qualquer intenção de se tornar um aliado soviético na região; pior, e alarmante: o Estado judeu demonstrava simpatia pelos EUA, num momento delicado. O bloqueio de Berlim apenas começara e o rompimento soviético com Tito entrava em sua fase aguda.

Em 21 de setembro de 1948, o *Pravda* publicou um artigo de Ilya Ehrenburg que indicava, claramente, mudança de linha em relação ao sionismo. A partir de janeiro de 1949, o jornal passou a publicar artigos que atacavam os "cosmopolitas apátridas", chamando-os de "grupos de críticos teatrais que não têm amor à pátria" e "viajantes sem passaporte". Escolas e teatros iídiches tiveram suas portas cerradas; jornais iídiches e bibliotecas foram fechados. Em 20 de novembro de 1948, o próprio Comitê Antifascista Judaico foi suprimido. Os líderes, artistas, escritores e funcionários públicos que pertenciam ao comitê foram detidos no mês seguinte e mantidos em reclusão durante três anos. Pressionados, mediante tortura, a confessar conspirações "anti-soviéticas", os integrantes do comitê, flagrantemente, estavam sendo preparados para um julgamento forjado.

O coronel das forças de segurança que conduziu a investigação, Vladimir Komarov, tentou ampliar as acusações, a fim de configurar uma grande trama judaica contra a URSS, dirigida por Washington e Tel Aviv. Conforme disse o coronel a Solomon Lozovski, um dos prisioneiros: "Judeus são uma gente baixa, suja; todos os judeus são canalhas nojentos; toda a oposição ao partido é constituída por judeus; judeus por toda a União Soviética estão realizando uma velada campanha anti-soviética. Os judeus querem aniquilar os russos."[13] No entanto, anti-semitismo assim tão explícito talvez fosse constrangedor até para Stalin; no final, 15 réus (todos judeus) foram julgados secretamente por um tribunal militar no verão de 1952. Só um deles não foi executado; a única sobrevivente, Lina Shtern, foi condenada a dez anos de prisão.

Enquanto isso, a maré anti-semita ganhava força nos Estados-satélites. Na Romênia, onde uma parte significativa da população judaica tinha sobrevivido à guerra, uma campanha antisionista foi deslanchada, no outono de 1948, e mantida, com grau variável de intensidade, no decorrer dos seis anos seguintes. Mas o tamanho da comunidade judaica romena e suas ligações com os Estados Unidos inibiam ataques diretos; na verdade, durante algum tempo, os romenos brincaram com a idéia de deixar os judeus ir embora — pedidos de visto foram autorizados, a começar na primavera de 1950, sendo suspensos só em abril de 1952, quando, somente para Israel, 90 mil judeus romenos já tinham partido.

Os planos para um julgamento encenado na Romênia centravam-se no líder comunista romeno (não-judeu) Lucretius Pătraşcanu. As dúvidas de Pătraşcanu acerca da coletivização rural, expressas publicamente, fizeram dele um candidato natural para a versão romena do "julgamento de Rajk", baseado em acusações de pró-titoísmo, e Pătraşcanu foi detido em abril de 1948. Porém, quando os interrogadores estavam prontos para levá-lo a julgamento, o cenário já havia sido manipulado, e Pătraşcanu viu seu processo ser envolvido com o de Ana Pauker. Pauker *era* judia; filha de um *shochet* (açougueiro *Kosher*) judeu da Moldávia, foi

[13] *Stalin's Secret Pogrom. The Postwar Inquisition of the Jewish Anti-Fascist Committee* (O Pogrom Secreto de Stalin: A inquisição do Comitê Antifascista Judaico no pós-guerra) (Yale University Press, 2002), organizado por Joshua Rubenstein e Vladimir Naumov, p. 52. Não constituindo uma exceção, o próprio Komarov seria mais tarde preso e executado — afirmando, até o fim, suas credenciais anti-semitas.

a primeira ministra de Estado judia na história da Romênia (e a primeira mulher no mundo a ser ministra das Relações Exteriores). Em questões doutrinárias e políticas, era também conhecida como linha-dura, o que a tornou alvo exemplar da liderança romena que tentava conquistar a simpatia da população local.

A morte de Stalin frustrou os planos do líder comunista romeno Gheorghe Gheorghiu-Dej para a encenação de um julgamento que incluísse Pauker e outros. Em vez disso, ao longo de 1953 e no início de 1954, o Partido Comunista Romeno conduziu uma série de julgamentos secretos de indivíduos menos importantes acusados de espionagem sionista financiada por "agentes imperiais". As vítimas, que iam desde membros fiéis ao grupo Sionistas Revisionistas (de direita) até comunistas judeus manchados pelo pincel do sionismo, foram acusadas de relações ilícitas com Israel e colaboração com os nazistas durante a guerra. Os indiciados foram condenados e receberam sentenças cujos períodos de detenção variaram de dez anos à prisão perpétua. Finalmente, em abril de 1954, Pătraşcanu foi julgado, depois de mofar na cadeia por seis anos; acusado de ser espião britânico, foi condenado e executado.

Pauker teve mais sorte: protegida por Moscou (primeiramente por Stalin, depois por Molotov), ela jamais foi acusada diretamente de "sionista", e sobreviveu à expulsão do partido, ocorrida em setembro de 1952; Pauker desapareceu do cenário político e faleceu no ostracismo, em 1960. O Partido Comunista Romeno, o menor e mais isolado dos partidos do Leste Europeu, sempre fora rachado por brigas internas, e a derrota do "direitista" Pătraşcanu e da "esquerdista" Pauker foi, acima de tudo, uma vitória para a facção do cruel e eficaz ditador Gheorghiu-Dej, cujo estilo de governo (a exemplo do sucessor Nicolau Ceauşescu) era um lembrete mórbido do antigo autoritarismo da região dos Bálcãs.

Nos anos em questão, judeus foram expurgados do partido e de cargos no governo da Romênia, assim como o foram na Alemanha Oriental e na Polônia, dois outros países onde uma facção do partido tinha condições de mobilizar o sentimento popular anti-semita e utilizá-lo contra os "cosmopolitas" do próprio partido. A Alemanha Oriental era um território sumamente fértil. Em janeiro de 1953, enquanto a "Conspiração dos Doutores" se desenrolava em Moscou, judeus ilustres da Alemanha Oriental e judeus comunistas fugiram para o Ocidente. Um integrante do Comitê Central da Alemanha Oriental, Hans Jendretski, exigiu que os judeus — "inimigos do Estado" — fossem excluídos da vida pública. Todavia, por sorte, senso de oportunidade ou prudência, os três Estados evitaram um julgamento anti-semita forjado em grande escala, do tipo do que fora planejado em Moscou e realizado em Praga.

O Julgamento de Slánský, conforme ficou conhecido, é o clássico julgamento comunista forjado. Foi meticulosamente preparado ao longo de três anos. Os primeiros "investigados" foram um grupo de líderes comunistas eslovacos, notoriamente o ministro das Relações Exteriores da Tchecoslováquia, Vladimir Clementis, detido em 1950 e acusado de "nacionalismo burguês". Foram acrescentados ao grupo vários comunistas tchecos do escalão intermediário, acusados ao lado dos eslovacos de participar de uma conspiração titoísta-trotskista nos termos já conhecidos desde o caso Rajk. Porém, nenhum dos implicados e detidos em 1950 e 1951 era suficientemente graduado para servir de autoridade simbólica, ou cabeça, no grande julgamento público exigido por Stalin.

Na primavera de 1951, Beria, chefe da Polícia soviética, instruiu os tchecos a alterar a ênfase das investigações, desviando-as de uma trama titoísta para uma trama sionista. A partir de então, o projeto ficaria nas mãos do serviço secreto soviético — o coronel Komarov e outro oficial foram enviados a Praga, para tomar as rédeas da investigação, e a polícia de segurança tcheca bem como a liderança comunista passaram a receber ordens dos dois. A necessidade de uma vítima importante fez com que a atenção soviética focalizasse a segunda figura da hierarquia tcheca, depois do presidente Klement Gottwald: o secretário-geral do partido, Rudolf Slánský. Ao contrário de Gottwald, marionete leal ao partido e manipulável, Slánský, embora stalinista convicto (tanto quanto Rajk, antes dele), era judeu.

A princípio, Gottwald hesitou em mandar prender Slánský — os dois haviam trabalhado juntos no expurgo dos próprios colegas, ao longo dos últimos três anos, e se o secretário-geral estivesse implicado, o próprio Gottwald talvez fosse o próximo. Mas os soviéticos insistiram, apresentando provas forjadas que ligavam Slánský à CIA, e Gottwald cedeu. Em 23 de novembro de 1951, Slánský foi detido; nos dias seguintes, ilustres judeus comunistas que ainda estavam em liberdade também foram presos. Os serviços de segurança agora se imbuíram da tarefa de arrancar confissões e "provas" dos muitos prisioneiros, com o intuito de construir um grandioso processo contra Slánský e seus colaboradores. Graças a um certo grau de resistência por parte das vítimas (especialmente o próprio ex-secretário-geral), mesmo diante de tortura bárbara, a mencionada tarefa levou quase um ano.

Finalmente, já em setembro de 1952, o indiciamento foi concluído. O texto das confissões, a indiciação, as sentenças previamente determinadas e o roteiro do julgamento foram então encaminhados a Moscou, para a aprovação pessoal de Stalin. Enquanto isso, em Praga, um "ensaio geral" do julgamento foi realizado — e gravado. A idéia era ter em mãos uma versão alternativa, para ser "transmitida ao vivo", na remota hipótese de que algum réu retirasse a própria confissão diante do tribunal, conforme fizera Kostov. Isso não foi preciso.

O julgamento transcorreu de 20 a 27 de novembro de 1952, seguindo precedentes consolidados: os réus foram acusados de terem feito e dito coisas das quais eram inocentes (com base em confissões extraídas à força de testemunhas, inclusive outros réus no mesmo processo); foram considerados culpados de atos que *haviam* praticado, mas aos quais se acrescentaram novos significados (três dos réus foram acusados de favorecer Israel em transações comerciais, numa época em que tal procedimento ainda fazia parte da política soviética); e os promotores acusaram Clementis de ter se encontrado com Tito ("carrasco do povo iugoslavo e lacaio do imperialismo") — numa época em que Clementis era vice-ministro das Relações Exteriores da Tchecoslováquia e Tito ainda contava com a simpatia soviética.

Duas características diferenciaram esse julgamento de todos os que o precederam. Promotores e testemunhas ressaltaram várias vezes a origem judaica da maioria dos acusados — "o cosmopolita Rudolf Margolius", "Slánský [...] a grande esperança dos judeus no Partido Comunista", "representantes do sionismo internacional" etc. "Origem judaica" (por vezes, "origem sionista") servia de suposição de culpa, de intenções anticomunistas, antitchecas. E a linguagem dos promotores, transmitida pela rádio tcheca, ecoava e ainda aperfeiçoava a injúria vulgar praticada pelo promotor Vishinski por ocasião dos Julgamentos de Moscou: "traidores nojentos", "cães", "lobos", "sucessores selvagens de Hitler" e outras expressões desse quilate. Tal linguagem foi também recapitulada pela imprensa tcheca.

No quarto dia do julgamento, o diário comunista de Praga, *Rudé Právo*, publicou em editorial: "Qualquer pessoa estremece de asco e repulsa diante desses seres frios, insensíveis. O Judas Slánský", prosseguia o jornal, apostara "nesses elementos estrangeiros, nessa ralé de passado dúbio". Tcheco nenhum, explicava o redator, poderia cometer tais crimes: "Apenas sionistas cínicos, apátridas [...] cosmopolitas espertalhões vendidos ao dólar. Foram guiados nessa atividade criminosa pelo sionismo, pelo nacionalismo burguês e judaico, pelo fanatismo racial".

Dos 14 acusados, 11 foram condenados à morte e executados, os outros três, à prisão perpétua. Um mês depois, discursando diante da Conferência Nacional do Partido Comunista da Tchecoslováquia, Gottwald disse o seguinte acerca dos antigos camaradas: "Normalmente, banqueiros, industriais, ex-*kulaks* não entravam no nosso Partido. Mas, se tivessem origem judaica e inclinação sionista, prestávamos pouca atenção às suas origens sociais. Aquele estado de coisas decorreu da nossa repulsa ao anti-semitismo e do nosso respeito pelo sofrimento dos judeus."

O julgamento de Slánský foi uma espécie de mascarada criminosa, um assassinato judicial teatralizado em público.[14] À semelhança do julgamento do Comitê Antifascista, que os precedeu em Moscou, os processos de Praga também se destinavam a compor um prelúdio à detenção dos doutores judeus soviéticos cuja "conspiração" fora anunciada pelo *Pravda* em 13 de janeiro de 1953. Os médicos judeus — "uma gangue de terroristas sionistas" acusada de assassinar Andrei Zdanov, de tramar com a "burguesia anglo-americana" e de defender a causa do "nacionalismo judaico", em conivência com o Comitê de Distribuição da União Judaico-americana (e com o falecido "nacionalista judeu burguês" Solomon Mikhoels) — deveriam ser julgados dentro de três meses após os veredictos do julgamento de Slánský.

Existem indicações de que, por seu turno, o "Julgamento dos Doutores" foi planejado pelo Kremlin como preâmbulo à captura em massa de judeus soviéticos e à sua subseqüente deportação para Birobidjan ("pátria" a leste designada aos judeus) e para a Ásia Central soviética, para onde muitos judeus poloneses tinham sido enviados entre 1939 e 1941: a gráfica do Ministério do Interior havia imprimido e preparado para distribuição um milhão de cópias de um panfleto que explicava "Por que os Judeus Devem ser Deslocados das Regiões Industriais do País". Mas até Stalin parece ter hesitado (Ilya Ehrenburg o advertiu sobre o impacto devastador que um julgamento montado dos doutores judeus teria na opinião pública ocidental); em todo caso, em 5 de março de 1953, antes de tomar uma decisão, Stalin morreu.

Os preconceitos de Stalin não precisam de explicação: na Rússia e na Europa Oriental o anti-semitismo falava por si mesmo. Mais interessantes são os objetivos de Stalin, ao montar o esquema de expurgos, indiciamentos, confissões e julgamentos. Por que, afinal, o ditador soviético precisaria de julgamentos? Moscou tinha condições para eliminar quem quisesse, em qualquer local do bloco soviético, por meio de "processos administrativos". Julgamentos

[14] Alguns anos mais tarde, todos os sobreviventes foram libertados, mas só seriam inteiramente reabilitados e isentados em 1968.

talvez fossem contraproducentes; depoimentos e confissões obviamente falsos, perseguições descaradas a determinados indivíduos e categorias sociais não haveriam de convencer os observadores estrangeiros de que os procedimentos judiciais soviéticos eram fidedignos.

Mas os julgamentos forjados realizados no bloco comunista nada tinham a ver com justiça. Antes, eram uma forma de pedagogia pública, ministrada através de exemplos, uma venerável instituição comunista (o primeiro desses julgamentos na URSS ocorreu em 1928), cujo propósito era ilustrar e exemplificar as estruturas de autoridade do sistema soviético. Os julgamentos diziam ao povo quem estava certo e quem estava errado; atribuíam culpabilidade pelos erros cometidos em relação às políticas; conferiam crédito por lealdade e subserviência; chegavam a definir um roteiro, um vocabulário oficial a ser empregado na discussão de questões públicas. Depois que foi detido, Rudolf Slánský passou a ser identificado como "o espião Slánský" — o rótulo ritualístico servia como meio de exorcismo político.[15]

Julgamentos montados — ou tribunais, conforme os definiu Vishinski, no *Manual Soviético de Investigação Criminal*, publicado em 1936 — eram realizados, explicitamente, visando à "mobilização da opinião pública do proletariado". Conforme a Lei de Organização da Justiça, promulgada na Tchecoslováquia em janeiro de 1953, sintetizou cruamente, a função desses tribunais era "educar os cidadãos no que toca à devoção e à lealdade à República da Tchecoslováquia etc.". Robert Vogeler, réu num julgamento realizado em Budapeste em 1948, observou à época: "A julgar pelo modo como nossos roteiros foram escritos, era mais importante estabelecer nossas identidades alegóricas do que estabelecer a nossa 'culpa'. Cada um de nós, em seu depoimento, era obrigado a se 'desmascarar', em benefício da Imprensa da Cominform e do rádio."

Os acusados foram reduzidos do status de supostos críticos ou adversários políticos a um bando de conspiradores desprovidos de princípios, com propósitos venais e traiçoeiros. Às vezes, a falta de jeito do estilo imperial soviético mascarava tal objetivo — como compreender uma retórica destinada a mobilizar a opinião pública na metrópole de Budapeste reiterando os erros dos que se opuseram "à luta contra os *kulaks*"? Mas ao "povo" não se pedia que acreditasse naquilo que ouvia; o povo era treinado apenas para repetir o que ouvia.

Uma das utilidades dos julgamentos públicos era identificar bodes expiatórios. Se a política econômica comunista não estava alcançando o sucesso previamente anunciado e se a política externa soviética estava bloqueada ou obrigada a fazer concessões, alguém precisava levar a culpa. Não fosse assim, como explicar os passos em falso do Líder Infalível? Havia muitos candidatos: Slánský era amplamente antipatizado dentro e fora do Partido Comunista da Tchecoslováquia. Rajk tinha sido um ministro do Interior stalinista bastante severo. E precisamente por terem posto em prática políticas impopulares que passaram a ser vistas como fracassadas, os líderes e ministros comunistas eram vítimas em potencial. Assim como nas guerras revolucionárias francesas os generais derrotados costumavam ser acusados de traição,

[15] O roteiro era *bastante* preciso. Quando, em dezembro de 1952, André Marty foi "julgado" extra-oficialmente pelo Comitê Central do Partido Comunista Francês, o "promotor", Leon Mauvais, acusou-o de usar expressões como "a Internacional Trotskista", em vez de "escória trotskista" ou "bando de espiões trotskistas", termos que os comunistas costumavam empregar "natural e habitualmente", quando se referiam aos trotskistas. Essa "escorregada" lingüística, por si só, já fazia pesar sobre Marty grandes suspeitas.

os ministros comunistas confessavam sabotagem quando as políticas por eles implementadas deixavam de produzir os resultados esperados.

A vantagem da confissão, além do uso simbólico como exercício de transferência de culpa, é que o procedimento confirmava a doutrina comunista. No universo de Stalin não havia discordâncias, somente heresias; não havia críticos, somente inimigos; não havia erros, somente crimes. Os julgamentos serviam para ilustrar as virtudes de Stalin e identificar os crimes do inimigo. Também ilustravam a extensão da paranóia de Stalin e a cultura de desconfiança que o cercava. Uma parte dessa paranóia consistia numa profunda ansiedade em relação à inferioridade russa ("oriental", na verdade), num medo da influência ocidental e da sedução exercida pela riqueza do Ocidente. Durante o julgamento de "Espiões Americanos na Bulgária", realizado em Sófia em 1950, os réus foram acusados de propagar a noção de que "as raças eleitas vivem no Ocidente, apesar de geograficamente todas terem se originado no Oriente". A denúncia prosseguia, afirmando que os acusados exibiam "uma queda pela subestimação servil" da qual os espiões ocidentais tinham se aproveitado.

O Ocidente, portanto, era uma ameaça que precisava ser exorcizada repetidas vezes. É claro que *havia* espiões vindos do Ocidente. No início dos anos 50, na seqüência da eclosão da Guerra da Coréia, Washington considerou a possibilidade de desestabilizar a Europa Oriental, e o serviço de inteligência dos EUA fez uma série de tentativas infrutíferas para penetrar no bloco soviético, emprestando alguma credibilidade às confissões de comunistas que, segundo constava, haviam trabalhado para a CIA ou espionado para o Serviço Secreto Britânico. E no final da vida Stalin parece ter mesmo esperado o advento de uma guerra; conforme explicou em "entrevista" ao *Pravda* publicada em fevereiro de 1951, um confronto entre o capitalismo e o comunismo era inevitável, e agora cada vez mais provável. Desde 1947 até 1952, o bloco soviético esteve em permanente pé de guerra: a produção de armas na Tchecoslováquia aumentou sete vezes entre 1948 e 1953, enquanto mais tropas soviéticas eram destacadas para a RDA e planejava-se um esquadrão especializado em bombardeios.

Sendo assim, prisões, expurgos e julgamentos constituíam um lembrete ao público do confronto iminente; uma justificativa para o medo que os soviéticos tinham da guerra e uma estratégia (conhecida de décadas anteriores) para deixar o partido leninista em boa forma e prepará-lo para o combate. A acusação de 1949 , de que Rajk havia tramado com os EUA e com a Grã-Bretanha para derrubar os comunistas parecia crível a muitos comunistas e seus simpatizantes no Ocidente. Até mesmo as acusações estapafúrdias contra Slánský e colaboradores baseavam-se na verdade amplamente reconhecida de que a Tchecoslováquia possuía mais ligações com o Ocidente do que quaisquer outros Estados do bloco. Mas por que Rajk? Por que Slánský? Como eram escolhidos os bodes expiatórios?

Aos olhos de Stalin, qualquer comunista que tivesse permanecido no Ocidente, fora do controle soviético, deveria ficar sob suspeita — a despeito do que tivesse feito por lá. Comunistas que haviam participado da Guerra Civil na Espanha nos anos 30 — e houve muitos egressos da Europa Oriental e da Alemanha — eram os primeiros a cair sob suspeita. László Rajk tinha servido na Espanha (na função de comissário político do "batalhão Rákosi"); Otto Sling, réu no mesmo processo que Slánský, também servira na Espanha. Após a vitória de Franco, muitos veteranos espanhóis fugiram para a França, onde acabaram em campos de internação franceses. Dali, um número significativo de veteranos entrou para a Resistência Francesa, juntando-se a comunistas alemães e de outras nacionalidades que haviam se refugiado na França. O número de homens e mulheres nessa condição era tão elevado que o Partido Comunista Francês pôde organizá-los numa subseção do movimento secreto comunista, o *Main d'Oeuvre Immigré* (MOI). Comunistas ilustres, como Artur London (que também foi acusado no processo de Slánský), fizeram muitos contatos no Ocidente enquanto trabalhavam para o MOI durante a guerra, fato que também provocou a desconfiança de Stalin e que, mais tarde, pesou contra eles.

Durante a guerra, o Comitê Antifascista Judaico da URSS fora instruído a estabelecer contatos com o Ocidente e documentar as atrocidades nazistas — precisamente, atividades que mais tarde serviram de base às acusações apresentadas contra os próprios integrantes do comitê. Comunistas alemães, como Paul Merker, que viveu no México durante a guerra; comunistas eslovacos, como o futuro ministro das Relações Exteriores (Clementis), que trabalhava em Londres; qualquer um que permanecesse na Europa sob ocupação nazista — todos estavam sujeitos a acusações de terem contatado agentes ocidentais e trabalhado ao lado de adversários dos comunistas. Josef Frank, comunista tcheco que sobreviveu à reclusão em Buchenwald, foi acusado no julgamento de Slánský de ter se aproveitado do tempo em que esteve no campo de concentração para fazer contatos suspeitos com "inimigos da classe".

Os únicos comunistas que escapavam das suspeitas de Stalin eram os que tinham vivido muito tempo em Moscou, sob a vigilância do Kremlin. Esses eram duplamente confiáveis: tendo passado anos sob o olhar das autoridades soviéticas, tinham pouco (ou nenhum) contato com o estrangeiro; e se haviam sobrevivido aos expurgos dos anos 30 (nos quais a maioria da liderança exilada dos partidos comunistas da Polônia, Iugoslávia e de outros países tinha sido eliminada), obedeceriam ao ditador soviético, indubitavelmente. Por outro lado, comunistas "nacionais", homens e mulheres que tinham permanecido em suas pátrias, eram considerados não-confiáveis. De modo geral, tais indivíduos contavam com um histórico mais heróico em termos de resistência doméstica do que os confrades moscovitas (que voltaram da guerra por cortesia do Exército Vermelho) e, portanto, mais prestígio local. E tinham propensão a formar suas próprias opiniões quanto a um "caminho para o socialismo", a ser trilhado regional ou nacionalmente.

Pelas razões expostas, os comunistas "nacionais" eram quase sempre as principais vítimas dos julgamentos forjados realizados no pós-guerra. Sendo assim, Rajk era um comunista "nacional", ao passo que Rákosi e Gerö — líderes do Partido Comunista Húngaro que dirigiram o julgamento encenado — eram "moscovitas" (embora Gerö houvesse lutado na Espanha). Fora isso, havia entre eles poucas diferenças. Na Tchecoslováquia, os homens que tinham organizado o levante eslovaco contra os nazistas (inclusive Slánský) eram vítimas fáceis da desconfiança soviética; Stalin não gostava de dividir o crédito pela libertação da Tchecoslováquia. O Kremlin preferia moscovitas confiáveis, desprovidos de heroísmo e imaginação, homens conhecidos, como Klement Gottwald.

Traicho Kostov havia liderado os guerrilheiros comunistas búlgaros durante a guerra, até ser preso; após a guerra, assumiu a segunda posição (depois de Georgi Dimitrov, recém-chegado de Moscou) até que, em 1944, seu histórico de guerra foi utilizado contra ele próprio. Na Polônia, durante a ocupação nazista, Gomułka tinha organizado a resistência armada, ao lado de Marian Spychalski; depois da guerra, Stalin favoreceu Bierut e outros poloneses baseados em Moscou. Spychalski e Gomułka foram mais tarde detidos e, conforme vimos, por pouco não protagonizaram seus próprios julgamentos montados.

Houve exceções. Na Romênia, foi um comunista "nacional", Dej, que arquitetou a queda de outro comunista "nacional", Pătraşcanu, bem como o ocaso da moscovita e stalinista ferrenha Ana Pauker. E até Kostov havia passado os primeiros anos da década de 1930 em Moscou, no escritório do Comintern responsável pelos Bálcãs. Kostov era também conhecido crítico de Tito (ainda que por motivos pessoais: Kostov via em Tito um herdeiro das ambições territoriais sérvias à custa da Bulgária). Entretanto, longe de salvá-lo, tal fato apenas contribuiu para agravar o crime por ele cometido — Stalin não tinha interesse em acordo ou consentimento, apenas em obediência inabalável.

Finalmente, havia um forte componente de revanche pessoal e manipulação cínica na escolha das vítimas para julgamentos e das acusações arroladas. Conforme Karol Bacílek afirmou, diante da Conferência Nacional do Partido Comunista Tcheco, em 17 de dezembro de 1952: "A questão de quem tem culpa e quem é inocente, em última instância, será decidida pelo partido com a ajuda dos Órgãos de Segurança Nacional." Em alguns casos, tais órgãos inventavam acusações por acaso ou fantasia; em outros, propositadamente, afirmavam o oposto do que sabiam ser a verdade. Assim, dois réus no processo de Slánský foram acusados de superfaturar produtos tchecos vendidos para Moscou. Tipicamente, mercadorias fabricadas nos Estados-satélites tinham o preço depreciado para favorecer a União Soviética; somente Moscou podia autorizar exceções. Entretanto, no caso tcheco, o superfaturamento era prática soviética consolidada, conforme os promotores bem sabiam: um meio de direcionar recursos ao Ocidente, via Praga, para serem utilizados em operações de inteligência.

Igualmente cínico — e parte de uma campanha de difamação — foi o indiciamento de Ana Pauker, acusada de "desvio" de direita e esquerda (ao mesmo tempo): primeiro ela havia "criticado" a coletivização rural; depois, tinha obrigado os camponeses a praticar a coletivização. Rajk foi acusado de dissolver a rede do Partido Comunista instalada no interior da polícia húngara, em 1947; de fato, ele havia feito isso (nas vésperas das eleições de 1947 e com aprovação oficial), para esconder a dissolução do componente socialdemocrata na polícia, que era bem mais forte. Mais tarde, secretamente, ele havia restabelecido a rede comunista, enquanto mantinha a proibição a outros partidos. Mas suas ações, impecavelmente ortodoxas à época, serviram de combustível para a máquina soviética quando chegou a hora de removê-lo.

Nos principais julgamentos forjados os acusados eram todos comunistas. Outros comunistas foram expurgados sem julgamento público ou qualquer tipo de processo judicial. Mas a grande maioria das vítimas de Stalin, na União Soviética e nos Estados-satélites, evidentemente, não era comunista. Na Tchecoslováquia, entre 1948 e 1951, os comunistas representavam apenas 0,1% dos condenados à reclusão ou aos campos de trabalho forçado, e, destes, não mais do que um em cada vinte foi condenado à morte. Na RDA, em 8 de fevereiro de 1950, foi criada a Stasi, com a missão de fiscalizar e controlar não apenas os comunistas mas toda a sociedade. Stalin não desconfiava somente dos comunistas que tivessem contatos ou experiências no Ocidente, mas de *qualquer pessoa* que tivesse vivido fora do bloco soviético.

É, portanto, desnecessário dizer que naqueles anos, para o Kremlin, praticamente toda a população da Europa Oriental estava sob suspeita. E no pós-guerra, no *interior* da União Soviética, a repressão não era menos generalizada: assim como, de 1813 a 1815, a vulnerabilidade russa à influência ocidental fora vista como a causa do Levante Decembrista de 1825, Stalin receava contaminação e protestos como resultado de contatos estabelecidos durante a Segunda Guerra. Qualquer cidadão ou soldado soviético que houvesse sobrevivido à ocupação nazista ou à prisão era, portanto, alvo de suspeitas. Quando o Parlamento soviético aprovou uma lei, em 1949, que punia soldados que cometessem estupro com penas de dez a 15 anos de trabalho forçado, a menor das preocupações era com a condenação das loucuras cometidas pelo Exército Vermelho por toda a Europa Oriental e na Áustria. O verdadeiro motivo era a criação de um mecanismo de punição para os soldados soviéticos que retornavam à pátria.

A escala das punições distribuídas aos cidadãos da URSS e da Europa Oriental na década que se seguiu ao fim da Segunda Guerra foi gigantesca — e, fora da própria União Soviética, sem qualquer precedente. Os julgamentos eram pequenas ilhas num arquipélago de repressão: cadeia, exílio, trabalho forçado. Em 1952, no auge da segunda onda de terror stalinista, 1,7 milhão de prisioneiros encontravam-se detidos em campos de trabalho soviéticos, outros 800 mil em colônias penais e 2.753.000 em "assentamentos especiais". A sentença típica num Gulag era de 25 anos, geralmente seguida (para os sobreviventes) de exílio na Sibéria ou na Ásia Central soviética. Na Bulgária, numa força de trabalho industrial com pouco menos de meio milhão de pessoas, dois em cada nove indivíduos eram trabalhadores escravos.

Na Tchecoslováquia, nos primeiros anos da década de 1950, estima-se que havia 100 mil prisioneiros políticos numa população de 13 milhões, número que não incluía as dezenas de milhares de trabalhadores forçados (embora assim não fossem chamados) que atuavam nas minas do país. "Eliminações administrativas", nas quais homens e mulheres levados para a cadeia eram fuzilados secretamente, sem publicidade ou julgamento, eram uma outra forma de punição. Por vezes, a família da vítima aguardava um ano ou mais, até ser informada do "desaparecimento" do parente. Três meses depois de desaparecida, a pessoa era legalmente considerada morta, embora sem qualquer confirmação ou reconhecimento oficial. No auge do terror na Tchecoslováquia, entre trinta e quarenta anúncios dessa natureza apareciam diariamente na imprensa local. Dezenas de milhares de pessoas assim desapareceram; centenas de milhares perderam privilégios, apartamentos, empregos.

Na Hungria, entre 1948 e 1953, estima-se que cerca de um milhão de pessoas (numa população total de menos de 10 milhões) foram presas, perseguidas ou deportadas. Uma em cada três famílias húngaras foi afetada diretamente. Parentes também sofriam. Fritzi Loebl, esposa de um dos "conspiradores" do grupo de Slánský, ficou detida durante um ano na penitenciária de Ruzyn, fora de Praga, e foi interrogada por russos que a chamaram de "fedorenta prostituta judia". Ao ser libertada, foi exilada numa fábrica no norte da Boêmia. Esposas de prisioneiros e deportados perdiam seus empregos, apartamentos e objetos de uso pessoal. Na melhor das hipóteses, e se tivessem sorte, eram deixadas em paz, como Josephine Langer, cujo marido Oskar Langer, testemunha no julgamento de Slánský, foi mais tarde condenado num julgamento secreto a 22 anos de reclusão. Ela e as filhas viveram num porão durante seis anos.

Talvez a pior perseguição tenha ocorrido na Romênia — certamente, foi a mais duradoura. Além de mais de um milhão de detidos, em penitenciárias, campos de trabalho forçado e trabalho escravo na construção do canal de ligação entre o Danúbio e o mar Negro, dos quais dezenas de milhares sucumbiram e cujas estatísticas não incluem os deportados para a União Soviética, a Romênia se destacou pela severidade das condições nas várias "penitenciárias experimentais", especialmente a de Piteşti, onde durante três anos (de dezembro de 1949 até fins de 1952) os prisioneiros foram incentivados a se "reeducarem" mutuamente, recorrendo à tortura física e psicológica. A maioria das vítimas era de estudantes, "sionistas" e presos políticos não-comunistas.

O Estado comunista vivia permanentemente em guerra não-declarada contra os seus próprios cidadãos. Tanto quanto Lenin, Stalin sabia que precisava ter inimigos, e fazia parte da lógica do Estado leninista a mobilização constante contra os oponentes externos, mas acima de tudo contra os internos. Nas palavras de Stephan Rais, ministro da Justiça da Tchecoslováquia, diante da Conferência de Advogados Tchecos, em 11 de junho de 1952:

> [o advogado] precisa [...] confiar na ciência mais amadurecida, correta e verdadeira do mundo, na ciência jurídica soviética, e se valer inteiramente das experiências da prática jurídica soviética [...]. Uma necessidade inevitável do nosso período é a crescente luta de classes.

O vocabulário marcial tão cultivado pela retórica dos comunistas ecoava essa condição de conflito. Metáforas militares proliferavam: o conflito de classes exigia coalizões, alianças com as massas, manobras, ataques frontais. A afirmação de Stalin, de que a luta de classes se intensificava com a aproximação do socialismo, era invocada para explicar o fato curioso de que, embora as eleições gerais apontassem 99% de apoio ao partido, os inimigos do regime se multiplicavam, a batalha ficava cada vez mais dura e a história interna da URSS precisava ser reproduzida a duras penas por todo o bloco soviético.

Os principais inimigos eram supostamente os camponeses e os burgueses. Mas, na prática, os intelectuais costumavam ser o alvo mais fácil, conforme tinham sido para os nazistas. O ataque venenoso desferido por Andrei Zdanov contra Anna Akhmatova — "freira ou meretriz, ou melhor, freira *e* meretriz, capaz de combinar prostituição e oração. A poesia de Akhmatova está totalmente distante do povo"[16] — faz ecoar a maioria dos temas stalinistas contrários aos intelectuais: religião, prostituição, alienação em relação às massas. Se Akhmatova fosse judia, como era o caso de grande parte da intelectualidade da Europa Central, a caricatura teria sido completa.

* * *

[16] Catherine Merridale, *Night of Stone: Death and Memory in 20th-Century Russia* (Noite de Pedra: Morte e Memória na Rússia do Século XX) (2000), p. 249.

A repressão política, a censura e até mesmo a ditadura não eram, absolutamente, desconhecidas no Leste Europeu antes do advento do stalinismo, embora as pessoas abalizadas a fazer a comparação concordassem amplamente que os interrogadores e as prisões da Hungria, Polônia e Romênia no período entre as duas guerras fossem preferíveis aos das "democracias populares". Os instrumentos de controle e terror através dos quais o Estado comunista operou depois de 1947 foram aperfeiçoados pelos homens de Stalin, mas, em sua maioria, não precisaram ser importados do Ocidente; já existiam no local. Não foi por acaso que, sob a égide da Polícia Secreta Comunista, a penitenciária Piteşti foi instituída e dirigida por um tal Eugen Turcanu, que numa encarnação anterior fora ativista estudantil na Universidade de Iaşi, tendo abraçado a causa da Guarda de Ferro, movimento fascista romeno atuante no entre guerras.

O que distinguia o Estado-partido dos comunistas dos Estados autoritários que o precederam, contudo, não era tanto a eficiência do aparato repressor; antes, o fato de o poder e os recursos estarem agora sujeitos ao monopólio e ao abuso em benefício quase exclusivo de uma potência *estrangeira*. A ocupação soviética sucedeu à ocupação nazista, numa transição pouco conturbada, e atraiu a metade oriental da Europa cada vez mais para o interior da órbita soviética (para os cidadãos da Alemanha Oriental, saindo de 12 anos de ditadura nazista, a transição foi ainda mais suave). A situação teve conseqüências — a "sovietização" e a "Russificação" de tudo no Leste Europeu, desde processos fabris até títulos acadêmicos — que, cedo ou tarde, provocariam a alienação geral, exceto dos stalinistas mais inveterados.

E o processo surtiu também o efeito colateral de turvar a lembrança que muita gente tinha de uma ambivalência inicial diante da transformação comunista. Anos depois, seria fácil esquecer que o tom anti-semita e tantas vezes xenófobo da linguagem pública stalinista encontrara uma recepção favorável em grande parte do Leste Europeu, assim como na própria União Soviética. O nacionalismo econômico também tinha raízes locais populares, de modo que expropriação, nacionalização, controle e regulação estatal do trabalho não eram, absolutamente, desconhecidos. Na Tchecoslováquia, por exemplo, nos termos do Plano Bienal introduzido em 1946, operários recalcitrantes podiam ser banidos para campos de trabalho (embora seja verdade também que entre 1946 e 1948 a maioria dos juízes tchecos se recusasse a aplicar tal penalidade).

Em suas fases iniciais, portanto, o domínio soviético sobre o Leste Europeu não foi uma transição tão unilateral e agressiva como talvez pareça, visto da perspectiva atual, mesmo se descontarmos as grandes esperanças depositadas no futuro comunista por uma minoria de jovens em Varsóvia e Praga. Todavia, assim como a brutalidade dos nazistas havia afastado qualquer simpatia local existente nos territórios por eles "libertados" da URSS em 1941 e 1942, Stalin logo eliminou ilusões e expectativas que perduravam nos Estados-satélites.

O resultado da imposição de uma versão acelerada da sombria história econômica da União Soviética às terras mais desenvolvidas a oeste já foi aqui comentado. O único recurso com o qual os gestores comunistas podiam sempre contar era a produção proveniente de mao-de-obra intensa, pressionada a operar em capacidade máxima. Foi por isso que o terror stalinista de 1948 a 1953 na Europa Oriental tanto se assemelhou ao equivalente soviético de vinte anos antes: ambos estavam ligados a uma política de industrialização coerciva. As economias de planejamento centralizado eram, na verdade, bastante eficientes na exploração do trabalho de mineradores e operários de fábrica, mas isso era tudo o que elas conseguiam fazer. A agricultura do bloco soviético regredia cada vez mais, sendo as ineficiências surreais do sistema ilustradas na URSS pelos burocratas de Frunze (hoje Bizkek, no Quirguistão) que em 1960 incentivaram os camponeses locais a alcançar as cotas (arbitrárias e inatingíveis) de produção de manteiga comprando estoques nas lojas locais...

Julgamentos e expurgos, bem como o coro de comentários falaciosos que os acompanhou, contribuíram para degradar o que havia sobrado da esfera pública na Europa Oriental. Política e governo tornaram-se sinônimos de corrupção e repressão arbitrária praticadas por uma facção venal em benefício próprio, ela mesma dividida pela desconfiança e pelo medo. É claro que esse tipo de experiência não era, absolutamente, novo na região. Mas havia uma qualidade marcantemente cínica no desgoverno *comunista*: abusos à moda antiga eram agora cuidadosamente revestidos de um jargão retórico que falava de igualdade e progresso social, hipocrisia da qual nem as oligarquias vigentes no período entre as guerras nem as forças nazistas de ocupação tinham se valido. E, mais uma vez, tratava-se de um tipo de desgoverno adaptado em benefício quase exclusivo de uma potência estrangeira, motivo pelo qual o domínio soviético era tão malquisto fora das divisas da União Soviética.

O efeito causado pela sovietização na Europa Oriental foi o afastamento gradual do Leste Europeu em relação à metade ocidental do continente. No momento em que a Europa Ocidental estava prestes a ingressar numa era de transformação dramática e prosperidade sem precedentes, a Europa Oriental entrava em coma: um inverno de inércia e resignação (pontuado por ciclos de protesto e opressão) que haveria de durar quase quatro décadas. É sintomático e até certo ponto razoável que exatamente nos mesmos anos em que o Plano Marshall injetou cerca de 14 milhões de dólares na recuperação da economia do Oeste Europeu, Stalin — através de indenizações, produção forçada e imposição de distorções comerciais brutalmente desvantajosas — houvesse extraído aproximadamente a mesma quantia da Europa Oriental.

A Europa Oriental sempre fora diferente da Europa Ocidental. Mas a distinção entre Europa Oriental e Ocidental não era a única por meio da qual o continente entendia a si mesmo, nem mesmo era a distinção mais importante. A Europa mediterrânea tinha características muito diferentes do noroeste Europeu; religião era fator bem mais destacado do que política, nas fronteiras históricas dentro e entre Estados. Na Europa, antes da Segunda Guerra Mundial, as diferenças entre norte e sul, rico e pobre, urbano e rural contavam mais do que as diferenças entre leste e oeste.

Portanto, o impacto do domínio soviético nas terras a leste de Viena foi, sob certos aspectos, mais marcante do que na própria Rússia. O Império Russo, afinal, sempre fora apenas parcialmente europeu, e a identidade européia da Rússia pós-Petrine foi muito contestada ao longo do século que precedeu o golpe de Lenin. Ao cortarem, brutalmente, as amarras que ligavam a União Soviética à história e à cultura européia, os bolcheviques causaram danos severos e perenes à Rússia. Mas as suspeitas dos bolcheviques diante do Ocidente e o receio da influência ocidental tinham precedentes, bem como raízes profundas em escritos e práticas eslavófilos que remontavam a períodos anteriores a 1917.

Na Europa Central e na Oriental não havia esse tipo de precedente. Na verdade, fazia parte do nacionalismo de país pequeno típico dos poloneses, romenos, croatas etc. não se ver na condição de marginalizado em relação à civilização européia; em vez disso, esses povos se consideravam os defensores não reconhecidos da essência do legado europeu — assim como tchecos e húngaros achavam, com toda razão, que viviam no coração do continente. Intelectuais romenos e poloneses voltavam-se para Paris, com o intuito de seguir o que estava em voga na filosofia e nas artes, assim como a intelectualidade de língua alemã, no final do Império dos Habsburgo, desde a Rutênia Cárpata até Trieste, sempre se voltara para Viena.

Evidentemente, aquela Europa integrada e cosmopolita só havia existido para uma minoria — e morreu em 1918. Mas os novos Estados criados em Versalhes eram frágeis e de certo modo efêmeros, desde o começo. As décadas do entreguerras, portanto, foram uma espécie de interregno, nem paz nem guerra, em que o destino da Europa Central e da Oriental pós-imperial permaneceu um tanto indefinido. O resultado mais provável — que uma Alemanha renascente seria a efetiva herdeira dos velhos impérios cujo território se expandia desde Stettin até Istambul — só foi evitado (por pouco) devido aos erros do próprio Hitler.

O que ocorreu foi que a imposição de uma solução russa, em vez de uma solução alemã, separou a metade oriental e vulnerável da Europa do corpo do continente. À época, isso não foi questão de grande monta para os europeus ocidentais. À exceção da Alemanha, nação mais diretamente afetada pela divisão da Europa, mas também mal situada para expressar descontentamento com a mencionada divisão, os europeus ocidentais, de modo geral, reagiram com indiferença ao desaparecimento da Europa Oriental. Com efeito, a tal ponto logo se acostumaram com a divisão (e estavam tão preocupados com as extraordinárias mudanças que ocorriam em seus próprios países) que lhes pareceu natural a existência de uma barreira armada e intransponível, desde o Báltico até o Adriático. No entanto, para os povos situados a *leste* da barreira, encurralados no que parecia ser um canto sujo e esquecido do continente, à mercê de uma Grande Potência semi-estrangeira, que não era muito mais próspera do que eles e que lhes sugava os recursos cada vez mais limitados, a História lentamente estacionou.

VII

Guerras de Culturas

"Todos rejeitamos a era anterior. Eu a conhecia, principalmente, através das letras, e ela me parecia uma era de estupidez e barbárie."
Milan Šimečka

"Qualquer ação, no meio do século XX, pressupõe e envolve a adoção de uma atitude diante da empresa soviética."
Raymond Aron

"Eu estava certo quando dizia estar errado, ao passo que você e os seus estavam errados quando diziam estar certos."
Pierre Courtade (dirigindo-se a Edgar Morin)

"Queira ou não queira, a construção do socialismo é privilegiada, visto que, para entendê-lo, é preciso abraçar o movimento e adotar-lhe os objetivos."
Jean-Paul Sartre

"É inevitável que as pessoas estejam certas pelas razões erradas [...]. Esse receio de se ver em má companhia não é indicação de pureza política; é indicação de falta de autoconfiança."
Arthur Koestler

Com uma rapidez que deixaria perplexas futuras gerações, a luta na Europa entre fascismo e democracia mal havia terminado e já fora substituída por uma nova ruptura: a que separava comunistas e anticomunistas. O patrulhamento de posições políticas e intelectuais favoráveis e contrárias à União Soviética não teve início com a divisão da Europa depois da Segunda Guerra Mundial. Mas foi naqueles anos do pós-guerra, entre 1947 e 1953, que a linha divisória entre Oriente e Ocidente, esquerda e direita, foi marcada na vida cultural e intelectual da Europa.

As circunstâncias eram extremamente propícias. No período entre as guerras, a extrema direita tinha recebido tamanho apoio que a maioria das pessoas preferia nem se lembrar do fato. De Bruxelas a Bucareste, a literatura e o jornalismo polêmico da década de 1930 transbordavam racismo, anti-semitismo, ultranacionalismo, clericalismo e reacionarismo político. Intelectuais, jornalistas e professores que antes e durante a guerra haviam demonstrado sentimentos fascistas ou ultra-reacionários, depois de 1945 tinham bons motivos para afirmar veementemente as credenciais recém-descobertas de progressistas ou radicais (ou então haveriam de recuar a um ostracismo temporário ou permanente). Visto que a maioria dos partidos e periódicos de tendências fascistas ou ultraconservadoras estava agora proscrita (exceto na península Ibérica, onde o oposto era verdade), as expressões públicas de aliança política restringiam-se ao centro e à esquerda. Pensamento e opiniões de direita na Europa estavam eclipsados.

Porém, embora o *conteúdo* da escrita e da atuação pública tivesse sido transformado, espetacularmente, pela queda de Hitler, Mussolini e seus partidários, o *tom* permaneceu inalterado. A urgência apocalíptica dos fascistas; o seu clamor por soluções violentas, "definitivas", como se mudanças genuínas *só pudessem* ser efetuadas através de desenraizamento e destruição; o desagrado quanto às concessões e a "hipocrisia" da democracia liberal e o entusiasmo em relação às escolhas maniqueístas (tudo ou nada, revolução ou decadência): tais impulsos podiam servir também à extrema esquerda e, depois de 1945, assim aconteceu.

Em sua preocupação com nação, decadência, sacrifício e morte, os escritores fascistas, no entreguerras, voltaram o olhar para a Primeira Guerra Mundial. Depois de 1945, a esquerda intelectual também foi moldada pela experiência da guerra, mas desta vez como um choque entre alternativas morais incompatíveis, excluindo qualquer possibilidade de acordo: o Bem versus o Mal, Liberdade versus Servidão, Resistência versus Colaboração. O fim da ocupação nazista ou fascista foi amplamente acolhido como ocasião para mudanças sociais e políticas radicais, uma oportunidade para tirar proveito revolucionário da devastação causada pela guerra e construir um novo começo. E quando, conforme já foi visto, tal oportunidade foi aparentemente impedida e a vida "normal" retomada, as expectativas frustradas logo resultaram em cinismo — ou então na opção pela extrema esquerda, num mundo novamente polarizado em campos políticos irreconciliáveis.

Intelectuais europeus no pós-guerra mostravam-se impacientes com acordos, e neles não se detinham. Tratava-se de intelectuais jovens. Na Primeira Guerra, uma geração de jovens foi morta. Depois da Segunda Guerra, porém, quem desapareceu de cena foi um grupo mais velho, desacreditado. Em seu lugar surgiram escritores, artistas, jornalistas e ativistas políticos jovens demais para terem vivenciado a guerra de 1914 a 1918, mas ávidos por recuperar os anos perdidos na guerra seguinte. A educação política desses jovens transcorrera no tempo das Frentes Populares e dos movimentos antifascistas; e quando eles alcançaram reconhecimento público e status influente, não raro em resultado de atividades desempenhadas durante a guerra, ainda eram extremamente jovens, considerando os padrões europeus.

Na França, Jean-Paul Sartre tinha 40 anos quando a guerra acabou; Simone de Beauvoir, 37; Albert Camus, o mais influente de todos os intelectuais, tinha apenas 32. Da velha geração, somente François Mauriac (nascido em 1885) a eles se comparava em capacidade de influência, precisamente porque não tinha o passado manchado por Vichy. Na Itália, apenas o filósofo napolitano Benedetto Croce (nascido em 1866) restava de uma velha geração de figuras públicas. Na Itália pós-fascista, Ignazio Silone, nascido em 1900, era uma das figuras mais veneráveis entre os intelectuais influentes; o romancista e analista político Alberto Moravia tinha 38 anos e o editor comunista e escritor Elio Vittorini era um ano mais novo. Na Alemanha, onde a simpatia pelo nazismo e a guerra haviam feito as maiores baixas entre os intelectuais e escritores, Heinrich Böll — o mais talentoso de uma nova geração de escritores que se reuniu dois anos após a derrota de Hitler para formar o "Grupo 47" — tinha somente 28 anos quando a guerra terminou.

No Leste Europeu, onde as elites intelectuais nos anos que precederam a guerra estavam infectadas pelo ultraconservadorismo, pelo nacionalismo místico ou por coisa pior, a projeção social da juventude era ainda mais acentuada. Czesław Miłosz, cujo influente ensaio *A Mente Cativa* foi publicado em 1951, quando ele tinha apenas 40 anos e já estava em exílio político, não era figura atípica. Jerzy Andrzejewski (que aparece no livro de Miłosz sob um olhar nada lisonjeiro), quando tinha cerca de 30 anos, publicou *Cinzas e Diamantes*, seu aplaudido romance sobre a Polônia no pós-guerra. Tadeusz Borowski, nascido em 1922, tinha vinte e poucos anos quando publicou suas memórias de Auschwitz: *Para o Gás, Senhoras e Senhores*.

Os líderes de partidos comunistas do Leste Europeu eram, tipicamente, homens um pouco mais maduros que haviam sobrevivido ao período entre as duas guerras na condição de prisioneiros políticos ou no exílio em Moscou, ou em ambas as situações. Porém, logo abaixo deles havia um grupo de rapazes e moças cujo compromisso idealista com as ações de tomada de poder apoiadas pelos soviéticos teve papel importante no êxito destas ações. Na Hungria, Géza Losonczy, que se tornaria vítima da repressão soviética depois do levante húngaro de 1956, tinha apenas cerca de 20 anos quando, ao lado de centenas de jovens como ele, ajudou a levar o Partido Comunista Húngaro ao poder. O marido de Heda Kovaly, Rudolf Margolius, um dos acusados no processo de Slánský (em dezembro de 1952), tinha 35 anos quando foi nomeado ministro no governo comunista da Tchecoslováquia; Artur London, outro acusado no mesmo processo, era ainda mais jovem, com 33 anos, quando os comunistas tomaram o poder. London recebera sua formação política na Resistência Francesa; a exemplo de muitos integrantes dos movimentos secretos comunistas, aprendeu a assumir responsabilidades políticas e militares ainda bem jovem.

Um entusiasmo juvenil pelo futuro comunista era comum entre os intelectuais da classe média, tanto no Oriente quanto no Ocidente. E costumava vir acompanhado de um nítido complexo de inferioridade em relação ao proletariado, a classe operária de "colarinho azul". Nos primeiros anos do pós-guerra, trabalhadores especializados valiam muito — devido ao contraste com os anos da Depressão, ainda vivos na memória coletiva. Havia carvão a ser escavado; estradas, ferrovias, edifícios e redes elétricas a ser reconstruídas ou substituídas; ferramentas a ser fabricadas e utilizadas na montagem de outros itens. Para todas essas tarefas havia escassez de trabalho especializado; conforme já vimos, nos campos de deslocados de guerra, homens jovens e fisicamente capacitados não tinham dificuldade em encontrar trabalho e asilo, ao contrário de mulheres acompanhadas de famílias — ou qualquer tipo de "intelectual".

Uma conseqüência desse quadro foi a exaltação universal do trabalho e dos trabalhadores da indústria — marcante trunfo político para os partidos que reivindicavam a representação dos operários. Homens e mulheres de classe média, com inclinação esquerdista e formação acadêmica, envergonhados de sua própria origem social, podiam extravasar o constrangimento entregando-se ao comunismo. E mesmo que não chegassem a ingressar no partido, muitos artistas e escritores, especialmente na França e na Itália, "prostravam-se diante do proletariado" (Arthur Koestler) e elevavam a "classe trabalhadora revolucionária" (sob uma luz socialista-realista/fascista, tipicamente, imaginada como séria, masculina e musculosa) a uma condição quase icônica.

Embora o fenômeno tivesse um escopo pan-europeu e fosse além da política comunista (o intelectual mais conhecido como defensor do "trabalhismo" na Europa era Jean-Paul Sartre, que jamais entrou para o Partido Comunista Francês), foi no Leste Europeu que esse tipo de sentimento acarretou conseqüências concretas. Estudantes, professores, escritores e artistas, egressos da Grã-Bretanha, França, Alemanha e de outros países, convergiram para a Iugoslávia (antes do rompimento) a fim de trabalhar diretamente na reconstrução de ferrovias. Em agosto de 1947, entusiasmado, Italo Calvino escreveu sobre os jovens voluntários italianos engajados nesse mesmo tipo de atividade na Tchecoslováquia. A devoção a um novo começo, a uma comunidade operária real ou imaginária e à admiração aos soviéticos (e ao Exército Vermelho, que tudo conquistava) separava a jovem geração pós-guerra de suas raízes sociais e do passado nacional.

A decisão de se tornar comunista (ou "marxista", que nas circunstâncias da época geralmente significava comunismo) costumava ser tomada na juventude. Nas palavras de Ludek Pachman, um tcheco: "Tornei-me marxista em 1943. Tinha 19 anos, e a idéia de que, subitamente, eu compreendia tudo e podia explicar tudo me encantou tanto quanto a idéia de poder marchar com proletários do mundo inteiro, primeiro contra Hitler, depois contra a burguesia internacional." Até aqueles que, a exemplo de Czesław Miłosz, não se prostravam diante dos dogmas, acolhiam sem restrições as reformas sociais do comunismo: "Foi para mim uma satisfação ver a estrutura semifeudal da Polônia finalmente destruída, as universidades abertas a jovens operários e a camponeses, a reforma agrária implementada e o país finalmente trilhando o caminho da industrialização." Conforme observou Milovan Djilas, relembrando suas experiências como assessor direto de Tito: "No começo, o totalitarismo é entusiasmo e convicção; somente mais tarde se transforma em organizações, autoridade, carreirismo."

A princípio, os partidos comunistas agradaram aos intelectuais, para os quais as aspirações do comunismo tinham o apelo de contrastar com o provincianismo de pequeno Estado que prevalecia em suas respectivas pátrias e com o violento antiintelectualismo dos nazistas. Para muitos jovens intelectuais, o comunismo era menos convicção do que fé — conforme observaria Alexander Wat (outro polonês ex-comunista), a intelectualidade secular da Polônia ansiava por um "catecismo refinado". Embora apenas uma minoria de estudantes, poetas, dramaturgos, romancistas, jornalistas e professores do Leste Europeu houvesse se tornado ativa em partidos comunistas, muitas vezes tais homens e mulheres eram os mais talentosos de sua geração.

Assim, Pavel Kohut, que décadas mais tarde alcançaria fama internacional como dissidente e ensaísta pós-comunista, primeiro atraiu a atenção do público em seu país de origem, a Tchecoslováquia, como grande entusiasta do novo regime. Em 1969, repensando o passado, Kohut fala de uma "sensação de certeza", ao ver o líder do partido, Klement Gottwald, na praça central da Cidade Velha, em Praga, no dia do golpe tcheco, em fevereiro de 1948. Ali, "naquela massa humana, decidida a buscar a justiça, e naquele homem [Gottwald], que liderava a massa na batalha decisiva", Kohut, aos 20 anos de idade, identificou "o *Centrum Securitatis* que Comenius buscara em vão". Quatro anos depois, abraçado à fé, Kohut escreveu a "Cantata para o nosso Partido Comunista":

Saudemos todos o partido!
Sua juventude é marcada por trabalhadores;
Ele tem a razão de um milhão de mentes,
E a força de milhões de mãos humanas;
E seu batalhão são as palavras de Stalin e Gottwald.

Em pleno maio florido,
Nos locais mais distantes,
Acima do velho Castelo, tremula a bandeira,
Com as palavras: "A verdade prevalece!"
Palavras concretizadas em glória:
Trabalhadores, a verdade prevaleceu!
Para um futuro glorioso nosso país se levanta.
Glória ao partido de Gottwald!
Glória!
Glória!

Esse tipo de fé era comum à geração de Kohut. Conforme Miłosz observaria, o comunismo baseava-se no princípio de que os escritores não precisavam *pensar*, precisavam apenas *entender*. E mesmo o entendimento requeria pouco mais do que compromisso, precisamente o que os jovens intelectuais da região buscavam. "Éramos filhos da guerra", escreveu Zdeněk Mlynář (que entrou para o Partido Comunista da Tchecoslováquia em 1946, aos 15 anos), "e, embora não tivéssemos participado da luta, trazíamos conosco, naqueles primeiros anos do pós-guerra, a mentalidade da guerra, quando finalmente se apresentava para nós a oportunidade de lutar por algo". A geração de Mlynář conhecia apenas os anos da guerra e a ocupação nazista, durante os quais "ou era um lado ou o outro — não havia meio-termo. Por conseguinte, a nossa experiência única nos imbuiu da noção de que a vitória da concepção certa significava, simplesmente, a aniquilação, a destruição da outra".[1]

O entusiasmo inocente com o qual alguns jovens europeus ocidentais mergulharam no comunismo ("Sinto o ânimo revolucionário!", exclamou o escritor Ludvík Vaculík para sua namorada, ao entrar para o Partido Comunista Tcheco) não diminui a responsabilidade pelo que foi, enfim, a apropriação soviética de seus países. Mas ajuda a explicar o grau de desencanto e desilusão que se seguiu. Comunistas um pouco mais maduros, como Djilas (nascido em 1911), provavelmente sempre compreenderam, conforme ele mesmo diz, que "a manipulação do fervor é o germe da servidão". Porém, os adeptos mais jovens, especialmente os intelectuais, ficaram espantados ao constatar os rigores da disciplina comunista e a realidade do poder stalinista.

Portanto, depois de 1948, a imposição do dogma das "duas culturas" de que falava Zdanov, com a insistência na adoção de posições "corretas" em relação a tudo, desde botânica até poesia, foi um choque para as democracias populares da Europa Oriental. A adesão in-

[1] Zdeněk Mlynář, Night Frost in Prague (Geada Noturna em Praga) (Londres, 1980), p. 2.

telectual servil aos mandos do partido, de longa data consolidada na União Soviética, onde na realidade já existia uma herança de repressão e ortodoxia anterior aos soviéticos, foi mais difícil para países que apenas recentemente haviam saído do regime um tanto benigno dos Habsburgos. Na Europa Central oitocentista, intelectuais e poetas tinham adquirido o hábito e a responsabilidade de falar em nome da nação. Sob o comunismo, seu papel era diferente. Enquanto no passado haviam representado um "povo" abstrato, eles eram agora pouco mais do que porta-vozes culturais de tiranos (concretos). Pior, em breve seriam alvos — na condição de cosmopolitas, "parasitas" ou judeus — desses mesmos tiranos, na busca de bodes expiatórios para seus erros.

Assim, a maior parte do entusiasmo dos intelectuais do Leste Europeu pelo comunismo — mesmo na Tchecoslováquia, onde tal entusiasmo era mais forte — evaporou com a morte de Stalin, embora resquícios desse ardor perdurassem alguns anos, na forma de projetos de "revisão" ou de "comunismo de reforma". A divisão no âmbito dos Estados comunistas já não recaía entre comunismo e oponentes. A diferença importante passou a ser, mais uma vez, entre os que detinham autoridade — o Estado-partido, com sua política, burocracia e intelectualidade interna — e o restante dos indivíduos.

Nesse sentido, a "falha geológica" da Guerra Fria não se localizava *entre* Oriente e Ocidente, mas *dentro* da Europa Oriental e da Europa Ocidental. No Leste europeu, conforme foi visto, o Partido Comunista e seu aparato viviam em estado de guerra não-declarada com o restante da sociedade, e a crescente familiaridade com o comunismo havia estabelecido novas linhas de batalha: entre aqueles aos quais o comunismo tinha trazido algum tipo de vantagem social e aqueles para os quais o regime significava discriminação, decepção e repressão. Na Europa *Ocidental*, a mesma "falha geológica" atingia muitos intelectuais, dos dois lados; mas, de modo geral, o entusiasmo pela teoria comunista existia na proporção inversa da experiência prática do regime.

Essa ignorância generalizada acerca do destino da Europa Oriental contemporânea, somada à crescente indiferença ocidental, foi fonte de perplexidade e frustração para muita gente no leste. O problema para os intelectuais (e outras pessoas) no Leste Europeu não era a sua situação periférica — a esse destino eles estavam resignados havia muito tempo. O que os incomodava, depois de 1948, era a exclusão *dupla*: da sua própria história, graças à presença soviética, e da consciência do Ocidente, cujos intelectuais mais célebres ignoravam-lhes a experiência e o exemplo. Nos escritos sobre o Oeste Europeu produzidos no Leste Europeu no início dos anos 50, verifica-se um tom constante de mágoa e estarrecimento: de "decepção amorosa", conforme define Miłosz, em *A Mente Cativa*. Será que a Europa não percebe, escreveu o romeno exilado Mircea Eliade, em abril de 1952, que ela teve uma parte do seu corpo amputado? "Porque [...] todos esses países *situam-se* na Europa, todos esses povos pertencem à comunidade européia."

Mas os povos já não pertenciam à comunidade européia, e essa era a questão. O sucesso de Stalin ao expandir o seu perímetro de defesa até o centro da Europa removera a Europa Oriental da equação. Após a Segunda Guerra Mundial, a vida intelectual e cultural européia transcorreu sobre um palco drasticamente reduzido, do qual poloneses, tchecos e outros povos tinham sido sumariamente retirados. E, apesar do fato de o desafio do comunismo estar no centro de debates e disputas ocorridas na Europa Ocidental, a experiência prática do "verdadeiro comunismo", situada a alguns quilômetros a leste, era alvo de pouca atenção — e por parte dos admiradores mais ardentes do comunismo, nenhuma atenção.

A condição intelectual do Oeste Europeu no pós-guerra teria sido irreconhecível para um visitante que chegasse do passado, mesmo do passado mais recente. A Europa Central de língua alemã — sala de máquinas da cultura européia durante a primeira terça parte do século XX — deixara de existir. Viena, que depois da queda dos Habsburgos, em 1918, representava mera sombra da sua antiga identidade, estava dividida, como Berlim, entre as quatro potências aliadas. A cidade mal conseguia alimentar e vestir seus cidadãos, muito menos contribuir para a vida intelectual do continente. Filósofos, economistas, matemáticos e cientistas austríacos, a exemplo dos contemporâneos na Hungria e no restante da antiga Monarquia Dupla, haviam fugido para o exílio (para a França, Grã-Bretanha, para as possessões britânicas ou para os EUA), colaborado com as autoridades ou então tinham sido mortos.

A própria Alemanha estava em ruínas. Depois de 1933, a emigração intelectual germânica não deixara para trás quase ninguém importante que não estivesse comprometido por ligações com o regime. O célebre flerte de Martin Heidegger com os nazistas foi atípico somente quanto às implicações controversas dessa simpatia nos seus influentes textos filosóficos; dezenas de milhares de Heideggers menores, em escolas, universidades, burocracias locais e nacionais, jornais e instituições culturais também se comprometeram em decorrência do entusiasmo com que adaptaram seus escritos e suas ações às exigências nazistas.

O cenário alemão durante o pós-guerra ficou mais complicado por causa da existência de *duas* Alemanhas, uma das quais reivindicava monopólio sobre a herança do "bom" passado germânico: antifascista, progressista, racional. Muitos intelectuais e artistas sentiam-se tentados a apostar na Zona Soviética e na sua sucessora, a República Democrática Alemã. Ao contrário da República Federal de Bonn, que não fora totalmente "desnazificada" e relutava em encarar o passado recente, a Alemanha Oriental insistia orgulhosamente em suas credenciais antinazistas. As autoridades comunistas acolhiam historiadores, dramaturgos ou cineastas que quisessem lembrar ao público os crimes da "outra" Alemanha — desde que respeitassem certos tabus. Alguns dos melhores talentos que haviam sobrevivido aos dias da República de Weimar migraram para o leste.

Um motivo para isso era que, sendo a Alemanha Oriental, sob ocupação soviética, o único Estado do bloco que tinha um "duplo" no Ocidente, os intelectuais tinham ali acesso a um público ocidental, algo não disponível a escritores romenos ou poloneses. E, caso a censura e a pressão se tornassem intoleráveis, havia sempre a opção de retornar para o lado ocidental, através das barreiras posicionadas em Berlim, ao menos até 1961 e a construção do Muro. Assim, Bertolt Brecht optou por viver na RDA; jovens escritoras, como Christa Wolf, optaram por ficar na Alemanha Oriental; e escritores ainda mais jovens, por exemplo, o futuro dissidente Wolf Biermann, chegaram a migrar para o leste, a fim de estudar e escrever (no caso de Biermann, aos 17 anos, em 1953).[2]

---

[2] Brecht, tipicamente, precaveu-se, guardando consigo um passaporte austríaco.

O que agradava aos intelectuais radicais originários do Ocidente "materialista" era a imagem de Estado progressista, igualitário e antinazista que a RDA transmitia, uma alternativa austera e sensata à República Federal. Esta parecia, a um só tempo, oprimida por uma história da qual preferia não falar e estranhamente frouxa, carente de raízes políticas e dependente culturalmente dos aliados ocidentais, sobretudo dos EUA, que a inventaram. A vida intelectual nos primórdios da RFA carecia de direcionamento político. Opções radicais, nos dois extremos políticos, estavam expressamente excluídas da vida pública, e autores jovens, como Böll, relutavam em se engajar em política partidária (em contraste marcante com a geração seguinte).

É certo que não faltavam canais de circulação cultural: já em 1948, depois que se superou a escassez de papel e as redes de distribuição foram reconstruídas, mais de duzentos periódicos literários e políticos estavam em circulação na zona ocidental da Alemanha (embora muitas dessas publicações viessem a desaparecer após a reforma monetária), e a nova República Federal podia se gabar de ter uma gama de jornais de qualidade, notadamente o novo semanário *Die Zeit*, publicado em Hamburgo. No entanto, a Alemanha Ocidental situava-se, e continuaria a se situar, durante anos, na periferia da vida intelectual européia. Em 1950, Melvin Lasky, jornalista ocidental e editor radicado em Berlim, assim se referiu à condição intelectual alemã: "Jamais na História Moderna, penso eu, uma nação e um povo se mostraram tão exaustos, tão desprovidos de inspiração e talento."

O contraste com a antiga preeminência cultural germânica explica, em parte, a decepção de muitos observadores domésticos e estrangeiros ao contemplar a nova república: Raymond Aron não foi o único indivíduo a se lembrar que nos primeiros anos parecia que aquele seria o século da Alemanha. Com tanto da herança cultural da Alemanha poluída e desqualificada por ter sido apropriada pelo nazismo, já não estava claro o que os alemães poderiam agora dar em contribuição à Europa. Escritores e pensadores alemães estavam obcecados (o que era compreensível) com dilemas especificamente *germânicos*. É significativo que Karl Jaspers, a única grande figura do mundo intelectual pré-nazista a participar ativamente dos debates ocorridos após 1945, seja mais conhecido por um aporte ao debate alemão *interno*: o ensaio *A Questão da Culpabilidade Alemã*, de 1946. Mas foi a deliberada esquiva em relação à política ideológica que mais contribuiu para marginalizar esses intelectuais na primeira década do pós-guerra, numa época em que o debate público na Europa Ocidental era politicamente intenso e discordante.

Também os britânicos eram bastante periféricos em relação à vida intelectual européia naqueles anos, ainda que por razões muito diferentes. As discussões políticas que dividiam a Europa não eram desconhecidas na Grã-Bretanha — confrontos acerca de pacifismo no entreguerras, a Depressão e a Guerra Civil espanhola haviam rachado o Partido Trabalhista e a esquerda intelectual, e a divisão não foi esquecida em anos posteriores. Porém, na Grã-Bretanha, no período entre as duas guerras, nem os fascistas nem os comunistas tinham conseguido transformar dissidência social em revolução política. Na década de 1930, os fascistas, de modo geral, ficavam restritos aos bairros mais pobres de Londres, onde se envolveram com anti-semitismo; o Partido Comunista da Grã-Bretanha (PCGB) nunca obteve grande apoio fora dos seus primeiros redutos na indústria naval escocesa, em algumas comunidades de mineradores e num punhado de fábricas na região centro-oeste da Inglaterra. Mesmo por ocasião do breve apogeu eleitoral, em 1945, o partido angariou apenas 102 mil votos (0,4% do total nacional) e elegeu apenas dois parlamentares — sendo que ambos perderam os assentos nas eleições de 1950. E nas eleições de 1951, o PCGB atraiu apenas 21 mil eleitores, numa população de cerca de 49 milhões.

O comunismo no Reino Unido, portanto, era uma abstração política. Tal fato não inibia, absolutamente, a afinidade com o marxismo verificada junto à intelectualidade londrina e às universidades. Desde o início, o bolchevismo exercia certo atrativo para socialistas-fabianistas britânicos, como H. G. Wells, que reconheciam na política de Lenin e até de Stalin algo familiar e positivo: engenharia social vinda de cima e praticada pelos mais esclarecidos. E a esquerda da elite britânica, à semelhança dos contemporâneos no Ministério das Relações Exteriores, tinha pouca paciência com as tribulações dos pequenos países situados entre a Alemanha e a Rússia, sempre vistos como um estorvo.

Porém, enquanto essas questões provocavam debates calorosos do outro lado do canal da Mancha, na Grã-Bretanha o comunismo não mobilizou nem dividiu os intelectuais com intensidade comparável. Conforme observou George Orwell em 1947, "os ingleses não se interessam tanto por questões intelectuais a ponto de serem intransigentes em relação a elas". Em vez disso, o debate intelectual e cultural na Inglaterra (e no resto da Grã-Bretanha, embora em menor grau) focalizava uma preocupação doméstica: as primeiras indicações de uma ansiedade acerca de "declínio nacional" que haveria de durar décadas. É sintomático da ambivalência de ânimo que existia na Inglaterra no pós-guerra o fato de o país ter acabado de lutar e vencer uma guerra de seis anos contra seu inimigo mortal e ter embarcado na experiência de um capitalismo previdenciário sem precedentes — mas os analistas culturais detinham-se nas indicações de fracasso e deterioração.

Deste modo, T. S. Eliot, no livro *Notas para uma Definição de Cultura* (1948), afirmou, com certa confiança, que o "período em que vivemos é de declínio; que os padrões de cultura são inferiores àqueles de cinqüenta anos atrás e que as evidências desse declínio são visíveis em todos os setores da atividade humana". Motivada por preocupações afins, a BBC, em 1946, levou ao ar o Terceiro Programa: um produto de alto nível e alta cultura, destinado exclusivamente ao incentivo e à disseminação de "qualidade" (e direcionado a um público que na Europa continental seria definido como a "intelectualidade"), mas cuja mescla de música clássica, palestras e debates era inequivocamente inglesa, ao evitar assuntos controversos ou politicamente delicados.

Não é que os britânicos pouco se interessassem por questões européias. A política e as letras européias eram alvo de cobertura semanal nos periódicos, e os leitores podiam ser bem informados, se quisessem. Tampouco estavam os britânicos alienados em relação à escala do trauma que a Europa acabara de sofrer. Cyril Connolly, escrevendo em seu próprio periódico, *Horizon*, em setembro de 1945, disse o seguinte acerca da situação européia contemporânea: "Sob o ponto de vista moral e econômico, a Europa perdeu a guerra. O grande toldo da civilização européia, sob cuja luz amarela crescemos, lemos ou escrevemos, amamos ou viajamos, desabou; o cordame está puído, a estaca central se partiu, as cadeiras e mesas estão quebradas, a tenda está vazia, as rosas murcharam nos arranjos."

Mas, não obstante essa preocupação com a situação da Europa continental, os analistas britânicos (especialmente os ingleses) se colocavam um tanto à margem, como se os problemas da Europa e da Grã-Bretanha, ainda que reconhecidamente relacionados, divergissem em pontos cruciais. Com certas notáveis exceções,[3] os intelectuais britânicos não desempenhavam papéis influentes nos grandes debates travados nos países da Europa continental, mas os observavam da coxia. De modo geral, assuntos que na Europa eram urgentemente *políticos*, na Grã-Bretanha suscitavam apenas interesse intelectual; enquanto tópicos que no continente eram de interesse intelectual, no Reino Unido ficavam geralmente restritos a círculos acadêmicos — quando eram percebidos.

A situação na Itália era quase, precisamente, oposta. Dentre todos os países do Oeste Europeu, a Itália foi o que *vivenciou* mais diretamente os males da era. O país havia sido governado durante vinte anos pelo primeiro regime fascista do mundo. Tinha sido ocupado pelos alemães, depois libertado pelos aliados ocidentais, numa guerra lenta, desgastante e destruidora que havia durado quase dois anos, atingindo três quartos do território nacional e reduzindo grande parte da terra e da população quase à miséria. Além disso, entre setembro de 1943 e abril de 1945, o norte da Itália foi convulsionado por algo que na prática foi uma guerra civil em grande escala.

Na condição de Estado ex-integrante do Eixo, a Itália era alvo da desconfiança do Ocidente e do Oriente. Até a ocasião do rompimento de Tito com Stalin, a fronteira indefinida entre Itália e Iugoslávia era a mais instável e potencialmente explosiva da Guerra Fria, e a relação difícil do país com o vizinho comunista ficava mais complicada devido à presença na Itália do maior Partido Comunista fora do bloco soviético: 4,35 milhões de eleitores (19% do total), em 1946, subindo para 6,12 milhões (23% do total) em 1953. Nesse mesmo ano, o Partido Comunista Italiano (PCI) vangloriava-se de contar com 2,14 milhões de membros pagantes. E mais, a influência local do partido foi reforçada pelo quase monopólio do poder em determinadas regiões (sobretudo na Emília-Romana, nos arredores da cidade de Bolonha); pelo apoio oferecido pelo Partito Socialista Italiano (PSI), de Pietro Nenni;[4] e pela grande popularidade do seu líder perspicaz e ponderado, Palmiro Togliatti.

Por todos esses motivos, a vida intelectual na Itália durante o pós-guerra era extremamente politizada e intimamente ligada ao problema do comunismo. A grande maioria dos jovens intelectuais italianos, inclusive aqueles atraídos pelo fascismo, tinha sido formada na esteira de Benedetto Croce. A mescla típica crociana de idealismo hegeliano, na filosofia, e liberalismo oitocentista, na política, havia ensejado a referência ética para uma geração de intelectuais antifascistas; porém, nas circunstâncias do pós-guerra, tal mescla parecia algo insuficiente. A verdadeira escolha diante dos italianos surgia como alternativas implacáveis: o clericalismo politizado — a aliança entre o Vaticano conservador (sob o pontificado de Pio XII) e os democratas cristãos (apoiados pelos EUA) — ou o marxismo político.

---

[3] O mais famoso, certamente, foi Arthur Koestler — mas Koestler pode ser definido como húngaro, austríaco, francês ou judeu.

[4] Naqueles anos o PSI era singular entre os partidos socialistas da Europa Ocidental, em decorrência da sua proximidade e subordinação aos comunistas — modelo bem mais comum na Europa *Oriental*.

No Oriente e no Ocidente, o PCI tinha uma qualidade que o distinguia de outros partidos comunistas. Desde o início, o PCI fora liderado por intelectuais. Togliatti, a exemplo de Antonio Gramsci e de outros jovens fundadores do partido vinte anos antes, era bem mais inteligente — e cioso de inteligência — do que os líderes da maioria dos demais partidos comunistas da Europa. Na década que se seguiu à Segunda Guerra Mundial, o partido acolheu abertamente os intelectuais — na condição de membros e aliados — e cuidou para mitigar determinados elementos que pudessem desagradá-los na retórica partidária. Na realidade, Togliatti, conscientemente, talhou o apelo do comunismo aos intelectuais italianos aplicando uma fórmula por ele mesmo inventada: "Metade Croce, metade Stalin."

A fórmula foi um sucesso ímpar. A trilha que ia do antifascismo liberal ao marxismo político foi seguida por alguns dos jovens líderes mais talentosos do Partido Comunista Italiano: homens como Giorgio Amendola, Lucio Lombardo Radice, Pietro Ingrao, Carlo Cassola e Emilio Sereni, todos os quais chegaram à política comunista egressos do mundo da filosofia e da literatura. A eles, depois de 1946, uniram-se homens e mulheres desiludidos com a incapacidade do Partido da Ação de pôr em prática as aspirações da Resistência atuante durante a guerra, o que sinalizou o fim das esperanças de uma alternativa secular, radical e não-marxista para a vida pública italiana. "Crocianos acanhados", assim os chamou um escritor à época.

Apresentado como a voz do progresso e da modernidade numa terra estagnada, e como a melhor esperança de uma reforma social e política de natureza prática, o PCI cercou-se de uma corte de estudiosos e escritores de ideário comum que conferiam ao partido e às suas políticas uma aura de respeitabilidade, inteligência e até ecumenismo. Porém, com a divisão da Europa, a estratégia de Togliatti passou a sofrer crescente pressão. A crítica dirigida pelos soviéticos ao PCI na primeira reunião da Cominform, em setembro de 1947, revelava a determinação de Stalin de intensificar o controle sobre os comunistas italianos (e os franceses também); as táticas políticas desses grupos deveriam passar a ser mais coordenadas com Moscou, e a abordagem libertária em relação a questões culturais deveria ser substituída pela tese inflexível de Zdanov acerca das "duas culturas". Nesse ínterim, com a descarada (mas bem-sucedida) intervenção norte-americana a favor dos democratas cristãos nas eleições de 1948, a política de Togliatti no pós-guerra, de trabalhar no interior das instituições da democracia liberal, começou a parecer ingênua.

Por conseguinte, a despeito de suas opiniões, Togliatti não teve opção, sendo obrigado a exercer um controle mais rígido e impor normas stalinistas. Isso provocou dissidência, publicamente, entre alguns intelectuais do partido que até então tinham liberdade para distinguir entre a autoridade política do partido, que eles não questionavam, e a área da "cultura", na qual valorizavam a autonomia. Conforme Vittorini, editor do periódico cultural comunista *Il Politechnico*, fez lembrar a Togliatti, em Carta Aberta publicada em janeiro de 1947, a "cultura" não pode ficar subordinada à política, exceto à sua própria custa e ao preço da verdade.

Togliatti, que vivera em Moscou na década de 1930 e desempenhara papel de destaque nas operações do Comintern na Espanha, em 1937 e 1938, estava ciente da situação. Num Partido Comunista todos recebiam instruções das esferas superiores, tudo se subordinava à política. "Cultura" não era uma zona protegida na qual o mandado soviético não precisasse vigorar. Vittorini e seus companheiros teriam de aceitar a linha do partido na literatura, na arte e nas idéias, ou então deixar o PCI. Ao longo dos anos seguintes, na Itália, o partido apegou-se mais à autoridade soviética e, por conseguinte, Vittorini e muitos outros intelectuais se afastaram. Contudo, apesar da lealdade inabalável de Togliatti a Moscou, o PCI jamais deixou de ter uma certa "aura" não-dogmática, como o único grande partido comunista que tolerava e até acolhia a dissensão inteligente e a autonomia de pensamento; essa reputação seria útil ao PCI em décadas futuras.

Na verdade, os críticos de Togliatti pertencentes à esquerda não-comunista sentiam-se confusos diante da percepção generalizada, no país e (especialmente) no exterior, de que o PCI não era como os demais partidos comunistas. Conforme Ignazio Silone mais tarde admitiria, os socialistas italianos só podiam culpar a si mesmos. As relações próximas entre comunistas e socialistas na Itália, ao menos até 1948, e a relutância conseqüente de marxistas não-comunistas em criticar a União Soviética inibiram o surgimento de uma alternativa esquerdista ao comunismo na política italiana.

Mas, se a Itália era singular na Europa Ocidental devido à relativa tolerância dos seus comunistas, era também atípica, por outra razão. A derrubada de Mussolini, em 1943, não foi capaz de encobrir a cumplicidade de muitos intelectuais italianos durante as duas décadas em que o ditador deteve o poder. O ultranacionalismo de Mussolini voltava-se, entre outras questões, contra a cultura e a influência estrangeira; e o fascismo havia favorecido, abertamente, os intelectuais "nacionais", aplicando à literatura e às artes mecanismos de proteção e substituição similares àqueles impostos a produtos estrangeiros comuns.

Inevitavelmente, muitos intelectuais italianos (especialmente os mais jovens) haviam aceitado apoio e subsídios do Estado fascista: a alternativa era o exílio ou o silêncio. O próprio Elio Vittorini recebera prêmios em concursos literários fascistas. Vittorio de Sica era conhecido por sua atuação em filmes da era fascista, antes de se tornar o maior expoente do neo-realismo no pós-guerra. Seu companheiro neo-realista, o diretor de cinema Roberto Rossellini, cujos filmes no pós-guerra apresentavam inclinações nitidamente comunistas, poucos anos antes havia produzido documentários e longas-metragens na Itália de Mussolini, com o apoio das autoridades, e o caso de Rossellini não era isolado. Em 1943, o regime de Mussolini era a ordem natural para milhões de italianos que, na sua vida adulta, não tinham lembrança de qualquer outro governo em tempo de paz.[5]

A postura moral da grande maioria dos intelectuais italianos nos anos do pós-guerra, portanto, espelhava o posicionamento internacional ambivalente do país como um todo, tão comprometido em seu passado autoritário a ponto de não querer assumir qualquer papel central em questões européias durante o pós-guerra. Em todo caso, havia muito tempo que a Itália era estranhamente periférica à cultura européia moderna, talvez em decorrência de sua própria história e de "arranjos" autocentrados: Nápoles, Florença, Bolonha, Milão e Turim constituíam mundos em si, com suas próprias universidades, academias, seus jornais e sua

[5] Em *Vítimas da Tormenta* (rodado em 1946, com a ação se passando naquele mesmo ano), o diretor de um presídio para meninos não apenas faz a saudação fascista — hábito do qual ele não consegue se livrar — mas refere-se com uma nostalgia indisfarçável aos baixos índices criminais no tempo de Mussolini.

intelectualidade. Roma era o centro da autoridade, fonte de patronagem e sede do poder. Mas nunca monopolizou a vida cultural da nação.

Enfim, nos anos seguintes à Segunda Guerra Mundial, só poderia haver uma localidade adequada para a vida intelectual européia: somente uma cidade, uma capital nacional cujas obsessões e divisões podiam refletir e definir a condição cultural do continente como um todo. As concorrentes estavam ocupadas, destruídas, ou tinham se tornado provincianas. Desde a década de 1920, à medida que os Estados europeus tombavam diante de ditadores, os refugiados políticos e intelectuais exilados dirigiam-se à França. Durante a guerra, alguns ali permaneceram e ingressaram na Resistência, onde muitos foram vitimados por Vichy e pelos nazistas. Alguns haviam escapado para Londres, Nova York ou para a América Latina, mas voltariam depois da Libertação. Outros, a exemplo de Czesław Miłosz ou do historiador e jornalista político húngaro François Fejtö, só emigraram quando os golpes soviéticos no Leste Europeu os obrigaram a fugir — àquela altura era absolutamente natural que fossem direto para Paris.

O resultado foi que, pela primeira vez desde a década de 1840, quando Karl Marx, Heinrich Heine, Adam Mickiewicz, Giuseppe Mazzini e Alexander Herzen viviam no exílio em Paris, a França voltou a ser o lar europeu do intelectual deserdado, um lugar de intercâmbio para a reflexão e a política européia moderna. A vida intelectual parisiense no pós-guerra era, portanto, duplamente cosmopolita: homens e mulheres de toda a Europa participavam — e Paris era o único cenário europeu onde opiniões e disputas locais eram ampliadas e transmitidas a um público mais abrangente, internacional.

E assim, apesar da derrota arrasadora da França em 1940, da humilhante sujeição a quatro anos de ocupação alemã, da ambigüidade moral (ou pior) do regime do marechal Pétain, em Vichy, e da embaraçosa subordinação aos EUA e à Grã-Bretanha na diplomacia internacional nos anos do pós-guerra, a cultura francesa tornou-se, mais uma vez, o centro da atenção internacional: intelectuais franceses adquiriram relevância internacional como porta-vozes da era, e o teor do debate político francês tipificava o cisma ideológico mundial. Novamente — e pela última vez — Paris era a capital da Europa.

A ironia desse desfecho não passou despercebida. Foi o acaso histórico que naqueles anos colocou em evidência os intelectuais franceses, cujas preocupações eram tão provincianas quanto as de qualquer um. No pós-guerra, a França estava tão envolvida com seus próprios problemas de acertos de conta, escassez e instabilidade política quanto qualquer outro país. Intelectuais franceses reinterpretavam a política do resto do mundo à luz das suas próprias obsessões, e a importância narcisista de Paris no âmbito da França projetava-se sem qualquer autocrítica sobre o mundo como um todo. Na memorável definição de Arthur Koestler, os intelectuais franceses no pós-guerra ("Os Charmosos de Saint Germain-des-Prés") eram "*voyeurs* que espreitam a libertinagem da história por um buraco na parede". Mas a história lhes reservara um poleiro privilegiado.

As divisões que anos mais tarde haveriam de caracterizar a comunidade intelectual francesa ainda não eram evidentes. Quando Jean-Paul Sartre fundou *Les Temps Modernes*, em 1945, o conselho editorial incluía não apenas Simone de Beauvoir e Maurice Merleau-Ponty, mas também Raymond Aron, refletindo um grande consenso em torno de política de esquerda e filosofia "existencialista". Este último rótulo incluía (para incômodo seu) Albert Camus, à época amigo íntimo de Sartre e de Beauvoir, e, devido à sua coluna nas páginas editoriais do diário *Combat*, o escritor mais influente do pós-guerra na França.

Todos esses intelectuais compartilhavam uma certa atitude "*résistantialiste*" (embora somente Camus houvesse participado ativamente da Resistência — Aron estivera ao lado dos Franceses Livres, em Londres, e os demais sobreviveram aos anos de ocupação, mais ou menos constrangidos). Nas palavras de Merleau-Ponty, para os intelectuais franceses a luta travada durante a guerra tinha propiciado a superação do dilema "ser versus fazer". A partir daquele momento, eles passaram a estar "na" história e precisaram nela *se engajar* plenamente. A situação já não permitia aos intelectuais o luxo de recusar o comprometimento com opções políticas; a verdadeira liberdade consistia em aceitar essa verdade. Nas palavras de Sartre: "Ser livre não é fazer o que se quer, mas querer fazer o que se pode."

Outra lição que Sartre e sua geração afirmavam ter aprendido com a guerra foi a inevitabilidade — e, portanto, em certa medida, a utilidade — da violência política. Essa interpretação da experiência recente não era, em absoluto, exclusividade francesa: já em 1945, muitos europeus haviam vivenciado três décadas de violência militar e política. Jovens por todo o continente estavam imunes a determinados níveis de brutalidade pública, em palavras e ações, que teriam escandalizado seus antepassados no século XIX. E a retórica política moderna propiciava uma "dialética" pela qual era possível domesticar clamores por violência e conflito: Emmanuel Mounier, editor da revista *Esprit* e presença influente na esquerda cristã, sem dúvida falava em nome de muitos quando, em 1949, declarou ser hipocrisia fazer oposição à violência ou à luta de classes, uma vez que a "violência branca" era praticada contra as vítimas do capitalismo todos os dias.

Todavia, na França, o atrativo por soluções violentas representava mais do que uma simples projeção da experiência recente. Era também o eco de um velho legado. Acusações de colaboracionismo e traição, pressões a favor de punição e de um novo começo não tiveram início com a libertação. Eram a lembrança de uma antiga tradição francesa. Desde 1792, os pólos revolucionário e contra-revolucionário da vida pública francesa exemplificavam e reforçavam a divisão binária do país: a favor ou contra a monarquia, a favor ou contra a revolução, a favor ou contra Robespierre, a favor ou contra as Constituições de 1830 e 1848, a favor ou contra a Comuna. Nenhum outro país tinha uma experiência tão longa e ininterrupta com política bipolar, sublinhada pela historiografia costumeira do mito revolucionário nacional, inculcado em colegiais franceses havia muitas décadas.

Além disso, a França, mais do que qualquer outro Estado-nação ocidental, era um país cuja intelectualidade aprovava e até reverenciava a violência enquanto ferramenta de políticas públicas. George Sand registra uma caminhada às margens do Sena, ao lado de um amigo que defendia, urgentemente, a hipótese de uma sangrenta revolução do proletariado: "somente quando o Sena correr vermelho", ele explicava, "quando Paris arder e os desvalidos ocuparem o lugar que lhes cabe de direito, a justiça e a paz hão de prevalecer". Quase um século mais tarde, exatamente, o ensaísta inglês Peter Quennell registrou, no periódico *New Statesman*, "a quase patológica veneração da violência que parece dominar tantos autores franceses".

Portanto, quando o político do Partido Radical, o ancião Edouard Herriot, que presidiu a Assembléia Nacional Francesa até falecer, em 1957, aos 85 anos, anunciou à época da libertação que uma vida política normal só seria possível depois que "a França passasse por um banho de sangue", esse tipo de linguagem não causou estranheza aos ouvidos franceses, mesmo sendo verbalizado por um parlamentar provinciano e barrigudo, defendendo uma posição política de centro. Fazia tempo que leitores e escritores franceses tinham se familiarizado com a idéia de que mudanças no curso da história e matanças "purificadoras" caminham lado a lado. Quando Sartre e seus contemporâneos insistiam que a violência comunista era uma forma de "humanismo proletário", era a "parteira da história", estavam sendo mais convencionais do que supunham.

A familiaridade da violência revolucionária para o *imaginaire* francês somada às lembranças tingidas de sépia da antiga aliança franco-russa predispuseram os intelectuais franceses a acolher, com simpatia, as desculpas apresentadas pelos comunistas para a brutalidade soviética. A dialética também ajudou o processo. Comentando o julgamento de Slánsky nas páginas do *Temps Modernes*, de Sartre, Marcel Péju fez lembrar aos leitores que não há nada errado em matar inimigos políticos. O que estava errado em Praga era que a "cerimônia com que eles eram mortos [i.e., o julgamento montado] parece constituir uma caricatura do que poderia ser, se tal violência fosse justificada sob perspectiva comunista. Afinal, evidentemente, as acusações não são implausíveis".

Intelectuais franceses em visita ao bloco soviético ficaram mais liricamente entusiasmados do que a maioria dos colegas ao contemplar o comunismo em construção. Assim, o poeta e surrealista Paul Eluard, dirigindo-se a uma platéia (sem dúvida, confusa) em Bucareste, em outubro de 1948, disse o seguinte: "Venho de um país onde ninguém mais ri, onde ninguém canta. Mas vocês descobriram o raio de sol da Felicidade." Eis o mesmo Eluard, no ano seguinte, falando na Hungria sob ocupação soviética: "Basta a um povo ser o senhor da sua própria terra e, em poucos anos, a Felicidade será a lei suprema e o Júbilo o horizonte de cada dia."

Eluard era comunista, mas seus sentimentos eram comuns mesmo entre muitos intelectuais e artistas que jamais ingressaram no partido. Em 1948, depois do golpe tcheco, Simone de Beauvoir expressou certeza de que os comunistas caminhavam para a vitória em todos os locais: conforme, muitos anos antes, escrevera seu contemporâneo, Paul Nizan, um filósofo revolucionário só pode ser eficaz se optar pela classe que promove a revolução, e os comunistas haviam ungido a eles próprios como representantes de tal classe. Intelectuais engajados tinham de se posicionar ao lado do progresso e da História, não obstante as esporádicas vicissitudes morais.[6]

A importância da questão comunista para os intelectuais na França foi também conseqüência da presença ubíqua do Partido Comunista Francês (PCF). Embora jamais fosse tão grande quanto o partido italiano (com 800 mil membros, no auge), o PCF, nos primeiros anos do pós-guerra, alcançou seu maior sucesso eleitoral, obtendo 28% dos votos, em 1946.

---

[6] A despeito de suas dúvidas em relação à política cultural soviética, Paul Eluard recusava-se a criticar o zdanovismo diante dos camaradas da classe operária na unidade do partido à qual ele pertencia. Conforme explicou a Claude Roy: "Coitados, isso os desanimaria. Não devemos perturbar os que participam da luta; eles não compreenderiam."

E, diferentemente dos italianos, os comunistas franceses não tiveram de enfrentar um Partido Católico unificado de centro-esquerda. Ao contrário, o Partido Socialista Francês, graças à longa experiência com táticas comunistas no período entre as duas guerras, não se alinhou, incondicionalmente, aos comunistas nos primeiros estágios da Guerra Fria (ainda que a maioria dos membros do partido desejasse o contrário). E assim o PCF era, a um só tempo, mais forte e mais isolado do que qualquer outro Partido Comunista.

Era também bastante avesso a intelectuais. Estabelecendo marcante contraste com o PCI, o PCF sempre fora comandado por burocratas teimosos e obtusos, a exemplo do ex-minerador Maurice Thorez, que liderou o partido desde 1932 até morrer, em 1964. Para Stalin, a qualidade mais importante de Thorez — assim como Gottwald, na Tchecoslováquia — era obedecer às ordens sem fazer perguntas. Não foi coincidência que, tendo desertado do Exército francês durante a Guerra Falsa de 1939 e 1940, Thorez passou os cinco anos seguintes em Moscou. Portanto, o Partido Comunista Francês era um partido-satélite confiável, embora rígido, um veículo útil para a proclamação e prática da linha stalinista.

Para a geração estudantil do pós-guerra, em busca de liderança, disciplina e promessa de ação ao lado dos "trabalhadores", essa rigidez do PCF foi um certo atrativo, ao menos durante alguns anos: assim como os companheiros tchecos e poloneses, inicialmente, inspiraram entusiasmo entre os parceiros do Leste Europeu. Porém, para os intelectuais franceses mais estabelecidos, o fervor com que os comissários culturais do PCF defendiam a imposição da ortodoxia nas páginas bombásticas do diário do partido — *L'Humanité* — e em outros meios de comunicação constituía um desafio constante às convicções progressistas da classe. Autores e estudiosos que tinham ficado do lado do PCF, como Vittorini, na Itália, ou o Grupo dos Historiadores do Partido, em Londres, não podiam contar com qualquer liberdade de ação.[7]

Por essa razão, as afinidades da intelectualidade parisiense são o guia mais acertado às fissuras de convicção e opinião na Europa durante a Guerra Fria. Em Paris, melhor do que em qualquer outro lugar, as diferenças intelectuais delineavam o contorno das diferenças políticas, internas e externas. Os julgamentos forjados realizados no Leste Europeu eram debatidos na cidade com um vigor especial, porque muitas vítimas do comunismo tinham vivido e trabalhado na França: László Rajk fora mantido na França, após a Guerra Civil Espanhola; Artur London se engajara na Resistência, era casado com uma ilustre comunista francesa e futuro sogro de outra; "André Simone" (Otto Katz, outra vítima do julgamento de Slánský) era famoso nos círculos jornalísticos parisienses por seu trabalho na cidade durante os anos 30; Traicho Kostov era bem lembrado pelo tempo em que trabalhara para o Ministério das Relações Exteriores da Bulgária, em Paris — a notícia da sua prisão, em Sófia, chegou a ser estampada na primeira página do *Combat*, de Camus.

Paris foi até local de dois influentes julgamentos políticos. Em 1946, Victor Kravchenko, burocrata soviético de médio escalão que desertou para os EUA em abril de 1944, publicou suas memórias, *Eu Preferi a Liberdade*. Quando, em maio do ano seguinte, apareceu na França, sob o título *J'ai Choisi la Liberté*, a obra causou sensação devido ao relato dos expurgos e mas-

[7] François Fejtö, vivendo em Paris, observou alguns anos mais tarde que, enquanto os comunistas italianos receberam bem (embora na defensiva) a sua *História da Europa Oriental*, o PCF condenou a obra como produto de mais um renegado.

sacres soviéticos, e especialmente à descrição do sistema soviético de campo de concentração, o Gulag. Em novembro de 1947, dois meses depois da reunião da Cominform na Polônia, em que líderes do PCF foram interpelados por terem deixado de seguir a nova linha-dura soviética, a revista intelectual do partido, *Les Lettres françaises*, publicou uma série de artigos declarando que o livro de Kravchenko era uma enfiada de mentiras inventadas pelos serviços secretos norte-americanos. Quando, em abril de 1948, o jornal reiterou e ampliou as acusações, Kravchenko processou o periódico por difamação.

No julgamento, que durou de 24 de janeiro a 4 de abril de 1949, Kravchenko apresentou em seu favor uma série de testemunhas um tanto obscuras; mas os acusados conseguiram reunir depoimentos prestados por grandes intelectuais franceses que não eram comunistas: Vercors, o romancista da Resistência; Frédéric Joliot-Curie, médico e vencedor do Prêmio Nobel; Jean Cassou, crítico de arte, herói da Resistência e diretor do Museu de Arte Moderna de Paris, e muitos outros. Todos afirmaram o passado impecável do Partido Comunista Francês junto à Resistência, as indiscutíveis credenciais revolucionárias da União Soviética e as implicações inaceitáveis das declarações de Kravchenko — mesmo que fossem verdadeiras. No julgamento, Kravchenko foi indenizado com um franco simbólico, por danos e perdas.

Essa vitória "moral" da Esquerda Progressista coincidiu com a primeira rodada dos grandes julgamentos montados no Leste Europeu e com a adoção de posicionamentos de intelectuais a favor ou contra a União Soviética; conforme Sartre começara a insistir alguns meses antes: "É preciso escolher entre a URSS ou o bloco anglo-saxônico." Todavia, para muitos críticos da União Soviética, Kravchenko tinha sido um porta-voz inadequado. Antigo burocrata soviético que optara pelo exílio nos EUA, Kravchenko não agradava àqueles intelectuais europeus anticomunistas (que talvez constituíssem a maioria) igualmente desejosos de se manter distantes de Washington e negar a Moscou o monopólio de credenciais progressistas. Em relação a esse indivíduo, escreveram Sartre e Merleau-Ponty, em janeiro de 1950, não podemos ter qualquer sentimento fraternal: ele fora a prova cabal do declínio "dos valores marxistas na própria Rússia".

Mas o outro julgamento foi mais difícil de ser ignorado. Em 12 de novembro de 1949, quatro semanas após a execução de László Rajk, em Budapeste, David Rousset publicou no *Le Figaro littéraire* um chamado a ex-internos de campos nazistas para que o auxiliassem num inquérito sobre os campos de concentração *soviéticos*. Baseando-se no Código do Trabalho Corretivo da própria União Soviética, Rousset argumentava que os locais não eram centros de reeducação, conforme afirmavam as autoridades, mas um esquema de campos de concentração integrados à economia e ao sistema penal soviético. Uma semana depois, na revista *Les Lettres françaises*, os escritores comunistas Pierre Daix e Claude Morgan acusaram-no de inventar suas fontes e caricaturar a URSS valendo-se de uma calúnia mesquinha. Rousset abriu processo por difamação.

O elenco envolvido nesse confronto era extremamente interessante. Rousset não era um desertor do Kremlin. Era francês; socialista veterano; ex-trotskista; herói da Resistência e sobrevivente de Buchenwald e Neuengamme; amigo de Sartre, com quem fundara, em 1948, um movimento político de vida curta, o *Rassemblement Démocratique Révolutionnaire*. O fato de um homem com tal perfil acusar a União Soviética de operar campos de trabalho ou de concentração foi uma completa novidade para as alianças políticas convencionais da época. Também Daix fora detido e deportado (neste caso, para Mauthausen), em conseqüência de atividades junto à Resistência. Que dois esquerdistas, ex-combatentes da Resistência e sobreviventes de campos de concentração, se confrontassem constituía uma ilustração do grau em que antigas alianças políticas estavam agora subordinadas à questão única do comunismo.

A lista de testemunhas a favor de Rousset incluía uma gama de especialistas sumamente confiáveis que haviam vivenciado em primeira mão o sistema prisional soviético, culminando com o depoimento dramático de Margarete Buber-Neumann, que relatou suas experiências não apenas em campos soviéticos mas também em Ravensbrück, aonde fora enviada em 1940, depois de ter sido devolvida por Stalin aos nazistas, como "troco", em função do Pacto Molotov-Ribbentrop. Rousset obteve ganho de causa. Chegou até a provocar algum impacto na consciência dos contemporâneos. Após o anúncio do veredicto, em janeiro de 1950, Maurice Merleau-Ponty confessou que "os fatos põem em xeque o sentido do sistema russo". Simone de Beauvoir ficou tão constrangida que inseriu em seu novo romance, *Os Mandarins*, uma série de debates angustiantes entre os protagonistas acerca da notícia sobre os campos soviéticos (e, para agradar a Sartre e seus amigos, fez ajustes na cronologia, a fim de dar a entender que tinham ciência do fato já em 1946).

Com o intuito de rebater Rousset e companheiros — e manter na linha os intelectuais "progressistas" —, os partidos comunistas recorreram à alavanca moral do "antifascismo". O procedimento era atrativo por ser familiar. Para muitos europeus, a primeira experiência com mobilização política ocorrera no âmbito das ligas das Frentes Populares antifascistas, na década de 1930. Para a maioria das pessoas, a Segunda Guerra Mundial era lembrada como a vitória sobre o fascismo, e assim celebrada na França e na Bélgica, especialmente no pós-guerra. "Antifascismo" representava um elo seguro e ecumênico com uma época mais simples.

No cerne da retórica antifascista, conforme aplicada pela esquerda oficial, havia uma visão simples e binária sobre a lealdade política: somos o que eles não são. Eles (fascistas, nazistas, franquistas, nacionalistas) são a direita; nós somos a esquerda. Eles são reacionários; nós somos progressistas. Eles apóiam a guerra; nós apoiamos a paz. Eles são forças do mal; nós estamos do lado do bem. Nas palavras de Klaus Mann, registradas em Paris, em 1935: seja o que for o fascismo, não somos fascistas, somos contrários ao fascismo. De vez que a maioria dos adversários do anti-fascismo fazia questão de definir sua própria política como, acima de tudo, anticomunista (durante a guerra, isso fez parte do apelo do nazismo às elites conservadoras, em países tão distantes quanto a Dinamarca e a Romênia), esse tipo de simetria beneficiou a polêmica dos comunistas. O "filocomunismo", ou ao menos o antianticomunismo, era a essência lógica do antifascismo.[8]

No pós-guerra, a União Soviética, evidentemente, tinha todo o interesse em chamar a atenção para suas credenciais antifascistas, especialmente depois que os EUA substituíram a Alemanha na condição de inimigo. A retórica antifascista passou a ser dirigida aos Esta-

[8] Daí, Emmanuel Mounier escreve na revista *Esprit*, em fevereiro de 1946: "O anticomunismo [...] é a força cristalizadora necessária e suficiente para a volta do fascismo".

dos Unidos, sendo o país, de início, acusado de defender fascistas que buscavam revanche e, na seqüência, definido como verdadeira ameaça protofascista. O que tornou essa tática comunista particularmente eficaz, é claro, foi o medo generalizado que havia na Europa do ressurgimento do fascismo, ou ao menos de uma onda de simpatia neofascista advinda das ruínas do fascismo.

"Antifascismo", com seu subtexto de resistência e aliança, também estava relacionado à duradoura e favorável imagem da União Soviética durante a guerra e à simpatia que muitos europeus ocidentais sentiam pelos vencedores heróicos de Kursk e Stalingrado. Conforme registrou Simone de Beauvoir em suas memórias, numa declaração tipicamente arrebatadora: "Não havia reservas na nossa amizade com a URSS: os sacrifícios do povo russo demonstraram que os líderes encarnavam-lhe os anseios". Stalingrado, segundo Edgar Morin, dirimia todas as dúvidas, todas as críticas. Contava também o fato de Paris ter sido libertada pelos aliados *ocidentais*, cujos pecados pesavam mais na memória local.

Mas a "russofilia" intelectual ia além disso. É importante lembrar o que estava acontecendo a poucos quilômetros a leste. No Ocidente, o entusiasmo intelectual pelo comunismo tendia a se exacerbar, não como nos tempos do "comunismo do *goulash*" ou do "socialismo humanizado", mas nos momentos mais cruéis do regime: entre 1935 e 1939 e 1944 e 1956. Escritores, artistas, professores e jornalistas costumavam admirar Stalin não apesar de seus defeitos, mas *por causa* dos defeitos. Era quando Stalin exterminava pessoas em escala industrial, quando os julgamentos forjados mostravam o lado mais teatral e macabro do comunismo soviético, que homens e mulheres que estavam fora do alcance do líder soviético sentiam-se mais fascinados por ele e por seu culto. Era o abismo absurdo que havia entre a retórica e a realidade que tornava tudo tão irresistível a homens e mulheres de boa vontade em busca de uma causa.[9]

O comunismo empolgava os intelectuais de um modo que nem Hitler nem (especialmente) a democracia liberal poderiam jamais fazê-lo. O comunismo era exótico em localização e heróico em escala. Raymond Aron, em 1959, observou a sua "surpresa ridícula [...] que a esquerda européia havia aceitado um construtor de pirâmides como se fosse Deus". Mas seria mesmo uma surpresa? Jean-Paul Sartre, ao menos, sentiu-se mais atraído pelos comunistas precisamente no momento em que o "construtor de pirâmides" embarcava em seus últimos projetos, os mais alucinados. A idéia de que a União Soviética estava engajada numa missão extrema cujas aspirações justificavam e desculpavam as deficiências do país era particularmente interessante aos intelectuais racionalistas. O perturbador pecado do fascismo haviam sido seus objetivos paroquiais. Mas o comunismo direcionava-se para metas impecavelmente universais e transcendentes. Os crimes do regime eram desculpados por muitos observadores não-comunistas, como o preço, por assim dizer, a ser pago para se negociar com a História.

Mas, mesmo assim, nos primeiros anos da Guerra Fria, muita gente no Oeste Europeu teria sido mais crítica em relação a Stalin, à União Soviética e aos comunistas locais não fosse o receio de ajudar e amparar adversários políticos. Isso, também, era legado do "antifascismo": a insistência de que "não havia inimigos na esquerda" (regra à qual o próprio Stalin,

---

[9] De modo semelhante, no Ocidente, o culto a Mao atingiu o apogeu no auge da Revolução Cultural, exatamente quando e *exatamente porque* Mao perseguia escritores, artistas e professores.

vale dizer, não prestava atenção). Conforme explicou o abade Boulier a François Fejtö, ao tentar impedi-lo de escrever sobre o julgamento de Rajk: chamar a atenção para os pecados comunistas é "fazer o jogo dos imperialistas".[10]

Esse medo de servir aos interesses anti-soviéticos não era novo. Mas no início dos anos 50 tal fator se tornara crucial nos debates intelectuais europeus, principalmente na França. Mesmo depois que os julgamentos forjados realizados no Leste Europeu finalmente fizeram com que Emmanuel Mounier e muitos integrantes da equipe da revista *Esprit* se afastassem do Partido Comunista Francês, estes cuidavam ao máximo para negar qualquer sugestão de que haviam se tornado "anticomunistas" — ou, pior, que tinham deixado de ser "antiamericanos". O antianticomunismo se tornava um objetivo político e cultural em si mesmo.

De um lado da divisória cultural, portanto, ficavam os comunistas, seus amigos e apologistas: progressistas e "antifascistas". Do outro lado, muito mais numerosos (fora do bloco soviético), mas também bastante heterogêneos, ficavam os anticomunistas. Uma vez que os anticomunistas compreendiam uma gama, desde trotskistas até neofacistas, críticos da URSS freqüentemente se viam compartilhando alguma plataforma ou petição ao lado de gente cuja política, em outros aspectos, eles abominavam. Essas alianças profanas eram um alvo fundamental para a polêmica soviética, e, por vezes, ficava difícil convencer críticos liberais do comunismo a expressar suas opiniões em público, pois receavam ser tachados de reacionários. Como explicou Arthur Koestler diante de uma grande platéia no Carnegie Hall, em Nova York, em 1948: "Não podemos ajudar as pessoas se estivermos certos pelas razões erradas [...]. Esse medo de nos vermos em má companhia não é expressão de pureza política; é expressão de falta de autoconfiança."

Intelectuais genuinamente reacionários eram escassos na primeira década depois da guerra. Mesmo estes — por exemplo, Jacques Laurent ou Roger Nimier, na França, que se apresentavam abertamente como de direita — tinham certo prazer em admitir o desespero de sua causa, demonstrando uma espécie de nostalgia neoboêmia pelo passado desacreditado e exibindo a sua irrelevância política como distintivo de honra. Se a esquerda ia de vento em popa e contava com a história do seu lado, uma nova geração de intelectuais de direita se orgulharia de ser perdedora rebelde, transformando a decadência autêntica e o solipsismo agonizante de escritores ativos no entreguerras, como Drieu la Rochelle e Ernst Jünger, em estilo pessoal sociável e elegante — assim antecipando os "jovens conservadores" da Grã-Bretanha de Mrs. Thatcher.

Mais representativos, na França e na Grã-Bretanha, ao menos, eram os intelectuais conservadores cujo desafeto pelo comunismo pouco mudara em trinta anos. Em ambos os países, assim como na Itália, intelectuais católicos atuantes desempenharam papel de destaque na polêmica anticomunista. Evelyn Waugh e Graham Greene sucederam Hilaire Belloc e G. K. Chesterton no espaço reservado na vida cultural inglesa para católicos retrógrados e pessi-

---

[10] Naqueles anos, "ser progressista", conforme observou Raymond Aron mordazmente, consistia em "apresentar argumentos comunistas como se decorressem, com espontaneidade, de especulações independentes".

mistas. No entanto, se os conservadores ingleses criticavam o vazio da vida moderna, ou dela se isolavam por completo, um católico *francês* como François Mauriac sentia-se naturalmente atraído pelo debate com a esquerda política.

Durante a longa vida pública de Mauriac no pós-guerra (ele escreveu, regularmente, para *Le Figaro* até os oitenta e tantos anos — falecendo em 1970, com 85 anos), seus argumentos eram quase sempre formulados através de uma veia ética. Primeiramente, o debate foi com Albert Camus, acerca da adequação de expurgos no pós-guerra; depois, debateu com os companheiros conservadores a guerra na Argélia — que ele desaprovava —, e sempre com os comunistas, que ele abominava. Conforme Mauriac explicou aos leitores de *Le Figaro*, em 24 de outubro de 1949, a justificativa dos comunistas franceses para o julgamento montado em Budapeste — então em curso — era "*une obscénité de l'esprit*". Mas, naqueles anos, a clareza moral de Mauriac acerca dos crimes do comunismo era acompanhada por uma antipatia igualmente moralizada pelos "valores estranhos" da sociedade norte-americana: a exemplo de muitos conservadores europeus, Mauriac sentia um permanente desconforto perante a aliança com os EUA imposta pela Guerra Fria.

Isso não era problema para realistas liberais como Raymond Aron. À semelhança de muitos outros "Guerreiros Frios" do centro político europeu, Aron demonstrava uma simpatia limitada pelos Estados Unidos — "a economia dos EUA", ele escreveu, "parece-me não constituir modelo nem para a humanidade nem para o Ocidente". Mas Aron compreendia a verdade central referente à política européia depois da guerra: conflitos domésticos e estrangeiros passaram a se mesclar. "Em nosso tempo", escreveu, em julho de 1947, "tanto para indivíduos quanto para nações, a escolha que determina todas as demais é de natureza global, com efeito, uma escolha geográfica. Ou estamos no universo dos países livres, ou então em terras submetidas à severa ordem soviética." Ou como disse em outra ocasião: "Nunca se trata de uma luta entre o bem e o mal, mas entre o preferível e o detestável."

Intelectuais liberais, portanto, fossem no estilo continental, como Aron ou Luigi Einaudi, ou no estilo britânico, como Isaiah Berlin, sentiam-se bem mais à vontade do que a maioria dos conservadores aos quais a História havia imposto uma relação com os EUA. Podia se dizer o mesmo, por estranho que pareça, dos socialdemocratas. Isso ocorria porque a memória de Roosevelt ainda estava viva, e muitos diplomatas e formuladores de políticas norte-americanos com os quais a Europa lidava naqueles anos eram adeptos do New Deal, defensores do papel ativo do Estado na definição das políticas econômicas e sociais, e indivíduos cuja tendência política era de centro-esquerda.

Mas ocorria também como conseqüência direta da política norte-americana. A federação sindical americana AFL-CIO, o serviço de inteligência dos EUA e o Departamento de Estado viam os partidos trabalhistas e socialdemocratas (moderados e formados a partir de sindicatos) como a melhor barreira ao avanço comunista, especialmente na França e na Bélgica (na Itália, onde a configuração política era diferente, as entidades norte-americanas investiam esperança e o grosso dos recursos nos democratas cristãos). Até meados de 1947, tal palpite era incerto. Porém, na primavera daquele ano, após a expulsão dos partidos comunistas das coalizões de governo na França, Bélgica e Itália, e especialmente depois do golpe de Praga, ocorrido em fevereiro de 1948, socialistas e comunistas no Oeste Europeu se separaram.

Confrontos violentos entre sindicatos de trabalhadores comunistas e socialistas e entre grevistas liderados por comunistas e tropas sob o comando de ministros socialistas, somados à notícia da detenção de socialistas na Europa Oriental, transformaram muitos socialdemocratas do Ocidente em inimigos declarados do bloco soviético e potenciais receptores de dinheiro norte-americano canalizado secretamente.

Para socialistas, como Léon Blum, na França, ou Kurt Schumacher, na Alemanha, a Guerra Fria impunha escolhas políticas conhecidas ao menos sob um aspecto: esses socialistas conheciam os comunistas do passado e se lembravam das terríveis batalhas fratricidas nos anos amargos antes do advento das alianças das Frentes Populares. Os mais jovens não tinham esse consolo. Albert Camus — que na década de 1930 abraçara e logo deixara o Partido Comunista da Argélia — surgiu da guerra, a exemplo de tantos contemporâneos, acreditando piamente numa coalizão de Resistência entre comunistas, socialistas e reformistas radicais de todos os matizes. "O anticomunismo", ele escreveu em Argel, em março de 1944, "é o início da ditadura".

Camus começou a ter dúvidas durante os julgamentos e expurgos ocorridos na França no pós-guerra, quando os comunistas adotaram uma linha dura como o único Partido da Resistência e exigiram exclusões, detenções e penas de morte para milhares de colaboracionistas, autênticos ou não. Então, a partir de 1947, à medida que as artérias de lealdade política e intelectual começaram a enrijecer, Camus se viu cada vez mais propenso a duvidar da boa-fé dos seus aliados políticos — dúvidas que, a princípio, ele reprimira, por hábito e pelo bem da unidade. Em junho de 1947, ao entregar o controle do jornal *Combat*, Camus estava menos confiante ou otimista (politicamente) do que três anos antes. Em seu maior romance, *A Peste*, publicado naquele mesmo ano, fica evidente o mal-estar do autor em relação ao realismo político linha-dura de seus camaradas. Conforme disse, através das palavras de Tarrou, um de seus personagens: "Decidi rejeitar tudo que direta ou indiretamente faz as pessoas morrerem ou justifica os causadores de mortes."

No entanto, Camus ainda relutava em ir a público e romper com os antigos parceiros. Publicamente, ele ainda procurava equilibrar uma crítica sincera ao stalinismo com referências "objetivas" ao racismo norte-americano e outros crimes cometidos no campo capitalista. Mas o processo de Rousset e os julgamentos montados no Leste Europeu acabaram com quaisquer ilusões que ele ainda pudesse ter. Aos seus cadernos, confidenciou: "Um dos meus arrependimentos foi ter dado crédito excessivo à objetividade. Objetividade, por vezes, é acomodação. Hoje em dia as coisas estão claras, e devemos definir algo como '*concentrationnaire*', se assim, de fato, o for, mesmo que seja o socialismo. Em certo sentido, jamais voltarei a ser bem-educado."

Existe aqui, talvez, o eco involuntário de um discurso proferido no Encontro Internacional do Pen Clube, dois anos antes, em junho de 1947, quando Ignazio Silone — falando de "La Dignité de l'Intelligence et l'Indignité des Intellectuels" — lamentou, em público, o seu próprio silêncio e o silêncio dos outros intelectuais de esquerda: "Tiramos de circulação, como tanques estacionados numa garagem, os princípios de liberdade para todos, dignidade humana e todo o resto." A exemplo de Silone, que mais tarde, em 1950, escreveria um dos melhores ensaios da coletânea organizada por Richard Crossman sob o título *O Deus que*

Falhou, Camus se tornou um crítico cada vez mais cáustico das ilusões "progressistas", culminando na condenação da violência revolucionária, em seu ensaio *O Homem Revoltado* (1951), que provocou o rompimento final com os antigos amigos da esquerda intelectual parisiense. Para Sartre, o primeiro dever do intelectual radical era não trair os trabalhadores. Para Camus, assim como para Silone, o mais importante era não trair a si mesmo. Estavam traçadas as linhas de batalha da Guerra Fria cultural.

É difícil, contemplando as décadas passadas, recapturar plenamente os contrastes marcantes e a retórica da Guerra Fria naqueles primeiros anos. Stalin ainda não era uma vergonha — ao contrário. Conforme expressou Maurice Thorez, em julho de 1948: "As pessoas acham que podem nos insultar, a nós comunistas, atirando contra nós a palavra 'stalinista'. Bem, para nós esse rótulo é uma honra que fazemos o possível por merecer". E muitos não-comunistas talentosos, conforme vimos, também relutavam em condenar o líder soviético, procurando meios de minimizar-lhe os crimes ou desculpá-los inteiramente. Ilusões esperançosas acerca do império soviético eram acompanhadas por dúvidas generalizadas — e pior — sobre os Estados Unidos.[11]

Os EUA, ao lado da nova República Federal da Alemanha, agüentaram o tranco da violência retórica do comunismo. Foi uma tática esperta. Os EUA não eram muito populares no Oeste Europeu, apesar (e em alguns locais em decorrência) da generosa ajuda na reconstrução econômica européia. Em julho de 1947, somente 38% dos franceses acreditavam que a Ajuda Marshall não constituía séria ameaça à independência francesa, uma desconfiança em relação às intenções norte-americanas insuflada pelo medo da eclosão de nova guerra, em 1948, e pela luta na Coréia, dois anos mais tarde. Acusações inventadas pelos comunistas, de que o Exército dos EUA estava utilizando armas biológicas na Coréia, contavam com um público receptivo.

Em se tratando de assuntos culturais, os comunistas sequer precisavam tomar a iniciativa. O receio do domínio norte-americano, da perda de iniciativa e da autonomia nacional trouxe, para o lado "progressista", homens e mulheres de todas as inclinações políticas (e sem inclinações políticas também). Comparados aos dependentes empobrecidos do Oeste Europeu, os Estados Unidos pareciam ser economicamente carnívoros e culturalmente ignorantes: uma combinação mortífera. Em outubro de 1949 — no segundo ano do Plano Marshall, e no momento em que o projeto para a criação da OTAN era finalizado —, o crítico cultural francês Pierre Emmanuel informou aos leitores de *Le Monde* que o maior presente dado pelos EUA à Europa no pós-guerra tinha sido... o falo; até na terra de Stendhal "o falo está a caminho de se tornar um deus". Três anos depois, os editores cristãos da *Esprit* lembrariam a seus leitores que, "desde o início, fizemos advertências quanto aos riscos impostos ao bem-estar da nação por uma cultura americana que ataca as raízes da coesão mental e moral dos povos da Europa".

[11] Tais sentimentos aparecem caricaturados (inadvertidamente) neste relato do primeiro dia de aula, em Praga, em abril de 1948, quando uma professora primária comunista diz: "Crianças, vocês sabem que nos Estados Unidos as pessoas vivem em buracos cavados no solo e são escravas de uns poucos capitalistas que ficam com o lucro. Mas na Rússia todos são felizes, e nós em Praga também somos muito felizes, graças ao governo de Klement Gottwald. Então, crianças, repitam comigo, em voz alta: 'Estamos muito contentes e aprovamos o governo de Gottwald.'"

Enquanto isso, um insidioso artefato norte-americano se espalhava pelo continente. Entre 1947 e 1949, a Coca-Cola Company abriu fábricas na Holanda, Bélgica, em Luxemburgo, na Suíça e Itália. Cinco anos após ter sido criada, a Alemanha Ocidental contava com 96 dessas fábricas e se tornara o maior mercado fora dos Estados Unidos. Porém, ainda que algumas vozes de protesto tenham se elevado na Bélgica e na Itália, foi na França que os planos da Coca-Cola provocaram turbulências públicas. Quando *Le Monde* revelou que a companhia havia estabelecido a meta de 240 milhões de garrafas a serem vendidas na França em 1950, houve objeções veementes — incentivadas, mas não orquestradas, pelos comunistas, que se limitavam a advertir que os serviços de distribuição da Coca-Cola funcionariam também como rede de espionagem norte-americana. Conforme escreveu *Le Monde*, em editorial publicado em 29 de março de 1950: "A Coca-Cola é a Danzig da cultura européia."

O furor da "Coca-colonização" teve um toque de humor (corriam boatos de que a companhia planejava afixar seu logo, em néon, à Torre Eiffel...), mas o sentimento subjacente era sério. A insensibilidade da cultura norte-americana, dos filmes às bebidas, bem como o interesse próprio e as ambições imperialistas que estavam por trás da presença dos EUA na Europa eram noções comuns a muitos europeus, de esquerda e de direita. A União Soviética talvez representasse uma ameaça imediata à Europa, mas eram os EUA que representavam um desafio mais perigoso a longo prazo. Essa percepção ganhou crédito depois da erupção da guerra na Coréia, quando os EUA começaram a fazer pressão pelo rearmamento dos alemães ocidentais. Os comunistas podiam agora mesclar seus ataques aos "ex-nazistas" de Bonn à imputação de que os EUA apoiavam o "revanchismo fascista". A hostilidade nacionalista contra os "anglo-americanos", estimulada durante o período de ocupação, mas silenciosa após a libertação, foi resgatada e posta em ação na Itália, França e Bélgica — e também na Alemanha, por Brecht e outros autores da Alemanha Oriental.

Na tentativa de se beneficiar desse medo incipiente em relação à guerra, e da suspeita das elites européias em relação a questões norte-americanas, Stalin desencadeou um movimento internacional pela paz. De 1949 até a morte do líder soviético, "Paz" foi o ponto central da estratégia cultural soviética. O Movimento pela Paz teve início em Vratislávia, Polônia, em agosto de 1948, durante um Congresso Mundial de Intelectuais. O encontro de Vratislávia foi seguido, em abril de 1949, pelos primeiros Congressos de Paz, realizados mais ou menos ao mesmo tempo, em Paris, Praga e Nova York. Sendo um protótipo de organização de "frente", o movimento pela Paz foi ostensivamente liderado por cientistas e intelectuais como Frédéric Joliot-Curie; mas os comunistas controlavam os diversos comitês, e as atividades do movimento eram coordenadas de perto pela Cominform, cujo periódico, publicado em Bucareste, passou a se chamar *Pela Paz Duradoura, Rumo à Democracia Popular.*

A julgar pelos seus próprios objetivos, o Movimento pela Paz foi bem-sucedido. Um abaixo-assinado surgido em Estocolmo, em março de 1950, por iniciativa do Comitê Permanente do Congresso Mundial dos Defensores da Paz, recolheu milhões de assinaturas na Europa Ocidental (além de dezenas de milhões de signatários recrutados no bloco soviético). Na verdade, recolher tais assinaturas era a atividade principal do movimento, especialmente na França, onde o apoio à organização era mais forte. Porém, sob a égide do Movimento pela Paz, outras organizações de frente divulgavam a mesma mensagem: a União Soviética estava do lado da paz, enquanto os norte-americanos (e seus amigos nos governos da Coréia, Iugoslávia e do Oeste Europeu) eram o grupo da guerra. Escrevendo de Paris para a revista *New Yorker*, em maio de 1950, Janet Flanner mostrou-se impressionada: "A propaganda comunista vive o seu momento de maior sucesso até hoje na França, especialmente entre os não-comunistas."

A postura dos comunistas diante dos movimentos de massa era rigorosamente utilitária — o Movimento pela Paz não passava de um veículo para a política soviética, motivo pelo qual abraçou, subitamente, em 1951, o tema da "coexistência pacífica", devido a uma alteração na estratégia internacional de Stalin. No íntimo, não passava de desprezo o que os comunistas — especialmente no bloco oriental — tinham quanto às ilusões de seus simpatizantes. Durante visitas organizadas às democracias populares, partidários do Movimento pela Paz (sobretudo os egressos da França, Itália e Índia) eram festejados pelo apoio oferecido; pelas costas, eram desprezados como "bobos", uma nova geração de "idiotas úteis" dos quais falara Lenin.

O sucesso dos comunistas em garantir ao menos a simpatia condicional de muita gente no Oeste Europeu e as vantagens que os partidos comunistas na França e Itália, especialmente, obtiveram com o apoio de uma elite cultural desconfiada em relação aos EUA provocaram a resposta tardia, mas decidida, de um grupo de intelectuais no Ocidente. Preocupados com a possibilidade de que, na batalha cultural, Stalin vencesse por desistência do adversário, esses intelectuais se dispuseram a estabelecer a sua própria "frente" cultural. A reunião que inaugurou o Congresso para Liberdade Cultural (CLC) foi realizada em Berlim, em junho de 1950. O congresso foi planejado como resposta ao Movimento pela Paz, criado por iniciativa de Moscou no ano anterior, mas coincidiu com o início da guerra na Coréia, o que conferiu mais significado ao encontro. A decisão de realizar a reunião em Berlim, em vez de Paris, foi propositada: desde o início, o congresso se dispusera a levar a batalha cultural até os soviéticos.

O Congresso para Liberdade Cultural foi formado sob a chancela oficial de Bertrand Russell, Benedetto Croce, John Dewey, Karl Jaspers e Jacques Maritain, o filósofo católico francês. Esses homens maduros conferiram respeitabilidade e autoridade à nova empreitada, mas o ímpeto político e a energia intelectual que a moviam originavam-se numa geração intermediária e brilhante de intelectuais liberais ou ex-comunistas — Arthur Koestler, Raymond Aron, A. J. Ayer, Margarete Buber-Neumann, Ignazio Silone, Nicola Chiaromonte e Shirley Hook. Estes, por seu turno, eram assessorados por um grupo mais jovem, em sua maioria norte-americanos, que se responsabilizava pela rotina e administração das atividades do CLC.

O CLC abriria escritórios em 35 países, em todo o mundo, mas o foco da atenção se voltava para a Europa, especificamente França, Itália e Alemanha. A meta era recrutar, energizar e mobilizar intelectuais e acadêmicos para a luta contra o comunismo, primordialmente através da publicação e circulação de periódicos culturais: *Encounter*, na Grã-Bretanha; *Preuves*, na França; *Tempo Presente*, na Itália; e *Der Monat*, na Alemanha. Nenhuma dessas publicações chegou a alcançar um grande público leitor — *Encounter*, a que se saiu melhor, vangloriava-se de uma tiragem de 16 mil exemplares, em 1958; no mesmo ano, *Preuves* tinha apenas 3 mil assinantes. Mas os conteúdos eram quase sempre de alta qualidade, os articulistas os melhores escritores das décadas do pós-guerra, e os periódicos preenchiam um nicho crucial — especialmente na França, onde a revista *Preuves* era o único fórum liberal e anticomunista numa paisagem cultural dominada por periódicos neutros, pacifistas, simpatizantes ou abertamente comunistas.

O congresso e suas várias atividades tinham o apoio oficial da Fundação Ford e extra-oficial da CIA — algo que quase todos os ativistas e articulistas envolvidos desconheciam, até que o fato viesse a público anos depois. As implicações — de que o governo dos EUA estava subsidiando, secretamente, entrepostos culturais anticomunistas na Europa — talvez não fossem tão sérias quanto hoje possam parecer. Numa época em que periódicos comunistas e de "frentes", bem como todo tipo de produto cultural, eram patrocinados secretamente por Moscou, o apoio norte-americano, certamente, não haveria de constranger alguns dos escritores filiados ao CLC. Arthur Koestler, Raymond Aron ou Ignazio Silone não precisavam de incentivo oficial americano para se posicionar contrariamente ao comunismo, e não existe evidência de que a visão crítica desses indivíduos acerca dos EUA tenha sido atenuada ou censurada para agradar aos patrocinadores em Washington.

Os EUA eram novatos em guerras culturais dessa natureza. A União Soviética estabelecera a Sociedade para Relações Culturais com Nações Estrangeiras em 1925; franceses, alemães e italianos já praticavam, ativamente, "diplomacia cultural" no exterior antes de 1914. Os norte-americanos só começaram a custear essas atividades pouco antes do início da Segunda Guerra, e somente em 1946, com a criação do Programa Fulbright, o país entrou nesse campo para valer. Até o outono de 1947, projetos culturais e educacionais norte-americanos na Europa direcionavam-se para a "reorientação democrática"; somente então o anticomunismo se tornou a principal meta estratégica.

Já em 1950, a Agência de Informação dos Estados Unidos assumiu plena responsabilidade pelo intercâmbio cultural norte-americano e pelos programas de informação na Europa. Ao lado do Departamento de Serviços de Informação que servia às autoridades norte-americanas encarregadas da ocupação da Alemanha Ocidental e da Áustria (e que detinha controle absoluto da mídia e de toda a produção cultural da Zona Norte-americana nesses países), a Agência via-se em condições de exercer grande influência sobre a vida cultural européia. Já em 1953, no auge da Guerra Fria, os programas culturais dos EUA no exterior (excluindo subsídios secretos e fundações particulares) empregavam 13 mil pessoas e custavam 129 milhões de dólares, recursos gastos principalmente na batalha para conquistar corações e mentes da elite intelectual do Oeste Europeu.

A "luta pela paz", conforme a denominação da imprensa comunista, foi conduzida na "frente" cultural através da "Batalha dos Livros" (observe-se a linguagem leninista, tipicamente militarizada). Os primeiros embates foram travados na França, Bélgica e Itália, no começo da primavera da 1950. Ilustres autores comunistas — Elsa Triolet, Louis Aragon — viajavam para diversas cidades provincianas, onde proferiam palestras, assinavam livros e exibiam credenciais literárias do mundo comunista. Na prática, a estratégia pouco promoveu a causa comunista — dois dos livros mais vendidos na França no pós-guerra foram *O Zero e o Infinito*, de Arthur Koestler (que vendeu 420 mil exemplares na década de 1945-1955) e *Eu Preferi a Liberdade*, de Viktor Kravchenko (503 mil exemplares, no mesmo período). Mas a questão não era tanto vender livros, e sim lembrar aos leitores e não-leitores que os comunistas defendiam a cultura — a cultura francesa.

A resposta norte-americana foi estabelecer Casas da América (com bibliotecas, salas de leitura de jornais), organizar palestras, encontros e oferecer aulas de língua inglesa. Em 1955 havia 69 dessas Casas da América na Europa. Em algumas regiões, o impacto foi notável: na Áustria, onde durante os anos do Plano Marshall foram distribuídos 134 milhões de exemplares de livros escritos em inglês, um percentual significativo da população de Viena e Salzburgo (a primeira sob a administração das Quatro Potências, a segunda inserida na Zona de Ocupação dos EUA) visitava a Casa da América local para fazer empréstimos de livros e ler jornais. O estudo do inglês substituiu o francês e as línguas clássicas como primeira opção dos alunos austríacos no ensino médio.

À semelhança das redes de estações de rádio subvencionadas pelos EUA (a Rádio Europa Livre foi inaugurada em Munique um mês após o início da Guerra da Coréia), os programas das Casas da América eram solapados pelos rudes ditames da propaganda vinda de Washington. No auge da era McCarthy os diretores das casas passavam a maior parte do tempo *retirando* livros das prateleiras. Entre dezenas de autores cujas obras eram vistas como inadequadas incluíam-se não apenas os suspeitos mais óbvios — John Dos Passos, Arthur Miller, Dashiell Hammett e Upton Sinclair —, mas também Albert Einstein, Thomas Mann, Alberto Moravia, Tom Paine e Henry Thoreau. Na Áustria, ao menos, muitos observadores pensavam que, na Batalha dos Livros, os EUA eram por vezes, eles próprios, o seu pior inimigo.

Para a sorte do Ocidente, a cultura popular norte-americana tinha um apelo que a inépcia política do país mal conseguia empanar. Os comunistas levavam grande desvantagem, visto que a censura oficial do regime ao jazz e ao cinema norte-americanos (considerados decadentes) refletia de perto a visão de Joseph Goebbels. Enquanto os Estados comunistas do Leste Europeu proibiam o jazz, considerando-o decadente e estrangeiro, a Rádio Europa Livre transmitia para aquela mesma região três horas de música popular todas as tardes, de segunda a sexta-feira, intercaladas com noticiários com duração de dez minutos, indo ao ar de hora em hora. O cinema, que à época era a outra mídia universal, podia ser controlado em Estados sob o domínio comunista; porém, por todo o *Oeste Europeu*, a atração por filmes norte-americanos era universal. Ali, a propaganda soviética não era competitiva nem os progressistas ocidentais, freqüentemente atraídos pela música e pelo cinema dos EUA, simpatizavam com a linha do partido.

A competição cultural nos primeiros anos da Guerra Fria foi assimétrica. Entre as elites culturais européias, ainda era geral o desejo de compartilhar, a despeito de fronteiras ideológicas, inclusive no caso da Cortina de Ferro, uma cultura à qual os EUA representavam uma ameaça. Os franceses, de modo especial, seguiam essa linha, fazendo ecoar esforços envidados no início do pós-guerra por diplomatas do país para delinear uma política internacional independente do controle norte-americano. É sintomático que o chefe da Missão Cultural Francesa na Berlim ocupada (Félix Lusset) se relacionasse bem melhor com o colega russo (Alexander Dymschitz) do que com os representantes britânicos ou norte-americanos lotados na cidade e que, a exemplo dos seus superiores em Paris, sonhasse com o revigoramento do eixo cultural que unia Paris, Berlim e Leningrado.

Os EUA gastaram centenas de milhões de dólares tentando conquistar a simpatia dos europeus, mas muitas das publicações e dos produtos resultantes desse investimento se mostraram crassos e contraproducentes, apenas confirmando as suspeitas da intelectualidade européia. Na Alemanha, a atenção exagerada dos EUA aos crimes comunistas era vista por muita gente como manobra para esquecer ou relativizar os crimes dos nazistas. Na Itália, as lúgubres campanhas anticomunistas do Vaticano minavam os argumentos anti-stalinistas de Silone, Vittorini e outros. Apenas na arte e na literatura, nas quais os absurdos da política cultural stalinista afetavam diretamente os pintores e poetas, os intelectuais do Ocidente mantinham-se distanciados de Moscou — e mesmo nesse caso a oposição era silenciada devido ao receio de beneficiar a "propaganda" norte-americana.[12]

Por outro lado, na luta pela conquista da simpatia da massa populacional do Oeste Europeu, os soviéticos perdiam terreno em ritmo acelerado. Em toda parte, exceto na Itália, a partir do final dos anos 40, o voto comunista caiu de modo constante, e — se podemos confiar em pesquisas de opinião — até aqueles que votavam a favor do comunismo muitas vezes encaravam o voto como um protesto simbólico ou então como expressão de solidariedade classista ou comunal. Muito antes dos cataclismos de 1956, quando as simpatias da maioria dos intelectuais europeus se desviou radicalmente do bloco soviético, a orientação atlântica da maioria dos europeus ocidentais estava decidida.

[12] "Éramos intolerantes com idiotices nas áreas que conhecíamos bem", escreveu o poeta francês Claude Roy, que ingressou no PCF durante a guerra após um romance inicial com a Ação Francesa, de extrema direita, "mas desculpávamos crimes quando se tratava de questões que poucos conhecíamos".

CODA

O Fim da Velha Europa

"Surpreendentemente, a vida mudou pouco depois da guerra."
David Lodge

"Passei a juventude em cidades fabris e seus respectivos subúrbios, em meio a tijolos, fuligem, colunas de fumaça e ruas calçadas de pedra. Quando a viagem era curta, íamos de bonde; quando era longa, íamos de trem. Comprávamos comida fresca para cada refeição, não porque fôssemos gourmets, mas porque não tínhamos geladeira (itens menos perecíveis eram guardados num porão improvisado). Minha mãe se levantava de manhã, no frio, e acendia o fogo na pequena fornalha da sala de estar. A água encanada tinha sempre a mesma temperatura: gélida. Nossa comunicação era por correio e ficávamos sabendo das notícias principalmente pelos jornais (mas éramos modernos, pois tínhamos um rádio, mais ou menos do tamanho de um arquivo). Nas primeiras salas de aula que freqüentei havia fornaças arredondadas e carteiras duplas, com tinteiros embutidos, nos quais molhávamos nossas penas. Nós, os meninos, usávamos calças curtas até a cerimônia de *communion solennelle*, quando completávamos 12 anos. E assim por diante. Mas isso não era um local fora do mapa, nos Cárpatos; refiro-me à Europa Ocidental no pós-guerra, onde 'pós-guerra' foi uma época que se estendeu por quase vinte anos."[1]

Essa descrição da região industrial da Valônia na década de 1950, feita pelo escritor belga Luc Sante, bem poderia ser aplicada à maior parte da Europa Ocidental naqueles anos. O presente autor, que cresceu depois da guerra no bairro de Putney, em Londres, lembra-se de visitas freqüentes a uma melancólica loja de doces em que trabalhava uma anciã encarquilhada que o repreendia, dizendo-lhe que vendia "doces a meninos como você desde o Jubileu de Ouro da Rainha" — i.e., desde 1887: ela se referia à rainha Vitória, evidentemente.[2] Na mesma rua, a mercearia local — Sainsbury's — tinha serragem pelo chão, empregados troncudos trajando camisas listradas e moças sorridentes com aventais e toucas engomadas. A cena era igual àquelas registradas em fotografias em sépia penduradas na parede, batidas quando o estabelecimento fora inaugurado, na década de 1870.

Em muitas das suas características essenciais, a vida cotidiana depois da Segunda Guerra Mundial teria parecido inteiramente familiar aos homens e mulheres que viveram cinqüenta anos antes. Nos anos do pós-guerra, o carvão ainda supria nove décimos das necessidades de

---

[1] Luc Sante, *The Factory of Facts* (A Fábrica dos Fatos) (1998), p. 27.

[2] Essa senhora não era a única a fazer alusões vitorianas. O primeiro-ministro britânico à época, Winston Churchill, costumava lembrar ao público ouvinte o fato de que ele havia tomado parte no último ataque da cavalaria do Exército britânico — em Omdurman, no Sudão — em setembro de 1898.

combustível da Grã-Bretanha, 82% das necessidades da Bélgica e dos demais países da recém-criada Comunidade Européia do Carvão e do Aço. Graças à presença de aquecimento a carvão, Londres — uma cidade de bondes e docas — costumava se ver envolta numa neblina úmida, bastante conhecida devido às imagens da cidade industrial do final do período vitoriano. Películas britânicas daqueles anos têm uma atmosfera nitidamente eduardiana — seja quanto ao ambiente social (e.g., *Um Caso de Honra* — 1948), seja quanto ao tom de filme de época. Na fita *O Homem do Terno Branco* (1951), a Manchester contemporânea é mostrada como oitocentista, em todos os aspectos (carrinhos de mão, casas, relações sociais); patrões e líderes sindicais concorriam para tratar amadorismo empresarial como virtude moral, a despeito do custo de tal atitude, em termos de índices de produtividade. Três milhões de britânicos e britânicas freqüentavam, a cada semana, salões de baile, e somente na cidade de Huddersfield, em Yorkshire, no início dos anos 50, havia setenta clubes de operários (ainda que ambas as formas de atividade social estivessem atraindo sempre menos jovens).

A mesma sensação de que o tempo havia parado verificava-se também em grande parte da Europa continental. A vida campestre na Bélgica podia ser retratada por Millet: feno amontoado com ancinhos de madeira, palha batida com mangual, frutas e legumes colhidos à mão e transportados em carroças puxadas por cavalos. À semelhança das cidades provincianas francesas, onde homens de boina a caminho de casa compravam baguete no Café de la Paix (assim denominado em 1919) da esquina, ou fazendo lembrar a Espanha, isolada pelo regime totalitário de Franco, a Bélgica e a Grã-Bretanha pairavam numa espécie de limbo eduardiano tardio. A Europa no pós-guerra ainda era aquecida pelas velhas brasas da revolução econômica do século XIX, já quase concluída, deixando para trás sedimentos de hábitos culturais e relações sociais contrastando cada vez mais com a nova era de aviões e armas atômicas. Na verdade, a guerra pusera as coisas em marcha a ré. O fervor de modernização observado na década de 1920, e mesmo na década de 1930, havia se esvaído, deixando para trás um antigo modo de vida. Na Itália, tanto quanto no restante da Europa rural, as crianças ainda ingressavam no mercado de trabalho ao completar (ou, mais comumente, sem completar) a educação fundamental; em 1951, apenas uma em cada nove crianças italianas freqüentava a escola após os 13 anos.

A religião, especialmente a católica, desfrutava um veranico de autoridade restaurada. Na Espanha, a hierarquia católica ainda contava com recursos e apoio político para reinstalar a Contra-Reforma: num acordo firmado em 1953, Franco concedeu à Igreja não apenas isenção de impostos e livrou-a de qualquer interferência do Estado, mas também deu-lhe o direito de solicitar a censura de qualquer texto ou discurso ao qual a Igreja fizesse objeção. Em troca, a hierarquia eclesiástica manteria e reforçaria a mescla conservadora entre religião e identidade nacional. Com efeito, a Igreja estava agora tão inteiramente integrada nas narrativas de identidade e dever nacional que o principal livro-texto de História no ensino primário — *Yo soy español* — (publicado pela primeira vez em 1943) ensinava História da Espanha como uma narrativa monolítica: iniciando no Jardim do Éden e acabando com o Generalíssimo.[3]

[3] Nos livros-textos do ensino médio a mensagem da subida de Franco ao poder era clara: "O futuro da Espanha unido, após três séculos, ao destino do passado! [...]. A antiga procissão não foi interrompida [...]. Ao longo do caminho por ela seguido avançam os mortos e os vivos, plenos de cristandade, na qual um mundo desorientado e sofrendo convulsões catastróficas se apóia e se ancora [...]. Eis a grande missão que Deus reservou para a Espanha hoje [...]. Um destino excep-

A isso foi acrescentado um novo culto aos mortos — os "mártires" do lado vitorioso da recente Guerra Civil. Nos milhares de memoriais dedicados às vítimas do republicanismo anticlerical, a Igreja espanhola organizou incontáveis cerimônias e tributos. Uma criteriosa mistura de religião, autoridade civil e comemoração de vitória reforçava o monopólio espiritual e mnemônico da hierarquia eclesiástica. Uma vez que Franco precisava ainda mais do catolicismo do que a Igreja precisava dele — de que outra maneira seria possível manter os tênues elos da Espanha no pós-guerra com a comunidade internacional e o "Ocidente"? —, o Generalíssimo concedeu à Igreja, na realidade, espaço ilimitado para recriar na Espanha moderna o "espírito das Cruzadas" característico do *ancien régime*.

Em outros locais da Europa Ocidental a Igreja Católica tinha de lidar com apelos rivais, ou mesmo hostis, em relação à aliança popular; porém, até na Holanda a hierarquia católica, nas primeiras eleições realizadas no pós-guerra, sentia-se confiante o bastante para excomungar eleitores que votassem nos trabalhistas contrários ao clero. Ainda em 1956, dois anos antes que a morte de Pio XII marcasse o fim da velha ordem, sete em cada dez italianos freqüentavam, regularmente, a missa dominical. Tanto quanto em Flandres, a Igreja na Itália saía-se muito bem entre monarquistas, mulheres e idosos — maioria flagrante da população como um todo. O artigo 7 da Constituição italiana, aprovada em março de 1947, ratificava, criteriosamente, os termos do acordo firmado entre Mussolini e a Igreja em 1929: a hierarquia católica preservava sua influência na educação, bem como o poder de vigilância sobre tudo o que se relacionasse ao casamento e à moral. Diante da insistência de Togliatti, até o Partido Comunista votou (relutantemente) a favor da lei, embora o fato não impedisse o Vaticano de excomungar italianos que votaram no PCI no ano seguinte.

Na França, a hierarquia católica e seus defensores políticos sentiam-se confiantes para reivindicar privilégios educacionais especiais numa "*guerre scolaire*" que durante algum tempo ecoou as lutas entre Igreja e Estado travadas na década de 1880. O principal campo de batalha era a antiga problemática de financiamento estatal para escolas católicas — reivindicação tão antiga quanto bem escolhida. Enquanto a energia que impulsionara o anticlericalismo oitocentista, fosse na França, na Itália ou na Alemanha, havia praticamente se dissipado, ou então fora canalizada para conflitos ideológicos mais atuais, o custo e a qualidade da educação infantil nesses países era uma das poucas questões capazes de mobilizar até os fiéis menos assíduos.

Entre as religiões tradicionais da Europa, somente o catolicismo fez aumentar o número de integrantes ativos nos anos 40 e 50. Isso ocorreu, de um lado, porque somente a Igreja Católica contava com partidos políticos a ela diretamente ligados (e, em alguns casos, a ela devendo o seu sustento) — na Alemanha, Holanda, Bélgica, Itália, França e Áustria; do outro, porque, tradicionalmente, o catolicismo estava implantado justamente naquelas regiões da Europa que se transformavam mais lentamente naqueles anos. Porém, acima de tudo, a Igreja Católica oferecia aos seus fiéis algo muito escasso à época: uma sensação de continuidade, de segurança e confiança, num mundo que havia se alterado violentamente

cional [...]. Através do Império, chegaremos a Deus!". Feliciano Cereceda, *Historia del império español y de la hispanidad* (História do império espanhol e da hispanidade) (Madri, 1943), pp. 273-74, citado em Carolyn Boyd, *Historia Patria: History, Politics and National Identity in Spain, 1875-1975* (História Pátria: História, política e identidade nacional na Espanha, 1875-1975) (Princeton, 1997), p. 252.

na década anterior e estava prestes a sofrer transformações ainda mais dramáticas nos anos vindouros. Era a ligação da Igreja Católica com a velha ordem, na verdade a sua firme oposição à modernidade e à mudança, que naqueles anos de transição emprestava à instituição um forte apelo.

As diversas Igrejas protestantes no noroeste da Europa não exerciam esse tipo de atração. Na Alemanha, um segmento importante da população não-católica vivia agora sob o regime comunista; o status das Igrejas evangélicas alemãs estava, em todo caso, diminuído, em conseqüência do comprometimento dessas Igrejas com Hitler, conforme sugeria a Confissão de Culpa dos líderes protestantes pronunciada em Stuttgart em 1945. Contudo, o maior problema na Alemanha Ocidental, bem como em outros locais, era que as Igrejas protestantes não ofereciam uma alternativa ao mundo moderno, mas um modo de nele viver em harmonia.

A autoridade espiritual do pastor protestante ou do vigário anglicano era, por convenção, oferecida não como concorrente do Estado, mas como sócia minoritária — motivo pelo qual, naqueles anos, as Igrejas protestantes da Europa Central não tinham condições de suportar a pressão do Estado comunista. Porém, numa época em que o Estado europeu ocidental assumia um papel bem maior, de guardião espiritual e material dos seus cidadãos, a distinção entre Igreja e Estado como árbitros dos costumes e da moral pública tornou-se um tanto quanto obscura. O final dos anos 40 e o início dos anos 50, portanto, surgem como um tempo de transição, em que convenções de deferência social e reivindicações de escalão e autoridade ainda prevaleciam, mas no qual o Estado moderno começava a substituir a Igreja e até a classe social como árbitro de comportamento coletivo.

O temperamento da época aparece bem resumido num manual (*Programas de Variedades da BBC. Guia para Escritores e Produtores, 1948*) preparado pela BBC, em 1948, para uso interno. O sentido de responsabilidade *moral* que a BBC arrogou para si mesma fica bastante explícito: "A influência que [a BBC] pode exercer nos ouvintes é imensa, e a responsabilidade por altos padrões de bom gosto é igualmente grande." Piadas sobre religião eram proibidas, assim como era proibido descrever gosto musical antiquado como "B.C." — "*Before Crosby*".[4] Não se podiam fazer referências a "banheiros", nem piadas acerca de "efeminação". Os escritores estavam proibidos de se valer de piadas que eram comuns no ambiente descontraído da guerra, e tampouco podiam fazer alusões com duplo sentido a roupas íntimas femininas. Alusões sexuais, de qualquer natureza, eram proscritas — e não se podia falar de "coelhos", nem de "hábitos animalescos".[5]

E mais: integrantes do Parlamento britânico não podiam participar de programas de rádio que pudessem ser "indignos ou impróprios" para figuras públicas; tampouco eram permitidas piadas ou referências que pudessem incitar "greves ou disputas no setor industrial, o mercado negro, vigaristas ou vagabundos". Esses termos — "vigaristas" e "vagabundos", que se referiam a tipos suspeitos e contraventores, e "mercado negro", termo genérico para co-

---

[4] Isto é, Bing Crosby, "antes de Bing Crosby", alusão profana a "B.C.", "before Christ", ou seja, "antes de Cristo". (N. do T.)

[5] Durante a guerra, o humor na Grã-Bretanha havia se concentrado, tipicamente, nas dificuldades materiais, em sutis insinuações sexuais e no ressentimento diante dos privilegiados soldados rasos norte-americanos.

merciantes e clientes que burlavam racionamentos e outras restrições — demonstram como ao menos a Grã-Bretanha viveu alguns anos ainda sob o efeito da guerra. Já em plena década de 1950, a BBC repreendeu um produtor, Peter Eton, da famosa comédia de rádio *The Goon Show*, por permitir que o "major Dennis Bloodnok" (representado por Peter Sellers) fosse agraciado com a OIB (Ordem do Império Britânico) por ter "esvaziado lixeiras no ardor da batalha" (e por permitir que um ator "imitasse a voz da rainha, tentando enxotar pombos da Trafalgar Square").

Tais restrições, e o mote de esnobismo, de reformismo eduardiano que as acompanhava, talvez fossem algo exclusivo da Grã-Bretanha. Mas o tom que as caracterizava era conhecido por todo o continente. Na escola, na igreja, na rádio estatal, no estilo confiante e condescendente dos jornais e até dos tablóides sensacionalistas, bem como no falar e no vestir das figuras públicas, os europeus ainda estavam bastante sujeitos aos hábitos e às regras de um tempo passado. Já foi aqui observado o número de líderes políticos daquele tempo que, na realidade, eram homens de uma era anterior — o britânico Clement Attlee não teria se sentido estranho numa missão de trabalho vitoriana aos bairros pobres industriais, e foi perfeitamente apropriado que o primeiro-ministro que supervisionou a transformação da Grã-Bretanha em moderno Estado previdenciário houvesse começado a carreira pública realizando obras humanitárias no East End, em Londres, antes da Primeira Guerra Mundial.

Em contraste com essa imagem da velha Europa — que se deslocava no compasso de dias passados, simultaneamente transformada pela guerra e limitada por rotinas e hábitos que existiam antes do conflito —, é preciso apontar a forma inequivocamente *moderna* da principal fonte de entretenimento na região. Aquela foi a era de ouro do cinema. Na Grã-Bretanha, a freqüência às salas de cinema chegou ao máximo logo após o final da guerra, em 1946, quando 1,7 milhão de ingressos foram vendidos nos 5 mil cinemas do país. No ano em questão, uma pessoa em cada três freqüentava uma vez por semana o cinema local. Mesmo em 1950, quando a freqüência já estava em declínio, o inglês mediano ia ao cinema 28 vezes ao ano, índice quase 40% acima daquele observado no ano que precedeu a guerra.

Enquanto na Grã-Bretanha a freqüência do público aos cinemas continuaria a decrescer durante os anos 50, na Europa continental ocorria o inverso. Mil novas salas de cinema foram inauguradas na França na primeira metade da década de 1950 e um número quase idêntico foi registrado na Alemanha Ocidental; na Itália, surgiram 3 mil salas, elevando o total nacional, em 1956, para cerca de 10 mil. No ano anterior, a presença do público nos cinemas alcançou o auge, com cerca de 800 mil ingressos vendidos (a metade dos números registrados no Reino Unido, com uma população praticamente igual). Na França, a freqüência aos cinemas, cujo ponto máximo se deu no final dos anos 40, jamais foi tão elevada quanto na Grã-Bretanha ou mesmo na Itália.[6] Tampouco na Alemanha Ocidental a freqüência excedia, embora na República Federal o apogeu só viesse a ocorrer em 1959. A verdade é que o público cinéfilo era numeroso, mesmo na

[6] Mas cumpre observar que a França tinha mais publicações dedicadas ao cinema do que os outros dois países somados.

Espanha, onde, em 1947, o índice *per capita* de presença da população adulta em salas de cinema era um dos mais elevados da Europa.

Em parte, a razão desse entusiasmo por cinema no pós-guerra foi a demanda reprimida durante o período da guerra, especialmente por filmes americanos — demanda que foi atiçada pela proibição à maioria de filmes oriundos dos EUA imposta pelos nazistas, por Mussolini (depois de 1938) e pelo regime de Pétain, na França. Em 1946, 87% da renda de bilheteria na Itália provinha de filmes estrangeiros (em sua maioria norte-americanos); entre os cerca de 5 mil filmes exibidos em Madri desde 1939 até o final da década de 1950, 4.200 eram estrangeiros (novamente, a maioria vinda dos EUA). Em 1947, a indústria cinematográfica francesa produziu quarenta filmes, em contraste com os 340 importados dos Estados Unidos. E os filmes americanos não eram apenas os mais exibidos, eram também apreciados: em Berlim, no pós-guerra, os maiores sucessos de bilheteria foram *A Corrida do Ouro*, de Chaplin, e *O Falcão Maltês* (rodado em 1941, mas só disponibilizado na Europa no fim da guerra).

No entanto, o domínio norte-americano sobre o cinema europeu no pós-guerra não foi apenas resultado dos caprichos do público. Havia um contexto político: filmes americanos "positivos" inundaram a Itália antes das eleições cruciais de 1948; nesse ano, a Paramount foi incentivada pelo Departamento de Estado a relançar *Ninotchka* (1939), a fim de mobilizar o voto anticomunista. Por outro lado, Washington pediu que *As Vinhas da Ira* (rodado em 1940), de John Ford, não fosse distribuído na França: o retrato negativo da era da Depressão nos EUA poderia ser explorado pelo Partido Comunista Francês. De modo geral, os filmes americanos promoviam a atração pelos EUA e, como tal, eram trunfos importantes na Guerra Fria cultural. Só os intelectuais teriam propensão a ficar tão comovidos diante do retrato de Odessa feito por Sergei Eisenstein no filme *O Encouraçado Potemkin* a ponto de transformar admiração estética em afinidade política; mas todos — inclusive os intelectuais — eram capazes de apreciar Humphrey Bogart.

Acima de tudo, a incursão do cinema norte-americano na Europa foi movida por questões econômicas. Filmes americanos sempre tinham sido exportados para a Europa, obtendo lucros. Mas, após a Segunda Guerra Mundial, os produtores norte-americanos, pressionados pela decrescente queda da presença do público nos cinemas e pelo aumento do custo das produções cinematográficas, começaram a reivindicar acesso ao mercado europeu. No entanto, os governos europeus mostravam-se mais relutantes do que nunca a abrir seus mercados domésticos a produtos norte-americanos: as indústrias cinematográficas locais, fator ainda significativo na Grã-Bretanha e na Itália, especialmente, precisavam de proteção contra *dumping* por parte dos EUA; e dólares eram por demais escassos e valiosos para serem gastos na importação de filmes americanos.

Já em 1927, o Parlamento britânico havia aprovado uma lei que instituía um sistema de cotas, estabelecendo que 20% dos filmes exibidos na Grã-Bretanha até 1936 teriam de ser britânicos. Depois da Segunda Guerra Mundial, a meta do governo britânico era fixar a cota em 30% para o ano de 1948. Franceses, italianos e espanhóis vislumbravam metas similares ou até mais ambiciosas (a indústria cinematográfica alemã, evidentemente, não tinha condições de requerer esse tipo de proteção). Mas Hollywood fez um *lobby* pesado junto ao Departamento de Estado no sentido de pressionar os negociadores europeus, e o aceite da entrada de filmes americanos era item presente em cada grande acordo comercial ou de empréstimo financeiro firmado entre os EUA e os aliados europeus na primeira década do pós-guerra.

Sendo assim, segundo os termos do acordo Blum-Byrnes, firmado em maio de 1946, o governo francês, muito a contragosto, reduziu a cota protecionista, de 55% de filmes franceses por ano para 30% — com o resultado de que, dentro de um ano, a produção cinematográfica doméstica caísse pela metade. O governo trabalhista britânico tampouco conseguiu impedir a importação proveniente dos EUA. Somente Franco, na Espanha, foi capaz de restringir a entrada de filmes norte-americanos (apesar da tentativa de "boicote" imposta por produtores americanos ao mercado espanhol, de 1955 a 1958), em grande medida porque ele não precisava responder à opinião pública nem se preocupar com as conseqüências políticas de suas decisões. Porém, mesmo na Espanha, conforme já vimos, os filmes norte-americanos eram muito mais numerosos do que os produzidos internamente.

Os americanos sabiam o que estavam fazendo: quando, depois de 1949, os governos europeus, com o propósito de subsidiar a produção doméstica, começaram a tributar receitas obtidas pelo setor cinematográfico, os produtores norte-americanos passaram a investir diretamente em produções estrangeiras, e a escolha do local para se rodar um filme, ou um conjunto de filmes, muitas vezes passou a depender do nível de subsídio "doméstico" disponível. Depois de algum tempo, portanto, os governos europeus perceberam que estavam financiando Hollywood, indiretamente, através de intermediários locais. Já em 1952, 40% da receita da indústria cinematográfica dos EUA eram gerados no exterior, a maior parte na Europa. Seis anos depois, esse índice chegaria a 50%.

Como resultado do domínio norte-americano sobre o mercado europeu, os filmes *europeus* rodados à época nem sempre são as indicações mais confiáveis quanto à experiência ou à sensibilidade do público cinéfilo europeu. O espectador britânico, em particular, tenderia a formar uma noção contemporânea de "inglesidade" tanto a partir da representação que Hollywood fazia da Inglaterra quanto a partir da experiência própria desse mesmo espectador. Vale observar que, entre os filmes da década de 1940, *Rosa de Esperança* (1942) — uma história bastante *inglesa*, que fala da coragem e obstinação, da discrição e perseverança de uma família de classe média, tendo como pano de fundo o desastre em Dunquerque, onde todas essas qualidades ficaram, supostamente, mais visíveis — era um produto exclusivamente hollywoodiano. No entanto, para a primeira geração de ingleses que lhe assistiu, a película seria a representação mais verdadeira da memória e da auto-imagem nacional.

O que tornava os filmes americanos tão fascinantes, além do "glamour" e do brilho que eles traziam ao ambiente cinzento nos quais eram assistidos, era a "qualidade". No mais das vezes, as fitas eram bem-feitas, segundo padrões que ficavam muito acima de qualquer produção européia. Contudo, os filmes não eram "escapistas", ao contrário dos moldes das comédias malucas ou das fantasias românticas dos anos 30. Na realidade, no final dos anos 40, alguns dos filmes americanos mais famosos ficaram conhecidos (segundo a nomenclatura que lhes foi conferida pelos admiradores continentais) como "*film noir*". A ambientação era de história policial ou drama social, mas a atmosfera — e a textura cinematográfica — era mais sombria do que a verificada em filmes norte-americanos produzidos em décadas anteriores.

Naquela época, eram os *europeus* que se mostravam mais propensos a fazer filmes escapistas — como as frívolas histórias de amor produzidas na Alemanha no início dos anos 50, encenadas em paisagens de contos de fadas na Floresta Negra ou nos Alpes da Bavária, ou as leves comédias britânicas, por exemplo, *Incidente em Piccadilly* (1946), *Primavera em Park Lane* (1948) ou *Maio em Mayfair* (1949), todas feitas por Herbert Wilcox, ambientadas no West End de Londres (à época relativamente intacto) e estrelando Anna Neagle, Michael Wilding ou Rex Harrison, encarnando *socialites* espirituosos e aristocratas cheios de caprichos. As películas equivalentes filmadas na Itália e na França (igualmente esquecíveis) eram comédias de costume, com camponeses e aristocratas, de quando em vez sendo substituídos por mecânicos ou empresários.

Os melhores filmes europeus da década do pós-guerra — aqueles que espectadores mais tarde haveriam de apreciar — tratavam, inevitavelmente, da guerra. A libertação proporcionou uma breve onda de filmes sobre a Resistência — *Pelotão de Execução* (1945), *O Último Julgamento* (1945), *A Batalha dos Trilhos* (1946), na França; *Roma Cidade Aberta* (1945) e *Paisá* (1946), na Itália — nos quais uma divisão de ordem moral separa os heróicos resistentes dos colaboracionistas covardes e dos alemães truculentos. Esses filmes foram seguidos por outros, ambientados nos escombros (literais e espirituais) de Berlim: *Alemanha Ano Zero* (1947), de Roberto Rossellini; *A Mundana* (1948) — americano, mas dirigido pelo imigrante austríaco Billy Wilder; e *Os Assassinos Estão entre Nós* (1946), de Wolfgang Staudte, conhecido à época como o único filme germânico que tocava na questão das implicações morais das atrocidades nazistas (embora a palavra "judeu" nunca seja pronunciada).

Três desses filmes — *Roma Cidade Aberta, Paisá* e *Alemanha Ano Zero* — foram feitos por Roberto Rossellini. Ao lado de Vittorio de Sica, que dirigiu *Vítimas da Tormenta* (1946), *Ladrões de Bicicletas* (1948) e *Umberto D* (1952), Rossellini foi responsável pelo ciclo de filmes neo-realistas produzidos entre 1945 e 1952 que levou os cineastas italianos à linha de frente do cinema internacional. A exemplo de uma ou duas comédias inglesas contemporâneas rodadas nos Estúdios de Ealing, notadamente *Passaporte para o Paraíso* (1949), os filmes neo-realistas utilizavam a destruição da guerra, especialmente nas cidades, como cenário e, em certa medida, tema do cinema no pós-guerra. Mas nem mesmo os melhores filmes britânicos se aproximavam do humanismo sóbrio observado nas obras-primas italianas.

As "verdades" simples desses filmes refletem nem tanto o mundo europeu conforme então era, mas o mundo europeu visto através do prisma das lembranças e dos mitos da guerra. Trabalhadores, campos intactos, acima de tudo as crianças (especialmente meninos) representam algo positivo, incorrupto e real — mesmo em meio à destruição e à miséria urbana —, contrastados com valores falsos de classe, dinheiro, ambição, colaboracionismo, *luxe et volupté*. De modo geral, os norte-americanos estão ausentes (a não ser os soldados cujos sapatos são engraxados em *Vítimas da Tormenta*, ou os cartazes de Rita Hayworth que aparecem em *Ladrões de Bicicletas*); trata-se de uma Europa de europeus que vivem nas periferias das cidades (meio construídas, meio destruídas), filmadas quase como documentário (e devendo algo, portanto, à experiência de filmagem de documentários obtida com os exércitos durante a guerra). A exemplo do mundo da Europa no pós-guerra, esse tipo de filme desapareceu após 1952 — embora o neo-realismo tivesse uma estranha pós-vida na Espanha, onde Luis Garcia

Berlanga dirigiu *Bem-vindo Mister Marshall*, em 1953, e Juan Antonio Bardem rodou *Morte de um Ciclista*, três anos depois.

À semelhança de outros divertimentos da época, ir ao cinema era um prazer coletivo. Em pequenas cidades italianas, o filme da semana era visto e comentado pela maioria da população, entretenimento público debatido publicamente. Na Inglaterra, nas matinês infantis de sábado, canções eram projetadas na tela e o público era incentivado a cantar, seguindo uma bolinha branca que saltava de palavra em palavra. Uma dessas canções, com data por volta de 1946, é invocada nas memórias de uma infância passada no sul de Londres, no pós-guerra:

> Aqui vimos nas manhãs de sábado,
> A todos saudando com um sorriso.
> Aqui vimos nas manhãs de sábado,
> Sabendo que vale o improviso.
> Qual platéia do Odeon, queremos ser
> Defensores dos homens livres
> E cidadãos de bem, ao crescer.[7]

O tom didático não era característico — ao menos não de modo tão explícito — e desapareceria em poucos anos. Mas o tom singelo, antiquado, capta bem o momento. Os passatempos mais apreciados entre a classe operária — por exemplo, criação de pombos, corrida de carros e cães — alcançaram o auge naqueles anos, antes de entrar em franco e acelerado declínio a partir do final dos anos 50. As raízes que remontavam ao final da era vitoriana eram visíveis nos chapéus usados pelos espectadores: a boina (francesa) e o boné chato (inglês) dos operários entraram na moda por volta de 1890 e ainda eram comuns em 1950. Os meninos ainda se vestiam como seus avôs, a não ser pelas onipresentes calças curtas.

Dançar também era divertimento apreciado, em parte graças aos soldados americanos, que introduziram o *swing* e o *bebop*, amplamente executados em salões de baile e boates, e popularizados pelo rádio (poucas pessoas tinham condições de adquirir toca-discos antes de meados dos anos 50 e a *jukebox* ainda não havia aniquilado as orquestras que tocavam música dançante). O conflito de gerações observado na década seguinte ainda não estava evidente. O "*New Look*" de Christian Dior, de fevereiro de 1947 — estilo agressivamente indulgente (que visava marcar um contraste com a escassez de tecido verificada na época da guerra), com saias até o tornozelo, mangas tipo "presunto" e muitos laços e pregas —, passou a ser favorecido por mulheres de todas as idades, com alto poder aquisitivo; aparência pessoal ainda era uma questão de classe (e renda), e não de idade.

Havia, é claro, tensão entre as gerações. Durante a guerra, sob influência norte-americana, "*zoot suits*"[8] eram usados tanto por londrinos quanto por parisienses, para grande desagrado dos mais velhos; e no final dos anos 40 o entusiasmo de boêmios e intelectuais pela jaqueta com capuz, adaptação de um traje que até aquele momento fizera parte da indumentária

[7] Trevor Grundy, *Memoir of a Fascist Childhood* (Memórias de uma infância fascista) (1998), p. 19.

[8] Traje com ombreiras e paletó comprido. (N. do T.)

tradicional dos pescadores belgas, apontava a tendência futura dos jovens para se vestir com simplicidade, e não com ostentação. No superelegante clube noturno parisiense Le Tabou, inaugurado em abril de 1947, a permissividade no vestir era levada a sério, enquanto um filme francês de 1949, *Rendez-vous de Juillet*, ressaltava a falta de cerimônia da nova geração: durante um almoço, o pai convencional de um lar burguês tradicional fica chocado diante do comportamento do filho caçula, sobretudo com a insistência do jovem em sentar-se à mesa sem usar gravata.

Mas isso era apenas um pequeno indício de revolta adolescente, nada de novo. Na Europa do pós-guerra, a maioria das pessoas se preocupava, primordialmente, em sobreviver. No início da década de 1950, uma em cada quatro famílias italianas vivia na pobreza, e as demais viviam em condições pouco melhores. Menos de uma em cada duas casas tinha vaso sanitário interno; só uma em cada oito podia se gabar de ter banheiro. Nas piores regiões do longínquo sudeste da Itália, a pobreza era endêmica: no vilarejo de Cuto, no Marchesato di Crotone, a água potável que supria as necessidades de uma população de 9 mil habitantes consistia numa única fonte pública.

O Mezzogiorno era um caso extremo. Mas, na Alemanha Ocidental, em 1950, 17 milhões dos 47 milhões de residentes do país ainda eram classificados como "carentes", sobretudo porque não tinham onde morar. Mesmo em Londres, uma família cujo nome fora incluído numa lista para receber uma casa ou um apartamento esperava, em média, sete anos antes de ser contemplada com a moradia; enquanto isso, tais famílias eram alojadas em instalações pré-fabricadas — galpões de metal montados em terrenos baldios nas periferias das cidades, para abrigar os sem-teto até que a construção de novas habitações lhes atendesse as necessidades. Em pesquisas de opinião realizadas no pós-guerra, "habitação" era sempre o primeiro item da lista de preocupações do povo; no filme *Milagre em Milão* (1951), de Vittorio de Sica, a multidão de sem-teto entoa: "Queremos casa, para, com nossos filhos, acreditarmos no amanhã."

Os padrões de consumo da Europa no pós-guerra refletiam a constante penúria do continente e o duradouro impacto da Depressão e da guerra. O racionamento continuou por mais tempo na Grã-Bretanha, onde a distribuição de pão foi controlada de julho de 1946 a julho de 1948, os cartões de racionamento de roupas estiveram em uso até 1949, o regime de guerra em relação a vestuário e mobília só foi sustado em 1952 e o racionamento de carne e outros víveres só acabou no verão de 1954 — embora o racionamento tenha sido suspenso, temporariamente, durante a coroação da rainha Elizabeth II, em junho de 1953, quando toda a população teve direito a mais meio quilo de açúcar e pouco mais de 100 gramas de margarina.[9] Mas, mesmo na França, onde o controle (e, por conseguinte, o mercado negro) desapareceu mais cedo, a obsessão com o abastecimento de alimentos verificada durante a guerra só diminuiu a partir de 1949.

Quase tudo era escasso ou então pequeno: o tamanho recomendado das novas e tão desejadas moradias familiares que estavam sendo construídas pelo governo trabalhista na Grã-

[9] Na Europa Oriental, o racionamento só foi suspenso em 1953, na Tchecoslováquia, Hungria, Polônia e Bulgária; em 1954, na Romênia; em 1957, na Albânia; e em 1958, na Alemanha Oriental. Mas, uma vez que a economia comunista promovia a escassez sistemática, comparações com o Oeste Europeu são descabidas.

Bretanha era de 84 metros quadrados — isso para uma casa de três quartos. Poucos europeus possuíam carro ou geladeira — operárias no Reino Unido, onde o padrão de vida era mais elevado do que na maioria dos países continentais, iam ao comércio, em busca de alimentos, duas vezes ao dia, a pé ou de transporte público, assim como o fizeram suas mães e avós. Mercadorias provenientes de países distantes eram exóticas e caras. A sensação generalizada de limitações e restrições foi reforçada pelo controle imposto sobre viagens internacionais (com o intuito de limitar a saída de moedas estrangeiras valiosas) e por legislação impeditiva para trabalhadores estrangeiros e outros migrantes (a República francesa no pós-guerra manteve a validade de toda a legislação que datava dos anos 30 e do período da ocupação destinada a impedir o trabalho e a presença de estrangeiros indesejáveis, permitindo exceções no caso de industriários especializados, de acordo com as necessidades).

Em vários sentidos, a Europa, no final dos anos 40 e no início dos anos 50, era menos aberta, tinha menos mobilidade e era mais insular do que em 1913. Por certo, estava mais dilapidada, e não somente em Berlim, onde apenas a quarta parte dos escombros da guerra havia sido removida em 1950. O historiador inglês Robert Hewison descreve os britânicos nesses anos como "um povo desgastado, trabalhando com maquinaria desgastada". Enquanto nos EUA, no final dos anos 40, a maior parte do equipamento industrial tinha menos de cinco anos de vida, na França do pós-guerra a idade média da maquinaria era de vinte anos. Um típico fazendeiro francês produzia alimento para cinco compatriotas; um fazendeiro norte-americano já produzia três vezes essa proporção. Quarenta anos de guerra e depressão econômica tiveram um efeito pesado.

Portanto, o "pós-guerra" durou muito tempo; mais tempo, certamente, do que os historiadores às vezes supõem, ao recontar os difíceis anos em questão à luz das prósperas décadas seguintes. Naquele momento, poucos europeus, bem informados ou não, podiam prever a escala das mudanças que sobre eles pesaria. A experiência do meio século anterior incutira em muitas pessoas um pessimismo cético. Nos anos que precederam a Primeira Guerra Mundial, a Europa era um continente otimista no qual estadistas e observadores vislumbravam o futuro confiantes. Trinta anos mais tarde, após a Segunda Guerra Mundial, as pessoas mantiveram um olhar fixo e tenso sobre o passado terrível. Muitos observadores agora previam o mesmo: mais uma depressão típica de períodos pós-guerra, uma reprise da política extremista, uma Terceira Guerra Mundial.

Mas a escala da miséria coletiva que os europeus impuseram a si mesmos na primeira metade do século provocou um efeito sumamente alienante: longe de recorrer a soluções extremas, conforme se passara nos anos que se seguiram à Primeira Guerra Mundial, as populações européias nos anos sombrios que se seguiram à Segunda Guerra *deram as costas* à política. Na época, as implicações desse fato só foram percebidas vagamente — na impossibilidade de os Partidos Fascista e Comunista explorarem as dificuldades da vida diária; no modo com que a economia substituiu a política como objeto e linguagem atinente à ação coletiva; no surgimento de divertimentos e consumo domésticos em vez de participação em eventos públicos.

E algo mais estava acontecendo. Conforme Janet Flanner, da revista *New Yorker*, havia observado em maio de 1946, a segunda maior prioridade (depois de roupas íntimas) da pauta francesa que listava bens de "utilidade" eram os carrinhos de bebê. Pela primeira vez em muitos anos os europeus voltavam a ter filhos. No Reino Unido, em 1949, o índice de natalidade foi 11% mais elevado que o de 1937; na França, o índice se elevara a 33%, algo sem precedentes. As implicações desse notável ímpeto de fertilidade — num continente cujo principal índice demográfico, desde 1913, era de mortes prematuras — eram imensas. De um modo que a maioria dos contemporâneos era incapaz de prever, nascia uma nova Europa.

Segunda Parte

O Mal-estar na Prosperidade: 1953-1971

VIII

A Política da Estabilidade

"A maioria das pessoas deve ter percebido, mesmo antes que a Segunda Guerra Mundial deixasse patente, que terminou o tempo em que as nações européias podiam brigar entre si pelo domínio mundial. A Europa já não tem ao que aspirar nesse sentido, e qualquer europeu que ainda anseie por poder mundial será vítima do desespero ou do ridículo, como Napoleões em manicômios."

Max Frisch (julho de 1948)

"Porque mantivemos nossas tropas lá, os europeus não fizeram a parte deles. Não se sacrificam para prover os soldados necessários à sua própria defesa."

Dwight Eisenhower

"O principal argumento contrário ao repasse de informação nuclear aos franceses é o efeito que isso surtiria nos alemães, incentivando-os a fazer o mesmo."

John F. Kennedy

"Tratados são como garotas e rosas: duram enquanto durarem."

Charles de Gaulle

"Somente as instituições políticas são capazes de formar o caráter de uma nação."

Madame de Stael

Em seu clássico estudo sobre o aumento da estabilidade política na Inglaterra no início do século XVIII, o historiador inglês J. H. Plumb escreveu: "Existe uma crença popular geral, originada em Burke e historiadores do século XIX, de que estabilidade política cresce lentamente, como coral — resultado de tempo, circunstâncias, prudência, experiência, sabedoria, gradativamente se consolidando ao longo de séculos. Nada é, penso eu, menos verdadeiro [...]. Estabilidade política, quando surge, chega de supetão a uma sociedade, tão subitamente quanto a água se torna gelo."[1]

Algo semelhante ocorreu na Europa, de modo inesperado, na primeira metade da década de 1950.

---

[1] J. H. Plumb, *The Growth of Political Stability in Early Eighteenth-Century England 1675-1725* (O crescimento de estabilidade política na Inglaterra do começo do século XVIII 1675-1725) (Londres, 1967), p. xvii.

De 1945 até o início de 1953, conforme vimos, os europeus viveram sob o impacto da Segunda Guerra Mundial, prevendo, ansiosamente, a Terceira. O fracasso dos acordos de 1919 ainda estava presente nas mentes dos estadistas e do público. A imposição do comunismo na Europa Oriental era uma lembrança contumaz da instabilidade revolucionária subseqüente à Primeira Guerra Mundial. O Golpe de Praga, as tensões em Berlim e a Guerra da Coréia no Extremo Oriente eram lembretes constrangedores da série de crises internacionais dos anos 30. Em julho de 1951, os aliados ocidentais declararam o fim do "estado de guerra" com a Alemanha, mas, no contexto de uma Guerra Fria cada vez mais intensa, ainda não havia um tratado de paz, e pouca perspectiva de que isso viesse a ocorrer. Tampouco havia qualquer confiança de que o fascismo não voltasse e encontrasse solo fértil no problema não-resolvido da Alemanha, ou mesmo em qualquer outro local.

A crescente rede de alianças, agências e acordos internacionais propiciava pouca garantia de harmonia internacional. Tirando proveito da perspectiva histórica, podemos hoje perceber que o Conselho da Europa, a Comunidade Européia do Carvão e do Aço, a União Européia de Pagamentos e, principalmente, a Organização do Tratado do Atlântico Norte foram o embrião de um sistema novo e estável de relações interestatais. Documentos como a Convenção pela Proteção dos Direitos Humanos, instituído pelo Conselho da Europa em 1950, haveriam de adquirir um significado duradouro nas décadas seguintes. Porém, na época em questão, esses documentos, tanto quanto as agências que os publicavam, assemelhavam-se às alianças e ligas bem-intencionadas (e condenadas ao fracasso) da década de 1920. Os contemporâneos mais céticos tinham motivos para prestar pouca atenção em tais documentos.

Todavia, com a morte de Stalin e o fim da Guerra da Coréia, a Europa Ocidental se viu, subitamente, numa era de extraordinária estabilidade política. Pela primeira vez em quatro décadas os Estados da metade ocidental do continente não estavam em guerra, nem sob ameaça de guerra iminente, ao menos entre si. A contenda política doméstica diminuiu. Partidos comunistas em toda parte, exceto na Itália, iniciaram a lenta retirada em direção à margem da política. E a ameaça do ressurgimento do fascismo já não era uma convicção, a não ser talvez em manifestações políticas comunistas.

Os europeus ocidentais deviam aquele recém-descoberto bem-estar às incertezas da Guerra Fria. A internacionalização dos confrontos políticos e o subseqüente envolvimento dos Estados Unidos contribuíram para diminuir o ímpeto dos conflitos políticos internos. Questões políticas que em épocas anteriores teriam, provavelmente, provocado violência e guerra — o problema pendente da Alemanha, conflitos territoriais entre a Iugoslávia e a Itália, o futuro da Áustria ocupada — ficaram inseridas (e assim haveriam de ser tratadas) no contexto de embates e negociações entre as Grandes Potências, sobre os quais os europeus tinham pouco a dizer.

A Questão Alemã permaneceu sem resposta. Mesmo depois que o pânico de 1950 diminuiu e os líderes ocidentais admitiram que Stalin não tinha planos imediatos para "criar uma Coréia" na Europa Central, os dois lados não se aproximaram de um acordo. A posição oficial do Ocidente era de que as duas Alemanhas que surgiram em 1949 deveriam ser reunidas num único Estado democrático. Mas até que todos os alemães tivessem liberdade para escolher o regime político sob o qual deveriam viver, a reunificação era impossível. Nesse ínterim, a República Federal da Alemanha (Ocidental) seria tratada como representativa de todos os cidadãos alemães. *Extra-oficialmente*, os norte-americanos, a exemplo dos europeus do oeste, não estavam insatisfeitos em ver a Alemanha dividida por tempo indefinido. Conforme John Foster Dulles diria ao presidente Eisenhower, em fevereiro de 1959, havia "muito que dizer em defesa do *status quo*", mas não era "possível assumir tal posição publicamente".

A posição soviética, ironicamente, era bastante similar. Nos últimos anos de vida, Stalin manteve a postura oficial soviética de que Moscou queria uma Alemanha unida e estava até disposto a aceitar que tal Alemanha fosse neutra, desde que permanecesse desarmada. Na primavera de 1952, numa série de notas, Stalin propôs que as quatro potências de ocupação elaborassem um Tratado de Paz visando ao estabelecimento de uma Alemanha unida, neutra e desmilitarizada, em que todas as forças de ocupação fossem removidas e o governo escolhido por meio de eleições livres, para toda a Alemanha. Os historiadores criticam Washington por não ter aceitado essas propostas de Stalin — uma "oportunidade perdida" de acabar com a Guerra Fria, ou ao menos de tirar o ímpeto do ponto de confrontamento mais perigoso.

É bem verdade que os líderes ocidentais não levaram muito a sério as notas de Stalin e se recusaram a aceitar a oferta da União Soviética. A experiência mostrou, no entanto, que eles estavam certos. Os próprios líderes soviéticos atribuíam pouca importância às suas propostas e, na realidade, não esperavam que americanos, britânicos e franceses retirassem as tropas de ocupação e permitissem que uma Alemanha neutra e desarmada navegasse livremente no meio de um continente dividido. Afinal, Stalin e seus sucessores não viam com desagrado a presença militar norte-americana em solo alemão; sob o ponto de vista dos líderes soviéticos da geração de Stalin, a presença de tropas dos EUA na Alemanha Ocidental era uma das garantias mais confiáveis contra o revanchismo germânico. Valia a pena arriscar tal garantia em troca de uma Alemanha desmilitarizada que ficasse à sombra da União Soviética (objetivo pelo qual Moscou teria com prazer abandonado os clientes alemães orientais e sua República Democrática), mas não por menos do que isso.

O que os russos, decididamente, *não* queriam era uma Alemanha Ocidental remilitarizada. O propósito das políticas soviéticas não era chegar a um acordo com o Ocidente sobre a reunificação alemã, mas impedir a possibilidade iminente do rearmamento germânico. Os norte-americanos haviam levantado a questão, como conseqüência direta da Guerra da Coréia, passados apenas cinco anos da derrota de Hitler. Para que o Congresso concordasse com as solicitações da administração de Truman, relativas ao aumento de ajuda militar no exterior, era preciso fazer com que os aliados americanos — inclusive os alemães — parecessem estar colaborando com a defesa do continente.

Quando, em setembro de 1950, o secretário de Estado norte-americano Dean Acheson iniciou com a Grã-Bretanha e com a França as discussões sobre o rearmamento alemão, os franceses se opuseram veementemente à idéia. A noção confirmava todas as antigas suspeitas da França de que a OTAN, longe de representar o compromisso americano com a proteção do flanco oriental do país, era apenas uma nuvem de fumaça para encobrir a remilitarização da Alemanha. Até os alemães relutavam, por seus próprios motivos. Konrad Adenauer compreendeu perfeitamente bem a oportunidade que lhe foi propiciada pelas inauditas circunstâncias: longe de decidir agarrar a chance de se rearmar, a República Federal haveria de se conter. Em troca de uma contribuição alemã para a defesa ocidental, Bonn insistiria no pleno reconhecimento internacional da RFA e na anistia para criminosos de guerra alemães mantidos sob custódia aliada.

Os franceses, prevendo que alguma negociação desse tipo fosse realizada à sua revelia, esvaziaram o debate sobre a contribuição alemã à OTAN, apresentando uma contraproposta francesa. Em outubro de 1950, René Pleven, primeiro-ministro francês, sugeriu a criação de uma Comunidade Européia de Defesa, análoga ao Plano Schuman. Além de uma Assembléia, um Conselho de Ministros e um Tribunal de Justiça, tal comunidade teria a sua própria Força Européia de Defesa (FED). Os norte-americanos, tanto quanto os britânicos, não gostaram da idéia, mas aceitaram-na como segunda melhor solução para o problema da defesa da Europa.

O Tratado de Defesa da Comunidade Européia foi então assinado, em 27 de maio de 1952, com os documentos contingentes que declaravam que, depois que todos os países signatários ratificassem o tratado, os EUA e a Grã-Bretanha cooperariam plenamente com a FED e que a ocupação militar da Alemanha chegaria ao final. *Esse* fora o acordo que a União Soviética tentara em vão obstruir com suas propostas de um Tratado de Paz que desmilitarizasse a Alemanha. A Bundestag da Alemanha Ocidental ratificou o tratado em março de 1953, e os países do Benelux fizeram o mesmo logo em seguida.[2] Restava apenas que a Assembléia Nacional francesa sancionasse o tratado para que a Europa Ocidental passasse a contar com algo semelhante a um exército europeu, provido de contingentes integrados e internacionais, inclusive um contingente alemão.

Os franceses, entretanto, ainda estavam descontentes. Conforme observou Janet Flanner, com perspicácia, em novembro de 1953: "Para os franceses, de modo geral, o problema da CED é a Alemanha — não a Rússia, que é o problema dos americanos." A hesitação da França contrariou os norte-americanos: durante uma reunião do conselho da OTAN realizada em dezembro de 1953, John Foster Dulles, o novo secretário de Estado de Eisenhower, ameaçou pôr em prática "uma reavaliação dolorosa" da política norte-americana caso a CED fracassasse. Mas, ainda que o Plano Pleven fosse fruto de um primeiro-ministro francês, o debate público havia revelado a extensão da relutância francesa em aprovar o rearmamento germânico, fossem quais fossem as condições. Além disso, as propostas para o rearmamento alemão e para um exército europeu não poderiam ter surgido em pior momento: o Exército francês estava sendo derrotado e humilhado no Vietnã e o novo primeiro-ministro francês, Pierre Mendès-France, pensava, com razão, que seria imprudente arriscar o futuro de seu frágil governo de coalizão com uma proposta impopular em benefício do rearmamento do inimigo.

Por conseguinte, quando o tratado da CED chegou à Assembléia Nacional para ser sancionado, Mendès-France absteve-se de declarar a sua confiança e o documento foi rejeitado, em 30 de agosto de 1954, por 319 votos contra 264. O plano para uma Comunidade Européia de Defesa e, junto com ele, uma Alemanha rearmada (no âmbito de um exército europeu) estava acabado. Em conversa particular com o ministro das Relações Exteriores

---

[2] Em março de 1951, sob pressão dos EUA, os holandeses, passando por cima de um considerável sentimento doméstico favorável à neutralidade, haviam concordado em dobrar o orçamento de defesa e preparar cinco divisões de combate para serem utilizadas a partir de 1954.

belga, Paul-Henri Spaak, e o primeiro-ministro de Luxemburgo, Joseph Bech, Adenauer, contrariado, atribuiu o comportamento de Mendès ao fato de ele ser judeu — fato este que, segundo o chanceler alemão, Mendès tentava compensar aderindo ao sentimento nacionalista francês. De modo mais plausível, o próprio Mendès assim explicou o fracasso da CED: "Na CED havia integração demais e Inglaterra de menos."

Os europeus e o aliado norte-americano tinham voltado ao ponto inicial. Mas as circunstâncias agora eram diferentes. A Guerra da Coréia acabara, Stalin estava morto e a OTAN era um apêndice do cenário internacional. Os franceses haviam conseguido adiar a questão da defesa da Europa durante algum tempo, mas não poderiam continuar a fazê-lo. Poucas semanas antes da votação que a Assembléia Nacional realizaria acerca da CED, as potências aliadas ocidentais — EUA, Grã-Bretanha e França — reuniram-se duas vezes, às pressas, em Londres e Paris. Por iniciativa do ministro das Relações Exteriores britânico, Anthony Eden, um conjunto de propostas[3] — os chamados Acordos de Londres — foram aprovadas sem mais delongas, propostas que, uma vez ultimadas nos Tratados de Paris, serviriam de alicerce da política de defesa européia ao longo dos cinqüenta anos seguintes.

Para superar o problema de "Inglaterra de menos", Eden ofereceu engajar forças britânicas (quatro divisões) numa presença permanente na Europa continental (pela primeira vez desde a Idade Média). O Tratado de Bruxelas, de 1948, seria desdobrado numa União Européia Ocidental (UEO), e Alemanha e Itália entrariam para a União (embora o tratado de 1948, conforme vimos, tivesse sido elaborado com o propósito explícito de proteção *contra* a Alemanha). Em contrapartida, os franceses permitiriam que a República Federal tivesse um exército de não mais do que meio milhão de homens; e a Alemanha entraria na OTAN como Estado soberano.[4]

Quando esses tratados fossem ratificados e passassem a vigorar, os estatutos da ocupação alemã prescreveriam e, na prática, os aliados ocidentais firmariam a paz com o seu antigo inimigo. Tropas aliadas permaneceriam na República Federal a fim de evitar a reincidência germânica, mas como parte de uma presença européia, e com mútuo consentimento. Os franceses não eram absolutamente unânimes quanto à aceitação desses novos planos, mas, tendo esvaziado as suas próprias propostas alternativas, não estavam em condições de protestar, ainda que a Alemanha Ocidental, nos tratados de 1954, tivesse sido agraciada com termos mais generosos do que seria o caso no Plano Pleven. Não era a primeira vez que, nas disputas internacionais envolvendo a Alemanha, a França atuava como a pior inimiga dela mesma. É compreensível que o apoio francês aos Tratados de Paris fosse mais do que ambivalente. Quando em 30 de dezembro de 1954 ocorreu a votação, a Assembléia Nacional aprovou os tratados por 287 votos contra 260, apenas 27 votos de diferença.

Se os franceses relutavam, os russos demonstravam franco desagrado. Em 15 de maio de 1955, dez dias após o ingresso oficial da Alemanha Ocidental na OTAN e a extinção do Alto Comissariado Aliado na República Federal, a União Soviética anunciou a formação do Pacto de Varsóvia. Polônia, Tchecoslováquia, Hungria, Romênia, Bulgária, Albânia e União

---

[3] Baseadas, segundo Eden, numa idéia que lhe ocorrera durante o banho matinal.

[4] A única restrição explícita imposta ao rearmamento alemão era a proibição total de qualquer programa nuclear germânico, "agora e sempre".

Soviética constituíam uma aliança de "amizade, cooperação e assistência mútua" sob um comando unificado. Moscou anulava os tratados de aliança firmados em tempo de guerra com a Grã-Bretanha e com a França e, aceitando o inevitável, afirmava a soberania plena da República Democrática Alemã, incorporando o país ao Pacto de Varsóvia. A bem dizer, a Questão Alemã não tinha sido resolvida; porém, com ambas as partes totalmente integradas em suas respectivas alianças internacionais, a problemática seria agora posta de lado durante algum tempo, seu lugar sendo então ocupado pelo dilema ainda não resolvido da antiga capital dividida, Berlim.

Agora que o futuro imediato da Alemanha estava equacionado, ambos os lados se apressaram em atacar conflitos e tensões secundárias. Em particular, o novo líder no Kremlin, Nikita Kruschev, levou a sério a agenda soviética que definia uma "coexistência pacífica" com a Europa e compartilhou do desejo norte-americano de minimizar o risco de confrontos futuros. No dia seguinte ao anúncio do Pacto de Varsóvia, as quatro potências envolvidas na ocupação assinaram o Tratado do Estado Austríaco. A Áustria deveria ser independente e neutra, nem ligada à OTAN, nem ao Pacto de Varsóvia, e livre para escolher o próprio caminho.[5] Os quatro exércitos de ocupação deveriam se retirar — mas a União Soviética, que já havia extraído cerca de 100 milhões de dólares da zona por ela ocupada no leste da Áustria, ainda conseguiu agarrar mais uma fatia do bolo, obrigando a Áustria a "comprar" os interesses econômicos soviéticos no setor oriental do país ao custo de mais 150 milhões de dólares.

Enquanto isso, um pouco ao sul, a Iugoslávia e a Itália haviam concordado em pôr um fim ao impasse em relação a Trieste. Em outubro de 1954, num acordo intermediado por americanos e britânicos, a cidade de Trieste ficou com a Itália, ao passo que as cercanias, predominantemente habitadas por eslovenos, ficaram com a Iugoslávia. Os acordos de Trieste, a exemplo de tantas outras decisões tomadas naqueles anos, foram facilitados pelo entendimento de que seriam considerados "provisórios": nas palavras do embaixador italiano nos EUA, Alberto Tarchiani, o acordo sobre Trieste "parecia provisório, mas, na realidade, era definitivo".

Os acordos que envolviam a Áustria, a Iugoslávia e a Itália foram viabilizados por causa de uma nova atmosfera de relaxamento da tensão entre as nações da Europa, simbolizada pelo Encontro de Genebra, em julho de 1955 (o primeiro desde Potsdam) e pela admissão de 16 novos países membros nas Nações Unidas, rompendo um impasse entre Oriente e Ocidente que já durava dez anos. Numa atmosfera de troca de amabilidades entre Eisenhower, Kruschev e Eden, a questão mais importante resolvida em Genebra foi o destino de cerca de 10 mil prisioneiros de guerra alemães que ainda estavam nas mãos dos soviéticos. Em contrapartida à visita de Adenauer a Moscou, em setembro de 1955, e ao estabelecimento de relações diplomáticas, os líderes soviéticos consentiram na volta desses homens: 9.626 prisioneiros foram libertados ainda naquele ano e o restante até o fim de janeiro de 1956. Nesse ínterim, os pequenos vizinhos ocidentais da Alemanha também conseguiram uma certa aproximação com Bonn. Em 1955, os dinamarqueses chegaram a um acordo quanto às

---

[5] A neutralidade austríaca não constava do texto original; foi inserida pelo Parlamento austríaco durante o debate sobre o Tratado do Estado.

questões fronteiriças de menor importância e à indenização alemã por crimes de guerra; um ano depois, os belgas firmaram acordo similar (o Grã-ducado de Luxemburgo, entretanto, só chegou a um acordo com os alemães em 1959, e os holandeses apenas em 1960). Sem que ninguém precisasse dizer coisa alguma, o livro dos crimes e castigos relacionados à guerra e às conseqüências da guerra na Europa estava sendo fechado.

Esses acontecimentos descortinavam-se diante de uma grande corrida armamentista internacional. Tal paradoxo — de que um acordo de paz na Europa era formulado ao mesmo tempo que duas Grandes Potências da época se armavam até os dentes e se preparavam para a eventualidade de uma guerra termonuclear — não foi tão estranho quanto possa parecer. A ênfase crescente no pensamento estratégico dos EUA e da URSS, no que dizia respeito às armas nucleares e aos mísseis intercontinentais que as deslanchariam, dispensava os Estados europeus da necessidade de competir numa arena em que estes não tinham condições de medir forças com os recursos das superpotências, ainda que a Europa Central continuasse a ser o terreno mais provável onde qualquer guerra futura seria travada. Por essa razão, nos anos aqui focalizados, a Guerra Fria na Europa Ocidental foi vivenciada de maneira bem distinta daquela observada nos Estados Unidos ou mesmo na União Soviética.

O arsenal nuclear dos EUA cresceu rapidamente ao longo dos anos 50. De nove unidades, em 1946, a cinqüenta, em 1948, e 170, no início da década seguinte, o estoque de armas nucleares à disposição das Forças Armadas norte-americanas chegou a 841, em 1952, antes de se expandir a cerca de 2 mil por ocasião do ingresso da Alemanha na OTAN (alcançaria o número de 28 mil às vésperas da crise com Cuba, sete anos mais tarde). Para transportar essas bombas, a Força Aérea dos EUA contava com uma frota de bombardeiros B-29 que cresceu, de cerca de cinqüenta unidades, no início do bloqueio de Berlim, em 1948, a mais de mil, cinco anos depois; os primeiros bombardeiros intercontinentais B-52 começaram a operar em junho de 1955. Diante da grande vantagem da União Soviética em termos de efetivo humano e armamento convencional na Europa, essas armas nucleares transportadas por via aérea haveriam de se tornar centrais à estratégia de Washington, especialmente depois da ordem secreta expedida pelo presidente Truman, em 10 de março de 1950, para que se acelerasse o desenvolvimento da bomba de hidrogênio.

A decisão de Truman foi movida pelo teste que a União Soviética realizou, em agosto de 1949, com a bomba atômica. A distância entre a capacidade nuclear americana e a soviética diminuía: o primeiro teste termonuclear realizado pelos EUA ocorreu no atol de Elugelab, no Pacífico, em 1° de novembro de 1952; o primeiro teste soviético congênere, em Semipalatinsk, foi anunciado passados apenas dez meses, em 12 de agosto de 1953. Armas nucleares começaram a chegar à Alemanha Ocidental no mês seguinte; em janeiro, Dulles anunciou a política do "New Look", de Eisenhower. A OTAN haveria de ser "nuclearizada": a ameaça da utilização de armas nucleares no campo de batalha europeu passaria a integrar a estratégia de defesa da Aliança. Para que a União Soviética acreditasse que o Ocidente, de fato, dispararia contra ela, era preciso eliminar a diferença entre armas nucleares e convencionais. Conforme Dulles explicou ao conselho da OTAN, reunido em abril de 1954: "Os EUA consideram que a capacidade de empregar armas atômicas seja essencial à defesa da área afeta à OTAN, diante da ameaça presente. Em suma, tais armas devem agora ser tratadas como se, de fato, houvessem se tornado convencionais."

A coincidência entre a nuclearização da OTAN e a estabilização do continente europeu não foi acidental. Também sob o ponto de vista soviético, a guerra convencional na Europa Central e Ocidental era algo cujo interesse estratégico diminuía cada vez mais. Moscou também estocava armamento nuclear — a partir de apenas cinco unidades, em 1950, o estoque chegara a 1.700 no final da década. Mas a ênfase principal dos soviéticos era no desenvolvimento de meios de transportar essas armas através do oceano (e não até os campos de batalha europeus), a fim de compensar os planos norte-americanos para basear armas nucleares na Alemanha, a poucas centenas de quilômetros da própria Rússia.

A notória *missile gap*, ou disparidade de mísseis entre os EUA e a URSS, de que falava John F. Kennedy durante a campanha pela presidência dos EUA, em 1960, era um mito, resultado positivo da propaganda soviética; o mesmo era verdadeiro em se tratando dos relatos que circulavam à época a respeito da superioridade educacional e técnica soviéticas. Duas décadas antes de o chanceler alemão Helmut Schmidt fazer o comentário, Kruschev e alguns de seus colegas mais veteranos compreendiam, intuitivamente, que o império por eles comandado era, basicamente, o "Alto Volta, com mísseis". Mas é certo que a URSS *estava* empregando grandes esforços no desenvolvimento de capacidade balística. O primeiro teste soviético bem-sucedido com um míssil balístico intercontinental ocorreu em agosto de 1957, cinco meses antes dos americanos. O lançamento do Sputnik, em 4 de outubro de 1957, evidenciou o poderio soviético (para horror dos EUA).[6]

Armas balísticas — mísseis intercontinentais capazes de lançar ogivas nucleares a partir do interior da URSS e alcançar alvos nos EUA — despertavam em Nikita Kruschev um interesse especial. Tinham custo mais baixo do que as armas convencionais. Propiciavam a Kruschev boas relações com a indústria pesada e os militares, ao mesmo tempo que recursos podiam ser desviados para a produção de bens de consumo. E tinham uma conseqüência curiosa, conforme ambos os lados haveriam de perceber: tornar uma grande guerra bem menos provável do que até então. Na teoria, armas nucleares tornavam Moscou e Washington mais beligerantes — era importante parecer estar de prontidão e disposto a utilizá-las; na prática, as armas os tornavam bem mais contidos.

Para os americanos, tais armas tinham um interesse ainda maior. Os EUA ainda procuravam um meio de escapar da confusão européia na qual haviam sido envolvidos, a despeito das melhores intenções dos líderes nacionais. A nuclearização da Europa era uma forma de atingir tal objetivo. Não seria mais necessário prever uma grande presença militar norte-americana estabelecida indefinidamente no coração da Europa — estadistas e estrategistas militares ansiavam pelo dia em que a Europa poderia se defender sozinha, apoiada tão-somente pela firme promessa de uma arrasadora retaliação americana, no caso de um ataque soviético.

[6] Os norte-americanos não foram os únicos a entrar em pânico diante das demonstrações da aparelhagem soviética. Em 1960, o primeiro-ministro conservador britânico, Harold Macmillan, concluiu, confidencialmente, que "Eles [a URSS] já não temem a agressão. Têm forças nucleares tão poderosas quanto o Ocidente. Têm linhas interiores [de comunicação]. Têm uma economia vibrante e logo haverão de superar a sociedade capitalista na corrida por riquezas materiais".

Conforme Eisenhower havia reiterado em 1953, a presença dos EUA na Europa deveria ser apenas uma "operação temporária, a fim de gerar confiança e segurança a nossos amigos do outro lado do oceano".

Várias são as razões pelas quais os norte-americanos jamais conseguiram pôr em prática os planos para sair da Europa. Próximo ao final dos anos 50, os EUA faziam pressão por uma força nuclear européia para impedir os soviéticos, sob um comando coletivo europeu. Mas nem os britânicos nem os franceses gostaram da idéia. Não porque os respectivos governos, por princípio, se opusessem às armas nucleares. Os britânicos detonaram a primeira bomba de plutônio no deserto australiano em agosto de 1952; 14 meses depois, a primeira bomba atômica britânica foi entregue para a Real Força Aérea. Por motivos militares e econômicos, os governos britânicos da época inclinavam-se a substituir uma estratégia de defesa continental por outra de força nuclear: na realidade, a pressão exercida pelos britânicos tinha contribuído para convencer Eisenhower a criar a estratégia do "New Look", e os britânicos não fizeram objeções à presença em solo britânico de bombardeiros capazes de transportar ogivas nucleares.[7]

Os franceses também contavam com um programa de armas nucleares, aprovado por Mendès-France, em dezembro de 1954, embora a primeira bomba francesa independente só fosse detonada em fevereiro de 1960. No entanto, nem os britânicos nem os franceses pretendiam entregar o controle das armas nucleares a uma entidade de defesa européia; os franceses, especialmente, desconfiavam que os americanos talvez permitissem aos alemães o acesso a dispositivos nucleares. Relutantemente, os norte-americanos admitiram que sua presença na Europa era indispensável — isso era exatamente o que os aliados europeus queriam ouvir.[8]

Uma segunda questão que ligava os norte-americanos à Europa era o problema de Berlim. Graças à derrota do bloqueio, em 1948 e 1949, a antiga capital da Alemanha permaneceu uma espécie de cidade aberta; Berlim Oriental e Ocidental estavam ligadas por linhas telefônicas e redes de transportes que se entrecruzavam nas diversas zonas de ocupação. A cidade era também a única rota de trânsito do leste para o Oeste Europeu. A partir de qualquer local da República Democrática, alemães em fuga para o Ocidente vinham até Berlim Oriental, atravessavam a Zona Russa de ocupação, entravam nas Zonas Ocidentais e prosseguiam pelo corredor de estradas e ferrovias que ligavam Berlim Ocidental ao restante da República Federal. Chegando lá, automaticamente, tinham direito à cidadania na Alemanha Ocidental.

A jornada não deixava de ser arriscada, e os refugiados levavam consigo apenas o que podiam carregar; mas nenhuma dessas considerações inibia os jovens alemães orientais de realizar a viagem. Entre a primavera de 1949 e agosto de 1961, algo entre 2,8 e 3 milhões de alemães orientais, cerca de 16% da população do país, passaram por Berlim rumo ao Ocidente. Muitos tinham educação formal, homens e mulheres com profissão definida — o

[7] Não ficou claro se os britânicos seriam ouvidos no que tocava à utilização desses bombardeiros. À época (1952), um comunicado conjunto assinado por Churchill e Truman declarava, de modo um tanto obscuro, que "o uso dessas bases em caso de emergência será objeto de decisão conjunta [...], à luz das circunstâncias prevalecentes no momento".

[8] A pressão que os EUA exerceram para que britânicos e franceses se retirassem do Suez, em novembro de 1956 (ver Capítulo 9), gerou entre os países da OTAN o receio de que, em caso de guerra, os EUA se retirassem para o seu hemisfério, abandonando os europeus. Daí a necessidade vista por Washington de "manter o pé firme", primeiro em relação a Berlim e, mais tarde, a Cuba, com o intuito de tranqüilizar os vulneráveis aliados dos Estados Unidos.

futuro da Alemanha Oriental; mas esse percentual incluía também milhares de camponeses que fugiam da coletivização rural, em 1952, e operários que abandonaram o regime depois da violenta repressão de junho de 1953.

A estranha situação de Berlim era, portanto, um constrangimento permanente e um desastre em termos de relações públicas para o regime comunista da Alemanha Oriental. Conforme o embaixador soviético na República Democrática Alemã, com o devido tato, advertiu Moscou, em dezembro de 1959: "A presença em Berlim de uma fronteira aberta e, para falar com objetividade, sem controle entre o mundo socialista e o mundo capitalista, inadvertidamente induz a população a estabelecer comparações entre os dois lados da cidade, o que, infelizmente, nem sempre favorece a Berlim democrática." A situação em Berlim, evidentemente, era útil a Moscou e a outros centros de poder — a cidade se tornara o principal posto de escuta e espionagem da Guerra Fria; por volta de 1961, cerca de setenta agências operavam em Berlim, e foi em Berlim que as agências soviéticas de espionagem lavraram os seus maiores tentos.

Entretanto, agora que haviam aceitado a divisão da Alemanha e elevado a zona oriental à condição de Estado soberano, os líderes soviéticos não mais podiam continuar a ignorar indefinidamente a hemorragia de recursos humanos. Apesar disso, quando Moscou voltou a direcionar a atenção internacional a Berlim e provocou uma crise internacional (que durou três anos) a respeito do status da cidade, não o fez em consideração às suscetibilidades feridas dos governantes da Alemanha Oriental. Já em 1958, a União Soviética voltava a se preocupar com a possibilidade de os EUA armarem a Alemanha Ocidental, desta feita com armas nucleares. Isso, conforme já vimos, não era um receio totalmente infundado — alguns europeus ocidentais tinham a mesma sensação. E, assim, Kruschev se dispôs a utilizar Berlim — cidade cujo destino era, de modo geral, indiferente para os russos — como alavanca para bloquear a nuclearização de Bonn, fator que muito o preocupava.

A primeira ação relativa à "crise de Berlim" aconteceu em 10 de novembro de 1958, quando Kruschev fez um discurso em Moscou dirigido às potências ocidentais:

> Os imperialistas transformaram a questão germânica numa fonte permanente de tensão internacional. Os círculos de liderança da Alemanha Ocidental estão fazendo de tudo para incitar paixões militares contra a República Democrática Alemã [...]. Os discursos proferidos pelo chanceler Adenauer e pelo ministro da Defesa Strauss, o armamento atômico do Bundeswehr e diversos exercícios militares revelam uma nítida tendência das políticas adotadas pelos círculos de liderança da Alemanha Ocidental [...]. Evidentemente, é chegada a hora de os signatários do Acordo de Potsdam desistirem dos resquícios do regime de ocupação em Berlim e, por conseguinte, possibilitarem a criação de uma situação de normalidade na capital da República Democrática Alemã. A União Soviética, por seu turno, entregaria à soberana RDA as funções em Berlim que ainda são exercidas por agências soviéticas.

O aparente objetivo da ofensiva de Kruschev, que se tornou mais urgente quando o líder soviético, duas semanas depois, exigiu que o Ocidente se retirasse de Berlim dentro de seis meses, era conseguir que os americanos deixassem Berlim, e que esta se tornasse uma "cidade livre". Se eles assim procedessem, a credibilidade do compromisso dos EUA com a defesa da Europa Ocidental ficaria seriamente abalada, e o sentimento neutralista e antinuclear na Alemanha Ocidental e em outros locais provavelmente cresceria. Porém, mesmo que as potências ocidentais insistissem em permanecer em Berlim, a URSS talvez pudesse barganhar o consentimento para tal, em troca de um compromisso da parte do Ocidente no sentido de negar a Bonn qualquer armamento nuclear.

Quando os líderes ocidentais se recusaram a fazer concessões que envolvessem Berlim, alegando que a própria União Soviética havia desfeito as combinações de Potsdam ao integrar Berlim Oriental ao governo e às instituições do Estado alemão oriental antes da assinatura de um tratado final, Kruschev fez nova tentativa. Em seguida a uma série de discussões malfadadas entre ministros das Relações Exteriores realizadas em Genebra no verão de 1959, o líder soviético reiterou suas exigências, primeiramente em 1960, depois em junho de 1961. A presença militar ocidental em Berlim precisava acabar. Caso contrário, a União Soviética faria uma retirada unilateral da cidade, ultimaria um Tratado de Paz exclusivo com a RDA e deixaria o Ocidente negociar o destino de suas zonas de ocupação com um Estado alemão oriental independente. De novembro de 1958 até o verão de 1961, a crise de Berlim fermentava, os nervos da diplomacia ficavam à flor da pele e o êxodo de alemães orientais se tornava um dilúvio.

O ultimato feito por Kruschev, em junho de 1961, surgiu durante uma reunião de cúpula com John F. Kennedy, o novo presidente dos EUA, realizada em Viena. A reunião anterior, entre Kruschev e Eisenhower, em maio de 1960, fora abandonada quando os soviéticos derrubaram o avião U2, pilotado por Gary Powers, da Força Aérea dos EUA, e os norte-americanos se viram obrigados a admitir que estavam praticando espionagem aérea (após, inicialmente, negarem qualquer conhecimento do fato). Nas conversas com Kennedy, Kruschev ameaçou "liquidar" os direitos ocidentais em Berlim caso não houvesse acordo até o final do ano.

Em público, Kennedy, seguindo o exemplo de Eisenhower, adotou a linha-dura, afirmando que o Ocidente jamais abandonaria seus compromissos. Washington haveria de defender seus direitos, nos termos dos Acordos de Potsdam, e aumentaria o orçamento da defesa nacional, especificamente para fortalecer a presença militar dos EUA na Alemanha. Todavia, oficiosamente, os Estados Unidos procediam de maneira mais cordata. Os americanos — ao contrário da Alemanha Ocidental — aceitavam a realidade de um Estado alemão oriental, e compreendiam a apreensão soviética diante do tom agressivo dos recentes pronunciamentos de Adenauer e, sobretudo, do ministro da Defesa alemão, Franz Josef Strauss. Algo precisava ser feito para que a Questão Alemã avançasse; conforme Eisenhower disse a Macmillan, em 28 de março de 1960, o Ocidente não podia, "na realidade, ficar no mesmo lugar sem se mexer pelos próximos cinqüenta anos". Em veia similar, na reunião de Viena, Kennedy garantiu a Kruschev que os Estados Unidos não "queriam agir de modo a privar a União Soviética de suas ligações com a Europa Oriental": admissão tácita de que os russos podiam ficar com o que já estava em suas mãos, incluindo a zona oriental da Alemanha e os antigos territórios germânicos agora situados na Polônia, na Tchecoslováquia e na União Soviética.[9]

---

[9] A observação de Kennedy teve caráter confidencial não apenas à época, sendo excluída dos documentos do encontro quando estes foram publicados pela primeira vez, trinta anos mais tarde.

Pouco tempo depois de Kennedy voltar para Washington, as autoridades da Alemanha Oriental começaram a impor restrições de trânsito a possíveis emigrantes. Como resposta direta, o presidente dos EUA reafirmou, publicamente, o compromisso do Ocidente com Berlim *Ocidental* — deste modo admitindo, implicitamente, que o lado oriental da cidade se situava na esfera de influência soviética. O índice de êxodo através de Berlim se tornou mais intenso do que nunca: 30.415 pessoas partiram para o Ocidente em julho; na primeira semana de agosto de 1961, outras 21.828 foram embora, a metade delas com menos de 25 anos de idade. Nesse ritmo, a República Democrática Alemã logo estaria vazia.

A reposta de Kruschev foi cortar o nó górdio de Berlim. Depois que os ministros das Relações Exteriores aliados, reunidos em Paris em 6 de agosto, rejeitaram mais uma nota em que os soviéticos ameaçavam assinar um Tratado de Paz exclusivo com a RDA caso um acordo não fosse firmado, Moscou autorizou os alemães orientais a traçar uma linha divisória, literalmente, separando os dois lados para sempre. Em 19 de agosto de 1961, as autoridades de Berlim Oriental designaram soldados e operários para a tarefa de dividir a cidade. Em três dias foi erguido um muro improvisado, mas que bastava para impedir o movimento casual entre as duas metades de Berlim. Nas semanas seguintes, o muro ficou mais alto e fortalecido. Holofotes, arame farpado e guaritas foram acrescentados; portas e janelas de edifícios que integravam o muro foram inicialmente bloqueadas e, depois, fechadas com tijolos. Ruas e praças foram cortadas ao meio e todas as comunicações entre os dois lados da cidade ficaram sujeitas à monitoração policial ou então foram, simplesmente, interrompidas. Berlim tinha agora o seu Muro.

Oficialmente, o Ocidente ficou horrorizado. Durante três dias, em outubro de 1961, tanques soviéticos e norte-americanos se confrontaram na barreira que separava as respectivas zonas — um dos últimos elos restantes entre as duas potências —, enquanto as autoridades da Alemanha Oriental testavam as potências ocidentais quanto à disposição destas em afirmar e defender seu direito de acesso à zona oriental, nos termos do Acordo das Quatro Potências. Diante da intransigência do comandante militar norte-americano — que se recusava a reconhecer qualquer direito de a *Alemanha Oriental* impedir a movimentação dos Aliados —, os soviéticos, relutantemente, cederam; no decorrer dos próximos trinta anos as quatro potências de ocupação permaneceram onde estavam, embora ambos os lados delegassem a administração de suas respectivas zonas de controle às autoridades alemãs locais.

Extra-oficialmente, muitos líderes ocidentais sentiam-se aliviados com o surgimento do Muro. Durante três anos, Berlim ameaçara se tornar o ponto de ignição de um confronto internacional, assim como o fora em 1948. Kennedy e outros líderes ocidentais concordavam, secretamente, que um muro através de Berlim era desfecho bem melhor do que uma guerra — a despeito do que fosse dito em público, poucos políticos ocidentais podiam se imaginar pedindo aos soldados que "morressem por Berlim". Conforme Dean Rusk (secretário de Estado no governo de Kennedy) observou, com perspicácia, o Muro tem a sua utilidade: "É provável que, em termos realistas, [o Muro] facilite um acordo em relação a Berlim."

O resultado da crise de Berlim demonstrou que as duas Grandes Potências tinham mais em comum do que elas próprias admitiam. Se Moscou pretendia não mais levantar a questão do status dos Aliados em Berlim, Washington aceitaria a realidade do governo da Alemanha

Oriental e resistiria à pressão da Alemanha Ocidental para obter armas nucleares. Ambos os lados tinham interesse na estabilidade da Europa Central; porém, e mais importante, os EUA e a URSS estavam cansados de atender às solicitações e ouvir as queixas de seus respectivos Estados-clientes alemães. A primeira década da Guerra Fria havia conferido aos políticos alemães (em ambos os lados da linha divisória) um poder de alavancagem sem precedentes diante dos patronos em Washington e Moscou. Receosas de perder credibilidade perante seus respectivos asseclas alemães, as Grandes Potências permitiram que Adenauer e Ulbricht as chantageassem, para que "agüentassem firme".

Moscou, que, conforme vimos, jamais tivera a intenção de estabelecer um Estado-cliente na zona oriental da Alemanha ocupada, mas que aceitara tal desfecho como a segunda melhor opção, envidou grandes esforços no sentido de apoiar um regime comunista que era tão fraco quanto malquisto em Berlim. Os comunistas da Alemanha Oriental, por seu turno, sempre receavam ser vendidos pelos patronos soviéticos.[10] O Muro, portanto, oferecia-lhes relativa tranqüilidade, embora eles ficassem decepcionados com a recusa de Kruschev em manter a pressão por um Tratado de Paz depois que a barreira foi construída. Em Bonn, o antigo receio era de que os "Amis" (americanos) simplesmente fossem embora. Washington sempre fizera de tudo para garantir a Bonn o apoio inabalável dos EUA, mas, depois que o Muro foi construído (com a aquiescência explícita dos norte-americanos), a ansiedade da Alemanha Ocidental só aumentou. Daí as promessas reiteradas por Washington, pós-Muro, de que os EUA nunca abandonariam a zona por eles ocupada — eis o contexto da célebre declaração de Kennedy, em junho de 1963: "*Ich bin ein Berliner*" (sic). Com 250 mil soldados na Europa em 1963, os norte-americanos, a exemplo dos russos, evidentemente, estavam ali para ficar.

O Muro pôs um ponto final à carreira de Berlim como zona de crise no que tocava às questões européias e mundiais. Embora fossem necessários dez anos para se chegar a acordos formais sobre problemas relacionados a acesso, depois de novembro de 1961, Berlim deixou de ser importante, e Berlim Ocidental iniciou um processo de declínio constante, rumo à irrelevância política. Até os russos perderam o interesse pela cidade. Curiosamente, o Ocidente demorou para perceber esse fato. Quando a crise de Cuba surgiu no ano seguinte, Kennedy e seus conselheiros convenceram-se de que Kruschev estava envolvido num esquema complexo, maquiavélico, para atingir objetivos de longa data em relação à Alemanha. As lições de 1948-1950 tinham sido bem assimiladas.

Assim como Truman e Acheson viram a incursão coreana como um possível prelúdio a um avanço soviético na fronteira dividida da Alemanha, Kennedy e seus colegas viram a colocação de mísseis em Cuba como um mecanismo soviético para pressionar os Estados Unidos (agora vulneráveis) a ceder terreno em Berlim. Nos primeiros dez dias da crise com Cuba, a cada hora os líderes norte-americanos voltavam ao assunto de Berlim Ocidental e à necessidade de se "neutralizar" a suposta reação de Kruschev na cidade dividida. Conforme Kennedy explicou, em 22 de outubro de 1962, ao primeiro-ministro britânico Harold Macmillan: "É desnecessário apontar a relação possível entre esse ato secreto e arriscado de Kruschev e Berlim".

---

[10] Conforme descobririam em 1990, tal receio não era infundado.

O problema era que Kennedy levara muito a sério a recente propaganda e agitação soviéticas e construíra seu entendimento das relações entre os EUA e a URSS em torno da questão de Berlim. Isso exacerbou, dramaticamente, a suposta relevância da crise com Cuba, levando Kennedy a informar aos seus assessores mais próximos, em 19 de outubro: "Não creio que tenhamos alternativas satisfatórias [...]. Nosso problema não é apenas Cuba, mas também Berlim. É reconhecendo a importância de Berlim para a Europa, bem como a importância dos nossos Aliados; é isso que tem criado este dilema que temos hoje. Não fosse isso, a resposta seria bem fácil." Três dias antes, quando teve início a crise de Cuba, o secretário de Estado Dean Rusk resumira a sua interpretação das ações soviéticas: "Acho também que Berlim está muito envolvida nisso. Pela primeira vez, começo a indagar se Kruschev age de maneira racional em se tratando de Berlim."

Mas Kruschev, conforme ficou claro, *agia* de maneira racional em se tratando de Berlim. A União Soviética tinha deveras mantido grande superioridade de forças na Europa e poderia ter ocupado Berlim Ocidental (e a maior parte do Oeste Europeu) quando bem quisesse. Porém, agora que os EUA tinham prometido defender a liberdade de Berlim Ocidental a qualquer custo (o que, na prática, significava uso de armas nucleares), Kruschev não tinha a menor intenção de arriscar uma guerra nuclear envolvendo a Alemanha. Conforme, mais tarde, em suas memórias, observou o embaixador soviético em Washington: "Kennedy superestimou a disposição de Kruschev e seus aliados em realizar ações decisivas que visassem Berlim, pois a ação mais agressiva foi, de fato, a construção do Muro."[11]

Superadas as questões que envolviam Berlim e Cuba, as superpotências moveram-se com rapidez surpreendente rumo à resolução das dúvidas da primeira Guerra Fria. Em 20 de junho de 1963 foi estabelecida uma "linha direta" entre Washington e Moscou; um mês depois, conversações em Moscou entre os EUA, a URSS e o Reino Unido culminaram no Tratado de Proibição Limitada de Testes Nucleares. Esse tratado, que passou a vigorar em 10 de outubro, tinha grande significado para a Europa — nem tanto devido aos objetivos explícitos quanto ao "subtexto" do acordo.

As duas Grandes Potências queriam manter as armas nucleares longe das mãos da China e da Alemanha Ocidental, e era esse o verdadeiro propósito do tratado. A promessa de uma Alemanha sem armas nucleares era a contrapartida que Moscou esperava do compromisso com Berlim; para tal, os americanos estavam dispostos até a tomar medidas impopulares em Bonn. Os alemães ocidentais aceitaram com ressentimento o veto às armas nucleares alemãs, assim como tinham aceitado a divisão de Berlim como o preço a ser pago pela continuação da presença norte-americana. Nesse ínterim, o tratado confirmava um claro desvio nos interesses estratégicos soviéticos, que se afastavam da Europa e se direcionavam a outros continentes.

A estabilização da Guerra Fria na Europa, a redução das probabilidades de o confronto "esquentar" e o fato de que tais questões estavam, em grande medida, fora do alcance dos

---

[11] Anatoli Dobrinin, *In Confidence* (Confidências) (Time Books, 1995), p. 46. A aversão de Kruschev pela guerra era autêntica. Conforme ele escreveu a Kennedy, em 26 de outubro, no auge da crise de Cuba: "Se a guerra, de fato, explodir, não teremos condições de detê-la, pois assim é a lógica da guerra. Participei de duas guerras, e sei que a guerra só acaba depois que rola por cima de cidades e vilarejos, semeando morte e destruição por toda parte."

europeus ocidentais provocaram a convicção um tanto reconfortante de que o conflito armado convencional era obsoleto. A guerra, segundo parecia a muitos observadores entre 1953 e 1956, era impensável, ao menos no continente europeu (jamais deixaria de ser a abordagem preferida para resolver conflitos em outros locais). Se houvesse guerra, os imensos arsenais nucleares das Grandes Potências indicavam que o embate acarretaria conseqüências terríveis, inimagináveis e, portanto, só poderia resultar do erro de cálculo de alguém. Nesse caso, os europeus pouco poderiam fazer para atenuar as conseqüências.

Nem todos assim enxergavam a situação. Para uma minoria, esses mesmos indícios inspiravam movimentos que conclamavam, urgentemente, o desarmamento nuclear. A Campanha pelo Desarmamento Nuclear (CDN) foi iniciada pelos britânicos, em Londres, em 17 de fevereiro de 1958. Desde o princípio, o movimento se encaixou na grande tradição de dissidência da política radical britânica: a maioria dos envolvidos tinha educação formal, tendência ao esquerdismo e à não-violência e dirigia suas reivindicações, em primeiro lugar, ao próprio governo britânico, e não aos russos ou aos americanos (os dois principais partidos da Grã-Bretanha estavam convencidos da necessidade de um programa britânico independente de força nuclear, embora estivesse claro, no final dos anos 50, que sem os mísseis e submarinos fornecidos pelos EUA a bomba britânica nunca atingiria o alvo).

No auge, a CDN conseguiu recrutar 150 mil pessoas para a marcha anual de protesto até o Centro de Armas Atômicas, em Aldermaston. Porém, à semelhança de iniciativas em prol do desarmamento na Alemanha Ocidental e nos países do Benelux, a campanha britânica decaiu ao longo dos anos 60. Os defensores do desarmamento nuclear se tornaram irrelevantes depois do Tratado de Proibição de Testes; ficava cada vez mais difícil afirmar, com algum grau de confiabilidade, que a Europa se via diante de sua iminente extinção, e novos assuntos desbancaram da agenda política a questão do desarmamento. Até na União Soviética o físico atômico dissidente Andrei Sakharov mostrava-se menos preocupado com o risco de um holocausto nuclear — e se voltara, conforme ele mesmo disse, "dos problemas mundiais para a defesa dos indivíduos".

Não resta dúvida de que a maioria dos europeus ocidentais, quando se lembrava do assunto, era favorável ao desarmamento nuclear: pesquisas de opinião realizadas em 1963 demonstraram que os italianos, de modo especial, viam com bons olhos a extinção de armas nucleares. Os franceses eram bem menos favoráveis, enquanto alemães e britânicos se dividiam, embora, em ambos os casos, a maioria das pessoas fosse contrária aos armamentos nucleares. Porém, em contraste com os intensos debates sobre desarmamento ocorridos na década de 1920 e no início dos anos 30, a questão nuclear na Europa não instigava muito as populações. Era por demais abstrata. Apenas os britânicos e (supostamente) os franceses tinham armas nucleares, e, entre os demais, somente uma minoria do establishment político da Alemanha Ocidental aspirava por tais armas.

Italianos, dinamarqueses e holandeses, em dadas ocasiões, mostravam-se preocupados com a presença de bases militares norte-americanas em seu solo, fato que os expunha a perigo, no caso da explosão de uma guerra. Mas as armas que causavam apreensão pertenciam às superpotências, e a maioria dos europeus, com bons motivos, percebia nada poder fazer para influenciar decisões tomadas em Moscou e Washington. Na realidade, o afiado aspecto *ideo-*

lógico da retórica norte-americana relacionada à Guerra Fria levava muitos europeus ocidentais (uma vez superada a ameaça imediata de guerra nuclear) a se convencer de que prestavam um favor aos EUA, ao permitir que aquele país os defendesse. E assim, em vez de se engajarem em debates sobre desarmamento, esses europeus cuidavam de seus jardins.

O aspecto mais notável do cenário político europeu na década de 1950 não foram as mudanças ocorridas, mas as mudanças *não-ocorridas*. O ressurgimento de Estados democráticos autônomos na Europa no pós-guerra — desprovidos de recursos e vontade para entrar em guerra e governados por homens maduros cuja convicção política comum e tácita pode ser traduzida pelas palavras "Nada de experiências" — foi um tanto surpreendente. A despeito das expectativas contrárias, a temperatura política no Oeste Europeu diminuiu em relação aos piques febris observados nos quarenta anos anteriores. Com as calamidades do passado recente ainda vivas na memória do público, a maioria dos europeus, aliviada, voltou as costas para as políticas de mobilização de massa. A provisão de administração e serviços substituiu as esperanças revolucionárias e o desespero econômico e passou a constituir a principal preocupação dos eleitores (que, em muitos locais, agora incluíam mulheres): governos e partidos políticos responderam à altura.

Na Itália, em especial, a mudança foi marcante. Ao contrário dos demais Estados europeus mediterrâneos — Portugal, Espanha e Grécia —, a Itália se tornou uma democracia, ainda que imperfeita, e assim permaneceu ao longo das décadas do pós-guerra. Esse feito não era desprezível. A Itália era um país profundamente dividido. Na verdade, a própria existência da Itália enquanto país era antiga controvérsia — e voltaria a sê-lo em anos posteriores. Estudos realizados no início da década de 1950 sugerem que menos de um italiano adulto em cada cinco se comunicava exclusivamente em língua italiana: muitos italianos continuavam a se identificar com sua localidade ou região e empregavam o dialeto local no cotidiano. Isso era verdadeiro, especialmente em se tratando de pessoas que não tinham cursado o ensino médio — naqueles anos, a grande maioria da população.

O atraso do sul da Itália, o Mezzogiorno, era notório — Norman Lewis, oficial do Exército britânico lotado durante algum tempo em Nápoles durante a guerra, ficou perplexo diante dos onipresentes carregadores de água napolitanos: "Que pouco diferiam das representações encontradas nos afrescos de Pompéia." Carlo Levi, médico piemontês exilado por Mussolini como punição por suas atividades junto à Resistência, registra observações semelhantes no livro *Cristo Parou em Eboli* (publicado pela primeira vez em 1945), clássico relato da vida num vilarejo remoto nas regiões montanhosas do sul da Itália. Mas o sul não estava apenas estagnado, estava empobrecido. Um inquérito parlamentar de 1954 revelou que 85% das famílias italianas mais pobres viviam ao sul de Roma. Um trabalhador rural em Apulia, no sudeste da Itália, ganhava a metade dos vencimentos de um trabalhador rural na província da Lombardia. Se atribuirmos à renda *per capita* média italiana, naquele mesmo ano, o valor 100, o índice do Piemonte, situado no rico noroeste da Itália, era 174; o índice da Calábria, no extremo sul, era apenas 52.

A guerra tinha exacerbado históricas divisões na Itália: enquanto o norte, a partir de setembro de 1943, vivenciara quase dois anos de domínio germânico e resistência política, seguidos de ocupação militar aliada nas cidades radicalizadas, o sul, com a chegada das tropas ocidentais aliadas, ficara efetivamente fora da guerra. Portanto, no Mezzogiorno, as estruturas sociais e administrativas herdadas dos fascistas escaparam ilesas do golpe pacífico que substituiu Mussolini por um de seus generais. Aos antigos contrastes políticos e econômicos entre o norte e o sul da Itália agora se somavam lembranças bastante distintas da guerra.

O fracasso das reformas agrárias no pós-guerra levou os governos italianos a adotar uma nova abordagem para a aflitiva "Questão do Sul". Em agosto de 1950, o Parlamento italiano criou a Cassa per il Mezzogiorno, um sistema de poupança para canalizar a riqueza nacional para o sul empobrecido. A idéia em si não era nova — os esforços de Roma para lidar com a pobreza e a desesperança da região remontavam, pelo menos, ao início do século XX, ao governo de Giovanni Giolitti, cioso de reforma. No entanto, esforços anteriores pouco alcançaram, e a única solução eficaz para o sofrimento dos italianos do sul ainda era, desde os tempos do surgimento da Itália moderna, a emigração. Todavia, a Cassa representava um comprometimento de recursos muito maior do que até então registrado e tinha melhores perspectivas de sucesso, pois se amoldava muito bem aos mecanismos políticos da nova república italiana.

A função do Estado republicano não era muito diversa do predecessor fascista — de quem o referido Estado herdara a maioria dos seus burocratas:[12] o papel de Roma era oferecer emprego, serviços e previdência aos muitos cidadãos italianos para os quais o Estado era o único refúgio. Através de uma série de intermediários e órgãos — alguns dos quais, como o IRI (Instituto de Reconstrução Industrial) ou o INPS (Instituto Nacional de Previdência Social), fundados por Mussolini, outros, como a ANH (Agência Nacional do Hidrocarboneto), criados na década de 1950 — o Estado italiano era proprietário ou detinha o controle de grandes setores da economia nacional: especialmente, energia, transporte, construção civil, indústria química e alimentícia.

A despeito dos argumentos econômicos contrários a essa estratégia (cujas raízes remontavam, em parte, ao pendor fascista por autonomia econômica), as vantagens sociais e políticas eram evidentes. No início da década de 1950, o IRI empregava 216 mil pessoas; outras agências, incluindo as diversas ramificações da burocracia nacional, empregavam outras centenas de milhares. Obras contratadas pela *Cassa* — para construção de estradas, habitação urbana, projetos de irrigação rural — e subsídios estatais para novas fábricas e serviços comerciais eram outras vantagens, além de serem fontes substanciais de financiamento centralizado; outra vantagem era o próprio emprego público: em meados dos anos 50, quase três servidores públicos em cada cinco eram do sul, embora a região representasse pouco mais do que a terça parte da população do país.

As oportunidades que tais medidas propiciavam para a corrupção e o crime eram consideráveis; também nesse particular a República se apoiava numa tradição que remontava aos primeiros anos do Estado unificado. Quem controlava o Estado italiano estava em ótima posição para dispensar favores, direta ou indiretamente. Por conseguinte, na Itália do pós-guerra,

---

[12] Ainda em 1971, 95% dos funcionários públicos italianos mais idosos haviam iniciado a carreira antes da queda do fascismo.

a política, a despeito do verniz de fervor religioso e político, representava acima de tudo a luta para ocupar o Estado e obter acesso aos mecanismos do privilégio e da proteção estatal. E quando se tratava de conquistar e operar tais alavancas, os democratas cristãos, sob a liderança de Alcide de Gasperi e seus sucessores, demonstravam talento e disposição incomparáveis.

Em 1953, e novamente em 1958, os democratas cristãos conquistaram mais de 40% dos eleitores (o quinhão do grupo só ficou abaixo de 38% no final dos anos 70). Em coalizão com pequenos partidos de centro, os democratas cristãos governaram o país, sem interrupção, até 1963, quando se associaram aos partidos minoritários da esquerda comunista. Fora os eleitores tradicionalmente católicos de Veneza e da região do Vêneto, o maior apoio aos democratas cristãos ficava no sul: em Basilicata, Mosile, na Calábria e nas ilhas da Sardenha e da Sicília. Nessas regiões, não era a convicção, e sim a provisão de serviços que atraía para os democratas cristãos os eleitores de pequenas cidades e garantia a lealdade desse eleitorado durante sucessivas gerações. Um prefeito democrata cristão numa prefeitura do sul, ou um deputado no Parlamento nacional, era eleito e reeleito com base em promessas de oferta de eletricidade, encanamento interno, financiamento para compra de terras, construção de estradas, escolas e fábricas, bem como emprego — e graças ao monopólio que o partido detinha sobre o poder, o referido político conseguia cumprir as promessas.

A democracia cristã italiana assemelhava-se, sob vários aspectos, a partidos congêneres da Alemanha Ocidental, Holanda e Bélgica. O partido carecia de bagagem ideológica. É certo que De Gasperi e seus sucessores tinham o cuidado de se reunir periodicamente com autoridades do Vaticano e de jamais propor ou apoiar legislação que o Vaticano desaprovasse; em certa medida, o pós-guerra na Itália foi o momento de revanche da Igreja contra o agressivo secularismo anticlerical do novo Estado italiano após 1861. Mas o papel atuante da Igreja Católica na política italiana era menor do que tanto os defensores quanto os críticos gostavam de afirmar. O principal veículo de controle social eram os poderosos ministérios centrais — é significativo que De Gasperi, a exemplo dos partidos comunistas do Leste Europeu nos primeiros anos do pós-guerra, fizesse questão de manter o Ministério do Interior sob a direção dos democratas cristãos.

Com o tempo, o sistema clientelista de proteção e benesses instituído pelos democratas cristãos passou a caracterizar a política nacional italiana como um todo. Outros partidos foram induzidos a fazer o mesmo: em cidades e províncias controladas pelo PCI, sobretudo na "Bolonha vermelha" e na região circundante da Emília, os comunistas apoiavam *seus* amigos e favoreciam *seus* clientes, i.e., trabalhadores urbanos e pequenos proprietários rurais que viviam na parte baixa do vale do rio Pó. Se existia alguma diferença, seria a ênfase que os comunistas depositavam na retidão e honestidade da administração municipal por eles exercida, em contraste com a amplamente reconhecida corrupção e as tão faladas ligações das municipalidades dos democratas cristãos do sul com a Máfia. Na década de 1950, a corrupção em larga escala era quase monopólio dos democratas cristãos; em décadas posteriores, os socialistas que governavam as grandes cidades do norte os imitariam com sucesso considerável. Na política, corrupção é, em grande parte, subproduto da oportunidade.

Governar em estilo italiano não era muito edificante, mas funcionava. Com o tempo, setores inteiros de atividades públicas e cívicas foram transformados em verdadeiras famílias políticas. Indústrias inteiras foram "colonizadas" pelos democratas cristãos. O controle e a oferta de emprego em jornais e no rádio — e mais tarde na televisão — foram divididos entre democratas cristãos, socialistas e comunistas; esporadicamente, era feita uma concessão para a reduzida clientela de liberais da velha-guarda que fazia oposição ao clero. Empregos e favores eram distribuídos em proporção ao prestígio político local, regional e nacional. Todas as organizações sociais, desde sindicatos até clubes desportivos, estavam divididas entre grupos de democratas cristãos, socialistas, comunistas, republicanos e liberais. Sob o ponto de vista do Homem Econômico, o sistema era totalmente perdulário e inimigo da iniciativa privada e da eficiência fiscal. O "milagre econômico" italiano (conforme veremos) aconteceu apesar desse sistema, não por causa dele.

Contudo, a estabilidade da Itália no pós-guerra foi a condição crucial para o desempenho econômico do país e a subseqüente transformação social. E essa estabilidade estava alicerçada, por paradoxal que pareça, sobre os estranhos esquemas institucionais que acabam de ser descritos. O país carecia de maioria estável que favorecesse determinado partido ou programa, e o complexo sistema eleitoral de representação proporcional gerava Parlamentos por demais divididos para concordar em legislação substancial ou controversa: só a partir de 1956 a Constituição republicana do pós-guerra passou a contar com um Tribunal Constitucional que deliberasse o cumprimento das leis, e a tão debatida necessidade de autonomia regional só foi votada no Parlamento 14 anos mais tarde.

Por conseguinte, conforme ocorreu com a Quarta República francesa, e por algumas razões idênticas, a Itália era comandada por administradores não-eleitos que trabalhavam no governo central ou por uma das muitas agências para-estatais. Esse resultado flagrantemente antidemocrático tem levado historiadores a tratar o sistema político italiano com certo desdém. As oportunidades de falcatruas, suborno, corrupção, favoritismo político e roubo descarado eram muitas e beneficiavam primordialmente o suposto monopólio unipartidário dos democratas cristãos.[13] Todavia, sob o guarda-chuva desses esquemas, o Estado e a sociedade italiana mostraram-se muito resistentes diante de desafios herdados e futuros. Comparada a padrões do Canadá ou da Dinamarca, a Itália na década de 1950 talvez parecesse deficiente em probidade pública e transparência institucional. Mas, de acordo com padrões do conturbado passado italiano, ou padrões prevalecentes em outros Estados da Europa mediterrânea aos quais o país costumava ser comparado, a Itália dera um grande salto à frente.

Sob aspectos importantes, a condição da Itália depois da guerra comparava-se à da Áustria. Os dois países haviam lutado ao lado da Alemanha e sofrido no pós-guerra (a Itália pagou, no total, 360 milhões de dólares a título de indenização à União Soviética, Grécia, Iugoslávia, Albânia e Etiópia). A exemplo da Itália, a Áustria era um país pobre e instável, cuja renascença no pós-guerra dificilmente poderia ser prevista com base no passado recente. Durante o período entre as duas guerras, os dois grupos políticos dominantes do país tinham entrado

[13] Embora, à luz da história pregressa da Itália, não seja justo culpar a política externa norte-americana pela corrupção institucional no país. Ver Eric J. Hobsbawm, *A Era dos Extremos: o Breve Século XX, 1914-1991.*

em conflitos penosos. A maioria dos socialdemocratas austríacos considerava um contra-senso econômico e político o surgimento, em 1918, de um Estado austríaco truncado, a partir das ruínas do Império Habsburgo. Na visão dos socialdemocratas, os falantes de língua alemã que restaram da antiga monarquia dupla deveriam, logicamente, ter se unido aos companheiros alemães, formando uma *Anschluss* (união), e o teriam feito se as cláusulas de autodeterminação dos acordos de Versalhes tivessem sido aplicadas de modo consistente.

A esquerda austríaca sempre obtivera o seu apoio mais forte junto à classe operária de Viena e aos centros urbanos do leste da Áustria. Durante os anos do entreguerras, na Primeira República austríaca, a maior parte do país — rural, alpina e católica — votou nos cristãos sociais, um partido provinciano e conservador que desconfiava de mudanças e de estranhos. Ao contrário dos socialdemocratas, os cristãos sociais não tinham aspirações pangermânicas de serem absorvidos por uma Alemanha urbana e predominantemente protestante. Mas tampouco tinham simpatia pelas políticas socialdemocratas do movimento trabalhista vienense; em 1934, um golpe orquestrado pela direita destruiu o bastião da socialdemocracia na "Viena vermelha" e, assim, a própria democracia austríaca. Desde 1934 até a invasão nazista, a Áustria foi governada por um regime autoritário clericalista em que o partido católico monopolizava o poder.

O legado da primeira experiência infeliz da Áustria com a democracia pesou sobre a República no pós-guerra. Os cristãos sociais, renascidos como Partido Popular Austríaco, vangloriavam-se de ter feito oposição à tomada de poder pelos alemães, em 1938; mas se mantiveram calados no tocante à contribuição singular que haviam feito para a destruição da democracia austríaca apenas quatro anos antes. Os socialistas, como eram conhecidos os socialdemocratas, tinham razões para se considerar duplamente vitimados: primeiro, em conseqüência da guerra civil, em 1934; depois, nas mãos dos nazistas. O que isso obscureceu, entretanto, foi o antigo entusiasmo do grupo pela *Anschluss*. O Dr. Karl Renner, líder socialista e primeiro presidente da República independente estabelecida em 1955 pelo Tratado do Estado Austríaco, ainda em 1938 demonstrava entusiasmo por uma união entre a Áustria e a Alemanha.

Ambos os partidos, portanto, tinham interesse em deixar o passado para trás — já vimos o que resultou das primeiras tentativas de "desnazificação" na Áustria durante o pós-guerra. Os socialistas eram o partido majoritário em Viena (que continha a quarta parte da população do país), ao passo que o Partido Popular contava com a aliança dos eleitores em regiões rurais e lugarejos dos vales alpinos. Em termos políticos, o país dividia-se quase ao meio: nas eleições de 1949, o Partido Popular venceu os socialistas por apenas 123 mil votos; em 1953, os socialistas ficaram em vantagem por 37 mil votos; em 1956, o Partido Popular voltou a vencer, por 126 mil votos; em 1959, o resultado favoreceu os socialistas, por 25 mil votos; e, em 1962, houve nova reversão, e o Partido Popular saiu vitorioso, com apenas 64 mil votos de vantagem, num total de mais de 4,25 milhões.

Essas margens marcantemente estreitas faziam lembrar as eleições realizadas na República no período entre as duas guerras. A Áustria católica e a Áustria socialista, portanto, viam-se mais uma vez diante da perspectiva de uma política parlamentar que se degenerava em guerra civil cultural. Mesmo com a ajuda de um terceiro partido — os Liberais, que muito dependiam do voto vergonhoso de ex-nazistas e cujo eleitorado diminuía a cada nova eleição —, nenhum dos dois partidos austríacos tinha esperança de formar um governo estável, e qualquer legislação controversa arriscaria ressuscitar memórias amargas. O prognóstico para a democracia austríaca não era promissor.

Contudo, a Áustria não apenas conseguiu evitar a repetição da História, mas, num breve espaço de tempo, foi capaz de se reorganizar como modelo de democracia alpina: neutra, próspera e estável. Em parte, isso se deveu à proximidade perturbadora do Exército Vermelho, que ocupou a Baixa Áustria até 1955 e de lá se retirou para apenas alguns quilômetros a leste — um lembrete de que os vizinhos da Áustria agora incluíam três Estados comunistas (Iugoslávia, Hungria e Tchecoslováquia) e de que a localização vulnerável do país indicava ser prudente a busca de políticas conciliatórias e pacíficas interna e externamente. Além disso, a Guerra Fria atribuiu à Áustria uma identidade por associação — ocidental, livre, democrática —, uma identidade que dificilmente seria construída dentro do país.

Mas a fonte principal da estabilização política da Áustria no pós-guerra decorreu da necessidade amplamente reconhecida de se evitar confrontos ideológicos como os que haviam dividido o país antes da guerra. Uma vez que a Áustria precisava ter uma existência própria — depois de 1945, anexar o país à vizinha Alemanha era algo fora de questão —, as comunidades políticas do país precisavam encontrar um meio de coexistir. A solução encontrada pelos líderes da nação foi eliminar a possibilidade de confronto, dirigindo o país em coalizão permanente. Em se tratando de política, os dois partidos principais concordaram em cooperar: de 1947 até 1966, a Áustria foi governada por uma "Grande Coalizão" de socialistas e integrantes do Partido Popular. Os ministérios eram cuidadosamente divididos, com o Partido Popular geralmente indicando o primeiro-ministro, os socialistas apontando o ministro das Relações Exteriores e assim por diante.

Na administração pública — que na Áustria no pós-guerra incluía todos os serviços públicos, a maior parte da mídia e grande parte da economia, desde o setor financeiro até a indústria madeireira —, também foi acordada uma divisão de responsabilidades, conhecida como *Proporz.* Em quase todos os escalões, cargos foram preenchidos mediante acordo, com candidatos apontados por um dos dois partidos dominantes. Com o passar do tempo, esse sistema de "cabide de empregos" marcou profundamente a vida austríaca, formando uma cadeia de patronos e clientes que resolviam praticamente todas as discussões por negociação ou por troca de favores e indicação de nomes. Demandas trabalhistas eram solucionadas por arbitragem, e não por confronto, enquanto o Estado bicéfalo procurava evitar a dissensão incorporando as partes conflitantes ao sistema de divisão de benefícios e recompensas. A prosperidade sem precedentes desses anos permitiu à Grande Coalizão encobrir desavenças e conflitos de interesse e, com efeito, comprar o consenso no qual se apoiava o equilíbrio do país.

Alguns grupos da sociedade austríaca ficaram, inevitavelmente, excluídos — pequenos lojistas, artesãos independentes, agricultores isolados, quaisquer indivíduos cuja atividade ou opiniões inconvenientes os colocassem fora do esquema de distribuição de benefícios e cargos. E nas províncias em que um lado ou o outro contasse com ampla vantagem, a proporcionalidade era às vezes ignorada, a favor do monopólio de cargos e benesses para os membros do partido que gozasse de tal vantagem. No entanto, a pressão para se evitar o confronto costumava triunfar sobre o auto-interesse local. Do mesmo jeito que a recém-descoberta neutralidade austríaca foi adotada, com entusiasmo, como uma espécie de crachá de identidade, substituindo memórias desagradáveis de antigas identidades beligerantes — "Habsburgo", "alemão", "socialista", "cristão" —, as implicações pós-ideológicas (na verdade, pós-políticas) de um governo de coalizão e de uma administração através da *Proporz* passaram a definir a vida pública austríaca.

À primeira vista, tal fato parece estabelecer a diferença entre a solução austríaca para a instabilidade política e a variante italiana; afinal, a principal divisão política na Itália separava comunistas e católicos, justaposição que dificilmente pode ser descrita como "pós-ideológica".[14] Mas, na realidade, os dois casos eram muito similares. A singularidade de Togliatti e seu partido era a importância atribuída, ao longo das décadas do pós-guerra, à estabilidade política, à preservação e ao fortalecimento das instituições da vida pública democrática, ainda que às custas da credibilidade dos próprios comunistas como vanguarda revolucionária. E também a Itália era administrada através de um sistema de favores e empregos um tanto semelhante à *Proporz*, embora pendendo visivelmente para um dos lados.

Se o preço que a Itália pagou pela estabilidade política foi um nível intolerável de corrupção pública, o custo pago pelos austríacos foi menos tangível, mas igualmente pernicioso. Um diplomata ocidental certa vez descreveu a Áustria no pós-guerra como "uma ópera cantada pelos solistas substitutos", e a observação procede. Como resultado da Primeira Guerra Mundial, Viena perdeu a razão de ser enquanto capital de um império; no decorrer da ocupação nazista e da Segunda Guerra Mundial, a cidade perdeu seus judeus, uma proporção significativa dos cidadãos mais educados e cosmopolitas.[15] Quando os russos se foram, em 1955, Viena não tinha sequer o atrativo dúbio que caracterizava a Berlim dividida. Na realidade, a medida do sucesso notável da Áustria na superação do seu conturbado passado era que, na opinião de muitos visitantes, o traço mais marcante do país era a sua tranqüila natureza simplória.

Contudo, detrás do apelo tranqüilo de uma "República Alpina" cada vez mais próspera, também a Áustria era corrupta ao seu modo. A exemplo da Itália, a Áustria conquistou a recém-descoberta segurança às custas de uma certa amnésia nacional. Porém, enquanto a maioria dos demais países europeus — especialmente a Itália — podia se vangloriar ao menos de um mito de resistência nacional às forças germânicas de ocupação, os austríacos não tinham como fazer esse tipo de uso da sua experiência de guerra. E, ao contrário dos alemães ocidentais, os austríacos não tinham sido obrigados a admitir, ao menos em público, os crimes por eles praticados ou permitidos. Curiosamente, a Áustria se assemelhava à Alemanha *Oriental*, e não apenas na monótona natureza burocrática de suas instalações cívicas. Ambos os países constituíam expressões geográficas arbitrárias cuja vida no pós-guerra baseava-se num acordo tácito de construir, para o consumo geral, uma identidade nova e positiva — a diferença foi que o exercício resultou bem mais eficaz no caso austríaco.

[14] Nas eleições de 1945, os comunistas austríacos obtiveram apenas 174 mil votos — 5% — e elegeram quatro deputados para o Parlamento. Depois disso, não desempenharam papel algum na política nacional.

[15] Às vésperas da *Anschluss* de 1938, havia 189 mil judeus em Viena. Quando a cidade foi libertada, em 1945, restavam menos de mil.

Um Partido Democrata Cristão com mentalidade reformista, uma esquerda parlamentar, um grande consenso em não perseguir velhas divisões ideológicas ou culturais até o ponto em que pudessem gerar polarização e desestabilização política, e cidadãos despolitizados — eis as características singulares dos acordos estabelecidos na Europa Ocidental depois da Segunda Guerra. Em diferentes configurações, os modelos italiano e austríaco podem ser localizados em quase todas as regiões. Até na Escandinávia verificou-se um declínio contínuo, desde o apogeu da mobilização política, alcançado em meados dos anos 30; na Suécia, a venda anual de distintivos comemorativos do Dia do Trabalho diminuiu marcantemente, de 1939 a 1962 (com exceção de um breve momento, no final da guerra), voltando então a subir, devido ao entusiasmo de uma nova geração.

Nos países do Benelux, as diversas comunidades presentes (católicos e protestantes, na Holanda; valões e flamengos, na Bélgica) havia muito estavam organizadas em estruturas comunitárias separadas — *zuilen* ou *pillars* —, onde se realizava a maioria das atividades cotidianas dos integrantes. Os católicos, na Holanda predominantemente protestante, não apenas rezavam de modo diferente e freqüentavam uma igreja diferente; eles também votavam de modo diverso, liam um jornal diferente e escutavam os seus próprios programas de rádio (e, em anos posteriores, sintonizariam canais de televisão diferentes). Em 1959, entre as crianças católicas holandesas, 90% freqüentavam escolas primárias católicas; 95% dos agricultores católicos holandeses naquele mesmo ano pertenciam a sindicatos de agricultores católicos. Os católicos viajavam, nadavam e jogavam futebol em associações católicas; faziam seguro com firmas católicas e, chegada a hora, eram, por certo, sepultados separadamente.

Diferenças parecidas moldavam a rotina dos falantes de língua holandesa que viviam no norte da Bélgica e os distinguiam flagrantemente dos francófonos da Valônia, embora, nesse caso, as duas comunidades fossem primordialmente católicas. Na Bélgica, entretanto, os *pillars* definiam não apenas comunidades lingüísticas, mas também políticas: havia sindicatos católicos e sindicatos socialistas, jornais católicos e jornais socialistas, estações de rádio católicas e estações de rádio socialistas — cada instituição, por sua vez, dividida em segmentos que atendiam à comunidade que falava holandês e àquela que falava francês. Como seria de esperar, a pequena tendência liberal presente nos dois países tinha raízes bem menos comunitárias.

A experiência da guerra e da ocupação e a lembrança de desavenças cívicas em décadas passadas incentivaram a tendência à cooperação, superando as divisões comunitárias. Os movimentos mais extremos, notadamente os idealistas flamengos, ficaram desacreditados em conseqüência do seu colaboracionismo oportunista com os nazistas; e, de modo geral, a guerra serviu para diminuir a identificação do povo com os partidos *políticos* estabelecidos, embora não com os serviços comunitários a eles associados. Tanto na Bélgica quanto na Holanda, partidos católicos — o Partido Social Cristão, na Bélgica, e o Partido Popular Católico, na Holanda — estabeleceram-se como uma espécie de acessório do governo, desde o final da década de 1940 até o fim dos anos 60 e depois.[16]

[16] Na Bélgica, o já antigo Partido *Católico* mudou de nome, para *Cristão*, a fim de ressaltar o apelo a católicos e protestantes e demonstrar aspirações mais modernas, reformistas. Na Holanda, onde as distinções entre os cristãos eram relevantes, o Partido Católico manteve o nome antigo.

Os partidos católicos dos países do Benelux eram moderadamente reformistas em retórica e tinham funções semelhantes às dos partidos democratas cristãos de outros países: proteger os interesses da comunidade católica, colonizar o governo em cada nível (desde a União até o município) e, através do Estado, atender às necessidades de suas amplas bases eleitorais. Exceto a referência à fé religiosa, essa descrição se aplica também aos principais partidos de oposição — o Partido Trabalhista, na Holanda, e o Partido dos Trabalhadores (mais tarde, Partido Socialista) belga. Ambos se aproximavam mais do modelo de movimento trabalhista sindical típico do norte da Europa do que dos partidos socialistas mediterrâneos, com sua tradição mais radicalizada e freqüente retórica anticlerical, e não demonstravam grande constrangimento em competir pelo poder (e dividir os espólios) com os católicos.

Essa mescla típica do pós-guerra, de comunidades auto-suficientes e partidos reformistas de centro-esquerda e centro-direita, estabeleceu o equilíbrio político da Holanda e da Bélgica. Nem sempre fora assim. A Bélgica, de modo especial, experimentara grave violência política na década de 1930, quando os separatistas flamengos e os rexistas fascistas liderados por Léon Degrelle ameaçaram o regime parlamentar; e o país haveria de passar por outra onda de tensão intercomunitária a partir do início dos anos 60. No entanto, as velhas elites políticas e administrativas (e a hierarquia católica local), cujo domínio fora momentaneamente ameaçado em 1945, reconquistaram o poder, enquanto permitiam grande latitude para as reformas previdenciária e outras. Os *pillars*, portanto, sobreviveram até a década de 1960 — ecos anacrônicos de uma era pré-política que durou o suficiente para servir de estabilizador cultural e institucional durante um período de intensa transformação econômica.

O exemplo mais dramático de estabilização política na Europa durante o pós-guerra, e certamente o mais importante, é também, em retrospecto, o menos surpreendente. Quando, em 1955, entrou para a OTAN, a República Federal da Alemanha (Ocidental) já caminhava rumo ao *Wirtschaftswunder* (milagre econômico), pelo qual o país queria ficar conhecido. Mas a República de Bonn era ainda mais renomada por confundir os muitos observadores, em ambos os lados, que haviam previsto o pior. Sob a direção de Konrad Adenauer, a Alemanha Ocidental tinha navegado com segurança entre os rochedos de Cila (o neonazismo) e Caribde (o neutralismo filosoviético) e ancorara sã e salva na aliança ocidental, a despeito das dúvidas de críticos no país e no exterior.

As instituições da Alemanha no pós-guerra foram moldadas, propositadamente, para minimizar o risco de uma reprise de Weimar. O governo era descentralizado: a responsabilidade principal pela administração e provisão de serviços foi transferida para as *Länder*, unidades regionais em que o país era dividido. Algumas delas, a exemplo da Bavária e de Schleswig-Holstein, correspondiam a antigos Estados germânicos independentes que haviam sido absorvidos pela Alemanha Imperial ao longo do século XIX. Outras, como a Renânia-Vestfália (a noroeste), eram arranjos administrativos que combinavam ou dividiam antigas unidades territoriais.

Berlim Ocidental tornou-se uma *Land* em 1955 e passou a ser devidamente representada na Bundesrat, a Câmara Superior em que se reuniam os delegados das regiões (embora seus deputados, eleitos diretamente para a Câmara Inferior, a Bundestag, não pudessem votar nas sessões plenárias). Os poderes do governo central eram, por um lado, consideravelmente restritos, se comparados aos poderes das administrações anteriores — os aliados ocidentais atribuíam a culpa da ascensão de Hitler à tradição prussiana de governo autoritário e se dedicaram a impedir o ressurgimento desse tipo de regime. Por outro lado, a Bundestag não podia, gratuitamente, remover o chanceler e seu governo depois de eleitos; para fazê-lo, precisava ter, de antemão, um candidato à sucessão que contasse com um número suficiente de votos parlamentares que garantisse a sua eleição. O objetivo dessa restrição era evitar a instabilidade política constante e o governo débil que haviam caracterizado os últimos anos da República de Weimar; mas a restrição também contribuiu para a permanência e autoridade de chanceleres fortes, tais como Konrad Adenauer e, mais tarde, Helmut Schmidt e Helmut Kohl.

Essa preocupação de desviar ou conter conflitos modelou a cultura pública da República de Bonn. A legislação relativa ao "mercado social" destinava-se a reduzir a politização das disputas econômicas e o risco de confrontos trabalhistas. Nos termos da Lei de Co-determinação, de 1951, grandes empresas do setor de indústrias pesadas de carvão, aço e ferro eram obrigadas a incluir em suas diretorias representantes dos empregados, prática mais tarde estendida a outros setores e a empresas menores. O governo federal e as *Länder* eram ativos em vários setores econômicos; e apesar de, por questão de princípio, fazer objeção aos monopólios nacionalizados, o Estado dos anos 50 dirigido pelos democratas cristãos detinha ou controlava 40% de toda a produção de carvão e aço, dois terços das usinas de energia elétrica, três quartos da produção de alumínio e, o que era decisivo, a maioria dos bancos alemães.

Descentralização do poder, em outras palavras, não significava governo omisso. Ao manter uma presença econômica ativa, direta ou indiretamente (por meio de companhias controladoras), os governos regionais e nacional da Alemanha Ocidental colocavam-se numa posição de estimular políticas e práticas conducentes à paz social e também ao lucro do setor privado. Os bancos, atuando como intermediários entre o governo e empresas de cujas diretorias os banqueiros muitas vezes participavam, tinham um papel fundamental. Antigas práticas econômicas alemãs ressurgiram, notadamente a fixação de preços e a divisão consensual do mercado. Especialmente em nível local, foi muito reduzido o expurgo de burocratas, empresários e banqueiros cujas atividades remontavam à era nazista, e no final da década de 1950 a maior parte da economia da Alemanha Ocidental era conduzida de acordo com um modelo que teria parecido bastante familiar aos gigantescos cartéis de décadas passadas.

Esse corporativismo *de facto* talvez não fosse o que os "supervisores" norte-americanos contemplavam para a nova república germânica — acreditava-se amplamente que a força dos cartéis tinha contribuído para a ascensão de Hitler, e, em todo caso, tal força era inimiga do livre-mercado. Se a vontade do economista Ludwig Erhard — que havia muito atuava junto a Adenauer, como ministro de Assuntos Econômicos — tivesse prevalecido, a economia da Alemanha Ocidental e com ela as relações sociais do país talvez houvessem sido bastante diferentes. Todavia, mercados regulados e relações próximas entre governo e empresas se ajustavam bem ao esquema cristão democrático, tanto em termos de princípios sociais gerais quanto de planejamento pragmático. Sindicatos e grupos empresariais, no mais das vezes, cooperavam — o bolo econômico cresceu num ritmo suficientemente acelerado para permitir que a maioria das reivindicações fosse atendida sem conflito.

A União Democrata Cristã governou, sem interrupção, desde as primeiras eleições realizadas na RFA, em 1944, até 1966; e Konrad Adenauer, até se exonerar, em 1963, aos 87 anos de idade, manteve-se, ininterruptamente, no comando da República de Bonn. Muitas eram as razões pelas quais a UDC, com Adenauer como chanceler, usufruiu um período tão longo no poder. Uma delas era a forte posição da Igreja Católica na Alemanha Ocidental durante o pós-guerra: com as regiões de Brandemburgo, da Prússia e da Saxônia, predominantemente protestantes, agora em mãos comunistas, os católicos representavam pouco mais da metade da população alemã ocidental. Na Bavária, onde católicos conservadores constituíam a grande maioria dos eleitores, a União Social Cristã local possuía uma base de poder inexpugnável, e a utilizava para garantir uma posição permanente como parceira secundária nas coalizões dos governos de Adenauer.

Adenauer tinha idade para se recordar dos primeiros anos do império guilhermino, quando a Igreja Católica fora alvo da *Kulturkampf* de Bismarck; Adenauer procedia com cautela em relação ao excesso de ganhos auferidos com o novo equilíbrio de forças e ao conseqüente risco do ressurgimento de conflito em torno das relações entre Igreja e Estado, sobretudo depois do histórico nada heróico das Igrejas alemãs sob o regime nazista. Desde o início, portanto, ele procurou fazer do próprio partido, em todo o país, um veículo eleitoral *cristão*, não apenas católico, enfatizando o apelo ecumênico social da democracia cristã. Nesse particular, Adenauer saiu-se muito bem: a UDC/USC venceu os socialdemocratas por pequena margem, nas primeiras eleições de 1949, mas já em 1957 o número de votos quase dobrou e a margem dos vitoriosos chegou a 50%.

Outra razão para o sucesso da aliança UDC/USC (somados, os dois partidos, a partir de então, haveriam de garantir 44% ou mais dos votos no país) era que, a exemplo dos democratas cristãos na Itália, a aliança tinha apelo para um vasto eleitorado. Os socialistas cristãos da Bavária, assim como os colegas na Holanda e na Bélgica, exerciam um apelo restrito, atraindo os votos de uma comunidade conservadora e religiosa, numa única região. Mas a UDC de Adenauer, embora tradicionalmente conservadora em questões culturais — em muitas cidades pequenas e comunidades rurais os ativistas da UDC aliavam-se à Igreja Católica e a outros grupos cristãos para controlar e censurar a exibição de filmes, por exemplo —, era, de modo geral, ecumênica: sobretudo em se tratando de políticas sociais.

Assim, os democratas cristãos da Alemanha estabeleceram uma política de base transregional e ecumênica. Podiam contar com votos originários de áreas rurais e urbanas, de empregadores e empregados. Enquanto na Itália os democratas cristãos colonizavam o Estado, na Alemanha, a UDC colonizava questões. Em termos de política econômica, serviços sociais e previdência, e especialmente em relação aos tópicos ainda delicados atinentes à divisão entre Oriente e Ocidente e ao destino dos indivíduos banidos da Alemanha, a UDC sob o comando de Adenauer firmou-se como o grande partido do centro majoritário — uma novidade na cultura política alemã.

A maior vítima do sucesso da UDC foi o Partido Socialdemocrata, o PSD. À primeira vista, o PSD merecia uma posição melhor, mesmo se descontarmos a perda do eleitorado tradicionalmente socialista do norte e do leste da Alemanha. O histórico antinazista de Adenauer era irregular: ainda em 1932, ele acreditava que Hitler poderia ser levado a adotar uma conduta responsável, e talvez tenha sido para Adenauer uma sorte ser alvo da desconfiança dos nazistas em 1933 (quando perdeu o cargo de prefeito de Colônia) e nos últimos meses da guerra, quando esteve temporariamente preso, por ser contrário ao regime. Sem esses pontos a seu favor, dificilmente os aliados ocidentais teriam apoiado a escalada de Adenauer ao poder.

O líder socialista Kurt Schumacher, por outro lado, sempre fora antinazista. Era conhecido o fato de, no Reichstag, em 23 de fevereiro de 1932, Schumacher haver denunciado o nacional-socialismo como "apelo constante ao suíno que existe dentro dos seres humanos", um fenômeno singular na história da Alemanha, em se tratando do sucesso obtido pelo movimento "na incessante mobilização da estupidez humana". Detido em julho de 1933, ele passou a maior parte dos 12 anos seguintes em campos de concentração, o que lhe causou danos permanentes à saúde e lhe abreviou a vida. Magro e curvado, Schumacher, com seu heroísmo e sua insistência em que a Alemanha tinha a obrigação de admitir os crimes cometidos durante a guerra, não era apenas o líder natural dos socialistas, mas o único político do país no pós-guerra capaz de propiciar aos concidadãos um rumo claramente moral.

No entanto, apesar das muitas qualidades, curiosamente, Schumacher demorou a se dar conta do novo regime internacional que existia na Europa. Nascido em Kreisstadt, na Prússia, Schumacher relutou em abandonar a perspectiva de uma Alemanha unida e neutra. Não gostava e desconfiava de comunistas, e sobre eles não alimentava ilusões; mas parecia acreditar, piamente, que uma Alemanha desmilitarizada seria deixada em paz para determinar o próprio destino, e que tais circunstâncias seriam propícias aos socialistas. Era, portanto, cáustico oponente das tendências ocidentais de Adenauer e da aparente disposição deste em aceitar a divisão permanente da Alemanha. Para os socialistas, a restauração de uma Alemanha soberana, unificada e politicamente neutra era mais importante do que quaisquer embaraços internacionais.

Schumacher contrariava-se sobremaneira com o entusiasmo de Adenauer pelo projeto de integração do Oeste Europeu. Na visão de Schumacher, o Plano Schuman (de 1950) destinava-se a criar uma Europa "conservadora, capitalista, clerical e dominada por cartéis". Não cabe aqui discutir se ele estava certo ou não. O problema era que os socialdemocratas de Schumacher nada tinham de prático a oferecer como alternativa. Ao combinar o programa socialista de nacionalização e garantias sociais com a reivindicação por unificação e neutralidade, os socialdemocratas se saíram razoavelmente bem nas primeiras eleições da RFA, em 1949, obtendo 29,2% dos votos, o que correspondia ao apoio de 6,935 milhões de eleitores (442 mil a menos do que a UDC/USC). Porém, em meados dos anos 50, com a Alemanha Ocidental bem atada à Aliança Ocidental, com os primórdios do projeto de uma união européia e as malfadadas profecias econômicas dos socialistas já desmascaradas, o avanço do PSD foi inibido. Nas eleições de 1953 e 1957, o voto socialista pouco aumentou e a fração do respectivo eleitorado estagnou.

Somente em 1959, sete anos após a morte prematura de Schumacher, uma nova geração de socialistas alemães abandonou, formalmente, o compromisso do partido com o marxismo (que datava de 70 anos) e se voltou para a necessidade de aceitar a realidade da Alemanha Ocidental. No pós-guerra, a função do marxismo no socialismo alemão sempre fora retórica — já em 1914, o PSD deixara de alimentar ambições autenticamente revolucionárias, se é que um dia as tivera. Mas a decisão de renunciar às antigas fórmulas do bolchevismo socialista também permitiu que os socialistas alemães introduzissem adaptações à essência do seu ideário. Embora lhes desagradasse o papel da Alemanha na nova Comunidade Econômica

Européia, os socialistas alemães admitiram a participação da Alemanha na Aliança Ocidental e a necessidade de se tornarem um *Volkspartei* multiclassista — em vez de depender da base operária —, se pretendiam desafiar o monopólio que Adenauer mantinha sobre o poder.

Finalmente, os reformistas do PSD tiveram êxito: o melhor desempenho do partido nas eleições de 1961 e 1965 ensejou, em 1966, um "grande" governo de coalizão com os social-democratas (agora liderados por Willy Brandt), no comando pela primeira vez desde os dias de Weimar. Mas o PSD pagaria um preço irônico pela melhoria de suas perspectivas. Enquanto mantiveram, por questão de princípio, a oposição à política de Adenauer, os socialdemocratas alemães contribuíram, inadvertidamente, para a estabilidade política da República da Alemanha Ocidental. O Partido Comunista nunca se saíra bem na RFA (em 1947, obteve apenas 5,7% dos votos; em 1953, 2,2%; e em 1956 foi proscrito pelo Tribunal Constitucional da Alemanha Ocidental). O PSD manteve assim o monopólio sobre a esquerda política e absorveu toda e qualquer dissensão jovem e radical existente à época. No entanto, depois que se uniu aos democratas cristãos no governo e adotou uma agenda reformista moderada, o PSD perdeu a aliança da extrema esquerda. Um espaço agora se abriria *fora* do Parlamento para uma nova e desestabilizadora geração de radicais políticos.

Os líderes políticos da Alemanha Ocidental não precisavam se preocupar com a ascensão de um novo sucessor dos nazistas, pois, de acordo com a Lei Básica da República, partidos similares ao nazista eram proibidos. Havia, entretanto, milhões de antigos eleitores nazistas, muitos deles presentes em vários dos principais partidos. E existia agora mais um eleitorado: os *Vertriebene* — indivíduos de origem germânica expulsos do leste da Prússia, Polônia, Tchecoslováquia e outros locais. Dos quase 13 milhões de alemães banidos, cerca de 9 milhões tinham, inicialmente, se fixado nas zonas ocidentais; em meados dos anos 60, com o fluxo constante de refugiados que buscavam o Ocidente através de Berlim, outro 1,5 milhão de alemães expulsos de terras no Leste Europeu chegou à Alemanha Ocidental.

Sendo a maioria constituída de pequenos agricultores, lojistas e empresários, os *Vertriebene* eram por demais numerosos para serem ignorados — na condição de "indivíduos de origem germânica" (*Volksdeutsche*), seus direitos de cidadãos e refugiados ficaram resguardados pela Lei Básica de 1949. Nos primeiros anos da República, mais do que quaisquer outros alemães, os *Vertriebene* careciam de moradia e emprego adequados e tinham grande motivação para participar de eleições, sendo que, acima de tudo, o seu interesse político era caracterizado por um fator: o direito de voltar às suas terras e propriedades nos países do bloco soviético, e, se isso não fosse possível, reivindicar indenização pelas perdas sofridas.

Além dos *Vertriebene*, havia os muitos milhões de ex-combatentes — ainda mais depois que, em 1955, Kruschev concordou em devolver os prisioneiros de guerra remanescentes. À semelhança dos expulsos, os ex-combatentes e seus porta-vozes se viam, acima de tudo, como vítimas da guerra e dos acordos firmados no pós-guerra. Qualquer sugestão de que a Alemanha, e sobretudo as Forças Armadas alemãs, havia se conduzido de maneira a precipitar-lhes ou causar-lhes sofrimento era descartada com rispidez. A auto-imagem predileta da Alemanha de Adenauer era de tripla vítima: primeiro pelas mãos de Hitler — o imenso sucesso de filmes como *Die Letzte Brücke* (A Última Ponte, 1954), sobre uma médica que resistia aos nazistas, e *Almirante Canaris* (1955) contribuíram para disseminar a noção de que a maioria dos alemães passara a guerra inteira resistindo a Hitler; segundo, pelas mãos dos inimigos — as paisagens urbanas da Alemanha no pós-guerra, com cidades arrasadas por bombardeios, promoviam a idéia de que, tanto na frente interna quanto no campo de batalha, os alemães haviam sofrido barbaramente nas mãos dos inimigos; e, finalmente, graças às "distorções" maliciosas da propaganda política no pós-guerra, que — conforme crença geral — havia exagerado, propositadamente, os "crimes" da Alemanha e minimizado os prejuízos do país.

Nos primeiros anos da República Federal, havia alguns indícios de que tais sentimentos talvez prenunciassem um significativo retrocesso político. Já nas eleições de 1949, 48 assentos parlamentares — três vezes mais do que os comunistas e quase o mesmo número dos democratas livres — foram obtidos pelos vários partidos populistas da direita nacionalista. Quando os refugiados obtiveram permissão para se organizar politicamente, surgiu o Grupo dos Expulsos e Destituídos de Direitos Civis: nas eleições locais realizadas em Schleswig-Holstein (anteriormente um baluarte do Partido Nazista), o Grupo, em 1950, obteve 23% dos votos. No ano seguinte, na vizinha Baixa Saxonia, o *Sozialistische Reichpartei* — apelando a um eleitorado similar — conseguiu 11%. Tendo em mente esse eleitorado nada insignificante, Konrad Adenauer evitava fazer críticas ao passado recente da Alemanha e culpava, explicitamente, a União Soviética e os aliados ocidentais pelos problemas constantes do país, acima de tudo aqueles decorrentes dos acordos de Potsdam.

A fim de satisfazer as reivindicações dos refugiados e seus simpatizantes, Adenauer e a UDC mantinham uma linha-dura em relação ao leste. Em se tratando de relações internacionais, Bonn insistia que as divisas da Alemanha, em 1937, permanecessem legalmente inalteradas até a realização de uma Conferência de Paz conclusiva. Nos termos da Doutrina de Hallstein, proposta em 1955, a República Federal rejeitava o estabelecimento de relações diplomáticas com qualquer país que reconhecesse a RDA (e, por conseguinte, de maneira implícita, negava a alegação de Bonn, segundo a Lei Básica de 1949, de representar *todos* os alemães). A única exceção era a União Soviética. A rigidez de Bonn foi demonstrada em 1957, quando Adenauer rompeu relações diplomáticas com a Iugoslávia depois que Tito reconheceu a Alemanha Oriental. Ao longo dos dez anos seguintes, as relações da Alemanha com o Leste Europeu permaneceram efetivamente congeladas.

Em assuntos domésticos, além de destinar recursos consideráveis para auxiliar refugiados e prisioneiros que voltavam para casa no processo de integração à sociedade da Alemanha Ocidental, os governos da década de 1950 incentivavam uma atitude marcantemente apática diante do passado recente. Em 1955, o Ministério das Relações Exteriores expediu um protesto formal contra a exibição do documentário de Alain Resnais, *Noite e Neblina*, no Festival de Cannes. Com a República Federal prestes a ingressar na OTAN, na condição de parceira plena, o filme poderia prejudicar as relações do país com outros Estados; segundo o texto do protesto oficial, o documentário "perturbaria a harmonia internacional do festival por invocar enfáticas lembranças de um passado sofrido". O governo francês aquiesceu, e o filme foi retirado do festival.[17]

[17] Ao que Resnais respondeu: "Naturalmente, eu não imaginava que o regime nacional-socialista estaria representado em Cannes. Agora, é claro, sei que está".

Isso não foi uma aberração passageira. Até 1957, o Ministério do Interior da Alemanha Ocidental proibiu a exibição do filme *O Súdito* (1951), de Wolfgang Staudte (alemão oriental), baseado no romance homônimo de Heinrich Mann — por se opor à sugestão presente na película de que o autoritarismo na Alemanha tem raízes históricas profundas. Isso parece confirmar a visão de que a Alemanha no pós-guerra sofria as conseqüências de um grave caso de amnésia coletiva; mas a realidade era mais complexa. Não é que os alemães se esquecessem, é que sua memória era seletiva. No decorrer dos anos 50, o oficialato da Alemanha Ocidental estimulava uma visão conveniente do passado nacional, em que a Wehrmacht era heróica, enquanto os nazistas eram minoria e tinham sido devidamente punidos.

Por meio de uma série de anistias, criminosos de guerra que se encontravam presos foram libertados e devolvidos à vida civil. Enquanto isso, a maioria dos piores crimes de guerra alemães — cometidos no Leste Europeu e nos campos — jamais foi investigada. Embora, em 1956, um Escritório Central para os Departamentos de Justiça regionais fosse instituído em Stuttgart, os promotores locais se abstiveram de abrir inquéritos até 1963, quando Bonn começou a pressioná-los a fazê-lo — e, de modo mais eficaz, a partir de 1965, quando o governo federal estendeu o tempo de prescrição de homicídios, que até então era de vinte anos.

A atitude do próprio Adenauer diante dessas questões era complicada. Por um lado, ficava óbvio que ele achava que o silêncio prudente era melhor do que uma provocadora exposição pública da verdade — os alemães daquela geração estavam por demais comprometidos moralmente para que a democracia funcionasse, a não ser a um custo como esse. Adotar qualquer outra abordagem era arriscar o renascimento da direita. Ao contrário de Schumacher, que falava publicamente, e com emoção, do sofrimento dos judeus nas mãos dos alemães, ou do presidente alemão Theodor Heuss, que em novembro de 1952 declarou em Bergen-Belsen que "*Diese Scham nimmt uns niemand ab*",[18] Adenauer pouco falava a respeito do assunto. Na verdade, ele só se referia às vítimas judaicas, jamais aos criminosos alemães.

Por outro lado, Adenauer levava a sério a forte pressão a favor das indenizações. Em setembro de 1952, Adenauer chegou a um acordo com o primeiro-ministro israelense Moshe Sharett acerca do pagamento aos judeus sobreviventes cujo valor, ao longo dos anos, alcançaria a cifra de mais de 100 bilhões de marcos. Ao firmar tal acordo, Adenauer correu riscos políticos na seara doméstica: em dezembro de 1951, apenas 5% dos alemães ocidentais entrevistados admitiam sentimento de "culpa" em relação aos judeus. Outros 29% reconheciam que a Alemanha devia algum tipo de indenização ao povo judeu. O restante dividia-se entre os que achavam que somente as pessoas "que, de fato, cometeram algo" eram responsáveis e deveriam pagar (cerca de dois quintos dos entrevistados) e os que pensavam que "os próprios judeus eram, em parte, responsáveis pelo que lhes ocorrera durante o Terceiro Reich" (21%). Quando, em 18 de março de 1953, o acordo de indenização foi debatido na Bundestag, os comunistas votaram contra, os democratas livres se abstiveram e a União Social Cristã, bem como a UDC do próprio Adenauer, se dividiu, com muitos votos contrários a quaisquer *Wiedergutmachung* (indenizações). Para conseguir aprovar o acordo, Adenauer dependeu dos votos dos adversários, os representantes da socialdemocracia.

---

[18] "Ninguém pode tirar essa vergonha de nós."

Em mais de uma ocasião, Adenauer explorou o nervosismo internacional em relação à possibilidade de ressurgimento do nazismo na Alemanha para suavemente empurrar os aliados da Alemanha Ocidental na direção que lhe convinha. Se os aliados ocidentais quisessem a cooperação alemã na defesa da Europa, sugeria Adenauer, era melhor que se abstivessem de criticar a conduta alemã ou de relembrar os problemas do passado. Se quisessem impedir recaídas domésticas, deveriam ficar do lado de Adenauer e rejeitar os planos soviéticos para a Alemanha Oriental. E assim por diante. Os aliados ocidentais compreendiam perfeitamente as intenções de Adenauer. Mas também acompanhavam as pesquisas de opinião realizadas na Alemanha. E, portanto, cediam bastante terreno, aceitando a insistência de Adenauer, que dependia de concessões estrangeiras para sustar perturbações domésticas. Em janeiro de 1951, até Eisenhower foi levado a declarar que se equivocara ao confundir a Wehrmacht com os nazistas — "o soldado alemão lutou brava e honradamente pela pátria". Com disposição similar, o general Ridgeway, sucessor de Eisenhower como comandante aliado supremo na Europa, pediu ao Alto Comissariado Aliado, em 1953, que perdoasse todos os oficiais alemães previamente condenados por crimes de guerra na frente oriental.

O comportamento de Adenauer não gerou a simpatia dos interlocutores — Dean Acheson, em especial, não gostava da insistência de Bonn em estabelecer condições antes de concordar em ingressar na comunidade das nações civilizadas, como se a Alemanha Ocidental estivesse prestando um favor aos aliados ocidentais vitoriosos. Porém, nas raras ocasiões em que Washington e Londres demonstravam insatisfação publicamente, ou sempre que havia indicações de que estavam falando com Moscou pelas costas de Bonn, Adenauer logo tirava alguma vantagem política da situação — lembrando aos eleitores alemães que os aliados do país eram volúveis e que somente ele era confiável e capaz de zelar pelos interesses nacionais.

Na década de 1950, o apoio interno ao rearmamento germânico não era especialmente forte, e a criação de uma nova força militar alemã ocidental, a *Bundeswher*, em 1956 — apenas 11 anos depois da derrota —, não provocou entusiasmo geral. O próprio Adenauer mostrava-se ambivalente, insistindo — com um pingo de sinceridade — que cedia à pressão internacional. Um dos feitos do Movimento pela Paz, promovido pelos soviéticos no início da década de 1950, foi conseguir convencer muitos alemães ocidentais de que o país poderia obter reunificação e segurança caso se declarasse "neutro". Mais de um terço dos adultos entrevistados no começo dos anos 50 favorecia uma Alemanha neutra, unificada sob quaisquer circunstâncias, e quase 50% queriam que a República Federal se declarasse neutra em caso de guerra.

Considerando que o pavio mais provável, no caso de uma Terceira Guerra Mundial na Europa, era a própria situação alemã, tais aspirações podem parecer estranhas. Mas uma das peculiaridades da Alemanha Ocidental no pós-guerra era que a posição privilegiada do país como um protetorado norte-americano constituía, para alguns cidadãos, ao mesmo tempo, uma fonte de ressentimento e também de segurança. E tais sentimentos foram fortalecidos quando, a partir do final dos anos 50, ficou claro que uma guerra na Alemanha talvez envolvesse o uso de armas nucleares — armas que se achavam sob o controle exclusivo de terceiros.

Já em 1956, Adenauer advertira que a República Federal não poderia ficar para sempre na condição de "protetorado nuclear". Quando, no princípio da década de 1960, transpareceu que os aliados ocidentais haviam chegado a um acordo com Moscou a respeito dessa questão delicada, e que tais potências jamais permitiriam à Alemanha o acesso às armas *nucleares*, ele ficou furioso.[19] Durante um breve momento, pareceu que a aliança entre a República de Bonn e Washington seria transferida para a Paris de De Gaulle, com a qual Bonn compartilhava ressentimento diante da arrogância anglo-americana e da desconfiança de que os EUA estavam se desvencilhando das obrigações para com os clientes europeus.

É certo que a aspiração francesa por uma força nuclear independente representava para a Alemanha Ocidental um precedente tentador, algo que De Gaulle explorou com perspicácia, no esforço de afastar Bonn dos amigos norte-americanos. Conforme disse De Gaulle, na mesma entrevista coletiva, em 14 de janeiro de 1963, em que respondeu "Não!" ao ingresso britânico na CEE, ele "simpatizava" com as aspirações da Alemanha Ocidental ao status nuclear. E, na semana seguinte, De Gaulle traduziu essa "simpatia" num tratado de amizade franco-germânica. Mas o tratado, a despeito da fanfarra que o cercou, não tinha substância. A aparente troca de lealdade de Adenauer foi repudiada por muita gente do seu próprio partido; mais tarde naquele mesmo ano colegas tramaram-lhe a remoção do poder e reafirmaram lealdade à OTAN. Quanto a De Gaulle, mais do que ninguém, não alimentava ilusões acerca dos alemães. Seis meses antes, em Hamburgo, o presidente francês dissera a uma multidão frenética: "*Es lebe die Deutsch-französiche Freundschaft! Sie Sind ein grosses Volk!*" (Vida longa para a amizade franco-germânica! Vocês são um grande povo!); mas, comentou com um assessor: "Se ainda fossem de fato um grande povo, não estariam me aplaudindo assim!"

Em todo caso, por mais frias que estivessem as relações, nenhum líder alemão ocidental se atreveria a romper com Washington a favor de uma ilusória alternativa francesa. No entanto, as intrigas da política externa de Adenauer mobilizavam um ressentimento oculto diante da inevitável subserviência alemã aos EUA. Em retrospecto, nós nos precipitamos ao supor que, no pós-guerra, a República Federal aceitasse de bom grado tudo o que fosse americano; que os soldados rasos espalhados pelo centro e pelo sul da Alemanha naqueles anos, com suas instalações militares, bases, comboios, filmes, músicas, comidas, roupas, chicletes e dinheiro, eram universalmente benquistos e adotados pelo povo cuja liberdade eles ali estavam para garantir.

A realidade era mais complexa. Os soldados norte-americanos (e britânicos) eram, de modo geral, vistos com bons olhos. Mas, depois que o alívio inicial causado pela libertação trazida pelo Ocidente (e não pelo Exército Vermelho) passou, outras sensações afloraram. Os anos difíceis da ocupação aliada durante o pós-guerra estabeleciam um contraste desfavorável com a vida no período nazista. Durante a Guerra Fria, houve quem culpasse os EUA por colocar a Alemanha no centro do conflito entre norte-americanos e soviéticos, expondo o país a riscos. Muitos conservadores, sobretudo no sul católico, atribuíam a ascensão de Hitler à influência ocidental "secular" e argumentavam que a Alemanha deveria seguir um "caminho central", evitando os três males da modernidade: o nazismo, o comunismo e o "americanismo". E a crescente importância da República Federal no extremo leste da aliança ocidental,

[19] Por meio de uma hipérbole involuntariamente reveladora, Adenauer descreveu o Tratado de Não-proliferação Nuclear como o "Plano de Morgenthau elevado ao quadrado".

subliminarmente, remetia ao papel ao qual se arrogara a Alemanha nazista, de baluarte cultural da Europa, capaz de intimidar as hordas soviéticas asiáticas.

Além disso, a americanização da Alemanha Ocidental — e a onipresença das forças estrangeiras de ocupação — contrastava de modo revelador com a Alemanha sanitizada no que dizia respeito aos desejos populares, alimentada, no início dos anos 50, à base de uma dieta de nostálgicos filmes domésticos. O chamado cinema "*Heimat*" (pátria) tinha como cenário típico as paisagens montanhosas do sul da Alemanha e retratava histórias de amor, lealdade e sentimento comunitário, com figurino de época ou trajes típicos regionais. Assumidamente brega, esse divertimento tão popular configurava, com freqüência, quase cópias de filmes da era nazista, às vezes com títulos idênticos (e.g., *A Jovem da Floresta Negra*, de 1950, refilmagem de uma película homônima, com data de 1933); tratava-se do trabalho de diretores como Hans Deppe, que se distinguira no regime nazista, ou de jovens como Rudolf Schündler, treinados por cineastas veteranos.

Os títulos — *Verdes São os Campos* (1951), *Terra de Sorrisos* (1952), *Quando os Lilases Brancos Voltarem a Florescer* (1953), *Vitória e Seu Hussardo* (1954), *O Hussardo Leal* (1954), *O Vilarejo Feliz* (1955), *Quando Florescem as Rosas Alpinas* (1955), *Rosa da Floresta Negra* (1956) e dezenas de outros nessa mesma linha — evocam uma terra e uma gente livres de preocupações com bombas e refugiados; tratava-se da "verdadeira Alemanha": saudável, rural, descontaminada, feliz e loura. E a sensação de perenidade traduzia confortantes insinuações relativas a um país e um povo livres não apenas das forças de ocupação no leste e no oeste, mas livres também de culpa e inabalados pelo passado recente alemão.

O cinema *Heimat* refletia o provincianismo e o conservadorismo dos primórdios da República Federal, o desejo sincero de ser deixado em paz. É possível que essa desmobilização dos alemães tenha sido facilitada pela presença desproporcional de mulheres na população adulta. No primeiro censo realizado no pós-guerra (em 1950), a terça parte do total de lares na Alemanha Ocidental era encabeçada por mulheres divorciadas ou viúvas. Mesmo depois que os ex-prisioneiros de guerra voltaram da URSS, em 1955 e 1956, o desnível continuou: em 1960, na Alemanha Ocidental, o número de mulheres superava o de homens na proporção de 126 para 100. A exemplo da Grã-Bretanha e da França, embora ainda mais que nesses dois países, questões domésticas e familiares eram a principal preocupação do público, em geral. Nesse mundo de mulheres, muitas das quais trabalhando em tempo integral e criando filhos[20] — mulheres que tinham lembranças terríveis dos últimos meses da guerra e do começo do pós-guerra —, a retórica de nação, nacionalismo, rearmamento, glória militar e confronto ideológico não oferecia grande apelo.

A adoção de objetivos comunitários em substituição às aspirações desacreditadas do passado era um tanto proposital. Conforme Konrad Adenauer explicou aos integrantes do seu ministério, em 4 de fevereiro de 1952, ao descrever a importância do Plano Schuman para os cidadãos alemães: "O povo precisa de nova ideologia. E só pode ser uma ideologia européia".

[20] Muitas das personalidades maduras da Alemanha moderna (inclusive o chanceler federal e ministro das Relações Exteriores atuais — 2005) eram crianças na época aqui em discussão e foram educadas por mães solteiras que trabalhavam fora.

A Alemanha Ocidental era singular, na medida em que haveria de *resgatar* a soberania entrando para organizações internacionais; e a idéia de Europa podia, por si só, preencher o vazio constatado na vida pública alemã em decorrência da evisceração do nacionalismo germânico — sendo essa a esperança explícita de Schuman.

Para as elites intelectuais e políticas, esse desvio de energias se mostrou eficaz. Mas, para a cidadã comum, a verdadeira substituta das velhas políticas não era uma nova "Europa", mas a questão da sobrevivência — e da prosperidade. No final da guerra, segundo o político trabalhista britânico Hugh Dalton, Winston Churchill expressara o desejo de que a Alemanha ficasse "gorda e impotente". E foi o que aconteceu, antes e em maior escala do que Churchill previra. A atenção dos alemães ocidentais nas duas décadas após a derrota de Hitler não precisava ser *desviada* da política rumo à produção e ao consumo: tal atenção já se voltava enfática e obstinadamente nessa direção.

Fabricar, poupar e gastar tornaram-se não apenas a atividade principal da maioria dos alemães ocidentais, mas também o objetivo da vida nacional, publicamente afirmado e aprovado. Refletindo, muitos anos depois, sobre essa curiosa transformação coletiva e sobre a dedicação com que muitos cidadãos da República Federal se desincumbiam de seus trabalhos, o escritor Hans-Magnus Enzensberger observou que "não se pode compreender a enigmática energia dos alemães sem se aceitar a idéia de que eles transformaram seus defeitos em virtudes. Os alemães, num sentido bastante literal, perderam a cabeça, e isso se tornou a condição do seu futuro sucesso".

Condenados internacionalmente após a queda de Hitler por obedecerem cegamente a ordens imorais, os alemães transformaram em virtude nacional o defeito de sua diligente obediência. O impacto destruidor da derrota total sofrida pelo país e a ocupação subseqüente tornaram os alemães ocidentais propensos à imposição da democracia de um modo que poucos poderiam ter imaginado uma década antes. Em vez da "devoção aos governantes" que Heine constatara no povo germânico um século antes, os alemães, na década de 1950, passaram a merecer o respeito internacional por sua igualmente intensa devoção à eficiência, ao detalhe e à qualidade na fabricação de produtos acabados.

Por parte dos alemães mais idosos, sobretudo, essa nova devoção à construção da prosperidade foi muito bem-vinda. Em plena década de 1960, muitos alemães com mais de 60 anos — o que incluía quase todas as pessoas em cargos de autoridade — ainda achavam que a vida tinha sido melhor na época do cáiser. Mas, diante do que acontecera a seguir, a segurança e a tranqüilidade que o cotidiano na República Federal lhes oferecia eram um substituto mais do que aceitável. Os cidadãos *mais jovens*, entretanto, mostravam-se mais desconfiados. A "geração cética" — homens e mulheres nascidos nos últimos dias da República de Weimar, e portanto com idade suficiente para terem vivenciado o nazismo e ainda assumir a responsabilidade pelos crimes do regime — desconfiava sobremaneira da nova ordem germânica.

Para indivíduos como o escritor Günter Grass, ou o teórico social Jürgen Habermas, ambos nascidos em 1927, a Alemanha Ocidental era uma democracia sem democratas. Com uma facilidade assustadora, os cidadãos alemães haviam saltado de Hitler para o consumismo; haviam se livrado das memórias culposas, tornando-se prósperos. Na guinada germânica — da política para o acúmulo de bens materiais —, Grass e outros viam a negação de responsabilidades civis passadas e presentes. E apoiavam, ardentemente, a dissensão relativa ao aforismo de Bertolt Brecht — *"Erst kommt das Fressen, dann kommt die Moral"* (Primeiro vem a comida, depois a moralidade), expressa por Ernst Reuter, prefeito de Berlim Ocidental, em março de 1947: "Não existe frase mais perigosa do que 'Primeiro vem a comida, depois a moralidade'. Estamos com fome e frio porque aprovamos a doutrina equivocada que tal sentença expressa."

Mais tarde, Habermas ficaria identificado com a busca do *Verfassungspatriotism* (patriotismo constitucional), o único tipo de sentimento nacional que ele considerava adequado — e prudente — para ser incutido em seus concidadãos. Mas já em 1953 Habermas foi alvo da atenção pública devido a um artigo publicado no *Frankfurter Allgemeine Zeitung* em que atacava Martin Heidegger por permitir que suas conferências de Heidelberg fossem reeditadas com as antigas alusões à "grandeza interior" do nazismo. À época, foi um incidente isolado, suscitando pouca atenção internacional. Mas, em todo caso, estabeleceu um precedente, prenunciando as amargas indagações que surgiriam numa década posterior.

Em 1978, no filme *O Casamento de Maria Braun*, Rainer Werner Fassbinder (nascido em 1945) disseca, causticamente, a série de defeitos da República Federal, conforme tais defeitos pareciam aos críticos mais jovens. A heroína que empresta seu nome ao título resgata a própria vida em meio aos destroços da derrota, numa Alemanha em que "todos os homens parecem encolhidos", e, friamente, deixa para trás o passado, anunciando que "o momento não é propício a emoções". Com uma obstinação inabalável, Maria se entrega à preocupação nacional com o acúmulo de dinheiro, atividade na qual ela se mostra extremamente capaz. Ao longo do caminho, a protagonista, agora com sua vulnerabilidade inicial petrificada em cinismo, explora os recursos, os afetos e a credulidade dos homens — inclusive um soldado (negro) norte-americano —, enquanto se mantém "fiel" a Hermann, marido e soldado alemão encarcerado na União Soviética e cujos feitos realizados durante a guerra permanecem propositadamente vagos.

Todas as relações, façanhas e benesses de Maria são medidas com dinheiro, culminando numa casa nova, cheia de utensílios domésticos, onde ela planeja receber de volta o marido. O casal está prestes a se reconciliar, em êxtase conjugal, quando os dois e seus bens materiais voam pelos ares em conseqüência de um descuido: um bico de gás aberto, na cozinha ultramoderna. Enquanto isso, o rádio aclama, histericamente, a vitória da Alemanha Ocidental na Copa do Mundo de Futebol, em 1954. Para Fassbinder e uma futura geração de alemães ocidentais composta de dissidentes inflamados, as novas qualidades da nova Alemanha na nova Europa — prosperidade, concessão, desmobilização política e o acordo tácito de não cutucar a memória nacional — não desviaram a atenção dos velhos defeitos. As qualidades *eram* os velhos defeitos, em novos disfarces.

IX

Ilusões Perdidas

"Indië verloren, rampspoed geboren."
[Se as Índias estão perdidas, estamos acabados.]
Ditado holandês, muito citado na década de 1940

"Os ventos da mudança sopram neste continente e, queiramos ou não, esse aumento de consciência [africana] é um fato político."
Harold Macmillan, discurso em Cape Town, 3 de fevereiro de 1960

"A Grã-Bretanha perdeu um Império e ainda não encontrou um papel."
Dean Acheson, discurso em West Point, 5 de dezembro de 1962

"Aqui fala Imre Nagy, presidente do Conselho Ministerial da República Popular Húngara. Nas primeiras horas dessa madrugada, tropas soviéticas lançaram um ataque contra a nossa capital, com a clara intenção de derrubar o governo legítimo e democrático da Hungria. Nossas tropas estão lutando. O governo está a postos. É o que informo à população do país e à opinião pública mundial."
Imre Nagy, na rádio húngara, às 5h20 de 4 de novembro de 1956

"É erro grave convocar tropas estrangeiras para dar uma lição ao nosso próprio povo."
Josip Broz Tito, 11 de novembro de 1956

No fim da Segunda Guerra Mundial, os povos do oeste da Europa — que passavam por dificuldades em se governar e até em se alimentar — continuavam a comandar grande parte do mundo não-europeu. Esse estranho paradoxo, cujas implicações não escapavam às elites nativas das colônias européias, teve péssimas conseqüências. Para muitas pessoas, na Grã-Bretanha, França e Holanda, as colônias e possessões imperiais de seus respectivos países, na África, Ásia, no Oriente Médio e nas Américas, eram um bálsamo para o sofrimento e as humilhações impostas pela guerra na Europa; as colônias tinham demonstrado seu valor material na referida guerra como provedoras de recursos nacionais de vital importância. Não fosse o acesso aos longínquos territórios, suprimentos e homens que pertenciam às colônias, os britânicos e os franceses, de modo especial, ficariam em desvantagem ainda maior na luta contra a Alemanha e o Japão.

A situação parecia óbvia, sobretudo no caso dos britânicos. Para qualquer pessoa que cresceu (como o presente autor) na Grã-Bretanha durante o pós-guerra, "Inglaterra", "Grã-

Bretanha" e "Império Britânico" eram termos quase sinônimos. Nas escolas de ensino fundamental, os mapas mostravam um mundo todo pintado de vermelho imperial; livros escolares de História dedicavam grande atenção ao relato das conquistas britânicas, primordialmente na Índia e na África. Tudo fazia lembrar a presença central da Inglaterra no coração histórico e geográfico de um império ultramarino internacional: cinejornais, boletins de notícia transmitidos pelo rádio, jornais, revistas ilustradas, histórias infantis, histórias em quadrinhos, eventos esportivos, latas de biscoito, rótulos de frutas em conserva, vitrines de açougues. Nomes de cidades, rios e figuras políticas das colônias e possessões eram tão conhecidos quanto os da própria Grã-Bretanha.

Os britânicos haviam perdido o seu "primeiro" império na América do Norte; o império seguinte, ainda que não fosse conquistado num "acesso de distração", era tudo exceto o resultado de planejamento. Era caro demais para ser devidamente policiado, mantido e administrado; e — à semelhança do império francês no norte da África — era muito querido e bem defendido por uma pequena classe de colonos composta por fazendeiros e rancheiros, em locais como o Quênia e a Rodésia. As possessões "brancas" — Canadá, Austrália, Nova Zelândia — e a África do Sul eram independentes; mas a aliança formal à Coroa, os laços afetivos com a Grã-Bretanha, os víveres, as matérias-primas por elas fornecidas e as Forças Armadas desses países eram consideradas, na prática, bens nacionais. O valor material do restante do Império Britânico era menos evidente do que a utilidade estratégica dessas regiões: bases britânicas no leste da África — a exemplo dos diversos territórios e portos sob o controle britânico no Oriente Médio, na península Arábica e no oceano Índico — eram consideradas, acima de tudo, secundárias ao maior trunfo imperial da Grã-Bretanha: a Índia, que à época incluía o que mais tarde se tornaria o Paquistão e Bangladesh, além de Sri Lanka e Birmânia.

Todos os impérios europeus foram conquistados em caráter esporádico, episódico e (à exceção das rotas terrestres e marítimas que serviam à Índia britânica) com pouca atenção dedicada à coerência logística ou aos ganhos econômicos. Os espanhóis já haviam perdido a maior parte do seu império, primeiro para os britânicos, depois como resultado das reivindicações de independência apresentadas pelos próprios colonos e, mais recentemente, em decorrência do crescente poderio dos Estados Unidos — motivo de duradouro sentimento antiamericano na Espanha, à época e ainda hoje. Restaram apenas enclaves no Marrocos e na Guiné Equatorial, que seriam abandonados por Franco (sempre realista) entre 1956 e 1968.

Mas grande parte da África e da Ásia ainda se achava em mãos européias: eram áreas governadas diretamente pelas capitais imperiais, através de uma casta de administradores recrutados localmente (intelectuais educados na Europa) ou então de governantes nativos que se mantinham subservientes aos mestres europeus. Políticos europeus da época do pós-guerra que só conheciam pessoas dessas classes desconheciam o crescimento acelerado do sentimento nacionalista entre uma nova geração de ativistas onipresentes nos impérios (exceto talvez na Índia, embora, mesmo ali, tais políticos subestimassem durante muito tempo a escala e a determinação desses indivíduos).

Portanto, nem os britânicos nem qualquer outra potência colonial européia percebiam o colapso iminente de suas bases ou de sua influência ultramarinas. Conforme atestou o historiador britânico Eric Hobsbawm, o fim dos impérios coloniais europeus parecia muito distante em 1939, até para alunos que participavam de um seminário para jovens comunistas egressos da Grã-Bretanha e de suas colônias. Seis anos mais tarde, o mundo ainda estava dividido entre governantes e governados, poderosos e fracos, ricos e pobres, e a distância entre eles era tamanha que dificilmente seria eliminada no futuro próximo. Ainda em 1960, muito depois que o movimento internacional em prol da independência já se tornara forte, 70% da produção bruta mundial e 80% do valor econômico agregado da indústria estavam localizados na Europa Ocidental e na América do Norte.

Portugal — a menor e mais pobre das potências coloniais européias — extraía matérias-primas a preços extremamente favoráveis nas colônias de Angola e Moçambique; essas colônias, por seu turno, eram uma espécie de mercado cativo para as exportações portuguesas, que não eram competitivas no mercado internacional. Assim, Moçambique cultivava algodão para o mercado português, em vez de plantar o que comer, para o bem da própria população, uma distorção que gerava grandes lucros e muita fome. Sob tais circunstâncias, e apesar das rebeliões malsucedidas nas colônias e golpes militares na metrópole, a descolonização portuguesa foi adiada o máximo possível.[1]

Mesmo que pudessem passar sem seus impérios, poucos Estados europeus poderiam imaginar as colônias sobrevivendo sozinhas, sem o apoio de um governo externo. Até os liberais e socialistas favoráveis à autonomia e à eventual independência para os súditos da Europa no ultramar achavam que muitos anos seriam necessários até que tais objetivos fossem alcançados. É salutar recordar que, ainda em 1951, o ministro das Relações Exteriores britânico, Herbert Morrison (membro do Partido Trabalhista), considerava a independência das colônias africanas algo comparável a "dar a chave da porta, uma conta de banco e uma espingarda a uma criança de 10 anos".

A guerra mundial, no entanto, causara mais mudanças nas colônias do que a maioria dos europeus podia perceber. A Grã-Bretanha havia perdido seus territórios no Leste asiático, em decorrência da ocupação japonesa durante a guerra, e embora tais territórios fossem recuperados após a derrota do Japão, a posição da antiga potência colonial fora radicalmente abalada. A rendição britânica em Singapura, em 1942, foi uma humilhação da qual o Império Britânico na Ásia nunca se recuperou. Embora as forças britânicas houvessem impedido que a Birmânia e depois a Índia se rendessem aos japoneses, o mito da invencibilidade européia ruiu para sempre. Depois de 1945, as potências coloniais na Ásia enfrentariam uma pressão crescente para abrir mão de suas reivindicações habituais.

Para a Holanda, a potência colonial mais antiga da região, as conseqüências foram especialmente traumáticas. As Índias Orientais Holandesas e a companhia comercial que as desenvolvera faziam parte do mito nacional, uma ligação direta com a Era de Ouro e um símbolo da

---

[1] O ditador português Antônio de Oliveira Salazar foi perguntado, em 1968 (sete anos após o início da rebelião angolana, em 1961), quando vislumbrava a independência das colônias portuguesas na África (Angola e Moçambique): "É um problema para séculos", ele respondeu. "Dentro de quinhentos anos. E, nesse ínterim, elas terão de continuar a participar no processo de desenvolvimento" (ver Tom Gallagher, *Portugal. A Twentieth-Century Interpretation* (Portugal. Uma interpretação à luz do século XX), 1983, p. 200). Mas, convém lembrar, a rejeição de Salazar ao mundo moderno, com base em determinados princípios, é lendária: por quase toda a década de 1950, ele conseguiu impedir que a Coca-Cola entrasse no país, algo que nem os franceses foram capazes de fazer.

glória comercial e marítima holandesas. Era também crença geral, sobretudo nos anos difíceis e sombrios do pós-guerra, que as matérias-primas das Índias — principalmente a borracha — seriam a salvação econômica da Holanda. Porém, dois anos após a derrota japonesa, os holandeses estavam novamente em guerra: os territórios holandeses do sudeste da Ásia (que hoje correspondem à Indonésia) estavam engajando 140 mil soldados holandeses (mercenários, recrutas e voluntários), e a revolução pela independência da Indonésia gerava admiração e imitação por todo o restante do Império Holandês, no Pacífico, no Caribe e na América do Sul.

A guerrilha na região durou quatro anos e custou à Holanda mais de 3 mil baixas militares e civis. A independência da Indonésia, declarada unilateralmente pelo líder nacionalista Sukarno, em 17 de novembro de 1945, foi finalmente aceita pelas autoridades holandesas (e por uma chorosa rainha Juliana), numa conferência realizada em Haia, em dezembro de 1949. Um fluxo contínuo de europeus (muitos dos quais nascidos nas Índias, sem jamais terem pisado em solo holandês) voltou para "casa". No final de 1957, quando o presidente Sukarno fechou a Indonésia aos empresários da Holanda, os "repatriados" holandeses somavam dezenas de milhares.

A experiência da descolonização surtiu efeito amargo na vida pública holandesa, já marcada pelo sofrimento da guerra. Muitos ex-colonos e seus amigos promoveram o que ficou conhecido como "o Mito do Bom Governo", culpando a esquerda pelo fracasso holandês em reafirmar a autoridade colonial após o interregno da ocupação japonesa. Por outro lado, a grande maioria dos soldados recrutados sentia-se feliz meramente por voltar para casa ilesa, depois de uma guerra colonial da qual ninguém sentia orgulho e cujo sucesso militar muita gente achava que tinha sido impedido pela insistência da ONU numa transferência de poder negociada, e que logo foi consignada a um buraco na memória nacional.

A longo prazo, a retirada forçada dos holandeses das colônias facilitou um crescente sentimento nacional a favor da "Europa". A Segunda Guerra Mundial demonstrou que a Holanda não podia ficar alheia às questões internacionais, principalmente aquelas que envolvessem os grandes vizinhos, e a perda da Indonésia foi um lembrete oportuno da verdadeira condição do país, um Estado europeu pequeno e vulnerável. Impelidos pelas necessidades, os holandeses se reorganizaram como ultra-entusiasmados proponentes da integração econômica e, mais tarde, política da Europa. Mas o processo não foi indolor, e tampouco mudou, da noite para o dia, a sensibilidade coletiva da nação. Até a primavera de 1951, os planos e as despesas militares dos governos holandeses no pós-guerra não visavam à defesa européia (a despeito da participação do país no Tratado de Bruxelas e na OTAN), mas a segurar as colônias. Muito lentamente, e com um arrependimento contido, os políticos holandeses passaram a dedicar sua total atenção às questões européias e a abandonar as antigas prioridades.

O mesmo aconteceu, em graus variados, com todas as potências coloniais e ex-coloniais do Oeste Europeu. Estudiosos norte-americanos, projetando sobre o restante do Ocidente a experiência e as preocupações de Washington, por vezes deixam escapar essa característica marcante da Europa depois da Segunda Guerra Mundial. Nos Estados Unidos, a Guerra Fria era o que importava, e as prioridades e a retórica interna e externa refletiram isso. Mas em Haia, Londres ou Paris, esses mesmos anos foram caracterizados por onerosos conflitos com guerrilhas, travados em colônias distantes e cada vez mais ingovernáveis. Movimentos de independência nacional foram a dor de cabeça dos estrategistas durante grande parte da década de 1950, e não Moscou e suas ambições — embora, em alguns casos, as duas questões ficassem sobrepostas.

Depois de 1919, o império francês, assim como o britânico, tinha se beneficiado da redistribuição de territórios asiáticos e africanos tomados das potências centrais derrotadas. Assim sendo, em 1945, a França libertada voltou a comandar a Síria e o Líbano, bem como grandes extensões de terra na África subsaariana e algumas ilhas do Caribe e do Pacífico. Mas as "jóias" da coroa imperial francesa eram os territórios na Indochina e, sobretudo, as antigas colônias francesas ao longo da costa mediterrânea do norte da África: Tunísia, Marrocos e, principalmente, a Argélia. Nos livros de história francesa, entretanto, a posição das colônias talvez fosse mais ambígua do que era o caso do outro lado do canal da Mancha — por um lado porque a França era uma república na qual o domínio imperial não cabia; por outro, porque várias das primeiras conquistas da França tinham sido há muito tempo tomadas por governantes cujo idioma era o inglês. Em 1950, ainda havia milhões de francesas e franceses que se recordavam do "Incidente de Fashoda", ocorrido em 1898, quando a França recuou de um confronto com a Grã-Bretanha em que estava em jogo o controle do Egito, Sudão e da região do Alto Nilo. Falar de império na França era relembrar tanto a derrota como a vitória.

Enquanto isso, nas escolas francesas, as crianças eram insistentemente expostas a uma imagem da "França" como algo contínuo, transoceânico, onde as características cívicas e naturais da essência francesa ficavam disponíveis a todos; onde escolas do ensino fundamental, desde Saigon até Dakar, ensinavam conteúdos sobre "*nos ancêtres les Gallois*" ("nossos ancestrais os gauleses") e proclamavam — ainda que apenas em princípio — as virtudes de uma assimilação cultural total que seria impensável para os administradores de colônias britânicas, holandesas, belgas, espanholas ou portuguesas.[2] Somente na França podiam as autoridades metropolitanas tratar com seriedade as mais valiosas possessões coloniais não como solo estrangeiro, mas como extensões administrativas da própria França. Portanto, "Argélia" configurava apenas uma expressão geográfica; a área denotada era gerida como três departamentos da França (onde, entretanto, somente os residentes *europeus* gozavam de plenos direitos civis).

Durante a guerra, os franceses, a exemplo dos britânicos e dos holandeses, perderam as valiosas colônias do Sudeste Asiático para os japoneses. Mas, no caso francês, a ocupação japonesa foi tardia — até março de 1945 a Indochina francesa permaneceu sob a tutela das autoridades de Vichy — e, em todo caso, muito menos traumática do que a derrota da França, em seu próprio território, em 1940. A humilhação da França na Europa acentuou o significado simbólico do seu império ultramarino: se os franceses, segundo a sua auto-imagem, não estavam reduzidos à "massa de protoplasma, impotente e desesperada" (segundo a descrição de Eisenhower, em 1954), isso se devia, em larga medida, à continuada credibilidade do país enquanto potência colonial, o que era uma condição importante.

Na África, De Gaulle havia restabelecido a presença francesa na Conferência de Brazzaville, realizada no início de fevereiro de 1944. Ali, na capital da África Equatorial Francesa, tendo-se o Congo Belga do outro lado do rio, o líder dos Franceses Livres expressara, tipicamente, sua visão do futuro colonial da França:

[2] A reivindicação francesa, por vezes, tinha procedência: Félix Eboué, governador-geral da África Equatorial Francesa, em 1945, era um alto funcionário colonial francês — e era negro.

> Na África francesa, assim como em qualquer terra onde seres humanos vivem sob a nossa bandeira, não pode haver progresso autêntico a menos que seres humanos possam se beneficiar dele, moral e materialmente, em seu próprio solo, a menos que possam se elevar, aos poucos, a um nível que lhes permita participar da gestão de seus próprios interesses. É dever da França realizar isso.

O que, exatamente, De Gaulle quis dizer é — como de hábito — obscuro, talvez propositadamente. Mas é certo que o que se entendia das palavras era que se referiam à emancipação colonial e, no futuro, à autonomia. As circunstâncias eram propícias. A opinião pública francesa não era avessa às reformas coloniais — no período que antecedeu a guerra, o ataque de André Gide às práticas de trabalho forçado, no livro *Viagem ao Congo* (1927), elevara a consciência pública a respeito de crimes europeus na África Central —, enquanto os americanos produziam ameaçadores ruídos anticoloniais. O secretário de Estado dos EUA, Cordell Hull, havia pouco falara em tom de aprovação sobre a perspectiva de controle internacional para as colônias européias menos avançadas e governo autônomo, dentro em breve, para as demais.[3]

Na empobrecida e isolada África francófona, o discurso reformista era um tanto fácil, principalmente antes que a própria França fosse libertada. O Sudeste da Ásia era outra questão. Em 2 de setembro de 1945, Ho Chi Minh, líder nacionalista vietnamita (e membro fundador do Partido Comunista Francês, graças à sua jovem presença no Congresso do Partido, em Tours, em 1920), proclamou a independência do país. Duas semanas depois, forças britânicas começaram a chegar à cidade de Saigon, ao sul, seguidas, um mês mais tarde, por forças francesas. Nesse ínterim, os distritos do norte do Vietnã, até então sob o controle chinês, foram devolvidos aos franceses, em fevereiro de 1946.

Àquela altura, havia uma grande possibilidade de negociar a autonomia, ou mesmo de acontecer a independência, pois as autoridades em Paris abriram conversações com os representantes nacionalistas. Porém, em 1° de junho de 1946, o almirante francês e plenipotenciário local Thierry d'Argenlieu proclamou, unilateralmente, que a Cochinchina (parte sul do país) estava separada do norte dominado pelos nacionalistas, sabotando os esforços do próprio governo francês para chegar a um acordo e interrompendo as conversações com Ho. Já no outono daquele mesmo ano os franceses haviam bombardeado o porto de Haiphong, tropas nacionalistas do movimento comunista vietnamita tinham atacado os franceses em Hanói e a primeira Guerra do Vietnã estava em curso.

A luta da França no pós-guerra para restabelecer a sua autoridade na Indochina constituiu uma catástrofe política e militar. Ho Chi Minh foi duplamente apoiado pela esquerda doméstica francesa, na condição de guerreiro pela independência nacional e como revolucionário comunista — duas identidades tão interligadas em seu próprio pensamento

---

[3] De acordo com algumas fontes, De Gaulle desencorajava discussões abertas acerca de autonomia, com receio de que colonos europeus, notadamente na Argélia, aproveitassem a ocasião para romper com a França e estabelecer um Estado segregacionista, segundo o modelo sul-africano. A apreensão não era infundada, conforme os eventos subseqüentes demonstrariam.

quanto estampadas na sua imagem internacional.[4] Enviar jovens para lutar e morrer numa "guerra suja" na Indochina não tinha muito sentido para a maioria dos eleitores franceses; e permitir que Hanói tomasse o poder não era, por certo, pior do que apoiar o visivelmente inadequado Bao Dai, instituído pelos franceses como o novo "imperador" do país em março de 1949.

O corpo de oficiais franceses, por outro lado, estava disposto a prosseguir com o embate no Vietnã; ali, assim como mais tarde na Argélia, a tradição marcial francesa (ou o que restava dela) parecia estar em jogo, e o Alto Comando francês tinha algo a provar. Mas a economia francesa jamais poderia suportar uma guerra demorada numa colônia distante sem substancial auxílio externo. A guerra da França na Indochina foi financiada pelos norte-americanos. A princípio, a contribuição de Washington se deu de maneira indireta: graças a empréstimos e auxílios oferecidos pelos EUA os franceses puderam destinar recursos consideráveis numa luta cada vez mais dispendiosa e malfadada para derrotar as tropas do movimento comunista vietnamita. Com efeito, os EUA bancaram a modernização econômica da França no pós-guerra enquanto ela dedicava seus escassos recursos próprios à guerra.

Em 1950, a ajuda americana assumiu uma forma mais direta. A partir de julho daquele ano (um mês após o início da guerra na vizinha Coréia), os EUA aumentaram drasticamente o auxílio militar às forças francesas no Sudeste Asiático. Os franceses barganharam muito antes de concordar em oferecer apoio ao condenado projeto de defesa européia e conceder à Alemanha Ocidental um assento na OTAN: o que eles conseguiram em troca (por permitir que os EUA os protegessem, conforme parecia a *insiders* em Washington descontentes com a situação) foi um substancial auxílio militar norte-americano. De todos os Estados europeus, a França, já em 1953, era, de longe, o que mais dependia da ajuda dos EUA, tanto em relação a recursos financeiros quanto a mercadorias.

Somente em 1954 Washington deu um basta, rejeitando as solicitações (cada vez mais desesperadas) da França de apoio aéreo para salvar a guarnição francesa encurralada em Dien Bien Phu. Após quase oito anos de luta infrutífera e sangrenta, ficou claro para Washington que os franceses, além de não serem capazes de restabelecer sua autoridade na Indochina, não eram páreo para as forças oficiais e guerrilheiras de Ho Chi Minh. Na visão dos EUA, os franceses tinham desperdiçado o dinheiro emprestado e configuravam um investimento cada vez mais arriscado. Quando, em 7 de maio de 1954, Dien Bien Phu rendeu-se e os franceses pediram o cessar-fogo, ninguém se surpreendeu.

A queda da Indochina francesa precipitou o colapso do último dos governos franceses de coalizão que tentaram manter a região sob o domínio francês, e precipitou também a sucessão de Pierre Mendès-France ao cargo de primeiro-ministro. Sob a liderança de "PMF", os franceses negociaram um acordo, assinado em Genebra em 21 de julho de 1954, que estabelecia a sua saída da região, deixando duas entidades separadas — o Vietnã do "Norte" e do "Sul" —, cujas instituições e relações políticas seriam determinadas em eleições futuras. Tais eleições

[4] Para amigos e inimigos, a encarnação de Ho Chi Minh como ícone comunista internacional foi confirmada, em 14 de janeiro de 1950, quando Mao e Stalin foram os primeiros a reconhecer a recém-declarada República Democrática do Vietnã.

jamais ocorreram, e o peso da manutenção da metade meridional da ex-colônia francesa agora recaía exclusivamente sobre os americanos.

Poucos na França lamentaram a perda da Indochina. Ao contrário dos holandeses, os franceses não haviam estado muito tempo na região; e embora os Estados Unidos custeassem a primeira Guerra do Vietnã (o que poucos franceses sabiam à época), foram os soldados franceses que lá lutaram e morreram. Políticos franceses, principalmente os de direita, criticavam Mendès-France e seus predecessores pela falta de estratégias de guerra mais eficazes, mas ninguém apresentava uma proposta melhor, e, no íntimo, quase todos se sentiram aliviados ao deixar o Vietnã para trás. Somente o Exército francês — ou, mais precisamente, o corpo profissional de oficiais — guardava uma certa mágoa permanente. Alguns oficiais mais jovens, em especial aqueles que haviam servido à Resistência, ou aos Franceses Livres, e ali adquirido o hábito do juízo político independente, começavam a nutrir ressentimentos incipientes porém perigosos. Mais uma vez, resmungavam eles, tropas francesas no campo de batalha tinham sido mal servidas pelos chefões da política em Paris.

Com a perda da Indochina, a atenção francesa se voltou para o norte da África. Sob certo aspecto, isso foi quase uma verdade literal — a insurreição argelina teve início em 1° de novembro de 1954, apenas 14 semanas após a assinatura dos acordos de Genebra. Mas fazia muito tempo que o norte da África era alvo das preocupações de Paris. Desde 1830, quando os franceses chegaram à região hoje chamada Argélia, a colônia ali estabelecida fizera parte de uma ambição maior, que remontava a um período anterior: o domínio da África do Saara, do Atlântico ao Suez. Impedidos pelos britânicos no Oriente, os franceses buscaram consolação na hegemonia do Mediterrâneo ocidental e do Saara até o centro-oeste da África.

Além de Quebec (muito mais antiga) e algumas ilhas do Caribe, a África Setentrional (sobretudo a Argélia) era a única colônia francesa em que europeus haviam se fixado em grande número e de modo permanente. No entanto, muitos desses europeus não eram de origem francesa, e sim espanhola, italiana, grega etc. Mesmo um emblemático franco-argelino, como Albert Camus, tinha sangue espanhol e sangue francês, e seus antepassados franceses haviam chegado recentemente. Estava longe o tempo em que a França tinha um excesso populacional; e, ao contrário de Rússia, Polônia, Grécia, Itália, Espanha, Portugal, Escandinávia, Alemanha, Irlanda e Escócia (e até a Inglaterra), a França não fora, durante sucessivas gerações, uma terra de emigrantes. Os franceses não eram colonizadores inatos.

Contudo, se havia uma "outra França", tal local seria a Argélia — fato confirmado, como foi visto, pela presença técnica da Argélia *dentro* da França, como parte da estrutura administrativa metropolitana. A analogia mais próxima era a região de Ulster, outro enclave numa ex-colônia, incorporado institucionalmente ao "continente", e com uma antiga e bem fixada comunidade colonial para a qual a ligação com o poder central do império era muito mais importante do que para a maioria metropolitana. A idéia de que a Argélia pudesse, um dia, se tornar independente (e, portanto, governada pelos árabes, devido à grande superioridade numérica de árabes e berberes em sua população) era impensável para a minoria européia.

Por conseguinte, fazia muito tempo que os políticos franceses evitavam pensar no assunto. Nenhum governo francês, exceto a efêmera Frente Popular de Léon Blum, em 1936, levava muito a sério o desgoverno atroz praticado pelos administradores coloniais franceses no norte da África. Nacionalistas argelinos moderados, como Ferhat Abbas, eram figuras bem conhecidas dos políticos e intelectuais franceses antes e depois da Segunda Guerra Mundial, mas, na realidade, ninguém esperava que Paris permitisse a concretização dos tímidos objetivos de governo autônomo num futuro próximo. Todavia, a princípio, a liderança árabe esperava com otimismo que a derrota de Hitler levasse a reformas há muito tempo esperadas, e quando, em 10 de fevereiro de 1943, na seqüência do desembarque aliado no norte da África, essa mesma liderança expediu um manifesto, o documento ressaltava a lealdade aos ideais de 1789 e o afeto pela "cultura da França e do Ocidente, recebida e valorizada pela comunidade local".

O apelo não foi atendido. O governo da França libertada prestou pouca atenção às opiniões dos árabes, e quando tal indiferença resultou num levante na região de Kabylia, a leste de Argel, em maio de 1945, os insurgentes foram rechaçados com firmeza. Ao longo da década seguinte, a atenção de Paris esteve voltada para outras questões. Quando, em 1° de novembro de 1954, aqueles anos de revolta reprimida e expectativas frustradas culminaram na explosão de um levante organizado, os meios-termos já não faziam parte da agenda. A FLN — Front de Libération Nationale — argelina era liderada por uma nova geração de nacionalistas árabes que desprezavam as estratégias moderadas e francófilas da geração anterior. O objetivo dessa nova geração não era a instituição de um governo autônomo local ou de reformas, e sim a independência, meta que os sucessivos governos franceses não puderam contemplar. O resultado foi uma sangrenta guerra civil que durou oito anos.

Tardiamente, as autoridades francesas propuseram reformas. O novo governo socialista de Guy Mollet, em março de 1956, concedeu independência às colônias francesas vizinhas (Tunísia e Marrocos) — foi a primeira entrega de poder colonial no continente africano. Mas, quando Mollet visitou Argel, uma multidão de colonos europeus atirou frutas podres nele. Paris se viu dividida entre as exigências implacáveis da FLN (organização clandestina) e a recusa dos residentes europeus na Argélia, agora liderados por um Comitê pela Defesa da Argélia Francesa (*l'Algérie française*), em aceitar qualquer acordo com os vizinhos árabes. Agora, a estratégia francesa, se é que o procedimento merece assim ser chamado, era derrotar a FLN à força, antes de pressionar os colonos a aceitar reformas políticas e algumas medidas que visavam à divisão de poder.

O Exército francês entrou em combate ferrenho com os guerrilheiros da FLN, ambos os lados recorrendo, regularmente, à truculência, tortura, ao assassinato e franco terrorismo. Após uma série sangrenta de assassínios cometidos por árabes e de represálias por parte dos europeus em dezembro de 1956, o representante político de Mollet, Robert Lacoste, deu carta branca ao coronel pára-quedista Jacques Massu para destruir os insurgentes nacionalistas em Argel, custasse o que custasse. Já em setembro de 1957, Massu foi vitorioso, conseguindo acabar com uma greve geral e esmagar os rebeldes na Batalha de Argel. A população árabe pagou um preço alto, mas a reputação da França ficou para sempre manchada. E os colonos europeus continuaram a desconfiar das intenções de Paris a longo prazo.[5]

---

[5] Os eventos aqui aludidos são retratados, memoravelmente, no filme de Gilles Pontecorvo *A Batalha de Argel* (1965).

Em fevereiro de 1958, o recém-instalado governo de Felix Gaillard foi submetido a constrangimento em virtude de um bombardeio imposto pela Força Aérea francesa a Sakhiet, vilarejo situado do outro lado da fronteira, na Tunísia, suspeito de servir de base aos nacionalistas argelinos. O subseqüente protesto internacional e as ofertas anglo-americanas de "bons préstimos" para ajudar a resolver o problema argelino provocaram nos europeus que residiam na Argélia o receio de que Paris pretendia abandoná-los. Policiais e soldados em Paris e Argel começavam a demonstrar simpatia pela causa dos colonos. O governo de Gaillard, o terceiro da França em 11 meses, se demitiu em 15 de abril. Dez dias depois, ocorreu em Argel uma manifestação gigantesca, exigindo a perpetuação da Argélia francesa e a volta de De Gaulle ao poder; os organizadores do protesto constituíram um Comitê de Segurança Pública, fazendo ecoar, de maneira provocadora, a homônima instituição revolucionária francesa.

Em 15 de maio, 48 horas depois de um novo governo francês (sob o comando de Pierre Pfimlin) ser empossado em Paris, o general Raoul Salan — comandante militar francês na Argélia — gritou o nome de De Gaulle, diante de uma multidão entusiasmada, no Fórum de Argel. O próprio De Gaulle, que se mantivera notavelmente calado desde que se retirara da vida pública, passando a viver em seu vilarejo natal, em Colombey, no leste da França, reapareceu em público, concedendo entrevista coletiva à imprensa, em 19 de maio. Rebeldes armados tomaram o poder na ilha de Córsega, e Paris foi surpreendida por boatos de uma iminente invasão de pára-quedistas. Em 28 de maio, Pfimlin pediu demissão, e o presidente René Coty convocou De Gaulle a formar um governo. Sem sequer fingir hesitação, De Gaulle assumiu o cargo em 1° de junho e, no dia seguinte, mediante resultado de votação, a Assembléia Nacional concedeu-lhe plenos poderes. O primeiro ato de De Gaulle foi voar para Argel, onde, em 4 de junho, anunciou, em tom de oráculo, para uma multidão de soldados e europeus agradecidos: "*Je vous ai compris*" (Eu vos compreendi).

O novo primeiro-ministro francês tinha, de fato, compreendido os argelinos que o apoiavam, melhor do que eles supunham. De Gaulle era imensamente popular junto aos europeus da Argélia, que o viam como salvador: no plebiscito de setembro de 1958, ele obteve 80% dos votos na França, mas 96% dos votos na Argélia.[6] Porém, entre as muitas facetas típicas de De Gaulle, uma era a sua inabalável valorização da ordem e da legitimidade. Herói dos Franceses Livres, crítico implacável de Vichy, o homem que resgatara a credibilidade do Estado francês depois de agosto de 1944 não era amigo dos rebeldes argelinos (muitos dos quais eram ex-defensores de Pétain), muito menos dos jovens oficiais rebeldes, livres-pensadores que haviam ficado do lado dos insurgentes. Para De Gaulle, a primeira tarefa era restaurar a autoridade do governo na França. O segundo objetivo, relacionado ao primeiro, era resolver o conflito argelino que havia corroído tal autoridade.

Um ano depois, parecia evidente que Paris e Argel estavam em rota de colisão. A opinião internacional mostrava-se cada vez mais favorável à FLN e ao clamor desta por independência. Os britânicos concediam independência às colônias africanas. Até os belgas, finalmente,

[6] O referendo estabeleceu uma nova Quinta República. Três meses mais tarde, De Gaulle foi eleito o seu primeiro presidente.

em junho de 1960, libertaram o Congo (embora de modo irresponsável, com resultados desastrosos).[7] A Argélia colonial se tornava, rapidamente, um anacronismo, como De Gaulle bem sabia. Ele já havia criado uma "Communauté Française", o primeiro passo rumo à formação de uma "comunidade" que reunisse as ex-colônias francesas. Ao sul do Saara, em breve, seria concedida independência formal às elites de formação francesa em países demasiadamente fracos para caminhar sozinhos e que, portanto, dependeriam totalmente da França durante décadas. Em setembro de 1959, tendo passado apenas um ano desde que assumira o poder, o presidente francês propôs "autodeterminação" para a Argélia.

Enfurecidos diante de algo que, a seu ver, evidenciava uma iminente traição, oficiais e colonos na Argélia começaram a planejar um grande levante. Havia conspirações, golpes e boatos acerca de revolução. Em janeiro de 1960, barricadas foram construídas no país e "ultrapatriotas" dispararam contra soldados franceses. Mas, devido à intransigência de De Gaulle, a rebelião fracassou, e oficiais veteranos considerados não-confiáveis (inclusive Massu e seu superior, o general Maurice Challe) foram, cuidadosamente, remanejados da Argélia. Os distúrbios, no entanto, prosseguiram, culminando num golpe militar fracassado, em abril de 1961, inspirado pela recém-formada OAS (Organisation de l'Armée Secrète). Os conspiradores, porém, não conseguiram mover De Gaulle, que falou em rede nacional de rádio, denunciando o "manifesto militar expedido por um punhado de generais reformados". As principais vítimas do golpe foram a moral e a imagem internacional (o que dela ainda restava) do Exército francês. A grande maioria dos franceses e francesas, muitos com filhos servindo na Argélia, concluiu que a independência argelina não era apenas inevitável, mas também desejável — e, pelo bem da França, quanto antes, melhor.[8]

De Gaulle, sempre realista, entrou em negociação com a FLN num encontro realizado na estância hidromineral de Evian, no lago de Genebra. As conversas iniciais, conduzidas em junho de 1960 e, novamente, em julho de 1961, não chegaram a uma base geral. Nova tentativa, em março de 1962, foi mais bem-sucedida; passados apenas dez dias de discussão, os dois lados chegaram a um acordo, e em 19 de março, depois de quase oito anos de luta ininterrupta, a FLN declarou o cessar-fogo. Com base nos termos acordados em Evian, De Gaulle, em 1° de julho, um domingo, realizou um plebiscito, e o povo francês votou em massa para se ver livre do grilhão argelino. Dois dias depois, a Argélia se tornou um Estado independente.

A tragédia argelina não acabou ali. A OAS se desenvolveu numa grande organização clandestina, inicialmente determinada a preservar a Argélia francesa e, depois que tal empreitada fracassou, a punir aqueles que haviam "traído" a causa. Somente em fevereiro de 1962 membros da OAS e suas bombas mataram 553 pessoas. Espetaculares tentativas de assassinato do ministro da Cultura francês, André Malraux, e do próprio De Gaulle falharam, embora ao menos um plano para emboscar o carro do presidente, no subúrbio parisiense de Petit Clamart, por pouco não tenha alcançado o objetivo. No início dos anos 60, a França se viu

[7] Quando, em 1960, abandonaram o Congo, os belgas deixaram no país apenas trinta congoleses com formação superior, para preencher 4 mil cargos administrativos importantes.

[8] Entre 1954 e 1962, 2 milhões de soldados franceses serviram na Argélia, 1,2 milhão dos quais através de recrutamento militar.

envolvida numa constante e desesperada ameaça terrorista. Finalmente, os serviços franceses de inteligência desbarataram a OAS — mas a memória perdurou.

Nesse ínterim, milhões de argelinos foram forçados a se exilar na França. Os *pieds-noirs* europeus se fixaram, principalmente, no sul do país; os integrantes da primeira geração demonstraram grande ressentimento em relação às autoridades francesas, por terem estas traído a causa e os obrigado a deixar suas propriedades e seus empregos. Os judeus argelinos também abandonaram o país, alguns por Israel, muitos — a exemplo dos judeus marroquinos no passado — pela França, onde, com o passar do tempo, haveriam de constituir a maior comunidade judaica (predominantemente sefardita) da Europa Ocidental. Muitos árabes também deixaram a Argélia após a independência. Alguns se foram porque previram a ordem repressiva e dogmática da FLN. Outros, notadamente aqueles que haviam trabalhado com os franceses ou servido como auxiliares da polícia a e das autoridades militares francesas — os chamados *harkis* —, fugiram da fúria previsível dos nacionalistas vitoriosos. Muitos foram pegos e submetidos a castigos terríveis; mas mesmo os que conseguiram chegar à França sãos e salvos não encontraram a gratidão dos franceses, recebendo pouco reconhecimento ou recompensa pelos sacrifícios feitos.

A França tinha pressa de esquecer o trauma argelino. Os Acordos de Evian, firmados em 1962, puseram fim a quase cinco décadas de guerra e medo de guerra no cotidiano francês. A população estava farta — de crises, de lutas, de ameaças, boatos e conspirações. A Quarta República existira durante apenas 12 anos. Não-amada e não-lamentada, via-se cruelmente enfraquecida, desde o início, pela ausência de um Executivo eficiente — um legado da experiência de Vichy, que levara os legisladores no pós-guerra a relutar em estabelecer uma presidência forte. Foi prejudicada pelos seus próprios sistemas parlamentar e eleitoral, que favoreciam partidos múltiplos e produziam coalizões governamentais instáveis. A Quarta República geriu mudanças sociais sem precedentes, mas que provocaram divisão política. Pierre Poujade, livreiro de St. Céré, no longínquo sudoeste da França, formou o primeiro partido político europeu de plataforma única, com o propósito de defender "*des petits, des matraqués, des spoliés, des laminés, des humiliés*": os pequenos, enganados, explorados, humilhados e rejeitados pela História. Cinqüenta e dois deputados "poujadistas" conseguiram se eleger para o Parlamento nas eleições nacionais de 1956.

Mas, acima de tudo, a primeira república francesa do pós-guerra foi derrubada em conseqüência das lutas coloniais. À semelhança do Ancien Régime, a Quarta República foi debilitada pelos custos da guerra. Entre dezembro de 1955 e dezembro de 1957, a França perdeu dois terços de suas reservas monetárias, apesar do crescimento constante da economia. Controle de câmbio, taxas de câmbio múltiplas (comparáveis às praticadas pelo bloco soviético em décadas posteriores), dívida externa, déficits orçamentários e inflação crônica eram todos atribuíveis às despesas descontroladas com as guerras coloniais, de 1947 a 1954, e, novamente, a partir de 1955. Diante de tais obstáculos, governos de todos os matizes se dividiam e tombavam. Mesmo sem um exército descontente, a Quarta República teria grande dificuldade em enfrentar tais desafios, que se impunham não mais do que uma década após a pior derrota militar da história da nação e um humilhante período de ocupação de quatro anos. É incrível que a Quarta República tenha durado o tempo que durou.

As instituições da Quinta República francesa formada por De Gaulle destinavam-se, precisamente, a evitar as falhas das repúblicas predecessoras. A Assembléia e os partidos políticos tiveram a sua importância reduzida, e o Executivo foi dramaticamente fortalecido: a Constituição concedeu ao presidente controles consideráveis, iniciativa na formulação de políticas e poder total sobre os primeiros-ministros, que podiam ser por ele nomeados e dispensados, quase à vontade. Após o sucesso em dar fim ao conflito argelino, De Gaulle propôs que o presidente da República passasse a ser eleito por voto universal direto (em vez de indireto, através da Assembléia, como era o caso até então); o respectivo adendo à Constituição foi devidamente aprovado em plebiscito realizado em 28 de outubro de 1962. Apoiado pelas suas instituições, pelo seu histórico e pela sua personalidade — e por lembranças francesas da alternativa —, o presidente francês tinha agora mais poder do que qualquer outro chefe de Estado no mundo escolhido por meio de eleições livres.

Em se tratando de questões domésticas, De Gaulle, de modo geral, preferia deixar a rotina para os primeiros-ministros. A reforma econômica radical que teve início com a emissão do franco novo em 27 de dezembro de 1958 estava de acordo com recomendações anteriores apresentadas pelo Fundo Monetário Internacional, e a medida contribuiu diretamente para a estabilização das conturbadas finanças francesas. A despeito de seu fascínio de mandarim, De Gaulle era um radical, e não tinha medo de mudanças; conforme ele definira em *Vers l'armée de métier* (Por um Exército Profissional), tratado sobre reforma militar escrito em sua juventude: "Nada é durável, a não ser que seja incessantemente renovado." Portanto, não surpreende que, na França, muitas das transformações mais significativas em infra-estrutura de transportes, planejamento urbano e investimento industrial promovidas pelo governo tenham sido concebidas e iniciadas sob a autoridade de De Gaulle.

Porém, a exemplo de muitos outros fatores relacionados à busca de De Gaulle pela modernização doméstica, sobretudo os planos ambiciosos de Malraux para restaurar e limpar todos os prédios públicos históricos da França, as já mencionadas mudanças sempre faziam parte de um objetivo maior, de natureza política: o resgate da *grandeur* francesa. Tanto quanto o general Franco na Espanha (com o qual ele nada mais tinha em comum), De Gaulle via a estabilização econômica e a modernização, em grande parte, como armas na luta da recuperação da glória nacional. Ao menos desde 1871, a França estivera em declínio acentuado, uma trajetória sombria marcada por derrota militar, humilhação diplomática, perdas coloniais, deterioração econômica e instabilidade doméstica. A meta de De Gaulle era encerrar o período de decadência francesa. "Por toda a minha vida", ele escreveu em suas memórias de guerra, "trago comigo uma certa idéia de França". Agora ele haveria de pôr em prática tal idéia.

A arena escolhida pelo presidente francês foi a política externa, ênfase definida tanto por questão de gosto pessoal como por *raison d'état*. Fazia tempo que De Gaulle era sensível à série de humilhações sofridas pela França — menos pelo inimigo germânico, em 1940, do que pelas mãos dos aliados anglo-americanos desde então. De Gaulle nunca esqueceu o seu vexaminoso isolamento, em Londres, durante a guerra, na condição de porta-voz empobrecido e amplamente ignorado da França. Seu entendimento da realidade militar o impedia de expressar a dor que compartilhava com outros franceses, por ter a Grã-Bretanha afundado a orgulhosa frota do Mediterrâneo, em Mers-el-Kebir, em julho de 1940, mas o simbolismo do ato ainda causava dor.

De Gaulle tinha motivos especiais para ter sentimentos ambivalentes em relação a Washington, onde Franklin Roosevelt jamais o levou a sério. Os Estados Unidos mantiveram boas relações com o regime de Vichy durante a guerra, por mais tempo do que recomendava a decência ou a prudência. A França ficou ausente das negociações aliadas durante a guerra; e embora isso tenha permitido a De Gaulle, anos mais tarde, se eximir, cinicamente, de qualquer responsabilidade por um acordo de Yalta que ele, no íntimo, aprovava, a lembrança ainda doía. Mas as piores humilhações ocorreram depois que a guerra foi vencida. A França, para todos os efeitos, ficou excluída das principais decisões que diziam respeito à Alemanha. A partilha de dados de inteligência entre a Grã-Bretanha e os EUA jamais era estendida à França (com razão, considerada perigosamente "faladeira"). O "clube" nuclear não incluía a França, ficando o país, portanto, reduzido a uma condição irrelevante no planejamento militar internacional.

Pior ainda, a França dependera inteiramente dos EUA na sua guerra colonial asiática. Em outubro de 1956, quando Grã-Bretanha, França e Israel conspiraram para atacar o Egito de Nasser, foi o presidente Eisenhower quem pressionou os britânicos a se retirarem, o que causou à França sentimentos de indignação e impotência. Um ano depois, em novembro de 1957, diplomatas franceses se indignaram à toa, quando armas britânicas e norte-americanas foram entregues à Tunísia, apesar do receio francês de que tais armas fossem parar nas mãos de rebeldes argelinos. Em 1958, logo após assumir o cargo, o próprio De Gaulle foi informado rispidamente pelo general Norstad, comandante americano da OTAN, que De Gaulle não tinha direito a conhecer os detalhes da distribuição de armas nucleares norte-americanas em solo francês.

Eis o pano de fundo para a política externa de De Gaulle, depois que ele assumiu plenos poderes presidenciais. Dos norte-americanos ele esperava pouco. Desde armas nucleares até o privilegiado status internacional do dólar como moeda de reserva, os EUA tinham condições de impor os seus interesses aos demais membros da aliança ocidental, e haveriam de fazê-lo. Os EUA não mereciam confiança, mas eram ao menos previsíveis; o importante era não depender de Washington, ao contrário do que ocorrera com a política francesa na Indochina e, novamente, em Suez. A França devia assegurar seu lugar na distribuição mundial de poder — por exemplo, ao adquirir sua própria arma nuclear. A atitude de De Gaulle diante da Grã-Bretanha, entretanto, era mais complicada.

A exemplo da maioria dos observadores, o presidente francês, com sensatez e correção, supunha que a Grã-Bretanha procuraria se manter numa posição intermediária entre a Europa e os EUA — e que, se forçada a escolher, Londres optaria pelo aliado atlântico, em detrimento dos vizinhos europeus. Isso ficou bem claro, em dezembro de 1962, quando o primeiro-ministro britânico Harold Macmillan se encontrou com o presidente Kennedy, em Nassau, nas Bahamas, e aceitou um acordo segundo o qual os EUA forneceriam à Grã-Bretanha mísseis nucleares Polaris, baseados em submarinos (como parte de uma força multilateral que, na prática, submeteu as armas nucleares britânicas ao controle norte-americano).

De Gaulle ficou furioso. Antes de viajar para Nassau, Macmillan havia conversado com o presidente francês, em Rambouillet, mas não lhe dera qualquer indício do que estava por ocorrer. Nassau, portanto, era mais um esquema "anglo-americano" construído à revelia da França. O desagravo ficou mais patente quando os mesmos mísseis Polaris, sob as mesmas condições, foram oferecidos a Paris, sendo que o governo francês não participara das conversas anteriores. Foi nesse contexto que o presidente De Gaulle anunciou, em entrevista coletiva concedida em 14 de janeiro de 1963, que a França vetaria a candidatura da Grã-Bretanha para ingresso na Comunidade Econômica Européia. Se a Grã-Bretanha pretendia ser um satélite dos EUA, muito bem. Mas o país não poderia, ao mesmo tempo, ser "europeu". Enquanto isso, conforme vimos, De Gaulle se voltou para Bonn e assinou um tratado sumamente simbólico e sem conteúdo com a República Federal.

A idéia de que a França poderia compensar certa vulnerabilidade diante da pressão anglo-americana aliando-se com a antiga inimiga do outro lado do Reno nada tinha de nova. Já em junho de 1926 o diplomata francês Jacques Seydoux havia rascunhado uma nota confidencial dirigida aos superiores políticos, dizendo: "É preferível trabalhar com os alemães, visando ao domínio da Europa, a nos vermos em oposição a eles [...]. Uma aproximação franco-germânica nos permitirá escapar mais rapidamente do controle anglo-americano."[9] Um pensamento semelhante esteve por trás dos planos dos diplomatas conservadores que apoiaram Pétain em 1940. Porém, nas circunstâncias de 1963, na prática, o tratado com a Alemanha fazia pouca diferença. Os franceses não tinham intenção de abandonar a aliança ocidental, e De Gaulle não queria, absolutamente, ser arrastado para qualquer esquema alemão que contemplasse a revisão dos acordos firmados no Oriente durante o pós-guerra.

O que, na verdade, o tratado de 1963 e o novo consórcio franco-germânico confirmaram foi a guinada decisiva da França em direção à Europa. Para Charles de Gaulle, a lição do século XX era que a França só poderia ter esperanças de recuperar a glória perdida investindo no projeto europeu e moldando-o às metas francesas. A Argélia se fora. As colônias estavam indo. Os anglo-americanos mostravam-se arredios como sempre. A série de derrotas e perdas registradas nas últimas décadas não deixavam à França outra opção, se o país pretendia recuperar alguma influência passada; conforme Adenauer havia afirmado ao primeiro-ministro francês, Guy Mollet, no dia em que os franceses foram forçados, sob pressão dos EUA e com a conivência britânica, a interromper as operações no Suez, "a Europa vos vingará".

Com uma exceção importante, o recuo britânico em relação ao império foi bastante diverso do francês. O legado colonial britânico era maior e mais complexo. O Império Britânico, a exemplo do soviético, sobreviveu intacto à guerra, ainda que combalido. A Grã-Bretanha dependia, em grande medida, da produção das colônias no que dizia respeito a gêneros alimentícios básicos (ao contrário da França, que era auto-suficiente nesse particular e cujos territórios imperiais, primordialmente situados nos trópicos, produziam artigos bastante diferentes); além disso, em determinados teatros de guerra — em especial o norte da África —, as tropas da Comunidade das Nações eram mais numerosas do que os soldados britânicos. Os residentes da Grã-Bretanha, como já foi visto, eram muito mais ciosos do império do que os franceses — uma razão pela qual Londres era tão maior do que Paris é que a capital inglesa prosperou no papel de porto, entreposto comercial, bem como centro industrial e financeiro

[9] Citado por Fernand L'Huillier em *Dialogues Franco-Allemandes 1925-1933* (Diálogos franco-germânicos 1925-1933) (Estrasburgo, 1971), pp. 35-36.

imperiais. Em 1948, as diretrizes da BBC advertiam os locutores a levar em conta o público ouvinte no exterior, predominantemente não-cristão: "Referências desrespeitosas e, muito menos, derrogatórias a budistas, hindus, muçulmanos etc. [...] podem ser profundamente ofensivas e devem ser de todo evitadas."

Contudo, depois de 1945, os britânicos não alimentavam esperanças realistas de preservar o legado imperial. Os recursos do país estavam extremamente escassos, e os custos de manutenção, até mesmo do império índico, já não eram contrabalançados por vantagens econômicas ou estratégicas: enquanto, em 1913, as exportações destinadas ao subcontinente índico chegavam a quase um oitavo do total das exportações britânicas, depois da Segunda Guerra Mundial estas representavam apenas 8,3%, com tendência à queda. Em todo caso, era evidente que a pressão em prol da independência se tornara irresistível. A Comunidade das Nações Britânicas, criada em 1931 pelo Estatuto de Westminster, se propunha a evitar a necessidade de medidas rápidas que visassem à independência colonial, oferecendo a alternativa de um arcabouço para que os territórios autônomos e semi-autônomos permanecessem fiéis e obedientes à Coroa inglesa; em contrapartida, tais territórios ficariam livres dos incômodos protocolos inerentes ao domínio imperial. Entretanto, a Comunidade agora passaria a ser uma espécie de clube das antigas colônias, Estados independentes cuja participação na Comunidade das Nações Britânicas os compelia apenas em função dos seus próprios interesses e sentimentos.

Em 1947, foi concedida independência à Índia, ao Paquistão e à Birmânia; no ano seguinte, foi a vez do Ceilão. O processo não deixou de ser sangrento — milhões de hindus e muçulmanos foram massacrados em faxinas étnicas e nos subseqüentes deslocamentos populacionais —, mas a potência colonial em si recuou relativamente ilesa. Um levante comunista na vizinha Malásia, no entanto, levou o governo britânico, em junho de 1948, a declarar um estado de emergência que só seria suspenso 12 anos mais tarde, com a derrota final dos rebeldes. Mas, de modo geral, e apesar da retirada de milhares de residentes e administradores coloniais da Índia e de países vizinhos, a saída da Grã-Bretanha do sul da Ásia foi mais ordeira e menos traumática do que se podia esperar.

No Oriente Médio, a situação foi mais complicada. No território da Palestina, sob Mandato Britânico, a Grã-Bretanha, em 1948, abandonou as suas responsabilidades em circunstâncias humilhantes, embora (do lado britânico) sem grande derramamento de sangue — somente depois que os britânicos saíram de cena árabes e judeus se antagonizaram com força. No Iraque, onde a Grã-Bretanha e os Estados Unidos tinham interesses comuns relacionados ao petróleo, os EUA, progressivamente, ocuparam o lugar do Reino Unido na condição de influência imperial dominante. Mas foi no Egito, paradoxalmente, país que jamais tinha sido colônia britânica (no sentido convencional do termo), que a Grã-Bretanha vivenciou as ironias e o drama da descolonização e sofreu uma derrota de proporções históricas. Em 1956, na Crise do Canal de Suez, a Grã-Bretanha, pela primeira vez, foi submetida ao tipo de humilhação internacional (fato que ilustrou e acelerou o declínio do país) tão conhecida pelos franceses.

O interesse britânico no Egito decorria, diretamente, da importância da Índia, ao que, posteriormente, seria acrescentada a necessidade de petróleo. As tropas britânicas tomaram o Cairo em 1882, 13 anos após a abertura do canal de Suez, administrado em Paris pela

Companhia do Canal de Suez. Até a Primeira Guerra Mundial, o Egito era comandado, de fato, se não de direito, por um residente britânico (durante a maior parte do período em questão, pelo temível lorde Cromer). De 1914 a 1922, o Egito foi protetorado britânico, antes de se tornar independente. As relações entre os dois países permaneceram estáveis por algum tempo, sendo formalizadas através de um tratado em 1936. Todavia, em outubro de 1952, o novo governo do Cairo, liderado por oficiais do Exército que haviam derrubado o rei Farouk, revogou o referido tratado. Em resposta, os britânicos, receosos de perder o acesso privilegiado a um curso de água estrategicamente crucial, reocuparam a Zona do Canal.

Dentro de dois anos, um dos oficiais revoltosos, Gamal Abdul Nasser, tornara-se chefe de governo e reivindicava a saída dos soldados britânicos do solo egípcio. Os britânicos estavam dispostos a transigir — precisavam da cooperação dos egípcios. O Reino Unido se via cada vez mais dependente do petróleo barato importado através do canal de Suez e pago em libras esterlinas. Se tal fornecimento fosse interrompido, ou se os árabes recusassem o pagamento em libras, a Grã-Bretanha precisaria utilizar as suas preciosas reservas monetárias para adquirir dólares e comprar petróleo em outro local. Além disso, conforme Anthony Eden, então ministro das Relações Exteriores, em fevereiro de 1953, advertira o Conselho Ministerial britânico: "A ocupação militar pode ser mantida à força, mas, no caso do Egito, a base que apóia tal ocupação será de pouca utilidade se não houver mão-de-obra local que a sustente."

Por conseguinte, em outubro de 1954, Londres assinou um acordo para evacuar a base de Suez até 1956 — mas perante o entendimento de que a presença militar britânica no Egito poderia ser "reativada" caso os interesses britânicos fossem ameaçados por ataques ou pela ação de Estados naquela área. O acordo foi mantido e, em 13 de junho de 1956, os últimos soldados britânicos foram devidamente evacuados do Suez. Àquela altura, o próprio coronel Nasser — que em novembro de 1954 havia se declarado presidente do Egito — tornara-se um problema. Nasser desempenhava papel fundamental no recém-formado movimento dos Estados independentes da Ásia e da África, que se reuniu em Bandung (Indonésia) em abril de 1955 e condenou o "colonialismo em todas as suas manifestações". Para os radicais árabes em toda aquela região, Nasser era um sinalizador carismático. E começava a atrair o interesse soviético: em setembro de 1955, o Egito anunciou uma grande transação de armas com a Tchecoslováquia.

Já em 1956, os britânicos consideravam Nasser uma ameaça crescente — por ser um déspota, aboletado num curso de água vital, e por servir de exemplo a terceiros. Eden e seus assessores comparavam-no, freqüentemente, a Hitler: uma ameaça diante da qual era preciso se impor, e não se curvar. Paris tinha a mesma visão, embora a insatisfação francesa em relação a Nasser resultasse menos da ameaça que o coronel representava ao Suez, ou da crescente amizade entre ele e os soviéticos, do que da influência negativa que o líder egípcio exercia sobre os súditos franceses no norte da África. Tampouco os Estados Unidos simpatizavam com o presidente do Egito. Durante uma reunião com Tito, na Iugoslávia, em 18 de julho de 1956, Nasser — apoiado pelo primeiro-ministro da Índia, Jawaharlal Nehru — expediu uma declaração conjunta de "Não-aliança", explicitamente desassociando o Egito de qualquer dependência do Ocidente. Os norte-americanos sentiram-se ofendidos; embora houvesse iniciado conversações, em novembro de 1955, acerca do financiamento americano para a grande represa Aswan a ser construída no Nilo, o secretário de Estado norte-americano, Dulles, em 19 de julho, interrompeu as discussões. Uma semana depois, Nasser nacionalizou a Companhia do Canal de Suez.[10]

A reação inicial das potências ocidentais foi o estabelecimento de uma frente unida: Grã-Bretanha, Estados Unidos e França convocaram uma reunião em Londres a fim de decidir como responder a Nasser. A reunião foi efetivamente realizada e em 23 de agosto foi elaborado um "plano", a ser apresentado a Nasser pelo primeiro-ministro australiano, Robert Menzies. Mas Nasser rejeitou a proposta. Os delegados que haviam comparecido ao encontro em Londres voltaram a se reunir entre 19 e 21 de setembro, ocasião em que ficou acordada a criação da Associação dos Usuários do Canal de Suez. Nesse ínterim, britânicos e franceses anunciaram que encaminhariam às Nações Unidas a disputa sobre o Suez.

Até aquela altura, os britânicos (em especial) procuravam alinhar a sua reação aos atos de Nasser à reação de Washington. O débito da Grã-Bretanha com os Estados Unidos ainda era grande, e o Reino Unido pagava juros por empréstimos ainda a saldar; em 1955, a pressão sobre a libra esterlina levou Londres a considerar um pedido de suspensão temporária dos mencionados pagamentos. Londres sempre suspeitara das motivações norte-americanas referentes àquela região: acreditava-se que Washington pretendia suplantar a Grã-Bretanha no Oriente Médio, motivo pelo qual os porta-vozes americanos, de quando em vez, recorriam à retórica anticolonialista, com o intuito de melhor seduzir as elites locais. Mas as relações entre os dois países eram, de modo geral, boas. A Coréia — bem como a dinâmica da Guerra Fria — tinha encoberto os ressentimentos mútuos da década de 1940, e os britânicos achavam que podiam contar com a simpatia dos EUA em se tratando dos interesses e compromissos internacionais da Grã-Bretanha. E assim, embora o próprio Eisenhower lhes dissesse que se preocupavam demasiadamente com Nasser e com a ameaça que ele representava, os líderes britânicos confiavam no apoio norte-americano caso a situação evoluísse para uma crise.

Foi nesse contexto que o primeiro-ministro britânico, Anthony Eden (que no ano anterior sucedera a Churchill, bastante idoso), resolveu lidar de uma vez por todas com o egípcio difícil. A despeito da postura assumida publicamente, britânicos e franceses estavam perdendo a paciência com a ONU e seus procedimentos morosos. *Não queriam* uma solução diplomática. Enquanto os diversos encontros e planos internacionais provocados por Nasser estavam sendo realizados, elaborados e discutidos, o governo britânico deu início a negociações secretas com a França para planejar a invasão do Egito, em operação conjunta. Em 21 de outubro, os planos foram ampliados, com a inclusão dos israelenses, reunidos em Sèvres com franceses e britânicos, a fim de levar adiante as negociações secretas. O interesse israelense era bastante claro: a divisa entre Egito e Israel havia sido fixada, em fevereiro de 1949, através de um armistício, mas ambos os lados consideravam tal fronteira temporária, e os ataques eram freqüentes, principalmente na região de Gaza. Já em julho de 1951, os egípcios haviam bloqueado o golfo de Aqaba, restrição ao comércio e à liberdade de locomoção dos israelenses que Jerusalém estava decidida a erradicar. Israel pretendia reduzir a esfera de ação

[10] O canal sempre esteve em território egípcio e, inquestionavelmente, fazia parte do Egito. Porém, a maior parte das receitas recolhidas pelo canal destinava-se à companhia de capital estrangeiro.

de Nasser e garantir os interesses territoriais e de segurança nacional israelenses no Sinai e nas áreas circunvizinhas.

Em Sèvres, o grupo reunido secretamente chegou a um acordo. Israel atacaria o Exército egípcio no Sinai, avançando para ocupar toda a península, inclusive o canal de Suez, no limite ocidental. Franceses e britânicos expediriam um ultimato, exigindo que os dois lados recuassem e, então, como forças neutras agindo em nome da comunidade internacional, atacariam o Egito: primeiramente pelo ar, depois por mar. Assumiriam o controle do canal, afirmariam que o Egito não tinha competência para dirigir com justeza e eficiência um recurso tão importante, restaurariam o antigo *status quo* e, fatalmente, debilitariam Nasser. O plano foi mantido em absoluto segredo — na Grã-Bretanha, somente Eden e quatro ministros veteranos tinham ciência do protocolo assinado em Sèvres após três dias de discussão, de 21 a 24 de outubro.

A princípio, tudo correu de acordo com os planos. Em 29 de outubro, duas semanas depois que o Conselho de Segurança da ONU falhou na definição de uma saída para Suez (graças ao veto soviético), e apenas uma semana após o encontro em Sèvres, as forças israelenses avançaram pelo Sinai. Ao mesmo tempo, da base em Malta, navios britânicos zarparam para o leste. No dia seguinte, 30 de outubro, a Grã-Bretanha e a França vetaram uma moção da ONU que determinava o recuo de Israel e expediram um ultimato a Israel e ao Egito, exigindo que *ambos* cessassem a luta e aceitassem a ocupação militar anglo-francesa da Zona do Canal. No outro dia, aviões britânicos e franceses atacaram campos de aviação egípcios. Em 48 horas os israelenses concluíram a ocupação do Sinai e de Gaza, ignorando a determinação de cessar-fogo expedida pela Assembléia Geral da ONU; por seu turno, os egípcios afundaram navios no canal de Suez, impedindo qualquer navegação. Dois dias depois, em 5 de novembro, as primeiras tropas anglo-francesas de Infantaria desembarcaram no Egito.

E então a trama começou a se deslindar. Em 6 de novembro, Dwight Eisenhower foi reeleito presidente dos Estados Unidos. Em Washington, o governo reagiu com indignação ao conluio anglo-francês, demonstrando profundo ressentimento diante das mentiras propagadas acerca das verdadeiras intenções dos Aliados: Londres e Paris haviam flagrantemente ignorado a carta e o espírito da Declaração Tripartite de 1950, que comprometia Grã-Bretanha, França e EUA a agirem contra o agressor, na eventualidade de qualquer conflito entre Israel e os árabes. Os EUA passaram a exercer pressão sobre a Grã-Bretanha (em público e em particular) para que o país sustasse a invasão do Egito, chegando a ameaçar suspender o apoio à libra esterlina. Melindrado com a oposição direta dos EUA, mas incapaz de suportar a desvalorização da libra, Eden hesitou, mas acabou cedendo. Em 7 de novembro, apenas dois dias após a descida de pára-quedistas britânicos em Porto Said, as forças britânicas e francesas cessaram as hostilidades. No mesmo dia, a ONU autorizou o embarque de uma Força de Paz para o Egito, aceita por Nasser, em 12 de novembro, desde que a soberania egípcia não fosse violada. Três dias depois, a Força de Paz da ONU chegou ao Egito, e em 4 de dezembro avançou para o Sinai.

Enquanto isso, britânicos e franceses anunciaram sua retirada de Suez, recuo este concluído em 22 de dezembro. A Grã-Bretanha, cujas reservas em libras e dólares haviam diminuído em 279 milhões de dólares no decorrer da crise, foi agraciada com a promessa de auxílio financeiro (concretizado através de uma linha de crédito no valor de 500 milhões de dólares, oferecida pelo US Export-Import Bank); em 10 de dezembro, o FMI anunciou a aprovação de um empréstimo de 561,47 milhões de dólares para a Grã-Bretanha e a possibilidade de disponibilizar outros 738 milhões. Israel, depois de obter o apoio (anunciado publicamente) dos EUA ao direito de navegar as águas do golfo de Aqaba e dos estreitos de Tiran, retirou suas tropas de Gaza, na primeira semana de março de 1957. O processo de liberação do canal de Suez teve início uma semana após o término da retirada anglo-francesa, e o canal foi reaberto em 10 de abril de 1957, permanecendo sob o domínio egípcio.

Cada país aprendeu a sua lição com o fiasco em Suez. Os israelenses, a despeito da dependência dos armamentos franceses, perceberam, claramente, que o futuro dependia do alinhamento de seus interesses aos interesses de Washington — ainda mais após janeiro de 1957, quando o presidente dos EUA anunciou a "Doutrina Eisenhower", afirmando que os EUA empregariam a força armada na eventualidade de uma agressão "comunista internacional" no Oriente Médio. A posição de Nasser no mundo não-aliado ficou bastante fortalecida em decorrência do aparente sucesso demonstrado pelo líder egípcio no confronto com as antigas potências coloniais — como os franceses temiam, a influência moral e o exemplo de Nasser alcançaram novos patamares para os nacionalistas árabes e seus seguidores. O fracasso no Egito pressagiava mais problemas para os franceses na Argélia.

Para os Estados Unidos, a aventura no Suez constituía um lembrete das responsabilidades norte-americanas, bem como uma oportunidade para demonstração de força. Eisenhower e Dulles ressentiam-se do modo como Mollet e Eden contavam com o apoio incondicional dos EUA. Sentiam-se incomodados com franceses e britânicos, não apenas por terem estes, secretamente, levado a termo um esquema tão mal concebido e mal executado, mas também pela má escolha do momento. A crise de Suez coincidiu quase exatamente com a ocupação soviética da Hungria. Ao se envolverem numa trama claramente imperialista contra um Estado árabe que apenas pretendia exercer sua soberania territorial, Londres e Paris tinham desviado a atenção mundial da invasão perpetrada pela União Soviética contra um Estado independente e da destruição do governo desse mesmo Estado. Londres e Paris haviam colocado os seus próprios interesses — na visão de Washington, interesses anacrônicos — acima dos interesses da Aliança Ocidental como um todo.

O que era pior, Londres e Paris haviam propiciado um presente inusitado para a propaganda de Moscou. A URSS quase não teve papel na crise de Suez — uma nota soviética, datada de 5 de novembro, ameaçando ação militar contra a França, a Grã-Bretanha e Israel, a menos que tais países aceitassem o cessar-fogo, não interferiu muito nos acontecimentos, e Kruschev e seus colegas não dispunham de planos para levar a ameaça adiante. Porém, ao permitir que Moscou atuasse, ainda que simbolicamente, como protetora da parte fraca, a França e a Grã-Bretanha permitiram que a União Soviética estreasse num papel que seria desempenhado com vigor nas décadas seguintes. Graças à crise de Suez, as divisões e a retórica da Guerra Fria seriam importadas até o Oriente Médio e a África.

Foi na Grã-Bretanha que o impacto do fracasso dos planos relativos a Suez ficou mais evidente. Muitos anos se passaram até que a magnitude da conspiração contra Nasser chegasse ao conhecimento do público, embora muita gente suspeitasse da trama. No entanto, em poucas semanas, Eden foi forçado a se exonerar, humilhado pela incompetência da estratégia militar por ele aprovada e pela recusa (publicamente anunciada) norte-americana em apoiar tal estratégia. Ainda que o Partido Conservador, então no poder, não tenha sofrido muito nas urnas — sob a liderança de Harold Macmillan, que um tanto a contragosto havia participado do planejamento da expedição ao Suez, os conservadores venceram as eleições gerais de 1959 com boa margem —, o governo britânico foi obrigado a proceder a uma reavaliação radical da sua política externa.

A primeira lição deixada pelos acontecimentos em Suez foi que a Grã-Bretanha já não podia manter uma presença colonial global. O país carecia de recursos militares e econômicos, conforme evidenciado pela crise de Suez; e, na seqüência daquela demonstração concreta das carências britânicas, o país enfrentaria crescentes reivindicações de independência. Após uma pausa de quase uma década, em que apenas o Sudão (em 1956) e a Malásia (em 1957) haviam rompido os laços com a Grã-Bretanha, este país entrou em fase acelerada de descolonização, primordialmente na África. A Costa do Ouro tornou-se independente em 1957, como Estado independente de Gana, o primeiro de uma série. Entre 1960 e 1964, outras 17 colônias britânicas realizaram cerimônias de independência, e as autoridades britânicas viajavam mundo afora, arriando a bandeira do Reino Unido e estabelecendo novos governos. A Comunidade das Nações, que em 1950 era composta de apenas oito membros, em 1956 contava com 21 países, e outras nações estavam por aderir.

Comparado ao trauma da Argélia ou às conseqüências catastróficas do abandono ao qual a Bélgica relegou o Congo, o desmantelamento do Império Britânico foi relativamente pacífico. Mas houve exceções. Na África Oriental, e especialmente na África Meridional, o final do império mostrou-se mais controverso do que na África Ocidental. Quando, em célebre discurso proferido na Cidade do Cabo, em 1960, Harold Macmillan informou à população da África do Sul que "os ventos da mudança sopram neste continente e, queiramos ou não, este aumento de consciência [africana] é um fato político", o líder britânico não esperava encontrar boa acolhida e, com efeito, as palavras não foram bem recebidas. Para preservar o sistema de *apartheid*, em vigor desde 1948, os colonizadores brancos da África do Sul, em 1961, declararam-se uma república e abandonaram a Comunidade das Nações. Quatro anos depois, na vizinha Rodésia do Sul, os colonizadores brancos, em medida unilateral, pronunciaram-se independentes e administrativamente autônomos. Nos dois países, a minoria se manteve no poder em meio a uma cruel oposição ao seu governo.

Mas o caso da África Meridional foi atípico. Em outras regiões — na África Oriental, por exemplo —, comunidades de colonizadores brancos igualmente privilegiados aceitaram seu destino. Depois que ficou claro que Londres não dispunha nem de recursos nem de ânimo para garantir o domínio colonial diante de uma oposição majoritária — fato que até o início dos anos 50 não era evidente, ocasião em que as forças britânicas conduziram uma guerra secreta e suja contra a rebelião Mau-Mau, no Quênia —, os colonizadores europeus aceitaram o inevitável e se calaram.

Em 1968, o governo trabalhista de Harold Wilson chegou à conclusão inescapável em relação aos eventos de novembro de 1956 e anunciou que as forças britânicas seriam retiradas, em caráter permanente, de várias bases, portos, entrepostos, atracadouros de abastecimento e outros estabelecimentos da era imperial mantidos até então pelo país a "leste de Suez" — notadamente, o espetacular porto natural de Aden, na península Arábica. O país não tinha mais condições de exercer poder e influência em regiões ultramarinas. De maneira geral, tal desfecho foi recebido com alívio na Grã-Bretanha: conforme previra Adam Smith, em 1776, no crepúsculo do primeiro Império Britânico, abrir mão da "esplêndida e ostentadora equipagem imperial" era o melhor meio de conter dívidas e propiciar ao país a possibilidade de "adaptar visões e planos futuros à verdadeira mediocridade das circunstâncias presentes".

A segunda lição dada por Suez, conforme parecia à grande maioria da sociedade britânica, era que o Reino Unido jamais deveria voltar a se opor a Washington. Isso não queria dizer que os dois países concordariam sempre — em se tratando de Berlim e da Alemanha, por exemplo, Londres estava bem mais disposta a fazer concessões a Moscou, fato que gerou certo esfriamento nas relações anglo-americanas entre 1957 e 1961. Mas a demonstração de que não era possível contar com o apoio incondicional de Washington levou Macmillan à conclusão oposta a que chegou o seu contemporâneo francês, De Gaulle. A despeito de qualquer hesitação, por mais ambivalentes que se sentissem diante de determinadas ações dos EUA, os governos britânicos, a partir daquele momento, haveriam de aderir, com toda lealdade, aos posicionamentos norte-americanos. Somente assim poderiam exercer influência sobre as escolhas americanas e garantir o apoio dos EUA aos interesses britânicos em momentos decisivos. Esse realinhamento estratégico haveria de ter grandes implicações para a Grã-Bretanha e para a Europa.

As conseqüências da crise de Suez foram sentidas pela sociedade britânica durante muito tempo. Na Grã-Bretanha, principalmente na Inglaterra, um clima de otimismo predominou no início dos anos 50. A eleição de um governo conservador, em 1951, e os primeiros indícios de crescimento econômico haviam dissipado a melancolia igualitária dos primeiros anos do pós-guerra. No início do reino da nova rainha, os ingleses desfrutavam de um breve período de conforto e de uma sensação de bem-estar da qual se orgulhavam. Os ingleses foram os primeiros a conquistar o Everest (1953) — notadamente com o auxílio de um guia colonial nativo — e a correr a milha em menos de quatro minutos (1954). Além disso, foram os britânicos, fato freqüentemente lembrado no país, que realizaram a fissura do átomo, inventaram o radar, descobriram a penicilina, projetaram a turbina a jato etc.

A atmosfera daqueles anos — exageradamente batizada de "Nova Era Elisabetana" — está bem retratada no cinema da época. Os filmes britânicos mais conhecidos, rodados na primeira metade dos anos 50 — comédias como *Genevieve* (1953) ou *Rivais na Conquista* (1954) —, retratam o sul da Inglaterra como uma região alegre, vibrante, próspera e autoconfiante. Ambientes e personagens já não são cinzentos ou oprimidos, e, sob outros aspectos, tudo permanece rigidamente tradicional: todos são inteligentes, jovens, educados, respeitosos, reverentes; todos pertencem à classe média e se expressam bem. Tratava-se de uma Inglaterra onde as debutantes ainda eram recebidas na Corte (ritual obsoleto e cada vez mais absurdo, finalmente suprimido pela rainha em 1958); onde um em cada cinco parlamentares do Partido Conservador estudara em Eton; e onde, em 1956, o percentual de universitários cujas famílias pertenciam à classe operária não superava os índices de 1925.

Além de comédias inofensivas, o cinema inglês daqueles anos esbanjava saúde, devido a um bom cardápio de filmes de guerra: *The Wooden Horse* (O cavalo de madeira) (1952), *Mar* (1953), *Labaredas do Inferno* (1954), *Os Sobreviventes* (1955), *A Batalha do Rio da Prata* (1956). Baseados, com maior ou menor grau de fidelidade, em episódios de heroísmo britânico durante a Segunda Guerra Mundial (com ênfase na guerra naval), esses filmes eram um prazeroso lembrete dos motivos que os britânicos tinham para se sentirem orgulhosos de si mesmos — e auto-suficientes. Sem glorificar o combate, essas películas cultivavam a imagem mitológica da guerra da Grã-Bretanha, ressaltando a importância da camaradagem a despeito de classe social e profissão. Quando tensões sociais ou distinções de classe eram invocadas, o tom costumava ser jocoso e cético, em vez de conflituoso ou indignado. Somente em *O Mistério da Torre* (1951), a mais cáustica das comédias de Ealing, transparece algo além de uma insinuação de comentário social — e, nesse caso, temos uma modalidade inglesa de "poujadismo": os ressentimentos e os sonhos dos mansos e medíocres.

A partir de 1956, entretanto, o tom começou a se tornar visivelmente sombrio. Filmes de guerra tais como *A Ponte do Rio Kwai* (1957) e *A Retirada de Dunquerque* (1958) sugeriam questionamentos e dúvidas, como se o legado de confiança de 1940 estivesse começando a ruir. Já em 1960, *Afundem o Bismarque*, um filme de guerra feito nos moldes antigos, parecia estranhamente antiquado e contrário à mentalidade vigente. A nova atmosfera foi estabelecida pela pioneira peça teatral, de autoria de John Osborne, intitulada *Look Back in Anger* (*Odeio essa mulher*) foi o título do filme em português), que estreou em Londres em 1956 e foi transformada num filme (bastante fiel) dois anos depois. Nesse drama de frustração e desilusão, o protagonista, Jimmy Porter, sente-se sufocado por uma sociedade e um casamento que ele não é capaz de abandonar nem mudar. Porter achincalha a esposa, Alison, por sua formação burguesa. Ela, por sua vez, sente-se encurralada entre o marido mal-humorado, originário da classe operária, e o velho pai, resquício da era colonial, um homem atordoado e ferido por um mundo que ele não mais compreende. Conforme Alison o adverte: "O senhor está aborrecido porque tudo mudou. Jimmy está aborrecido porque tudo continua igual. E nem o senhor nem ele são capazes de encarar esse fato."

Esse diagnóstico fílmico do estado de espírito instável dos britânicos, por ocasião da crise de Suez, talvez fosse um tanto simplista, mas captava uma verdade. Quando a versão em filme de *Look Back in Anger* chegou aos cinemas, foi acompanhada de uma série de filmes que traziam preocupações similares, a maioria dos quais baseados em romances ou peças escritas na segunda metade da década de 1950: *Almas em Leilão* (1959), *Tudo Começou no Sábado* (1960), *A Solidão do Corredor de Longa Distância* (1962), *Ainda Resta uma Esperança* (1962), *This Sporting Life* (Esta vida esportiva) (1963). Nos filmes rodados no início dos anos 50, figuravam atores bem vestidos, pertencentes à classe média, e que falavam com o sotaque da BBC — Kenneth More, Dirk Bogarde, John Gregson, Rex Harrison, Geoffrey Keene —, ou então simpáticos "tipos" londrinos geralmente encarnados por atores judeus especializados em papéis coadjuvantes (Sidney James, Alfie Bass, Sidney Tafler ou Peter Sellers). Filmes feitos mais tarde, os chamados "dramas de cozinha", devido à franqueza com que expunham a vida cotidiana, estrelavam uma nova legião de atores mais jovens — Tom Courtenay, Albert Finney, Richard Harris e Alan Bates. Tais filmes eram geralmente ambientados em comunidades operárias do norte da Grã-Bretanha, com sotaques e linguagens condizentes. E representavam a Inglaterra como um mundo dividido, amargurado, cínico, preconceituoso e carrancudo, um mundo de ilusões perdidas. Os únicos pontos em comum entre os filmes do início dos anos 50 e do início dos anos 60 eram que as mulheres quase sempre desempenhavam papéis secundários, e todos os personagens eram brancos.

Se as ilusões imperiais só pereceram com o advento de Suez, a confiança insular da Inglaterra já estava sitiada havia algum tempo. O desastre de 1956 tão-somente acelerou o colapso. O simbolismo atinente à primeira derrota da seleção inglesa de críquete diante de uma equipe caribenha (em 1950, e no "solo sagrado" do jogo, na sede do críquete em Londres) calou fundo, três anos mais tarde, quando a seleção inglesa de futebol levou uma goleada no estádio nacional — diante da equipe da pobre Hungria, e por um placar inusitado de 6 x 3. Nos dois esportes internacionais que os ingleses haviam espalhado mundo afora, a própria Inglaterra já não era a força suprema.

Esses indicadores não-políticos de decadência nacional causaram impacto ainda maior porque a Grã-Bretanha era, então, uma sociedade um tanto quanto apolítica. O Partido Trabalhista inglês, oposição na época da crise de Suez, não foi capaz de aproveitar o fracasso de Eden, pois o eleitorado já não filtrava os acontecimentos através de uma perspectiva político-partidária. A exemplo do restante da Europa Ocidental, os britânicos estavam cada vez mais interessados em consumo e entretenimento. O interesse em religião diminuía, e com isso o gosto por qualquer tipo de mobilização. Harold Macmillan, político conservador dotado de instintos liberais — um oportunista político disfarçado de cavalheiro ruralista eduardiano —, era o líder ideal para aquele momento de transição, propalando recuo colonialista no exterior e próspera tranqüilidade no país. Os eleitores mais idosos sentiam-se bastante satisfeitos com tal resultado; somente os jovens mostravam-se cada vez mais desiludidos.

O recuo imperialista contribuiu diretamente para a crescente ansiedade britânica acerca da perda de rumo do país. Na ausência da glória imperial, a Comunidade das Nações servia à Grã-Bretanha, principalmente, enquanto fonte de provisão de alimentos. Graças às prerrogativas desfrutadas pela comunidade (i.e., tarifas favoráveis às importações provenientes de países integrantes da comunidade), os gêneros alimentícios originários da Comunidade das Nações eram baratos e, no início dos anos 60, somavam quase a terça parte do valor total das importações do Reino Unido. Mas as exportações da Grã-Bretanha para os países da comunidade apresentavam *queda* contínua, pois a maioria dessas exportações seguia para a Europa (em 1965, pela primeira vez, o comércio britânico com a Europa superaria o volume de negócios realizados com a Comunidade das Nações). Após o fiasco em Suez, o Canadá, a Austrália, a África do Sul e a Índia perceberam o declínio britânico e redirecionaram sua política e transações comerciais: para os EUA, para a Ásia e para a região que em breve passaria a ser chamada de "Terceiro Mundo".

Quanto à situação da própria Grã-Bretanha, os EUA talvez fossem o aliado indispensável, mas não podiam prover os britânicos de nova motivação, muito menos de identidade nacional renovada. Ao contrário, a dependência da Grã-Bretanha em relação aos Estados Unidos ilustrava a debilidade e o isolamento da nação. E assim, embora poucos elementos do instinto, da cultura e da educação britânica apontassem para a Europa continental, ficava cada vez mais evidente para muitos políticos e cidadãos britânicos — inclusive para o próprio Macmillan — que, de alguma forma, o futuro do país estava do outro lado do canal da Mancha. Para onde mais, senão para a Europa, poderia a Grã-Bretanha se voltar, a fim de resgatar o prestígio internacional?

O "projeto europeu", se é que de fato existiu além da imaginação de alguns idealistas, já estava sem força em meados dos anos 50. A Assembléia Nacional francesa vetou a proposta de um exército europeu, e com isso qualquer discussão sobre o incremento da coordenação entre as nações da Europa. Diversos acordos regionais que seguiam o modelo do Benelux foram firmados — principalmente o "Mercado de Trabalho Comum Nórdico" (em 1954); porém, nada mais ambicioso estava na pauta. Defensores da cooperação européia só contavam com a nova Comunidade Européia da Energia Atômica (Euratom), anunciada na primavera de 1955; mas essa — à semelhança da Comunidade Européia do Carvão e do Aço — era uma iniciativa francesa, e o sucesso do empreendimento baseava-se, sintomaticamente, no mandato restrito e técnico da agência. Se os britânicos se mantinham céticos acerca das perspectivas de uma união européia, tal percepção não era absolutamente insensata.

O impulso para um novo começo partiu, como seria de se esperar, dos países do Benelux, os mais experientes em termos de uniões fronteiriças e os que menos perderiam em conseqüência da diluição de identidades nacionais. Àquela altura, estava claro para grandes estadistas europeus — sobretudo Paul-Henri Spaak, ministro das Relações Exteriores da Bélgica — que a integração política ou militar não era viável, ao menos não no presente. Em todo caso, em meados dos anos 50, a inquietação européia se desviara marcantemente das preocupações militares observadas na década anterior. Parecia evidente que a ênfase deveria recair sobre a integração *econômica* européia, arena na qual os interesses nacionais e a cooperação poderiam ser buscados em conjunto, sem ofender sensibilidades tradicionais. Spaak, ao lado do colega holandês, convocou uma reunião em Messina, em junho de 1955, com o intuito de considerar essa estratégia.

Os participantes do encontro de Messina eram os seis integrantes da CECA e mais um "observador" britânico (de baixo escalão). Spaak e seus colaboradores apresentaram um conjunto de sugestões relacionadas à união alfandegária, acordos comerciais e outros projetos bastante convencionais de coordenação transnacional, tudo apresentado muito cuidadosamente, para não ferir as suscetibilidades da Grã-Bretanha e da França. Após Messina, as negociações prosseguiram no âmbito de um comitê internacional de planejamento presidido pelo próprio Spaak, cuja missão era apresentar recomendações expressas em prol de maior integração econômica na Europa, de um "mercado comum". Contudo, em novembro de 1955, os britânicos se retiraram, assustados diante da perspectiva de uma espécie de Europa pré-federal, de cuja criação o Reino Unido desde sempre suspeitara.

Os franceses, no entanto, decidiram seguir em frente. Quando, em março de 1956, o comitê presidido por Spaak apresentou formalmente uma recomendação favorável ao Mercado Comum, Paris assentiu. Os observadores britânicos continuaram descrentes. É certo que tinham ciência dos riscos, caso ficassem fora do esquema; como observou uma comissão do governo britânico, confidencialmente, poucas semanas antes que as recomendações de Spaak viessem a público, "se as potências de Messina concretizarem a integração econômica sem a presença do Reino Unido, isso implicará a hegemonia alemã na Europa".[11] Porém, apesar desse fato, da pressão exercida pelo anglófilo Spaak e da fragilidade internacional da libra (evidenciada poucos meses depois na crise de Suez), Londres não foi capaz de se posicionar ao lado dos "europeus". Quando, em 25 de março de 1957, o tratado que estabeleceu a Comunidade Econômica Européia (e a Euratom, a agência de energia nuclear) foi assinado em Roma, entrando em vigor a partir de janeiro de 1958, a nova CEE — com sede em Bruxelas — incluía os mesmos seis países que haviam formado a Comunidade do Carvão e do Aço, sete anos antes.

Não se deve exagerar a importância do Tratado de Roma. O documento configurava, de modo geral, uma declaração de boas intenções futuras. Os signatários fixavam um cronograma de redução e harmonização de tarifas, ventilavam a possibilidade de futuros alinhamentos cambiais e concordavam em planejar trânsito livre de mercadorias, moedas e mão-de-obra. A maior parte do texto constituía uma base para a criação de procedimentos destinados ao estabelecimento e à garantia de regulamentação futura. A única inovação verdadeiramente significativa — a criação, nos termos do Artigo 177, do Tribunal de Justiça Europeu, ao qual os tribunais dos diversos países submeteriam causas para decisão final — se mostraria extremamente importante nas décadas vindouras, mas passou quase despercebida à época.

A CEE resultou de uma situação de fraqueza, e não de força. Conforme o relatório de Spaak, redigido em 1956, ressaltava: "A Europa, que no passado detinha o monopólio da indústria e obtinha recursos importantes junto às possessões ultramarinas, hoje em dia se vê numa situação externa enfraquecida, com a sua capacidade de influência diminuída e o potencial de progresso perdido em meio à divisão." Foi precisamente por *ainda* não compreenderem a situação sob essa ótica que os britânicos declinaram de ingressar na CEE. A idéia de que o Mercado Comum Europeu fazia parte de uma estratégia calculada, cujo propósito era contrapor a força crescente dos Estados Unidos — noção que em décadas futuras ganharia certa credibilidade nos círculos políticos de Washington —, é portanto bastante absurda: a recém-criada CEE dependia totalmente da segurança propiciada pelos EUA, sem a qual os países membros jamais poderiam abraçar a integração econômica e, ao mesmo tempo, se eximir da preocupação com a defesa comum.

Mesmo entre os países membros, nem todos estavam satisfeitos com as novas propostas. Na França, muitos deputados conservadores (inclusive os seguidores de De Gaulle) votaram contra a ratificação do Tratado de Roma alegando "questões nacionais", enquanto alguns socialistas e radicais de esquerda (inclusive Pierre Mendès-France) se opunham à formação de uma "pequena Europa" sem a presença tranqüilizadora da Grã-Bretanha. Na Alemanha, o próprio ministro da Fazenda de Adenauer, Ludwig Erhard, entusiasta do livre-comércio, continuava a criticar uma "união alfandegária" neomercantilista que pudesse prejudicar o relacionamento da Alemanha com a Grã-Bretanha, restringir o fluxo comercial e distorcer os preços. Na visão de Erhard, a CEE era uma "asneira macroeconômica". Como observara um estudioso perspicaz, a questão poderia muito bem ter chegado a outro desfecho: "Se Erhard estivesse no comando da Alemanha, o resultado, provavelmente, seria a criação de uma Asso-

[11] Citado por Alan Milward em *The European Rescue of the Nation-State* (O resgate europeu do Estado-nação) (Berkeley e Los Angeles, University of California Press, 1992), p. 429.

ciação Anglo-germânica de Livre-comércio, sem qualquer componente agrícola, e os efeitos da exclusão econômica haveriam de obrigar a França a entrar no esquema".[12]

Mas não foi isso que aconteceu. E o formato final da CEE teve uma certa lógica. No decorrer dos anos 50, houve um incremento no comércio entre os países do Oeste Europeu continental. E, em todos esses países, o maior volume de negócios era com a Alemanha Ocidental, de cujos mercados e produtos a recuperação econômica se tornara cada vez mais dependente. Além disso, no pós-guerra, todos os Estados europeus estavam profundamente envolvidos em questões econômicas: por meio de planejamento, regulamentação, metas de crescimento e toda espécie de subsídio. No entanto, a promoção das exportações, o redirecionamento de recursos de indústrias antigas para novas, o incentivo a determinados setores (como agricultura ou transporte) — tudo isso exigia cooperação internacional. Nenhuma das economias do Oeste Europeu era auto-suficiente.

Essa tendência a uma coordenação mutuamente vantajosa foi, portanto, movida por interesses nacionais, não pelos propósitos da Comunidade do Carvão e do Aço criada por Schuman, organismo que, nos anos em questão, era irrelevante em termos de formulação de política econômica. O ânimo para proteger e fomentar os interesses locais que antes de 1939 havia levado os Estados europeus a se voltar para questões internas agora propiciava a aproximação entre essas mesmas nações. A remoção de obstáculos e as lições do passado recente talvez tenham sido os fatores que mais facilitaram tal mudança. Os holandeses, por exemplo, não estavam satisfeitos com a perspectiva das altas tarifas externas da CEE, que iriam inflacionar os preços locais e, à semelhança dos vizinhos belgas, viam com apreensão a ausência dos britânicos. Mas não podiam correr o risco de perder os seus principais parceiros comerciais.

Os interesses germânicos eram mistos. Na condição de principal país exportador europeu, a Alemanha demonstrava crescente interesse na instalação do livre-comércio na Europa Ocidental — ainda mais porque a indústria alemã perdera mercados importantes no Leste Europeu e já não contava com territórios coloniais a serem explorados. Mas, para a Alemanha, uma união alfandegária européia que funcionasse à base de proteção tarifária restrita a seis países não constituía, necessariamente, um objetivo político racional, como Erhard bem entendia. Como os ingleses, ele e muitos outros alemães talvez preferissem uma área européia de livre-comércio mais ampla e menos controlada. Mas Adenauer jamais romperia com a França, por mais divergentes que fossem os interesses das duas nações. E ainda havia a questão da agricultura.

Na primeira metade do século XX, um número excessivo e ineficiente de camponeses europeus produzia alimentos que mal bastavam para suprir um mercado sem a capacidade de lhes custear a subsistência. O resultado tinha sido pobreza, emigração e fascismo rural. Nos anos carentes que sucederam à Primeira Guerra Mundial, programas de diversas naturezas foram implementados a fim de estimular e assistir agricultores de terras produtivas a produzir mais. Com o propósito de reduzir a dependência de gêneros alimentícios importados do Canadá e dos EUA (cujas transações eram efetuadas em dólares), foi priorizada a produção bruta, em vez da eficiência. Os agricultores não precisavam temer a volta da deflação verifi-

---

[12] Andrew Moravscik, *The Choice for Europe: Social Purpose and State Power from Messina to Maastricht* (A escolha para a Europa: Propósito social e poder do Estado, de Messina a Maastricht) (Ithaca, Cornell University Press, 1998), p. 137.

cada antes da guerra: somente em 1951 a produção agrícola da Europa retornou aos níveis constatados antes da guerra, e, entre o protecionismo e os subsídios de preços, a renda dos produtores estava, efetivamente, assegurada. Os anos 40 foram, por assim dizer, uma era de ouro para os produtores agrícolas europeus. Ao longo da década de 1950, embora o excedente de mão-de-obra rural continuasse a escoar para novos empregos urbanos, a produção continuou a crescer; os camponeses europeus tornavam-se cada vez mais eficientes. Mesmo assim, continuavam a se beneficiar de algo que, na prática, configurava um sistema previdenciário público permanente.

O paradoxo era especialmente marcante na França. Em 1950, o país ainda era um grande importador de alimentos, em termos líquidos. Mas nos anos seguintes a produção agrícola nacional registrou grande incremento. A produção francesa de manteiga aumentou em 76% entre 1949 e 1956; a produção de queijo cresceu 116% entre 1949 e 1957. A de açúcar de beterraba subiu 201% entre 1950 e 1957. No mesmo período, as safras de cevada e milho obtiveram aumentos impressionantes, respectivamente de [illegible] e [illegible]. A França agora não era apenas auto-suficiente, mas contava com excedentes na produção de gêneros alimentícios. O terceiro Plano de Modernização, abrangendo o período de 1957 a 1961, propiciou mais investimentos em carne, laticínios, açúcar e trigo (principais produtos do norte da França e da bacia de Paris, onde a influência dos poderosos sindicatos agrícolas franceses era mais marcante). Enquanto isso, o governo francês, sempre consciente do significado simbólico da terra na vida pública francesa — e da clara importância do voto rural —, procurou manter os subsídios aos preços e buscar mercados para a exportação da produção nacional de alimentos.

Esse fator desempenhou papel de destaque na decisão francesa de ingressar na CEE. O principal interesse da França num mercado comum europeu era o acesso preferencial que tal mecanismo propiciaria a mercados estrangeiros — especialmente o alemão (ou britânico) — de carne, laticínios e cereais. Tal possibilidade, aliada à promessa de subsídios de preços e ao compromisso dos parceiros europeus com a compra do excedente da produção agrícola francesa, foi o que convenceu a Assembléia Nacional a votar a favor do Tratado de Roma. Em contrapartida à disposição de abrir o mercado interno às exportações alemãs de produtos não-agrícolas, os franceses praticamente depositaram o sistema nacional de garantias rurais nas costas dos parceiros da CEE, aliviando Paris, a longo prazo, de um peso financeiro quase intolerável (e politicamente explosivo).

Esse é o pano de fundo da notória Política Agrícola Comum (PAC) da CEE, inaugurada em 1962 e formalizada em 1970, após uma década de negociações. À medida que os preços fixados europeus se elevavam, *toda* a produção européia de gêneros alimentícios tornava-se cara demais para competir no mercado mundial. Eficientes indústrias holandesas de laticínios não se achavam em melhores condições do que pequenas propriedades rurais alemãs de baixa produtividade, pois todas estavam agora sujeitas a uma estrutura comum de preços. No decorrer dos anos 60, a CEE dedicou-se à formulação de uma série de práticas e regras destinadas a lidar com esse problema. Metas de preços seriam fixadas para todos os gêneros alimentícios. Então tarifas externas adotadas pela CEE elevariam aos patamares europeus o custo de produtos agrícolas importados — geralmente calculado com base em preços praticados pelos produtores mais caros e menos eficientes da Comunidade.

Todo ano, a CEE passaria a comprar o excedente agrícola dos países membros, por valores de 5% a 7% inferiores aos "preços-meta". A CEE, então, iria escoar o excedente, subsidiando a sua revenda fora do Mercado Comum, a preços inferiores aos praticados na União Européia. Esse procedimento flagrantemente ineficiente resultava de velhas práticas de negociação. As pequenas propriedades rurais alemãs precisavam de subsídios pesados para continuar funcionando. Agricultores franceses e italianos não praticavam preços demasiadamente elevados, mas ninguém se atrevia a instruí-los a restringir a produção, muito menos a pedir que aceitassem vender seus produtos a preços de mercado. Em vez disso, cada país atendia às necessidades de seus produtores agrícolas e repassava o custo dos subsídios aos consumidores urbanos e, principalmente, aos contribuintes.

A PAC não foi algo sem precedentes. Em fins do século XIX a Europa já impunha tarifas parcialmente análogas a cereais baratos, importados dos Estados Unidos. No início da década de 1930, nos piores momentos da Depressão, houve diversas tentativas de apoiar os preços agrícolas através da compra de excedentes ou de compensações financeiras pagas a agricultores para diminuírem a produção. Segundo um acordo firmado entre Alemanha e França em 1938 e jamais implementado, a Alemanha se comprometia a receber as exportações agrícolas francesas em troca da abertura do mercado interno francês para produtos químicos e manufaturados alemães (durante a guerra, uma exposição em Paris dedicada a "La France europééne" destacava a riqueza agrária da França e os benefícios que adviriam da participação do país na Nova Europa de Hitler).

A agricultura moderna jamais esteve livre de proteções politicamente motivadas. Mesmo os EUA, cujas tarifas externas entre 1947 e 1967 foram reduzidas em 90%, excluíram (e ainda excluem) a agricultura dessa liberalização comercial. E produtos agrícolas, desde o início, ficaram fora das deliberações do Acordo Geral sobre Comércio e Tarifas. A CEE, portanto, nada teve de singular. Mesmo assim, as conseqüências negativas da Política Agrícola Comum foram singulares. À medida que os produtores europeus se tornavam mais eficientes (a garantia de rendimentos mais elevados lhes propiciava investir em melhores equipamentos e fertilizantes), a oferta passou a superar em muito a procura, principalmente em se tratando de produtos favorecidos pela política agrícola, nitidamente defensora da produção de cereais e da criação de animais domésticos, especialidades da grande indústria agrícola francesa, e pouco se fazia em prol do cultivo de frutas, azeitonas e legumes do sul da Itália.

Enquanto, no final da década de 1960, os preços de gêneros alimentícios caíam em todo o mundo, os preços da CEE se mantinham isolados, em níveis absurdamente altos. Poucos anos após a Política Agrícola Comum entrar em vigor, milho e carne produzidos na Europa eram vendidos a valores 200% acima dos praticados mundialmente. A manteiga européia era oferecida a um preço 400% superior. Em 1970, a PAC empregava quatro em cada cinco administradores do Mercado Comum, e a agricultura consumia 70% do orçamento, situação estranha em se tratando de alguns dos Estados mais industrializados do mundo. País algum, isoladamente, poderia suportar um conjunto de políticas tão absurdo; porém, ao transferir esse peso para a Comunidade como um todo e atrelá-lo aos objetivos abrangentes do Mercado Comum, todos os governos nacionais haveriam de obter ganhos, ao menos a curto prazo. Somente os desvalidos que viviam em centros urbanos (e agricultores que não pertenciam à

CEE) perderam com a PAC, mas as populações urbanas carentes ao menos obtiveram outras compensações.

Àquela altura, a maioria dos países do Oeste Europeu *não* era membro da CEE. Um ano depois que o Mercado Comum foi inaugurado, os britânicos — ainda na tentativa de evitar o surgimento de um bloco europeu supranacional — sugeriram que a CEE fosse expandida, através da criação de uma zona industrial de livre-comércio que incluísse os países membros da CEE, outros países europeus e a Comunidade Britânica das Nações. De Gaulle, como seria de se esperar, rejeitou a idéia. Em resposta, e a partir da iniciativa do Reino Unido, vários países reuniram-se em Estocolmo, em novembro de 1959, e criaram a Associação Européia de Livre-Comércio (AELC). Os países participantes — Áustria, Suíça, Dinamarca, Noruega, Suécia, Portugal e Reino Unido, mais tarde acompanhados pela Irlanda, Islândia e Finlândia — eram, em sua maioria, prósperos e periféricos, e entusiastas do livre-comércio. À exceção de Portugal, a agricultura desses países, embora de pequena escala, era extremamente eficiente e voltada para o mercado mundial.

Por esses motivos, e em virtude das ligações estreitas com Londres (especialmente no caso dos países escandinavos), tais nações não viam grande utilidade na CEE. Mas a AELC era (e continua sendo) uma organização minimalista, uma reação aos defeitos de Bruxelas, em vez de constituir uma alternativa real. A Associação não passava de uma zona de livre-comércio para itens *industrializados*; produtos agrícolas ficavam de fora, e buscavam os seus próprios níveis de preços. Alguns dos Estados membros de menor porte, tais como a Áustria, Suíça ou Suécia, tinham condições de explorar mercados de nicho, pois fabricavam itens industrializados de elevado valor agregado e atraíam muito turismo. Outros, a exemplo da Dinamarca, dependiam sensivelmente da Grã-Bretanha, como mercado consumidor de carne e laticínios.

Mas a própria Grã-Bretanha necessitava de um mercado muito maior, aonde canalizar a sua exportação de itens manufaturados, do que a ela propiciavam os pequenos parceiros escandinavos e alpinos. Percebendo o inevitável — embora ainda com esperança de influenciar a formulação da política da CEE —, o governo de Harold Macmillan, em julho de 1961, seis anos após o afastamento desdenhoso de Londres das conversações realizadas em Messina, candidatou-se formalmente ao ingresso na Comunidade Econômica Européia. A Irlanda e a Dinamarca, países cujas economias tinham ligação umbilical com a economia do Reino Unido, também se candidataram. Não é possível saber se a candidatura britânica teria sido bem-sucedida — a maioria dos países membros da CEE ainda queria a inclusão da Grã-Bretanha, mas esses mesmos países, com boa justificativa, desconfiavam do compromisso de Londres com os objetivos centrais do Tratado de Roma. A questão, contudo, ficou inconseqüente — De Gaulle, como já vimos, vetou publicamente em janeiro de 1963 a entrada da Grã-Bretanha. É uma indicação da velocidade com que os eventos se desenrolaram depois da crise de Suez o fato de a rejeição do ingresso da Grã-Bretanha numa comunidade européia até então desacreditada ter provocado o seguinte registro desesperado no diário de Macmillan: "É o fim [...] de tudo pelo que venho trabalhando há tantos anos. Toda a nossa política interna e externa está arruinada."

Os britânicos tinham poucas opções senão empreender nova tentativa, o que foi feito em maio de 1967 — e, seis meses mais tarde, a Grã-Bretanha foi novamente alvo do veto de um presidente francês, tranqüilamente revanchista. Afinal, em 1970, após a renúncia e o subseqüente falecimento de De Gaulle, as negociações entre a Grã-Bretanha e a Europa foram abertas pela terceira vez, agora culminando com uma candidatura bem lograda (em parte porque o comércio britânico com a Comunidade das Nações estava tão reduzido que Londres já não pressionava uma Bruxelas relutante a garantir benesses comerciais para países que não pertencessem à CEE). Todavia, em 1973, quando Grã-Bretanha, Dinamarca e Irlanda finalmente ingressaram, a Comunidade Econômica Européia já estava estruturada e esses países não tinham condições de influenciá-la, conforme a antiga esperança dos líderes britânicos.

A CEE era um consórcio franco-germânico no qual Bonn garantia as finanças e Paris ditava as políticas. Por conseguinte, o desejo da Alemanha Ocidental de integrar a Comunidade Européia custou caro, mas durante várias décadas Adenauer e seus sucessores pagariam o preço sem se queixar, agarrando-se à aliança com a França — para a surpresa dos britânicos. Os franceses, nesse ínterim, passaram para a Europa o custo dos subsídios agrícolas, sem pagar o preço da perda da soberania. Esta última preocupação sempre se destacava na estratégia diplomática francesa — em Messina, nos idos de 1955, o ministro das Relações Exteriores francês, Antoine Pinay, deixara bem claro o objetivo da França: instituições administrativas supranacionais eram aceitáveis desde que subordinadas a decisões unânimes na esfera intergovernamental.

Tendo em mente tal objetivo, De Gaulle intimidou os demais Estados membros da Comunidade Econômica Européia durante a primeira década da instituição. Segundo os termos originais do Tratado de Roma, todas as grandes decisões (exceto a admissão de novos integrantes) deveriam ser tomadas com base no voto da maioria do Conselho de Ministros, órgão intergovernamental. Porém, em junho de 1965, ao se retirar do debate intergovernamental até que os demais líderes concordassem em adaptar o financiamento agrícola da CEE às exigências francesas, o presidente francês atrapalhou os trabalhos da Comunidade. Após resistir durante seis meses, os demais países cederam; em janeiro de 1966, a contragosto, ficou acordado que no futuro o Conselho de Ministros não mais poderia aprovar medidas com base no voto majoritário. Foi a primeira violação do tratado original e uma notável demonstração do poder bruto da França.

Contudo, os primeiros feitos da CEE foram impressionantes. Já em 1968, as tarifas dos países membros da Comunidade tinham sido revogadas, bem antes da data programada. O comércio entre os seis países membros quadruplicou no mesmo período. A mão-de-obra agrícola decresceu continuamente, a um índice anual de cerca de 4%, enquanto a produção agrícola por trabalhador, durante os anos 60, subiu 8,1% ao ano. No final da primeira década de existência da CEE, e a despeito da sombra de De Gaulle, a Comunidade Econômica Européia havia adquirido uma aura de inevitabilidade, motivo pelo qual outros Estados europeus começaram a se apresentar visando ao ingresso.

Mas havia problemas também. Uma união alfandegária dispendiosa e autocomplacente, dirigida a partir de Bruxelas por uma administração centralizada e um Executivo que não era eleito para o cargo, não configurava um ganho genuíno para a Europa, nem para o resto do mundo. Na verdade, a rede de acordos protecionistas e subsídios indiretos posta em prática por determinação da França não condizia, absolutamente, com o espírito e as instituições da estrutura comercial internacional que surgira nas décadas seguintes a Bretton Woods. Na medida em que o sistema de governo na CEE era (consideravelmente) moldado no francês, o legado napoleônico de tal sistema não constituía bom presságio.

Finalmente, a influência da França sobre a Comunidade Européia nos primeiros anos de sua existência contribuiu para a formação de uma nova "Europa", vulnerável à imputação de ter reproduzido todas as piores características do Estado-nação em escala subcontinental: havia sempre o risco, nunca pequeno, de que o preço a ser pago pela recuperação da Europa Ocidental fosse um provincianismo eurocêntrico. Apesar da crescente riqueza, o mundo da CEE era um tanto quanto trivial. Sob certos aspectos, era, na verdade, bem menor do que o mundo conhecido de franceses ou holandeses, quando seus respectivos Estados-nações se abriram para povos e locais longínquos e ultramarinos. Dadas as circunstâncias da época, esse fato pouco importava para a maioria dos europeus ocidentais, que, de modo geral, não tinha muitas opções. Mas, com o tempo, o fato produziria uma visão de "Europa" nitidamente paroquial, com preocupantes implicações futuras.

Em março de 1953, a morte de Josef Stalin tinha precipitado uma luta de poder entre os ansiosos herdeiros do líder soviético. A princípio, o chefe da polícia secreta, Lavrenti Beria, despontava como provável herdeiro único do ditador. Mas, por esse exato motivo, os colegas tramaram seu assassinato, em julho daquele mesmo ano, e após um breve desvio que passou por Georgi Malenkov, Nikita Kruschev — que estava longe de ser o nome mais conhecido no círculo íntimo de Stalin — foi confirmado, dois meses mais tarde, no cargo de primeiro-secretário do Partido Comunista da União Soviética. Isso foi algo irônico: a despeito de suas tendências psicóticas, Beria defendia reformas e até o que à época ainda não era chamado de "desestalinização". No breve período entre a morte de Stalin e o momento em que Beria foi detido, este repudiou a Conspiração dos Doutores, soltou alguns prisioneiros do Gulag e até propôs reformas nos Estados-satélites, para a perplexidade dos líderes do partido nesses países.

A nova liderança, supostamente coletiva, mas com Kruschev surgindo cada vez mais como *primus inter pares*, não tinha muita alternativa senão seguir o caminho defendido por Beria. A morte de Stalin, após longos anos de repressão e empobrecimento no país, precipitara amplos protestos e clamores por mudança. Ao longo de 1953 e 1954 ocorreram rebeliões em campos de trabalho da Sibéria — em Norilsk, Vorkuta e Kengir; foram necessários tanques, aviões e vários destacamentos de tropas para que o Kremlin conseguisse controlar os levantes. Porém, depois de restabelecida a "ordem", Kruschev voltou à estratégia de Beria. De 1953 a 1956, cerca de 5 milhões de prisioneiros foram libertados do Gulag.

Nas democracias populares, a era pós-Stalin foi marcada não apenas pela rebelião de 1953 em Berlim (ver Capítulo 6), mas pela oposição, mesmo em postos imperiais avançados conhecidos pela timidez, como a provinciana Bulgária, onde trabalhadores de fábricas de cigarro rebelaram-se em maio e junho daquele mesmo ano. O domínio soviético jamais chegou a ser ameaçado, mas as autoridades em Moscou levaram bastante a sério a escala do descontentamento público. A tarefa que agora se apresentava a Kruschev e seus colegas era enterrar Stalin e seus excessos, sem pôr em risco o sistema construído pelo terror stalinista e as vantagens obtidas pelo partido com o monopólio do poder.

A estratégia de Kruschev, segundo transpareceu nos anos seguintes, tinha quatro prioridades. Primeiramente, como já foi visto, era preciso estabilizar as relações com o Ocidente, na seqüência do rearmamento da Alemanha, da incorporação desta à OTAN e do advento do Pacto de Varsóvia. Ao mesmo tempo, Moscou começou a buscar contatos com o mundo "não-alinhado" — a começar pela Iugoslávia, que Kruschev e o marechal Bulganin visitaram em maio de 1955 (apenas um mês depois da assinatura do Tratado do Estado Austríaco), a fim de reaquecer as relações entre a União Soviética e a Iugoslávia, depois de um "inverno" que durou sete anos. Em terceiro lugar, Moscou começou a incentivar os reformistas que integravam os quadros do partido em países-satélites, passando a permitir a crítica discreta dos "erros" da velha guarda stalinista e a reabilitação de algumas de suas vítimas e ainda acabando com o ciclo de julgamentos forjados, detenções em massa e expurgos.

Foi nesse contexto que Kruschev, com toda cautela, avançou em direção ao quarto (e a seu ver derradeiro) estágio de reforma controlada: o rompimento com o próprio Stalin. O cenário para tal evento foi o XX Congresso do Partido Comunista da União Soviética, em fevereiro de 1956, no qual Kruschev proferiu o hoje célebre "discurso secreto", denunciando os crimes, erros e o "culto" ao secretário-geral. Em retrospecto, o discurso assumiu uma aura mítica, mas o significado contemporâneo do documento não deve ser exagerado. Nikita Kruschev era comunista, leninista e, tanto quanto os seus contemporâneos, acreditava na liderança do partido. Ele se impôs o difícil objetivo de reconhecer e detalhar os feitos de Stalin, enquanto responsabilizava a pessoa de Stalin por tais atos. Para Kruschev, sua tarefa era confirmar a legitimidade do projeto comunista depositando críticas e responsabilidades sobre o corpo do velho líder.

O discurso, proferido em 25 de fevereiro, era inteiramente convencional quanto à extensão e à linguagem. Dirigido à elite do partido, restringia-se a descrever as "perversões" da doutrina comunista de que Stalin era culpado. O ditador foi acusado de "ignorar as normas da vida partidária e passar por cima dos princípios leninistas de liderança partidária coletiva": o que significava que ele tomara decisões isoladamente. Os colegas subordinados a Stalin (entre os quais Kruschev se incluía desde o início dos anos 30) ficavam, portanto, eximidos de responsabilidade pelos excessos criminosos do ditador e, o que era mais importante, pelo fracasso de sua política. Kruschev assumiu o risco calculado de apresentar o detalhamento da escala dos fracassos pessoais de Stalin (chocando e ferindo as sensibilidades dos fiéis seguidores presentes), a fim de resguardar e até elevar o status imaculado de Lenin, o sistema leninista de governo e os próprios sucessores de Stalin.

O "discurso secreto" alcançou o objetivo a que se propunha, ao menos no âmbito do PCUS. Pôs fim à era stalinista, reconhecendo suas monstruosidades e seus desastres, enquanto preservou a ficção de que a atual liderança comunista estava isenta de responsabilidade. Sendo assim, Kruschev manteve-se no poder e, em certa medida, teve carta branca para reformar a economia soviética e enxugar o aparato do terror. Os stalinistas da velha guarda estavam agora marginalizados — Molotov foi removido do cargo de ministro das Relações Exteriores, em junho, às vésperas de mais uma visita de Tito a Moscou. Quanto aos contemporâneos de Kruschev, e jovens funcionários como Leonid Brejnev, eram tão culpados quanto Kruschev por colaborarem com os crimes cometidos por Stalin e, portanto, não estavam em condições de negar as afirmações de Kruschev ou de lhe atacar a credibilidade. O processo de "desestalinização" programada convinha a quase todos.

Mas o ataque de Kruschev a Stalin não podia ficar em segredo, e neste ponto estavam as sementes do fracasso da investida. O discurso só seria publicado oficialmente na União Soviética em 1988, mas em poucos dias os serviços ocidentais de inteligência souberam do documento. O mesmo ocorreu com os Partidos Comunistas ocidentais, embora não tivessem conhecimento das intenções de Kruschev. Como conseqüência, em poucas semanas, os boatos da denúncia que Kruschev fizera contra Stalin circulavam amplamente. O efeito foi inebriante. Para os comunistas, a denúncia de Stalin e seus atos causava perplexidade e preocupação; mas também causava alívio. A partir daquele momento, na visão de muita gente, os comunistas já não precisavam se desculpar ou negar as piores acusações feitas pelos que os criticavam. No Ocidente, alguns integrantes e simpatizantes do partido se desligaram, mas outros permaneceram, com a fé renovada.

No Leste Europeu, o impacto da denúncia de Kruschev contra Stalin foi ainda mais marcante. Lido no contexto da recente reconciliação entre o líder soviético e Tito e da dissolução por ele efetuado, em 18 de abril, da agonizante Cominform, o repúdio que Kruschev dirigia a Stalin parecia sugerir que Moscou passava a ver com bons olhos os diferentes "caminhos do socialismo" e rejeitava o terror e a repressão como ferramentas de controle comunista. Agora, acreditava-se, seria possível falar abertamente — pela primeira vez. Conforme o escritor tcheco Jaroslav Seifert explicou, por ocasião de um Congresso de Escritores realizado em Praga em abril de 1956: "Mais uma vez, ouvimos neste congresso que os escritores precisam dizer a verdade. Isso significa que nos últimos anos eles não escreveram a verdade [...]. Tudo isso agora acabou. O pesadelo foi exorcizado."

Na Tchecoslováquia — onde líderes comunistas mantiveram silêncio absoluto acerca de seu próprio passado stalinista —, a lembrança do terror ainda era por demais recente para que os boatos vindos de Moscou se transformassem em ação política.[13] O impacto da onda de choque de "desestalinização" na vizinha Polônia foi bem diferente. Em junho, o Exército polonês foi chamado para debelar uma manifestação na cidade de Poznan, no oeste do país, deflagrada (à semelhança dos protestos registrados em Berlim três anos antes) por disputas a respeito de salários e carga de trabalho. Mas a ação do Exército apenas provocou insatisfação generalizada, durante todo o outono, isso num país onde o processo de sovietização nunca fora levado a termo com a completude verificada em outros locais, e onde a maior parte dos líderes do partido haviam sobrevivido ilesos aos expurgos do pós-guerra.

Em outubro de 1956, preocupado com a perda da simpatia popular, o Partido dos Trabalhadores Poloneses Unidos decidiu remover o marechal soviético Konstanti Rokossovski do seu cargo de ministro de Defesa da Polônia e expulsá-lo do Politburo. Ao mesmo tempo, o partido elegeu Władisław Gomułka para o posto de primeiro-secretário, substituindo o stalinista Bolesław Bierut. Tratava-se de um gesto simbólico e dramático: Gomułka estivera preso alguns anos antes, e por pouco escapara de ser julgado. Ele representava, para o povo polonês, a face "nacional" do comunismo polonês, e a promoção foi recebida como um ato

[13] A liderança stalinista continuou firme no posto, os julgamentos prosseguiram (a portas fechadas) por mais dois anos e em 1º de maio de 1955 uma estátua de Stalin, grande e grotesca, foi posicionada numa colina voltada para Praga. A "desestalinização" só chegaria à Tchecoslováquia na década seguinte, com conseqüências dramáticas.

de desafio implícito cometido por um partido forçado a optar entre o seu eleitorado nacional e a alta autoridade de Moscou.

Foi assim, certamente, que os líderes soviéticos enxergaram a questão. Kruschev, Mikoian, Molotov e outras três figuras do alto escalão voaram para Varsóvia, em 19 de outubro, com o objetivo de impedir a nomeação de Gomułka, proibir a remoção de Rokossovski e restaurar a ordem na Polônia. Com o intuito de deixar claras as intenções dos visitantes, Kruschev também instruiu uma brigada de tanques soviéticos a se deslocar em direção a Varsóvia. Mas, numa discussão acalorada com o próprio Gomułka, iniciada ainda na pista do aeroporto, Kruschev concluiu que os interesses soviéticos na Polônia seriam mais bem servidos se a nova condição do Partido Comunista Polonês fosse aceita, em vez de forçar uma situação que, certamente, provocaria confrontos violentos. Gomułka, por sua vez, garantiu aos russos que era capaz de reassumir o controle e que não tinha a menor intenção de deixar o poder, retirar a Polônia do Pacto de Varsóvia ou exigir que as tropas soviéticas saíssem do país.

Considerando a desproporção de poderes entre Kruschev e Gomułka, o sucesso do novo líder polonês, ao conseguir evitar que uma catástrofe se abatesse sobre o país, foi notável. E Kruschev tinha percebido, claramente, as intenções do interlocutor — conforme ele explicou ao Politburo soviético, ao retornar a Moscou no dia seguinte, o embaixador soviético em Varsóvia, Ponomarenko, estava "de todo enganado em sua avaliação de Gomułka". Talvez o controle comunista na Polônia custasse algumas trocas de pessoal e a liberalização da vida pública, mas Gomułka era fiel partidário e não tinha qualquer intenção de entregar o poder às ruas ou aos opositores do partido. Além disso, Gomułka era realista: se *ele* não conseguisse acalmar a turbulência na Polônia, a alternativa era o Exército Vermelho. "Desestalinização", conforme Gomułka bem compreendia, não queria dizer que Kruschev planejasse abrir mão da influência territorial ou do monopólio político exercido pela União Soviética.

O "outubro polonês", portanto, teve um desfecho inesperadamente benigno — poucas pessoas à época souberam quão perto Varsóvia chegou de uma segunda ocupação soviética. Na Hungria, entretanto, os eventos tomariam rumo diferente, fato que não ficou imediatamente óbvio. Já em julho de 1953, a liderança stalinista húngara fora substituída (por iniciativa de Moscou) por um comunista com tendências reformistas, Imre Nagy. Nagy, a exemplo de Gomułka, fora expurgado e detido no passado, e portanto tinha pouca responsabilidade pela onda de terror e desgoverno que acabara de assolar o país; com efeito, seu primeiro ato como líder do partido foi apresentar, com o apoio de Beria, um programa de liberalização. Campos de detenção e de trabalho seriam fechados, e os camponeses teriam permissão para deixar as fazendas coletivas, se assim desejassem. De modo geral, a agricultura receberia mais incentivos, e metas industriais impraticáveis seriam abandonadas; na típica linguagem velada de uma resolução confidencial do Partido Comunista Húngaro datada de 28 de junho de 1953, "[a] política econômica fantasiosa revelava certa jactância, bem como a disposição de correr riscos, visto que o desenvolvimento forçado da indústria pesada pressupunha recursos e matérias-primas que, de certa maneira, simplesmente não existiam".

É verdade que Nagy não era uma alternativa convencional, na visão de Moscou. Em setembro de 1949, ele havia criticado a linha ultra-stalinista de Mátyás Rákosi e era um dos dois únicos membros do Politburo húngaro que se opuseram à execução de László Rajk. Isso, somado às críticas feitas por Nagy à coletivização rural, levaram-no à expulsão da liderança do partido e à "autocrítica" pública, ocasião em que o húngaro reconheceu sua "atitude oportunista" e incapacidade de seguir a linha do partido. Contudo, Nagy era uma escolha lógica, chegada a hora de introduzir mudanças num país onde a elite política, a exemplo da economia, tinha sido arrasada pelos excessos stalinistas. Sob o regime de Rákosi, entre 1948 e 1953, cerca de 480 figuras públicas haviam sido executadas — sem contar Rajk e outras vítimas comunistas; e naqueles mesmos anos mais de 150 mil pessoas (numa população de menos de 9 milhões) tinham sido detidas.

Nagy permaneceu no posto até a primavera de 1955. Naquela época, Rákosi e outros poderosos do partido, que vinham tentando solapar o colega problemático desde que este voltara ao poder, conseguiram convencer Moscou de que Nagy não seria capaz de manter um firme controle da situação, precisamente no momento em que a União Soviética enfrentava a ameaça de uma expansão da OTAN e a vizinha Áustria estava prestes a se tornar um Estado independente e neutro. O Comitê Central Soviético então condenou os "desvios direitistas" de Nagy, que foi removido do cargo (e mais tarde expulso do partido), e Rákosi e seus amigos voltaram ao poder em Budapeste. Esse recuo diante das reformas, apenas a oito meses do discurso de Kruschev, indica (por antecipação) o pouco que o líder soviético pretendia interferir na normalidade do exercício do poder comunista, ao desmantelar a reputação de Stalin.

Durante cerca de um ano, o "grupo de Nagy", extra-oficialmente, funcionou no Partido Comunista Húngaro como uma espécie de oposição informal "pró-reforma", a primeira do gênero no comunismo do pós-guerra. Enquanto isso, era a vez de Rákosi atrair a antipatia de Moscou. Kruschev, como já vimos, pretendia restabelecer ligações com a Iugoslávia. Porém, durante a histeria anti-Tito registrada em tempos passados, Rákosi desempenhara um papel fundamental. Não era por acaso que a acusação de "titoísmo" pesara de modo tão proeminente nos julgamentos forjados realizados na Hungria, principalmente no julgamento do próprio Rajk — na ocasião, o Partido Comunista Húngaro assumira o papel da promotoria e a liderança partidária realizara tal tarefa com entusiasmo.

Rákosi, portanto, começava a causar constrangimento, tornando-se um anacrônico empecilho aos projetos soviéticos. Em junho de 1956, quando negociações de alto nível entre a União Soviética e a Iugoslávia estavam sendo realizadas em Moscou, parecia ser uma provocação desnecessária manter no poder em Budapeste um stalinista não-reformado e associado a uma época ruim — ainda mais porque os feitos de Rákosi no passado e a sua intransigência no presente começavam a provocar protestos públicos na Hungria. Apesar dos esforços de Rákosi — em março de 1956, ele veiculou no jornal húngaro *Szabad Nép* uma denúncia contumaz contra Beria e seu tenente de polícia Gábor Peter, seguindo de perto o estilo de denúncia que Kruschev fizera do "culto à personalidade" e celebrando o "desmascaramento" desses indivíduos, por terem perseguido inocentes —, seu momento havia passado. Em 17 de julho de 1956, Anastas Mikoian tomou um avião para Budapeste e, sem cerimônia, destituiu Rákosi de suas funções, pela última vez.

Para o cargo de Rákosi os soviéticos promoveram Ernö Gerö, um húngaro da mais pura linhagem stalinista. A medida demonstrou ser um equívoco; Gerö não foi capaz de gerir mudanças, nem de impedi-las. Em 6 de outubro, num gesto para agradar sobretudo a Belgrado, as autoridades de Budapeste permitiram um novo sepultamento público dos restos mortais de László Rajk e de outras vítimas do já mencionado julgamento forjado. Béla Szász, um dos sobreviventes do julgamento de Rajk, assim se expressou ao lado do túmulo:

> Executado em conseqüência de acusações forjadas, László Rajk jazeu sete anos em cova não-identificada. No entanto, sua morte tornou-se um sinal de alerta para o povo húngaro e para o mundo inteiro. Pois as centenas de milhares de pessoas que passam por seu esquife querem honrar não apenas o morto; essas pessoas têm a esperança apaixonada e a firme determinação de enterrar uma época. A ilegalidade, a arbitrariedade e a deterioração moral daqueles anos vergonhosos devem ser sepultadas para sempre; e o perigo representado por húngaros que governavam através da força e do culto à personalidade deve ser para sempre banido.

Era um tanto irônica a simpatia agora despertada pelo destino de Rajk, sendo ele próprio responsável pela morte de tantas vítimas (não-comunistas) inocentes. Mas, irônico ou não, o novo sepultamento de Rajk provocou a centelha que haveria de inflamar o levante húngaro.

Em 16 de outubro de 1956, universitários na cidade provinciana de Szeged organizaram a Liga dos Estudantes Húngaros, independente das organizações estudantis comunistas oficiais. No decorrer de uma semana, organizações estudantis brotaram por todo o país, culminando, em 22 de outubro, com um manifesto de "Dezesseis Itens" redigido pelos alunos da Universidade Técnica de Budapeste. As reivindicações estudantis abrangiam reformas industriais e agrárias, mais democracia e o direito à livre expressão, bem como o fim das inúmeras restrições e regras mesquinhas que pautavam a vida sob o regime comunista. Contudo, as exigências também incluíam algo mais ameaçador: o desejo de ver Imre Nagy na posição de primeiro-ministro, Rákosi e seus companheiros julgados pelos crimes cometidos e as tropas soviéticas retiradas da Hungria.

No dia seguinte, 23 de outubro, em Budapeste, estudantes começaram a se reunir na praça do Parlamento, para reiterar as reivindicações. O regime não sabia como reagir: Gerö, num primeiro momento, proibiu a manifestação; mais tarde, a autorizou. Depois que o protesto foi realizado (naquela mesma tarde), Gerö denunciou o encontro e seus organizadores em discurso transmitido pela rádio húngara (naquela mesma noite). Uma hora depois, indignados, os estudantes derrubaram a estátua de Stalin no centro da cidade; então, tropas soviéticas entraram em Budapeste para atacar a multidão e o Comitê Central Húngaro se manteve reunido durante toda a noite. Na manhã seguinte, às 8h13, surgiu o anúncio de que Imre Nagy fora nomeado primeiro-ministro da Hungria.

Se os líderes do partido esperavam que a volta de Nagy traria o fim da revolução, estavam redondamente enganados. É certo que Nagy desejava, ardentemente, restaurar a ordem: uma hora após assumir o poder, declarou estado de lei marcial. Em conversas com Suslov e Mikoian (que chegaram de avião de Moscou naquele mesmo dia), Nagy e outros representantes da liderança húngara insistiram em negociar com os manifestantes. Conforme o relato dos russos, feito durante uma reunião extraordinária do Praesidium do Partido Soviético, em 26 de outubro, János Kádár[14] lhes explicara que era possível e importante distinguir entre as massas fiéis, alienadas do partido em decorrência de erros cometidos no passado, e os contra-revolucionários armados, que o governo de Nagy pretendia isolar.

A distinção proposta por Kádár talvez tenha convencido alguns líderes soviéticos, mas não refletia a realidade húngara. Organizações estudantis, conselhos de trabalhadores e "comitês nacionais" revolucionários surgiam, espontaneamente, por todo o país. Choques entre a polícia e os manifestantes provocavam contra-ataques e linchamentos. Contrariando a orientação de alguns integrantes, a liderança do partido húngaro, inicialmente, recusou-se a reconhecer o levante como revolução democrática, insistindo em considerá-lo "contra-revolução", e portanto perdendo a oportunidade de cooptar o movimento. Somente em 28 de outubro, quase uma semana após os protestos iniciais, Nagy foi para o rádio propor uma trégua para os confrontos armados, admitir a legitimidade e o caráter revolucionário das manifestações, prometer o desmantelamento da polícia secreta e anunciar a iminente saída das tropas soviéticas de Budapeste.

A liderança soviética, em que pesassem as dúvidas, decidiu endossar a nova abordagem adotada pelo líder húngaro. Suslov, em relato feito no dia da transmissão radiofônica do discurso de Nagy, apresentou as novas concessões como o preço a ser pago para submeter o movimento das massas ao controle do partido. Mas os eventos na Hungria transcorriam em ritmo mais acelerado do que Moscou previra. Dois dias depois, em 30 de outubro, após os ataques à sede do Partido Comunista em Budapeste e a morte de 24 indivíduos que defendiam o edifício, Imre Nagy voltou a falar pela rádio húngara. Desta vez, anunciou que seu governo passaria a se alicerçar na "cooperação democrática entre os partidos de coalizão, renascidos em 1945". Em outras palavras, Nagy estava formando um governo multipartidário. Longe de confrontar a oposição, o líder húngaro começava a basear a sua autoridade cada vez mais no próprio movimento popular. Na afirmação final, ao celebrar uma Hungria "livre, democrática e independente", ele até omitiu, pela primeira vez, o desacreditado adjetivo "socialista". E apelou publicamente a Moscou, solicitando "o começo da retirada das tropas soviéticas" de Budapeste e de toda a Hungria.

O jogo de Nagy — a crença sincera de que conseguiria restaurar a ordem na Hungria e assim evitar a ameaça tácita de uma intervenção soviética — recebeu o apoio de outros comunistas do Conselho. Mas Nagy já não tomava a iniciativa. Comitês revolucionários populares, partidos políticos e jornais haviam surgido por todo o país. O sentimento anti-russo era geral, e freqüentes eram as referências à supressão da revolta húngara de 1848-1849, levada a termo pela Rússia imperial. E, o mais importante, a liderança soviética perdia a confiança em Nagy. Na tarde de 31 de outubro, quando o líder húngaro anunciou que daria início às negociações para garantir a retirada da Hungria do Pacto de Varsóvia, seu destino foi provavelmente selado.

Kruschev e seus companheiros sempre acharam que, na Hungria — assim como anteriormente ocorrera na Polônia —, seria preciso intervir, caso a "contra-revolução" escapasse ao

---

[14] Kádár, libertado da cadeia por Nagy três anos antes, foi nomeado primeiro-secretário do Partido Comunista Húngaro em 25 de outubro, substituindo Gerö, cujas forças de segurança haviam disparado contra manifestantes desarmados na praça do Parlamento, naquela mesma manhã.

controle. Mas, segundo parece, houve certa relutância em exercer tal opção. Ainda em 31 de outubro, o Praesidium do Comitê Central declarou a disposição de "abrir as devidas negociações" com a liderança húngara no que se referia à retirada das tropas soviéticas do território húngaro. Porém, no momento em que a concessão era feita, chegavam relatos de protestos estudantis em Timisoara (Romênia) e de "sentimentos hostis" expressos por intelectuais búlgaros que simpatizavam com os revolucionários húngaros. A situação começava a sugerir o efeito da contaminação que os líderes soviéticos temiam havia muito tempo, o que os levou a adotar uma nova abordagem.

Por conseguinte, um dia depois de prometer negociar a retirada das tropas, o Praesidium soviético foi advertido por Kruschev de que tal medida estava agora fora de cogitação. "Os imperialistas" interpretariam o recuo como prova da fraqueza soviética. Ao contrário, a URSS precisava "tomar a iniciativa, a fim de restaurar a ordem na Hungria". Portanto, divisões do Exército soviético, estacionadas na Romênia e na Ucrânia, receberam ordens para se deslocar até a fronteira húngara. Ao tomar conhecimento disso, o primeiro-ministro húngaro convocou o embaixador soviético (Iuri Andropov) e informou-lhe que, em protesto à recente movimentação das tropas soviéticas, a Hungria, por iniciativa própria, renunciava à participação no Pacto de Varsóvia. Naquela noite, 1° de novembro, às 19h50, Nagy anunciou na rádio húngara que a Hungria se tornara um país neutro e pedia à ONU que reconhecesse o novo status da nação. A declaração de Nagy contou com grande aprovação interna; os Conselhos dos Trabalhadores de Budapeste, em greve desde o início do levante, responderam por meio de um chamado para a volta ao trabalho. Finalmente, Nagy havia conquistado a maioria dos húngaros que anteriormente desconfiavam de suas intenções.

Na mesma noite em que Nagy fez o pronunciamento histórico, János Kádár foi levado secretamente a Moscou, onde Kruschev convenceu-o da necessidade da formação de um novo governo em Budapeste, com apoio soviético. De qualquer maneira, o Exército Vermelho entraria na cidade e restauraria a ordem; restava saber a quais húngaros caberia a honra de colaborar com a URSS. Qualquer relutância por parte de Kádár em trair Nagy e os compatriotas húngaros foi superada pela insistência de Kruschev de que os soviéticos agora sabiam que fora um erro instalar Gerö, em julho passado. Tal erro não se repetiria, depois que a ordem voltasse a Budapeste. Kruschev, então, partiu para Bucareste, a fim de se encontrar com líderes romenos, búlgaros e tchecos e coordenar o planejamento da intervenção na Hungria (um dia antes, uma delegação de nível hierárquico inferior havia se reunido com líderes poloneses). Nesse ínterim, Nagy continuou a protestar contra a crescente movimentação militar soviética e, em 2 de novembro, pediu ao secretário-geral da ONU, Dag Hammerskjöld, que intermediasse a situação entre a Hungria e a URSS e buscasse o reconhecimento do Ocidente quanto à neutralidade húngara.

No dia seguinte, 3 de novembro, o governo de Nagy abriu (ou pensou que estivesse abrindo) negociações com autoridades militares soviéticas acerca da retirada das tropas. Porém, naquela mesma noite, ao retornarem ao quartel-general do Exército soviético, em Tököl, na Hungria, os integrantes da delegação húngara foram imediatamente detidos. Pouco tempo depois, às quatro horas da manhã do dia 4 de novembro, tanques soviéticos atacaram Budapeste, seguidos uma hora depois por uma comunicação de rádio, transmitida do leste da Hungria, sob ocupação soviética, que anunciava a substituição de Imre Nagy por um novo governo. Em resposta, o próprio Nagy transmitiu pelo rádio um discurso final, dirigido ao povo húngaro, conclamando resistência contra o invasor. Em seguida, Nagy e os companheiros mais próximos se refugiaram na Embaixada da Iugoslávia, em Budapeste, onde receberam asilo.

Não restava a menor dúvida quanto ao resultado da ofensiva militar: apesar da intensa resistência, as forças soviéticas tomaram Budapeste em 72 horas, e o governo de János Kádár foi empossado em 7 de novembro. Alguns Conselhos de Trabalhadores sobreviveram por mais um mês — Kádár preferia não confrontá-los diretamente —, e greves esporádicas perduraram até 1957; de acordo com um relatório secreto submetido ao Comitê Central Soviético em 22 de novembro de 1956, a produção das minas de carvão da Hungria tinha sido reduzida a 10% da capacidade total. Mas em um mês as novas autoridades sentiram-se suficientemente confiantes para tomar iniciativas. Em 5 de janeiro, a pena de morte foi estabelecida para o crime de "provocação de greve", e teve início um período de intensa repressão. Além dos 2.700 húngaros que pereceram na luta, outros 341 foram julgados e executados nos anos seguintes (a última sentença de morte foi levada a cabo em 1961). Ao todo, cerca de 22 mil húngaros receberam sentenças prisionais (muitos por cinco anos ou mais) por terem participado da "contra-revolução". Outros 13 mil foram enviados para campos de internação e um número bem mais elevado perdeu o emprego ou foi mantido sob intensa fiscalização, até que a anistia geral fosse declarada, em março de 1963.

Estima-se que 200 mil pessoas — mais de 2% da população — tenham fugido da Hungria em conseqüência da ocupação soviética, a maioria jovens e muitas delas pertencentes à elite profissional e instruída de Budapeste e da região urbanizada, a oeste do país. Fixaram-se nos EUA (que recebeu cerca de 80 mil refugiados húngaros), na Áustria, Grã-Bretanha, Alemanha Ocidental, Suíça, França e em muitas outras regiões. Durante algum tempo, o destino de Nagy e seus companheiros permaneceu incerto. Depois de ficarem quase três semanas na Embaixada da Iugoslávia em Budapeste, foram ludibriados, durante uma suposta saída, em 22 de novembro, sendo imediatamente detidos pelas autoridades soviéticas e levados para uma prisão na Romênia.

Vários meses se passaram até que Kádár decidisse o que fazer com os antigos amigos e camaradas. A maioria das represálias contra jovens operários e soldados que haviam participado da luta nas ruas foi mantida em sigilo, para evitar o protesto internacional; mesmo assim, houve petições internacionais por clemência no caso de diversas figuras proeminentes, tais como os escritores József Gáli e Gyula Obersovszky. O destino do próprio Nagy era questão das mais delicadas. Em abril de 1957, Kádár e os companheiros decidiram trazer Nagy e seus "cúmplices" de volta à Hungria, para serem submetidos a julgamento, mas as sessões foram adiadas até junho de 1958, e, finalmente, realizadas em regime estritamente secreto. Em 15 de junho de 1958, todos os acusados foram considerados culpados de fomentar a contra-revolução e receberam penas de morte, ou de longos períodos de encarceramento. Os escritores István Bibó e Árpád Göncz (futuro presidente da Hungria pós-comunista) foram condenados à prisão perpétua. Outros dois — József Szilágyii e Géza Lozonczy — foram mortos no cárcere, antes do início do julgamento. Imre Nagy, Pál Maléter e Miklós Gimes foram executados no alvorecer do dia 16 de junho de 1958.

O levante húngaro, rebelião efêmera e desesperada num pequeno posto avançado do Império Soviético, produziu um impacto devastador no perfil dos interesses mundiais. Em primeiro lugar, foi uma lição bastante prática para os diplomatas do Ocidente. Até então, os Estados Unidos, embora reconhecessem oficialmente a impossibilidade de resgatar do controle soviético os países-satélites do Leste Europeu, continuavam a incentivar na região o "espírito de resistência". Segundo constava do *paper* de política nº 147 (de dezembro de 1953) do Conselho de Segurança Nacional, ações secretas e apoio diplomático destinavam-se a "criar condições que viabilizassem a possível libertação dos [países-] satélites num momento futuro favorável". No entanto, um documento confidencial posterior, redigido em julho de 1956, relatando as rebeliões ocorridas naquele ano, enfatizaria: "[O]s Estados Unidos não estão dispostos a recorrer à guerra a fim de eliminar o domínio soviético sobre os satélites" (NSC5608/1 "U.S. Policy toward the Soviet Satellites in Eastern Europe").[15]

Na verdade, desde a repressão à revolta de Berlim, em 1953, o Departamento de Estado concluíra que a União Soviética permaneceria, por enquanto, com o controle total da "zona" sob sua responsabilidade. "Não-intervenção" era a *única* estratégia disponível ao Ocidente na Europa Oriental. Mas os rebeldes húngaros não tinham como saber disso. Muitos contavam, sinceramente, com o apoio do Ocidente, incentivados pelo tom firme da retórica norte-americana e por transmissões da Rádio Europa Livre, cujos locutores (eles mesmos refugiados) incentivavam os húngaros a pegar nas armas e prometiam apoio internacional a qualquer instante. Quando tal apoio não se concretizou, os rebeldes derrotados, com toda razão, reagiram com amargura e descontentamento.

Ainda que os governos do Ocidente quisessem fazer mais, as circunstâncias do momento eram extremamente desfavoráveis. No mesmo dia em que o levante húngaro teve início, representantes da França e da Grã-Bretanha estavam em Sèvres, em conversações secretas com os israelenses. A França, especialmente, preocupava-se com problemas localizados no norte da África; conforme Christian Pineau, ministro das Relações Exteriores, explicou, em 27 de outubro, através de um memorando estritamente confidencial dirigido ao representante francês no Conselho de Segurança da ONU: "A respeito da questão húngara, é essencial que a minuta de resolução a ser apresentada ao Conselho de Segurança não contenha qualquer disposição capaz de interferir com nossas ações na Argélia [...]. Somos particularmente contrários à formação de uma comissão de inquérito." Quatro dias mais tarde, o ministro das Relações Exteriores britânico, Selwyn Lloyd, escreveu ao primeiro-ministro, Anthony Eden, em tom semelhante, em resposta à sugestão encaminhada pelo embaixador britânico em Moscou, de que Londres apelasse diretamente à liderança soviética, solicitando a desistência da intervenção na Hungria: "Não creio que seja este o momento para esse tipo de mensagem."

Conforme Kruschev, em 28 de outubro, havia explicado aos colegas do Praesidium do Comitê Central, "os franceses e ingleses estão em apuros no Egito".[16] Quanto a Eisenhower, este se encontrava na última semana de uma campanha eleitoral — no dia em que foi reeleito

---

[15] "Política dos EUA para os satélites soviéticos no Leste Europeu". (N. do T.)

[16] O fato de o líder soviético ter conhecimento disso já em 28 de outubro, três dias antes do início da invasão anglo-francesa, sugere que o serviço de inteligência soviético era mais eficaz do que os aliados ocidentais temiam à época.

ocorreram em Budapeste algumas das lutas mais ferozes. O Conselho de Segurança Nacional só se voltou para a Hungria três dias após a invasão soviética; o Conselho demorou em avaliar a verdadeira extensão dos atos de Nagy, principalmente o abandono do governo unipartidário, visto que se tratava de um país pouco importante para o grande esquema estratégico dos EUA (a recente crise na Polônia merecera muito mais atenção em Washington). E quando a Hungria entrou na pauta do CSN, numa reunião realizada em 8 de novembro, o consenso geral — desde Eisenhower até os escalões inferiores — era de que a culpa de tudo cabia aos franceses e ingleses. Se não houvessem invadido o Egito, a União Soviética não teria cobertura para avançar contra a Hungria. A administração de Eisenhower estava com a consciência tranqüila.

Os líderes soviéticos, então, perceberam a vantagem e dela se aproveitaram. Aos olhos dos comunistas, a verdadeira ameaça imposta por Nagy não era a liberalização da economia, nem o relaxamento da censura. Nem mesmo a declaração húngara de neutralidade, embora considerada "provocadora" em Moscou, foi o motivo da queda de Nagy. O que o Kremlin não podia aceitar era o fato de o Partido Comunista Húngaro abrir mão do monopólio do poder, "papel fundamental do partido" (algo que Gomułka, na Polônia, jamais permitira). Tal desvio da prática soviética foi a ponta de um filão democrático que haveria de representar a ruína de partidos comunistas em toda parte. Foi por isso que em todos os demais Estados-satélites os líderes comunistas concordaram tão prontamente com a decisão de Kruschev quanto ao afastamento de Nagy. Quando, em 2 de novembro, o Politburo tcheco se reuniu e declarou-se disposto a fazer uma contribuição concreta à "manutenção da democracia popular na Hungria, recorrendo a tudo que para tal se faça necessário", o sentimento era indubitavelmente autêntico e sincero.[17]

Até mesmo Tito, finalmente, concordou que a suspensão do controle exercido pelo partido na Hungria e que o colapso do aparato estatal de segurança estabeleciam um exemplo perigoso. De início, o líder iugoslavo aceitou bem as mudanças ocorridas na Hungria, considerando-as novas provas do processo de "desestalinização". Porém, já em fins de outubro, o curso dos eventos em Budapeste fez com que o líder iugoslavo começasse a mudar de idéia — a proximidade com a Hungria, a presença de uma numerosa minoria húngara na região de Voivodina (território iugoslavo) e os riscos de contágio pesavam na mente de Tito. Quando, em 2 de novembro, Kruschev e Malenkov se deram o trabalho de tomar um avião até o retiro de Tito numa ilha do Adriático, a fim de informá-lo da invasão iminente, Tito mostrou-se ansioso, mas compreensivo. Sua principal preocupação era de que o Estado fantoche a ser instalado na Hungria não incluísse Rákosi e outros stalinistas não-reformados. Nesse particular, Kruschev sentia-se feliz em satisfazê-lo.

Kruschev ficou bem menos satisfeito quando, passados apenas dois dias, Tito ofereceu asilo a Nagy, a 15 integrantes do seu governo e às respectivas famílias. Ao que parece, a

[17] Até mesmo Gomułka, na Polônia, concordou prontamente com os argumentos soviéticos. Na Polônia, o fato de Nagy abandonar o Pacto de Varsóvia *era* motivo de apreensão — o receio dos poloneses de uma possível revisão territorial por parte da Alemanha gerava um interesse especial nos esquemas de segurança garantidos pelas armas soviéticas. Vale observar, todavia, que durante uma reunião com Kruschev, em maio de 1957, Gomułka em vão tentou dissuadir o líder soviético de levar Nagy a julgamento.

decisão iugoslava foi tomada no ardor da crise húngara, e com base na suposição de que não interessava aos russos fazer mártires. Porém, quando os líderes soviéticos expressaram insatisfação diante do asilo oferecido pela Iugoslávia, e especialmente depois da captura de Nagy e de seus companheiros ao sair da Embaixada iugoslava com uma promessa de salvo-conduto feita pelo próprio Kádár, Tito se viu numa posição nada confortável. Em público, o líder iugoslavo continuava a expressar aprovação ao novo governo de Kádár; mas, extra-oficialmente, não escondia o desagrado diante dos acontecimentos.

O precedente da livre interferência da URSS em assuntos de um Estado comunista irmão não suscitou a estima da liderança soviética por parte dos iugoslavos. As relações entre Moscou e Belgrado voltaram a se deteriorar, e o regime iugoslavo começou a se voltar para o Ocidente e para os países asiáticos não-alinhados. A reação de Tito à invasão soviética da Hungria foi, portanto, mista. A exemplo dos líderes soviéticos, Tito sentia-se aliviado com a restauração da ordem comunista; mas o método abria um precedente perigoso e ainda causava constrangimento.

Em outros locais a reação foi bem menos ambivalente. Depois que vazou para o Ocidente, o discurso secreto de Kruschev marcou o fim de uma certa fé comunista. Mas também permitiu a possibilidade de reforma e renovação pós-stalinista e, ao sacrificar o próprio Stalin a fim de preservar a ilusão da pureza revolucionária leninista, Kruschev oferecera aos membros do partido e aos companheiros progressistas um mito ao qual podiam se ater. No entanto, a luta desesperada nas ruas de Budapeste desfez quaisquer ilusões em torno desse novo, "reformado" modelo soviético. Mais uma vez, a autoridade comunista mostrara-se inequivocamente apoiada em nada além do fuzil e do tanque. O resto era dialética. Os partidos comunistas ocidentais começaram a sofrer hemorragias. Entre 1955 e 1957, de acordo com os registros do próprio Partido Comunista Italiano, cerca de 400 mil membros abandonaram as fileiras. Conforme Togliatti explicara aos líderes soviéticos no auge da crise húngara, "os eventos na Hungria se desenvolveram de tal modo que dificultam em muito a nossa ação esclarecedora no partido; dificultam também a obtenção de consenso a favor da liderança".

Na Itália, tanto quanto na França, na Grã-Bretanha e em outros países, foram os membros mais jovens e instruídos do partido que debandaram.[18] Tais indivíduos, a exemplo dos intelectuais de esquerda que não eram comunistas, tinham sido atraídos tanto pela promessa de reformas pós-Stalin na URSS quanto pela revolução húngara em si, caracterizada pela presença de Conselhos de Trabalhadores, iniciativas estudantis e pela noção de que um partido governante que pertencesse ao bloco soviético poderia acolher e se adaptar a novos rumos. Hannah Arendt, por exemplo, considerava o surgimento dos conselhos (e não o resgate dos partidos políticos implementado por Nagy) a verdadeira insurgência da democracia contra a ditadura, da liberdade contra a tirania. Finalmente, segundo parecia, era possível falar de comunismo e liberdade ao mesmo tempo. Como mais tarde diria Jorge Semprún, àquela época um jovem comunista espanhol que trabalhava na clandestinidade em Paris: "O discur-

[18] Em organizações marcantemente retrógradas, como o Partido Comunista Francês (que durante muito tempo negava ter conhecimento das denúncias de Kruschev contra Stalin), muitos deixaram o partido nem tanto devido ao que estava ocorrendo no bloco soviético, mas porque a liderança local proibia qualquer discussão a respeito do assunto.

so secreto nos libertou; deu-nos ao menos a oportunidade de nos livrarmos do [...] sono da razão." Depois da invasão da Hungria, esse momento de esperança se foi.

Alguns observadores ocidentais tentaram justificar a intervenção soviética, ou ao menos explicá-la, aceitando a alegação oficial comunista de que Imre Nagy comandara uma *contra*-revolução — ou fora por ela arrastado; Sartre, tipicamente, insistia que o levante húngaro tinha sido marcado por um "espírito direitista". Mas, a despeito das motivações dos insurgentes, em Budapeste e outras localidades — motivações essas que eram bem mais variadas do que se sabia à época —, não foi a revolta dos húngaros, mas a repressão dos soviéticos o que mais impressionou os observadores internacionais. O comunismo, a partir de agora, seria sempre associado à opressão, e não à revolução. Durante quarenta anos a esquerda ocidental contemplara a Rússia, perdoando e até admirando a violência bolchevique como o preço a ser pago pela autoconfiança revolucionária e pela marcha da História. Moscou era o espelho favorável das ilusões políticas desses indivíduos. Em novembro de 1956, o espelho quebrou.

Num memorando com data de 8 de setembro de 1957, o escritor húngaro Istvan Bibó observou que, "ao esmagar a revolução húngara, a URSS tinha desferido um golpe violento, talvez mortífero, em movimentos simpatizantes (em defesa da paz; das mulheres; da juventude; dos estudantes; dos intelectuais etc.) que contribuíam para o fortalecimento do comunismo". A percepção de Bibo se mostrou sensata. Livre do estranho magnetismo do terror stalinista, e exposto em Budapeste, em toda a sua mediocridade blindada, o comunismo soviético perdeu o fascínio para a maioria dos simpatizantes e admiradores ocidentais. Na tentativa de escapar do "fedor do stalinismo", ex-comunistas, tais como o poeta francês Claude Roy, voltaram "as narinas para outros horizontes". Depois de 1956, os segredos da História já não podiam ser encontrados nas fábricas sombrias, nem nas ineficazes fazendas coletivas das democracias populares, e sim em outros locais, mais exóticos. Uma minguada minoria de apologistas não-reformados do leninismo agarrava-se ao passado; mas, de Berlim a Paris, uma nova geração de progressistas ocidentais buscava consolo e exemplo fora da Europa, nas aspirações e turbulências de regiões que ainda não eram chamadas de "Terceiro Mundo".

Também no Leste Europeu as ilusões se esfacelaram. Conforme se vê no relato de um diplomata britânico em Budapeste, registrado em 31 de outubro, no auge do primeiro assalto da luta: "É simplesmente um milagre os húngaros terem resistido e repelido esse ataque diabólico. Eles jamais se esquecerão, nem perdoarão." Mas os húngaros não foram os únicos a confrontar o recado dos tanques soviéticos. Estudantes romenos saíram às ruas, manifestando apoio aos vizinhos húngaros; intelectuais na Alemanha Ocidental foram presos e levados a julgamento por terem criticado as ações soviéticas; na URSS, foram os eventos de 1956 que rasgaram a venda que encobria os olhos de comunistas até então ferrenhos, como o jovem Leonid Pliusch. Uma nova geração de intelectuais dissidentes, homens como Paul Goma, na Romênia, ou Wolfgang Harich, na RDA, brotou dos escombros de Budapeste.

A diferença na Europa Oriental, evidentemente, era que os cidadãos desiludidos de um regime desacreditado não podiam se voltar para terras distantes, nem reaquecer a fé revolucionária no calor de longínquas rebeliões campesinas. Tais cidadãos eram obrigados a viver e conviver com regimes comunistas em cujas promessas já não acreditavam. Para os europeus do leste, os eventos de 1956 foram a destilação de um acúmulo de decepções. As expectativas em relação ao comunismo, brevemente renovadas com a promessa de "desestalinização", foram extintas; assim como extintas estavam as esperanças de auxílio por parte do Ocidente. Enquanto as revelações que Kruschev fizera a respeito de Stalin, ou as medidas hesitantes que visavam à reabilitação de vítimas dos julgamentos montados pareciam até então indicar que o comunismo continha em si mesmo as sementes da renovação e da libertação, depois dos acontecimentos na Hungria o sentimento dominante era de cínica resignação.

Tal situação não foi desprovida de benefícios. Precisamente porque as populações da Europa Oriental comunista agora se mostravam cordatas e a ordem fora restaurada, a liderança soviética da era Kruschev viria a permitir um certo grau de liberalização local — por ironia, principalmente na Hungria. Ali, no rastro das retaliações impostas aos revoltosos e simpatizantes de 1956, Kádár estabeleceu um modelo de Estado comunista "pós-político". Por terem aceito, sem questionar, o monopólio do partido sobre poder e autoridade, os húngaros foram agraciados com um grau limitado (porém autêntico) de liberdade — para produzir e consumir. Não se pedia que as pessoas acreditassem no partido, muito menos nos líderes, apenas que se abstivessem de qualquer manifestação de oposição. Silêncio era visto como consentimento tácito.

O resultante "comunismo *goulash*" garantiu a estabilidade da Hungria; e a lembrança do que se passara na Hungria garantiu a estabilidade do restante do bloco, ao menos ao longo da década seguinte. Mas isso teve um custo. Para a maioria das pessoas que viviam sob o comunismo, o sistema "socialista" perdera qualquer perspectiva radical, progressista ou utópica anteriormente a ele atribuída, uma perspectiva que fazia parte do fascínio despertado pelo regime — especialmente nos jovens — ainda no início dos anos 50. Agora o sistema era apenas um meio de vida a ser tolerado. Isso não queria dizer que o regime não sobreviveria por muito tempo — pouca gente, depois de 1956, era capaz de prever um fim próximo para o sistema soviético de governo. A bem da verdade, havia um certo otimismo a esse respeito *antes* dos eventos daquele ano. Mas, depois de novembro de 1956, os Estados comunistas da Europa Oriental, a exemplo da própria União Soviética, iniciaram um declínio que se estenderia ao longo de décadas, um crepúsculo de estagnação, corrupção e cinismo.

Também os soviéticos pagariam um preço por isso — de várias maneiras, 1956 representou a derrota e o colapso do mito revolucionário cultivado com tanto sucesso por Lenin e seus herdeiros. Conforme, muitos anos mais tarde, em 11 de novembro de 1992, Boris Ieltsin haveria de admitir, num discurso pronunciado diante do Parlamento húngaro: "A tragédia de 1956 [...] será sempre mácula indelével no regime soviético". Mas isso não era nada comparado ao preço que os soviéticos tinham imposto às suas vítimas. Em 16 de junho de 1989, passados 33 anos, numa Budapeste que celebrava a transição para a liberdade, centenas de milhares de húngaros participaram de outra cerimônia de (re)sepultamento: desta vez os homenageados eram Imre Nagy e seus companheiros. Um dos que discursaram ao lado da tumba de Nagy foi o jovem Viktor Orbán, futuro primeiro-ministro do país. "É conseqüência direta da sangrenta repressão à Revolução", ele disse à multidão reunida, "o fato de termos de assumir o ônus da insolvência e buscar uma saída para o beco asiático ao qual fomos empurrados. Verdadeiramente, em 1956, o Partido Socialista dos Trabalhadores na Hungria roubou o futuro da juventude de hoje."

X

A Era da Prosperidade

"Sejamos francos: a maioria do nosso povo nunca viveu tão bem."
Harold Macmillan, 20 de julho de 1957

"*Admass*[1] é o termo que uso para definir o sistema de produtividade crescente, mais a inflação, mais a melhoria do padrão de vida, mais a publicidade e o marketing agressivo, mais as comunicações de massa, mais a democracia cultural e a criação da mentalidade-massa, do homem-massa."
J. B. Priestley

"— Olha só que gente primitiva!
— De onde eles vêm?
— Da Lucânia.
— Onde fica isso?
— Lá embaixo!"
Rocco e Seus Irmãos, *dir. Luchino Visconti (1960)*

"We're going where the sun shines brightly,
We're going where the sea is blue.
We've seen it in the movies —
Now let's see if it's true."
Cliff Richard, de Summer Holiday *(1959)*[2]

"É bem triste viver na Era Americana — a menos, é claro, para quem é americano."
Jimmy Porter, em Odeio essa mulher *(1956)*

Em 1979, o escritor francês Jean Fourastié publicou um estudo sobre a transformação social e econômica da França nos trinta anos subseqüentes à Segunda Guerra Mundial. O título do trabalho — *Les trente glorieuses: ou, La Révolution invisible de 1946 à 1975* — foi bem escolhido. Na Europa Ocidental, as três décadas que seguiram a derrota de Hitler foram deveras "gloriosas". A extraordinária aceleração do crescimento econômico foi acompanhada por uma

[1] Etimologia: *ad*vertising + *mass* media; publicidade veiculada na grande mídia; refere-se também à sociedade influenciada por esse tipo de publicidade. (N. do T.)

[2] "Vamos aonde o sol brilha, / Vamos aonde o mar é azul. / Já vimos esse lugar no cinema — / Agora vamos ver se é real" (N. do T.)

era de prosperidade sem precedentes. No espaço de tempo correspondente a uma geração, as economias do Oeste Europeu recuperaram o terreno perdido em quarenta anos de guerra e na Depressão; além disso, o desempenho econômico europeu e os padrões de consumo começaram a se assemelhar aos dos EUA. Menos de uma década após saírem cambaleando dos escombros, os europeus, para o seu próprio espanto, e com certa consternação, embarcaram numa era de prosperidade.

A história econômica da Europa Ocidental no pós-guerra é mais bem compreendida como uma inversão da História das décadas imediatamente anteriores. A ênfase malthusiana em proteção e entrincheiramento da década de 1930 foi abandonada em favor do comércio liberalizado. Em vez de cortar gastos e orçamentos, os governos os aumentaram. Em quase todas as regiões verificou-se a manutenção do compromisso com investimentos públicos de longo prazo em infra-estrutura e maquinaria; fábricas ou máquinas obsoletas foram atualizadas ou substituídas, com ganhos em eficiência e produtividade; houve um incremento marcante no comércio internacional e uma população jovem e empregada procurava e tinha condições de adquirir uma gama mais ampla de produtos.

Dependendo do local, o *boom* econômico do pós-guerra ocorreu em momentos ligeiramente distintos, surgindo primeiramente na Alemanha e na Grã-Bretanha, e um pouco mais tarde na França e na Itália; e configurou experiências diferentes, dependendo das práticas nacionais relativas a tributação, gastos públicos ou ênfase em investimento. Os desembolsos iniciais feitos pela maioria dos governos durante o pós-guerra foram destinados, acima de tudo, à modernização da infra-estrutura — construção ou modernização de estradas, ferrovias, casas e fábricas. Em alguns países, o dispêndio com itens de consumo foi propositadamente restringido, e o resultado — como já vimos — foi que para muita gente os primeiros anos do pós-guerra se tornaram um tempo de continuada penúria, ainda que diferente daquela antes vivenciada. O grau de mudança relativa também dependia, é claro, do ponto de partida: quanto mais rico fosse o país, menos imediata e dramática parecia a mudança.

Apesar disso, todos os países europeus constataram índices crescentes *per capita* do PIB e do PNB — Produto Interno Bruto e Produto Nacional Bruto —, que eram as novas e consagradas medidas de força e bem-estar nacional. No decorrer da década de 1950, na Alemanha Ocidental, o índice *anual* médio da produção interna *per capita* subiu 6,5%; na Itália, 5,3%; na França, 3,5%. Compreende-se melhor a relevância desse crescimento elevado e contínuo quando os mesmos índices são comparados ao desempenho dos respectivos países em décadas anteriores: entre 1913 e 1950, o índice anual médio de crescimento na Alemanha foi de apenas 0,4%; na Itália, 0,6%; na França, 0,7%. Mesmo nas prósperas décadas do império guilhermino, após 1870, a economia alemã alcançara uma média anual de 1,8%.

Na década de 1960, o ritmo do crescimento começou a desacelerar, mas as economias do Oeste Europeu ainda prosperavam em níveis historicamente incomuns. No cômputo geral, entre 1950 e 1973, o PIB alemão *per capita* mais do que triplicou, em termos reais. Na França, o PIB *per capita* cresceu 150%. A economia italiana, tendo partido de um patamar inferior, registrou performance ainda mais notável. Países historicamente pobres viram o seu desempenho econômico melhorar de modo espetacular: de 1950 a 1973, o PIB *per capita* na Áustria subiu de 3.731 dólares para 11.308 (em valores cambiais de 1990); na Espanha, as cifras foram de 2.397 dólares para 8.739. A economia holandesa cresceu 3,5% ao ano, entre 1950 e 1970 — *sete* vezes mais do que o índice anual médio registrado nos quarenta anos precedentes.

Um fator crucial nesse processo foi o incremento contínuo observado no comércio exterior, cujo crescimento, na maioria dos países europeus, se deu mais rapidamente do que o crescimento da produção nacional observado nesses mesmos países. Simplesmente, ao removerem restrições ao comércio internacional, os governos ocidentais durante o pós-guerra empreenderam grande avanço na superação da estagnação verificada em décadas anteriores.[3] A principal beneficiária foi a Alemanha Ocidental, cuja fatia da exportação mundial de itens manufaturados subiu de 7,3%, em 1950, para 19,3%, em apenas dez anos, fato que devolveu a economia alemã à posição que esta ocupara no comércio internacional antes da quebra da Bolsa de Valores Nova York, em 1929.

Nos 45 anos seguintes a 1950, o volume mundial de exportações cresceu 16 vezes. Mesmo um país como a França, cuja fatia do comércio mundial permaneceu estável, ou seja, em torno de 10%, ao longo dos anos em questão, beneficiou-se tremendamente da imensa expansão do comércio internacional como um todo. Na realidade, *todos* os países industrializados obtiveram ganhos naqueles anos — depois da Segunda Guerra Mundial, os termos de troca se tornaram nitidamente favoráveis, visto que o custo de matérias-primas e gêneros alimentícios importados do mundo não-ocidental baixou continuamente, enquanto o preço de produtos manufaturados não parou de subir. Durante três décadas de trocas privilegiadas e desequilibradas com o Terceiro Mundo, o Ocidente parecia ter licença para imprimir dinheiro.[4]

O que diferenciou o crescimento econômico da Europa Ocidental, entretanto, foi o grau de efetiva integração européia em que o fenômeno resultou. Mesmo antes do Tratado de Roma, os futuros Estados membros da Comunidade Econômica Européia já negociavam, primordialmente, entre si: em 1958, 29% das exportações alemãs (por valor) destinavam-se à França, Itália e aos países do Benelux, sendo mais 30% encaminhados a outros países europeus. Na véspera da assinatura do Tratado de Roma, 44% das exportações belgas já se destinavam aos futuros parceiros da CEE. Mesmo países como a Áustria, Dinamarca ou Espanha, que só ingressariam na Comunidade Européia muitos anos depois, já estavam integrados às redes comerciais da CEE: em 1971, vinte anos antes de entrar para a União Européia, a Áustria já comprava mais de 50% de suas importações dos seis países que fundaram a CEE. A Comunidade Européia (mais tarde União) não criou a base para uma Europa economicamente integrada; antes, a Comunidade traduziu a expressão institucional de um processo já em andamento.[5]

Outro elemento crucial da revolução econômica observada no pós-guerra foi o aumento da produtividade do trabalhador europeu. Entre 1950 e 1980, a produtividade do trabalho na Europa Ocidental superou em três vezes os índices registrados nos oitenta anos anteriores: o PIB por hora trabalhada cresceu em ritmo ainda mais acelerado do que o PIB *per capita.*

[3] Não se deve, entretanto, exagerar o ritmo em que as antigas normas foram deixadas de lado. Ainda em plena década de 1960, o governo italiano, por exemplo, considerava politicamente sensata a manutenção de tarifas e cotas — relativamente à importação de veículos estrangeiros — que remontavam à era fascista, a fim de melhor proteger os produtores nacionais (essencialmente, a Fiat). Os governos britânicos adotavam estratégias similares.

[4] E muitos desses recursos seriam reciclados como empréstimos oferecidos ao próprio Terceiro Mundo, agora sobrecarregado de dívidas onerosas.

[5] Na Grã-Bretanha, como costuma ser o caso, a experiência foi diferente. Em 1956, 74% das exportações do Reino Unido destinavam-se a regiões fora da Europa, principalmente para as colônias e para a Comunidade Britânica das Nações. Mesmo em 1973, quando o Reino Unido finalmente entrou para a CEE, apenas um terço das exportações nacionais se destinava aos 12 países que, em 1992, formariam a União Européia.

Considerando o número de pessoas então empregadas, tal índice sugere forte aumento de eficiência e, em quase todas as regiões, grande melhoria nas relações de trabalho. Também isso, em certa medida, resultou do esforço de recuperação: as turbulências políticas, o desemprego em massa, a insuficiência de investimento e a destruição observadas nos trinta anos anteriores deixaram a maioria da Europa, depois de 1945, num patamar inicial baixo em termos históricos. Mesmo sem o interesse contemporâneo em modernização e aperfeiçoamento técnico, o desempenho econômico provavelmente registraria alguma melhora.

No entanto, por trás do aumento contínuo da produtividade existia uma alteração mais profunda e permanente na natureza do trabalho. Em 1945, a maior parte da Europa ainda era pré-industrial. Os países mediterrâneos, a Escandinávia, a Irlanda e o Leste Europeu ainda eram essencialmente rurais e, segundo qualquer índice, atrasados. Em 1950, três em cada quatro adultos empregados na Iugoslávia e na Romênia eram camponeses. Em Portugal, na Espanha, Grécia, Hungria e Polônia, um trabalhador em cada dois se dedicava à agricultura; na Itália, dois em cada cinco. Um em cada três austríacos empregados trabalhava em fazendas; na França, quase três em cada dez integrantes da força de trabalho exerciam algum tipo de atividade agrícola. Mesmo na Alemanha Ocidental, 23% da população profissionalmente ativa lidavam na agricultura. Somente no Reino Unido, onde o índice era de apenas 5%, e na Bélgica (13%) a revolução industrial do século XIX trouxe consigo, verdadeiramente, uma sociedade pós-agrária.[6]

No decorrer dos trinta anos seguintes, números elevados de europeus deixaram a terra e foram trabalhar em vilarejos e cidades, as maiores mudanças tendo ocorrido durante a década de 1960. Já em 1977, apenas 16% dos italianos empregados trabalhavam na terra; na região da Emília-Romana, no nordeste do país, o contingente da população ativa envolvido em agricultura caiu bruscamente, de 52%, em 1951, para apenas 20%, em 1971. Na Áustria, o índice nacional diminuíra para 12%; na França, para 9,7%; na Alemanha Ocidental, para 6,8%. Mesmo na Espanha, em 1971, apenas 20% da força de trabalho voltavam-se para a agricultura. Na Bélgica (3,3%) e no Reino Unido (2,7%) o percentual de agricultores começava a ser estatisticamente (embora não politicamente) insignificante. A produção agrícola e a indústria de laticínios tornaram-se mais eficientes e menos dependentes de mão-de-obra — de modo especial em países como a Dinamarca e a Holanda, onde manteiga, queijo e derivados de suíno passaram a constituir exportações lucrativas e básicas da economia doméstica.

Em termos percentuais, a agricultura diminuía continuamente a sua participação no PIB: na Itália, entre 1949 e 1960, a presença do setor na produção nacional decresceu de 27,5% para 13%. O maior beneficiado foi o setor de serviços (inclusive o emprego público), ao qual muitos dos antigos camponeses — ou seus filhos — se destinaram. Alguns locais — a Itália, a Irlanda, partes da Escandinávia e a França — transformaram-se de economias agrícolas em economias de serviços, no período correspondente a uma única geração, praticamente pulando o estágio industrial em que a Grã-Bretanha e a Bélgica se detinham havia quase um século.[7] No final dos anos 70, era evidente que a maioria da população ativa na Grã-Bretanha, Alema-

---

[6] A título de comparação, vale notar que nos EUA, em 1950, 12% da população ativa atuavam no setor agrícola.

[7] Até certo ponto, a Suécia constitui uma exceção — a chave da prosperidade sueca no pós-guerra foi a especialização na manufatura de itens de valor elevado. Mas os suecos tinham acesso a uma força de trabalho imigrante, de baixo custo e sempre disponível (composta por finlandeses), bem como uma indústria de energia hidrelétrica que protegia o país dos choques provocados pelo preço do petróleo. Como a Suíça, e por motivos semelhantes, constitui um caso especial.

nha, França, nos países do Benelux, na Escandinávia e nos países alpinos trabalhava no setor de serviços — comunicações, transportes, mercado financeiro, administração pública etc. A Itália, a Espanha e a Irlanda não ficavam muito atrás.

Na Europa Oriental comunista, em contrapartida, a grande maioria dos antigos camponeses foi direcionada para um setor minerador e industrial que dependia de mão-de-obra e era tecnologicamente atrasado; na Tchecoslováquia, ao longo da década de 1950, o nível de emprego no setor de serviços chegou a *diminuir*. Enquanto na Bélgica, França, Alemanha Ocidental e no Reino Unido, em meados dos anos 50, a produção de carvão e minério de ferro definhava, na Polônia, na Tchecoslováquia e na RDA tal produção continuava a crescer. A ênfase dogmática que os comunistas depositavam na extração de matérias-primas básicas e na produção de bens primários gerou um crescimento inicial rápido da produção bruta e do PIB *per capita*. No curto prazo, o destaque que as principais economias comunistas, centralizadas, conferiam à indústria impressionava muita gente (inclusive muitos observadores ocidentais). Mas a estratégia foi um mau presságio para o futuro da região.

O declínio da agricultura, por si só, explicaria em grande parte o crescimento da Europa, assim como a mudança do campo para a cidade, da agricultura para a indústria, acompanhara um século antes a ascensão da Grã-Bretanha a uma posição preeminente. Na realidade, o fato de não mais haver população rural excedente na Grã-Bretanha para ser deslocada e integrar uma força de trabalho com baixa remuneração nos setores industrial e de serviços e, portanto, não existirem ganhos em eficiência resultantes de uma rápida saída de um estado de obsolescência explica em parte o desempenho sofrível do Reino Unido nos anos em questão, cujos índices de crescimento se mantinham abaixo dos registrados na França ou na Itália (ou mesmo na Romênia). Por essa razão, nessas mesmas décadas, a Holanda apresentou desempenho superior ao do vizinho belga industrializado, beneficiando-se da transferência "única" do excedente da força de trabalho rural para setores industriais e de serviços até então subdesenvolvidos.

O papel desempenhado pelo governo e pelo planejamento no milagre econômico europeu é mais difícil de ser aferido. Em alguns locais, pareceu praticamente supérfluo. A "nova" economia do norte da Itália, por exemplo, foi impulsionada, em grande medida, por milhares de pequenas empresas — compostas por empregados de uma mesma família, e que muitas vezes trabalhavam também como agricultores sazonais —, com poucas despesas operacionais e baixos custos de capital, e pagando poucos impostos (ou mesmo nenhum). Já em 1971, 80% da força de trabalho do país encontravam-se em estabelecimentos com menos — quase sempre, muito menos — de cem empregados. Além de fazer vista grossa para infrações, fossem de natureza fiscal, relativas a zoneamento ou à construção das empresas etc., o papel desempenhado pelas autoridades centrais italianas no apoio aos esforços econômicos envidados por essas empresas não parece claro.

Ao mesmo tempo, o papel do Estado foi crucial no financiamento de mudanças de grande escala que estariam fora do alcance da iniciativa individual ou do investimento privado; na Europa, o financiamento não-governamental foi escasso durante muito tempo, e só em fins dos anos 50 o investimento oriundo do setor privado norte-americano começou a substituir a Ajuda Marshall e a assistência militar até então oferecida pelos EUA. Na Itália, a Cassa per il Mezzogiorno, garantida por um grande empréstimo concedido pelo Banco Mundial, investiu inicialmente em infra-estrutura e aperfeiçoamento agrícola: no aterramento, na construção de estradas, sistemas de drenagem, viadutos etc. Mais tarde, a Cassa passou a apoiar o setor industrial. Ofereceu incentivos — empréstimos, subvenções, abatimentos tributários — para empresas particulares dispostas a investir no sul do país; a instituição serviu de veículo através do qual empresas estatais eram instruídas a direcionar até 60% dos novos investimentos para o sul. E, nas décadas seguintes a 1957, a Cassa estabeleceu 12 "áreas de crescimento" e trinta "núcleos de crescimento" por todo o terço sul da península.

A exemplo de projetos estatais de larga escala implantados em outros locais, a Cassa era ineficiente, e bastante corrupta. A maioria dos benefícios oferecidos pela instituição era destinada a regiões litorâneas privilegiadas; boa parte das novas indústrias assim atraídas eram intensivas em capital e, portanto, geravam poucos empregos. Muitas das propriedades agrícolas de menor porte, "independentes" e constituídas após a reforma agrária na região, permaneceram dependentes do Estado, tornando o Mezzogiorno italiano uma espécie de região previdenciária semipermanente. Contudo, já em meados dos anos 70, o consumo *per capita* no sul da Itália havia dobrado, as rendas regionais tinham subido em média 4% ao ano, o índice de mortalidade infantil diminuíra em 50% e a rede elétrica avançava para índices próximos a 100% de cobertura — isso numa área em que até a geração anterior era uma das mais desoladas e atrasadas da Europa. Considerando a velocidade com que o norte industrializado deslanchava (em certa medida, conforme veremos, graças aos trabalhadores sulistas), o que surpreende não é a incapacidade de a Cassa realizar um milagre econômico ao sul de Roma, mas o fato de a referida região manter o ritmo. Nesse particular, as autoridades de Roma merecem crédito.

Em outros locais, o papel do governo variava; mas nunca era insignificante. Na França, o Estado se restringia ao que ficou conhecido como "planejamento indicativo" — i.e., a utilização das alavancas do poder para direcionar recursos a regiões, indústrias e até produtos selecionados, e a compensação consciente do debilitante subinvestimento malthusiano realizado nas décadas anteriores à guerra. Integrantes do governo conseguiam exercitar um controle razoavelmente eficaz sobre o investimento doméstico sobretudo porque, ao longo das primeiras décadas do pós-guerra, as leis cambiais e a mobilidade limitada do capital internacional seguravam a competição estrangeira. Tolhidos ao buscar lucros maiores, a curto prazo, no exterior, banqueiros e mutuantes privados na França e outros locais passaram a investir na economia doméstica.[8]

Na Alemanha Ocidental, onde a memória predominante no período entre as duas guerras era de conflito e instabilidade (tanto política quanto monetária), as autoridades em Bonn revelavam-se bem menos ativas do que as francesas ou as italianas, no que tocava ao planejamento ou à gestão da conduta econômica, mas prestavam muito mais atenção a esquemas que visavam à prevenção ou atenuação de conflito social, primordialmente entre patrões e

[8] O contraste com experiências passadas é revelador. Em estágios anteriores da industrialização francesa, até mesmo os grandes bancos de investimento parisienses careciam dos recursos necessários para apoiar a modernização da infra-estrutura industrial do país, e não receberam qualquer auxílio ou incentivo do governo. Na França, em 1945, a condição precária das fábricas, estradas, redes ferroviárias e serviços básicos era um testemunho eloqüente dessas deficiências.

trabalhadores. De modo especial, as autoridades alemãs estimulavam e garantiam negociações e "contratos sociais" destinados a reduzir o risco de greves ou de inflação salarial. Como conseqüência, as indústrias privadas (e os bancos com os quais tais indústrias trabalhavam, ou às quais elas pertenciam) mostravam-se mais propensas a investir no futuro, visto que, a longo prazo, podiam contar com a contenção dos níveis salariais dos trabalhadores. Operários na Alemanha Ocidental, assim como na Escandinávia, eram recompensados por essa aparente docilidade com garantia de emprego, baixa inflação e, acima de tudo, amplos serviços e benefícios previdenciários financiados por níveis de intensa tributação progressiva.

Na Grã-Bretanha, o governo interveio na economia de maneira mais direta. A maioria das estatizações efetivadas pela administração trabalhista de 1945 a 1951 foi mantida pelos governos conservadores subseqüentes. Porém, ambos os partidos repudiavam o planejamento econômico a longo prazo, bem como a intervenção agressiva nas relações entre patrões e empregados. O máximo de envolvimento direto observado foi a gestão da demanda — através da manipulação de taxas de juros e faixas de tributação marginal, com o propósito de incentivar a poupança ou o consumo. Essas táticas contemplavam o curto prazo. O principal objetivo *estratégico* dos governos britânicos de toda estirpe naqueles anos era impedir a volta dos níveis traumáticos de desemprego observados na década de 1930.

Por toda a Europa Ocidental, portanto, governos, patrões e empregados acabaram por produzir um círculo virtuoso: gastos públicos elevados, tributação progressiva e aumentos salariais limitados. Conforme visto anteriormente, essas metas já estavam inscritas no consenso geral, construído durante e depois da guerra, em torno da necessidade de economias planejadas e de algum tipo de "Estado previdenciário". Estas resultaram, por conseguinte, de política governamental e intenção coletiva. Mas a condição que lhes facilitou o sucesso sem precedentes estava além do alcance direto da ação governamental. O que precipitou o milagre econômico europeu e a convulsão social e cultural que o seguiu foi o crescimento acelerado e contínuo da população européia.

A Europa já havia experimentado surtos demográficos espasmódicos no passado — o mais recente ocorrera em meados do século XIX. Contudo, de modo geral, tais episódios não pressagiaram aumentos populacionais lineares: fosse porque a agricultura tradicional não era capaz de alimentar tanta gente ou em decorrência de guerras e doenças, ou ainda porque os novos excedentes de população, de modo especial os jovens, emigravam em busca de vida melhor do outro lado do oceano. E no século XX a guerra e a emigração mantiveram o crescimento demográfico na Europa bem abaixo do que seria esperado em função das taxas de natalidade registradas nas décadas anteriores.

Às vésperas da Segunda Guerra Mundial, as conseqüências da perda de uma geração de jovens na Primeira Guerra Mundial, somadas à Depressão econômica, às guerras civis e à incerteza política da década de 1930, tinham reduzido a taxa de natalidade em determinadas regiões da Europa Ocidental a índices historicamente baixos. No Reino Unido, registrou-se apenas 15,3 nascimentos para cada mil pessoas; na Bélgica, 15,4; na Áustria,

12,8. Na França, onde o índice de natalidade, em 1939, era de 14,6 para cada mil pessoas, óbitos foram mais numerosos do que nascimentos, não apenas durante a Primeira Guerra e em 1919, e novamente em 1929, mas também anualmente entre 1935 e 1944. Ali, assim como na Espanha durante a Guerra Civil, a população nacional decrescia continuamente. No restante da Europa mediterrânea e a leste de Viena, o índice de natalidade era mais alto, por vezes o dobro do registrado no Oeste Europeu. Todavia, índices elevados de mortalidade infantil e taxas mais altas de óbitos, em todas as faixas etárias, significavam que até mesmo nessas duas primeiras regiões mencionadas o incremento populacional nada tinha de extraordinário.

É nesse contexto, e no contexto da calamidade demográfica ocorrida na Segunda Guerra Mundial, que o *baby-boom*[9] verificado no pós-guerra deve ser entendido. Entre 1950 e 1970, a população do Reino Unido cresceu 13%; a da Itália, 17%. Na Alemanha Ocidental, nesses mesmos anos, a população cresceu 28%; na Suécia, 29%; na Holanda, 35%. Em alguns casos, o crescimento interno foi reforçado pela imigração (de colonos que voltavam para a Holanda, de alemães orientais e outros refugiados à República Federal). Mas, na França, os fatores exógenos desempenharam um papel reduzido: entre o primeiro censo realizado no pós-guerra, em 1946, e o final dos anos 60, a população francesa cresceu quase 30% — o índice de crescimento mais rápido registrado no país até o presente.

Assim, uma característica marcante da Europa nas décadas de 1950 e 1960 — conforme pode ser prontamente percebido ao se contemplar qualquer cena urbana — era a quantidade de crianças e jovens. Após um hiato de quarenta anos, a Europa voltava a ser jovem. Os anos em que se registraram os números mais elevados de nascimentos no pós-guerra foram 1947, 1948 e 1949 — em 1949, nasceram 896 mil crianças na França, contra apenas 612 mil em 1939. Já em 1960, na Holanda, Irlanda e Finlândia, 30% da população tinham menos de 15 anos. Na França, em 1967, uma pessoa em cada três tinha menos de 20. Não era apenas que milhões de crianças nasceram depois da guerra: era que um número inusitado de crianças havia sobrevivido.

Graças a melhorias com nutrição, habitação e assistência médica, a taxa de mortalidade infantil — o número de crianças, em cada mil nascimentos, que morrem antes de chegar ao primeiro ano de vida — decresceu sensivelmente no oeste da Europa durante as décadas em questão. Na Bélgica, a taxa caiu de 53,4, em 1950, para 21,1, em 1970, sendo que a alteração mais marcante ocorreu na primeira década. Na Itália, os números caíram de 63,8 para 29,6; na França, de 52,0 para 18,2. Além disso, os idosos se tornaram mais longevos — ao menos na Europa Ocidental, onde o índice de mortalidade diminuiu continuamente nesse período. A sobrevivência infantil no Leste Europeu também apresentou taxas mais elevadas, embora, é bem verdade, ali os patamares iniciais fossem bem inferiores: na Iugoslávia, os índices de mortalidade infantil decresceram de 118,6, em 1950, para 55,2 vinte anos mais tarde.[10] Na própria União Soviética, os índices caíram de 81,0, em 1950, para 25,0, em 1970, embora

[9] Isto é, grande aumento no número de nascimentos, explosão demográfica. (N. do T.)

[10] Já em 1950, Iugoslávia, Polônia, Romênia e Albânia eram os únicos países europeus onde mais de uma em cada dez crianças morria antes de completar um ano de idade. No oeste da Europa, o país que apresentava os piores índices era Portugal, onde a mortalidade infantil, em 1950, era de 94,1.

apresentando grande variação entre as diversas repúblicas. Mas as taxas de fertilidade nos Estados comunistas diminuíram antes do que no Ocidente e, a partir de meados da década de 1960, foram acompanhadas por índices de mortalidade cada vez piores (especialmente entre os homens).

Muitas são as explicações para a recuperação da fertilidade européia depois da Segunda Guerra, mas a maioria delas pode ser reduzida à combinação de otimismo e leite gratuito. Durante o extenso período de baixa demográfica — entre 1913 e 1945 —, os governos procuraram, sem êxito, incentivar a procriação, compensando a escassez crônica de homens, moradias, empregos e segurança através de apelos patrióticos, "códigos" de família e legislação. Agora — mesmo antes que o crescimento observado no pós-guerra se traduzisse em estabilidade no emprego e numa economia de consumo — a coincidência de paz, segurança e uma medida de estímulo estatal bastavam para realizar o que nenhuma propaganda pró-natal veiculada antes de 1940 fora capaz de fazer.

Soldados desmobilizados, prisioneiros de guerra que retornavam a seus países e deportados políticos, animados por esquemas de racionamento e distribuição que favoreciam casais com filhos, bem como auxílio financeiro concedido por cada filho, agarravam a primeira oportunidade para se casar e constituir família. E havia outra questão. Já no início dos anos 50, os países do Oeste Europeu podiam oferecer a seus cidadãos mais do que apenas esperança e um esquema social garantido: ofereciam também fartura de emprego. Ao longo da década de 1930, o índice médio de desemprego na Europa Ocidental tinha sido 7,5% (11,5% no Reino Unido). Já na década de 1950, tal fator caíra abaixo de 3% em todos os países, exceto na Itália. Em meados dos anos 60, a média européia era de apenas 1,5%. Pela primeira vez, desde que os índices começaram a ser compilados, o Oeste Europeu registrava pleno emprego. Em muitos setores havia, inclusive, uma carência endêmica de mão-de-obra.

Apesar da alavancagem que tal fato propiciava ao trabalho organizado, os sindicatos (à marcante exceção da Grã-Bretanha) eram fracos ou então relutantes em exercer o seu poder. Tratava-se de um legado das décadas do entreguerras: os sindicatos militantes jamais se recuperaram inteiramente do impacto da Depressão e da repressão fascista. Em troca da recém-descoberta respeitabilidade na condição de parceiros em negociações nacionais, no decorrer dos anos 50 e no início dos 60, os representantes sindicais muitas vezes preferiam colaborar com os patrões a obter proveito imediato da escassez de mão-de-obra. Em 1955, quando foi firmado na França o primeiro acordo de produtividade entre os representantes dos operários e a fábrica da Renault, então estatizada, o fato foi sintomático de uma mudança de perspectiva, pois o maior ganho dos trabalhadores não se deu através de salários, mas da concessão inovadora de uma terceira semana de férias remuneradas.[11]

Outro motivo pelo qual os antigos sindicatos de "colarinho azul" já não eram tão importantes na Europa Ocidental é que sua clientela — operários especializados, do sexo masculino — estava em declínio. A oferta de empregos na indústria de carvão, aço, têxteis e outras

[11] No ano seguinte, em março de 1956, o benefício foi estendido a todos os trabalhadores franceses. Os operários da Renault obtiveram, em 1962, uma quarta semana de férias remuneradas, mas, na ocasião, foram necessários sete anos até que o restante do país fizesse o mesmo.

manufaturas que remontavam ao século XIX diminuía, embora isso só se tornasse óbvio nos anos 60. Crescia a oferta de emprego no setor terciário, e muitos dos indivíduos que ocupavam os novos postos eram mulheres. Algumas funções — a fabricação de têxteis, o trabalho doméstico —, havia décadas, eram desempenhadas primordialmente por mulheres. Porém, após a guerra, as oportunidades de trabalho nessas duas atividades diminuíram drasticamente. A força de trabalho feminina já não era composta de mulheres solteiras que trabalhavam como criadas, nem de moças que trabalhavam em moinhos. Em vez disso, gradualmente, essa força de trabalho se compunha de mulheres mais velhas (não raro casadas) que se empregavam em estabelecimentos comerciais, escritórios e determinadas profissões de baixa remuneração: especialmente enfermagem e magistério. Já em 1961, a terça parte da força de trabalho empregada no Reino Unido era constituída de mulheres; e duas em cada três mulheres que trabalhavam fora de casa atuavam como escriturárias ou secretárias. Mesmo na Itália, onde as mulheres mais velhas, tradicionalmente, não faziam parte das fileiras das que (oficialmente) tinham emprego, no final dos anos 60, 27% da força de trabalho eram feminina.

A procura insaciável por mão-de-obra no próspero quadrante noroeste da Europa explica as migrações em massa ocorridas nos anos 50 e no início dos anos 60. Essas migrações assumiram três formas. Em primeiro lugar, homens (e, em menor grau, mulheres e crianças) deixaram os campos em favor da cidade e se mudaram para regiões mais desenvolvidas em seus próprios países. Na Espanha, nas duas décadas seguintes aos anos 50, mais de um milhão de residentes de Andaluzia mudaram-se para o norte (para a Catalunha); já em 1970, 1,6 milhão de espanhóis nascidos em Andaluzia viviam fora de sua região natal, dos quais 712 mil apenas em Barcelona. Em Portugal, um elevado percentual dos residentes da região pobre do Alentejo partiu para Lisboa. Na Itália, entre 1955 e 1971, cerca de 9 milhões de pessoas mudaram-se de uma região do país para outra.

Esse modelo de movimento populacional não se restringiu ao Mediterrâneo. Os milhões de jovens que abandonaram a República Democrática da Alemanha para a República Federal da Alemanha entre 1950 e 1961 talvez estivessem buscando a liberdade política, mas, ao tomar a direção oeste, também buscavam empregos bem remunerados e uma vida melhor. Nesse particular, os alemães pouco diferiam dos contemporâneos espanhóis ou italianos — ou de 250 mil suecos do centro rural e do norte da Suécia que, na década seguinte a 1945, se transferiram para as cidades. Muito desse deslocamento foi impelido por disparidades de renda; mas o desejo de escapar da privação, do isolamento, da desolação que caracterizava a vida nos vilarejos e do domínio das tradicionais hierarquias rurais também pesou, especialmente entre os jovens. Um benefício incidental foi que os salários daqueles que permaneceram no campo, bem como a quantidade de terras que lhes ficaram disponíveis, aumentaram.

Uma segunda rota seguida pelos migrantes foi tipificada pela mudança de um país europeu para outro. É certo que a emigração européia não era novidade. Mas a maior parte dos 15 milhões de italianos que deixaram o país entre 1870 e 1926 cruzaram o oceano, para os Estados Unidos ou para a Argentina. O mesmo ocorreu com milhões de gregos, poloneses, judeus e outros que emigraram naqueles anos, ou com escandinavos, alemães e irlandeses que o fizeram na geração anterior. Depois da Primeira Guerra, evidentemente, verificou-se um escoamento contínuo de mineradores e lavradores que deixavam a Itália e a Polônia em direção à França, por exemplo; e, na década de 1930, refugiados políticos escapavam do nazismo e do fascismo buscando o Ocidente. Mas a migração dentro da própria Europa, especialmente à procura de trabalho, continuou sendo a exceção.

No final da década de 1950, tudo isso mudou. A movimentação da força de trabalho através das fronteiras começara logo após o término da guerra — na seqüência de um acordo assinado em junho de 1946, dezenas de milhares de jovens italianos viajaram em comboios organizados para trabalhar nas minas da Valônia, em troca de um compromisso, por parte da Bélgica, de fornecer carvão para a Itália. No entanto, durante a década de 1950, a expansão econômica do noroeste da Europa transcorria em ritmo mais acelerado do que o crescimento populacional: a geração do *baby-boom* ainda não ingressara no mercado de trabalho, mas a procura por mão-de-obra atingia o ponto máximo. À medida que a economia alemã, de modo especial, acelerava, o governo de Bonn via-se forçado a buscar mão-de-obra de baixo custo no exterior.

Já em 1956, o chanceler Adenauer estava em Roma para oferecer transporte gratuito a qualquer trabalhador italiano disposto a viajar até a Alemanha, buscando a cooperação oficial da Itália para que fossem encaminhados até o outro lado dos Alpes os italianos do sul que estivessem desempregados. Ao longo da década seguinte, as autoridades de Bonn assinariam uma série de acordos, abrangendo não apenas a Itália, mas Grécia e Espanha (1960), Turquia (1961), Marrocos (1963), Portugal (1964), Tunísia (1964) e Iugoslávia (1968). Trabalhadores estrangeiros ("convidados") recebiam incentivo para aceitar emprego na Alemanha — mediante o entendimento de que a permanência em solo alemão seria temporária: haveriam de voltar ao país de origem. A exemplo dos trabalhadores migrantes finlandeses residentes na Suécia, ou dos irlandeses que trabalhavam na Grã-Bretanha, esses homens — a maioria com menos de 25 anos — eram quase sempre oriundos de regiões pobres, rurais ou montanhosas. A maioria não era especializada (embora alguns se sujeitassem à "desespecialização", a fim de conseguir emprego). Os ganhos desses indivíduos na Alemanha e em outros países setentrionais desempenharam papel fundamental na sustentação das economias das regiões que eles haviam deixado para trás, e a sua partida aliviou a competição local por emprego e habitação. Em 1973, as remessas de trabalhadores no exterior representaram 90% da receita turca de exportações e 50% da receita de exportações na Grécia, em Portugal e na Iugoslávia.

O impacto demográfico desses deslocamentos populacionais foi significativo. Embora a presença dos migrantes fosse oficialmente "temporária", na realidade eles jamais voltariam aos locais de origem. E se retornassem, só o fariam muitos anos mais tarde, ao se aposentarem. Sete milhões de italianos deixaram o país entre 1945 e 1970. De 1950 a 1970, uma quarta parte da força de trabalho da Grécia saiu em busca de trabalho no exterior: no auge da emigração, em meados dos anos 60, 117 mil gregos deixavam o país anualmente.[12] Estima-se que de 1961 a 1974 um milhão e meio de trabalhadores portugueses conseguiram emprego no exterior — no que constituiu o maior movimento populacional da História do país, que ficou com uma força de trabalho de apenas 3,1 milhões. Eram números significativos para um país cuja população total, em 1950, era de apenas 8,3 milhões de habitantes. A emigração

---

[12] O resultado foi que, no final da década de 1960, com o desenvolvimento do turismo, havia na própria Grécia uma escassez de trabalhadores para os empregos menos qualificados.

de jovens mulheres que buscavam trabalho doméstico em Paris e outros locais produziu um efeito marcante nas regiões rurais, onde a carência de jovens adultos só foi compensada pela chegada de imigrantes egressos das colônias portuguesas nas ilhas de Cabo Verde e na África. Na municipalidade portuguesa de Sabugal, no norte agrário, a emigração reduziu a população local de 43.513 habitantes, em 1950, a apenas 19.174, trinta anos mais tarde.

O efeito econômico para o país "importador" foi considerável. Já em 1964, trabalhadores estrangeiros (em sua maioria, italianos) representavam a quarta parte da força de trabalho da Suíça, cujo setor de turismo tanto dependia de mão-de-obra de baixo custo e sazonal, facilmente contratada e prontamente demitida. Na Alemanha Ocidental, em 1973 (ano culminante), havia 2,8 milhões de trabalhadores estrangeiros, a maioria na construção civil, na indústria metalúrgica e na fabricação de automóveis. Os estrangeiros somavam um operário em cada oito na força de trabalho do país. Na França, os 2,3 milhões de trabalhadores estrangeiros registrados naquele mesmo ano representavam 11% do total da população ativa. Muitos desses eram mulheres empregadas em serviço doméstico — cozinheiras, arrumadeiras, zeladoras e babás —, em sua maioria, de origem portuguesa.

A maioria desses homens e mulheres não tinha direito a residência permanente e não era incluída nos acordos assinados por sindicatos e patrões, acordos que garantiam estabilidade, previdência e aposentadoria dos empregados locais. Sendo assim, sob o ponto de vista do patrão e do país que os recebia, os trabalhadores estrangeiros não exigiam grande compromisso nem representavam custos elevados a longo prazo. Já em plena década de 1980, na Alemanha, "trabalhadores convidados" não recebiam promoções nem aumentos salariais. Viviam precariamente, enviando para seus países de origem a maior parte do dinheiro que ganhavam; por menor que fosse o pagamento em marcos ou francos, o valor era muitas vezes superior ao que receberiam em seus vilarejos natais. A condição desses indivíduos assemelhava-se à do melancólico garçom italiano em Lucerna, levemente caricaturado em 1973 por Franco Brusati no filme *Pão e Chocolate.*

Já em 1973, apenas na Alemanha Ocidental, viviam quase meio milhão de italianos, 535 mil iugoslavos e 605 mil turcos.[13] Os alemães — a exemplo dos suíços, franceses, belgas ou britânicos — não viam com bons olhos a chegada de tantos estrangeiros a seu solo. A experiência de viver entre tanta gente de origem estrangeira era desconhecida da maioria dos europeus. A presença estrangeira só era relativamente tolerada, com surtos somente ocasionais de preconceito ou violência contra comunidades de trabalhadores internacionais, porque os estrangeiros viviam isolados da população local (em sombrios subúrbios das grandes cidades), porque numa época de pleno emprego eles não representavam ameaça econômica, porque, ao menos no caso de cristãos oriundos de Portugal, da Itália e da Iugoslávia, os trabalhadores estrangeiros eram física e culturalmente "assimiláveis" — i.e., não eram de cor de pele escura, nem muçulmanos — e porque o entendimento geral era de que um dia eles iriam embora.

No entanto, essas considerações não se aplicavam a uma terceira fonte de trabalho importado: imigrantes de colônias européias passadas e atuais. De início, o número de pessoas nessa categoria não era significativo. Muitos dos indivíduos que haviam retornado para a Holanda,

[13] Quinze anos antes, em 1958, havia apenas 25 mil italianos, 4 mil iugoslavos e o número de turcos era insuficiente para ser registrado nos censos oficiais.

Bélgica e França originários de antigas possessões imperiais na Ásia, África, América do Sul e no Pacífico eram profissionais de cor branca, ou então agricultores aposentados. Até mesmo os argelinos que viviam em solo francês somavam, em 1969, apenas 600 mil, número inferior ao das populações locais de italianos ou espanhóis.

Mesmo na Grã-Bretanha, onde os governos da década de 1950 incentivaram a imigração caribenha para o trabalho nos trens, ônibus e serviços municipais, as cifras não eram particularmente impressionantes. No censo de 1951, havia 15 mil caribenhos (a maioria de Barbados) residindo no Reino Unido, sendo 4 mil em Londres. Em 1959, a imigração caribenha para o Reino Unido somava cerca de 16 mil pessoas por ano. A imigração a partir de outras regiões da Comunidade Britânica era ainda menor — em 1959, somente 3 mil imigrantes chegaram da Índia e do Paquistão. Os números aumentariam nos anos seguintes — notadamente quando o governo britânico concordou (com relutância) em receber os asiáticos que viviam na África Oriental e que haviam sido expulsos pelo ditador ugandense Idi Amin; contudo, em 1976, havia apenas 1,85 milhão de "não-brancos" na população do Reino Unido, 3% do total. E 40% dessas pessoas eram nascidas no país.

A diferença, evidentemente, residia no fato de que essas pessoas eram pardas ou negras — e, sendo cidadãos da Comunidade Britânica, tinham direito a residência permanente e cidadania na metrópole imperial. Já em 1958, tumultos raciais na região oeste de Londres alertavam o governo quanto ao risco de permitir a entrada de "um número excessivo" de imigrantes numa sociedade historicamente branca. E assim, embora a necessidade econômica da presença de imigrantes sem formação profissional continuasse a pesar e o número total de imigrantes continuasse insignificante, o Reino Unido introduziu a primeira de uma série de medidas de controle sobre a imigração de origem não-européia. A Lei de Imigração da Comunidade Britânica, que passou a vigorar em 1962, instituiu pela primeira vez a "licença-emprego" e impôs controles rígidos sobre a imigração de não-brancos para o Reino Unido. Uma lei subseqüente, de 1968, impôs mais controles, restringindo a cidadania do Reino Unido a indivíduos que tivessem ao menos pai ou mãe britânico; em 1971, outra lei, francamente direcionada a não-brancos, restringia a entrada de dependentes de imigrantes que já estavam na Grã-Bretanha.[14]

O efeito real dessas leis foi que a imigração não-européia para a Grã-Bretanha chegou ao fim menos de vinte anos após ter iniciado. Depois, a fatia crescente de não-brancos na população do Reino Unido seria uma função dos elevados índices de nascimentos de africanos, caribenhos e sul-asiáticos no país. Por outro lado, as restrições drásticas impostas aos direitos de negros e asiáticos entrarem no Reino Unido foram acompanhadas, em tempo, pela melhoria considerável das oportunidades de vida depois que tais indivíduos ali se estabeleciam. A Lei das Relações Raciais, de 1965, proibiu a discriminação em locais públicos,

[14] Essas restrições draconianas à imigração colonial refletiam a opinião predominante nos dois partidos políticos principais. Entretanto, há menos de uma geração anterior e sob circunstâncias bastante diversas, o primeiro-ministro trabalhista, Clement Attlee, assim escrevera, em julho de 1948: "A tradição é que súditos britânicos, quer de origem metropolitana ou colonial (e a despeito de raça ou cor), sejam admitidos livremente ao Reino Unido. Essa tradição, a meu ver, não deve ser descartada de maneira leviana, especialmente numa época em que importamos mão-de-obra estrangeira em larga escala."

introduziu antídotos contra a discriminação no emprego e estabeleceu punições a serem aplicadas em caso de incitação ao ódio racial. Uma lei subseqüente, que entrou em vigor 11 anos depois, finalmente declarou ilegal *toda* discriminação baseada em raça e criou a Comissão pela Igualdade Racial. Sob determinados aspectos, as novas (e não-européias) populações da Grã-Bretanha (e, mais tarde, da França) tiveram mais sorte do que os europeus de segunda classe que encontraram trabalho ao norte dos Alpes. Proprietárias de imóveis na Inglaterra já não podiam exibir cartazes com os dizeres: "Proibida a presença de Negros, Irlandeses e Cães"; mas avisos que impediam a entrada de "cães e italianos" ainda seriam vistos em parques suíços durante anos.

No norte europeu a situação dos trabalhadores estrangeiros e outros residentes era mantida sob condições propositadamente precárias. O governo holandês incentivava operários da Espanha, Iugoslávia, Itália (e, mais tarde, da Turquia, do Marrocos e do Suriname) a assumir empregos na indústria têxtil, na mineração e na construção naval. Porém, quando as velhas indústrias fecharam as portas, foram esses os trabalhadores que perderam seus empregos, muitas vezes sem qualquer seguro ou apoio social que amortecesse o impacto da demissão neles próprios e em suas famílias. Na Alemanha Ocidental, a Lei dos Estrangeiros, que entrou em vigor em 1965, incorporou ao texto as "Normas Policiais para Estrangeiros", que tinham sido promulgadas pelos nazistas em 1938. A força de trabalho estrangeira era descrita e tratada como presença temporária, à mercê das autoridades. Já em 1974, entretanto, quando a economia européia se arrastava e muitos dos trabalhadores imigrantes já não se faziam necessários, estes haviam se tornado residentes permanentes. Naquele ano, 17,3% de todas as crianças nascidas na Alemanha Ocidental eram filhos de "estrangeiros".

É difícil superestimar o impacto real do movimento dessas pessoas. No total, os indivíduos em trânsito somaram cerca de 40 milhões; deslocavam-se no interior de países, entre países, ou chegavam à Europa provenientes do outro lado do oceano. Sem essa força de trabalho abundante, de baixo custo, vulnerável e desorganizada, o *boom* europeu não teria sido possível. No pós-guerra, os Estados — e os empregadores do setor privado — se beneficiaram muito do fluxo contínuo de trabalhadores submissos e mal pagos, pelos quais os patrões tantas vezes deixavam de assumir a totalidade dos custos sociais. Quando o *boom* acabou e chegou o momento de dispensar a mão-de-obra excedente, a força de trabalho imigrante e migrante foi a primeira a ser afetada.

Como todo mundo, o novo trabalhador não apenas fabricava itens; ele os comprava também. Isso era novidade. Ao longo da História, a maioria dos indivíduos na Europa — e em outros locais do mundo — possuía apenas quatro tipos de bens: bens que herdavam dos pais; que os próprios donos confeccionavam; que os donos negociavam ou trocavam com outras pessoas; e os poucos itens que tinham sido obrigados a comprar, itens quase sempre feitos por alguém conhecido. No decorrer do século XIX, a industrialização transformara o mundo dos residentes das cidades maiores e menores; mas, em muitas regiões rurais da Europa, a economia tradicional funcionou basicamente sem alteração até a Segunda Guerra Mundial e mesmo depois que o conflito terminou.

As maiores despesas no orçamento doméstico tradicional eram com alimentação e vestuário, que acrescentadas ao gasto com moradia consumiam grande parte da renda familiar. A maioria das pessoas não fazia compras e não "consumia", no sentido moderno do termo; a maior parte dos indivíduos apenas subsistia. Para a arrasadora maioria da população européia, até meados do século XX, "renda disponível" era expressão contraditória. Ainda em 1950, a família européia ocidental média gastava mais da metade de seus recursos financeiros com necessidades: comida, bebida, fumo (sic). Na Europa mediterrânea, o índice era bem mais elevado. Somando-se aí gastos com vestuário e aluguel, sobrava pouco para itens supérfluos.

Na geração seguinte, tudo isso haveria de mudar. Nas duas décadas após 1953, o salário real quase triplicou na Alemanha Ocidental e nos países do Benelux. Na Itália, o ritmo do aumento da renda foi ainda mais intenso. Mesmo na Grã-Bretanha o poder de compra do cidadão médio praticamente dobrou nos anos em questão. Já em 1965, gêneros alimentícios e roupas absorviam apenas 31% do gasto dos consumidores britânicos; em 1980, no norte e oeste da Europa, a média com despesas era inferior a 25%.

A população passou a ter dinheiro sobressalente e começou a gastá-lo. Em 1950, o comércio varejista na Alemanha Ocidental vendeu apenas 900 mil pares de meias de náilon femininas (emblemático item de "luxo" nos primeiros anos do pós-guerra). Quatro anos depois, em 1953, o movimento era de 58 milhões de pares. Em relação a mercadorias mais tradicionais, o grande impacto dessa revolução do consumo se deu através da maneira com a qual os produtos eram embalados e da escala em que eram vendidos. Começaram a surgir os supermercados, especialmente nos anos 60, a década em que o impacto do aumento do poder aquisitivo foi sentido de modo mais expressivo. A Holanda, que em 1961 contava com apenas sete supermercados, somava 520, dez anos depois. Na mesma década, o número total de supermercados na vizinha Bélgica subiu de 19 para 456; na França, de 49 para 1.833.[15]

A lógica dos supermercados era de que os compradores (em sua maioria donas de casa) gastariam mais se quase tudo o que desejassem — ou pudessem ser tentados a desejar — estivesse convenientemente à mão, no mesmo estabelecimento. Mas a idéia se baseava na suposição de que as mulheres teriam onde guardar os alimentos quando os trouxessem para casa; e isso passou a implicar, cada vez mais, a presença da geladeira. Em 1957, na Europa Ocidental, a maioria dos lares ainda não possuía refrigerador (os índices variavam de 12%, na Alemanha Ocidental, a 2%, na Itália). O motivo era menos técnico (em meados dos anos 50, praticamente toda a Europa Ocidental contava com energia elétrica, à exceção de determinadas regiões rurais na Noruega e de áreas montanhosas ou meridionais da Itália) do que logístico: se as donas de casa não podiam comprar e levar para casa uma quantidade razoável de itens perecíveis de uma só vez, não fazia sentido gastar um dinheirão com uma geladeira.[16]

---

[15] A exceção foi a Itália, onde, em 1971, menos de 5% do total das compras eram feitas nos 538 supermercados do país e onde quase toda a população continuava a fazer compras em estabelecimentos locais e especializados. Isso ainda era verdade vinte anos mais tarde: em 1991, quando o número de pequenas lojas que vendiam gêneros alimentícios na Alemanha Ocidental diminuíra para 37 mil e na França para 21.500, ainda existiam 182.432 minimercados na Itália. Considerando o índice por habitante, somente a Polônia superava a Itália.

[16] Havia também objeções de caráter "cultural". Em 1952, o escritor comunista francês Roger Vailland afirmou: "Num país como a França, onde — exceto dois meses por ano, nem todos os anos — faz sempre tanto frio que uma caixa no parapeito da janela é capaz de preservar o assado durante o fim de semana, ou até por mais tempo, a geladeira é um 'símbolo', uma 'mistificação' (americana)."

É, portanto, sintomático de muitas outras mudanças análogas que já em 1974, na maioria dos locais, a ausência de um refrigerador fosse notada: na Bélgica e no Reino Unido, 82% dos lares tinham geladeira; na França, 88%; na Holanda e na Alemanha Ocidental, 93%. O que é mais impressionante: 94% dos lares italianos possuíam geladeira, o índice mais elevado na Europa. Na verdade, a Itália se tornara a maior fabricante de refrigeradores e itens similares. Em 1951, a indústria italiana produzira apenas 18.500 refrigeradores; duas décadas mais tarde, a Itália fabricava 5,247 milhões de peças por ano — quase tanto quanto os EUA, e mais do que todo o restante da Europa somado.

A exemplo da geladeira doméstica, a lavadora de roupas surgiu naqueles anos. Também a máquina de lavar roupa visava facilitar o trabalho da dona de casa naquele novo contexto de prosperidade e incentivá-la a ampliar o leque de suas compras. Todavia, a lavadora demorou mais a vingar do que o refrigerador — em parte porque, em meados da década de 1950, ainda não havia água encanada em mais da metade dos lares da Bélgica, Itália, Áustria, Espanha e de muitas regiões da França e da Escandinávia, e em parte porque a rede elétrica, em muitos locais, não agüentava duas máquinas de grande porte numa única residência.[17] Ainda em 1972, quando a maioria dos europeus ocidentais já vivia em lares equipados com banheiros internos e encanamento hidráulico, apenas uma residência em cada três possuía lavadora de roupas, índice que cresceu lentamente a cada nova década. Lavadoras permaneceram, durante muitos anos, fora do alcance das camadas mais desvalidas, especialmente das famílias numerosas, que mais precisavam delas. Esse foi um dos motivos pelos quais a máquina de lavar roupa — assim como as lavadoras de louça, depois de meados dos anos 70 — ficou associada, em termos de imagem comercial, com os acessórios domésticos de uma classe média abastada.

Mas o preço das lavadoras de roupa e das geladeiras começou a cair. Assim como brinquedos e vestuário, elas passaram a ser fabricadas em escala crescente, pois maiores investimentos, de um lado, e elevada procura, do outro, fizeram os preços cair; mesmo na França, onde a produção em massa era sempre um pouco devagar, o giro da indústria de brinquedos aumentou 350% nos primeiros anos do *baby-boom* (entre 1948 e 1955). Mas o impacto dos milhões de consumidores agora empregados foi mais significativo fora do que dentro do lar. A maior medida da prosperidade européia foi a revolução causada pelo automóvel familiar.

Até a década de 1950, o automóvel era um luxo para a maioria dos europeus e, em muitos locais, raramente visto. Mesmo nas grandes cidades, era bem recente a chegada do carro motorizado. A maioria das pessoas não viajava grandes distâncias por lazer e, quando se dirigia ao trabalho ou à escola, utilizava transporte público: trens, bondes e ônibus. No início dos anos 50, havia apenas 89 mil carros particulares (excluindo táxis) na Espanha: um automóvel para cada 314 mil pessoas. Na França, em 1951, não mais do que um lar em cada 12 possuía carro. Somente na Grã-Bretanha a posse de carros era um fenômeno de massa: já em 1950, havia no país 2,258 milhões de automóveis. Mas a distribuição geográfica era desigual: cerca de uma quarta parte dos carros tinha licença registrada em Londres — nas regiões rurais da Grã-Bretanha, automóveis eram tão escassos quanto na França ou na Itália. E, mesmo assim,

---

[17] Somente em 1963, a companhia Electricité de France começou a aumentar a capacidade das linhas de energia urbana, possibilitando a operação de vários eletrodomésticos — no campo, o mesmo ocorreu alguns anos depois.

muitos londrinos não tinham carro, e milhares de comerciantes, vendedores ambulantes etc. ainda dependiam do cavalo e da carroça.

O número de proprietários de automóveis registraria um incremento espetacular nas duas décadas seguintes. Na Grã-Bretanha, onde, ao longo da década de 1930, o aumento inicial fora estancado pela guerra e pela escassez do pós-guerra, esse número dobrou década após década, de 1950 a 1980. De 2,250 milhões de veículos, em 1950, o número de carros particulares na Grã-Bretanha, em 1964, passou a 8 milhões, chegando a 11,5 milhões no final dos anos 60. Os italianos, que no início da guerra possuíam apenas 270 mil automóveis e 342 mil em 1950 (número inferior ao registrado somente na Grande Londres), já contavam com 2 milhões de veículos em 1960, 5,5 milhões em 1965, mais de 10 milhões em 1970 e cerca de 15 milhões cinco anos depois — dois carros para cada sete residentes do país.[18] Na França, o número de veículos particulares subiu de menos de 2 milhões a quase 6 milhões no decorrer da década de 1950, e dobrou nos dez anos seguintes. Um sintoma desse aumento foi a introdução de parquímetros, no final dos anos 50 — primeiramente, na Grã-Bretanha, depois, na França e em outros locais, durante os anos 60.[19]

Se os europeus podiam adquirir carros particulares em números sem precedentes, não era apenas porque dispunham de mais dinheiro. Havia um número muito maior de veículos disponíveis para atender à demanda reprimida durante as décadas da Depressão e da guerra. Muito antes de 1939, várias fábricas de automóveis na Europa (a Porsche, na Alemanha; a Renault e a Citroën, na França; a Morris, na Grã-Bretanha), prevendo o aumento da procura no período pós-Depressão, começaram a projetar um novo tipo de veículo familiar — com funções análogas às do Modelo T criado por Henry Ford vinte anos antes: confiável, produzido em massa e a preço acessível. A guerra retardou o surgimento desses modelos, mas no início dos anos 50 tais veículos saíam das novas linhas de montagem em números cada vez maiores.

Em cada país da Europa Ocidental surgiu um modelo e uma marca favoritos, mas, essencialmente, os carros eram muito similares. O fusca da Volkswagen, o Renault 4CV, o Fiat 500 e 600, o Austin A30 e o Morris Minor eram unidades compactas, de duas portas, destinadas ao transporte familiar: baratos para comprar, baratos para manter e fáceis de consertar. Tinham estruturas leves e reduzidas, motores pequenos e projetados para operar com baixo consumo de combustível e eram equipados com o mínimo possível de acessórios e aparelhagens. Os Volkswagens, os Renaults e os Fiats tinham motor traseiro e tração nas rodas traseiras, deixando o compartimento à frente do motorista livre para acomodar bagagem, além de bateria, estepe, macaco e ferramentas.

O Morris, com motor na frente, a exemplo do concorrente — o Ford Popular (norte-americano, mas montado na fábrica da Ford em Dagenham, perto de Londres, e voltado para o mercado doméstico britânico) —, acenava com um nível de conforto um pouco mais elevado, e mais tarde se desdobraria num modelo de quatro portas, condizente com a

[18] Aumento exponencial muito bem captado pela cena de abertura do filme $8\frac{1}{2}$, de Fellini, em 1963. Mesmo para os padrões de Fellini, o congestionamento de tráfego urbano seria estranhamente implausível poucos anos antes.

[19] A reação local a essa inovação seguiu um precedente histórico: motoristas ingleses, considerando cobranças feitas pelos parquímetros uma forma de tributação desautorizada, recusavam-se a pagar. Os franceses expressaram a sua desaprovação "decapitando" parquímetros em Paris.

maior prosperidade da Grã-Bretanha nos anos em questão. Na França, a Citroën introduziu o singularíssimo 2CV (inicialmente vendido a fazendeiros que desejavam substituir o carro de bois), com quatro portas, capota e assentos removíveis e motor de uma motocicleta de tamanho médio. Apesar das variantes culturais aqui descritas, os carros compactos dos anos 50 tinham um objetivo comum: tornar a propriedade de automóveis acessível a quase todas as famílias da Europa Ocidental.

Durante alguns anos após o início da revolução dos transportes ocorrida na Europa, a oferta de veículos não conseguiu acompanhar a procura (situação que perdurou na Europa Oriental até 1989). Daí, por algum tempo, bicicletas, motocicletas e *sidecars* foram muito utilizados — estes últimos como recurso de transporte para famílias sem condições financeiras de adquirir um carro. Surgiram as motonetas — na França e, especialmente, na Itália, onde a primeira corrida nacional de motonetas, realizada em Roma em 13 de novembro de 1949, foi seguida de um extraordinário aumento da procura; as motonetas eram símbolos de liberdade urbana e mobilidade, veículos úteis e vendidos a preços acessíveis, apreciados pelos jovens e celebrados — sobretudo a Vespa — em todos os filmes da época rodados na Itália ou que versassem sobre a Itália.

Mas, no início dos anos 60, o carro já comandava a cena na Europa Ocidental, substituindo o fluxo de tráfego das ferrovias pelo das rodovias, e o transporte público pelo transporte particular. Nos anos seguintes à Primeira Guerra, as redes ferroviárias atingiram o ponto máximo em extensão e número de usuários; agora, linhas deficitárias eram encurtadas e milhares de quilômetros de trilhos eram retirados. No Reino Unido, em 1946, as ferrovias transportaram 901 milhões de passageiros, número que se aproximava do recorde histórico. Mas, a partir de então, registrou-se um declínio, ano após ano. Em outros locais do Oeste Europeu, o tráfego ferroviário foi mais constante; em países pequenos e superpovoados, onde as redes ferroviárias eram eficientes — como a Bélgica, Holanda e Dinamarca —, o tráfego chegou a aumentar; mas em ritmo bem inferior ao registrado pelo tráfego rodoviário.

O número de pessoas que utilizavam ônibus também começou a diminuir, pela primeira vez, visto que um número crescente de indivíduos seguia de carro até o local de trabalho. Entre 1948 e 1962, na congestionada capital britânica, o tráfego total de passageiros que utilizavam o sistema municipal de ônibus, bonde e metrô diminuiu de 3,955 milhões para 2,485 milhões por ano, pois os viajantes preferiam utilizar seus próprios carros. A despeito das condições inadequadas das rodovias européias (exceto no caso da Alemanha, não se faziam melhorias significativas nas redes rodoviárias nacionais desde o final dos anos 20), indivíduos e especialmente famílias recorriam cada vez mais aos automóveis para deslocamentos opcionais: para ir até os hipermercados, agora localizados na periferia das cidades e, primordialmente, para passeios de fim de semana e férias anuais.[20]

Viagens de lazer na Europa não eram novidade, embora até então esse tipo de jornada ficasse restrito, de início, à aristocracia e, mais tarde, à classe média, mais próspera e culturalmente am-

[20] Os primeiros hipermercados europeus, definidos como lojas com superfície de ao menos 2.300 metros quadrados em um só pavimento e geralmente localizados ao menos a 3 quilômetros do centro da cidade, começaram a surgir no final dos anos 60. Já em 1973, havia no Oeste Europeu cerca de 750 dessas lojas gigantescas, 620 das quais somente na França e na Alemanha Ocidental. Na Itália, no mesmo ano, havia apenas três. Vinte anos depois, havia na França 8 mil hipermercados e grandes lojas... mas ainda não mais do que 118 na Itália.

biciosa. Porém, tanto quanto qualquer outro setor econômico, o "turismo" sofrera com a guerra e a recessão econômica. Na Suíça, a indústria do turismo, em 1913, gabava-se de registrar 21,9 milhões de diárias em hotel; tais índices só seriam igualados em meados dos anos 50. Mas o *boom* de turismo na década de 1950 foi diferente. O fenômeno foi facilitado e estimulado pela disponibilidade de transporte particular e, acima de tudo, pelo número crescente de pessoas que desfrutavam férias remuneradas: já em 1960, na Europa continental, a maioria dos empregados tinha direito por lei a duas semanas de férias remuneradas (três na Noruega, Suécia, Dinamarca e França) e, cada vez mais, esses indivíduos passavam as férias fora de casa.

Viagens de lazer começavam a propiciar o turismo em massa. As empresas de ônibus prosperavam, explorando, com serviços nacionais e internacionais, a tradição dos passeios anuais de operários e agricultores ao litoral. Os primeiros empresários da aviação, tais como o britânico Freddie Laker, que havia adquirido aviões de turboélices Bristol-Brittania remanescentes da guerra, instituíram serviços de fretamento com destino aos recém-inaugurados *resorts* de veraneio na Itália, França e Espanha. O *camping* — atividade já apreciada antes da guerra por turistas menos abastados e entusiastas da vida ao ar livre — tornou-se uma grande indústria no final dos anos 50, com um número crescente de locais de acampamento espalhados pelo litoral e pelo interior, lojas de apetrechos e roupas especializadas e guias impressos. Antigos locais procurados para férias — na costa e no interior do norte e oeste da Europa — prosperavam. Surgiram outros locais (descobertos ou redescobertos), que ganhavam destaque em livretos vistosos e na mitologia popular. A Riviera Francesa, antes tranqüilo refúgio de inverno para a pequena nobreza eduardiana, foi agraciada com sedutora e jovial restauração, visível num novo gênero cinematográfico, o filme do tipo "prazeres do sol": em 1956, Roger Vadim "inventou" Saint-Tropez como vitrine para sua nova *starlet*, Brigitte Bardot, em *E Deus Criou a Mulher*.

Nem todo mundo podia pagar por férias em Saint-Tropez ou na Suíça — embora o litoral e as montanhas da França e da Itália ainda fossem financeiramente acessíveis a viajantes provenientes da Grã-Bretanha ou da Alemanha, que trocavam libras e marcos por francos e liras, à época desvalorizados. Mas os balneários *domésticos*, ainda muito procurados, especialmente por britânicos, holandeses e alemães, eram agora bem baratos. Billy Butlin, canadense que trabalhava em feiras e parques e abriu o seu primeiro negócio em Skegness, em 1936, fez fortuna nos anos 50 vendendo férias em família, de preço único, "baratas e animadas", em acampamentos estrategicamente situados no litoral da região industrial da Inglaterra: "Walmart com estadia" como comentou, em retrospecto, um crítico cínico. Mas o esquema de Butlin obteve imensa popularidade à época — e foi o ancestral inconfesso do Club Med francês, preferência de recreação coletiva de uma geração posterior, mais cosmopolita, inclusive quanto aos *"gentils organisateurs"* (ou "Jaquetas Vermelhas", conforme Butlin os chamava).

Para os mais aventureiros, havia também os recém-abertos *resorts* da costa espanhola no Mediterrâneo, onde os visitantes podiam escolher entre hospedarias que serviam o café-da-manhã, *pensiónes* ou modestos hotéis litorâneos, cujas reservas eram controladas por uma nova classe de operadores de pacotes de viagem. E todos esses destinos podiam agora ser alcançados de carro. Vestindo roupas de verão (novidades no mercado — e sinal de prosperidade), milhões de famílias se apertavam em seus Fiats, Renaults, Volkswagens e Morrises — geralmente no mesmo dia, pois as datas das férias oficiais costumavam ocorrer em determinadas semanas de agosto — e seguiam para litorais distantes, por vias estreitas e sem infra-estrutura, construídas para viagens realizadas em tempos passados.

O resultado eram congestionamentos sem precedentes, terríveis, piores a cada ano, a contar do final da década de 1950. Os viajantes seguiam pelas rodovias óbvias: a A303, no sentido sudoeste, de Londres até Cornualha; as Routes Nationales 6 e 7, de Paris até a costa do Mediterrâneo; a Route Nationale 9, de Paris até a fronteira espanhola (de poucos milhares de turistas, em 1955, os visitantes franceses na Espanha somavam 3 milhões, em 1962, e 7 milhões dois anos mais tarde — na Espanha de Franco, até a moeda francesa tinha bom poder de compra, especialmente depois da revalorização implementada por De Gaulle).[21] Turistas alemães seguiam a rota sul do comércio medieval, descendo o Tirol austríaco, cruzando o Passo de Brenner e chegando à Itália em números sempre crescentes. Muitos prosseguiam até a Iugoslávia, que, a exemplo da Espanha, se abriu ao turismo internacional naqueles anos: já somando 1,7 milhão em 1963, os viajantes internacionais que se destinavam ao único país comunista acessível em toda a Europa (abençoado com o extenso e econômico litoral adriático) chegavam a quase 6,3 milhões por ano uma década mais tarde.

O turismo em massa, já houve quem observasse, talvez seja insensível ao meio ambiente, mas apresenta claros benefícios de redistribuição. À medida que os prósperos habitantes do norte da Europa acorriam às regiões mediterrâneas até então empobrecidas, surgiam oportunidades de emprego para operários da construção civil, cozinheiros, garçons, arrumadeiras, taxistas, prostitutas, carregadores, mecânicos de avião etc. Pela primeira vez, jovens de ambos os sexos, sem formação profissional, na Grécia, Iugoslávia, Itália e Espanha, encontravam trabalho sazonal (de baixa remuneração) em seus próprios países, e não no exterior. Em vez de migrarem para as economias expansionistas do norte, agora trabalhavam para essas mesmas economias em seus próprios países.

Talvez as viagens internacionais não abrissem tanto a mente: quanto mais popular se tornava um destino no exterior, tanto mais se assemelhava — em todas as características essenciais, exceto o clima — ao local de origem do turista. Na realidade, o sucesso do turismo em grande escala, durante a década de 1960 e depois, dependia da capacidade de fazer com que britânicos, alemães, holandeses, franceses e outros viajantes novatos sentissem o maior conforto possível, cercados de compatriotas e protegidos contra tudo que fosse exótico, estranho ou inusitado. No entanto, o simples fato de viajar regularmente (todos os anos) até algum lugar distante, bem como os novos meios de transporte utilizados — carros particulares, vôos fretados —, oferecia a milhões de homens e mulheres (e especialmente aos filhos) até então isolados uma janela aberta para um mundo bem maior.

Até os anos 60, a principal fonte de informação, opinião e entretenimento disponível para a grande maioria dos europeus era o rádio. Era através do rádio que as pessoas escutavam as notícias, e se havia uma cultura nacional comum, esta era moldada mais pelo que as pessoas ouviam do que pelo que viam ou liam. Naquela época, em todos os países europeus, o

[21] Entre 1959 e 1973, o número de visitantes na Espanha subiu de 3 milhões para 34 milhões. Em 1966, o número de turistas que visitaram a Espanha — 17,3 milhões — ultrapassava em muito os totais registrados na França e na Itália. Em áreas do nordeste e no litoral mediterrâneo espanhol, a transição de uma economia pré-industrial para a era do cartão de crédito ocorreu no espaço de tempo correspondente a meia geração. O impacto estético e psicológico nem sempre foi positivo.

rádio era administrado pelo Estado (na França, a rede nacional encerrava as transmissões à meia-noite). As emissoras, os transmissores e as freqüências eram licenciados pelos governos nacionais e geralmente pertenciam aos mesmos: as poucas emissoras de rádio que faziam transmissões de fora das divisas nacionais costumavam se situar em navios ou ilhas e, coloquialmente, eram chamadas de "piratas".

A posse de rádios, já bastante comum antes da guerra, tornou-se quase universal em 1960: nesse ano havia um aparelho de rádio para cada cinco habitantes na URSS, um para cada quatro na França, Áustria e Suíça, e um para cada três na Escandinávia e na Alemanha Oriental. Na realidade, quase toda família possuía um rádio.[22] A maioria dos aparelhos de rádio domésticos tinha evoluído pouco em relação às unidades grandes, pesadas, com funcionamento à base de válvulas e que remontavam às décadas do entreguerras. Geralmente, um único transmissor era utilizado por toda a família. O aparelho ocupava um local privilegiado na sala de visitas ou na cozinha, e a família ouvia rádio reunida num mesmo local. Quanto aos aparelhos instalados em carros, o hábito era mantido — as famílias que viajavam juntas ouviam rádio juntas, e os pais escolhiam os programas. Por conseguinte, o rádio era um meio de comunicação conservador, quer em termos dos conteúdos, quer dos comportamentos sociais que promovia e afirmava.

Os aparelhos transistores iriam mudar todo esse cenário. Em 1958, o rádio transistor ainda era raro — em toda a França, por exemplo, havia apenas 260 mil. Mas, três anos depois, em 1961, os franceses possuíam 2,25 milhões de rádios transistores. Já em 1968, quando nove em cada dez pessoas na França tinham rádio, dois terços dos aparelhos eram modelos portáteis. Os adolescentes já não precisavam sentar ao lado dos familiares, escutando noticiário e novela moldados ao gosto dos adultos e transmitidos em horários adequados à "programação familiar", geralmente após o jantar. Os adolescentes tinham agora os seus próprios programas — *Salut les Copains*, na rádio nacional francesa, *Pick of the Pops*, na BBC etc. Aparelhos individuais propiciavam agora uma programação dirigida a determinados segmentos populacionais; e quando os sistemas estatais de rádio se mostraram lentos no processo de adaptação da programação, estações "periféricas" — a Rádio Luxemburgo, a Rádio Monte Carlo ou a Rádio Andorra, transmitindo legalmente, mas de fora das fronteiras do Estado e financiadas por publicidade comercial — agarraram a oportunidade.

Rádios transistores, de pilhas, eram leves e portáteis, e assim bem adaptados a uma era de crescente mobilidade — o habitat natural desses aparelhos era a praia ou o parque público. Mas o rádio ainda era um meio de comunicação sonora e, portanto, limitado em sua capacidade de adaptação a uma era cada vez mais visual. Para as pessoas idosas, o rádio continuava sendo fonte de informação, instrução e entretenimento. Nos Estados comunistas o aparelho de rádio era também o único meio de acesso, por mais inadequado que fosse, a notícias e opiniões não-censuradas, transmitidas pela Rádio Europa Livre, pela Voz da América e, primordialmente, pelo Serviço Internacional da BBC. Mas os jovens em toda a Europa agora

---

[22] À exceção da península Ibérica e do sul dos Bálcãs, onde o número de pessoas que possuíam rádio era, aproximadamente, comparável ao da Europa Ocidental 35 anos antes e onde as pessoas ainda se reuniam em cafés a fim de escutar notícias e música.

escutavam rádio, acima de tudo, por causa da música pop. Para qualquer outro tipo de programa, recorriam cada vez mais à televisão.

A televisão chegou à Europa lentamente e, em alguns locais, tardiamente. Na Grã-Bretanha, a transmissão regular teve início na década de 1940 e muita gente assistiu ao vivo pela TV à coroação da rainha Elizabeth II, em junho de 1953. Já em 1958, o número de concessões para emissoras de televisão superava o número para emissoras de rádio: o país tinha 10 milhões de aparelhos em uso doméstico antes mesmo do início dos anos 60. A França, em contrapartida, contava com apenas 60 mil aparelhos de TV em junho de 1953 (quando já havia 200 mil na Alemanha Ocidental e 15 milhões nos EUA); mesmo em 1960, somente uma família francesa em cada oito possuía televisão, índice que representava uma quinta parte do registrado no Reino Unido, para uma população equivalente. Na Itália, os números eram ainda mais baixos.

No decorrer dos anos 60, entretanto, a televisão se espalhou por toda parte — aparelhos pequenos e em preto-e-branco tinham se tornado financeiramente acessíveis e essenciais ao mobiliário doméstico, mesmo nos lares mais modestos. Já em 1970, havia em média um aparelho de TV para cada quatro pessoas na Europa Ocidental — mais do que isso no Reino Unido, bem menos na Irlanda. Em alguns países — França, Holanda, Irlanda e Itália (este último o maior fabricante europeu de aparelhos de TV, bem como de geladeiras) — era mais comum uma família possuir televisão do que telefone, embora, considerando os padrões futuros, as pessoas não assistissem a muita televisão: na Itália, três quartos dos adultos assistiam a menos de 13 horas de TV por semana. Na Alemanha Oriental, duas em cada três residências tinham televisão (ao passo que menos da metade possuía geladeira); tchecos, húngaros e estônios (que já em 1954 assistiam a transmissões da TV finlandesa) vinham logo atrás.

O impacto da televisão foi algo complicado. Os conteúdos, a princípio, não eram especialmente inovadores — os canais estatais se certificavam de que o teor político e moral da programação infantil e adulta fosse rigorosamente circunscrito. A televisão comercial iniciou na Grã-Bretanha em 1955, mas só chegou a outras localidades bem mais tarde, e na maioria dos países europeus, até meados dos anos 70, a autorização para o funcionamento de canais de TV particulares estava fora de cogitação. Nas primeiras décadas, a maioria da programação era convencional, enfadonha e por demais complacente — afirmando, em vez de questionar, normas e valores tradicionais. Na Itália, Filiberto Guala, chefe da RAI (Radio Audizioni Italiane, rede de transmissão nacional italiana) de 1954 a 1956, dizia aos empregados que os programas "não devem minar a instituição da família", nem retratar "atitudes, posicionamentos ou detalhes que possam instigar os instintos de nível baixo".[23]

Havia pouca opção — na maioria dos lugares, apenas um ou, no máximo, dois canais — e o serviço funcionava durante poucas horas, à tarde e à noite. Contudo, a televisão *era* um veículo de subversão social. Contribuiu imensamente para pôr fim ao isolamento e à ignorância de comunidades distantes, propiciando a todos a mesma experiência e uma cultura visual comum. Ser "francês", "alemão" ou "holandês" era agora algo moldado menos pela educação primária ou

---

[23] Paul Ginsborg, *A History of Contemporary Italy. Society and Politics 1943-1988* (Uma história da Itália contemporânea: sociedade e política 1943-1988) (1990), p. 240.

Nikita Kruschev visitando uma fazenda coletiva. O "Sr. K" se considerava especialista em questões agrárias, embora seus experimentos costumassem fracassar. Mas as contribuições de Kruschev para a "desestalinização" (principalmente o "Discurso Secreto" de fevereiro de 1956) foram inestimáveis – ainda que as conseqüências excedessem a sua vontade.

Imre Nagy (centro), depois do apelo feito por ele à ONU, em 1° de novembro de 1956. Nagy pagou caro pelo papel desempenhado na malfadada rebelião húngara, mas, a longo prazo, Moscou pagou ainda mais caro, ao acabar com as ilusões dos próprios seguidores do regime comunista.

Construção do Muro de Berlim, 19 de agosto de 1961. Apesar de protestarem, os governos ocidentais não lamentaram quando a crise perene que envolvia Berlim foi resolvida pela decisão da União Soviética de erguer uma barreira física entre as duas metades da cidade ocupada.

Egípcios exigindo a retirada das forças anglo-francesas, em dezembro de 1956. O vexame de Suez foi um divisor de águas na Europa do pós-guerra: o fato acelerou o recuo europeu do projeto imperial e reformulou (de maneiras bem diversas) a trajetória política da França e da Grã-Bretanha.

"Por toda a minha vida, trago comigo uma idéia de França." Charles de Gaulle tomou o poder em maio de 1958, no que constituiu quase um golpe; mas ele restabeleceu a presença da França no cenário mundial, e a Quinta República por ele criada tem se mostrado mais estável do que as predecessoras.

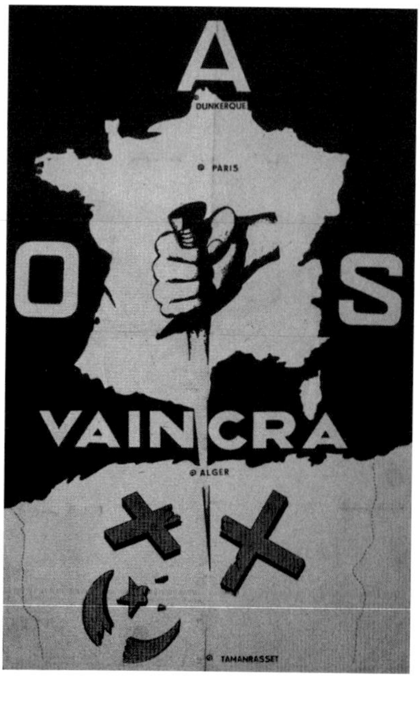

A OSE (Organização Secreta do Exército) desencadeou uma guerra sangrenta de terror e vingança contra aqueles por ela considerados responsáveis pela perda da Argélia. O rancor da organização voltava-se, acima de tudo, contra De Gaulle, por ele haver traído a causa (note-se a Cruz de Lorena partida, emblema do gaullismo).

Europeus do Congo em fuga para a Tanzânia, em julho de 1960. O recuo da Bélgica diante do império foi um fiasco de irresponsabilidade; quando os belgas abandonaram o Congo, em 1960, após décadas de exploração, deixaram apenas trinta congoleses com formação universitária para administrar milhares de cargos funcionais.

"Hum, eu poderia ser as patas traseiras, por favor?"

Em 1962, o célebre gracejo de Dean Acheson ao se referir ao embaraço britânico pós-imperial levou o chargista Vicky a retratar a "relação especial"— humilhante e obsequiosa — do primeiro-ministro britânico, Harold Macmillan, com Washington, em termos que se mantêm deprimentes, mais de quatro décadas depois.

Ícones da modernidade — 1). Um Tatra-603, de fabricação tcheca, em exibição na Feira Industrial de Brno, em setembro de 1959. Automóveis produzidos no bloco soviético sintetizavam muito do que havia de errado com as economias do bloco: eram mal projetados e disponíveis a poucos privilegiados. Entretanto, extremamente duráveis.

Ícones de modernidade — 2). Três senhoras espiando uma limusine, em Londres, 1960. Embora modernos itens de consumo — carros, refrigeradores, lavadoras — estivessem agora ao alcance de muitos lares no Oeste Europeu, ainda restavam grandes diferenças de renda, classe e privilégio. A limusine, provavelmente, ainda era conduzida por um motorista particular.

E Deus Criou a Mulher. *O lazer em locais ensolarados tinha se tornado aspiração viável para um número crescente de turistas europeus. Bardot permaneceu durante algum tempo na Côte d'Azur, que ela tornara famosa, mas muitos de seus amigos se mudaram, fugindo da invasão decorrente do turismo em massa.*

Durante o pós-guerra, por toda a Europa, "a remoção de cortiços" e o planejamento urbano propiciaram o advento de uma geração de conjuntos habitacionais com vários andares, malquistos pelos residentes e sempre sujeitos à iminente deterioração e demolição. Moss Heights, em Glasgow, aqui mostrado quando ainda estava em construção, era um exemplo típico.

Juventude Transviada *no Elephant & Castle, em Londres, julho de 1955. A "geração perdida" dos anos 50 – jovens espremidos entre a geração dos progenitores, que viveu a era da Depressão, e a geração seguinte, em que se verificou uma explosão de natalidade – carecia de divertimento e locais de recreação. Muitos desses jovens – os* blousons noirs *(na França), os* Halbstarker *(na Alemanha) ou os* skinknuttar *(na Suécia) – recorriam à violência, agindo em gangues.*

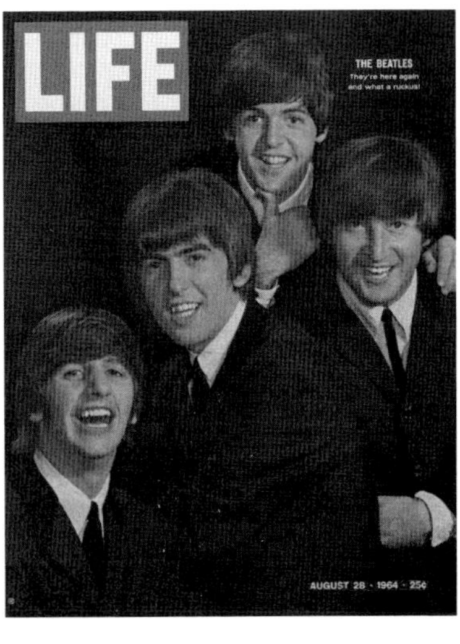

Os Beatles foram de fato muito importantes. Quatro décadas depois, continuam a ser o principal – talvez o único – ponto de referência comum, em escala mundial, para as lembranças de indivíduos pertencentes à geração dos anos 60. E a música composta por eles era mesmo muito boa – ainda que Sergeant Pepper *não tenha (na realidade) sido "um momento decisivo na história da civilização ocidental" (Kenneth Tynan).*

Estudantes ocupando a Sorbonne, em Paris, 1968. Apesar da iconografia marxista — Mao, Stalin, Engels e Marx acima da bandeira com a foice e o martelo —, os rebeldes de 1968 não eram notadamente doutrinários. A maioria sequer levava o momento muito a sério. Nas palavras de um jovem da época, nós apenas "amávamos a Revolução" (Daniel Cohn-Bendit).

Operários de fábricas de automóveis e pneus protestando na Piazza San Carlo, em Turim, 25 de setembro de 1969. Na Itália, tanto quanto na França, greves gerais e manifestações de trabalhadores representavam maior ameaça às autoridades do que o radicalismo passageiro das universidades.

Praga, agosto de 1968. "Todo partido comunista tem liberdade para aplicar os princípios do marxismo-leninismo e do socialismo em seu respectivo país, mas não tem liberdade para se desviar desses princípios, caso pretenda continuar a ser um partido comunista" (Leonid Brejnev, 3 de agosto de 1968). A invasão soviética pôs um fim à Primavera de Praga — e a quaisquer ilusões que restassem sobre o próprio comunismo.

comemorações cívicas do que pelo entendimento que se tinha do país, conforme depreendido das imagens introduzidas em cada lar. Os "italianos", para o bem ou para o mal, foram formados mais pela experiência compartilhada de assistir às transmissões feitas pela RAI de eventos esportivos e shows de variedade do que por um século de governo nacional unificado.

Acima de tudo, a televisão inseriu a política nacional na esfera do lar. Antes da TV, a política, em Paris ou Bonn, Roma ou Londres, era assunto das elites, conduzida por líderes distantes, conhecidos por suas vozes impessoais, transmitidas pelo rádio, por fotografias inertes em jornais ou aparições breves e previsíveis em jornais da tela. Agora, em menos de duas décadas, os líderes políticos precisavam pensar em *imagem* quando apareciam na televisão: capazes de comunicar autoridade e confiança enquanto fingiam uma facilidade igualitária e proximidade com o grande público — "desempenho" para o qual a maioria dos políticos europeus estava bem menos preparada do que seus colegas norte-americanos. Diante das câmeras de televisão, muitos políticos de mais idade fracassaram lamentavelmente. Candidatos mais jovens e mais adaptáveis tinham condições de tirar imenso proveito da situação. Conforme o político conservador britânico Edward Heath haveria de observar em suas memórias, a propósito do sucesso de mídia alcançado por seu adversário, o líder do Partido Trabalhista, Harold Wilson: a televisão se prestava "ao abuso por parte de qualquer charlatão capaz de manipulá-la corretamente. Foi o que a década seguinte comprovou".

Enquanto mídia visual, a televisão foi um desafio direto ao cinema. Não apenas podia a TV oferecer entretenimento opcional na tela, mas era capaz de trazer filmes de longa-metragem para os lares, acabando com a necessidade de ir ao cinema, a não ser para assistir aos lançamentos mais recentes. No Reino Unido, os cinemas perderam 56% do público entre 1946 e 1958. Em outros locais da Europa, os números decresceram mais lentamente; porém, cedo ou tarde, caíram em toda parte. A freqüência ao cinema se manteve por mais tempo na Europa mediterrânea — especialmente na Itália, onde os níveis de público permaneceram razoavelmente constantes até meados dos anos 70. Mas, é bom lembrar, os italianos não apenas iam ao cinema regularmente (de modo geral, uma vez por semana), como também faziam cinema: em meados da década de 1950, a indústria cinematográfica romana era a segunda maior empregadora da Itália, depois dos setores de construção civil, produzindo não apenas filmes clássicos por *auteurs* famosos, como também (e com mais lucro) um fluxo contínuo de filmes esquecíveis, estrelando rainhas da beleza e *starlets* evanescentes — "*le maggiorate fisiche*" (as fisicamente avantajadas).

Finalmente, até mesmo a indústria cinematográfica italiana e a freqüência dos italianos ao cinema decaíram. Os produtores europeus, carecendo dos recursos de Hollywood, não tinham condições de competir com os filmes norte-americanos, nem em escala nem em "valores de produção", e se restringiam, cada vez mais, a um cinema da "vida cotidiana", fosse *new wave*, realismo social ou comédia doméstica. O cinema na Europa declinou de atividade social para forma artística. Enquanto, nas décadas de 1940 e 1950, o público ia ao cinema local, automaticamente, para ver o que estivesse em cartaz, agora as pessoas só assistiam a filmes que lhes interessavam. Para entretenimento aleatório, para ver o que estava passando, as pessoas agora se voltavam para a TV.

Apesar de ser uma mídia "jovem", a televisão teve um apelo especial para o público mais idoso, especialmente nos primeiros anos de regulamentação estatal e cuidado cultural. Enquanto antes costumava ouvir rádio, ou então ir ao cinema, agora esse público mais maduro ficava em casa e assistia à TV. Os esportes que atraíam o público, sobretudo os esportes tradicionais, como futebol e corrida de cães, sofreram: primeiro porque o público tinha agora uma fonte alternativa de entretenimento, mais conveniente e confortável; e, em segundo lugar, porque os esportes logo começaram a ser televisionados, geralmente durante os finais de semana. Só os jovens saíam de casa, em peso. E, em se tratando de divertimento, o gosto da juventude começava a mudar.

No final da década de 1950, a economia européia começava a sentir o real impacto comercial do *baby-boom*. Inicialmente, verificou-se um surto de produtos infantis: carrinhos de bebê, berços, fraldas, comida especial, equipamento esportivo, roupas, livros, jogos e brinquedos. Em seguida, houve uma grande expansão no número de escolas e serviços educacionais, trazendo consigo um novo mercado para uniformes colegiais, escrivaninhas, livros escolares, equipamento escolar e uma gama sempre crescente de produtos educativos (inclusive professores). Mas os compradores desses produtos e serviços eram adultos: pais, parentes, diretores de escola e governos centrais. Por volta de 1957, pela primeira vez na história da Europa, os próprios jovens começaram a comprar.

Até então, a juventude sequer existia enquanto grupo separado de consumidores. Na realidade, a "juventude" sequer existia. Em famílias e comunidades tradicionais, crianças permaneciam crianças até deixarem a escola e entrarem no mercado de trabalho, momento em que se tornavam jovens adultos. A nova categoria, intermediária, "adolescente", na qual uma geração não foi definida por status, mas por idade — nem criança nem adulto —, não tinha precedente. E a noção de que tais indivíduos — adolescentes — pudessem constituir um grupo separado de consumidores seria impensável poucos anos antes. Para a maioria das pessoas, a família sempre fora uma unidade de produção, não de consumo. Se algum membro jovem da família obtivesse ganhos financeiros, estes integravam a renda familiar e eram utilizados para o pagamento de despesas coletivas.

Porém, com a rápida subida dos salários, a maioria das famílias conseguia subsistir — e mais do que isso — com a renda do principal provedor; ainda mais se ambos os progenitores estivessem empregados. Um filho ou filha que deixasse a escola aos 14 anos (idade padrão em que a maioria dos jovens no Oeste Europeu deixava a escola nos anos em referência), que morasse com os pais e que tivesse emprego fixo ou temporário já não precisava entregar aos pais na sexta-feira tudo o que ganhara na semana. Na França, já em 1965, 62% dos jovens de 14 a 24 anos que ainda não tinham saído de casa guardavam a totalidade de seus vencimentos para gastar como bem desejassem.

O sintoma mais óbvio desse novo poder aquisitivo dos adolescentes transpareceu no vestuário. Muito antes que a geração do *baby-boom* descobrisse as minissaias e os cabelos compridos, a geração anterior — nascida durante e não logo após a guerra — já se afirmava através dos cultos às gangues no final dos anos 50. Usando roupas escuras e apertadas — por vezes de couro, por vezes de camurça, sempre de corte arrojado, e de aparência um tanto ameaçadora —, os *blousons noirs* (na França), os *Halbstarker* (na Alemanha e na Áustria) ou os *skinknuttar* (na

Suécia), à semelhança da "juventude transviada" de Londres, exibiam comportamento cínico e indiferente, algo entre Marlon Brando (em *O Selvagem*) e James Dean (em *Juventude Transviada*). No entanto, apesar de esporádicos surtos de violência — os mais sérios ocorreram na Grã-Bretanha, onde gangues de jovens com roupas de couro atacaram imigrantes caribenhos —, a principal ameaça desses jovens e suas roupas era à noção de decência dos mais velhos. Os jovens tinham, de fato, um aspecto diferente.

Ter roupa específica, de acordo com a faixa etária, era importante como afirmação de independência e mesmo de rebeldia. Era também novidade — no passado, jovens adultos tinham poucas opções e usavam o mesmo tipo de roupa que seus pais. Mas, sob o ponto de vista econômico, roupas não foram a mudança mais importante introduzida pelos hábitos de consumo dos adolescentes: os jovens gastavam bastante dinheiro em roupas, mas gastavam ainda mais — muito mais — em música. A associação entre "adolescente" e "música pop", que se tornou automática no início dos anos 60, teve base comercial além de cultural. Na Europa, tanto quanto nos Estados Unidos, quando o orçamento doméstico podia dispensar a contribuição do adolescente, a primeira coisa que o jovem liberado de tal contribuição fazia era comprar um disco.

O disco *long-play* foi inventado em 1948. E o primeiro "compacto" de 45 rotações por minuto, com uma canção de cada lado, foi vendido pela RCA no ano seguinte. Na Europa, as vendas não decolaram com a rapidez observada nos EUA — onde o faturamento subiu de 277 milhões dólares, em 1955, para 600 milhões, quatro anos depois. Mas não deixaram de subir. Na Grã-Bretanha, onde os jovens estavam mais expostos à música pop norte-americana do que seus contemporâneos no continente europeu, os observadores marcam a explosão da música popular a partir da exibição de *Ao Balanço das Horas* (1956), estrelando Bill Haley & His Comets e os Platters. O filme em si era medíocre, mesmo para os padrões nada exigentes de filmes-veículo para a música rock; mas a canção-título [*Rock Around the Clock*, no original] (interpretada e tocada por Haley) mobilizou uma geração de adolescentes ingleses.

Adolescentes da classe operária, aos quais o jazz nunca exercera grande apelo, sentiram-se imediatamente atraídos pela revolução norte-americana (e, na seqüência, britânica) da nova música popular: potente, melodiosa, acessível, sexy e, acima de tudo, pertencente aos jovens.[24] Mas não havia nessa música qualquer raiva, muito menos violência, e até a temática sexual era mantida sob o controle firme das empresas produtoras de discos, gerentes de marketing e executivos das emissoras de rádio. Isso se deu porque, de início, a revolução da música pop foi um fenômeno dos anos 50: não acompanhou, mas precedeu as transformações culturais dos anos 60. Por conseguinte, essa música foi objeto freqüente da crítica oficial. Comitês locais de vigilância de bons costumes desaprovaram e proibiram *Ao Balanço das Horas*, e fizeram o mesmo com o filme musical estrelado por Elvis Presley, nitidamente superior, *Prisioneiro do Rock*.

Os vereadores de Swansea, no País de Gales, consideraram Lonnie Donegan, artista cuja música exemplificava o gênero *skiffle*, "impróprio". No final dos anos 50, Tommy Steele,

[24] Vale a pena aqui enfatizar a marginalidade do jazz. A exemplo da música *folk* norte-americana nos anos 60, o jazz só era apreciado e consumido por um número reduzido de pessoas na Europa Ocidental: geralmente, indivíduos com educação formal, burgueses ou boêmios (ou, muitas vezes, ambos), e mais velhos do que o típico entusiasta de rock-'n'-roll. A situação na Europa Oriental foi um pouco diferente. Ali, o jazz era americano (e negro) e, por conseqüência, tanto exótico como subversivo, ocidental porém radical — embutindo uma energia que não se percebia no ocidente.

cantor britânico de rock, com um estilo de apresentação um tanto intenso, foi proibido de se apresentar em Portsmouth num domingo. Johnny Hallyday, uma tentativa francesa (não muito feliz) de clonar cantores de rock norte-americanos, no estilo de Gene Vincent ou Eddie Cochran, provocou a fúria de uma geração de intelectuais franceses conservadores, em 1960, na época do lançamento de seu primeiro disco. Em retrospecto, a reação assustada de pais, professores, religiosos, eruditos e políticos por toda a Europa Ocidental parece antiquada e descabida. Em menos de uma década, Haley, Donegan, Steele, Hallyday e companheiros estariam totalmente ultrapassados, resquícios de uma ingênua pré-história.

Os adolescentes europeus do final dos anos 50 e início dos anos 60 não pretendiam transformar o mundo. Tinham crescido com segurança e certa prosperidade. A maioria queria apenas ter uma aparência diferente, viajar mais, tocar música pop e comprar coisas. Nisso, os jovens refletiam o comportamento e o gosto de seus cantores favoritos e dos disc-jóqueis cujos programas eles escutavam pelos rádios portáteis. Contudo, esses jovens eram a ponta de lança de um processo revolucionário. Mais até do que seus pais, foram o alvo da indústria publicitária que seguiu, acompanhou e profetizou a explosão de consumo. Um número sempre crescente de produtos passou a ser fabricado e adquirido, produtos de uma variedade inusitada. Carros, roupas, carrinhos de bebê, alimentos embalados e sabão em pó surgiam no mercado numa variedade estonteante de formatos, tamanhos e cores.

A publicidade tinha na Europa longa história. Jornais, especialmente os populares que surgiram a partir da década de 1890, sempre veicularam anúncios. Cartazes e painéis de estrada eram antiga praga na Itália, muito antes da década de 1950, e na França, em meados do século XX, qualquer viajante se diria familiarizado com as exortações pintadas nas laterais de casas de fazenda e terraços urbanos para beber St. Raphael ou Dubonnet. Fazia tempo que mensagens publicitárias musicadas, bem como fotografias, acompanhavam os jornais da tela e o segundo filme nas sessões de cinema por toda a Europa. Mas essa publicidade tradicional não prestava muita atenção à colocação específica de produtos, nem a segmentos de mercado, identificados por idade ou gosto. A partir de meados dos anos 50, em contrapartida, a escolha do consumidor se tornou preocupação central do marketing; e a publicidade, ainda um gasto empresarial relativamente reduzido na Europa antes da guerra, assumiu um papel de destaque.

Além do mais, enquanto produtos de limpeza e cereais matinais anunciados nos primórdios da televisão comercial na Grã-Bretanha eram direcionados às donas de casa e crianças, os intervalos comerciais na Rádio Monte Carlo e em outros locais visavam, principalmente, ao mercado de "jovens adultos". O consumo efetuado por adolescentes — cigarro, bebida alcoólica, motonetas e motocicletas, roupas da moda vendidas a preços acessíveis, calçados, maquiagem, produtos para os cabelos, bijuteria, revistas, discos, toca-discos, rádios — era uma imensa fonte de dinheiro, até então inexplorada; as agências de publicidade correram para aproveitar tal mercado. Os gastos com publicidade no comércio varejista na Grã-Bretanha aumentaram de 102 milhões de libras esterlinas anuais, em 1951, para 2,5 bilhões em 1978.

Na França, despesas com anúncios em revistas voltadas para adolescentes subiram cerca de 400% entre 1959 e 1962, os anos cruciais. Para muita gente, o mundo conforme retratado pela publicidade era inalcançável: em 1957, a maioria dos jovens entrevistados numa pesquisa realizada na França queixou-se da falta de acesso a divertimentos de sua escolha, às férias dos sonhos e a um meio de transporte só seu. Mas é sintomático que os entrevistados considerassem esses bens e serviços direitos dos quais tinham sido privados, e não fantasias às quais jamais poderiam aspirar. Do outro lado do canal da Mancha, naquele mesmo ano, ativistas de classe média, preocupados com o impacto direto causado pela publicidade e com a quantidade de produtos vendidos, publicaram na Europa o primeiro guia do consumidor. Bem a calhar, o título da publicação não era *O Quê?*, mas *Qual?*.

Esse era o admirável mundo novo descrito pelo romancista britânico J. B. Priestley, em 1955, como *admass*. Para muitos outros observadores contemporâneos, tratava-se, simplesmente, de "americanização": a adoção, na Europa, de todas as práticas e de todos os anseios da modernidade norte-americana. Embora parecesse a muitos um desvio radical, a experiência, na verdade, não era nova. Os europeus vinham se "americanizando" — e receando a idéia — havia ao menos trinta anos.[25] O sucesso das linhas de produção ao estilo norte-americano e da produtividade conceitualizado por Frederick Winslow Taylor, assim como o fascínio pelos filmes e pela moda produzidos nos EUA, eram velha história, mesmo antes da Segunda Guerra Mundial. No período entre as duas guerras, os intelectuais europeus se queixavam do mundo "desalmado" da modernidade norte-americana que o futuro a todos reservava; e nazistas e comunistas alardearam seu papel de guardiães da cultura e dos valores diante do capitalismo americano desmedido e de um cosmopolitismo "vira-lata" e desenraizado cujo símbolo era Nova York e o exemplo que a cidade propiciava.

No entanto, a despeito da presença do país na imaginação européia — e da realidade concreta dos soldados norte-americanos baseados por toda a Europa Ocidental —, os Estados Unidos ainda eram desconhecidos da maioria dos europeus. Os americanos falavam inglês — idioma ignorado pela maioria dos europeus continentais naqueles anos. A história e a geografia dos EUA não eram disciplinas estudadas em escolas européias; os escritores do país eram desconhecidos, mesmo entre a minoria erudita; o sistema político da nação era um mistério, exceto para uns poucos privilegiados. Pouca gente empreendera a viagem longa e dispendiosa até os EUA: somente os ricos (e não muitos deles); sindicalistas escolhidos a dedo e indivíduos subvencionados com recursos do Plano Marshall; alguns milhares de jovens participantes de intercâmbios estudantis — e gregos e italianos que haviam emigrado para o país, depois de 1900, e voltado às Ilhas Gregas ou à Sicília na velhice. Os europeus orientais freqüentemente tinham mais ligações com os EUA do que os ocidentais, visto que muitos poloneses ou húngaros conheciam algum amigo ou parente que se fora para a América do Norte (e muitos outros teriam ido, se pudessem fazê-lo).

É certo que o governo dos EUA e diversas entidades do setor privado — principalmente a Fundação Ford — faziam o possível para transpor o abismo que separava a Europa da América do Norte: os anos 50 e o início dos anos 60 foram a grande era dos investimentos culturais no exterior, desde as "Casas da América" até os bolsistas da Fundação Fulbright. Em alguns locais — especialmente na República Federal da Alemanha —, as conseqüências foram profundas: entre 1948 e 1955, 12 mil alemães foram levados aos EUA para visitas

---

[25] Em 1902, o escritor americano William Stead publicou o livro *The Americanization of the World* (A americanização do mundo), antecipando-se ao fenômeno, mas talvez não por muito tempo.

de um mês ou mais de duração. Uma geração de alemães ocidentais chegou à maturidade na sombra militar, econômico e cultural dos Estados Unidos; Ludwig Erhard certa vez descreveu a si mesmo como "uma invenção americana".

Mas é importante ressaltar que, curiosamente, esse tipo de influência e exemplo norte-americanos pouco dependia de envolvimento econômico direto. Ainda que, em 1950, os Estados Unidos detivessem três quintos do estoque de capital e uma parte semelhante da produção do Ocidente, um montante reduzido dessas receitas cruzava o Atlântico. Após 1945, os investimentos foram feitos sobretudo pelo *governo* norte-americano. Em 1956, os investimentos do *setor privado* na Europa somavam apenas 4,15 bilhões de dólares. Depois, teve início um período de acelerado incremento, deslanchando no decorrer dos anos 60 (de modo especial na Grã-Bretanha), chegando à marca de 24,52 bilhões de dólares, em 1970 — ocasião em que o fato provocou uma onda de publicações que viam com apreensão o crescimento do poder econômico dos EUA, principalmente o ensaio de J-J Servan-Schreiber, *Le Défi Américain* (O desafio americano), editado em 1967.

A presença econômica norte-americana na Europa era sentida menos por meio do investimento econômico direto ou da alavancagem do que pela revolução de consumo que afetava tanto os EUA quanto a Europa. Os europeus começavam a ter acesso a um novo leque de produtos já conhecidos dos consumidores americanos: telefones, eletrodomésticos, televisores, câmeras fotográficas, produtos de limpeza, alimentos embalados, roupas coloridas e de baixo custo, carros e acessórios de automóveis etc. Tratava-se de prosperidade e consumo como estilo de vida — o "American way of life". Para os jovens, o apelo da "América" residia na agressiva contemporaneidade do país. Enquanto abstração, os EUA representavam o oposto do passado: eram algo vasto, aberto, próspero — e jovial.

Um aspecto da "americanização" já observado foi a música popular — mas o fenômeno não constituiu um novo modelo: o *ragtime* fora tocado pela primeira vez em Viena, em 1903, e orquestras de baile e grupos de jazz já circulavam amplamente antes e depois da Segunda Guerra Mundial. Tampouco foi a música popular uma via de mão única: grande parte da música popular configurou uma hibridização de gêneros importados e locais. A música norte-americana tocada na Grã-Bretanha se mostrava ligeiramente diversa da executada na França ou na Alemanha. O gosto do público francês era bastante influenciado por artistas negros que se dirigiram a Paris a fim de escapar do preconceito nos EUA — uma das razões pelas quais, na cultura francesa, a idéia de "Estados Unidos" foi marcantemente inspirada pela imagem do racismo.

Já na década de 1950, o impacto do modelo norte-americano no público europeu operou primordialmente através do cinema. Havia acesso quase irrestrito a tudo que Hollywood exportava: no final da década, os EUA colocavam cerca de quinhentos filmes no mercado, anualmente, contra uma produção coletiva européia de mais ou menos 450 películas. As produções americanas levavam desvantagem devido ao idioma, é claro (embora em muitos lugares, particularmente na Itália, todas as fitas fossem dubladas na língua local). Em parte por esse motivo, o público de mais idade continuava a preferir o produto doméstico. Mas seus filhos pensavam de outra maneira. Cada vez mais, o público jovem apreciava filmes de longa metragem norte-americanos — muitas vezes feitos por diretores europeus que haviam fugido de Hitler ou Stalin.

Os críticos contemporâneos preocupavam-se com a possibilidade de o conformismo complacente da cultura popular norte-americana, combinado com as mensagens explícitas ou subliminares expressas em filmes direcionados à massa, corromper ou entorpecer a sensibilidade da juventude européia. Na realidade, o efeito parece ter sido oposto. O público europeu jovem filtrava o conteúdo de propaganda dos filmes comerciais norte-americanos — invejando a "boa vida" exibida na tela, tanto quanto seus pais o fizeram vinte anos antes, mas rindo alto da banalidade e ingenuidade do romance e da rotina doméstica americana. Ao mesmo tempo, porém, esse público prestava bastante atenção ao *estilo* dos artistas de cinema, freqüentemente subversivo.

A música tocada nos filmes de Hollywood ressurgia no rádio, nos cafés, em bares e salões de baile. A linguagem corporal da juventude rebelde norte-americana — conforme mostrada na tela — virou questão de moda para os contemporâneos europeus. Jovens europeus passaram a se vestir como "americanos" — quando a calça jeans, "Levi's original", começou a ser vendida em Paris, no *Marché aux Puces*, em maio de 1963, a procura superou em muito a oferta. O "uniforme" da juventude norte-americana — jeans e camiseta — carregava consigo muito pouca conotação de classe (ao menos até sua apropriação por estilistas famosos, e mesmo quando isso ocorreu, a distinção surgida não apontava nível social, mas condições financeiras); na realidade, usada tanto pela classe média quanto pela classe operária, a calça jeans constituiu reveladora inversão do movimento usual dos estilos da moda ("de cima para baixo"), pois o jeans moveu-se "de baixo *para cima*", a partir de um item verdadeiramente utilizado para trabalhar. A calça era também algo claramente *jovem*: a exemplo de tantas outras modas justas, inspiradas nos filmes do final dos anos 50, o jeans não caía bem nos mais velhos.

Em pouco tempo, o jeans — à semelhança das motos, da Coca-Cola, dos cabelos compridos (em mulheres e homens) e das estrelas pop — gerou variações e adaptações localizadas por toda a Europa Ocidental (nem os filmes, nem os produtos por eles ostentados estavam disponíveis no Leste Europeu). Isso fazia parte de um padrão mais amplo. Os temas típicos do cinema americano — ficção científica, policiais, faroeste — eram domesticados em versões européias estilizadas. Milhões de alemães ocidentais ouviam falar de cowboys, em romances de bolso escritos por autores locais que nunca tinham ido aos Estados Unidos; já em 1960, romances sobre o Velho Oeste, escritos em alemão, vendiam 91 milhões de exemplares por ano somente na República Federal. O segundo personagem de histórias em quadrinhos mais conhecido na Europa, depois do jovem detetive belga, Tintin, era outro produto belga: Lucky Luke, um vaqueiro tão azarado quanto cativante, que aparecia semanalmente em revistas francesas e holandesas. A América do Norte, real ou imaginária, tornava-se o cenário natural para divertimento leve em todos os gêneros.

O impacto norte-americano nos jovens europeus contribuiu diretamente para o que começava a ser lamentado como *generation gap*. A geração anterior reparava e lamentava a tendência generalizada dos jovens europeus de salpicar suas conversas com americanismos, reais ou imaginários. Uma pesquisa avaliou que a presença de tais "americanismos" crescera 14 vezes na imprensa alemã e austríaca ao longo dos anos 60; em 1964, o crítico francês René Etiemble publicou o livro *Parlez-vous Franglais?*, relato divertido (e, alguns hoje diriam, profético) dos danos causados à língua francesa pela poluição anglófona.

O antiamericanismo — desconfiança e antipatia pela civilização norte-americana e todas as suas manifestações — restringia-se às elites culturais cuja influência fazia com que o fenômeno parecesse mais difundido do que de fato era. Intelectuais conservadores, como André Siegfried, na França — cuja obra *Tableau des États-Unis* (Retrato dos Estados Unidos), publicada em 1954, reprisava todos os ressentimentos e parte do anti-semitismo típicos das polêmicas do período entre as duas guerras —, concordavam com intelectuais radicais, como Jean-Paul Sartre (ou o britânico Harold Pinter, décadas mais tarde): os Estados Unidos eram uma terra de puritanos histéricos, rendidos à tecnologia, à padronização e ao conformismo, desprovidos de originalidade de pensamento. Esse tipo de insegurança cultural tinha mais a ver com o ritmo das mudanças na própria Europa do que com o desafio ou o perigo impostos pelos EUA. Assim como os adolescentes europeus identificavam o futuro com uma América do Norte que mal conheciam, seus pais culpavam os EUA pela perda de uma Europa que jamais existira, um continente seguro quanto à própria identidade, autoridade e valores, e imune ao canto das sereias da modernidade e da sociedade de massa.

Tais sentimentos ainda não grassavam na Alemanha ou na Áustria, nem mesmo na Itália, onde muitas pessoas mais velhas continuavam a ver os americanos como libertadores. Em vez disso, o antiamericanismo era mais freqüente na Inglaterra e na França, as duas ex-potências coloniais suplantadas pelos Estados Unidos. Conforme Maurice Duverger informou aos leitores do semanário francês *L'Express*, em março de 1964, o comunismo já não era uma ameaça: "Existe apenas um perigo imediato para a Europa: a civilização americana" — "uma civilização de banheiras e geladeiras", de acordo com o poeta Louis Aragon, desprezando os EUA 13 anos antes. Apesar do desdém arrogante dos intelectuais parisienses, a civilização de banheiras e geladeiras — e de encanamento hidráulico, aquecimento central, televisores e carros — era o que a maioria dos europeus agora desejava. E eles não queriam esses bens porque eram provenientes dos EUA, mas porque representavam conforto e um certo bem-estar. Pela primeira vez na História, conforto e bem-estar estavam ao alcance da maioria das pessoas na Europa.

PÓS-ESCRITO:

Um Conto de Duas Economias

"A Alemanha é uma terra apinhada de crianças. É aterrorizante a idéia de que, a longo prazo, os alemães possam ter sido os vencedores da guerra, no fim das contas."

Saul Padover, 1945

"Evidentemente, se tivéssemos conseguido perder duas guerras mundiais, cancelado todas as nossas dívidas — em vez de devermos quase 30 milhões de libras —, nos livrado de todos os nossos compromissos internacionais e não mantido tropas no exterior, talvez fôssemos tão ricos quanto os alemães."

Harold Macmillan

"A prosperidade e a força da economia britânica, que [o chanceler do Erário do Reino Unido] Butler comemorou em diversos discursos, em 1953 e 1954, foi a última onda de prosperidade que chegou ao litoral britânico, na esteira do avanço da economia alemã, à frente da flotilha européia. Em retrospecto, 1954 parece o último grande verão das ilusões, para o Reino Unido."

Alan Milward

Uma característica impressionante da história da Europa Ocidental no pós-guerra foi o contraste entre o desempenho econômico da Alemanha Ocidental e da Grã-Bretanha. Por duas vezes, no período correspondente a uma geração, a Alemanha foi uma potência derrotada — com cidades arrasadas, a moeda destruída, a força de trabalho do sexo masculino dizimada ou confinada, o serviço de transportes e a infra-estrutura pulverizados. A Grã-Bretanha foi o único Estado europeu a sair inequivocamente vitorioso da Segunda Guerra Mundial. Não obstante os danos causados pelas bombas e as perdas de vidas humanas, a estrutura do país — rodovias, ferrovias, estaleiros, fábricas e minas — sobrevivera intacta à guerra. Contudo, já no início dos anos 60, a República Federal era o dínamo próspero e efervescente da Europa, ao passo que a Grã-Bretanha era uma retardatária de baixa performance, com uma taxa de crescimento muito inferior à do restante da Europa Ocidental.[1] Já em 1958, a economia da Alemanha Ocidental era maior do que a britânica. Aos olhos de muitos observadores, o Reino Unido estava a caminho de se tornar o doente da Europa.

[1] Na década de 1960, a economia alemã cresceu ao ritmo de 9% ao ano, e a economia britânica, a 2,6%, o índice mais baixo no mundo desenvolvido, excetuando-se a Irlanda — que à época estava longe de ser "desenvolvida".

As fontes dessa irônica inversão de destino são instrutivas. O pano de fundo do "milagre" econômico alemão dos anos 50 foi a recuperação verificada nos anos *30*. Os investimentos dos nazistas — em comunicações, na fabricação de armamentos e veículos, nas indústrias ótica, química, de engenharia leve e metais não-ferrosos — foram feitos para uma economia voltada para a guerra; mas os benefícios vieram vinte anos mais tarde. A economia de mercado social idealizada por Ludwig Erhard tinha raízes nas políticas de Albert Speer — com efeito, a carreira de muitos dos jovens administradores e planejadores que no período do pós-guerra galgaram cargos elevados nos setores privado e público na Alemanha Ocidental começou sob o regime de Hitler; esses indivíduos trouxeram às comissões, às autoridades responsáveis por planejamento, bem como às empresas da República Federal, políticas e práticas defendidas pelos burocratas nazistas.

A infra-estrutura essencial do setor empresarial alemão sobreviveu ilesa à guerra. Fábricas, bancos, companhias seguradoras e distribuidoras voltaram a operar já no início dos anos 50, abastecendo com produtos e serviços um mercado internacional voraz. Até mesmo o marco alemão, cada vez mais valorizado, não impediu o progresso do país. O marco forte barateou a importação de matérias-primas e não restringiu a procura estrangeira por produtos alemães — tipicamente de valor alto, avançados em termos técnicos e vendidos pela qualidade, não pelo preço. Em todo caso, durante as primeiras décadas do pós-guerra, a competição era pouca: se empresas suecas, francesas ou holandesas queriam determinada ferramenta ou produto de engenharia, não havia alternativa a não ser comprar o item à Alemanha, e ao preço estipulado.

Os custos empresariais alemães eram mantidos em níveis baixos, por meio de investimentos contínuos em métodos de produção novos e eficientes — e devido a uma força de trabalho submissa. A República Federal beneficiou-se de uma oferta quase inesgotável de mão-de-obra de baixo custo — jovens engenheiros habilidosos que fugiam da Alemanha Oriental, operadores de máquinas e operários de linhas de montagens semi-capacitados provenientes dos Bálcãs, trabalhadores não-especializados vindos da Turquia, Itália e outros países. Todos sentiam-se gratos por receber salários fixos, pagos numa moeda forte, em troca de trabalho estável, e — à semelhança de uma passiva geração anterior de trabalhadores alemães herdada dos anos 30 — não pretendiam criar caso.

Para ilustrar os resultados basta recorrer aos dados de um único setor industrial. Já na década de 1960, os fabricantes de carros alemães haviam construído uma reputação de qualidade e confiabilidade, tanto que companhias como a Mercedes-Benz, em Stuttgart, e a BMW, em Munique, vendiam carros cada vez mais caros para um mercado quase cativo, de início, no país, e aos poucos no exterior. O governo de Bonn apoiava esses "campeões nacionais" abertamente, assim como os nazistas o fizeram antes, alimentando-os nos primeiros anos com bons empréstimos e incentivando o nexo financeiro-empresarial que abastecia as empresas alemãs de recursos para investimento.

No caso da Volkswagen, o alicerce já estava implantado desde 1945. A exemplo de grande parte da indústria alemã no pós-guerra, a Volkswagen se beneficiou das vantagens de uma economia de livre-mercado — em particular, da crescente procura por seus produtos —, sem passar pelas dificuldades de concorrência ou de gastos com pesquisa, desenvolvimento ou reequipagem. A companhia recebera recursos ilimitados antes de 1939. O nazismo, a guerra e a ocupação militar tinham se beneficiado com a Volkswagen — o governo militar aliado era simpático à Volkswagen exatamente porque a capacidade produtiva da empresa fora desenvolvida antes da guerra e podia ser logo posta em marcha. Não havia concorrência interna de peso para o Fusca, quando a procura por carros produzidos em massa para uso de toda a família decolou e, mesmo a um preço fixo e baixo, os carros geravam lucros — graças aos nazistas a companhia não tinha dívidas antigas a saldar.

Também na Grã-Bretanha havia um "campeão nacional" — a British Motor Corporation (BMC), conglomerado de diversos fabricantes de carros antes independentes, por exemplo a Morris ou a Austin, e que mais tarde uniu-se à Leyland Motors, criando a British Leyland (BL). Ainda na década de 1980, a BL vendia seus produtos como tipicamente britânicos: "Dirija a bandeira — compre um Austin Morris." E, à semelhança dos fabricantes alemães, os britânicos enfatizavam cada vez mais o mercado externo. Mas aí acabavam as semelhanças.

Depois da guerra, vários governos britânicos sucessivos instaram a BMC (exercia-se menos influência sobre as subsidiárias britânicas das companhias norte-americanas Ford e General Motors) a vender o maior número possível de unidades no exterior — como parte da busca desesperada por rendimentos em moeda estrangeira que compensassem as imensas dívidas de guerra do país (a meta oficial de exportação estabelecida pelo governo, em fins de 1940, era de 75% de toda a produção britânica de automóveis). Para atender à meta, a BMC, propositadamente, preteriu controle de qualidade em favor da aceleração da produção. A resultante qualidade sofrível dos carros britânicos pouco importava, de início. As empresas britânicas contavam com um mercado cativo: a procura, quer no país, quer na Europa, excedia a oferta disponível. E os fabricantes na Europa continental não conseguiam competir em termos de volume: em 1949, o Reino Unido produziu mais veículos de passageiros do que o restante da Europa somado. Todavia, uma vez consolidada, a reputação da indústria automobilística britânica, de baixa qualidade e mau atendimento, não pôde mais ser superada. Em grandes números, os compradores europeus deixaram de adquirir carros britânicos, tão logo alternativas produzidas internamente, e de qualidade superior, tornaram-se disponíveis.

Quando, finalmente, decidiram atualizar a frota e modernizar as linhas de produção, as empresas automobilísticas britânicas não dispunham de instituições financeiras ligadas a elas às quais recorrer para obtenção de investimentos ou empréstimos, no estilo germânico. Tampouco (ao contrário da Fiat, na Itália, ou da Renault, na França) podiam contar com o Estado para suprir os déficits. No entanto, sob forte pressão política de Londres, os fabricantes britânicos construíram montadoras e centros de distribuição em regiões antieconômicas — com o intuito de obedecer a políticas públicas regionais e atender a políticos e sindicatos locais. Mesmo depois que essa estratégia economicamente irracional foi abandonada, e um certo grau de consolidação foi alcançado, os fabricantes britânicos de automóveis permaneceram fragmentados: em 1968, a British Leyland consistia de sessenta montadoras distintas.

Os governos incentivavam, ativamente, a ineficiência dos produtores britânicos. Depois da guerra, as autoridades distribuíam aos fabricantes escassos estoques de aço, com base em fatias de mercado existentes *antes da guerra*, portanto congelando um setor importante da economia e penalizando produtores novos e potencialmente mais eficientes. A garantia de matéria-prima, a procura artificialmente elevada por qualquer produto que fosse fabricado e a pressão política a favor da adoção de condutas economicamente ineficientes somaram-se para levar as empresas britânicas à bancarrota. Já em 1970, produtores europeus e japoneses tomavam os mercados britânicos, vencendo o concorrente em qualidade e preço. A crise do petróleo registrada no começo dos anos 70, a entrada na CEE e o fim dos últimos mercados britânicos protegidos nas possessões e colônias finalmente destruíram a indústria automotiva britânica independente. Em 1975, a British Leyland, a única fabricante independente de carros no país, ruiu e teve de ser salva por meio de uma estatização. Alguns anos depois, os setores lucrativos da BL seriam adquiridos por uma ninharia... e pela BMW.

O declínio e eventual desaparecimento do setor automotivo britânico independente corresponde à experiência econômica britânica como um todo. A princípio, a economia britânica não se saiu tão mal: em 1951, a Grã-Bretanha ainda era o maior centro industrial da Europa, produzindo o dobro da França e da Alemanha somadas. O país oferecia pleno emprego e registrava crescimento, embora em ritmo menos acelerado do que outras nações. Contudo, a Grã-Bretanha sofria de duas sérias desvantagens, uma resultante de uma infelicidade histórica, a outra, fruto de uma auto-imposição.

A crise endêmica da balança de pagamentos do Reino Unido decorria, em grande medida, de dívidas acumuladas para financiar a guerra de seis anos contra a Alemanha e o Japão, ao que devem ser acrescidos os gastos enormes relativos ao custeio de um esquema eficaz de defesa, no período do pós-guerra (8,2% da renda nacional em 1955, enquanto a Alemanha gastava menos da metade dessa cifra). A libra esterlina — ainda unidade importante de transações internacionais na década de 1950 — encontrava-se supervalorizada, o que dificultava as vendas externas britânicas, que precisavam atingir volumes que compensassem o déficit crônico da libra em relação ao dólar. País insular, totalmente dependente da importação de gêneros alimentícios e matérias-primas básicas, a Grã-Bretanha, historicamente, compensara tal vulnerabilidade estrutural por meio do acesso privilegiado a mercados protegidos no âmbito do império e da Comunidade das Nações.

Mas essa dependência de mercados e recursos distantes, vantagem no início do pós-guerra, enquanto o restante da Europa estava envolvido no esforço de recuperação, tornou-se séria desvantagem depois que a Europa — e especialmente a zona da CEE — começou a prosperar. Os britânicos não tinham como competir com os EUA, nem (mais tarde) com a Alemanha, em qualquer mercado externo não protegido, e as exportações britânicas para a própria Europa ficavam ainda mais atrás das exportações de outros produtores europeus. Em 1950, o valor das vendas de produtos industrializados britânicos no exterior representava 25% do total mundial; vinte anos mais tarde, constituía apenas 10,8%. Os britânicos haviam perdido a sua fatia do mercado mundial, e os fornecedores tradicionais — na Austrália, Nova Zelândia, no Canadá e nas colônias africanas — também começavam a buscar outros mercados.

Até certo ponto, o relativo declínio econômico britânico foi, portanto, inevitável. Mas a contribuição feita pela própria Grã-Bretanha a esse processo não deve ser subestimada.

Mesmo antes da Segunda Guerra Mundial, a indústria britânica já conquistara a merecida reputação de ineficiência, de repousar sobre os louros do passado. O problema não era a supervalorização dos britânicos. Ao contrário. Conforme observou Maynard Keynes, num comentário sardônico a respeito das perspectivas econômicas britânicas no pós-guerra: "O salário mínimo neste país é (de modo geral) 2 xelins por hora; nos EUA é 5 xelins por hora [...]. Nem mesmo a célebre ineficiência da indústria britânica será capaz (espera-se) de anular, em grandes setores da indústria, toda essa diferença básica de custo em seu favor, embora tenha conseguido fazê-lo em alguns casos importantes [...]. As estatísticas disponíveis sugerem que, mesmo jamais tendo fabricado o produto, batemos o mundo inteiro em custos."[2]

Um problema era a força de trabalho. As fábricas britânicas eram operadas por homens (e algumas mulheres) tradicionalmente organizados em centenas de sindicatos profissionais estabelecidos há muito tempo: em 1968, a administração das fábricas automotivas da British Leyland precisava negociar, separadamente, cada detalhe relacionado à carga horária e salários com 246 sindicatos distintos. Isso numa época em que havia pleno emprego. Na verdade, a manutenção do pleno emprego era o maior objetivo social de todos os governos britânicos naqueles anos. A determinação de evitar a volta aos horrores dos anos 30, quando homens e máquinas deterioraram devido à inatividade, superava qualquer consideração de crescimento, produtividade ou eficiência. Os sindicatos — e, de modo especial, os representantes sindicais — jamais tiveram tanto poder, nem antes nem depois daquele momento. Greves — a um só tempo, sintoma de militância trabalhista e também gestão incompetente — eram endêmicas na vida industrial britânica no pós-guerra.

Ainda que a liderança sindical na Grã-Bretanha houvesse seguido o exemplo alemão, dispondo-se a manter relações trabalhistas amigáveis e aceitar restrições salariais em troca de investimento, estabilidade e expansão, é improvável que a maioria dos empregadores mordesse a isca. Na década de 1930, o futuro primeiro-ministro, o trabalhista Clement Attlee, identificara, corretamente, o mal-estar econômico britânico como um problema decorrente de baixo investimento, ausência de inovação, imobilidade de mão-de-obra e gerenciamento medíocre. Porém, uma vez empossados, Attlee e seus sucessores pouco puderam fazer para deter o estrago. Enquanto a indústria germânica herdara todas as vantagens das mudanças geradas pelo nazismo e pela guerra, as tradicionais indústrias britânicas, incapazes de competir, herdaram a estagnação e um profundo receio de mudar.

Nas décadas do pós-guerra, a indústria têxtil, a mineração, a construção naval, os setores do aço e da engenharia leve — todos precisavam de reestruturação e reequipagem; mas, do mesmo modo como optaram por atender aos sindicatos em vez de combater práticas ineficientes de trabalho, os gerentes de fábricas na Grã-Bretanha preferiram operar num ciclo de subinvestimento, pesquisa e desenvolvimento limitados, salários baixos e diminuição de clientela, em vez de arriscar um novo começo, com novos produtos, em novos mercados. A solução não era óbvia. Keynes, mais uma vez: "Se, por um lamentável engano geográfico, a Força Aérea norte-americana (é tarde demais para esperar tanto do inimigo) destruísse todas as fábricas situadas no litoral nordeste e em Lancashire (num momento em que somente

[2] Citado por Peter Hennessy, *Never Again. Britain 1945-1951* (Nunca mais. Grã-Bretanha 1945-1951) (1993), p. 117.

os diretores estivessem presentes e mais ninguém), não teríamos o que temer. De que outra maneira poderíamos recuperar a experiência exuberante, necessária, ao que parece, para o sucesso, eu não saberia conjeturar."

Na França, uma herança similar de administração incompetente e inércia foi superada por meio de investimento público e agressivo planejamento. Os governos britânicos, entretanto, restringiram-se à negociação coletiva, gestão da demanda e exortação. Para um Estado que a partir de 1945 nacionalizara grandes setores da economia e que, já em 1970, gastava 47% do PIB, tal cautela parece constituir estranho paradoxo. Mas o Estado britânico, embora fosse proprietário ou operador da maior parte dos setores de transporte, saúde, educação e comunicações, jamais exibiu ambições estratégicas de abrangência nacional, e, na prática, a economia seguia os seus próprios mecanismos. Coube a uma geração posterior de reformistas adeptos do livre-mercado — e a um primeiro-ministro conservador radicalmente avesso ao Estado — aplicar toda a força do governo central para enfrentar o problema da estagnação econômica da Grã-Bretanha. Mas, àquela altura, algumas das censuras dirigidas à "velha" e mal adaptada economia britânica começavam a se voltar, por motivos diferentes, também para a vacilante economia alemã.

XI

O Momento Socialdemocrata

"O importante para o governo não é fazer as mesmas coisas que os indivíduos
já estão fazendo, e fazê-las um pouco melhor ou um pouco pior,
mas fazer aquilo que não está sendo feito no momento."
John Maynard Keynes (1926)

"O desafio não virá dos EUA [...], da Alemanha Ocidental, nem da França; o desafio virá das nações que, por mais erradas que estiverem — e creio que estão erradas quanto a várias questões fundamentais —, conseguirem, finalmente, colher os frutos materiais do planejamento econômico e da propriedade estatal."
Aneurin Bevan (1959)

"Nossa nação defende a democracia e bons drenos."
John Betjeman

"Quero abrir as janelas da Igreja para podermos ver para fora e as pessoas poderem ver para dentro."
Papa João XXIII

"Fotografia é verdade. Cinema é verdade 24 vezes por segundo."
Jean-Luc Godard

A década de 1960 testemunhou o auge do Estado europeu. Ao longo do século anterior, a relação entre cidadão e Estado na Europa Ocidental configurava-se como uma constante acomodação entre necessidades militares e exigências políticas: os direitos modernos dos novos cidadãos eram contrapostos ao dever mais antigo de defender o reino. Porém, a partir de 1945, essa relação se caracterizava cada vez mais por uma densa rede de benefícios sociais e estratégias econômicas através das quais era o Estado que servia aos cidadãos, não o contrário.

Anos mais tarde, as abrangentes ambições dos Estados previdenciários do Oeste Europeu perderiam parte do seu apelo — mesmo porque já não conseguiam cumprir a promessa: desemprego, inflação, populações cada vez mais velhas e desaceleração econômica impunham limites insuperáveis aos esforços envidados pelos Estados para levar a termo a sua parte do trato. As transformações nos mercados internacionais de capital e o advento das modernas comunicações eletrônicas paralisaram a capacidade dos governos de planejar e executar a política econômica doméstica. E, o mais importante, a própria legitimidade do Estado intervencionista estava minada: internamente, em conseqüência da rigidez e ineficiência de agências e produtores do setor público; externamente, devido à evidência incontestável de uma disfunção econômica crônica e de repressão política nos Estados socialistas do bloco soviético.

Mas tudo isso estava reservado ao futuro. Nos anos áureos do moderno Estado previdenciário europeu, quando o aparato administrativo ainda exercia ampla autoridade e contava com credibilidade incontestável, alcançou-se um consenso surpreendente. O Estado, era crença geral, sempre seria mais eficaz do que um mercado que operasse sem restrições: não apenas ao fazer justiça e proteger a nação, ou ao distribuir bens e serviços, mas ao criar e aplicar estratégias de coesão social, amparo moral e vitalidade cultural. A noção de que era preferível deixar tais questões ao exercício do interesse próprio esclarecido e do funcionamento do livre-mercado, para bens e idéias, era considerada nos círculos hegemônicos europeus (políticos e acadêmicos) uma exótica relíquia da era pré-keynesiana: na melhor das hipóteses, o conceito traduzia a incapacidade de aprender com a Depressão; na pior, tratava-se de um convite ao conflito e um apelo velado aos instintos humanos mais reles.

O Estado, portanto, era algo benéfico; e se fazia bastante presente. Entre 1950 e 1973, os gastos do governo elevaram-se de 27,6% para 38,8%, em relação ao produto interno bruto, na França; de 30,4% para 42%, na Alemanha Ocidental; de 34,2% para 41,5%, no Reino Unido; e de 26,8% para 45,5%, na Holanda — numa época em que o produto interno crescia em ritmo sem precedentes, nunca mais igualado. O montante maior das despesas era com seguros, pensões, saúde, educação e habitação. Na Escandinávia (Dinamarca e Suécia), entre 1950 e 1973, a fatia da receita interna dedicada à previdência social (sem falar de outros gastos) subiu 250%. Na Noruega, esse tipo de despesa triplicou. Somente na Suíça o percentual do PIB gasto pelo Estado no pós-guerra permaneceu relativamente baixo (só alcançaria 30% em 1980), mas mesmo na Suíça o índice apontava um contraste acentuado em relação ao de 1938, que era de apenas 6,8%.

O sucesso do capitalismo europeu no pós-guerra foi acompanhado pelo aumento da importância do papel do setor público. Mas a natureza do envolvimento estatal variou consideravelmente. Na maior parte do continente europeu, o Estado evitava assumir a propriedade direta de indústrias (embora não quando se tratava de transporte público ou comunicações), preferindo exercer o controle indireto, freqüentemente através de agências supostamente autônomas, entre as quais a italiana e tentacular IRI era a maior e mais conhecida (ver Capítulo 8).

Conglomerados como a IRI atendiam não apenas a seus empregados e consumidores, mas também a uma variedade de partidos políticos, sindicatos, agências de serviço social e até igrejas, cujos favores tais conglomerados dispensavam e cuja influência realçavam. O Partido Democrata Cristão italiano "colonizava" em todos os níveis (do vilarejo à capital da nação) uma gama multiforme de serviços públicos e produtos controlados ou subsidiados pelo Estado: transportes, mídia eletrônica, bancos, energia, indústria química e de engenharia, os setores de construção e a produção de alimentos. Os principais beneficiários, além do próprio partido, eram os milhões de filhos e netos de agricultores sem terra que encontraram emprego estável nas burocracias resultantes. O Instituto Nacional Italiano dos Órfãos de Guerra empregava 12 pessoas para cada grupo de setenta órfãos e despendia 80% de sua alocação orçamentária anual em salários e encargos administrativos.

Do mesmo modo, na Bélgica, o controle de empresas do setor público permitiu ao governo nacional, em Bruxelas, amortecer ressentimentos locais e, através da oferta de serviços, empregos e elevados investimentos em infra-estrutura, "subornar" interesses rivais, regionais e lingüísticos. Na França, as estatizações realizadas no pós-guerra estabeleceram redes duradouras de influência e favores. A Electricité de France (EDF) era a principal fornecedora de energia no país. Era também uma das maiores empregadoras. Segundo os termos de um acordo que remontava à legislação do início do período pós-guerra, 1% da receita francesa da EDF era entregue, anualmente, a um fundo social gerenciado pelo então hegemônico movimento sindical — Confédération Générale du Travail (CGT). As férias e demais benefícios pagos com tais recursos (sem falar das oportunidades de trabalho para os empregados da própria Confédération) representaram, durante décadas futuras, uma alavanca lucrativa e politicamente importante de favores para a instituição que apoiava a própria CGT — o Partido Comunista Francês.

O Estado, portanto, lubrificava as engrenagens do comércio, da política e da sociedade de diversas maneiras. E era responsável, direta ou indiretamente, pelo emprego e remuneração de milhões de homens e mulheres que, por esse motivo, tinham interesses adquiridos no Estado, quer como profissionais, quer como burocratas. Indivíduos formados pelas principais universidades britânicas, assim como seus contemporâneos graduados das *grandes écoles* francesas, não costumavam buscar colocação nas profissões do setor privado, e muito menos na indústria e no comércio, mas nas áreas de educação, saúde, serviços sociais, direito público, monopólios estatais ou serviço público. Já em fins dos anos 70, 60% de todos os universitários formados na Bélgica empregaram-se em serviços públicos ou no setor social subsidiado pelo governo. O Estado europeu criou um mercado exclusivo para os bens e serviços que o próprio Estado produzia e construiu um círculo virtuoso de emprego e influência que atraía uma simpatia quase generalizada.

As diferenças doutrinárias referentes às metas declaradas pelo Estado podiam até exacerbar a oposição entre esquerda e direita, democratas cristãos e comunistas, socialistas e conservadores, mas quase todos obtinham algum benefício das oportunidades oferecidas pelo Estado em termos de renda e influência. A fé no Estado — enquanto planejador, coordenador, facilitador, árbitro, provedor, zelador e guardião — era onipresente e perpassava quase todas as fronteiras políticas.[1] O Estado previdenciário era declaradamente social, mas estava longe de ser socialista. Nesse sentido, o capitalismo previdenciário, conforme se desdobrou na Europa Ocidental, foi verdadeiramente pós-ideológico.

Não obstante, no âmbito do consenso geral europeu do pós-guerra, *havia* uma visão diferenciada, a visão dos socialdemocratas. A socialdemocracia sempre fora híbrida; na realidade, era esse hibridismo que gerava a oposição dos inimigos, fossem estes da direita ou da esquerda. Sendo uma prática eternamente em busca de uma teoria, a socialdemocracia resultava da percepção concedida a uma geração de socialistas europeus, no início do século XX, de que a revolução social radical no coração da Europa moderna — conforme prevista e planejada pelos visionários socialistas do século XIX — era coisa do passado, não do futuro. Como

[1] Na Alemanha e na Itália, partidos e pensadores liberais, a exemplo da reduzida ala do Partido Conservador britânico favorável ao livre-mercado, não participavam desse consenso. Mas àquela época — e, em parte, precisamente por esse motivo — tais partidos e indivíduos exerciam pouca influência.

solução para a injustiça e ineficiência do capitalismo industrial, o paradigma do século XIX de violenta revolta urbana não era apenas indesejável e de eficiência improvável; era também redundante. Melhorias concretas das condições de todas as classes podiam ser conquistadas por meio de medidas gradativas e pacíficas.

Isso não queria dizer que os preceitos fundamentais socialistas do século XIX tivessem sido descartados. Em meados do século XX, a grande maioria dos socialdemocratas europeus, embora se mantivesse distante de Marx e seus herdeiros diretos, acreditava que o capitalismo era inerentemente disfuncional e que o socialismo era, ao mesmo tempo, moral *e economicamente* superior. A diferença entre socialdemocratas e comunistas dizia respeito à relutância dos primeiros em aceitar a inevitabilidade da morte iminente do capitalismo ou a idéia de que era sábio acelerar essa morte por meio de ações políticas. A tarefa dos socialdemocratas, conforme seu entendimento durante as décadas de Depressão, divisão e ditadura, era empregar os recursos do Estado a fim de eliminar as patologias sociais relacionadas às formas capitalistas de produção e ao funcionamento irrestrito da economia de mercado: era construir sociedades justas e não utopias econômicas.

A política da socialdemocracia nem sempre era sedutora para jovens indóceis, conforme os eventos mais tarde haveriam de demonstrar. Mas eram, intuitivamente, atraentes para homens e mulheres que tinham vivido as décadas terríveis desde 1914; e mais, em determinadas regiões do Oeste Europeu, em meados dos anos 60, a socialdemocracia já não constituía uma política, mas um estilo de vida. Em nenhum outro local isso ficava tão evidente como na Escandinávia. Entre 1945 e 1964, a participação do Partido Social Democrata dinamarquês nas eleições nacionais subiu de 33% para 42%; naqueles mesmos anos, o Partido Trabalhista norueguês conquistou entre 43% e 48% dos votos; quanto aos socialdemocratas suecos, a participação nas eleições realizadas no pós-guerra jamais foi inferior a 45%. Nas eleições de 1968, essa participação chegou a exceder 50%.

Notável nesses índices de votação não são os números em si — o Partido Socialista austríaco chegava a se sair igualmente bem e, nas eleições gerais britânicas de 1951, o Partido Trabalhista de Clement Attlee conquistara 48,8% dos votos (embora os conservadores, que obtiveram uma votação geral inferior tenham garantido mais assentos no Parlamento). Notável é a continuidade dos índices. Ano após ano, os partidos da socialdemocracia na Escandinávia obtiveram mais de dois quintos dos votos nacionais, e o resultado foram décadas de controle governamental ininterrupto, por vezes na liderança de coalizões com parceiros menores e submissos, mas geralmente sozinhos. Entre 1945 e 1968, oito em cada dez governos dinamarqueses foram comandados por socialdemocratas; naqueles mesmos anos, houve cinco governos noruegueses, três dos quais socialdemocratas, e quatro governos suecos, todos socialdemocratas. Havia continuidade também de pessoal: o norueguês Einar Gerhardsen comandou dois governos socialdemocratas, somando 14 anos; na Suécia, Tage Erlander liderou o país e o partido durante 23 anos, de 1946 a 1969.[2]

[2] Em contrapartida, a Itália, no mesmo período, teve 13 governos e 11 primeiros-ministros diferentes, e a França, 23 governos e 17 primeiros-ministros entre 1945 e 1968. Líderes partidários com longos mandatos eram típicos na Suécia: o antecessor de Erlander na direção do Partido Socialdemocrata sueco, Per Albin Hansson, permanecera no cargo de 1926 a 1946.

As sociedades escandinavas herdaram algumas vantagens. Pequenas e socialmente homogêneas, sem colônias ultramarinas nem ambições imperiais, tais sociedades eram Estados constitucionais havia muitos anos. A Constituição dinamarquesa de 1849 introduzira limites ao governo parlamentarista, mas grande liberdade à imprensa e à prática religiosa. A Constituição sueca (e, naquele tempo, também norueguesa) de 1809 criava modernas instituições políticas, inclusive a representação proporcional e o sistema exemplar de *ombudsman* — anos mais tarde adotado em toda a Escandinávia —, e propiciou a estrutura estável que permitiu o desenvolvimento do sistema político com base em partidos. A referida Constituição continuaria em vigor até 1975.

Mas, historicamente, a Escandinávia era pobre — uma região com florestas, fazendas, comunidades pesqueiras e um punhado de indústrias primárias, a maioria das quais na Suécia. As relações trabalhistas, especialmente na Suécia e na Noruega, eram sempre perturbadas por conflitos — o índice de greves nos dois países, durante as primeiras décadas do século XX, era dos mais elevados do mundo. Durante a Depressão dos anos 30, o desemprego na região foi crônico. Em 1932 e 1933, um terço da força de trabalho sueca estava desempregada; na Noruega e na Dinamarca, 40% da mão-de-obra adulta não tinham emprego — índices comparáveis aos piores anos de desemprego registrados na Grã-Bretanha, na Alemanha de Weimar ou nos estados industriais dos EUA. Na Suécia, a crise provocou confrontos violentos, sobretudo em Ådalen, em 1931, onde uma greve numa fábrica de papel foi reprimida pelo Exército (lembrado pelo diretor sueco Bo Widerberg num filme memorável, *Ådalen 31*, rodado em 1969).

Se no período entre as duas guerras a Escandinávia — principalmente a Suécia — não seguiu a trilha de outras sociedades economicamente deprimidas e situadas nos limites da Europa, o crédito, em grande parte, pertence aos socialdemocratas. Depois da Primeira Grande Guerra, os partidos socialistas escandinavos, de certo modo, abandonaram os dogmas radicais e as ambições revolucionárias anteriormente compartilhadas com os movimentos germânico e socialista da Segunda Internacional; e, ao longo da década de 1930, tais partidos começaram a buscar uma conciliação histórica entre capital e trabalho. Em Saltsjöbaden, em 1938, representantes de patrões e trabalhadores suecos assinaram um pacto que serviria de base para as futuras relações sociais no país — em antecipação às parcerias sociais neocorporativistas que seriam formadas na Alemanha e na Áustria depois de 1945, mas que eram praticamente desconhecidas antes da guerra, a não ser sob o regime fascista.[3]

Na Escandinávia, os socialdemocratas estavam abertos a esse tipo de compromisso porque não alimentavam ilusões acerca do eleitorado supostamente "proletário" de cujo apoio outros partidos socialistas tanto dependiam. Se dependessem apenas dos votos da classe operária urbana, ou até mesmo dos votos da classe operária somados aos da classe média reformista,

---

[3] Sob determinados aspectos, o Pacto de Saltsjöbaden se assemelhava à *Arbeitsfrieden* (Paz Trabalhista) forjada na Suíça no ano anterior, quando patrões e empregados concordaram em criar um sistema de negociação coletiva amigável que se tornaria a pedra angular da futura estabilidade e prosperidade do país. Todavia, enquanto a *Arbeitsfrieden* suíça tinha por objetivo manter o governo *fora* da negociação econômica, o Pacto de Saltsjöbaden obrigava o governo a trabalhar em harmonia com patrões e empregados, em prol do interesse comum.

os partidos socialistas escandinavos teriam ficado para sempre em minoria. As perspectivas políticas desses partidos dependiam da extensão do seu apelo às populações predominantemente rurais da região. E assim, ao contrário de quase todos os demais partidos socialistas ou socialdemocratas no restante da Europa, os socialdemocratas escandinavos não foram afetados pela antipatia instintiva voltada às regiões rurais, tão característica da esquerda européia, em virtude da observação de Marx quanto à "idiotice da vida rural" e à aversão de Lenin aos *kulaks*.

Os camponeses amargurados e empobrecidos que viviam no centro e no sul da Europa no entreguerras eram um eleitorado propício a nazistas, fascistas ou populistas agrários que sempre batiam numa mesma tecla. Mas os igualmente sofridos agricultores, lenhadores, arrendatários e pescadores do extremo norte da Europa voltaram-se, em números crescentes, para os socialdemocratas, que apoiavam ativamente as cooperativas agrícolas (particularmente importantes na Dinamarca, onde a agricultura comercial era difundida e eficiente, embora praticada em escala bastante reduzida), e assim não se prenderam às antigas distinções socialistas entre produção privada e metas coletivistas, zona rural "atrasada" e cidade "moderna", distinções que, sob o ponto de vista eleitoral, eram tão desastrosas em outros países.

No futuro, essa aliança entre trabalhismo e agricultura — facilitada pela rara independência dos camponeses escandinavos, reunidos em fervorosas comunidades protestantes livres da tradicional subserviência rural ao padre ou ao senhor da terra — formaria a plataforma sobre a qual seriam erigidas as melhores democracias sociais da Europa. Coalizões entre "vermelhos e verdes" (de início, entre partidos agrários e socialdemocratas, mais tarde apenas entre estes últimos) eram impensáveis em outros locais; na Escandinávia, elas se tornaram a norma. Os partidos democratas sociais foram o veículo através do qual a sociedade agrária tradicional e o trabalho industrial entraram na era urbana: nesse sentido, a socialdemocracia na Escandinávia não foi apenas uma política entre tantas outras; foi a própria forma da modernidade.

Os Estados previdenciários escandinavos desenvolvidos após 1945 originaram-se, por conseguinte, em dois pactos sociais firmados na década de 1930: entre patrões e empregados e entre trabalhismo e agricultura. Os serviços sociais e outras provisões públicas que viriam a caracterizar o "modelo" escandinavo refletiam tais origens, frisando universalidade e igualdade — direitos sociais universais, distribuição de renda, benefícios com valor único e pagos com recursos provenientes de tributação progressiva. Portanto, estabeleciam um contraste marcante com o modelo típico da Europa continental, onde o Estado transferia ou devolvia renda às famílias e aos indivíduos, possibilitando-lhes pagar em espécie por serviços particulares que, na realidade, eram subsidiados (especialmente seguros e saúde). Mas, exceto no caso da educação, já universal e abrangente antes de 1914, o sistema previdenciário escandinavo não foi concebido e implementado de uma só vez. Ele surgiu gradativamente. A área da saúde, principalmente, registrava atraso: na Dinamarca, somente em 1971 a cobertura médica universal foi efetivada, 23 anos após a inauguração do Serviço Nacional de Saúde criado por Aneurin Bevan, no mar do Norte, no Reino Unido.

Além disso, o que parecia um sistema nórdico único era, na realidade, algo que variava muito, dependendo do país. A Dinamarca era o menos "escandinavo" dos países nórdicos.

Primeiramente, o país dependia, de modo crítico, do mercado externo para o suprimento de produtos do campo (especialmente laticínios e derivados de suíno) e, portanto, era mais sensível à política e aos acontecimentos políticos registrados em outras regiões da Europa; além disso, a força de trabalho especializada nacional era muito mais dividida em decorrência da ação de organizações tradicionais ligadas aos ofícios. Nesse particular, a Dinamarca se assemelhava mais à Grã-Bretanha do que, digamos, era o caso da Noruega; a bem dizer, mais de uma vez durante os anos 60 os socialdemocratas dinamarqueses foram obrigados a seguir os governos britânicos e tentar impor controles de preços e salários a um mercado de trabalho instável. Para os padrões britânicos, a política foi bem-sucedida; porém, para os padrões escandinavos, mais exigentes, as relações sociais dinamarquesas e o desempenho econômico da Dinamarca sempre pareciam bastante atribulados.

A Noruega era a menor e mais homogênea das sociedades nórdicas (à exceção da Islândia). Era também a que mais sofrera com a guerra. Além do mais, mesmo antes da descoberta de petróleo na plataforma continental, a situação da Noruega já era singular. Um Estado que se posicionava na linha de frente da Guerra Fria, portanto comprometido com gastos de defesa bem superiores aos da pequenina Dinamarca ou da Suécia neutra, a Noruega era o mais "comprido" dos países nórdicos, com uma reduzida população de menos de 4 milhões de pessoas espalhadas ao longo de 1.752 quilômetros de litoral, o mais extenso da Europa. Muitas das cidades e vilarejos mais distantes subsistiam (e ainda subsistem) exclusivamente à base da pesca. Socialdemocrata ou não, o governo de Oslo se via forçado a aplicar recursos estatais em objetivos sociais e comunitários: subsídios que fluíam do centro para a periferia (para transportes, comunicações, educação e provimento de serviços profissionais, principalmente destinados à terça parte do país situada ao norte do Círculo Ártico) eram a seiva vital do Estado-nação norueguês.

Também a Suécia era singular — embora, com o passar do tempo, as peculiaridades da Suécia passassem a ser vistas como o padrão escandinavo. Com uma população quase equivalente à soma das populações da Noruega e da Dinamarca (somente a grande Estocolmo já abrigava o equivalente a 45% dos habitantes da Noruega), a Suécia era, sem dúvida, a mais rica e mais industrializada das sociedades escandinavas. Já em 1973, a produção nacional de minério de ferro comparava-se à produção conjunta da França, Grã-Bretanha e Alemanha Ocidental, e correspondia a quase metade da produção dos EUA. Em produção de papel, polpa de madeira e tonelagem de Marinha Mercante, o país era líder mundial. Enquanto, durante muitos anos, a socialdemocracia norueguesa limitava-se a reunir, racionar e distribuir recursos escassos numa sociedade pobre, a Suécia, na década de 1960, já era um dos países mais ricos do mundo. Ali, a socialdemocracia tratava de alocar e distribuir riquezas pelo bem comum.

Por toda a Escandinávia, mas de modo especial na Suécia, a propriedade privada dos meios de produção bem como a sua exploração jamais eram questionadas. Ao contrário do movimento trabalhista britânico, cuja doutrina e programa, desde 1918, apoiavam-se na inabalável convicção acerca das virtudes da propriedade estatal, os socialdemocratas suecos preferiam deixar o capital e a iniciativa em mãos de sociedades privadas. O exemplo da British Motor Corporation, cobaia das experiências do governo britânico com alocação centralizada de recursos, jamais foi seguido na Suécia. A Volvo, a Saab e outras empresas privadas ficavam livres para prosperar ou fracassar.

Na realidade, na Suécia "socialista", o capital industrial concentrava-se num número inferior de entidades privadas, em comparação com o restante da Europa Ocidental. O governo nunca interferia, quer no acúmulo de riqueza pessoal, quer no mercado de bens e capitais. Mesmo na Noruega, depois de 15 anos de uma administração socialdemocrata, o setor da economia pertencente ao Estado ou sob controle direto estatal era efetivamente menor do que o setor congênere na Alemanha Ocidental, governada pela democracia cristã. Porém, nesses dois países, assim como na Dinamarca e na Finlândia, o que o Estado *fez* foi tributar e redistribuir, implacavelmente, os lucros privados em benefício público.

Na opinião de muitos observadores internacionais e da maioria dos escandinavos, os resultados pareciam falar por si só. Já em 1970, a Suécia (ao lado da Finlândia) era uma das quatro maiores economias do mundo, a julgar pelo poder de compra por habitante (as outras duas eram os EUA e a Suíça). Os escandinavos viviam mais e com mais saúde do que a maioria dos outros povos do mundo (algo que teria deixado perplexos os isolados e empobrecidos camponeses nórdicos que viveram três gerações antes). A provisão de instalações e serviços relacionados a educação, previdência, saúde, seguros, aposentadoria e lazer era inigualável (inclusive nos EUA e na Suíça), e o mesmo podia ser dito a respeito da estabilidade econômica e segurança física com que os cidadãos da Europa nórdica aproveitavam a vida. Em meados dos anos 60, o "norte congelado" da Europa alcançara um status quase mítico: o modelo socialdemocrata escandinavo talvez não pudesse ser duplicado prontamente em toda e qualquer região, mas era admirado universalmente e muito invejado.

Qualquer pessoa familiarizada com a cultura nórdica, desde Ibsen e Munch até Ingmar Bergman, reconhecerá um outro lado da vida escandinava: a existência de uma natureza auto-inquisitiva, melancólica — geralmente entendida à época como uma propensão à depressão, ao alcoolismo e a elevados índices de suicídio. Na década de 1960, e em outras ocasiões desde então, críticos conservadores contrários à política escandinava atribuíam essas fraquezas à paralisia moral induzida por um excesso de estabilidade econômica e direção centralizada. Havia também a propensão dos escandinavos a se despir em público (e nas telas) e — dizia-se — a fazer amor com estranhos: mais provas, na visão de alguns observadores, dos danos psíquicos causados por um Estado todo-poderoso que tudo provê e nada proíbe.[4]

Se essa era a pior crítica a ser dirigida ao "modelo" escandinavo, os socialdemocratas na Suécia e em outros locais podiam ser desculpados por desfrutar (ou até lamentar) toda a sua prosperidade. Mas os críticos estavam certos numa questão: o Estado onipresente tinha, de fato, um lado negativo. No início do século XX, a confiança existente na capacidade de o Estado criar uma sociedade melhor assumira muitas formas: a socialdemocracia escandinava — a exemplo do reformismo fabianista do Estado previdenciário britânico — nasceu do

[4] O índice de suicídio na Europa Ocidental em 1973 era, de fato, mais elevado nos países mais desenvolvidos e prósperos: Dinamarca, Áustria, Finlândia e Alemanha Ocidental. Era mais baixo nas periferias mais pobres: o índice de suicídio na Dinamarca era seis vezes o da Itália, 14 vezes o da Irlanda. O que isso sugere sobre o efeito depressivo da prosperidade, do clima, da latitude, dos hábitos alimentares, da religião, das estruturas familiares ou do Estado previdenciário era incompreensível à época, e ainda hoje.

fascínio generalizado com todo tipo de engenharia social. E na esteira da utilização do Estado no ajuste de rendas, despesas, índices de emprego e informação, vinha a tentação de mexer com o próprio indivíduo.

A eugenia — "ciência" da melhoria racial — era mais do que um modismo da era eduardiana, tais como o vegetarianismo ou as caminhadas pelos campos (embora costumasse agradar às mesmas pessoas). Adotada por pensadores de todos os matizes políticos, a noção convinha muito bem às ambições de reformadores sociais bem-intencionados. Se o objetivo social era melhorar a condição humana como um todo, por que deixar escapar as oportunidades oferecidas pela ciência moderna para tal aperfeiçoamento? Por que a prevenção ou a extinção de imperfeições na condição humana não deveria se estender à prevenção (ou extinção) de seres humanos imperfeitos? Nas primeiras décadas do século XX, o apelo do planejamento social ou genético cientificamente manipulado foi muito difundido e inteiramente respeitado; somente em conseqüência do trabalho dos nazistas, cujas ambições "higiênicas" começaram na antropometria e acabaram na câmara de gás, a eugenia ficou amplamente desacreditada na Europa do pós-guerra. Ou assim se supunha.

Mas, muitos anos depois, as autoridades escandinavas não haviam abandonado o interesse na teoria — e na prática — da "higiene racial". Entre 1934 e 1976, programas de esterilização foram desenvolvidos na Noruega, Suécia e Dinamarca, sempre sob a égide e com o conhecimento dos governos socialdemocratas. Nos anos em questão, cerca de 6 mil dinamarqueses, 40 mil noruegueses e 60 mil suecos (90% dos quais mulheres) foram esterilizados devido a propósitos "higiênicos": "para aperfeiçoar a população". O dínamo intelectual desses programas — o Instituto de Biologia Racial da Universidade de Uppsala, na Suécia — tinha sido criado em 1921, quando o assunto estava no auge da moda. O instituto só foi desativado 55 anos depois.

Não parece clara a mensagem (se é que existe uma) que esse episódio lamentável nos deixa a respeito da socialdemocracia — sociedades e governos nada sociais e nada democráticos já fizeram mais e pior que isso. A legitimidade do Estado na Escandinávia no pós-guerra, a autoridade e a iniciativa conferidas ao Estado por cidadãos pouco questionadores deixaram o governo livre para agir de acordo com o que considerava constituir o interesse comum, o que foi feito com bastante visão. Parece que jamais ocorreu a algum *ombudsman* investigar o abuso em relação a indivíduos que ficavam de fora da comunidade dos cidadãos que tinham direitos e pagavam impostos. A linha que separava a tributação progressiva e a licença de paternidade da interferência forçada na capacidade reprodutora de cidadãos "defeituosos" parece não ter ficado muito clara para alguns governos na Escandinávia socialdemocrata. No mínimo, tal fato sugere que as lições morais deixadas pela Segunda Guerra Mundial não eram tão óbvias como se supunha — precisamente (e talvez não coincidentemente) em países como a Suécia, cuja consciência coletiva estava supostamente tranqüila.

Fora da Escandinávia, a maior aproximação do ideal socialdemocrata foi alcançada em outro país pequeno e neutro, no limite da Europa Ocidental: a Áustria. Com efeito, as semelhanças aparentes eram tantas que os observadores passaram a se referir ao "modelo austro-escandinavo". Na Áustria, tanto quanto na Suécia ou na Noruega, um país predominantemente rural e historicamente pobre se transformara, como já foi visto, num próspero, estável e politicamente sereno oásis de bem-estar promovido pelo Estado. Também na Áustria um pacto fora firmado; no caso, entre os socialistas e o Partido Popular, conservador, com o intuito de evitar a volta dos conflitos diretos registrados nas décadas entre as duas guerras. Mas aí acabavam as semelhanças.

A Áustria era, deveras, "social" (e, depois da Finlândia, tinha o maior setor estatizado entre todas as democracias do Oeste Europeu), mas não era, exatamente, socialdemocrata. Desde o final da guerra, somente em 1970 o país conseguiu eleger o primeiro chefe de Estado socialista, quando Bruno Kreisky se tornou chanceler. Embora, ao longo do tempo, a Áustria houvesse instituído diversos serviços e políticas públicas associados com a sociedade social-democrata escandinava — creches, seguro-desemprego e pensões generosas, apoio à família, assistência médica e educacional para todos, um sistema modelar de transportes subsidiados —, o que distinguia a Áustria da Suécia, por exemplo, era a quase universal oferta de emprego, influência, benesses e recursos em função de filiação *política*. Essa apropriação do Estado austríaco e de seus recursos, com o propósito de estabilizar o mercado das preferências políticas, tinha menos a ver com ideais sociais do que com a lembrança de traumas passados. No rastro das experiências do período entreguerras, os socialistas austríacos estavam mais interessados em estabilizar a frágil democracia nacional do que em revolucionar as políticas sociais.[5]

A exemplo do restante da sociedade austríaca, os socialdemocratas do país mostravam-se plenamente aptos a deixar o passado para trás. Em outros locais, os partidos socialdemocratas levaram mais tempo para abandonar uma certa nostalgia pela transformação radical. Na Alemanha Ocidental, o PSD esperou até 1959 (e pela convenção em Bad Godesberg) para repensar metas e propósitos. O novo Programa do Partido adotava o "socialismo democrático, francamente declarado, que na Europa tem como alicerce a ética cristã, o humanismo e a filosofia clássica, sem a intenção de proclamar verdades absolutas". O Estado, ali se afirmava, deveria "restringir-se, sobretudo, a métodos indiretos de influência econômica". O livre-mercado de mercadorias e emprego eram vitais: "A economia dirigida e totalitária destrói a liberdade."[6]

Essa admissão tardia do óbvio contrasta com a decisão do Partido Trabalhista Belga (o Parti Ouvrier Belge), tomada no ano seguinte, no sentido de reiterar a carta de fundação do partido, com data de 1894, que reivindicava a coletivização dos meios de produção; e contrasta com a recusa do Partido Trabalhista britânico, também em 1960, a seguir a recomendação do líder reformista Hugh Gaitskell para retirar, da Cláusula IV do Programa do Partido, elaborado em 1918, um compromisso idêntico. Em parte, a explicação desse contraste de condutas residia em experiências recentes: a lembrança de embates destrutivos e a proximidade da ameaça totalitária, fosse no próprio passado imediato ou do outro lado de

[5] Ironicamente, foram os socialdemocratas suecos que durante muito tempo demonstraram mais interesse em Otto Bauer e Rudolf Hilferding, teóricos "austro-marxistas" vienenses do início do século XX. Os sucessores austríacos destes, em contrapartida, com satisfação, deixaram tudo isso para trás — a não ser pelo eco esporádico, como se vê no Programa do Partido Socialista Austríaco, em 1958, onde se afirma, de maneira algo obtusa, que "o socialismo democrático ocupa uma posição intermediária entre o capitalismo e a ditadura"...

[6] Bark & Gress, *From Shadow to Substance. A History of West Germany* (Da sombra à substância. Uma história da Alemanha Ocidental), volume I (1992), Capítulo 16.

uma divisa, ajudaram a concentrar a atenção dos socialdemocratas alemães e austríacos — e dos comunistas italianos — nas virtudes do acordo.

O Partido Trabalhista britânico não tinha esse tipo de pesadelo a exorcizar. Além disso, à semelhança dos partidos congêneres na Bélgica (e na Holanda), o britânico tinha suas origens no movimento *trabalhista*, não num partido *socialista*, sendo motivado, acima de tudo, pelas preocupações (e contribuições) dos sindicatos filiados. Era, portanto, menos ideológico — e tinha uma visão mais limitada. Quando solicitados, os porta-vozes do Partido Trabalhista concordavam prontamente com os objetivos gerais dos socialdemocratas instalados na Europa continental; mas os interesses dos britânicos eram bem mais práticos e provincianos. Precisamente, *por causa* da estabilidade embutida na cultura política britânica (ao menos na inglesa), e graças à antiga e consolidada — embora decrescente — base na classe operária, o Partido Trabalhista britânico demonstrava pouco interesse nos acordos inovadores que haviam moldado os Estados previdenciários escandinavos e de língua alemã.

Em vez disso, o compromisso britânico caracterizava-se por políticas fiscais que visavam à manipulação da demanda e por provisões sociais abrangentes e dispendiosas, financiadas por tributação progressiva e um amplo setor estatal, inserido num contexto de relações industriais instáveis e historicamente antagônicas. Os trabalhistas enfatizavam as virtudes intrínsecas da estatização, mas esses esquemas *ad hoc* eram apoiados, sobretudo, pelos partidos Conservador e Liberal. Se, de algum modo, a política britânica também era moldada por impactos do passado, isso se traduzia no reconhecimento geral (a despeito de filiação partidária) de que a volta do desemprego em massa precisava ser evitada a qualquer custo.

Mesmo depois que o novo líder trabalhista, Harold Wilson, em 1964, após 13 anos de oposição, reconduziu o partido ao poder e passou a falar com entusiasmo da vigente "incandescente revolução tecnológica", as mudanças foram poucas. A estreita margem da vitória de Wilson na eleição de 1964 (com maioria parlamentar de apenas quatro) não o predispunha a correr riscos políticos, e embora o Partido Trabalhista se saísse melhor nas eleições realizadas dois anos depois, não haveria alteração radical nas políticas econômicas ou sociais. O próprio Wilson era herdeiro da tradição Attlee-Beveridge ligada à teoria fabianista e à prática keynesiana, e demonstrava pouco interesse em inovação econômica (ou política). A exemplo da maioria dos políticos britânicos de todas as bandeiras, Wilson era profundamente convencional e pragmático, orgulhoso de sua miopia em relação às questões públicas: conforme ele mesmo uma vez o disse: "na política, uma semana é muito tempo".

Contudo, *havia* uma certa singularidade no Estado socialdemocrata britânico, a despeito da recusa teimosa, por parte de todos os partidos, a assim o definirem. A principal preocupação da esquerda britânica (e, àquela época, também de grande parte do centro e da centro-direita do espectro político) era com *justiça*. Fora a injustiça flagrante da vida antes da guerra que impelira tanto as reformas de Beveridge quanto a vitória arrasadora do Partido Trabalhista em 1945. Foi a promessa de liberalizar a economia e, ao mesmo tempo, manter uma distribuição *justa* de recompensas e serviços que levou os conservadores ao poder, em 1951, e os manteve no governo durante tanto tempo. Os britânicos aceitaram a tributação progressiva e acolheram a provisão universal de assistência médica não porque tais medidas fossem apresentadas como "socialistas", mas porque eram intuitivamente mais justas.

Do mesmo modo, o funcionamento estranhamente regressivo do sistema britânico de benefícios com valor único — que favorecia a classe média profissional — era amplamente aceito por ser igualitário, ao menos na aparência. E as inovações mais importantes do governo trabalhista nos anos 60 — a disponibilidade universal de educação secundária e a abolição das provas de admissão a determinadas instituições de ensino médio, antigo compromisso trabalhista ignorado sensatamente por Attlee depois de 1945 — foram bem recebidas, menos devido aos seus méritos intrínsecos do que por terem sido consideradas "antielitistas" e, portanto, "justas". Por esse mesmo motivo a reforma educacional foi impulsionada por governos conservadores, depois da saída de Wilson, em 1970, apesar dos alertas, vindos de todos os lados, quanto às conseqüências perversas que tais mudanças poderiam acarretar.[7]

A dependência do Partido Trabalhista em relação ao apoio sindical levou os trabalhistas a adiar modalidades de reformas industriais que na opinião de muitos (inclusive alguns líderes do próprio partido) já deveriam ter sido implementadas. As relações industriais britânicas permaneciam atoladas em confrontos e disputas salariais (discriminadas por ofício) de uma espécie praticamente desconhecida na Escandinávia, Alemanha, Áustria e Holanda. Os ministros do Trabalho envidavam esforços débeis para se livrar desse legado oneroso, mas sem obter muito sucesso; e, de certa maneira, por essa razão os feitos da socialdemocracia continental nunca foram equiparados pela Grã-Bretanha.

Além disso, as características universais do sistema previdenciário britânico, introduzidas duas ou três décadas antes da França ou da Itália, por exemplo, ocultaram as ações práticas bastante limitadas do Estado britânico, mesmo no campo da igualdade material: ainda em 1967, 10% da população do Reino Unido detinham 80% de toda a riqueza pessoal do país. O efeito da política de redistribuição adotada nas três primeiras décadas do pós-guerra foi a transferência de renda e ativos, dos 10% que ficavam no topo da pirâmide para os 40% que ficavam logo abaixo; os 50% da base ganharam pouco, a despeito das melhorias em seguros e previdência.

Qualquer avaliação geral que se faça da era do Estado previdenciário na Europa Ocidental será, necessariamente, matizada pelo nosso conhecimento dos problemas que o sistema enfrentaria em décadas futuras. Hoje em dia é fácil saber que iniciativas como a Lei da Reforma da Previdência Social — aprovada em 1957 na Alemanha Ocidental, garantindo aos trabalhadores uma pensão equiparada ao salário percebido por ocasião da aposentadoria — tornar-se-iam um ônus orçamentário insuportável no novo contexto demográfico e econômico. E, em retrospecto, fica evidente que o nivelamento radical de renda na Suécia socialdemocrata reduziu os níveis de poupança privada e, por conseguinte, inibiu novos investimentos. Mesmo à época, já era óbvio que repasses governamentais e pagamentos com base em valor único beneficiavam aqueles que sabiam tirar grandes vantagens do sistema: especialmente a classe média escolarizada, que lutaria para manter um novo conjunto de privilégios.

---

[7] O fim das escolas seletivas estatais na Inglaterra apenas direcionou mais a classe média para o setor privado, melhorando assim as perspectivas e os lucros das "escolas públicas" que cobravam taxas acadêmicas e que os radicais trabalhistas detestavam. Enquanto isso, o processo seletivo prosseguia, mas agora de acordo com renda em vez de mérito: os pais que tinham condições financeiras compravam moradia num bairro onde havia uma boa escola, deixando os filhos dos pobres à mercê das escolas mais fracas e dos piores professores, e com perspectivas bastante reduzidas de mobilidade educacional. O processo de alargamento da educação secundária britânica foi a legislação socialmente mais retrógrada surgida na Grã-Bretanha no pós-guerra.

Mas as realizações dos "Estados-babá" foram concretas, fossem estas introduzidas por socialdemocratas, por católicos paternalistas ou conservadores e liberais que acreditavam na previdência. Partindo de programas básicos de proteção social e econômica, os Estados previdenciários desenvolveram sistemas de reconhecimento de direitos, provisão de benefícios, justiça social e distribuição de renda — e realizaram essa transformação substancial quase sem ônus político. Mesmo a criação de uma classe de burocratas interesseiros ligados à previdência e de beneficiários de "colarinho-branco" não deixou de ter as suas virtudes: a exemplo dos agricultores, a tão criticada "baixa classe média" tinha agora interesse nas instituições e nos valores do Estado democrata. Isso era bom, tanto para os democratas cristãos quanto para os socialdemocratas, conforme os respectivos partidos logo perceberam. Mas era também ruim para fascistas e comunistas, o que importava muito mais.

Tais mudanças refletiam as transformações demográficas aqui já observadas, mas também revelavam níveis sem precedentes de segurança pessoal e uma nova intensidade de mobilidade educacional e social. À medida que se viam menos propensos a permanecer no local, na profissão, na faixa de renda e na classe social em que haviam nascido, os europeus ocidentais mostravam-se menos dispostos a se identificar automaticamente com os movimentos políticos e as filiações sociais do mundo dos seus progenitores. De bom grado, a geração da década de 1930 acolheu a estabilidade econômica e deu as costas à mobilização política e aos riscos a ela inerentes; seus filhos, a geração bem mais numerosa dos anos 60, conheciam tão-somente paz, estabilidade política e o Estado previdenciário. Para eles, isto era normal.

O aumento da influência do Estado sobre o emprego e a previdência dos cidadãos foi acompanhado da redução contínua da autoridade estatal sobre a moral e a opinião pública. À época, isso não era visto como um paradoxo. Defensores liberais e socialdemocratas do Estado previdenciário europeu, em princípio, não viam motivo por que o governo não devesse zelar pelo bem-estar econômico e físico da população, garantindo conforto aos cidadãos, do início ao fim da vida, ao mesmo tempo que mantinha o nariz longe das opiniões e das práticas em se tratando de questões estritamente pessoais como religião e sexo, ou gosto e preferência artística. Os democratas cristãos na Alemanha e na Itália, países onde o Estado ainda demonstrava interesse real nos hábitos e idéias dos cidadãos, demoraram a fazer tais distinções. Mas também os democratas cristãos sofriam crescente pressão para se adaptar.

Até o início dos anos 60, autoridades públicas em todo o Oeste Europeu (com a exceção parcial da Escandinávia) vinham exercendo um controle firme e repressivo sobre a vida privada e as opiniões da coletividade. Relações homossexuais eram consideradas ilegais em quase todas as regiões e punidas com longas sentenças prisionais. Em muitos países, tais atos sequer podiam ser representados através da arte. O aborto era ilegal na maioria dos países. Até mesmo o controle de natalidade, a rigor, contrariava as leis de alguns países católicos, embora a prática fosse tolerada. O divórcio era difícil em todos os países. Em muitas regiões da Europa Ocidental (mais uma vez, a Escandinávia constituindo, em parte, uma exceção), agências governamentais ainda impingiam censura ao teatro, ao cinema e à literatura; rádio e televisão eram monopólios públicos em quase todo lugar, operando, conforme já vimos, sob normas rígidas em relação a conteúdo e sob baixos níveis de tolerância, diante de dissensão ou "desrespeito". Mesmo no Reino Unido, introduzida em 1955, a televisão comercial era controlada severamente, observando um mandato público para fornecer "esclarecimento e informação", bem como entretenimento e publicidade.

A censura, assim como a tributação, foi impelida pela guerra. Na Grã-Bretanha e na França, a repressão severa às condutas e à auto-expressão, introduzida durante a Primeira e a Segunda Guerra, não fora suspensa. Em outros locais — na Itália, Alemanha Ocidental e em alguns países por elas ocupados —, as normas vigentes no pós-guerra foram uma herança de leis fascistas que os legisladores democratas optaram por preservar. Poucas das forças "morais" mais repressoras ainda em vigência em 1960 remontavam a eras anteriores ao século XIX (a mais obviamente anacrônica talvez fosse o Gabinete do Lorde Camareiro, na Grã-Bretanha, responsável pela censura prévia de textos teatrais, onde os cargos de examinador e vice-examinador de peças teatrais existiam desde 1738). A grande exceção dessa regra, é claro, era a Igreja Católica.

Desde o Primeiro Concílio do Vaticano, em 1870, organizado sob a influência e os auspícios do papa Pio IX, reconhecidamente reacionário, a Igreja Católica assumira uma visão abrangente e decididamente dogmática de suas responsabilidades enquanto guardiã moral do "rebanho". Precisamente por estar sendo expulso da posição de poder político pelo Estado moderno, o Vaticano passou a fazer exigências implacáveis aos seus seguidores. Na verdade, o longo e — em retrospecto — controverso papado de Eugenio Pacelli, o papa Pio XII (1939-1958), não apenas manteve as pretensões espirituais da Igreja oficial como também a trouxe de volta à política.

Declaradamente do lado da reação política, desde as ligações próximas entre o Vaticano e Mussolini e da resposta ambivalente ao nazismo, até o entusiasmo expresso a favor de ditadores católicos na Espanha e em Portugal, o papado de Pacelli seguiu linhas rígidas também na política interna das democracias. Especialmente na Itália, os católicos eram esclarecidos a respeito da inadequação espiritual (ou pior) de votar contra os democratas cristãos; e mesmo na Bélgica e na Holanda, países relativamente liberais, a hierarquia católica local tinha instruções para direcionar o voto católico para os partidos católicos, exclusivamente. Somente em 1967, nove anos após o falecimento de Pio XII, um bispo holandês ousou sugerir, em público, que os holandeses católicos podiam votar num partido não-católico sem correr o risco de ser excomungados.

Dadas as circunstâncias, não deve surpreender o fato de a hierarquia católica no pós-guerra ter assumido uma postura igualmente implacável diante de questões relacionadas à família, à conduta moral e aos livros e filmes considerados impróprios. No entanto, jovens católicos leigos, bem como uma nova geração de sacerdotes, reconheciam, constrangidos, que no final dos anos 50 a rigidez autoritária do Vaticano em assuntos públicos e privados era tão antiquada quanto imprudente. No passado, em 1900, a maioria dos casamentos na Itália durava cerca de vinte anos, uniões que só eram dissolvidas em conseqüência da morte de um dos cônjuges. Por volta de 1975, os casamentos duravam mais de 35 anos, e a reivindicação do direito ao divórcio crescia continuamente.

Nesse ínterim, o *baby-boom* ocorrido no pós-guerra solapou os argumentos contrários ao controle da natalidade, isolando as autoridades eclesiásticas em sua oposição inflexível. A freqüência à missa declinou por toda a Europa. Quaisquer que fossem as razões — a mobilidade geográfica e social de aldeãos até então submissos, a emancipação política das mulheres, a redução da importância de instituições de caridade católicas e escolas paroquiais na era do Estado previdenciário —, o problema era real e, na visão dos líderes católicos mais discernentes, já não podia ser tratado por meio de apelos à tradição e à autoridade, nem suprimido através de clamores anticomunistas, conforme fora o caso no final dos anos 40.

Com a morte de Pacelli, seu sucessor, o papa João XXIII, convocou novo Concílio do Vaticano, com o propósito de lidar com essas dificuldades e atualizar as atitudes e práticas da Igreja. O Concílio Vaticano Segundo, conforme o encontro ficou conhecido, reuniu-se em 11 de outubro de 1962. Nos trabalhos desenvolvidos ao longo dos anos seguintes, o Concílio transformaria não apenas a liturgia e a linguagem da cristandade católica (literalmente; o latim não mais seria utilizado nas práticas cotidianas da Igreja, para a indignação de uma minoria tradicionalista), como também, e mais importante, a resposta da Igreja aos dilemas da vida moderna. Os pronunciamentos do Concílio Vaticano Segundo deixaram claro que a Igreja já não temia mudanças nem desafios, não era opositora da democracia liberal, das economias mistas, da ciência moderna, do pensamento racional, nem da política mundana. Foram dados os primeiros passos — ainda hesitantes — rumo à reconciliação com outras denominações cristãs e foi expresso algum (não muito) reconhecimento da responsabilidade da Igreja no incentivo ao anti-semitismo, por meio da revisão do antigo relato acerca da responsabilidade dos judeus pela morte de Jesus. Acima de tudo, a Igreja Católica não mais apoiaria regimes autoritários — antes disso: na Ásia, África e especialmente na América Latina, a Igreja mostrava-se propensa a ficar do lado dos opositores desses regimes.

As mudanças não foram acolhidas universalmente, nem mesmo entre os reformistas da própria Igreja Católica — um dos delegados o Vaticano Segundo, um jovem sacerdote de Cracóvia, mais tarde chegaria ao papado e se incumbiria de restaurar a autoridade moral e a influência de uma rígida hierarquia católica. Tampouco conseguiu o Vaticano Segundo reverter a tendência ao declínio da prática religiosa entre os católicos europeus: mesmo na Itália, a freqüência à missa caiu de 69% (em relação ao total de católicos), em 1956, para 48%, 12 anos depois. Porém, visto que o declínio da religião na Europa não se restringiu, absolutamente, ao catolicismo, tal tendência escapava ao controle da Igreja. O que o Vaticano Segundo concretizou — ou, ao menos, facilitou e autorizou — foi o divórcio definitivo entre política e religião na Europa continental.

Depois da morte de Pio XII, papa nenhum, e quase bispo nenhum, voltou a fazer sérias ameaças aos católicos, caso não votassem "corretamente"; e a antiga ligação entre hierarquia eclesiástica e partidos católicos ou democratas cristãos na Holanda, Bélgica, Alemanha Ocidental, Áustria e Itália foi rompida.[8] Mesmo na Espanha de Franco, onde a hierarquia católica desfrutava de privilégios e poderes especiais, o Vaticano Segundo introduziu mudanças drásticas. Até meados dos anos 60, o líder espanhol proibia qualquer demonstração de crença ou prática não-católica. Todavia, em 1966, ele se viu obrigado a aprovar uma lei permitindo

[8] Com o fim da política clerical, o anticlericalismo político perdeu o sentido — acabando com um ciclo de rixas e obsessões que perdurava havia quase dois séculos.

a subsistência de outras Igrejas cristãs, embora ainda privilegiasse o catolicismo; quatro anos depois, foi autorizada a liberdade de credo (cristão). Ao conseguir influenciar a decisão a favor dessa separação entre Igreja Católica e Estado na Espanha, e assim distanciando a Igreja do regime enquanto Franco ainda vivia, o Vaticano poupou a Igreja espanhola de ao menos algumas das conseqüências de sua longa e conturbada associação com o *ancien regime.*

Essa *rupture culturelle* (conforme o fenômeno ficou conhecido na Bélgica e em outros países) entre religião e política, entre a Igreja Católica e seu passado recente, desempenhou papel crucial na construção dos "anos 60". Evidentemente, a disposição reformista do Vaticano tinha limites — para muitos delegados, o impulso estratégico por trás do Vaticano Segundo não era acolher mudanças radicais, mas detê-las. Quando, alguns anos mais tarde, em países predominantemente católicos como a Itália, França ou Alemanha Ocidental, os direitos ao aborto e à liberalização do divórcio foram decididos no voto, as autoridades eclesiásticas fizeram oposição vigorosa (embora em vão). Mas nem mesmo nesses assuntos delicados a Igreja foi às últimas conseqüências, e a oposição eclesiástica já não ameaçava fragmentar a comunidade. Numa sociedade que caminhava para uma condição "pós-religiosa", a Igreja aceitou sua posição menos influente e tentou dela se valer o melhor possível.[9]

Em sociedades não-católicas — quer dizer, na Escandinávia, no Reino Unido, em certas áreas da Holanda e entre uma minoria de falantes de língua alemã no Oeste Europeu —, a liberação dos indivíduos em relação à autoridade moral foi, necessariamente, mais difusa, porém ainda mais significativa, quando veio a ocorrer. A transição foi mais impressionante na Grã-Bretanha. Até o final da década de 1950, os cidadãos britânicos ainda eram proibidos de praticar jogos de azar, de ler ou ver qualquer material que as autoridades considerassem "obsceno" ou politicamente delicado, de defender (muito menos praticar) atos homossexuais, de provocar aborto em si mesmo ou praticá-lo em terceiros, de obter o divórcio, sem com isso enfrentar grandes contratempos ou humilhação pública. E se cometessem assassinato, ou determinados crimes graves, poderiam ser enforcados.

Então, a partir de 1959, o emaranhado das convenções sociais começou a se desfazer. Depois da Lei sobre Publicações Obscenas, aprovada naquele ano, uma obra não-censurada de literatura adulta estaria protegida contra acusações de "obscenidade", se a publicação fosse considerada "do interesse da ciência, da literatura, da arte ou do saber". Desde então, editoras e autores puderam se defender nos tribunais, alegando o valor do trabalho como um todo, e recorrer a opiniões de "peritos" para compor a sua defesa. Em outubro de 1960, ocorreu o célebre caso do livro *O Amante de Lady Chatterley*, em que a editora Penguin foi processada por publicar na Grã-Bretanha a primeira versão não-expurgada do extraordinário romance de D. H. Lawrence. O caso Chatterley suscitou interesse especial dos britânicos, por causa dos trechos até então ilícitos e agora revelados, mas também graças ao erotismo entre classes sociais que embasa a notoriedade da história. Ao ser indagado pela promotoria se permitiria que "sua esposa ou sua criada" lesse o romance, um depoente respondeu que essa questão não o preocupava de jeito nenhum: mas que nunca deixaria o livro nas mãos do jardineiro.

---

[9] Na Irlanda, entretanto, a autoridade da Igreja e seu envolvimento no cotidiano político se mantiveram durante muito mais tempo — ainda nos anos 90.

A editora Penguin foi absolvida da acusação de obscenidade, após arrolar 35 peritos em sua defesa, e a absolvição marcou o início do declínio da autoridade moral no establishment britânico. Naquele mesmo ano, os jogos de azar foram legalizados no Reino Unido. Quatro anos depois, a pena de morte foi abolida pelo novo governo trabalhista e, sob a liderança de Roy Jenkins, notável como ministro do Interior por sua capacidade de empreender reformas, o Partido Trabalhista supervisionou a introdução de clínicas de planejamento familiar subsidiadas pelo Estado, a revisão da lei a respeito do homossexualismo, a legalização do aborto (esta em 1967) e a abolição da censura teatral (no ano seguinte). Em 1969, surgiu a Lei do Divórcio, que, antes de precipitar uma transformação radical na instituição do casamento, revelou a extensão dessa mesma transformação: enquanto um ano antes do começo da Segunda Guerra Mundial registrou-se na Inglaterra e no País de Gales apenas um divórcio para cada 58 casamentos, quarenta anos depois a proporção era quase de um para três.

As reformas liberais e liberalizantes que ocorreram na Grã-Bretanha nos anos 60 foram imitadas por todo o noroeste da Europa, embora com diferentes graus de atraso. Na Alemanha Ocidental, o governo de coalizão liderado pelos socialdemocratas, sob o comando de Willy Brandt, introduziu mudanças internas semelhantes, durante os anos 60 e 70, nesse caso, retardadas menos por leis ou precedentes do que pela resistência dos parceiros da coalizão — especialmente os integrantes do Partido Democrático Livre, economicamente liberais, mas socialmente conservadores. Na França, a extinção da pena de morte teve de esperar a chegada dos socialistas ao poder, em 1981, sob a liderança de François Mitterrand; mas, na França — assim como na Itália —, as leis relativas ao aborto e ao divórcio foram revistas já no início dos anos 70. De modo geral, à exceção da Grã-Bretanha e da Escandinávia, os liberais "anos 60" só chegaram à Europa na década de 1970. Depois do advento das alterações na legislação, entretanto, as conseqüências sociais fluíram rapidamente: o número de divórcios na Bélgica, França e Holanda triplicou entre 1970 e 1985.

A diminuição da importância das autoridades públicas em questões de moralidade e relações pessoais, absolutamente, não traduzia qualquer declínio do papel do Estado nos assuntos culturais da nação. Ao contrário. O amplo consenso existente no Oeste Europeu à época determinava que somente o Estado contava com recursos para atender às necessidades culturais dos cidadãos: quando sozinhos, indivíduos e comunidades careceriam tanto de meios quanto de iniciativa. Era responsabilidade de uma autoridade pública bem administrada prover sustento cultural, tanto quanto alimentação, moradia e emprego. Nessas questões, socialdemocratas e democratas cristãos pensavam de maneira idêntica, e os dois grupos eram herdeiros dos grandes reformistas da era vitoriana, embora dispusessem de muito mais recursos a oferecer. A revolução estética dos anos 60 mudou pouca coisa nesse particular: a nova (contra) cultura requisitava e obtinha o mesmo apoio que a antiga.

E os anos 50 e 60 foram a grande era do apoio cultural. Em 1947, o governo trabalhista britânico havia acrescentado 6 centavos aos impostos municipais a fim de custear iniciativas artísticas — teatros, sociedades filarmônicas, óperas regionais etc., um prelúdio do Conselho das Artes, que nos anos 60 espalhou generosidade pública por uma gama sem precedentes de festivais e instituições locais e nacionais, além de fomentar a educação artística. A Quarta República francesa, em aperto financeiro, foi menos pródiga, a não ser no caso de instituições da alta cultura, tradicionais e prestigiosas — museus, a Ópera de Paris, a Comédie Française — e de estações de rádio e tevê monopolizadas pelo Estado. Porém, depois que De Gaulle voltou ao poder e nomeou André Malraux seu ministro da Cultura, a situação na França se transformou.

O Estado francês, havia muito tempo, atuava como mecenas. Mas Malraux concebia a sua função de um modo completamente novo. Tradicionalmente, o poder e os cofres da Corte real e dos republicanos que a sucederam tinham sido empregados com o objetivo de trazer artistas e arte a Paris (ou Versalhes), o que fazia "secar as fontes" do restante do país. Agora o governo utilizaria fundos para fixar artistas e arte nas províncias. Museus, galerias de arte, festivais e teatros começaram a brotar por todo o interior da França. A iniciativa mais famosa, o Festival de Verão de Avignon, sob a direção de Jean Vilar, teve início em 1947 e decolou nos anos 50 e 60, quando as produções de Vilar desempenharam grande papel na transformação e renovação do teatro francês. Muitos dos atores e das atrizes mais célebres da França — Jeanne Moreau, Maria Casarès, Gérard Philipe — trabalharam em Avignon. Foi ali, bem como em locais improváveis como Saint-Étienne, Toulouse, Rennes ou Colmar, que teve início a renascença artística francesa.

O incentivo dado por Malraux à vida cultural da província, evidentemente, dependia de iniciativa centralizada. O projeto do próprio Vilar era parisiense, em termos dos objetivos iconoclastas: o objetivo não era tanto levar cultura às diferentes regiões, mas romper as convenções do teatro comercial — "devolver a vida ao teatro, à arte coletiva [...] ajudar o teatro a voltar a respirar livremente, liberto dos porões e das salas de visitas: reconciliar arquitetura e poesia dramática" —, algo que podia ser realizado com mais facilidade longe de Paris, mas com recursos do governo central e apoio ministerial. Em contrapartida, num país genuinamente descentralizado como a República Federal da Alemanha, a cultura e as artes eram fruto direto de política local e interesse regional.

Na Alemanha, assim como em outras áreas do Oeste Europeu, os gastos públicos com as artes cresceram sensivelmente nas décadas do pós-guerra. Mas, uma vez que, na Alemanha Ocidental, as questões culturais e educacionais ficavam sujeitas à autoridade das *Länder*, havia uma duplicação de esforços. Toda *Land* e as cidades mais importantes possuíam companhias de ópera, orquestras e salas de concerto, companhias de dança, teatro subsidiado e grupos de arte. Segundo uma estimativa, na ocasião da unificação havia, na Alemanha Ocidental, 225 teatros regionais, cujos orçamentos contavam com subsídios que variavam de 50% a 70%, fosse com fundos cedidos pela *Land* ou pela cidade. Assim como ocorria na França, o sistema tinha raízes no passado — no caso da Alemanha, remontando aos microprincipados, ducados e feudos eclesiásticos, muitos dos quais mantinham na corte músicos e artistas a quem encomendavam obras regularmente.

Os benefícios foram consideráveis. A despeito da insegurança cultural da Alemanha pós-nazista, as instituições culturais do país, generosamente financiadas, tornaram-se uma Meca para artistas de todos os tipos. O Balé de Stuttgart, a Orquestra Sinfônica de Berlim, a Ópera de Colônia e dezenas de instituições menores — o Teatro Nacional de Mannheim, o Staatstheater de Wiesbaden etc. — ofereciam trabalho permanente (bem como auxílio-desemprego, seguro-saúde e sistema de pensão) a milhares de bailarinos, músicos, atores, coreógrafos, técnicos em artes cênicas e pessoal de escritório. Especialmente entre os músicos e dançarinos, muitos vinham do exterior, inclusive dos EUA. Esses artistas, tanto quanto o público local (que pagava ingressos a preços subsidiados para vê-los e ouvi-los), beneficiaram-se imensamente da intensa cena cultural européia.

Assim como os anos 60, em muitos lugares, na realidade, só "aconteceram" no início dos anos 70, os anos 50, estereotipados como acomodados, enfadonhos, infecundos e estagnados, eram em grande medida um mito. Em *Odeio essa mulher*, John Osborne faz Jimmy Porter achincalhar o embuste da prosperidade e da autocomplacência no pós-guerra; e não resta dúvida de que o verniz do conformismo cortês, que só foi deixado de lado no final da década, era algo extremamente frustrante para muitos observadores, especialmente os jovens.[10] Mas, na realidade, nos anos 50 houve muito trabalho original — no teatro, na literatura e especialmente no cinema, um trabalho de interesse mais duradouro do que o que viria a seguir. O que a Europa Ocidental perdera em poder e prestígio político, ela agora compensava com as artes. Com efeito, o final da década de 1950 foi uma espécie de veranico das artes da "cultura erudita" na Europa. As circunstâncias eram singularmente propícias: a "qualidade européia" (só em décadas futuras as aspas haveriam de adquirir um sentido irônico e depreciativo) começava a ser garantida através de financiamento público em larga escala, e ainda não tinha sido exposta a reivindicações populistas a favor de "acessibilidade", "responsabilidade" ou "relevância".

Com a estréia de *Esperando Godot*, de Samuel Beckett, no Théâtre de Babylone, em Paris, em março de 1953, o teatro europeu ingressou na era de ouro do modernismo. Do outro lado do canal da Mancha, em Londres, a English Stage Company, no Royal Court Theatre, adotou Beckett e o alemão oriental Bertolt Brecht, além de encenar trabalhos de John Osborne, Harold Pinter e Arnold Wesker, cujas peças combinavam minimalismo estilístico e altivez estética, utilizando uma técnica muitas vezes difícil de ser situada no espectro político convencional. Até o teatro comercial britânico se tornou mais ousado. No final dos anos 50, uma geração inigualável de cavaleiros do teatro inglês — Olivier, Gielgud, Richardson, Redgrave, Guinness — foi reforçada por jovens atores recém-saídos da universidade (a maioria de Cambridge) e por um grupo notável de diretores e produtores progressistas, inclusive Peter Brook, Peter Hall e Jonathan Miller.

Proposto pela primeira vez em 1946, o National Theatre da Grã-Bretanha foi instituído formalmente em 1962, tendo Laurence Olivier no cargo de diretor-fundador e o crítico teatral Kenneth Tynan na função de conselheiro e assistente; no entanto, a sede permanente do teatro, na região de South Bank, em Londres, só seria inaugurada em 1976. Ao lado da Royal Shakespeare Company, o National Theatre — que se tornaria o principal patrocinador e centro do novo teatro britânico — foi um dos grandes beneficiários da generosidade do Conselho das Artes. Isso não quer dizer, vale observar, que o teatro tenha se tornado

[10] Num rasgo característico, Osborne descreve a realeza britânica como "restauração em ouro numa boca toda deteriorada".

uma modalidade de entretenimento mais *popular*. Ao contrário: desde o declínio do teatro de variedades, o teatro se tornara território da classe média — mesmo quando o tema era declaradamente proletário. Os autores podiam até escrever sobre a vida da classe operária, mas era a classe média que ia ao teatro assistir às peças.

Assim como Beckett e seu trabalho migraram prontamente para a Grã-Bretanha, o teatro britânico e suas figuras proeminentes trabalhavam, com satisfação, no exterior; depois de construir uma reputação com produções londrinas de Shakespeare (principalmente com uma célebre montagem de *Sonho de uma Noite de Verão*), Peter Brook se estabeleceria em Paris, cruzando, com desembaraço, fronteiras estéticas e lingüísticas. No início dos anos 60, tornava-se possível falar de um teatro "europeu", ou ao menos de um teatro cujo material se constituía de temas europeus contemporâneos e controversos. A peça *O Vigário*, de Rolf Hochhuth, encenada pela primeira vez na Alemanha, em 1963, e pouco tempo depois na Grã-Bretanha, atacava o papa Pio XII por não ter auxiliado os judeus durante a guerra; mas em seu trabalho seguinte, *Os Soldados* (1967), Hochhuth voltou-se contra Winston Churchill, em decorrência do bombardeio das cidades alemãs na guerra, e a peça foi, inicialmente, proibida no Reino Unido.

Foi também nos anos 50 que as artes européias se viram tomadas por uma "nova onda" de escritores e diretores de cinema cujo rompimento com as convenções da narrativa e cuja atenção ao sexo, à juventude, à política e à alienação anteciparam muito do que a geração dos anos 60 viria a considerar realizações suas. Os romances mais influentes produzidos no Oeste Europeu na década de 1950 — *O Conformista* (1951), de Alberto Moravia; *A Queda*, publicado pela primeira vez em 1956, de Albert Camus; ou *O Tambor*, de Günter Grass (1959) — eram, sob vários aspectos, mais originais e certamente mais audaciosos do que qualquer ficção surgida mais tarde. Até mesmo *Bom dia, Tristeza* (1953), de Françoise Sagan, ou *O outsider* (1956), de Colin Wilson, relatos narcisistas de auto-reflexão pós-adolescente (no caso de Wilson, colorido com claros indícios de uma misantropia autoritária), eram originais à época. Escritos quando os autores tinham, respectivamente, 18 e 24 anos de idade, os temas dos livros — e o sucesso obtido — antecederam em uma década a "revolução da juventude" ocorrida nos anos 60.

Não obstante o declínio da freqüência ao cinema aqui anteriormente observado, foi ao longo da segunda metade da década de 1950 e no princípio da década de 1960 que os filmes europeus adquiriram uma reputação duradoura por sua qualidade artística e originalidade. Com efeito, provavelmente, havia uma conexão entre as duas tendências, pois o cinema na Europa Ocidental ascendeu (ou declinou), deixando a condição de divertimento popular e passando a integrar a cultura erudita. É certo que a renascença do cinema europeu não foi impulsionada pela procura do público — se dependesse das platéias, o cinema francês teria ficado restrito aos "excelentes" dramas de época rodados no início dos anos 50, as salas de cinema alemãs teriam continuado a exibir filmes românticos (*Heimat*) ambientados na Floresta Negra e o público britânico teria sobrevivido à custa de uma dieta à base de filmes de guerra e comédias insinuantes e leves. De qualquer maneira, o grande público europeu continuava a demonstrar franca preferência pelos filmes populares norte-americanos.

Ironicamente, foi essa admiração pelos filmes de Hollywood, em especial pelo sombrio e despojado *film noir* do final da década de 1940, que instigou uma revolução num novo contingente de *cinéastes* franceses. Cansados dos clichês temáticos e cenários "barrocos" utilizados pela geração anterior, um grupo de jovens franceses — a quem o crítico francês Pierre Billard, em 1958, chamou de *Nouvelle Vague* — partiu para reinventar a cinematografia na França: primeiramente, em teoria, depois, na prática. O aspecto teórico — esboçado no novo periódico *Cahiers du Cinéma*, centrava-se na noção do diretor enquanto *auteur*; o que esses críticos admiravam em Alfred Hitchcock ou Howard Hawks, por exemplo, ou no trabalho dos neo-realistas italianos, era a sua "autonomia" — o modo como esses diretores conseguiam "assinar" seus filmes, mesmo quando trabalhavam para determinados estúdios. Pela mesma razão, tais críticos defendiam — embora mais tarde viessem a negligenciar — os filmes de uma geração passada de diretores franceses, principalmente Jean Vigo e Jean Renoir.

Embora tudo isso sugerisse bom gosto, a penumbra teórica que envolvia o movimento despertava pouco interesse — sendo, muitas vezes, incompreensível — além de um círculo bastante restrito. Mas a prática, nas mãos de Louis Malle, Jean-Luc Godard, Claude Chabrol, Jacques Rivette, Eric Rohmer, Agnès Varda e, acima de tudo, François Truffaut, mudou a configuração do cinema. Entre 1958 e 1965, os estúdios franceses produziram um *corpus* impressionante de trabalho. Malle dirigiu *Ascensor para o Cadafalso* e *Os Amantes*, ambos em 1958, *Zazie no Metrô* (1960), *Vida Privada* (1961) e *Trinta Anos Esta Noite* (1963). Godard dirigiu *Acossado* (1960), *Uma Mulher é uma Mulher* (1961), *Viver a Vida* (1962), *Bande à Part* (1964) e *Alphaville* (1965). A obra de Chabrol nesses mesmos anos inclui *Nas Garras do Vício* (1958), *Quem Matou Leda?* (1959), *Entre Amigas* (1960) e *L'Oeil du Malin* (1962).

O fato mais interessante no trabalho de Rivette surgiu um pouco depois. A exemplo de Agnès Varda, conhecida naqueles anos por *Cléo de 5 a 7* (1961) e *As Duas Faces da Felicidade* (1965), Rivette era por vezes autocomplacente, o que jamais acontecia com Eric Rohmer, o mais velho do grupo, que mais tarde se tornaria conhecido internacionalmente por seus "contos morais", entre os quais os dois primeiros, *A Padeira de Monceau* e *A Carreira de Suzanne*, foram filmados em 1963. Mas foi o incomparável François Truffaut que haveria de encarnar o estilo e o impacto da *Nouvelle Vague*. Famoso, principalmente, por uma série de filmes estrelando Jean-Pierre Léaud no papel de Antoine Doinel ("herói" autobiográfico) — particularmente, *Os Incompreendidos* (1959), *O Amor aos Vinte Anos* (1962) e *Beijos Proibidos* (1968) —, Truffaut não foi apenas o principal teórico da revolução do cinema francês, mas também, sem sombra de dúvida, o praticante mais bem-sucedido. Muitos dos seus filmes — *Jules e Jim* (1962), *Um Só Pecado* (1964), *Fahrenheit 451* (1966) ou *O Último Metrô* (1980) — são clássicos da arte.

Um dos pontos fortes dos melhores diretores da *Nouvelle Vague* foi o fato de que, embora sempre vissem seu trabalho como um posicionamento intelectual, e não mero divertimento (os autores que publicavam artigos nos *Cahiers du Cinéma* reconheciam, freqüentemente, seu débito ao que ainda era chamado de "existencialismo"), os filmes também entretinham (ao contrário do que mais tarde se diria a respeito do trabalho de Godard e Rivette, ninguém dizia que assistir aos filmes de Truffaut ou Malle era monótono como ver tinta secar). E tal combinação de seriedade intelectual e acessibilidade visual é que foi tão importante para os seguidores estrangeiros. Conforme indica a reação ao filme *Hiroshima Meu Amor* (1959), de Alain Resnais, o cinema francês tornou-se o veículo predileto para o debate moral internacional.

Por conseguinte, quando, em 1962, um grupo de 26 jovens diretores de cinema alemães reuniu-se em Oberhausen para anunciar "o colapso do cinema alemão convencional" e declarar a intenção de "criar o novo longa-metragem alemão [...], livre das convenções da indústria estabelecida e do controle de determinados grupos de interesse", a influência francesa foi abertamente reconhecida. Assim como Jean-Luc Godard havia celebrado Ingmar Bergman num ensaio famoso — "Bergmanorama" — publicado nos *Cahiers du Cinéma* em 1957, em que Godard afirmava que o *auteur* sueco era "o cineasta mais original da Europa", Edgar Reitz e seus colegas, na Alemanha, a exemplo de jovens diretores em toda a Europa Ocidental e na América Latina, seguiam os passos de Godard e de seus amigos.[11]

O que Truffaut, Godard e seus colegas admiravam nos filmes americanos, em preto-e-banco, da sua juventude era a ausência de "artifício". O que os observadores norte-americanos (e de outras nacionalidades) invejavam nas "variações" que os diretores *franceses* faziam do realismo americano era a sutileza e a sofisticação intelectual: a habilidade tipicamente francesa de conferir a pequenas trocas humanas um significado cultural inspirador. Em *Minha Noite com Ela* (1969), filme de Eric Rohmer, Jean-Louis, um matemático provinciano encarnado por Jean-Louis Trintignant, em conseqüência de uma tempestade de neve, passa a noite no sofá, na casa de Maud (Françoise Fabian), a namorada inteligente e sedutora de um amigo. Sendo católico, Jean-Louis sofre com as implicações éticas da situação e com o dilema de ter ou não dormido com a anfitriã, detendo-se, de quando em vez, para trocar reflexões de natureza moral com um colega comunista. Nada acontece, e ele vai para casa.

É difícil imaginar um diretor americano ou inglês fazendo um filme desses, muito menos conseguindo que a película fosse distribuída. Mas, para uma nova geração de intelectuais euro-americanos, o filme de Rohmer captava tudo o que havia de sofisticado, decadente, mordaz, alusivo, amadurecido e europeu no cinema francês. Os filmes italianos daquela época, embora distribuídos amplamente no exterior, não causavam o mesmo impacto. Os produtos mais bem-sucedidos dependiam excessivamente da nova imagem da Itália e dos italianos como ricos e "sexy" — imagem esta freqüentemente construída a partir dos dotes físicos de Sophia Loren ou dos papéis cômicos, de libertino desiludido, entregues a Marcello Mastroianni: por exemplo, *Divórcio à Italiana* (1961) ou *Matrimônio à Italiana* (1964).

Mastroianni desempenhara pela primeira vez tal papel, embora numa nota bem mais sombria, em *A Doce Vida* (1960), de Federico Fellini. O próprio Fellini tinha seguidores leais em muitos dos mesmos círculos de Truffaut e Godard, sobretudo após o surgimento de *8 $\frac{1}{2}$* (1963) e *Julieta dos Espíritos* (1965). Uma geração anterior de diretores italianos talentosos ainda não saíra de cena — Vittorio de Sica dirigiu *O Condenado de Altona* (1962), baseado na peça de Sartre, co-dirigiu *Boccaccio* (1962) com Fellini e dirigiria *O Jardim dos Finzi-Contini*, no final da década —, mas o trabalho desses diretores jamais recapturou o impacto político e estético dos grandes filmes neo-realistas da década de 1940 aos quais De Sica, mais do que qualquer outro, ficaria para sempre associado. Diretores como Michelangelo Antonioni foram mais influentes. Em *A Aventura* (1960), *O Eclipse* (1962) e *O Dilema de Uma Vida* (1964),

---

[11] Godard, especialmente, tinha um gosto bastante eclético. Consta que tenha ficado "fascinado" pelo filme *Johnny Guitar* (1954), de Nicholas Ray, estrelando Joan Crawford.

todos estrelados por Monica Vitti, a cinematografia dura de Antonioni e os seus personagens sórdidos, cínicos, desiludidos antecederam o mundo inamistoso e distante da arte dos anos 60, bem captado pelo próprio Antonioni em *Blow Up* (1966).

O cinema italiano não tinha o apelo intelectual dos filmes franceses (ou suecos), mas esbanjavam *estilo*. Era esse estilo europeu — um equilíbrio variado de autoconfiança artística, pretensão intelectual e culto à perspicácia — que, na percepção dos observadores internacionais (em particular os norte-americanos), diferenciava a cena européia continental. No final da década de 1950, a Europa Ocidental não havia apenas se recuperado da Depressão e da guerra, mas voltara a ser um ímã para intelectuais arrojados. Nova York tinha o dinheiro e, talvez, a arte moderna. Mas, inclusive no entendimento de muitos cidadãos americanos, a América do Norte ainda parecia incipiente. Até certo ponto, o atrativo de John F. Kennedy, enquanto candidato à presidência, era o cosmopolitismo do círculo dos Kennedy em Washington: era "Camelot". E, por seu turno, "Camelot" devia muito aos antecedentes europeus e ao estilo pessoal da esposa do presidente.

Se Jacqueline Kennedy importou o estilo europeu para a Casa Branca, o fato não deve surpreender. No final dos anos 50 e nos anos 60, o "design" europeu avançou mais do que nunca, tornando-se chancela de qualidade e condição social. Um rótulo europeu — vinculado a uma mercadoria, uma idéia ou uma pessoa — garantia distinção e, portanto, representava um valor agregado. Isso era, na verdade, algo bastante recente. Por certo, havia muito tempo que "*articles des Paris*" faziam parte do comércio de itens de luxo, remontando, pelo menos, ao final do século XVIII; e relógios suíços eram valorizados havia muitas décadas. Mas a noção de que carros fabricados na Alemanha eram, por esse motivo, superiores — ou que roupas criadas por estilistas italianos, chocolates belgas, utensílios de cozinha franceses ou móveis dinamarqueses eram inquestionavelmente melhores —, teria parecido bastante estranha à geração anterior.

Na verdade, era a indústria inglesa que até recentemente gozava de tal reputação, herança da supremacia industrial britânica no século XIX. Utensílios domésticos, veículos, ferramentas e armas de fabricação britânica eram, de longa data, itens extremamente valorizados no mercado internacional. Porém, no decorrer dos anos 30 e 40, os produtores britânicos conseguiram debilitar a sua própria posição a tal ponto, e em quase todas as mercadorias (exceto roupas masculinas), que nos anos 60 a única fatia que restava para o comércio varejista da Grã-Bretanha era a moda de vanguarda (de baixa qualidade) — mercado que os britânicos haveriam de explorar implacavelmente na década seguinte.

Notável no estilo do comércio europeu era a segmentação por produto e por país. Os carros italianos — Fiat, Alfa Romeo, Lancia — eram reconhecidamente medíocres e nada confiáveis; no entanto, a reputação precária desses carros não causava danos visíveis ao status elevado da Itália em outros mercados, por exemplo, dos artigos de couro, da alta-costura e até, num setor menos comentado, das máquinas domésticas.[12] A procura internacional

[12] É certo que os italianos sabiam projetar carros, conforme qualquer entusiasta do automobilismo poderá confirmar. Foi na Itália que os projetistas removeram dos carros compactos, pela primeira vez, pára-lamas, estribos e outras excrescências — assim como os alfaiates milaneses, naqueles mesmos anos, eliminaram as bainhas viradas e criaram as linhas elegantes, simples, e o corte do terno italiano moderno. O que os fabricantes de carros italianos pareciam incapazes de fazer era *construir* (de maneira consistente) os carros que os projetistas imaginavam.

por roupas ou gêneros alimentícios alemães era quase inexistente, o que era justificável. No entanto, já em 1965, qualquer produto fabricado por um torno alemão ou projetado por engenheiros falantes de língua alemã era vendido em salões de exposição britânicos ou norte-americanos pelo preço que fosse. Somente a Escandinávia tinha conquistado reputação de qualidade numa eclética faixa de produtos, mas mesmo nesse caso o mercado oscilava bastante. Estrangeiros abastados enchiam seus lares com mobiliário sueco ou dinamarquês em alto estilo — ainda que os móveis fossem um pouco frágeis — porque a mobília era "moderna". Mas esse mesmo consumidor era atraído por carros Volvo, suecos, apesar da *falta* de estilo desses veículos, precisamente porque pareciam indestrutíveis. Contudo, as duas qualidades — "estilo" e "valor" — estavam agora inextricavelmente identificadas com "Europa", muitas vezes em contraste com a América do Norte.

Paris continuava sendo a capital da alta-costura feminina. Mas a Itália, livre do racionamento de tecidos (ao contrário da França e da Grã-Bretanha) e contando com mão-de-obra de baixo custo, despontou como séria concorrente, já em 1952, quando o Primeiro Festival Internacional de Moda Masculina foi realizado em San Remo. Por mais inovadora que fosse, a *haute couture* francesa — de Christian Dior a Yves St. Laurent — era socialmente convencional: ainda no fim dos anos 60, editores e colunistas de revistas na França e em outros países não apenas usavam chapéu e luvas nos desfiles de moda anuais, mas também no local de trabalho. Enquanto as mulheres da classe média seguiram as dicas de moda oferecidas por um punhado de estilistas e *maisons* franceses, o status (e os lucros) das *maisons* continuou garantido. Mas no início dos anos 60 as mulheres européias — e os homens também — já não usavam chapéus, casacos ou trajes de festa rotineiramente. O mercado de confecção em massa prestava atenção tanto às camadas sociais inferiores quanto às superiores. A reputação da Europa, de ser a capital do estilo e da elegância, estava consolidada, mas o futuro dependeria de modismos mais ecléticos, muitos deles versões européias de protótipos americanos ou até asiáticos, modismos nos quais os italianos se mostraram especialmente aptos. Na moda e nas idéias, Paris dominava a cena européia e continuaria a fazê-lo por algum tempo. Mas o futuro estava em outro lugar.

Por ocasião do Congresso pela Liberdade Cultural, realizado em Milão em março de 1955, Raymond Aron propôs como tópico de debate "O Fim da Era Ideológica". À época, algumas pessoas na platéia consideraram a sugestão um tanto prematura — afinal, por toda a Cortina de Ferro, e não apenas na Cortina de Ferro, a ideologia parecia estar viva e saudável. Mas Aron tinha razão. O Estado europeu ocidental, conforme surgido naqueles anos, distanciava-se cada vez mais de qualquer projeto doutrinário; e, conforme já foi visto, o advento do Estado previdenciário havia neutralizado antigas animosidades políticas. Mais do que nunca, as pessoas demonstravam interesse direto pela política e pelos gastos do Estado, mas já não se atracavam para decidir quem deveria controlá-lo. Os europeus ocidentais pareciam ter chegado mais cedo do que o previsto às "colinas vastas e ensolaradas" (Churchill) da prosperidade e da paz, onde política cedia espaço a governo, e governo, cada vez mais, se restringia a administração.

Todavia, a conseqüência previsível do "Estado-babá", mesmo em sua versão pós-ideológica, foi que, sob a ótica de qualquer pessoa que houvesse crescido sem vivenciar outra realidade, era dever do Estado cumprir a promessa de construir uma sociedade cada vez melhor — e, por conseguinte, era falha do Estado quando as coisas não davam certo. A aparente rotinização da entrega dos interesses públicos em mãos de uma casta complacente não conseguiu garantir a apatia do povo. Nesse particular, ao menos, o prognóstico de Aron errou o alvo. Portanto, a geração que atingiu a maioridade no paraíso socialdemocrata sonhado pelos seus pais agora se irritava e se ressentia das limitações desse mesmo paraíso. Um sintoma desse paradoxo (com significativos efeitos posteriores) pode ser visto, literalmente, numa área de planejamento e obras públicas em que o Estado progressista dos dois lados da linha divisória da Guerra Fria mostrava-se mais ativo do que nunca.

A combinação de crescimento demográfico e urbanização acelerada ocorrida no pós-guerra impôs exigências inusitadas aos planejadores urbanos. No Leste Europeu, onde, no fim da guerra, muitos centros urbanos haviam sido destruídos ou abandonados, 20 milhões de pessoas se transferiram do campo para vilarejos e cidades, nas duas primeiras décadas do pós-guerra. Na Lituânia, já em 1970, metade da população vivia em cidades; vinte anos antes o índice era de apenas 28%. Na Iugoslávia, onde a população agrícola diminuiu em 50% no período entre a libertação e 1970, foi registrado um grande aumento em migração das zonas rurais para as urbanas: entre 1948 e 1970, Zagreb, capital da Croácia, dobrou de tamanho, ou seja, de 280 mil para 566 mil habitantes; do mesmo modo, Belgrado, capital nacional iugoslava, cresceu de 368 mil para 746 mil habitantes.

Bucareste cresceu de 886 mil para 1,475 milhão entre 1950 e 1970. Em Sófia, o número de habitantes subiu de 435 mil para 877 mil. Na URSS, onde em 1961 a população urbana superou a rural, Minsk — capital da República da Bielo-Rússia — cresceu de 509 mil habitantes, em 1959, para 907 mil, num período de apenas 12 anos. Em todas essas cidades, de Berlim a Stalingrado, o resultado verificado foi a clássica solução habitacional soviética: quilômetros e quilômetros com blocos de cimento, idênticos — baratos, mal construídos, sem qualquer diferenciação arquitetônica e carecendo de qualquer indulgência estética (e de infra-estrutura pública).

Onde a parte central da cidade havia sobrevivido intacta (conforme ocorreu em Praga), ou tinha sido reconstruída, meticulosamente, com base no planejamento antigo (Varsóvia, Leningrado), a maioria das novas construções se situou na periferia das cidades, formando uma longa fila de dormitórios suburbanos que chegava até a zona rural. Em outras localidades — Bratislava, a capital eslovaca, por exemplo —, bairros pobres surgiram em pleno centro urbano. Já as cidades menores e aldeias, obrigadas a absorver dezenas de milhares de ex-camponeses "reciclados" em mineradores ou em operários da indústria do aço, não tinham o que preservar e foram transformadas, praticamente da noite para o dia, em dormitórios industriais, e ainda careciam dos charmosos vestígios das cidades antigas. Lavradores foram forçados a viver em cidades agrícolas, inauguradas na década de 1950 por Nikita Kruschev e mais tarde aperfeiçoadas por Nicolau Ceauşescu. A nova arquitetura pública — Escola Técnica, Casa da Cultura, sede do partido — seguia de perto o precedente soviético: algumas vezes expressando conscientemente o social-realismo, sempre gigantesca, raras vezes atraente.

A industrialização forçada, a coletivização rural e um agressivo menosprezo pelas necessidades individuais ajudam a explicar a calamidade do planejamento urbano comunista. Mas os administradores das cidades do Oeste Europeu não se saíram muito melhor. Na Europa mediterrânea, de modo especial, a migração em massa da zona rural para as cidades impunha aos recursos urbanos contingências comparáveis. A Grande Atenas cresceu de 1,389 milhão de habitantes, em 1951, para 2,540 milhões, em 1971. A população de Milão subiu de 1,260 milhão para 1,724 milhão no mesmo período; a de Barcelona foi de 1,280 milhão para 1,785 milhão. Em todos esses locais, assim como em cidades menores pelo norte da Itália e nos subúrbios cada vez maiores de Londres, Paris, Madri e outras cidades, os urbanistas não conseguiam acompanhar a demanda. A exemplo dos colegas contemporâneos que trabalhavam em prefeituras comunistas, esses arquitetos seguiam o instinto de construir grandes blocos padronizados — fosse em espaços abertos pela guerra ou pela reconstrução urbana, fosse em campos verdes, localizados nas cercanias das cidades. Em Milão e Barcelona, particularmente, onde, no decorrer dos anos 60, a primeira geração de migrantes proveniente do sul começou a se mudar das favelas para edifícios de apartamentos, o resultado foi deprimente, fazendo lembrar a paisagem urbana da União Soviética — mas com a desvantagem de que muitos dos potenciais inquilinos não tinham condições de alugar moradia nas proximidades do local de trabalho. Eram, portanto, obrigados a percorrer longas distâncias diárias, em transporte público precário — ou então em automóveis particulares recém-adquiridos, sobrecarregando ainda mais a infra-estrutura urbana.

Mas a estética decepcionante da arquitetura urbana da Europa Ocidental naqueles anos não pode ser atribuída apenas à pressão demográfica. O "Novo Brutalismo" (segundo a denominação criada pelo crítico de arquitetura Rayner Banham) não foi nem acidente, nem descuido. Na Alemanha Ocidental, onde muitas das principais cidades do país foram reconstruídas com impressionante falta de imaginação e de visão, ou na capital britânica — onde o Departamento de Arquitetura do Condado de Londres autorizou grandes projetos habitacionais, por exemplo, o complexo Alton, em Roehampton, agressivamente linear e aberto (inspirado em Le Corbusier) —, a falta de beleza parecia proposital, resultado de planejamento minucioso. A horrível Torre Velasco, em Milão, arranha-céu de concreto armado, construído entre 1957 e 1960 por um consórcio privado anglo-italiano, era típica do hipermodernismo ofensivo contemporâneo, cujo objetivo era romper todos os elos com o passado. Quando, em março de 1959, o Conselho de Edificações da França aprovou o projeto da futura Tour Montparnasse, o relatório concluiu: "Paris não pode se perder no passado. Nos anos futuros, Paris deve ser submetida a uma imponente metamorfose."

O resultado não foi apenas a Tour Montparnasse (ou o filho natural desta, o horrendo complexo de edifícios denominados La Défense), mas uma erupção de novas cidades: conjuntos de blocos habitacionais com alta densidade populacional (os "*grands ensembles*", conforme a denominação sintomática), desprovidos de oportunidade de trabalho ou serviços locais, "estacionados" na periferia da Grande Paris. O primeiro e mais famoso desses conjuntos, em Sarcelles, ao norte da cidade, cresceu de uma população de apenas 8 mil pessoas, em 1954, para 35 mil, sete anos depois. Sociológica e esteticamente, o local era desenraizado, assemelhando-se mais aos subúrbios-dormitórios existentes em outros países (como o quase idêntico assentamento de Lazdynai, nos arredores de Vilnius, na Lituânia) do que a qualquer projeto habitacional ou tradição urbana francesa.

Esse rompimento com o passado foi proposital. O "estilo" europeu, tão admirado em outras esferas da vida, aqui não parecia evidente. Na verdade, era cautelosamente evitado. A arquitetura dos anos 50 e, de modo especial, dos anos 60 era conscientemente anistórica; rompia com o passado em termos de desenho, escala e materiais (aço, vidro e concreto armado eram os materiais prediletos).[13] O resultado não foi mais criativo do que o anterior: ao contrário, os esquemas de "desenvolvimento urbano" que transformaram a fisionomia de tantas cidades européias naquelas décadas constituíram o desperdício de uma oportunidade colossal.

Na Grã-Bretanha, tanto quanto em outros locais, "planejamento" urbano era, na melhor das hipóteses, uma tática, um remendo: não havia estratégias a longo prazo para integrar habitação, serviços, emprego e lazer (quase nenhum dos novos povoados e conjuntos habitacionais tinha cinemas, quanto mais instalações esportivas ou transporte público adequado).[14] A meta era remover dos centros urbanos os bairros pobres e acomodar as populações cada vez mais numerosas, com rapidez e baixo custo: entre 1964 e 1974, 384 blocos de apartamentos foram construídos somente em Londres. Muitos desses prédios seriam abandonados dentro de vinte anos. Um dos mais notórios, Ronan Point, no East End londrino, teve a bondade de ruir, livre e espontaneamente, em 1968.

A situação da arquitetura pública era pouco melhor. O Centro Pompidou (projeto da década de 1960, embora só inaugurado em janeiro de 1977) — a exemplo do complexo em Halles, a oeste — pode até ter levado uma variedade de recursos culturais para o centro de Paris, mas, a longo prazo, lamentavelmente, não foi capaz de se integrar ao bairro, nem de dialogar com a arquitetura antiga à sua volta. O mesmo ocorreu com o novo Instituto de Educação da Universidade de Londres, instalado com imponência em Woburn Square, no coração da histórica Bloomsbury — "singularmente medonho", segundo as palavras de Roy Porter, historiador especializado na capital britânica. Do mesmo modo, o complexo construído no South Bank londrino reuniu uma grande variedade de artes cênicas e serviços artísticos, mas as estruturas baixas e sombrias, os pátios vazios e as fachadas de concreto são um triste testemunho do que a crítica de urbanismo Jane Jacobs chamou de "a Peste do Aridez".

Exatamente por que motivo os políticos e planejadores europeus cometeram tantos erros é algo que permanece obscuro, mesmo se levarmos em conta que, na seqüência de duas guerras mundiais e uma prolongada depressão econômica, ansiava-se por tudo que fosse novo e desvinculado do passado. Não se pode dizer que as pessoas não tivessem consciência da falta de estética do novo ambiente; os ocupantes dos gigantescos complexos habitacionais, edifícios urbanos e das novas cidades jamais se afeiçoaram às edificações, e diziam-no clara-

---

[13] Segundo o comentário elogioso de um crítico parisiense, os milhares de apartamentos idênticos espremidos dentro dos *grands ensembles* eram "verdadeiras casinhas incorporadas a uma estrutura vertical, como diversas garrafas de vinho alojadas numa mesma adega". Ver Pierre Agard, "L'Unité de résidence", em *Esprit*, outubro-novembro de 1953. Agradeço à Dra. Nicole Rudolph pela referência.

[14] Em contrapartida, Roterdã, cidade portuária holandesa arrasada pelas bombas germânicas e reconstruída, em fases, no decorrer das décadas seguintes, era verdadeira e conscientemente "planejada".

mente a quem se lembrasse de lhes perguntar. Os arquitetos e sociólogos não sabiam que na geração seguinte seus projetos haveriam de gerar marginais e gangues violentas, mas, para os moradores, tal possibilidade era evidente. Até mesmo o cinema europeu — que poucos anos antes tratava as cidades antigas e a vida urbana com carinho e nostalgia — agora focalizava a impessoalidade fria e dura da metrópole moderna. Diretores como Godard e Antonioni tinham uma satisfação quase sensual ao filmar o novo ambiente urbano e industrial (de tão mau gosto), em películas como *Alphaville* (1965) ou *Deserto Vermelho* (1964).

Vítimas comuns do iconoclasmo arquitetônico no pós-guerra foram as estações ferroviárias, encarnações lapidares das conquistas vitorianas e, muitas vezes, verdadeiros monumentos de arquitetura. As estações ferroviárias sofreram nos Estados Unidos também (a destruição da Pennsylvania Station, em Nova York, em 1966, ainda é lembrada por muita gente como um momento decisivo de vandalismo institucionalizado), mas os urbanistas norte-americanos tinham, ao menos, a desculpa de que, espremido entre o carro e o avião, o transporte ferroviário apresentava perspectivas lúgubres. No entanto, considerando as circunstâncias de um pequeno continente superpovoado, o futuro do transporte ferroviário na Europa jamais foi seriamente questionado. As estações européias demolidas foram substituídas por construções insípidas e pouco atraentes, com funções idênticas. A destruição da Euston Station, em Londres, ou da Gare Montparnasse, em Paris, ou da elegante Anhalter Bahnhof, em Berlim, não teve objetivo prático e foi, sob o ponto de vista estético, insustentável.

A simples escala da destruição urbana, o ímpeto pan-europeu de acabar com o passado e, no período de tempo correspondente a uma geração, saltar de ruínas para a ultramodernidade, haveria de se voltar contra si mesma (graças, em parte, à recessão registrada na década de 1970, que reduziu orçamentos públicos e privados e pôs um fim à orgia da renovação). Já em 1958, antes do apogeu do "surto" de renovação urbana, um grupo de indivíduos interessados em preservar o passado fundou a Sociedade Vitoriana, uma típica organização britânica de voluntários dedicada à identificação e preservação da herança arquitetônica nacional; e, na década seguinte, redes de inspiração similar surgiram em toda a Europa Ocidental, pressionando moradores, acadêmicos e políticos à ação conjunta para impedir mais perdas. Quando não chegavam a tempo de salvar determinado bairro ou edifício, os voluntários preservavam o que restara — conforme ocorreu com a fachada e a clausura interna do Palazzo delle Stelline, em Corso Magenta, em Milão, o que sobrou de um orfanato municipal que remontava ao século XVII, pois o restante da construção foi derrubado no início dos anos 70.

Na história física da cidade européia, as décadas de 1950 e 1960 foram deveras terríveis. Naqueles anos, os prejuízos imputados à estrutura material da vida urbana são o lado negro (algo que ainda está por ser amplamente admitido) dos "trinta anos gloriosos" de desenvolvimento econômico — fenômeno análogo ao preço pago pelo advento da urbanização industrial no século anterior. Embora algumas correções fossem feitas em décadas posteriores — particularmente na França, onde modernização planejada e investimento pesado em rodovias e redes de transporte trouxeram melhorias consideráveis à qualidade de vida em alguns dos piores subúrbios —, os danos jamais poderiam ser inteiramente anulados. Cidades importantes — Frankfurt, Bruxelas e, acima de tudo, Londres — descobriram tarde demais que haviam vendido sua herança urbana por um prato de brutalismo.

Uma das ironias dos anos 60 é que as paisagens urbanas "renovadas" e reconstruídas sem piedade desagradaram primordialmente aos *jovens* que ali habitavam. Casas, ruas, cafés, fábricas, prédios de escritórios, escolas e universidades talvez fossem modernos e implacavelmente "novos", mas, a não ser pelos jovens mais privilegiados, o resultado foi visto como um ambiente feio, desalmado, sufocante, desumano e — segundo um termo que começava a se tornar corrente — "alienante". É perfeitamente compreensível que quando nos benevolentes Estados previdenciários os filhos da Europa, bem alimentados, bem abrigados e bem instruídos, cresceram e se rebelaram contra "o sistema", os primeiros indícios de revolta ocorressem nos dormitórios de paredes pré-fabricadas do "campus afastado" e frio de uma universidade, displicentemente situada entre blocos de concreto e ruas congestionadas de um subúrbio parisiense superpovoado.

XII
O Fantasma da Revolução

"As relações sexuais começaram em 1963,
entre o final da proibição a Chatterley
e o primeiro LP dos Beatles."
Philip Larkin

"A Revolução — como a amávamos!"
Daniel Cohn-Bendit

"A revolta da burguesia arrependida contra o proletariado complacente e opressor é um dos fenômenos mais estranhos do nosso tempo."
Sir Isaiah Berlin

"Agora todos os jornalistas do mundo estão puxando o saco de vocês [...], mas eu não, meus queridos. Vocês têm cara de meninos mimados, e eu os odeio, assim como odeio seus pais [...]. Quando ontem, em Valle Giulia, vocês agrediram a polícia, minha simpatia ficou com os policiais, porque são filhos de famílias pobres."
Pier Paolo Pasolini (junho de 1968)

"Não estamos com Dubček. Estamos com Mao."
(Protesto cantado por estudantes italianos, 1968)

Muitas vezes, momentos de grande relevância cultural só são valorizados em retrospecto. Mas os anos 60 foram diferentes: a importância transcendental que os contemporâneos atribuíram ao seu próprio tempo — e a si mesmos — foi um dos traços característicos da era. Uma parte significativa dos anos 60 foi dedicada, segundo as palavras do Who, "a falar da Minha Geração". Conforme veremos, tal preocupação não era de todo irracional, mas gerou, previsivelmente, algumas distorções de perspectiva. Os anos 60 foram, de fato, uma década de conseqüências extraordinárias para a Europa moderna, mas nem tudo que à época parecia importante deixou a sua marca na História. O impulso iconoclasta e autocomplacente — observado desde a moda até as idéias — logo se tornou datado; por outro lado, levaria alguns anos até que a guinada na política e nas questões públicas, iniciada no final da década de 1960, produzisse todo o seu efeito. E a geografia política dos anos 60 pode ser enganosa — os avanços mais importantes nem sempre ocorriam nos locais mais célebres.

Em meados da década de 1960, o impacto social da explosão demográfica ocorrida no pós-guerra era sentido em toda parte. Parecia que a Europa estava cheia de jovens — na

França, em 1968, o contingente em idade estudantil (pessoas entre 16 e 24 anos) chegava a 8 milhões, constituindo 16,1% do total da população nacional. Em tempos passados, uma explosão populacional dessa monta teria posto em xeque o suprimento de gêneros alimentícios de qualquer país; e mesmo que fosse possível alimentar o povo, a oferta de trabalho seria difícil. Mas, numa época de crescimento econômico e prosperidade, o maior problema enfrentado pelos Estados europeus não era como alimentar, vestir, abrigar e, afinal, empregar o número crescente de jovens, mas como educá-los.

Até a década de 1950, a maioria das crianças na Europa deixava a escola após concluir o ensino fundamental, geralmente entre 12 e 14 anos de idade. Em muitos locais, a obrigatoriedade do ensino primário (introduzida no final do século XIX) não era devidamente fiscalizada — os filhos dos camponeses, na Espanha, Itália, Irlanda e no Leste Europeu pré-comunista, costumavam se evadir da escola durante a primavera, o verão e o início do outono. Ensino médio ainda era privilégio restrito às classes média e alta. Na Itália, no pós-guerra, menos de 5% da população haviam concluído o ensino secundário.

Prevendo os números futuros, e no contexto de um ciclo mais abrangente de reformas sociais, os governos da Europa no pós-guerra introduziram uma série de importantes mudanças na educação. No Reino Unido, a idade mínima permitida para deixar a escola subiu para 15 anos em 1947 (e para 16 em 1972). Na Itália, onde, na prática, a maioria das crianças nos primeiros anos do pós-guerra ainda deixava a escola aos 11 anos, a idade mínima subiu para 14 em 1962. O número de crianças que estudavam em tempo integral na Itália dobrou na década de 1959-1969. Na França, que em 1950 contava com apenas 32 mil *bacheliers* (graduados do ensino médio), esse número aumentaria quase cinco vezes no decorrer das próximas duas décadas; já em 1970, *bacheliers* representavam 20% do total da respectiva faixa etária.

Essas mudanças educacionais tiveram implicações problemáticas. Até então, a divisão cultural existente na maioria das sociedades européias ficara entre as pessoas que haviam parado de estudar depois de aprender a ler, escrever, a dominar conhecimentos básicos de aritmética e recitar os fatos principais da história nacional (a arrasadora maioria) e uma minoria privilegiada que tinha condições de permanecer na escola até os 17 ou 18 anos, recebendo o valioso certificado de conclusão do ensino médio, para então obter treinamento profissional ou emprego. As escolas primárias, *lycées* e *Gymnasiums* da Europa eram o reduto da elite dominante. Herdeiros de um currículo clássico, antes inacessível às crianças de famílias de baixa renda das zonas rurais e dos centros urbanos, esses estabelecimentos agora abriam as portas a um grupo cada vez maior de jovens provenientes de todas as classes sociais. À medida que um número crescente de alunos passava pelos sistemas de ensino médio, formava-se um hiato entre o mundo desses estudantes e o conhecido por seus pais.

Essa falta de sintonia entre as gerações, algo novo e sem precedentes, constituiu por si só uma verdadeira revolução social — embora uma revolução cujas implicações ainda estivessem limitadas ao ambiente familiar. No entanto, à medida que dezenas de milhares de jovens ingressavam em escolas secundárias construídas às pressas, em muito onerando a estrutura física e financeira de um sistema educacional projetado para uma outra época, os planejadores começavam a se preocupar com as implicações dessas mudanças numa esfera que até então era privilégio de uma elite ainda menor: as universidades.

Se a maioria dos europeus, antes de 1960, jamais tinha posto os pés numa escola secundária, menos europeus ainda podiam sonhar em freqüentar uma universidade. No século XIX, as universidades tradicionais viveram um relativo processo de expansão, e o número de outras instituições de ensino superior também aumentou, no mais das vezes passando a abranger o ensino técnico. Mas, na década de 1950, a educação superior na Europa só era acessível a poucos privilegiados, cujas famílias pudessem prescindir dos vencimentos dos filhos (de maneira que estes permanecessem na escola até os 18 anos) e que tivessem condições financeiras de pagar as taxas acadêmicas cobradas pelas escolas secundárias e universidades. É certo que havia bolsas de estudo disponíveis aos filhos dos mais carentes e da baixa classe média. Todavia, a não ser nas instituições admiravelmente meritocráticas das Terceira e Quarta República francesa, essas bolsas raramente cobriam os gastos da educação continuada, e jamais constituíam uma compensação por perda de renda.

Apesar das melhores intenções de uma geração anterior de reformistas, Oxford, Cambridge, a École Normale Supérieure, as universidades de Bolonha e de Heidelberg, bem como os demais antigos estabelecimentos de ensino na Europa, permaneciam inacessíveis a quase toda a população. Em 1949, havia na Suécia 15 mil universitários; na Bélgica, 20 mil. A Espanha contava com somente 50 mil estudantes de terceiro grau; o Reino Unido, com menos do que o dobro desse número (numa população de 49 milhões). Naquele mesmo ano, a população universitária francesa era de pouco mais de 130 mil. No entanto, com a Europa agora no vértice da educação secundária em massa, em breve a pressão para expandir também o ensino universitário seria irresistível. Muita coisa haveria de mudar.

Primeiramente, a Europa precisaria de um número bem maior de universidades. Em muitos locais não existia um "sistema" de ensino superior. A maioria dos países havia herdado uma rede de instituições configurada ao acaso: uma infra-estrutura de estabelecimentos pequenos, antigos e supostamente independentes, cujos ingressantes não passavam de poucas centenas por ano, e de modo geral localizadas em cidades do interior com pouca (ou nenhuma) infra-estrutura pública. Tais instituições não tinham espaço físico para crescer, e as respectivas salas de aula, laboratórios, bibliotecas e residências estudantis (quando existiam) não poderiam acomodar milhares de jovens a mais.

A típica cidade universitária européia — Pádua, Montpellier, Bonn, Leuven, Fribourg, Cambridge, Uppsala — era pequena e geralmente um pouco distante dos grandes centros urbanos (e escolhidas, séculos atrás, precisamente por esse motivo); a Universidade de Paris era uma exceção, e uma exceção importante. A maioria das universidades européias não tinha campus nos moldes norte-americanos (na Europa, as exceções óbvias eram as universidades britânicas, principalmente Oxford e Cambridge), e se integrava ao ambiente urbano que a cercava; os estudantes residiam na cidade e dependiam dos residentes locais para moradia e serviços. Acima de tudo, e apesar de, em muitos casos, existirem há séculos, as universidades européias dispunham de poucos recursos próprios. Dependiam totalmente de financiamento municipal e estatal.

Para que o ensino superior na Europa pudesse atender ao perigoso inchaço demográfico que surgia nos sistemas primário e secundário, a iniciativa deveria partir do centro. Na Grã-Bretanha, e em menor escala na Escandinávia, o problema foi abordado através da construção de novas universidades em "campos verdes", fora das cidades e dos vilarejos: Colchester ou Lancaster, na Inglaterra; Aarhus, na Dinamarca. Quando o novo contingente de pós-secundaristas começou a chegar, essas novas universidades, ainda que arquitetonicamente insípidas, ao menos estavam disponíveis para atender à crescente procura por vagas — e para criar oportunidades de emprego para um grupo cada vez maior de alunos de pós-graduação que buscavam a carreira docente.

Em vez de entregar essas novas universidades ao público, na Grã-Bretanha, os planejadores da educação optaram por integrá-las ao sistema antigo, elitizado. Por conseguinte, as universidades britânicas preservaram o direito de admitir ou recusar alunos no momento do ingresso; somente candidatos cujo desempenho em exames de conclusão do ensino médio ultrapassasse determinados níveis poderiam se candidatar ao ensino superior, e as universidades tinham liberdade para oferecer vagas somente àqueles por elas selecionados — e a admitir apenas o número de alunos que lhes parecesse viável. No Reino Unido, o corpo estudantil era uma minoria privilegiada (em 1969, não mais do que 6% da respectiva faixa etária) e, sem dúvida, as implicações de tal fato a longo prazo foram socialmente regressivas. Porém, para os poucos felizardos, o sistema funcionava muito bem — e os isolava de quase todos os problemas enfrentados pelos colegas em outros pontos da Europa.

Isso porque, no continente, o ensino superior seguia uma direção distinta. Na maioria dos Estados do Oeste Europeu, jamais houvera impedimentos à ascensão do ensino médio ao superior; se o aluno fosse aprovado nos exames nacionais do ensino médio, automaticamente estaria habilitado a freqüentar a universidade. Até o final dos anos 50, tal fato não causou problemas: os números eram reduzidos, e as universidades não tinham por que recear uma superpopulação estudantil. Além disso, na maioria das universidades continentais, em virtude de antigas convenções, o ensino sempre fora um tanto quanto isolado e sem estrutura. Professores arrogantes e inacessíveis proferiam conferências formais, em auditórios repletos de alunos anônimos, pouco pressionados a completar os estudos dentro de determinados prazos, alunos para os quais a condição de estudante era tanto um rito social quanto um meio de obter formação.[1]

Em vez de construir novas universidades, a maioria dos planejadores na Europa simplesmente determinou a expansão das existentes. Ao mesmo tempo, não foram impostos novos obstáculos, nem sistema de pré-seleção. Ao contrário, e por boas razões, as autoridades educacionais muitas vezes removeram os obstáculos remanescentes — em 1965, o Ministério da Educação italiano aboliu o exame vestibular e o sistema de cotas fixas. O ensino superior, antes um privilégio, agora seria um direito. O resultado foi desastroso. Em 1968, a Universidade de Bari, por exemplo, que normalmente matriculava cerca de 5 mil alunos, tentava absorver um corpo estudantil de 30 mil acadêmicos. Naquele mesmo ano, a Universidade de Nápoles chegou a ter 50 mil alunos; a Universidade de Roma, 70 mil. Somente nessas três universidades, o número de matrículas era mais elevado do que o índice total da população

[1] Evidentemente, isso não se aplicava a pequenas academias de elite, como a École Polytechnique ou a École Normale Supérieure, francesas, cujos poucos alunos eram admitidos mediante exame rigoroso e recebiam excelente instrução. Mas instituições desse tipo eram raras e sumamente atípicas.

estudantil da Itália registrado não mais do que 18 anos antes; muitos desses estudantes jamais se formavam.[2]

Já no final da década de 1960, um jovem italiano em cada sete estava na universidade (dez anos antes, essa proporção indicava um para vinte). Na Bélgica, a proporção era de um para cada seis. Na Alemanha Ocidental, onde, em 1950, havia 108 mil estudantes, e onde as universidades tradicionais já começavam a sofrer os efeitos da superpopulação, havia quase 400 mil alunos no final dos anos 60. Na França, o número de universitários em 1967 igualava o de secundaristas em 1956. Por toda a Europa o número de estudantes era mais elevado do que nunca — e a qualidade da experiência acadêmica se deteriorava rapidamente. Todas as dependências viviam apinhadas — bibliotecas, dormitórios, salas de aula, refeitórios —, e as condições das instalações eram sofríveis (inclusive, na verdade, especialmente as novas). No pós-guerra, os gastos dos governos com educação, que haviam aumentado sensivelmente, concentraram-se na provisão de escolas de ensino fundamental e médio, equipamentos e professores. A opção, seguramente, foi acertada; na realidade tratava-se de uma opção ditada pela política eleitoral. Mas ela teve o seu preço.

Vale a pena lembrar, a essa altura, que em 1968, em todos os países da Europa, a maioria dos jovens *não* era de estudantes (detalhe que costuma ser ignorado em avaliações feitas do período), sobretudo se os pais fossem agricultores, operários não-especializados ou imigrantes, se fossem provenientes do interior do país ou do exterior. Necessariamente, para essa maioria não-estudantil a experiência dos anos 60 foi bastante diversa, de modo especial o fim da década, quando tanto parecia depender de eventos ocorridos nas universidades ou em torno delas. As opiniões dessa maioria não-acadêmica, e particularmente o seu posicionamento político, não devem ser inferidas a partir das observadas nos estudantes da mesma época. Sob outros aspectos, entretanto, os jovens compartilhavam uma cultura diferenciada — e comum.

Cada geração vê um mundo novo. A geração dos anos 60 via um mundo novo e *jovem*. Ao longo da História, a maioria dos jovens ingressou num mundo repleto de gente mais velha, um mundo onde os mais velhos ocupavam posições de influência e constituíam exemplos. Para a geração dos meados dos anos 60, entretanto, a coisa foi diferente. O ecossistema cultural se desenvolvia mais rapidamente do que no passado. O espaço que separava uma geração numerosa, próspera, mimada, autoconfiante e culturalmente autônoma da geração anterior — reduzida, insegura, temerosa da Depressão e devastada pela guerra — era maior do que a distância habitual entre as faixas etárias. No mínimo, muitos jovens achavam que tinham nascido numa sociedade que relutava em se transformar — em transformar os próprios valores, o próprio estilo, as próprias normas — de maneira concreta e de acordo com a vontade deles. A música popular, o cinema e a televisão estavam repletos de jovens, e cada vez mais visavam ao público e ao mercado jovem. Já em 1965, havia programas de rádio e TV, revistas, lojas, produtos e indústrias inteira e exclusivamente voltadas para os jovens, e dependentes do apoio da juventude.

---

[2] Em meados dos anos 60, apenas 44% dos universitários italianos concluíam o curso; esse índice cairia ainda mais ao longo dos anos 70.

Embora cada cultura jovem nacional tivesse os seus próprios ícones e instituições, os seus pontos de referência exclusivos (a Fête des Copains, na Place de la Nation, em Paris, em 22 de junho de 1963, foi o evento fundador da cultura jovem da França nos anos 60, ainda que passasse praticamente despercebida em outros locais), muitas formas culturais populares da era fluíam como nunca através das fronteiras nacionais. A cultura de massa se tornava internacional, por definição. Determinada tendência (em música, na moda) começava no mundo anglófono, muitas vezes na própria Inglaterra, e em seguida se deslocava para o sul e para o leste, facilitada por uma cultura cada vez mais visual (e, portanto, transnacional), raramente interceptada por alternativas locais, embora mais comumente por intervenção política.[3]

Os novos modismos se voltavam para os jovens mais abastados, os filhos da classe média branca européia, que podiam comprar discos, ingressos para concertos, sapatos, roupas, maquiagem e penteados modernos. Mas a divulgação desses itens se dava verticalmente, atravessando os limites convencionais. Os músicos mais famosos da época — os Beatles e seus imitadores — tomaram os ritmos dos guitarristas de *blues* norte-americanos (em sua maioria negros) e os integraram à linguagem e à experiência da classe operária britânica.[4] Essa combinação sumamente original tornou-se, então, a cultura natural e transnacional da juventude européia.

O conteúdo da música popular era de grande importância, mas a forma contava mais. Na década de 1960, as pessoas prestavam muita atenção ao *estilo*. Isso, pode-se pensar, nada tinha de novo. Mas a peculiaridade da época talvez residisse no fato de estilo ser substituto direto de conteúdo. A música popular de língua inglesa nos anos 60 era insubordinada em *tom*, no *modo* como era apresentada — ao passo que as letras das canções eram freqüentemente inócuas e, em todo caso, apenas parcialmente compreendidas pelo público estrangeiro. Na Áustria, tocar ou escutar música pop britânica ou americana era fazer pouco caso dos próprios pais, da geração de Hitler; o mesmo se aplicava, *mutatis mutandis*, ao outro lado da fronteira, na Hungria ou na Tchecoslováquia. A música, por assim dizer, protestava em nome dos jovens.

Se muito da cultura musical comercial nos anos 60 parecia versar sobre sexo — ao menos até se desviar, brevemente, para drogas e política —, isso também era, em grande medida, questão de estilo. Mais jovens viviam longe dos pais, e o faziam cada vez mais cedo. Os anticoncepcionais se tornavam mais seguros, mais práticos e legais.[5] A exibição pública do corpo desnudo e de demonstrações de incontida devassidão sexual em filmes e na literatura tornaram-se mais comuns, ao menos no noroeste da Europa. Por todos esses motivos, a geração

---

[3] No bloco dos países comunistas, os "anos 60" como cultura pop foram, necessariamente, vivenciados em segunda mão. Mas tal diferença não deve ser exagerada. Se aplicarmos a referência universal da época, todos na Europa Oriental sabiam quem eram os Beatles, e muitos conheciam sua música. E não apenas os Beatles: quando, em 1966, a estrela do rock francês, Johnny Hallyday, se apresentou na pequena cidade de Košice, na Eslováquia, 24 mil pessoas compareceram para ouvi-lo.

[4] Os Beatles saíram da classe operária de Liverpool — ou, no caso de Paul McCartney, de um grau ou dois acima. A outra banda de rock icônica dos anos 60, os Rolling Stones, era mais convencionalmente boêmia em sua temática, de acordo com as origens de classe média londrina dos integrantes. Essa limitação era superada através de uma performance propositadamente brusca e pelo tão badalado e escancaradamente vulgar estilo de vida dos Stones.

[5] Cumpre notar, no entanto, que durante a maior parte dos anos 60, em diversas regiões da Europa Ocidental e Oriental, ainda era proibido divulgar informações sobre anticoncepcionais. A Grã-Bretanha foi uma exceção, ao aprovar o uso da pílula anticoncepcional em 1961 — do outro lado do canal da Mancha, o cantor Antoine vendeu um milhão de discos, em 1966, imaginando, em tom de querela, o dia em que na França a pílula "seria vendida nas lojas Monoprix".

mais velha dizia-se convicta de que o controle sexual havia entrado em colapso total — e os filhos sentiam prazer, ao fomentar o pesadelo dos pais.

Na verdade, a "revolução sexual" dos anos 60 foi quase certamente uma miragem para a grande maioria das pessoas, fossem jovens ou idosos. Até onde sabemos, os interesses a as práticas sexuais da maioria dos jovens europeus não mudaram tão rapidamente ou radicalmente como então se afirmava. Segundo pesquisas realizadas à época, nem mesmo a vida sexual dos estudantes diferia muito daquela das gerações anteriores. Em termos de estilo de liberação sexual, os anos 60 eram comparados, tipicamente, com os anos 50, retratados (com alguma injustiça) como uma época de retidão moral e emoção reprimida. Porém, se comparados aos anos 20, ou ao final do século XIX, na Europa, ou ao baixo mundo de Paris na década de 1860, os "*Swinging Sixties*" (Anos 60 da onda) foram bastante tranqüilos.

De acordo com a ênfase em estilo, a geração dos anos 60 insistia em *parecer* diferente. Roupas, cabelos, maquiagem e o que ainda era chamado de "acessórios da moda" tornaram-se crachás de identificação etária e política. Londres era a fonte dessas tendências; o gosto europeu — em matéria de moda, música, fotografia, modelos fotográficos, publicidade e até em revistas voltadas para o grande público — seguia a capital inglesa. Diante da já consolidada — e medíocre — reputação britânica relativa a design e construção, o fenômeno parecia improvável, uma inversão juvenil da ordem tradicional das coisas, e não durou muito tempo. Mas o amanhecer falso da "*Swinging London*" — na expressão cunhada pela revista *Time*, em abril de 1966 — projetou sobre a época uma luz singular.

Em 1967, havia mais de 2 mil lojas na capital inglesa que se autodenominavam "butiques". A maioria era de imitações descaradas de lojas de roupas surgidas ao longo de Carnaby Street, antigo reduto de homossexuais masculinos reciclado como epicentro da moda jovem, tanto para homossexuais quanto heterossexuais. Em Paris, a butique New Man, primeira imitação francesa da revolução da moda, abriu na rue de l'Ancienne Comédie, em 13 de abril de 1965. Em um ano a New Man, por sua vez, foi seguida por uma série de imitações, todas com nomes britânicos, refletindo a tendência do momento: Dean, Twenty, Cardiff etc.

O estilo Carnaby Street — clonado por toda a Europa Ocidental (embora de modo menos marcante na Itália) — enfatizava roupas coloridas e justas, sugerindo algo andrógino e propositadamente mal adaptável a pessoas com mais de trinta anos. Nos três anos seguintes, calças justas, de veludo cotelê vermelhas, e camisetas pretas colantes da New Man tornaram-se o uniforme dos manifestantes nas ruas de Paris e foram copiadas em toda parte. A exemplo de tudo mais relacionado aos anos 60, essas roupas eram confeccionadas por homens e para homens; mas as mulheres jovens também podiam usá-las, e faziam-no cada vez mais. Até as principais casas de moda de Paris foram afetadas; a partir de 1965, os costureiros da cidade produziram mais calças do que saias.

E diminuíram a produção de chapéus. Era sintomático da primazia do mercado juvenil o fato de o cabelo substituir o chapéu como grande meio de expressão, e os chapéus tradicionais ficaram restritos a ocasiões protocolares, para "os mais velhos".[6] Contudo, os chapéus,

[6] Nas províncias mais distantes, no entanto, a moda demorou a chegar, e boinas pretas, bonés de tecido e até gorros femininos ainda eram usados diariamente. Por algum tempo ainda, chapéus continuaram a ser um indicador confiável de origem regional e classe social.

em absoluto, não desapareceram. Num segundo estágio da transição no vestuário, as cores primárias e alegres da "moda jovem" (herdada do final dos anos 50) foram substituídas por itens mais "sérios", refletindo uma alteração similar na música. A roupa jovem passou a ser cortada e vendida a partir de uma inspiração "proletária" e "radical": não apenas blue jeans e camiseta, mas também botas, jaquetas escuras e bonés ao estilo "Lenin" (ou variações em feltro, parecidas com os "bonés de Kossuth", usados por rebeldes húngaros do século XIX). Essa moda conscientemente política nunca chegou a pegar na Grã-Bretanha, mas no final da década havia se tornado quase o uniforme oficial de radicais alemães e italianos, bem como dos estudantes que os seguiam.[7]

Paralelamente aos dois estágios dessa moda, corriam os tecidos drapeados em estilo cigano usados pelos hippies. Em contraste com os estilos "Carnaby Street" e "Brigão de Rua", cujas origens eram autenticamente européias, a moda hippie — obscura e "utópica", com uma ética abertamente assexuada, contrária ao Ocidente e ao consumo e favorável à "contracultura" — era importada dos EUA. A utilidade comercial dessa voga era óbvia, e muitos pontos de venda que em meados dos anos 60 haviam aberto para atender à procura por roupas colantes e de corte justo logo se ocuparam de adaptar seus estoques. Chegaram a tentar vender, por um breve período, o "estilo Mao". Caracterizado pela jaqueta larga, com colarinho reto, e o sempre presente "boné de proletário", o estilo Mao combinava aspectos das três tendências, especialmente quando o "acessório" era o *Pequeno Livro Vermelho* que continha as idéias revolucionárias do ditador chinês. Mas, apesar do filme *A Chinesa*, rodado por Godard em 1967, em que um grupo de estudantes franceses estuda Mao e procura seguir-lhe o exemplo, o "estilo Mao" não se fixou — nem mesmo entre os "maoístas".

Depois de 1967, a política da contracultura e seus símbolos assumiram um perfil mais rígido, em virtude de uma associação com relatos românticos de guerrilheiros no Terceiro Mundo. Mesmo assim, tais manifestações não chegaram a vingar na Europa. Não devemos nos iludir com a extraordinária pós-vida de Che Guevara, na condição de modelo martirizado, à lembrança de Cristo, segundo a visão dos adolescentes ocidentais: os anos 60 na Europa foram sempre eurocêntricos. Mesmo a "revolução hippie" jamais conseguiu, de fato, cruzar o Atlântico. No máximo, o movimento alcançou o litoral da Grã-Bretanha e da Holanda, deixando para trás alguma sedimentação na forma de uma cultura de drogas mais desenvolvida do que em qualquer outro local.

O lado frívolo dos anos 60 — moda, cultura pop, sexo — não deve ser descartado como mera superficialidade. Era um meio de a nova geração romper com o tempo dos avós — a gerontocracia (Adenauer, De Gaulle, Macmillan — e Kruschev) que ainda comandava os interesses do continente. É bem verdade, o exibicionismo e a vontade de chamar atenção constatados nos anos 60 — a autocomplacência narcisista que será sempre associada àquela era — podem, à primeira vista, sugerir falsidade. Mas naquele momento e para aquelas pessoas tais características pareciam algo novo. Até mesmo o brilho frio e seco da arte contemporânea, ou os filmes cínicos surgidos no final da década, sinalizavam renovação e autenticidade, depois do cômodo artifício burguês do passado recente. A presunção solipsista da era — de

[7] Na década seguinte, essa moda se desdobrou, facilmente, nos trajes dos *skinheads*.

que os jovens mudariam o mundo "agindo do jeito deles", "deixando rolar" e "fazendo amor e não a guerra" — foi sempre uma ilusão, e nem sempre caiu bem. Mas não foi a única ilusão da época, nem, absolutamente, a mais ingênua.

A década de 1960 foi a grande era da Teoria. É importante esclarecer o que isso significa: não me refiro aqui ao trabalho verdadeiramente pioneiro realizado à época nas áreas da bioquímica, astrofísica ou genética, pois esses avanços foram quase ignorados pelos não-especialistas. Tampouco me refiro a uma renascença do pensamento social europeu: os meados do século XX não produziram teóricos comparáveis a Hegel, Comte, Marx, Weber ou Durkheim. "Teoria" tampouco queria dizer filosofia; os mais conhecidos filósofos da Europa Ocidental do período — Bertrand Russell, Karl Jaspers, Martin Heidegger, Benedetto Croce, Maurice Merleau-Ponty, Jean-Paul Sartre — já estavam mortos, idosos ou envolvidos em outras questões, e os principais pensadores da Europa Oriental — Jan Patočka ou Leszek Kołakowski — eram praticamente desconhecidos fora dos seus países. Quanto ao brilhante grupo de economistas, filósofos e teóricos surgidos na Europa Central antes de 1934, a maioria dos sobreviventes se exilara nos EUA, na Grã-Bretanha, Austrália ou Nova Zelândia, onde formaram o centro intelectual do moderno conhecimento "anglo-saxônico" em seus respectivos campos.

No sentido então em voga, "Teoria" significava algo bastante diverso. Ocupava-se, principalmente, em "interrogar" (termo da arte contemporânea) o método e os objetivos das disciplinas acadêmicas, acima de tudo das ciências sociais — história, sociologia, antropologia —, mas também das ciências humanas e até, anos depois, das próprias ciências biológicas. Numa era de grande expansão das universidades, com periódicos, revistas e conferencistas em busca de material, nasceu um mercado para "teorias" de todos os tipos — que não fossem abastecidas à base de um suprimento intelectual aperfeiçoado, mas de uma demanda insaciável.

Na vanguarda da revolução teórica estavam a história e as ciências sociais, mais *soft*. A renovação do estudo da história na Europa iniciara na geração anterior: os periódicos *Economic History Review* e *Annales: Économies, Societés, Civilizations* foram ambos fundados em 1929, com projetos revisionistas já implícitos nos títulos. Na década de 1950, surgiram o Grupo dos Historiadores do Partido Comunista da Grã-Bretanha e o influente periódico de história social, *Past & Present*; o núcleo de Estudos Culturais da Universidade de Birmingham, na Inglaterra, inspirado no trabalho de Richard Hoggart e Raymond Williams; e, pouco tempo depois, a escola de história social, centrada na figura de Hans-Ulrich Wehler e localizada na Universidade de Bielefeld, na Alemanha Ocidental.

O saber produzido por homens e mulheres associados a esses grupos e instituições não foi necessariamente iconoclasta; com efeito, embora quase sempre de alta qualidade, tal conhecimento costumava ser convencional em termos metodológicos. Mas era também conscientemente *interpretativo*, posicionado de maneira não-dogmática, mas nitidamente de esquerda. Era uma história informada pela teoria social e pela insistência na importância da noção de classe, em particular das classes inferiores. O objetivo não era apenas relatar, ou mesmo explicar, determinado momento histórico; o objetivo era revelar o sentido mais profundo do momento estudado. Os escritos históricos realizados sob essa perspectiva pareciam transpor o abismo entre passado e presente, entre especulação acadêmica e engajamento contemporâneo, e foi sob essa luz que a nova geração leu (não raro, equivocadamente) tais escritos.

Mas, a despeito das aplicações políticas, a história é uma disciplina estranhamente imune à alta especulação teórica: quanto mais a teoria se intromete, mais a história se retrai. Embora um ou dois dos principais historiadores dos anos 60 alcançassem na velhice a condição de ícones, nenhum deles — por mais subversivos que fossem sua pesquisa e seu conhecimento — despontou como guru cultural. Outras disciplinas se saíram melhor — ou pior, dependendo do ponto de vista. Tomando emprestado idéias a um campo de especulação anterior, a lingüística, os antropólogos culturais — liderados por Claude Lévi-Strauss — propuseram uma nova e abrangente explicação para variações e diferenças entre as sociedades. Importantes não eram as práticas sociais, nem os sintomas culturais de superfície, mas as essências internas, as "estruturas profundas" das questões humanas.

O "estruturalismo", conforme passou a ser chamado, era bastante sedutor. Enquanto meio de explicar a experiência humana, o estruturalismo tinha parentescos com a escola da história representada pelos *Annales* — cujo expoente mais conhecido à época, Fernand Braudel, construíra a reputação em virtude do estudo da *longue durée*, uma visão panorâmica da História que descrevia a lenta mudança das estruturas geográficas e sociais ao longo de períodos extensos —, e portanto se encaixava muito bem no estilo acadêmico então em destaque. Porém, mais relevante foi a imediata acessibilidade do estruturalismo aos intelectuais e não-especialistas. Conforme a explicação oferecida pelos admiradores de Lévi-Strauss que trabalhavam em disciplinas afins, o estruturalismo não era sequer uma teoria representacional: os códigos sociais (ou "signos") descritos não se relacionavam a povos, locais ou eventos específicos, mas a outros signos, num sistema fechado. Portanto, o estruturalismo não estava sujeito à testagem empírica, nem à refutação — não havia como demonstrar que o estruturalismo estava *errado* —, e a ambição iconoclasta das asserções estruturalistas, aliada à impermeabilidade à contradição, garantiu ao estruturalismo um grande número de adeptos. Tudo podia ser explicado como uma combinação de "estruturas"; conforme observou Pierre Boulez quando chamou uma de suas composições de "Structures", "[estrutura] é a palavra-chave do nosso tempo".

No decorrer dos anos 60, surgiu um grande número de estruturalismos aplicados: na antropologia, história, sociologia, psicologia, nas ciências políticas e, evidentemente, na literatura. Os praticantes mais famosos — geralmente aqueles que combinavam, em doses certas, ousadia acadêmica e talento para autopromoção — tornaram-se celebridades internacionais, tendo a sorte de aparecer na ribalta intelectual no momento em que a televisão se tornava um meio de comunicação de massa. Em épocas anteriores, Michel Foucault teria sido convidado freqüente das melhores residências de Paris, uma estrela do circuito intelectual parisiense, como o fora Henri Bergson cinqüenta anos antes. Mas quando o livro *As Palavras e as Coisas*, publicado em 1966, vendeu 20 mil exemplares em apenas quatro meses, Foucault adquiriu status de celebridade, quase da noite para o dia.

O próprio Foucault rejeitava o rótulo "estruturalista", assim como Albert Camus insistia no fato de jamais ter sido um "existencialista" e afirmava desconhecer, ao certo, o que era existencialismo.[8] Mas como o próprio Foucault seria levado a admitir, não importava, na realidade, o que ele achava. "Estruturalismo" era agora a forma abreviada para designar qualquer avaliação aparentemente subversiva do passado ou do presente, na qual explanações e categorias convencionais e lineares eram atacadas e questionadas. Mais importante, "estruturalistas" eram pessoas que minimizavam, ou até negavam, o papel dos indivíduos e da iniciativa individual em assuntos que dizem respeito aos seres humanos.[9]

Todavia, apesar das mais diversas aplicações, a noção de que tudo é "estruturado" deixava de explicar algo vital. Para Fernand Braudel, Claude Lévi-Strauss ou mesmo Michel Foucault, o objetivo seria revelar o funcionamento mais profundo de um dado sistema cultural. A despeito de o impulso acadêmico ter sido subversivo ou não — certamente não o foi, no caso de Braudel —, a verdade é que a noção encobre, ou minimiza, mudanças e transições. Eventos políticos decisivos resistiam à aplicação dessa abordagem: era possível explicar por que as coisas *tinham* de mudar em determinado momento, mas não ficava claro *como* elas o fizeram, nem *por que* determinados agentes sociais optaram por facilitar o processo. Enquanto interpretação da experiência humana, qualquer teoria dependente de um esquema de estruturas do qual o livre-arbítrio fora eliminado ficava amarrada pelas suas próprias suposições. Intelectualmente subversivo, o estruturalismo era politicamente passivo.

O impulso jovem dos anos 60 não visava à compreensão do mundo; nas palavras de Karl Marx, na obra *A Décima Primeira Tese contra Feuerbach*, escrita quando Marx tinha apenas 26 anos e tão citada no período em questão: "Os filósofos têm apenas interpretado o mundo, de maneiras diferentes; a questão, porém, é transformá-lo." Em se tratando de transformar o mundo, ainda havia só uma grande teoria supostamente capaz de relacionar uma interpretação do mundo a um amplo projeto de mudança, somente uma Narrativa-mestra oferecia uma explicação do mundo, ao mesmo tempo que deixava espaço para a iniciativa humana: o projeto político do próprio marxismo.

As afinidades intelectuais e as obsessões políticas dos anos 60 na Europa só fazem sentido à luz do constante fascínio por Marx e pelo marxismo. Conforme disse Jean-Paul Sartre, em 1960, na obra *Crítica da Razão Dialética*: "Considero o marxismo a filosofia insuperável da nossa era". A convicção inabalável de Sartre não era universalmente compartilhada, mas prevalecia o consenso, de um lado ao outro do espectro político, de que qualquer pessoa disposta a entender o mundo deveria levar a sério o marxismo e o seu legado político. Raymond Aron — contemporâneo de Sartre, ex-amigo e antagonista intelectual — foi anticomunista a vida

[8] Já em 1960, "existencialismo" (a exemplo de "estruturalismo" alguns anos depois) tornara-se uma espécie de senha de múltiplos usos, comparável ao termo "boêmio" corrente em décadas anteriores; os estudantes de arte desempregados que iam ouvir os Beatles no Reeperbahn, em Hamburgo, se autodenominavam "Exis".

[9] Nesse caso, pode parecer estranho que o badalado teórico da psicanálise Jacques Lacan fosse popularmente considerado "estruturalista". Mas Lacan foi um caso especial. Mesmo para os padrões pouco rígidos da Paris dos anos 60, Lacan se manteve ignorante em relação aos avanços da medicina, da biologia e da neurologia contemporâneas, fato que não causou danos visíveis à sua prática ou reputação.

inteira. Mas Aron também admitia, abertamente (com um misto de pesar e fascínio), que o marxismo era a idéia dominante da era: a religião secular da época.

Entre 1956 e 1968, o marxismo na Europa viveu — e, digamos, floresceu — num estado de suspensão. O comunismo stalinista caíra em desgraça, devido às revelações e aos eventos de 1956. Os partidos comunistas ocidentais eram, politicamente, irrelevantes (na Escandinávia, Grã-Bretanha, Alemanha Ocidental e Holanda), ou estavam em declínio lento e inequívoco (na França), ou então, no caso da Itália, tentavam se distanciar da herança moscovita. O marxismo oficial, conforme encarnado na história e nos ensinamentos dos partidos leninistas, ficou desacreditado — sobretudo nos territórios ainda sob regime marxista. Até mesmo os ocidentais que decidiam votar a favor do comunismo demonstravam pouco interesse no assunto.

Ao mesmo tempo, era generalizado o interesse intelectual e acadêmico nas facetas do legado marxista passíveis de ser diferenciadas da versão soviética do marxismo e salvas do naufrágio moral. Desde a morte do fundador, sempre houve seitas e dissidências marxistas — muito antes de 1914 já havia pequenos partidos políticos reivindicando a Verdadeira Herança. Um punhado desses partidos, como o Partido Socialista da Grã-Bretanha, ainda existia, gabando-se de sua pureza política e afirmando a sua interpretação singularmente correta dos textos marxistas originais.[10] Porém, a maioria dos movimentos, círculos, clubes e sociedades socialistas do final do século XIX tinha sido absorvida pelos partidos socialistas e trabalhistas organizados entre 1900 e 1910. As disputas marxistas modernas têm raízes na cisão leninista que haveria de ocorrer.

Foram as lutas entre facções, verificadas nos primeiros anos do regime soviético, que ensejaram a "heresia" marxista mais duradoura, praticada por Trotski e seus seguidores. Vinte e cinco anos após a morte de Trotski, no México, pelas mãos de um assassino stalinista (e, em grande parte, por causa dessa morte), era possível encontrar partidos trotskistas em todos os países que não os proibissem. Eram, tipicamente, pequenos e liderados por um chefe carismático e autoritário, que ditava doutrina e táticas, à imagem do fundador. A estratégia característica empregada era a "infiltração": trabalhar no seio de grandes organizações de esquerda (partidos, sindicatos, sociedades acadêmicas), com o propósito de colonizá-las ou fazer avançar políticas e alianças nas direções indicadas pela teoria trotskista.

Para quem estava do lado de fora, os partidos trotskistas — e a evanescente Quarta Internacional (dos Trabalhadores) à qual eram filiados — pareciam indistinguíveis dos comunistas, compartilhando a aliança com Lenin e separados apenas pela história sangrenta da luta pelo poder travada entre Trotski e Stalin. *Havia* uma divergência crucial em termos dogmáticos — os trotskistas continuavam a falar de "revolução permanente" e a acusar os comunistas oficiais de terem abortado a revolução do operariado ao restringi-la a um só país — mas, sob outros aspectos, a única diferença óbvia era que o stalinismo fora um sucesso político, ao passo que o relato do trotskismo era de puro fracasso.

Era esse fracasso, evidentemente, que os seguidores tardios de Trotski achavam tão fascinante. O passado talvez parecesse sombrio, mas a análise que esses trotskistas faziam dos

---

[10] O Partido Socialista da Grã-Bretanha existe até hoje. Imune à mudança e pequeno demais para ser afetado negativamente pela sua própria insignificância, o partido presumivelmente sobreviverá por tempo indeterminado.

erros cometidos — a revolução soviética teria ficado refém de uma reação burocrática análoga ao Golpe do Termidor, em 1794, que marcou a queda dos jacobinos — haveria de garantir-lhes o sucesso nos anos futuros. Mas até Trotski recendia a poder — afinal, ele desempenhara papel fundamental durante os primeiros anos do regime soviético, tendo sido, em parte, responsável pelos desvios cometidos. Para uma nova geração, politicamente ingênua, os fracassos *verdadeiramente* fascinantes eram os líderes perdidos do comunismo europeu: homens e mulheres que nunca tiveram a oportunidade de arcar com qualquer tipo de responsabilidade política.

Portanto, os anos 60 redescobriram Rosa Luxemburgo, socialista polonesa de origem judaica assassinada por soldados alemães do Frei Korps na malfadada revolução berlinense, em janeiro de 1919; Georg Lukács, pensador comunista húngaro cujos textos políticos escritos nos anos 20 propunham uma alternativa às interpretações comunistas oficiais da história e da literatura, textos que ele mais tarde seria obrigado a negar publicamente; e, em primeiro lugar, Antonio Gramsci, co-fundador do Partido Comunista Italiano e autor de um ciclo de textos brilhantes acerca de política revolucionária e história italiana, a maioria dos quais escrita em prisões fascistas onde Gramsci padeceu de 1926 até morrer, aos 46 anos, em abril de 1937.

Ao longo da década de 1960, as obras desses três indivíduos foram republicadas copiosamente, ou publicadas, pela primeira vez, em diversos idiomas. Os três tinham pouco em comum, e as características que compartilhavam eram, na maior parte das vezes, negativas: nenhum havia exercido poder (exceto no caso de Lukács, que fora comissário de Cultura durante a ditadura comunista de Béla Kun, em Budapeste, de março a agosto de 1919); todos tinham, em algum momento, discordado de práticas leninistas (no caso de Luxemburgo, mesmo antes de os bolcheviques tomarem o poder); e os três, a exemplo de tantos outros, haviam caído no ostracismo, ofuscados pela teoria e pela prática comunista oficiais.

A exumação dos escritos de Luxemburgo, Lukács, Gramsci e de outros marxistas esquecidos, cuja atuação ocorrera no princípio do século XX,[11] foi acompanhada pela redescoberta do próprio Marx. Na verdade, a revelação de um Marx novo e visivelmente diverso foi decisiva para a atração que o marxismo exerceu naqueles anos. O "velho" Marx era o Marx de Lenin e Stalin: o cientista social vitoriano, cujos textos neopositivistas previam e autorizavam o centralismo democrático e a ditadura do proletariado. Mesmo que esse Marx não pudesse ser diretamente responsabilizado pelo uso feito de seus escritos tardios, ele ficou inescapavelmente associado àqueles textos da fase amadurecida. Fosse a serviço do comunismo ou da socialdemocracia, aqueles escritos pertenciam à *velha* esquerda.

A *nova* esquerda, conforme esta passou a se chamar por volta de 1965, buscou novos textos — e os encontrou entre os escritos do jovem Karl Marx, nos ensaios metafísicos e anotações do início da década de 1840, quando Marx acabara de sair da adolescência, um jovem filósofo alemão impregnado pelo historicismo hegeliano e pelo sonho romântico de liberdade suprema. O próprio Marx optara por não publicar alguns daqueles textos; na realidade, após o fracasso das revoluções de 1848, Marx se afastara daquelas idéias e se voltara para o es-

[11] Como, por exemplo, o alemão marxista (e contemporâneo de Gramsci) Karl Korsch, ou os escritores austríacos Otto Bauer e Rudolf Hilferding.

tudo da economia política e da política contemporânea com o qual, a partir de então, seria identificado.

Assim sendo, muitos dos escritos do início da carreira de Marx não eram bem conhecidos, nem mesmo entre os estudiosos. Quando foram publicados pela primeira vez na íntegra, sob os auspícios do Instituto Marx-Engels, em Moscou, em 1932, os textos atraíram pouca atenção. A revitalização do interesse nesses textos — especialmente os *Manuscritos Econômicos e Filosóficos* e *A Ideologia Alemã* — ocorreu trinta anos depois. De repente, era possível ser marxista e, ao mesmo tempo, livrar-se do fardo pesado e sujo da antiga esquerda ocidental. O jovem Marx parecia preocupado com problemas surpreendentemente modernos: como transformar a consciência "alienada" e livrar os seres humanos da ignorância quanto à sua verdadeira condição e capacidade; como inverter a ordem de prioridades na sociedade capitalista e situar os seres humanos no centro da sua própria existência; em suma, como transformar o mundo.

Para uma geração anterior de estudiosos de Marx, e para os partidos marxistas consolidados, a insistência nesses escritos que o próprio Marx optara por não publicar parecia profundamente leviana. Mas era também implicitamente subversiva: se qualquer pessoa pudesse ir direto aos textos e interpretar Marx à vontade, então a autoridade da liderança comunista (e nesse caso também da trotskista) haveria de ruir, e com ela ruiria grande parte da justificativa para as políticas revolucionárias oficiais (conforme então entendidas). Não seria surpresa, portanto, que o establishment comunista se opusesse. Louis Althusser — principal teórico do Partido Comunista Francês, conhecido internacionalmente como especialista em marxismo e professor da École Normale Supérieure — construiu sua reputação profissional e conquistou fama (passageira) por ter supostamente criado uma parede divisória entre o Marx "jovem", hegeliano, e o Marx "maduro", materialista. Somente os escritos tardios, insistia Althusser, eram científicos e portanto devidamente marxistas.[12]

O que os comunistas e outros marxistas conservadores perceberam, com correção, foi a facilidade com que esse novo Marx humanista se adaptava ao gosto e ao modismo da época. As queixas de Marx — um romântico do início do século XIX — contra a modernidade capitalista e contra o impacto desumanizador causado pela sociedade industrial calhavam bem nos protestos da época diante da "tolerância repressiva" no Oeste Europeu pós-industrial. A flexibilidade aparentemente infinita e próspera do Ocidente liberal, a capacidade que este demonstrava em absorver paixões e diferenças enfureciam os críticos. A repressão, eles insistiam, era endêmica na sociedade burguesa. Não poderia simplesmente evaporar. A repressão que já não existia nas ruas teria se deslocado necessariamente *para outra esfera*, para as almas das pessoas — e, acima de tudo, para seus corpos.

Herbert Marcuse, intelectual da era Weimar que foi parar no Sul da Califórnia — onde, sem grandes dificuldades, adaptou sua antiga epistemologia ao novo ambiente —, produziu uma fusão bastante útil de todas essas tendências do pensamento. A sociedade de consumo

[12] O argumento de Althusser fundamenta-se numa estranha avaliação estruturalista de Marx, cujo apelo aos jovens ávidos por teoria foi diretamente proporcional à opacidade jesuítica das idéias propostas (estudiosos mais amadurecidos não se impressionaram muito). Mas a afirmação de autoridade era inquestionável: existe apenas um modo correto de pensar Marx, Althusser insiste, o meu. Na França, a estrela de Althusser declinou com a queda do partido cuja causa ele defendia; hoje, o apelo obscurantista do teórico francês se restringe à periferia do mundo acadêmico anglo-saxônico.

ocidental, explicou Marcuse, já não se alicerçava na exploração econômica direta da classe proletária destituída de propriedade. Em vez disso, essa sociedade desviava a energia humana canalizada na busca pela satisfação (principalmente a satisfação sexual), conduzindo-a para o consumo de bens e ilusões. As verdadeiras necessidades — sexuais, sociais, cívicas — são substituídas por outras, falsas, cuja satisfação é o objetivo de uma cultura centrada no consumo. A noção implicava forçar o jovem Marx a ir mais longe do que ele mesmo pretendia, mas atraiu um bom público, não apenas para os poucos que leram os ensaios de Marcuse, mas para muitos que assimilaram a linguagem e o sentido geral do argumento, à medida que este se tornava cada vez mais corrente.

A ênfase em satisfação *sexual* enquanto meta radical foi considerada agressiva por uma geração mais velha de esquerdistas. Amor livre numa sociedade livre não era idéia nova — algumas seitas socialistas do início do século XIX haviam defendido tal plataforma, e nos primeiros anos da União Soviética a moralidade fora bastante descontraída —, mas a linha oficial do radicalismo europeu era de retidão moral e doméstica. A Velha Esquerda nunca fora *culturalmente* dissidente, nem sexualmente aventureira, nem mesmo quando jovem; isso fazia parte do interesse de boêmios, estetas e artistas, gente muitas vezes com tendências individualistas ou mesmo politicamente reacionárias.

No entanto, por mais constrangedora que fosse, a fusão entre sexo e política não configurava uma ameaça real — com efeito, conforme vários intelectuais comunistas se prontificaram a assinalar, a nova ênfase em desejos pessoais acima dos anseios coletivos era *objetivamente* reacionária.[13] As implicações verdadeiramente subversivas da adaptação que a Nova Esquerda fez de Marx operavam em outro âmbito. Os comunistas podiam desconsiderar os discursos acerca de liberação sexual. Sequer se incomodavam com a estética antiautoritária da nova geração, com suas reivindicações de autonomia no quarto, na sala de aula e na butique; *tudo isso* era descartado (talvez de maneira imprudente) como um contratempo passageiro que se impunha à ordem natural das coisas. O que causava um desagravo muito maior era a tendência de jovens radicais a identificar a teoria marxista com práticas revolucionárias em terras exóticas, onde nenhuma das categorias e autoridades estabelecidas parecia valer.

A afirmação central da esquerda histórica na Europa era que representava, e deveras, no caso do comunismo, *encarnava* o proletariado: a classe operária industrial de "colarinho azul". Essa aproximação entre socialismo e mão-de-obra urbana era mais do que mera afinidade facultativa. Tratava-se da marca que distinguia a esquerda ideológica, que a separava dos liberais e dos reformistas católicos bem-intencionados. O voto da classe operária, especialmente o voto do segmento *masculino* da classe operária, era a base da força e da influência do Partido Trabalhista britânico, dos partidos trabalhistas na Holanda e na Bélgica, dos partidos comunistas na França e na Itália e dos partidos socialdemocratas na Europa Central falante de língua alemã.

[13] E tinham razão. Assim, Raoul Vaneigem, situacionista belga, se expressa, em 1967: "Diante da possibilidade de ganhar um mundo de prazeres arrebatadores, nada temos a perder, senão o nosso tédio." É difícil saber, em retrospecto, se frases como esta são espirituosas, ingênuas ou simplesmente cínicas. Em todo caso, tais motes não chegavam a ameaçar o *status quo*.

Exceto na Escandinávia, a maioria da população ativa jamais fora socialista ou comunista — a lealdade dessas outras populações se espalhava ao longo de todo o espectro político. Os partidos de esquerda tradicionais dependiam muito dos votos dos trabalhadores e, portanto, identificavam-se com eles. Porém, em meados dos anos 60, essa classe estava desaparecendo. Nos países desenvolvidos da Europa Ocidental, mineradores, operários dos estaleiros, das indústrias do aço, metalúrgica e têxtil, operadores de ferrovias e trabalhadores braçais de todo tipo começaram a se aposentar maciçamente. Na iminente era da indústria de serviços, o lugar desses trabalhadores estava sendo ocupado por uma população ativa bastante diferente.

Isso deveria ter sido fonte de certa apreensão por parte da esquerda tradicional: a filiação sindical e partidária, bem como a obtenção de recursos financeiros, dependia sensivelmente dessa base. Porém, embora o desaparecimento do proletariado europeu fosse amplamente divulgado por pesquisas sociais realizadas à época, a velha esquerda continuava a insistir na "base" operária. Os comunistas, em particular, se mantiveram intransigentes. Havia somente uma classe revolucionária: o proletariado; somente um partido capaz de representar e defender os interesses dessa classe: o comunista; e somente um desfecho correto para a luta dos trabalhadores sob o comando comunista: a Revolução, conforme patenteada na Rússia cinqüenta anos antes.

Mas para quem não esposava essa versão da história européia, o proletariado já não era o único veículo disponível ao processo de transformação social radical. Na região cada vez mais conhecida como Terceiro Mundo, havia outros candidatos: nacionalistas (anticolonialistas) no norte da África e no Oriente Médio; líderes radicais negros nos EUA (que não pertenciam ao Terceiro Mundo, mas que com ele se identificavam) e camponeses guerrilheiros em toda parte, desde a América Central até o mar do Sul da China. Ao lado dos "estudantes" e dos jovens em geral, esses outros candidatos, no que dizia respeito às esperanças revolucionárias, constituíam um grupo bem maior e mais mobilizado do que as massas de trabalhadores acomodados e satisfeitos no próspero Ocidente. No Oeste Europeu, depois de 1956, jovens radicais deram as costas ao histórico desalentador do comunismo no leste da Europa e passaram a olhar mais ao longe, em busca de inspiração.

Esse novo gosto pelo exótico foi estimulado, em parte, pela descolonização então corrente e pelas aspirações dos movimentos de liberação nacional, e em parte pela projeção, sobre outras regiões, das ilusões européias perdidas. Baseava-se em pouca informação sobre as realidades locais, apesar do surgimento de uma pequena indústria acadêmica relacionada aos "Estudos Camponeses". As revoluções em Cuba e na China, em particular, foram investidas de todas as qualidades e façanhas que, lamentavelmente, faltavam à Europa. A escritora italiana marxista Maria-Antonietta Macciocchi recorreu ao lirismo quando se referiu ao contraste existente entre a condição miserável da Europa contemporânea e a utopia pós-revolucionária da China de Mao, então no auge da Revolução Cultural: "Na China não há os sinais de alienação, distúrbios nervosos, nem da fragmentação do indivíduo que se verificam na sociedade de consumo. O mundo do chinês é compacto, integrado e absolutamente inteiro."

As revoluções dos colonos ocorridas no mundo não-europeu tinham outra característica que atraiu os intelectuais e estudantes da Europa Ocidental à época: a violência. É certo que não faltava violência a poucas horas a leste, na União Soviética e nos seus países-satélites. Mas era uma violência do Estado, do comunismo oficial. A violência das rebeliões no Terceiro Mundo era libertadora. Segundo a célebre explicação de Jean-Paul Sartre, no prefácio da edição francesa do livro de Frantz Fanon, *Os Condenados da Terra*, publicado em 1961, a violência das revoluções anticolonialistas era "o homem recriando-se a si mesmo [...]. Executar um europeu é matar dois coelhos com uma só cajadada, destruir o opressor e o oprimido ao mesmo tempo: restam um homem morto e um homem livre; o sobrevivente, pela primeira vez, sente o solo *nacional* sob seus pés".

Essa admiração abnegada por modelos estrangeiros não era novidade na Europa — Tocqueville já havia observado a importância de tal admiração para a intelectualidade francesa setecentista pré-revolucionária, e essa mesma admiração havia desempenhado o seu papel no fascínio exercido pela própria União Soviética. Porém, na década de 1960, o exemplo do Extremo Oriente, ou do Extremo Sul, era agora apresentado para ser seguido pela Europa. Estudantes radicais em Milão e Berlim eram instados a imitar estratagemas orientais bem-sucedidos: numa esclarecedora combinação de retórica maoísta e tática trotskista, o líder estudantil alemão Rudi Dutschke, em 1968, instigou seus seguidores a realizar "uma longa marcha pelas instituições".

Sob a ótica da geração mais velha e conservadora, esse encantamento gratuito por modelos externos ilustrava a facilidade caótica com que a venerável sintaxe revolucionária da Europa tradicional se desintegrava numa Babel ideológica. Quando os estudantes italianos propuseram que, na nova economia de serviços, as universidades constituíam os epicentros da produção do saber e, portanto, o corpo estudantil era a nova classe operária, estavam levando ao extremo os termos dos valores marxistas. Mas, ao menos, esses estudantes tinham do seu lado um precedente dialético e jogavam de acordo com as regras aceitas. Alguns anos mais tarde, quando o *Re Nudo*, jornal da classe estudantil de Milão, proclamou "Juventude proletária da Europa, que Jimi Hendrix nos una!", a dialética havia decaído e virado paródia. Conforme os críticos vinham insistindo desde sempre, os meninos e as meninas dos anos 60 simplesmente não eram sérios.

E no entanto... os anos 60 foram extremamente importantes. O Terceiro Mundo estava em convulsão, desde a Bolívia até o Sudeste da Ásia. O "Segundo Mundo", do comunismo soviético, era estável apenas em aparência, e mesmo assim não por muito tempo, conforme veremos. E a maior potência ocidental, abalada por assassinatos e conflitos raciais, embarcava numa guerra total contra o Vietnã. Até meados da década, os gastos dos EUA com defesa galoparam, atingindo o ponto máximo em 1968. Para a Europa, a Guerra do Vietnã não era questão controversa — era desaprovada por todo o espectro político —, mas o conflito serviu de catalisador para mobilização popular, em todo o continente, mesmo na Grã-Bretanha, onde foram organizados os maiores protestos da época, em oposição à política norte-americana. Em 1968, a Campanha de Solidariedade ao Vietnã levou às ruas de Londres dezenas de milhares de estudantes, que marcharam até a Embaixada dos EUA, em Grosvenor Square, exigindo o fim da guerra (e o fim do tíbio apoio que o governo trabalhista britânico oferecia ao conflito).

É revelador das circunstâncias peculiares aos anos 60, e da origem social dos ativistas mais destacados, o fato de tantas disputas e reivindicações da época se basearem numa agenda política, não econômica. À semelhança de 1848, os anos 60 foram uma Revolução dos Intelectuais. Mas havia naquela reinante insatisfação uma dimensão econômica, embora muitos participantes ainda não o percebessem. Conquanto a prosperidade das décadas do pós-guerra ainda não houvesse chegado ao fim e o desemprego na Europa Ocidental se mantivesse em níveis historicamente baixos, uma série de disputas trabalhistas registradas por todo o Oeste Europeu já no início dos anos 60 pressagiava problemas.

Por trás das primeiras greves, e das que ocorreriam em 1968 e 1969, havia um certo inconformismo com perdas salariais, à medida que a curva de crescimento do pós-guerra ultrapassava o ponto culminante; mas a principal causa de insatisfação eram as condições de trabalho, especialmente as relações entre patrões e empregados. Exceto nos casos da Áustria, Alemanha e Escandinávia, as relações entre direção e trabalhadores nas fábricas e nas empresas européias não eram boas; numa indústria típica em Milão — em Birmingham ou no cinturão industrial de Paris —, operários militantes e descontentes eram supervisionados por funcionários intransigentes, autoritários, e a comunicação entre eles era sofrível. Em determinadas regiões do Oeste Europeu, a idéia de "relações industriais" era um paradoxo.

Isso acontecia também em segmentos dos setores de serviço e profissional: a organização nacional de rádio e televisão francesa (ORTF) e o Commissariat à l'Energie Atomique, para mencionar apenas dois casos expoentes, viviam momentos de tensão, com o corpo técnico insatisfeito, dos jornalistas aos engenheiros. Estilos conservadores de exercício de autoridade, disciplina e discurso (inclusive quanto aos hábitos de vestir) não acompanharam as transformações sociais e culturais da década anterior. Fábricas e escritórios eram gerenciados de cima para baixo, sem qualquer participação dos escalões inferiores. Os gerentes podiam punir, humilhar ou demitir empregados à vontade, sendo estes, freqüentemente, tratados de maneira desrespeitosa, suas opiniões ignoradas. As reivindicações por mais iniciativa para os trabalhadores, mais autonomia profissional e até por autogestão eram generalizadas.

Essas questões não ocupavam papel de destaque nos conflitos industriais europeus desde as ocupações impostas pelas Frentes Populares, em 1936. Problemas desse tipo haviam escapado à atenção de sindicatos e partidos políticos, ocupados então com reivindicações mais tradicionais e facilmente manipuláveis: o aumento salarial e a redução da jornada de trabalho. No entanto, tais questões convinham muito bem à retórica dos estudantes radicais (com quem os operários militantes pouco além disso tinham em comum), que apresentavam queixas semelhantes a respeito de universidades superlotadas e mal administradas.

A sensação de exclusão do processo decisório e, portanto, do poder reflete outra dimensão dos anos 60 cujas implicações não foram bem avaliadas à época. Em meados da referida década, graças ao sistema de eleições presidenciais e parlamentares realizadas em dois turnos, por voto universal, o cenário político na França se consolidara num esquema estável de coalizões eleitorais e parlamentares construído em torno de duas famílias políticas: comunistas e socialistas na esquerda; centristas e gaullistas na direita. Por acordo tácito, ao longo do espectro político, partidos pequenos e grupos periféricos foram levados a se unir a uma das quatro grandes unidades, ou a se retirar da política oficial.

Por razões distintas, o mesmo acontecia na Itália e na Alemanha. A partir de 1963, uma grande coalizão de centro-esquerda na Itália (que excluía apenas os Partidos Comunista e ex-Fascista) ocupou a maior parte do espaço político nacional. A República Federal da Alemanha foi governada a partir de 1966 por uma "Grande Coalizão" de democratas cristãos e socialdemocratas que, ao lado dos democratas livres, monopolizaram a Bundestag. Esses acordos garantiram a estabilidade e a continuidade política; porém, como resultado, nas três principais democracias do Oeste Europeu a oposição radical não apenas foi marginalizada, mas acabou sendo expulsa dos respectivos Parlamentos. O "sistema" parecia ser comandado exclusivamente por "eles", conforme a Nova Esquerda vinha há algum tempo insistindo. Aproveitando a deixa, os estudantes radicais se declararam integrantes da oposição "extraparlamentar", e a política ganhou as ruas.

O melhor exemplo dessa situação — a primavera de 1968, na França — foi também o mais efêmero. A importância dos fatos se deve mais ao impacto por eles causado e ao simbolismo inerente à insurreição nas ruas de Paris do que aos efeitos produzidos a longo prazo. Os "eventos" de maio tiveram início no outono de 1967, em Nanterre, sombrio subúrbio parisiense e local de uma das extensões da Universidade de Paris construídas às pressas. Havia algum tempo, as residências estudantis em Nanterre abrigavam uma população flutuante de estudantes, de "penetras" radicais e de um pequeno número de usuários e traficantes de drogas. O aluguel não era pago. Havia também intenso movimento noturno entre os dormitórios masculinos e femininos, apesar do rígido controle oficial.[14]

A administração acadêmica de Nanterre relutava em causar problemas decorrentes da imposição das regras, mas, em janeiro de 1968, expulsou um "invasor" e ameaçou tomar medidas disciplinares contra um aluno, Daniel Cohn-Bendit, por ter ele insultado um ministro do governo que visitava o local.[15] Registraram-se outros protestos e, em 22 de março, depois que estudantes radicais atacaram o prédio da American Express, no centro de Paris, e foram detidos, surgiu o Movimento, do qual Cohn-Bendit era um dos líderes. Duas semanas mais tarde, o campus de Nanterre foi fechado, após novos confrontos entre estudantes e polícia, e o Movimento (e a ação) transferiu-se para os veneráveis edifícios da Universidade da Sorbonne, no centro de Paris.

Vale ressaltar as questões provincianas e marcantemente autocentradas que deflagraram os Eventos de Maio, para que a linguagem ideologicamente carregada e as ambiciosas propostas observadas nas semanas seguintes não nos confundam. A ocupação estudantil da Sorbonne, as barricadas nas ruas e a luta contra a polícia, especialmente nas noites e madrugadas de 10 e

---

[14] A questão era antigo ponto de atrito. Em janeiro de 1966, após meses de contenda num dormitório estudantil em Antony, no sul de Paris, um diretor recém-nomeado introduzira o que à época configurava um regime radical. Rapazes e moças com mais de 21 anos poderiam, a partir de então, receber pessoas do sexo oposto em seus apartamentos. Os menores de 21 poderiam fazê-lo mediante *autorização por escrito* dos pais. Esse tipo de liberalização não foi introduzido em qualquer outro local.

[15] O ministro da Juventude, um tal François Missoffe, fora a Nanterre inaugurar novas instalações esportivas. Cohn-Bendit, estudante revoltado, perguntou por que o Ministério da Educação nada fazia para solucionar as controvérsias relativas ao dormitório (ou "problemas sexuais", nas palavras do aluno). O ministro, aceitando a provocação, sugeriu que se Cohn-Bendit tinha problemas sexuais, deveria mergulhar na maravilhosa piscina que acabava de ser inaugurada. "Isso", replicou Cohn-Bendit, que tinha parcial origem alemã, "é o que a Juventude Hitlerista costumava dizer".

25 de maio, foram comandadas por representantes da Jeunesse Communiste Révolutionnaire (trotskista), por membros de diretórios estudantis e de sindicatos de jovens docentes. Mas a retórica marxista que acompanhava os eventos, embora bastante conhecida, escondia um espírito essencialmente anarquista cujo objetivo imediato era a suspensão e a humilhação da autoridade.

Nesse sentido, conforme insistia em tom de menosprezo a liderança do Partido Comunista Francês, aquilo era uma festa, não uma revolução. O fenômeno tinha todo o simbolismo de uma típica rebelião francesa — manifestantes armados, barricadas nas ruas, ocupação de prédios e esquinas estratégicas, exigências e contra-exigências políticas —, mas carecia da substância característica. Os jovens de ambos os sexos que formavam as multidões estudantis eram, predominantemente, de classe média — na realidade, muitos pertenciam à própria burguesia parisiense: "*fils à papa*" (filhos de papai), conforme os chamou o líder do PCF, Georges Marchais, com sarcasmo. Das janelas de confortáveis apartamentos burgueses, pais, mães, tias e avós assistiam às manifestações daqueles jovens, enfileirados nas ruas para desafiar o poder do Estado francês.

Georges Pompidou, primeiro-ministro gaullista, não tardou a tomar providências. Após os primeiros confrontos, Pompidou determinou que a polícia se retirasse, apesar das críticas que tal medida gerou no partido e no governo, deixando os estudantes de Paris no controle da universidade e do *quartier* à volta da instituição. Pompidou e seu presidente, De Gaulle, sentiam-se contrafeitos diante da extensa cobertura midiática das atividades dos estudantes. Porém, a não ser durante breve período, quando foram pegos de surpresa logo no início da crise, Pompidou e De Gaulle não se sentiam ameaçados pelos jovens. Na hora certa, a polícia, especialmente o pelotão de choque — cujos recrutas eram filhos de camponeses e, portanto, sempre dispostos a rachar as cabeças da privilegiada juventude parisiense —, haveria de restaurar a ordem. O que preocupava Pompidou era algo bem mais grave.

Os distúrbios e as invasões estudantis tinham deflagrado uma série de greves e ocupações de locais de trabalho que, em fins de maio, quase paralisaram a França. Alguns dos primeiros protestos — de repórteres da rádio e televisão francesas, por exemplo — voltaram-se contra os líderes políticos que haviam censurado a cobertura do movimento estudantil e, especialmente, contra a brutalidade excessiva de alguns pelotões de choque. Mas à medida que a greve se espalhou pelas fábricas de aviões, em Toulouse, e pelas empresas de energia elétrica, indústrias petroquímicas e, com grande risco, estendeu-se pelas imensas montadoras da Renault na periferia de Paris, ficou patente que a questão ia muito além da indignação de alguns milhares de estudantes.

As greves, invasões, ocupações, demonstrações e passeatas foram o maior movimento de protesto social na França moderna, bem mais extensos do que os registrados em junho de 1936. Mesmo em retrospecto, é difícil precisar a razão dos distúrbios. De início, a Confédération Générale du Travail (CGT), sindicato comandado pelos comunistas, não soube o que dizer; quando os representantes sindicais tentaram tomar a dianteira da greve da Renault, foram impedidos pelos próprios grevistas, e um acordo firmado entre governo, sindicatos e trabalhadores foi rejeitado, terminantemente, pelos operários da Renault, a despeito da promessa de aumento salarial, redução da jornada e mais participação do operariado.

Os milhões de homens e mulheres que haviam cruzado os braços tinham ao menos um ponto em comum com os estudantes. A despeito de queixas localizadas, os trabalhadores sentiam-se, acima de tudo, frustrados com a sua condição social. Não buscavam tanto uma melhor situação profissional, mas uma transformação de estilo de vida; os panfletos, manifestos e discursos explicitavam exatamente isso. Tal reivindicação era bem-vista pelas autoridades públicas, pois diluía o estado de espírito dos grevistas e desviava a sua atenção dos alvos políticos; no entanto, ela sugeria um mal-estar generalizado com o qual seria difícil lidar.

A França vivia um momento de prosperidade e estabilidade, e alguns analistas conservadores concluíram que a onda de protestos não era movida por descontentamento, mas por tédio. Contudo, *existia* uma frustração autêntica, não apenas em fábricas como as da Renault, onde as condições de trabalho havia muito tempo eram insatisfatórias, mas em toda parte. A Quinta República tinha acentuado o antigo hábito francês de concentrar poder num local e num punhado de instituições. A França era comandada (e vista como tal) por uma pequena elite parisiense: excludente, culturalmente privilegiada, arrogante, hierárquica e inacessível. Mesmo alguns dos próprios membros dessa elite (e, particularmente, seus filhos) consideravam-na opressora.

Já idoso, o próprio De Gaulle, pela primeira vez desde 1958, não foi capaz de perceber o rumo dos eventos. A reação inicial do presidente tinha sido transmitir um discurso ineficaz pela TV e, em seguida, sair de cena.[16] Tentando se valer do espírito contrário ao autoritarismo que, no seu entendimento, prevalecia no país, De Gaulle realizou um plebiscito no ano seguinte e propôs uma série de medidas destinadas a descentralizar o governo e o processo decisório na França, mas sofreu uma derrota humilhante; na seqüência, o líder francês renunciou, aposentou-se e se isolou em sua casa de campo, onde faleceu poucos meses depois.

Pompidou, nesse ínterim, demonstrou que estava certo quanto ao desenlace das manifestações estudantis. No auge das invasões e do movimento grevista, alguns líderes estudantis e um pequeno grupo de políticos experientes (inclusive o ex-premier Pierre Mendès-France e o futuro presidente François Mitterrand), cuja conduta causou estranheza, declararam que as autoridades estavam impotentes: o poder estava disponível aos manifestantes. Esse tipo de discurso era arriscado e imprudente; conforme Raymond Aron observou à época: "Destituir um presidente eleito pelo voto universal não é a mesma coisa que destituir um rei." De Gaulle e Pompidou logo se aproveitaram dos erros cometidos pela esquerda. O país, os dois alertavam, estava sob a ameaça de um golpe comunista.[17] Em fins de maio, De Gaulle anunciou uma eleição relâmpago, convocando os franceses a escolher entre o governo legítimo e a anarquia revolucionária.

Para lançar a campanha da eleição, a direita realizou uma gigantesca contrademonstração. Bem mais numerosas do que as manifestações estudantis realizadas duas semanas antes, as multidões que desceram marchando o Champs-Elysées, no dia 30 de maio, desmentiam as

---

[16] Tempos depois, transpareceu que De Gaulle fora visitar o Exército francês, na Alemanha, para se certificar da lealdade e da disponibilidade da tropa, caso fosse necessário convocá-la. Mas o fato nao foi conhecido à época.

[17] O que era uma inverdade. Em 1968, o Partido Comunista Francês não dispunha de qualquer estratégia coerente, além de menosprezar os estudantes radicais e tentar resguardar a influência do partido sobre o movimento trabalhista. Tomar o poder político era algo que estava além das habilidades e da imaginação do PCF.

palavras da esquerda, de que as autoridades haviam perdido o controle. A polícia recebeu ordens para reocupar os edifícios da universidade, as fábricas e os escritórios. Nas eleições legislativas que seguiram, os partidos gaullistas da situação obtiveram vitória esmagadora, aumentando o seu eleitorado em mais de um quinto e garantindo maioria absoluta na Assembléia Nacional. Os operários voltaram ao trabalho. Os alunos saíram de férias.

Os Eventos de Maio, na França, causaram um impacto psicológico desproporcional à sua verdadeira importância. Tratava-se de uma revolução que se desenrolava em tempo real, diante de um público internacional, que a tudo assistia pela televisão. Os líderes eram extraordinariamente fotogênicos: jovens atraentes e articulados que comandavam a juventude francesa através dos históricos bulevares da Rive Gauche, em Paris.[18] As reivindicações — um ambiente acadêmico mais democrático, o fim da censura moral ou, simplesmente, um mundo melhor — eram viáveis e, apesar dos punhos cerrados e da retórica revolucionária, em nada ameaçadoras. O movimento grevista nacional, embora estranho e preocupante, apenas fez crescer a aura das ações estudantis: tendo, muito por acaso, detonado a explosão de insatisfação social, os estudantes, no retrospecto histórico, ficaram com os créditos por terem prenunciado e até articulado tal descontentamento.

Acima de tudo, os Eventos de Maio foram surpreendentemente pacíficos, comparados a ações revolucionárias ocorridas em outros locais, ou mesmo no passado da própria França. Cometeu-se muita violência contra a propriedade privada, e vários estudantes e policiais foram hospitalizados depois da "Noite das Barricadas", em 24 de maio. Mas os dois lados se contiveram. Nenhum estudante foi morto em 1968; os representantes políticos da República não foram atacados e as instituições jamais foram seriamente ameaçadas (exceto o sistema universitário francês, onde tudo começou, que foi submetido a grandes distúrbios internos e depreciação, sem passear por qualquer reforma significativa).

Os radicais de 1968 imitaram a tal ponto o estilo e os implementos de revoluções passadas que o quadro chegou a configurar uma caricatura — o cenário, afinal, era o mesmo. Mas evitaram repetir a violência. Como conseqüência, o "psicodrama" francês (Aron) de 1968 entrou para a mitologia popular, quase imediatamente, como objeto de nostalgia, uma luta estilizada em que as forças da Vida, da Energia e da Liberdade engajaram-se contra a estupidez sombria e entorpecida das figuras do passado. Alguns dos líderes de maio que mais agradaram às multidões perseguiram carreiras políticas: Alain Krivine, carismático aluno de pós-graduação e líder dos estudantes trotskistas, passadas quatro décadas, é hoje o líder sexagenário do Partido Trotskista mais antigo da França. Daniel Cohn-Bendit, expulso da França em maio, tornou-se um respeitado vereador em Frankfurt, e depois representante do Partido Verde no Parlamento europeu.

No entanto, é sintomático da atmosfera fundamentalmente apolítica de maio de 1968 o fato de, na geração seguinte, os livros franceses mais vendidos a respeito do assunto não constituírem estudos sérios de análise histórica, tampouco tratados acerca das doutrinas da

---

[18] Não havia mulheres entre os líderes estudantis. Em fotografias e cinejornais da época, jovens são vistas em cima dos ombros dos namorados, mas eram, no máximo, auxiliares da infantaria do exército estudantil. A rebelião estudantil de 1968 falava muito de sexo, mas pouco se preocupava com desigualdades entre os gêneros.

época, mas compilações de grafites e palavras de ordem. Retiradas de muros, quadros de aviso e das ruas da cidade, as mensagens mordazes incentivam os jovens a amar, se divertir, zombar das autoridades, fazer o que lhes agradar — e quase transformar o mundo num subproduto dessas atitudes. *Sous le pavé*, dizia a frase, *la plage* (Sob o pavimento, a praia). No entanto, os autores dos lemas de maio de 1968 jamais pedem aos leitores que façam mal a alguém. Mesmo as críticas a De Gaulle o tratam como obstáculo obsoleto, e não como inimigo político. As frases expressam irritação e frustração, mas pouco *ódio*. Essa revolução não teve vítimas, o que, no final das contas, quer dizer que não foi, absolutamente, uma revolução.

A situação foi bem diferente na Itália, apesar das semelhanças superficiais na retórica dos movimentos estudantis. Em primeiro lugar, o contexto social dos conflitos na Itália era bastante diverso. A grande migração do sul para o norte, durante a primeira metade da década, havia gerado em Milão, Turim e outras cidades industriais do norte uma procura por transportes, serviços, educação e, sobretudo, moradias — necessidades com as quais os governos do país jamais haviam lidado. O "milagre econômico" chegara à Itália mais tarde do que a outras localidades, e a transformação da sociedade agrária fora mais abrupta.

Por conseguinte, os contratempos causados pelo início da industrialização coincidiram e colidiram com o mal-estar da modernidade. Trabalhadores especializados e não-especializados — tipicamente originários do sul, muitos deles do sexo feminino — nunca foram absorvidos pelos sindicatos de trabalhadores especializados (do sexo masculino) existentes no norte industrializado. Às tensões tradicionais entre patrões e empregados agora somavam-se disputas entre trabalhadores especializados e não-especializados, sindicalizados e não-sindicalizados. Os operários especializados das fábricas da Fiat ou da Pirelli, com níveis salariais melhores e mais estabilidade, reivindicavam maior participação nas decisões da diretoria — quanto à carga horária dos turnos, escalas salariais e medidas disciplinares. Os trabalhadores não-especializados concordavam com algumas dessas metas e se opunham a outras. A principal objeção dos não-especializados era às exaustivas metas de fabricação mínima de peças, ao ritmo implacável das linhas de produção em massa e à falta de segurança no trabalho.

No pós-guerra, a economia italiana foi transformada por centenas de pequenas empresas de engenharia, têxteis e de produtos químicos, nas quais a maioria dos empregados não tinha direitos legais ou institucionais diante das exigências impostas pelos empregadores. Nos anos 60, o Estado previdenciário italiano ainda era uma estrutura precária que só alcançaria a maturidade na década seguinte (em grande medida graças aos distúrbios sociais contemporâneos), e muitos trabalhadores não-especializados e seus familiares ainda não tinham direitos trabalhistas, nem acesso a benefícios extensivos à família (em março de 1968, uma greve geral reivindicou um sistema nacional de pensão). Os partidos e sindicatos tradicionais de esquerda não estavam preparados para lidar com tais questões. Ao contrário, à época, a principal preocupação dessas organizações era com o fato de que aquela força de trabalho nova e indisciplinada ameaçava diluir as antigas instituições trabalhistas. Quando operárias semi-especializadas procuraram o apoio do sindicato comunista para suas queixas relativas à aceleração do ritmo de trabalho, em vez de apoiá-las, o sindicato as instruiu a exigir melhor compensação.

Dadas as circunstâncias, os principais beneficiários das tensões sociais na Itália não eram as organizações de esquerda consolidadas, mas um punhado de redes informais da esquerda "extraparlamentar". Os líderes dessa esquerda — comunistas dissidentes, teóricos acadêmicos que defendiam autonomia para os trabalhadores e porta-vozes de organizações estudantis — foram mais ágeis na identificação das fontes de descontentamento do operariado e na incorporação de tais questões aos seus projetos. Além disso, as próprias universidades apresentavam uma analogia irresistível. Também ali, uma força de trabalho nova e desorganizada (um número maciço de estudantes de primeira geração) enfrentava condições de vida e trabalho extremamente insatisfatórias. Também ali, uma antiga elite exercia poder decisório irrestrito sobre a massa estudantil, impondo carga horária didática, provas, conceitos e punições à vontade.

Sob essa perspectiva, administradores, sindicatos e outros órgãos profissionais em escolas e universidades — tanto quanto em fábricas e oficinas — compartilhavam um interesse "objetivo" no *status quo*. O fato de a população estudantil italiana ser, basicamente, originária da classe média urbana não era empecilho a esse raciocínio: na condição de produtores e consumidores de conhecimento, os estudantes representavam (na sua própria visão) uma ameaça ainda maior ao poder e à autoridade do que as forças tradicionais do proletariado. Segundo o pensamento da Nova Esquerda, o importante não era a origem social de determinado grupo, mas sua capacidade de abalar instituições e estruturas de autoridade. A sala de aula propiciava um ponto de partida tão adequado quanto a fábrica.

A adaptabilidade protéica da política radical italiana nos anos em referência fica evidente no seguinte conjunto de reivindicações que circularam num *liceo* (colégio secundário) em Milão: as metas do movimento estudantil, declarava o documento, eram "controle e eventual eliminação do sistema de conceitos e reprovações e, portanto, a abolição do processo seletivo na escola; garantia do direito de todos à educação e a bolsas de estudo; liberdade de convocar assembléias; realização de uma reunião matinal; prestação de contas por parte dos professores aos alunos; remoção de todos os professores reacionários e autoritários e autonomia para determinar o currículo".[19]

O ciclo de protesto e distúrbio verificado na Itália no final dos anos 60 teve início em Turim, em 1968, com as objeções dos estudantes à transferência de um setor da universidade (a Faculdade de Ciências) para os subúrbios — um eco dos protestos ocorridos na região suburbana de Nanterre, exatamente na mesma época. Outro paralelo foi o subseqüente fechamento, em março de 1968, da Universidade de Roma, depois dos tumultos ali registrados durante o protesto dos estudantes contra uma lei de reforma universitária. Mas, diferentemente do movimento estudantil francês, o interesse dos líderes estudantis italianos na reforma das instituições acadêmicas era sempre secundário à identificação dos estudantes com o movimento trabalhista, conforme os nomes das organizações — Avanguardia Operaia ou Potere Operaio (Vanguarda Operária, Poder Operário) — sugerem.

As disputas trabalhistas que começaram nas fábricas da Pirelli, em Milão, em setembro de 1968, e duraram até novembro de 1969 (quando o governo pressionou a Pirelli a acei-

[19] Citado por Robert Lumley em *States of Emergency. Cultures of Revolt in Italy from 1968 to 1978* (Estados de emergência. Culturas de revolta na Itália de 1968 a 1978) (Londres, 1990), p. 96.

tar as principais reivindicações dos grevistas) propiciaram um contraponto industrial e um estímulo aos estudantes rebeldes. O movimento grevista de 1969 foi o maior da história italiana, e promoveu a mobilização e a politização dos jovens radicais italianos em proporções muito maiores do que as verificadas nos protestos de apenas um mês de duração ocorridos na França no ano anterior. O "Outono Quente" daquele ano, com greves ilegais e ocupações espontâneas realizadas por pequenos grupos de trabalhadores que exigiam participar da gestão das fábricas, levou uma geração de estudantes italianos e seus seguidores a teorizar e concluir que a rejeição total do "Estado burguês" era a tática certa. A autonomia dos trabalhadores — enquanto tática e objetivo — era o caminho do futuro. As reformas, tanto nas escolas quanto nas fábricas, não eram apenas inviáveis, eram também indesejáveis. Concessão significava derrota.

Exatamente por que motivo o contingente "extra-oficial" de marxistas italianos haveria de seguir esse curso continua a ser tópico de debate. A estratégia sempre sutil e obsequiosa do Partido Comunista Italiano deixava-o exposto à imputação de funcionar dentro "do sistema", de ter interesse na estabilidade, sendo portanto, segundo as críticas de integrantes da esquerda, "objetivamente reacionário". E o sistema político italiano, em si, era ao mesmo tempo corrupto e, aparentemente, incapaz de mudar: nas eleições legislativas de 1968, tanto os democratas cristãos quanto os comunistas conquistaram eleitorados maiores, e os demais partidos não chegaram a lugar algum. Porém, se tal fato talvez explique o desafeto da esquerda extraparlamentar, não será capaz de explicar a guinada desta a favor da violência.

O "maoísmo" — ou, em todo caso, o fascínio inconteste pela Revolução Cultural chinesa, que então vivia o seu momento máximo — era mais difundido na Itália do que em qualquer outro local da Europa. Partidos, grupos e periódicos de convicção maoísta, identificáveis pela insistência no adjetivo "marxista-leninista" (empregado para diferenciá-los dos comunistas oficiais por eles desprezados), brotaram em rápida sucessão naqueles anos, inspirados pela Guarda Vermelha chinesa, e enfatizaram a comunhão de interesses que unia trabalhadores e intelectuais. Em Roma e Bolonha, os teóricos do movimento estudantil chegavam a imitar a retórica dos doutrinadores de Pequim, dividindo as disciplinas acadêmicas em "pré-burguesas" (grego e latim), "estritamente ideológicas" (e.g., história) e "indiretamente ideológicas" (física, química, matemática).

A combinação supostamente maoísta de romantismo revolucionário com dogma trabalhista foi corporificada no periódico (e movimento) *Lotta Continua* (Luta Contínua) — cujo título, conforme costumava acontecer, sintetiza o projeto. *Lotta Continua* surgiu no outono de 1969, quando a guinada para a violência já se concretizara. Durante as manifestações estudantis registradas em Turim, em junho de 1968, os lemas eram "Não à paz social nas fábricas!" e "Só a violência funciona onde a violência reina". Nos meses seguintes, protestos em universidades e fábricas caracterizaram-se por um aumento do gosto pela violência, fosse retórica ("Não transforme o Estado, destrua-o!"), fosse real. A canção mais conhecida do movimento estudantil italiano naqueles meses era, bem a calhar, *La Violenza.*

A ironia contida em tudo isso não escapou aos contemporâneos. Conforme observou o cineasta Pier Paolo Pasolini, na seqüência dos confrontos estudantis com a polícia nos jardins da Villa Borghese, em Roma, os papéis das classes haviam se invertido: os filhos privilegiados da burguesia gritavam palavras de ordem revolucionárias e agrediam os filhos mal remunerados dos camponeses do sul cuja responsabilidade era preservar a ordem civil. Qualquer adulto que se lembrasse do passado recente da Itália saberia que essa reviravolta rumo à violência só poderia acabar mal. Enquanto os estudantes franceses supunham que a autoridade pública estaria vulnerável a distúrbios originários das classes inferiores (capricho que as sólidas instituições gaullistas permitiram que os estudantes alimentassem impunemente), os radicais italianos tinham bons motivos para crer que conseguiriam destruir a estrutura da República pós-fascista — e estavam ansiosos por fazê-lo. Em 24 de abril de 1969, bombas foram depositadas na Feira Mundial de Milão e na estação ferroviária central. Oito meses mais tarde, *depois* que os conflitos na Pirelli haviam sido resolvidos e o movimento grevista terminado, o Banco Rural, na piazza Fontana, em Milão, foi pelos ares. Era o início da "estratégia de tensão" subjacente aos primeiros anos da década de 70

Os radicais italianos dos anos 60 poderiam ser acusados de ter esquecido o passado recente do país. Na Alemanha Ocidental, o oposto era verdade. Até 1961, no período pós-guerra, uma geração cresceu vendo o nazismo como responsável pela guerra e pela derrota; mas os aspectos verdadeiramente infames do regime foram sempre minimizados. O julgamento naquele ano de Adolf Eichmann, seguido, entre 1963 e 1965, pelos chamados "julgamentos de Auschwitz", em Frankfurt, apresentou tardiamente para a opinião pública alemã os males do nazismo. Em Frankfurt, 273 testemunhas confirmaram a escala e a intensidade dos crimes cometidos pelos alemães contra a humanidade, indo muito além dos 23 acusados (22 da SS e um *kapo* que havia servido em campo de concentração). Alexander e Margarete Mitscherlich publicaram um estudo por demais influente, intitulado *Die Unfähigkeit zu trauen* (A incapacidade de lamentar), argumentando que o reconhecimento oficial das perversidades do nazismo por parte da Alemanha Ocidental jamais fora acompanhado de uma sincera admissão de responsabilidade individual.

Os intelectuais da Alemanha Ocidental encamparam ardentemente essa idéia. Escritores, dramaturgos e cineastas com carreiras consolidadas — Günter Grass, Martin Wasler, Hans-Magnus Enzensberger, Jürgen Habermas, Rolf Hochhuth, Edgar Reitz, todos nascidos entre 1927 e 1932 — passaram a centrar seu trabalho no nazismo e na falta de consciência em relação ao fenômeno. No entanto, um grupo de intelectuais mais jovens, nascidos durante ou logo após a Segunda Guerra Mundial, assumiu um posicionamento mais extremo. Sem ter conhecimento direto do que se passara, esse grupo via todas as falhas da Alemanha através do prisma do fracasso da República de Bonn, mais do que do nazismo. Portanto, para Rudi Dutschke (nascido em 1940), Peter Schneider (1940), Gudrun Ensslin (1940) ou Andreas Baader (nascido em 1943) e Rainer Werner Fassbinder (1945), estes dois últimos um pouco mais jovens, a democracia existente na Alemanha Ocidental no pós-guerra não era a solução — era o problema. A concha apolítica, consumista e sob proteção norte-americana que se tornara a *Bundesrepublik* não era apenas imperfeita e desprovida de memória; aliada aos mestres ocidentais, ela havia tramado a negação do passado germânico, enterrando-o sob bens de consumo e propaganda anticomunista. Até mesmo as características constitucionais da República eram inautênticas, nas palavras de Fassbinder: "Nossa democracia foi decretada pela zona de ocupação ocidental; nós mesmos não lutamos por ela."

Nos anos 60, a intelectualidade jovem e radical alemã acusava a República de Bonn de encobrir os crimes da geração anterior. Muitos homens e mulheres nascidos na Alemanha durante a guerra e nos primeiros anos do pós-guerra não conheceram seus pais: quem foram, o que tinham feito. Na escola, nada lhes era ensinado sobre história alemã pós-1933 (e pouco sobre a era de Weimar). Conforme Peter Schneider e outros mais tarde explicariam, vivia-se num vácuo construído sobre um vazio: mesmo dentro de casa — na verdade, principalmente em casa — não se falava sobre "aquilo".

Os pais desses jovens (isto é, o contingente de alemães nascidos entre 1910 e 1930) não apenas se recusavam a discutir o passado. Desconfiados de promessas políticas e idéias grandiosas, esses alemães voltavam a atenção, com firmeza (e certo desconforto), para o bem-estar material, a estabilidade e a respeitabilidade. Conforme Adenauer bem compreendia, a identificação com a América do Norte e "o Ocidente" decorria, em grande medida, do desejo de evitar qualquer associação com a bagagem de "germanidade". Como resultado, aos olhos dos filhos e filhas, a mencionada geração era uma *nulidade.* Suas realizações materiais estavam maculadas pelo legado moral. Se houve uma geração cuja rebeldia se fundamentava na rejeição a tudo o que os pais representavam — *tudo*: patriotismo, nazismo, dinheiro, o Ocidente, paz, estabilidade, lei e democracia —, essa geração foi a dos "filhos de Hitler", os radicais da Alemanha Ocidental dos anos 60.

Aos olhos desses jovens, a República Federal cheirava a hipocrisia e a autocomplacência. Primeiro, aconteceu o caso *Spiegel.* Em 1962, a principal revista semanária da Alemanha publicou uma série de artigos que investigavam as políticas de defesa da Alemanha Ocidental e apontavam ações duvidosas por parte de Franz-Josef Strauss, alemão da Bavária e ministro da Defesa de Adenauer. Com autorização de Adenauer e a pedido de Strauss, o governo interpelou o periódico, prendeu o editor e vasculhou a sede da revista. Esse vergonhoso abuso de poder policial, cujo propósito era suprimir reportagens consideradas indesejáveis, atraiu a condenação universal — até mesmo o sempre conservador *Frankfurter Allgemeine Zeitung* observou que "isto é uma vergonha para a nossa democracia, que não pode viver sem uma imprensa livre, sem total liberdade de imprensa".

Então, quatro anos mais tarde, em dezembro de 1966, o governo democrata cristão indicou para a sucessão do chanceler Ludwig Erhard um ex-nazista, Kurt-Georg Kiesinger. O novo chanceler tinha sido membro pagante do Partido Nazista durante 12 anos, e sua nomeação foi vista por muitos como prova conclusiva do cinismo e da falta de arrependimento da República de Bonn. Se o chefe do governo não se envergonhava de ter apoiado Hitler durante 12 anos, quem poderia levar a sério as declarações de pesar ou o compromisso com os valores liberais assumidos pela Alemanha Ocidental, principalmente numa época em que organizações neonazistas voltavam a despontar na periferia da política? Conforme Grass exprimiu, em carta aberta a Kiesinger, por ocasião do ressurgimento neonazista:

> Como poderão os jovens, em nosso país, encontrar argumentos contrários ao partido que morreu duas décadas atrás, mas que está sendo ressuscitado como Partido Nacional Democrata (PND), se Vossa Excelência deposita sobre a Chancelaria o peso ainda bastante considerável do vosso passado?

Kiesinger liderou o governo durante três anos, de 1966 a 1969. Naquele período, a Esquerda Extraparlamentar Alemã (conforme o grupo se autodenominava) entrou nas universidades com um sucesso surpreendente. Algumas das queixas da União dos Estudantes Socialistas (UES) eram agora comuns a todo o continente europeu ocidental: residências estudantis e salas de aula superlotadas; professores distantes e inacessíveis; ensino enfadonho e desprovido de imaginação. Mas as questões prementes naqueles anos eram peculiares à Alemanha Ocidental. O *campus* mais animado era o da Universidade Livre de Berlim (fundada em 1948 para compensar o isolamento do *campus* da Universidade Humboldt, na Zona Comunista), aonde muitos estudantes tinham acorrido para escapar do serviço militar.[20]

O antimilitarismo tinha um lugar especial na agenda de protestos dos estudantes alemães, como um meio idôneo de condenar tanto a República Federal quanto o antecessor nazista. Com o aumento da oposição à Guerra do Vietnã, essa combinação entre passado e presente estendeu-se ao mentor militar da Alemanha Ocidental. A América do Norte, sempre "fascista" segundo a retórica de uma minoria de radicais, havia se tornado o inimigo para um público muito mais numeroso. Na realidade, atacar a "Amerika" (*sic*) pela guerra criminosa travada no Vietnã era quase um modo de substituir a discussão dos crimes de guerra cometidos pela própria Alemanha. Na peça de Peter Weiss intitulada *Vietnam-Discourse (Debate sobre Vietnã)* (1968), o paralelo entre os Estados Unidos e os nazistas fica explícito.

Se os EUA não eram melhores do que o regime de Hitler — se, de acordo com um refrão da época, US = SS —, então, bastaria um pequeno passo para que a Alemanha fosse tratada como um Vietnã: os dois países tinham sido divididos por forças de ocupação estrangeiras, os dois se viram irremediavelmente envolvidos em conflitos de outros povos. Esse tipo de discurso propiciava aos radicais da Alemanha Ocidental a oportunidade de desprezar a República de Bonn, tanto pelas associações imperialistas-capitalistas no presente quanto pelas ligações fascistas no passado. E o que era mais grave, o discurso autorizava a esquerda radical a reciclar a reivindicação de que os alemães eram as verdadeiras vítimas — asserção até então identificada com a extrema direita.[21]

Não devemos, pois, ficar surpresos ao saber que, apesar de toda a indignação diante da "geração de Auschwitz", os jovens alemães nos anos 60 não se preocupavam muito com o Holocausto dos judeus. Na verdade, a exemplo dos pais, sentiam-se constrangidos com a "Questão Judaica". Preferiam incluir o tópico em disciplinas acadêmicas acerca de "*Faschismustheorie*", encobrindo a dimensão racista do nazismo e enfatizando as ligações do regime com a produção capitalista e o poder imperial — e, a partir daí, com Washington e Bonn. O verdadeiro "aparato repressor do Estado" seriam os lacaios imperiais em Bonn; suas vítimas

[20] Nos anos em questão, Berlim Ocidental assumira um certo tom de contracultura. Isolada, devido à sua localização no centro das tensões políticas internacionais, dependente da benevolência de Bonn e de Washington, com o futuro sempre incerto, a cidade ficava suspensa no tempo e no espaço. Tal fato a tornava muito atraente a dissidentes, radicais e indivíduos que buscavam a periferia cultural e política. A ironia da situação de Berlim Ocidental — de que a sobrevivência da cidade como posto avançado da boêmia ocidental dependia inteiramente da presença de soldados americanos — não era percebida por muitos dos jovens residentes.

[21] Ecos dessa inversão seriam ouvidos novamente por ocasião da primeira Guerra do Golfo, em 1991, quando os alemães que se opunham à guerra não hesitaram em apontar os EUA como os maiores criminosos de guerra no século XX e a Alemanha como a primeira vítima.

eram aqueles que faziam objeção à guerra dos EUA no Vietnã. Nessa estranha lógica, o jornal popular e sensacionalista *Bild Zeitung*, com suas críticas desmoralizadoras à política estudantil, atuou como um *Der Stürmer* renascido; os estudantes eram os novos "judeus", e os campos de concentração nazistas eram uma metáfora útil aos crimes do imperialismo. De acordo com uma frase pichada no muro de Dachau, em 1966, por um grupo de radicais: "O Vietnã é o Auschwitz dos EUA."

E, assim, a esquerda extraparlamentar germânica perdeu contato com suas raízes no antinazismo oficial. Furiosas com o Partido Social Democrata de Willy Brandt, por ter aderido a uma coalizão de governo com Kiesinger, as antigas organizações estudantis socialdemocratas deslocaram-se, rapidamente, para as margens. Mais abertamente contrárias ao Ocidente do que movimentos dos anos 60 localizados em outras regiões da Europa, as seitas que constituíam tais organizações adotaram nomes relacionados ao Terceiro Mundo: Maoístas (é claro), mas também "Índios", "Mescaleros" etc. Essa ênfase contrária ao Ocidente, por sua vez, alimentou uma contracultura conscientemente exótica e um tanto quanto estranha, mesmo para os padrões da época.

Na Alemanha, uma variante da confusão cultural dos anos 60 via sexo e política mais enredados do que em qualquer outro lugar. Seguindo Marcuse, Erich Fromm, Wilhelm Reich e outros teóricos da repressão sexual e política no século XX, grupos radicais alemães (e austríacos, ao menos vienenses) louvavam a nudez, o amor livre e uma educação infantil antiautoritária. As tão propaladas neuroses sexuais de Hitler passaram a servir como explicação para o nazismo. E, mais uma vez, em determinados círculos, era traçada uma analogia grotesca, repulsiva, entre os judeus vitimados por Hitler e a juventude da década de 1960, mártires do regime de repressão sexual imposto pelos próprios pais.

"Kommune I", microsseita maoísta que promovia abertamente a promiscuidade sexual como meio de libertação, fez circular um auto-retrato em 1966: sete rapazes e moças nus, estatelados contra uma parede — "Maoístas Nus diante de Parede Nua" era a legenda da foto publicada na *Der Spiegel*, em junho de 1967. O destaque conferido à nudez destinava-se, explicitamente, a trazer à lembrança fotografias de corpos despidos e indefesos batidas em campos de concentração. Vejam, a foto dizia: primeiro foram as vítimas de Hitler; agora são os corpos rebeldes e despidos dos revolucionários maoístas. Se os alemães puderem encarar a verdade contida em *nossos* corpos, poderão encarar outras verdades também.

A "mensagem" — de que a promiscuidade dos adolescentes obrigaria a geração mais velha a ser mais aberta em relação a sexo e, por conseguinte, em relação a Hitler e a tudo mais — levou Rudi Dutschke, líder da UES (que nesses assuntos era um moralista de esquerda à moda antiga), a condenar os "Kommunards" como "neuróticos". E, sem dúvida, o eram. Mas o narcisismo agressivo e anacrônico da seita, que mesclava, displicentemente, assassinato de massas e exibicionismo sexual, com o intuito de atiçar e escandalizar a burguesia, não deixou de ter conseqüências: um integrante da "Kommune I", que orgulhosamente declarou que o seu orgasmo tinha maior relevância revolucionária do que o Vietnã, reapareceria, na década de 1970, num campo de treinamento de guerrilheiros no Oriente Médio. A trilha que levava da auto-gratificação à violência era ainda mais curta na Alemanha do que em outras localidades.

Em junho de 1967, numa demonstração em Berlim contra o xá do Irã, a polícia fuzilou o estudante Benno Ohnesorg. Dutschke declarou a morte de Ohnesorg "assassinato político" e convocou a reação das massas; em poucos dias, 100 mil estudantes protestavam por toda a Alemanha Ocidental. Dias depois, Jürgen Habermas, até então um proeminente crítico das autoridades de Bonn, advertiu Dutschke e seus companheiros do perigo que era brincar com fogo. O "fascismo da esquerda", ele lembrou ao líder da UES, é tão letal quanto o da direita. Os que se referiam vagamente à "violência oculta" e à "tolerância repressora" do pacífico regime de Bonn — e que procederam, deliberadamente, graças a atos voluntariosos de violência real, a provocar a repressão por parte das autoridades — não sabiam o que estavam fazendo.

Em março do ano seguinte, enquanto os líderes estudantis radicais incitavam, repetidas vezes, o confronto com o "regime" de Bonn e o governo ameaçava reagir às provocações violentas em Berlim Ocidental e outros locais, Habermas — ao lado de Grass, Walser, Enzensberger e Hochhuth — voltou a pedir racionalidade democrática, convocando estudantes e governo a respeitarem a legalidade republicana. No mês seguinte, em 11 de abril de 1968, o próprio Dutschke pagaria caro pela violenta polarização que ele mesmo incentivara, pois foi morto em Berlim por um simpatizante neonazista. Nas semanas de ódio que se seguiram, duas pessoas foram mortas e quatrocentas ficaram feridas somente em Berlim. O governo de Kiesinger aprovou Leis Emergenciais (em votação que teve 384 votos a favor e 100 contrários, com o apoio de muitos socialdemocratas) autorizando Bonn a governar por decreto, se necessário — e espalhando o medo de que a República de Bonn estivesse à beira do colapso, conforme ocorrera com Weimar 35 anos antes.

Cada vez mais violentas, as seitas marginais que atuavam na política estudantil alemã — K-Gruppen, Autonome, o lado mais agressivo da UES — eram ostensivamente "marxistas", geralmente marxistas-leninistas (i.e., maoístas). Muitas eram financiadas em surdina pela Alemanha Oriental ou por Moscou, embora isso à época não fosse de conhecimento geral. Com efeito, na Alemanha e em outros locais, a Nova Esquerda mantinha distância do comunismo oficial — o que, em todo caso, na Alemanha Ocidental, era politicamente irrelevante. Mas, conforme ocorria com a maior parte da esquerda da Alemanha Ocidental (e não somente da esquerda), os radicais tinham uma relação ambígua com a República Democrática Alemã, a leste.

Muitos deles tinham nascido na região que agora correspondia à Alemanha Oriental, ou em outras terras a leste, das quais suas famílias alemãs haviam sido expulsas: regiões como a Prússia Oriental, Polônia, Tchecoslováquia. Quem sabe não terá sido por acaso que a nostalgia que os pais desses indivíduos sentiam por um passado germânico perdido reverberava nos sonhos dos filhos por uma Alemanha alternativa e melhor, a leste? A Alemanha Oriental, apesar (em decorrência?) do autoritarismo repressor e severo, tinha uma atração especial pelos jovens radicais: era tudo o que Bonn não era, e não fingia ser outra coisa.

Portanto, o ódio dos radicais às "hipocrisias" da República Federal os tornava particularmente suscetíveis às afirmações dos comunistas da Alemanha Oriental, de terem enfrentado a história alemã e conseguido expurgar a Alemanha *deles* do passado fascista. Além disso, o anticomunismo que fez a Alemanha Ocidental entrar para a Aliança do Atlântico e que constituiu a base da doutrina política do país tornou-se, em si mesmo, um alvo para a Nova Esquerda, especialmente durante os anos da Guerra do Vietnã. Enfatizar os crimes do comunismo era tão-somente desviar a atenção dos crimes do capitalismo. Os comunistas, conforme Daniel Cohn-Bendit expressara em Paris, talvez fossem "canalhas stalinistas", mas os liberais democratas não eram melhores do que isso.

Assim, a esquerda alemã não deu ouvidos aos resmungos de insatisfação vindos de Varsóvia e de Praga. O semblante dos anos 60 na Alemanha Ocidental, tanto quanto no Oeste Europeu como um todo, voltou-se, decididamente, para o interior. A revolução cultural da era foi bastante provinciana: se é que a juventude ocidental olhava o outro lado das fronteiras, esse olhar se interessava por terras exóticas, cujas imagens flutuavam livres das limitações impostas pela familiaridade ou pela informação. Sobre culturas estrangeiras *mais próximas*, o Ocidente nos anos 60 pouco sabia. Quando Rudi Dutschke fez uma visita fraternal a Praga, na primavera de 1968, no auge do movimento reformista tcheco, os estudantes locais ficaram perplexos diante da insistência do visitante de que a democracia pluralista era o verdadeiro inimigo. Para os estudantes tchecos, a democracia pluralista era o objetivo.

XIII

O Fim de Caso

"Revolução é um ato da grande maioria da sociedade contra o comando de uma minoria. É acompanhada de uma crise do poder político e do rompimento do aparato de coerção. Portanto, não precisa ser realizada pela força das armas."

Jacek Kuroń e Karel Modzelewski, Carta Aberta ao Partido *(março de 1965)*

"Todo partido comunista tem liberdade para aplicar os princípios do marxismo-leninismo e do socialismo em seu respectivo país, mas não tem liberdade para se desviar desses princípios, caso pretenda continuar a ser um partido comunista."

Leonid Brejnev (3 de agosto de 1968)

"Somente depois da Primavera de Praga, em 1968, foi possível ver quem era quem."

Zdeněk Mlynář

"Yesterday came suddenly."

Paul McCartney

Os anos 60 no bloco soviético foram, necessariamente, vivenciados de maneira bem diversa do que no Ocidente. Após 1965, o processo de "desestalinização" provocou a reivindicação de mudanças, assim como a descolonização e o fiasco em Suez o fizeram no Ocidente, mas o sufocamento da rebelião húngara deixara claro que reformas só seriam realizadas sob a égide do partido. E isso serviu para lembrar que a mola-mestra do comunismo era a autoridade de Moscou; o que contava eram a disposição e as políticas da liderança soviética. Até ser derrubado, em 1964, Nikita Kruschev definia a história da metade oriental da Europa.

A geração de líderes soviéticos contemporâneos de Kruschev ainda acreditava na luta internacional das classes. Na realidade, foi a visão romântica das lembranças revolucionárias soviéticas projetadas por Kruschev nas rebeliões da América Latina que o levou a dar o passo em falso que produziu a crise de Cuba, em 1962, e acarretou a queda do próprio Kruschev. A divergência com a China, que veio à tona em 1960 e propiciou aos críticos esquerdistas de Moscou uma alternativa "maoísta" ao modelo soviético, não foi apenas uma luta por primazia geopolítica; foi também um embate sincero pela alma da "revolução mundial". Sob esse aspecto, a rivalidade com Pequim colocou os líderes moscovitas do período pós-Stalin numa posição contraditória. Na condição de terra natal da revolução anticapitalista, Moscou continuava a divulgar suas ambições subversivas e a insistir na autoridade plena do partido, tanto na URSS quanto nos países-satélites. Por outro lado, o Kremlin prosseguia favorecendo a coexistência com as forças ocidentais — e com os seus próprios cidadãos.

Os anos de Kruschev registraram melhorias concretas. A partir de 1959, o "Curso Breve" de Stalin já não era a fonte autorizada de história soviética e teoria marxista.[1] O reino do terror diminuiu, mas as instituições e práticas por ele geradas continuaram firmes: o Gulag ainda existia e dezenas de milhares de prisioneiros políticos ainda definhavam em campos de detenção e no exílio — a metade dos quais era ucraniana. Sob o comando de Kruschev, as leis da era de Stalin que restringiam a mobilidade empregatícia foram abandonadas, a jornada de trabalho diária foi encurtada, o salário mínimo e um sistema de licença-maternidade foram introduzidos, além de um esquema nacional de pensão (estendido aos lavradores que trabalhavam em fazendas coletivas). Em suma, a União Soviética e os países-satélites mais avançados se tornaram Estados previdenciários embriônicos, ao menos em forma.

No entanto, as reformas mais ambiciosas pretendidas por Kruschev não geraram os esperados excedentes de gêneros alimentícios (outro motivo que levou os colegas a se livrarem do líder soviético em outubro de 1964). O cultivo de terras até então "virgens" no Cazaquistão e no sul da Sibéria foi desastroso: meio milhão de toneladas de solo arável perdiam-se todos os anos, uma terra totalmente inadequada ao plantio forçado de grãos; e quando havia o que colher, o produto muitas vezes vinha misturado com ervas daninhas. Numa mistura tragicômica de planejamento centralizado e corrupção local, os chefões comunistas no Quirguistão instavam os agricultores que trabalhavam em fazendas coletivas a cumprir as cotas de produção comprando gêneros em estabelecimentos locais. Foram registrados distúrbios em conseqüência de problemas no fornecimento de gêneros alimentícios em cidades provincianas (notadamente em Novocherkassk, em junho de 1962). Em janeiro de 1964, na seqüência da fracassada safra de 1963, a URSS foi obrigada a importar grãos do Ocidente.

Ao mesmo tempo, as microfazendas particulares, esporadicamente incentivadas por Kruschev, obtinham um sucesso quase constrangedor: no início dos anos 60, os 3% do solo que eram propriedade particular geravam mais do que a terça parte da produção agrícola da União Soviética. Já em 1965, dois terços das batatas consumidas na URSS e três quartos dos ovos vinham de propriedades rurais particulares. Na União Soviética, tanto quanto na Polônia ou na Hungria, o "socialismo", para sobreviver, dependia da economia interna "capitalista" e ilegal, a cuja existência o regime fazia vista grossa.[2]

As reformas econômicas dos anos 50 e 60 foram, desde o princípio, uma tentativa espasmódica de remendar um sistema estruturalmente defeituoso. Na medida em que implicavam uma certa disposição de descentralizar as decisões econômicas ou autorizar uma efetiva produção privada, tais reformas, na visão da velha guarda, linha-dura, eram uma afronta. Mas, de qualquer forma, a liberalização empreendida por Kruschev e, mais tarde, por Brejnev não

[1] Embora tenha sido substituído por uma nova versão mitificada, na qual o próprio Stalin e seus crimes passavam um tanto quanto despercebidos.

[2] A credibilidade do sistema soviético residia, em grande medida, na capacidade de obter resultados da terra. Durante a maior parte do tempo, ao longo dos oitenta anos de vida do referido sistema, a agricultura esteve em situação de emergência, de um jeito ou de outro. Tal fato não teria causado espécie a um europeu no século XVIII, tampouco a um observador africano no século XX; mas os padrões da União Soviética eram tidos como bem mais elevados.

representava uma ameaça imediata à rede de poder e proteção da qual o sistema soviético dependia. Na realidade, precisamente por estarem sempre subordinadas às prioridades políticas, no âmbito do bloco soviético, as melhorias econômicas alcançavam objetivos tão reduzidos.

Já a reforma cultural era uma outra questão. Lenin sempre se preocupara mais com críticos do que com princípios; e os herdeiros de Lenin não foram diferentes. A oposição de ordem intelectual, fosse ela mais difundida no partido ou fora dele, era algo que afetava, profundamente, a sensibilidade dos líderes comunistas, inclusive Kruschev. Em 1956, tanto na União Soviética quanto em outras regiões, após as primeiras denúncias de Kruschev contra Stalin, o otimismo foi geral em relação ao relaxamento da censura e ao surgimento de um espaço para a dissensão e a crítica cautelosa (naquele mesmo ano, Boris Pasternak submeteu em vão o manuscrito do romance *Doutor Jivago* ao periódico literário *Novy Mir*). Mas o Kremlin logo demonstrou apreensão diante do que considerava constituir permissividade cultural; três anos antes do XX Congresso do Partido, Kruschev já proferia discursos públicos exaltados, defendendo o realismo socialista nas artes e fazendo graves ameaças aos críticos do movimento, caso prosseguissem a menosprezá-lo, mesmo em retrospecto. Simultaneamente, em 1959, as autoridades reprimiram sacerdotes da Igreja Ortodoxa e seguidores da Igreja Batista, expressões de dissidência cultural que contavam com relativa liberdade desde a queda de Stalin.

Entretanto, o próprio Kruschev, se não os companheiros, era sempre imprevisível. O XXII Congresso do PCUS, em outubro de 1961, revelou a extensão da ruptura entre a China e a URSS (no mês seguinte, os soviéticos fecharam a Embaixada na Albânia, sede européia de Pequim) e, na competição por influência global, Moscou dispôs-se a apresentar um novo perfil aos seguidores internacionais, agora confusos e hesitantes. Em 1962, um professor secundário, Aleksandr Soljenitsin, recebeu permissão para publicar seu romance pessimista e implicitamente subversivo, *Um Dia na Vida de Ivan Denissovitch*, no *Novy Mir* — o mesmo periódico que rejeitara Pasternak menos de seis anos antes.

A tolerância relativa que existiu nos últimos anos de Kruschev não chegou a incluir a crítica direta à liderança soviética: é certo que a obra posterior de Soljenitsin jamais teria autorização para ser publicada, nem mesmo no auge do "degelo". Mas, comparado à situação anterior, o início dos anos 60 foi uma época de liberdade literária e de prudente experimentação cultural. Porém, com o golpe no Kremlin, ocorrido em outubro de 1964, tudo mudou. Os que conspiraram contra Kruschev exasperavam-se com o fracasso da política do líder e com seu estilo autocrático; mas, acima de tudo, era a inconsistência de Kruschev que os incomodava. O próprio primeiro-secretário talvez soubesse, exatamente, o que era permissível ou não, mas havia o risco de que terceiros compreendessem mal a aparente tolerância do líder. Erros talvez fossem cometidos.

Poucos meses após assumir o controle, a nova liderança instalada no Kremlin começou a pressionar os intelectuais. Em setembro de 1965, dois jovens escritores, Andrei Siniavski e Iuli Daniel, foram presos. Sob os pseudônimos, respectivamente, de Abram Tertz e Nikolai Arjak, tinham conseguido contrabandear para o Ocidente várias obras de ficção. Tertz-Siniavski também haviam publicado — no exterior — um breve ensaio crítico sobre a literatura soviética moderna, intitulado *Sobre o Realismo Socialista*. Em fevereiro de 1966, os dois foram levados a julgamento. Uma vez que lei alguma na União Soviética proibia a publicação de obras no exterior, as autoridades alegaram que o conteúdo das obras era, por si só, prova do crime de atividade anti-soviética. Os dois escritores foram considerados culpados e condenados a cumprir pena em campos de trabalho forçado: Siniavski a sete anos (embora tenha sido libertado depois de seis anos) e Daniel a cinco.

Ainda que uma campanha da imprensa difamando os dois autores houvesse atraído a atenção do público para o destino dos réus, o julgamento de Siniavski-Daniel foi realizado a portas fechadas. Contudo, os procedimentos jurídicos foram gravados secretamente e transcritos por diversas pessoas que haviam sido admitidas ao tribunal, sendo publicados em russo e inglês no ano seguinte, fato que provocou petições internacionais e pedidos de soltura para os acusados.[3] O aspecto incomum do caso era que, a despeito de toda a brutalidade das décadas de Stalin, ninguém até então havia sido preso *apenas* com base no conteúdo de escritos (ficcionais). No passado, mesmo quando provas materiais eram livremente forjadas, os intelectuais sempre tinham sido acusados com base em *atos*, não em simples *palavras*.

Por ter sido contrastado com a relativa liberalidade dos anos de Kruschev, o tratamento dispensado a Siniavski e Daniel gerou protestos sem precedentes dentro da própria União Soviética. O movimento dissidente das últimas décadas da União Soviética tem início nesse momento: "*samizdat*" ("publicação pelo autor") começou no ano em que ocorreram as mencionadas prisões, e por causa das prisões; e muitas das principais figuras que integravam os círculos de dissidentes soviéticos nos anos 70 e 80 surgiram por ocasião dos protestos contra o tratamento dado a Siniavski e Daniel. Vladimir Bukovski, então um estudante de 25 anos, foi detido em 1967 por organizar uma manifestação na praça Púchkin em defesa dos direitos civis e da liberdade de expressão. Já em 1963, Bukovski tinha sido preso pela KGB, acusado de portar literatura anti-soviética, e fora enviado a um hospital psiquiátrico para tratamento compulsório. Desta feita, foi condenado a três anos de trabalhos forçados, por "atividades anti-soviéticas".

O caso Siniavski-Daniel e a reação por ele causada pareciam demarcar, claramente, a situação na União Soviética: o que havia e o que não havia mudado. Segundo quaisquer parâmetros, exceto os da sua própria história, o regime era estático, repressor e inflexível. A miragem de 1956 se desfizera. As perspectivas de dizer a verdade sobre o passado e de reformar o futuro pareciam distantes. As ilusões da era Kruschev estavam destruídas. Não importa qual fosse o perfil apresentado às potências ocidentais, internamente o regime soviético se acomodava a um longo crepúsculo de estagnação econômica e decadência moral.

No Leste Europeu, nos Estados-satélites do bloco soviético, todavia, as perspectivas de mudança pareciam nitidamente mais propícias. Aparentemente, isso configura um paradoxo. Afinal, se os cidadãos da União Soviética eram impotentes diante da ditadura pós-stalinista, os habitantes da Hungria, da Tchecoslováquia e seus vizinhos estariam duplamente indefesos, pois não apenas viviam sob um regime repressor, mas seus próprios líderes atuavam sob o domínio da verdadeira autoridade na capital imperial. Os princípios do Império Soviético

[3] Um ano após ser solto, Siniavski emigrou para a França, onde lecionou literatura russa, na Sorbonne. Daniel ficou na Rússia, onde faleceu em 1988.

tinham ficado bastante claros em Budapeste, em novembro de 1956. Além disso, na Tchecoslováquia e na Romênia, algumas das vítimas que haviam sobrevivido aos julgamentos forjados realizados no passado ainda padeciam na cadeia, uma década depois.

No entanto, a Europa Oriental *era* diferente — até certo ponto, é claro, porque se tratava de uma recente extensão colonial do domínio comunista. Na década de 1960, o comunismo era a única forma de governo conhecida da maioria dos habitantes da União Soviética; na esteira da Grande Guerra Patriótica o regime chegara mesmo a conquistar certa legitimidade. Porém, mais a oeste, a lembrança da ocupação soviética e da tomada de poder pelos soviéticos ainda estava viva. O simples fato de *serem* fantoches de Moscou, portanto, carecendo de credibilidade local, tornava os líderes do partido nos Estados-satélites mais sensíveis aos benefícios de atender o sentimento nativo.

Isso parecia possível sobretudo porque, na Europa Oriental, entre 1956 e 1968, os indivíduos que criticavam os regimes do partido não eram, em absoluto, anticomunistas. Reagindo à declaração de Sartre, em 1956, de que a revolução húngara fora marcada por um "espírito direitista", o intelectual refugiado húngaro François Fejtö respondera que eram os stalinistas que se posicionavam à direita. *Eles* eram os "versalheses". "*Nós* continuamos a ser homens de esquerda, leais às nossas idéias, aos nossos ideais e às nossas tradições." A insistência de Fejtö na credibilidade da *esquerda* anti-stalinista capta o tom da oposição intelectual do Leste Europeu observado nos 12 anos seguintes. A questão não era condenar o comunismo, muito menos derrubá-lo; antes, a meta era refletir sobre os terríveis erros cometidos e propor uma alternativa de acordo com os termos do próprio comunismo.

Isso constituía "revisionismo", termo empregado pela primeira vez, nesse contexto, pelo líder polonês Władisław Gomułka durante um encontro do Comitê Central do Partido Polonês dos Trabalhadores Unidos, realizado em maio de 1957, referindo-se aos intelectuais que o criticavam. Esses "revisionistas" — na Polônia, o mais famoso era o jovem filósofo marxista Leszek Kołakowski — tinham sido, em muitos casos, marxistas ortodoxos até 1956. Não renegaram tal fidelidade da noite para o dia. Em vez disso, passaram os 12 anos seguintes, nas palavras do escritor eslovaco Milan Šimečka, "tentando encontrar o erro do projeto". A exemplo da maioria dos marxistas ocidentais contemporâneos, os "revisionistas" abraçavam a noção de que era possível distinguir claramente entre a credibilidade do marxismo e os crimes de Stalin.

Para muitos marxistas do Leste Europeu, o stalinismo era uma paródia trágica da doutrina marxista e a União Soviética um desafio permanente à credibilidade do projeto de transformação socialista. Porém, ao contrário da Nova Esquerda ocidental, os revisionistas intelectuais do Leste Europeu continuavam a colaborar com o Partido Comunista, não raro trabalhando no âmbito do partido. É certo que isso decorria, em parte, de necessidade; mas decorria também de autêntica convicção. A longo prazo, tal associação haveria de isolar e até desacreditar os comunistas favoráveis à reforma, principalmente aos olhos de uma geração cada vez mais atenta à atmosfera da nova geração ocidental, cujo ponto de referência não era o passado stalinista, mas o presente capitalista. Contudo, de 1956 até 1968 o movimento revisionista na Europa Oriental propiciou a escritores, cineastas, economistas, jornalistas etc. uma janela de otimismo que se abriu brevemente para um novo futuro socialista.

Na Polônia, o espaço crítico mais importante foi viabilizado pela Igreja Católica, e pela proteção que a Igreja oferecia a quem estivesse sob os seus auspícios — de modo especial na Universidade Católica de Lublin e através dos periódicos *Znak* e *Tygodnik Powszechny*. Era uma particularidade da Polônia, nos anos de Gomułka, o fato de filósofos marxistas e teólogos católicos concordarem quanto à defesa da liberdade de expressão e das liberdades civis — um estágio embrionário de alianças que seriam formadas nos anos 70. Em outros locais, no entanto, o próprio Partido Comunista era o único fórum onde essas críticas podiam ser expressas com segurança. O terreno mais propício à crítica "construtiva" era a gestão comunista da economia.

Um motivo para tanto era que o marxismo convencional fundamentava-se, supostamente, na economia política, de modo que a política econômica (uma vez liberada da mão morta de Stalin) tornou-se uma arena plausível de dissensão intelectual. Outro motivo foi que, à época, muitos intelectuais do Leste Europeu ainda levavam o marxismo bem a sério e consideravam o problema da economia comunista um ponto de partida teórico vital para a implementação de reformas sérias. Mas a principal explicação era, simplesmente, que no início dos anos 60 as economias dos Estados comunistas europeus começavam a demonstrar os primeiros indícios de mau funcionamento.

As falhas das economias comunistas não eram segredo. Essas economias mal conseguiam prover alimentos para seus cidadãos (na União Soviética, muitas vezes, tal provisão era de fato insuficiente). O sistema priorizava a produção em massa e excessiva de bens industriais primários. Diversos itens — acima de tudo, bens de consumo — para os quais *havia* uma procura crescente não eram produzidos, ou não em quantidades suficientes, ou então não apresentavam a qualidade necessária. E o sistema de distribuição e venda dos bens dessa natureza que chegavam a ser disponibilizados era tão mal gerenciado que a escassez verídica ficava exacerbada por uma escassez induzida: pontos de estrangulamento, sonegação fiscal, corrupção e — no caso de alimentos e outros perecíveis — elevados índices de desperdício.

Na primeira década do pós-guerra, as ineficiências típicas do comunismo tinham ficado parcialmente camufladas pelas necessidades de reconstrução que se impunham ao período. Porém, no princípio dos anos 60, depois da bravata de Kruschev — de que o comunismo "ultrapassaria" o Ocidente e que a transição para o socialismo estava concluída —, o hiato entre a retórica do partido e a penúria do cotidiano já não podia ser transposto por meio de exortações à recuperação dos prejuízos causados pela guerra ou ao incremento da produção. E a alegação de que sabotadores — *kulaks*, capitalistas, judeus, espiões ou "interesses ocidentais" — eram responsáveis por impedir o avanço do comunismo, embora ainda ouvida em determinados círculos, estava agora associada à época do terror: uma época que a maioria dos líderes comunistas, seguindo Kruschev, mostrava-se ansiosa por deixar para trás. Os problemas, conforme o consenso crescente, estariam no próprio sistema econômico comunista.

Os autodenominados "economistas reformadores" (o termo "revisionista" encerrava conotações pejorativas) eram mais numerosos na Hungria. Em 1961, János Kádár havia declarado que o Estado-partido passaria a supor que quem não lhe fizesse franca oposição o apoiava; e foi portanto sob a égide do regime kádárista que pela primeira vez os críticos da prática econômica comunista sentiram-se seguros para falar.[4] Economistas reformadores admitiram que a coletivização da terra ocorrida nas décadas de 40 e 50 tinha sido um equívoco. Reconheciam também, embora com mais cautela, que a obsessão soviética por extração e produção em grande escala de bens industriais primários era um empecilho ao crescimento. Em suma, esses economistas assentiam — embora não o fizessem explicitamente — que a aplicação generalizada, em toda a Europa Oriental, da industrialização forçada e da destruição de propriedade privada, conforme levada a termo na União Soviética, fora um desastre. E, o que era mais radical, os reformistas começaram a buscar meios que permitissem às economias comunistas incorporar sinalização de preços e outros incentivos mercadológicos a um sistema coletivista de propriedade e produção.

Durante os anos 60, os debates acerca de reforma econômica na Europa Oriental caminhavam por uma trilha estreita. Alguns líderes do partido mostravam-se suficientemente pragmáticos (ou preocupados) a ponto de reconhecer os erros técnicos do passado — até mesmo a liderança tcheca neo-stalinista abandonou a ênfase na indústria pesada, em 1961, na metade do desastroso Terceiro Plano Qüinqüenal. Mas admitir o fracasso do planejamento centralizado ou da propriedade coletiva era outra questão. Economistas favoráveis às reformas, como Ota Sik ou o húngaro János Kornai, tentavam definir uma "terceira via": uma economia mista em que os fatos inegociáveis da propriedade coletiva e o planejamento central seriam atenuados através de um aumento de autonomia local, alguma sinalização de preços e relaxamento de controles. Os argumentos econômicos, afinal, eram incontroversos: sem as reformas, o sistema comunista haveria de se degenerar, chegando à estagnação e à pobreza — "multiplicando a escassez", conforme disse Kornai, num célebre ensaio.

Somente na Hungria Kádár respondeu aos críticos, autorizando uma certa medida de reforma concreta: o Novo Mecanismo Econômico, inaugurado em 1968. As fazendas coletivas foram agraciadas com bastante autonomia — e não apenas uma autonomia consentida, mas incentivada — para apoiar a produção em terrenos particulares, paralelamente às atividades coletivas. Alguns monopólios foram rompidos. Os preços de algumas mercadorias foram inseridos no mercado mundial, e flutuavam através de taxas de câmbio múltiplas. Foi autorizada a propriedade particular de pontos de venda no varejo. O objetivo do exercício não era tanto construir uma via funcional intermediária entre dois sistemas econômicos incompatíveis, mas introduzir o máximo de atividade mercadológica (e, assim, esperava-se garantir aos consumidores uma prosperidade que gerasse satisfação) compatível com o controle político firme praticado pelo alto comando da economia.

Em retrospecto, fica evidente que os reformistas se iludiam, ao supor que a "terceira via" entre o comunismo e o capitalismo fosse realista. Mas isso não decorria de qualquer deficiência formal na análise econômica feita por eles. O verdadeiro erro dos reformistas residia na leitura equivocada e curiosamente ingênua do sistema em que viviam. O que importava para a liderança comunista não era a economia, mas a política. A implicação inelutável das teorias dos reformistas econômicos era de que a autoridade central do Estado-partido precisaria ser enfra-

[4] Embora o mais conhecido economista reformador dos anos 60 fosse um tcheco, Ota Sik, foi a escola húngara que exerceu maior influência e causou o impacto de ordem mais prática.

quecida, para que a normalidade pudesse retornar à vida econômica. Mas, diante de tal escolha, os Estados-partidos comunistas sempre haveriam de optar pela anormalidade econômica.

Nesse ínterim, porém, os regimes demonstravam interesse, principalmente, em estabilidade. Para tal, havia três modelos emergentes. O primeiro, o "kádárismo", não era prontamente exportável — e fazia parte da própria estratégia do líder húngaro, para garantir às autoridades do Kremlin que *não havia* um "modelo" húngaro, mas apenas uma solução prática e limitada visando às dificuldades locais. A situação da Hungria era deveras singular, na qual Kádár acenava, cinicamente, com a possibilidade de acesso ao próspero Ocidente para seus compatriotas húngaros ávidos por viajar, algo que seria uma espécie de recompensa por bom comportamento — uma confissão tácita do fracasso do comunismo. O país era agora comandado pela e para a "Nova Classe", conforme denominada pelo dissidente iugoslavo Milovan Djilas num livro influente publicado em 1957: uma tecnocracia de burocratas e profissionais dotados de educação formal, preocupados, pragmaticamente, em forrar o ninho e garantir a própria sobrevivência. Uma libertação autêntica era impensável, mas a volta à repressão era sumamente improvável.

A Hungria de Kádár — "a melhor barraca do acampamento" — era muito invejada, ainda que apenas esporadicamente imitada. O segundo modelo, a Iugoslávia de Tito, era ainda mais *sui generis*. Não porque a Iugoslávia houvesse evitado os problemas dos países vizinhos. Muitas das falhas econômicas dos satélites soviéticos eram bem conhecidas pelos iugoslavos, um lembrete de que a animação suspendida do país entre Oriente e Ocidente resultava de acaso histórico, e não de opção ideológica. Mas ao longo dos anos 50 e 60 Tito havia introduzido um certo grau de descentralização ao processo decisório, permitindo experiências com a "autonomia" das fábricas e dos trabalhadores.

Essas inovações surgiram em virtude de divisões étnicas e geográficas, e também da necessidade econômica. Num Estado federativo cujas repúblicas e populações constitutivas tinham pouco em comum, além de lembranças tristes e mutuamente antagonistas, a imposição de instruções unificadas e expedidas a partir de Belgrado parecia um retorno a práticas utilizadas antes da guerra. A topografia difícil da região favorecia a iniciativa local, e, graças ao rompimento com Stalin, a versão de ditadura do proletariado praticada pelo próprio Tito já não era pressionada a repetir, com detalhes, os erros cometidos pela União Soviética no caminho da modernidade industrial. Eram essas considerações — e não o projeto socialista criativo e alternativo que os admiradores ocidentais desejavam creditar a Tito naqueles anos — que estruturavam o modelo iugoslavo.

Em todo caso, a Iugoslávia era mesmo diversa: não necessariamente mais branda com os críticos, conforme Djilas e outros descobriram ao divergir da ortodoxia titoísta,[5] porém mais flexível ao lidar com as necessidades e os desejos da população como um todo (também graças ao auxílio oferecido pelo Ocidente). Quando a ensaísta iugoslava Dubravka Ugrešic fala de saudades da Iugoslávia da sua juventude, o que lhe vem à mente são "botinhas de bico fino, capas de chuva de plástico, as primeiras roupas íntimas de náilon [...] a primeira visita

[5] Djilas ficou preso durante quatro anos, quando *A Nova Classe* surgiu no Ocidente, e foi novamente detido, por mais quatro anos, pouco após a primeira soltura.

a Trieste". Essa lista de bens de consumo vendidos a preços módicos estaria bem menos acessível à memória, na Bulgária e na Romênia, por exemplo — e "a primeira visita a Trieste" estaria totalmente fora de cogitação. Os iugoslavos não eram prósperos, nem livres, mas tampouco estavam encarcerados num sistema hermético. O "titoísmo" era opressivo, mas não repressivo. Àquela época, essa distinção era importante.

Uma terceira rota para a estabilidade era o "stalinismo nacional". Foi essa a opção feita pela Albânia — uma sociedade fechada e empobrecida que vivia sob o comando absoluto de um autocrata local pertencente ao partido, um indivíduo paranóico e todo-poderoso. Mas esse era também, cada vez mais, o modelo romeno. Nikita Kruschev, que realmente não gostava da Romênia (sentimento comum àquela geração de russos), tentara destinar ao país um papel agrícola singular na distribuição comunista internacional da força de trabalho. Mas, em Bucareste, os líderes do partido não tinham a menor intenção de se limitarem à tarefa de fornecer matérias-primas e gêneros alimentícios às economias comunistas mais prósperas e avançadas.

Tendo desempenhado um papel obsequioso na supressão do levante húngaro, os romenos conseguiram a retirada das tropas soviéticas do território romeno em 1958 e passaram a trilhar um caminho cada vez mais independente. Sob o comando de Dej e (a partir de 1965) Ceauşescu, a Romênia declinou de se envolver nas rixas de Moscou com a China e chegou a negar a realização em solo romeno de manobras previstas no Pacto de Varsóvia. Os líderes romenos fizeram gestos de amizade a Tito (cujas próprias relações com o Pacto de Varsóvia eram formais, e não amigáveis) e, em 1963, Dej chegou a discursar na Assembléia Nacional iugoslava; e os líderes romenos bancaram a industrialização neo-stalinista do país, com fundos e maquinaria obtidos junto à Europa Ocidental. As transações da Romênia com o Ocidente aumentavam gradualmente, enquanto os negócios com os países do Comecon diminuíam — de 70% da totalidade do comércio internacional romeno, no início dos anos 60, para 45%, dez anos mais tarde.

Essa tão alardeada estratégia, do tipo "primeiro a Romênia", não foi mal recebida internamente — com efeito, um dos mecanismos que o Partido Comunista da Romênia utilizou para compensar suas origens claramente não-romenas foi o de se envolver num manto do nacionalismo. Dej iniciou esse processo, e Ceauşescu apenas o levou adiante. Mas a estratégia foi ainda mais bem-sucedida no exterior. Enquanto a Albânia, que era a representante da China na Europa, não atraía quem quer que fosse, exceto stalinistas nostálgicos e maoístas ensandecidos, a imagem internacional da Romênia comunista era curiosamente positiva. Simplesmente por se distanciarem de Moscou, os homens de Bucareste conseguiram conquistar um grande número de admiradores ocidentais. Em agosto de 1966, a revista *The Economist* chamou Ceauşescu de "De Gaulle do Leste Europeu".

Em visita a Bucareste, em maio de 1968, o próprio De Gaulle observou que, embora o comunismo de Ceauşescu não fosse apropriado para o Ocidente, era provavelmente adequado à Romênia: "*Chez vous un tel régime est utile, car il fait marcher les gens et fait avancer les choses*" (Para vocês um regime desses é útil, pois faz as pessoas caminharem e faz as coisas avançarem). De Gaulle estava totalmente certo quanto à inadequação do comunismo romeno ao Ocidente. O comunismo na Romênia era particularmente perverso e repressor: ao se distanciarem da União Soviética após 1958, Dej e Ceauşescu livravam-se da necessidade de fazer coro à "desestalinização" e às reformas associadas com a era Kruschev. Em contraste com os demais

Estados-satélites, a Romênia não deixava qualquer espaço para a oposição interna — nos anos 60, os intelectuais de Bucareste, isolados de sua própria sociedade, não desempenhavam papel algum nos debates domésticos (não havia debates) e tinham de se contentar com a leitura dos mais recentes *nouveaux romans* publicados em Paris e com a participação indireta numa cultura francesa cosmopolita, com a qual os romenos instruídos sempre haviam declarado uma afinidade especial.

Porém, longe de condenar os ditadores romenos, os governos ocidentais os incentivavam. Depois que a Romênia quebrou o veto soviético e, em janeiro de 1967, reconheceu formalmente a Alemanha Ocidental, as relações se tornaram ainda mais estreitas: Richard Nixon tornou-se o primeiro presidente dos EUA a visitar um Estado comunista, desembarcando em Bucareste em agosto de 1969. O comunismo nacional — "Ele pode ser comuna, mas é nosso comuna" — recompensou Ceauşescu: no devido tempo, a Romênia foi o primeiro país do Pacto de Varsóvia a ingressar no Acordo Geral sobre Tarifas e Comércio (em 1971), no Banco Mundial e no FMI (1972), a ser objeto de privilégios comerciais da Comunidade Européia (1973) e a ter o status de nação mais favorecida dos EUA (1975).[6]

Os diplomatas ocidentais viam nos autocratas anti-russos de Bucareste as sementes de um novo Tito: esses autocratas eram firmes, confiáveis, cordatos e mais interessados em poder local do que em distúrbios internacionais. Em certo sentido, ao menos, os diplomatas estavam certos. Tito e Ceauşescu, a exemplo de Kádár e da liderança neo-stalinista da RDA, navegaram muito bem entre as dificuldades dos anos 60. Cada um ao seu modo, ambos garantiam autoridade e controle domésticos, enquanto mantinham ao menos uma coexistência pacífica com Moscou. Os líderes comunistas em Varsóvia e Praga não tiveram o mesmo sucesso.

O desfecho pacífico dos levantes poloneses em 1956 teve um preço. Embora as instituições e os escritores católicos tivessem permissão para atuar na Polônia de Gomułka, a oposição dentro do próprio partido era severamente restringida. O Partido dos Trabalhadores Poloneses Unidos continuou profundamente conservador, mesmo tendo conseguido evitar expurgos violentos durante os anos de Stalin. Apreensiva diante da possibilidade de uma repetição dos distúrbios de 1956, a liderança do partido tratava qualquer crítica à sua política como ameaça direta ao monopólio político comunista. O resultado foi uma grande frustração entre os intelectuais "revisionistas", não apenas com o regime de modo geral, mas com a perda da oportunidade para seguir um novo rumo, a questão inacabada do "Outubro Polonês".

No verão de 1964, dois alunos de pós-graduação da Universidade de Varsóvia, Jacek Kuroń e Karel Modzelewski, redigiram uma crítica acadêmica ao sistema político e econômico da Polônia Popular. A dissertação era incontestavelmente marxista em tom e conteúdo, mas isso não impediu que os dois fossem expulsos do partido e da União da Juventude So-

[6] Richard Nixon não foi, absolutamente, o último norte-americano a se deixar levar pelo ditador romeno. O senador George McGovern, em visita à Romênia realizada em 1978, ficou impressionado com Nicolau Ceauşescu e o elogiou, apontando-o como "um dos principais líderes mundiais que defendiam o controle de armas"; e, ainda em setembro de 1983, quando a verdade terrível do regime de Ceauşescu já era amplamente conhecida, o vice-presidente George Bush descreveu-o, memoravelmente, como "um dos bons comunistas europeus".

cialista, além de serem acusados nos círculos oficiais de espalhar propaganda antipartidária. Como resposta, os rapazes publicaram uma Carta Aberta ao Partido, encaminhada em março de 1965 ao diretório do partido junto à Universidade de Varsóvia. Na carta, os autores descrevem um regime burocrático, autocrata, surdo aos interesses de todos, exceto à elite governante servida pelo próprio regime, um regime que governava a população ativa de maneira incompetente e censurava qualquer comentário e qualquer crítica. A única esperança da Polônia, Kuroń e Modzelewski concluíam, era uma verdadeira revolução baseada nos conselhos dos trabalhadores, na liberdade de imprensa e na abolição da polícia política.

No dia seguinte à apresentação da carta, os dois jovens foram presos e acusados de propor a derrubada do Estado. Em 19 de julho de 1965, foram condenados, respectivamente, a três e a três anos e meio de detenção. As autoridades melindraram-se, acima de tudo, com os termos impecavelmente marxistas da crítica, com a utilização eficiente de indicadores sociais para apontar o fraco desempenho econômico do regime e com o clamor por uma revolução operária que substituísse a ditadura burocrática vigente (um toque neotrotskista que não ajudou a causa dos autores[7]). Antes de mais nada, o partido talvez estivesse decidido a impedir o avanço da combinação de diagnóstico intelectual com ação proletária, conclamada na carta de Kuroń e Modzelewski.

O Caso Kuroń-Modzelewski despertou uma reação profunda na universidade. O julgamento secreto dos dois estudantes causou impacto, e surgiram pedidos não apenas para que eles fossem soltos, mas para que a carta e a dissertação viessem a público. Intelectuais veteranos abraçaram a causa. Leszek Kołakowski, professor de filosofia da Universidade de Varsóvia, dirigiu-se aos alunos do Instituto de História, no ano seguinte, por ocasião do décimo aniversário da sessão plenária do Partido Polonês, realizada em outubro de 1956. O Outubro Polonês fora uma oportunidade desperdiçada, ele explicou. Dez anos mais tarde, a Polônia era uma terra de privilégios, ineficiência e censura. Os comunistas não mais estavam sintonizados com o país, e a repressão a Kuroń, Modzelewski e à crítica por eles apresentada era sinal do declínio do partido — e da nação.

Kołakowski foi devidamente expulso do partido, tachado de "burguês liberal", embora seus colegas da Universidade de Varsóvia afirmassem, corajosamente, o reconhecimento internacional das credenciais marxistas dele. Vinte e dois eminentes escritores e intelectuais comunistas poloneses escreveram ao Comitê Central defendendo o "camarada Kołakowski" como porta-voz de uma "cultura socialista e da democracia livre e autêntica". Todos os 22 foram, então, expulsos do partido. Já na primavera de 1967, a canhestra liderança polonesa, enraivecida pela crítica proveniente da esquerda, havia conseguido suscitar uma autêntica oposição intelectual; e a Universidade de Varsóvia se tornara um centro da rebeldia estudantil — em nome da liberdade de expressão e, entre outras questões, em defesa dos professores perseguidos.

O problema da liberdade de expressão na Universidade de Varsóvia ficou ainda mais complicado em janeiro de 1968. Desde o final de novembro de 1967, o teatro universitário apresentara uma montagem de *Os Antepassados*, peça de autoria de Adam Mickiewicz, considerado

[7] A tradução francesa da Carta Aberta, que circulou em Paris no ano seguinte, foi distribuída pela Jeunesse Communiste Révolutionnaire, organização trotskista.

o poeta nacional da Polônia. Escrita em 1832, mas perigosamente atual, por retratar a luta de insurgentes no século XIX contra a opressão, a peça vinha atraindo um público participativo e visivelmente engajado. Em fins de janeiro, as autoridades comunistas anunciaram que a produção teria de ser cancelada. Após a última apresentação, centenas de estudantes seguiram em passeata até o monumento a Mickiewicz na capital polonesa, denunciando a censura e exigindo um "teatro livre". Dois estudantes, Henryk Szlajfer e Adam Michnik, descreveram a situação para o correspondente de *Le Monde* em Varsóvia, cuja reportagem foi transmitida pela Rádio Europa Livre: Michnik e o colega foram expulsos da universidade.

A reação se constituiu de uma onda de petições organizadas pelos estudantes e enviadas ao Parlamento polonês, comunicações de solidariedade expedidas pelo escritório da Associação Polonesa de Escritores, em Varsóvia, e discursos proferidos por Kołakowski e outros ilustres professores e escritores em defesa dos alunos. Referindo-se à "ditadura dos ignorantes", um escritor denunciou publicamente o tratamento dispensado pelos comunistas à cultura. Em 8 de março, uma assembléia estudantil realizada na Universidade de Varsóvia para protestar contra a expulsão de Michnik e Szlajfer foi violentamente dispersada pela polícia. Três dias depois, surgiram manifestações de estudantes por todo o país, e estourou uma greve na própria Universidade de Varsóvia. Círculos neo-stalinistas dentro do partido começaram a condenar a perda de controle do PC, alguns indivíduos chegando a alertar Moscou quanto ao risco de um "revisionismo" em estilo tcheco.

O regime de Gomułka reagiu com severidade. A greve e as manifestações foram esmagadas com bastante violência — tamanha violência que um membro do Politburo e dois veteranos ministros de Estado se exoneraram em sinal de protesto. Outros 36 estudantes e seis professores (inclusive Kołakowski) foram desligados da Universidade de Varsóvia. Então, a exemplo do que ocorrera durante a repressão à Primavera de Praga, na vizinha Tchecoslováquia (ver em seguida), as autoridades prenderam os organizadores dos protestos e das petições contra a invasão soviética e os processaram. No decorrer de uma longa série de julgamentos realizados entre setembro de 1968 e maio de 1969, estudantes e outros intelectuais de Varsóvia, Vratislávia, Cracóvia e Lódz foram condenados, recebendo penas que variaram de seis meses a três anos de reclusão, por "participação em organizações secretas", "distribuição de publicações contrárias ao Estado" e outros crimes. As sentenças mais duras foram dadas a jovens como Adam Michnik, Jan Litynski e Barbara Toruńczyk, que tinham atuado também nos primeiros protestos estudantis.

Um número desproporcional de estudantes e professores detidos, expulsos e condenados na Polônia, entre 1967 e 1969, era de origem judaica, e isso não foi mera coincidência. Desde a volta de Gomułka ao poder, em 1956, a ala conservadora (neo-stalinista) do Partido Comunista Polonês procurava uma oportunidade para anular até as liberalizações mais tímidas por ele introduzidas. Sob a direção de Mieczysław Moczar, ministro do Interior, a oposição interna ao partido havia se reunido em torno da causa do anti-semitismo.

Desde a morte de Stalin até 1967, o anti-semitismo — embora endêmico no Leste europeu e na própria União Soviética — foi mantido fora da retórica comunista oficial. Depois da guerra, na Europa Oriental, a maioria dos judeus sobreviventes partiu para o Ocidente, ou para Israel. Entre os que ficaram, muitos fugiriam (se conseguissem fazê-lo) durante as perseguições promovidas nos últimos anos de Stalin. Ainda havia comunidades judaicas numerosas na Polônia e (especialmente) na Hungria; no entanto, a maioria não era de judeus praticantes e, de modo geral, sequer se considerava judia. No caso dos nascidos depois da guerra, muitos nem sabiam que eram judeus — os pais achavam prudente manter o fato sob sigilo.[8]

Especialmente na Polônia, um número ainda considerável de comunistas judeus — alguns dos quais ocupando cargos oficiais, outros trabalhando em universidades e profissões liberais — era, no mais das vezes, indiferente à origem judaica, alguns sendo ingênuos a ponto de supor que tal indiferença fosse compartilhada pelos poloneses de modo geral. Mas esses judeus eram um alvo irresistível para qualquer pessoa que procurasse o caminho que levasse ao poder dentro do partido e à popularidade demagógica no país como um todo.[9] Faltava apenas uma oportunidade, e em junho de 1967 a Guerra dos Seis Dias, entre Israel a os vizinhos árabes, propiciou a chance esperada. O apoio soviético à causa árabe legitimou críticas veementes a Israel, ao sionismo — e aos judeus.

Por conseguinte, num discurso proferido em 19 de junho de 1967, condenando quem houvesse apoiado Israel no conflito então recente, Gomułka, descaradamente, associou os judeus que o criticavam ao Estado sionista: "Quero anunciar que não impediremos cidadãos poloneses de nacionalidade judaica de voltarem [*sic*] para Israel, se assim desejarem. Nossa posição é de que todo cidadão polonês deve ter um país: a Polônia Popular [...]. Aqueles que acharem que estas palavras lhes são dirigidas, independentemente de nacionalidade, que tirem as suas próprias conclusões. Não queremos uma quinta-coluna em nosso país". A referência aos judeus como quinta-coluna na Polônia foi transmitida pela rádio e pela televisão, e ouvida por milhões de poloneses. A mensagem era inequívoca.

Se Gomułka estava expressando as suas próprias opiniões, procurando bodes expiatórios para os fracassos políticos da década passada ou simplesmente prevendo o empenho de Moczar para derrubá-lo e decidira se adiantar em relação aos oponentes stalinistas, jamais ficou claro. Mas as conseqüências da decisão foram dramáticas. As autoridades policiais desencadearam uma onda de preconceito contra os judeus — por toda a Polônia, mas de modo especial no partido e nas instituições acadêmicas. Burocratas do partido espalharam boatos de que a escassez econômica e outros problemas eram obra dos comunistas judeus. Foram estabelecidas distinções, abertamente, entre "bons" comunistas, que traziam no coração os interesses nacionais poloneses, e outros (judeus), cuja verdadeira filiação residia fora do país.

Em 1968, pais e familiares dos estudantes presos ou expulsos foram, por seu turno, afastados de cargos oficiais e funções acadêmicas. Nos tribunais, os promotores públicos prestavam atenção aos nomes e às origens dos alunos e professores — procedimento conhecido desde os anos 50, por ocasião do julgamento de Slánský e outros, mas que ocorria pela primeira vez na Polônia comunista. No auge do furor anti-semita, jornais definiam os judeus

[8] Entre os 30 mil judeus (aproximadamente) que em meados dos anos 60 viviam na Polônia, menos de 7.500 pertenciam às organizações judaicas oficiais.

[9] Em 1966, uma edição em polonês da falsificação anti-semita intitulada *Protocolos dos Sábios do Sião* circulou oficiosamente entre grupos do partido, nas universidades e no Exército.

segundo critérios extraídos diretamente das Leis de Nuremberg — o que talvez não seja surpreendente, à luz da presença de fascistas poloneses reciclados no seio da ala stalinista do partido do governo.

Os judeus agora eram convidados a deixar o país. Muitos o fizeram, em condições degradantes e com grandes prejuízos pessoais. Dos 30 mil judeus que restavam na Polônia, em 1968 e 1969, cerca de 20 mil se foram, deixando para trás poucos milhares, principalmente os idosos e os jovens — inclusive Michnik e seus colegas, que agora cumpriam penas prisionais. Entre os beneficiários dessa reviravolta incluíam-se Moczar e seus seguidores, que ocuparam as vagas deixadas pelos judeus no partido e no governo. Quem perdeu, além dos judeus poloneses, foram as instituições educacionais do país (que ficaram sem muitos dos melhores intelectuais e professores, inclusive Kołakowski — que não era judeu, mas era casado com uma judia); o próprio Gomułka, que percebeu tarde demais o que havia causado e foi removido do cargo dois anos depois; e a própria Polônia, pois a reputação internacional do país, mais uma vez — e durante anos futuros —, ficou associada ao flagelo da minoria judaica.

A relativa facilidade com que os governantes poloneses conseguiram isolar e destruir os estudantes rebeldes se deu porque os governantes conseguiram separar os intelectuais e seus descontentamentos do resto da nação — estratégia com a qual o anti-semitismo, naturalmente, muito colaborou. É possível que os próprios estudantes tivessem certa responsabilidade nesse processo: na Universidade de Varsóvia, principalmente, foram os filhos e as filhas privilegiados da burocracia polonesa comunista que assumiram papéis de destaque nos protestos e nas manifestações, e as preocupações desses jovens centravam-se, acima de tudo, em questões de liberdade de expressão e direitos políticos. Conforme os inimigos neo-stalinistas logo assinalaram, a intelectualidade dissidente de Varsóvia pouco se importava com as preocupações básicas da população ativa. Em troca, as massas polonesas reagiam com indiferença à perseguição dos judeus e dos estudantes, e especialmente dos estudantes judeus.

Dois anos mais tarde, em 1970, quando o governo elevou em 30% os preços dos gêneros alimentícios e os operários dos estaleiros de Gdansk entraram em greve, a gentileza foi tragicamente (embora não intencionalmente) reciprocada: não havia quem abraçasse a causa. Mas a lição daqueles anos — de que se os trabalhadores e os intelectuais quisessem desafiar o partido, precisariam superar a indiferença mútua e formar uma aliança política — seria, no devido tempo, bem aprendida e aplicada com conseqüência histórica, especialmente pelos próprios Adam Michnick e Jacek Kuroń. Ao menos nesse particular, o ano de 1968 na Polônia teve um resultado positivo, embora retardado. Não se pode dizer o mesmo em relação à vizinha Tchecoslováquia.

No início dos anos 60, a Tchecoslováquia era um híbrido, presa que estava numa transição desconfortável entre o stalinismo nacionalista e o comunismo reformista. Os julgamentos montados e os expurgos ocorridos na década de 1950 chegaram tardiamente a Praga, e o impacto por eles causado foi maior e mais duradouro do que em outras localidades. Não houve rodízio na velha elite stalinista, não houve um Gomułka nem um Kádár tcheco. A velha guarda do regime permaneceu no posto. Duas comissões de inquérito foram instauradas para investigar os julgamentos de Slánský e de outros acusados: a primeira trabalhou de 1955 a 1957; a segunda, de 1962 a 1963. O objetivo de ambas era admitir os crimes cometidos pelo regime no passado recente sem perder o controle do presente.

A curto prazo, esse objetivo foi alcançado. As vítimas dos julgamentos stalinistas foram libertadas e reabilitadas — em muitos casos sob ordens dos mesmos políticos, juízes, promotores e interrogadores que as haviam condenado. Os ex-prisioneiros receberam de volta as carteirinhas do partido, uma quantia em dinheiro, cupons (por exemplo, para obter um carro) e, em alguns casos, até apartamentos. Suas esposas e filhos puderam voltar a se empregar e freqüentar escolas. Porém, a despeito dessa admissão de injustiças cometidas no passado, o partido e a liderança da era de Stalin permaneceram intocáveis.

A exemplo do líder comunista francês, Maurice Thorez, o primeiro-secretário Antonin Novotný esperou vários anos para se certificar da direção do vento, antes de seguir o exemplo de Kruschev e denunciar o ditador soviético. A experiência tcheca com o terror stalinista era tão recente e tão extrema que os líderes do partido hesitavam em arriscar a admissão de "erro" — com receio de que as conseqüências na Tchecoslováquia pudessem ser muito maiores do que os levantes de 1956 na Polônia ou mesmo na Hungria. Portanto, a "desestalinização" na Tchecoslováquia foi retardada ao máximo, propositadamente — até mesmo a estátua monumental de Stalin, acima de Praga, assim como a réplica (bem menor) em Bratislava, capital eslovaca, ficou intacta até outubro de 1962.[10]

As conseqüências da revolução social comunista foram sentidas de modo mais intenso na Tchecoslováquia do que em outros locais, em grande parte exatamente porque, conforme já vimos, a sociedade tcheca era de fato desenvolvida e burguesa — em contraste com todos os demais países sujeitados ao domínio soviético. As principais vítimas do terror stalinista na Tchecoslováquia tinham sido intelectuais, geralmente originários da classe média, muitos dos quais judeus. As outras classes da sociedade tcheca não haviam sofrido tanto. A mobilidade social ascendente para os trabalhadores — ou, para ser mais preciso, a mobilidade social descendente para todos os outros — era uma característica típica dos anos 50 em terras tchecas e eslovacas. O percentual de jovens provenientes da classe operária matriculado em estudo superior não-vocacionada na Tchecoslováquia subiu de menos de 10%, em 1938, para 31%, em 1956, e quase 40%, em 1963. No início dos anos 60, a distribuição de renda na Tchecoslováquia era a mais igualitária de toda a Europa soviética.

A liderança comunista havia, portanto, levado a Tchecoslováquia ao "socialismo pleno", conforme proclamava a nova Constituição de 1960. Entretanto, a façanha fora realizada ao custo de um nível de estagnação inaceitável, mesmo para os padrões soviéticos. Daí a decisão das autoridades, quando do XII Congresso do Partido, realizado em dezembro de 1962, de "adaptar a economia nacional" ao estágio avançado de desenvolvimento socialista em que o país se encontrava — i.e., aceitar o inevitável e permitir um mínimo de reformas não-socia-

[10] Novotný não era o único que receava uma reação negativa. Em 5 de abril de 1963, o líder comunista italiano, Palmiro Togliatti, enviou uma mensagem secreta pedindo a Novotný e seus companheiros que adiassem a notícia da reabilitação de Slánský e outras vítimas de julgamentos até que as eleições italianas houvessem ocorrido. Conforme o líder do PCI bem sabia, não eram apenas os tchecos que tinham bons motivos para se indignar diante da colaboração dos líderes no abafamento das injustas execuções judiciais, em grande escala, ocorridas havia apenas dez anos.

listas, a fim de estimular a economia. Contudo, as mudanças propostas por Ota Sik e outros economistas do partido favoráveis às reformas — por exemplo, a fixação de incentivos aos trabalhadores com base na participação nos lucros da fábrica, e não no cumprimento de planos oficiais ou normas — não eram benquistas pela ala conservadora do partido e só seriam endossadas por ocasião do XIII Congresso, quatro anos mais tarde.

Àquela altura, conforme antigo receio da liderança, o somatório de reabilitação pública, reconhecimento prudente dos erros de Stalin e perspectiva de reformas econômicas (por tímidas que fossem) abrira o caminho para um questionamento bem mais sério da camisa-de-força imposta pelo partido à vida pública. As reformas econômicas iniciadas em 1963 talvez não fossem universalmente bem recebidas pelo operariado, mas entre escritores, professores, cineastas e filósofos a idéia do afrouxamento das algemas stalinistas provocou uma avalanche de análises, esperanças e expectativas.

Por conseguinte, um encontro de escritores realizado em Liblice, em 1963, foi dedicado a Franz Kafka. Até então, o tema "Kafka" constituíra um tabu: em parte porque Kafka era um judeu de Praga que escrevia em alemão e, portanto, um lembrete da história perdida da Boêmia; mas, principalmente, por causa da aguçada e constrangedora antevisão da lógica do governo totalitário contida em muitos dos escritos de Kafka. Portanto, a autorização para discutir Kafka parecia pressagiar uma maior liberalização do debate público — da discussão de autores proibidos até a menção de líderes assassinados era um pequeno passo. Em abril de 1963, Ladislav Novomeský, escritor eslovaco reabilitado, fez uma referência aberta e elogiosa durante o Congresso dos Escritores Eslovacos ao "camarada e amigo" Clementis, vítima do julgamento de Slánský. A vontade de falar — de falar do passado — começava a ocupar o centro do palco, embora ainda expressa com cautela, em linguagem "revisionista": quando o jovem romancista Milan Kundera enviou um artigo para uma revista cultural de Praga intitulada *Literární Noviny*, em junho de 1963, as críticas se restringiam, prudentemente, ao "desvio" stalinista presente na literatura tcheca e à necessidade de revelar a verdade a esse respeito.

A atmosfera relativamente liberal daqueles anos na Tchecoslováquia foi um eco tardio do degelo da era Kruschev. Apesar da mudança de tom em Moscou na seqüência do golpe de Brejnev, a renascença artística na Tchecoslováquia continuou a se desdobrar, impedida apenas esporadicamente por censura e pressão. Para os estrangeiros, o sintoma mais célebre desse renascimento foi uma onda de novos filmes que, com a devida cautela, abordavam tópicos proibidos alguns anos antes — *Trens Estreitamente Vigiados* (1966), de Jiří Menzel, sutilmente desafiava o mito fundamental comunista da resistência antinazista durante a guerra, com roteiro escrito em co-autoria com Josef Škvorecký (autor de *Os Covardes*, romance cujo tema semelhante, também abordado com prudência, havia feito a fama do escritor alguns anos antes). Mas dramaturgos, poetas e romancistas — muitos dos quais, inclusive Kundera, trabalhavam também como roteiristas naqueles anos — desempenharam um papel ainda mais importante.

Em 1966, Ludvík Vaculík publicou *O Machado*, relato ficcional baseado nos ideais comunistas do pai do autor — e na subseqüente desilusão do filho. Em 1967, outro escritor, Ladislas Mňačko, publicou uma crítica mordaz a Novotný e à elite burocrática do partido, vagamente disfarçada em forma de romance, com um título revelador: *A Volúpia do Poder*. No mesmo ano, o próprio Kundera publicou *A Brincadeira,* romance neo-existencialista e declaradamente autobiográfico acerca da geração stalinista na Tchecoslováquia. Aqueles anos, "a era da construção do socialismo", conforme ficaram oficialmente conhecidos, haviam se tornado presa fácil para a objeção dos intelectuais, e durante o IV Congresso de Escritores Tchecos, ocorrido no verão de 1967, Kundera, Vaculík, o poeta e dramaturgo Pavel Kohout e o jovem dramaturgo Václav Havel atacaram a liderança comunista da época pela devastação material e moral que causara. Esses artistas conclamavam a retomada do legado literário e cultural da Tchecoslováquia e a volta do país à posição central que sempre ocupara numa Europa livre.

O ataque insinuado à liderança da Tchecoslováquia ficou óbvio para todos — certamente, conforme hoje sabemos, o comando no Kremlin já acompanhava a situação em Praga com alguma preocupação: sob o ponto de vista ideológico, Brejnev, havia muito tempo, considerava a Tchecoslováquia o elemento menos confiável do Pacto de Varsóvia. Cientes disso, os stalinistas veteranos do Castelo de Praga tentaram durante muito tempo se manter firmes. Se não conseguiram reprimir com firmeza a oposição intelectual que veio à tona em 1967, não foi por falta de tentativas. Mas foram detidos por duas limitações: a necessidade de insistir nas recém-implementadas reformas econômicas, o que implicava um grau de abertura e tolerância diante de opiniões dissidentes (a exemplo do que ocorrera na Hungria); e as dificuldades que começavam a surgir na Eslováquia.

A Tcheco-Eslováquia (conforme a nomenclatura inicial) sempre fora um Estado inquieto e instável. A minoria eslovaca que habitava o sul e o leste do país era mais pobre e mais rural do que a população tcheca, a noroeste. Libertados do domínio húngaro em 1918, os eslovacos eram os primos pobres na Tchecoslováquia multiétnica durante o período entre as duas guerras mundiais, e nem sempre foram bem tratados por Praga. Sendo assim, muitos líderes políticos eslovacos viram com bons olhos a divisão do país, em 1939, e a criação de um Estado "independente" (e fantoche) patrocinado pelos nazistas, cuja capital era Bratislava. Por outro lado, foram os tchecos da Boêmia e da Morávia, urbanos e decisivamente social-democratas, que apoiaram os candidatos comunistas nas eleições do pós-guerra, enquanto os eslovacos católicos permaneceram indiferentes ou contrários.

Ainda assim, a Eslováquia não se saíra mal sob o comunismo. Intelectuais eslovacos foram vítimas de expurgos comunistas, acusados de nacionalismo burguês ou de tramar contra o comunismo (ou alvo de ambas as acusações). E o número reduzido de judeus eslovacos sobreviventes sofreu com os confrades tchecos. Mas havia um número menor de "nacionalistas burgueses", comunistas, judeus e intelectuais na Eslováquia, e tais indivíduos viviam um tanto isolados do restante da sociedade. A maioria dos eslovacos era pobre e trabalhava no campo. Para eles, a rápida urbanização e industrialização ocorrida na primeira década do pós-guerra trouxe benefícios concretos. Em contraste com os tchecos, os eslovacos não estavam, em absoluto, insatisfeitos com o destino.

Todavia, o estado de espírito na região eslovaca do país mudou acentuadamente depois de 1960. A nova Constituição "socialista" fazia ainda menos concessões à iniciativa e à opinião local do que a anterior, e a pouca autonomia concedida à Eslováquia durante a reconstrução ocorrida no pós-guerra agora era diminuída. O que gerou conseqüências mais imediatas para a maioria dos eslovacos, entretanto, foi a estagnação da economia (em 1964, o índice de crescimento da Tchecoslováquia era o menor de todo o bloco soviético), que atingiu a indústria pesada da Eslováquia central mais do que qualquer outra região.

Em janeiro de 1967, Novotný deveria iniciar a implementação das reformas econômicas já atrasadas e recomendadas pelos especialistas do partido. As propostas dos economistas reformadores, relativas à descentralização do processo decisório e ao aumento de autonomia local, foram bem recebidas em Bratislava — embora algumas reformas, tais como os benefícios salariais atrelados a lucros, não fossem atraentes aos trabalhadores não-especializados das ineficientes fábricas eslovacas. Mas o instinto de Novotný lhe dizia que evitasse afrouxar o controle do partido, e ele então sugeriu emendas às mudanças propostas, com o objetivo de fortalecer as instituições de planejamento central. Isso não apenas sabotava as propostas de Sik e de outros economistas do partido, mas isolava ainda mais a posição eslovaca. Os próprios comunistas eslovacos agora começavam a mencionar a necessidade de federalização e a dificuldade em colaborar com os velhos burocratas comunistas em Praga. Repetindo uma antiga queixa de trabalhadores de limpeza, construtores, professores e varejistas eslovacos, os comunistas sentiam-se menosprezados e ignorados pela maioria tcheca. Falava-se de esquecidas degradações sofridas antes da guerra, bem como de expurgos stalinistas impostos aos comunistas eslovacos.

Nesse ínterim, e pela primeira vez em vários anos, surgiam indícios de problemas de outra natureza. Em 31 de outubro de 1967, um grupo de estudantes da Universidade Técnica de Praga organizou uma manifestação no distrito de Strahov para protestar contra o corte de energia elétrica em seus dormitórios; e os gritos de "Mais luz!" foram corretamente interpretados, pois o sentido das palavras ia além de dificuldades de caráter doméstico. Os "Eventos de Strahov", conforme mais tarde foram chamados, foram reprimidos pela polícia com eficácia e violência, mas serviram para agravar a atmosfera já pesada do momento, ainda mais porque pareciam sugerir que um Estado comunista não estaria imune ao ânimo estudantil do Ocidente.

Novotný, a exemplo de Gomułka na Polônia, não sabia como responder a esses desafios. Carecendo da opção anti-semita, ele pediu a Brejnev que o auxiliasse a lidar com os críticos locais. Mas, quando chegou a Praga em dezembro de 1967, o líder soviético ofereceu apenas a recomendação bastante obscura de que o presidente da Tchecoslováquia agisse conforme achasse adequado: "O problema é seu." Os companheiros de Novotný aproveitaram a oportunidade: em 5 de janeiro de 1968, o Comitê Central do Partido Comunista da Tchecoslováquia elegeu um novo primeiro-secretário, Alexander Dubček.

O novo líder era jovem (aos 47 anos, era 16 anos mais moço do que Novotný), pertencia à ala reformista do partido e, acima de tudo, era eslovaco. Na condição de líder do Partido Comunista Eslovaco durante os três anos anteriores, Dubček, na opinião de muita gente, parecia ser um candidato confiável; embora fosse um típico burocrata comunista, ele haveria de apoiar as reformas e apaziguar os ressentimentos eslovacos. As primeiras medidas de Dubček pareciam confirmar essa leitura: um mês após a sua indicação, a liderança do partido concedeu aprovação irrestrita ao já atrasado programa de reforma econômica. O estilo simples de Dubček agradou sobretudo aos jovens, enquanto a sua inquestionável lealdade ao partido e ao "socialismo" tranqüilizava (por ora) o Kremlin e outros líderes comunistas estrangeiros, os quais o observavam com apreensão.

Se as intenções de Dubček pareciam obscuras para os observadores, era porque ele próprio estava longe de saber ao certo que direção tomar. A princípio, essa ambigüidade o favoreceu, pois diversas facções competiam pelo apoio do líder e se dispunham a apoiá-lo. Nas semanas seguintes à eleição, manifestações públicas em Praga exigiam o fim da censura, mais liberdade de imprensa e um inquérito sério sobre os expurgos realizados nos anos 50 e sobre as ações da velha guarda que cercava Novotný (que permaneceu na presidência do país mesmo depois de ser removido da liderança do partido). Carregado por uma onda de entusiasmo popular, Dubček endossou o clamor pelo relaxamento da censura e deu início ao expurgo de seguidores de Novotný no partido e no Exército tcheco.

Em 22 de março, Novotný, relutantemente, renunciou à presidência e foi substituído uma semana depois pelo general Ludvík Svoboda. Cinco dias mais tarde, o Comitê Central adotou um "Programa de Ação", reivindicando status paritário e autonomia para a Eslováquia, a reabilitação de vítimas e a "democratização" do sistema político e econômico. O partido agora ratificava, oficialmente, o que o programa chamava de "experiência única em comunismo democrático", "socialismo com um semblante humano", conforme o experimento ficou popularmente conhecido. Durante algum tempo (o documento falava de um período de transição de dez anos) o Partido Comunista da Tchecoslováquia permitiria o surgimento de outros partidos, com os quais os comunistas competiriam em eleições legítimas. Na realidade, tais idéias não eram originais, mas, pronunciadas publicamente pelos órgãos oficiais do Partido Comunista governante, provocaram um terremoto político. Começara a Primavera de Praga.

Os eventos da primavera e do verão de 1968 na Tchecoslováquia giraram em torno de três ilusões existentes à época. A primeira, difundida no país após a ascensão de Dubček e, especialmente, após o anúncio do Programa de Ação, era de que as liberdades e reformas agora em pauta poderiam ser inseridas no projeto "socialista" (i.e., comunista). Em retrospecto, seria equivocado supor que, em 1968, estudantes, escritores e reformadores do partido pretendessem "realmente" substituir o comunismo pelo capitalismo liberal, ou que o entusiasmo pelo "socialismo com semblante humano" fosse mera concessão ou prática retórica. Ao contrário: a idéia de que existia uma "terceira via", um socialismo democrático compatível com instituições livres, um regime que respeitasse as liberdades individuais *tanto quanto* as metas coletivas, havia se instalado na imaginação dos estudantes tchecos, assim como o fizera no caso dos economistas húngaros.

A distinção que passou a ser feita entre o stalinismo desacreditado da geração de Novotný e o idealismo renovado da era Dubček era amplamente aceita — mesmo pelos membros do próprio partido (na verdade, especialmente por eles).[11] Conforme afirmou Jiří Pelikán, em seu prefácio ao *terceiro* relato sobre os julgamentos políticos tchecos (encomendado por Dubček, em 1968, mas suprimido depois que ele caiu), "o Partido Comunista conquistara popu-

[11] Em dezembro de 1967, os membros do partido constituíam 16,9% da população da Tchecoslováquia — percentual mais elevado do que em qualquer outro Estado comunista.

laridade e prestígio imensos; o povo se declarava, espontaneamente, a favor do socialismo".[12] Isso talvez seja um certo exagero, mas não estaria de todo fora de sintonia com a opinião da época. E isso, por sua vez, alimentou uma segunda ilusão.

Se o povo acreditava que o partido era capaz de salvar o socialismo da sua própria história, a liderança partidária supunha que poderia lidar com tal fato sem perder o controle do país. Um novo governo encabeçado por Oldřich Černík foi instalado em 18 de abril e, animada por grandes demonstrações públicas de apreço e apoio (notadamente durante as tradicionais comemorações do Dia do Trabalho), a nova administração relaxou praticamente todas as formas de controle sobre a expressão pública de opinião. Em 26 de junho, a censura sobre a imprensa e a mídia foi abolida oficialmente. No mesmo dia foi anunciado que a Tchecoslováquia iria se tornar um Estado autenticamente federal, compreendendo uma República Socialista Tcheca e uma República Socialista Eslovaca (das reformas introduzidas por Dubček, essa foi a *única* que sobreviveu à repressão subseqüente, tornando-se lei, em 28 de outubro de 1968).

Mas, tendo relaxado o controle sobre a opinião, a liderança comunista era agora pressionada, de todos os lados, a prosseguir com a lógica dos seus atos. Por que esperar dez anos para realizar eleições livres e abertas? Agora que a censura fora abolida, por que manter controle e posse estatal da mídia? Em 27 de junho, o periódico *Literárny Listy* e outras publicações editaram um manifesto assinado por Ludvík Vaculík, "Duas Mil Palavras", dirigido a "trabalhadores, agricultores, funcionários de cargos altos, artistas, intelectuais, cientistas e técnicos". O documento pedia o restabelecimento dos partidos políticos, a formação de comitês de cidadãos para defender e fazer avançar a causa da reforma e apresentava outras propostas cujo propósito era retirar do controle do partido a iniciativa voltada para novas mudanças. A batalha ainda não estava vencida; Vaculík advertia que os reacionários do partido lutariam para resguardar seus privilégios e falava até de "forças estrangeiras intervindo no nosso desenvolvimento". O povo precisava fortalecer a causa dos reformadores dos próprios comunistas, pressionando-os para avançar mais rapidamente ainda.

Dubček rejeitou o manifesto de Vaculík e a implicação de que os comunistas deveriam abandonar o monopólio sobre o poder. Tendo sido comunista a vida inteira, Dubček não poderia tolerar essa mudança qualitativa crucial ("pluralismo burguês"), e tampouco via qualquer necessidade de fazê-lo. Para Dubček, o próprio partido era o único veículo adequado para levar a termo uma mudança radical, visto que a premissa era preservar os atributos vitais do sistema socialista. Quanto mais popular fosse o partido, maior seria o número de mudanças que ele poderia instituir com segurança. Mas, conforme o manifesto de Vakulíc deixava cruamente claro, a popularidade e a credibilidade do partido haveriam de depender, cada vez mais, da disposição que ele tivesse de implementar mudanças que, em última instância, talvez o afastassem do poder. A falha geológica entre um Estado comunista e uma sociedade aberta estava agora totalmente exposta.

E isso, por sua vez, voltou a atenção nacional, no verão de 1968, para a terceira ilusão, a mais perigosa de todas: a convicção de Dubček de que podia manter Moscou à distância, de que conseguiria garantir aos camaradas soviéticos que nada tinham a temer em virtude dos

---

[12] Jiří Pelikán, org., *The Czechoslovak Political Trials: The Suppressed Report of the Dubček Government's Commission of Inquiry, 1968 (Os julgamentos políticos na Tchecoslováquia: O relato suprimido da Comissão de Inquérito do governo Dubček)* (Stanford, 1971), p. 17.

eventos na Tchecoslováquia — de que, na realidade, eles só tinham a ganhar com a recente popularidade do Partido Comunista tcheco e com a renovação da confiança num projeto socialista rejuvenescido. Esse erro de cálculo fatal ocorreu, primordialmente, porque os reformadores tchecos tinham interpretado mal a lição de 1956. O equívoco de Imre Nagy, eles pensavam, tinha sido o afastamento do Pacto de Varsóvia e a declaração da neutralidade da Hungria. Enquanto a Tchecoslováquia permanecesse fiel ao Pacto e inequivocamente aliada a Moscou, Leonid Brejnev e seus colegas certamente deixariam os tchecos em paz.

Porém, por volta de 1968, a União Soviética preocupava-se menos com segurança militar do que com a possibilidade de o partido perder o controle sobre o monopólio. Já em 21 de março, numa reunião do Politburo soviético, o líder do partido ucraniano, Petro Shelest, queixava-se de contaminação em conseqüência do exemplo tcheco: boatos provenientes de Praga causavam um impacto negativo no estado de espírito dos jovens ucranianos, Shelest informava. Naquele mesmo mês, durante um encontro em Dresden, líderes poloneses e alemães orientais apresentaram queixas semelhantes aos companheiros soviéticos (Gomulka, alvo de problemas internos, mostrou-se particularmente indignado com as críticas, correntes em Praga, à guinada polonesa em direção ao anti-semitismo). Sem que Praga soubesse, o chefe da KGB, Iuri Andropov, já começava a falar da necessidade de "medidas militares concretas"; e, em abril, o ministro da Defesa soviético, Andrei Grechko, foi discretamente autorizado a elaborar um plano contingencial para a realização de operações militares na Tchecoslováquia — um esboço do que seria a "Operação Danúbio".

A cada novo passo liberalizante dado em Praga, Moscou ficava mais apreensiva. Dubček deve ter percebido tal fato: em 4 e 5 de maio, ele e outros comunistas tchecos visitaram Moscou, onde receberam das mãos de líderes do bloco oriental um cardápio de queixas sobre determinados fenômenos ocorridos em seu país. Mas, embora Dubček insistisse que o partido detinha o controle total da situação e que, por mais livre que o discurso tcheco se tornasse, a possibilidade de o país descumprir obrigações fraternais estava fora de cogitação, a confiabilidade do Exército tcheco começava a ser questionada, e a imprensa tcheca, livre de censura, publicava textos de dissidentes soviéticos. Estudantes russos em visita a Praga liam e ouviam autores e tomavam conhecimento de pontos de vista há muito tempo proibidos na Rússia. Praga se tornava uma janela para o Ocidente.

Já em julho de 1968, Moscou chegara à conclusão de que os eventos de Praga escapavam ao controle do partido — o que, de fato, parecia ser o caso. Em 10 de julho, numa reunião de líderes da URSS, Polônia, Alemanha Oriental, Bulgária e Hungria realizada em Moscou — mas sem a presença dos tchecos —, foi acordado o envio de uma "carta fraternal" ao Partido Comunista da Tchecoslováquia, advertindo-o do risco de uma contra-revolução e arrolando medidas a serem tomadas: "A situação na Tchecoslováquia põe em risco interesses vitais e comuns a outros países socialistas." Duas semanas mais tarde, os líderes soviéticos e tchecos se encontraram na fronteira tcheco-soviética, em Čierna nad Tisou, e Dubček tentou, mais uma vez, convencer Brejnev de que, ao realizar reformas, o Partido Comunista não estava pondo em risco a sua própria posição, mas, na realidade, fortalecendo seu apoio junto ao público.

O líder soviético não apenas não se convenceu, como deixou a reunião duvidando das intenções de Dubček. O Pacto de Varsóvia anunciou manobras iminentes próximas à divisa tcheca. Durante um encontro do Pacto em Bratislava em 3 de agosto (ao qual Ceauşescu declinou de comparecer), Brejnev propôs a doutrina que a partir de então a ele ficaria associada: "Todo partido comunista tem liberdade para aplicar os princípios do marxismo-leninismo e do socialismo em seu respectivo país, mas não tem liberdade para se desviar desses princípios, caso pretenda continuar a ser um partido comunista [...]. O enfraquecimento de qualquer elo do sistema mundial socialista afeta, diretamente, todos os países socialistas, e estes não podem contemplar tal situação com indiferença".

Esse pronunciamento, uma asserção um tanto velada do direito do Kremlin de agir *preventivamente* para conter ameaças ao socialismo em qualquer país socialista, deve ter feito Dubček parar para pensar. Mas ele pouco podia fazer e, portanto, continuou a insistir que suas reformas domésticas não representavam qualquer ameaça ao sistema socialista. Em 13 de agosto, em conversa telefônica com um Brejnev desconfiado, Dubček deteve-se em explicações de que tentava suprimir críticas do povo à União Soviética, e disse que "a questão não poderia ser resolvida com diretivas vindas de cima". Se soubesse que, secretamente, cinco colegas do Praesidium tcheco, em 3 de agosto, haviam entregue uma carta aos russos, descrevendo uma ameaça iminente à ordem comunista na Tchecoslováquia e solicitando intervenção militar, Dubček talvez demonstrasse outro tipo de sentimento.[13]

A decisão soviética de invadir a Tchecoslováquia só foi tomada oficialmente em 18 de agosto. Consta que Brejnev estava relutante — percebendo intuitivamente que, por mais fácil que fosse a vitória, os abalos por ela causados poderiam ser problemáticos; mas a invasão se tornara inevitável muito antes daquela data. Os líderes soviéticos previam que no próximo XIV Congresso do Partido Comunista da Tchecoslováquia a ala reformista do partido assumiria o poder, e àquela altura os soviéticos deveras temiam o efeito contagioso que o exemplo tcheco teria sobre os vizinhos. Segundo as palavras de Grechko, ao informar aos líderes militares soviéticos a decisão de invadir: "A invasão acontecerá mesmo que resulte na Terceira Guerra Mundial". Mas os líderes soviéticos sabiam muito bem que esse risco não existia, e não apenas porque Washington estava ocupada com o Vietnã. Não mais do que cinco semanas antes, Washington e Moscou tinham assinado um Tratado de Não-proliferação Nuclear; os EUA não haveriam de pôr em xeque ganhos dessa natureza para defender alguns milhões de tchecos equivocados. E assim, em 21 de agosto de 1968, 500 mil soldados do Pacto de Varsóvia — provenientes da Polônia, Hungria, Bulgária, RDA e União Soviética — avançaram contra a Tchecoslováquia.[14]

---

[13] A solicitação nada teve de espontânea. Duas semanas antes — numa reunião secreta realizada perto do lago Balaton, na Hungria, tendo como anfitrião János Kádár —, Vasil Bil'ak (um dos oponentes de Dubček na liderança do Partido Comunista Tcheco) foi informado por Shelest que Moscou gostaria de receber uma "carta-convite". A carta que seguiu explicitava que o partido havia "perdido o controle", mencionava a possibilidade de um "golpe contra-revolucionário" e os "riscos para o socialismo", antes de solicitar a "intervenção e a assistência" de Moscou. E concluía: "Pedimos que a nossa declaração seja tratada com o máximo de confidencialidade, e por isso nos dirigimos aos senhores, pessoalmente, em russo".

[14] Porque Ceauşescu recusou-se a participar da invasão ou permitir que as tropas do Pacto de Varsóvia atravessassem território romeno, o contingente búlgaro precisou ser transportado pelo ar até a Ucrânia. A presença búlgara não justificava uma operação tão trabalhosa, mas a importância de dividir a responsabilidade do ataque com o maior número possível de Estados-irmãos pesou mais do que outras considerações.

A invasão deparou com certa resistência passiva e muita manifestação nas ruas, especialmente em Praga; contudo, em atendimento ao apelo urgente do governo tcheco, não houve outros confrontos. A recepção hostil foi objeto de surpresa para a liderança soviética, que fora levada a crer que seus tanques contariam com o apoio generalizado. Tendo, inicialmente, detido Dubček e seus principais companheiros, que foram transportados até Moscou e obrigados a assinar um documento que revogava partes do programa tcheco e concordava com a ocupação soviética do país, o Kremlin se viu forçado a admitir que os reformadores tinham o apoio dos tchecos e dos eslovacos e a permitir que mantivessem a responsabilidade formal pelo país, ao menos durante algum tempo. Agir de outra maneira seria flagrante imprudência.

Todavia, a repressão às reformas de Praga — "normalização", conforme o processo ficou conhecido — começou imediatamente. O XIV Congresso do Partido foi cancelado, a censura foi reintroduzida e as discussões sobre a implementação do Programa de Ação foram sustadas. Entre os líderes soviéticos, havia bastante apoio à idéia de impor em Praga uma ditadura militar. Era essa a preferência não apenas de Andropov e Shelest, mas também — de forma reveladora — de Walter Ulbricht, da RDA; Todor Zhivkov, da Bulgária; e Gomułka, da Polônia. Mas Brejnev optou por manter Dubček no cargo por mais alguns meses, dar continuidade à federalização do país (com o objetivo de separar os eslovacos — cuja principal reivindicação estava agora atendida — dos tchecos, que eram mais radicais), aguardar pelo desenlace dos eventos e manter a presença do Pacto de Varsóvia, por precaução.

Houve manifestações estudantis esporádicas em defesa das reformas, e nas cidades industriais da Boêmia e da Morávia surgiu, com breve duração, uma rede de conselhos de trabalhadores modelada pelos conselhos húngaros de 1956 (no auge, em janeiro de 1969, esses conselhos declaravam contar com a representação de um em cada seis integrantes da força de trabalho nacional, embora fossem muito fracos na Eslováquia). E ocorreu o suicídio de Jan Palach, estudante da Universidade Carolina, que aos vinte anos de idade se imolou nos degraus do Museu Nacional, na praça Wenceslau, em Praga, em protesto contra a invasão soviética e os eventos subseqüentes. Palach viveu três dias antes de falecer, em 19 de janeiro de 1969, em conseqüência das queimaduras. O funeral do estudante, em 25 de janeiro, foi ocasião de luto nacional — por Palach e pela perda da democracia na Tchecoslováquia.

Na próxima vez que manifestantes pró-democracia saíram às ruas, em 17 de abril de 1969 (depois de uma vitória da Tchecoslováquia sobre a Rússia numa partida de hóquei), o Kremlin aproveitou a oportunidade para remover Dubček e substituí-lo por um de seus antigos companheiros, Gustav Husák. Sendo eslovaco e ex-vítima de julgamento montado (detido no tempo de Stalin, sob a acusação de "nacionalismo"), Husák era o candidato ideal para livrar o país da heresia reformista, sem provocar acusações de volta ao stalinismo. A repressão que seguiu foi menos óbvia do que a anterior, mas bastante eficaz. Os julgamentos públicos foram evitados; porém, no decorrer dos dois anos seguintes, o Partido Comunista da Tchecoslováquia foi expurgado de todos os elementos "não-confiáveis" (nove em cada dez dos membros expulsos eram tchecos). Homens e mulheres que tiveram participação ativa na Primavera de Praga foram "entrevistados" e convidados a assinar declarações em que renunciavam às suas próprias ações e rejeitavam as reformas de Dubček. A maioria assinou. Os que se recusaram perderam seus empregos e, ao lado de parentes e filhos, se tornaram párias. Sem sombra de dúvida, o grupo mais numeroso de vítimas era constituído de pessoas (fosse dentro ou fora do partido) que tinham desempenhado papéis de destaque nos anos recentes: jornalistas, apresentadores de televisão, ensaístas, romancistas, dramaturgos, diretores de cinema e líderes estudantis.[15]

A "triagem" e expulsão desses intelectuais eram realizadas por burocratas de escalões inferiores, policiais e funcionários do partido — muitas vezes, companheiros das próprias vítimas. O objetivo era extrair confissões banais — nem tanto para incriminar as vítimas, mas para humilhá-las e assim garantir a colaboração desses indivíduos no processo de submissão de uma sociedade obstinada. Circulou a mensagem de que, em 1968, o país tinha passado por uma psicose coletiva, que falsos profetas haviam se aproveitado da "histeria" e que a nação precisava ser redirecionada, com firmeza, para o caminho certo, induzida pela isca dos bens de consumo e subjugada pelo bordão da vigilância onipresente.

Evidentemente, a ameaça de violência estava sempre implícita, mas o fato de raramente ser aplicada apenas contribuía para a humilhação coletiva. Mais uma vez, conforme ocorrera em 1938 e em 1948, a Tchecoslováquia era obrigada a ser cúmplice da sua própria derrota. Em 1972 — com poetas e dramaturgos obrigados a limpar caldeiras e lavar janelas; professores universitários empilhando tijolos; os estudantes mais inoportunos expulsos; os arquivos policiais cheios de "confissões" úteis e comunistas favoráveis às reformas intimidados ou exilados — a "ordem", segundo as palavras de um ensaio brilhante e amargo escrito por uma vítima do processo de normalização, havia sido "restaurada".[16]

Houve pequenas ondas de protesto por todo o bloco soviético. Em 25 de agosto de 1968, manifestantes na Praça Vermelha contrários à ocupação da Tchecoslováquia incluíam Pavel Litvinov (neto do ministro das Relações Exteriores de Stalin) e Larissa Daniel (esposa do romancista soviético preso). As unidades de exércitos do Leste Europeu engajadas na invasão da Tchecoslováquia tinham sido informadas de que estavam defendendo o país contra uma invasão promovida por alemães ocidentais e norte-americanos; mais tarde, algumas tropas precisaram ser discretamente retiradas, pois a sua lealdade — especialmente no caso das unidades húngaras que ocupavam a Eslováquia — tornou-se extremamente duvidosa. Na Polônia, conforme já vimos, a repressão registrada em Praga, a um só tempo, estimulou protestos estudantis e fortaleceu as autoridades na repressão a tais protestos. Em abril de 1969, em Riga, capital da Letônia, uma estudante judia, Ilia Rips, imolou-se em protesto ao tratamento dispensado pelos soviéticos a Dubček. A atitude dos próprios tchecos e eslovacos, que até então eram os povos mais pró-Rússia do bloco soviético, agora se alterara irrevogavelmente, para uma postura de soturno consentimento.

Mas tudo isso foi contido com facilidade. O Kremlin provara o seu ponto de vista — de que a soberania dos Estados-irmãos socialistas era limitada e que qualquer deslize no mo-

---

[15] Depois de 1989, transpareceu o fato de que, nos anos correspondentes ao período de normalização, a polícia secreta da Tchecoslováquia estabelecera uma unidade especial para monitorar e seguir os judeus do país: um eco do passado da própria Tchecoslováquia e também da Polônia. As autoridades não tinham deixado de perceber que apenas um dos principais companheiros de Dubček se recusara a assinar o documento de Moscou renunciando às próprias ações. Tratava-se de František Kriegel — o único judeu do grupo.

[16] Milan Šimečka, *Obnovení Pořádku* (A Restauração da Ordem), (Bratislava, 1984 — imprensa clandestina). Oitenta mil tchecos e eslovacos fugiram para o exílio após a invasão soviética.

nopólio que o partido exercia sobre o poder poderia provocar uma intervenção militar. A impopularidade interna ou externa era um preço baixo a ser pago pela estabilidade que as medidas tomadas haveriam de garantir no futuro. Depois de 1968, a segurança da zona soviética ficou solidamente confirmada pela disposição demonstrada por Moscou a recorrer à força, se necessário. Porém, nunca mais — e foi essa a verdadeira lição de 1968, primeiro para os tchecos e, no devido tempo, para todos —, nunca mais seria possível afirmar que o comunismo se alicerçava no consentimento popular, ou na legitimidade de um partido reformado, ou mesmo nas lições da História.

Em Praga, a estripação do movimento reformista deixou um gosto particularmente azedo. Poucos meses antes, muitos dos expurgadores mais entusiasmados tinham formado fileira com os defensores mais veementes de Dubček — "Somente depois da Primavera de Praga, em 1968", escreveu Zdeněk Mlynář, um dos principais reformadores do Partido Comunista, "foi possível ver quem era quem". A aparente facilidade com que, de início, Dubček, em seguida, o partido e, finalmente, toda a sociedade ruíram diante dos senhores soviéticos e seus contratados locais não foi apenas humilhante (comparações nada lisonjeiras foram feitas com a situação da Hungria 12 anos antes); a mencionada facilidade projetou, retroativamente, uma luz de dúvida sobre os ideais e as esperanças da própria era das reformas.

Refletindo, anos mais tarde, sobre suas lembranças do dia 21 de agosto de 1968, quando as tropas do Exército Vermelho invadiram uma reunião dos líderes do Partido Comunista tcheco e um soldado se pôs atrás de cada membro do Politburo, Mlynár recordava que, "num momento daqueles, o conceito que se tem do socialismo vai por água abaixo. E, ao mesmo tempo, sabe-se que tal conceito tem alguma relação direta com a arma automática apontada para as costas da pessoa". Foi essa relação que marcou o momento crítico na história do comunismo, mais até do que a tragédia húngara de 1956.

A ilusão de que era possível reformar o comunismo, de que o stalinismo tinha sido um desvio, um equívoco que ainda poderia ser corrigido, de que os ideais básicos do pluralismo democrático poderiam, de certa maneira, ainda ser compatíveis com as estruturas do coletivismo marxista — essa ilusão foi esmagada pelos tanques em 21 de agosto de 1968, e jamais pôde ser renovada. Alexander Dubček e seu Programa de Ação não foram um princípio, mas um fim. Radicais ou reformistas jamais voltariam a recorrer ao partido para a concretização de suas aspirações ou implantação de seus projetos. O comunismo da Europa Oriental seguia aos trancos, sustentado por uma estranha aliança firmada entre empréstimos internacionais e baionetas russas: a carcaça pútrida só foi, finalmente, levada embora em 1989. Mas a alma do comunismo tinha morrido vinte anos antes: em Praga, em agosto de 1968.

O desfecho dos anos 60 foi negativo por toda parte. O fim do longo ciclo de crescimento e prosperidade verificado durante o pós-guerra afastou a retórica e os projetos da Nova Esquerda; a ênfase otimista na alienação pós-industrial e a natureza fria da vida moderna logo seriam substituídas por uma atenção renovada em empregos e salários.[17] No Oriente, a men-

[17] A geração resultante da explosão demográfica no pós-guerra jamais careceu de emprego. Foi a geração seguinte, nascida depois de 1953, que ingressou no mercado de trabalho exatamente quando o emprego se tornava escasso. Não deve surpreender, portanto, o fato de que, na geração seguinte, a política fosse bastante diversa.

sagem dos anos 60 era de que já não se podia trabalhar dentro "do sistema"; no Ocidente, não havia alternativa melhor. Nos dois lados da Cortina de Ferro, as ilusões foram postas de lado. Somente os verdadeiros radicais permaneceram irredutíveis na decisão de ficar de fora do consenso político — compromisso que, na Alemanha e na Itália, bem como nos EUA e na América Latina, levou-os à clandestinidade, à violência e ao crime.

Sob o ponto de vista prático, a curto prazo, os feitos registrados nos anos 60 pareceram bastante pífios. Jovens obtiveram o direito ao voto a partir dos 18 anos — primeiro, na Grã-Bretanha, depois em outros locais. Com variado grau de sucesso, as universidades tentaram elevar o nível de suas instalações e programas acadêmicos e se tornar mais abertas às reivindicações estudantis. Ao longo da década seguinte, o acesso ao divórcio, aborto e controle de natalidade foi facilitado em quase todos os países, e restrições ao comportamento sexual — divulgado ou praticado — quase desapareceram. No Statuto dei Lavoratori, surgido em maio de 1970, trabalhadores italianos conquistaram o direito à proteção contra demissões injustas. No total, essas mudanças constituíam uma latente transformação cultural da sociedade européia, mas não configuraram, em absoluto, a "revolução" vislumbrada pelas palavras de ordem e ações da geração de 1968.[18]

Na realidade, a tal revolução sempre fora autodestrutiva. Os mesmos movimentos que pretendiam desprezar e abominar a "cultura de consumo" foram, desde o início, objeto de consumo cultural, refletindo uma ampla disjunção entre retórica e prática. As pessoas em Paris ou Berlim que declaravam, agressivamente, a intenção de "mudar o mundo" eram muitas vezes as que mais se dedicavam a obsessões provincianas e até corporais — pressagiando a política solipsista do "eu" que predominaria na década seguinte. Os "anos 60" haviam se tornado objeto de culto antes mesmo do final da década.

Mas, se os anos 60 se foram sem causar grande remorso e deixaram poucos monumentos duradouros, isso se deu talvez porque as alterações que a década introduziu foram tão abrangentes que até pareceram naturais e, no início dos anos 70, absolutamente normais. No princípio da década, parecia que a Europa era comandada por e para velhos. A autoridade, fosse no quarto, no lar, nas ruas, nos estabelecimentos educacionais, nos locais de trabalho, na mídia e na política, seguia inquestionável. No entanto, dez anos depois, os velhos (Churchill, Adenauer, De Gaulle) estariam mortos. A autoridade tinha sido destituída na maioria das esferas da vida social, ou então só era reconhecida na ruptura. Em alguns locais — França, Itália — a transição fora bastante drástica. Em outros países — talvez na Grã-Bretanha — a transição ocorreu ao longo de alguns anos, e sua dimensão só poderia ser devidamente avaliada em retrospecto.[19]

Uma das ilusões da época dizia respeito à noção de que os anos 60 eram um tempo de aguçada consciência política. "Todo mundo" (ou todo mundo com menos de 25 anos que freqüentasse um estabelecimento educacional e fosse atraído por idéias radicais) estava nas ruas, engajado em alguma causa. A deflação das causas — e a desmobilização observada nas

---

[18] Somente na Espanha, onde o ciclo de protesto social perdurou até meados dos anos 70, quando se fundiu com o movimento em prol da volta à democracia parlamentar, os distúrbios da década de 1960 anunciaram uma autêntica transformação política — assunto que será tratado no Capítulo 16.

[19] O Caso Profumo, na Grã-Bretanha, em 1963 — um saboroso escândalo envolvendo sexo, classe social, drogas, raça, política e espiões que absorveu o país durante meses —, seria impensável poucos anos depois. Os pequenos pecados da elite decadente talvez continuassem a despertar um interesse lascivo, mas depois dos anos 60 já não conseguiam *abalar*.

décadas seguintes — confere, em retrospecto, um ar de fracasso a uma década de frenética atividade política. Mas, sob determinados aspectos importantes, os anos 60 foram, na verdade, uma década vital pelo motivo oposto: a década foi o momento em que europeus das duas metades do continente começaram a *dar as costas* à política ideológica.

Por conseguinte, os *slogans* e projetos da geração dos anos 60, longe de despertar uma tradição revolucionária cuja linguagem e cujos símbolos esses mesmos projetos tentavam revigorar, podem hoje ser vistos como um canto do cisne. Na Europa Oriental, o interlúdio "revisionista" e seu trágico desenlace despediram as derradeiras ilusões da prática marxista. No Ocidente, teorias marxistas e paramarxistas pairavam muito acima de qualquer vínculo com a realidade local, fato que as desqualificava de qualquer papel futuro num debate público sério. Em 1945, a direita radical se descredenciou como veículo legítimo de expressão política. Já em 1970, a esquerda radical começava a imitá-la. Um ciclo de 180 anos de política ideológica na Europa chegava ao fim.

Terceira Parte

Recessão: 1971-1989

XIV
Expectativas Reduzidas

"O dólar é a nossa moeda, e problema de vocês."
John Connally, secretário do Tesouro dos EUA, 1971

"Matar pode ser ou não certo, mas às vezes é necessário."
Gerry Adams

"A morte de um trabalhador pesa qual uma montanha, enquanto a de um burguês é leve qual uma pena."
Mao Tse-tung

"Esta é a Hora de Chumbo — Lembrada, se sobrevivida."
Emily Dickinson

"O punk poderia ter sido inventado para os teóricos da cultura — e a verdade é que, até certo ponto, foi."
Robert Hewison

Antes mesmo que a efervescência dos anos 60 houvesse diminuído, as circunstâncias singulares que a viabilizaram tinham ficado para sempre no passado. Três anos antes do final da década mais próspera já registrada na História, o ciclo de crescimento do pós-guerra havia terminado. Os "trinta anos gloriosos" da Europa Ocidental deram lugar a uma era de inflação monetária e índices descendentes de crescimento, acompanhados de desemprego generalizado e insatisfação social. A maioria dos radicais da década de 1960, a exemplo dos que os seguiram, abandonara a "Revolução" e passara a se preocupar com perspectivas de emprego. Alguns poucos optaram pelo confronto violento; os danos por eles causados — e a reação das autoridades a esses atos — levaram a muito discurso exaltado sobre a condição "ingovernável" das sociedades ocidentais. Tal apreensão se mostrou exagerada: sob pressão, as instituições da Europa Ocidental demonstraram mais resistência do que muitos observadores temiam. Mas não houve qualquer retorno ao otimismo — ou às ilusões — das primeiras décadas do pós-guerra.

O impacto da desaceleração econômica apenas começara a ser sentido quando dois choques externos fizeram a economia européia ocidental estancar. Em 15 de agosto de 1971, o presidente dos EUA, Richard Nixon, anunciou unilateralmente que seu país abandonaria o sistema de taxas de câmbio fixas. O dólar norte-americano, âncora do sistema monetário internacional desde Bretton Woods, passaria a flutuar em relação às outras moedas. O pano de fundo para essa decisão era o imenso ônus militar causado pela Guerra do Vietnã, bem como o crescente déficit orçamentário federal dos EUA. O dólar estava atrelado a um padrão-ouro, e crescia em Washington o temor de que detentores de moeda norte-americana no exterior (inclusive os Bancos Centrais europeus) tentariam trocar dólares por ouro, drenando as reservas dos EUA.[1]

A decisão relativa à flutuação do dólar não foi economicamente irracional. Tendo optado por travar uma luta dispendiosa do outro lado do mundo — e por custear a guerra com dinheiro emprestado —, os EUA não poderiam manter o dólar indefinidamente num valor fixo e cada vez mais supervalorizado. Contudo, a decisão norte-americana foi impactante. Se o dólar haveria de flutuar, o mesmo deveria ocorrer com as moedas européias, e nesse caso todas as certezas cuidadosamente construídas nos sistemas monetário e comercial vigentes no pós-guerra seriam questionadas. O sistema de câmbio fixo, criado antes do final da Segunda Guerra diante da perspectiva do surgimento de uma rede controlada de economias nacionais, tinha acabado. Mas o que o substituiria?

Após alguns meses de turbulências, duas desvalorizações sucessivas do dólar, bem como a "flutuação" da libra esterlina em 1972 (tardiamente levando a um fim inglório o antigo e oneroso papel da libra como moeda de "reserva" internacional), uma conferência em Paris, em março de 1973, enterrou, formalmente, os esquemas financeiros criados em Bretton Woods e decidiu adotar um novo sistema de flutuação de taxas cambiais. O custo dessa liberalização, conforme seria previsível, foi a inflação. Após a decisão norte-americana de agosto de 1971 (e a subseqüente queda no valor do dólar), os governos europeus, na esperança de evitar a esperada recessão econômica, adotaram políticas propositadamente reflacionárias: permitindo o afrouxamento do crédito, a subida dos preços domésticos e a desvalorização de suas próprias moedas.

Em circunstâncias normais, essa inflação controlada, "keynesiana", talvez obtivesse sucesso; apenas na Alemanha Ocidental existia uma aversão profunda e histórica à simples idéia de inflação de preços. Mas a incerteza causada pela retirada dos EUA de um sistema baseado no dólar estimulou a especulação monetária, especulação essa que os acordos internacionais sobre regimes de flutuação cambial não conseguiram conter. Isso, por seu turno, minou os esforços dos diversos governos para manipular taxas de juros e manter o valor de suas moedas nacionais. As moedas se desvalorizaram. E à medida que perdiam valor, subia o custo das importações: entre 1971 e 1973, o preço mundial de mercadorias (exceto combustíveis) subiu 70%; o de gêneros alimentícios, 100%. E foi nessa situação já instável que a economia internacional foi abalada pelo primeiro dos dois choques do petróleo ocorridos na década de 1970.

Em 6 de outubro de 1973, Yom Kippur (Dia do Perdão no calendário judaico), o Egito e a Síria atacaram Israel. Vinte e quatro horas depois, os principais países exportadores de petróleo anunciaram planos para reduzir a produção; dez dias mais tarde, esses mesmos países anunciaram um embargo de petróleo contra os EUA, em retaliação ao apoio oferecido a Israel, e aumentaram o preço do petróleo em 70%. A Guerra do Yom Kippur terminou em

[1] O déficit orçamentário federal dos EUA cresceu de 16 bilhões de dólares, em 1965, para 25,2 bilhões, em 1968.

25 de outubro, com um cessar-fogo acordado entre egípcios e israelenses, mas a frustração árabe em decorrência do apoio ocidental a Israel não se abateu. Em 23 de dezembro, as nações produtoras de petróleo combinaram outro aumento de preço. O custo do petróleo tinha mais do que duplicado desde o começo de 1973.

A fim de perceber a relevância desses acontecimentos, especialmente para a Europa Ocidental, é importante lembrar que o preço do petróleo, ao contrário de quase todas as demais mercadorias primárias que sustentam uma moderna economia industrial, permanecera praticamente inalterado durante as décadas marcadas pelo crescimento econômico. Em 1955, o barril de petróleo saudita bruto — medida padrão — custava 1,93 dólar; em janeiro de 1971, era vendido por apenas 2,18 dólares. Considerando os baixos índices inflacionários daqueles anos, isso queria dizer que, em termos reais, o petróleo havia se tornado mais barato. A Organização dos Países Exportadores de Petróleo (OPEP), formada em 1960, fora até então inerte, e não demonstrava inclinação para pressionar seus principais produtores a utilizar reservas de petróleo como arma política. O Ocidente se acostumara a obter combustível prontamente e a preço módico — fator vital durante os longos anos de prosperidade.

Precisamente quão vital esse fator foi é algo que pode ser constatado pela crescente importância do petróleo na economia européia. Em 1950, o combustível sólido (principalmente carvão e coque) representava 83% do consumo de energia na Europa Ocidental; petróleo, apenas 8,5%. Já em 1970, os índices eram 29% e 60%, respectivamente. No caso da Itália, em 1973, 75% das necessidades energéticas eram satisfeitas através da importação de petróleo; em relação a Portugal, o índice era 80%.[2] O Reino Unido, que durante algum tempo seria auto-suficiente graças à descoberta de reservas no mar do Norte, só começou a produzir petróleo em 1971. Com a explosão de consumo ocorrida no final dos anos 50 e nos anos 60, a Europa passou a depender cada vez mais de petróleo obtido a preço acessível; os milhões de veículos nas estradas da Europa Ocidental não podiam ser movidos a carvão, tampouco à eletricidade, agora gerada — especialmente na França — por energia nuclear.

Até então, o preço do combustível importado tinha valor fixo, em dólar. Portanto, taxas de câmbio flutuantes e aumentos nos preços do petróleo introduziram um fator de incerteza sem precedentes. Enquanto preços e salários haviam subido constantemente, embora com moderação, ao longo das duas décadas anteriores — custo aceitável para harmonia social numa era de rápido crescimento —, a inflação monetária agora decolava. De acordo com a Organização para Cooperação e Desenvolvimento Econômico (OCDE), o índice de inflação na Europa não-comunista, entre 1961 e 1969, manteve-se em 3,1%; entre 1969 e 1973, o índice foi 6,4%; entre 1973 e 1979, 11,9%. Esses números gerais escondem variações sensíveis, de um país para outro: enquanto o índice de inflação na Alemanha Ocidental, de 1973 a 1979, manteve-se em 4,7%, o que era viável, a Suécia registrou níveis duas vezes mais elevados. Os preços na França subiram em média 10,7% por ano naquele mesmo período. Na Itália, a inflação média foi 16,1%; na Espanha, mais de 18%. A média do Reino Unido foi 15,6%, mas, no pior ano (1975), o índice inflacionário britânico excedeu 24%.

---

[2] Como ponto de comparação, a importação norte-americana de petróleo, no auge da crise de 1973, não passava de mais de 36% do consumo doméstico.

Inflação de preços e salários nesses níveis não deixava de ter precedentes históricos. Mas, depois dos índices estáveis registrados nos anos 50 e 60, a inflação para a maioria das pessoas — e para os governos — era uma experiência nova. Pior ainda, a inflação européia dos anos 70 — agravada por uma segunda elevação do preço do petróleo em 1979, quando a derrubada do xá da Pérsia causou pânico nos mercados do petróleo bem como um aumento de 150% no preço do combustível entre dezembro de 1979 e maio de 1980 — não correspondia a qualquer experiência anterior. No passado, inflação era associada a crescimento, com freqüência a um crescimento por demais acelerado. As grandes depressões econômicas do final do século XIX e da década de 1930 tinham sido acompanhadas por *de*flação: quedas súbitas em preços e salários, provocadas (segundo o entendimento dos observadores) por moedas demasiadamente rígidas e crônicos gastos baixos, tanto por parte dos governos quanto dos cidadãos. Mas na Europa da década de 1970 o modelo convencional parecia inadequado.

Ocorreu, então, que a Europa Ocidental começou a vivenciar algo que passou a ser chamado pelo termo desajeitado de "estagflação": inflação de salários/preços e desaceleração econômica — ao mesmo tempo. Em retrospecto, esse resultado é menos inusitado do que pareceu à época. Já em 1970, chegara ao fim a grande migração européia de mão-de-obra agrícola excedente para a indústria urbana produtiva; não havia mais como aumentar a atividade e a produção industrial, e os índices de produtividade começaram a declinar. Nas principais economias européias baseadas em indústrias e serviços, o pleno emprego ainda era a norma — em 1971, o índice de desemprego no Reino Unido era 3,6%; na França, apenas 2,6%; mas a queda de produtividade significava também que trabalhadores organizados que haviam se habituado a negociar a partir de uma posição de força agora enfrentavam patrões cujas belas margens de lucro começavam a encolher.

Apontando como justificativa o alto índice de inflação registrado a partir de 1971, os representantes trabalhistas reivindicavam aumentos salariais e outras compensações, isso em economias que já demonstravam sinais de exaustão mesmo antes da crise de 1973. Os aumentos salariais começavam a superar o aumento da produtividade; os lucros diminuíam; novos investimentos declinavam. A capacidade excedente gerada por estratégias otimistas de investimento durante o pós-guerra somente podia ser absorvida pela inflação ou pelo desemprego. Graças à crise no Oriente Médio os europeus foram agraciados com ambos.

A depressão dos anos 70 pareceu pior do que na realidade o foi devido ao contraste com o que se passara antes. Por padrões históricos, os índices médios de crescimento do Produto Interno Bruto (PIB) na Europa Ocidental durante a década de 1970 não eram particularmente baixos. Tais índices variavam de 1,5%, no Reino Unido, a 4,9%, na Noruega, e constituíam, portanto, uma melhoria marcante em relação à média de crescimento de 1,3% alcançada pela França, Alemanha e pelo Reino Unido, no período de 1913 a 1950. Mas esses índices contrastavam radicalmente com os números registrados no passado recente: entre 1950 e 1973, o crescimento anual francês fora, em média, de 5%; a Alemanha Ocidental crescera quase 6% ao ano, e até a Grã-Bretanha tinha mantido uma média acima de 3%. Incomuns foram os anos 50 e os 60, não os 70.[3]

---

[3] Uma média, evidentemente, é apenas uma média. No ano de 1976, especialmente negativo, quando o número de desempregados na Grã-Bretanha pela primeira vez desde a guerra excedeu um milhão, e a inflação anual beirava 25%, todos os índices de crescimento atingiram os patamares mais baixos — na Itália, a economia nacional chegou a encolher, pela primeira vez desde a guerra.

Mas o sofrimento foi real, agravado pela crescente competição imposta por países asiáticos recém-industrializados e por gastos elevados com importação, à medida que os preços de modo geral (e não apenas do petróleo) subiam. Os índices de desemprego passaram a subir em ritmo constante e inexorável. No final da década, o total de desempregados na França superava 7% da força de trabalho; na Itália, 8%; no Reino Unido, 9%. Em alguns países — Bélgica e Dinamarca —, os índices de desemprego nos anos 70 e no princípio dos anos 80 foram comparáveis aos registrados na década de 1930; na França e na Itália, foram ainda piores.

Um resultado imediato do declínio econômico foi o recrudescimento da atitude geral em relação a trabalhadores "estrangeiros" de todos os tipos. Se o índice oficial de desemprego na Alemanha Ocidental (próximo a zero, em 1970) não excedeu 8% da força de trabalho, a despeito da queda na procura por bens industrializados, foi porque a maioria dos desempregados na Alemanha não era alemã — e, portanto, não figurava nos números oficiais. Quando, em 1974 e 1975, a Audi e a BMW, por exemplo, dispensaram grande quantidade de seus trabalhadores, os primeiros a serem demitidos foram os "operários convidados"; quatro em cada cinco funcionários da BMW que perderam o emprego não eram cidadãos alemães. Em 1975, a República Federal desativou (em caráter permanente) escritórios de recrutamento no norte da África, em Portugal, na Espanha e na Iugoslávia. Conforme definia o Relatório da Comissão Federal, com data de 1977, em seu "Princípio Básico n° 1: A Alemanha não é um país de imigrantes. A Alemanha é local de residência de estrangeiros que haverão de retornar a seus países voluntariamente". Seis anos mais tarde, o Parlamento federal aprovaria uma lei cujo propósito era "Promover a Preparação do Retorno de Trabalhadores Estrangeiros".

Voluntariamente ou não, de fato, muitos voltaram para "casa". Em 1975, 290 mil trabalhadores imigrantes, acompanhados de suas respectivas famílias, deixaram a Alemanha Ocidental e se dirigiram para a Turquia, Iugoslávia, Grécia e Itália. Naquele mesmo ano, 200 mil espanhóis regressaram à Espanha, em busca de trabalho; na Itália, pela primeira vez na memória moderna, o número dos que retornavam ao país superava o número de emigrados, e em breve o mesmo ocorreria na Grécia e em Portugal. Em meados dos anos 70, cerca de 300 mil emigrados iugoslavos foram obrigados a voltar para os Bálcãs, onde a expectativa de emprego não era melhor do que na Alemanha ou na França. A crise na oferta de trabalho verificada no norte da Europa estava sendo reexportada para o Mediterrâneo. Nesse ínterim, a França impôs restrições severas à imigração proveniente da Argélia e das antigas colônias francesas na África, e o Reino Unido estabeleceu restrições ainda mais duras para futuros imigrantes egressos do subcontinente sul-asiático.

O somatório de desemprego estrutural, aumento de gastos com importação de petróleo, inflação e queda nas exportações gerou déficits orçamentários e inadimplência por todo o Oeste Europeu. Nem mesmo a Alemanha Ocidental, capital industrial do continente e maior país exportador, conseguiu escapar. O superávit da balança de pagamentos do país, que em 1973 era de 9,5 bilhões de dólares, despencou, no período correspondente a um ano, apresentando déficit de 692 milhões de dólares. O orçamento britânico se apresentava agora cronicamente deficitário — tanto que em dezembro de 1976, diante do risco de a Grã-Bretanha quebrar, o Fundo Monetário Internacional foi convocado para salvar o país. E a situação de outros países era pouco melhor. Na França, a balança de pagamentos entrou no vermelho em 1974 e ali permaneceu durante a maior parte da década seguinte. Em abril de 1977, a Itália, a exemplo da Grã-Bretanha, foi forçada a recorrer ao FMI. Tanto quanto no caso britânico, os líderes italianos culpariam as "forças internacionais" pelas impopulares medidas de política doméstica adotadas.

Segundo o pensamento keynesiano, deficiências orçamentárias e déficits de pagamentos — bem como a própria inflação — não eram algo necessariamente negativo. Nos anos 30, tais fatores e os gastos por eles gerados constituíram um meio plausível de sair da recessão. Mas, nos anos 70, todos os governos do Oeste Europeu *já* gastavam bastante em previdência e serviço social, em serviços de utilidade pública e investimentos em infra-estrutura. Conforme James Gallaghan, primeiro-ministro trabalhista britânico, explicou aos colegas: "Costumávamos achar que era possível sair da recessão gastando dinheiro [...]. Posso dizer-lhes, com toda franqueza, que tal opção já não existe". E, ao contrário do que ocorrera depois da Segunda Guerra Mundial, era impossível agora contar com a liberalização do comércio como mecanismo de salvação: a recente rodada de negociações comerciais realizadas por Kennedy em meados dos anos 60 já havia levado as tarifas industriais a valores historicamente baixos. Na realidade, o risco que existia agora era de uma crescente pressão interna a favor da reintrodução de medidas protecionistas contra a concorrência.

Havia outro fator que complicava as decisões dos formuladores de política na década de 1970. A crise econômica, por mais circunstanciais e conjunturais que fossem as suas causas, coincidiu com uma transformação de longo alcance, difícil de ser detida por ação governamental. No período correspondente a uma geração, a Europa Ocidental passara por uma terceira "Revolução Industrial"; as chamadas "indústrias de chaminé", que até poucos anos antes faziam parte do cotidiano, saíam de cena. Se operários da indústria do aço e de veículos automotores, bem como mineradores e outros trabalhadores, estavam perdendo seus empregos, isso não se devia a um declínio cíclico nas economias locais, tampouco era um subproduto da crise do petróleo. A venerável economia industrial da Europa Ocidental estava desaparecendo.

Os indícios eram incontroversos, embora há alguns anos os formuladores de política viessem tentando ignorar as implicações desses mesmos indícios. O número de mineradores diminuía continuamente desde que a produção de carvão no Oeste Europeu atingira o ponto máximo na década de 1950: a grande bacia Sambre-Meuse, ao sul da Bélgica, que em 1955 gerava 20,5 milhões de toneladas de carvão, produzia apenas 6 milhões de toneladas em 1968, e um volume desprezível dez anos depois. Ainda na Bélgica, 100 mil empregos do setor de mineração desapareceram entre 1955 e 1985; atividades paralelas, de diversos tipos, sofreram na mesma proporção. Na Grã-Bretanha, o setor registrou perdas ainda maiores, embora ocorridas ao longo de um período mais extenso. Em 1947, o Reino Unido ostentava 958 minas de carvão; passados 45 anos, restavam apenas cinqüenta. A força de trabalho empregada em mineração decresceria de 718 mil para 43 mil indivíduos, sendo a maioria dos postos extinta no período de 1975 a 1985.

Aço, o outro setor que sustentava a Europa industrial, teve um destino parecido. Não que a procura por aço tivesse caído drasticamente — ao contrário do carvão, o aço não podia ser prontamente substituído. Porém, à medida que mais países não-europeus ingressavam nas fileiras da indústria, a concorrência aumentou, o preço caiu e o mercado para o aço europeu (com seu elevado custo de produção) entrou em colapso. Entre 1974 e 1986, na Grã-Bretanha, foram extintos 166 mil postos na indústria do aço (embora em 1986 o maior fabricante britânico, a British Steel Corporation, registrasse lucros pela primeira vez em mais de uma década). A indústria naval declinou por motivos semelhantes; o mesmo pode ser dito sobre a indústria têxtil e de veículos automotores. O Courtaulds, principal conglomerado de indústrias têxteis e químicas do Reino Unido, reduziu a força de trabalho em 50%, entre 1977 e 1983.

A recessão dos anos 70 registrou aumentos nos índices de desemprego em praticamente todas as indústrias tradicionais. Antes de 1973, em se tratando de carvão, ferro, aço e engenharia mecânica, a transformação já estava em curso; a partir de 1973, os efeitos começaram a se espalhar para o setor químico, têxtil, para a indústria de papel e a de bens de consumo. Regiões inteiras foram abaladas: entre 1973 e 1981, o centro-oeste da Inglaterra, que abrigava pequenas fábricas e montadoras de automóveis, perdeu um em cada quatro postos de trabalho. A zona industrial de Lorena, no nordeste da França, perdeu 28% do total de postos ali existentes. O operariado de Luneburgo, na Alemanha Ocidental, declinou 42% nesse mesmo período. No final da década de 1970, quando a Fiat de Turim deu início ao processo de robotização, 65 mil postos (de um total de 165 mil) foram perdidos em apenas três anos. Na cidade de Amsterdã, na década de 1950, 40% da força de trabalho estavam empregados na indústria; um quarto de século mais tarde, a proporção era apenas de um trabalhador em cada sete.

No passado, o custo social relativo a mudanças econômicas em tal escala e tal ritmo teria sido traumático, e as conseqüências políticas imprevisíveis. Graças às instituições do Estado previdenciário — e talvez à diminuição do entusiasmo político verificada à época —, os protestos foram tímidos. Mas não deixaram de ocorrer. Entre 1969 e 1975, houve passeatas inflamadas, ocupações, greves e petições por todo o Oeste Europeu industrializado, desde a Espanha até a Grã-Bretanha, sendo que nesta última duas greves importantes de mineradores de carvão — em 1972 e 1974 — convenceram um governo conservador apreensivo a adiar por alguns anos o fechamento de minas de grande porte, mesmo que isso custasse mais subsídios, pelos quais a população como um todo pagaria.

Mineradores e operários da indústria do aço eram, à época, os mais conhecidos e talvez mais desesperados entre os manifestantes organizados, mas não eram os que mais militavam. A queda do número de trabalhadores nas velhas indústrias havia alterado o equilíbrio de forças, aumentando o peso dos sindicatos do setor de serviços, cujas fileiras cresciam rapidamente. Na Itália, enquanto antigas organizações industriais comandadas por comunistas perdiam contingentes, os sindicatos de professores e funcionários públicos cresciam em dimensão e militância. Os velhos sindicatos demonstravam pouca simpatia pelos desempregados: a maioria desejava, acima de tudo, garantir empregos (e a própria influência), e evitava confrontos diretos. Eram os combativos sindicatos do setor de serviços — a Force Ouvrière, na França; a ANFGL, o SNFSP e AECTA, na Grã-Bretanha[4] — que abraçavam, com entusiasmo, a causa dos jovens e dos desempregados.

---

[4] Associação Nacional de Servidores de Governos Locais; Sindicato Nacional dos Servidores do Setor Público; Associação de Empregados dos Setores Científico, Técnico e Administrativo.

Diante de uma demanda sem precedentes por estabilidade no emprego e proteção contra perdas salariais, os líderes europeus, a princípio, recorreram a práticas já testadas no passado. Na Grã-Bretanha e na França, foram negociados acordos salariais inflacionários com sindicatos poderosos; na Itália, em 1971, foi introduzido um sistema de índices fixos que relacionava preços a salários — a *Scala Mobile*. Indústrias decadentes — especialmente a de aço — foram abrigadas sob as asas do Estado, à semelhança do que ocorrera por ocasião da primeira rodada de estatizações no pós-guerra; no Reino Unido, o "Plano do Aço", em 1977, impediu o colapso da respectiva indústria, cartelizando a estrutura de preços e praticamente extinguindo a concorrência local de preços; na França, os falidos conglomerados de aço da região de Lorena e o centro industrial do país foram reagrupados em consórcios auto-regulados geridos a partir de Paris. Na Alemanha Ocidental, o governo federal incentivou a consolidação de grupos privados, em vez de controle estatal, mas os resultados foram igualmente cartelistas. Em meados dos anos 70, uma empresa, a Ruhrkohle AG, era responsável por 95% da produção mineral da região do Ruhr.

Através de subsídios trabalhistas diretos (pagamento a empregadores para manter nos quadros os empregados que já não eram necessários) e medidas protecionistas contra importações provenientes do Terceiro Mundo, o que restara da indústria têxtil doméstica na França e na Grã-Bretanha foi preservado; tais ações foram adotadas porque a atividade têxtil propiciava empregos em regiões carentes. Na República Federal, o governo de Bonn dispôs-se a cobrir 80% dos gastos com a folha de pagamento de industriários cuja carga de trabalho fora reduzida. O governo sueco despejava dinheiro em estaleiros não-lucrativos, mas politicamente importantes.

As reações a esse declínio econômico variavam de um país para outro. As autoridades francesas adotaram uma prática de intervenção microeconômica, identificando "campeões nacionais" em cada setor e favorecendo-os com contratos, dotações financeiras e garantias, ao passo que o Tesouro do Reino Unido levou adiante a respeitável tradição de manipulação macroeconômica implementada através de impostos, taxas de juros e subsídios. Mas o impressionante é que houve pouca variação em termos *políticos*. A princípio, socialdemocratas alemães e suecos, democratas cristãos italianos, gaullistas franceses e políticos britânicos das mais diversas inclinações agarraram-se, instintivamente, ao consenso que predominou no pós-guerra: buscar o pleno emprego, se possível; promover compensações, na falta de pleno emprego, através de aumentos salariais para os que estivessem empregados, pagamentos de apoio para os desempregados e subsídios financeiros para empregadores em dificuldades, tanto no setor privado quanto no público.

Contudo, ao longo dos anos 70, um número crescente de políticos passou a crer que a inflação agora impunha riscos maiores do que os altos níveis de desemprego — especialmente porque os custos humanos e políticos do desemprego eram institucionalmente aliviados. Não era possível tratar a inflação sem alguma espécie de esquema internacional que visasse à regulação de moedas e taxas de câmbio, em substituição ao sistema de Bretton Woods, prematuramente derrubado por Washington. Em 1972, os seis primeiros Estados membros da Comunidade Econômica Européia já responderam à situação com a criação do "Serpente Dentro do Túnel": um acordo para manter a taxa de câmbio de suas moedas semifixadas dentro de determinado valor, permitindo variações de 2,25% para cima ou para baixo da taxa aprovada. Contando com a adesão inicial da Grã-Bretanha, Irlanda e dos países escandinavos, o acordo durou apenas dois anos: os governos britânico, irlandês e italiano — incapazes de resistir (ou não querendo fazê-lo) a pressões domésticas por desvalorizações monetárias além dos índices estabelecidos — foram obrigados a desistir do acordo e permitir a queda de suas moedas. Até os franceses, em duas ocasiões (em 1974 e em 1976), tiveram de abandonar o "Serpente". Era evidente que algo mais seria necessário.

Em 1978, o chanceler da Alemanha Ocidental, Helmut Schmidt, propôs a reformulação do acordo em termos bem mais rigorosos: um Sistema Monetário Europeu (SME). Seria criado um esquema de taxas de câmbio bilaterais fixas, baseado numa unidade de medida meramente teórica, a Unidade Monetária Européia,[5] e garantido pela estabilidade e pelas prioridades antiinflacionárias da economia alemã e do Bundesbank. Os países participantes se comprometeriam a adotar uma austeridade econômica doméstica, para se manterem no SME. Foi a primeira iniciativa alemã nesse sentido, e traduzia, oficiosa senão oficialmente, a recomendação de que, ao menos na Europa, o marco alemão deveria substituir o dólar enquanto moeda de referência.

Alguns países ficaram de fora — notadamente o Reino Unido, cujo primeiro-ministro trabalhista, James Callaghan, percebeu que o SME impediria a Grã-Bretanha de adotar políticas de reflação capazes de fazer frente ao problema de desemprego no país. Outros países adotaram o sistema precisamente por esse motivo. Enquanto "*solution de rigueur*", o SME teria um funcionamento semelhante ao Fundo Monetário Internacional (ou à Comissão Européia e o euro, anos mais tarde): o sistema obrigaria os países a tomar medidas impopulares cuja responsabilidade poderia ser imputada a regras e tratados formulados no exterior. Na realidade, a longo prazo, essa seria a verdadeira relevância dos novos acordos. Não era tanto o fato de eles terem conseguido expulsar o demônio da inflação, mas o fato de que, para realizar tal façanha, os novos acordos terem privado os governos de iniciativa em relação à política doméstica.

Isso constituiu uma grande guinada, com conseqüências maiores do que se pensou à época. No passado, se um governo optasse por uma estratégia de "dinheiro duro", aderindo ao padrão-ouro ou recusando-se a diminuir as taxas de juros, era obrigado a responder ao eleitorado local. Mas, dadas as circunstâncias do final dos anos 70, qualquer governo — em Londres, Estocolmo ou Roma — que enfrentasse persistentes índices de desemprego, um setor industrial decadente ou pressão para inflacionar os salários podia invocar os termos de um empréstimo contraído junto ao FMI, ou os rigores de taxas de câmbio pré-negociadas no âmbito europeu, e se eximir de responsabilidade. Os benefícios táticos desse tipo de medida eram óbvios, mas haveria um custo.

Se o Estado europeu já não era capaz de produzir pleno emprego, salários reais elevados e crescimento econômico, então estava fadado a enfrentar a indignação dos eleitores que se sentiam traídos. Conforme já observamos, em toda parte a reação instintiva de políticos foi apazi-

[5] Em inglês, "European Currency Unit" — *ECU*. O acrônimo tinha emprego marcantemente político: ao invocar o nome de uma moeda de prata francesa corrente no século XVIII, a palavra diminuía o constrangimento parisiense diante do reconhecimento da crescente primazia da Alemanha Ocidental em questões européias.

guar as apreensões do proletariado masculino de "colarinho azul": até certo ponto, porque fora esse o segmento mais afetado, mas, principalmente, porque os precedentes indicavam ser esse o eleitorado mais afeito a organizar protestos eficazes. No entanto, conforme transpareceu, a verdadeira oposição estava em outro local: na classe média tão onerada com impostos — empregados de "colarinho branco", tanto do setor público quanto do privado, pequenos negociantes e profissionais autônomos cujos problemas se traduziam prontamente em oposição política.

Quem mais se beneficiou do Estado previdenciário, afinal, foi a classe média. Quando, na década de 1970, o sistema do pós-guerra começou a se desemaranhar, essa mesma classe média sentiu-se mais traída do que ameaçada: pela inflação, por subsídios à indústria financiados pela arrecadação de impostos e pela redução ou supressão de serviços públicos, em conseqüência de restrições orçamentárias ou monetárias. A exemplo do que ocorrera no passado, o impacto redistributivo da inflação, agravado pela elevada tributação endêmica ao moderno Estado prestador de serviços, foi sentido com mais rigor pelo cidadão médio.

Foi a classe média, também, que mais se abalou com o problema da "ingovernabilidade". O receio, tão presente no decorrer dos anos 70, de que as democracias européias houvessem perdido o controle de seus destinos tinha uma série de origens. Em primeiro lugar, existia um nervosismo acumulado, em virtude das rebeliões iconoclastas da década de 1960; o que parecera curioso e até empolgante na atmosfera de confiança que então prevalecia nos anos 60 se assemelhava cada vez mais a um arauto de incerteza e anarquia. E ainda havia a apreensão mais imediata, decorrente da perda de emprego e da inflação, questões diante das quais os governos pareciam indefesos.

Na realidade, o simples fato de que os líderes europeus pareciam ter perdido o controle gerou, por si mesmo, ansiedade nas populações — ainda mais porque os políticos, como já foi visto, obtinham alguns benefícios por insistirem em sua própria inadequação. Denis Healey, chanceler do Erário do azarado governo trabalhista que comandou a Grã-Bretanha em meados dos anos 70, lamentava-se dos bilhões de eurodólares que vagavam pelo continente, obra de "sujeitos anônimos que gerenciavam as crescentes nuvens atômicas de fundos livres acumulados nos mercados europeus para escapar ao controle dos governos nacionais".[6] Ironicamente, o partido do próprio Healey fora eleito em 1974 por causa da suposta inabilidade dos conservadores de aplacar o descontentamento popular — mas o partido eleito se viu acusado de semelhante incompetência, e de coisa pior, nos anos seguintes.

Na Grã-Bretanha falou-se até da inadequação das instituições democráticas diante das crises da modernidade e verificou-se um certo de grau de especulação na imprensa quanto aos benefícios de um governo comandado por estranhos desinteressados, ou por coalizões "corporativas" formadas por especialistas "sem filiação política". Nos anos em questão, a exemplo do que fizera De Gaulle (em maio de 1968), algumas figuras políticas britânicas experientes acharam prudente garantir o apoio da polícia e de líderes militares no caso de perturbação da ordem pública. Mesmo na Escandinávia e na Holanda, onde a legitimidade essencial das instituições democráticas jamais foi seria-

[6] Citado por Harold James, *International Monetary Cooperation since Bretton Woods* (Cooperação monetária internacional desde Bretton Woods) (NY, Oxford, 1996), p. 180.

mente questionada, a desordem do sistema financeiro mundial, a aparente deterioração da economia do pós-guerra e o desafeto de eleitorados tradicionais punham em xeque a confiança complacente da geração do pós-guerra.

Por detrás dessa névoa de dúvida e desilusão existia uma ameaça bastante real e, conforme pareceu naquela ocasião, bastante presente. Desde o final da Segunda Guerra, o Oeste Europeu estivera relativamente livre de conflitos sociais, quanto mais de violência generalizada. Sangrentos confrontos armados haviam ocorrido por todo o Leste Europeu, nas colônias européias e por toda a Ásia, África e América do Sul. A despeito da Guerra *Fria,* lutas acaloradas e homicidas foram uma característica das décadas do pós-guerra, com milhões de soldados e civis mortos desde a Coréia até o Congo. Os próprios Estados Unidos tinham sido palco de três assassinatos políticos e mais de um protesto com conseqüências trágicas. Mas a Europa Ocidental fora uma ilha de paz civil.

Quando policiais europeus agrediam civis ou contra eles disparavam, estes eram geralmente estrangeiros, muitas vezes de pele escura.[7] Fora os embates esporádicos com manifestantes comunistas, as forças responsáveis pela preservação da ordem na Europa Ocidental eram raramente convocadas pelos respectivos governos para fazer frente à oposição violenta e, quando isso acontecia, a violência era, no mais das vezes, causada pelas próprias forças de repressão. Para os padrões das décadas do entreguerras, as ruas das cidades européias eram bastante seguras — ponto freqüentemente destacado por observadores, quando contrastavam a ordeira sociedade européia com o individualismo extremo e indiferente da vida urbana nos Estados Unidos. Já os "distúrbios" estudantis dos anos 60, no mínimo, serviram para confirmar o seguinte diagnóstico: a revolução promovida pela juventude européia era quase uma brincadeira, acima de tudo um exibicionismo. Os que se engajavam em "brigas de rua" corriam, na realidade, pouco risco de se machucar.

Na década de 1970, o quadro, subitamente, tornou-se sombrio. Na seqüência da invasão de Praga, assim como a Europa Oriental foi sufocada pelo abraço fraternal dos patriarcas do partido, a Europa Ocidental parecia estar perdendo o controle da ordem pública. O desafio não partia da esquerda tradicional. Sem dúvida, Moscou mostrava-se satisfeita com o saldo favorável, em termos de influência internacional, naqueles anos: Watergate e a queda de Saigon haviam reduzido o status dos EUA, enquanto a URSS, na condição de maior produtor mundial de petróleo, saíra-se muito bem da crise do Oriente Médio. No entanto, a publicação em inglês do livro *O Arquipélago Gulag*, de Aleksandr Soljenitsin, e a subseqüente expulsão do escritor da União Soviética, em fevereiro de 1974, seguida, poucos anos depois, pelos massacres no Camboja e pelo drama dos vietnamitas que fugiam de sua pátria em pequenos barcos, impediram qualquer ressurgimento de ilusões acerca do comunismo.

Tampouco houve um renascimento convincente da extrema direita, exceto em alguns poucos casos marginais. Na Itália, o Movimento Sociale Italiano (MSI), neofascista, jamais obteve mais de 6,8% dos votos nas eleições nacionais, embora, em todo caso, o movimento

---

[7] Notoriamente, em 17 de outubro de 1961, quando a polícia francesa eliminou cerca de duzentos argelinos, muitos dos quais se afogaram no Sena, depois de uma passeata realizada em Paris. O chefe de polícia na ocasião era Maurice Papon, mais tarde acusado e condenado por crimes contra a humanidade, por ter atuado como colaboracionista durante a guerra, apreendendo e despachando judeus franceses para Auschwitz. Ver o Epílogo.

fizesse questão de se apresentar como um partido político legítimo. Na Alemanha Ocidental, os nacionalistas preocupavam-se menos com questões de aparência, mas, à semelhança do que ocorria com partidos congêneres da periferia nacionalista na Bélgica, França e Grã-Bretanha, a importância eleitoral dos nacionalistas alemães era mínima. Em suma, o comunismo e o fascismo, em suas encarnações clássicas, não tinham futuro na Europa Ocidental. A verdadeira ameaça à paz civil vinha de outra direção.

No decorrer da década de 1970, a sociedade do Oeste Europeu enfrentou dois desafios difíceis. O primeiro foi patológico, na medida em que resultou de antiga enfermidade, embora revestida de forma bastante moderna. Na região basca do norte da Espanha, entre a minoria católica da Irlanda do Norte, na Córsega e em outras regiões, antigas mágoas afloraram violentamente. Esse tipo de experiência não era novidade para os europeus: havia muito tempo, nacionalistas flamengos na Bélgica e "austríacos" de língua alemã no Alto Ádige italiano (antigo Tirol do Sul) expressavam ressentimento por sua submissão, valendo-se de pichações, protestos, invasões, bombas e até da urna de votos.

Mas, já em 1970, o problema do Tirol do Sul tinha sido resolvido, por meio da criação de uma área autônoma e bilíngüe que só não apaziguou os críticos mais veementes; e, embora os nacionalistas flamengos dos partidos Volksunie e Vlaams Blok jamais houvessem abandonado o objetivo maior — a separação da Valônia francesa —, a recente prosperidade de Flandres e uma legislação abrangente que visava à federalização da Bélgica abateram, temporariamente, o vigor das reivindicações dos flamengos; o nacionalismo flamengo, de um movimento marginal e rancoroso, transformara-se em rebelião de cidadãos holandeses que se recusavam a subsidiar desempregados da indústria do aço na Valônia (ver Capítulo 22). Já os bascos e os irlandeses católicos da Irlanda do Norte, entretanto, eram outra questão.

No norte da Espanha, o país basco sempre fora alvo da ira de Franco, em parte devido à identificação dos bascos com a causa republicana durante a Guerra Civil espanhola, e em parte porque a antiga reivindicação dos bascos para serem reconhecidos como *diferentes* contrariava os mais profundos instintos centralizadores e o papel de guardião do Estado do qual o corpo de oficiais espanhóis se incumbira. Tudo o que era marcantemente *basco* foi reprimido com rispidez durante os anos de Franco: idioma, costumes, políticas. Contrariando os seus próprios instintos centrípetas, o ditador espanhol chegou a beneficiar Navarra (região cuja consciência de identidade e separatismo jamais se aproximou daquela dos bascos ou catalães) com direitos, privilégios e uma Câmara legislativa autônoma — e o fez com o simples propósito de mostrar aos bascos que privilégios similares nunca lhes seriam estendidos.

O surgimento do terrorismo basco moderno foi uma resposta direta à política de Franco, ainda que, no tocante aos frustrados sonhos de independência da região, os porta-vozes e defensores da causa basca sempre apontassem a existência de raízes mais profundas. O ETA — Euskadi Ta Askatasuna (Pátria Basca e Liberdade) — foi criado em dezembro de 1958 para comandar a luta armada pela independência basca. Desde os primórdios organização clandestina, o ETA estabeleceu ligações funcionais — mais tarde revestidas de justificativas ideológicas um tanto enganosas — com grupos congêneres no exterior, que auxiliaram a organização basca a obter recursos financeiros, armamentos, treinamento, refúgio e publicidade: o Grupo Baader-Meinhof, na Alemanha; o Exército Republicano Irlandês (conhecido como IRA); a Organização para a Libertação da Palestina e a OAS (Organization de l'Armée Secret), na França.

A estratégia do ETA — e dos seus defensores políticos que integravam o Herri Batasuna, partido separatista basco formado em 1978 — caracterizava-se por violência direta: a idéia era elevar a um nível politicamente intolerável o custo da permanência basca no âmbito da Espanha. Mas, a exemplo do IRA e de organizações similares, o ETA alimentava ambições de funcionar como uma sociedade dentro do Estado. Ativistas do ETA, católicos, severos e moralistas — ironicamente, fazendo lembrar o próprio Franco —, alvejavam não apenas policiais espanhóis (a primeira vítima do ETA tombou em junho de 1968), políticos e notáveis bascos moderados, mas também os símbolos da decadência "espanhola" na região: cinemas, bares, discotecas, traficantes de drogas etc.

Nos anos finais da era de Franco, as atividades do ETA foram contidas pela própria repressão que havia suscitado o surgimento do grupo; por ocasião do final da ditadura, no início dos anos 70, a quarta parte da polícia armada espanhola se achava lotada no País Basco. Isso não impediu o ETA de assassinar o primeiro-ministro de Franco (marechal Luis Carrero Blanco), em Madri, em 20 de dezembro de 1973, ou de matar 12 civis num atentado a bomba na capital, nove meses depois. Tampouco a execução de cinco matadores profissionais do ETA, em setembro de 1975, logo após a morte de Franco, fez com que o grupo moderasse as suas atividades. No entanto, o advento da democracia ofereceu novas oportunidades.

O ETA e seus partidários pretendiam independência total. O que a região basca conseguiu, nos termos da Constituição espanhola do período pós-Franco (ver Capítulo 16), foi um Estatuto de Autonomia, aprovado por plebiscito, em 1979. Enfurecido — inclusive devido à perspectiva de perder o apoio de simpatizantes moderados que se satisfaziam com a recém-outorgada autonomia governamental e com o direito à auto-expressão lingüística e cultural —, o ETA intensificou a campanha de atentados a bomba e assassinatos. Em 1979 e 1980, a organização matou 181 pessoas; ao longo da década seguinte, a média de assassinatos foi de 34 por ano. Mas, apesar disso, e da fragilidade da incipiente democracia espanhola, o ETA e seus aliados políticos não conseguiram obter vantagem política com a campanha terrorista: o único "sucesso" da organização — quando induziu um pequeno grupo de oficiais de direita do Exército a ocupar o Parlamento, em fevereiro de 1981, em nome da lei, da ordem e da integridade do Estado — acabou por ser um fiasco.

Um motivo do impacto limitado do ETA, a despeito da escala pavorosa e do trauma causado pelos surtos de ações assassinas, foi que a maioria dos bascos não se identificava nem com os meios nem com os fins da organização. Na verdade, muitos bascos sequer eram bascos. As transformações econômicas da Espanha nos anos 60 e as grandes migrações dentro do país e no exterior haviam provocado mudanças que ficavam além do entendimento dos nacionalistas veteranos e de seus seguidores jovens e fanáticos. Em meados dos anos 80, menos da metade da população da região basca tinha genitores bascos (muito menos avós bascos). Com toda razão, essas pessoas viam no ETA e no Herri Batasuna uma ameaça ao seu bem-estar (e, implicitamente, à sua presença naquela área).

À medida que o projeto político da organização se afastava da realidade social, o ETA tornava-se cada vez mais extremista — tendo esquecido seus objetivos, o movimento redobrou seus esforços (invocando aqui a definição de fanatismo proposta pelo filósofo norte-americano nascido na Espanha George Santayana). Financiado pelo crime e pela extorsão, com seus operadores cada vez mais obrigados a se instalar do outro lado da fronteira, nos *départements* bascos localizados no sul da França, o ETA sobreviveu e ainda sobrevive, assassinando uns poucos políticos ou policiais provincianos. Mas fracassou, não conseguindo mobilizar o sentimento basco de apoio à independência política, nem forçar o Estado espanhol a ceder à causa basca. O maior "sucesso" do ETA ocorreu no início da década de 1980, quando os atos do grupo impeliram o primeiro-ministro socialista, Felipe González, a autorizar a ação de matadores profissionais antiterroristas (os Grupos Antiterroristas de Liberación) de se fixar ilegalmente em solo francês e eliminar integrantes do ETA, 26 dos quais foram mortos entre 1983 e 1987. Em retrospecto, a decisão de González, só revelada muitos anos mais tarde (ver Capítulo 22), empanou os primeiros anos da democracia constitucional espanhola no período pós-Franco; mas, considerando as circunstâncias, a reação talvez tenha sido até moderada.

O IRA Provisional[8] muito se parecia com o ETA, no que dizia respeito a métodos e alguns objetivos expressos. Assim como o ETA tentava tornar as províncias bascas ingovernáveis e, por conseguinte, plausíveis de se separarem da Espanha, o Exército Republicano Irlandês pretendia tornar a Irlanda do Norte ingovernável, expulsar os britânicos e unir as seis províncias do norte ao restante do país. Mas havia diferenças significativas. Visto que já existia uma Irlanda independente, havia — ao menos em princípio — um objetivo nacional realizável com o qual os rebeldes podiam acenar para os seus partidários. Por outro lado, havia mais de uma comunidade na Irlanda do Norte, e as diferenças entre essas comunidades remontavam a épocas antigas.

A exemplo da Argélia francesa, a Irlanda do Norte — Ulster — era, ao mesmo tempo, um resquício colonial e parte integrante da própria metrópole. Quando Londres, finalmente, em 1922, cedeu a Irlanda aos irlandeses, o Reino Unido reteve os seis condados setentrionais da ilha, sob a alegação bastante razoável de que a arrasadora maioria protestante residente na região era leal à Grã-Bretanha e não desejava ser governada a partir de Dublin — e assim, incorporada a uma república semiteocrática dominada pelo episcopado católico. A despeito do que diziam em público, os líderes políticos da nova república não lamentavam o fato de abdicar da presença de uma comunidade compacta e numerosa de protestantes recalcitrantes. Mas, para uma minoria de nacionalistas irlandeses, tal abandono constituía uma traição e, sob a bandeira do Exército Republicano Irlandês, essa minoria continuava a exigir a unificação — à força, se necessário — de toda a ilha.

A situação manteve-se praticamente inalterada durante quatro décadas. Já na década de 1960 o posicionamento oficial em Dublin fazia lembrar o de Bonn: reconhecendo a necessidade de reunificação nacional, mas, no fundo, contente em ver a questão adiada. Nesse ínterim, sucessivos governos britânicos optaram por ignorar, o máximo possível, a situação difícil por eles herdada em Ulster, onde a maioria protestante dominava os católicos, dividindo as

[8] Os provisionais foram assim chamados por causa de uma declaração promulgada em Dublin, em 24 de abril de 1916, quando os rebeldes proclamaram um governo provisório.

áreas de votação de maneira desigual, promovendo o clientelismo político, exercendo pressão sectária sobre os empregadores e mantendo monopólio de empregos relacionados a funções cruciais: no serviço público, no Judiciário e, sobretudo, na polícia.

Os políticos da Grã-Bretanha preferiam ignorar essas questões porque o Partido Conservador dependia da ala "unionista" (desde a campanha empreendida no século XIX para manter a Irlanda unida à Inglaterra) para garantir um importante bloco de assentos no Parlamento; portanto, o mencionado partido estava comprometido com o *status quo* e a manutenção de Ulster como parte integrante do Reino Unido. Por seu turno, o Partido Trabalhista identificava-se com os poderosos sindicatos de trabalhadores da indústria naval de Belfast, onde operários protestantes sempre foram objeto de tratamento diferenciado.

Conforme essa última observação indica, as divisões na Irlanda do Norte mostravam-se extremamente complicadas. O cisma religioso entre protestantes e católicos era concreto e correspondia a uma divisão comunitária percebida em todas as etapas da vida: do nascimento à morte, incluindo educação, habitação, casamento, trabalho e recreação. E era também muito antigo — para quem está de fora, referências a confrontos e vitórias dos séculos XVII e XVIII podiam parecer absurdas e ritualísticas, mas a história que estava por trás desses eventos era real. No entanto, a divisão entre católicos e protestantes jamais foi questão de classe, no sentido convencional da expressão, apesar dos esforços do IRA com o intuito de importar categorias marxistas para a sua retórica. Havia trabalhadores e religiosos — e, em menor escala, proprietários de terras, empresários e profissionais liberais — em ambos os lados.

Além disso, muitos católicos de Ulster não expressavam grande desejo de serem governados a partir de Dublin. Na década de 1960, a Irlanda ainda era um país pobre e atrasado, e o padrão de vida no norte, embora abaixo do constatado no restante do Reino Unido, estava bem acima da média irlandesa. Até para os católicos, Ulster configurava uma opção economicamente melhor. E os protestantes identificavam-se fortemente com o Reino Unido. Esse sentimento não era, em absoluto, recíproco, pois a Grã-Bretanha pouco se importava com a Irlanda do Norte. No final da década de 1960, as velhas indústrias de Ulster, à semelhança das velhas indústrias do restante do Reino Unido, estavam em declínio, e os planejadores em Londres já haviam percebido claramente que na Irlanda do Norte o futuro da força de trabalho de "colarinho azul", de modo geral protestante, era incerto. Mas, fora essa consideração, é correto afirmar que as autoridades britânicas não levavam Ulster a sério havia muitas décadas.

O Exército Republicano Irlandês decaíra, tornando-se uma seita política marginal que denunciava a ilegitimidade de República da Irlanda por não estar completa, e reiterava aspirações "revolucionárias" de formar uma Irlanda diferente, radical e unida. A retórica confusa e anacrônica do IRA pouco atraía uma geração de recrutas mais jovens (inclusive Gerry Adams, então aos 17 anos, natural de Belfast, que entrou para a organização em 1965), mais interessada em ação do que em doutrina, e que formou a sua própria organização clandestina, o IRA Provisional. Os "Provos", recrutados principalmente em Derry e Belfast, surgiram a tempo de se beneficiarem de uma onda de manifestações por direitos civis em toda a Irlanda do Norte, reivindicando junto ao governo de Ulster direitos políticos e civis para católicos, mas sendo recompensados com pouco mais do que intransigência e golpes de cassetetes da polícia.

Os "Distúrbios" que haveriam de avassalar a vida pública na Irlanda do Norte — e, em certa medida, na Grã-Bretanha — ao longo das três décadas seguintes foram deflagrados por batalhas de rua em Derry, após a tradicional marcha da Ordem dos Aprendizes de Derry, em julho de 1969, que celebrou de maneira acintosa a derrota da causa jacobita, 281 anos antes. Diante da crescente violência pública e dos pedidos de líderes católicos para que Londres interviesse, o governo do Reino Unido enviou o Exército britânico e assumiu as funções da polícia nos seis condados do norte. O Exército, recrutado sobretudo na Grã-Bretanha, era bem menos fanático e, de modo geral, menos violento do que a polícia local. Portanto, é irônico que a presença desse mesmo Exército tenha propiciado a exigência principal do recém-formado IRA Provisional: a saída das autoridades e tropas britânicas de Ulster, como primeiro passo para a reunificação da ilha sob governo irlandês.

Os britânicos não se foram. E não se sabe como poderiam tê-lo feito. No decorrer dos anos 70, várias tentativas para cimentar a confiança entre as comunidades e permitir que a província cuidasse dos próprios interesses falharam, devido à desconfiança e à intransigência de ambos os lados. Os católicos, que não simpatizavam com os extremistas armados que os defendiam, tinham bons motivos para desconfiar das promessas de divisão de poderes e igualdade civil feitas pela liderança protestante em Ulster. Esta, sempre relutante em fazer concessões à minoria católica, agora temia os matadores que integravam os "Provos". Sem a presença militar britânica, a província teria caído numa guerra civil ainda maior.

Por conseguinte, o governo britânico se viu imobilizado. A princípio, Londres acolheu a pressão católica em prol de reformas; mas, depois da morte de um soldado britânico em fevereiro de 1971, o governo instituiu a prática de reclusão sem julgamento, e a situação se deteriorou rapidamente. Em janeiro de 1972, no "Domingo Sangrento", soldados do corpo britânico de pára-quedistas mataram 13 civis nas ruas de Derry. Naquele mesmo ano, 146 integrantes das forças de segurança e 321 civis foram mortos em Ulster, e cerca de 5 mil pessoas foram feridas. Incentivado por uma nova geração de mártires e pela obstinação dos adversários, o IRA Provisional montou uma campanha que perduraria por trinta anos, no decorrer dos quais a organização detonou bombas, alvejou e mutilou soldados e civis, em Ulster e por toda a Grã-Bretanha. E, ao menos uma vez, tentou assassinar o primeiro-ministro britânico. Mesmo que as autoridades britânicas quisessem sair de Ulster (desejo de muitos eleitores na Grã-Bretanha), não poderiam tê-lo feito. Conforme apontou um plebiscito realizado em março de 1973, confirmado por pesquisas posteriores, a grande maioria da população de Ulster preferia manter-se ligada à Grã-Bretanha.[9]

A campanha do IRA não uniu a Irlanda. Não fez com que os britânicos saíssem de Ulster. Tampouco desestabilizou a política britânica, embora o assassinato de políticos e figuras públicas (notoriamente, lorde Mountbatten, antigo vice-rei da Índia e padrinho do príncipe de Gales) abalasse a opinião pública nos dois lados do mar da Irlanda. Todavia, os "Distúrbios" irlandeses contribuíram para obscurecer uma década em que o cenário da vida pública na Grã-Bretanha já estava bastante sombrio, assim como contribuíram para a tese da "ingo-

[9] Estimava-se que o custo da manutenção da presença britânica na Irlanda do Norte chegava a 3 bilhões de libras esterlinas por ano, isso numa época em que Londres demonstrava dificuldade em equilibrar as contas do orçamento.

vernabilidade" tão apregoada à época, bem como para o fim do otimismo despreocupado da década de 1960. Quando o IRA Provisional e os grupos paramilitares protestantes que surgiram na esteira do IRA finalmente se sentaram à mesa de negociação, com o propósito de garantir acertos constitucionais com os quais o governo britânico talvez se dispusesse a concordar desde sempre, 1.800 pessoas haviam perecido, e um residente de Ulster em cada cinco tinha um parente morto ou ferido na luta.

Nesse contexto, as outras "patologias" da Europa na década de 1970 parecem diminutas, embora contribuíssem para uma generalizada atmosfera de insegurança. Em 1971, uma tal "Brigada da Cólera", agindo supostamente em nome de desempregados sem representação, espalhou bombas em Londres. Em 1974, copiando as táticas dos irlandeses, separatistas francófonos na região do Jura, na Suíça, rebelaram-se contra a sua incorporação forçada ao cantão de Berna (germanófono). Multidões de baderneiros, em Liverpool, Bristol e no bairro londrino de Brixton, disputavam com a polícia o controle de cortiços em áreas interditas dos centros urbanos.

De um modo ou de outro, todos esses protestos e ações eram, conforme já indiquei, patologias políticas: por mais extrema que fosse a forma dessas patologias, as metas eram conhecidas e as táticas vinham bem a calhar. Tinham um objetivo e — segundo as suas próprias declarações — capitulariam se as exigências fossem atendidas. O ETA, o IRA e seus imitadores eram organizações terroristas, mas não irracionais. No devido tempo, a maioria acabava por negociar com os inimigos, na esperança de concretizar ao menos uma parte das suas respectivas metas. Mas esse tipo de consideração jamais pesou para os protagonistas do segundo violento desafio da época.

Na maior parte da Europa Ocidental, os etéreos teoremas de radicalismo da década de 1960 se dissiparam de forma inofensiva. Mas, em dois países específicos, tais teoremas se transformaram numa idéia fixa de agressão. Uma pequena minoria de ex-radicais do movimento estudantil, intoxicada pela adaptação que ela mesma fizera da dialética marxista, decidiu "revelar" a "verdadeira face" da tolerância repressiva das democracias ocidentais. Se fosse pressionado o bastante, pensavam esses estudantes, o regime parlamentar de interesses capitalistas deixaria cair a máscara da legalidade e exibiria a sua verdadeira face. Diante da verdade sobre os opressores, o proletariado — até então "alienado" em relação aos seus próprios interesses e vítima de uma "falsa consciência" quanto à sua própria condição — haveria de assumir o seu posto nas barricadas da guerra de classes.

Esse breve relato confere crédito demais às atividades clandestinas terroristas ocorridas na década de 1970 — e crédito de menos. A maioria dos jovens que se envolveram em tais movimentos, por mais familiarizada que estivesse com o discurso que justificava a violência, desempenhava um papel reduzido no planejamento das ações. Esses jovens eram a infantaria do terrorismo. Por outro lado, especialmente na Alemanha Ocidental, a energia emocional investida no ódio à República Federal alimentava-se em fontes mais profundas e mais sombrias do que a (mal-adaptada) ginástica retórica do radicalismo oitocentista. O ímpeto de fazer ruir sobre a geração anterior a estrutura de segurança e estabilidade era a expressão extrema de um ceticismo mais generalizado, à luz do passado recente, quanto à credibilidade local na democracia pluralista. Não foi por acaso, portanto, que o "terror revolucionário" assumiu a sua forma mais ameaçadora na Alemanha e na Itália.

A relação entre política extraparlamentar e violência direta surgiu na Alemanha já em abril de 1968, quando quatro jovens radicais — entre os quais Andreas Baader e Gudrun Ensslin — foram detidos sob suspeita de terem ateado fogo a duas lojas de departamentos em Frankfurt. Dois anos depois, Baader escapou da cadeia, durante um ataque planejado e comandado por Ulrike Meinhof. Ulrike e Andreas, então, expediram o "Manifesto sobre o Conceito de Guerrilha Urbana", anunciando a criação da Rote Armee Fraktion (Facção do Exército Vermelho), cujo objetivo era desmantelar à força a República Federal. O acrônimo RAF foi escolhido propositadamente: assim como a Royal Air Force (RAF) britânica atacara a Alemanha nazista pelo ar, o Grupo Baader-Meinhof, conforme popularmente conhecido, haveria de bombardear e vencer no solo o regime subseqüente.

Entre 1970 e 1978, a RAF e suas ramificações adotaram um esquema de terror calculadamente aleatório, assassinando soldados, policiais e empresários, assaltando bancos e seqüestrando políticos importantes. Além de matar 28 pessoas e ferir outras 93 em tiroteios e atentados à bomba realizados nesses anos, a RAF fez 162 reféns e assaltou mais de trinta bancos — com os objetivos de financiar a organização e alardear a existência do grupo. Nos primeiros anos de operação, a RAF atacou bases norte-americanas na Alemanha Ocidental, matando e ferindo inúmeros soldados, notadamente no final da primavera de 1972.

Em 1972, no auge das atividades, a RAF seqüestrou e executou Hans Martin Schleyer, diretor-executivo da Daimler Benz e presidente da Federação das Indústrias da Alemanha Ocidental, e assassinou Siegfried Buback, procurador-geral da Alemanha Ocidental, e Jürgen Ponto, presidente do Banco Dresdner. Porém, tais ações seriam o "canto do cisne" do grupo. Já em maio de 1976, Meinhof (capturada em 1972) foi encontrada morta em sua cela na penitenciária de Stuttgart. Consta que tenha se enforcado, embora corresse o boato de que fora executada pelo Estado. Baader, apreendido em 1972 durante um tiroteio em Frankfurt, cumpria sentença de prisão perpétua por assassinato quando também foi encontrado morto em sua cela, em 18 de outubro de 1977, no mesmo dia em que foram mortos Gudrun Ensslin e outro terrorista, que também estavam detidos. A RAF permaneceu ativa até os anos 80, embora bastante reduzida; em agosto de 1981, praticou um atentado a bomba ao quartel-general da Força Aérea dos EUA, em Ramstein, na Alemanha Ocidental, e no mês seguinte o Comando Gudrun Ensslin tentou, em vão, assassinar o comandante supremo das Forças Norte-americanas na Europa.

Uma vez que o terrorismo alemão carecia de metas definidas, os feitos das organizações terroristas só podem ser aferidos em termos do relativo sucesso das tentativas de desestabilização da vida pública alemã e do enfraquecimento das instituições da República. E, sem dúvida, nesses pontos o terrorismo fracassou. A ação governamental mais repressiva à época foi a aprovação do *Berufsverbot*, em 1972, pelo governo socialdemocrata de Willy Brandt. O decreto determinava a exclusão do funcionalismo público de qualquer indivíduo que se envolvesse em atos políticos considerados prejudiciais à Constituição, e visava claramente a impedir que simpatizantes da extrema esquerda e da extrema direita ocupassem cargos importantes. Numa cultura excepcionalmente inclinada à conformidade pública, o decreto provocou temores em relação à censura e até coisa pior, mas não configurou, em absoluto, um prelúdio à ditadura, conforme os críticos receavam e — no extremo — esperavam.

Nem a esquerda terrorista nem a direita neonazista (que supostamente renascia) — notoriamente responsáveis por um atentado a bomba durante a Oktoberfest, em Munique, em 1980, no qual 13 pessoas morreram e 220 ficaram feridas — conseguiram desestabilizar a República, embora provocassem discursos levianos nos círculos políticos conservadores sobre a necessidade de restringir liberdades civis e defender a "Ordem". Muito mais preocupante foi o fato de o Grupo Baader-Meinhof ter despertado grande simpatia por suas idéias entre intelectuais e acadêmicos cumpridores da lei.[10]

Uma das fontes dessa simpatia era o sentimento nostálgico observado em círculos literários e artísticos em relação ao passado perdido da Alemanha. Achava-se que a Alemanha tinha sido duplamente "deserdada": pelos nazistas, que haviam privado os alemães de um passado respeitável e "útil", e pela República Federal, cujos "inspetores" norte-americanos haviam imposto ao país uma imagem falsa de si mesmo. Segundo as palavras de Hans-Jürgen Syberberg, diretor de cinema, a nação fora "deserdada e expropriada espiritualmente [...]; vivemos num país sem pátria, sem *Heimat*". O matiz nitidamente nacionalista do terrorismo de extrema esquerda na Alemanha — o fato de as forças de ocupação norte-americanas, as empresas multinacionais e a ordem capitalista "internacional" serem visadas — calava fundo, assim como a reivindicação dos terroristas de que agora eram os *alemães* as vítimas das manipulações e dos interesses de terceiros.

Durante os anos em questão, houve uma profusão de filmes, discursos, livros, programas de televisão e comentário público a respeito da história e da identidade problemáticas do país. Assim como a Facção do Exército Vermelho alegava estar lutando contra o "fascismo" — digamos, por procuração —, os intelectuais na Alemanha Ocidental, de esquerda e direita, disputavam o controle do verdadeiro legado germânico. Edgar Reitz, cineasta companheiro de Syberberg, dirigiu uma minissérie para a TV, com 16 horas de duração, que alcançou grande sucesso popular: *Heimat: Uma Epopéia Alemã*. Apresentando, através de uma narrativa doméstica, o relato de uma família da região rural de Hunsrück, na Renânia-Palatinado, a minissérie traçava a história contemporânea da Alemanha desde o fim da Primeira Guerra Mundial até o presente.

No filme de Reitz, os anos do entreguerras, sobretudo, aparecem banhados de uma pós-luminescência sépia, sugerindo caras lembranças; nem mesmo a era nazista é capaz de interferir nas lembranças queridas de tempos melhores. Em contrapartida, o mundo americanizado da República Federal no pós-guerra é apresentado com um desdém frio e irritadiço; o desprezo aos valores nacionais e a destruição da memória e da continuidade verificados nesse mesmo mundo são apresentados como algo que corrói os valores humanos da comunidade. Conforme ocorre no filme de Fassbinder, *O Casamento de Maria Braun*, a protagonista — que também se chama Maria — presta serviços à Alemanha vitimada; mas *Heimat* é explicitamente

[10] O irrepreensível e cordato Partido Socialista Francês chegou a constituir um Comitê pela Defesa dos Direitos Humanos na República Federal, que oferecia assistência especializada a réus acusados de atos terroristas no país.

nostálgico e até xenófobo, desprezando valores estrangeiros e ansiando pela alma perdida da "velha Alemanha".

Reitz, a exemplo de Syberberg e outros, ridicularizou publicamente a série *Holocausto* veiculada pela televisão norte-americana e exibida pela primeira vez na televisão alemã em 1979. Se deveria haver representações do passado alemão, por mais dorida que fosse, a tarefa cabia aos alemães. "O processo mais radical de expropriação que existe", escreveu Reitz, "é a expropriação da história de alguém. Os americanos roubaram a nossa história com a série *Holocausto*". A aplicação de uma "estética comercial" ao passado alemão era o meio que os EUA empregavam para controlá-lo. A luta de cineastas e artistas alemães contra o *kitsch* norte-americano fazia parte da luta contra o capitalismo norte-americano.

Reitz e Fassbinder integraram a equipe que dirigiu *Deutschland im Herbst* (Alemanha no Outono), uma colagem de 1978, feita de documentários, segmentos de filmes e entrevistas a respeito de eventos ocorridos no outono de 1977, especialmente o seqüestro e assassinato de Hans Martin Schleyer e o subseqüente suicídio de Ensslin e Baader. O filme é notável, nem tanto pela empatia demonstrada com os terroristas, mas pela contumácia com que tal empatia é expressa. Devido a cortes meticulosos, o Terceiro Reich e a República Federal são mostrados como semelhantes. O "capitalismo", o "sistema de lucros" e o nacional-socialismo são apresentados como igualmente repreensíveis e indefensáveis, e os terroristas aparecem na condição de heróis do presente: Antígonas modernas que ouvem a própria consciência e lutam contra a repressão política.

Bastante talento cinematográfico foi empregado em *Deutschland im Herbst* — e em outros filmes alemães contemporâneos — para retratar a Alemanha Ocidental como um Estado policial semelhante ao nazismo, principalmente em decorrência da repressão e violência existentes no país (algo então ainda desconhecido). Horst Mahler, terrorista semi-arrependido que naquela época ainda estava preso, explica diante da câmera que o surgimento de uma oposição extraparlamentar em 1967 foi a "revolução antifascista" que não ocorrera em 1945. Portanto, a verdadeira luta contra os demônios nazistas da Alemanha estava sendo travada pelos movimentos secretos radicais no país — ainda que através de métodos notoriamente nazistas, paradoxo que Mahler ignora.

A implícita relativização do nazismo evidente em *Deutschland im Herbst* começava a ficar explícita nas apologias que intelectuais faziam ao terror anticapitalista. Conforme explicou o filósofo Detlef Hartmann, em 1985: "A relação óbvia entre dinheiro, tecnologia e extermínio observada no imperialismo da Nova Ordem do nazismo pode nos ensinar [...] a arrancar o véu que encobre a civilizada tecnologia do extermínio da Nova Ordem de Bretton Woods". Esse desvio fácil — a idéia de que as semelhanças entre o nazismo e a democracia capitalista são mais importantes do que as diferenças, e que os alemães tinham sido vítimas de ambos — concorre para explicar a notável insensibilidade da esquerda radical alemã diante da questão dos judeus.

Em 5 de setembro de 1972, a organização palestina Setembro Negro atacou a equipe de Israel durante as Olimpíadas de Munique, matando 11 atletas e um policial alemão. É quase certo que os assassinos tenham contado com o apoio da esquerda radical alemã (embora seja curioso que, à época, a extrema direita teria se mostrado igualmente disposta a oferecer seus préstimos). A ligação entre organizações palestinas e grupos terroristas europeus já estava consolidada — Ensslin, Baader e Meinhof foram "treinados" durante algum tempo por guerrilheiros palestinos, ao lado de bascos, italianos, republicanos irlandeses e outros. Mas somente os alemães deram um passo a mais: quando, em junho de 1976, quatro pistoleiros (dois alemães e dois árabes) seqüestraram um avião da Air France e o desviaram para Entebbe, em Uganda, foram os alemães que se incumbiram de identificar e separar os passageiros judeus dos demais.

Se este ato, inequivocamente recordativo da discriminação contra judeus perpetrada por alemães em outro tempo e lugar, não chegou a desmerecer a gangue Baader-Meinhof aos olhos dos simpatizantes, foi porque os argumentos, se não os métodos, conquistaram amplo consenso: agora, as vítimas eram os alemães, não os judeus — e o algoz era o capitalismo norte-americano, não o nacional-socialismo alemão. Agora, "crimes de guerra" eram algo que os norte-americanos cometiam — por exemplo, contra os vietnamitas. Havia na Alemanha Ocidental um "novo patriotismo", e é bastante irônico que Baader, Meinhof e seus amigos, cuja violenta rebeldia, a princípio, voltava-se contra a auto-satisfação constatada na geração anterior, que sempre pensava primeiro na Alemanha, haveriam de ser cooptados por reverberações dessa mesma herança nacionalista. Não deve surpreender o fato de que Horst Mahler, um dos poucos sobreviventes dentre os fundadores do terrorismo de esquerda na Alemanha Ocidental, três décadas mais tarde, acabaria por se posicionar na extrema direita do espectro político.

Em suas facetas externas, o terrorismo italiano à época pouco diferia do alemão. A exemplo do terrorismo alemão, o italiano valia-se da retórica paramarxista dos anos 60, e a maioria dos líderes dos grupos recebeu educação política durantes os protestos universitários ocorridos naquela década. A principal organização clandestina do terror esquerdista, a chamada Brigate Rosse (Brigadas Vermelhas), atraiu pela primeira vez a atenção pública quando distribuiu folhetos listando objetivos similares aos da Facção do Exército Vermelho. A exemplo de Baader, Meinhof e outros, os líderes da Brigada Vermelha eram jovens (o mais famoso, Renato Curcio, tinha apenas 29 anos em 1970), a maioria era de ex-estudantes, gratuitamente adeptos da luta secreta armada.

Mas havia diferenças importantes. Desde o início, os terroristas da esquerda italiana enfatizaram a sua suposta ligação com os "trabalhadores"; e, de fato, em determinadas cidades industriais do norte, especialmente Milão, as facções mais respeitáveis da extrema esquerda *contavam* com certo apoio popular. Ao contrário dos terroristas alemães, reunidos em torno de um diminuto grupo de criminosos empedernidos, a extrema esquerda italiana exibia uma gama de participantes que ia desde membros de partidos políticos legítimos, passando por integrantes de redes de guerrilha urbana e chegando a microsseitas de bandoleiros políticos armados, com um razoável nível de superposição de integrantes e objetivos.

Esses grupos e seitas duplicavam, em miniatura, o histórico de divisões observadas na esquerda européia tradicional. No decorrer dos anos 70, cada ato de violência era assumido por organizações até então desconhecidas, muitas vezes por subseções e dissidências das unidades originárias. Acima dos terroristas, orbitava uma constelação de movimentos e periódicos semiclandestinos cujos graves pronunciamentos "teóricos" forneciam cobertura ideológica para táticas terroristas. Os nomes desses diversos grupos, células, redes, periódicos e movimentos estão além da paródia: fora as Brigadas Vermelhas, havia Lotta Continua (Luta Contínua), Potere Operaio (Força Operária), Prima Línea (Linha de Frente) e Autonomia Operaia (Autonomia Operária); havia também Avanguardia Operaia (Vanguarda Operária), Nuclei Armati Proletari (Núcleos Armados Proletários) e Nuclei Armati Rivoluzionari (Núcleos Armados Revolucionários); e, ainda, Formazione Communiste Combattenti (Formações Comunistas Combatentes), Unione Comunisti Combattenti (Uniões Comunistas Combatentes), Potere Proletario Armato (Força Proletária Armada) e outros mais.

Se por um lado, em retrospecto, essa lista pode sugerir um desejo forçado de inflar a relevância social e revolucionária de alguns milhares de ex-estudantes e seus seguidores posicionados na periferia insatisfeita do movimento trabalhista, por outro, o impacto dos esforços envidados por esses indivíduos para atrair a atenção do público não deve ser subestimado. É plausível supor que Curcio, sua companheira Mara Cagol e seus amigos vivessem uma fantasia, um conto de fadas de atiradores revolucionários (decorrente em grande medida da imagem popularizada de guerrilheiros revolucionários latino-americanos), mas os danos por eles causados foram concretos. Entre 1970 e 1981, não houve um ano sequer na Itália no qual não ocorressem assassinatos, mutilações, seqüestros, assaltos e vários atos de violência pública. Ao longo da década, três políticos, nove magistrados, 65 policiais e cerca de trezentas pessoas foram executados.

Nos primeiros anos do movimento, os integrantes das Brigadas Vermelhas e de grupos afins limitavam-se a seqüestrar e, por vezes, executar gerentes de fábricas e pequenos empresários: "lacaios capitalistas", "*servi del padrone*" (criados do patrão), o que refletia o interesse inicial do movimento no exercício da democracia direta nas fábricas. Porém, já em meados da década de 1970, a Brigada avançara na direção dos assassinatos políticos — de início, vitimando políticos de direita, depois policiais, jornalistas e promotores públicos —, numa estratégia destinada a "arrancar a máscara" da legalidade burguesa, forçar o Estado a adotar uma repressão violenta, estratégia por meio da qual os guerrilheiros pretendiam conquistar a opinião pública.

Antes de 1978, as Brigadas Vermelhas não conseguiram incitar a repressão desejada, a despeito do crescente número de ataques levados a cabo durante 1977. Então, em 16 de março de 1978, o grupo seqüestrou a sua vítima mais ilustre: Aldo Moro, líder do Partido Democrata Cristão, ex-primeiro-ministro e ministro das Relações Exteriores. Moro foi mantido como refém durante dois meses; com o apoio dos comunistas e da maioria do seu próprio partido, o primeiro-ministro democrata cristão, Giulio Andreotti, recusava-se até mesmo a considerar a exigência dos seqüestradores quanto à libertação de "prisioneiros políticos" em troca da vida de Moro. Apesar de condenações unânimes, provenientes de todo o espectro político italiano, e de apelos do papa e do secretário-geral da ONU, os terroristas recusavam-se a ceder. Em 10 de maio, o corpo de Moro foi encontrado dentro de um carro estacionado descaradamente no centro de Roma.

O Caso Moro, sem dúvida, expôs a incompetência do Estado italiano — o ministro do Interior demitiu-se um dia após o cadáver ser encontrado. Ao cabo de oito anos de uma desvairada legislação antiterrorista e perseguições empreendidas por todo o país, a polícia havia fracassado no desmantelamento da rede secreta do terrorismo.[11] E a repercussão do fato de

---

[11] Conforme ocorrera na Alemanha, a polícia, em dado momento, chegou aos líderes terroristas, mas não conseguiu detê-los. Preso em 1974, Renato Curcio fugiu da cadeia, em fevereiro de 1975, mas foi recapturado 11 meses depois.

que integrantes das Brigadas Vermelhas haviam conseguido cometer um assassinato político no seio do Estado, na capital da nação, foi significativa. Estava mais do que claro que a Itália enfrentava uma grande ameaça à ordem política nacional — menos de duas semanas depois que o corpo de Moro foi encontrado, membros das Brigadas Vermelhas mataram o chefe do esquadrão antiterrorista de Gênova; em outubro de 1978, executaram o diretor-geral de Assuntos Penais, do Ministério da Justiça, em Roma. Duas semanas mais tarde, a Formazione Comuniste Combattenti assassinou um importante promotor público.

Mas a própria escala da ameaça terrorista ao Estado começava a ter um custo. O Partido Comunista Italiano apoiou, com firmeza e transparência, as instituições da República, tornando explícito algo que agora parecia evidente para quase todo mundo: que, a despeito de ter raízes nos movimentos populares dos anos 60, os terroristas dos anos 70 haviam se posicionado além dos limites da política radical. Eram criminosos comuns e como tal deveriam ser caçados. E o mesmo deveria acontecer àqueles que lhes propiciavam cobertura ideológica: em abril de 1979, o professor Antonio Negri, da Universidade de Pádua, e outros líderes da Autonomia Operaia foram detidos e acusados de tramar um levante armado contra o Estado.

Negri e seus seguidores insistiam (e ainda insistem) que os "autonomistas" radicais, que não eram clandestinos e nem estavam armados, não deveriam ser confundidos com sociedades secretas ilícitas, e que a decisão política de persegui-los representava, precisamente, a saída da "ordem burguesa" profetizada e pretendida pela Brigada Vermelha. Mas o próprio Negri havia tolerado ataques violentos a professores e administradores da Universidade de Pádua, por pouco não recorrendo a táticas terroristas. Lemas como "ilegalidade de massa", "guerra civil permanente" e necessidade de "organizar-se militarmente" contra o Estado burguês eram amplamente declamados em respeitáveis círculos acadêmicos — inclusive no jornal de Negri, intitulado *Rosso*. Um ano após o seqüestro e assassinato de Aldo Moro, o próprio Negri escreveu, comemorando "o aniquilamento do adversário": "A dor do meu adversário não me afeta: a justiça proletária tem a força produtiva da auto-afirmação e a faculdade da convicção lógica".[12]

A idéia de que a violência política pode se valer da "força produtiva da auto-afirmação" não era desconhecida na história moderna italiana, evidentemente. O que Negri afirmava, e as Brigadas Vermelhas e seus correligionários praticavam, não diferia do "poder purificador da força" exaltado pelos fascistas. Assim como ocorrera na Alemanha, ocorreu na Itália: o ódio que a extrema esquerda nutria pelo "Estado burguês" a conduzira à violência "proletária" da direita antidemocrática. Por volta de 1980, alvos e métodos da esquerda terrorista e da direita terrorista na Itália eram indistinguíveis. Com efeito, as Brigadas Vermelhas e seus rebentos não foram, em absoluto, os únicos responsáveis pela violência registrada nos *anni di piombo* (anos de chumbo). A direita conspiratória e anti-republicana ressurgiu nos referidos anos (e perpetrou o pior crime da era: um atentado a bomba na estação ferroviária de Bolonha, em agosto de 1980, matando 85 pessoas e ferindo outras duzentas); e, na região do Mezzogiorno, a Máfia também adotou uma estratégia terrorista mais agressiva na guerra contra os juízes, contra a polícia e os políticos locais.

---

[12] Negri foi solto, mas voltou a ser detido em 1983. Em junho de 1984, foi julgado e condenado a trinta anos de prisão.

Mas, na medida em que o ressurgimento do terror neofascista e da violência da Máfia expunham e exacerbavam a vulnerabilidade das instituições democráticas, os acontecimentos eram — talvez corretamente — interpretados pelos terroristas de esquerda como um sinal do seu sucesso. A extrema esquerda e a extrema direita tentavam desestabilizar o Estado, tornando a vida pública sumamente perigosa — com a diferença de que a extrema direita podia contar com alguma proteção e colaboração das próprias forças defensoras da ordem, forças essas que ela pretendia subverter. Obscuras redes direitistas de conspiração, que incluíam altos escalões da polícia, a comunidade financeira e o Partido Democrata Cristão (então no poder) autorizavam a execução de juízes, promotores públicos e jornalistas.[13]

O fato de a democracia e o domínio da lei terem sobrevivido na Itália nos anos em questão é notável. Entre 1977 e 1982, particularmente, o país esteve sitiado por atos de extrema violência perpetrados pela extrema esquerda, pela extrema direita e por criminosos profissionais: nesses mesmos anos, a Máfia e outras redes criminosas assassinavam chefes de polícia, políticos, promotores públicos, juízes e jornalistas, por vezes com aparente impunidade. Embora a ameaça mais séria partisse da extrema direita — mais bem organizada e muito mais próxima do seio do Estado —, os terroristas "Vermelhos" causaram um impacto maior na imaginação popular. Isso se deu, em certa medida, porque, à semelhança da Facção do Exército Vermelho, na Alemanha, os "Vermelhos" italianos sabiam explorar a simpatia local por idéias radicais. Representantes comunistas viam nessa apropriação da herança revolucionária o grande trunfo dos terroristas, mas também viam nisso um sintoma do risco que tais indivíduos representavam para a credibilidade da esquerda tradicional.

Ironicamente, e sem que os comunistas locais o soubessem, as Brigadas Vermelhas e a Facção do Exército Vermelho — a exemplo das organizações congêneres (embora ineficazes) Cellules Communistes Combattantes, na Bélgica; Action Directe, na França, e outras ainda menores — eram parcialmente financiadas pelo serviço secreto soviético. Esse dinheiro não fazia parte de qualquer estratégia coesa: antes, era oferecido por uma questão de princípio — os inimigos dos nossos inimigos, por mais absurdos e insignificantes, são nossos amigos. Mas, nesse caso, o tiro saiu pela culatra: a façanha incontroversa do terrorismo de esquerda na Europa Ocidental nos anos em análise foi a eficácia com que as ações terroristas obliteraram da política local quaisquer ilusões revolucionárias que ainda restavam.

Todas as principais organizações políticas da esquerda, especialmente as comunistas, viamse compelidas a se manter distantes de qualquer tipo de violência. Por um lado, isso era uma resposta espontânea à ameaça que o terrorismo impunha a essas mesmas organizações, assim como à população em geral — sindicalistas e outros representantes do movimento trabalhista tradicional constavam entre os alvos mais atacados pelas redes clandestinas. Por outro lado, isso ocorria porque os "anos de chumbo" da década de 1970 serviram para lembrar às pessoas a fragilidade das democracias liberais — lição por vezes esquecida em meio à atmosfera

[13] Uma dessas redes, a infame Loja P2, era uma misteriosa organização maçônica composta por políticos de direita, banqueiros, militares e policiais, administrada por Licio Gelli, ex-militante da República Social de Mussolini, de 1943 a 1945. Entre os 962 integrantes da rede, constavam trinta generais, oito marechais, 43 parlamentares, três ministros de Estado na ativa e uma bela representação de poderosos representantes da indústria e do setor bancário privado.

inebriante dos anos 60. Contrariando os planos e as expectativas dos terroristas, o efeito do período em que se falava de subversão revolucionária no âmago da Europa Ocidental não foi a polarização da sociedade; antes, foi o agrupamento de políticos de todas as inclinações numa segura posição de centro.

Em termos de vida intelectual, os anos 70 foram a década mais deprimente do século XX. De certo modo, isso ocorreu devido às circunstâncias descritas neste capítulo: a acentuada e contínua queda na atividade econômica aliada à violência política generalizada promoveu o sentimento de que os "bons tempos" da Europa haviam ficado para trás e não voltariam durante muitos anos. A maioria dos jovens estava agora menos preocupada em mudar o mundo do que em encontrar emprego: o fascínio pelas ambições coletivas cedeu lugar à obsessão por necessidades pessoais. Num mundo mais ameaçador, a defesa de interesses pessoais tinha preferência [illegible].

Não resta dúvida de que essa alteração de estado de espírito foi também uma resposta à complacência estonteante da década anterior. Europeus que pouco tempo antes desfrutavam de uma explosão sem precedentes de energia e originalidade, na música, na moda, no cinema e nas artes, agora contemplavam tranqüilamente o preço das farras recentes. Não foi tanto o idealismo dos anos 60 que parecia ter se tornado rapidamente obsoleto, mas a inocência daqueles dias: o sentimento de que tudo o que podia ser imaginado podia ser feito, de que tudo o que podia ser fabricado podia ser possuído e de que a transgressão — moral, política, legal e estética — era algo inerentemente cativante e produtivo. Enquanto os anos 60 foram marcados por um impulso ingênuo e narcisista que fazia crer que tudo o que estava acontecendo era novidade — e que toda novidade era relevante —, os anos 70 foram a era do cinismo, das ilusões perdidas e das expectativas reduzidas.

Tempos medíocres, escreveu Albert Camus em *A Queda*, geram profetas vazios. A década de 1970 propiciou uma rica safra desse tipo de profeta. Foi uma época em que predominava a consciência de que o momento era *posterior* às grandes esperanças e aspirações do passado recente, e que nada tinha a oferecer além de reprises e desdobramentos exaustos e implausíveis de antigas idéias. Foi, conscientemente, o tempo do "pós-tudo", cujas perspectivas futuras pareciam nebulosas. Conforme o sociólogo norte-americano Daniel Bell observou na ocasião: "O emprego do prefixo 'pós' indica a sensação de estar vivendo num tempo de interstício." Enquanto descrição do mundo real — "pós-guerra", "pós-imperial" e, mais recentemente, "pós-industrial" —, o prefixo tinha a sua utilidade, ainda que deixasse no ar o que viria a seguir. No entanto, aplicado a categorias do pensamento — por exemplo, "pós-marxista", "pós-estruturalista" e, o mais evasivo de todos, "pós-moderno" —, o prefixo tão-somente aumentava a obscuridade de uma época já bastante confusa.

A cultura da década de 1960 fora racionalista. A despeito das drogas leves e dos sonhos utópicos, o pensamento social do período, a exemplo da música, tinha operado num registro coerente e familiar, apenas "expandido". Foi também uma época marcantemente comunitária: supunha-se que estudantes, tanto quanto "trabalhadores", "camponeses", "negros" e outras coletividades, compartilhassem interesses e afinidades que os uniam, estabelecendo relações especiais entre eles mesmos e — embora antagonisticamente — o restante da sociedade. Os projetos dos anos 60, por mais fantasiosos, supunham uma relação entre indivíduo e classe, classe e sociedade, sociedade e Estado, que teria sido reconhecida em forma, se não em conteúdo, por teóricos e ativistas em qualquer momento do século anterior.

A cultura dos anos 70 não girava em torno da coletividade, mas do indivíduo. Assim como nos anos 60 a antropologia suplantara a filosofia como disciplina-mãe, na década de 1970 a psicologia substituiu a antropologia. Ao longo da década de 1960, a noção de "falsa consciência" fora adotada por jovens marxistas para explicar a incapacidade de trabalhadores e outros grupos de se libertarem da identificação com os interesses capitalistas. Numa variante distorcida, essa idéia formou, conforme já vimos, a premissa básica do terrorismo de esquerda. Mas ela também assumiu uma estranha sobrevida em círculos menos politizados: adaptando linguagem de origem marxista a assuntos freudianos, indivíduos que se autodenominavam "pós-freudianos" agora não enfatizavam a necessidade de libertar as classes sociais, mas os sujeitos individuais, agregados.

Surgiam na Europa Ocidental e na América do Norte teóricos da libertação cujo objetivo não era livrar o indivíduo da servidão social, mas de ilusões que resultavam de auto-imposição. A variante sexual desse tema — a noção de que repressão social e sexual estavam integralmente ligadas — já era truísmo em certos ambientes no final dos anos 60. Mas Marcuse, ou Wilhelm Reich, descendia diretamente tanto de Freud quanto de Marx — buscando a transformação coletiva por meio da libertação individual. Os seguidores de Jacques Lacan, por outro lado, ou teóricas contemporâneas do feminismo, como Kate Millett e Annie Leclerc, eram a um só tempo menos e mais ambiciosas. Não se preocupavam tanto com projetos tradicionais de revolução social (identificada corretamente pelas feministas com movimentos políticos comandados sobretudo por homens e para homens). Em vez disso, procuravam minar a própria noção do sujeito humano que embasava tais projetos.

Duas suposições estavam por trás desse pensamento, compartilhadas amplamente pela comunidade intelectual à época. A primeira era que o poder — ao contrário do que a maioria dos pensadores do Iluminismo supunha — não dependia do controle de recursos naturais e humanos, mas do monopólio do *conhecimento*: conhecimento do mundo natural; conhecimento da esfera pública; conhecimento de si mesmo e, acima de tudo, conhecimento do modo como o próprio conhecimento é produzido e legitimado. Nessa perspectiva, a manutenção do poder dependia da capacidade de as pessoas que controlavam o conhecimento preservarem tal controle à custa de terceiros, reprimindo "conhecimentos" subversivos.

À época, essa avaliação da condição humana era devidamente associada aos escritos de Michel Foucault. Mas, apesar de todo o seu eventual obscurantismo, no fundo, Foucault era um racionalista. Seus primeiros escritos seguiram bem de perto a venerável tese marxista de que, para liberar os trabalhadores dos grilhões do capitalismo, primeiro era preciso substituir a narrativa egoísta da sociedade burguesa por novos paradigmas de história e economia. Em suma, era preciso substituir o discurso dos mestres, por assim dizer, pelo conhecimento revolucionário; ou, na terminologia de Antonio Gramsci, tão em voga poucos anos antes, era preciso combater a "hegemonia" da classe dominante.

Uma segunda premissa, a qual haveria de exercer maior influência sobre os modismos intelectuais, avançava bem mais. Tratava-se da sedutora disposição de subverter não apenas antigas certezas, mas a própria possibilidade de certeza. Todo comportamento, toda opinião, todo conhecimento, precisamente por ter origem social e, portanto, uso político, deveria ser encarado com desconfiança. Em determinados círculos, a própria idéia de que julgamentos e avaliações pudessem existir isoladamente em relação à pessoa que os propusesse começou a ser considerada a expressão de um posicionamento social partidário (e implicitamente conservador).

Toda declaração de julgamento ou crença poderia, por princípio, ser assim reduzida. Mesmo os intelectuais mais críticos poderiam assim ser "posicionados". Nas palavras do professor de sociologia francês Pierre Bourdieu, o mais influente dos notáveis europeus que estudavam a nova sociologia do saber, o "discurso professoral" é apenas a expressão da "fração dominada da classe dominante". O que esse sedutor e subversivo modo de conceber o conhecimento e a opinião não definia era como determinar se um "discurso" era mais verdadeiro do que outro: dilema solucionado pelo tratamento da própria "verdade" como categoria socialmente posicionada — percepção que em breve iria se tornar corrente em muitos locais. O resultado natural dessas idéias foi um crescente ceticismo diante de *todo* argumento social racional. O filósofo francês Jean-François Lyotard, num ensaio a respeito do assunto, *A Condição Pós-moderna* (escrito em 1979), resume muito bem o espírito da época: "Defino *pós-moderno* como incredulidade diante das metanarrativas".

Conforme ocorrera com freqüência em décadas anteriores, a fonte geralmente não-reconhecida dessas influências intelectuais predominantemente francesas era alemã. O escritor italiano Elio Vittorini certa vez observou que desde Napoleão a França se mostrava impermeável a qualquer influência estrangeira, exceto à filosofia romântica alemã; e o que era verdade em 1957, quando Vittorini deixou registrada a sua observação, não era menos verdadeiro duas décadas mais tarde. Enquanto as sensibilidades humanistas da geração anterior foram atraídas por Marx e Hegel, os intelectuais dos anos 70, época de incertezas, foram atraídos por um matiz do pensamento alemão bem mais sombrio. O ceticismo radical de Michel Foucault foi, em grande parte, uma adaptação de Nietzsche. Outros influentes escritores franceses, notadamente o crítico literário Jacques Derrida, voltaram-se para Martin Heidegger para desenvolver a sua crítica da agência humana, bem como a "desconstrução" (que assim começava a ser chamada) do sujeito cognitivo humano e da sua prática textual.

Para os especialistas em Heidegger ou em seu contemporâneo, Carl Schmitt (cujo realismo historicista atraía a atenção dos estudantes de relações internacionais), esse interesse era bastante estranho. Afinal, tanto Heidegger quanto Schmitt eram identificados com o nazismo — Heidegger de modo bastante explícito, pois aceitou um cargo acadêmico sob a égide dos nazistas. Porém, o renovado interesse na crítica às suposições otimistas sobre o progresso e no questionamento das bases do racionalismo iluminista e dos seus subprodutos políticos e cognitivos estabeleceu certa afinidade entre os críticos da modernidade e do progresso tecnológico, do início do século XX (por exemplo, o próprio Heidegger), e os céticos desiludidos com a era "pós-moderna" — e permitiu a Heidegger e outros se livrarem de antigas associações.

Depois que a filosofia alemã passou pelo pensamento social parisiense e chegou à crítica cultural inglesa — formas nas quais era mais conhecida pela maioria dos leitores à época —, o vocabulário inerentemente complexo do pensamento filosófico alemão havia adquirido um nível de opacidade expressiva e extremamente cativante para uma nova geração de alunos e seus professores. Os recém-contratados para integrar o corpo docente de universidades em franca expansão geralmente eram formados eles mesmos nos anos 60, tendo crescido em meio aos modismos e debates daqueles anos. Mas, enquanto na década anterior as universidades européias preocupavam-se com grandes teorias de diversos tipos — versando sobre sociedade, Estado, linguagem, história, evolução —, o que sobrou para a geração seguinte foi, acima de tudo, uma preocupação com teoria como um fim. Seminários em "Teoria Cultural" ou "Teoria Geral" deslocaram fronteiras disciplinares convencionais que ainda dominavam até mesmo o debate acadêmico radical poucos anos antes. "Complexidade" tornou-se medida de seriedade intelectual. Em seus comentários lamentosos acerca do legado do "Pensamento de 1968", os escritores franceses Luc Ferry e Alain Renault concluíam, sarcasticamente, que "a maior realização dos pensadores dos anos 60 foi fazer com que os que os ouviam acreditassem que incompreensibilidade era sinal de grandeza".

Com uma platéia cativa nas universidades, novos teóricos reverenciados, tais como Lacan e Derrida, elevaram os caprichos e paradoxos da linguagem à condição de filosofias plenas, moldes infinitamente flexíveis para explicação textual e política. Em instituições como o Centro de Estudos Culturais Contemporâneos da Universidade de Birmingham, as novas teorias mesclaram-se facilmente com as antigas. O marxismo foi eximido de suas constrangedoras relações atávicas com categorias econômicas e instituições políticas e reciclado como crítica cultural. A inconveniente relutância do proletariado revolucionário em derrotar a burguesia capitalista já não era um empecilho. Conforme Stuart Hall, principal porta-voz britânico dos estudos culturais naqueles anos, expressou, em 1976: "A idéia do 'desaparecimento de classe como um todo' é substituída pelo cenário bem mais complexo e diferenciado em que os diferentes setores e camadas de uma classe são impelidos em certas direções e para certas opções por determinadas circunstâncias socioeconômicas".

O próprio Hall, anos depois, admitiria que o Centro esteve "durante algum tempo excessivamente preocupado com questões teóricas complexas". Mas, na realidade, essa opacidade narcisista era típica da época, e o distanciamento em relação à realidade cotidiana constituía um testemunho inconsciente do esgotamento da tradição intelectual. Além do mais, esse obscurantismo não era, em absoluto, o único sintoma de debilidade cultural naqueles anos. Até a originalidade esfuziante do cinema francês dos anos 60 decaiu, passando a constituir uma arte tímida. Em 1974, Jacques Rivette, o original e espirituoso diretor dos filmes *Paris nos Pertence* (1960) e *A Religiosa* (1966), dirigiu *Céline e Julie Vão de Barco*. Com 193 minutos de duração, sendo uma paródia estilizada (embora não intencional) à *Nouvelle Vague* francesa, *Céline e Julie* marcou o fim de uma era. A teorização da arte substituía a arte.

Se uma tendência do legado dos anos 60 caracterizava-se pela pretensão à alta cultura, a outra, numa inversão íntima, configurava uma dura camada de fino cinismo. A relativa inocência do rock-'n'-roll era gradualmente substituída por bandas preocupadas com a mídia e cuja especialidade era a apropriação e degradação do estilo criado pelos grupos precedentes. Assim como no passado os romances populares e a imprensa marrom obtiveram vantagem comercial com o letramento da massa, o punk rock surgiu nos anos 70 a fim de explorar o mercado de música popular. Apresentado como "contracultura", o punk rock, na realidade, tinha com a cultura dominante uma relação parasítica, invocando imagens violentas e linguagem radical muitas vezes com propósitos mercenários.

A linguagem supostamente politizada das bandas de punk rock, exemplificada pela canção de sucesso dos Sex Pistols, em 1976, intitulada *Anarchy in the UK*, captou a atmosfera rançosa da época. Mas a política das bandas punk era tão unidimensional quanto a sua música, freqüentemente restrita a três acordes, um único ritmo e executada em alto volume para produzir algum efeito. A exemplo da Facção do Exército Vermelho, os Sex Pistols e outros grupos de punk rock pretendiam, acima de tudo, *escandalizar*. Até mesmo o visual e o comportamento subversivos eram revestidos de ironia e uma certa dose de ridículo: "Vocês se lembram dos anos 60?" — as bandas pareciam indagar —, "Pois bem, acreditem se quiser, nós somos o que sobrou". Subversão musical agora consistia em canções enfurecidas que criticavam "hegemonia", e o falso conteúdo político mascarava a contínua evisceração da forma musical.[14]

Por mais artificial que fossem a política e a música, ao menos o *cinismo* da geração punk era real e sincero. A referida geração constituía o resultado rançoso e sem talento de uma grande tendência ao desrespeito: pelo passado, pela autoridade, por figuras e questões públicas. Em sua expressão mais espirituosa, o desprezo pela empáfia e pela tradição seguiu a deixa de satiristas políticos britânicos surgidos quase duas décadas antes: o espetáculo teatral *Beyond the Fringe*; o programa noturno *That Was the Week that Was*, produzido pela BBC; e o semanário *Private Eye*. Aproveitando a crescente audiência televisiva e o recuo da censura oficial, a série *Monty Python*, bem como suas sucessoras e imitadoras, mesclava comédia rasgada, comentário social chulo e sátira política mordaz — mistura vista pela última vez nas charges políticas dos cáusticos Gillray e Cruikshank. A inter-relação íntima entre a música rock e o novo burlesco fica patente no financiamento de dois dos filmes da série Python, *Monty Python e o Cálice Sagrado* (1974) e *Vida de Brian* (1979), bancados, respectivamente, por Pink Floyd e Led Zeppelin, e por George Harrison, dos Beatles.

A postura condenável de certas figuras públicas era um prato cheio para os programas semanais de televisão, como *Spitting Image*, ou *Bebête Show*, este produzido na França, em que líderes políticos eram expostos a um grau de ridículo e zombaria inconcebível poucos anos antes (ainda hoje inconcebível nos Estados Unidos). Satiristas e comediantes substituíram escritores e artistas na condição de heróis intelectuais do momento: quando, no início dos anos 80, estudantes franceses foram sondados para se saber que figuras públicas mais admiravam, os observadores mais idosos ficaram espantados ao constatar que o falecido Jean-Paul Sartre

[14] O punk do Oeste Europeu deixou um gosto especialmente amargo nos anos finais do Leste Europeu comunista, onde o gênero foi apropriado por bandas alternativas niilistas que se agarravam cinicamente a uma tradição de dissidência musical e política para defender os seus próprios interesses. Numa mescla repulsiva de pornografia e incorreção política, os Spions, banda punk húngara dos anos 80, gravaram *Anna Frank*: "Um pouco de sexo forçado antes que eles venham te levar, Anna Frank! Transa comigo! Anna Frank! Chora, safada! Anna Frank! Ou vou te entregar! Anna Frank — os caras estão te esperando".

fora substituído por Coluche, comediante de TV, vulgar e por vezes obsceno, que, com mordacidade, confirmou o seu recém-conquistado status candidatando-se à presidência do país.

E os mesmos canais de TV que transmitiam paródias irreverentes das culturas popular e pseudo-intelectual propiciavam aos humoristas grande quantidade de matéria-prima. Talvez o objeto de ridículo mais celebrado tenha sido o "Festival da Canção da Eurovisão", um concurso anual transmitido pela primeira vez em 1970. Empreendimento comercial apresentado como triunfo da nova tecnologia de transmissão televisiva simultânea para diversos países, em meados dos anos 70, o show se vangloriava de ter milhões de espectadores. O Festival da Canção da Eurovisão — em que cantores de segunda categoria e ilustres desconhecidos originários de todo o continente apresentavam material genérico e esquecível e, em seguida, em quase todos os casos, voltavam para a obscuridade de onde haviam emergido — era tão banal em concepção e produção que chegava a desafiar a paródia. O programa já estaria obsoleto 15 anos antes. Mas, por isso mesmo, propiciou algo novo.

O entusiasmo com que o Festival da Canção da Eurovisão promoveu e celebrou um formato absolutamente ultrapassado e um fluxo de artistas ineptos refletia uma crescente cultura de nostalgia, a um só tempo esperançosa e melancólica. Se o *punk*, o pós-moderno e a paródia foram uma resposta à balbúrdia de uma década desiludida, a noção "retro" foi outra. O grupo pop francês Il Était Une Fois (Era Uma Vez) passou a usar roupas dos anos 30, no que constituiu um entre vários retornos à moda antiga, desde as "maxissaias" até o corte de cabelo em estilo eduardiano dos "neo-românticos" — este último reprisado pela segunda vez em três décadas. Na moda e na música (e na arquitetura) a tentação de reciclar estilos antiquados — misturando-os sem grandes convicções — substituía a inovação. Os anos 70, uma era de autoquestionamento e perplexidade, olhou para trás, não para a frente. A Era de Aquário deixou como rastro a temporada do pastiche.

XV
Política em Novo Tom

"Je déclare avoir avorté" (Declaro que abortei).
Simone de Beauvoir (e outras 342 mulheres), 5 de abril de 1971

"Daqui a uma geração, no máximo, ou os partidos comunistas francês e italiano rompem os vínculos com Moscou, ou serão reduzidos à insignificância."
Denis Healey (1957)

"Com este tratado, nada se perde que já não tenha sido jogado fora há muito tempo."
Chanceler Willy Brandt, agosto de 1970

"Quando dois Estados desejam estabelecer melhores relações, muitas vezes lançam mão do melhor clichê que a ambos convenha."
Timothy Garton Ash

Na década de 1970, o cenário político da Europa Ocidental começou a se despedaçar. Desde o fim da Primeira Guerra Mundial, a política convencional estivera divida entre duas "famílias", a esquerda e a direita, por seu turno divididas entre "moderados" e "radicais". A partir de 1945, os dois lados passaram a se aproximar, mas o modelo não se alterara radicalmente. As opções políticas disponíveis para os eleitores europeus em 1970 eram semelhantes às que se apresentavam a seus avós.

A longevidade dos partidos políticos da Europa decorria da extraordinária continuidade na ecologia do eleitorado. A escolha entre trabalhistas e conservadores na Grã-Bretanha, ou entre socialdemocratas e democratas cristãos na Alemanha Ocidental, já não refletia divisões profundas em torno de políticas específicas, e muito menos profundas preferências de "estilo de vida", conforme a terminologia posteriormente adotada. Na maioria das localidades, a escolha refletia hábitos eleitorais antigos, passados de geração a geração, determinados pela classe, religião ou pelo local de residência do votante, e não pelo programa do partido. Homens e mulheres votavam como seus pais haviam votado, dependendo de onde vivessem, trabalhassem e da remuneração que percebessem.

Mas, sob a superfície de continuidade, ocorria um deslocamento tectônico na sociologia política dos eleitores europeus. O bloco da classe operária branca, do sexo masculino e empregada — fundamento universal do apoio partidário comunista e socialista — contraía-se e começava a rachar. Do mesmo modo, já não era possível contar com o eleitor "ideal-típico" conservador — amadurecido, do sexo feminino e religioso praticante — como esteio do eleitorado dos partidos Democrata Cristão e Conservador. Embora persistissem, esses eleitores tradicionais já não eram maioria. Por quê?

Em primeiro lugar, a mobilidade social e geográfica ao longo das décadas do pós-guerra havia diluído as categorias sociais fixas, tornando-as quase irreconhecíveis. No oeste rural da França, ou nos vilarejos do Vêneto, nos bastiões do proletariado industrial no sul da Bélgica ou no norte da Inglaterra, o eleitorado cristão mostrava-se agora dividido e fragmentado. Homens e mulheres já não viviam nas mesmas localidades que seus pais, e com freqüência trabalhavam em atividades muito diferentes das realizadas pelos progenitores. Não seria surpresa, portanto, o fato de que enxergavam o mundo de maneira bastante distinta; e suas preferências políticas começaram a refletir tais mudanças, embora inicialmente em ritmo lento.

Em segundo lugar, a prosperidade e as reformas sociais dos anos 60 e início dos 70 tinham, na prática, exaurido os programas e a visão dos partidos tradicionais. O próprio sucesso desses partidos impossibilitara a criação de uma agenda crível, fosse por políticos moderados de esquerda ou de direita, especialmente depois da onda de reformas liberais nos anos 60. As instituições do Estado não estavam em discussão, tampouco os objetivos gerais da política econômica. Restava, pois, discutir o alinhamento das relações de trabalho, a legislação contrária à discriminação relacionada à obtenção de moradia e emprego, a expansão de instalações educacionais etc. — questões públicas importantes, mas que não constituíam matéria de grandes debates políticos.

Em terceiro lugar, havia agora denominadores alternativos para a aliança política. As minorias étnicas, que muitas vezes não eram bem-vindas nas comunidades operárias predominantemente brancas onde haviam aportado, nem sempre eram convidadas a integrar organizações políticas ou trabalhistas locais, e a simpatia política dessas minorias refletia tal exclusão. Finalmente, a política da geração dos anos 60 havia introduzido no debate público preocupações absolutamente desconhecidas de uma cultura política mais antiquada. Talvez a "Nova Esquerda" carecesse de um programa, mas não carecia de temas. Acima de tudo, ela criou novos eleitorados. O fascínio com sexo e sexualidade conduziu, naturalmente, à política sexual: mulheres e homossexuais, antes subordinados e invisíveis nos partidos radicais tradicionais, agora surgiam como sujeitos históricos legítimos, com direitos e reivindicações. A juventude (e o entusiasmo da juventude) passou a ocupar o centro do palco, primordialmente porque, em muitos locais, a idade mínima para votar fora reduzida a 18 anos.

A prosperidade da era fez desviar a atenção popular da produção para o consumo, das necessidades básicas para a qualidade de vida. No calor dos anos 60, pouca gente se preocupava com os dilemas morais da prosperidade, pois os beneficiários se distraíam, ao aproveitar as vantagens propiciadas pelo bom momento. No entanto, em poucos anos, muitos indivíduos — notadamente jovens adultos com formação educacional e residentes no noroeste da Europa — estariam vendo o mercantilismo e o bem-estar material dos anos 50 e 60 como uma herança pesada, responsável pela produção de mercadorias de mau gosto e falsos valores. O preço da modernidade, ao menos para os principais beneficiários dela, começava a parecer por demais elevado, e o "mundo perdido" dos pais e dos avós começava a parecer bastante atraente.

A politização desse descontentamento cultural foi tarefa típica de ativistas familiarizados com táticas de partidos tradicionais nos quais esses mesmos ativistas ou suas famílias haviam atuado. Portanto, a lógica da política pouco mudou: a meta ainda era mobilizar simpatizantes em torno de um programa legislativo a ser implementado pelo Estado. Nova era a premissa organizacional. Até então — na Europa — os eleitorados surgiam das afinidades políticas de grandes grupos de eleitores definidos por classe ou profissão, unidos por um conjunto de princípios e objetivos comuns, herdados e freqüentemente abstratos. Política tinha menos importância do que aliança.

Porém, nos anos 70, "*política*" passou para o primeiro plano. Surgiram partidos e movimentos dedicados às chamadas "causas únicas", com eleitorados constituídos por uma variável geometria de interesses comuns — freqüentemente de foco bastante restrito, ocasionalmente fantástico. Na Grã-Bretanha, a Campanha pela Cerveja Autêntica (muito bem sucedida) é um exemplo típico; a partir de 1971, com o propósito de reverter a predileção pelo consumo de cerveja gasosa e homogeneizada (e pelos *pubs* igualmente homogeneizados e "modernosos" onde essa espécie de cerveja era vendida), a campanha foi organizada por um grupo de classe média que baseava sua argumentação num relato neomarxista sobre a apropriação da fabricação artesanal de cerveja por monopólios que produziam em massa e manipulavam os consumidores, visando ao lucro empresarial — desviando os consumidores de suas reais preferências em termos de paladar e oferecendo-lhes em troca algo espúrio.

Mesclando, com eficácia, análise econômica, preocupação ambiental, discriminação estética e franca nostalgia, a campanha pressagiou o surgimento de muitos grupos ativistas que defendiam "causas únicas", bem como o modismo do "autêntico" e caro, principalmente entre burgueses boêmios abastados.[1] Mas o charme um tanto arcaico, sem falar da desproporção entre a intensidade do engajamento dos ativistas e o tépido objeto de seu ardor, tornava a referida campanha em defesa de uma causa única bastante estranha.

Mas nada havia de fantástico ou estranho com outros grupos que defendiam causas únicas, a maioria dos quais — a exemplo da Campanha pela Cerveja Autêntica — era organizada pela e para a classe média. Na Escandinávia, uma variedade de partidos de protesto surgiu no início dos anos 70, notadamente o Partido Rural (mais tarde o Partido Real Finlandês), na Finlândia; o Partido Progressista Dinamarquês, de Morgens Glistrup; e o Partido Progressista Norueguês, de Anders Lange. Todos se dedicavam, com energia e a princípio exclusivamente, à causa da redução dos impostos — o nome de fundação do partido norueguês, em 1973, fora "Partido de Anders Lange em Prol da Drástica Redução de Impostos,

[1] Na Grã-Bretanha, essa tendência está relacionada a um antigo entusiasmo pelo vegetarianismo, por materiais de construção e trajes "autênticos" etc., entusiasmo que freqüentemente se confunde com sociedades socialistas e clubes de caminhada — o que constitui uma resposta da esquerda à prática da caça e pesca, comum entre os conservadores. Na Europa continental, as culturas da esquerda e da direita refletiam uma história bastante diversa. Enquanto na Grã-Bretanha o *Good Food Guide* (Guia da Boa Comida) foi criado e editado por fabianistas e apresentado, desde o primeiro momento, como uma contribuição à luta de classes na frente gastronômica, na França, o *Guia Michelin* foi desde sempre apenas um empreendimento comercial, embora direcionado ao mesmo público.

Tarifas e Intervenção Estatal", e o programa partidário resumia-se a uma página, reiterando as exigências expressas no nome.

A experiência escandinava talvez fosse diferenciada — em nenhum outro lugar os impostos eram tão elevados, nem os serviços públicos tão abrangentes — e, certamente, nenhum partido sediado fora da região e dedicado à causa única alcançou tanto sucesso quanto o partido de Glistrup, que conquistou 15,9% dos votos nas eleições nacionais dinamarquesas realizadas em 1973. Mas partidos contrários à cobrança de impostos não constituíam novidade. O modelo era a Union de Défense des Commerçants et Artisans (União em Defesa dos Comerciantes e Artesãos), fundada por Pierre Poujade, em 1973, com o objetivo de defender pequenos lojistas da cobrança de impostos e da ação de supermercados, e que viveu um breve momento de fama ao conquistar 12% dos votos nas eleições francesas em 1956. Mas o movimento fundado por Poujade era singular. A maioria dos partidos de protesto que surgiram após 1979 mostrou-se duradoura — o Partido Progressista Norueguês conquistou o maior percentual de votos em sua história (15,3%) 25 anos mais tarde, em 1997.

Os partidos contrários à cobrança de impostos, a exemplo dos partidos de protesto ligados ao setor rural e fundados no período entre as duas grandes guerras, eram, essencialmente, reacionários e negativos — posicionavam-se contrariamente às mudanças e esperavam que o Estado, antes de tudo, suspendesse o que eles consideravam um peso fiscal injusto. Outros movimentos dedicados a causas únicas apresentavam reivindicações mais positivas ao Estado, ao Legislativo ou às instituições. As preocupações desses movimentos constavam de reformas penitenciárias e hospitais psiquiátricos, acesso à educação e atendimento médico, até chegar à provisão de boa alimentação, serviços comunitários, melhoria dos espaços urbanos e acesso a recursos culturais. Todos esses movimentos eram contrários ao "consenso", relutavam em restringir seu apoio a determinado eleitorado político e se dispunham, necessariamente, a considerar métodos alternativos para divulgar as suas preocupações.

Três desses novos grupos políticos — o movimento das mulheres, o ambientalismo e o ativismo em prol da paz — têm um significado especial, devido à escala e ao impacto duradouro alcançados. Por motivos óbvios, o movimento das mulheres foi o mais diversificado e abrangente. Além dos interesses que compartilhavam com os homens, as mulheres tinham preocupações específicas que à época apenas começavam a ingressar na arena legislativa européia: creches, paridade salarial, divórcio, aborto, controle de natalidade, violência doméstica.

A essas questões, somavam-se a atenção que grupos femininos mais radicais destinavam aos direitos dos homossexuais (lésbicas) e a crescente preocupação feminista com pornografia. Esta última exemplifica muito bem a nova geografia moral da política: fazia pouco tempo que literatura e filmes de conteúdo sexual explícito tinham sido liberados pela censura, graças aos esforços orquestrados de liberais veteranos e da Nova Esquerda. Porém, dentro de uma década, a pornografia voltaria a ser atacada, desta feita por grupos de mulheres, muitas vezes comandados por coalizões de feministas e conservadores tradicionais unidos em torno dessa causa única.

O movimento feminino na Europa configurou desde o início uma mistura variável de objetivos convergentes. Na Alemanha Ocidental, em 1950, uma quarta parte das mulheres casadas tinha emprego remunerado; em 1970, esse número se elevara para uma em cada duas; na Itália, entre 1972 e 1980, do total de 1,5 milhão de indivíduos que ingressaram na força de trabalho, 1,25 milhão eram mulheres. Em meados de 1990, as mulheres representavam mais de 40% do total da força de trabalho (oficial) em todos os países europeus, exceto Portugal e Itália. Muitas das novas trabalhadoras assumiam cargos de meio período, ou funções administrativas simples, sem direito a benefícios plenos. A flexibilidade de empregos de meio período convinha a muitas mães, mas, no aperto econômico dos anos 70, isso não compensava os salários baixos e a instabilidade empregatícia. Portanto, a paridade salarial e a provisão de creches no local de trabalho surgiram cedo, tornando-se as principais reivindicações da força de trabalho feminina no Ocidente, e se mantiveram na linha de frente desde então.

Mulheres que trabalhavam (e que não trabalhavam) fora buscavam, cada vez mais, ajuda para cuidar dos filhos, e nem sempre queriam ter mais filhos. Na realidade, desfrutando de mais prosperidade e trabalhando mais tempo fora de casa, as mulheres queriam ter menos filhos — ou, no mínimo, mais voz ativa diante da questão. A solicitação de acesso às informações relacionadas ao controle de natalidade e ao uso de anticoncepcionais remonta aos primeiros anos do século XX, mas ganhou força uma década antes do auge da explosão demográfica. Na França, a Association Maternité (Associação Pró-maternidade) foi criada em 1956 com o propósito de exigir o direito ao controle de natalidade; quatro anos depois, a Association foi sucedida pelo Mouvement Français pour le Planning Familial (Movimento Francês pelo Planejamento Familiar), sendo a mudança no nome clara indicação da mudança de atitudes.

No decorrer dos anos 60 (bastante liberais), à medida que aumentava a pressão a favor de todo tipo de liberdade sexual, as leis que tratavam do controle de natalidade se tornaram mais brandas por toda parte (exceto em determinados países da Europa Oriental, como a Romênia, onde "estratégias de reprodução" nacionais continuavam a proibir a prática). Já no início dos anos 70, o uso de anticoncepcionais fora amplamente disponibilizado no Oeste Europeu, embora não em zonas rurais isoladas ou regiões em que as autoridades católicas exerciam um controle moral na comunidade. Mesmo em vilarejos e cidades, no entanto, quem mais se beneficiou com a nova liberdade foram as mulheres da classe média; na classe operária, para muitas mulheres casadas, e para a grande maioria das solteiras, o único meio de controle de natalidade continuava a ser o mesmo de sempre: o aborto.

Portanto, não deve surpreender que a reivindicação pela revisão das leis de aborto tenha se tornado o tema central da nova política feminina — raro ponto de convergência, no qual a política radical feminista se encontrava com as necessidades de toda mulher, fosse ela engajada ou não. Na Grã-Bretanha, o aborto deixara de ser crime desde 1967, conforme já vimos. Mas, em muitos outros países, a prática ainda era considerada criminosa: na Itália, o aborto era punido com pena de cinco anos de reclusão. Porém, legais ou ilegais, abortos faziam parte da experiência de vida de milhões de mulheres — na pequenina Letônia, em 1973, foram realizados 60 mil abortos, contra 34 mil partos. E nos locais onde o aborto era ilegal, os riscos da prática, tanto em termos médicos quanto penais, uniam as mulheres a despeito de classe, idade ou filiação política.

Em 5 de abril de 1971, o semanário francês *Le Nouvel Observateur* publicou uma petição assinada por 342 mulheres, todas declarando que tinham feito aborto e, por conseguinte, desrespeitado a lei; a petição exigia a revisão do Código Penal. As signatárias eram famosas, algumas delas — as escritoras Simone de Beauvoir e Françoise Sagan, as atrizes Catherine Deneuve, Jeanne Moreau e Marie-France Pisier, as advogadas e ativistas políticas Yvette Roudy e Gisèle Halimi — verdadeiras celebridades. E foram reforçadas pela presença de desconhecidas ativistas militantes em movimentos feministas surgidos após os eventos de 1968. Embora mais de trezentas mulheres tivessem sido condenadas pelo crime de aborto no ano anterior, o governo, prudentemente, absteve-se de processar as signatárias da carta aberta.

A petição fora organizada pelo Mouvement de Libération des Femmes (Movimento de Liberação das Mulheres), fundado no ano anterior; a agitação política provocada pela ação levou Halimi e De Beauvoir a criar a Choisir (Escolher), organização dedicada a acabar com a proibição ao aborto. Em janeiro de 1973, durante uma entrevista coletiva, o presidente francês Georges Pompidou admitiu que a legislação francesa estava obsoleta em relação à opinião pública. Ele não poderia ter agido de outra maneira: em 1972 e 1973, mais de 35 mil francesas se dirigiram à Grã-Bretanha, a fim de se submeter a abortos legais. O sucessor de Pompidou, Valéry Giscard D'Estaing, instruiu a ministra da Saúde, Simone Weil, a apresentar ao Parlamento uma proposta de revisão legislativa, e em 17 de janeiro de 1975 a Assemblée Nationale legalizou o aborto (quando realizado durante as dez primeiras semanas de gravidez) na França.

O exemplo francês foi estudado atentamente por mulheres de toda a Europa Ocidental. Na Itália, o recém-criado Movimento della Liberazione delle Donne Italiane (Movimento de Liberação das Mulheres Italianas) juntou-se ao pequeno Partido Radical para colher 800 mil assinaturas numa petição a favor de mudanças na legislação de aborto, contando com o apoio de uma passeata, em Roma, em abril de 1976, reunindo 50 mil mulheres. Três anos após a adoção tardia (em 1975) de um novo "código familiar" em substituição ao dos fascistas, o Parlamento italiano aprovou — no dia 29 de maio de 1978, três semanas depois que o corpo de Aldo Moro foi encontrado — a legalização do aborto.

A decisão foi confirmada indiretamente, por meio de um plebiscito nacional realizado em maio de 1981, quando os eleitores italianos rejeitaram *igualmente* tanto a proposta para liberar ainda mais as restrições ao aborto legal quanto a iniciativa para que o aborto voltasse a ser considerado crime, conforme queria o recém-formado Movimento Pró-vida. Se o ritmo da reforma na Itália foi bem mais lento do que na Grã-Bretanha ou na França, isso se deu menos devido à oposição da Igreja Católica do que ao fato de tantas feministas italianas terem sido iniciadas politicamente em movimentos da esquerda "autônoma" e extraparlamentar (tipicamente, o primeiro manifesto da Lotta Femminista, expedido em 1971, focalizara a reivindicação de salário para as donas de casa — extensão ritualista da esfera doméstica de uma antiga visão "trabalhista" da sociedade moderna como uma grande fábrica). Portanto, ao perseguirem seus objetivos, as mencionadas feministas demoraram a explorar as instituições políticas estabelecidas.

Na Espanha, a estratégia francesa foi seguida ainda mais de perto, num processo acelerado pelas energias liberadas em conseqüência do colapso do velho regime. O primeiro protesto feminista na Espanha foi organizado em janeiro de 1976, dois meses após a morte de Franco. Dois anos mais tarde, o adultério deixou de ser considerado crime e o controle da natalidade foi legalizado. Em 1979, mil mulheres, inclusive figuras públicas de destaque, assinaram uma declaração, afirmando que haviam descumprido a lei ao se submeterem a aborto — um lembrete de que, durante o regime de Franco, a Espanha registrou um dos índices mais elevados de aborto ilegal em toda a Europa, comparável aos índices da Europa Oriental e impulsionado pela mesma interdição autoritária de todas as formas de controle de natalidade. Mas, mesmo na Espanha pós-Franco, a pressão cultural contrária à reforma da legislação sobre o aborto foi sempre forte: quando, finalmente, em maio de 1985, o Parlamento aprovou uma lei que permitia o aborto, a prática ficou restrita a casos de estupro, feto deformado ou quando a vida da mãe estava em risco.

Ao lado do direito ao divórcio, a vitória na batalha pelo direito ao aborto constituiu o maior feito dos grupos políticos femininos nos anos em questão. Por conseguinte, as circunstâncias pessoais de milhões de mulheres melhoraram de modo incalculável. A possibilidade do aborto, somada ao efetivo controle da natalidade, não apenas melhorou as perspectivas de vida de muita gente, especialmente das camadas menos favorecidas, mas também propiciou às mulheres profissionais a escolha de adiar o nascimento do primeiro filho para um momento tardio, em relação aos anos de fertilidade.

O resultado foi uma queda contínua do número de nascimentos. Na Espanha, o índice de natalidade decresceu quase 60% entre 1960 e 1996; Itália, Alemanha Ocidental e Holanda não ficaram muito atrás. Poucos anos após as reformas introduzidas na década de 1970, *nenhum* país europeu (exceto a Irlanda) registrava índices de natalidade suficientes para repor a geração anterior. Na Grã-Bretanha, o índice anual de natalidade diminuiu ao longo das três décadas subseqüentes à década de 1960, de 2,71 por cada mulher para 1,84; na França, a queda foi de 2,73 para 1,73. Mulheres casadas optavam, cada vez mais, por ter apenas um filho, ou por não ter filhos — não fossem os nascimentos extraconjugais, os índices seriam ainda mais baixos: no final dos anos 80, nascimentos extraconjugais, como porcentagem do total anual, representavam 24% na Áustria, 28% no Reino Unido, 29% na França e 52% na Suécia.

À medida que a economia desacelerava e a emancipação da mulher aumentava, a demografia da Europa sofria mudanças — com sérias implicações para o Estado previdenciário em anos futuros. As alterações sociais causadas pelo movimento feminino não se refletiram, no entanto, na política. Não surgiu nenhum "partido das mulheres", capaz de fazer jorrar eleitores e eleger representantes. As mulheres continuaram a ser minorias nos Parlamentos e governos nacionais.

De modo geral, a esquerda mostrou-se mais aberta a eleger mulheres do que a direita (mas isso não ocorreu em todos os países — durante muitos anos, tanto na Bélgica quanto na França, partidos cristãos do centro-direita mostraram-se mais propensos do que os oponentes socialistas a indicar mulheres para representar certos eleitorados); contudo, o melhor indicador das perspectivas femininas na vida pública não foi a ideologia, mas a geografia. Entre 1975 e 1990, o número de mulheres no Parlamento finlandês subiu de 23% para 39%; na Suécia, o aumento foi de 21% para 38%; na Noruega, de 16% para 36%; e na Dinamarca, de 16% para 33%. Mais ao sul, nos Parlamentos italiano e português, em 1990, havia apenas uma mulher em cada 12 parlamentares. Na Câmara dos Comuns do Reino Unido, mulheres somavam apenas 7% do total; na Assemblée Nationale francesa, meros 6%.

Ambientalistas de ambos os sexos foram mais bem-sucedidos ao traduzir suas aspirações em termos de política eleitoral. Até certo ponto, "ambientalismo" (neologismo que data dos anos 30) foi, de fato, algo novo: uma expressão coletiva do temor da classe média diante de usinas de energia nuclear, urbanização desenfreada, rodovias e poluição. Mas o Movimento Verde na Europa jamais teria sido tão eficaz se fosse apenas uma nota de rodapé dos anos 60: abastados luditas de fim de semana, trajando fibra natural desbotada, oscilando entre instinto e interesse.[2] A aspiração por um mundo mais "natural" e a busca por uma política pessoal de "autenticidade" tinham raízes profundas nos dois lados da divisória ideológica, remontando aos românticos e ao horror que estes expressavam diante da depredação causada nos primórdios da industrialização. Já no início do século XX, tanto a esquerda quanto a direita contavam com seus clubes de reciclagem, restaurantes vegetarianos, movimentos Wandervogel, associados a sonhos socialistas e nacionalistas de emancipação e retorno.

A nostalgia alemã por paisagens singularmente germânicas, pelas montanhas e pelos rios de Harz e Pfalz, pela *Heimat*; o sonho nacionalista francês de harmonia na *France profonde*, imaculada, sem cidades e cosmopolitismo; o devaneio inglês quanto a uma futura harmonia campestre, a Jerusalém perdida de que falava Blake — tudo isso tinha mais pontos em comum do que os respectivos defensores dessas mesmas idéias estariam dispostos a admitir. E ainda que a esquerda, durante muitas décadas, observasse com admiração o esforço da "produção" comunista para vencer a produtividade ocidental, nos anos 70, vozes à esquerda e à direita começavam a expressar um certo desconforto diante dos custos colaterais do progresso, da produtividade e da "modernidade".[3]

Portanto, a revolução ambientalista moderna beneficiou-se duplamente: constituiu um rompimento em relação às insensíveis panacéias empregadas no passado recente — e tinha raízes numa história mais antiga, esquecida, mas tranqüilizadora (por atavismo). Não raro, o ambientalismo (a exemplo do pacifismo) provocava a volta do sentimento nacionalista — ou regionalista —, mas com um semblante humano. Os "*Alternativen*" de Berlim Ocidental, ou os manifestantes antinucleares da Áustria que em 1978 venceram um plebiscito e impediram o governo de ativar uma usina de energia nuclear em Zwentendorf, jamais se identificariam como nacionalistas ou patriotas. Mas o seu repúdio à poluição do ambiente *local* (e a relativa indiferença diante de destruições similares sendo perpetradas em outras regiões) sugere o contrário. A idéia de "não no meu quintal", típica dos primórdios do Movimento Verde, remete a um modelo anterior.

Não havia, por conseguinte, nada de contraditório no entusiasmo com que o ditador português António Salazar, já idoso, pôs em prática os mesmos controles ambientais que os radicais (pós-1968) em Viena ou Amsterdã tentavam implementar em seus governos democráticos. Desconfiado do "materialismo" e decidido a manter o século XX à distância, Salazar foi, ao seu modo, um autêntico entusiasta dos objetivos ecológicos — alcançados nesse caso pelo simples expediente de manter seus compatriotas numa condição de torpor econômico sem precedentes. Ele certamente aprovaria a façanha dos manifestantes franceses que em 1971 bloquearam o projeto de uma base militar em Larzac, no planalto do centro-sul da França.

---

[2] "Ludita" é termo aplicado a trabalhadores ingleses que no início da Revolução Industrial sentiam-se profissionalmente ameaçados pelo avanço tecnológico e procuravam destruir a maquinaria têxtil. (N. do T.)

[3] Já em 1980, a União Soviética liberava quase tanto dióxido de carbono na atmosfera quanto os Estados Unidos — estatística que até muito recentemente era mais fonte de orgulho do que constrangimento para os admiradores.

O simbolismo de Larzac — onde pastos despovoados foram defendidos contra a força maciça do Estado francês por um regimento de ambientalistas rebeldes — foi imenso, e não apenas na França: tratou-se de uma vitória emocional, menos para os carneiros nativos do planalto e mais para os "pastores" não-nativos, muitos dos quais eram jovens radicais recém-saídos de Paris ou de Lyon para se reciclarem como agricultores no interior da "França profunda". A frente de batalha havia mesmo mudado de local — ao menos no Oeste Europeu.

No leste da Europa, evidentemente, a doutrina de produção primária irrestrita — e a ausência de qualquer voz de oposição oficial — deixava o ambiente à mercê de poluidores oficiais de todos os tipos. Enquanto a Áustria era impelida pela oposição interna a desistir da energia nuclear, seus vizinhos comunistas não sentiam qualquer remorso ao construir reatores nucleares na Tchecoslováquia, planejando represas gigantescas rio abaixo, no Danúbio, na Tchecoslováquia e na Hungria, ou intensificando a produção e a poluição do ar a algumas dezenas de quilômetros ao norte, em Nowa Huta, a cidade do aço (planejada como tal), na Polônia. Mas, apesar de tudo, os custos morais e humanos da poluição industrial desmedida e a degradação ambiental não passaram despercebidos no Leste Europeu.

Portanto, a indiferença cínica do regime de Husák na Praga pós-1968 — a disposição do referido regime em causar grandes danos ecológicos ao longo da fronteira do Danúbio, na busca de quilowatts gerados domesticamente — incitou a revolta dos húngaros, cuja conduta política era normalmente cordata. Por mais implausível que isso fosse no passado, a proposta da represa Gabčikovo-Nagymaros seria fonte de intensa oposição doméstica no âmbito do próprio regime de Budapeste — e de grande constrangimento nas relações dos vizinhos "fraternais".[4]

Na Tchecoslováquia, uma antiga antipatia pela modernidade tecnológica tinha sido transmitida para uma nova geração de intelectuais, por meio dos textos dos filósofos Jan Patočka e Václav Bělohradský, sendo que este último, depois de 1970, esteve exilado na Itália, e suas reflexões neo-heideggerianas foram publicadas pela imprensa clandestina em seu país de origem. A idéia de que o esforço para subjugar e dominar a natureza de acordo com os interesses humanos — o projeto do Iluminismo — talvez tivesse um custo por demais elevado já era conhecida de leitores dos dois lados da fronteira da Guerra Fria, através dos escritos da Escola de Frankfurt, sobretudo os de Theodor Adorno e Max Horkheimer, no livro *A Dialética do Esclarecimento*, publicado em 1944. Com um toque heideggeriano — a sugestão de que o próprio comunismo era uma importação ocidental ilícita, imbuída da ousada ilusão de progresso material interminável —, tais reflexões formaram a base de uma oposição intelectual que haveria de aflorar nos anos 70, combinando dissensão ética e crítica ecológica, e liderada por Patočka e um dos mais entusiasmados leitores de Bělohradský, o dramaturgo Václav Havel.[5]

---

[4] Dentro de certos limites, o protesto ambiental — devido à sua natureza abertamente apolítica — propiciava com segurança a ação política e a auto-expressão em regimes repressores. Em 1983, o problema da poluição da água levou ao todo 10% da população da Lituânia soviética a ingressar na Associação Lituana para Proteção da Natureza.

[5] Nesse particular, o existencialismo heideggeriano estabelecia mais uma relação com o Ocidente: muitos anos antes, o filósofo francês Emmanuel Mounier declarou constatar no existencialismo de seus contemporâneos (por exemplo, Sartre) uma "barreira subjetiva" contrária ao que ele condenava como "materialismo objetivo" e "tecnologia". Em décadas posteriores, os herdeiros intelectuais de Mounier, pertencentes ao círculo de escritores do periódico *Esprit*, contariam entre os primeiros na Europa Ocidental a publicar e celebrar Havel e seus companheiros dissidentes.

Com o tempo, a crítica ambientalista comum serviria de ponte entre novas formas de protesto no leste e no oeste. Porém, nas circunstâncias do início dos anos 70, nenhum lado sabia (e, no caso do Ocidente, tampouco se importava) muito sobre as opiniões ou os problemas dos companheiros do outro lado da Cortina de Ferro. Os ambientalistas do Oeste Europeu, particularmente, estavam ocupados demais com a construção de seus eleitorados para prestar atenção em política internacional, a não ser quando tal política afetava o objeto singular de sua atenção. Nesse ponto, contudo, saíram-se muito bem.

Foi em 1973 que os primeiros candidatos da "ecologia" participaram de eleições locais na França e na Grã-Bretanha — o mesmo ano em que ocorreu na Alemanha Ocidental o primeiro Congresso Bauern (de agricultores), o qual precedeu o surgimento dos "Verdes". Fomentado pela primeira crise do petróleo, o movimento ambiental do oeste alemão avançou rapidamente para o centro do cenário político. A partir de ocupações, passeatas e iniciativas de cidadãos, registradas no início da década, o Movimento Verde — com o apoio de agricultores, ambientalistas, pacifistas e invasores de imóveis urbanos — avançou e, em 1979, garantiu representação nos Parlamentos de duas *Länder* alemãs. Quatro anos depois, em 1983, na seqüência da segunda crise do petróleo, o apoio oferecido ao movimento nas eleições federais aumentou de 568 mil para 2,165 milhões (5,6% do total de votos), garantindo-lhe representação parlamentar (27 assentos) pela primeira vez. Já em 1985, o Partido Verde se fazia presente num importante governo regional, comandando Hesse em coalizão com o Partido Socialdemocrata Alemão (e com o jovem político do Partido Verde, Joschka Fischer, no cargo de secretário de Energia e do Ambiente de Hesse).

O sucesso do Movimento Verde na Alemanha não foi imediatamente repetido em outros locais, embora, com o passar do tempo, os respectivos partidos austríaco e, especialmente, o francês se saíssem bastante bem. Os alemães ocidentais talvez fossem uma exceção. Nos anos em questão, eles começavam a se mostrar adversos às fontes da sua própria recuperação durante o pós-guerra; entre 1966 e 1981, o segmento da população favorável à "tecnologia" e a suas façanhas decresceu bruscamente, de 72% para 30%. O Movimento Verde na Alemanha Ocidental também se beneficiou do sistema alemão de representação proporcional, através do qual até os partidos menores tinham acesso aos parlamentos regional e federal — embora um sistema mais ou menos similar na Itália pouco beneficiasse os ambientalistas naquele país: até 1987, os "Verdes" italianos tinham obtido menos de um milhão de votos e apenas 13 entre 630 assentos parlamentares. Na Bélgica, os dois partidos ecológicos (um de língua francesa, outro, flamenga) também registraram um avanço constante: de 4,8% dos votos, em 1981, na ocasião do surgimento de tais partidos, registrou-se um aumento contínuo, alcançando 7,1% em 1987. Na Grã-Bretanha, todavia, o sistema eleitoral era projetado para prejudicar partidos pequenos e periféricos, e nisso foi sempre eficaz.

Na Escandinávia, as perspectivas dos partidos de causa única, tais como o dos ambientalistas (feministas ou pacifistas), eram limitadas pelo alcance ecumênico dos grupos políticos — por que "desperdiçar" o voto com o Movimento Verde se os socialdemocratas, ou os partidos agrários, professavam preocupações similares? O ambientalismo na Noruega, por exemplo, era tão difundido quanto na Alemanha — já em 1970, os planos do governo trabalhista para explorar a maior queda-d'água do norte da Europa, em Mardola, no Círculo

Ártico, para a geração de energia hidroelétrica, provocaram generalizada indignação nacional e instaram o surgimento de política ambientalista no país. Contudo, nem o caso Mardola nem os protestos subseqüentes contrários às usinas de energia nuclear chegaram a se traduzir num movimento político autônomo: protestos — e conciliações — eram negociados no âmbito da maioria governante.

O Movimento Verde se saiu um pouco melhor na Suécia, onde, finalmente, em 1988, conseguiu ingressar no Parlamento; e na Finlândia, onde ambientalistas isolados, primeiramente, conseguiram se eleger em 1987 e, somente então, formaram a Sociedade Verde, um partido ambientalista, no ano seguinte (talvez não seja surpresa o fato de os "Verdes" finlandeses terem obtido mais sucesso no sul do país, região próspera, urbana e progressista, do que no centro e no norte, regiões mais pobres e rurais). Mas a Finlândia e a Suécia foram casos extraordinários: pacifistas, feministas, ambientalistas, indivíduos com necessidades especiais e outros ativistas de causas únicas tinham tamanha certeza de contar com uma atmosfera cultural favorável às suas preocupações que podiam se dar ao luxo de romper com a política tradicional e correr o risco de dividir os seus próprios seguidores, sem comprometer a maioria governante nem os interesses da sua própria plataforma.

Freqüentemente, os partidos de causas únicas, conforme vimos, surgiam após alguma crise, algum escândalo ou alguma proposta impopular; portanto, os ambientalistas austríacos, que conseguiram se tornar uma força nacional, deveram a sua ascensão a um confronto acalorado com as autoridades, em torno de uma proposta de 1984 que visava à construção de uma hidroelétrica num pantanal em Hainburg, no leste da Áustria. A causa verde foi revigorada pelo embate subseqüente entre o governo de coalizão liderado pelos socialistas e os ativistas que defendiam o meio ambiente; e embora o governo mais tarde retrocedesse, o incidente gerou um grande aumento do apoio ao Movimento Verde, por parte de eleitores socialistas desiludidos, particularmente entre intelectuais e profissionais liberais.

A proliferação de partidos e programas de causas únicas e a absorção destes pela vida pública incorreram em ônus para as organizações tradicionais da esquerda, especialmente. Os partidos comunistas da Europa Ocidental, minados pela erosão contínua da população proletária, e desacreditados em conseqüência da invasão da Tchecoslováquia, ficaram bastante vulneráveis. O Partido Comunista Francês era liderado por stalinistas que jamais tinham chegado a se distanciar dos eventos de 1956, muito menos dos de 1968. Naturalmente conservador e desconfiado de qualquer questão ou pessoa que não conseguisse subordinar e controlar, o partido teve o seu quinhão de votos diminuído a cada eleição: decrescendo de 28% (ponto máximo alcançado no pós-guerra), em 1946, para 18,6%, em 1977, e, a partir daí, em queda livre, chegando a menos de 10% nas eleições realizadas na década de 1980.

Os comunistas italianos obtiveram mais sucesso. Enquanto a hierarquia dos comunistas franceses era quase universalmente medíocre e simplória — refletindo, nesse setor, assim como em quase tudo mais, a imitação submissa que o PCF fazia do exemplo soviético —, o PCI, de Palmiro Togliatti a Enrico Berlinguer (secretário do partido de 1972 até falecer, prematuramente, aos 62 anos, em 1984), teve a sorte de contar com líderes inteligentes e até carismáticos. Esses dois partidos, a exemplo de qualquer outra organização comunista, dependiam substancialmente do financiamento soviético: entre 1971 e 1990, agências soviéticas canalizaram 50 milhões de dólares para os comunistas franceses e 47 milhões para os italianos.[6] Mas os italianos ao menos expressaram publicamente a sua desaprovação por ações soviéticas condenáveis — notoriamente a invasão da Tchecoslováquia.

A (relativa) autonomia dos comunistas italianos foi complementada pela decisão de Berlinguer, em 1973, de comprometer o partido com a defesa da democracia nacional, mesmo que isso implicasse o abandono da oposição aos democratas cristãos: tratava-se do chamado "compromisso histórico". A mudança de atitude resultou, em parte, do impacto causado pelo golpe de Estado no Chile, fato que convenceu Berlinguer e outros intelectuais comunistas de que, mesmo que os comunistas conquistassem a maioria parlamentar, jamais conseguiriam constituir um governo, pois seriam impedidos pelos norte-americanos ou seus aliados nos círculos militar, empresarial e eclesiástico. Mas a mudança foi também uma reação, conforme vimos no capítulo anterior, à ameaça concreta à democracia italiana imposta por terroristas de esquerda e direita, para os quais o Partido Comunista era o inimigo, tanto quanto o Estado italiano.

Durante algum tempo, essas mudanças resultaram dividendos eleitorais. O eleitorado comunista na Itália se expandiu em ritmo constante — de 6,7 milhões de votos nas eleições de 1958 para 9 milhões em 1972, chegando ao auge quatro anos depois, nas eleições de junho de 1976, quando o PCI conquistou 12,6 milhões de votos, garantindo 228 assentos no Parlamento. Com 34,4% dos votos válidos, o PCI ficou apenas quatro pontos percentuais abaixo dos governistas democratas cristãos, desempenho sem precedentes para um partido comunista ocidental. O PCI esforçava-se para se apresentar como um partido do "sistema", talvez (conforme Henry Kissinger e muitos observadores internacionais receavam) um futuro governo alternativo.[7]

A nova abordagem do Partido Italiano, e o esforço menos convincente do Partido Francês para imitar o sucesso do PCI, se não as suas idéias, tornou-se conhecida como "eurocomunismo" — termo cunhado durante uma reunião dos partidos comunistas italiano, francês e espanhol, realizada em novembro de 1975, e posto oficialmente em circulação pelo secretário-geral dos comunistas espanhóis, Santiago Carrillo, em seu ensaio *O Eurocomunismo e o Estado*, publicado em 1977. O Partido Espanhol acabava de emergir de décadas de clandestinidade, e seus líderes ansiavam por afirmar suas credenciais democráticas. À semelhança dos camaradas italianos, os espanhóis sabiam que a melhor maneira de realizar tal feito era distanciando-se da União Soviética, mas também, e principalmente, do passado leninista comum.

Por um breve período, o "eurocomunismo" foi sedutor, embora menos para eleitores do que para intelectuais e acadêmicos que confundiram o que na verdade era uma expressão de esgotamento doutrinário, com o renascimento político do marxismo. Se os comunistas ocidentais haveriam de se livrar do peso da sua própria história e se reprogramar como um

---

[6] Naqueles mesmos anos, Moscou financiou até o minúsculo Partido Comunista Norte-americano, chegando a desembolsar 42 milhões de dólares, numa demonstração de generosidade desprovida de discernimento.

[7] Em 13 de abril de 1976, a apenas nove semanas das eleições na Itália, Kissinger declarou publicamente que os EUA "não veriam com bons olhos" uma presença comunista no governo italiano — por conseguinte, confirmando as intuições de Berlinguer.

— como *o* — movimento democrático da esquerda, precisariam descartar mais do que "a ditadura do proletariado" e outros dogmas retóricos abandonados na fogueira das vaidades ideológicas no decorrer da década de 1970. Precisariam também abandonar, publicamente, a associação com o próprio comunismo soviético, e disso nem mesmo Berlinguer e Carrillo foram capazes.

Portanto, "eurocomunismo" era um termo contraditório, a despeito dos esforços envidados por seus porta-vozes. A subordinação a Moscou, conforme Lenin sempre pretendera, era o crachá de identificação de qualquer partido comunista. Até o desaparecimento da própria União Soviética, os partidos comunistas da Europa Ocidental estavam a ele algemados — se não aos seus próprios olhos, certamente aos olhos dos eleitores. Na Itália, onde o PCI conseguira um feito extraordinário, fixando-se em determinadas regiões como o partido natural da administração (local), os comunistas mantiveram um eleitorado razoável, embora nunca mais igualando o sucesso alcançado em 1976. Todavia, em outras regiões, o declínio do eurocomunismo foi quase ininterrupto. Os comunistas espanhóis que o inventaram viram o seu eleitorado, por volta de 1982, cair para apenas 4%.

Ironicamente, Leonid Brejnev, em Moscou, apoiou os esforços dos eurocomunistas para resguardar as bases locais distanciando-se dele. A atitude soviética, subproduto da estratégia de *détente* internacional então em curso, pouco adiantou para os reformadores do comunismo. Mas, cumpre lembrar, apesar do apoio que continuavam a oferecer, em dinheiro e mercadorias, os líderes soviéticos começavam a perder o interesse nos partidos comunistas ocidentais, cujo impacto político era limitado, e que dificilmente assumiriam o poder no futuro. Os socialdemocratas, entretanto, especialmente os que se achavam em posições influentes, eram outro caso. E na Alemanha, que ainda era um cadinho de um continente dividido, os socialdemocratas eram algo especialmente interessante.

Em 1969, o Partido Socialdemocrata da Alemanha Ocidental, liderado por Willy Brandt, saiu vitorioso das eleições federais e assumiu o governo, formando uma coalizão com o Partido Democrata Livre e empurrando os democratas cristãos para a oposição, pela primeira vez, desde a fundação da República Federal. Brandt já havia servido durante três anos como ministro das Relações Exteriores da Grande Coalizão de Kiesinger, e naquela esfera, colaborando estreitamente com Egon Bahr, chefe da assessoria de formuladores de políticas, Brandt começara a vislumbrar uma nova direção para a política externa alemã, uma nova abordagem para as relações germânicas com o bloco soviético: a *Ostpolitik*.

Até então, a política internacional alemã fora dominada pela visão de Adenauer, de que a nova República, solidamente ligada ao Ocidente pela União Européia Ocidental, pela Comunidade Econômica Européia e pela OTAN, deveria se manter irredutível na recusa de reconhecer a República Democrática Alemã situada a leste. Afirmando que somente a República Federal representava a Alemanha, Adenauer recusara-se também a reconhecer Estados que tinham relações diplomáticas com a República Democrática, à exceção da União Soviética. O sucessor de Adenauer, Ludwig Erhard, tinha instalado missões comerciais em Bucareste, Sófia, Varsóvia e Budapeste; mas a primeira verdadeira quebra do princípio só ocorreu em

1967, quando, diante do incentivo de Brandt, Bonn estabeleceu relações diplomáticas com a Romênia e, um ano mais tarde, com a Iugoslávia.

Adenauer sempre insistira que era preciso tratar da divisão da Alemanha e das pendentes disputas de fronteira a leste antes de qualquer possibilidade de *détente* ou recuo militar na Europa Central. Porém, ao se recusar a contestar a construção do Muro de Berlim, em 1961, os Estados Unidos tinham demonstrado a sua relutância em arriscar uma guerra para manter aberta a fronteira de Berlim; e a América do Norte, conforme o presidente Lyndon Johnson confirmou em outubro de 1966, não mais permitiria que sua política internacional ficasse refém do princípio de uma futura reunificação alemã. A mensagem era clara: em vez de insistir na solução do "problema alemão" como precondição para a *détente*, uma nova geração de diplomatas alemães precisaria reverter as prioridades para alcançar os objetivos.

Se Willy Brandt se dispôs a desafiar as convenções da política da Alemanha Ocidental, isso se deu, em grande medida, devido à sua experiência como prefeito de Berlim Ocidental. Na realidade, não é coincidência que alguns dos proponentes mais entusiasmados da *Ostpolitik*, em todas as suas formas, fossem ex-prefeitos de Berlim — o próprio Brandt; Richard von Weizsäcker, futuro presidente da República Federal; e Hans-Jochen Vogel, sucessor de Brandt na liderança do Partido Socialdemocrata Alemão. Para esses indivíduos, era evidente que os aliados ocidentais não correriam riscos desnecessários para acabar com a divisão da Europa — interpretação reconfirmada pela passividade do Ocidente diante da invasão da Tchecoslováquia pelas tropas do Pacto de Varsóvia. Se os alemães ocidentais pretendiam superar o impasse existente na Europa Central, teriam de agir sozinhos, tratando diretamente com as autoridades do leste.

Com tais considerações sempre em mente, Brandt e Bahr planejaram os encaminhamentos em relação ao leste, de modo a alcançar o que Bahr chamava de "*Wandel durch Annäherung*" — mudança através de reconciliação. O objetivo era "superar Yalta" através de inúmeros contatos — diplomáticos, institucionais, humanos; e, a partir daí, "normalizar" as relações entre as duas Alemanhas e no âmbito da própria Europa, sem provocar inquietação interna ou externa. Numa típica inovação retórica, Brandt, sutilmente, abandonou a insistência da Alemanha Ocidental na ilegitimidade da República Democrática Alemã e na inegociável exigência de reunificação. A partir de então, Bonn continuaria a afirmar a unidade fundamental do povo alemão, mas a *facticidade* da Alemanha Oriental seria reconhecida: "uma nação alemã, dois Estados alemães".[8]

Entre 1970 e 1974, Brandt e seu ministro das Relações Exteriores, Walter Scheel, do Partido Democrático Livre, negociaram e assinaram uma série de grandes acordos diplomáticos: (1) tratados com Moscou e Varsóvia, em 1970, reconhecendo a existência e a inviolabilidade das fronteiras dentro da Alemanha e entre Alemanha e Polônia fixadas no pós-guerra ("a atual linha fronteiriça [...] deverá constituir o limite ocidental da República Popular da

[8] Uma das primeiras decisões de Brandt, ao ser empossado em 1969, foi mudar o nome do Ministério de Todas as Questões Alemãs para Ministério das Relações Interalemãs — a fim de minimizar o receio dos alemães orientais de que a República Federal continuaria a afirmar o seu direito de falar por todos os alemães, e para indicar a sua disposição em lidar com a República Democrática como entidade separada e duradoura.

Polônia"), e oferecendo uma nova relação entre a Alemanha e seus vizinhos a leste ("com base na situação política existente na Europa"); (2) um acordo quadripartite sobre Berlim, firmado em 1971, no qual Moscou concordava em não introduzir na cidade alterações unilaterais e em facilitar o trânsito na divisa; (3) o Tratado Básico, assinado com a República Democrática Alemã e ratificado pelo Bundestag em 1973 no qual Bonn, embora continuasse a conceder cidadania automática a qualquer habitante da Alemanha Oriental que conseguisse chegar à Ocidental, renunciava à antiga reivindicação de ser a *única* representante legítima de todos os alemães; um tratado com Praga (1973) e a troca de "Representantes Permanentes" com a República Democrática, em maio de 1974.

Por esses feitos, e após uma comovente peregrinação a Varsóvia, onde se ajoelhou em memória do Gueto de Varsóvia, Willy Brandt foi agraciado com o Prêmio Nobel da Paz. E triunfou também na esfera interna — nas eleições de 1972, o Partido Socialdemocrata despontou pela primeira vez como majoritário no Parlamento federal. Apesar de se esquivar da antiga insistência de Bonn de que nenhum acordo definitivo a respeito de fronteiras e povos fora estabelecido, de que as divisões determinadas em Yalta não tinham validade legal e de que a ficção da continuidade das fronteiras alemãs conforme existiam em 1937 devia ser preservada, Brandt era bastante popular na Alemanha.[9] E não apenas na Ocidental: em 1970, ao visitar a cidade de Erfurt, primeira visita de um líder da Alemanha Ocidental à Alemanha Oriental, Brandt foi saudado por multidões.

Depois que Brandt foi forçado a deixar o cargo devido a um escândalo de espionagem ocorrido em 1974, seus sucessores na Chancelaria — o socialista Helmut Schmidt e o democrata cristão Helmut Kohl — jamais se desviaram das linhas gerais da *Ostpolitik*, buscando praticá-la não apenas na diplomacia pública mas também através de várias ligações com a República Democrática, oficiais e extra-oficiais, destinadas a facilitar contatos interpessoais, alinhar relações, aliviar o medo do revanchismo por parte da Alemanha Ocidental e, de modo geral, "normalizar" as relações de Bonn com seus vizinhos a leste — aceitando, segundo as palavras de Brandt, após assinar um tratado em Moscou que reconhecia as divisas da Alemanha no pós-guerra: "Com este tratado, nada se perde que já não tenha sido jogado fora há muito tempo".

Os planejadores da *Ostpolitik* precisavam considerar três grupos distintos, se pretendiam obter sucesso em suas ambições. Os europeus ocidentais precisavam se certificar de que a Alemanha não estava se voltando para o leste. A primeira reação do presidente francês Georges Pompidou ao Tratado de Moscou foi procurar atrair a Grã-Bretanha — a afiliação britânica à Comunidade Européia agora contava com o atrativo de estabelecer um contrapeso à Alemanha, sendo esta menos maleável. Os franceses, com o tempo, foram apaziguados pelas promessas alemãs de ancorar a República Federal cada vez mais firmemente nas instituições do Oeste Europeu (assim como os sucessores de Pompidou se tranqüilizariam diante do compromisso da Alemanha com uma moeda comum européia, após a reunificação

[9] Essa ficção e as questões emocionais que a cercavam explicam a relutância inicial do Partido Democrata Cristão em assinar o Tratado Básico de 1973, que estabelecia relações com a Alemanha Oriental — bem como a insistência do PDC em manter aberta a questão das fronteiras orientais até 1990.

do país, duas décadas mais tarde); no entanto, em Paris e Washington não foi fácil esquecer observações como a que fez o ministro da Fazenda, Helmut Schmidt, em 1973, descrevendo um "mundo mudado" no qual "as categorias tradicionais de Oriente e Ocidente" perdiam relevância.

O segundo grupo era constituído de alemães, dos dois lados da fronteira. Para muitos deles, a *Ostpolitik* de Brandt gerou dividendos concretos. Contato e comunicação entre as duas Alemanhas floresceram. Em 1969, não mais do que meio milhão de chamadas telefônicas foram completadas da Alemanha Ocidental para a Oriental. Vinte anos mais tarde, esse número girava em torno de 40 milhões. Já em 1988, contatos telefônicos entre as duas metades de Berlim, praticamente inexistentes em 1970, chegaram a 10 milhões. Em meados dos anos 80, a maioria dos alemães orientais tinha acesso praticamente irrestrito à televisão da Alemanha Ocidental; a bem dizer, as autoridades do lado oriental chegaram ao ponto de estender cabos até o "vale dos isolados", nos arredores de Dresden (assim chamado em virtude de obstáculos topográficos que obstruem os sinais de televisão transmitidos da Alemanha Ocidental), na ingênua crença de que, se os alemães orientais pudessem assistir à televisão da Alemanha Ocidental em suas próprias casas, não sentiriam necessidade de emigrar. Medidas como esta, e outras, inclusive o reencontro de famílias e o retorno de prisioneiros políticos para o lado ocidental, redundaram em crédito para a *Ostpolitik* e refletiram a crescente confiança dos comunistas na política da Alemanha Ocidental que apregoava "estabilidade" e "nada de surpresas".

Os governantes da Alemanha Ocidental tinham ótimos motivos para se contentar com a situação. Em setembro de 1973, as Nações Unidas reconheceram e admitiram o ingresso das Alemanhas Oriental e Ocidental como Estados soberanos; dentro de um ano, a República Democrática Alemã tinha sido reconhecida diplomaticamente por oitenta países, inclusive os EUA. Numa repercussão irônica das mudanças ocorridas em Bonn, os líderes da República Democrática pararam de se referir à "Alemanha" e, demonstrando crescente confiança, começaram a falar da RDA como Estado *germânico* distinto, legítimo, autônomo, e com futuro exclusivo — calcado, conforme tais líderes insistiam, não apenas em alemães "bons" e antifascistas, mas no solo e no legado da Prússia. Enquanto a Constituição da República Democrática aprovada em 1968 estabelecia o compromisso com a reunificação, tendo por base a democracia e o socialismo, a referência não consta da versão revista da Constituição promulgada em 1974, tendo sido substituída pela promessa de manter "para sempre, e em caráter irrevogável, a aliança com a URSS".

Havia também bases mais imediatas e mercenárias para o interesse oficial da República Democrática na *Ostpolitik*. Desde 1963, a RDA "vendia" prisioneiros políticos para Bonn, por dinheiro vivo, o preço dependendo da "cotação" e das qualificações do candidato. Já em 1977, para obter a libertação de detentos na Alemanha Oriental, Bonn pagava cerca de 96 mil marcos alemães por pessoa. Entre os feitos diplomáticos da nova política cabe destacar a institucionalização do reencontro de famílias cujos membros viviam de lados opostos da fronteira: para tal, as autoridades em Pankow cobravam mais 4.500 marcos por cabeça (uma barganha — em 1983, o ditador romeno Ceauşescu cobraria de Bonn 8 mil marcos por pessoa para permitir que indivíduos de origem alemã saíssem da Romênia). Segundo uma estimativa, em 1989, o valor total extraído de Bonn pela RDA em troca da libertação de 34 mil prisioneiros, do reencontro de 2 mil filhos com seus respectivos pais e da "viabilização" de 250 mil casos de reencontro familiar chegava quase a 3 bilhões de marcos.[10]

Uma das conseqüências imprevistas desses acontecimentos foi que a idéia de "reunificação" praticamente desapareceu da agenda política alemã. É certo que a reunificação do país dividido foi sempre a *Lebenslüge* ("a mentira que dá vida") da República Federal, conforme dizia Brandt. Mas, em meados dos anos 80, poucos anos antes do inesperado acontecimento, a reunificação já não mobilizava a opinião pública. Pesquisas realizadas nos anos 50 e 60 indicavam que até 45% da população da Alemanha Ocidental consideravam a reunificação o tema "mais importante" da época; a partir de meados dos anos 70, o índice jamais excedeu 1%.

O terceiro grupo ao qual concernia a abordagem de Bonn, evidentemente, era a União Soviética. Desde as primeiras negociações entre Willy Brandt e Brejnev, em 1970, até a visita de Gorbatchev a Bonn, quase duas décadas mais tarde, todos os planos para a "normalização" do leste passavam por Moscou, fato que era do conhecimento geral. Nas palavras de Helmut Schmidt: "Naturalmente, as relações entre a Alemanha e a União Soviética ocupavam o centro da *Ostpolitik*". Na realidade, depois que alemães ocidentais e russos concordaram com a manutenção das novas fronteiras da Polônia (seguindo uma antiga prática européia, ninguém pediu a opinião dos poloneses) e Bonn consentiu em reconhecer as democracias populares, alemães ocidentais e russos encontraram muito terreno em comum.

Quando Leonid Brejnev foi a Bonn, em maio de 1973, sendo aquela a primeira visita do gênero por parte de um líder do Partido Comunista Soviético, ele e Helmut Schmidt chegaram a trocar lembranças nostálgicas de suas experiências durante a guerra — Schmidt relembrando, convenientemente, que, "durante o dia, lutava pela Alemanha, e, à noite, ansiava pela derrota de Hitler". Em suas memórias, Willy Brandt, que, efetivamente, fizera oposição ao Reich do começo ao fim, observa com frieza que "quando memórias de guerra são compartilhadas, o verdadeiro e o falso correm lado a lado". Mas, se as reminiscências eram talvez ilusórias, os interesses comuns eram bastante concretos.

Durante vários anos, a URSS vinha exercendo pressão para que os ganhos do país no pós-guerra e as novas divisas da Europa fossem reconhecidos oficialmente, se possível no contexto de uma Conferência de Paz. Os aliados ocidentais, especialmente os EUA, relutavam em ir além do reconhecimento *de facto* do *status quo*, e a maior pendência era se chegar a uma solução para o "Problema Alemão". Mas, agora que os próprios alemães tentavam atrair os vizinhos a leste, a posição ocidental estava fadada a mudar; os líderes soviéticos se viam prestes a concretizar suas esperanças. De acordo com a ambiciosa estratégia de *détente* voltada para a URSS e a China, o presidente Richard Nixon e Henry Kissinger, seu assessor de Segurança Nacional, mostravam-se mais abertos do que seus predecessores para negociar com Moscou — e talvez menos preocupados com a natureza do regime soviético: conforme Kissinger, em

[10] Desde o início da *Ostpolitik*, atenção e privilégios foram concedidos aos *Volksdeutsche*, alemães que ainda viviam para além das fronteiras da Alemanha, a leste e ao sul. Identificadas por laços de família ou origem étnica, essas pessoas conquistavam cidadania plena se conseguissem chegar à República Federal. De repente, centenas de milhares de residentes da Ucrânia, Rússia, Romênia, Hungria e outros países redescobriram raízes germânicas, as quais essas mesmas pessoas tinham procurado ocultar durante os cinqüenta anos precedentes.

19 de setembro de 1974, explicou à comissão do Senado dos EUA encarregada do setor de Relações Internacionais, a *détente* internacional não deveria ter de esperar pelas reformas domésticas soviéticas.

Assim sendo, em dezembro de 1971, ministros da OTAN reuniram-se em Bruxelas e concordaram, em princípio, em realizar uma Conferência de Segurança Européia. Dentro de um ano, ocorreu em Helsinque, na Finlândia, uma sessão preparatória; e em julho de 1973, na própria Helsinque, teve início a Conferência sobre Segurança e Cooperação na Europa. Participaram 35 países (inclusive os EUA e o Canadá) — somente a Albânia declinou de comparecer. Ao longo dos dois anos seguintes, os delegados que estiveram presentes em Helsinque elaboraram resoluções, acordos e propuseram medidas para promover a confiança e melhorar as relações entre Oriente e Ocidente. Em agosto de 1975, os Acordos de Helsinque foram unanimemente aprovados e assinados.

Segundo parecia, a União Soviética era a maior beneficiária dos acordos. Nos termos do "Ato Final", sob o item "Princípio I", ficava estabelecido que os "Estados participantes respeitarão a soberania e a individualidade mútuas, bem como os direitos inerentes e abarcados por tal soberania, inclusive o direito de todo Estado à igualdade jurídica e à integridade territorial". Além disso, nos termos do Princípio VI, os Estados participantes se comprometiam a "não intervir, de maneira direta ou indireta, agindo individualmente ou em grupo, em assuntos internos ou externos pertencentes à jurisdição doméstica de um outro Estado participante, a despeito de suas relações mútuas".

Para Brejnev e seus companheiros, a situação não poderia estar melhor. Não apenas as divisões políticas da Europa no pós-guerra eram agora oficial e publicamente aceitas, e a soberania e a integridade territorial da República Democrática e de outros regimes satélites oficialmente reconhecidas, mas as potências ocidentais tinham pela primeira vez renunciado a toda "intervenção armada ou ameaça de intervenção em outro Estado participante". Com certeza, as chances de que a OTAN ou os EUA viessem a invadir o bloco soviético eram há muito tempo desprezíveis: na verdade, desde 1948, o único país que se engajara em intervenção armada fora a própria União Soviética... em duas ocasiões.

Mas foi evidência da insegurança endêmica de Moscou o fato de que essas cláusulas dos Acordos de Helsinque, bem como a asserção do Princípio IV, de que "os Estados participantes respeitarão a integridade territorial de cada Estado participante", mereceram tamanho destaque. Somando os acordos com a Alemanha Ocidental e a confirmação e aceitação retrospectiva de Potsdam contempladas nos Acordos de Helsinque, a União Soviética tinha finalmente alcançado seus objetivos e podia se tranqüilizar. Em contrapartida, segundo parecia, os participantes da conferência provenientes do Ocidente obtiveram pouco mais do que cláusulas *pro forma*, incontroversas: cooperação e intercâmbio social, cultural e econômico, colaboração e boa-fé no trato de diferenças atuais e futuras etc. etc.

Porém, incluída na chamada "terceira cesta" dos princípios de Helsinque havia uma lista dos direitos não apenas de Estados, mas de indivíduos e povos reunidos sob os Princípios VII ("Respeito aos direitos humanos e liberdades básicas, inclusive à liberdade de pensamento, consciência, religião ou crença") e VIII ("Direitos iguais e autodeterminação dos povos"). A maioria dos líderes políticos que assinaram essas cláusulas o fez sem prestar muita atenção — nos dois lados da Cortina de Ferro, o entendimento geral era de que as referidas cláusulas eram perfumaria diplomática, elaboradas para engabelar a opinião pública e, em todo caso, impossíveis de ser fiscalizadas: de acordo com os Princípios IV e VI, terceiros não podiam interferir em questões internas dos Estados signatários. Conforme um ressentido intelectual tcheco observou à época, Helsinque foi, na prática, uma reprise do *Cuius Regio, Eius Religio:* dentro das fronteiras, os governantes, mais uma vez, estavam liberados para tratar seus cidadãos como bem desejassem.

Mas a coisa não funcionou assim. A maioria dos princípios e protocolos de Helsinque, em 1975, apenas "reempacotou" acertos internacionais que já vigoravam. Contudo, o Princípio VII não apenas estabelecia o compromisso dos Estados signatários com o "respeito aos direitos humanos e liberdades básicas, inclusive à liberdade de pensamento, consciência, religião ou crença de todos os indivíduos, sem distinção de raça, sexo, idioma ou religião"; o mencionado princípio também exigia que os 35 Estados participantes "promovessem e incentivassem o exercício efetivo de direitos civis, políticos, econômicos, sociais, culturais e demais direitos e liberdades", e "reconhecessem e respeitassem a liberdade do indivíduo de professar e praticar, sozinho ou em grupo, religião ou crença de acordo com os ditames de sua própria consciência".

A partir dessa prolixa e desajeitada lista de direitos e deveres nasceu o movimento dos Direitos Humanos de Helsinque. Um ano após conseguir firmar o tão esperado acordo internacional, os líderes soviéticos se viram diante de um número crescente e, por fim, incontrolável, de círculos, clubes, grupos, associações e indivíduos que exigiam "apenas" que seus respectivos governos cumprissem a letra do mencionado acordo, isto é — conforme determinava o "Ato Final" —, que "cumprissem seus deveres conforme estabelecidos pelas declarações e acordos internacionais da área". Brejnev estava certo quando dizia que Henry Kissinger e seus sucessores cabeças-duras levariam a sério as cláusulas de não-intervenção estipuladas nos princípios de Helsinque; mas nunca lhe ocorrera (e tampouco a Kissinger) que outros levassem igualmente a sério os parágrafos mais utópicos que se seguiam.[11]

A curto prazo, os líderes soviéticos e seus colegas no Leste Europeu certamente tinham condições de suprimir, com facilidade, quaisquer vozes erguidas em defesa de direitos individuais ou coletivos: em 1977, os líderes de um grupo ucraniano filiado ao movimento de "Direitos de Helsinque" foram detidos e condenados a sentenças que variaram de três a 15 anos de detenção. Mas a própria ênfase que os líderes comunistas depositaram em "Helsinque" como fonte da legitimidade internacional de seus regimes agora os perseguiria: invocando compromissos recém-assumidos por Moscou, os críticos (no país e no exterior) poderiam agora fazer com que a pressão popular pesasse sobre o regime soviético. Contra esse tipo de oposição, a repressão violenta não era apenas ineficaz — por ser publicamente visível, era também contraproducente. Projetados pelo petardo do seu próprio cinismo, Leonid Brejnev e companheiros, inadvertidamente, abriram uma brecha em suas próprias defesas. Contrariando a expectativa de todos, tal brecha seria fatal.

[11] O primeiro "Grupo de Helsinque" foi formado em 12 de maio de 1976, em Moscou. Os 11 integrantes iniciais incluíam Iuri Orlov, Ielena Bonner e Anatoli Sharanski. A Vigília de Helsinque, organização internacional criada, especificamente, para divulgar abusos de direitos cometidos pelos Estados signatários dos acordos, surgiu dois anos depois.

XVI
Tempo de Transição

"Em retrospecto, o nosso maior erro foi permitir que as eleições acontecessem. Nossa queda começou ali."
Brigadeiro Otelo Saraiva de Carvalho

"A Espanha é o problema, a Europa é a solução."
Ortega y Gasset

"A Europa não é apenas uma questão de resultados materiais, mas uma questão de espírito. A Europa é um estado de espírito."
Jacques Delors

No norte da Europa, as mudanças domésticas e internacionais ocorreram tendo sempre como pano de fundo as ações das Grandes Potências e a divisão leste-oeste do continente. Mas na Europa mediterrânea predominavam os interesses locais. Até o início dos anos 70, Espanha, Portugal e Grécia eram países periféricos em relação à Europa, e não apenas no sentido geográfico. Apesar de serem "ocidentais", em termos de alianças, durante a Guerra Fria (Portugal e Grécia eram membros da OTAN), os três países se mantiveram bastante isolados. As respectivas economias — dependentes de remessas financeiras feitas por trabalhadores rurais empregados no exterior e de um crescente setor turístico — assemelhavam-se às de outros países situados no perímetro sul da Europa: Iugoslávia e Turquia. O padrão de vida no sul da Espanha e na maioria das regiões de Portugal e da Grécia era comparável ao da Europa Oriental e de partes do chamado Terceiro Mundo.

No começo da década de 1970, os três países eram administrados por governantes autoritários, de um tipo mais comum na América Latina do que na Europa Ocidental; as transformações políticas das décadas do pós-guerra pareciam ter passado ao largo das três nações. Em Portugal — que de 1932 a 1970 foi governado por António Salazar — e na Espanha — onde o general Franco protagonizou o golpe militar de 1936 e governou impávido, de 1939 até falecer, em 1975 — hierarquias de autoridade que remontavam a uma era passada foram congeladas. Na Grécia, em 1967, uma trama militar derrubou rei e Parlamento; a partir de então, o país foi governado por uma junta de coronéis. O fantasma do passado instável pairava, de modo opressor, sobre as nada promissoras perspectivas dos três países.

A história recente da Grécia, a exemplo da história recente da Espanha, fora bastante maculada pela guerra civil. Nos anos que sucederam a Segunda Guerra Mundial, o KKE comunista aterrorizou vilarejos por ele controlados, deixando para trás um legado de medo e associando a esquerda radical, na memória de muitos gregos, à repressão e à atrocidade. Depois que os comunistas abandonaram a luta, em outubro de 1949, foi a vez de a esquerda sofrer contínua repressão. Durante décadas, guerrilheiros que haviam agido durante a guerra (inclusive muitos que tinham lutado contra os alemães) foram forçados ao exílio no exterior. Os que permaneciam no país, ao lado de seus filhos e até netos, foram proibidos de assumir cargos no setor público até meados dos anos 70. No famigerado presídio da ilha de Makronisos, os comunistas ficaram detidos e foram tratados com notória brutalidade.[1]

Mas as divisões políticas na Grécia, por mais que parecessem se encaixar nas categorias da Guerra Fria, sempre foram dominadas por interesses locais específicos. Em março de 1949, no auge da contenda entre Tito e Stalin, o KKE, sempre submisso a Moscou, expediu um comunicado radiofônico (transmitido de Bucareste) endossando reivindicações pela independência da Macedônia. O incentivo à fragmentação territorial da Iugoslávia destinava-se a enfraquecer Tito, mas não surtiu tal efeito. Em vez disso, a medida solapou para toda uma geração a credibilidade *doméstica* do comunismo grego, ao sugerir que o resultado de uma vitória comunista seria a autonomia do norte da Macedônia, com suas minorias eslavas e albanesas, e, por conseguinte, a divisão do Estado grego.

A questão tinha grande importância porque o nacionalismo grego era particularmente inseguro, mesmo para padrões regionais. Sempre na expectativa de conflito com seus antigos senhores imperiais na Turquia, em estado de guerra com a Albânia desde 1940 (problema solucionado apenas em 1985) e relutantes em reconhecer a presença de uma grande comunidade eslava ao longo das fronteiras com a Iugoslávia e a Bulgária, os políticos conservadores gregos do pós-guerra optaram, enfaticamente, por ordem e estabilidade em vez de democracia e reconciliação. Combinando antigos interesses do povo grego e novas divisões internacionais, o rei da Grécia, seu Exército e seus ministros apresentavam-se ao Ocidente como os aliados mais confiáveis numa região instável.

Foram bem recompensados por sua lealdade.[2] Em fevereiro de 1947, o Tratado de Paris obrigou a Itália a ceder as ilhas Dodecaneses a Atenas. A Grécia era grande beneficiária do auxílio norte-americano, tanto na seqüência do anúncio da Doutrina Truman quanto sob o Plano Marshall. O país foi admitido à OTAN em 1952, e as Forças Armadas gregas se viram contempladas com intensa assistência militar no que dizia respeito a planejamento e equipamentos. Na realidade, o papel do Exército seria crucial. A princípio, os britânicos alimentavam esperanças de legar à Grécia libertada um exército adequado e não-político, bem como uma força policial moderna; porém, sob as circunstâncias de tempo e lugar, isso se tornou impossível. Então, o Exército grego emergiu de oito anos de guerra com um perfil absolutamente anticomunista, monarquista e antidemocrático, e com a aliança com a OTAN

[1] A prática dos "carcereiros"de Makronisos, de forçar os comunistas a se arrepender e depois se voltar contra os que se recusavam a fazê-lo, era muito parecida com as técnicas comunistas romenas aplicadas na cadeia de Piteşti naqueles mesmos anos, ainda que um pouco menos perversa. Ver Capítulo 6.

[2] A princípio, conforme ocorreu em outros locais da Europa, os EUA esperavam encontrar amigos e aliados na centro-esquerda do espectro político grego. No entanto, logo perceberam a ingenuidade da expectativa e buscaram a amizade duradoura da direita nacionalista e militarista.

e com os colegas norte-americanos mostrando-se bem mais sólida do que qualquer compromisso com as instituições políticas ou com as leis do próprio Estado grego.

Com efeito — e à semelhança do tradicional corpo de oficiais espanhol —, os oficiais gregos viam *a si mesmos* (e não os efêmeros documentos constitucionais que juravam defender) como guardiães da nação e da integridade desta. Desde o início da vida política grega no pós-guerra o Exército mostrou-se ativo: nas eleições nacionais realizadas no começo dos anos 50, o vitorioso partido conservador União Helênica era liderado pelo marechal Alexandros Papagos, comandante das forças do governo durante a Guerra Civil. Até 1963, os militares aprazíam-se em apoiar Constantino Karamanlis, que comandou a União Helênica (agora União Radical Nacional) a vitórias nas urnas em 1956, 1958 e, novamente, em 1961 — embora a última e maior dessas vitórias tenha sido objeto de suspeita de fraude eleitoral generalizada.

Em se tratando de ideologia, o próprio Karamanlis não era anticomunista, nem muito ligado às Forças Armadas. Mas não é irrelevante o fato de ele ter nascido na Macedônia grega e ter sido profundamente antieslavo. De origem camponesa e religião ortodoxa, Karamanlis era, instintivamente, provinciano, nacionalista e conservador — digno representante do país, e bastante útil, tanto na opinião dos diplomatas norte-americanos quanto dos oficiais gregos, não demonstrando qualquer interesse em submeter os militares à supervisão civil, nem em investigar com rigor os crescentes boatos relativos à ação de grupos políticos antiparlamentares e a conspirações no alto escalão. Sob Karamanlis, a Grécia permaneceu estável, se bem que economicamente estagnada e bastante corrupta.

Todavia, em maio de 1963, um parlamentar de esquerda, o Dr. Grigoris Lambrakis, foi atacado em Salônica enquanto discursava durante uma manifestação pela paz. A morte de Lambrakis, cinco dias depois, criou um mártir político para a esquerda e propiciou o nascimento do movimento pela paz na Grécia, enquanto a propositada omissão das autoridades na investigação da sujeira que estava por trás do assassinato de Lambrakis causou desconfiança geral.[3] Seis meses mais tarde, por pequena margem, Karamanlis perdeu as eleições para a União de Centro (partido centrista apoiado pela crescente classe média nacional), de George Papandreou. No ano seguinte, em nova rodada eleitoral, o partido de Papandreou e seus aliados se saíram ainda melhor, conquistando a maioria absoluta dos votos e aumentando o seu eleitorado, de 42%, para 52,7%.

A nova maioria parlamentar exigiu a investigação das eleições de 1961, e as tensões entre o Parlamento e o jovem rei Constantino se intensificaram. As tendências políticas conservadoras do rei eram de conhecimento público, e a direita pressionava o monarca a dispensar Papandreou, que, afinal, foi levado à exoneração. Papandreou foi, então, sucedido por uma série de primeiros-ministros interinos, nenhum dos quais conseguiu consolidar uma base parlamentar majoritária. As relações entre o Parlamento e a Corte ficaram ainda mais tensas quando um grupo de oficiais do Exército, com inclinação liberal, foi acusado de conspiração, com apoio do filho de George Papandreou, Andreas. Em março de 1967, 21 desses oficiais foram levados à corte marcial.

[3] E inspirou o influente filme de Costas-Gavras — Z — rodado em 1969 e baseado no caso Lambrakis.

O governo parlamentarista na Grécia funcionava agora apenas no nome. Conservadores e oficiais do Exército faziam advertências sombrias sobre a crescente influência "comunista" no país como um todo. O rei se recusava a trabalhar com a União de Centro, majoritária, por ele acusada de depender dos votos da extrema esquerda, enquanto a oposição — União Radical Nacional — recusava-se a apoiar os sucessivos esforços que visavam à instalação de governos "provisórios". Finalmente, em abril de 1967, a própria União Radical Nacional formou um governo de minoria, que durou apenas o bastante para que o rei dissolvesse o Parlamento e convocasse novas eleições.

A frustração popular diante do impasse no Parlamento e o sentimento generalizado de que o rei havia tomado partido (o que era inaceitável) indicavam que as eleições seguintes produziriam mais uma guinada para a esquerda. Apresentando essa desculpa — de uma "ameaça comunista", invocada insistentemente na Grécia desde 1949 — e apontando a inquestionável inadequação das instituições democráticas gregas, bem como a incompetência da classe política, um grupo de oficiais pertencentes à antiga ala direitista do Exército tomou o poder, em 21 de abril.

Comandados pelo coronel George Papadopoulos, os revoltosos encheram as ruas de Atenas e outras cidades gregas de tanques e pára-quedistas, prenderam políticos, jornalistas, sindicalistas e outras figuras públicas, tomaram o controle de todos os pontos estratégicos e se declararam salvadores da pátria: a "democracia", segundo a explicação dos militares, durante algum tempo, "usaria uma tipóia". O rei Constantino, passivamente, embora sem demonstrar entusiasmo, assentiu e empossou os conspiradores. Oito meses mais tarde, depois da débil tentativa de um "contragolpe", Constantino e sua família fugiram para Roma, o que não foi lamentado. A junta apontou um regente e Papadopoulus foi nomeado primeiro-ministro.

O golpe de Estado levado a termo pelos coronéis constituiu um exemplo clássico de ditadura militar. Inicialmente violentos e sempre repressores, Papadopoulos e seus colegas demitiram quase mil funcionários públicos, de esquerda e de centro, e isolaram a Grécia durante sete anos de opressão. Com atitudes antimodernas que mais pareciam uma paródia, os coronéis censuraram a imprensa, declararam a ilegalidade de qualquer greve e proibiram música moderna e minissaia. Também proibiram o estudo da sociologia, de russo e búlgaro, e também de Sófocles, Eurípides e Aristófanes. "Populistas" em estilo, mas paternalistas na prática, eram obcecados por aparência. Sob o regime dos coronéis, era proibido ter cabelo comprido. Os uniformes da guarda palaciana e de funcionários do cerimonial foram substituídos por vistosos trajes "tradicionais" gregos. Atenas, particularmente, assumiu um ar austero, marcial.

As conseqüências econômicas do golpe na Grécia foram boas e más. O turismo não sofreu — turistas politicamente conscientes que boicotaram a Grécia dos coronéis foram logo substituídos por outros, atraídos por destinos oferecidos a preços módicos (embora tudo fosse excessivamente regimental). O investimento estrangeiro, que no caso da Grécia só começara a existir por volta de uma década antes do golpe, e o aumento contínuo do PIB — que a partir de 1964 cresceu na média anual de 6% — não foram afetados pelos acontecimentos políticos: a exemplo da Espanha, salários baixos (garantidos pela repressão de todo e qualquer protesto de trabalhadores) e um regime baseado na "lei e na ordem" ofereceram um ambiente propício ao capital estrangeiro. A junta chegou até a contar com amplo apoio inicial em zonas rurais, de onde provinha a maioria dos coronéis, especialmente depois que estes cancelaram a totalidade da dívida dos camponeses, em 1968.[4]

Mas os instintos autarcistas dos coronéis favoreceram a volta de velhos hábitos nacionais de substituição das importações — com a produção de artigos de baixa qualidade, por ineficientes fabricantes locais, protegidos da concorrência estrangeira. A prática haveria de levar o regime militar a colidir com a classe média urbana do país, cujos interesses, fosse como consumidores ou produtores, dentro de poucos anos pesariam mais do que a sensação de alívio por terem se livrado de políticos briguentos. E os coronéis, medíocres até mesmo para os padrões pouco exigentes da classe, nada tinham a oferecer para o futuro: nenhum projeto para integrar a Grécia à Comunidade Européia, que então surgia e já florescia, nenhuma estratégia para o retorno a um governo civil.[5]

Além disso, o regime, bastante seguro internamente, ficava cada vez mais isolado do exterior — em dezembro de 1969, o Conselho da Europa aprovou por unanimidade a expulsão da Grécia; dois meses mais tarde, a CEE interrompeu todas as negociações com a junta. Descaradamente, o regime dos coronéis apoiava-se apenas na força. Foi portanto bem a calhar que a ditadura tombasse durante uma tentativa inepta de utilizar a força além das fronteiras nacionais, para resolver o antigo problema de Chipre.

A ilha de Chipre, parte do Império Otomano desde 1571, fora administrada pela Grã-Bretanha a partir de 1878, tendo sido anexada, unilateralmente, no início da Primeira Guerra Mundial. Apesar de situada no extremo leste do Mediterrâneo, próxima da Turquia e distante da Grécia continental e das Ilhas Gregas, Chipre era habitada por uma maioria de língua grega e religião ortodoxa cada vez mais inclinada a buscar uma união com o Estado grego. A minoria turca, cerca de 18% da população da ilha, naturalmente se opunha a tal acerto e recebia o apoio estridente das autoridades em Ancara. O destino de Chipre — espremida entre os esforços britânicos para se livrar de um penoso legado imperial e a antiga hostilidade entre gregos e turcos — ficou pendente ao longo de toda a década de 1950.

Negado o projeto de "*Enosis*" — união com a Grécia —, a maioria da liderança greco-cipriota optou, com certa relutância, pela independência, concedida em 1960 pelo Reino Unido, que manteve na ilha apenas alguns direitos de trânsito e uma base aérea estrategicamente importante. A nova República de Chipre, com soberania e Constituição garantidas pela Grã-Bretanha, Turquia e Grécia, era governada por uma "parceria" greco-turca, sob a liderança do arcebispo Makarios, que estivera exilado em Londres na condição de terrorista armado e violento, mas que agora era o respeitado porta-voz das "razoáveis" ambições greco-cipriotas.

---

[4] Os oficiais, em sua maioria formados em escolas de cadetes durante a ditadura de Ioanis Metaxas, antes da guerra, talvez não fossem tão impopulares quanto afirmavam os críticos internacionais. Mas se supunha — corretamente — que contassem com a simpatia (e talvez algo mais) dos EUA. Um fato que, essencialmente, era uma extensão tardia da Guerra Civil grega dos anos 40, logo passou a ser visto como a mais recente *cause célèbre* da guerra civil européia, a qual remontava a um século. A "Grécia" agora substituía a "Espanha" como pedra de toque do sentimento político polarizado.

[5] Desde 1962, a Grécia tinha status de "Associada" junto à Comunidade Econômica Européia.

Nesse ínterim, as comunidades grega e turca da ilha viviam lado a lado, com desconfiança e intranqüilidade, e vivenciando esporádicas erupções de violência intercomunitária. Os governos em Atenas e Ancara se anunciavam como protetores dos respectivos compatriotas e, por vezes, ameaçavam intervir. Mas prudência e pressão internacional os impediam de fazê-lo, mesmo quando ataques a cipriotas turcos, em 1963, justificaram a chegada da Força de Paz da ONU no ano seguinte. A despeito do quase monopólio que os cipriotas gregos exerciam sobre o emprego público e os cargos de autoridade (algo ligeiramente comparável à exclusão de católicos de privilégios e poder em Ulster pela maioria protestante) — ou talvez por causa desse monopólio —, a situação em Chipre parecia estável. Mas se Chipre já não representava uma crise, continuava a ser um "problema".

Portanto, em 1973, quando estudantes atenienses (primeiro na Faculdade de Direito, depois na Politécnica) demonstraram publicamente, pela primeira vez, oposição ao regime dos coronéis, causando-lhes constrangimento, a resposta dos militares foi desviar a atenção e tentar conquistar apoio popular, reafirmando o direito grego à ilha de Chipre. O general Ioannides, um linha-dura que na seqüência das manifestações ocorridas na Politécnica desbancou Papadopoulos da função de líder da junta, tramou com George Grivas e outros nacionalistas greco-cipriotas derrubar Makarios e "reunir" a ilha à Grécia. Em 15 de julho de 1974, unidades da Guarda Nacional cipriota, auxiliadas por oficiais gregos escolhidos a dedo, atacaram o palácio presidencial, expulsaram Makarios (que fugiu para o exterior) e instalaram um governo fantoche, a ser comandado diretamente por Atenas.

Àquela altura, entretanto, o governo turco anunciou a intenção de invadir Chipre, a fim de proteger os interesses da comunidade turco-cipriota, e o fez prontamente, em 20 de julho. No decorrer de uma semana, dois quintos da ilha estavam nas mãos dos turcos. Incapaz de impedir ou reagir à ofensiva das forças turcas, muito superiores, a junta parecia estar perdida: determinando mobilização total num dia, cancelando a mobilização no dia seguinte. Diante da indignação popular generalizada com o que era considerado uma humilhação nacional, os ditadores gregos procuraram Karamanlis, já idoso, e o convidaram a regressar do exílio em Paris. Em 24 de julho, o ex-primeiro-ministro estava de volta a Atenas e dava início ao processo de retorno do país ao comando civil.

A transição foi implementada com notável tranqüilidade. O partido de Karamanlis, batizado de Nova Democracia, foi o grande vitorioso nas eleições de novembro de 1974 e repetiu o sucesso três anos mais tarde. Uma nova Constituição foi aprovada em junho de 1975, embora os partidos da oposição inicialmente protestassem contra os poderes concedidos ao presidente da República (cujo posto seria ocupado pelo próprio Karamanlis, a partir de 1980). Com surpreendente diligência, a política doméstica grega assumiu um perfil europeu e familiar, dividida, *grosso modo*, em centro-direita (a Nova Democracia) e centro-esquerda (o Movimento Socialista Pan-helênico, liderado pelo filho do falecido George Papandreou, Andreas, que estudara nos EUA).

A naturalidade que caracterizou o retorno da Grécia à democracia deveu-se, em parte, ao talento de Karamanlis ao romper com o seu próprio passado, enquanto, ao mesmo tempo, refletia uma imagem de competência amadurecida e continuidade. Em vez de restabelecer a desacreditada União de Centro, ele criara um novo partido. Em dezembro de 1974, Karamanlis realizou um plebiscito voltado à questão da monarquia (também desacreditada), e quando 69,2% dos votantes exigiram o fim da instituição, ele supervisionou a instalação da República. A fim de evitar a alienação dos militares, o dirigente resistiu a pedidos para realizar um expurgo no Exército, optando pela imposição de aposentadoria precoce a oficiais de alta patente politicamente comprometidos, enquanto recompensava e promovia os que tinham apoiado o governo.[6]

Com a monarquia fora de cena e o Exército neutralizado, Karamanlis precisava lidar com a pendente questão de Chipre. Nem ele nem seus sucessores pretendiam retomar o tema da *Enosis*, tampouco podiam ignorar publicamente a presença da Turquia na ilha, mesmo após a volta de Makarios, em dezembro de 1974. Com um gesto simbólico, que conquistou a aprovação doméstica tanto da esquerda quanto da direita, Karamanlis retirou a Grécia da OTAN por um período de seis anos, em protesto contra a conduta de um Estado integrante da organização. As relações entre Grécia e Turquia ficaram congeladas, sendo marcadas pela declaração unilateral da minoria turca, em fevereiro de 1975, instituindo um "Estado Federado Turco de Chipre" — reconhecido apenas pela própria Turquia —, e por esporádicas desavenças diplomáticas sobre questões territoriais no Egeu Oriental.

Chipre, portanto, tornou-se uma questão internacional, que envolveu o trabalho de diplomatas e advogados da ONU, durante décadas, na tentativa frustrada de resolver as divisões da ilha. Nesse ínterim, políticos gregos se viram eximidos de responsabilidade pelos problemas de Chipre (embora a política doméstica os obrigasse a expressar contínuo interesse no destino da ilha) e puderam se voltar para horizontes mais promissores. Em junho de 1975, menos de um ano depois da queda dos coronéis, o governo em Atenas solicitou, formalmente, ingresso na CEE. Em 1° de janeiro de 1981, num ato que muita gente em Bruxelas haveria de considerar uma lamentável vitória da esperança sobre o bom senso, a Grécia se tornou membro pleno da comunidade.

Ao contrário da Grécia, Portugal não tinha experiência recente de sequer um vestígio de democracia. O "reinado" autoritário de Salazar fora estranho e conscientemente retrógrado, mesmo para os padrões vigentes na época em que ele assumiu o poder, em 1932; na verdade, com uma mescla de rigoroso clericalismo, instituições corporativas e subdesenvolvimento rural, o país muito se assemelhava à Áustria pós-1934. Como seria de se esperar, Portugal no pós-guerra era local muito procurado por franceses aposentados que sofriam de nostalgia pela França de Vichy — Charles Maurras, líder infeliz da Action Française, era bastante admirado por Salazar, com quem se correspondeu até morrer, em 1952.[7]

[6] A própria junta, no entanto, não escapou de represálias. Em agosto de 1975, 11 líderes da junta foram julgados e condenados. Três receberam sentenças de morte, mais tarde comutadas para prisão perpétua. Papadopoulos morreu na prisão, em 1999, sem jamais se arrepender. O general-de-brigada Ioannidis foi condenado em julgamento posterior, por sua responsabilidade na supressão da revolta da Politécnica. Continua preso até o momento (2008).

[7] Maurras faleceu em 1952, aos 84 anos. O próprio Salazar, filho de um administrador de propriedade rural, nasceu em Vimeiro, em Portugal, em 28 de abril de 1889, uma semana depois de Hitler. Para um governante europeu do final da década de 1960, Salazar era por demais enraizado em valores do século anterior — a mãe de Salazar nascera em 1846.

O padrão de vida em Portugal no tempo de Salazar era mais característico da África do que da Europa continental contemporânea: a renda anual *per capita*, em 1960, era de apenas 160 dólares (comparada, e.g., com 219, na Turquia, ou 1.453, nos EUA). Os ricos eram de fato muito ricos, a mortalidade infantil era a mais elevada de toda a Europa, e 32% da população eram analfabetos. Salazar, economista que durante alguns anos exercera docência na Universidade de Coimbra, não apenas era indiferente ao atraso de Portugal, como encarava tal atraso como a chave da estabilidade — ao ser informado de que tinha sido descoberto petróleo em territórios portugueses em Angola, ele disse que era "uma pena", e mais nada.

A exemplo do ditador romeno Ceaușescu, Salazar era obcecado pela idéia de evitar dívidas, e fazia questão absoluta de equilibrar o orçamento anual da União. Mercantilista fanático, ele elevou consideravelmente as reservas em ouro, as quais não gastava nem em investimentos nem em importações. Como resultado, o país foi tomado pela pobreza, com a maioria da população trabalhando em fazendolas, no norte, e em latifúndios, no sul. Sem capital próprio para financiar a indústria doméstica e sem querer atrair investidores estrangeiros, Portugal dependia da exportação, ou reexportação, de mercadorias primárias, inclusive a sua própria gente.

Até falecer, em 1970, Salazar gabava-se não apenas de ter mantido Portugal fora das guerras devastadoras ocorridas ao longo do século, mas de ter navegado o país entre Cila — o voraz capitalismo de mercado — e Caribde — o socialismo estatal. Na realidade, ele havia exposto os cidadãos portugueses ao que havia de pior nas duas opções: a desigualdade material e a exploração que visava ao lucro eram mais marcantes em Portugal do que em qualquer outra parte da Europa, enquanto o Estado autoritário, em Lisboa, sufocava toda e qualquer opinião ou iniciativa independente. Em 1969, apenas 18% da população adulta tinham condições de exercer o direito ao voto.

Na ausência de oposição política interna, a resistência a Salazar surgiu do setor militar, a única instituição independente do país. As Forças Armadas portuguesas eram mal pagas — em vez de despender recursos escassos em soldo, Salazar incentivava oficiais pobres a buscar esposas na burguesia abastada. Até 1961, o regime pôde contar ao menos com a lealdade passiva desses militares, a despeito de duas tentativas de golpe, débeis e facilmente sufocadas, em 1947 e, novamente, em 1958. Jovens oficiais do Exército ou da Marinha, propensos à mudança, podiam até se indignar diante da estagnação que os cercava, mas careciam de aliados ou de qualquer apoio popular.

Tudo isso mudou em 1961, quando Déli anexou, à força, o território português de Goa e uma rebelião armada irrompeu na colônia africana de Angola. A perda de Goa foi uma humilhação nacional, mas a rebelião na África foi ainda mais grave. As chamadas "províncias" portuguesas na África compreendiam Angola, Guiné-Bissau e as ilhas de Cabo Verde, na África Ocidental, e Moçambique, a sudeste. Destas, Angola, com quase meio milhão de residentes europeus, num total de menos de 6 milhões de habitantes, era de longe a mais importante. As riquezas materiais de Angola, ainda inexploradas — minério de ferro, diamantes e o recém-descoberto petróleo na plataforma continental —, levaram Salazar, embora relutante, a permitir o investimento estrangeiro (notadamente, a empresa norte-americana Gulf Oil), e no decorrer dos anos 60 o território adquiriu crescente importância econômica para Portugal.

E a rebelião na colônia era geral. A fim de esmagar o emergente movimento nacionalista, Lisboa inaugurou, em 1967, uma estratégia de "contra-revolta" baseada no reassentamento da população em pequenas cidades (supostamente controláveis): já em 1974, mais de um milhão de camponeses tinham sido deslocados. A estratégia não conseguiu reprimir a rebelião, e surtiu um efeito pernicioso e duradouro sobre a sociedade e a economia rural angolanas. Mas conseguiu, cada vez mais, alienar os soldados convocados para implementar a referida estratégia: tanto os oficiais sem recursos que ingressaram no Exército colonial visando a ascender socialmente quanto os recrutas relutantes enviados da metrópole para conter os rebeldes.

Em Angola, os revoltosos, divididos em facções, foram contidos pelo Exército português, ao menos durante algum tempo. Em Moçambique, onde 60 mil soldados portugueses se empenhavam em proteger uma população de apenas 100 mil colonos, ou na Guiné e em Cabo Verde, onde o carismático Amílcar Cabral manteve 30 mil soldados portugueses engajados numa guerrilha inglória contra 10 mil insurgentes, a situação se tornava insustentável. Já no início da década de 1970, as guerras na África consumiam a metade do orçamento militar do país mais pobre da Europa. Um em cada quatro portugueses com idade para ingressar nas Forças Armadas era recrutado para servir na África — e depois de 1967, o período mínimo de serviço militar obrigatório era de quatro anos. Por volta de 1973, 11 mil desses soldados tinham morrido na África, índice de mortalidade consideravelmente mais elevado em relação à população nacional do que as baixas sofridas pelo Exército dos EUA no auge da Guerra do Vietnã.

A defesa das possessões coloniais portuguesas foi dispendiosa, sangrenta e cada vez mais inútil; as Forças Armadas sabiam disso melhor do que ninguém. E tinham outros motivos para se sentirem frustradas. Com o intuito de garantir o próprio poder e distrair a atenção popular das agruras ultramarinas do país, Marcello Caetano — sucessor ungido de Salazar — relaxou as restrições ao crédito, tomou elevados empréstimos de bancos estrangeiros e incentivou o fluxo de importações. Entre 1970 e 1973, alimentado por remessas de dinheiro feitas por portugueses que trabalhavam no exterior, o país passou por uma breve explosão de consumo. Mas o fenômeno foi logo seguido por uma inflação galopante provocada pela crise do petróleo. Os salários do setor público começaram a ficar muito aquém dos preços.

Pela primeira vez em muitos anos, Portugal padeceu de greves. Os residentes de bairros carentes localizados nas cercanias da capital, muitos dos quais recém-chegados da empobrecida região do Alentejo, sofriam não apenas com a sua própria indigência endêmica, mas com a visão de uma prosperidade nova e ostentadora em Lisboa. O Exército ressentia-se cada vez mais de se engajar nas "guerras sujas" do país, em terras distantes, em nome de um governo impopular comandado por tecnocratas que ocupavam cargos para os quais não tinham sido eleitos, e a insatisfação das tropas começava a repercutir internamente no país. O ressentimento dos jovens oficiais e de suas famílias, incapazes de subsistir com salários baixos e ainda corroídos pela inflação, agora era compartilhado por uma geração de empresários decepcionados com a incompetência dos governantes e cientes de que o futuro do país estava na Europa, não na África.[8]

[8] Em 1973, dois terços das importações e exportações de Portugal eram trocados dentro da Europa Ocidental.

Em 25 de abril de 1974, oficiais e soldados do Movimento das Forças Armadas (MFA) destituíram Caetano e seus companheiros e declararam um governo provisório cujas metas seriam democratização, descolonização e reforma econômica. O golpe (à semelhança do movimento dos jovens oficiais que levou Salazar ao poder em 1926) suscitou pouca resistência, e os líderes do antigo regime tiveram permissão para buscar exílio — primeiramente, na ilha da Madeira, e depois no Brasil. O general António de Spínola, antigo vice-chefe do Estado-maior das Forças Armadas portuguesas e governador da Guiné entre 1968 e 1972, foi nomeado pelos colegas oficiais para comandar a junta. A polícia secreta foi extinta, todos os prisioneiros políticos foram soltos, a liberdade de imprensa foi restabelecida e os líderes dos partidos socialista e comunista puderam regressar do exílio, pois, pela primeira vez em quase meio século, as respectivas organizações contavam com status legal.

A revolução foi extremamente bem recebida em todas as regiões.[9] Spínola convidou centristas e socialistas a integrar o ministério provisório e, em julho, anunciou publicamente os planos para conceder às colônias africanas plena autonomia. Dentro de um ano, todas as colônias estariam independentes — e a Indonésia tomara o controle de Timor Leste, também colônia portuguesa. A descolonização foi um tanto quanto caótica — guerrilheiros na Guiné e em Moçambique ignoraram a insistência de Spínola de que primeiro depusessem as armas, e a situação em Angola se deteriorou numa guerra civil —, mas, visto desde Portugal, o processo tinha a virtude de transcorrer rapidamente. E, na seqüência da retirada do Exército e de violentos embates em Luanda, capital angolana, a descolonização precipitou a volta de cerca de 750 mil europeus a Portugal, muitos dos quais se fixaram no norte do país, região mais conservadora, onde haveriam de desempenhar importante papel político em anos vindouros.

Essas mudanças bruscas perturbavam Spínola, cujos instintos conservadores iam de encontro aos projetos cada vez mais radicais dos companheiros mais jovens, e, em setembro de 1974, ele renunciou. Ao longo dos 14 meses seguintes, parecia que Portugal caminhava para uma grande revolução social. Com o apoio entusiasmado do MFA e do obstinado Partido Comunista Português (PCP), de Álvaro Cunhal, bancos e grandes indústrias foram nacionalizados e uma ampla reforma agrária foi implementada, sobretudo no Alentejo, região produtora de grãos, situada ao sul de Portugal, onde a maioria das propriedades ainda se encontrava em mãos de donos freqüentemente ausentes.

A nacionalização foi bem recebida nas cidades, e a reforma agrária implementada no sul — na prática, uma coletivização da terra — foi, a princípio, movida por ocupações "espontâneas" e invasões levadas a cabo por arrendatários locais e trabalhadores mobilizados pelos comunistas e seus aliados, processo do qual os comunistas se beneficiaram, devido à merecida reputação de serem os mais organizados e eficientes, entre os adversários clandestinos ao antigo regime. Mas as mesmas práticas no centro e no norte do país, onde a terra já estava dividida em milhares de pequenas propriedades de cunho familiar, não foram nada bem-vindas. O norte de Portugal, especialmente as zonas rurais e cidades menores, era (e ainda é)

---

[9] Os jovens oficiais pudicos e seus aliados da esquerda, entretanto, não gostaram da onda subseqüente do que consideravam literatura e filmes pornográficos, num momento em que Portugal buscava compensar cinqüenta anos de restrições culturais. Chegaram até a tentar proibir a execução do fado, que a seu ver encorajava "amargura e fatalismo", sendo, portanto, contrário aos objetivos de esclarecimento e progresso social.

fervorosamente católico, contando em média com um sacerdote para cada quinhentas almas, em 1972; quanto ao centro-sul, a proporção era de um para 4.500, e menor ainda no extremo sul. Por conseguinte, os projetos anticlericais e coletivos defendidos por representantes sindicais comunistas e líderes camponeses enfrentaram oposição ferrenha e veemente nas populosas áreas do norte.

Basicamente, os revolucionários portugueses em 1974 repetiram o erro da bancada agrária radical da República espanhola nos anos 30: ao tentar impor uma reforma agrária coletivista (baseada em condições sociais predominantes no sul) aos pequenos proprietários (mais eficientes) do norte, os revolucionários conquistaram tão-somente o antagonismo destes últimos. Na eleição da Assembléia Constituinte realizada em abril de 1975, os comunistas conseguiram apenas 12,5% dos votos. Partidos de centro-direita saíram-se melhor, mas o grande vencedor foi o Partido Socialista Português, fundado dois anos antes pelo exilado Mário Soares, que fez bela campanha baseada no lema "Socialismo, sim! Ditadura, não!" e conquistou 38% do eleitorado.

O MFA e os comunistas decepcionaram-se com o resultado da votação, e Cunhal admitiu, abertamente, que se a rota parlamentar que levava ao poder estava obstruída, talvez uma trilha alternativa se fizesse necessária — conforme ele declarou a um jornalista italiano, em junho de 1975: "Não há possibilidade de democracia, como a que se tem na Europa Ocidental [...]. Portugal não será um país com liberdades democráticas e monopólios. O país jamais comportará isso". Entre abril e novembro a tensão aumentou. Observadores internacionais temiam um iminente golpe comunista, e os aliados de Portugal junto à OTAN, bem como parceiros comerciais do país no Oeste Europeu, prometiam auxílio e aliança se o país rechaçasse a revolução marxista.

A situação chegou a um ponto crítico no final do ano. Em 8 de novembro, a Assembléia Constituinte, em Lisboa, foi sitiada por operários da construção civil; durante duas semanas correram boatos de uma "Comuna de Lisboa", e até de guerra civil entre o norte e o sul. Em 25 de novembro, grupos de soldados radicais tentaram um golpe. De início, contaram com o apoio tácito do PCP, mas quando ficou claro que o grosso das Forças Armadas e até alguns dos próprios oficiais esquerdistas se opunham ao levante, até Cunhal retrocedeu. Conforme alguns líderes do MFA mais tarde reconheceriam, o resultado das eleições de abril de 1975 fez desacreditar, antecipadamente, os propósitos dos oficiais revolucionários: a esquerda podia ter uma democracia parlamentar, ou uma "transição" revolucionária, mas não podia ter ambas.

Em fevereiro de 1976, os militares portugueses, ainda no controle efetivo do país quase dois anos após o golpe, transferiram, oficialmente, o poder às autoridades civis. Portugal seria governado com base na Constituição aprovada em abril de 1976, a qual continuava a reverberar a retórica e as ambições da atmosfera política pós-1974, comprometendo o país com uma "transição ao socialismo através da criação de condições para o exercício democrático do poder pela classe trabalhadora". Nas eleições legislativas daquele mesmo mês, os socialistas voltaram a vencer, embora com um eleitorado ligeiramente menor, e Mário Soares formou o primeiro governo eleito democraticamente em Portugal em quase meio século.

As perspectivas da democracia portuguesa permaneciam obscuras — Willy Brandt era apenas um entre muitos simpatizantes contemporâneos que viam em Soares outro Kerenski, um joguete involuntário das forças antidemocráticas que o suplantariam na primeira oportunidade. Mas Soares sobreviveu — e mais. As Forças Armadas permaneceram nos quartéis, e o papel desempenhado pelos segmentos militares politizados tornou-se cada vez mais secundário. O eleitorado comunista cresceu — para 14,6%, em 1976, alcançando 19% três anos depois, quando a economia se deteriorava e a política moderada de Soares frustrava a ala esquerdista do partido, à qual ele prometera a iminente destruição do capitalismo, num Portugal socialista —, mas ao custo do abandono das ambições de insurreição.

Em 1977, o Parlamento aprovou a Lei da Reforma Agrária, que confirmava a coletivização da terra levada a termo no passado recente, mas restringia a prática ao sul, impondo limites à extensão de terra que podia ser expropriada. A medida pôs fim ao risco de conflito rural e de um retrocesso conservador, mas pouco pôde fazer, a curto prazo, para aliviar o caos econômico herdado pelo Portugal democrático. Não mais contando com matérias-primas de baixo custo provenientes das antigas colônias (nem com o mercado cativo que estas propiciavam às exportações portuguesas nada competitivas), não mais podendo exportar mão-de-obra não-especializada para a Europa Ocidental, e obrigado pelas condições de empréstimos vitais obtidos junto ao FMI a equilibrar o orçamento e praticar rigor fiscal, o país padeceu anos de desemprego e baixo consumo.

Os militares não tinham abandonado totalmente a cena; nos termos da Constituição de 1976, um "Conselho Revolucionário" composto por representantes das Forças Armadas, não-eleitos, preservava o direito ao veto e, no decorrer de 1980, rejeitou 23 leis, inclusive um programa do governo de centro-direita (eleito naquele mesmo ano) para desestatizar bancos domésticos. Mas não objetaram quando o Parlamento revisou a Constituição, ao longo dos dois anos seguintes, reduzindo o poder do Executivo (e, em 1982, abolindo o próprio Conselho Revolucionário) e sutilmente afastando a ênfase anticapitalista contida no documento original.

Nos vinte anos seguintes, os socialistas e seus opositores, socialdemocratas centristas liderados por Aníbal Cavaco Silva, se alternariam no poder. O próprio Mário Soares, tendo há muito tempo deixado de lado a retórica anticapitalista, ascendeu à presidência do país em 1986, ano em que Portugal foi admitido à Comunidade Européia. A nação permanecia bastante pobre para padrões do Oeste Europeu, um tributo ao duradouro legado de Salazar. Porém, contrariando todas as expectativas, Portugal conseguira evitar tanto o "Terror Branco" quanto o "Terror Vermelho". Os comunistas, embora ainda populares no sul rural e nos subúrbios industriais de Lisboa, continuavam obstinados linhas-duras, liderados por Cunhal (já idoso), que se manteve no comando até 1992. Mas a influência comunista permaneceu reduzida. Os colonos repatriados jamais conseguiram criar um partido de extrema direita formado por nacionalistas ressentidos. Em tais circunstâncias, o surgimento de um Portugal democrático foi um feito bastante considerável.

Para um visitante que saísse da França em direção à Espanha, digamos, em 1970, o abismo que separava os dois lados dos Pireneus parecia imenso. O longo "reinado" de trinta anos de Franco acentuara o atraso social e o isolamento cultural que a Espanha sofrera durante a maior parte dos dois séculos anteriores, e o regime autoritário do líder espanhol parecia mais incompatível com a moderna cultura política européia do que a princípio. À primeira vista, tinha-se a impressão de que os anos 60 haviam se esquivado totalmente da Espanha: censura rígida, legislação severa regulando vestimenta e comportamento, polícia onipresente e leis draconianas para adversários políticos indicavam uma terra congelada no tempo, com o relógio histórico parado em 1939.[10]

Contudo, um olhar mais atento revelava que a Espanha — ao menos o norte do país e os centros urbanos — estava mudando rapidamente. Franco foi um ditador deveras reacionário e severo, mas, ao contrário do vizinho, Salazar, era realista em termos econômicos. Em 1959, a Espanha abandonou as práticas autônomas das duas décadas anteriores e, diante do estímulo de um grupo de ministros do Opus Dei, adotou um Plano de Estabilização Nacional cujo propósito era sufocar a inflação endêmica no país e abri-lo ao comércio e investimento. O impacto inicial do plano foi forte; a desvalorização monetária, os cortes orçamentários, o congelamento do crédito e a contenção salarial — tudo isso seguido à risca — derrubaram a inflação, mas obrigaram dezenas de milhares de espanhóis a procurar emprego no exterior.

No entanto, o setor privado, até então amarrado por uma regulamentação corporativista e uma antiga política de substituição de importações, ficou mais livre para se expandir. As tarifas foram reduzidas; a Espanha ingressou no Banco Mundial, no FMI e no GATT, e foi admitida à OCDE, na condição de associada (em 1962, Franco tentara — em vão — o ingresso na CEE). O momento da nova política econômica de Franco foi propício. A economia doméstica espanhola tinha sido protegida da concorrência nos primeiros anos de prosperidade européia no pós-guerra, mas começava a se abrir ao comércio internacional no momento certo. A partir de 1961, o PIB passou a crescer em ritmo contínuo. O percentual da força de trabalho empregada na terra — um trabalhador em cada dois, em 1950 — despencou, à medida que lavradores provenientes do sul e do oeste se transferiam para o norte, a fim de trabalhar em fábricas e no setor turístico, já em expansão; em 1971, apenas um em cada cinco espanhóis trabalhava na agricultura. Em meados dos anos 60, a Espanha já figurava como "país em desenvolvimento", segundo os critérios da ONU.

Mas o "milagre econômico" de Franco não deve ser supervalorizado. A Espanha não sofreu o peso dos resquícios do império e, portanto, não teve de lidar com os custos econômicos e sociais da descolonização. A maior parte dos recursos estrangeiros que entraram no país durante os anos 60 não provinha da exportação de mercadorias produzidas na Espanha, mas de remessas feitas por trabalhadores espanhóis que residiam no exterior, ou de turistas oriundos do norte da Europa; em suma, a modernização econômica da Espanha foi, em grande medida, subproduto da prosperidade de outras nações. Excetuando-se Barcelona, a Costa Brava, algumas regiões do País Basco e (em menor grau) Madri, o sistema de transportes, a educação e a infra-estrutura médica e de serviços no país mostravam-se bastante atrasados.

---

[10] Ainda em 1963, o líder espanhol não hesitara em executar um comunista capturado, Juan Grimau, desafiando a crítica internacional generalizada.

Ainda em 1963, a renda *per capita* nacional era inferior à da Irlanda, e menos da metade da média da CEE.

Todavia, as conseqüências sociais da modernização econômica, mesmo sendo esta limitada, foram significativas. Numa época anterior ao advento da televisão, talvez a Espanha ficasse protegida do impacto *cultural* que os anos 60 causaram em outros países, mas as disparidades econômicas e os distúrbios causados pelo Plano de Estabilização provocaram amplo descontentamento entre os trabalhadores. Desde o final dos anos 60 até a morte de Franco, greves, demissões, protestos e reivindicações por negociação coletiva e representação sindical tornaram-se marcas da vida espanhola. O regime se opunha de forma irredutível a qualquer concessão de natureza política; mas não convinha apresentar uma imagem pública excessivamente repressora, ainda mais quando tantos estrangeiros visitavam o país — 17,3 milhões, em 1966, chegando a 34 milhões no ano em que Franco faleceu.

Tampouco podiam as autoridades espanholas abrir mão da cooperação e dos talentos de uma crescente força de trabalho urbana. Tais autoridades foram, portanto, forçadas a admitir o surgimento de um movimento trabalhista, localizado, primordialmente, na Catalunha e na indústria pesada da região basca. Ao lado dos sindicatos extra-oficiais constituídos por funcionários públicos, bancários e outras profissões de "colarinho branco", uma rede semi-clandestina de representantes de trabalhadores somaria quase uma década de mobilização e experiência até a morte de Franco.

As manifestações trabalhistas na Espanha, contudo, restringiam-se a questões de sobrevivência. Nos últimos anos, o regime de Franco — a exemplo do regime de János Kádár, na Hungria — não dependia de repressão direta e violenta, mas de uma espécie de aceitação passiva, de uma despolitização cultural produzida ao longo de décadas. Aos estudantes rebeldes, que desde 1956 buscavam maior autonomia universitária e flexibilização de códigos morais e outras restrições, foi concedida certa liberdade para se mobilizar e protestar, dentro de limites rigidamente estabelecidos; podiam até contar com alguma simpatia por parte dos críticos internos do regime — entre os quais, católicos reformistas e "falangistas" descontentes. Porém, toda e qualquer expressão de simpatia ou intenção de colaboração entre os diferentes setores — com os mineradores em greve, por exemplo — era absolutamente proibida.[11] O mesmo se aplicava aos críticos do regime que não eram estudantes.

Na realidade, *todas* as opiniões de cunho político eram mantidas em segredo, e partidos políticos independentes estavam proscritos. Até 1967, o país sequer tinha uma Constituição, e os direitos e processos judiciais existentes eram uma fachada para impressionar os parceiros ocidentais da Espanha. Com seu status oficial de "regente" da monarquia suspensa, Franco ungira o jovem Juan Carlos — neto do último rei da Espanha — para sucedê-lo no devido tempo, mas, na visão da maioria dos observadores, o problema da monarquia tinha pouco peso nos interesses espanhóis. Até a Igreja, presença ainda importante no cotidiano de muitos espanhóis, desempenhava um papel limitado na política pública.

---

[11] Uma conseqüência irônica das liberdades cuidadosamente calibradas e permitidas por Franco aos universitários na última década do regime é que os estudantes espanhóis da geração dos anos 60, de modo geral, em retrospecto, exageram o papel por eles desempenhado na subseqüente luta do país em nome da democracia.

O papel tradicional da Espanha como baluarte da civilização cristã na defesa contra o materialismo e o ateísmo era a base do currículo do ensino fundamental; mas a própria hierarquia católica (ao contrário dos novos "criptomonges" do Opus Dei) era mantida distante das rédeas do poder, um contraste marcante com o espírito de neocruzada típico do "Catolicismo Nacional" que vigorava durante a primeira década do regime.[12] Em junho de 1968, curvando-se diante da realidade moderna, Franco admitiu pela primeira vez o princípio de liberdade de religião, permitindo aos espanhóis freqüentar a Igreja que desejassem. Mas, àquela altura, a própria religião iniciava um longo período de declínio: um país que se vangloriava de ter 8 mil seminaristas no início dos anos 60 contava com menos de 2 mil 12 anos depois. Entre 1966 e 1975, um terço do total dos jesuítas espanhóis deixou a Ordem.

Os militares também eram mantidos a uma distância segura. Tendo chegado ao poder por meio de um golpe militar, Franco bem conhecia os riscos de negligenciar uma casta militar que herdara um sentimento exagerado de responsabilidade pela preservação do Estado espanhol e de seus valores tradicionais. Durante todo o pós-guerra, o Exército espanhol fora mimado e elogiado. A vitória na Guerra Civil era celebrada anualmente nas ruas das principais cidades, e as baixas eram ostensivamente lamentadas no monumento do Vale dos Caídos, concluído em setembro de 1959. Promoções e condecorações se multiplicavam: quando o regime tombou, havia trezentos generais, e a proporção de oficiais para outras patentes era de um para 11, a mais elevada da Europa. Em 1967, um Decreto Institucional do Estado responsabilizou as Forças Armadas, formalmente, pela preservação da unidade nacional e integridade territorial, e pela defesa do "sistema institucional".

Na prática, entretanto, as Forças Armadas haviam se tornado supérfluas. Durante décadas, Franco resguardara os militares espanhóis de guerras estrangeiras ou coloniais. Ao contrário dos franceses ou portugueses, os militares espanhóis não sofreram derrotas humilhantes, nem foram submetidos a retiradas forçadas. A Espanha não enfrentava ameaças militares, e a segurança interna ficava a cargo da polícia e de unidades especiais formadas para combater o terrorismo — real e imaginário. O Exército, praticamente restrito a um papel protocolar, tornara-se avesso a riscos; o conservadorismo típico das Forças Armadas era expresso cada vez mais através do entusiasmo pela volta da monarquia, identificação que se mostraria ironicamente vantajosa durante a transição do país para o regime democrático.

Os assuntos do país eram decididos por um grupo restrito de advogados, professores católicos e servidores públicos, muitos dos quais tinham interesses diretos nas empresas privadas favorecidas por suas políticas. Mas, uma vez que a oposição política de natureza formal estava proibida, foi no âmbito desses círculos — e não nos de uma intelectualidade cujos notáveis permaneciam exilados — que surgiram idéias reformistas bem como pressão por mudanças, tudo empurrado pela frustração diante da ineficiência local, por críticas externas ou pelo exemplo do Concílio Vaticano Segundo.

Franco, finalmente, morreu em 20 de novembro de 1975, aos 82 anos. Recusando-se, até o fim, a admitir qualquer liberalização mais séria ou a transferir autoridade, ele já não

[12] Ver Capítulo 7. Como resultado, líderes católicos, "limpos" em relação ao passado franquista, puderam atuar diretamente durante a transição para a democracia, servindo de "ponte" entre radicais e conservadores.

era útil nem aos próprios seguidores, muitos dos quais concordaram com manifestantes que no início daquele ano tinham exigido a suspensão de restrições à imprensa e às associações políticas. A transição para a democracia foi, portanto, gerida a partir de ministros e funcionários nomeados pelo próprio Franco, o que ajuda a explicar a rapidez e o êxito do processo. Nos estágios iniciais da saída da Espanha do franquismo, as forças tradicionais da guinada democrática no país — liberais, socialistas, comunistas, sindicalistas — desempenharam um papel secundário.

Dois dias após a morte de Franco, Juan Carlos foi coroado rei. De início, o rei manteve nos cargos Carlos Arias Navarro, o último primeiro-ministro de Franco, bem como os demais ministros, para garantir ao Exército e a outros setores que não haveria rompimento brusco com o passado. No entanto, em abril de 1976, Arias entrou em desacordo com o monarca, quando reprimiu a recém-formada Coordenação Democrática, uma coalizão de partidos de esquerda ainda não-autorizada a funcionar, e deteve os líderes do movimento. Passados apenas dois meses, o rei já havia substituído Arias por um de seus próprios ministros, Adolfo Suárez Gonzáles.

Aos 44 anos, Suárez era um tecnocrata típico do período final de Franco; na verdade, tinha sido durante um ano o cabeça do Movimento Nacional Falangista do próprio caudilho. A opção por Suárez se mostrou extremamente astuta. Ele criou um novo partido político, a União Democrata Central (UDC), e se empenhou em persuadir a Assembléia franquista a aceitar um plebiscito nacional visando à reforma política — o ponto central era a aprovação da introdução do sufrágio universal e de um Parlamento com duas Câmaras. Enganada por alguém que julgava ser um aliado, a velha guarda franquista concordou — e o plebiscito foi aprovado, em 15 de dezembro de 1976, com mais de 94% dos votos favoráveis.

Em fevereiro de 1977, Suárez autorizou a reinstituição do Partido Socialista Espanhol (PSOE), a organização política mais antiga do país, então liderada pelo jovem Felipe González Márquez, natural de Sevilha, ativo no movimento clandestino desde os 20 anos de idade. Ao mesmo tempo, os sindicatos foram legalizados e conquistaram o direito à greve. Em 1° de abril, Suárez proibiu e desmantelou o Movimento Nacional por ele mesmo antes liderado; uma semana mais tarde, legalizou o Partido Comunista Espanhol (PCE), comandado por Santiago Carrillo e já comprometido (em marcante contraste com os colegas portugueses) a operar dentro dos parâmetros de uma transição para a democracia parlamentarista.[13]

Em junho de 1977, foram realizadas eleições para a formação de uma Assembléia Constituinte, cuja tarefa era elaborar uma nova Constituição. O pleito eleitoral — o primeiro registrado na Espanha desde 1936 — resultou em maioria para a UCD de Suárez, que conquistou 165 assentos no Parlamento; o partido segundo colocado, dos socialistas de González, obteve apenas 121 assentos, e a soma dos demais concorrentes não superou 67.[14] Em muitos sentidos, esse era o melhor resultado possível: a vitória de Suárez garantiu aos conservadores

[13] Um mês *antes* de ser declarado legal, o PCE sediou, em Madri, um encontro dos partidos eurocomunistas da Europa Ocidental.

[14] A composição sociogeográfica das eleições de 1977 foi extremamente similar à do pleito de 1936 — a cultura política do país tinha, na verdade, ficado congelada durante quatro décadas.

(a maioria dos quais votara nele) que não haveria qualquer guinada para a esquerda, enquanto a ausência de ampla maioria o obrigava a lidar com deputados de esquerda, que assim dividiam a responsabilidade pela nova Constituição a ser elaborada pela nova Assembléia.

Tal Constituição (devidamente ratificada num segundo plebiscito, em dezembro de 1978) foi, sob vários aspectos, bastante convencional. A Espanha seria uma monarquia parlamentarista; não haveria religião oficial (embora, por meio de uma concessão propositada, o catolicismo fosse reconhecido como "fato social"); a idade mínima para votar foi reduzida a 18 anos e a pena de morte foi revogada. Porém, no que constituiu um rompimento com o passado recente, a Assembléia introduziu na nova legislação espanhola o direito à autonomia para as regiões históricas do país, especialmente a Catalunha e o País Basco.

O artigo 2 da Constituição estabelecia "a unidade indissolúvel da nação espanhola, pátria comum e indivisível de todos os espanhóis", mas "reconhecia e garantia o direito à autonomia das nacionalidades e regiões que a compõem, bem como a solidariedade entre todos". Os subseqüentes Estatutos de Autonomia reconheciam os fatos antigos da variedade lingüística e do sentimento regional na esfera do Estado espanhol até então ultracentralizado; reconheciam também a grande importância demográfica da Catalunha, em particular, bem como a profundidade do sentimento de autonomia tanto no País Basco quanto na Catalunha. Mas o que era concedido a alguns espanhóis dificilmente poderia ser negado a outros. Dentro de quatro anos a Espanha seria dividida em 17 regiões administrativamente autônomas, cada qual com a sua bandeira e capital. Não apenas catalães e bascos, mas galegos, andaluzes, canários, valencianos, navarrenses e muitos outros seriam reconhecidos como distintos.[15]

Nos termos da nova Constituição, entretanto, Madri continuava responsável por defesa, justiça e relações internacionais, concessão inaceitável especialmente para os nacionalistas bascos. Conforme já foi visto, o ETA intensificara a onda de violência e assassinatos nos meses em que a nova Constituição estivera em debate, alvejando policiais e soldados, na esperança de provocar recuos e derrubar um processo democrático que parecia cada vez mais propenso a enfraquecer a causa dos extremistas.

Em 1981, a organização quase conseguiu alcançar o seu intento. Em 29 de janeiro, no auge do descontentamento econômico (ver adiante), e com a Catalunha, a região basca, a Galícia e a Andaluzia todas embarcando em experiências separatistas com governos autônomos, Suárez foi forçado a renunciar por seu próprio partido — ressentido não de seus fracassos (as eleições gerais de 1979, realizadas sob a nova Constituição, haviam ensejado nova vitória para a UCD), mas de suas realizações e de seu estilo autocrático de administrar. Antes que outro político da UCD, Calvo Sotelo, pudesse sucedê-lo no cargo, uma greve geral estourou nas províncias bascas. Para os críticos de direita, a Espanha democrática parecia acéfala e prestes a se despedaçar.

Em 23 de fevereiro, o tenente-coronel da Guarda Civil, Antonio Tejero Molín Molina, tomou o Parlamento, à força das armas. Numa ação coordenada, o general Jaime Milans del Bosch, comandante da região militar de Valência, declarou estado de emergência e solicitou

[15] O artigo 151 da Constituição oferecia "autonomia administrativa" a qualquer região que a solicitasse.

ao rei que dissolvesse o Parlamento e instalasse um governo militar. Embora, em retrospecto, os atos pareçam teatrais e trôpegos, Tejero e Milans del Bosch por certo tinham a tradição e os precedentes do seu lado. Além disso, o Parlamento, ou os diversos partidos políticos e seus seguidores, pouco podia fazer para impedir um golpe de Estado militar, e o apoio do próprio Exército não estava, absolutamente, garantido.[16]

O que determinou o desenlace e a configuração da história espanhola subseqüente foram a rejeição do rei Juan Carlos I às exigências dos conspiradores e seu discurso televisionado defendendo ardentemente a Constituição e identificando a si mesmo e a monarquia com a maioria democrática emergente no país. É provável que os dois lados tenham se surpreendido com a coragem de um jovem rei que até então vivera sob o peso do fato de ter sido indicado pelo falecido ditador; mas agora o destino do monarca estava irrevogavelmente ligado ao governo parlamentar. Carecendo de uma instituição ou de um símbolo em torno do qual pudesse agrupar suas forças, a maioria desses policiais, soldados e outros indivíduos nostálgicos em relação ao antigo regime deu as costas aos sonhos de rebelião ou reparação e se limitou a apoiar a Aliança Popular de Manuel Fraga, um partido recém-formado que se propunha a lutar contra "os inimigos mais perigosos da Espanha: o comunismo e o separatismo", mas tudo dentro da lei.

O descrédito que Tejero emprestara à sua "causa" deu ao Parlamento, inicialmente, a oportunidade de cortar o orçamento militar e aprovar uma lei mais do que tardia legalizando o divórcio. Mas a maioria da UDC se via cada vez mais espremida entre a direita clericalista e nacionalista — descontente com o ritmo acelerado das mudanças, perturbada com a problemática da autonomia regional e ressentida diante da moralidade relaxada da nova Espanha — e uma esquerda socialista recém-articulada, aberta a compromissos relacionados a questões constitucionais, mas que apresentava um perfil radical diante do ingovernável movimento trabalhista nacional e do número crescente de desempregados.

Tanto quanto em Portugal, a transição política coincidira com um momento econômico difícil. Em grande medida, a situação fora causada pelos últimos governos da era de Franco, que entre 1970 e 1976 tentaram comprar popularidade através do aumento dos gastos públicos e da oferta de vagas de trabalho no setor público, do subsídio às tarifas de energia, da contenção de preços em contrapartida ao aumento dos salários e da ênfase nos resultados a curto prazo. Já em 1977, as conseqüências dessa desatenção começavam a ser sentidas: em junho daquele mesmo ano, por ocasião das eleições gerais, a inflação anual estava na casa dos 26%, os cofres do país (que há muito tempo sofriam em conseqüência do regime de imposto regressivo praticado por Franco) estavam se esvaziando e o desemprego começava a traçar uma longa curva ascendente. Entre 1973 e 1982, consta que o país tenha perdido 1,8 milhão de empregos.[17]

---

[16] Haveria outras conspirações contra o rei e o Parlamento, em 1982 e 1985, ambas facilmente debeladas.

[17] Em meados dos anos 80, dados oficiais relativos ao desemprego indicavam que mais de um indivíduo em cada cinco em idade economicamente produtiva estava desempregado. A proporção verdadeira ficava, provavelmente, mais próxima de um em cada quatro. Num país que ainda carecia de um esquema social plenamente funcional, e onde pouca gente tinha poupança, esses índices sugerem privação generalizada.

Conforme ocorrera com a efêmera República da década de 1930, a Espanha construía uma democracia em meio à recessão econômica, e dizia-se que o país seguia o caminho da Argentina, com salários indexados e preços subsidiados pelo governo, escalando à hiperinflação. Se isso pôde ser evitado, grande parte do mérito cabe aos signatários dos chamados Pactos de Moncloa (firmados em outubro de 1977), os primeiros de uma série de acordos nos quais políticos, líderes trabalhistas e patrões concordavam em realizar uma ampla gama de reformas: desvalorização cambial, política de rendimentos, controle de gastos governamentais e reformas estruturais do gigantesco e perdulário setor público do país.

Os Pactos de Moncloa e os acordos subseqüentes (o último acordo foi assinado em 1984) não realizaram milagres. Devido, em parte, ao segundo choque do petróleo, a situação da balança de pagamentos do país piorava cada vez mais; muitas empresas de pequeno porte faliram, e o desemprego e a inflação subiam lado a lado, provocando uma onda de greves e divisões dentro dos sindicatos de esquerda e do Partido Comunista, relutantes em continuar a compartilhar a responsabilidade pelos custos sociais da transição democrática. No entanto, sem os pactos, é provável que essas mesmas divisões, e as suas conseqüências sociais, fossem ainda mais severas.

Nas eleições de outubro de 1982, no auge das dificuldades econômicas, o Partido Socialista conquistou a maioria absoluta no Parlamento e Felipe González tornou-se primeiro-ministro, cargo que ocuparia durante os 14 anos seguintes. Os partidários de Suárez, os democratas de centro — que haviam liderado a transição do final do franquismo —, foram praticamente eliminados do Parlamento, obtendo apenas dois assentos. O Partido Comunista conquistou quatro, derrota humilhante que levou Santiago Carrillo a se demitir. A partir daquele momento, a política espanhola haveria de seguir o padrão do restante da Europa Ocidental, reagrupando-se em torno da centro-esquerda e da centro-direita, nesse caso a Aliança Popular, de Fraga (rebatizado como Partido Popular, em 1989), que conquistou o índice surpreendente de 26,5% dos votos.

A campanha do Partido Socialista fundamentara-se num programa populista e anticapitalista, prometendo, entre outras coisas, resguardar empregos e poder de compra e retirar a Espanha da OTAN. Todavia, uma vez no poder, González implementou políticas de austeridade econômica, deu início à modernização (e, mais tarde, à privatização progressiva) da indústria e dos serviços espanhóis e em 1986 derrotou muitos dos seus próprios seguidores num plebiscito sobre a filiação à OTAN, à qual ele agora era favorável.[18]

As mudanças de rumo não tornaram González benquisto aos socialistas da velha guarda, cujo partido ele agora conduzia para longe do antigo compromisso marxista.[19] Contudo, para um político cujo apoio principal advinha de homens e mulheres jovens demais para se lembrar da Guerra Civil, e cujo objetivo abertamente declarado era superar o atraso da Espanha — fenômeno muito discutido que afligia a península desde o final do Século de Ouro —,

---

[18] Em 1982, o PSOE fez campanha com base no lema "OTAN, *de entrada no!*". Quatro anos depois, os cartazes diziam "OTAN, *de entrada si!*".

[19] A plataforma tradicional socialista de nacionalização mal se aplicava à Espanha, onde o Estado autocrata já era proprietário de grande parte da economia oficial.

a antiga esquerda ideológica era parte do problema, não da solução. Segundo a estimativa de González, o futuro da Espanha não estava no socialismo, mas na Europa. Em 1° de janeiro de 1986, ao lado de Portugal, a Espanha assumiu plena participação na Comunidade Européia.

A transição democrática verificada na Europa mediterrânea foi o acontecimento mais notável e inesperado da época. Já no início dos anos 80, Espanha, Portugal e Grécia não apenas tinham experimentado uma conversão pacífica para a democracia parlamentarista: nos três países, o Partido Socialista local — clandestino e ostensivamente anticapitalista poucos anos antes — era agora a força política dominante, governando, efetivamente, a partir do centro. Os regimes de Salazar e Franco não desapareceram apenas da esfera do poder, mas da própria memória, à medida que uma nova geração de políticos competia pela aliança de um eleitorado "moderno" e jovem.

Foram muitas as razões para tal. Uma, aqui já observada, foi que na Espanha, particularmente, o Estado político, não a sociedade em geral, tinha ficado para trás. O desenvolvimento econômico da última década de Franco e a ampla mobilidade social e geográfica causada por tal desenvolvimento implicaram mais alterações no cotidiano e nas expectativas do que os observadores estrangeiros supunham, observadores que ainda olhavam o país através do prisma do período correspondente aos anos de 1936 a 1956. Os jovens na Europa mediterrânea não achavam difícil se adaptar a rotinas sociais há muito tempo conhecidas no norte; com efeito, eles já faziam isso antes das revoluções políticas. Impacientes para serem liberados das restrições de uma outra era, esses jovens eram bastante céticos quanto à retórica política da direita e da esquerda, e não se comoviam com antigas alianças. Nos anos posteriores à transição, visitantes a Lisboa e Madri ficavam pasmos diante da ausência de referências ao passado recente, fosse na política ou na cultura.[20]

A irrelevância da década de 1930 foi capturada com sensibilidade no filme *A Guerra Acabou* (1966), obra tristonha, melancólica, de Alain Resnais, na qual um emigrante comunista espanhol, Diego, encarnado pelo incomparável Yves Montand, viaja como clandestino de Paris a Madri, corajosamente portando literatura subversiva e planos para um "levante operário" que ele sabe que jamais vai acontecer. "Vocês não compreendem?", ele diz aos fiscais do partido baseados em Paris, que sonham com o ressurgimento das esperanças de 1936, "a Espanha se tornou o argumento lírico da esquerda, um mito para veteranos de guerras passadas. Enquanto isso, 14 milhões de turistas passam as férias na Espanha todos os anos. A realidade do mundo se opõe a nós". Não é por acaso que o roteiro do filme foi escrito por Jorge Semprún, comunista espanhol que durante anos atuou na clandestinidade, antes de deixar o partido, por ter se decepcionado com a nostalgia flagrante que nele reinava.

[20] A nova Constituição espanhola, de 1978, cujo objetivo maior era reconciliar os pólos antagônicos da história espanhola — esquerda/direita; Igreja/anticlericalismo; centro/periferia —, era ostensivamente muda quanto ao regime por ela substituído.

No início dos anos 80, a hesitação dos jovens espanhóis em se deter no passado recente era inegável, especialmente a franca rejeição a velhos códigos de comportamento social: no uso da linguagem, na moda e principalmente nos valores de conduta sexual. Os filmes de Pedro Almodóvar oferecem uma espécie de inversão afetada de cinqüenta anos de um governo autoritário rançoso, um resumo das novas convenções contraculturais. Dirigidos com um olhar oblíquo, astuto e existencialista sobre os temas abordados, esses filmes costumam apresentar mulheres jovens perplexas diante de circunstâncias sexualmente carregadas. Em *Pepi, Luci, Bom* (1980), produzido apenas três anos após as primeiras eleições livres realizadas no país, as personagens riem sabidamente das "ereções gerais" e da "guerra de erotismo que nos envolve".

Dois anos mais tarde, em *Labirinto de Paixões*, terroristas efeminados e ninfomaníacas trocam gracejos escatológicos, a certa altura debatendo se seus "casinhos *gay*" deveriam vir antes ou depois do "futuro da nação". A cada filme, o cenário se torna mais elaborado, as locações urbanas mais elegantes. Em 1988, com *Mulheres à Beira de um Ataque de Nervos*, Almodóvar chegou a uma síntese convincente de uma sociedade agitada e sabidamente *moderna* que, em desespero, tenta recuperar o tempo perdido.[21]

É ainda mais irônico que tais mudanças não tenham sido viabilizadas por radicais políticos ou por indivíduos inovadores, mas por estadistas conservadores pertencentes ao próprio velho regime. Constantino Karamanlis, António de Spínola e Adolfo Suárez — a exemplo de Mikhail Gorbatchev alguns anos mais tarde — foram produtos característicos do sistema que eles mesmos ajudaram a desmontar. Karamanlis, é verdade, estava no exílio durante o governo dos coronéis, mas era tão nacionalista e bitolado quanto qualquer um dos demais e, além disso, foi diretamente responsável pelas eleições fraudulentas realizadas na Grécia em 1961, eleições que desempenharam um papel central no descrédito do sistema do pós-guerra e na ascensão do Exército ao poder.

Mas foi a própria segurança que esses indivíduos representavam para seus eleitorados que permitiu que eles desmantelassem as instituições autoritárias às quais anteriormente serviram. E, por seu turno, esses líderes foram sucedidos por socialistas — Soares, González, Papandreou — que conseguiram convencer seus seguidores quanto à sua ininterrupta atuação como radicais, ao mesmo tempo que implementavam políticas econômicas muitas vezes impopulares e ditadas pelas circunstâncias. A transição, nas palavras de um eminente observador espanhol, "exigia que franquistas fingissem jamais ter sido franquistas, e que esquerdistas fingissem ainda estar comprometidos com os princípios da esquerda".[22]

As circunstâncias do momento, portanto, obrigaram muita gente a renunciar, praticamente da noite para o dia, a princípios há muito tempo defendidos. Uma atmosfera de promessas não cumpridas e lembranças perdidas pesava sobre a vida pública no Mediterrâneo nos anos em análise e pode explicar o estado de espírito cético e apolítico da nova geração nos três países. Mas os que se agarravam, fielmente, e sem arrependimentos, a compromissos assu-

---

[21] Os filmes de Almodóvar mais recentemente, *Má Educação* (2004) — são também marcantemente anticlericais; talvez seja esse o único aspecto em que Almodóvar se mantém fiel a uma antiga tradição de dissidência cultural espanhola.

[22] Victor Perez-Diaz, *Spain at the Crossroads: Civil Society, Politics and the Rule of Law* (Espanha na encruzilhada: sociedade civil, política e o estado de direito) (Cambridge, MA, 1999), p. 65.

midos no passado, de comunistas a falangistas, foram logo surpreendidos pelos eventos. Fidelidade não substituía relevância.

Por último, Espanha, Portugal e Grécia puderam ingressar ou reingressar no "Ocidente", sem grande dificuldade, a despeito do isolamento político que tais países impuseram a si mesmos, por sempre terem uma política externa compatível — na realidade, alinhada — com a política externa da OTAN e dos Estados da CEE. As instituições da Guerra Fria, sem falar de um anticomunismo em comum, facilitavam a comunicação e a colaboração entre democracias pluralistas e ditaduras militares ou clericais. Depois de se encontrar, negociar, planejar ou apenas manter relações comerciais, durante anos, com esses parceiros não-eleitos, os norte-americanos e europeus ocidentais há muito tempo já não se ofendiam com os acertos domésticos feitos em Madri, Atenas ou Lisboa.

Para a maioria dos espectadores — inclusive muitos críticos locais —, o problema dos regimes antipáticos do sul da Europa não era tanto o fato de estarem moralmente falidos, mas de serem institucionalmente anacrônicos. E é óbvio que as respectivas economias, sob aspectos essenciais, eram similares às de outras nações do Ocidente e já se encontravam bem integradas aos mercados internacionais no que dizia respeito a dinheiro, produtos e trabalho. Até Portugal no tempo de Salazar integrava o sistema internacional capitalista — ainda que em posição fragilizada. A classe média emergente, de modo especial na Espanha, moldava suas ambições (bem como o modo de vestir) em administradores, empresários, engenheiros, políticos e funcionários públicos franceses, italianos ou britânicos. Apesar de atrasadas, as sociedades da Europa mediterrânea já pertenciam a um mundo ao qual aspiravam atuar em bases de igualdade, e a transição que lhes permitiu superar governos autoritários foi, acima de tudo, facilitada pela oportunidade que se lhes apresentava. As elites dessas sociedades, que antes se voltavam obstinadamente para o passado, agora olhavam para o norte. A impressão que se tinha era de que a geografia vencera a história.

Entre 1973 e 1986, a Comunidade Européia passou por um de seus espasmos de ativismo e expansão, o que foi chamado por um historiador de "seqüência de explosões irregulares". O presidente francês Georges Pompidou, que após a morte de De Gaulle se viu livre da desaprovação do mentor — e que ficara bastante perturbado, conforme vimos, com as implicações estratégicas da *Ostpolitik* de Willy Brandt —, deixou claro que acolheria a Grã-Bretanha à Comunidade Européia. Em janeiro de 1972, em Bruxelas, a CE aprovou formalmente o acesso da Grã-Bretanha, Irlanda, Dinamarca e Noruega, a contar do ano seguinte.

O sucesso da candidatura da Grã-Bretanha foi obra do primeiro-ministro conservador Edward Heath, o único líder político britânico desde a Segunda Guerra Mundial que se mostrava inequívoca e entusiasticamente favorável à idéia de unir o destino da nação britânica ao dos vizinhos continentais. Quando, em 1974, o Partido Trabalhista voltou ao poder e realizou um plebiscito sobre a participação do Reino Unido na Comunidade, o país aprovou a proposta com 17,3 milhões de votos contra 8,4 milhões. Mas nem mesmo Heath foi capaz de fazer os britânicos — especialmente os ingleses — "sentirem-se" europeus, e uma fatia significativa de eleitores, tanto da esquerda quanto da direita, continuava a duvidar dos benefícios de "pertencer à Europa". Nesse ínterim, os noruegueses decidiram que era melhor ficar de fora: num plebiscito realizado em setembro de 1972, 54% dos eleitores rejeitaram a participação na CE e optaram por um acordo limitado de livre-comércio com a Comunidade, decisão reconfirmada numa votação com resultados quase idênticos, 22 anos mais tarde.[23]

A participação britânica na Comunidade seria objeto de controvérsia anos depois, quando a primeira-ministra Margaret Thatcher fez oposição aos novos projetos que contemplavam uma união cada vez mais estreita e exigiu que a Grã-Bretanha fosse ressarcida dos pagamentos a mais, a título de contribuição para o orçamento comum. Mas, nos anos 70, Londres tinha os seus próprios problemas e, a despeito do impacto inflacionário causado pelo ingresso na Comunidade, sentia-se aliviada por pertencer a uma zona de comércio que agora supria uma terça parte do investimento interno britânico. As primeiras eleições diretas ao novo Parlamento europeu ocorreram em 1979 — até então, os membros da Assembléia Européia sediados em Estrasburgo eram escolhidos pelos respectivos Parlamentos nacionais —, mas suscitaram pouco interesse popular. No Reino Unido, o percentual de votantes foi previsivelmente baixo, apenas 31,6%; mas os números não foram muito mais elevados em outros países — na França, somente três em cada cinco eleitores se deram o trabalho de votar; na Holanda, menos ainda.

A adesão de três países do norte à CE foi relativamente descomplicada, tanto para os membros novatos quanto para os antigos. A Irlanda era pobre, mas pequena, ao passo que a Dinamarca e o Reino Unido eram ricos e, portanto, contribuintes ativos do orçamento comum. A exemplo do que ocorreu na rodada seguinte de ingressantes prósperos, em 1995, quando Áustria, Suécia e Finlândia aderiram ao que então já se tornara a União Européia, os novos participantes somaram aos cofres e ao prestígio da crescente comunidade sem aumentar-lhe por demais os custos, e sem competir em setores sensíveis com os países membros já integrados. Quanto aos novatos do sul, a situação foi diferente.

A Grécia, a exemplo da Irlanda, era pequena e pobre, e a agricultura grega não representava qualquer ameaça aos fazendeiros franceses. Portanto, apesar de alguns obstáculos institucionais — a Igreja Ortodoxa tinha status oficial e influente, e o casamento civil, por exemplo, só seria permitido a partir de 1992 —, não havia argumentos fortes contra a admissão da Grécia, defendida pelo presidente francês Giscard d'Estaing, entre outros. Mas, nos casos de Portugal e (primordialmente) da Espanha, os franceses se opuseram de modo ferrenho. Vinho, azeite de oliva, frutas e outros produtos agrícolas custam muito menos para serem cultivados e vendidos ao sul dos Pireneus; se Espanha e Portugal fossem admitidos ao mercado comum europeu em condições paritárias, os fazendeiros ibéricos seriam fortes concorrentes dos produtores franceses.

[23] Nas duas ocasiões, o voto da capital, Oslo, foi predominantemente favorável. Mas a decisão foi comandada por uma coalizão de radicais antieuropeus, ambientalistas, "lingüistas nacionalistas" e agricultores das províncias costeiras e setentrionais do país, além de pescadores veementemente contrários à restrição imposta, pela CEE, de uma zona pesqueira litorânea de apenas 19 quilômetros. O ingresso da Dinamarca acarretou o da Groenlândia, à época ainda governada por Copenhague. Porém, depois que a Groenlândia alcançou autonomia em 1979, foi realizado um plebiscito no qual a Groenlândia votou pela saída da CEE, o único país membro a fazê-lo.

Por conseguinte, nove anos se passaram até que Portugal e Espanha fossem admitidos à CE (enquanto a solicitação apresentada pela Grécia foi processada em menos de seis anos), período em que a imagem pública da França, tradicionalmente positiva na península Ibérica, desabou: em 1983, quando a série de negociações difíceis já percorrera dois terços do caminho, apenas 39% dos espanhóis tinham uma visão "favorável" da França — começo infausto para um futuro comum. Parte do problema foi que a chegada das nações mediterrâneas implicava mais do que simplesmente recompensar Paris com maior apoio financeiro da Comunidade para os agricultores franceses; somados, Espanha, Portugal e Grécia acrescentaram 58 milhões de pessoas à Comunidade, a maioria pobre e, portanto, com direito a uma variedade de programas e subsídios financiados por Bruxelas.[24]

Na realidade, com a adesão de três países pobres e agrários, o Fundo Agrícola Comum ficou sobrecarregado — e a França deixou de ser a beneficiária. Diversos acordos cuidadosamente negociados tiveram de ser firmados, a fim de recompensar os franceses por suas "perdas". Já os novatos foram devidamente compensados por suas desvantagens e pelo longo "período de transição" que a França conseguiu impor antes de permitir, em bases paritárias, a efetivação de exportações para a Europa egressas desse trio de países. Os "Programas Mediterrâneos Integrados" — subsídios regionais de fato, embora ainda não declarados — oferecidos a Portugal e Espanha na ocasião do ingresso destes à Comunidade não tinham sido concedidos à Grécia em 1981, mas Andreas Papandreou conseguiu garantir a extensão dos programas ao seu país, chegando a ameaçar retirar a Grécia da CE, se a oferta fosse negada![25]

Foi nesses anos, então, que a Comunidade Européia adquiriu uma imagem nada atraente, de uma espécie de feira de gado institucionalizada, na qual os países trocavam alianças políticas por recompensas materiais. E as recompensas eram concretas. Espanhóis e portugueses se deram bem com a "Europa" (embora não tão bem quanto a França), e os negociadores espanhóis se especializaram em defender e garantir vantagens financeiras para seu país. Mas foi Atenas a grande beneficiada: apesar de inicialmente ter ficado atrás do restante da Comunidade durante os anos 80 (e de, por volta de 1990, ter substituído Portugal na condição de membro mais pobre da Comunidade), a Grécia lucrou muito com o ingresso na CE.

Na verdade, justamente por ser pobre — em 1990, a metade das regiões mais empobrecidas da Comunidade Européia situava-se na Grécia —, o país se saiu tão bem. Para Atenas, o ingresso na CE foi um segundo Plano Marshall: somente entre 1985 e 1989, a Grécia recebeu 7,9 bilhões de dólares da CE, proporcionalmente mais do que qualquer outro país. Visto que não havia outros países carentes aguardando na fila, tamanha generosidade de redistribuição — o preço da anuência da Grécia às decisões da Comunidade — era absorvida pelos sócios contribuintes nacionais, especialmente a Alemanha Ocidental. Mas, com a dispendiosa reunificação da Alemanha e a perspectiva do ingresso de um novo grupo de países indigentes do Leste Europeu, os precedentes generosos registrados nos anos em que se deu a adesão dos países mediterrâneos iriam se mostrar onerosos e controversos, conforme veremos.

[24] Esse fator foi compensado, entretanto, por novas oportunidades de investimento para o setor privado: a proporção de ações de empresas espanholas em mãos de investidores estrangeiros subiu 374% entre 1983 e 1992.

[25] Mais de uma voz influente foi ouvida em Bruxelas, solicitando à Comissão Européia que pagasse para ver se ele não estava blefando...

Quanto mais se expandia, mais a Comunidade Européia se tornava difícil de administrar. A unanimidade exigida nas decisões do Conselho de Ministros intergovernamental suscitava debates intermináveis. Por vezes, acontecia que decisões levassem anos para ser acordadas — uma diretiva sobre definição e regulamentação de água mineral demorou 11 anos para sair das Câmaras do Conselho. Algo precisava ser feito. Havia um antigo consenso de que o "projeto" europeu necessitava de uma infusão de direção e energia — uma conferência realizada em Haia, já em 1969, foi a primeira de uma série irregular de reuniões em que se pretendia "relançar" a Europa — e a amizade pessoal do presidente da França, Valéry Giscard d'Estaing, e do chanceler alemão, Schmidt, entre 1975 e 1981, favoreceu esse tipo de agenda.

Contudo, era mais fácil avançar por meio de integração econômica negativa — suspendendo tarifas e restrições comerciais, subsidiando regiões e setores debilitados — do que concordar com critérios que demandassem ação positiva *política*. A razão era bem simples. Enquanto houvesse recursos financeiros suficientes em circulação, a cooperação econômica poderia ser apresentada como benéfica a todas as partes interessadas, ao passo que qualquer medida política voltada para a integração ou coordenação européia, implicitamente, ameaçava a autonomia nacional e restringia a iniciativa política doméstica. Somente quando líderes poderosos de Estados influentes concordassem (por motivos próprios) em trabalhar juntos em prol de algum objetivo comum seria possível concretizar mudanças.

Por conseguinte, foram Willy Brandt e Georges Pompidou que inauguraram o primeiro sistema de coordenação monetária, a chamada "serpente"; Helmut Schmidt e Giscard d'Estaing desenvolveram o esquema, criando o Sistema Monetário Europeu (SME); Helmut Kohl e François Mitterrand, seus respectivos sucessores, arquitetariam o Tratado de Maastricht, em 1992, que deu origem à União Européia. Foram D'Estaing e Schmidt, também, que inventaram a "diplomacia de cúpula", um meio de contornar os empecilhos de uma pesada burocracia supranacional em Bruxelas — novo lembrete de que, assim como ocorrera no passado, a cooperação franco-germânica era a condição necessária para a unificação da Europa Ocidental.

O impulso que estava por trás das ações franco-germânicas nos anos 70 era a ansiedade econômica. A economia européia crescia lentamente (ou simplesmente não crescia), a inflação era endêmica e a incerteza decorrente do colapso do sistema de Bretton Woods resultava em taxas de câmbio voláteis e imprevisíveis. O sistema "serpente", o SME e o ecu eram uma espécie de paliativo para o problema (por serem soluções regionais, e não internacionais) e introduziam o marco alemão, em vez do dólar norte-americano, como moeda de referência para banqueiros e mercados europeus. Alguns anos mais tarde, a substituição das moedas nacionais pelo euro, apesar das implicações simbolicamente problemáticas da medida, foi a conseqüência lógica. O surgimento de uma única moeda européia decorreu, portanto, de uma reação pragmática a problemas econômicos, e não de uma estratégia calculada e posta em prática em nome de um objetivo europeu predeterminado.

No entanto, ao convencer muitos observadores — especialmente os até então céticos socialdemocratas — de que a recuperação econômica e a prosperidade já não podiam ser alcançadas apenas em nível nacional, o sucesso da colaboração monetária entre os Estados do

Oeste Europeu serviu, inesperadamente, como um passo adiante para outras formas de ação coletiva. Sem ter de confrontar a oposição de eleitores poderosos, os chefes de Estado da Comunidade assinaram, em 1983, uma Declaração Solene, comprometendo-se com uma futura *União* Européia. A forma exata dessa união foi então modelada no decorrer de negociações que desaguaram no Ato Único Europeu, aprovado pelo Conselho Europeu em dezembro de 1985, e que entrou em vigor em julho de 1987.

O Ato Único Europeu foi a primeira revisão importante do Tratado de Roma. O Artigo I estabelecia, claramente, que "Comunidades européias e cooperação política européia devem ter por objetivo a contribuição conjunta ao avanço na direção da unidade européia". E ao substituir "Comunidade" por "União", os líderes dos 12 países membros deram, em princípio, um decisivo passo à frente. Mas os signatários evitaram ou adiaram todo tipo de questão controversa, notadamente o ônus crescente do orçamento agrícola da União. E também contornaram, com todo cuidado, o assunto da constrangedora ausência de qualquer política européia comum relativa à defesa e às relações internacionais. No auge da "nova Guerra Fria" dos anos 80, e às vésperas de acontecimentos importantes ocorridos a algumas dezenas de quilômetros a leste, os países membros da União Européia mantinham os olhos fixos em questões internas relativas a algo que ainda era, primordialmente, um mercado comum, embora um mercado que englobasse mais de 300 milhões de indivíduos.

Havia consenso, porém, quanto à busca objetiva de um verdadeiro mercado interno comum para mercadorias e força de trabalho (a ser implementado a partir de 1992), e quanto à adoção de um sistema de "votação por maioria qualificada" no que dizia respeito ao processo decisório da União — "qualificada" pela insistência dos membros mais influentes (em particular, Grã-Bretanha e França) em preservar o seu direito de sustar propostas consideradas danosas aos seus interesses nacionais. Tais mudanças eram concretas, e foram objeto de concordância porque a idéia de um mercado comum era, em princípio, benquista por todos, de Margaret Thatcher aos integrantes do Partido Verde, ainda que por razões bastante díspares. As mudanças facilitaram e prenunciaram a real integração econômica que ocorreria na década seguinte.

O recuo em relação ao sistema de vetos nacionais que vigorava no Conselho Europeu era inevitável para que decisões pudessem ser tomadas por uma comunidade de Estados cada vez mais complicada, que dobrara de tamanho em apenas 13 anos e que já contemplava a candidatura da Suécia, da Áustria e de outros países. Quanto mais crescia, mais atraente — e, de certa maneira, "inevitável" — tornava-se a futura União Européia àqueles que nela ainda não tinham ingressado. Para os cidadãos dos países membros, no entanto, o traço mais marcante da União Européia naqueles anos não era o modo como era governada (mecanismos que a maioria das pessoas ignorava completamente), nem os projetos dos líderes em prol de maior integração, mas o montante de recursos financeiros que corria pela caixa-forte e a maneira como tais recursos eram distribuídos.

O Tratado de Roma contava com apenas uma agência, cuja missão específica era identificar regiões em países membros que necessitavam de assistência e canalizar para tais regiões recursos provenientes da Comunidade: o Banco Europeu de Investimentos, criado por insistência da Itália. Mas, na geração seguinte, os gastos regionais, na forma de subsídios financeiros, ajuda direta, financiamentos para empreendimentos novos e outros incentivos constituíam a maior fonte de expansão orçamentária em Bruxelas, bem como a principal alavanca de influência à disposição da Comunidade.

Isso ocorria em virtude da confluência das políticas regionalistas *internas* aos diversos países membros com as crescentes disparidades econômicas *entre* os próprios Estados. Nos primeiros anos após a Segunda Guerra Mundial, os Estados europeus ainda eram unitários, governados a partir do centro, e prestavam pouca atenção às especificidades e tradições locais. Apenas a nova Constituição italiana, de 1948, reconhecia a necessidade de autoridades regionais, e, mesmo nesse caso, os limitados governos locais estipulados pelo documento ficariam só no papel durante um quarto de século. Mas, no momento exato em que as reivindicações locais de autonomia se tornaram fator sério no planejamento de políticas domésticas por toda a Europa, a CE, tendo os seus próprios motivos, criou, a partir de 1975, um sistema de fundos regionais, através do Fundo de Desenvolvimento Regional Europeu (FDRE).

Para o corpo técnico baseado em Bruxelas, o FDRE e outros chamados "fundos estruturais" tinham dois objetivos. O primeiro era lidar com o problema do atraso econômico e da desigualdade no âmbito de uma comunidade ainda bastante guiada pela cultura de "crescimento" típica do pós-guerra, conforme deixara claro o Ato Único Europeu. Com a adesão de cada novo grupo de países vinham novas desigualdades, que precisavam ser levadas em conta e neutralizadas, para que a integração econômica fosse bem-sucedida. O Mezzogiorno italiano já não era a única zona empobrecida: a maior parte da Irlanda; determinadas regiões da Grã-Bretanha (em Ulster, no País de Gales, na Escócia, no norte e oeste da Inglaterra); a maior parte da Grécia e de Portugal; o sul, o centro e o nordeste da Espanha — todas essas regiões eram carentes e precisariam de muitos subsídios e redistribuição de ajuda para poderem atingir os padrões da Comunidade.

Em 1982, fixando-se a renda média da Comunidade Européia em 100, a Dinamarca (que era o país mais rico) apresentava o índice 126, e a Grécia apenas 44. Em 1989, a renda *per capita* em relação ao Produto Interno Bruto na Dinamarca ainda era o dobro da renda *per capita* registrada em Portugal (nos EUA, a diferença entre a renda dos estados ricos e a dos pobres era de apenas dois terços). E esses índices correspondiam a médias nacionais — as disparidades regionais eram ainda maiores. Até os países ricos tinham zonas necessitadas: quando a Suécia e a Finlândia aderiram à União, em meados dos anos 90, as regiões árticas dos dois países, subpovoadas e totalmente dependentes de subvenções e outros subsídios concedidos por Estocolmo e Helsinque, puderam passar a receber ajuda também de Bruxelas. A fim de corrigir distorções geográficas e de mercado que engessavam a Galícia espanhola ou a Vasterbotten sueca numa situação de dependência, as agências em Bruxelas desembolsavam grandes somas em dinheiro — produzindo indubitáveis benefícios locais, mas também criando burocracias dispendiosas, pesadas e ocasionalmente corruptas.[26]

O segundo objetivo dos projetos de financiamento regional da Europa, com seus custos elevadíssimos — contabilizados, o "Fundo de Infra-estrutura" e o "Fundo de Coesão", no final do século, consumiriam 35% de todo o gasto da UE —, era permitir à Comissão

---

[26] É certo que a Política Agrícola Comum, o outro grande ônus do orçamento da UE, há muito tempo exacerbava as mesmas distorções regionais que o Fundo de Coesão e outros agora se dispunham a eliminar...

Européia, em Bruxelas, contornar as dificuldades impostas por governos centrais desinteressados e trabalhar diretamente com grupos de interesse regionais dos países membros. Essa estratégia obteve grande sucesso. Desde o final dos anos 60, o sentimento regionalista vinha crescendo (em alguns casos, renascendo) por toda parte. Antigos ativistas de 1968, substituindo dogma político por afinidade regional, agora tentavam reviver e utilizar o velho idioma provençal no sul da França. A exemplo dos companheiros ativistas da Bretanha, os defensores do provençal tinham uma causa comum com os separatistas catalães, bascos e italianos, e com os nacionalistas escoceses e flamengos, todos expressando insatisfação com o "desgoverno" em Madri, Roma, Paris ou Londres.

A nova política regionalista se encaixava em diversas subcategorias que se sobrepunham — histórica, lingüística, religiosa —, buscando autonomia, autogoverno ou mesmo independência total; de modo geral, tais subcategorias dividiam províncias ricas que se ressentiam da obrigação de subsidiar regiões necessitadas pertencentes aos seus próprios países, historicamente áreas carentes ou recém-industrializadas, onde havia indignação por terem sido esquecidas por políticos nacionais. Na primeira categoria se achavam a Catalunha, a Lombardia, Flandres, a Bavária e a região alpina do Ródano, no sudeste da França (que, somada à província da Île-de-France, correspondia a quase 40% do PIB da França em 1990). Na segunda categoria, estavam a Andaluzia, a maior parte da Escócia, a Valônia de língua francesa e muitas outras regiões.

As duas categorias tinham chances de se beneficiar das políticas regionais européias. Regiões ricas, como a Catalunha ou a Bavária, mantinham escritórios em Bruxelas e aprendiam a fazer lobby por investimentos ou políticas da Comunidade Européia mais favoráveis às instituições locais do que às nacionais. Representantes políticos de regiões carentes eram também extremamente ágeis na manipulação de subsídios e auxílio provenientes de Bruxelas, com o propósito de aumentar a sua popularidade local — e assim pressionar autoridades em Dublin ou Londres a incentivar ou mesmo suplementar a generosidade de Bruxelas. Tais acertos convinham a todos. A caixa-forte européia vertia milhões para financiar o turismo na região despovoada do oeste da Irlanda, ou para bancar incentivos fiscais a fim de atrair investidores para áreas onde o desemprego era crônico, como, por exemplo, a região de Lorena ou Glasgow; porém, mesmo que o fizessem por interesse próprio, os beneficiários estavam se tornando "europeus" fiéis. A Irlanda conseguiu substituir ou atualizar grande parte de sua dilapidada infra-estrutura de transportes e rede de esgotos, e não foi o único país membro pobre e periférico a ser beneficiado.[27]

O Ato Único Europeu expandiu os poderes da Comunidade para muitas áreas — meio ambiente, práticas empregatícias, iniciativas locais relacionadas à pesquisa e ao desenvolvimento —, áreas nas quais a CE ainda não se envolvera, e tudo isso implicava o repasse de fundos, de Bruxelas, diretamente para agências locais. Essa "regionalização" cumulativa da

[27] Os países mais ricos dependiam menos de Bruxelas e exerciam maior controle sobre seus próprios interesses. Na França, a despeito da "descentralização" resguardada por leis aprovadas durante a década de 1980, as rédeas do poder orçamentário permaneceram em mãos parisienses. Como resultado, regiões prósperas da França seguiram a tendência internacional e se beneficiaram de suas ligações com a UE, mas os distritos pobres continuaram dependentes de auxílio estatal.

Europa era burocrática e cara. Vejamos um pequeno exemplo que ilustra centenas de outros casos: a região italiana do Alto Ádige/Tirol do Sul, na fronteira norte do país com a Áustria, foi oficialmente classificada por Bruxelas, em 1975, como "montanhosa" (fato incontroverso); no entanto, 13 anos depois, a mesma área foi oficialmente declarada como sendo mais de 90% "rural" (o que também fica evidente a qualquer viajante), ou — segundo o jargão de Bruxelas — "Área Objetivo 5-b". Nessa dupla condição, o Alto Ádige agora fazia jus a fundos de proteção ambiental; subsídios agrícolas, subvenções para aperfeiçoamento vocacional, incentivo ao artesanato tradicional e para a elevação das condições de vida, a fim de reter a população nativa.

Conseqüentemente, entre 1993 e 1999, a pequena região do Alto Ádige recebeu, no total, 96 milhões de ecus (valor aproximadamente idêntico em euros, segundo índices de 2005). No chamado "Terceiro Período" do financiamento estrutural europeu, programado para vigorar de 2000 a 2006, mais 57 milhões de euros foram disponibilizados para a referida província. Nos termos do "Objetivo 2", esses recursos deveriam ser desembolsados para benefício único dos 83 mil residentes de áreas "exclusivamente" montanhosas ou rurais. Desde 1990, um departamento municipal de Bolzano, capital da província, tem se dedicado a instruir os moradores a se beneficiar da "Europa" e dos recursos europeus. Desde 1995, a província mantém um escritório em Bruxelas (compartilhado com a província italiana vizinha, Trentino, e com a região do Tirol austríaco). Na Internet, o portal da província de Bolzano (disponível em italiano, alemão, inglês, francês e ladino, este último uma variedade do dialeto suíço *Romansch*) é entusiasticamente "eurófilo" — e não é para menos.

O resultado, no Tirol do Sul e em outras localidades, foi que — apesar dos custos — a integração do continente, "de baixo para cima", conforme insistiam os defensores da estratégia, parece ter funcionado. Quando foi criado, em 1985, o Conselho [mais tarde, Assembléia] das Regiões Européias já abrangia 107 regiões afiliadas, e muitas ainda haveriam de ingressar. Uma espécie de Europa unida começava a se tornar visível. O regionalismo, antes assunto de um punhado de lingüistas obstinados, agora era oferecido como identidade alternativa, "subnacional": substituindo a própria nação e mais legítimo por ter o *imprimatur* oficial de Bruxelas e até das respectivas capitais nacionais (embora com menos entusiasmo).

Os residentes de uma CE parcelada, cujos cidadãos agora professavam alianças múltiplas, com ressonância cultural variável e significado cotidiano, eram talvez menos "italianos", "britânicos" ou "espanhóis" do que em décadas passadas; mas tampouco se sentiam, necessariamente, mais "europeus", a despeito da proliferação contínua de rótulos, eleições e instituições "européias". O vicejante florescimento de agências, mídia, instituições, representantes e fundos trouxe muitos benefícios, mas não conquistou grande simpatia. Um motivo talvez tenha sido a própria abundância de mecanismos oficiais para dispensar e supervisionar a gestão da generosidade européia: a já complicada engrenagem do governo do Estado moderno, com ministérios, comissões e diretorados, estava agora duplicada, ou mesmo triplicada, no escalão superior (Bruxelas) e no inferior (a província ou região).

O resultado foi não apenas burocracia numa escala sem precedentes, mas também corrupção, induzida e estimulada pelo simples volume de financiamento disponível, o que ensejava o exagero, e até mesmo a invenção de necessidades locais, propiciando o abuso e o mercenarismo que passaram despercebidos pelos gestores da Comunidade, em Bruxelas, e arriscaram emprestar descrédito às iniciativas, mesmo aos olhos dos que delas se beneficiavam. Somando-se a prática de formulação de políticas por funcionários que se mantinham distantes, e que não-eleitos para seus cargos, aos boatos de trocas de favores políticos e obtenção de vantagens pessoais, a "Europa", nos anos em questão, não foi bem servida pelas suas próprias realizações.

As já conhecidas limitações da política local — clientelismo, corrupção, manipulação —, as quais os países membros mais bem administrados supostamente teriam superado, agora ressurgiam em escala continental. A responsabilidade pública por "euro-escândalos" foi, prudentemente, transferida pelos políticos para os ombros de uma classe invisível de "eurocratas" não-eleitos, cuja má fama não acarretava qualquer custo político. Nesse ínterim, o orçamento sempre crescente da Comunidade era defendido por beneficiários, em nome da "harmonização" transnacional ou de compensações legítimas (e sempre alimentado pelos recursos da Comunidade, aparentemente infinitos)

Em suma, a "Europa" começava a representar um "risco moral", conforme insistiam os críticos mais severos, especialmente os britânicos. A iniciativa (que remontava a décadas) de superar a desunião continental por meio de medidas estritamente técnicas começava a parecer nitidamente política, enquanto carecia da legitimidade redentora de um projeto político tradicional defendido por uma classe de políticos eleitos. Enquanto a "Europa" tinha, de alguma forma, um objetivo próprio, a estratégia econômica do continente permanecia calcada nos planos e nas aspirações dos anos 50. Quanto à política, o tom confiante, intervencionista, dos pronunciamentos da Comissão Européia — bem como a autoridade e os talões de cheque abertos com que os especialistas surgiam em regiões remotas — evidenciavam um estilo de governo firmemente ancorado no apogeu socialdemocrata do início dos anos 60.

Apesar dos esforços louváveis para superar as limitações do calculismo político nacional, os homens e as mulheres que nos anos 70 e 80 se ocupavam de construir a "Europa" ainda eram estranhamente provincianos. Nesse sentido, o maior feito transnacional da época, o Acordo de Schengen, assinado em junho de 1985, é bastante sintomático. Segundo os termos do acordo, a França, a Alemanha Ocidental e os países do Benelux assentiam em anular suas fronteiras comuns e criar um regime único de controle de passaporte. A partir daquele momento, seria fácil atravessar da Alemanha para a França, assim como há muito tempo já era fácil se deslocar, digamos, entre a Bélgica e a Holanda.

Mas os signatários do Acordo de Schengen comprometiam-se a garantir regimes severos para concessão de vistos e para controle alfandegário entre eles próprios e países não-signatários; se os franceses, por exemplo, abrissem suas fronteiras a qualquer indivíduo proveniente da Alemanha, precisavam se certificar de que os alemães tinham aplicado a esse indivíduo critérios rígidos de admissão à Alemanha. Portanto, ao abrir as divisas internas de alguns Estados da CE, o acordo reforçou as fronteiras externas que os separavam de outros países. Os europeus civilizados podiam, de fato, ultrapassar fronteiras — mas os "bárbaros" ficariam de fora.[28]

[28] A "Zona Schengen" foi expandida, passando a abranger outros países membros da UE, mas o Reino Unido permanece fora, e a França, entre outros participantes, reservou para si o direito de reinstituir controle de fronteira, por motivo de segurança.

XVII
O Novo Realismo

"Não existe essa coisa de sociedade. Existem homens e mulheres, e existem famílias."
Margaret Thatcher

"Os franceses começam a entender que é a atividade empresarial que gera riqueza, determina nosso padrão de vida e estabelece a nossa posição nos *rankings* globais."
François Mitterrand

"Ao final do experimento de Mitterrand a esquerda francesa parecia carente de idéias, esperanças e apoio, mais do que nunca, em toda a sua história."
Donald Sassoon

Toda revolução politicamente importante é prenunciada por uma transformação do cenário intelectual. As reviravoltas ocorridas na Europa na década de 1980 não foram uma exceção. A crise econômica do início dos anos 70 minou o otimismo das décadas do pós-guerra na Europa, rachando partidos políticos tradicionais e trazendo novas questões para o centro do debate político. A discussão política verificada nos dois lados da Guerra Fria acabava, de maneira decisiva, com hábitos mentais que remontavam a décadas — e com uma velocidade surpreendente criava novos hábitos. Para o bem ou para o mal, nascia um novo realismo.

A primeira vítima da mudança de estado de espírito foi o consenso que até então caracterizava o Estado no pós-guerra, ao lado da economia neokeynesiana que reforçava as trincheiras intelectuais desse mesmo Estado. No final da década de 1970, o Estado previdenciário europeu começava a contabilizar os custos do seu próprio sucesso. A geração resultante da explosão demográfica do pós-guerra entrava na meia-idade, e os técnicos em estatística que trabalhavam para os governos já advertiam sobre os custos inerentes à aposentadoria dessa geração — problema que ficava ainda mais próximo no horizonte orçamentário graças à redução generalizada da idade em que as pessoas se aposentavam. Entre os alemães na faixa etária de 60 a 64 anos, por exemplo, em 1960, 72% trabalhavam em tempo integral; vinte anos depois, apenas 44% dos homens nessa faixa ainda estavam empregados. Na Holanda, a queda foi de 81% para 58%.

Em poucos anos, a maior geração até então registrada na história da Europa deixaria de contribuir para o Tesouro Nacional e passaria a extrair montantes imensos — fosse na forma de pensões ou, indiretamente, mas com impacto comparável, exigindo cada vez mais dos serviços médicos e sociais fornecidos pelo Estado. Além disso, sendo também a geração mais bem nutrida de todos os tempos, provavelmente haveria de viver mais. E a essa preocupação agora somava-se o gasto crescente com seguro-desemprego, que por volta de 1980 se tornou fator de grande impacto no orçamento de todos os Estados do Oeste Europeu.

A apreensão geral não deixava de ter fundamento. Os Estados previdenciários no pós-guerra apoiavam-se em duas suposições implícitas: que o crescimento econômico e a geração de emprego (e, portanto, a receita governamental) continuariam nos níveis elevados dos anos 50 e 60; e que os índices de natalidade permaneceriam bem acima do nível de reposição, garantindo o provimento de novos contribuintes para custear a aposentadoria dos pais — e dos avós. As duas suposições eram agora questionáveis, mas o erro no cálculo demográfico constituía a questão mais premente. Já no início de 1980, na Europa Ocidental, o índice de reposição populacional de 2,1 crianças por cada mulher só era alcançado ou superado na Grécia e na Irlanda. Na Alemanha Ocidental, o índice era de 1,4 criança por mulher. Na Itália, a proporção em breve cairia a níveis ainda inferiores: enquanto, em 1950, 26,1% dos italianos — mais do que um em cada quatro — tinham menos de 14 anos, em 1980 o índice era de 20%, ou um em cada cinco. Em 1990, tal índice decrescera para 15%, ou seja, um em cada sete.[1]

Na próspera Europa Ocidental, parecia que dentro de duas décadas não haveria gente suficiente para pagar as contas — e a prosperidade em si mesma despontava como a culpada, ao lado dos anticoncepcionais eficazes e do crescente número de mulheres trabalhando fora de casa.[2] A conseqüência foi que valores cada vez mais elevados tinham de ser cobrados daqueles que podiam pagar. O custo da provisão de pensões e seguro em alguns países (primordialmente na França) pesava bastante sobre os empregadores — questão grave numa época de desemprego endêmico. Mas a preocupação mais imediata era o ônus acarretado ao Tesouro Nacional: enquanto percentual do PIB, a dívida governamental em meados dos anos 80 alcançava níveis nunca registrados — 85%, no caso da Itália. Na Suécia, em 1977, a terça parte do produto nacional era consumida por gastos sociais, ônus orçamentário que só podia ser compensado por déficits ou então através do aumento de impostos que pesariam sobre os mesmos eleitores — empregados, funcionários públicos e profissionais liberais — dos quais o consenso socialdemocrata até então dependera.

Desde a década de 1930, as políticas públicas fundamentavam-se num inquestionável consenso "keynesiano". A suposição era de que planejamento econômico, déficit financeiro e pleno emprego eram desejáveis e mutuamente sustentáveis. Os críticos desse consenso propunham duas linhas de argumentação. A primeira, simplesmente, era que o conjunto de serviços sociais e provisões aos quais os europeus ocidentais se habituaram não tinha como ser sustentado. O segundo argumento, apresentado com maior veemência na Grã-Bretanha — onde a economia nacional cambaleara, de crise em crise, durante quase todas as décadas do pós-guerra —, era que, sustentável ou não, o Estado intervencionista representava um empecilho ao crescimento econômico.

O Estado, insistiam esses críticos, deveria se manter o mais distante possível do mercado de bens e serviços. Não deveria deter a propriedade dos meios de produção, não deveria alocar recursos, não deveria exercer nem incentivar monopólios e não deveria fixar preços nem

---

[1] Não fosse a curva *ascendente* do índice de natalidade registrada em comunidades de imigrantes asiáticos, africanos e caribenhos, os índices seriam ainda mais baixos.

[2] Na Europa Oriental, foi a Hungria, onde a economia paralela (ver Capítulo 18) propiciava a muita gente um padrão de vida mais elevado do que em outros locais do bloco, que primeiro alcançou índices de natalidade comparativamente baixos naqueles mesmos anos.

rendas. Na visão desses "neoliberais", os serviços então fornecidos pelo Estado — seguro, habitação, pensão, saúde e educação — poderiam ser providos com mais eficiência pelo setor privado, pagos pelos cidadãos com renda não mais direcionada (equivocadamente) para insumos públicos. Na opinião de um dos expoentes do liberalismo do livre-mercado, o economista austríaco Friedrich Hayek, nem mesmo os Estados mais bem administrados são capazes de processar dados com a devida eficiência e convertê-los em políticas benéficas: no próprio ato de pesquisar informações econômicas, as administrações as distorcem.

Tais idéias não eram novas. Eram as verdades de uma geração anterior de liberais pré-keynesianos, formados pelas doutrinas de livre-mercado da economia neoclássica. Em épocas mais recentes, essas doutrinas eram conhecidas dos estudiosos em virtude do trabalho de Hayek e seu discípulo norte-americano, Milton Friedman. Mas, com a Depressão dos anos 30 e o *boom* em função de demanda nos anos 50 e 60, essas doutrinas tinham sido, de modo geral, descartadas, ao menos da Europa, como politicamente míopes e economicamente anacrônicas. A partir de 1973, entretanto, ressurgiram os teóricos do livre-mercado, vociferantes e confiantes, atribuindo a recessão econômica endêmica e suas conseqüências nefastas ao "governo inchado" e à mão pesada de impostos que esse tipo de governo impunha à energia e iniciativa nacionais. Em vários locais, essa estratégia retórica atraiu muitos jovens eleitores que não tinham experimentado as conseqüências negativas dessas mesmas idéias quando elas estiveram em voga meio século antes. Mas somente na Grã-Bretanha os discípulos de Hayek e Friedman conseguiram assumir o controle da política pública e pôr em prática uma transformação radical na cultura política do país.

É bastante irônico que isso tenha ocorrido na Grã-Bretanha, pois a economia do Reino Unido, embora intensamente regulada, talvez fosse a menos "planejada" da Europa. Constantemente, o governo manipulava os mecanismos de preço e "sinais" fiscais, mas o único aspecto da vida econômica britânica guiado por ideologia eram as estatizações introduzidas pelo governo trabalhista após 1945. E embora o argumento a favor da "propriedade estatal dos meios de produção, distribuição e troca" (Cláusula IV da Constituição do Partido Trabalhista, promulgada em 1918) tenha sido mantido como política partidária, a maioria dos líderes trabalhistas defendia tal argumento apenas da boca para fora (quando o fazia).

A essência do Estado previdenciário britânico não estava no "coletivismo" econômico, mas nas instituições sociais universalizadas do país, firmemente ancoradas no reformismo dos liberais contemporâneos de Keynes, no início do século XX. O que importava para a maioria dos eleitores britânicos, tanto da esquerda quanto da direita, não era planejamento econômico nem propriedade estatal, mas assistência médica gratuita, educação pública gratuita e transporte público subsidiado. Tais serviços não eram de alta qualidade — o custo da gestão do Estado previdenciário na Grã-Bretanha era, na realidade, mais baixo do que em outros locais, graças a serviços carentes de financiamento, um sistema de pensão inadequado e pobre provisão de habitação —, mas eram vistos como um direito. Por mais que fossem julgados ineficientes e deficitários, e condenados por críticos neoliberais, esses bens sociais continuavam a ser politicamente intocáveis.

O moderno Partido Conservador, de Winston Churchill a Edward Heath, tinha abraçado o "contrato social" britânico com um entusiasmo quase comparável ao dos "socialistas" keynesianos pertencentes ao Partido Trabalhista, e durante muitos anos manteve os pés fincados no centro (afinal, foi Churchill quem observara, em março de 1943, que "não há melhor investimento para qualquer comunidade do que dar leite aos bebês"). Quando, em 1970, Edward Heath reuniu um grupo de defensores do livre-mercado em Selsdon Park, nas imediações de Londres, para discutir estratégias econômicas para um futuro governo conservador, o breve e ambivalente flerte com as propostas moderadas do grupo fez desabar sobre ele uma tempestade de críticas. Acusado de querer voltar ao primitivismo pré-histórico da selva econômica, o "Homem de Selsdon" bateu em retirada.

Se o consenso político britânico desmoronou na década seguinte, não foi devido ao confronto ideológico, mas em conseqüência do continuado fracasso dos governos de *todas* as bandeiras na identificação e implementação de uma estratégia econômica bem-sucedida. A partir da idéia de que as agruras econômicas da Grã-Bretanha resultavam de crônica carência de investimento, ineficiência administrativa e contínuas disputas trabalhistas sobre salários e demarcação funcional, governos trabalhistas e conservadores tentaram substituir a anarquia das relações industriais britânicas por um consenso planejado, no estilo austro-escandinavo ou alemão — uma "Política de Preços e Rendas", conforme ficou conhecida na Grã-Bretanha, com o típico minimalismo empírico.

E fracassaram. O Partido Trabalhista não foi capaz de impor a ordem industrial, porque seus tesoureiros nos sindicatos do setor industrial optaram por confrontos nas fábricas (que aliás eles tinham boas chances de vencer), à moda do século XIX, em vez de contratos negociados e assinados em Downing Street que os deixariam de mãos amarradas durante anos. Os conservadores, notadamente a administração de Edward Heath, de 1970 a 1974, saíram-se ainda pior, graças à desconfiança (justificada e historicamente comprovada) em determinados setores da classe operária britânica — especialmente os mineradores de carvão — diante de qualquer tratativa com ministros tóris. Portanto, quando, em 1973, Heath sugeriu o fechamento de várias minas de carvão e tentou impor restrições legais aos poderes dos sindicatos para iniciar disputas trabalhistas (algo que o Partido Trabalhista havia proposto e depois abandonado, alguns anos antes), seu governo foi boicotado por uma onda de greves. E quando convocou uma eleição para decidir, segundo as suas próprias palavras, "quem governa o país", Heath perdeu por pouco para Harold Wilson, que, prudentemente, declinou de empunhar o cassetete.

Somente no governo trabalhista do sucessor de Wilson, James Callaghan, de 1976 a 1979, uma nova política despontou. Impelido por necessidades prementes e pelas condições de um empréstimo concedido pelo FMI, Callaghan e o chanceler do Erário (o temível Denis Healey) começaram a se afastar das verdades centrais da prática governamental no pós-guerra. Os dois embarcaram num programa de reestruturação que reconhecia a inevitabilidade de certos níveis de desemprego; reduzia os repasses financeiros sociais e os custos de mão-de-obra, pois protegia os operários especializados, enquanto permitia o surgimento de uma periferia desfavorecida de empregados contratados em regime de meio expediente, desprotegidos e não-sindicalizados; e que visava a controlar e reduzir a inflação e os gastos do governo, mesmo à custa de austeridade econômica e crescimento desacelerado.

Nenhum desses objetivos foi abertamente declarado. O governo trabalhista afirmou até o fim que se mantinha fiel aos seus valores básicos e que defendia as instituições do Estado previdenciário, embora estivesse pondo em prática uma guinada cuidadosamente planejada, tentando concretizar, furtivamente, os tipos de reformas que seus predecessores não tinham conseguido fazer valer. A estratégia não funcionou: o Partido Trabalhista logrou tão-somente alienar os seus próprios seguidores, e não recebeu crédito algum pelos feitos realizados. Já em agosto de 1977, devido, em parte, aos grandes cortes em gastos públicos efetuados pelo governo trabalhista, o nível de desemprego no Reino Unido excedia 1,6 milhão e continuava a crescer. No ano seguinte, durante o "Inverno do Descontentamento" britânico (1978-1979), os grandes sindicatos realizaram uma série de greves orquestradas contra o "seu próprio" governo trabalhista: o lixo deixou de ser recolhido e os mortos deixaram de ser sepultados.[3]

O primeiro-ministro James Callaghan parecia estar fora de sintonia: em resposta à pergunta de um jornalista sobre a crescente inquietação do setor industrial, ele anunciou, lepidamente, que não havia motivo para preocupação, com isso ensejando uma célebre manchete de jornal — "Crise? Que crise?"; a situação contribuiu para que Callaghan perdesse a eleição da qual ele não pôde escapar na primavera seguinte. É bastante irônico que o Partido Trabalhista precisasse disputar a histórica eleição de 1979 valendo-se da plataforma de que *não havia* arquitetado uma crise social quando se afastara, de modo radical, das convenções econômicas (visto que fora isso, precisamente, que o partido fizera), enquanto o Partido Conservador foi empurrado de volta ao poder sob a vibrante liderança de uma mulher que insistia que os males britânicos necessitavam, exatamente, de um tratamento radical.

Margaret Thatcher era uma candidata implausível ao papel revolucionário que haveria de encarnar. Nascida em Grantham, pequena cidade provinciana de Lincolnshire, era filha de um sisudo casal metodista, donos de mercearia. Sempre foi conservadora: seu pai integrara a Câmara de Vereadores local como conservador; a jovem Margaret Roberts (conforme então se chamava) ganhou uma bolsa de estudos para Oxford — onde estudou química — e chegou à presidência da Sociedade Conservadora da universidade. Em 1950, aos 25 anos, disputou (e foi derrotada) as Eleições Gerais, como candidata do Partido Conservador, a candidata mais jovem a concorrer no país. Química e, mais tarde, advogada tributarista, teve seu primeiro ingresso no Parlamento em 1959, conquistando assento pelo município de Finchley, maciçamente conservador, o qual continuaria a representar até entrar para a Câmara dos Lordes, em 1992.

Até conseguir bater conservadores bem mais experientes e, em 1975, conquistar a liderança do partido, Margaret Thatcher era conhecida na Grã-Bretanha como ministra da Educação do governo conservador de Heath, a ministra que, para atingir metas de cortes orçamentários, aboliu a distribuição de leite grátis nas escolas britânicas, decisão (tomada com relutância) que seria o primeiro indício da sua futura trajetória. Todavia, essa imagem pública flagrantemente desfavorável não constituiu um empecilho ao avanço de Mrs. Thatcher — sua dispo-

[3] Os níveis mais elevados de indignação e ressentimento foram registrados nos sindicatos de servidores públicos, abrangendo desde coletores de lixo até enfermeiros mal remunerados. Os principais sindicatos da indústria eram mais otimistas diante dos cortes implementados por Callaghan; enquanto o governo trabalhista honrasse a promessa de proteger os operários especializados e deixasse seus privilégios intactos, os líderes sindicais se dispunham a tolerar o abandono da fé demonstrado pelo governo. Mas foram pegos de surpresa quando constataram que esse tipo de acordo não seria possível com Margaret Thatcher.

sição de cortejar e confrontar a impopularidade não a prejudicou diante dos colegas, e talvez tenha sido até um atrativo.

E o fascínio de Mrs. Thatcher era inegável. Na verdade, uma surpreendente variedade de estadistas durões na Europa e nos EUA confessavam, extra-oficialmente, achá-la bastante sensual. François Mitterrand, bem versado no assunto, certa vez a descreveu como tendo "olhos de Calígula e boca de Marilyn Monroe". Ela era capaz de oprimir e intimidar demonstrando menos piedade do que qualquer político britânico desde Churchill, mas também seduzia. De 1979 a 1990, Margaret Thatcher oprimiu, intimidou — e seduziu — o eleitorado britânico, levando-o a realizar uma revolução política.

"Thatcherismo" significava diversas coisas: redução de impostos, livre-mercado, livre-iniciativa, privatização de indústrias e serviços, "valores vitorianos", patriotismo, "o indivíduo". Algumas dessas questões — as políticas econômicas — configuravam extensões de propostas que já circulavam tanto em meios conservadores quanto trabalhistas. Outras, principalmente, os temas "morais", eram mais populares entre conservadores pertencentes a comunidades rurais do que entre o eleitorado como um todo. Mas foram questões que surgiram após uma reação contra o libertarianismo dos anos 60, e agradaram a muitos admiradores de Mrs. Thatcher, tanto na classe operária quanto na classe média: homens e mulheres que jamais tinham se sentido à vontade em companhia da intelectualidade progressista que dominava os interesses públicos naqueles anos.

Mas, acima de tudo, thatcherismo significava "governo firme". No final dos anos 70, discutia-se muito a suposta "ingovernabilidade" da Grã-Bretanha, a percepção generalizada de que a classe política perdera o controle, não apenas da política econômica, mas do local de trabalho e até das ruas. O Partido Trabalhista, tradicionalmente vulnerável à imputação de ser incapaz de dirigir a economia, agora, depois do "Inverno do Descontentamento", via-se exposto à acusação de ser incapaz de dirigir o Estado. Na campanha eleitoral de 1979, os tóris alardearam não apenas a necessidade de rigor econômico e gestão financeira adequada, mas também a ânsia da nação por líderes fortes e confiantes.

A primeira vitória de Margaret Thatcher numa eleição não foi muito notável, para os padrões históricos. A bem dizer, sob a liderança de Mrs. Thatcher o Partido Conservador jamais conquistou muitos votos. Mas os conservadores não venceram, propriamente, as eleições; antes, assistiram à derrota dos trabalhistas, quando muitos eleitores do Partido Trabalhista passaram a apoiar o Partido Liberal, ou então se abstiveram de votar. Sob essa luz, a pauta radical de Margaret Thatcher e a determinação de fazer valer tal pauta podem ser vistas como incongruentes com o mandato nacional, um rompimento inesperado e até arriscado com a antiga tradição britânica de governar o mais perto possível do centro político.

No entanto, em retrospecto, parece claro que nisso residiu, precisamente, o sucesso de Margaret Thatcher. A recusa a ceder, mesmo quando suas políticas monetaristas pareciam fracassar (aos conservadores que, em outubro de 1980, imploraram que ela retrocedesse em suas políticas, ela respondeu: "Podem dar meia-volta, se quiserem. A dama não volta atrás"); a pronta adoção do apelido de "Dama de Ferro" a ela conferido pelos soviéticos; a satisfação visível com que desafiava e derrotava uma fieira de adversários, desde a junta militar argentina, na Guerra das Malvinas, até o líder do Sindicato dos Mineradores, Arthur Scargill; a bolsa erguida agressivamente contra os líderes da Comunidade Européia reunidos, enquanto ela exigia "nosso dinheiro de volta": tudo isso indica, claramente, que a principal qualidade política de Mrs. Thatcher era, exatamente, a obstinação, a recusa peremptória à concessão, características que tanto enfureciam os que a criticavam. Conforme apontavam todas as pesquisas de opinião, até quem desaprovava as políticas do thatcherismo muitas vezes confessava uma certa admiração pela mulher. Os britânicos voltavam a ser *governados.*

Na realidade, e considerando tudo o que ela dizia sobre o indivíduo e o mercado, Margaret Thatcher dirigiu um renascimento notável (e um tanto desconcertante) do Estado britânico. Em administração, Mrs. Thatcher era, por instinto, centralizadora. Para garantir que suas disposições prevalecessem em todo o país, reduziu poderes e orçamentos dos governos locais (a Lei do Governo Local, de 1986, desmantelou as autoridades municipais britânicas, transferindo-lhes o poder de volta a Londres, exatamente quando o restante da Europa implementava uma grande *des*centralização do poder). A direção da política educacional e do planejamento econômico regional foi revertida para departamentos do governo central submetidos a controle político direto, enquanto os próprios ministérios do governo viam a sua tradicional autonomia cada vez mais cerceada por uma primeira-ministra que dependia mais de um pequeno grupo de amigos e assessores do que da elite do funcionalismo público.

Instintivamente (e com razão), Margaret Thatcher suspeitava que essa elite, a exemplo da elite educacional e judiciária, preferisse o velho paternalismo subsidiado pelo Estado. No contexto das complexas convenções da política britânica, sempre provida de espírito de classe, Mrs. Thatcher — emergente da baixa classe média que demonstrava uma queda pelo empresariado *nouveau riche* — não era muito benquista pela ilustre elite governante do país, e a recíproca era absolutamente verdadeira. Tóris da velha guarda ficavam abismados diante do desprezo que a primeira-ministra demonstrava pela tradição e por práticas passadas: no frenesi de privatização, o ex-primeiro-ministro, Harold Macmillan, acusou-a de estar vendendo a "prata da casa". O predecessor de Mrs. Thatcher, Edward Heath, que, indignado, havia se referido às negociatas de um empresário britânico corrupto como "o lado inadmissível do capitalismo", abominava Mrs. Thatcher e sua política. Ela pouco se importava.

A revolução do thatcherismo fortaleceu o Estado, fomentou o crescimento do mercado — e dedicou-se a desmanchar os elos que anteriormente uniam Estado e mercado. Mrs. Thatcher destruiu para sempre a influência pública exercida pelos sindicatos britânicos, aprovando leis que limitavam a capacidade de os líderes sindicais organizarem greves e, em seguida, fiscalizando o cumprimento de tais leis pelos tribunais. Em 1984-1985, durante um confronto bastante simbólico entre o Estado poderoso e uma malfadada comunidade de proletários da indústria, a primeira-ministra esmagou uma iniciativa violenta e emocional do Sindicato Nacional dos Mineradores que visava boicotar a política governamental de fechamento de minas ineficientes e suspensão de subsídios à indústria local.

A liderança dos mineradores era incompetente, a causa perdida, e a greve se prolongou mais por desespero do que por estratégia. Mas o fato de Margaret Thatcher ter vencido uma batalha que Edward Heath perdera (e da qual sucessivos líderes trabalhistas se esquivaram) tornou-a imensamente fortalecida — e fortalecida ela ficou também após o fracasso do IRA num atentado contra a vida da primeira-ministra, ocorrido em plena vigência da referida greve. Mrs. Thatcher, a exemplo dos melhores revolucionários, teve sorte com os inimigos. Estes permitiram que ela declarasse ser a única a falar em nome dos humildes, frustrados, submetidos a uma regulamentação excessiva, gente que por ela estava sendo libertada de décadas de domínio por parte de interesses constituídos e de parasitas que se beneficiavam de subsídios provenientes da generosidade do contribuinte.

Não resta dúvida de que o desempenho econômico da Grã-Bretanha *melhorou* durante os anos do governo Thatcher, após um período inicial de declínio, entre 1979 e 1981. Graças a uma crise econômica que "apertou" empresas ineficientes, e graças ao incremento da concorrência e ao constrangimento dos sindicatos, a produtividade do setor empresarial e os lucros aumentaram sensivelmente. O Tesouro foi reabastecido com a receita originária da venda de patrimônio nacional (venda que só poderia ser realizada uma única vez). Nada disso fizera parte da plataforma de Thatcher, em 1979, e a privatização, em si mesma, não era uma idéia com raízes ideológicas — afinal, tinha sido o Partido Trabalhista que, em 1976, vendera o interesse nacional na British Petroleum (atendendo às ordens do FMI). Porém, já em 1983, os benefícios políticos e financeiros da liquidação do patrimônio estatal levaram a primeira-ministra a inaugurar um leilão nacional que duraria uma década, "libertando" produtores e consumidores.

Tudo, ou quase tudo, foi para o leilão de privatização. Na primeira rodada, foram as empresas e unidades menores, sobretudo do setor industrial, sobre as quais o Estado detinha controle parcial ou integral. Em seguida, foram os monopólios "naturais", como a rede de telecomunicações, o serviço de energia e o transporte aéreo, a começar pela venda da British Telecom, em 1984. O governo também vendeu grande parte do "estoque" habitacional do país construído no pós-guerra: a princípio, para os próprios inquilinos, e, mais tarde, a qualquer interessado. Entre 1984 e 1991, os valores das privatizações realizadas no Reino Unido corresponderam à terça parte do patrimônio privatizado em todo o mundo.

A despeito desse aparente desmanche do setor público, a fatia do PIB britânico correspondente aos gastos públicos foi, em 1988, praticamente, idêntica (41,7%) à registrada dez anos antes (42,5%), apesar das promessas de Mrs. Thatcher de "retirar das costas do povo o peso do Estado". Isso ocorreu porque o governo conservador foi obrigado a pagar somas inusitadas a título de seguro-desemprego. O índice "escandalosamente" elevado de 1,6 milhão de desempregados que em 1977 tanto prejudicara o governo de Callaghan em 1985 chegara à casa dos 3,25 milhões, e permaneceu um dos mais altos da Europa durante todo o restante do mandato de Mrs. Thatcher.

Muitos dos que perderam empregos em indústrias ineficientes (e até então subsidiadas), por exemplo, a indústria do aço, a mineração de carvão, os setores têxtil e de construção naval, jamais voltariam a se empregar e, na prática, seriam dependentes do Estado pelo resto da vida. Se, em alguns casos (especialmente na indústria do aço), os empregadores se transformaram em empresas privadas lucrativas, isso decorreu menos do milagre da privatização do que do fato de o governo de Margaret Thatcher os ter livrado de elevados custos fixos originados pela força de trabalho, "socializando" o custeio de mão-de-obra excedente na forma de desemprego subsidiado pelo Estado.

É possível dizer algo positivo sobre a privatização de determinadas indústrias e serviços. Durante muitos anos, bens econômicos vitais tinham permanecido nas mãos do setor público, sem grandes considerações sobre investimento ou modernização. Tais indústrias e serviços dispunham de pouquíssimos recursos financeiros, o seu desempenho era protegido contra a pressão tanto por parte da concorrência quanto do consumidor, sendo que os administradores se viam amarrados pela inércia burocrática e pela intromissão política.[4] Graças a Mrs. Thatcher, surgiu na Grã-Bretanha um mercado bem maior para bens, serviços e, finalmente, trabalho. Passou a haver mais opção e mais competição de preços (embora isso demorasse mais tempo e continuasse deficiente). Quando John Major, sucessor de Mrs. Thatcher, deixou a Grã-Bretanha fora do "capítulo social" do Tratado Constitutivo da União Européia, Jacques Delors o acusou de transformar o Reino Unido em "paraíso para o investimento estrangeiro", acusação da qual os defensores do thatcherismo podiam perfeitamente se considerar os felizes culpados.

Enquanto *economia*, então, a Grã-Bretanha da era Thatcher foi mais eficiente. Mas, enquanto *sociedade*, a Grã-Bretanha sofreu uma implosão, com catastróficas conseqüências a longo prazo. Ao desprezar e desmontar todos os recursos de propriedade coletiva, ao insistir, com veemência, numa ética individualista que descartava qualquer bem não quantificável, Margaret Thatcher danificou seriamente a tessitura da vida pública britânica. Cidadãos foram transformados em acionistas, ou "especuladores", e suas relações interpessoais com a coletividade passaram a ser medidas com base em patrimônio e reivindicações, e não em serviços e deveres. Uma vez que tudo, desde empresas de ônibus até o fornecimento de energia elétrica, estava nas mãos do setor privado, o espaço público se tornou o espaço do mercado.

Se — conforme afirmava Mrs. Thatcher — "não existe essa coisa de sociedade", então, com o passar do tempo, as pessoas haveriam de perder o respeito por bens definidos socialmente. E assim ocorreu, pois a Grã-Bretanha no final da Era Thatcher começou a assumir algumas das piores características do modelo norte-americano que a Dama de Ferro tanto admirava. Os serviços que permaneciam ligados ao setor público ficavam à míngua, enquanto a riqueza se acumulava nos setores "emancipados" da economia — especialmente em Londres, onde banqueiros e acionistas muito se beneficiaram do "Big Bang"[5] de 1986, quando os mercados financeiros britânicos foram liberados e abertos à concorrência internacional. Os espaços públicos ficaram ao deus-dará. O índice de delitos e delinqüência cresceu na proporção do aumento da fatia da população relegada à pobreza permanente. A riqueza privada foi acompanhada, como costuma acontecer, pela esqualidez pública.[6]

Mas o alcance de Margaret Thatcher tinha limites. O típico eleitor de Thatcher — caricaturado como um agente do mercado imobiliário, com cerca de trinta anos, residente nos subúrbios a leste de Londres, com pouca educação formal, mas bom salário, que passava fé-

---

[4] Em 1996 (o último ano em que existiu), a rede ferroviária nacionalizada britânica "gabava-se" de contar com o subsídio mais baixo oferecido ao transporte ferroviário em toda a Europa. Naquele mesmo ano, os franceses planejavam investir em suas ferrovias o equivalente a 21 libras por residente; os italianos, 33 libras; os britânicos, apenas 9.

[5] Isto é, "Grande Explosão". (N. do T.)

[6] E a propriedade privada também. Ao romper o elo entre pensões e salários, Thatcher reduziu, drasticamente, a renda da maioria dos seus compatriotas aposentados. Já em 1997, as pensões pagas pelo setor público no Reino Unido correspondiam a apenas 15% da remuneração média, o índice mais baixo em toda a UE.

Cartaz de "Procurados" do Grupo Baader-Meinhof, 1972 (Ulrike Meinhof e Andreas Baader, primeira fila, à esquerda). Radicais que operavam fora do Parlamento na Alemanha recorreram ao terrorismo para "arrancar o véu" que encobria a República Federal e expor "a civilizada tecnologia do extermínio da Nova Ordem de Bretton Woods".

Primeiro dia do julgamento, em abril de 1982, de 63 integrantes das Brigadas Vermelhas acusados de matar o ex-chanceler italiano Aldo Moro. Na Itália, terroristas de esquerda enfatizavam ligações (ilusórias) com o proletariado, mas eram os terroristas de direita que representavam um perigo maior (e matavam mais pessoas).

Membros do ETA ("Pátria Basca e Liberdade"), 1982. Indignados com o seu próprio isolamento em relação à próspera população local (que incluía muita gente vinda de outras regiões da Espanha) e movidos pela miragem de um "País Basco independente", na década de 1980, terroristas do ETA mataram em média 34 pessoas por ano.

"[...] Achei uma pedra pra tacar num soldado [...]. Quando crescer vou andar bem armado [...]" (Cantiga de criança em Belfast, por volta de 1976). Os confrontos que duraram trinta anos, entre três segmentos — terroristas do IRA, terroristas protestantes e o Exército britânico — resultaram em cerca de 2 mil mortes.

Trabalhadores portugueses desembarcando na França, 1970. Já em 1973, os estrangeiros somavam 11% da força de trabalho francesa. Na Alemanha Ocidental, havia quase 3 milhões de "trabalhadores convidados", a maioria proveniente de países mediterrâneos. O "milagre econômico" europeu dependeu muito da contribuição desses migrantes — e das remessas de dinheiro que eles faziam para seus países de origem.

Italianas apoiando a reforma da Lei do Divórcio, 1974. No pós-guerra, a legislação previdenciária da Europa Ocidental beneficiava, sobretudo, trabalhadores empregados e famílias. Questões importantes para as mulheres — aborto, controle de natalidade, divórcio — tiveram de esperar até o final dos anos 60, no norte da Europa, e o final dos 70, em outras regiões.

Francisco Franco e seu sucessor ungido, o príncipe Juan Carlos, em outubro de 1971. O generalíssimo (que faleceu em 1975) ficaria decepcionado com o pupilo: ao se tornar rei, Juan Carlos impediu um golpe militar, em 1981, e se revelou grande (e benquisto) defensor da democracia na Espanha.

As primeiras eleições legislativas realizadas em Portugal, abril de 1975. Em retrospecto, a transição para uma democracia parlamentarista na Europa mediterrânea parece tranqüila e até inevitável. À época, porém, muita gente, tanto de esquerda quanto de direita, ficou decepcionada com o desenlace da situação.

O chanceler Willy Brandt — e o primeiro-ministro da RDA, Willi Stoph —, em Erfurt, março de 1970, durante as primeiras conversações entre as duas Alemanhas. A Ostpolitik *de Brandt criou elos e diminuiu tensões na Europa Central — mas, para algumas pessoas, a Alemanha Ocidental parecia estar legitimando e até apoiando os vizinhos comunistas.*

"Olhos de Calígula e boca de Marilyn Monroe." O sucesso de Margaret Thatcher em arrancar da CEE uma vultosa compensação orçamentária a favor da Grã-Bretanha se deveu à sua habilidade de conquistar e intimidar não apenas o eleitorado britânico mas também homens experientes (e céticos), como François Mitterrand.

João Paulo II em sua primeira visita à Polônia, junho de 1979. Embora, ao contrário do que supunham tantos admiradores, Karol Wojtyła não tenha derrubado sozinho o comunismo, sua contribuição para a descrença do regime na Polônia foi imensa.

Adam Michnik em Gdansk, 1984. Michnik foi um dos críticos mais corajosos e originais do comunismo na Europa Oriental. Muito influente foi a ênfase por ele conferida à ação não-violenta e à erosão interna do comunismo, em vez da tentativa de confrontar ou derrubar o regime.

Mikhail Gorbatchev se deliciando com a adulação do povo — Praga, abril de 1987. O último líder soviético nunca foi tão popular na URSS quanto o era no Ocidente, mas o sucesso no exterior o incentivou a implementar reformas internas, talvez indo além das suas intenções iniciais.

Refugiados da Alemanha Oriental num trem lacrado, passando por Praga a caminho do Ocidente, novembro de 1989. A Revolução Bolchevique teve início com Lenin atravessando a Alemanha num trem lacrado; portanto, transportar cidadãos comunistas para a liberdade nesse tipo de veículo era mais do que adequado.

Praga, novembro de 1989. Até mesmo a "Revolução de Veludo" teve um prólogo brutal. Mas, fora da Romênia, as transições de 1989 transcorreram com poucos incidentes de grande violência — talvez porque muitas facções comunistas soubessem, melhor do que os críticos, que o regime estava condenado.

Alexander Dubček e Václav Havel, Praga, 24 de novembro de 1989. Planos para indicar Dubček à presidência da Tchecoslováquia na era pós-comunismo foram logo abortados: para os revolucionários de 1989 — que escolheram Havel —, o herói do "comunismo reformado" era tão irrelevante e obsoleto quanto o próprio stalinismo.

V. I. LENIN

rias no exterior, era proprietário de bens (casa, carro, um punhado de ações de fundos mútuos e contando com esquema privado de pensão), privilégios com os quais seus pais só podiam sonhar — havia ingressado no mundo do individualismo do thatcherismo. Mas tanto esse eleitor quanto sua família dependiam inteiramente do Estado para a provisão de serviços essenciais: educação gratuita, assistência médica praticamente gratuita e transporte subsidiado. Portanto, quando Mrs. Thatcher e seu sucessor, John Major, sussurraram a possibilidade de privatizar o Serviço Nacional de Saúde, ou de cobrar pela educação pública, o apoio da população evaporou — precisamente junto aos setores prósperos e vulneráveis que haviam sido atraídos pelo thatcherismo.

Cinco anos após a saída de Mrs. Thatcher, John Major conseguiu levar a termo a privatização dos serviços ferroviários. Os conservadores se animaram diante da perspectiva de mais lucros obtidos com a venda do patrimônio público para o setor privado; mas o motivo principal dessa privatização foi a necessidade de Major parecer estar privatizando *seja lá o que fosse* — àquela altura, Mrs. Thatcher já havia vendido praticamente tudo, e a privatização se tornara o único programa do Partido Conservador. Mas a incompetência e a prevaricação observadas nos procedimentos, bem como os desastres subseqüentes — culminando numa série de trágicos acidentes de trem que poderiam ter sido evitados —, contribuíram para causar, dois anos depois, não apenas a derrota do governo conservador, mas o fim de um ciclo de privatizações e a descrença em relação às manifestações mais extremas do próprio thatcherismo.

Entre as principais vítimas de Margaret Thatcher figurou o próprio Partido Conservador. Ao final do mandato da Dama de Ferro, o partido tóri — o partido "natural" da situação havia quase um século — já não tinha um programa, nem líderes e, aos olhos de muita gente, tampouco alma. Tal julgamento pode parecer excessivamente severo tratando-se de uma mulher que conduziu o partido a três sucessivas vitórias eleitorais e governou praticamente sozinha durante quase 12 anos. Mas esse é, precisamente, o ponto: Margaret Thatcher governou *sozinha*. Segundo as palavras de Frederico, o Grande: "O povo diz o que quer, e então eu faço o que quero". Qualquer colega que discordasse dela, na mais insignificante das questões, e que portanto não era "um de nós", era atirado às trevas.

A maioria dos contemporâneos de Mrs. Thatcher, sem falar do grupo de estadistas veteranos do partido que ela isolou assim que pôde, era constituída por *conservadores* autênticos, muitos dos quais ainda se lembravam das ferrenhas divisões políticas ocorridas nos anos do entreguerras e receavam despertar o demônio da luta de classes. Thatcher era *radical*, determinada a destruir e inovar; desprezava concessões. Para ela, a luta de classes, devidamente atualizada, era a essência da política. As políticas da primeira-ministra, tantas vezes açodadas, eram secundárias aos seus objetivos, e tais objetivos, por sua vez, eram em grande medida uma função do seu estilo pessoal. O thatcherismo tinha mais a ver com o *como* governar e menos com o que fazer. Os conservadores que a sucederam, perdidos no cenário inóspito do pós-thatcherismo, não tinham políticas, nem objetivos — e nenhum estilo.[7]

[7] Na década seguinte à aposentadoria da líder, os herdeiros de Margaret Thatcher no manuseio do leme do Partido Conservador decaíram, a começar pelo insípido (John Major), passando pelo presunçoso (William Hague), chegando ao inepto (Iain Duncan Smith). Após o longo reinado da Rainha do Sol, seguiu-se um dilúvio de mediocridade.

Talvez Margaret Thatcher tenha destruído o Partido Conservador, mas ela merece crédito pela salvação e pelo renascimento do Partido Trabalhista. A curto prazo, evidentemente, Mrs. Thatcher esmagou seus oponentes trabalhistas — na realidade, ela não teria concretizado as mudanças que concretizou não fosse a espantosa incompetência dos trabalhistas. Embora, em 1979, alguns líderes do Partido Trabalhista compreendessem os problemas diante deles, eles não demonstravam convicção, nem capacidade de persuasão. Com Thatcher no poder, o movimento trabalhista britânico entrou numa década de grande agitação. O centro militante e unionista do partido tinha uma visão de mundo comparável à de Mrs. Thatcher, mas enxergada pelo outro lado do espelho: a Grã-Bretanha deveria optar entre um Estado protecionista, coletivista, igualitário e regulador, de um lado, ou mercados abertos, livre concorrência, recursos privatizados e um mínimo de bens e serviços públicos, do outro. Mais uma vez, as opções, graças à Dama de Ferro, eram claras: socialismo ou capitalismo.

À semelhança dos moderados conservadores, os moderados do Partido Trabalhista desesperavam-se. Alguns — particularmente Roy Jenkins, ex-presidente da Comissão Européia — deixaram o partido e formaram um efêmero Partido Socialdemocrata, que mais tarde se fundiria com o Partido Liberal, o eterno terceiro partido britânico. Mas a maioria, embora temerosa, permaneceu no partido. E o pessimismo tinha fundamento. Sob a liderança de Michael Foot, intelectual interessante mas político ineficaz, o partido disputou as eleições gerais de 1983 tendo como plataforma um programa flagrantemente anacrônico, destinado a anular não apenas o thatcherismo mas também muitos compromissos assumidos por governos trabalhistas do passado. Previa-se o recuo do Reino Unido diante do cenário econômico internacional (e o recuo da inabalável lealdade aos EUA). Não haveria privatizações, mercado aberto, "Europa" ou qualquer outro projeto estrangeiro. Segura detrás dos muros de uma economia fechada, a esquerda britânica, finalmente, construiria a Nova Jerusalém tantas vezes criticada pelos colegas.

O manifesto do Partido Trabalhista nas eleições de 1983 foi qualificado de modo sucinto e com grande antevisão por um parlamentar desiludido com o partido como "a carta suicida mais longa da História". Animada com a recente vitória na Guerra das Malvinas, na qual havia logrado construir um monopólio do partido sobre a noção de "patriotismo" e, mais uma vez, demonstrado sua inusitada satisfação diante de confrontos,[8] Mrs. Thatcher venceu as eleições de junho de 1983, por uma diferença que foi quase um recorde. O Partido Trabalhista perdeu mais de 3 milhões de eleitores, e 160 assentos no Parlamento. A fatia do eleitorado trabalhista caiu para 27,6%, o pior desempenho do partido desde a Primeira Guerra Mundial. Se o povo britânico queria o que Mrs. Thatcher estava vendendo é questão que permanece controversa (o eleitorado conservador não cresceu), mas, com toda certeza, *não queria* a alternativa oferecida.

Foram necessários 14 anos e três novos líderes para que o Partido Trabalhista se recuperasse da catástrofe de 1983. Politicamente, em algumas fortalezas regionais (especialmente

[8] Conforme ela explicou, durante a Convenção do Partido Conservador Escocês, em 14 de maio de 1982: "É empolgante ter uma verdadeira crise nas mãos, depois de se ter passado a metade da vida política lidando com questões maçantes, como, por exemplo, meio ambiente".

em Liverpool), o partido precisava isolar e destruir a influência de trotskistas e outros ativistas da esquerda radical. Sociologicamente, o partido precisava encarar a própria incapacidade de se manter atualizado em relação aos anseios e às aspirações da nova classe média, cujo apoio era imprescindível para que os trabalhistas voltassem ao poder, uma classe média que se tornara mais numerosa do que o evanescente proletariado industrial e os empregados do setor público de cujo eleitorado o Partido Trabalhista (a exemplo de todos os partidos socialdemocratas) sempre dependera. Intelectualmente, os líderes trabalhistas precisavam encontrar um novo conjunto de objetivos políticos — e uma nova linguagem para apresentá-los.

Em meados dos anos 90, essas metas tinham sido alcançadas — ainda que apenas em aparência. O partido mudou de nome, passando a se chamar *Novo Trabalhismo*, em 1996, um ano depois que o novo líder, Tony Blair, finalmente convenceu os companheiros a abandonar a Cláusula IV, que comprometia o partido com a nacionalização. Quando, afinal, em 1997, os trabalhistas voltaram ao poder, derrotando um exausto Partido Conservador, ninguém falou de anular a revolução realizada pelo thatcherismo. Em vez disso, a campanha do Novo Trabalhismo, focalizada quase exclusivamente no eleitorado conservador marginal e inconstante, atacou o valor alto dos impostos, a corrupção e a ineficiência — os mesmos alvos dos ataques de Mrs. Thatcher na geração anterior.

Se Tony Blair e seus companheiros depuseram um véu dos mais discretos sobre a Era Thatcher, não foi por acaso. O sucesso de Blair dependia diretamente de um triplo legado de Mrs. (agora lady) Thatcher. Em primeiro lugar, ela "normalizou" o desmantelamento radical do setor público (no que dizia respeito a indústria e serviços) e promoveu a substituição desse setor por uma Grã-Bretanha "privatizada" e empreendedora, cujos louvores Blair cantava com satisfação. Em segundo lugar, ao longo de tal processo, Mrs. Thatcher havia destruído o velho Partido Trabalhista, facilitando a tarefa dos que lutavam pela reforma da instituição; Blair tão-somente colheu os frutos do trabalho desses companheiros. E, em terceiro lugar, como já foi visto, a aspereza e a intolerância de Thatcher diante de dissidência e discordância racharam o Partido Conservador, inviabilizando-lhe a eleição.

Seguindo Thatcher de perto, Tony Blair compartilhava muitos dos preconceitos da Dama de Ferro, ainda que em tom menos abrasivo. Tanto quanto ela, ele abominava o velho vocabulário político. No caso dele, isso significava que qualquer discurso acerca de "classe", antiquada categoria social, seria substituído por "raça" ou "gênero" no jargão do Novo Trabalhismo. A exemplo de Mrs. Thatcher, Blair demonstrava pouca tolerância diante de decisões descentralizadas ou de dissidência interna. Tanto quanto ela, ele preferia se cercar de empresários do setor privado.[9] E, embora o Novo Trabalhismo se mantivesse vagamente comprometido com a "sociedade", a liderança partidária que seguia Blair desconfiava tanto do "Estado" quanto os mais doutrinários seguidores de Thatcher.

Eis, portanto, a dimensão dos resultados de Margaret Thatcher. Ela não apenas destruiu o consenso do pós-guerra, mas formulou um novo consenso. Antes de Mrs. Thatcher chegar ao poder, a política pública britânica baseava-se na noção de que o Estado era a fonte natural da

[9] Talvez com uma diferença: enquanto Margaret Thatcher acreditava na privatização como algo relacionado ao bem moral, Tony Blair apenas aprecia a companhia de ricaços.

legitimidade e da iniciativa. Quando ela saiu de cena, tal entendimento começava a se tornar minoritário, mesmo no seio do Partido Trabalhista britânico, nitidamente voltado para o Estado. Pela primeira vez em duas gerações, o papel do Estado foi posto em discussão, e cada vez se ouvia menos vozes em sua defesa, ao menos no âmbito da política oficial. É certo que havia quem acreditasse que a revolução do thatcherismo provocara o caos, e que a volta dos serviços para a administração estatal direta (se não a propriedade pública dos meios de produção) ainda era desejável. Mas, depois de Mrs. Thatcher, a opinião dessas pessoas carecia de argumentos — e, exceto no caso de bens sociais básicos, como educação e assistência médica, tais argumentos já não contavam com toda a simpatia popular.

Às vezes se diz que o papel desempenhado por Thatcher nessas mudanças tem sido exagerado, que, de qualquer modo, as circunstâncias teriam impelido a Grã-Bretanha na direção do thatcherismo, pois já começava a acabar o gás do pacto social firmado no pós-guerra. Talvez. Mas, mesmo em retrospecto, é difícil imaginar quem, senão Mrs. Thatcher, poderia ter encarnado o papel que ela representou. A própria *escala* da transformação por ela implementada, para o bem ou para o mal, precisa ser reconhecida. A qualquer pessoa que adormecesse na Inglaterra em 1978 e acordasse vinte anos depois o país pareceria muito estranho, totalmente diferente do que era, e marcantemente diferente do restante da Europa.

A França também mudou drasticamente ao longo daqueles mesmos anos, e algumas das conseqüências foram idênticas. Porém, enquanto na Grã-Bretanha as principais premissas do consenso do pós-guerra foram destruídas por uma revolução de direita, na França foram o renascimento e a transformação da esquerda não-comunista que quebraram o molde político. Durante muitos anos, a política francesa ficara refém de dois atrativos paralelos e opostos: o Partido Comunista, na esquerda, e o gaullismo, na direita. Ao lado de companheiros mais jovens, tanto da esquerda quanto da direita, comunistas e gaullistas personificaram e levaram adiante uma tradição tipicamente francesa segundo a qual aliança política era determinada por região, profissão e religião.

Essa rigidez da sociologia política francesa, intacta desde meados do século XIX, começava a ser abalada, conforme já vimos, pelas mudanças sociais e culturais dos anos 60. A esquerda já não podia contar com o voto maciço do proletariado. A direita já não se unia em torno da pessoa e da aura de De Gaulle, que falecera em 1970; e a medida fundamental do conservadorismo político na França — a tendência de eleitores conservadores a serem católicos praticantes — começava a sofrer em conseqüência do declínio na prática religiosa da população, ao passo que igrejas em vilarejos e pequenas cidades francesas perdiam paroquianos, e sobretudo os filhos dos paroquianos, para os grandes centros urbanos.

Mas uma mudança maior estava em curso. Ao longo dos anos 70 e no início dos anos 80, a tradicional sociedade francesa, bem como um antigo estilo de vida — conhecido, afetuosamente, como *la France profonde, la douce France, la bonne vieille France, la France éternelle* —, parecia, para os franceses, estar desaparecendo a olhos vistos. A modernização da agricultura nas décadas de 1950 e 1960 e a migração de filhos e filhas de camponeses para as cidades vinham despovoando as zonas rurais francesas. A economia revitalizada operava uma transformação no trabalho, nos hábitos de viagem e no lazer de uma nova classe de residentes urbanos. Rodovias e ferrovias que durante décadas acumularam mato e detrito foram reconstruídas, redesenhadas ou substituídas por uma nova rede nacional de transportes. As próprias cidades, que sobreviviam há muito tempo em meio ao desleixo e à falta de investimento, tornavam-se populosas e vibrantes.

Nem sempre os franceses se sentiam bem com o ritmo das mudanças. Movimentos políticos surgiram para protestar contra a aceleração do processo de urbanização da vida social, o crescimento das cidades e o esvaziamento das zonas rurais. Um legado dos anos 60 — o renovado interesse em línguas e culturas regionais — parecia ameaçar a própria integridade territorial e a unidade da França. Aos olhos de contemporâneos temerosos, o país parecia estar, ao mesmo tempo, se modernizando e rachando ao meio. Mas o Estado permanecia acima do embate. Na Grã-Bretanha, a relação entre um Estado que tudo abraçava e uma economia ineficiente, na qual Margaret Thatcher depositava uma ênfase tão negativa, parecia óbvia para muita gente. Mas na França era o próprio Estado que parecia deter a chave do renascimento econômico do país. Os dirigentes eram a elite intelectual da nação, e os planejadores se viam como uma classe de funcionários públicos de carreira, imparciais e imunes às efêmeras paixões ideológicas e convulsões sociais do país. Na França, a política dividia a nação diante da questão de *quem* assumiria o poder e com quais objetivos sociais; mas, em torno da questão de *como* o poder seria exercido, era notável o consenso prático.

De 1958 a 1969, o Estado francês tinha sido governado por Charles de Gaulle. O estilo conscientemente tradicional do presidente e o seu declarado descaso pelos detalhes do planejamento econômico não foram empecilhos à mudança. Ao contrário: foi sob a camuflagem de uma Constituição semi-autoritária, confeccionada segundo as exigências de um militar autocrata e carismático, que a França deu início à tumultuada modernização que contribuiu para a deflagração dos protestos de 1968 — na realidade, foi uma desconcertante mescla de autoridade paterna tradicional e mudanças sociais desestabilizadoras que ocasionou os protestos.

Os adversários e críticos de De Gaulle exploraram bastante a maneira "antidemocrática" pela qual o general tomara e exercera o poder — "*le coup d'état permanent*", conforme disse François Mitterrand, num panfleto publicado em 1965; mas os recursos e ornamentos de um poder presidencial praticamente irrestrito foram igualmente do agrado dos sucessores do general, de todas as inclinações políticas. E o sistema de eleições presidenciais diretas lançava uma sombra sobre as eleições legislativas qüinqüenais realizadas no país, valorizando a habilidade política e a personalidade individual de candidatos em torno dos quais os partidos precisavam se reagrupar. Foi nesse cenário que o formidável Mitterrand brilhou.

François Mitterrand, a exemplo de Margaret Thatcher, era candidato implausível para o papel que viria a desempenhar na condução dos interesses do país. Nascido numa família de católicos praticantes, originária do sudoeste da França (região conservadora), Mitterrand cursou a Faculdade de Direito, na década de 1930, e foi ativista de direita, tendo atuado em alguns dos movimentos antidemocráticos mais extremistas da época. Durante grande parte da Segunda Guerra Mundial, trabalhou como funcionário do governo colaboracionista de Vichy, tendo mudado de lado a tempo de poder se declarar, no pós-guerra, membro da Resistência. Sua carreira parlamentar e ministerial na Quarta República foi construída em diversos partidos de pequeno porte, de centro-esquerda, nenhum dos quais aliado ao marxismo tradicional.

Mesmo quando disputou e perdeu as eleições presidenciais em 1965, ocasião em que contou com o apoio dos partidos da esquerda oficial, Mitterrand não era, absolutamente, o candidato das esquerdas, e fez questão de se manter distante. Somente após a implosão do velho Parti Socialiste, em 1969, na seqüência da humilhação eleitoral em 1968, Mitterrand começou a tramar o próprio papel no renascimento do Parti: uma tomada de poder, posta em prática em 1971, com o surgimento do novo Partido Socialista, liderado por Mitterrand e uma nova geração de jovens ambiciosos recrutados para servi-lo.

A relação entre Mitterrand e os resquícios da nobre herança socialista francesa era mutuamente útil. O partido precisava de Mitterrand: o bom desempenho na eleição presidencial de 1965, quando ele conquistou o apoio de 27% dos eleitores registrados (inclusive muitos em redutos conservadores do leste e do oeste do país) e levou De Gaulle a um segundo turno, revelou-o um ganhador de votos — já em 1967, durante eleições legislativas, distintivos e fotos de Mitterrand venderam bem. O país entrava numa nova era de política televisionada e personalizada — conforme comentou Michel Durafour, prefeito de St. Etienne, expressando pesar, em 1971: "A França vive apenas na expectativa da próxima eleição presidencial". Mitterrand seria um coringa para a esquerda.

Por sua vez, Mitterrand precisava dos socialistas. Carecendo de uma organização própria e bastante maculado pelos acordos e escândalos da Quarta República a cujos governos ele havia servido, esse oportunista inveterado usou o Partido Socialista para se reciclar como um homem da esquerda engajada, enquanto se mantinha distante da bagagem doutrinária que pesava sobre a velha esquerda. Certa vez, ele assim definiu as suas alianças religiosas: "*Je suis né chrétien, et je mourrai sans doute en cet état. Dans l'intervalle...*" ("Nasci cristão, e sem dúvida morrerei como tal. Nesse ínterim..."). Com o mesmo tipo de cinismo, ele poderia ter acrescentado que nascera conservador e como tal morreria, mas que entrementes se tornara socialista.

Esse casamento por interesse funcionou melhor do que as duas partes imaginavam. Ao longo da década de 1970, enquanto o Partido Trabalhista britânico declinava, os socialistas franceses estavam às vésperas do seu maior sucesso. Os dois obstáculos ao ressurgimento de uma esquerda majoritária na França tinham sido o carisma pessoal de De Gaulle e o receio de muitos eleitores de que um governo de esquerda fosse dominado por comunistas. Já em 1970, De Gaulle estava morto; dez anos mais tarde, mortas estavam também as perspectivas dos comunistas. Com relação à morte de De Gaulle, não se pode dar crédito a Mitterrand, mas o fim das perspectivas comunistas foi, indubitavelmente, façanha sua.

Admitindo a lógica da necessidade e carecendo da sutileza ideológica de seus predecessores autenticamente socialistas, Mitterrand, a princípio, alinhou aos comunistas o novo Partido Socialista por ele criado; em 1972, Mitterrand formou com os comunistas uma coalizão eleitoral protegida por um Programa Comum anticapitalista com redação vaga. Nas eleições de 1977, os comunistas, partido dominante da esquerda desde 1945, ficaram 10 pontos percentuais abaixo dos socialistas de Mitterrand. Somente então Georges Marchais, o apagado secretário-geral do PCF, começou a se dar conta do erro que o seu partido cometera ao alinhar o próprio destino ao do partido jovem e energético fundado por Mitterrand — decisão tomada, em parte, sob a influência otimista e ecumênica do "eurocomunismo"; mas era tarde demais.

Quando melhorou o desempenho registrado em 1965 nas eleições presidenciais de 1974 (ocasião em que perdeu de Giscard d'Estaing por pequena margem, tendo concorrido como o candidato das esquerdas unidas), Mitterrand havia criado uma máquina eleitoral extraordinária, transformando o Partido Socialista num movimento abrangente que despertou interesse em todo o espectro da sociedade francesa, inclusive católicos, mulheres, fazendeiros e pequenos negociantes, todos anteriormente hostis aos socialistas.[10] Com o passar dos anos, a imagem do líder havia se tornado mais afável: na primavera de 1981, por toda a França, grandes painéis publicitários exibiam o retrato de Mitterrand com filtro suave, tendo ao fundo a mesma paisagem rural e bucólica antes predileta da propaganda pétainista, estampada naqueles mesmos painéis, com a promessa "*La Force Tranquille*" — "A Força Tranqüila".

Os comunistas, nesse ínterim, mostravam-se enfraquecidos — a invasão do Afeganistão pela União Soviética em 1979 foi vergonhosa, e vergonhosa também foi a queda dos comunistas nas pesquisas. Ao longo da década de 1970, o Partido Comunista deixara de ser uma estrela fixa no firmamento ideológico: o prestígio do partido ruíra junto aos votos, mesmo no "Cinturão Vermelho" industrial de Paris, área dominada pelos comunistas desde meados dos anos 20. No entanto, Marchais estava decidido a se candidatar nas próximas eleições presidenciais, em parte por hábito, em parte por orgulho, mas sobretudo devido à crescente consciência da necessidade de livrar o PCF do abraço mortal dos camaradas socialistas.

No primeiro turno da eleição presidencial de 1981, os dois candidatos conservadores, Giscard d'Estaing e o jovem Jacques Chirac, somados, venceram Mitterrand e Marchais (este último tendo conquistado apenas 12,2% dos votos). Mas no segundo turno, disputado duas semanas mais tarde pelos dois candidatos mais votados, Mitterrand conseguiu o apoio de socialistas, comunistas, ambientalistas e até de trotskistas (que normalmente se recusavam a cooperar), conquistou mais do que o dobro da fatia obtida no primeiro turno e derrotou Giscard, tornando-se o primeiro socialista eleito (diretamente) chefe de Estado na Europa. Mitterrand logo dissolveu o Parlamento e convocou eleições legislativas, nas quais o seu partido esmagou comunistas e direitistas, garantindo a maioria absoluta na Assemblée Nationale. Os socialistas detinham controle total da França.

As comemorações espontâneas das vitórias dos socialistas foram algo sem precedentes. Para as dezenas de milhares de seguidores de Mitterrand (em sua maioria jovens) que dançavam nas ruas, tratava-se da "*grand soir*", a véspera da revolução, o limiar de um rompimento radical com o passado. Com base, estritamente, nos dados eleitorais, tal hipótese era estranha. A exemplo de surpresas eleitorais ocorridas no passado — a vitória da Frente Popular Francesa, em abril de 1936, com a qual a façanha de Mitterrand foi prontamente comparada, ou a eleição de Margaret Thatcher, em 1979 —, a votação francesa em 1981 não foi radicalmente redistribuída. Na realidade, na primeira votação, Mitterrand saiu-se *pior* do que nas disputas anteriores pela presidência, em 1965 e 1974.

---

[10] Uma pesquisa realizada em 1979 revelou que o perfil do Parti Socialiste de Mitterrand, por incrível que parecesse, refletia o perfil do país como um todo, algo que nenhum outro partido poderia afirmar.

As diferenças foram que, no segundo turno, os eleitores de esquerda demonstraram grande disciplina (unindo-se no apoio a Mitterrand, em vez de se absterem em teimosia sectária) e a *direita* ficou dividida. Dos que votaram em Chirac no primeiro turno da eleição de 1981, 16% cederam o voto a Mitterrand, duas semanas depois — em vez de reelegerem o então presidente, Giscard d'Estaing, com quem os gaullistas que apoiavam Chirac muito antipatizavam. Se a direita não tivesse assim se dividido, não teria havido presidente Mitterrand, nem vitória socialista nas eleições legislativas que se seguiram — nem *grand soir* de expectativas radicais.

Cumpre destacar esse fato porque muito dependia do resultado da eleição de 1981. Em retrospecto, fica evidente, conforme o próprio Mitterrand bem sabia, que seu grande feito, em 1981, foi "normalizar" o processo de alternação na República Francesa, possibilitando aos socialistas serem tratados como um partido de governo. Mas para os seguidores que apoiaram Mitterrand em 1981 o quadro parecia bastante diverso. Para estes, o objetivo não era normalizar a alternação de poder no futuro, mas assumir e exercer o poder aqui e agora. Levavam a sério as promessas do líder relacionadas às transformações radicais, bem como a sua disposição de eliminar não apenas a corrupção e o marasmo dos anos de Giscard, mas o próprio sistema capitalista. Excluídos do poder havia muito tempo, os militantes socialistas franceses podiam agora continuar a sonhar com revolução.

E a esquerda não exercia o poder na França havia muitas décadas; na realidade, *jamais* havia exercido o poder sem ser impedida por parceiros de coalizão, por banqueiros que se recusavam a cooperar, por crises cambiais, agências internacionais e por uma série de outras desculpas cujo objetivo era explicar o fracasso da implantação do socialismo. Em 1981, segundo constava, nada disso valia, e não haveria desculpa para retrocessos. Além do mais, a relação entre controle do Estado e implementação de mudanças revolucionárias estava de tal modo entranhada na cultura política radical da França que o simples fato de vencer a eleição foi visto como sinal de iminente confronto social.

A exemplo do próprio Marx, a esquerda francesa identificava toda mudança *concreta* com revolução política, de modo geral, e com a grande Revolução Francesa, em particular. Por conseguinte, surgiram comparações efusivas com 1871 e até com 1791. Nada do que Mitterrand dissera na campanha levara os seguidores mais convictos a pensar de modo diferente. Para derrotar os comunistas e a ala esquerda do seu próprio partido, Mitterrand roubara-lhes as vestes revolucionárias. A campanha eleitoral suscitara expectativas às quais ele agora precisava corresponder.

Portanto, os anos de Mitterrand iniciaram com uma agenda ambiciosa e radical: uma mistura de reformas sociais moralmente edificantes e tardias (entre as quais a extinção da pena de morte era a mais importante) e um programa fantasmagórico de legislação "anticapitalista". Os salários foram corrigidos, a idade mínima para aposentadoria baixou e a carga horária de trabalho foi reduzida. Mas o elemento crucial do programa foi um plano de estatização sem precedentes. Em seu primeiro ano de gestão, o novo governo socialista do primeiro-ministro Pierre Mauroy passou para o controle estatal (entre outros): 36 bancos, duas grandes financeiras, cinco das maiores empresas industriais da França (inclusive a Thomson-Brandt, a maior fabricante nacional de produtos elétricos e eletrônicos), bem como o Unisor e o Sacilor, grandes grupos franceses que atuavam nos setores do ferro e do aço.

Não havia por trás dessas medidas qualquer estratégia econômica. Falava-se de revigorar a lenta economia francesa com a injeção de capital proveniente do governo, mas essa idéia não era nova, tampouco exclusivamente socialista; o primeiro-ministro Chirac, já nos anos 70, havia contemplado brevemente projetos similares. A principal função das estatizações de 1981 e 1982, a exemplo dos controles cambiais que as acompanharam, era simbolizar a *intenção* anticapitalista do novo regime, confirmar que as eleições de 1981 haviam mudado mais do que a equipe do governo.

Na realidade, desde o início, ficou evidente para os interessados que os bancos estatais, por exemplo, só poderiam funcionar se contassem com "autonomia total de decisão e ação", portanto anulando os objetivos reguladores e distributivos que haviam sido invocados para justificar a transferência desses mesmos bancos para o Estado. Essa concessão pragmática ilustra o maior obstáculo à "revolução" de Mitterrand. Durante um ano, o novo regime tentou, bravamente, apresentar um perfil radical para a França e para o mundo. A princípio, o esforço convenceu — Jacques Attali, assessor especial de Mitterrand, observou que representantes do governo dos EUA (sempre alertas para identificar qualquer tipo de retrocesso) declaravam enxergar poucas diferenças entre as políticas econômicas da França e da União Soviética.

Contudo, para a França, seguir um caminho "socialista" em 1982 significava impor não apenas controles cambiais, mas um elenco de medidas que isolassem o país de seus parceiros comerciais e situassem a economia numa posição quase autárquica. Retirar a França dos mercados financeiros internacionais talvez não fosse tão impensável como mais tarde seria: em 1977, a capitalização de mercado da IBM, sozinha, era o dobro do valor total da Bolsa de Valores de Paris. Mais significativo era o fato de que tal medida teria provocado a separação e talvez a saída da França da Comunidade Européia, cujos acordos sobre tarifas, mercados e alinhamentos cambiais — sem falar dos planos para um mercado comum — já restringiam bastante as opções disponíveis aos países membros.

Supõe-se que tais considerações ocupassem o pensamento de Mitterrand — somadas, sem dúvida, à evidência de pânico crescente em círculos empresariais e aos sinais de que moeda, valores e indivíduos deixavam o país em caráter de urgência, precipitando uma crise econômica. Em 12 de junho de 1982, o presidente decidiu dar meia-volta. Rejeitando o conselho dos assessores mais radicais, Mitterrand autorizou o governo a congelar preços e salários durante um mês, a cortar os gastos públicos (que tinham aumentado, generosamente, no ano anterior), a elevar a carga tributária e priorizar o combate à inflação (em vez de imprimir dinheiro, conforme ele fora instado a fazer); na realidade, Mitterrand adotou a estratégia do economista conservador Raymond Barre, cujo "Plano" de 1977, jamais implementado, teria introduzido na França uma dose de thatcherismo antecipado, e, desde então, deixou de fazer qualquer referência ao "caminho francês para o socialismo".

Os aliados comunistas do presidente e alguns de seus colegas socialistas mostraram-se profundamente espantados. Mas não deveriam. Pragmático ao extremo, Mitterrand logo percebeu que a França não podia sequer pensar na possibilidade de escolher entre ficar na órbita econômica (e política) ocidental ou se lançar numa duvidosa rota de centro, entre o capitalismo e o comunismo. Transformando uma necessidade temporária em virtude duradoura, Mitterrand se reciclou como líder do "europeísmo". A França construiria uma sociedade melhor *através* da unificação européia, e não sendo contrária a ela. Em vez de lutar contra o capitalismo, a França inventaria uma versão melhor.

Já em 1984, Mitterrand destituíra do seu governo os quatro ministros comunistas; anunciara publicamente as virtudes de uma economia "mista"; nomeara um primeiro-ministro jovem e tecnocrata, Laurent Fabius; delegara a gestão econômica, financeira e orçamentária a Jacques Delors, com instruções para estabilizar a economia francesa;[11] e, ainda, num discurso importante proferido em abril naquele mesmo ano, propalou a modernização francesa, "*à l'américaine*".

Mitterrand tinha a França do seu lado — em 1983, apenas 23% dos eleitores socialistas lamentavam o fracasso na "condução da França à prática socialista". Se queriam ou não que ele "modernizasse" o país com igual entusiasmo, o fato é que ele o modernizou. Sem abandonar, explicitamente, as menos controversas das suas reformas anteriores — descentralização administrativa, restauração da previdência social, garantia de direitos do trabalho às mulheres e a reforma do Judiciário há muito esperada —, Mitterrand dedicou o restante do seu longo domínio (aposentou-se em 1995, após dois mandatos presidenciais de sete anos, e morreu no ano seguinte, com 80 anos) à realização de obras públicas caras, de estética e utilidade duvidosas; dedicou-se também a resgatar a iniciativa internacional francesa[12] e a supervisionar o retorno para o setor privado de muitas indústrias e serviços que ele próprio havia recentemente passado para o setor público.

O impulso inicial para privatizar o imenso setor público francês foi dado pela maioria parlamentar conservadora que saiu vitoriosa das eleições de 1986. Mas sucessivos governos, de todos os naipes, buscaram esse mesmo objetivo — na realidade, os governos socialistas dos últimos anos de Mitterrand foram os que demonstraram mais energia no projeto de privatização. Seguindo o modelo britânico de ofertas públicas, os primeiros bens a serem alienados ao setor privado foram os grandes bancos e a TF1, um dos três canais nacionais de televisão. Em seguida, foram as empresas públicas seguradoras, indústrias químicas e farmacêuticas e os gigantescos conglomerados de petróleo, Total e Elf.

Ao contrário de Mrs. Thatcher e de seus herdeiros, entretanto, os franceses foram cautelosos na venda de serviços públicos, ou de empresas "estratégicas", como a fábrica de veículos Renault (que pouco tempo antes, em 1985, fora salva da falência por um grande repasse financeiro oferecido pelo Estado). No mercado, assim como no jardim, os franceses desconfiavam daquilo que crescia espontaneamente. Preferiam resguardar a capacidade de intervir, tipicamente, mantendo nas mãos do Estado uma fatia das empresas privatizadas. Por conseguinte, na França, a privatização foi algo marcantemente regulado — as ações com poder controlador eram destinadas a empreendimentos e empresas nos quais o Estado podia confiar, e durante muitos anos os investidores internacionais se mantiveram desconfiados (com razão). No entanto, para os padrões franceses, as mudanças foram enormes, e o país logo voltou a se alinhar com o desenvolvimento europeu e internacional.

---

[11] Ex-banqueiro e ex-assessor do primeiro-ministro gaullista Jacques Chaban-Delmas, Delors presidiria a Comissão Européia de 1985 a 1995.

[12] Mesmo no auge do descontentamento popular com a política governamental, durante o declínio econômico registrado em meados dos anos 80, 57% dos eleitores declaravam-se satisfeitos com a política *externa* de Mitterrand.

Este talvez seja o momento propício para comentar a onda de privatização que chegou à costa da Europa Ocidental na década de 1980 e varreu o continente no decorrer da década seguinte. A onda não surgiu do nada. Conforme já vimos, a British Petroleum vinha sendo gradativamente vendida, desde 1977; o governo da Alemanha Ocidental se desvencilhara do complexo químico Preussag, por meio de um lançamento público de ações, já em 1959, e vendera a sua participação na Volkswagen poucos anos depois; até o Estado austríaco, ao longo da década de 1950, vendera 40% das ações que possuía de dois bancos privatizados, e abdicara de sua grande participação na Siemens, em 1972.

Mas essas privatizações tinham sido esporádicas e — por assim dizer — *pragmáticas*. O que aconteceu na década de 1980 foi bastante diverso, algo que se impôs aos governos a partir de duas direções opostas. Em primeiro lugar, o crescente desenvolvimento tecnológico — sobretudo nas telecomunicações e nos mercados financeiros — minava os antigos monopólios "naturais". Se os governos já não podiam monopolizar os canais de transmissão, nem a movimentação financeira, para o seu uso exclusivo, não fazia o menor sentido que sobre tais segmentos exercesse "posse". O argumento político ou social em defesa da manutenção de partes de determinados setores — um canal público de televisão, digamos, ou o serviço postal — nas mãos do Estado ainda era forte, mas a concorrência se tornara inevitável.

Em segundo lugar, os governos estavam sendo impelidos a vender bens públicos por necessidades econômicas a serem atendidas a curto prazo. Pressionados pela inflação, pela crise do petróleo de 1979-1980, por grandes déficits anuais e pela crescente dívida pública, ministros da Fazenda viam a alienação do patrimônio público como duplamente benéfica. O Estado se desobrigaria de indústrias e serviços deficitários e as receitas geradas contribuiriam para o equilíbrio do orçamento, ainda que o benefício só valesse por uma única vez. Mesmo que uma indústria ou serviço permanecesse parcialmente nas mãos do setor público, e o Estado, geralmente, ficasse com a parte não-lucrativa rejeitada pelos compradores, a injeção de recursos provenientes da venda das ações poderia ser destinada a investimentos futuros. Por esse motivo, muitos administradores do setor público defendiam essas vendas parciais, pois se ressentiam do fato de que os lucros por eles gerados costumavam ser desviados para compensar os déficits do orçamento nacional.

Variava muito a forma e a extensão do controle e da propriedade pública na Europa. O setor público industrial era menor na Holanda, Dinamarca e Suécia, e maior na Itália, França, Espanha e Áustria. Excetuando a saúde e os serviços sociais, o segmento da força de trabalho, no início dos anos 80, diretamente empregado pelo Estado variava de 15%, na Alemanha Ocidental, a 28%, na Itália, e correspondia, na Áustria, a quase uma em cada três pessoas. Em alguns países — Áustria, Espanha e Itália — o setor público era organizado em imensos empreendimentos controladores, dos quais o IRI italiano era o maior.[13]

Em outros locais, os interesses do Estado eram filtrados através de um Banco Nacional de Investimentos — conforme ocorria na Holanda — ou do equivalente belga, a Societé

[13] Em 1982, o IRI (Instituto per la Ricostruzione Industriale) controlava, entre tantas outras atividades, toda a fabricação nacional de ferro fundido, dois terços da produção de aço especial, a quarta parte da produção de sorvete e 18% da produção de tomates pelados.

Nationale d'Investissement. A indústria do aço contava com diversos tipos de apoio: na Grã-Bretanha, o Tesouro costumava amortizar as dívidas das companhias estatais; na França, o governo oferecia empréstimos a juros baixos e intervinha politicamente para proteger os produtores locais contra a concorrência internacional; na Alemanha Ocidental, os fabricantes de aço pertencentes ao setor privado recebiam subsídios financeiros diretos.

Diante de tamanhas disparidades nacionais, as formas de privatização na Europa variaram significativamente. Entretanto, em todos os casos, a privatização acarretou algum tipo de desregulamentação; liberalização de mercados e introdução de novos instrumentos financeiros capazes de facilitar a venda e a revenda de ações, em empresas parcialmente ou totalmente privatizadas. Na Alemanha Ocidental, onde os principais setores de exportação (carros, engenharia mecânica, indústrias de produtos químicos e eletrônicos) já se encontravam em mãos do setor privado, o obstáculo à eficiência e à concorrência não adveio do controle do Estado, mas de preços fixos elevados e da regulamentação do mercado de trabalho. Na Alemanha, quando ocorreu, a *privatização* foi, primeiramente, responsabilidade da Treuhandgesellschaft, a empresa pública criada em 1990 com o propósito de se desfazer das empresas estatais da Alemanha Oriental.[14]

Na Itália, o principal obstáculo no caminho da privatização não foram os interesses do Estado, mas os dos partidos políticos. Os democratas cristãos e os socialistas, em particular, usavam o setor estatal e as empresas controladoras pertencentes ao setor público para recompensar colegas e subornar seguidores, muitas vezes favorecendo-os com contratos e os absorvendo ao *sottogoverno*, uma estrutura de poder submerso que sustentava o comando. Mas, apesar desse grande desincentivo, o setor privado italiano se expandiu continuamente no período em questão, sobretudo em se tratando de fábricas com menos de cem operários — bem mais numerosas na Itália do que na Grã-Bretanha, França ou Alemanha.

Já em 1976, a Corte Constitucional pusera um fim ao monopólio da RAI, a rede de rádio e televisão italiana administrada pelo Estado. Poucos anos depois, a Alfa Romeo, que à época ainda operava sob a égide de uma empresa estatal controladora, foi "absorvida" pela Fiat. Num período de seis anos, as principais empresas controladoras — IRI, INA, ENI e ENEL[15] — foram transformadas em empresas públicas de capital aberto. Elas não tinham valor — ao contrário: em 1984, o IRI perdia 4,5 milhões de liras por ano, por cada um de seus 500 mil empregados. Mas puderam emitir bônus convertíveis em ações das companhias controladas, cuja privatização já estava programada.

A situação em países recém-saídos de governos autoritários era bem diferente. O setor público na Espanha pós-Franco, por exemplo, na realidade *expandiu-se*. A fração do PIB correspondente a gastos públicos aumentou continuamente, à medida que os centristas que ocuparam o governo de 1976 a 1982 mantiveram a estratégia do antigo regime: evitar o confronto social através da simples transferência para o Estado de empresas privadas falidas.

---

[14] A meta original da Treuhand era converter o maior número possível das 9 mil firmas existentes na Alemanha Oriental (que empregavam 7 milhões de homens e mulheres) em verdadeiras empresas e liquidar as restantes. Mas, sob pressão política, a Treuhand optou pela reabilitação e consolidação de muitos estabelecimentos deficitários, ironicamente criando um setor semipúblico, subsidiado por fundos estatais. Ver o Capítulo 21.

[15] Instituto per la Ricostruzione Industriale, Instituto Nazionale delle Assicurazioni, Ente Nazionale Idrocarburi, Ente Nazionale per L'Energia Elettrica.

E os governantes não poderiam ter feito diferente — por vários motivos, esse tipo de estatização era preferência de trabalhadores, patrões, políticos nacionais e autoridades regionais. Em todo caso, um dos principais argumentos para o corte do setor público — de que a manutenção do Estado previdenciário era por demais dispendiosa — não se aplicava a Espanha, Portugal, nem à Grécia. Não havia Estado previdenciário a ser desmantelado.

Todavia, ainda que não tivesse o mesmo nível de serviços sociais e programas de proteção existentes no restante da Europa, o setor público — sobrecarregado com o refugo não lucrativo do capitalismo espanhol, adolescente precoce e mimado — achava-se irremediavelmente onerado. Já em 1976, o INI (Instituto Nacional de Indústria) tinha participação em 747 indústrias (a maioria não lucrativa) e controlava outras 379. Algum tipo de privatização e desregulamentação seria inevitável, caso a Espanha pretendesse se tornar solvente. A exemplo da França, foi um governo socialista que deu início ao processo, criando, em 1987, fundos de pensão privados e, dois anos mais tarde, abolindo o monopólio estatal sobre a televisão.

Em Portugal, depois da revolução, o Artigo 85 da Constituição e uma lei subseqüente, de 1977, proibiam expressamente a iniciativa privada nos setores bancário, de seguros, transportes, correios e telecomunicações, produção e distribuição de energia, refino de petróleo e na indústria armamentista. A administração socialista de Mário Soares tentou, em 1983, introduzir certa flexibilidade, permitindo que a iniciativa privada competisse com o Estado nos setores bancário e de seguros, e autorizando a formação de empresas abertas nas indústrias de aço, petróleo, produtos químicos e armamentos. Mas levaria ainda algum tempo até que os demais setores protegidos fossem abertos a graus reduzidos de concorrência.

A Europa mediterrânea — a exemplo da Europa Central pós-comunista poucos anos depois — teria demorado ainda mais para abrir mão do controle estatal, não fosse o impacto da Comunidade/União Européia. Já em 1979, as paridades monetárias fixas do Sistema Monetário Europeu (SME) eram uma limitação — um motivo que levou os governos de Mitterrand a vender o patrimônio público foi a necessidade de tranqüilizar os mercados cambiais e manter o valor do franco no nível acordado com o SME. Mas a principal alavanca de Bruxelas se constituiu de regras que estavam sendo estabelecidas para um mercado comum europeu. Este obrigava todas as empresas — públicas e privadas — a observar normas de livre concorrência em âmbito interno e, possivelmente, externo. Na competição por contratos ou negócios não deveria haver favoritismos, nem subsídios disfarçados, nem outros tipos de vantagens para empresas de propriedade ou controle público.

Por mais que, na prática, tais regras fossem contornadas, a sua simples existência obrigava as empresas estatais a terem no mercado um comportamento idêntico ao das empresas privadas — sendo que àquela altura não havia muita razão para manter o envolvimento do Estado nas questões dessas mesmas empresas. A reação italiana foi típica de muitos outros países membros da Comunidade: em 1990, a Itália adotou novas regras que ecoavam as cláusulas relevantes do Ato Único Europeu, determinando que as firmas estatais observassem o princípio de concorrência livre e igualitária, em todas as transações — exceto no caso de empresas ou empreendimentos em que o monopólio estatal fosse "vital às tarefas", cláusula cuja flexibilidade e imprecisão permitiram que os governos se adaptassem às normas européias e, ao mesmo tempo, permanecessem sensíveis às pressões locais.

A despeito do entusiasmo em Bruxelas (e Londres) pelo aumento da abertura e da "competitividade", é provável que naqueles anos a febre européia de privatização tenha causado menos mudanças do que os partidários do programa prometiam ou esperavam. Os críticos tinham prevenido que o resultado não seria o aumento da concorrência, mas apenas a transferência da concentração do poder econômico, da esfera pública para a privada; e foi isso o que aconteceu. Graças a complicados esquemas de propriedade acionária, muitas empresas privadas de grande porte, na França, por exemplo, imitavam a conduta das velhas empresas públicas. Monopolizavam setores inteiros e não eram mais receptivas aos pequenos acionistas do que tinham sido aos contribuintes ou consumidores na época em que existiam sob gestão pública.

Além disso, ironicamente, a privatização e a competição causaram pequeno impacto no dimensionamento do setor estatal. Já vimos que na Grã-Bretanha de Mrs. Thatcher a dimensão do Estado, na verdade, *aumentou*. O mesmo ocorreu em outros locais. Entre 1974 e 1990 (em certa medida, em virtude do desemprego endêmico registrado no setor privado), o índice da força de trabalho empregada no serviço público cresceu: de 13% para 15,1%, na Alemanha; de 13,4% para 15,5%, na Itália; de 22,2% para 30,5%, na Dinamarca. A maioria desses funcionários públicos, entretanto, estava agora no setor terciário, e não na indústria, prestando e administrando serviços (financeiros, educacionais, médicos e de transportes), e não fabricando itens.

A liberalização econômica não sinalizou a queda do Estado previdenciário, nem mesmo o seu declínio, apesar das esperanças dos teóricos, mas ilustrou uma mudança sísmica na alocação de recursos e iniciativas, do setor público para o setor privado. Tal mudança foi muito além de questões técnicas, por exemplo, relacionadas a quem detivesse a propriedade desta ou daquela fábrica, ou ao grau de regulamentação que deveria haver em determinada indústria. Durante quase meio século, europeus viram o Estado e as autoridades públicas desempenharem um papel cada vez mais central nos interesses dos cidadãos. O processo se tornara tão comum que a premissa que o embasava — de que o Estado ativista era uma condição necessária ao crescimento econômico e à melhoria das condições sociais — passou a ser aceita sem questionamento. Sem a revisão cumulativa dessa premissa no decorrer das últimas décadas do século, nem o thatcherismo nem a meia-volta de Mitterrand teriam sido possíveis.

XVIII
O Poder dos Impotentes

"O marxismo não é uma filosofia da História, é a filosofia da História, e renunciar ao marxismo é cavar o túmulo da Razão na História."
Maurice Merleau-Ponty

"Refiro-me a direitos porque somente os direitos nos permitirão sair desse espetáculo da lanterna mágica."
Kazimierz Brandys

"A sociedade totalitária é o espelho distorcido de toda a civilização moderna."
Václav Havel

"A pressão da máquina do Estado nada é, comparada à pressão de um argumento convincente."
Czesław Miłosz

Por trás do demorado "momento socialdemocrata" da Europa Ocidental verificava-se não apenas a crença pragmática no setor público ou uma lealdade aos princípios econômicos keynesianos, mas o próprio entendimento daquilo que a era constituía, um entendimento que influenciou e durante muitas décadas amordaçou até os seus possíveis críticos. Esse entendimento generalizado do passado recente da Europa mesclava a lembrança da Depressão, a luta entre a democracia e o fascismo, a legitimidade moral do Estado previdenciário e — para muita gente de ambos os lados da Cortina de Ferro — a expectativa de progresso social. Tratava-se da narrativa-mestra do século XX, e quando as suas premissas básicas começaram a mostrar abalos e ruir, levaram consigo não apenas um punhado de empresas do setor público, mas toda uma cultura política, e muito mais.

Se buscarmos um momento simbólico no qual essa transformação ocorreu, o fato que propiciou a reviravolta no entendimento que a Europa do pós-guerra tinha de si mesma, tal fato terá ocorrido em Paris, em 28 de dezembro de 1973, com a primeira publicação no Ocidente do livro *O Arquipélago Gulag*, de Aleksandr Soljenitsin. Resenhando a tradução inglesa no jornal *The Guardian*, W. L. Webb escreveu: "Viver hoje em dia e desconhecer essa obra é ser uma espécie de tolo da História, ignorando uma parte fundamental da consciência desta época". A ironia, conforme o próprio Soljenitsin admitia, era que a mensagem do livro — de que o "socialismo existente e real" era uma fraude bárbara, uma ditadura totalitária que se alicerçava no trabalho escravo e no assassinato de massas — nada tinha de nova.

O próprio Soljenitsin, assim como inúmeras vítimas, sobreviventes, observadores e estudiosos, havia escrito sobre o assunto antes. *O Arquipélago Gulag* acrescentou centenas de páginas, com detalhes e dados, a depoimentos anteriores, mas em ardor moral e impacto emocional o livro não foi obra maior de testemunho do que *Journey into the Whirlwind*, de Eugenia Ginzburg, publicado em 1967; ou as memórias de experiências em campos de concentração soviéticos e nazistas, registradas por Margarete Buber-Neumann e publicadas pela primeira vez na Alemanha em 1957; ou o relato desiludido da perda de fé pessoal, publicado por Wolfgang Leonhard em 1955; ou destruições anteriores do mito soviético, por Victor Serge e Boris Souvarine.[1]

Mas tudo era uma questão do momento certo. Nunca houvera carência de críticos intelectuais do comunismo; entretanto, durante muitos anos, o impacto causado por esses críticos tinha sido amortecido por um desejo generalizado no Oeste Europeu (e, conforme vimos, no Leste Europeu ao longo dos anos 60) de encontrar um raio de esperança, por mais tênue que fosse, entre as nuvens carregadas do socialismo estatal que percorriam a maior parte do continente, desde que atingiram a Rússia, em 1917. O "anticomunismo", independente de qualquer motivação real ou inventada, sofria a limitação de parecer estar desafiando as formas da História e do progresso, de não perceber o "cenário maior", de negar a proximidade essencial que ligava o Estado previdenciário (por mais inadequado que fosse) ao projeto coletivista comunista (por mais corrompido que fosse).

Foi por isso que os oponentes do consenso que existiu no pós-guerra ficaram tão marginalizados. Sugerir, conforme Hayek e outros o fizeram, que os planos que contemplavam a restrição do mercado em prol do bem comum, embora bem-intencionados, não eram apenas economicamente ineficientes, mas também, e acima de tudo, constituíam o primeiro passo na estrada que levava à servidão era fazer o mesmo que rasgar o mapa rodoviário do século XX. Na percepção de muitos críticos "progressistas", até os adversários da ditadura comunista como Arthur Koestler, Raymond Aron, Albert Camus e Isaiah Berlin, que insistiam na distinção entre reformas socialdemocratas para o bem comum e ditaduras partidárias estabelecidas em nome de um mito coletivista, pareciam confirmar, e portanto servir, alianças políticas assumidas durante a Guerra Fria.

Conseqüentemente, tais críticos se viram diante da relutância, sobretudo por parte da geração dos anos 60, em abandonar o catecismo radical. Uma coisa era zombar de Stalin, agora morto e condenado por seus próprios herdeiros. Outra coisa, bem diferente, era reconhecer que a culpa não estava no homem, mas no sistema. E ir mais adiante, imputando responsabilidade pelos crimes e contravenções do leninismo ao próprio projeto de utopia radical, seria minar os alicerces da política moderna. Conforme o historiador britânico E. P. Thompson, uma espécie de mito para uma nova geração de "marxistas pós-comunistas", escreveu, em tom acusatório, a

---

[1] Eugenia Ginzburg, *Journey into the Whirlwind* (Uma jornada ao furacão) (Harcourt, 1967): Margarete Buber-Neumann, *Von Potsdam Nach Moskau: Stationen énes Irrweges* (De Potsdam a Moscou: Estações de trilhos errados) (Stuttgart: Deutsche Verlags — Anstalt, 1957); Wolfgang Leonhard, *Child of the Revolution* (Filho da revolução) (Pathfinder Press, 1979), publicado inicialmente em Colônia em 1955 como *Die Revolution entlässt ihre Kinder*; Victor Serge, *Memórias de um revolucionário* (Companhia das Letras, 1987); Boris Souvarine, *Stalin, A Critical Survey of Bolshevism* (publicado em inglês em 1939) (Stalin, um panorama crítico do bolchevismo).

Leszek Kołakowski (depois que Kołakowski publicou uma denúncia contra o comunismo soviético, na seqüência dos eventos de 1968): a *sua* desilusão é uma ameaça à *nossa* fé socialista.

Já em 1973, no entanto, tal fé estava sob ataque, não apenas dos críticos, mas dos próprios eventos. Quando *O Arquipélago Gulag* foi publicado em francês, o jornal diário comunista *L'Humanité* desprezou-o, lembrando aos leitores que, se "todo mundo" já sabia de tudo sobre Stalin, qualquer pessoa que requentasse tais questões só poderia estar motivada por sentimento "anti-soviético". Mas a acusação de sentimento "anti-soviético" começava a perder força. Após a invasão soviética a Praga, a repressão subseqüente e os relatos que escapavam da China acerca da Revolução Cultural, a censura estrutural que Soljenitsin fazia ao projeto comunista soava verdadeira — mesmo (e talvez sobretudo) aos ouvidos de ex-simpatizantes.

Era cada vez mais evidente que o comunismo havia maculado e saqueado a sua própria herança radical. E continuava a fazê-lo, conforme logo revelariam o genocídio no Camboja e a amplamente divulgada fuga traumática dos vietnamitas em pequenos barcos.[2] Até os europeus ocidentais (e eram muitos) que consideravam os EUA em grande parte responsáveis pelos desastres no Vietnã e no Camboja, e cujo antiamericanismo foi alimentado mais ainda pelo assassinato (arquitetado pelos EUA) do chileno Salvador Allende, ocorrido apenas três meses antes da publicação do *Arquipélago Gulag*, hesitavam cada vez mais em concluir que o lado socialista era moralmente superior. O imperialismo norte-americano era, de fato, mau — mas o outro lado talvez fosse pior, muito pior.

A essa altura, a tradicional insistência "progressista" em tratar ataques ao comunismo como ameaças implícitas a *todas* as metas relacionadas a melhorias sociais — i.e., o argumento de que comunismo, socialismo, socialdemocracia, estatização, planejamento central e engenharia social progressista integravam um projeto político único — começou a se mostrar contraproducente. Se Lenin e seus herdeiros tinham envenenado o poço da justiça social, rezava a argumentação, *todos nós* fomos prejudicados. À luz da história do século XX, o Estado começava a parecer menos uma solução do que um problema, e não apenas (nem mesmo primordialmente) por razões econômicas. O que inicia com planejamento centralizado acaba em matança centralizada.

Essa, sem dúvida, é uma conclusão bastante "intelectualizada"; mas, convém lembrar, o impacto do recuo do Estado foi sentido prontamente pelos intelectuais — o que parece correto, pois foram os intelectuais os que mais se preocuparam em promover melhorias sociais de cima para baixo. Conforme observou o escritor tcheco Jiří Gruša, em 1984: "Fomos nós [escritores] que glorificamos o Estado moderno". Por sua própria natureza, a tirania moderna — conforme registrou Ignazio Silone — requer a colaboração dos intelectuais. Foi, portanto, perfeitamente adequado que o desafeto dos intelectuais europeus pela grande narrativa do progresso tenha provocado a avalanche que se seguiu; e, de certo modo, calhou muito bem que tal desafeto fosse mais marcante em Paris, onde a referida narrativa ganhara forma intelectual e política pela primeira vez dois séculos antes.

Nos anos 70 e 80, a França já não era o que Arthur Koestler definira como "ponta-de-lança da Civilização Ocidental", mas os filósofos franceses ainda se propunham a pensar questões universais. Naqueles anos, na Espanha, Alemanha Ocidental e Itália, escritores e observadores

[2] Entre 1975 e 1981, a França sozinha recebeu 80 mil refugiados da Indochina.

ocupavam-se bastante de desafios locais — embora a ameaça terrorista que os preocupava tivesse as suas próprias implicações para o descrédito da utopia radical. Os intelectuais do Reino Unido, jamais muito sensibilizados pelo comunismo, reagiram com indiferença ao seu declínio, e assim se mantiveram distantes do novo estado de espírito que prevalecia na Europa continental. Na França, em contrapartida, a simpatia pelo projeto comunista era generalizada e antiga. Ao ganhar terreno junto à opinião pública francesa, e impulsionado pela queda contínua do eleitorado e da influência do Partido Comunista, o anticomunismo foi alimentado por lembranças e exemplos locais. Uma nova geração de intelectuais franceses afastou-se do marxismo com uma diligência surpreendente, impelida por uma avidez por vezes estranha de renunciar ao seu próprio engajamento no passado.

Em meados dos anos 70, quando condenaram as distorções da utopia radical, os jovens "novos filósofos" parisienses, como André Glucksmann e Bernard-Henri Lévy, sob vários aspectos, não eram originais. Havia pouco conteúdo no livro *Os Mestres Pensadores*, de Glucksmann, publicado com grande sucesso em março de 1977, que Raymond Aron já não houvesse dito melhor em *O Ópio dos Intelectuais*, 22 anos antes. E nada havia na obra *Barbarie à Visage Humain* (A barbárie tem rosto humano), de Lévy, publicada dois meses depois do ensaio de Glucksmann, que os leitores franceses não pudessem encontrar em *O Homem Revoltado*, de Albert Camus. Mas enquanto o ensaio de Camus, ao ser publicado em 1951, foi desconsiderado por Jean-Paul Sartre, os livros de Lévy e Glucksmann foram sucessos de vendas. Os tempos tinham mudado.

A natureza parricida desse terremoto intelectual localizado parece óbvia. O alvo era o calamitoso desvio marxista observado no pensamento ocidental; mas, em grande parte, o fogo era destinado, acima de tudo, às figuras dominantes da vida intelectual do pós-guerra, na França e em outros locais, figuras que tinham olhado além das linhas laterais da História, saudando os vencedores e se esquivando de encarar as vítimas. O próprio Sartre, o mais célebre dos simpatizantes, caiu em desgraça nos anos em questão (ainda em vida, pois ele só morreria em 1980), com seu legado criativo maculado, primeiro pela defesa do comunismo soviético e, mais tarde, do maoísmo.[3]

A mudança do clima em Paris foi além de um ajuste de contas envolvendo uma geração de intelectuais engajados. Em 1978, o livro de Karl Popper intitulado *A Lógica da Descoberta Científica* foi publicado pela primeira vez em língua francesa, arauto de uma contínua absorção pelas correntes acadêmicas francesas de um *corpus* de estudos "anglo-americanos" em filosofia e ciências sociais, os quais a cultura intelectual local desconhecera durante décadas. No mesmo ano, o historiador francês François Furet publicou o inovador *Pensando a Revolução Francesa*, em que ele desmonta, sistematicamente, o "catecismo revolucionário" através do qual os franceses, durante décadas, tinham aprendido a ler o país e o passado.

Na dissecação que Furet fez desse "catecismo", a Revolução Francesa fora o momento fundador da modernidade: o confronto que deflagrou a divisão da França em culturas políticas de esquerda e direita, flagrantemente determinada pelas classes sociais dos antagonistas. Aquela história, que se apoiava em dois pilares — no otimismo liberal do início do século XIX e na visão

[3] Em 1963, muito tempo depois de perder o interesse nos comunistas franceses, o autor de *As Mãos Sujas* ainda pôde ser ouvido, em Praga, celebrando o realismo socialista diante de uma atônita platéia de escritores e intelectuais tchecos.

marxista de transformação social radical —, segundo o relato de Furet, tinha agora se afundado, pois o comunismo soviético, que nessa moralidade era herdeiro da transformação radical planejada, havia maculado todo o legado. A Revolução Francesa, nas palavras de Furet, "estava morta".

As implicações políticas da tese de Furet eram graves, conforme o autor bem sabia. O fracasso do marxismo enquanto política era uma coisa, algo que sempre poderia ser desculpado como infortúnio ou fruto das circunstâncias. Mas se o marxismo ficasse desacreditado enquanto narrativa-mestra — se nem a razão nem a necessidade agissem na História —, todos os crimes de Stalin, todas as vidas perdidas e os recursos desperdiçados na transformação das sociedades sob a direção do Estado, todos os equívocos e fracassos dos experimentos do século XX que buscavam introduzir a utopia à força deixariam de ser "dialeticamente" explicáveis, como passos em falso no caminho certo. Melhor dizendo, tornar-se-iam exatamente o que os críticos sempre disseram que eram: perda, prejuízo, fracasso e crime.

Furet e seus contemporâneos mais jovens rejeitavam o recurso à História que havia caracterizado o engajamento intelectual na Europa desde o início dos anos 30. Não existe, insistiam eles, narrativa-mestra dirigindo o curso das ações humanas e, portanto, não existe meio de justificar políticas públicas ou ações que causam sofrimento presente em nome de supostos benefícios futuros. Não se pode fazer uma omelete sem quebrar ovos. Mas não se pode construir uma nova sociedade com "homens quebrados". Em retrospecto, isso pode parecer uma conclusão bastante pobre, depois de décadas de intenso debate teórico e político, mas, por essa mesma razão, ilustra muito bem a dimensão das mudanças.

Em *Minha Noite com Ela* (1969), filme de Eric Rohmer classificado como "conto moral", um filósofo comunista e seu colega católico discutem à exaustão as teses de Pascal sobre Deus e o comprometimento marxista com a História. O que impressiona, hoje em dia, não é a conversa em si, familiar a qualquer pessoa com idade suficiente para se lembrar dos anos 60 na Europa continental, mas a seriedade com que a conversa era vista, não apenas pelos protagonistas na tela, mas por milhões de espectadores contemporâneos. Dez anos depois, o tema, se não o filme, estaria ultrapassado. O recurso à História em defesa de opções políticas impalatáveis começava a parecer moralmente ingênuo e até insensível. Conforme observara Camus muitos anos antes: "A responsabilidade diante da História dispensa a responsabilidade diante dos seres humanos".[4]

A nova incerteza sobre a "História" (e da história) inaugurou uma década desagradável para intelectuais do Oeste Europeu, cientes de que a desintegração de grandes esquemas históricos e das narrativas-mestras era mau prenúncio para a esquerda festiva, a principal responsável pelo provimento de tais esquemas e narrativas, e que agora se tornara — conforme muitos dos próprios integrantes achavam — alvo de uma indiferença humilhante. Em setembro de 1986, num aparte revelador dirigido a um jornalista francês, o sociólogo Pierre Bourdieu lamentou a condição decadente do pensador público engajado: "A meu ver, penso que se existe hoje uma grande causa, é a defesa dos intelectuais".[5]

[4] "*La responsabilité envers l'Histoire dispense de la responsabilité envers des êtres humains.*"

[5] "*Pour ma part, je pense que s'il y a une grande cause aujourd'hui, c'est la défense des intellectuels.*" Ver o artigo "Les Grandes Causes, ça existe encore?", em *Le Nouvel Observateur*, nº 1.140, setembro de 1986.

A renúncia intelectual diante da História foi certa vez descrita por Isaiah Berlin como "o terrível jeito alemão para escapar do peso da escolha de natureza moral". O comentário é um pouco duro com os alemães, que não foram os únicos europeus a se curvar diante do altar da necessidade histórica, embora seja verdadeiro que a idéia surgira na filosofia romântica alemã. Mas isso indica o aparecimento de um vácuo nas idéias políticas européias: se já não restava uma "grande causa", se o legado progressista tinha afundado, se a História ou a necessidade já não podiam ser invocadas com credibilidade em defesa de um determinado ato, de um programa político, então de que modo os homens resolveriam os grandes dilemas da época?

Isso não foi problema para os radicais do thatcherismo, que tratavam a política pública como extensão dos interesses privados, e para quem o mercado era o árbitro necessário e suficiente de valores e resultados. Tampouco eram os tempos particularmente difíceis para os conservadores europeus, para quem a medida do bem e do mal nas relações humanas continuava a se fundamentar em normas religiosas e convenções sociais, abaladas, mas ainda não completamente anuladas, pelo *tsunami* dos anos 60. Era a *esquerda* progressista, ainda uma presença dominante nas mudanças políticas e culturais registradas na Europa, que necessitava, urgentemente, de um novo roteiro.

O que a esquerda encontrou, para a surpresa geral, foi um novo vernáculo político — ou melhor, um antigo vernáculo político redescoberto. A linguagem de direitos, ou liberdades, estava firmemente inscrita em todas as Constituições européias, inclusive nas das democracias populares. Porém, como modo de pensar a política, "falar sobre direitos" estava fora de moda na Europa havia muitos anos. Depois da Primeira Guerra Mundial, direitos — sobretudo o direito à autodeterminação — desempenharam um papel destacado no debate internacional sobre um acordo para o pós-guerra, e a maioria das partes interessadas presente à Conferência de Paz de Versalhes invocara seus direitos veementemente ao argumentar com as Grandes Potências. Mas aqueles direitos eram *coletivos* — direitos de nações, povos, minorias.

Além do mais, o histórico dos direitos reivindicados coletivamente era um tanto infeliz. Quando os direitos de mais de uma comunidade étnica ou religiosa se chocavam, de modo geral devido a questões territoriais, ficava óbvio (vergonhosamente) que a força, não a lei, tinha sido o único meio eficaz de se estabelecer precedência. Os direitos das minorias não eram protegidos no âmbito do Estado, tampouco eram os direitos dos Estados mais fracos garantidos perante as reivindicações dos vizinhos mais fortes. Conforme vimos, os vencedores de 1945, contemplando em retrospectiva as decepções de Versalhes, concluíram que os interesses *coletivos* eram mais bem atendidos através da solução dolorosa, mas eficaz, do reagrupamento territorial (limpeza étnica, conforme mais tarde o procedimento seria chamado). Quanto aos indivíduos sem Estado, não mais seriam tratados como anomalia judicial num mundo de Estados e nações, mas como vítimas individuais de perseguição ou injustiça.

Portanto, depois de 1945, o discurso sobre "direitos" se concentrou nos indivíduos. Isso também foi uma lição da guerra. Ainda que fossem perseguidos em conseqüência da sua identidade comum (judeus, ciganos, poloneses etc.), homens e mulheres sofriam enquanto indivíduos; e era como indivíduos com direitos individuais que as Nações Unidas tentavam protegê-los. As diversas convenções constituídas para tratar questões de direitos humanos, genocídio ou direitos sociais e econômicos incorporadas ao direito internacional e a tratados causaram um impacto cumulativo na sensibilidade pública, combinando a preocupação setecentista anglo-americana com liberdades individuais e a ênfase, típica dos meados do século XX, no dever do Estado de garantir a satisfação de um crescente espectro de reivindicações maiores e menores — desde o direito à vida até o direito à propaganda verdadeira e outros.

O que empurrou essa retórica legal de direitos individuais para o campo da política foi a coincidência entre o recuo do marxismo e a Conferência Internacional sobre Segurança e Cooperação na Europa, realizada em Helsinque no mesmo ano em que *O Arquipélago Gulag* foi publicado em Paris. Até então, o discurso sobre "direitos" desagradava os intelectuais europeus de tendência esquerdista, em virtude da célebre crítica de Marx aos chamados "direitos do homem", por ele considerados algo egoísta e "burguês". Nos círculos progressistas, termos como "liberdade" ou "direitos" e outras abstrações associadas ao "homem comum" só eram levados a sério quando precedidos de um adjetivo: "burguês", "proletário" ou "socialista".

Por conseguinte, em 1969 um grupo de intelectuais de esquerda que integravam o Parti Socialiste Unifié, da França, criticou o próprio partido (à época liderado por Michel Rocard e Pierre Mendès-France) pelo apoio oferecido aos reformistas em Praga. Estes, declaravam os integrantes do grupo, tinham sido "vítimas voluntárias de ideologias pequeno-burguesas (humanismo, liberdade, justiça, progresso, voto secreto universal etc.)". E esse não foi um caso isolado. Ao longo da década de 1960 muitos observadores ocidentais de tendência esquerdista e visão política bastante moderada evitavam falar de "direitos" ou "liberdades", com receio de parecerem ingênuos. No Leste Europeu, os comunistas e seus seguidores que defendiam reformas também evitavam tal terminologia, neste caso devido à possibilidade de contaminação e à desvalorização que esse tipo de linguagem teria na retórica oficial.

Porém, a partir de meados dos anos 70, tornou-se cada vez mais comum encontrar discursos e textos provenientes de todos os matizes políticos da Europa Ocidental que invocassem, livremente, "direitos humanos" e "liberdades pessoais". Conforme comentou um observador italiano, em 1977, a idéia e o ideal de liberdade "indivisível" estavam sendo discutidos abertamente pela esquerda, "sem mistificação nem demagogia", pela primeira vez desde a guerra.[6] O tema não foi prontamente transferido para a política — durante boa parte dos anos 80 os partidos trabalhistas e socialistas da Europa Ocidental não conseguiam avançar e, muitas vezes, para encobrir a própria vulnerabilidade, recorriam a apropriações ilícitas de programas elaborados por seus adversários. No entanto, a abertura diante do vocabulário próprio de "direitos" e "liberdades" propiciou a estudiosos e intelectuais europeus o acesso à nova linguagem de oposição política praticada na Europa *Oriental*, bem como um meio de se comunicar através da fronteira — no momento certo, pois era do lado *oriental* da Cortina de Ferro que as mudanças verdadeiramente originais e importantes estavam em curso.

Em 1975, o comunista reformador tcheco Zdeněk Mlynář escreveu uma "Carta Aberta aos Comunistas e Socialistas da Europa", dirigida, principalmente, aos "eurocomunistas" e soli-

[6] Antonino Bruno, *Marxismo e Idealismo Italiano* (1977), pp. 99-100.

citando apoio contra a repressão à dissidência na Tchecoslováquia. As ilusões do comunismo reformista eram duras na queda. Mas Mlynář já fazia parte de uma minoria, pois sua fé, tanto no socialismo quanto nos simpatizantes ocidentais, era vista com assombro pela maioria dos críticos domésticos do comunismo no bloco soviético.

Esses críticos, que ainda não eram chamados de "dissidentes" (termo que geralmente desagradava os que assim eram definidos), tinham, em sua maioria, se afastado do regime e da linguagem "socialista" por ele adotada. Depois de 1968, tal linguagem, com seu canhestro emprego de termos como "paz", "igualdade" e "sentimento fraternal", parecia particularmente falsa — sobretudo para os ativistas dos anos 60 que a levavam tão a sério. Estes — predominantemente estudantes, intelectuais, jornalistas, dramaturgos e escritores — tinham sido as principais vítimas da repressão na Tchecoslováquia, onde a liderança do partido, sob o comando de Gustav Husák (o "presidente do esquecer"), deduziu, corretamente, que a grande esperança de restabelecer a "ordem" era aplacar a insatisfação popular com melhorias materiais, enquanto silenciava, com vigor, todas as vozes dissidentes e qualquer referência ao passado recente.

Forçados a uma existência subterrânea — literalmente, no caso da Tchecoslováquia, onde muitos professores e escritores desempregados trabalharam como alimentadores de fornalhas e caldeiras —, os oponentes do regime não tinham condições de participar de qualquer debate *político* com seus opressores. Em vez disso, abandonando o vocabulário marxista e as discussões revisionistas das décadas anteriores, eles aproveitaram as circunstâncias e passaram a tratar de temas propositadamente apolíticos. Entre estes, graças aos Acordos de Helsinque, o tema dos "direitos" era o mais acessível.

Todas as Constituições do bloco soviético levavam em conta, formalmente, os direitos e deveres do cidadão; o pacote de direitos adicionais e específicos que ficara decidido em Helsinque, portanto, propiciou aos críticos domésticos do comunismo uma abertura estratégica. Conforme observou o historiador tcheco Petr Pithart, a questão não era exigir direitos ainda não garantidos — o que seria um convite certo a mais repressão —, mas reivindicar os direitos que o regime já reconhecia e que estavam protegidos por lei, o que conferia à "oposição" um aspecto moderado, quase conservador, enquanto empurrava o partido para a defensiva.

Levar em conta a letra da lei "socialista" era mais do que uma simples tática, um procedimento para constranger os líderes comunistas. Em sociedades fechadas, nas quais tudo era político — e a própria política era inviabilizada —, a questão dos "direitos" oferecia um caminho, uma primeira abertura na cortina do pessimismo que envolvia a Europa Oriental durante os "silenciosos anos 70", um fim do monopólio do regime sobre a linguagem enquanto poder. Além disso, os direitos constitucionais das pessoas, por sua própria natureza, eram um testemunho formal da existência dos indivíduos, estabelecendo responsabilidades a estes e à comunidade. Criavam um espaço entre os indivíduos indefesos e o Estado todo-poderoso.

O movimento a favor dos direitos ("direitos humanos"), conforme admitia o jovem teórico húngaro Miklós Haraszti, era um reconhecimento de que o corretivo necessário para os defeitos do comunismo não era um comunismo melhorado, mas a constituição — ou reconstituição — da sociedade civil (i.e., "burguesa"). A ironia da inversão da agenda do marxismo e da tentativa de substituir o Estado socialista por uma sociedade burguesa não escapava aos intelectuais em Praga e Budapeste. Mas, conforme explicou Mihaly Vajda, colega húngaro de Haraszti, a supremacia do burguês era decididamente preferível à "insuportável experiência histórica da tirania do cidadão".

A importância dos esforços para reconstituir a sociedade civil — frase nebulosa para descrever um objetivo impreciso, mas amplamente apoiado pela oposição intelectual no Leste Europeu a partir de meados dos anos 70 — se encontra no reconhecimento da impossibilidade de reformar o Estado-partido depois de 1968. Pouca gente esperava que Husák, em Praga, e Honecker, em Berlim (muito menos os próprios soviéticos), aceitassem a lógica do "discurso dos direitos" e levassem a sério as suas próprias Constituições. Falar de direitos, em teoria, era, precisamente, ilustrar a ausência de direitos na prática, era relembrar aos observadores, internos e externos, a falta de liberdade que havia nas sociedades socialistas. Em vez de debater com as autoridades comunistas, a nova oposição simplesmente falava como se elas não existissem.

Para dissidentes, como Haraszti, ou Adam Michnik, na Polônia, cujo ensaio intitulado "O Novo Evolucionismo" (1976) delineou grande parte da estratégia da oposição polonesa para os anos vindouros, a situação configurava um desvio radical em relação ao engajamento juvenil desses dissidentes com o marxismo e suas prioridades socioeconômicas. Para os que jamais tinham sido atraídos pelo debate marxista, como Václav Havel, a transição foi bem mais fácil. Filho de um rico empresário de Praga cuja família, depois de 1948, foi empobrecida pelo governo comunista, Havel não demonstrava o entusiasmo revolucionário juvenil dos seus contemporâneos, tampouco desempenhou um papel dos mais ativos nos esforços reformistas antes de 1968. A relação de Havel com as autoridades comunistas sempre fora antagônica, em grande parte devido às suas origens burguesas, mas nunca tinha sido política.

Ao longo dos anos 70 e 80, perseguido, detido e finalmente condenado por suas atividades, Havel tornar-se-ia uma figura sumamente política. Mas sua "mensagem" permaneceu apolítica. O ponto, ele insistia, era não discutir com quem estava no poder. Tampouco era, essencialmente, *dizer* a verdade, embora num regime que se baseava em mentiras isso fosse importante. A única medida sensata sob as circunstâncias da época, ele escreveu, era "viver na verdade". Tudo mais era concessão — "O simples ato de formar um grupo político nos obriga a entrar num jogo de poder, em vez de priorizar a verdade".

O objetivo, conforme Havel explicou num ensaio de 1984 em que ele refletia sobre as metas e táticas da frágil oposição intelectual da Tchecoslováquia, era agir com autonomia, a despeito das imposições do regime, era viver *como se* a liberdade deveras existisse. Tal receita não se aplicava à maioria das pessoas, conforme Havel bem sabia: "Esses métodos talvez sejam inviáveis no mundo de hoje, e muito difíceis de serem aplicados no dia-a-dia. No entanto, desconheço alternativa melhor".

A posição de Havel não deixava de ter precedentes, mesmo em tempos recentes. Ludvík Vaculík, discursando no Quarto Congresso do Sindicato de Escritores Tchecos, em junho de 1967, já recomendara aos colegas uma estratégia semelhante — de "como se". Devemos, ele disse aos companheiros, "fingir que somos cidadãos [...], discursar como se fôssemos adultos e legalmente independentes". Porém, na atmosfera mais otimista dos anos 60, Vaculík e outros ainda podiam esperar uma certa flexibilidade por parte dos que estavam no poder. Na época em que Michnik e Havel defendiam tais argumentos, as circunstâncias haviam mudado. A questão já não era aconselhar o governo sobre como governar, mas sugerir à nação — por meio de exemplo — um modo de viver.

Dadas as circunstâncias dos anos 70, a idéia de que intelectuais no Leste Europeu pudessem "sugerir à nação" uma determinada conduta pode parecer algo por demais ambicioso — a maioria dos intelectuais não se achava na posição de trocar entre si sugestões sobre o que quer que fosse, muito menos oferecer sugestões aos cidadãos em geral. Sobretudo na Hungria e na Polônia, a intelectualidade ignorava as condições e o ideário que prevaleciam nos centros industriais, e mais ainda as do mundo da zona rural. Na realidade, é possível afirmar que, graças ao comunismo — sistema político que, nas palavras dos dissidentes húngaros Ivan Szelenyi e George Konrád, conduzia "os intelectuais ao caminho do poder de classe" —, a antiga distinção centro-européia entre "*intelligentsia*" e "povo" (mais aplicável em sociedades aristocratas, como a Hungria e a Polônia, do que em sociedades plebéias, como a Tchecoslováquia, mas que ali fora instituída, artificialmente, após 1948) ressurgira com toda força.

Os primeiros a transpor esse abismo foram os poloneses. Em 1976, após uma série de greves em protesto contra aumentos abusivos nos preços dos gêneros alimentícios, o regime reagira com violência, espancando e aprisionando trabalhadores nas cidades industriais de Ursus e Radom. Numa reação que, propositadamente, contrastou com a indiferença mútua verificada nos protestos de operários e intelectuais poucos anos antes, Jacek Kuroń e alguns companheiros anunciaram, em setembro de 1976, a criação do KOR, acrônimo do Comitê de Defesa dos Trabalhadores. O objetivo do KOR, e do Comitê de Defesa dos Direitos Humanos e Civis, fundado poucos meses depois, era divulgar o desrespeito às liberdades civis dos trabalhadores, assessorá-los em defesas legais e formar uma frente comum. Três anos mais tarde, em dezembro de 1979, os líderes intelectuais do KOR — alguns judeus, outros católicos, outros ex-comunistas — seriam responsáveis pela estruturação e publicação da "Carta dos Direitos dos Trabalhadores".

A criação — ou melhor, a afirmação — de uma esfera civil autônoma na Polônia surgiu, pois, de um confronto social. Do outro lado da divisa, na Tchecoslováquia, sob circunstâncias políticas ainda menos promissoras, tal esfera nasceu de uma oportunidade jurídica. Em janeiro de 1977, um grupo de cidadãos tchecos assinou um documento (inicialmente publicado num jornal da Alemanha Ocidental na forma de manifesto) que criticava o governo por não ter implementado as provisões de direitos humanos que constavam da Constituição da Tchecoslováquia, do Ato Final dos Acordos de Helsinque (de 1975) e de declarações das Nações Unidas sobre direitos políticos, civis, econômicos e culturais, documentos esses assinados por Praga — e, no caso do Decreto 120 de Helsinque, formalmente incorporado ao Código Civil tcheco.[7]

Os signatários desse documento ("Carta 77", conforme ficaria conhecida) definiam-se como um "grupo isento, informal e aberto, constituído por pessoas [...] unidas pela vontade

[7] Curiosamente, foi a decisão do governo da Tchecoslováquia de ratificar as Declarações de Direitos Humanos da ONU, em 1976 — o 35° Estado a fazê-lo — que tornou o teor das declarações compulsório segundo os termos do Direito Internacional.

de lutar, individual e coletivamente, em prol do respeito aos direitos humanos e civis em nosso país e no mundo". Faziam questão de ressaltar que a Carta 77 não era uma organização, não tinha estatutos ou órgãos permanentes e "não [formava] a base de qualquer atividade política oposicionista", estipulação cujo propósito era manter a iniciativa dentro dos limites da lei tcheca.

A Carta 77 resultou do trabalho de uma pequena rede de indivíduos corajosos que representavam tão-somente a si mesmos: apenas 243 pessoas assinaram o documento original, e ao longo da década seguinte não mais do que outras 1.621 (numa população de 15 milhões de habitantes) o fizeram. Os primeiros porta-vozes da Carta foram Havel, Jiří Hájek (ministro das Relações Exteriores de Dubček) e o veterano Jan Patočka, o maior filósofo da Tchecoslováquia, todos intelectuais isolados, sem inserção pública, nem influência; mas nada disso impediu que as autoridades reagissem com fúria ao manifesto, qualificando-o de "texto anti-Estado, anti-socialismo, demagógico e ofensivo". Determinados signatários foram definidos de diversas maneiras, com linguagem emprestada diretamente dos julgamentos forjados realizados nos anos 50: "traidor e renegado", "servo e agente leal do imperialismo", "político fracassado" e "aventureiro internacional". Os signatários foram também alvo de retaliação e intimidação, inclusive demissão funcional, recusa de vaga escolar para seus filhos, suspensão de carteira de habilitação para conduzir veículo, exílio forçado, perda de cidadania, processo judicial e detenção.

O tratamento severo dado aos signatários da Carta 77 e a perseguição empreendida pelo governo da Tchecoslováquia contra uma nova geração de músicos (especialmente da banda de *rock* The Plastic People of the Universe) proporcionaram, em abril de 1978, a formação de um grupo de apoio, o Comitê de Defesa dos Injustamente Perseguidos (VONS), cujos objetivos eram similares aos do KOR. A resposta do regime de Praga foi a prisão de seis dos líderes do recém-criado comitê, inclusive Havel, todos processados por subversão no ano seguinte. Em outubro de 1979, foram condenados a cumprir penas de até cinco anos de detenção.

Depois de 1968, todos os regimes comunistas (exceto a Romênia de Ceauşescu) adotaram, na prática, a abordagem utilizada por Kádár na Hungria. Já não fingiam buscar a aliança sincera da população; pediam apenas que as pessoas exibissem sinais de conformidade pública. Um objetivo da Carta, assim como do VONS — ou do KOR —, era acabar com a indiferença e o cinismo que prevaleciam entre os concidadãos diante de questões públicas. Havel enfatizava a necessidade de privar os governos da satisfação de ver o povo se humilhar a fim de passar despercebido. Senão, ele escreveu, o regime pode contar com "um posto avançado em cada cidadão" — tema ilustrado em seu clássico ensaio "O Poder dos Impotentes" através do exemplo do verdureiro que pendura na vitrine da loja o cartaz: "Trabalhadores do Mundo, Uni-vos!"

Algumas das preocupações da intelectualidade dissidente calhavam bem nesse esforço para acabar com a apatia e o medo demonstrados pelo povo. A emergente catástrofe ambiental, aqui mencionada no Capítulo 15, era uma delas. Na Eslováquia, segundo os números registrados pelo próprio regime, em 1982, 45% dos 5.600 quilômetros de rios estavam "seriamente" poluídos. Na região leste da República, quatro quintos da água potável eram inadequados ao consumo humano. O fato resultava, em grande parte, do abuso no emprego de fertilizantes nas fazendas coletivas da região, causando contaminação do solo e perda de safras, conforme já ocorrera nas áreas de solo negro na União Soviética.

Já no início dos anos 80, o norte da Boêmia apresentava a pior poluição atmosférica de toda a Europa, graças ao uso de carvão fóssil (barato) na produção industrial e energética da região. Dos 73,5 bilhões de quilowatts gerados na área, 64 bilhões se originavam de usinas movidas a esse combustível, rico em enxofre. Como resultado, já em 1983, cerca de 35% das florestas tchecas estavam mortas ou agonizantes, e a terça parte dos cursos de água do país continha níveis de poluição elevados demais até para o uso industrial. Mesmo em Praga, o governo foi obrigado a instituir um serviço hospitalar especial, para lidar com doenças respiratórias infantis. Ivan Klíma, num conto intitulado *Conspiração de Natal*, descreve uma caminhada pelas ruas da capital tcheca: "A névoa escura e fria cheirava a fumaça, enxofre e irritabilidade".

Sob o regime socialista, o Estado poluía. Mas a sociedade sofria, e poluição era assunto com o qual todos se importavam. Era também algo implicitamente político: a grande dificuldade em se proteger o meio ambiente era que ninguém se dispunha a adotar medidas preventivas. Somente penalidades eficazes e aplicadas regularmente poderiam garantir melhorias, e tais penalidades teriam de partir da própria autoridade que incentivava o desperdício. Qualquer gerente de fábrica ou capataz de fazenda imprudente o bastante para pôr em risco o cumprimento de "cotas", adotando, por iniciativa própria, medidas de controle de poluição, estaria em maus lençóis. O sistema econômico do comunismo era prejudicial ao meio ambiente, fato que um número cada vez maior de pessoas reconhecia.[8]

Escritores e estudiosos, com toda razão, preocupavam-se com a censura. Os obstáculos à publicação, ou à encenação, variavam bastante de um país para outro. Na Tchecoslováquia, desde 1969, as autoridades eram flagrantemente repressoras: não apenas milhares de homens e mulheres estavam proibidos de publicar suas idéias ou aparecer em público, mas uma ampla gama de tópicos, pessoas e eventos não podia sequer ser mencionada. Na Polônia, em contrapartida, a Igreja Católica, suas instituições e jornais propiciavam um certo espaço semiprotegido, no qual alguma medida de liberdade literária e intelectual podia ser exercida, embora com cautela.

Na Polônia, assim como na Hungria, o problema costumava ser a autocensura. A fim de garantir acesso ao público, intelectuais, artistas e estudiosos sentiam-se tentados a adaptar seu trabalho, a aparar arestas ou camuflar argumentos, prevendo objeções oficiais. Os benefícios profissionais e até materiais desses ajustes sempre se concretizavam, pois em tais sociedades a cultura e as artes eram levadas muito a sério; mas o custo moral, em relação ao auto-respeito, podia ser elevado. Conforme Heine escrevera 150 anos antes, em termos com os quais muitos eruditos do Leste Europeu teriam imediatamente se identificado: "Esses carrascos do pensamento nos tornam criminosos. Pois o autor [...] freqüentemente comete infanticídio: mata o próprio pensamento-filho, com um medo insano da mente do censor".

[8] Mas até o ambientalismo contava com dissidência interna. O escritor eslovaco Milan Šimečka advertiu os colegas (inclusive Havel) a não subestimarem os benefícios da modernidade: "Sou de opinião que até a poluição que acompanha a prosperidade industrial é preferível ao caos e à brutalidade que afligem as sociedades nas quais as pessoas não têm condições de satisfazer as necessidades essenciais". Milan Šimečka, "A World with Utopias or Without Them" (Um mundo com utopias ou sem elas), *Cross-Currents* 3 (1984), p. 26.

Esse era um tipo de cumplicidade parcial. O silêncio — emigração interna do "Ketman", de que fala Czesław Miłosz no livro *A Mente Cativa* — era outro. Mas aqueles que se expressavam, fazendo circular seus escritos em cópias ilícitas feitas com papel carbono, enfrentavam a triste perspectiva da quase-invisibilidade ao ter suas idéias e sua arte confinadas a um público diminuto e fechado — na melhor das hipóteses, sentindo o que um intelectual tcheco, irritado, chamou de satisfação onanista de publicar panfletos clandestinos para um grupo de 2 mil intelectuais que também publicavam assim.

Além do mais, coragem não garantia qualidade. O aspecto inconformista, oposicionista e freqüentemente perigoso das publicações clandestinas conferia a tais escritos (particularmente entre os admiradores da prática no Ocidente) uma aura de romance e um significado por vezes excessivo. Idéias originais e radicais costumavam germinar e florescer no adubo do bloco soviético — os textos de Havel e Michnik são os melhores, mas não são, absolutamente, os únicos, as *Fleurs du Mal* do comunismo.[9] Mas, para muitos outros escritores, deixar de ser publicado não era garantia de qualidade. Não existe a "musa da censura" (George Steiner). O fato de o regime não gostar de um autor não queria dizer que ele tinha talento.

Portanto, a reputação de até mesmo alguns dos mais conhecidos intelectuais da oposição haveria de encolher, ao ser exposta ao livre-mercado das idéias. O húngaro George Konrád — cujos ensaios complacentes sobre "Antipolítica" eram tão admirados nos anos 80 — foi um dos muitos que sairiam de circulação depois de 1989. Já a romancista da Alemanha Oriental Christa Wolf sabia muito bem que a própria dificuldade de ser escritor no regime comunista propiciava, ao mesmo tempo, um tema e uma certa energia (além de status público). Foi por esse motivo que muitos intelectuais inseridos em sociedades comunistas preferiram abrir mão da oportunidade de emigrar ou se exilar — era melhor ser perseguido e importante do que ser livre e insignificante.

O receio da insignificância estava por trás de outra consideração naqueles anos: a insistência generalizada na urgência de "voltar para a Europa". À semelhança da censura, essa preocupação limitava-se aos intelectuais — na realidade, principalmente aos escritores das províncias ocidentais do antigo Império Habsburgo, onde o atraso e o subdesenvolvimento impostos pela ordem soviética tinham sido tão dolorosos. O mais famoso porta-voz desse sentimento foi o romancista e roteirista tcheco Milan Kundera, que escrevia no exílio, em Paris, para quem a tragédia da Europa *Central* (termo geográfico ressuscitado, explicitamente, para sustentar a tese de Kundera) foi a ocupação por uma ditadura estrangeira, asiática.

Kundera não era muito benquisto em sua terra natal, onde tanto o seu sucesso quanto o seu exílio provocavam o ressentimento dos colegas que tinham optado (segundo eles próprios relatavam) por renunciar a ambos. Mas a tese defendida por Kundera era amplamente aceita, sobretudo por ser dirigida a leitores ocidentais, acusados de negligenciar e ignorar o "outro" Ocidente, mais a leste — tema prenunciado por Miłosz já em 1950, quando observou que "um dos capítulos de um livro hipotético sobre a poesia polonesa no pós-guerra

---

[9] A Iugoslávia é a exceção que comprova a regra: "Uma vez que jamais uma cultura oficial se instalara na Iugoslávia (o que não impediu a presença de figuras oficiais na vida cultural), jamais poderia haver a antítese natural, uma cultura clandestina, alternativa ou paralela, como as que eram tão apreciadas em outros países socialistas". Dubravka Ugrešic, *The Culture of Lies* (A cultura de mentiras) (1998), p. 37.

deveria ser dedicado à ironia e até à zombaria com que os intelectuais da Europa Ocidental, especialmente os franceses, foram tratados".

Para Kundera, cético em relação a iniciativas de cidadãos, tais como a Carta 77, a condição tcheca sob o comunismo era um desdobramento de um antigo problema relativo à identidade nacional e ao futuro do coração da Europa, onde pequenas nações sempre corriam o risco de desaparecer. O objetivo da oposição intelectual na área e fora dela, pensava Kundera, era atrair a atenção internacional e não perder tempo tentando mudar o império "bizantino" de Moscou. A Europa Central, além do mais, era o "destino do Ocidente, em forma concentrada". Havel concordava: o comunismo era o espelho escuro que a História mostrava ao próprio Ocidente.

Poloneses como Michnik não empregavam a expressão "Europa Central", nem falavam muito de "voltar para a Europa": isso porque, diferentemente dos tchecos, os poloneses tinham condições de buscar objetivos mais próximos, mais acessíveis. Isso não significa que poloneses e outros povos não sonhassem em um dia compartilhar os benefícios da nova Comunidade Européia — de trocar o mito fracassado do socialismo pela bem-sucedida fábula da "Europa". Mas os poloneses tinham prioridades mais imediatas, conforme veremos.

Também os alemães orientais tinham preocupações próprias. Um dos paradoxos da *Ostpolitik*, conforme praticada por Brandt e seus sucessores, era que, ao transferir grandes somas de moeda forte para a Alemanha Oriental e brindar a RDA com reconhecimento, atenção e apoio, os representantes da Alemanha Ocidental, inadvertidamente, impediram qualquer chance de mudança interna, inclusive a reforma da economia industrial poluída e obsoleta da República Democrática. Construindo pontes, criando cidades irmãs, prestando homenagens e se distanciando da crítica ocidental aos regimes do bloco oriental, os estadistas de Bonn conferiram à liderança da RDA uma falsa sensação de estabilidade e segurança.

Além disso, ao "comprar" adversários políticos e prisioneiros, a Alemanha Ocidental privou a oposição na Alemanha Oriental de alguns dos seus dissidentes mais célebres. Nenhuma outra sociedade comunista tinha um duplo que falasse o mesmo idioma. Portanto, a tentação de ir embora sempre esteve presente, e o "direito a organizar movimentos", tipicamente, encabeçava a lista de direitos que preocupavam escritores e artistas na RDA. Mas muitos críticos "internos" do regime da Alemanha Oriental decidiram não abandonar o país, nem as velhas idéias. Na realidade, no final dos anos 70, a RDA era o *único* Estado comunista europeu que podia se vangloriar de uma oposição marxista informal e interna ao partido. Os dissidentes mais conhecidos atacavam a autoridade comunista a partir da *esquerda* — posição que os tornava inaudíveis e irrelevantes em outros locais do Leste Europeu, conforme observou com sarcasmo o escritor tcheco Jiří Pelikán.

Por conseguinte, Rudolf Bahro, que, em 1979, após anos de perseguição, foi deportado para o Ocidente, ficou conhecido por seu ensaio *A Alternativa*, uma crítica explicitamente marxista ao "socialismo existente e real". Robert Havemann, comunista mais velho, que naqueles anos foi perseguido e multado por defender o cantor de música *folk* Wolf Biermann (deportado para o Ocidente em 1976), censurou o partido do governo não por desrespeitar direitos, mas por trair os seus próprios ideais e incentivar o consumo em massa e a propriedade privada de bens de consumo. Wolfgang Harich, ilustre figura dos círculos filosóficos da RDA e antigo crítico do desvio "burocrático" incorrido pelo regime, foi igualmente estrondoso em sua oposição às "ilusões do consumismo", contra o que ele considerava ser tarefa do partido do governo reeducar a população.

Toda a oposição ao comunismo por parte da RDA tendia a se aglutinar, conforme ocorria na Polônia, nas Igrejas — na Alemanha, a Bund der Evangelischen Kirchen, de denominação protestante. Ali a nova linguagem de direitos e liberdades esbarrava na linguagem da fé cristã e (mais uma vez, à semelhança da Polônia) era fortalecida pela ligação com a única instituição pré-socialista sobrevivente. A influência das Igrejas também explica a proeminência da questão da "paz" nos círculos dissidentes na Alemanha Oriental.

Em outras partes da Europa Oriental pacifistas e ativistas ocidentais favoráveis ao desarmamento nuclear eram encarados com bastante desconfiança. Na melhor das hipóteses, eram considerados ingênuos; porém, no mais das vezes, eram vistos como joguetes da manipulação soviética.[10] Václav Havel, em primeiro lugar, no início dos anos 80, considerava o crescente movimento europeu ocidental contrário à guerra o veículo perfeito para envolver, desviar e *neutralizar* o serviço ocidental de inteligência: "A paz", ele insistia, "não é opção em países onde o Estado trava uma guerra permanente com a sociedade". Sob as condições prevalecentes à época, a paz e o desarmamento deixariam o Oeste Europeu livre e independente, enquanto o Leste Europeu permaneceria sob o controle soviético. Era um equívoco separar a questão da "paz" das reivindicações por direitos e liberdades. Ou, conforme disse Adam Michnik: "A condição para se reduzir o risco de guerra é respeitar plenamente os direitos humanos".

Mas na Alemanha Oriental o movimento pela paz contou com grande ressonância local. Sem dúvida, tal fato decorreu de ligações com a Alemanha Ocidental. Mas existia outro fator. A RDA — Estado acidental sem história e sem identidade — poderia com alguma plausibilidade definir paz, ou ao menos "coexistência pacífica", como a sua verdadeira razão de ser. No entanto, a RDA era também o mais militarizado e militarista dos Estados socialistas: a partir de 1977, "Estudos de Defesa" foram introduzidos nas escolas do país, e o Movimento Jovem nacional era bastante paramilitar mesmo para os padrões soviéticos. A tensão gerada por esse paradoxo gritante encontrou uma válvula de escape num movimento de oposição cujo apoio dependeu, em grande parte, da atenção conferida ao tema da paz e do desarmamento.

Em 1962, o regime da Alemanha Oriental introduzira o serviço militar obrigatório de 18 meses para todos os homens entre 18 e 50 anos. Porém, dois anos depois, foi acrescentada uma cláusula permitindo que os indivíduos que desejassem dispensa do serviço militar por questão de princípio poderiam ingressar no *Bausoldaten*, uma unidade alternativa de trabalho. Embora a participação nessa unidade pudesse mais tarde ser prejudicial, a sua simples existência significava que a RDA reconhecia o fato e a legitimidade da "objeção consciente". Já em 1980, milhares de alemães ocidentais tinham passado pelo *Bausoldaten* e representavam uma importante rede potencial de ativistas da paz.

Portanto, quando pastores luteranos começaram, em 1980, a oferecer apoio e proteção aos primeiros ativistas da paz, puderam fazê-lo, em grande medida, sem incorrer na desaprovação do Estado. O incipiente movimento pela paz, então, espalhou-se das Igrejas para

[10] E com motivo para tal, pois, como hoje sabemos, na Grã-Bretanha e na Alemanha Ocidental os movimentos pela paz eram totalmente infiltrados pelos serviços secretos soviético e alemão oriental.

as universidades, inevitavelmente conclamando não apenas o desarmamento, mas também o direito de articular conclamações livremente. Desta maneira direta os dissidentes na Alemanha Oriental, ainda que tardiamente, acharam um meio de se comunicar (e emparelhar) com a oposição em outros locais do bloco.

Os romenos não tiveram a mesma sorte. O surgimento da Carta 77 propiciou uma corajosa carta de apoio assinada pelo escritor Paul Goma e outros sete intelectuais romenos, pela qual todos foram, prontamente, reprimidos. Fora isso, a Romênia permaneceu tão calada quanto estivera nas últimas três décadas. Goma foi obrigado a se exilar, e ninguém ocupou seu lugar. O Ocidente foi, em parte, responsável por isso; mesmo que houvesse surgido uma Carta 77 romena, ou alguma versão local do Solidariedade polonês (ver Capítulo 18), é improvável que a iniciativa contasse com grande apoio ocidental. Nenhum presidente dos EUA exigiu que o ditador Nicolau Ceauşescu "deixasse a Romênia ser a Romênia".

Até mesmo a União Soviética permitia uma certa liberdade de ação (severamente monitorada) a alguns intelectuais — no mais das vezes, cientistas ilustres, sempre uma categoria privilegiada. O biólogo Zhores Medvedev, cuja exposição da fraude de Lisenko, nos anos 60, circulara na imprensa clandestina, foi primeiramente perseguido e depois destituído de sua cidadania. Medvedev radicou-se no Reino Unido em 1973. Mas Andrei Sakharov, o mais célebre físico nuclear do país e antigo crítico do regime, permaneceu em liberdade — até que a sua oposição pública à invasão do Afeganistão, em 1979, tornou-lhe a presença intolerável. Ignorar Sakharov seria vergonhoso (ele ganhara o Prêmio Nobel em 1975), mas exilá-lo no exterior estava fora de questão. Sakharov e a esposa Helena Bonner foram então exilados internamente, na cidade fechada de Górki.

Mas Sakharov sempre insistiu que seu propósito era levar a União Soviética a reconhecer as próprias deficiências e a perseguição dos críticos, mas que não almejava a queda do regime — atitude que o posicionava em algum lugar entre a geração anterior de comunistas reformistas e os novos dissidentes da Europa Central. Outros, menos destacados e declaradamente anti-soviéticos, foram tratados com mais rigor. A poetisa Natália Gorbanevskaia passou três anos num hospital penitenciário psiquiátrico, ao lado de centenas de outros pacientes cujo diagnóstico era "esquizofrenia latente". Vladimir Bukovski, o mais conhecido entre os jovens radicais, passou 12 anos em prisões soviéticas, campos de trabalho forçado e alas psiquiátricas de hospitais, até que, em 1976, o protesto da comunidade internacional resultou na troca de Bukovski por Luis Corvalán, um comunista chileno.

Excetuando-se os protestos dessa natureza e uma campanha a favor do direito dos judeus soviéticos à emigração, o Ocidente prestava pouquíssima atenção às questões *domésticas* da URSS — muito menos do que a atenção que, no início dos anos 80, era dirigida à oposição interna na Polônia ou mesmo na Tchecoslováquia, por exemplo. Somente em 1983 a União Soviética se retirou da Associação Mundial de Psiquiatria, quando esta — tardiamente — começou a criticar os abusos praticados pelos soviéticos.

No entanto, com ou sem pressão externa, a grande maioria da intelectualidade soviética jamais seguiria o exemplo do cenário que se apresentava, ainda que timidamente, em outros locais do Leste Europeu. O medo inspirado pela repressão stalinista, três décadas após a morte do líder soviético, era como uma mortalha que envolvia a paisagem moral, embora ninguém falasse a respeito, e, fora os críticos mais francos e intrépidos, os demais cuidavam para se limitar aos temas e linguagem legitimamente soviéticos. Com toda razão, esses críticos supunham que a União Soviética fosse definitiva. Escritores como Andrei Amalrik, cujo ensaio "A União Soviética Sobreviverá até 1984?" apareceu no Ocidente em 1970 e foi republicado, em versão expandida, dez anos mais tarde, eram tão proféticos quanto atípicos. Em contraste com os regimes fantoches por ela instalados em suas fronteiras, a União Soviética, já em 1983, era mais velha do que a maioria dos seus cidadãos, e parecia absolutamente estável.

O impacto imediato da oposição intelectual na Europa Central foi pequeno. Tal fato não surpreendeu ninguém: o novo realismo dos dissidentes nos anos 70 incluía não apenas um entendimento correto do fracasso do socialismo, mas também uma visão clara sobre os fatos do poder. Além disso, as exigências que podiam ser impostas ao povo tinham limites; em seu "Ensaio sobre a Bravura" o escritor tcheco Ludvík Vaculík argumentava, de maneira convincente, que existe um limite no que se pode pedir a pessoas comuns que lutam para sobreviver no dia-a-dia. A maioria dos indivíduos vivia numa espécie de "zona cinzenta" de moralidade, local seguro, embora sufocante, no qual o entusiasmo era substituído pela aceitação. Era difícil justificar a resistência ativa e arriscada à autoridade porque — novamente, para a maioria das pessoas comuns — esse tipo de resistência parecia desnecessária. "Atos realistas, desprovidos de heroísmo", eram o máximo que se podia esperar.

Os intelectuais se comunicavam mais entre si do que com a comunidade como um todo; em alguns casos, implicitamente, ofereciam reparação pelos seus entusiasmos anteriores. Além disso, eram herdeiros (em certos casos, literalmente, filhos) da classe dominante da primeira geração do poder socialista — visto que tanto a educação quanto o privilégio tinham sido transmitidos de uma geração à outra, primordialmente na Polônia e na Hungria. Isso nem sempre os tornava benquistos pelas massas. Conforme ocorrera no passado, quando falavam em nome dos regimes aos quais agora se opunham, os intelectuais eram uma pequena minoria da população e representavam tão-somente a si mesmos.

Portanto, quando George Konrád escreveu, laconicamente, que "nenhum ser pensante deveria desejar demover alguém de uma posição de poder, a fim de ocupar a posição ele mesmo", estava admitindo uma verdade pura e simples: "nenhum ser pensante" poderia, naquele tempo e lugar, fazer tal coisa. Uma avaliação idêntica dos fatos sombrios da vida também está por trás da insistência da oposição em se manter contrária à violência: e não apenas na Tchecoslováquia, onde a apatia diante da autoridade tinha longa história, nem na RDA, onde a Igreja Luterana se tornava cada vez mais influente nos círculos de oposição, mas até na Polônia, onde, para Michnik e outros, uma atitude contrária à violência representava uma barreira a um só tempo pragmática e ética contra "aventuras" arriscadas e sem propósito.

A façanha da nova oposição era outra. No Oriente e no Ocidente, os anos 70 e os 80 foram a era do cinismo. As energias dos anos 60 haviam se dissipado, as idéias políticas da época tinham perdido credibilidade moral e o engajamento no interesse público cedera lugar a contemplações de ganhos pessoais. Ao elaborar um debate acerca de direitos, ao concentrar a atenção no conceito um tanto confuso de "sociedade civil", ao insistir em falar dos silêncios do presente e do passado da Europa Central — ao refletir em público, descaradamente, sobre a moralidade —, Havel e outros construíam uma espécie de espaço público "virtual" para substituir o espaço destruído pelo comunismo.

Economia era uma questão sobre a qual os intelectuais dissidentes *não* falavam muito. Isso também configurava uma espécie de realismo. Desde Stalin, o crescimento econômico — ou, mais precisamente, industrial — tinha sido, ao mesmo tempo, meta do socialismo e principal medida de sucesso do regime. A economia, conforme vimos no Capítulo 13, fora a preocupação primordial de uma geração passada de intelectuais reformistas, que rebatia para o regime comunista as suas próprias obsessões e fazia reverberar a tese — compartilhada por marxistas e não-marxistas — de que toda política, em última análise, sempre versa sobre economia. De 1956 a 1968, durante a década revisionista, o debate crítico disfarçado como recomendações para reforma econômica fora a atividade que mais se aproximara de constituir uma oposição oficial.

Em meados dos anos 70, qualquer observador bem informado que estudasse o bloco soviético tinha dificuldade em levar a sério a perspectiva de reforma econômica originada internamente, e isso não apenas porque a linguagem da economia marxista ruíra após décadas de intenso abuso. Desde 1973, as economias do Leste Europeu estavam ficando muito para trás, até mesmo dos reduzidos índices de crescimento registrados na Europa Ocidental. Na União Soviética, rica em petróleo, exceto um breve acúmulo financeiro causado pelo aumento dos preços de energia, a inflação dos anos 70 e a "globalização" do comércio e dos serviços nos anos 80 deixaram as economias do bloco em insuperável desvantagem. Em 1963, o comércio internacional dos países do Comecon representava 12% do total mundial. Em 1979, o índice descera a 9%, e indicava queda rápida.[11]

Os países do bloco soviético não podiam competir em qualidade com as economias industriais do Ocidente; tampouco qualquer país do bloco, a não ser a URSS, contava com um suprimento sustentável de matérias-primas a ser vendido para o Ocidente, de maneira que o bloco não podia sequer concorrer com os países subdesenvolvidos. O sistema fechado do Comecon proibia a participação nas novas redes comerciais na Europa Ocidental e no GATT, e, em todo caso, os Estados comunistas não conseguiriam adaptar suas economias aos preços praticados mundialmente sem com isso suscitar a fúria dos consumidores domésticos (o que aconteceu na Polônia em 1976).

Àquela altura, o defeito paralisante das economias comunistas era a endêmica ineficiência ideologicamente induzida. Devido a uma insistência inabalável na importância da produção industrial primária para a "construção do socialismo", o bloco soviético perdeu a mudança de produção extensiva para a produção intensiva, de elevado valor, que transformou as economias ocidentais ao longo dos anos 60 e 70. Em vez disso, o bloco seguiu confiando num

[11] Durante a década de 1980, a Polônia e a Tchecoslováquia registraram crescimento negativo — as respectivas economias, na realidade, encolheram. A economia da própria URSS, provavelmente, vinha encolhendo desde 1979.

modelo de atividade econômica bem mais antigo, que fazia lembrar Detroit ou a região do Ruhr na década de 1920, ou, ainda, Manchester no final do século XIX.

Por conseguinte, a Tchecoslováquia — país com reservas de ferro bastante limitadas — era, em 1981, o terceiro maior exportador de aço (*per capita*). Até o fim da sua existência, a RDA planejou expandir a produção de bens industriais pesados e obsoletos. Ninguém que tivesse condições de escolher haveria de comprar aço tcheco ou maquinaria da Alemanha Oriental, a não ser a preços fortemente subsidiados; tais mercadorias eram, portanto, produzidas e vendidas com prejuízo. Com efeito, as economias ao estilo soviético estavam agora *perdendo* valor — as matérias-primas por elas importadas ou extraídas do solo valiam mais do que os bens acabados nos quais eram transformadas.

Mesmo nas áreas de vantagem comparativa, a economia soviética pagava caro. Assim como a Hungria fora designada pelo Comecon para fabricar caminhões e ônibus, à RDA, na década de 1980, coube a tarefa de produzir computadores. Mas, além do fato de que as máquinas feitas na Alemanha Oriental eram obsoletas e inseguras, o sistema centralizado, simplesmente, não conseguia fabricar um número suficiente de computadores. Em 1989, a Alemanha Oriental (com uma população de 16 milhões de habitantes) produzia apenas um qüinquagésimo do número de computadores fabricados na Áustria (esta com uma população de 7,5 milhões) — e, enquanto fabricante de computadores, a Áustria era um concorrente insignificante no mercado internacional. Nesse caso, "vantagem comparativa" era algo absolutamente relativo — a RDA gastava milhões de marcos para produzir bens indesejados, disponíveis a custo inferior e de qualidade superior no mercado mundial.

Essa situação resultava, em grande parte, dos defeitos inerentes ao planejamento central. Já no final da década de 1970, a Gosplan, agência central soviética de planejamento econômico, contava com quarenta departamentos para atender aos diferentes setores da economia, e 27 Ministérios da Economia. A notória obsessão por objetivos numéricos beirava a auto-paródia: Timothy Garton Ash cita o exemplo do "Plano Econômico Popular para o Distrito de Prenzlauer Berg" (em Berlim Oriental), onde foi anunciado que "o acervo das bibliotecas deverá crescer de 350 mil para 450 mil volumes. O número de empréstimos deverá aumentar em 108,2%".[12]

O sistema de preços fixos impossibilitava a determinação de custos reais, o atendimento de necessidades e a adaptação a recursos limitados. Em todos os níveis, administradores hesitavam em assumir riscos e inovar, com receio de reduzir a curto prazo a produção agregada. Mas, cumpre lembrar, não existia incentivo: por mais incompetentes que fossem, os administradores estavam seguros em seus cargos, graças à célebre preferência de Brejnev pela "estabilidade dos quadros" (lema que vigorou a partir de 1971). Enquanto isso, para se certificar de que cumpririam as metas instituídas pelos escalões superiores, supervisores e gerentes de fábricas faziam de tudo para *esconder* das autoridades reservas de material e mão-de-obra. Desperdício e escassez eram, portanto, mutuamente sustentados.

Os efeitos previsíveis desse sistema foram não apenas estímulo à estagnação e à ineficiência, mas a criação de um ciclo permanente de corrupção. Um dos paradoxos do projeto socialista é que a ausência de propriedade costuma gerar mais corrupção, e não menos. Poder,

[12] Timothy Garton Ash, *The Uses of Adversity* (As utilidades da adversidade) (NY, 1989), p. 9.

posição e privilégio não podem ser comprados diretamente; antes, dependem de relações mutuamente benéficas de apadrinhamento e clientelismo. Direitos legais são substituídos por bajulação, por sua vez recompensada com estabilidade ou promoção funcional. Para alcançar até objetivos modestos e legítimos — tratamento médico, necessidades materiais, oportunidades educacionais — as pessoas precisam burlar a lei, através de vários expedientes sutis e corruptos.

Isso explica, em grande medida, o aumento do cinismo verificado nos anos em questão. Um exemplo será típico: fabricantes de tratores ou caminhões não se preocupavam em produzir um número suficiente de peças sobressalentes porque cumpririam mais facilmente as "metas" construindo máquinas de grande porte — e o resultado era que, quando essas máquinas pesadas ficavam avariadas, não havia peças de reposição. Os dados oficiais publicavam somente o número total de máquinas, de todos os tipos, produzidas em determinado setor; não diziam quantas ainda se encontravam em funcionamento. Os operários, evidentemente, sabiam o que estavam fazendo.

O contrato social socialista ficava resumido sarcasticamente a uma piadinha popular: "Vocês fingem que trabalham; nós fingimos que pagamos". Muitos trabalhadores, principalmente os menos especializados, tinham interesse nesse esquema, que — em troca de apoio político — oferecia previdência social e baixos níveis de exigência no local de trabalho. Conforme definia o *Pequeno Dicionário Político* editado na República Democrática, com uma ironia não-intencional: "No socialismo, a contradição entre trabalho e tempo livre, típica do capitalismo, inexiste".

Por volta de 1980, os únicos setores de qualquer economia tipicamente comunista que funcionavam com relativa eficiência eram a indústria de alta tecnologia de defesa e a chamada "economia secundária" — o mercado paralelo de bens e serviços. A importância dessa economia secundária — cuja existência não podia sequer ser oficialmente reconhecida — era um triste testemunho do estado lastimável da economia oficial. Na Hungria, no final dos anos 80, estima-se que apenas 84 mil trabalhadores informais — operando exclusivamente no setor privado — atendessem a quase 60% da demanda local por serviços, desde instalações hidráulicas até prostituição.

Se acrescentarmos a produção particular dos agricultores, bem como recursos públicos (tijolos, fio de cobre, tipos para impressão) "desviados" para o uso de trabalhadores da iniciativa privada, veremos que o comunismo em estilo soviético — a exemplo do capitalismo italiano — sobrevivia à custa da economia paralela.[13] A relação era simbiótica: o Estado comunista só conseguia manter o monopólio público canalizando para a esfera privada todas as atividades e necessidades que não podia negar nem satisfazer, ao passo que a economia paralela dependia da oficial para a obtenção de insumos e, acima de tudo, para se valer da própria ineficiência do setor público, pois esta garantia a existência do mercado secundário e elevava artificialmente o valor e, portanto, os lucros desse mercado.

---

[13] Em termos de agricultura, União Soviética, Hungria e Romênia, mais uma vez, faziam lembrar os grandes Estados latifundiários do século XIX: lavradores mal remunerados, mal equipados e improdutivos faziam o mínimo por seus empregadores ausentes, e guardavam suas energias para o trabalho duro que desempenhavam no lote da família.

A estagnação econômica era, em si mesma, uma refutação permanente das hipóteses de superioridade do comunismo em relação ao capitalismo. E se não constituía um incentivo à oposição, com certeza era fonte de descontentamento. Para a maioria das pessoas que viviam sob o regime comunista durante a era Brejnev, desde o final dos anos 60 até o início dos 80, a vida já não era pautada pelo terror e pela repressão. Mas era cinzenta e insípida. Os casais tinham cada vez menos filhos; bebiam mais — o consumo *per capita* de bebida alcoólica na União Soviética quadruplicou no período — e morriam jovens. A arquitetura pública nas sociedades comunistas não era apenas esteticamente sem graça, era também vulgar e desconfortável, um espelho fiel do autoritarismo decadente do próprio sistema. Conforme um taxista em Budapeste certa vez comentou com este autor, apontando as fileiras de blocos encardidos que desfiguram os subúrbios da cidade: "Moramos nesses prédios. Típica construção comunista — quente no verão, muito fria no inverno".

Apartamentos, a exemplo de muita coisa no bloco soviético, eram baratos (na URSS, gastos com aluguel representavam em média 4% de um orçamento familiar típico), porque a economia não era regulada por preços, mas por escassez. Tal fato trazia algumas vantagens para as autoridades — a alocação arbitrária de mercadorias escassas ajudava a manter a lealdade —, mas acarretava um risco sério, o que a maioria dos líderes comunistas compreendia muito bem. Desde que ficara evidente, a partir do final dos anos 60, que a promessa futura de "socialismo" já não servia para manter os cidadãos leais ao regime, os governantes comunistas tinham optado por tratar os comandados como consumidores e substituir a utopia (socialista) de amanhã pela abundância material de hoje.

A opção foi feita de modo consciente. Conforme Vasil Bil'ák, um linha-dura tcheco que foi peça fundamental do convite formulado aos soviéticos para invadir a Tchecoslováquia em 1968, disse à Comissão de Ideologia do Partido, em outubro de 1970: "[Em 1948] tínhamos cartazes nas vitrines das lojas prenunciando o socialismo, e as pessoas reagiam favoravelmente. Era um tipo diferente de entusiasmo e um momento histórico diferente; hoje não podemos pregar cartazes prenunciando o socialismo, mas as vitrines têm de estar repletas de mercadorias, para podermos provar que estamos no caminho do socialismo e que temos socialismo por aqui".[14]

O consumismo, portanto, devia ser incentivado como medida do sucesso do socialismo. Isso não reproduzia o célebre "debate de cozinha", em 1959, entre Kruschev e Nixon, quando o líder soviético garantiu ao vice-presidente norte-americano que o comunismo superaria o capitalismo no futuro próximo. Bil'ák — a exemplo de Kádár na Hungria — não tinha tais ilusões. Ele não se incomodava que o comunismo fosse uma cópia pálida do capitalismo, desde que a oferta de mercadorias mantivesse os consumidores felizes. Erich Honecker, da Alemanha Oriental, que em 1971 substituiu Walter Ulbricht na liderança do partido (e cuja saída não foi lamentada), também se dispôs a oferecer aos cidadãos da RDA uma adaptação modesta do "milagre" da Alemanha Ocidental na década de 1950.

Durante um certo tempo, a estratégia teve algum sucesso. Na Tchecoslováquia, Hungria e Polônia o padrão de vida melhorou ao longo da década de 1970, ao menos se aferido com

[14] Agradeço à Dra. Paulina Bren por esta fonte.

base no consumo varejista. O número de carros e televisores — ícones de consumo à época — aumentou continuamente: na Polônia, o número de veículos particulares, em relação ao total da população, se multiplicou por quatro entre 1975 e 1989. Já no final dos anos 80, havia na Hungria quatro televisores para cada dez pessoas; na Tchecoslováquia, os números eram semelhantes. Se estivessem dispostos a se contentar com baixa qualidade, falta de estilo e pouca opção, os compradores podiam encontrar o que procuravam, fosse nas lojas oficiais ou no setor "privado". Na União Soviética, entretanto, era mais difícil encontrar essas mercadorias "opcionais" — e elas eram relativamente mais caras.

O mesmo ocorria com as necessidades básicas. Em março de 1979, um consumidor em Washington, D.C., precisava trabalhar 12,5 horas para comprar uma cesta básica (que incluía lingüiça, leite, ovos, batatas, legumes, chá, cerveja etc.). A mesma cesta "custaria" 21,4 horas de trabalho em Londres, e 42,3 em Moscou, apesar dos elevados níveis de subsídio.[15] Além disso, o consumidor soviético ou do Leste Europeu gastava muito mais tempo para encontrar e adquirir gêneros alimentícios e outros itens. Avaliada com base em tempo e esforço, se não rublos, coroas ou forintos, a vida sob o regime comunista era cara e cansativa.

O problema de se avaliar o comunismo a partir da capacidade de satisfazer os consumidores era que a economia, como um todo, estava voltada, conforme observado anteriormente, para a produção de matérias-primas e fabricação maciça de maquinaria industrial. Salvo no caso dos gêneros alimentícios, as economias comunistas não produziam os itens que os consumidores desejavam (e mesmo quanto à produção de alimentos, havia muito tempo que a União Soviética se tornara *importadora* de grãos, triplicando a importação de víveres entre 1970 e 1982). O único meio de contornar esse obstáculo era importar bens de consumo, mas o pagamento precisaria ser em moeda forte. Esta só poderia ser obtida através das exportações; no entanto, a não ser pelo petróleo soviético, era pequeno o interesse do mercado mundial na produção socialista, a menos que esta fosse oferecida com grandes descontos (e, muitas vezes, nem nesse caso). Na prática, a única maneira de estocar as prateleiras do Leste Europeu era pedir dinheiro emprestado ao Ocidente.

O Ocidente responderia prontamente. O FMI, o Banco Mundial e bancos privados emprestariam aos países do bloco soviético com prazer: o Exército Vermelho era garantia de estabilidade e os representantes comunistas foram convincentes ao distorcer os dados de produção e dos recursos nacionais.[16] No decorrer dos anos 70, o valor da dívida financeira da Tchecoslováquia se multiplicou por 12. A dívida financeira da Polônia cresceu cerca de 3.000%, à medida que o primeiro-secretário (Gierek) e seus companheiros sorviam mercadorias ocidentais subsidiadas, introduziam dispendiosos programas de previdência social para agricultores e congelavam os preços dos gêneros alimentícios em valores vigentes em 1965.

[15] Durante os anos de Brejnev, o custo de produção de um quilo de carne era cerca de 8 rublos, e o mesmo quilo era vendido por 4,5 rublos. A Comunidade Européia também subsidiava seus fazendeiros, aproximadamente, nas mesmas proporções. A diferença, é claro, era que a Europa Ocidental, ao contrário da União Soviética, contava com uma política agrícola comum.

[16] A Hungria entrou para o FMI em maio de 1982, para satisfação mútua. Somente em 1989 transpareceu que o governo húngaro havia diminuído a declaração da dívida interna e externa do país relativas à década anterior.

Depois que empréstimos, em tais níveis, começaram a ser contraídos, ficou difícil contê-los. Os aumentos dos preços dos alimentos introduzidos por Gierek em 1976 provocaram protestos violentos e foram logo revogados — o regime optou por continuar a tomar empréstimos. Entre 1977 e 1980, a terça parte da linha de crédito externo da Polônia foi utilizada para subsidiar o consumo doméstico. Em Praga, economistas filiados ao regime recomendavam a suspensão dos subsídios e a introdução de preços "reais", mas os superiores políticos receavam as conseqüências sociais da medida e preferiam aumentar a dívida. Conforme ocorrera durante o período entre as guerras, os pequenos e frágeis Estados do Leste Europeu voltavam a pedir empréstimo de capital ao Ocidente, para financiar as suas economias fechadas e se esquivar de decisões difíceis.

Poucos anos depois, Miklós Németh, o último primeiro-ministro comunista da Hungria, admitiria tudo isso. Um empréstimo de um bilhão de marcos, concedido por Bonn em outubro de 1987 e descrito por políticos da Alemanha Ocidental como contribuição para a "reforma" econômica húngara, foi, na realidade, assim utilizado: "Gastamos dois terços dos recursos com o pagamento de juros e com o restante compramos bens de consumo, para diminuir a impressão de uma crise econômica". Já em 1986, o *déficit oficial* de conta-corrente da Hungria era de 1,4 bilhão de dólares por ano. Entre 1971 e 1980, a dívida em moeda forte da Polônia subira de um bilhão de dólares para 20 bilhões, e a situação ainda ficaria pior. Segundo a sua própria avaliação, a RDA, nos últimos anos em que existiu, gastava mais de 60% do saldo da balança comercial apenas para pagar os juros cobrados pelo Ocidente (mediante generoso desconto). A Iugoslávia, sempre um cliente benquisto (de 1950 a 1964 os EUA tinham bancado três quintos dos *déficits* anuais de Belgrado), foi agraciada com empréstimos generosos e fundos emergenciais, com base em dados oficiais que não tinham a menor relação com a realidade.

No total, a dívida financeira do leste da Europa, que em 1971 era de 6,1 bilhões de dólares, cresceu para 66,1 bilhões de dólares, em 1980. Em 1988 o montante chegaria a 95,6 bilhões. Esses valores não incluíam a Romênia, onde Ceauşescu quitara a dívida externa do país à custa do suor dos sofridos cidadãos; e teriam sido mais elevados ainda, não fosse uma certa latitude na fixação de preços introduzida na Hungria ao longo dos anos 70. Mas a mensagem dos números era clara — o sistema comunista não apenas vivia à base de empréstimos; na verdade, já não era viável. Cedo ou tarde, seria necessário fazer ajustes econômicos que seriam dolorosos e causariam comoção social.

Anos depois, o espião da Alemanha Oriental Markus Wolf declararia que, no final da década de 1970, já tinha chegado à conclusão de que a RDA "não daria certo", e, sem dúvida, ele não estava sozinho. Economistas como Támás Bauer, na Hungria, e seu contemporâneo polonês Leszek Balcerowicz sabiam perfeitamente bem como se tornara frágil o castelo de cartas comunista. Mas, enquanto fosse bancado pelos capitalistas, o comunismo sobreviveria. A "era da estagnação" de Leonid Brejnev alimentou muitas ilusões, e não apenas internamente. Em 1978, quando um relatório do Banco Mundial conseguiu revelar que a RDA tinha um padrão de vida superior ao da Grã-Bretanha, o príncipe Potemkin deve ter sorrido em seu distante túmulo.

Mas os comunistas sabiam algo que os banqueiros ocidentais sequer haviam percebido. As reformas econômicas no bloco soviético não tinham sido apenas adiadas; estavam fora de cogitação. Conforme previra Amalrik, em "A União Soviética Sobreviverá até 1984?", a elite comunista "considera o regime o menor dos males, comparado ao doloroso processo inerente à sua transformação". Reformas econômicas, até mesmo as mais localizadas e pouco eficientes, teriam ramificações políticas imediatas. Os esquemas econômicos do socialismo não constituíam uma área autônoma; estavam totalmente integrados ao próprio regime político.

Não por acaso, os Estados-satélites do Leste Europeu eram todos governados por conservadores idosos e oportunistas. Na nova era do realismo, Edward Gierek, de Varsóvia (nascido em 1913), Gustav Husák, de Praga (nascido em 1913), Erich Honecker, de Berlim (nascido em 1912), János Kádár, de Budapeste (nascido em 1912), e Todor Zhivkov, de Sófia (nascido em 1911) — sem falar de Enver Hoxha, de Tirana (nascido em 1908) e Josip Broz Tito, de Belgrado (nascido em 1892) — eram os mais realistas. A exemplo de Leonid Brejnev — nascido em 1906, condecorado com sete Ordens de Lenin, quatro vezes Herói da União Soviética, vencedor do Prêmio Lenin da Paz, secretário-geral e, desde 1977, chefe de Estado —, esses homens tinham envelhecido à moda antiga. Não teriam grande incentivo para puxar o tapete sob os próprios pés. Pretendiam morrer em meio ao conforto.[17]

O fato de que o "socialismo real" não funcionava e estava desacreditado, por si só, não selou o destino do regime. Em 1971, no discurso de aceitação do Prêmio Nobel (lido em sua ausência), Aleksandr Soljnitsin afirmara, com entusiasmo: "Depois que a mentira for desmascarada, a nudez da violência será revelada em toda a sua repulsa, e então a violência, já decrépita, ruirá". Mas não foi bem assim. A nudez da violência soviética tinha sido revelada havia muito tempo — e voltaria a ser exposta na desastrosa invasão do Afeganistão, em 1979 — e a mentira do comunismo começara a ser progressivamente desmascarada e afastada desde de 1968.

Mas o sistema ainda não havia desmoronado. A contribuição marcante de Lenin para a história européia foi o seqüestro da herança política centrífuga do radicalismo europeu, canalizado para o poder através de um sistema inovador de controle monopolizado — reunido sem hesitação e contido à força num só local. Na periferia, talvez o sistema comunista seguisse se corroendo, indefinidamente, mas a iniciativa para o colapso final só poderia partir do centro. No relato do fim do comunismo, o extraordinário florescimento, em Praga ou Varsóvia, de um novo tipo de oposição foi apenas o fim do começo. No entanto, o surgimento de um novo tipo de liderança, na própria Moscou, seria o começo do fim.

[17] Além do mais, a exemplo do próprio Brejnev, figuravam entre os maiores consumidores da época. Numa piada soviética que então circulava, o líder soviético mostra para a mãe sua casa de verão, seus carros e suas cabanas de caça. "Que maravilha, Leonid", ela diz. "Mas e se os comunistas voltarem ao poder?"

XIX
O Fim da Velha Ordem

"Não podemos continuar a viver assim."
Mikhail Gorbatchev (dirigindo-se à esposa, março de 1985)

"O momento mais perigoso para um mau governo é quando começa a se reformar."
Alexis de Tocqueville

"Não temos a menor intenção de prejudicar ou desestabilizar a RDA."
Heinrich Windelen, ministro das Relações Interalemãs da Alemanha Ocidental

"A experiência histórica demonstra que, conforme as circunstâncias, os comunistas eram forçados a se comportar racionalmente e a fazer concessões."
Adam Michnik

"Povo, o teu governo volta para ti."
Václav Havel, discurso presidencial, 1º de janeiro de 1990

O relato tradicional do colapso do comunismo tem início na Polônia. Em 16 de outubro de 1978, Karol Wojtyła, cardeal de Cracóvia, foi eleito para o papado, como João Paulo II, o primeiro polonês a ser papa. As expectativas diante da eleição do novo papa foram absolutamente inusitadas nos tempos modernos. Na Igreja Católica, havia quem o considerasse um provável radical: era jovem (tinha apenas 58 anos quando foi eleito papa, e fora nomeado arcebispo de Cracóvia quando estava na faixa dos 30), mas estivera presente no Concílio Vaticano Segundo. Dinâmico e carismático, ele haveria de concluir o trabalho dos papas João XXIII e Paulo VI, e conduziria a Igreja a uma nova era, atuando como pastor, não como burocrata da cúria.

Enquanto isso, católicos conservadores confiavam na reputação de firmeza teológica e no absolutismo moral e político de Wojtyła, características nascidas de sua experiência como padre e prelado sob o regime comunista. Ali estava um homem que, apesar da reputação de "papa das idéias", aberto à troca intelectual e ao debate acadêmico, não faria concessões aos inimigos da Igreja. À semelhança do cardeal Joseph Ratzinger, o poderoso líder da Congregação para a Doutrina da Fé (e seu sucessor no papado), Wojtyła teve seu entusiasmo reformista abalado pelo impacto radical produzido pelas reformas de João XXIII. Já na época da eleição, Wojtyła tornara-se um conservador, tanto em questões administrativas quanto doutrinárias.

As origens polonesas de Karol Wojtyła e sua trágica juventude ajudam a explicar a extraordinária força de suas convicções e a natureza especial do seu papado. Aos 8 anos, perdeu a mãe (três anos mais tarde, perderia o único irmão, mais velho, Edmund; seu último parente próximo, o pai, morreu durante a guerra, quando Wojtyła tinha 19 anos). Depois da morte da mãe, foi levado pelo pai ao Santuário Mariano em Kalwaria Zebrzydowska, onde nos anos seguintes fez diversas peregrinações — Zebrzydowska, assim como Czestochowa, é um centro importante do culto à Virgem Maria na Polônia moderna. Aos 15 anos, Wojtyła já era presidente da Congregação Mariana em Wadowice, sua cidade natal, indicação precoce de sua inclinação à veneração de Maria (o que, por seu turno, contribuiu para a sua visão obstinada em relação ao matrimônio e ao aborto).

A perspectiva cristã do novo papa se enraizava no estilo perculiarmente messiânico do catolicismo polonês. Na Polônia moderna, ele via não apenas a combatida frente oriental da verdadeira fé, mas também uma terra e um povo eleitos para servir de exemplo e espada da Igreja na luta contra o ateísmo oriental e o materialismo ocidental.[1] Somada ao longo período em que serviu em Cracóvia, isolado das correntes teológicas e políticas ocidentais, essa visão explica, provavelmente, a tendência de Wojtyła a adotar uma postura cristã-polonesa paroquial, por vezes perturbadora.[2]

Mas isso também explica o entusiasmo sem precedentes por Wojtyła no seu país de origem. Desde o princípio, o novo papa se afastou da aquiescência romana e cosmopolita do seu predecessor, diante da modernidade, do secularismo e da concessão. A campanha de visitas internacionais — com atuações meticulosamente encenadas em imensos espaços abertos, grandes crucifixos e efeitos de luz, som e marcação teatral — não foi realizada sem planejamento. Tratava-se de um Grande Papa, que levava pelo mundo a sua pessoa e a sua Fé — ao Brasil, México, aos EUA, às Filipinas, à Itália, França, Espanha, e acima de tudo à Polônia.

Deixando de lado a cautelosa *Ostpolitik* dos predecessores, João Paulo II chegou em Varsóvia, em 2 de junho de 1979, para a primeira de três dramáticas "peregrinações" à Polônia comunista. Foi recebido calorosamente por multidões. A presença do papa afirmou e reforçou a influência da Igreja Católica na Polônia, mas o pontífice não estava interessado apenas em endossar a sobrevivência passiva da cristandade diante do comunismo. Para a apreensão dos bispos, ele começou a desestimular católicos na Polônia e outras regiões do Leste Europeu a manter qualquer compromisso com o marxismo, e ofereceu a Igreja não apenas como santuário, mas como pólo alternativo de autoridade moral e social.

Conforme os comunistas poloneses bem sabiam, tal mudança na postura da Igreja Católica — passando da contemporização à resistência — poderia provocar um impacto desestabilizador, impondo um desafio ao monopólio que o partido exercia sobre a autoridade. Isso se

[1] É certo que compete à Igreja Católica condenar os ídolos materialistas e o pecado da soberba. Mas Karol Wojtyła foi bem mais longe. No Vaticano, em suas "Reflexões da Quaresma", em 1975, três anos antes de se tornar papa, ele anunciou explicitamente que, das duas ameaças à Igreja — consumismo e perseguição —, a primeira era a mais séria e, portanto, a maior inimiga.

[2] Vejamos, por exemplo, o apoio inicial por ele oferecido ao projeto de um convento carmelita em Auschwitz, apoio que foi mais tarde retirado, devido ao protesto internacional. Sua impensada descrição da Polônia sob lei marcial como um "imenso campo de concentração" reflete uma limitação similar.

deu, em parte, porque os poloneses permaneceram majoritária e entusiasticamente católicos e, em grande medida, por causa da própria pessoa do papa. Mas os comunistas pouco podiam fazer — proibir o pontífice de visitar a Polônia, ou de lá pregar, só reforçaria o fascínio que ele despertava, e alienaria ainda mais os milhões de admiradores. Mesmo depois da imposição da lei marcial, quando o papa voltou à Polônia, em junho de 1983, e se dirigiu aos "compatriotas" na catedral de São João, em Varsóvia, falando de "decepção e humilhação, sofrimento e perda de liberdade", os líderes comunistas podiam tão-somente observar e ouvir. "A Polônia", ele disse, para constrangimento do general Jaruzelski, num discurso televisionado, "precisa assumir o seu lugar entre as nações da Europa, entre o Oriente e o Ocidente".

O papa, conforme Stalin certa vez observou, não tem pelotões. Mas Deus nem sempre está do lado dos grandes batalhões: João Paulo II compensava a falta de soldados com a sua visibilidade — e senso de oportunidade. Em 1979, a Polônia já estava à beira de uma convulsão social. Desde os protestos dos trabalhadores, em 1970, e novamente em 1976, ambos provocados pelos aumentos bruscos nos preços dos alimentos, o primeiro-secretário Edward Gierek fizera de tudo para evitar a insatisfação doméstica — sobretudo, conforme vimos, tomando empréstimos vultosos no exterior e utilizando-os para suprir os poloneses com gêneros alimentícios e outros bens subsidiados. Mas a estratégia começava a falhar.

Graças ao surgimento do KOR de Jacek Kuroń, a oposição intelectual e os líderes dos trabalhadores agora cooperavam muito mais do que no passado. Em resposta ao cauteloso surgimento de sindicatos "livres" (i.e., ilegais) em diversas cidades industriais e litorâneas, a começar por Katowice e Gdansk, os líderes do KOR, em dezembro de 1979, elaboraram uma "Carta dos Direitos dos Trabalhadores"; as reivindicações incluíam os direitos à organização de sindicatos autônomos, não-filiados ao partido, e à greve. A reação previsível das autoridades foi a prisão dos intelectuais ativistas e a demissão dos operários rebeldes — entre os quais o eletricista, então desconhecido, Lech Wałesa e outros 14 operários da Elektromontaz, em Gdansk.

Não se sabe ao certo se o movimento semiclandestino pelos direitos dos trabalhadores teria evoluído. Mas é certo que os porta-vozes do movimento foram incentivados pela recente visita do papa, e pela intuição de que o regime hesitaria em reagir com violência, com receio de suscitar a desaprovação internacional. Mas o grupo ainda constituía uma pequena e esporádica rede de ativistas. O que precipitou o apoio das massas foi a tentativa do Partido Comunista — pela terceira vez na mesma década — de resolver as dificuldades econômicas anunciando, em 1° de julho de 1980, um aumento imediato no preço da carne bovina.

No dia seguinte ao anúncio, o KOR declarou-se "agência de informação da greve". Nas três semanas subseqüentes, greves pipocaram na fábrica de tratores Ursus (cenário dos protestos de 1976) e nas maiores cidades industriais do país, chegando a Gdansk e ao Estaleiro Lenin, em 2 de agosto. Ali, os operários que trabalhavam na construção de navios ocuparam o pátio e constituíram um sindicato extra-oficial, Solidarnošč (Solidariedade) — liderado por Wałesa, que em 18 de agosto de 1980 assumiu a frente de um movimento grevista nacional.

A reação instintiva das autoridades — prender os "líderes" e isolar os grevistas — falhou; o próximo passo, então, foi ganhar tempo e dividir os revoltosos. Num gesto sem precedentes, representantes do Politburo foram enviados a Gdansk a fim de negociar com os líderes "sensatos", isso enquanto Kuroń, Adam Michnik e outros líderes do KOR eram detidos para interrogatório. Mas outros intelectuais — o historiador Bronisław Geremek e o advogado católico Tadeusz Mazowiecki —, que foram a Gdansk ajudar os grevistas na negociação, e os próprios grevistas insistiam em ser representados por um porta-voz da sua preferência: Wałesa, que cada vez mais se destacava.

O regime foi forçado a ceder. Em 1° de setembro, a polícia liberou todos os que ainda se encontravam detidos e, duas semanas depois, o Conselho de Estado polonês atendeu, oficialmente, à principal exigência dos grevistas: o direito de formar e registrar sindicatos trabalhistas livres. Em oito semanas, a rede informal de greves e sindicatos extra-oficiais, que então existia por toda a Polônia, uniu-se numa só organização, cuja existência as autoridades já não podiam negar: em 10 de novembro de 1980 o Solidariedade tornou-se o primeiro sindicato livre registrado oficialmente num país comunista, com cerca de 10 milhões de associados. No congresso de fundação do sindicato, em setembro do ano seguinte, Wałesa foi eleito presidente.

De novembro de 1980 a dezembro de 1981, a Polônia viveu num limbo nervoso e instável. Os assessores de Wałesa — preocupados com erros cometidos no passado e atentos para não provocar uma reação por parte da humilhada liderança comunista — recomendavam cautela. Aquela seria uma "revolução contida". Jacek Kuroń, com as lembranças de 1956 e de 1968 ainda vivas na mente, insistia no compromisso com o "sistema socialista" e reiterava que o Solidariedade reconhecia o "papel de liderança desempenhado pelo partido" — em Varsóvia ou Moscou, ninguém queria propiciar às autoridades a desculpa para enviar os tanques.

Até certo ponto, as contenções impostas pelo Solidariedade a si mesmo compensaram. Questões flagrantemente políticas — desarmamento ou política externa — ficaram fora da agenda pública do sindicato, que, como alternativa, focalizou a estratégia estabelecida pelo KOR de "praticar sociedade": construir ligações com a Igreja Católica (no que Adam Michnik tinha grande interesse, pois estava decidido a superar o velho anticlericalismo da esquerda polonesa e firmar uma aliança com a revigorada liderança católica); instituir sindicatos locais e conselhos de fábricas; instar o reconhecimento da autogestão e dos direitos sociais no local de trabalho (este último em termos emprestados, palavra por palavra, das convenções da Organização Internacional do Trabalho, sediada em Genebra).

Porém, sob o comunismo, mesmo essas táticas cautelosamente "apolíticas" haveriam de confrontar a relutância do partido em conceder *qualquer tipo* de autoridade ou autonomia. Além disso, a economia continuava a implodir: durante o ano de 1981, a produtividade industrial entrou em colapso, enquanto os trabalhadores poloneses recém-sindicalizados realizavam assembléias, protestos e greves, a fim de promover suas reivindicações. Sob a ótica de Varsóvia, e sobretudo de Moscou, o país estava à deriva, e o regime perdia o controle da situação. A Polônia também se tornava um mau exemplo para os vizinhos. A despeito de toda a prudência dos líderes, o Solidariedade estava fadado a despertar os fantasmas de Budapeste e Praga.

Em fevereiro de 1981, o general Wojciech Jaruzelski fora alçado de ministro da Defesa a primeiro-ministro, substituindo Gierek, que agora caíra em desgraça. Em outubro, Jaruzelski sucedeu Stanisław Kania como secretário do partido. Certo do apoio do Exército, e com a liderança soviética incentivando uma ação firme que sustasse o desvio da Polônia, o general apressou-se a pôr um ponto final numa situação que os dois lados sabiam que não poderia perdurar indefinidamente. Em 13 de dezembro de 1981 — no momento em que conversações sobre desarmamento nuclear entre os EUA e a URSS ocorriam em Genebra — Jaruzelski instituiu a lei marcial na Polônia, supostamente para evitar uma intervenção soviética. Os líderes e assessores do Solidariedade foram levados para a cadeia (embora o sindicato propriamente dito só fosse proscrito no ano seguinte, continuando a existir na clandestinidade.)[3]

Em retrospecto, e após os eventos de 1989, a ascensão do Solidariedade aparece como a primeira salva da batalha final contra o comunismo. Mas a "revolução" polonesa de 1980-1981 é mais bem compreendida como a última de uma série de manifestações de trabalhadores, iniciadas em 1970 e direcionadas contra a repressora e incompetente gestão econômica praticada pelo partido. Incompetência descarada, carreirismo e desperdício; aumentos de preços, greves e repressão; surgimento espontâneo de sindicatos locais e ação de intelectuais dissidentes; simpatia e apoio da Igreja Católica: eis os conhecidos fatores constitutivos do renascimento de uma sociedade civil, retratados de modo comovente por Andrzej Wajda em *O Homem de Mármore* (1977) e *O Homem de Ferro* (1981), relatos cinematográficos didáticos sobre a perda das ilusões e o renascimento das esperanças na Polônia comunista.

Mas não passavam disso. Tais fatores não prenunciavam a queda do poder comunista. Como Michnik, Kuroń e outros continuavam a insistir, antes e depois da imposição da lei marcial, o comunismo poderia ser, gradativamente, corroído no interior e na base, mas não derrubado. O confronto direto seria catastrófico, conforme a História já havia demonstrado. Sim, a lei marcial (que vigorou até julho de 1983) e o subseqüente "estado de guerra" eram a admissão de um certo tipo de fracasso por parte das autoridades — nenhum outro país comunista fora levado a tais medidas, e o próprio Michnik falava de "desastre para o Estado totalitário" (embora assentisse, ao mesmo tempo, que se tratava de sério "revés para a sociedade independente"). Mas comunismo era poder, e poder não estava em Varsóvia, e sim em Moscou. Os acontecimentos na Polônia foram um prólogo emocionante da narrativa do colapso do comunismo, mas foram secundários. A verdadeira ação ocorreu em outro local.

A repressão na Polônia contribuiu ainda mais para o esfriamento das relações entre Ocidente e Oriente verificado a partir do final da década de 1970. A "segunda Guerra Fria", como ficou conhecida, não deve ser exagerada: embora, em dado momento, Leonid Brejnev e Ronald Reagan se acusassem de vislumbrar e até planejar uma guerra nuclear, nem a URSS nem os EUA tinham tal intenção.[4] Com a conclusão dos Acordos de Helsinque, Washington e Moscou pensavam que o final da Guerra Fria lhes traria benefícios. É verdade que a situação na Europa servia para as duas grandes potências, os EUA agora se comportando como a

---

[3] Com o incentivo do Vaticano, os EUA haveriam de prover substancioso apoio financeiro ao Solidariedade, nos anos em que o sindicato existiu clandestinamente — algumas estimativas chegam a 50 milhões de dólares.

[4] Embora, em novembro de 1981, no início de sua gestão, Reagan deixasse escapar a idéia de que uma guerra nuclear na Europa não implicaria uma batalha estratégica. Os aliados de Washington no Oeste Europeu ficaram tão alarmados quanto Moscou e, ao lado de Moscou, protestaram com veemência.

Rússia tsarista nas décadas subseqüentes à derrota de Napoleão, em 1815: i.e., uma espécie de policial do continente, cuja presença impediria que um poder revolucionário incontrolável provocasse novas comoções que abalassem o *status quo*.

No entanto, as relações entre o Oriente e o Ocidente estavam se deteriorando. A invasão do Afeganistão pela União Soviética, em dezembro de 1979, instada pelo ministro das Relações Exteriores, Andrei Gromiko, cujo propósito era restaurar um regime estável e submisso na sensível fronteira sul da União Soviética, provocou o boicote dos EUA aos jogos Olímpicos de Moscou, em 1980 (gentileza paga na mesma moeda, quando o bloco soviético desprezou as Olimpíadas de Los Angeles, em 1984), e levou o presidente Carter, publicamente, a "rever [sua] opinião sobre os objetivos finais dos soviéticos" (*The New York Times*, 1° de janeiro de 1980). A invasão também levou os líderes ocidentais a considerar sábia a decisão, tomada durante uma reunião da OTAN realizada apenas duas semanas antes, de instalar 108 novos mísseis Pershing II e 464 mísseis Cruise na Europa Ocidental — em resposta à instalação de uma nova geração de mísseis SS20, de meio alcance, na Ucrânia. Uma nova corrida armamentista parecia ganhar velocidade.

Ninguém, menos ainda os líderes do Oeste Europeu cujos países, no caso de um confronto nuclear, seriam os primeiros a sofrer, se iludia a respeito da importância dos mísseis nucleares. Enquanto instrumentos de guerra, tais armas eram singularmente inúteis — ao contrário de uma lança, serviam somente para se sentar em cima. No entanto, como mecanismo de contenção, um arsenal nuclear tinha a sua utilidade — desde que o inimigo se convencesse de que o arsenal poderia, no extremo, ser utilizado. Em todo caso, não havia outro meio de defender a Europa contra um Pacto de Varsóvia que, no início dos anos 80, vangloriava-se de contar com mais de cinqüenta divisões de Infantaria armada, 16 mil tanques, 26 mil veículos bélicos e 4 mil aeronaves de combate.

Foi por isso que primeiros-ministros britânicos (tanto Margaret Thatcher quanto seu antecessor, James Callaghan), chanceleres da Alemanha Ocidental e líderes da Bélgica, Itália e Holanda acolheram os novos mísseis e autorizaram a sua instalação. Em seu recém-descoberto entusiasmo pela aliança ocidental, o presidente francês, François Mitterrand, foi particularmente enfático: num discurso contundente proferido diante de um atônito *Bundestag*, em janeiro de 1983, Mitterrand insistiu com os alemães ocidentais quanto à necessidade urgente de agüentar firme e aceitar os mísseis norte-americanos.[5]

A "nova Guerra Fria" reabriu uma perspectiva de terror aparentemente desproporcional à importância das questões em jogo — ou às intenções da maioria dos participantes. Na Europa Ocidental, o movimento antinuclear pela paz ressurgiu, fortalecido por uma nova geração de ativistas dos Partidos Verdes. Na Grã-Bretanha, uma animada coleção, decididamente inglesa, de feministas, ambientalistas e anarquistas, ao lado de amigos e parentes, manteve sitiada durante um longo tempo a base de mísseis em Greenham Common — para o espanto de uma cansada guarnição norte-americana.

A oposição era maior na Alemanha Ocidental, onde o chanceler socialdemocrata Helmut Schmidt foi forçado a ceder, depois que a ala esquerdista do seu próprio partido votou contra os novos mísseis — que foram mais tarde aprovados e instalados pelo seu sucessor,

[5] Evidentemente, a idéia de instalar Pershings ou Cruises na própria França estava fora de cogitação...

o democrata cristão Helmut Kohl.[6] A miragem de uma zona neutra e "desnuclearizada" na Europa Central ainda era cara a muitos alemães, e membros ilustres do Partido Verde e do Partido Socialdemocrata na Alemanha Ocidental ratificavam os apelos oficiais da Alemanha Oriental contra as armas nucleares — durante uma demonstração em Bonn, em outubro de 1983, o ex-chanceler Willy Brandt exortou uma multidão de 300 mil simpatizantes a exigir que o governo renunciasse, unilateralmente, à instalação de novos mísseis. O chamado "Apelo Krefeld" contra a instalação de mísseis Cruise e Pershing na República Federal colheu 2,7 milhões de assinaturas.

Nem a invasão do Afeganistão, nem o "estado de guerra" na Polônia despertaram na Europa Ocidental preocupação comparável, nem mesmo nos círculos oficiais (inclusive, a primeira reação do chanceler Helmut Schmidt à lei marcial decretada por Jaruzelski foi despachar um representante do alto escalão para Varsóvia, em fevereiro de 1982, a fim de ajudar na superação do "isolamento" polonês).[7] Já os pacifistas se preocupavam muito menos com a repressão em Varsóvia do que com a retórica beligerante que emanava de Washington. Embora a decisão da OTAN relativa à instalação de novos mísseis tivesse sido acompanhada pela oferta de negociações em prol da redução dessas mesmas armas (a chamada abordagem "mão-dupla"), cada vez mais tornava-se óbvio que, com o novo presidente, os EUA tinham adotado uma estratégia nova e agressiva.

Grande parte da beligerância de Washington tinha caráter meramente retórico — quando Ronald Reagan exigiu que a "Polônia fosse a Polônia", ou rotulou Moscou de "Império do Mal" (em março de 1983), estava encenando um papel para a platéia doméstica. Afinal, o mesmo presidente abria conversações sobre redução de armas nucleares e propunha a remoção dos mísseis norte-americanos de alcance médio, se os soviéticos retirassem os deles. Mas, na verdade, os Estados Unidos estavam embarcando num grande programa de rearmamento. Em agosto de 1981, Reagan anunciou que os EUA estocariam bombas de nêutron. A implantação do sistema de mísseis MX, em descumprimento aos Tratados de Limitação de Armas Estratégicas, foi anunciada em novembro de 1982, seguida, cinco meses depois, pela Iniciativa de Defesa Estratégica ("Guerra nas Estrelas"), provocando protesto soviético, sob a correta alegação de que a medida feria o Tratado de Mísseis Antibalísticos, assinado em 1972. A ajuda militar oficial e o apoio clandestino ao Afeganistão e à América Central aumentavam. Em 1985, os gastos dos EUA com defesa subiram 6%, um aumento sem precedentes em tempo de paz.[8]

Em setembro de 1981, Reagan advertira que, sem um acordo de armas nucleares passível de fiscalização, haveria uma corrida armamentista, e que, se houvesse uma corrida armamen-

---

[6] A partir de 1990, transpareceu o fato de que, nos anos em questão, ao menos 25 integrantes do *Bundestag* eram agentes pagos pela RDA.

[7] Em 13 de dezembro de 1981, dia em que a lei marcial foi instalada na Polônia, Schmidt estava na RDA, mantendo "conversações de cúpula" com o colega Erich Honecker, e ficou bastante aborrecido, embora menos com a prisão de centenas de dissidentes poloneses do que com o possível impacto "desestabilizador" que os acontecimentos na Polônia poderiam causar às relações entre as duas Alemanhas, relações essas cada vez mais salutares.

[8] Graças a um PIB em crescimento, os gastos públicos com defesa nos EUA decaíram continuamente, em termos relativos, desde meados dos anos 50 até 1979, mesmo durante os anos do Vietnã. Depois, a rubrica aumentou drasticamente: como percentual de desembolso federal, os gastos com defesa, em 1987, tinham aumentado 24% em comparação com 1980.

tista, os EUA venceriam a prova. E foi o que aconteceu. Em retrospecto, o fortalecimento da defesa norte-americana seria visto como a alavanca maquiavélica que quebrou o sistema soviético e o levou a desmoronar. No entanto, a coisa não foi bem assim. A União Soviética mal podia arcar com os gastos da corrida armamentista na qual embarcara, já em 1974. Mas a bancarrota, por si só, não teria derrubado o comunismo.

A "segunda Guerra Fria" e a beligerância pública dos EUA, sem dúvida, aumentaram a pressão sobre um sistema que já dava sinais de mau funcionamento. A União Soviética construíra uma máquina militar que derrotara Hitler, ocupara metade da Europa e acompanhara o Ocidente, arma por arma, durante quarenta anos — mas o preço tinha sido excessivo. No seu auge, o percentual de recursos soviéticos destinados a cobrir gastos militares ficara entre 30% e 40%, quatro ou cinco vezes maior do que os índices norte-americanos. Para muitos especialistas na União Soviética, era evidente que o país não poderia carregar, indefinidamente, tamanho peso. A longo prazo, a conta do projeto de fortalecimento militar teria de ser paga.

Mas, ao menos a curto prazo, é provável que a tensão internacional tenha contribuído para sustentar o regime. Talvez a União Soviética fosse um vilarejo Potemkin com dimensões continentais — o "Alto Volta com mísseis", segundo a concisa definição de Helmut Schmidt; mas, afinal, o país tinha os tais mísseis, e eles conferiam um certo status e respeito aos proprietários. Além do mais, os veteranos líderes soviéticos, sobretudo o diretor da KGB, Iuri Andropov, levavam a sério a ameaça norte-americana. À semelhança dos colegas em Washington, eles realmente acreditavam que o outro lado contemplava a possibilidade de uma guerra nuclear preventiva. A linha-dura de Reagan e, em particular, a Iniciativa de Defesa Estratégica por ele instituída tornavam a velha guarda da liderança soviética ainda menos disposta a fazer concessões.

O verdadeiro dilema militar que se apresentava aos líderes soviéticos não ocorreu nem na Europa nem em Washington, mas em Cabul. Permito-me discordar da reação de Jimmy Carter quanto à "descoberta" tardia das supostas ambições estratégicas soviéticas, mas a invasão do Afeganistão, em 1979, não abriu uma nova frente na luta do comunismo contra o mundo livre. Na verdade, a questão resultou de uma inquietação interna. O censo soviético de 1979 revelou um aumento sem precedentes da população da Ásia Central soviética (primordialmente muçulmana). No Cazaquistão soviético e nas Repúblicas ao longo da divisa afegã — Turcomenistão, Uzbequistão e Tadjiquistão — os números tinham se elevado mais de 25% desde 1970. Ao longo da década seguinte, enquanto a população da Ucrânia cresceria apenas 4%, a do Tadjiquistão registrou um aumento de quase 50%. A Rússia européia, segundo parecia aos líderes, estava sob ameaça demográfica imposta pelas minorias internas: conforme Leonid Brejnev, já enfermo, admitiu durante o 26° Congresso do Partido, em fevereiro de 1981, ainda havia "questões de nacionalidade" que precisavam ser abordadas.

Se a ocupação do Afeganistão conseguisse instalar um regime seguro e cordato em Cabul, os líderes soviéticos teriam garantido um duplo sucesso. Teriam reafirmado a presença vacilante de Moscou no Oriente Médio e enviado uma "mensagem clara" a uma nova geração de muçulmanos soviéticos que sonhavam com independência. Mas os soviéticos, é sabido, fracassaram no Afeganistão. Brejnev, Gromiko e seus generais ignoraram não apenas as lições do Vietnã, repetindo muitos erros cometidos pelos americanos, mas também esqueceram os fracassos da própria Rússia tsarista, naquela mesma região, oitenta anos antes. Na realidade, a tentativa desastrosa da URSS de manter um regime fantoche num território hostil e desconhecido provocou a oposição acirrada de guerrilheiros e fanáticos religiosos (*mujahidin*), armados e financiados por fontes externas. E, em vez de "abordar" as questões de nacionalidade do próprio império, a tentativa russa serviu apenas para inflamá-las: as autoridades "marxistas" de Cabul (apoiadas pelos soviéticos) pouco fizeram pela posição de Moscou no mundo islâmico, tanto no país quanto no exterior.

Em suma, o Afeganistão foi uma catástrofe para a União Soviética. O impacto traumático da campanha numa geração inteira de soldados só seria visível mais tarde. No início dos anos 90, estimava-se que um em cada cinco veteranos das guerras afegãs era alcoólatra; na Rússia pós-soviética, muitos dos demais ex-recrutas, incapazes de encontrar trabalho permanente, convergiram para organizações nacionalistas da extrema direita. Porém, muito antes de isso acontecer, os próprios líderes soviéticos já enxergavam a escala do passo em falso. Além do desperdício com homens e equipamentos, a guerra nas montanhas afegãs, que durou uma década, constituiu grande humilhação internacional. E impediria, no futuro próximo, qualquer outra ação do Exército Vermelho além das fronteiras da URSS; conforme Igor Ligachev, membro do Politburo, mais tarde admitiria ao jornalista norte-americano David Remnick: depois do Afeganistão não haveria a menor possibilidade de recorrer à força na Europa Oriental.

É indício de fragilidade o fato de a União Soviética ter se mostrado tão vulnerável ao impacto de somente uma aventura neocolonialista — ainda que tal aventura fosse um fracasso retumbante. Mas o desastre no Afeganistão, a exemplo do custo da crescente corrida armamentista do início dos anos 80, não teria, em si mesmo, induzido o colapso do sistema. Respaldada pelo medo, pela inércia e pelo auto-interesse dos veteranos que a comandavam, a era de Brejnev, conhecida como "era da estagnação", talvez perdurasse indefinidamente. Decerto, não havia autoridade que servisse de contrapeso, não havia um movimento dissidente — fosse na União Soviética ou nos Estados-satélites — capaz de derrubar o sistema. Somente um comunista poderia fazê-lo. E foi um comunista quem o fez.

A premissa norteadora do projeto comunista era a fé nas leis da História e nos interesses da coletividade, sempre acima das motivações e dos atos dos indivíduos. É, portanto, irônico e propício que o destino do comunismo, em última análise, fosse definido pelo destino de homens. Em 10 de novembro de 1982, aos 76 anos, Leonid Brejnev, finalmente, faleceu. Seu sucessor, Andropov, já estava com 68 anos e não gozava de boa saúde. Em pouco mais de um ano, antes de implementar qualquer uma das reformas que pretendia, Andropov morreu e foi substituído no Secretariado-Geral por Konstantin Chernenko, já com 72 anos, e com a saúde tão debilitada que o novo líder mal conseguiu concluir o discurso nos funerais de Andropov, em fevereiro de 1984. Passados 13 meses, Chernenko também estava morto.

As mortes sucessivas de três comunistas da velha guarda, todos nascidos antes da Primeira Guerra Mundial, foram um tanto sintomáticas: a geração de líderes do partido que guardava memórias das origens bolcheviques da União Soviética e cujas vidas e carreiras tinham sido marcadas por Stalin começava a desaparecer. A referida geração herdara e comandara uma burocracia autoritária e gerontocrata, cuja grande prioridade era a própria sobrevivência; no mundo em que Brejnev, Andropov e Chernenko tinham crescido, ter morte tranqüila não era um feito insignificante. Entretanto, a partir daquele momento, o mundo seria liderado por homens mais jovens; o instinto destes não era menos autoritário, mas eles não teriam muitas opções, senão enfrentar os problemas da corrupção, estagnação e ineficiência que assolavam o sistema soviético, desde cima até embaixo.

O sucessor de Chernenko, devidamente promovido a secretário-geral do Partido Comunista da União Soviética, em 11 de março de 1985, foi Mikhail Sergeievitch Gorbatchev. Nascido num vilarejo da região sulista de Stavropol, em 1931, Gorbatchev, aos 41 anos, fora eleito para o Comitê Central. Agora, passados apenas 13 anos, liderava o partido. Gorbatchev não era apenas vinte anos mais jovem do que seus predecessores; chegou a ocupar um posto de preminência a uma idade mais jovem do que todos os presidentes norte-americanos que antecederam Bill Clinton. Sua rápida ascensão tinha sido incentivada e facilitada por Andropov, e o novo líder era visto como um provável reformista.

Reformista, mas não radical. Mikhail Gorbatchev era um típico *apparatchik*.[9] Fizera carreira no partido, iniciando como primeiro-secretário da Juventude Comunista do Distrito de Stavropol, em 1956, depois atuando como secretário do comitê das fazendas regionais, e chegando a membro do Parlamento Soviético (eleito em 1970). O novo líder encarnava muitos dos sentimentos da sua geração comunista; jamais criticando abertamente o partido ou as suas políticas, Gorbatchev ficara profundamente sensibilizado e entusiasmado pelas revelações de 1956, mas se decepcionaria com os equívocos da era Kruschev e com a repressão e a inércia das subseqüentes décadas de Brejnev.

Mikhail Gorbatchev era, nesse sentido, um clássico comunista com tendências reformistas — não foi coincidência o fato de ter sido amigo íntimo de Zdeněk Mlynář, na Faculdade de Direito de Moscou, no início dos anos 50; Mlynář, como já vimos, desempenhou um papel central na Primavera de Praga, em 1968. Mas, a exemplo de todos os comunistas com inclinações reformistas de sua geração, Gorbatchev era primeiramente comunista e, depois, então, reformista. Conforme explicou ao jornal comunista francês *L'Humanité*, em entrevista concedida em fevereiro de 1986, o comunismo de Lenin continuava sendo um ideal positivo e imaculado. O stalinismo? "Conceito criado por adversários do comunismo e utilizado, em larga escala, para difamar a União Soviética e o socialismo como um todo."[10]

Sem dúvida, é isso o que um secretário-geral do Partido Comunista *deveria* dizer, mesmo em 1986. Mas é certo que Gorbatchev acreditava no que dizia, e as reformas por ele iniciadas tinham uma intenção conscientemente leninista — ou "socialista". Na verdade, em termos ideológicos, é provável que Gorbatchev fosse mais sério do que alguns de seus predecessores soviéticos; não foi por acaso que, enquanto Nikita Kruschev havia declarado, notoriamente, que se fosse britânico apoiaria os tóris, para Gorbatchev, o grande estadista estrangeiro fosse

[9] Membro da burocracia do Partido Comunista da antiga União Soviética. (N. do T.)

[10] Na realidade, a própria família de Gorbatchev sofrera intensamente sob o regime de Stalin: os dois avôs do líder foram detidos e exilados durante os expurgos promovidos pelo ditador. Mas o novo líder soviético só admitiria tal fato em novembro de 1990.

Felipe González, da Espanha, cujo modelo de socialdemocracia mais se aproximava daquele pensado pelo próprio Gorbatchev.

Mais do que qualquer outro indicador, o fato de que as esperanças eram depositadas em Gorbatchev refletia a ausência de oposição interna na União Soviética. Somente o partido poderia limpar a sujeira por ele próprio espalhada, e, por sorte, o partido elegera como líder um homem dotado da energia e da experiência administrativa necessárias para empreender tal esforço. Além de ter rara formação educacional e muita cultura literária (em se tratando de um burocrata soviético), Gorbatchev exibia uma qualidade marcantemente leninista: a disposição de renunciar a certos ideais a fim de alcançar seus objetivos.

As dificuldades que Gorbatchev herdara ao se tornar secretário-geral do PCUS não eram mistério. Impressionado com o que tinha visto em viagens realizadas pela Europa Ocidental durante os anos 70, o novo líder pretendia, desde o começo, dedicar seus maiores esforços à reforma da agonizante economia soviética e da corrupção e ineficiência que se emaranhavam no pesado aparato institucional do país. A dívida externa se elevava continuamente à medida que o preço internacional do petróleo, principal item soviético de exportação, caía, desde que alcançara o ponto máximo no final dos anos 70; a referida dívida, que era de 30,7 bilhões de dólares em 1986, chegaria a 54 bilhões de dólares em 1989. A economia, que pouco crescera durante a década de 1970, agora encolhia; sempre aquém em termos de qualidade, a produção soviética era agora inadequada também em termos de quantidade. Metas estabelecidas por um planejamento central arbitrário, endêmica falta de estoque, pontos de estrangulamento no sistema de abastecimento e a ausência de indicadores de preço ou de mercado, na prática, paralisavam qualquer iniciativa.

Em tal sistema, o ponto de partida para a "reforma", como havia tempo os economistas húngaros e de outras nacionalidades compreendiam, era a descentralização das políticas de preço e do processo decisório. No entanto, medidas como essas deparavam com obstáculos quase insuperáveis. Fora da região do Báltico, quase ninguém na União Soviética tinha qualquer experiência pessoal com agricultura independente ou economia de mercado: como fazer algo; como fixar um preço; como encontrar um comprador. Mesmo depois que a Lei da Atividade de Trabalho Individual, de 1986, autorizou o funcionamento limitado de (pequenas) empresas privadas, poucos foram os que se aventuraram. Três anos mais tarde, havia apenas 300 mil empresários em toda a União Soviética, numa população de 290 milhões.

Além disso, qualquer futuro reformista econômico iria se ver diante do dilema do ovo e da galinha. Se a reforma econômica iniciasse com a descentralização do processo decisório, ou com a concessão de autonomia a empresas locais e o abandono da gestão à distância, como funcionariam produtores, gerentes ou empresários sem um mercado? A curto prazo haveria *mais* escassez do que "estrangulamentos", à medida que todos revertessem à auto-suficiência regional e até a uma economia local à base de escambo. Por outro lado, era inviável, simplesmente, anunciar-se um "mercado". A própria palavra já impunha graves riscos políticos numa sociedade onde o "capitalismo" fora oficialmente condenado e detestado durante décadas (o próprio Gorbatchev, até 1987, evitou qualquer menção à economia de mercado, e a partir de então, falava apenas em "mercado socialista").

O instinto reformador haveria de chegar a um meio-termo: experimentaria a criação — de cima para baixo — de algumas empresas privilegiadas, livres de empecilhos burocráticos e com garantia de suprimento de matérias-primas e trabalho especializado. Essas, segundo o raciocínio, serviriam de modelos bem-sucedidos e até lucrativos para empresas similares: os objetivos eram a modernização controlada e uma progressiva adaptação a mecanismos de fixação de preços e níveis de produção de acordo com a procura. No entanto, tal abordagem estava condenada pela sua própria premissa operacional — de que as autoridades podiam criar empresas eficientes através de disposição administrativa.

É fato que o partido conseguiu criar unidades temporariamente viáveis e até lucrativas, ao canalizar parcos recursos para um punhado de fazendas, fábricas, moinhos e serviços modelares, mas somente mediante pesados subsídios e deixando à míngua atividades menos favorecidas. O resultado foi ainda mais distorção e frustração. Nesse ínterim, gerentes de fábricas e diretores locais, sem saber aonde soprava o vento, apostavam na volta da normatização planejada e do controle centralizado e estocavam tudo o que lhes caísse em mãos.

Para os conservadores que criticavam Gorbatchev, a história já era antiga. Todos os programas soviéticos de reforma desde 1921 iniciaram do mesmo modo e perderam o fôlego pelos mesmos motivos, a começar pela Nova Política Econômica de Lenin. Reformas econômicas sérias implicavam o relaxamento ou o abandono de controles. Isso não apenas exacerbava os problemas que se esperava solucionar, mas significava precisamente o que dizia: perda de controle. Contudo, o comunismo dependia de controle — na realidade, comunismo *era* controle: controle da economia, controle do conhecimento, controle do movimento, da opinião e das pessoas. Tudo mais era dialética, e dialética — conforme um veterano comunista explicou ao jovem Jorge Semprún, em Buchenwald — "é a arte e a técnica de sempre cair de pé".[11]

Gorbatchev logo constatou que, para cair de pé durante a luta por ele travada com a economia soviética, seria necessário reconhecer que o enigma econômico soviético não poderia ser tratado da maneira isolada. Tratava-se do sintoma de um mal maior. A União Soviética era administrada por homens com interesses pessoais nos controles políticos e institucionais de uma economia dirigida; os pequenos absurdos e a corrupção cotidiana dessa economia ensejavam a autoridade e o poder desses mesmos indivíduos. Para que o partido reformasse a economia, primeiramente, teria de reformar a si mesmo.

Tampouco essa idéia era nova — os expurgos periódicos levados a termo por Lenin e por seus sucessores haviam anunciado objetivos semelhantes. Mas os tempos tinham mudado. A União Soviética, por mais repressora e retrógrada, já não era uma tirania totalitária e homicida. Graças aos monumentais projetos de habitação instituídos por Kruschev, a maioria das famílias soviéticas agora morava em apartamentos. Embora feias e ineficientes, essas unidades habitacionais de baixo aluguel propiciavam um grau de privacidade e segurança desconhecido de gerações passadas: as pessoas já não estavam tão expostas a informantes, e ficavam menos sujeitas à delação por parte de vizinhos ou contraparentes. Para a maioria dos cidadãos, a era

---

11 *"Mais c'ést quoi, la dialetique?" "C'est l'art et la manière de toujours retomber sur ses pattes, mon vieux!"*, Jorge Semprún, *Quel Beau Dimanche* (Que belo domingo) (Paris: Grasset, 1980), p. 100.

do terror tinha terminado e, ao menos para a geração de Gorbatchev, o retrocesso ao tempo das detenções em massa e dos expurgos promovidos pelo partido era impensável.

A fim de acabar com a opressão da burocracia do partido e avançar com os planos de reestruturação econômica, então, o secretário-geral recorreu à "*glasnost*" — "abertura": o incentivo oficial ao debate público de um restrito elenco de tópicos. Sinalizando ao povo mudanças iminentes e atiçando a expectativa popular, Gorbatchev construiria um mecanismo com o qual ele e seus companheiros poderiam reduzir qualquer oposição oficial aos seus planos. Também essa era uma estratégia conhecida, inclusive pelos tsares reformistas. Mas, para Gorbatchev, a urgência da necessidade de abertura oficial ficou clara em decorrência dos eventos catastróficos de 26 de abril de 1986.

Naquele dia, à 1h23, um dos quatro imensos reatores da usina nuclear de Chernobyl (na Ucrânia) explodiu, liberando na atmosfera 120 milhões de curies de material radioativo — mais de cem vezes a radiação provocada em Hiroshima e Nagasaki, *somadas*. A precipitação radioativa deslocou-se para noroeste, em direção à Europa Ocidental e à Escandinávia, chegando ao País de Gales e à Suécia, expondo cerca de 5 milhões de pessoas aos efeitos da radiação. Além dos trinta operários mortos no local, aproximadamente 30 mil pessoas viriam a morrer em conseqüência de problemas causados pela exposição à radiação oriunda de Chernobyl, sendo que foram registrados mais de 2 mil casos de câncer da tireóide entre residentes da vizinhança da usina.

Chernobyl não foi o primeiro desastre ambiental da União Soviética. Em Cheliabinsk-40, centro secreto de pesquisa perto de Ekaterinburg, nas montanhas Urais, um tanque de detritos nucleares explodiu em 1957, poluindo severamente uma área de 8 quilômetros de largura por 100 quilômetros de comprimento. Na ocasião, 76 milhões de metros cúbicos de lixo radioativo correram para a bacia do rio Ural, que ficou contaminada durante décadas. Foi preciso evacuar 10 mil pessoas e destruir 23 aldeias. O reator de Cheliabinsk pertencia à primeira geração de edificações nucleares soviéticas, tendo sido construído por trabalho escravo, entre 1948 e 1951.[12]

Outras calamidades ambientais causadas pelo homem em escala comparável foram a poluição do lago Baikal; a destruição do mar de Aral; o despejo no oceano Ártico e no mar de Barents de centenas de milhares de toneladas de embarcações nucleares afundadas com seus conteúdos radioativos; e a contaminação de uma área correspondente à superfície da Itália, nos arredores de Norilsk, na Sibéria, por dióxido de enxofre utilizado na produção de níquel. Esses e outros desastres ecológicos resultaram diretamente da indiferença, da má gestão e da política soviética de "corte-e-queima" com os recursos naturais. E nasceram de uma cultura do sigilo. A explosão de Cheliabinsk-40 só foi oficialmente admitida décadas mais tarde, embora houvesse ocorrido a poucos quilômetros de uma grande cidade — a mesma cidade onde, em 1979, centenas de pessoas morreram em conseqüência de um vazamento de antraz ocorrido numa fábrica de armas biológicas localizada em pleno centro do perímetro urbano.

As deficiências dos reatores nucleares da URSS eram conhecidas dos integrantes do sistema; dois relatórios preparados pela KGB, em 1982 e 1984, apontavam uso de equipamento

[12] O assunto foi tratado no livro de Zhores Medvedev *Nuclear Disaster in the Urals* (Desastre nuclear nos Urais), publicado no exílio, em 1979.

de qualidade "medíocre" (fornecido pela Iugoslávia) e sérias imperfeições nos reatores 3 e 4 de Chernobyl (este último foi o que explodiu em 1986). Porém, assim como essa informação fora mantida em segredo (e nenhuma providência tomada), a reação instintiva da liderança do partido à explosão de 26 de abril foi nada dizer a respeito — afinal, havia à época 14 usinas semelhantes a Chernobyl em funcionamento por todo o país. Moscou só admitiu que algo desagradável havia se passado quatro dias após o incidente, através de um comunicado oficial que se limitava a duas frases.

Mas não havia como abafar Chernobyl: a apreensão internacional e a própria inabilidade de os soviéticos conterem os danos forçaram Gorbatchev, primeiramente, a fazer um pronunciamento público, duas semanas mais tarde, reconhecendo uma parte do que acontecera e, então, a solicitar ajuda e orientação internacional. E, assim como seus compatriotas tomaram conhecimento da escala da incompetência e da indiferença oficial diante da tragédia, Gorbatchev foi obrigado a admitir a extensão dos problemas do país. A inépcia, a hipocrisia e o cinismo dos indivíduos responsáveis pelo desastre, bem como a tentativa de abafar o ocorrido, não mais poderiam ser descartados como uma lamentável perversão dos valores soviéticos: tais fatores *eram, por si mesmos,* os valores soviéticos, conforme o líder soviético começava a perceber.

A partir do outono de 1986, Gorbatchev mudou a abordagem. Em dezembro daquele ano, Andrei Sakharov, o dissidente mais famoso do mundo, foi libertado da reclusão domiciliar em Górki (Nijnii Novgorod), prenúncio da liberação em massa de prisioneiros políticos soviéticos que teria início no ano seguinte. A censura foi relaxada — em 1987, ocorreu a publicação mais do que tardia de *Vida e Destino,* de Vassili Grossman (26 anos depois que M. A. Suslov, comissário do partido encarregado de questões ideológicas, previu que o livro só seria liberado em "dois ou três séculos"). A polícia foi instruída a não mais bloquear a transmissão radiofônica estrangeira. E o secretário-geral do PCUS elegeu a ocasião do seu discurso televisionado diante do Comitê Central do partido, em janeiro de 1987, para defender uma democracia mais inclusiva, ignorando os conservadores do partido e dirigindo-se à nação como um todo.

Já em 1987, nove em cada dez residências soviéticas possuíam aparelho de TV, e a tática de Gorbatchev foi, inicialmente, um grande sucesso: ao criar uma esfera pública para o debate semi-aberto acerca das agruras do país e ao quebrar o monopólio sobre a informação detido pela casta governamental, ele forçou o partido e fazer o mesmo — e assegurou aos reformistas de dentro do sistema, até então calados, a possibilidade de falar e apoiá-lo. No decorrer de 1987 e 1988, o secretário-geral, quase sem querer, formou no país uma clientela predisposta à mudança.

Floresceram organizações informais: notadamente, o Clube Perestroika, no Instituto de Matemática de Moscou, em 1987, que por seu turno fez nascer o Memorial, cujos integrantes dedicavam-se a "manter viva a memória das vítimas" do passado stalinista. De início perplexas diante da sua própria existência — afinal, a União Soviética ainda era uma ditadura unipartidária —, tais organizações logo cresceram e se multiplicaram. Por volta de 1988, o apoio a Gorbatchev advinha mais de fora do partido, da recém-emergente opinião pública nacional.

Acontecera que a lógica das metas reformistas de Gorbatchev e a sua decisão, na prática, de recorrer ao apoio da nação contra os conservadores que o criticavam no âmbito da burocracia haviam transformado a dinâmica da *Perestroika*. Tendo iniciado na função de reformador dentro do partido do governo, o seu próprio secretário-geral agora trabalhava cada vez mais contra o partido, ou ao menos tentava se esquivar da resistência do partido à mudança. Em outubro de 1987, Gorbatchev, pela primeira vez, falou publicamente dos crimes stalinistas e advertiu que, se o partido não defendesse a reforma, perderia o papel de liderança na sociedade.

Em junho de 1988, na convenção do partido, o líder reiterou o compromisso com a reforma e o relaxamento da censura e convocou a preparação de eleições abertas para a instituição de um Congresso dos Deputados do Povo no ano seguinte. Em outubro de 1988, Gorbatchev demoveu alguns dos seus principais adversários — sobretudo Igor Ligachev, antigo crítico — e se elegeu presidente do Parlamento soviético (i.e., chefe de Estado), substituindo Andrei Gromiko, o último dos dinossauros. Na retaguarda do partido, Gorbatchev ainda enfrentava forte oposição; mas, no país como um todo, a sua popularidade estava no auge, o que lhe permitiu avançar — embora lhe restassem poucas opções, senão avançar.[13]

As eleições de maio/junho de 1989 foram as primeiras mais ou menos livres realizadas na União Soviética desde 1918. Não foram eleições multipartidárias — isso só ocorreria em 1993, quando a União já não existia —, e o resultado foi, em grande parte, predeterminado pela restrição de muitos assentos a candidatos do partido e pela proibição de competição interna ao partido para a ocupação desses assentos; mas o Congresso eleito incluía muitas vozes independentes e críticas. Os trabalhos do Congresso eram transmitidos a 100 milhões de telespectadores, e as reivindicações de mais mudanças feitas por Sakharov e outros — principalmente o destronamento do partido, cada vez mais desacreditado — não podiam ser ignoradas, nem mesmo pelo próprio Gorbatchev, a princípio relutante. O monopólio que os comunistas exerciam sobre o poder começava a escapulir, e com o estímulo de Gorbatchev o Congresso votaria, em fevereiro do ano seguinte, a remoção da cláusula-chave da Constituição soviética — o Artigo 6 —, que conferia ao Partido Comunista o "papel de liderança".[14]

O curso da turbulência doméstica soviética entre 1985 e 1989 foi facilitado por uma grande guinada na política externa da URSS sob a liderança de Gorbatchev e seu novo ministro das Relações Exteriores, Edvard Shevardnadze. Desde o princípio, Gorbatchev deixara clara a sua determinação de livrar o país, no mínimo, de grande parte do ônus militar. Um mês após chegar ao poder, Gorbatchev suspendeu o programa soviético de mísseis e se dispôs a realizar negociações incondicionais a respeito de forças nucleares, a começar pela proposta de que as duas superpotências dividissem pela metade seus arsenais estratégicos. Já em maio de 1986, após uma excelente reunião de "cúpula" com Reagan, em Genebra (o primeiro de cinco encontros semelhantes, sem precedentes), Gorbatchev concordou que sistemas nucleares

[13] Uma pesquisa de opinião realizada alguns meses depois (em janeiro de 1990) apontava que, em termos de apreço popular, Gorbatchev vinha logo atrás de Pedro, o Grande — mas muito atrás de Karl Marx e V. I. Lenin...

[14] Foi Sakharov quem fez a questão vir à tona, ao exigir — diante das câmeras de TV — a revogação do Artigo 6 e a devolução aos representantes do povo do poder "roubado" pelo partido, em 1918. O próprio Gorbatchev, finalmente, desligou o microfone de Sakharov, mas já era tarde.

instalados pelos EUA fora de seu território ficassem excluídos das conversações sobre armas estratégicas, se isso contribuísse para o andamento do debate.

Num segundo encontro, realizado em Reykjavik em outubro de 1986, Reagan e Gorbatchev, embora não houvessem chegado a um consenso a respeito de desarmamento nuclear, construíram bases para futuro sucesso. Em fins de 1987, Shevardnadze e o secretário de Estado norte-americano, George Shultz, já haviam esboçado um Tratado de Forças Nucleares de Alcance Intermediário, assinado e sancionado no ano seguinte. Esse tratado, endossando a "opção zero" defendida por Ronald Reagan, explicitava a aceitação soviética de que uma guerra nuclear na Europa não teria vencedor — e serviu de prólogo a um tratado ainda mais importante, assinado em 1990, que limitava, severamente, a presença e a operação de forças *convencionais* no continente europeu.

Sob a ótica de Washington, naturalmente, as concessões feitas por Gorbatchev relacionadas a armamentos pareciam ser uma vitória de Reagan — e, portanto, na soma zero operada pelos estrategistas da Guerra Fria, configuravam uma derrota para Moscou. Mas, na visão de Gorbatchev, cujas prioridades eram domésticas, garantir um cenário internacional mais estável era em si uma vitória. Permitia-lhe ganhar tempo e conquistar apoio interno para as reformas. O verdadeiro significado dessa seqüência de encontros e acordos foi o reconhecimento por parte da URSS de que um confronto militar no exterior não era apenas dispendioso, mas também contraproducente; conforme disse Gorbatchev, em outubro de 1986, em visita à França, "ideologia" não era base adequada para política externa.

Tais idéias refletiam o aconselhamento que o líder começava a receber de uma nova geração de especialistas soviéticos em relações exteriores, sobretudo o colega Aleksandr Iakolev, para quem ficara claro que a URSS poderia exercer mais controle sobre as relações do país com o exterior através de concessões bem planejadas do que de confrontos inúteis. Em contraste com os problemas insolúveis enfrentados por Gorbatchev internamente, a política externa era uma arena na qual o líder exercia controle direto e podia, portanto, efetuar melhorias imediatas. Além disso, costuma-se exagerar o suposto interesse da União Soviética em cuidar das relações exteriores apenas com a outra Grande Potência: Gorbatchev atribuía tanta importância às relações com a Europa Ocidental quanto com os EUA — eram freqüentes as visitas do líder soviético ao Oeste Europeu, onde travou boas relações com González, Kohl e Thatcher (esta, notoriamente, o considerava um sujeito com o qual "podia negociar").[15]

Na realidade, sob aspectos importantes, Gorbatchev considerava-se, acima de tudo, um estadista *europeu*, com prioridades européias. O foco na extinção da corrida armamentista e no estoque de armas nucleares estava intimamente ligado a uma nova abordagem diante do papel da URSS enquanto potência distintamente *européia*. "Os armamentos", declarou Gorbatchev em 1987, "devem ser reduzidos a níveis estritamente necessários para fins de defesa. É hora de as duas alianças militares corrigirem seus conceitos estratégicos, direcionando-os mais para os objetivos da defesa. Todos os apartamentos do 'prédio europeu' têm o direito a se proteger contra ladrões, mas devem fazê-lo sem destruir a propriedade dos vizinhos".

---

[15] E durante os funerais de Chernenko, em maio de 1985, Gorbatchev fez questão de ser apresentado e cumprimentar Alessandro Natta, chefe do Partido Comunista Italiano, até então sempre antipatizado por Moscou.

Nesse mesmo estado de espírito e pelos mesmos motivos, o líder soviético percebeu, desde o início, a necessidade urgente de retirar a União Soviética do Afeganistão, "ferida que não parava de sangrar", conforme Gorbatchev descreveu a situação durante o Congresso do Partido, em fevereiro de 1986. Cinco meses mais tarde, ele anunciou a retirada de 6 mil soldados soviéticos, remoção concluída em novembro daquele mesmo ano. Em maio de 1988, na seqüência de um acordo firmado em Genebra com o Afeganistão e com o Paquistão e garantido pelas duas grandes potências, as tropas soviéticas começaram a deixar o Afeganistão: os últimos soldados do Exército Vermelho partiram em 15 de fevereiro de 1989.[16]

Tornara-se evidente que, longe de enfrentar a problemática das nacionalidades soviéticas, a aventura afegã a exacerbara. Se a URSS enfrentava um grupo intratável de minorias nacionais, o problema fora criado por ela própria: foram Lenin e seus sucessores, afinal, que inventaram as diversas "nações" — submissas, às quais eles designaram regiões e repúblicas. Ecoando práticas imperiais de outros lugares, Moscou fomentara o surgimento — em locais onde conceitos de nacionalidade e nação eram desconhecidos até cinqüenta anos antes — de instituições e intelectualidades agrupadas em torno de um centro urbano nacional ou "capital". Primeiros-secretários dos partidos comunistas no Cáucaso, ou nas repúblicas da Ásia Central, costumavam ser escolhidos entre os respectivos grupos étnicos dominantes. Para salvaguardar seus feudos, esses homens inclinavam-se a se identificar com a "sua própria gente", em especial depois que começaram a aparecer fissuras na burocracia central. O partido começava a rachar em conseqüência da força centrífuga de ansiosos administradores locais que protegiam seus próprios interesses.

Parece que Gorbatchev não compreendeu muito bem esse processo. "Camaradas", ele informou ao partido em 1987, "podemos afirmar que, em nosso país, o problema das nacionalidades foi resolvido". Talvez Gorbatchev não acreditasse inteiramente nas suas próprias asserções, mas decerto pensava que algum relaxamento do controle central e o enfrentamento de antigos desafetos seriam o bastante (em 1989, os tártaros da Criméia, por exemplo, foram finalmente autorizados a voltar à sua região de origem, após décadas de exílio na Ásia). Num império continental que se estendia desde o Báltico até o mar de Okhotsk, e que incluía mais de cem grupos étnicos, a maioria dos quais nutria velhos ressentimentos cuja expressão era agora incitada pela *glasnost*, o erro teria conseqüências graves.

A inadequação da resposta de Gorbatchev às reivindicações de autonomia nas margens distantes do Império Soviético não deve surpreender. Conforme já observado, Gorbatchev foi, desde o início, um "comunista reformador", ainda que bastante atípico: simpático à necessidade de mudança e renovação, mas relutante em atacar os princípios centrais do sistema no qual crescera. A exemplo de muita gente da sua geração na União Soviética e em outros locais, Gorbatchev acreditava piamente que o único caminho para o progresso passava pelo retorno aos "princípios" leninistas. A idéia de que o próprio projeto leninista estivesse

[16] Constituindo um eco irônico do fiasco norte-americano no Vietnã, o regime fantoche instalado em Cabul — agora privado do apoio armado proveniente do exterior — claudicou até 1992 antes de sucumbir (a despeito das garantias externas) às forças dos talibãs.

equivocado permaneceu alheia ao líder soviético até bem tarde — somente em 1990 ele, finalmente, permitiu a publicação interna de escritores abertamente antileninistas como, por exemplo, Aleksandr Soljenitsin.

O espírito dos objetivos iniciais de Gorbatchev pode ser ilustrado pelo tom inimitável da recém-descoberta tolerância oficial à música pop; conforme expressou o *Pravda*, em outubro de 1986: "O *rock-'n'-roll* tem direito a existir, mas somente se for melodioso, coerente e bem executado". Era isso, precisamente, que Mikhail Gorbatchev queria: um comunismo melodioso, coerente e bem executado. As reformas necessárias seriam implementadas e as liberdades "adequadas" seriam concedidas, mas não haveria qualquer tipo de licença não-regulamentada — em fevereiro de 1988, o governo ainda reprimia, severamente, editoras e gráficas independentes.

Uma das curiosidades próprias aos comunistas reformadores é que eles sempre perseguiam o objetivo quixotesco de reformar determinados aspectos do sistema enquanto outros permaneceriam inalterados — introduzir incentivos ao mercado e manter controle por meio de planejamento central; ou permitir maior liberdade de expressão e preservar o monopólio do partido sobre a verdade. Porém, reformas parciais, ou reforma de um setor isolado, eram intrinsecamente contraditórias. "Pluralismo planejado" ou "mercado socialista" eram conceitos fadados ao fracasso. Já a idéia de que o "papel de liderança" do Partido Comunista poderia ser mantido enquanto o partido se livrava das excrescências patológicas acumuladas ao longo de sete décadas de poder absoluto sugere certa ingenuidade política por parte de Gorbatchev. Num sistema autoritário, o poder é indivisível — abrir mão de uma parte implicará, no limite, a perda do todo. Cerca de quatro séculos antes, o monarca da dinastia Stuart Jaime I compreendia essas questões bem melhor — conforme a resposta curta que ele deu a presbiterianos escoceses que protestavam contra os poderes investidos nos bispos: "Sem bispo, sem rei".

Gorbatchev e sua revolução controlada foram, em última instância, engolidos pela escala das contradições por eles mesmos geradas. Em retrospecto, o líder observou, com certo arrependimento: "Naturalmente, perturba-me o fato de não ter conseguido manter o processo de *Perestroika* dentro do esquema das minhas intenções". Mas o esquema e as intenções eram incompatíveis. Uma vez que os pilares da censura, do controle e da repressão foram removidos, tudo o que havia de essencial ao sistema soviético — a economia planejada, a retórica pública, o monopólio do partido — simplesmente ruiu.

Gorbatchev não alcançou seu objetivo — um comunismo reformado e eficiente, livre de disfunções. Na realidade, o líder falhou totalmente. Mesmo assim, o que ele fez foi notável. Na URSS, não havia instituições independentes, nem semi-autônomas, em torno das quais críticos e reformadores pudessem se mobilizar: o sistema soviético só poderia ser desmantelado de dentro para fora, e por alguma iniciativa vinda de cima. Ao introduzir um elemento de mudança de cada vez, Gorbatchev provocou, gradativamente, a corrosão do sistema no qual ele mesmo ascendera. Utilizando plenos poderes de secretário-geral do partido, ele desentranhou a ditadura do próprio partido.

Foi uma façanha sem precedentes. Ninguém poderia tê-la previsto em 1984, quando Chernenko faleceu — e ninguém o fez. Gorbatchev, na opinião de um de seus conselheiros mais próximos, foi "um erro genético no sistema".[17] Olhando para trás, é tentador concluir que o momento da ascensão de Gorbatchev foi incrivelmente oportuno — enquanto o sistema soviético cambaleava, surgiu um líder que percebeu o que estava ocorrendo e conseguiu encontrar uma saída estratégica para o Império. A hora terá feito o homem? Talvez. E Mikhail Gorbatchev não era apenas mais um burocrata do partido.

No entanto, é incontestável que ele não sabia o que estava fazendo, e ficaria horrorizado se soubesse. Seus críticos eram mais perspicazes. Por um lado, os linhas-duras do partido odiavam Gorbatchev — muitos endossaram com fervor a notória carta publicada pelo jornal *Sovetskaya Rossiya*, em 13 de março de 1988, na qual Nina Andreieva, uma professora de Leningrado, apontava com rispidez (e com razão, conforme ficaria claro) que as novas reformas, inevitavelmente, conduziriam o país de volta ao capitalismo. Por outro lado, Gorbatchev jamais contou com o apoio incondicional dos reformistas radicais, que ficavam cada vez mais decepcionados com a aparente indecisão do líder. Uma das fraquezas de Gorbatchev era o fato de que, para manter o controle dos eventos, ele se sentia impelido a ocupar o centro sempre que possível, incentivando novas idéias, mas voltando para os braços dos conservadores do partido quando reformadores radicais, como Iakovlev ou Boris Ieltsin, pressionavam-no a ir mais longe. Essas hesitações, a aparente relutância de Gorbatchev em defender a lógica das suas próprias iniciativas e sua insistência em não ir longe demais, ou rápido demais, fizeram com que muitos dos seus admiradores se decepcionassem.

O problema foi que, ao abrir mão do monopólio do partido sobre o poder e a iniciativa, Gorbatchev, em igual proporção, reduziu também a sua própria influência. Foi, portanto, obrigado a formar alianças táticas e a contemporizar extremismos. Trata-se de um mal conhecido e necessário a políticos democratas, mas, aos olhos de uma nação habituada a setenta anos de ditadura, tais manobras, simplesmente, faziam Gorbatchev parecer fraco. A partir dos primeiros meses de 1989, o presidente soviético caiu continuamente nas pesquisas de opinião. No outono de 1990, contava com o apoio de apenas 21% da população.

Muito antes de deixar o poder, portanto, Gorbatchev já não estava nas graças do povo. Mas isso ocorria apenas dentro da URSS; no exterior, a "Gorbatchevmania" grassava. Nas viagens internacionais, cada vez mais freqüentes, Gorbatchev era festejado por políticos do Oeste Europeu e aclamado por multidões entusiasmadas. No final de 1988, Margaret Thatcher — uma das fãs mais ardorosas de Gorbatchev — declarou o "fim" da Guerra Fria. Sob o ponto de vista da Europa Oriental, a declaração talvez fosse considerada um tanto prematura; mas também no Leste Europeu Mikhail Gorbatchev era extremamente benquisto.

Nas "democracias populares" os problemas domésticos do líder soviético, embora devidamente observados, contavam menos do que seus pronunciamentos externos, sobretudo um discurso amplamente divulgado que ele proferiu nas Nações Unidas, em 7 de dezembro de 1988. Após anunciar cortes unilaterais nas forças soviéticas presentes na Europa, Gorbatchev advertiu os ouvintes de que "a liberdade de escolha é um princípio universal. Não devem existir exceções". Isso era mais do que uma simples renúncia à "Doutrina de Brejnev", era a admis-

[17] Andrei Gratchev, citado no livro *The Gorbatchev Factor* (O fator Gorbatchev) (Oxford, 1997), p. 88, de autoria de Archie Brown.

são de que Moscou não recorreria à força para impor a sua versão de "socialismo" aos Estados irmãos. O que Gorbatchev estaria consentindo — e foi visto como se já houvesse consentido — era que os cidadãos dos Estados-satélites teriam liberdade para seguir o próprio caminho, fosse este socialista ou não. O Leste Europeu estava prestes a reingressar na História.

Sob a liderança de Mikhail Gorbatchev, a União Soviética, a partir de 1985, gradativamente abandonou a supervisão direta dos Estados-satélites. Mas as implicações do crescente distanciamento continuavam incertas. As democracias populares ainda eram comandadas por facções autoritárias do partido, cujo poder fundamentava-se numa grande burocracia repressora. A polícia e o serviço de inteligência dessas "democracias" permaneciam ligados e dependentes do aparato de segurança da própria União Soviética, e continuavam a operar com certa independência em relação às autoridades locais. E, embora os governantes em Praga, Varsóvia ou Berlim Oriental começassem a perceber que já não podiam contar com o apoio incondicional de Moscou, nem eles nem os cidadãos por eles comandados sabiam ao certo o que isso significava.

A situação da Polônia resumia essas incertezas. Por um lado, a determinação de lei marcial havia reiterado o domínio autoritário do Partido Comunista. Por outro lado, a supressão do Solidariedade e a mordaça aplicada aos líderes do sindicato em nada contribuíram para amenizar os problemas subjacentes. Ao contrário: a Polônia ainda acumulava dívidas, mas agora — graças à condenação internacional à repressão — os governantes já não podiam escapar das dificuldades através de empréstimos contraídos no exterior. Com efeito, os líderes poloneses enfrentavam o mesmo dilema que se lhes apresentara na década de 1970, mas suas opções eram agora ainda mais reduzidas.

Nesse ínterim, a oposição tinha sido criminalizada, mas não tinha evaporado. A atividade editorial clandestina prosseguia, assim como palestras, debates, encenações dramáticas e muito mais. O próprio Solidariedade, embora proscrito, manteve uma existência virtual, principalmente depois que o porta-voz mais famoso do sindicato, Lech Wałesa, foi libertado, em novembro de 1982 (e agraciado com o Prêmio Nobel da Paz, *in absentia*, no ano seguinte). O regime não podia se arriscar a proibir uma visita mais do papa, em junho de 1983, depois da qual a Igreja engajou-se ainda mais em atividades clandestinas e semi-oficiais.

A polícia política defendia a repressão; em 1984, num episódio que se tornou notório, ela planejou o seqüestro e o assassinato de um sacerdote radical, o padre Jerzy Popiełuszko — para desencorajar outros. Mas Jaruzelski e a maioria dos colegas sabiam que provocações e confrontos desse tipo já não funcionavam. O enterro do padre Popiełuszko atraiu uma multidão de 350 mil pessoas; e, longe de amedrontar a oposição, o incidente serviu para expor a escala do apoio popular à Igreja e ao Solidariedade, fosse este legal ou não. Em meados dos anos 80, a Polônia aproximava-se rapidamente de uma situação de impasse entre uma sociedade recalcitrante e um Estado cada vez mais desesperado.

A reação instintiva da liderança do partido (em Varsóvia e Moscou) foi propor "reformas". Em 1986, Jaruzelski, agora presidente, mandou libertar Adam Michnik e outros líderes do Solidariedade, e através de um recém-criado "Ministério da Reforma Econômica" ofereceu uma pequena plataforma de mudanças econômicas destinadas, entre outras metas, a atrair financiamento externo para a dívida nacional da Polônia, que agora se acercava de 40 bilhões de dólares.[18] Num estranho aceno para a democracia, o governo, em 1987, começou a indagar aos poloneses que tipo de "reforma" econômica desejavam: "Vocês preferem", era a pergunta, "um aumento de 50% no preço do pão e de 100% no preço da gasolina ou 60% no preço da gasolina e 100% no preço do pão?". Não será surpresa que a resposta da população tenha sido, digamos, "Nenhuma das respostas acima".

A questão e a decisão de levantá-la ilustram bem a falência política e econômica dos líderes comunistas da Polônia. A bem dizer, é um tanto revelador da queda de credibilidade das autoridades constituídas o fato de o ingresso da Polônia no FMI ter sido viabilizado em parte pelo *consentimento* do próprio Solidariedade. Apesar de proibido, o sindicato manteve a presença no exterior, e foi o escritório do Solidariedade em Bruxelas que aconselhou o diretor-executivo do FMI, em setembro de 1985, a admitir a Polônia ao mesmo tempo que insistiu que as melhorias parciais introduzidas por Jaruzelski estavam condenadas ao fracasso, e que somente um pacote de reformas profundas poderia se contrapor aos problemas do país.[19]

Já em 1987, a característica mais impressionante da situação polonesa era a total impotência do partido e de seus componentes. Mesmo não estando diante de qualquer ameaça visível ao seu monopólio sobre o poder, o Partido dos Trabalhadores Poloneses Unidos tornava-se irrelevante. A "contra-sociedade" teorizada por Michnik e outros na década anterior surgia como fonte *real* de autoridade e iniciativa. Depois de 1986, o debate interno da oposição polonesa não versava tanto sobre como ensinar a sociedade a ser livre, mas sobre até que ponto a oposição deveria concordar com o regime, e com que propósito.

Um grupo de jovens economistas da Escola de Planejamento e Estatística de Varsóvia, liderados por Leszek Balcerowicz, já pensava um setor empresarial privado livre de planejamento central — i.e., um mercado; esta e outras propostas eram debatidas intensamente entre poloneses externos ao sistema e amplamente discutidas no exterior. Todavia, as máximas balizadoras do "realismo" político e os objetivos de "autolimitação" que vigoravam em 1980 e 1981 continuavam valendo — o confronto e a violência, que tanto convinham aos linhas-duras do partido, foram meticulosamente evitados. Conversação era uma coisa, "aventura" era outra.

O que precipitou o eclipse final do partido, como seria de se prever, foi uma nova tentativa de "reformar" a economia — ou, mais modestamente, de reduzir a dívida insustentável do país. Em 1987, os preços ao consumidor subiram cerca de 25%; em 1988, a elevação foi de 60%. O mesmo que ocorrera em 1970, 1976 e 1980 ocorreu agora: o aumento brusco dos preços deflagrou uma série de greves, culminando num movimento maciço de piquetes e ocupações, na primavera e no verão de 1988. No passado, carecendo de qualquer alavancagem em relação à força de trabalho, as autoridades comunistas ou abandonavam os esforços para

[18] Em 1986, os EUA suspenderam o veto ao ingresso da Polônia no FMI, em troca da libertação de todos os prisioneiros políticos ainda detidos e de uma anistia geral.

[19] Ver Harold James, *International Monetary Cooperation since Bretton Woods* (Cooperação monetária internacional desde Bretton Woods) (IMF & Oxford University Press, 1996), p. 567.

elevar os preços ou recorriam à força — ou então tomavam ambas atitudes. Agora as autoridades dispunham de uma terceira opção: apelar para a ajuda dos próprios líderes dos trabalhadores. Em agosto de 1988, o general Czesław Kiszczak, ministro do Interior, instou Lech Wałesa — supostamente, um cidadão comum, mas líder não-declarado de uma organização clandestina — a comparecer a uma reunião em que seria negociado o fim das manifestações protagonizadas pelos trabalhadores. A princípio relutante, Wałesa finalmente assentiu.

Não foi difícil para Wałesa sensibilizar os grevistas — a autoridade moral do Solidariedade crescera desde 1981 —, mas as questões subjacentes permaneciam: o índice de inflação do país se aproximava de 1.000% ao ano. Seguiram-se quatro meses de esporádicos contatos extra-oficiais entre o Solidariedade e o governo, e a opinião pública em prol da "reforma" se tornava cada vez mais contundente. Navegando sem rumo, as autoridades oscilavam entre ações e ameaças: trocavam ministros, negavam planos para negociações, prometiam mudanças econômicas, ameaçavam fechar o estaleiro de Gdansk. A confiança da população no Estado (no que restava dele) ruiu.

Em 18 de dezembro de 1988, o Solidariedade criou em Varsóvia um Comitê da Cidadania, com o objetivo de planejar amplas negociações com o governo. Coincidentemente, mas sintomático da situação, havia uma semana que o Gorbatchev fizera seu discurso seminal na ONU. Jaruzelski, aparentemente sem alternativas, afinal admitiu o óbvio e forçou o relutante Comitê Central a aceitar o processo de negociação. Em 6 de fevereiro de 1989, os comunistas reconheceram oficialmente o Solidariedade como parceiro de negociação e inauguraram negociações de "mesa-redonda" com os representantes do sindicato. Os trabalhos duraram até 5 de abril. Naquele dia (mais uma vez, uma semana após importantes acontecimentos na União Soviética, desta feita a realização de eleições abertas para o Congresso de Deputados do Povo), as partes concordaram com a legalização dos sindicatos independentes, com a criação de uma legislação econômica abrangente e, acima de tudo, com a eleição de uma nova Assembléia.

Em retrospecto, o resultado das conversações de mesa-redonda foi o término negociado do comunismo na Polônia, e ao menos para alguns participantes isso já estava claro à época. Mas ninguém imaginava a *rapidez* do desfecho. As eleições de 4 de junho, embora propiciassem um novo elemento de verdadeira escolha, foram manipuladas para garantir a maioria comunista: a votação para o Senado nacional seria de fato aberta, mas na eleição para a *Sejm* (Assembléia parlamentar) a metade dos assentos estava reservada aos candidatos oficiais (i.e., comunistas). E, ao programar as eleições com tamanha brevidade, o governo esperava capitalizar a desorganização e a inexperiência dos adversários.

Os resultados causaram espanto a todos. Com o apoio de um novo jornal improvisado por Adam Michnik — Gazeta da Eleição (*Gazeta Wyborcza*) —, o Solidariedade conquistou 99 dos cem assentos do Senado e todos os assentos possíveis na *Sejm*. Enquanto isso, apenas dois dos candidatos comunistas que concorriam aos assentos "reservados" garantiram os 50% dos votos necessários. Diante da derrota total e da humilhação pública sem precedentes, os governantes comunistas da Polônia tinham a opção de ignorar a votação, voltar a instituir lei marcial ou aceitar a derrota e entregar o poder.

Nesses termos, a opção era evidente: conforme Gorbatchev deixou claro a Jaruzelski numa conversa particular por telefone, a eleição deveria valer. O primeiro pensamento de Jaruzelski foi garantir um acordo que salvasse as aparências, convidando o Solidariedade a compor com ele um governo de coalizão, mas a idéia foi rejeitada. Em vez disso, após algumas semanas de mais negociações, e da tentativa frustrada de nomear um primeiro-ministro comunista, a liderança do partido curvou-se diante do inevitável e em 12 de setembro de 1989 o nome de Tadeusz Mazowiecki foi aprovado para o posto de primeiro chanceler não-comunista da Polônia no pós-guerra (embora os comunistas mantivessem o controle de certos ministérios-chave).

Nesse ínterim, numa astuta manobra política, o grupo de parlamentares ligados ao Solidariedade elegeu Jaruzelski chefe de Estado, assim cooptando os comunistas "moderados" a participar do processo de transição e diminuindo-lhes o constrangimento. No mês seguinte, o governo de Mazowiecki anunciou planos para instituir uma "economia de mercado", apresentada dentro de um programa de estabilização — o chamado "Plano Balcerowicz" — aprovado pela *Sejm* em 28 de dezembro. No dia seguinte, o "papel de liderança" do Partido Comunista Polonês foi formalmente excluído da Constituição do país. Passadas quatro semanas, em 27 de janeiro de 1990, o próprio partido foi dissolvido.

É importante que a percepção do atropelo que imperou nos últimos meses do comunismo na Polônia não nos oculte a longa e lenta seqüência de eventos precedentes. A maioria dos atores que participaram do drama de 1989 — Jaruzelski, Kiszczak, Wałesa, Michnik, Mazowiecki — já estava em cena havia muitos anos. O país passara de um breve renascimento de relativa liberdade, em 1981, à lei marcial, seguida por um demorado e indefinido purgatório de semitolerância repressiva que, finalmente, desaguou na repetição das crises econômicas da década anterior. A despeito da força da Igreja Católica, da fama do Solidariedade por todo o país e da aversão do povo polonês aos governantes comunistas, estes se agarraram ao poder durante tanto tempo que a queda final foi uma surpresa. A despedida fora demorada.

Na Polônia, a lei marcial e suas conseqüências revelaram os limites e as inadequações do partido; porém, embora a repressão consolidasse a oposição, também a tornou mais cautelosa. Na Hungria, uma cautela comparável adveio de uma experiência bastante diversa. Duas décadas de tolerância ambígua tinham obscurecido as fronteiras da dissensão oficialmente permitida. Afinal, a Hungria foi o Estado comunista onde a cadeia Hilton abriu o seu primeiro hotel detrás da Cortina de Ferro, em dezembro de 1976; onde Billy Graham realizou não apenas um, mas três ciclos de palestras ao longo dos anos 80; e onde, naquela mesma década, dois secretários de Estado dos EUA e o vice-presidente George Bush fizeram visitas (mal disfarçando a sua predileção pelo país). Já em 1988, a Hungria comunista tinha uma imagem francamente "positiva".

Em parte por esse motivo, a oposição à hegemonia do partido demorou muito a ficar evidente. Dissimulação e manobras pareciam valer a pena, especialmente àqueles que se lembrassem dos eventos de 1956; e a vida na Hungria de János Kádár era tolerável, ainda que insípida. Na realidade, a economia oficial húngara, conforme vimos no capítulo anterior, não apresentava condições superiores à da Polônia, apesar das diversas reformas e dos "Novos Mecanismos Econômicos". É certo que a economia paralela permitia a muita gente tocar a vida com um padrão mais elevado do que o dos vizinhos da Hungria. No entanto, segundo pesquisas realizadas por estatísticos húngaros, o país padecia de grande desigualdade em termos de renda, serviços de saúde e habitação; mobilidade social e previdência eram aspectos mais atrasados do que no Ocidente; e a longa jornada de trabalho (muita gente tinha dois ou até três empregos), níveis elevados de alcoolismo e distúrbio mental e o índice mais alto de suicídio na Europa Oriental sacrificavam a população.

Havia, portanto, muito espaço para descontentamento. Mas não existia uma oposição *política* organizada. Embora algumas organizações independentes surgissem ao longo dos anos 80, estas se limitavam a questões ambientais ou a manifestações contrárias ao tratamento dispensado pela Romênia à minoria húngara — questão sobre a qual tais organizações podiam contar com a simpatia tácita dos comunistas (o que explica a tolerância oficial ao Fórum Democrático Húngaro, órgão marcantemente nacionalista, criado em setembro de 1987). A Hungria continuou a ser uma "república socialista" (conforme oficialmente definida na revisão constitucional de 1972). Dissensão e crítica ficavam restritas à esfera interna do partido, embora nas eleições de junho de 1985 candidaturas múltiplas fossem permitidas pela primeira vez, e um punhado de "independentes" que contavam com aprovação oficial tenham sido eleitos. Mas as mudanças mais sérias só teriam início em 1988.

O elemento catalisador da mudança na Hungria foi a frustração dos comunistas mais jovens, os "reformadores" (entusiasmados com as transformações que Gorbatchev estava implementando no PCUS), diante da intransigência da já idosa liderança do próprio partido. Em maio de 1988, durante um congresso comunista convocado para discutir o problema, os participantes conseguiram remover da liderança Kádár, então com 76 anos, e substituí-lo por Károly Grósz, o primeiro-ministro. As conseqüências práticas desse golpe interno restringiram-se a um programa de austeridade econômica destinado a fortalecer as "forças do mercado"; mas o incidente teve grande força simbólica.

János Kádár governara a Hungria desde a revolução de 1956, em cuja repressão desempenhara papel de destaque. A despeito da sua imagem positiva no exterior, Kádár encarnava, para os húngaros, a mentira oficial que existia no cerne do "comunismo *goulash*": de que o movimento reformador húngaro não passara de uma "contra-revolução". Kádár era também a encarnação da conspiração silenciosa que cercou o caso de Imre Nagy desde que este foi seqüestrado, julgado secretamente, executado em total sigilo e enterrado, três décadas antes.[20] O afastamento de Kádár, portanto, parecia sugerir que algo fundamental havia mudado na vida pública húngara — impressão confirmada quando o seu sucessor não apenas permitiu que um grupo de jovens dissidentes comunistas formasse o *Fidesz* (Jovens Democratas), mas também quando, em novembro de 1988, esse mesmo sucessor concedeu autorização oficial à criação de partidos políticos independentes.

Nos primeiros meses de 1989, o Parlamento comunista aprovou uma série de medidas reconhecendo o direito à realização de assembléias livres; sancionando, oficialmente, a "transição" para um sistema multipartidário; e, em abril, descartando formalmente o "centralismo democrático" do próprio partido. Mais importante ainda foi o fato de os líderes comunistas

---

[20] Oficialmente, o local do túmulo de Nagy permaneceu desconhecido durante trinta nos; na realidade, a localização, numa cova não-marcada num canto do Cemitério Municipal de Budapeste, era pública e notória.

húngaros — admitindo tacitamente que o partido não tinha como manter o controle do país, a menos que exorcizasse o passado — terem anunciado a intenção de exumar e fazer um novo sepultamento dos problemáticos restos mortais de Imre Nagy. Ao mesmo tempo, Imre Pozsgay e outros reformistas do Politburo húngaro convenceram os colegas a instalar uma comissão de inquérito para investigar os eventos de 1956 e redefini-los, oficialmente: nada de "contra-revolução", os acontecimentos agora eram definidos como "levante popular contra o governo oligárquico que humilhara a nação".

Em 16 de junho de 1989 — no 31º aniversário de sua morte —, os restos mortais de Imre Nagy e quatro companheiros foram exumados e enterrados novamente, como heróis nacionais. Cerca de 300 mil húngaros lotaram as ruas, e milhões assistiram à cerimônia ao vivo pela televisão. Entre os que discursaram à beira do túmulo estava Viktor Orbán, jovem líder dos Jovens Democratas, que não pôde deixar de notar que alguns comunistas presentes ao novo sepultamento de Nagy eram os mesmos que poucos anos antes tinham traído a revolução cuja glória eles agora cantavam.

Aconteceu exatamente assim. Uma particularidade da saída húngara do comunismo foi o fato de a ação ter sido conduzida pelos próprios comunistas — só em junho foram realizadas mesas-redondas com os partidos da oposição, em imitação proposital ao precedente polonês. A medida causou certa desconfiança entre húngaros contrários ao comunismo, para quem a ressurreição de Nagy, assim como a sua execução, era uma questão interna do partido que pouco se relacionava com as muitas vítimas do comunismo. Mas seria um equívoco subestimar a força simbólica do novo sepultamento de Nagy. Tratava-se do reconhecimento da derrota, a admissão de que o partido e sua liderança tinham vivido, ensinado e imposto uma mentira.

Quando János Kádár morreu, apenas três semanas depois — no mesmo dia em que a Suprema Corte da Hungria declarou a plena reabilitação de Nagy —, o comunismo húngaro também morreu. Restava apenas acertar as formalidades do enterro. O "papel de liderança" do partido foi abolido; eleições multipartidárias foram marcadas para março do ano seguinte; e no dia 7 de outubro os comunistas — o Partido dos Trabalhadores Socialistas da Hungria — mudaram de nome, passando a se chamar Partido Socialista Húngaro. Em 23 de outubro, o Parlamento, em sua maioria ainda composto por deputados comunistas eleitos sob o antigo regime do partido, votou a mudança do próprio nome do país, que passaria a se chamar, simplesmente, República da Hungria.

A "revolução" húngara de 1989 teve duas características marcantes. A primeira, como já vimos, é que se tratou da única transição, operada internamente, de um regime comunista para um autêntico sistema multipartidário. A segunda é que, enquanto na Polônia, e depois na Tchecoslováquia, os eventos de 1989 ficaram basicamente circunscritos aos respectivos países, na Hungria a transição teve um papel decisivo no desenlace de outro regime comunista, o da Alemanha Oriental.

Para observadores externos, a República Democrática Alemã parecia um dos regimes comunistas menos vulneráveis, e não apenas devido à suposição universal de que nenhum líder soviético permitiria a queda do país. O ambiente físico da RDA, sobretudo as cidades, talvez parecesse de mau gosto e dilapidado; a polícia de segurança, a *Stasi*, tinha uma presença ostensiva; e o Muro em Berlim continuava a ser um ultraje moral e estético; mas a crença geral era de que a economia da RDA apresentava condições melhores do que a dos vizinhos socialistas. Quando o primeiro-secretário, Erich Honecker, em outubro de 1989, durante as comemorações do 40° aniversário do país, vangloriou-se do fato de a Alemanha Oriental ser uma das dez maiores economias do mundo, consta que seu convidado, Mikhail Gorbatchev, tenha pigarreado alto; mas, no mínimo, o regime era eficiente na fabricação e exportação de dados falsos: muitos observadores ocidentais levavam Honecker a sério.

Os admiradores mais entusiasmados da RDA estavam na República Federal. O suposto sucesso da *Ostpolitik* na neutralização de tensões e na facilitação das comunicações humanas e econômicas entre as duas metades da Alemanha levara praticamente toda a classe política a alimentar esperanças de que o mecanismo perdurasse indefinidamente. Na Alemanha Ocidental, as figuras públicas não apenas fomentavam ilusões entre os membros da *nomenklatura* da RDA;[21] elas mesmas se iludiam. Simplesmente, de tanto repetir que a *Ostpolitik* estava conseguindo aliviar as tensões no Leste Europeu, elas passaram a acreditar que isso era verdade.

Preocupados com "paz", "estabilidade" e "ordem", muitos alemães ocidentais acabaram por compartilhar o ponto de vista dos políticos da Europa Oriental com os quais interagiam. Egon Bahr, ilustre socialdemocrata, explicou, em janeiro de 1982 (imediatamente após a declaração da lei marcial na Polônia), que os alemães haviam renunciado à reivindicação de unidade nacional em nome da paz, e os poloneses teriam de renunciar à reivindicação de liberdade em nome da mesma "prioridade absoluta". Cinco anos depois, o influente escritor Peter Bender, discursando durante um simpósio do Partido Socialdemocrata sobre a "*Mitteleuropa*", insistiria, com orgulho, que "no desejo de *détente* nós temos mais em comum com Belgrado do que com Estocolmo, *e com Varsóvia e Berlim Ocidental* [ênfase minha] do que com Paris e Londres".

Anos mais tarde, transpareceria que, por diversas vezes, líderes nacionais do Partido Socialdemocrata da Alemanha (PSA) fizeram declarações confidenciais e comprometedoras a altos funcionários alemães orientais em visita à Alemanha Ocidental. Em 1987, Björn Engholm elogiou as políticas domésticas da RDA como "históricas", enquanto, no ano seguinte, seu colega, Oskar Lafontaine, prometeu fazer tudo o que estivesse a seu alcance para garantir que o apoio da Alemanha Ocidental aos dissidentes da Alemanha Oriental permanecesse em surdina. "Os socialdemocratas", ele assegurava aos interlocutores, "devem evitar tudo que implique o fortalecimento de tais grupos". Em outubro de 1984, conforme registrou um relatório soviético ao Politburo da RDA, "muitos argumentos que haviam sido previamente apresentados por nós aos representantes do PSA agora foram por eles adotados".[22]

Talvez sejam compreensíveis as ilusões dos socialdemocratas da Alemanha Ocidental. E eram compartilhadas quase com igual fervor por muitos democratas cristãos. Helmut Kohl, chanceler da Alemanha Ocidental desde 1982, tanto quanto os seus adversários, tinha inte-

[21] Na ex-URSS, conjunto de indivíduos, particularmente do Partido Comunista, dentre os quais eram indicados os ocupantes para os altos cargos. (N. do T.)

[22] Sou grato ao professor Timothy Garton Ash por esta referência.

resse em cultivar boas relações com a RDA. Em Moscou, em fevereiro de 1984, durante o funeral de Iuri Andropov, Kohl encontrou-se com Erich Honecker — e voltou a se encontrar com ele no enterro de Chernenko, no ano seguinte. Acordos foram firmados entre os dois lados, em relação ao intercâmbio cultural e à remoção de minas na divisa entre as duas Alemanhas. Em setembro de 1987, Honecker tornou-se o primeiro líder alemão oriental a visitar a República Federal. Nesse ínterim, subsídios da Alemanha Ocidental para a RDA continuaram fluindo (mas não havia apoio para a oposição interna na Alemanha Oriental).

Revigorado com o financiamento da Alemanha Ocidental, confiante no apoio de Moscou e livre para exportar para o Ocidente os seus dissidentes mais problemáticos, o regime da Alemanha Oriental talvez tivesse sobrevivido indefinidamente. É certo que parecia imune à mudança: em junho de 1987, manifestantes em Berlim Oriental que condenavam o Muro e cantavam louvor ao distante Gorbatchev foram sumariamente dispersados. Em janeiro de 1988, o governo não hesitou em prender e expulsar mais de cem manifestantes que relembravam o assassinato de Rosa Luxemburgo e Karl Liebknecht (ocorrido em 1919), exibindo cartazes com as palavras da própria Rosa: "Liberdade é também a liberdade dos que pensam de modo diferente". Em setembro de 1988, em visita a Moscou, Honecker elogiou publicamente a *Perestroika* instituída por Gorbatchev — mas, ao retornar à Alemanha Oriental, impediu a implementação da política defendida pelo líder soviético.[23]

Não obstante os acontecimentos inusitados que se desenrolavam em Moscou, Varsóvia e Budapeste, os comunistas da Alemanha Oriental ainda manipulavam votos ao estilo comum na década de 1950. Em maio de 1989, o resultado oficial das eleições municipais da RDA — 98,85% para os candidatos do governo — foi fabricado de modo tão escandaloso que suscitou, por toda a nação, protestos de sacerdotes, grupos de defesa do meio ambiente e até de críticos internos ao partido do governo. O Politburo, deliberadamente, os ignorou. Mas agora, pela primeira vez, os alemães orientais tinham uma alternativa. Já não eram obrigados a aceitar a situação, nem a correr o risco de detenção, nem a tentar uma fuga perigosa para o Ocidente. Em 2 de maio de 1989, durante o processo de atenuação do controle sobre expressão e sobre o deslocamento de cidadãos dentro da própria Hungria, as autoridades de Budapeste removeram as cercas eletrificadas que existiam ao longo da fronteira ocidental do país, embora a fronteira continuasse formalmente fechada.

Alemães orientais começaram a se deslocar em grande número para a Hungria. Já em 1° de julho de 1989, cerca de 25 mil haviam partido "em férias" para o referido país. Milhares seguiram depois, muitos buscando refúgio temporário nas Embaixadas da Alemanha Ocidental situadas em Praga e Budapeste. Alguns conseguiram cruzar a fronteira austro-húngara (ainda fechada) sem serem interceptados pela polícia encarregada de vigiar as divisas, mas a maioria ficou na Hungria. No início de setembro, havia 60 mil cidadãos da RDA na Hungria — em compasso de espera. Indagado, num telejornal húngaro, transmitido em 10 de setembro, sobre qual seria a reação do governo se algumas daquelas pessoas começassem a caminhar para o oeste, o ministro das Relações Exteriores da Hungria, Gyula Horn, respondeu: "Nós

[23] Ao que parece, Honecker percebera, corretamente, que Gorbatchev não haveria de durar muito tempo e, portanto, poderia sem grandes riscos ser ignorado.

vamos deixar que eles passem sem problemas, e suponho que os austríacos os deixem entrar". A porta para o Ocidente estava oficialmente aberta: nas 72 horas seguintes, cerca de 22 mil alemães orientais se apressaram em atravessá-la.

As autoridades da Alemanha Oriental protestaram veementemente — a medida tomada pela Hungria implicava o descumprimento de um antigo acordo firmado entre governos comunistas segundo o qual país nenhum serviria de rota de fuga para indivíduos provenientes de vizinhos aliados. Mas as autoridades em Budapeste insistiam no seu compromisso com a assinatura no Ato Final de Helsinque. E a população levou a sério a palavra das autoridades. Ao longo das três semanas seguintes, o comando da RDA confrontou um desastre em relações públicas, visto que dezenas de milhares de seus cidadãos tentaram escapar pela nova saída.

Na tentativa de controlar os eventos, os líderes da RDA ofereceram aos refugiados da Alemanha Oriental que se achavam em embaixadas em Praga e Varsóvia a possibilidade de voltar e cruzar o seu próprio país, com destino à Alemanha Ocidental, num trem lacrado. A proposta, no entanto, apenas exacerbou a crescente humilhação do regime, pois, enquanto passava pela RDA, o trem foi saudado por milhares de pessoas desejosas de nele estar. Cerca de 5 mil pessoas tentaram embarcar durante uma breve parada do trem dos refugiados, em Dresden; e quando a polícia, recorrendo à violência, impediu-lhes o embarque, houve tumulto — tudo acontecendo diante da mídia mundial.

As dificuldades do regime animaram os críticos. Um dia depois que a Hungria abriu as fronteiras, um grupo de dissidentes da Alemanha Oriental sediado em Berlim fundou o Neues Forum (Novo Fórum), seguido, poucos dias depois, por outro movimento, Democracia Agora, ambos reivindicando a "reestruturação democrática" da RDA. Em 2 de outubro, uma segunda-feira, em Leipzig, uma multidão de 10 mil pessoas protestou contra a recusa do regime de Honecker em se reformar — no que constituiu a maior mobilização pública na Alemanha Oriental desde o fatídico levante de Berlim em 1953. Honecker, então aos 77 anos, permanecia intransigente. Os alemães orientais que desejavam emigrar, ele declarou em setembro, tinham sido "chantageados com engodos, promessas e ameaças que os obrigaram a renunciar aos princípios básicos e aos valores fundamentais do socialismo". Para a crescente ansiedade dos colegas mais jovens — que já não podiam ignorar a escala do desafio que se lhes apresentava —, a liderança parecia estar impotente, paralisada. Em 7 de outubro, por ocasião do 40º aniversário da fundação da RDA, Mikhail Gorbatchev foi convidado a comparecer às comemorações e discursou, advertindo o impassível anfitrião de que "a vida pune aqueles que se atrasam". De nada adiantou: Honecker se disse satisfeito com a situação.

Incentivados com a visita do líder soviético — sem falar dos acontecimentos no exterior —, manifestantes em Leipzig e outras cidades começaram a realizar protestos freqüentes e "vigílias" em prol de mudanças. As demonstrações às segundas-feiras em Leipzig, que então já haviam se tornado praxe, somaram 90 mil pessoas na semana seguinte ao discurso de Gorbatchev, a multidão proclamando — "Nós somos o povo!" — e pedindo o apoio de "Gorby". Na semana seguinte, a massa foi ainda maior; cada vez mais nervoso, Honecker agora propunha o uso da força para debelar qualquer outra mostra de oposição.

Ao que parece, a perspectiva de um confronto direto unificou a visão dos que criticavam o partido de Honecker. Em 18 de outubro, alguns dos companheiros de Honecker, liderados por Egon Krenze, deram um golpe e removeram do poder o veterano — após 18 anos.[24] O primeiro ato de Krenze foi voar até Moscou, endossar (e buscar o endosso de) Mikhail Gorbatchev e voltar a Berlim a fim de preparar uma cautelosa *Perestroika* na Alemanha Oriental. Mas já era tarde. No protesto mais recente em Leipzig, 300 mil pessoas tinham se reunido exigindo mudanças; em 4 de novembro, meio milhão de alemães orientais reuniram-se em Berlim para exigir reformas imediatas. Enquanto isso, naquele mesmo dia, a Tchecoslováquia abriu as suas fronteiras; nas 48 horas seguintes, 30 mil pessoas saíram da Alemanha Oriental cruzando a fronteira tcheca.

Àquela altura, as autoridades já estavam em pânico. Em 5 de novembro, o governo da RDA propôs uma legislação de viagem relativamente liberal, mas a proposta não foi aceita, por ser considerada absolutamente inadequada. Então, numa atitude dramática, os ministros da Alemanha Oriental pediram demissão, seguidos pelo Politburo. Na noite seguinte — 9 de novembro, aniversário da abdicação do cáiser e da Noite dos Cristais —, Krenze e seus companheiros propuseram outra legislação de viagem, para deter a fuga. Em entrevista coletiva transmitida ao vivo pela rádio e pela televisão alemãs, Günter Schabowski explicou que as novas provisões, que entrariam em vigor imediatamente, autorizavam viagens internacionais sem aviso prévio e permitiam o trânsito através dos postos fronteiriços entre as duas Alemanhas. Em outras palavras, o Muro estava aberto.

Antes mesmo do final da transmissão, já havia gente nas ruas de Berlim Oriental se dirigindo para a fronteira. Em questão de horas, 50 mil pessoas entraram em Berlim Ocidental, algumas para sempre, outras apenas para visitar. Na manhã seguinte, o mundo estava mudado. Conforme todos constatavam, o Muro fora rompido, e a situação era irreversível. Quatro semanas depois, o Portão de Brandemburgo, atravessado na divisa entre as duas Alemanhas, foi reaberto; durante o Natal de 1989, 2,4 milhões (um em cada seis habitantes) de alemães orientais visitaram o lado ocidental. Essa *não era*, decididamente, a intenção dos líderes da RDA. O próprio Schabowski mais tarde explicou que as autoridades não "faziam idéia" de que a abertura do Muro precipitaria a queda da RDA; na verdade, esperava-se o oposto: a medida era vista como o início de um processo de "estabilização".

Ao tomar a difícil decisão de liberar a fronteira da RDA, os líderes esperavam abrir uma válvula de escape, talvez conquistar uma certa popularidade e, acima de tudo, ganhar tempo para então propor um programa de "reformas". Afinal, o Muro foi aberto pelo mesmo motivo alegado quando da sua construção na geração anterior: para deter uma hemorragia demográfica. Em 1961, a estratégia desesperada obtivera êxito; em 1989, o mesmo ocorreria, de certa maneira — foi surpreendentemente reduzido o número de alemães orientais que ficaram para sempre em Berlim Ocidental ou emigraram para a Alemanha Ocidental depois que os cidadãos obtiveram a garantia de que, se retornassem, não voltariam a ficar presos. Mas o preço dessa garantia foi além da queda do regime.

Na seqüência da queda do Muro, o Partido Socialista Unido recebeu a (agora notória) extrema-unção oferecida a partidos comunistas agonizantes. Em 1° de dezembro, o *Volkskammer*

[24] Três dias após a visita de Gorbatchev, Honecker recebeu a visita de um dignitário chinês e comparou a inquietação na RDA à recente "contra-revolução" na China. É possível que Honecker estivesse ao menos contemplando uma reprise alemã do massacre da praça Tiananmen — motivo pelo qual os colegas decidiram destituí-lo.

(Parlamento da RDA), através de uma votação de 420 x 0 (com cinco abstenções), decidiu retirar da Constituição da RDA a cláusula que declarava que o Estado era "liderado pela classe dos trabalhadores e pelo Partido Marxista-leninista". Quatro dias depois, o Politburo novamente se demitiu; um novo líder — Gregor Gysi — foi escolhido; e o nome do partido mudou para Partido do Socialismo Democrático. A velha liderança comunista (inclusive Honecker e Krenze) foi expulsa do partido; conversações com representantes do Neues Forum (consensualmente o grupo mais visível da oposição) foram reiniciadas, e eleições diretas programadas.

Porém, mesmo antes que o último governo da RDA, sob o comando de Hans Modrow, líder do partido em Dresden, começasse a esboçar um "programa de ação partidária", todos os seus atos e intenções já se mostravam irrelevantes. Afinal, os alemães orientais tinham uma condição inexistente nos casos dos outros povos submissos — não havia uma "Tchecoslováquia Oriental" nem uma "Polônia Oriental" —, e eles não pretendiam esquecê-la. Os objetivos estavam mudando: em outubro de 1989, os manifestantes em Leipzig gritavam "*Wir sind das Volk*" — "Nós somos o povo". Em janeiro de 1990, as mesmas multidões proclamavam uma reivindicação algo diferente: "*Wir sind* ein *Volk*" — "Nós somos *um* povo".

Uma vez que o fim do comunismo alemão acarretaria, conforme veremos no próximo capítulo, o fim de um Estado alemão — em janeiro de 1990, a questão já não era apenas *sair* do socialismo (muito menos "reformá-lo"), mas *entrar* na Alemanha Ocidental —, é difícil interpretar, em retrospecto, as esperanças das multidões que derrubaram a RDA no outono de 1989. *Fácil*, entretanto, é verificar que nem o partido (a exemplo do que ocorreu na Hungria) nem a oposição (a exemplo da Polônia) podem arrogar a si grande crédito pelos acontecimentos. Já foi visto aqui o quanto o partido demorou a perceber o apuro no qual se encontrava; e os intelectuais que o criticavam não foram mais ágeis.

Em 28 de novembro, Stefan Heym, Christa Wolf e outros intelectuais da Alemanha Oriental expediram uma declaração a favor da "Nossa Terra", para salvar o socialismo e a RDA e resistir ao que Heym descrevia como o "lixo reluzente" do mundo ocidental. Bärbel Bohley, líder do Neues Forum, chegou a definir a abertura do Muro de Berlim como "infeliz", porque impedira a "reforma" e precipitara as eleições antes que partidos e eleitores estivessem "prontos". A exemplo de muitos intelectuais "dissidentes" que viviam na Alemanha Oriental (sem falar dos admiradores na Alemanha Ocidental), Bohley e seus colegas ainda vislumbravam um socialismo reformado, livre da polícia secreta e de um partido hegemônico, e que mantivesse uma distância segura do regime capitalista e predatório situado a oeste. Conforme os eventos comprovariam, a perspectiva era tão irreal quanto a fantasia de Erich Honecker de uma volta à obediência neo-stalinista. O Neues Forum, portanto, condenou a si mesmo à irrelevância política, e os líderes do movimento continuaram a se lamuriar da imprudência das massas.[25]

***

[25] A bem da verdade, os dissidentes na Alemanha Oriental interpretaram mal a ousadia das multidões, em novembro de 1989, achando que o comportamento poderia servir de base para uma nova república socialista. Por outro lado, a fonte dessa interpretação equivocada foi a incapacidade de os dissidentes perceberem o que o "socialismo" viera a significar — bem como o seu próprio investimento na sobrevivência do regime.

O levante alemão de 1989, portanto, talvez tenha sido a única revolução verdadeiramente popular — i.e., das massas — naquele ano (na realidade, a única rebelião popular bem-sucedida da história alemã).[26] A queda do comunismo na vizinha Tchecoslováquia, embora simultânea à transformação registrada na Alemanha Oriental, seguiu um caminho bastante diverso. Nos dois países a liderança do partido era rígida e repressora, e a ascensão de Gorbatchev foi tão indesejável ao regime de Praga quanto em Pankow. Mas as semelhanças param por aí.

Na Tchecoslováquia, a exemplo da Hungria, o governo comunista se alicerçava precariamente sobre a memória de um passado roubado. Todavia, enquanto no caso húngaro Kádár, mal ou bem, conseguira se distanciar, e distanciar o partido do legado stalinista, os líderes tchecos não tinham realizado tal transição. Tampouco haviam tentado fazê-lo. A invasão sancionada pelo Pacto de Varsóvia, em 1968, e a subseqüente "normalização" prosseguiram com Gustav Husák, no poder desde 1969. E em 1987, quando Husák, aos 75 anos, exonerou-se do cargo de secretário-geral do partido (embora permanecesse presidente do Estado), foi substituído por Miloš Jakeš — mais jovem, é verdade, mas conhecido pelo papel de destaque que desempenhara durante os expurgos realizados no início dos anos 70.

Os comunistas tchecos, na realidade, conseguiram manter um controle total até o fim. Nem a Igreja Católica (cujo papel era sempre bem menor entre os tchecos do que entre os eslavos) nem a oposição intelectual contavam com grande apoio junto à sociedade como um todo. Graças à gestão brutalmente eficiente dos expurgos, a maior parte da intelectualidade do país — dramaturgos, historiadores e comunistas reformadores — fora expurgada não apenas de seus empregos, mas também do olhar do público. Até 1989, alguns dos mais contundentes críticos do comunismo internos à Tchecoslováquia, a começar pelo próprio Václav Havel, eram mais conhecidos no exterior do que no país. Conforme vimos no capítulo passado, a própria organização cívica de Havel, a Carta 77, recrutou menos de 2 mil signatários numa população de 15 milhões.

Claro está, as pessoas não queriam correr o risco de criticar o regime abertamente; mas é preciso admitir que a maioria dos tchecos e eslovacos não estava infeliz com a situação. A economia da Tchecoslováquia, à semelhança da maioria das demais economias do Leste Europeu, desde o princípio dos anos 70, voltara-se propositadamente para a produção de bens de consumo básico. Com efeito, a Tchecoslováquia comunista imitava certos aspectos da sociedade de consumo — sobretudo quanto à programação de TV e às atividades de lazer —, embora o fizesse em escala sofrível. A vida na Tchecoslováquia era monótona, o ambiente se deteriorava e os jovens se indignavam com as autoridades onipresentes e repressoras. Porém, como compensação por não confrontar o regime e por louvar a sua inchada retórica, o povo era deixado em paz.

O regime continha com firmeza e até brutalidade qualquer sinal de dissensão. Manifestantes em Praga e outras localidades que, em agosto de 1988, saíram à rua para marcar o 20º aniversário da invasão foram logo presos; esforços extra-oficiais para realizar em Praga um seminário sobre o tema "Oriente e Ocidente" foram reprimidos. Em janeiro de 1989, no 20º

[26] Sob determinados aspectos, o equivalente polonês ocorrera em 1980-1981 — a transição política verificada na Polônia uma década mais tarde foi uma questão bem mais planejada e negociada.

aniversário do suicídio de Jan Palach, na praça Wenceslau, Havel e outros 13 ativistas da Carta 77 foram mais uma vez detidos (embora, em contraste ao tratamento cruel que sofrera anos antes, Havel — agora uma figura internacional cujos maus-tratos seriam motivo de constrangimento para os carcereiros — tenha sido libertado em maio).

Ao longo da primavera e do verão de 1989, à semelhança de manifestações existentes em terras vizinhas, grupos informais surgiram por todo o país: na seqüência do Clube da Paz John Lennon, criado em dezembro de 1988, surgiu o protesto das Mães de Praga, em maio de 1989, seguido por demonstrações de ambientalistas, em Bratislava, no mês seguinte. Nenhuma dessas pequenas (e facilmente reprimidas) bolhas de iniciativa cívica representava qualquer ameaça à polícia ou ao regime. No entanto, em agosto, enquanto Mazowiecki ultimava os planos para seu governo em Varsóvia, e pouco antes da abertura das fronteiras húngaras, manifestantes lotaram as ruas da capital tcheca para comemorar, mais uma vez, o fim da Primavera de Praga.

Naquela ocasião, porém, a polícia tcheca foi bem mais contida. O regime de Jakes optara por um certo abrandamento, ao menos aparentando admitir a mudança de atmosfera em Moscou, embora nada alterando de substancial no estilo do comando. Essa mesma estratégia, sem dúvida, explica o distanciamento das autoridades durante a grande demonstração pública seguinte, em 28 de outubro, aniversário da criação do Estado tchecoslovaco, em 1918 (data oficialmente ignorada desde 1948). Mas ainda não se verificavam grandes pressões por parte do povo sobre a liderança comunista — até mesmo o anúncio, em 15 de novembro, de que vistos de saída não mais seriam exigidos em viagens ao Ocidente foi menos uma concessão feita sob pressão do que uma reprise estratégica de mudanças já efetuadas em outros locais.

Foi essa suposta falta de intenção reformadora por parte dos líderes do partido, bem como a ausência de uma eficaz oposição externa — as manifestações realizadas no verão careciam de objetivos comuns e nenhum líder tinha surgido a fim de canalizar o descontentamento para um programa de ação —, que conferiu credibilidade à suspeita generalizada de que o que ocorreu em seguida foi, até certo ponto, a encenação de uma "trama": uma tentativa feita por reformistas internos ao governo e à polícia de empurrar o partido agonizante na direção de uma *Perestroika* tcheca.

Em retrospecto, isso não é tão estranho quanto parece. Em 17 de novembro, a polícia de Praga autorizou, oficialmente, uma passeata estudantil pelo centro da cidade, para marcar mais uma data lúgubre: o 50º aniversário do assassinato de um estudante tcheco, Jan Opletal, pelos nazistas. Porém, quando os manifestantes começaram a entoar palavras de ordem contrárias ao comunismo, a polícia atacou, dispersando a multidão e espancando vítimas isoladas. A própria polícia, então, instigou o boato de que — como se fora uma reprise do assassinato de Opletal — um estudante tinha sido morto. Mais tarde constatou-se que se tratava de uma inverdade; mas, nesse ínterim, como seria de se esperar, a notícia enfureceu os estudantes. Nas 48 horas seguintes, milhares de estudantes foram mobilizados, universidades foram ocupadas e multidões acorreram às ruas, para protestar. E agora, no entanto, a polícia apenas observava.

Se houvera, de fato, uma trama, o tiro tinha saído pela culatra. É verdade que os eventos de 17 de novembro e suas conseqüências desalojaram a liderança neo-stalinista do Partido

Comunista: em uma semana, todo o *Praesidium*, liderado por Jakes, havia renunciado. Mas os sucessores não gozavam de credibilidade popular e, em todo caso, foram prontamente tragados pela velocidade dos acontecimentos. Em 19 de novembro, Václav Havel, que se achava praticamente em reclusão domiciliar na região rural ao norte da Boêmia, voltou à tumultuada capital, onde os comunistas estavam perdendo o controle, sem que houvesse aparecido alguém que lhes tomasse o poder.

Instalando-se — bem a calhar — num teatro de Praga, Havel e os parceiros da Carta 77 formaram o *Občanské Fórum* (Fórum Cívico), um grupo informal e flexível que em poucos dias se transformou, de uma sociedade de debates, em iniciativa cívica e, daí, em governo paralelo. A discussão no Fórum Cívico foi, em parte, estimulada pelos antigos propósitos dos participantes mais conhecidos; porém, o que mais pesou foi a rapidez espetacular dos eventos que estavam ocorrendo nas ruas. A primeira medida do Fórum foi exigir a exoneração dos responsáveis pela invasão de 1968 e pelas conseqüências de tal ato.

Em 25 de novembro, no dia seguinte à renúncia em massa dos líderes do partido, uma multidão de meio milhão de pessoas reuniu-se no Estádio Letná, em Praga, nem tanto para reivindicar determinadas reformas, mas para marcar uma grande presença, depois de vinte anos de intimidação e silêncio. Naquela mesma noite, Havel foi autorizado a conceder uma inusitada entrevista transmitida pela televisão tcheca. No dia seguinte, discursou diante de 250 mil pessoas na praça Wenceslau, dividindo o palanque com o primeiro-ministro comunista, Ladislav Adamec — e Alexander Dubček.

Àquela altura já estava claro para os líderes emergentes do Fórum Cívico que, quisessem ou não, estavam à frente de uma revolução. A fim de definir um rumo — e para ter o que dizer às multidões que ocupavam as ruas —, um grupo coordenado pelo historiador Petr Pithart elaborou os "Princípios Programáticos do Fórum Cívico". O documento contém um resumo dos objetivos gerais do Fórum e constitui uma instrutiva indicação do ânimo e das prioridades dos homens e das mulheres de 1989. "O que queremos nós?", indaga o programa. 1) Um Estado de direito; 2) Eleições livres; 3) Justiça social; 4) Um governo limpo; 5) Um povo instruído; 6) Prosperidade; 7) Voltar a pertencer à Europa.

A mescla de reivindicações políticas estereotipadas, ideais de natureza cultural e ambiental, bem como a invocação à "Europa", são características tchecas e devem muito a diversas declarações acerca da Carta 77 feitas ao longo da década anterior. Mas o tom do programa captou muito bem, naqueles inebriantes dias de novembro, o estado de espírito das multidões: ao mesmo tempo, pragmático, idealista e extremamente ambicioso. O ânimo em Praga e no restante do país era também mais otimista do que nas demais "transições" comunistas. Isso resultava da rapidez dos eventos.[27]

Uma semana após a sanguinária repressão das manifestações estudantis, a liderança do partido se demitiu. Na semana seguinte, os grupos Fórum Cívico e Povo Contra a Violência (congênere eslovaco do Fórum) estavam legalizados e já negociavam com o governo. Em 29 de novembro, a Assembléia Federal, respondendo a uma solicitação do Fórum Cívico, extraiu

[27] O presente autor, que estava em Praga à época, pode atestar a sensação estonteante de que a História estava sendo escrita a cada hora.

da Constituição tcheca a cláusula essencial que garantia ao Partido Comunista o "papel de liderança". Então, a gestão de Adamec propôs uma nova coalizão de governo, um acordo, mas os representantes do Fórum Cívico — incentivados por grandes multidões, agora em permanente ocupação das ruas — rejeitaram sumariamente a proposta.

Àquela altura os comunistas não podiam ignorar o que estava acontecendo no exterior: não apenas os companheiros da ex-liderança na Alemanha Oriental tinham sido expulsos em 3 de dezembro, mas Mikhail Gorbatchev jantava com o presidente Bush em Malta e os Estados do Pacto de Varsóvia preparavam-se para repudiar publicamente a invasão da Tchecoslováquia por eles levada a cabo em 1968. Desacreditados e desqualificados por seus próprios mentores, os últimos comunistas tchecos e eslovacos que haviam participado do grupo de Husák, inclusive o primeiro-ministro Adamec, renunciaram.

Após uma "mesa-redonda" que durou apenas dois dias (a mais breve de todas as realizadas naquele ano), os líderes do Fórum Cívico concordaram em integrar o ministério. O primeiro-ministro — o eslovaco Marían Čalfa — ainda era membro do partido, mas a maioria dos ministros — pela primeira vez desde 1948 — não era comunista: Jiří Dienstbier, da Carta 77 (alimentador de fornalha até cinco semanas antes), seria ministro das Relações Exteriores; o advogado católico Jan Čarnogurský seria vice primeiro-ministro; Vladimir Kusý, do Fórum Cívico, seria ministro da Informação; e o até então desconhecido economista e defensor do livre-mercado Václav Klaus ficaria à frente do Ministério da Fazenda. O novo governo foi empossado em 10 de dezembro pelo presidente Husák, que imediatamente renunciou.

O reaparecimento de Alexander Dubček após duas décadas de ostracismo abriu a possibilidade de que Dubček fosse escolhido para substituir Husák na presidência — por um lado, como um símbolo de continuidade das esperanças frustradas em 1968; por outro, para aplacar os ressentimentos dos comunistas e quiçá amansar os linhas-duras que integravam os quadros da polícia e outros serviços. Mas, assim que Dubček começou a fazer pronunciamentos públicos, ficou claro que o pobre líder estava ultrapassado. O vocabulário, o estilo e até os gestos eram típicos dos comunistas reformadores atuantes nos anos 60. Ao que parecia, ele nada aprendera com suas amargas experiências, e ainda falava em ressuscitar um caminho tranqüilo, benéfico e tchecoslovaco para o socialismo. Para as dezenas de milhares de jovens nas ruas de Praga, Brno ou Bratislava, Dubček foi, de início, uma curiosidade histórica, mas logo se tornou irrelevante e irritante.[28]

Por meio de um acordo, Dubček foi eleito presidente da Assembléia Federal. A presidência do país coube ao próprio Václav Havel — idéia implausível e que tinha sido por ele educadamente descartada quando, apenas cinco semanas antes, as multidões nas ruas de Praga conclamavam: "*Havel na Hrad!*" (Havel para o Castelo). Já em 7 de dezembro, entretanto, o dramaturgo chegara à conclusão de que aceitar o cargo talvez fosse a melhor maneira de facilitar a saída do país do comunismo; em 28 de dezembro de 1989, a mesma Assembléia

[28] Uma charge estampada num dos efêmeros jornais estudantis publicados em dezembro de 1989 capta perfeitamente o conflito de gerações. Um sujeito gorducho e de meia-idade, vestindo camiseta, encara contrariado, através do espelho no qual se barbeia, uma mulher de aspecto dissoluto que está de pé à porta, com uma camisola suja pendurada ao ombro, rolinhos nos cabelos e um cigarro pendurado nos lábios. "Você não me reconhece?", ela diz, provocando-o. "Sou seu sonho de 1968."

Comunista que sancionara leis que até então haviam consignado Havel e outros a anos de reclusão agora o elegia presidente da República Socialista da Tchecoslováquia. No primeiro dia de 1990, o novo presidente anistiou 16 mil prisioneiros políticos; no dia seguinte, a própria polícia política foi extinta.

A saída extraordinariamente rápida e pacífica da Tchecoslováquia do comunismo — a chamada "revolução de veludo" — tornou-se possível devido a uma conjunção de circunstâncias. Assim como na Polônia, a oposição intelectual uniu-se, acima de tudo, em decorrência da memória de derrotas passadas e de uma determinação de evitar o confronto direto — não era à toa que a principal organização cívica da Eslováquia se autodenominava Povo contra a Violência. Tanto quanto na RDA, o total fracasso do partido governista logo ficou tão evidente que a alternativa de organizar uma ação na retaguarda foi desde o início descartada.

Mas o desempenho de Havel foi crucial — nenhum outro indivíduo com status público comparável surgiu nos demais países comunistas, e embora a maioria das idéias práticas e até as táticas políticas do Fórum Cívico talvez existissem igualmente na ausência dele, foi Havel quem captou e canalizou o estado de espírito da população, incentivando os companheiros e, ao mesmo tempo, controlando as expectativas da multidão. É impossível superestimar o impacto de Havel e da sua popularidade. À semelhança de Tomáš Masaryk, com quem passou a ser comparado, o pouco carismático Havel era agora considerado por muita gente uma espécie de salvador da pátria. O cartaz carregado por um estudante de Praga que participou dos eventos de dezembro de 1989, numa alusão religiosa talvez involuntária mas bastante adequada, exibia a foto do novo presidente com a seguinte legenda: "Ele se sacrificou por nós".

Não foram apenas as múltiplas detenções de Havel, nem o seu histórico impecável de oposição ao comunismo, que o colocaram sobre um pedestal; foi também a sua disposição marcantemente apolítica. Os concidadãos não se voltaram para Havel apesar do seu envolvimento com o teatro, mas por causa dele. Conforme comentou um observador italiano, referindo-se ao papel encarnado por Václav no cenário político, sua voz inconfundível permitiu-lhe articular os sentimentos de uma nação silenciada: "*Se un popolo non ha mai parlato, la prima parole che dice è poesia*".[29] Exatamente por essas razões, somente Havel — tão cético diante da sedução do capitalismo (ao contrário do ministro da Fazenda, Klaus) — poderia superar o impasse constrangedor entre o falso mas atraente igualitarismo do falecido comunismo e as desagradáveis realidades do livre-mercado.

Na Tchecoslováquia, a superação desse impasse era importante. Apesar de ser, sob vários aspectos, a mais ocidentalizada das nações comunistas européias, a Tchecoslováquia era também a única que contava com uma cultura política claramente igualitária e com tendências esquerdistas; afinal, tratava-se do único país do mundo onde quase dois eleitores em cada cinco escolheram um Partido Comunista em eleições livres (em 1946). A despeito de quarenta anos de "socialismo real" — e vinte anos de uma anestesiante "normalização" —, algo dessa cultura política sobrevivera: nas primeiras eleições após o período comunista, realizadas em junho de 1990, 14% do eleitorado apoiou o Partido Comunista. Foi a presença duradoura

---

[29] "Se um povo jamais falou, a primeira palavra dita é poesia." Ferdinando Camon, *La Stampa*, "Tutto Libri", 16 de dezembro de 1989.

desse razoável núcleo de seguidores do comunismo — somada à penumbra de cidadãos apolíticos cujo descontentamento não era tão grande que justificasse uma postura de protesto — que levou escritores dissidentes, como Ludvík Vaculík, a questionar a probabilidade da concretização de mudanças abrangentes no futuro imediato. A História parecia estar contra os tchecos e os eslovacos: desde 1938, a Tchecoslováquia nunca mais conseguira reassumir o controle do próprio destino.

Portanto, quando, finalmente, em novembro de 1989, o povo tomou a iniciativa, a "revolução de veludo" parecia boa demais para ser verdade. Daí os boatos de tramas e crises orquestradas pela própria polícia, como se a sociedade tchecoslovaca fosse tão insegura que até a iniciativa de destruir o comunismo devesse partir dos próprios comunistas. É bem provável que as desconfianças não tivessem fundamento — todas as evidências surgidas desde então apontam que em 17 de novembro a polícia tcheca, simplesmente, extrapolou os limites. Não foi preciso uma "trama" para fazer a facção governista usar a mão pesada. Em 1989, o povo tcheco, de fato, assumiu o controle do próprio destino.

O caso romeno foi diferente. Na Romênia, parece claro que em dezembro de 1989, uma facção do Partido dos Trabalhadores Romenos que governava o país decidiu que a sua chance de sobrevivência dependia da remoção à força do círculo de Nicolau Ceauşescu. A Romênia, evidentemente, não era um Estado comunista típico. Se a Tchecoslováquia era o mais ocidental dos países-satélites comunistas, a Romênia era o mais "oriental". Sob Ceauşescu, o comunismo havia degenerado, de um leninismo nacional para uma espécie de província da antiga Pérsia, onde níveis bizantinos de nepotismo e ineficiência eram amparados por uma polícia secreta tentacular.

Comparado à terrível ditadura de Dej durante a década de 1950, o regime de Ceauşescu transcorreu com um índice relativamente baixo de brutalidade explícita; no entanto, as raras insinuações de protesto público — greves nas minas do vale do Jiu, em agosto de 1977, por exemplo, ou, uma década depois, na fábrica de tratores da Estrela Vermelha, em Braşov — foram reprimidas com crueldade e eficiência. Além disso, Ceauşescu podia contar não apenas com uma população intimidada, mas também com a surpreendente ausência de crítica internacional aos seus atos internos: oito meses após prender os grevistas do vale do Jiu (e assassinar os líderes do movimento), o ditador romeno visitaria os Estados Unidos a convite do presidente Jimmy Carter. Mantendo distância em relação a Moscou — já vimos que a Romênia se absteve de participar da invasão da Tchecoslováquia, em 1968 —, Ceauşescu conquistou algum espaço de manobra e até o aplauso internacional, sobretudo nas fases iniciais da "nova Guerra Fria", nos anos 80. Visto que o líder romeno se aprazia em criticar os russos (e em contrariá-los, enviando a equipe romena de ginástica às Olimpíadas de Los Angeles), os americanos e alguns aliados calaram-se diante dos crimes internos cometidos por Ceauşescu.[30]

Os romenos, entretanto, pagaram caro pela condição privilegiada de Ceauşescu. Em 1966, a fim de aumentar a população — antiga obsessão romena —, Ceauşescu proibiu o aborto

[30] Ao menos até a ascensão de Mikhail Gorbatchev, quando o Ocidente deixou de precisar de um iconoclasta anti-soviético.

para mulheres com idade inferior a 40 anos que tivessem menos de quatro filhos (em 1986, a idade foi elevada para 45 anos). Em 1984, a idade mínima para uma mulher se casar foi reduzida para 15 anos. Tornaram-se obrigatórios os exames médicos mensais para todas as mulheres em idade fértil, com o propósito de impedir abortos, que, quando permitidos, só podiam ser realizados na presença de um representante do partido. Médicos em regiões onde o índice de natalidade decrescia tinham os salários reduzidos.

A população não cresceu, mas a morte em conseqüência de abortos alcançou o índice mais elevado da Europa; sendo o único método disponível de controle de natalidade, abortos ilegais eram amplamente realizados, muitas vezes sob as condições mais abjetas e perigosas. Ao longo dos 23 anos seguintes à lei de 1966, ao menos 10 mil mulheres morreram em conseqüência de abortos. O índice real de mortalidade infantil era tão elevado que a partir de 1985 os nascimentos só eram registrados oficialmente quando a criança sobrevivia até a quarta semana — era a apoteose do controle comunista sobre a informação. Quando Ceauşescu foi derrubado, o índice de mortalidade de recém-nascidos era de 25 em cada mil, e havia mais de 100 mil crianças em regime de internato, sob os cuidados do Estado.

O cenário dessa tragédia nacional era uma economia que tinha sofrido um retrocesso proposital, passando da subsistência à pobreza. No início dos anos 80, Ceauşescu decidiu engrandecer ainda mais a reputação internacional do país, amortizando a imensa dívida externa da Romênia. As agências do capitalismo internacional — a começar pelo Fundo Monetário Internacional — ficaram extremamente satisfeitas e rasgaram elogios ao ditador romeno. Foi concedida a Bucareste uma revisão total do calendário de pagamentos da dívida externa romena. Para pagar os credores ocidentais, Ceauşescu aplicou uma pressão implacável e sem precedentes sobre o consumo doméstico.

Em contraste com o que ocorria em outras nações, onde governantes comunistas incontidos tomavam empréstimos no exterior para subornar os cidadãos com prateleiras bem estocadas, o *Conducator* romeno dedicou-se a exportar toda mercadoria disponível produzida domesticamente. Os romenos eram obrigados a usar lâmpadas de 40 watts em suas residências (isso onde havia fornecimento de luz), para que houvesse energia a ser exportada para a Itália e para a Alemanha. Carne, açúcar, farinha, manteiga, ovos e muitos outros itens eram severamente racionados. Para incrementar a produção, foram introduzidas cotas fixas para trabalho compulsório aos domingos e feriados (o *corvée*, conforme o procedimento era conhecido na França durante o *ancien régime*).

O consumo de gasolina era mantido em nível mínimo: em 1986, foi implantado um programa de criação de cavalos, para substituir veículos motorizados. Carroças puxadas a cavalo tornaram-se o principal meio de transporte e a colheita passou a ser feita com ceifeira e foice. Isso era algo verdadeiramente novo: todos os sistemas socialistas dependiam do controle centralizado da falta de estoque induzida, mas na Romênia uma economia baseada em excessivos investimentos em ferramentas industriais desnecessárias foi substituída por uma economia alicerçada na subsistência agrária pré-industrial.

A política de Ceauşescu tinha uma certa lógica macabra. A Romênia conseguiu, de fato, quitar as dívidas junto aos credores internacionais, embora ao custo de reduzir a população à penúria. Mas havia outras facetas do governo de Ceauşescu, nos seus últimos anos, além da economia ensandecida. A fim de controlar melhor a população rural do país — e aumentar a pressão sobre lavradores para produzirem alimentos para exportação —, o regime planejou a "sistematização" das zonas rurais romenas. A metade dos 13 mil vilarejos do país (selecionados sobretudo entre comunidades minoritárias) seria destruída, e os residentes transferidos para 588 "agrovilas". Se Ceauşescu tivesse tempo para implementar tal projeto, o pouco que restava da estrutura social do país seria arrasado.

O projeto de "sistematização" rural foi impulsionado pela crescente megalomania do ditador romeno. Sob Ceauşescu, o ímpeto leninista para controlar, centralizar e planejar cada detalhe da vida cotidiana tornou-se tamanha obsessão por homogeneidade e grandeza que superava até o próprio Stalin. A duradoura encarnação dessa ânsia monomaníaca seria a capital do país, destinada a uma reforma imperial sem precedentes desde Nero. O projeto de "renovação" de Bucareste seria abortado pelo golpe de dezembro de 1989, mas muita obra chegou a ser feita, o bastante para deixar a marca indelével da ambição de Ceauşescu na estrutura da cidade. Um bairro histórico no centro de Bucareste do tamanho de Veneza foi totalmente demolido. Quarenta mil edifícios, dezenas de igrejas e monumentos foram destruídos, a fim de abrir espaço para uma nova "Casa do Povo" e para o bulevar da Vitória do Socialismo, com 5 quilômetros de comprimento e 150 metros de largura.

O empreendimento era puro engodo. Detrás das fachadas brancas e reluzentes do bulevar ficavam os conhecidos blocos de concreto pré-moldado, sujos, horrendos. E a fachada caracterizava-se por uma uniformidade agressiva, humilhante e inflexível, a representação visual do regime totalitário. A Casa do Povo, projetada por um arquiteto de 25 anos (Anca Petrescu) para ser o palácio particular de Ceauşescu, era indescritivelmente feia, mesmo para os padrões estéticos do gênero. Grotesca, implacável e de mau gosto, a Casa era, antes de mais nada, *grande* (três vezes maior do que o Palácio de Versalhes...). Situada diante de um semicírculo capaz de conter meio milhão de pessoas, com um salão de entrada do tamanho de um campo de futebol, o palácio de Ceauşescu era (e continua a ser) uma monstruosa metáfora da tirania desenfreada, a contribuição da Romênia ao urbanismo totalitário.

Em seus últimos anos, o comunismo romeno ficou atravessado entre a brutalidade e a paródia. Retratos do líder do partido e de sua esposa eram vistos por toda parte; o louvor de Ceauşescu era cantado em hinos que teriam ruborizado o próprio Stalin (embora, talvez, não a Kim Il Sung, da Coréia do Norte, com quem o líder romeno era por vezes comparado). Uma breve lista de títulos oficialmente aprovados para serem empregados em relatos das façanhas de Ceauşescu incluíam: Arquiteto; Formador do Credo; Sábio Piloto; Mastro-Mor; Nimbo da Vitória; Visionário; Titã; Filho do Sol; Danúbio de Idéias; e Gênio dos Cárpatos.

Os aduladores de Ceauşescu não diziam o que pensavam de tudo isso. Mas é evidente que, já em novembro de 1989 — quando, depois de 67 ovações, ele foi reeleito secretário-geral do partido e declarou, orgulhosamente, que não haveria reformas —, vários dos que o cercavam começaram a considerá-lo um risco: alheio e fora de sintonia, não apenas com a atmosfera contemporânea, mas com o crescente nível de angústia dos seus subalternos. Porém, enquanto contasse com o apoio da polícia secreta, a *Securitate*, Ceauşescu haveria de parecer intocável.

Por conseguinte, foi a própria *Securitate* que precipitou a queda do regime, quando, em dezembro de 1989, tentou demover um famoso pastor protestante húngaro, Lázslo Tökés, da cidade de Timisoara, localizada no oeste do país. A minoria húngara, alvo de muito preconceito e repressão no governo de Ceauşescu, animara-se com os acontecimentos do outro lado da fronteira, na própria Hungria, e demonstrava crescente ressentimento diante dos abusos a que era sujeitada na Romênia. Tökés se tornou símbolo e foco das frustrações dessa minoria; quando, em 15 de dezembro, o regime se voltou contra o pastor, a igreja em que ele se refugiou foi cercada por paroquianos que passaram a noite em vigília, em sinal de solidariedade.

No dia seguinte, quando, inesperadamente, a vigília se transformou em protesto contra o regime, a polícia e o Exército foram mobilizados para disparar contra a multidão. Relatos exagerados do "massacre" foram transmitidos pela Voz da América e pela Rádio Europa Livre e espalhados por todo o país. A fim de debelar o inusitado protesto, que agora já não se restringia a Timisoara mas incluía Bucareste, Ceauşescu regressou de uma visita oficial ao Irã. Em 21 de dezembro, surgiu na varanda da sede do partido, com a intenção de discursar, denunciando a "minoria" de "baderneiros" — mas foi interrompido várias vezes e se calou, perplexo. No dia seguinte, depois de nova tentativa frustrada de se dirigir à multidão, Ceauşescu e sua esposa fugiram de helicóptero, decolando do telhado do prédio do partido.

Então, o poder se afastou bruscamente da esfera do regime. De início, tinha-se a impressão de que o Exército apoiava o ditador, ocupando as ruas da capital e disparando contra manifestantes que tentavam invadir os estúdios do canal nacional de televisão. Mas, a partir de 22 de dezembro, os soldados, agora comandados por uma Frente de Salvação Nacional (FSN) que ocupara o prédio da televisão, mudaram de lado e se viram diante de tropas da *Securitate* fortemente armadas. Nesse ínterim, o casal Ceauşescu foi pego, detido e julgado sumariamente. Condenados por "crimes contra o Estado", foram executados às pressas, no dia de Natal, em 1989.[31]

A FSN foi transformada em conselho governamental provisório e — depois de rebatizar o país, que passou a se chamar, simplesmente, Romênia — apontou o líder da própria Frente, Ion Iliescu, para a presidência. Iliescu, assim como os companheiros da FSN, era um ex-comunista que rompera com Ceauşescu alguns anos antes e tinha fama de "reformador", ao menos por ter conhecido Mikhail Gorbatchev nos tempos de estudante. Mas a verdadeira qualificação de Iliescu para comandar a Romênia pós-Ceauşescu era a sua capacidade de controlar as Forças Armadas, especialmente a *Securitate*, cujos últimos resistentes abandonaram a luta em 27 de dezembro. Na realidade, além de autorizar, em 3 de janeiro de 1990, o restabelecimento dos partidos políticos, o novo presidente pouco fez para desmontar as instituições do antigo regime.

Conforme os futuros acontecimentos revelariam, a burocracia que atuava sob as ordens de Ceauşescu permaneceu surpreendentemente intacta, descartando apenas a família Ceauşescu e seus cúmplices mais notórios. Foram exagerados os boatos sobre milhares de mortes durante as manifestações e batalhas ocorridas em dezembro — o número de baixas se aproximou de

[31] O julgamento e a execução levada a cabo por um pelotão de fuzilamento foram filmados pela televisão, mas só exibidos dois dias mais tarde.

cem —, e ficou evidente que, apesar da bravura e do entusiasmo das multidões em Timisoara, Bucareste e em outras cidades, a luta verdadeira fora travada entre os "realistas", reunidos em torno de Iliescu, e a velha guarda do círculo de Ceauşescu. A vitória dos primeiros garantiu para a Romênia uma saída tranqüila — deveras, estranhamente tranqüila — do comunismo.

Os absurdos do final da Era Ceauşescu foram rechaçados, mas a polícia, a burocracia e muito da estrutura do partido permaneceram intactas. Os nomes das instituições foram alterados — a *Securitate* foi oficialmente extinta —, mas não as suas premissas e práticas: Iliescu nada fez para evitar os distúrbios ocorridos em Tirgu Mures, em 19 de março, quando oito pessoas foram mortas e cerca de trezentas ficaram feridas, em ataques contra a minoria húngara local. Além disso, depois que a Frente de Salvação Nacional conquistou arrasadora maioria nas eleições de maio de 1990 (tendo, previamente, prometido que não as contestaria) e que, em junho, se viu reeleito presidente, Iliescu não hesitou em transportar mineradores, em ônibus, até Bucareste, com o intuito de espancar estudantes que realizavam um protesto — 21 manifestantes foram mortos e cerca de 650 ficaram feridos. A Romênia ainda tinha pela frente uma longa estrada.

O estilo "golpe palaciano" da revolução romena ficou ainda mais óbvio ao sul, onde o Comitê Central do Partido Comunista da Bulgária, sem qualquer cerimônia, expulsou do poder Todor Zhivkov, este com a avançada idade de 78 anos. Sendo, entre os líderes do bloco comunista, o que estava no poder havia mais tempo (assumira a chefia do partido em 1954), Zhivkov, numa atitude tipicamente búlgara, procurava seguir de perto o modelo russo: no início dos anos 80, ele instituiu o "Novo Mecanismo Econômico", a fim de melhorar os níveis de produção, e em março de 1987, seguindo a orientação de Moscou, prometeu acabar com o controle "burocrático" da economia, garantindo ao mundo que a Bulgária estava em condições de ter a sua própria *Perestroika*.

Contudo, à medida que se configurava uma nova situação em Moscou, os seguidos fracassos da economia búlgara e a crescente insegurança do comando comunista levaram Zhivkov a buscar uma fonte alternativa de legitimidade doméstica: o nacionalismo étnico. A significativa minoria turca na Bulgária (cerca de 900 mil indivíduos, numa população de menos de 9 milhões) era um alvo tentador: tal grupo não era apenas etnicamente diverso e praticante de uma religião diferente, mas também herdeiro e símbolo de um tempo de odioso domínio otomano, um tempo que somente agora começava a ser esquecido. Assim como acontecera na vizinha Iugoslávia, acontecia na Bulgária: a cambaleante autocracia do partido dirigia toda a força do preconceito étnico contra uma vítima doméstica indefesa.

Em 1984 foi anunciado, oficialmente, que os turcos da Bulgária não eram "turcos", mas búlgaros forçados a se converter, e que agora resgatariam a sua verdadeira identidade. Ritos muçulmanos (por exemplo, a circuncisão) foram proibidos e considerados ilegais; o uso do idioma turco em transmissões, publicações e na educação foi proibido; e, numa medida particularmente agressiva (e bastante ofensiva), todos os cidadãos búlgaros com nomes turcos foram instruídos a adotar nomes "búlgaros". O resultado foi desastroso. E a resistência turca se fez presente — o que, por seu turno, provocou um certo grau de oposição entre os intelectuais búlgaros. A comunidade internacional protestou com veemência; a Bulgária foi condenada pela ONU e pelo Tribunal de Justiça Europeu.

Nesse ínterim, os oligarcas comunistas no exterior se distanciaram de Zhivkov. Já em 1989, os comunistas búlgaros estavam mais isolados do que nunca, e um tanto quanto aturdidos com os acontecimentos na vizinha Iugoslávia, onde o partido parecia estar perdendo o controle. A situação chegou a um impasse no verão de 1989, com o êxodo de cerca de trezentos mil búlgaros de origem turca para a Turquia — mais uma calamidade para as relações públicas do regime, além de ser também uma calamidade econômica, pois começou a faltar mão-de-obra no país.[32] Quando, em 26 de outubro, a polícia reagiu com violência excessiva contra um pequeno grupo de ambientalistas reunidos num parque em Sófia — prendendo e espancando ativistas do grupo *Ecoglasnost* por terem circulado uma petição —, alguns reformistas liderados pelo ministro das Relações Exteriores, Petar Mladenov, decidiram agir. Em 10 de novembro (não por acaso, no dia seguinte à queda do Muro de Berlim), o infeliz Zhivkov foi destituído.

Seguiram-se os eventos de fácil reconhecimento: libertação de prisioneiros políticos; legalização de partidos políticos; expurgo da Constituição da cláusula relativa ao "papel de liderança" dos comunistas; "mesa-redonda" para planejar eleições livres; mudança do nome do velho partido, agora Partido Socialista da Bulgária; e, no devido tempo, a realização das mencionadas eleições, que — a exemplo da Romênia — foram vencidas com facilidade pelos ex-comunistas (houve queixas generalizadas de fraude eleitoral).

Na Bulgária, a "oposição" política surgira tardiamente, e, tanto quanto na Romênia, constava que fosse até certo ponto fabricada por facções comunistas dissidentes. Mas as mudanças foram concretas. No mínimo, a Bulgária conseguiu evitar a catástrofe que espreitava a Iugoslávia: em 29 de dezembro, em meio a violentos protestos nacionalistas, muçulmanos e turcos passaram a ter direitos plenos e iguais. Já em 1991, um partido predominantemente turco — o Movimento por Direito e Liberdade — garantira apoio eleitoral suficiente para ocupar os assentos que sobravam na Assembléia Nacional.

Por que o comunismo ruiu tão abruptamente em 1989? Não devemos nos deixar iludir pelas sereias do determinismo retrospectivo, por mais sedutoras que sejam. Mesmo que o comunismo estivesse condenado pelos seus próprios absurdos, pouca gente pôde prever o momento e o modo da queda do regime. É certo que a facilidade com que foi derrubada a ilusão do poder comunista revelou que os regimes eram mais fracos do que se supunha, o que propicia um novo entendimento da história anterior do comunismo. Contudo, ilusório ou não, o comunismo durou bastante tempo. Por que não durou mais ainda?

Uma das respostas tem a ver com o "efeito dominó". Depois que líderes comunistas começaram a cair em determinado país, a legitimidade da liderança em outros países ficou fatalmente comprometida. A credibilidade do comunismo dependia, em parte, do argumento de que o regime encarnava uma necessidade, era produto lógico do progresso histórico, fato

[32] Oficialmente, os turcos não existiam: "Não há turcos na Bulgária" (Dimitur Stoyanov, ministro do Interior).

da vida política, presença inevitável na paisagem moderna. Depois que tais noções se mostraram inverídicas — na Polônia, por exemplo, onde o Solidariedade reverteu a História —, por que continuar a acreditar, na Hungria ou na Tchecoslováquia? Já vimos que os exemplos de outras nações pesaram, e muito.

No entanto, a característica marcante da queda do comunismo na Europa não foi propriamente o contágio: todas as revoluções assim se espalham, corroendo a legitimidade das autoridades constituídas ao oferecer exemplos cumulativos. Foi isso o que ocorreu em 1848, 1919 e, em menor escala, em 1968. A novidade de 1989 foi a *rapidez* do processo. Ainda em outubro de 1989, Imre Pozsgay, na Hungria, e Egon Krenze, na Alemanha Oriental, acreditavam carinhosamente que seria possível controlar e gerir as suas versões da *Perestroika*. A maioria dos seus adversários concordava e continuava buscando algum acordo. Já em 1980, Adam Michnik escrevera que "uma sociedade híbrida é concebível, e nessa sociedade a organização totalitária do Estado poderá coexistir com as instituições democráticas"; no verão de 1989, tudo indicava que tal expectativa se concretizasse.

Um novo fator foi o papel desempenhado pela mídia. Húngaros, tchecos e alemães, em particular, assistiam às suas respectivas revoluções nos telejornais noturnos. Para a população de Praga, a transmissão de reprises dos eventos de 17 de novembro constituía uma espécie de educação política instantânea, comunicando uma mensagem dupla: "Eles estão impotentes" e "Nós conseguimos". Como conseqüência, o maior trunfo do comunismo — o controle e monopólio sobre a informação — se perdeu. O medo de estar isolado — a impossibilidade de saber se outras pessoas compartilhavam um mesmo sentimento — foi para sempre dissipado. Mesmo na Romênia, a ocupação dos estúdios do canal nacional de televisão representou o momento decisivo do levante. Não por acaso, o destino medonho do casal Ceauşescu foi filmado e transmitido em rede nacional. A prática não era inédita, evidentemente. Ao longo do século XX, estações de rádio e agências de correios eram os primeiros alvos das turbas revolucionárias, de Dublin a Barcelona. Mas a televisão é *imediata*.

A segunda característica marcante das revoluções de 1989 foi a sua natureza pacífica. A Romênia foi a exceção, naturalmente; mas, considerando o caráter do regime de Ceauşescu, isso já deveria ser previsto. A verdadeira surpresa foi que, mesmo em Timisoara e Bucareste, a escala do derramamento de sangue foi bem menor do que se esperava. Em certa medida, tal fato também resultou da cobertura realizada pela TV. Com toda a população — sem falar do resto do mundo — observando cada passo, os regimes comunistas ficaram tolhidos. Ser assim observado constituía em si uma perda de autoridade e restringia, drasticamente, a gama de opções.[33]

Por certo, tais considerações não inibiram as autoridades comunistas na China, que atiraram contra centenas de manifestantes pacíficos na praça Tiananmen, em 4 de junho daquele mesmo ano. Nicolau Ceauşescu não teria hesitado em imitar Pequim, se tivesse condições para tal. E já vimos que ao menos Erich Honecker contemplava algo semelhante. Porém, para a maioria dos colegas, isso já não era uma opção. Em algum momento crucial, todos os regi-

[33] Essas considerações nem sempre se aplicavam em comunidades rurais remotas e pequenas cidades do interior, onde, até os últimos momentos, a polícia continuou a agir sem qualquer constrangimento decorrente da presença das câmeras de televisão ou da desaprovação popular.

mes autoritários agonizantes hesitam entre repressão e concessão. No caso dos comunistas, a confiança na capacidade de governar se evaporava com tamanha rapidez que as chances de se agarrar ao poder exclusivamente por meio da força começavam a escassear — e as vantagens de fazê-lo ficavam cada vez menos óbvias. Na "conta" do auto-interesse, para a maioria dos burocratas do partido, o saldo relativo às vantagens se aproximava do negativo — era preferível nadar a favor da corrente a ser arrastado pelo vagalhão das mudanças.

A "conta" talvez fosse diferente se as multidões agissem com fúria ou os líderes decidissem se vingar da velha ordem. Mas, por diversos motivos — inclusive o próprio exemplo da praça Tiananmen, cujos eventos ocorreram e foram exibidos pela televisão exatamente no dia das eleições polonesas —, homens e mulheres de 1989 faziam questão de evitar a violência. Com décadas de truculência lhes pesando, e todas as armas e munições do seu lado, os regimes comunistas tinham, na prática, ensinado aos cidadãos o erro e a imprudência que era recorrer à força. E com a polícia distribuindo cacetadas em Berlim e Praga até os momentos finais do velho regime, os eslovacos não eram os únicos a integrar o "Povo Contra a Violência".

O desagrado para com a violência era o único ponto que muitos revolucionários de 1989 tinham em comum. Tratava-se de um grupo extremamente heterogêneo, mesmo para os padrões da maioria dos levantes anteriores. A composição variava de local para local, mas, tipicamente, o "povo" incluía uma mescla de comunistas reformadores, socialdemocratas, intelectuais liberais, economistas favoráveis ao livre-mercado, ativistas católicos, sindicalistas, pacifistas, alguns trotskistas obstinados e outros mais. Essa diversidade era, em si mesma, parte da força dos revolucionários, pois constituía, precisamente, o conjunto informal de organizações civis e políticas que costuma hostilizar o Estado unipartidário.

Ao menos uma fissura significativa — a que separava os democratas liberais dos nacionalistas populistas — já podia ser detectada, distinguindo, por exemplo, Mazowiecki de Wałesa, ou os Democratas Livres húngaros (de tendência esquerdista e liderados por János Kis e outros intelectuais dissidentes) dos nacionalistas da velha guarda pertencentes ao Fórum Democrático. As multidões de 1989 foram também (como já vimos) caracterizadas por um marcante conflito de gerações. Muitos dos líderes mais experientes da oposição intelectual tinham uma história em comum com os críticos do próprio regime dentro do partido. Para os estudantes e outros jovens, portanto, tais indivíduos pareciam ter sido moldados na mesma fôrma: pertenciam a um passado que não podia e não deveria ser revivido. À imagem do seu líder Viktor Orbán, então com 26 anos, o *Fidesz,* na Hungria, era um partido político originalmente destinado a pessoas com menos de 30 anos.[34]

As lembranças e as ilusões da "geração de Dubček" não foram compartilhadas pela geração seguinte, que demonstrava pouco interesse em relembrar 1968 ou em preservar os aspectos "positivos" da RDA. A nova geração mostrava-se menos preocupada em envolver os governantes em debates, ou em oferecer alternativas radicais à sua gestão, do que em escapar da opressão. Isso contribuiu para o aspecto carnavalizante de 1989, registrado por alguns observadores na Polônia e na Tchecoslováquia; também contribuiu para a falta de interesse em retaliações violentas. O comunismo agora já não era um obstáculo e sim uma irrelevância.

---

[34] Um "aceno" para o único "monumento" dos anos 60 que sobrevivera: a idéia de que a juventude é uma condição essencialmente superior — segundo as palavras de Jerry Rubin: "Não confie em ninguém com mais de 30 anos".

A melhor ilustração desse fato é a linguagem em que os objetivos de 1989 costumavam ser expressos. O tema "Voltar a fazer parte da Europa" não era novo. Muito antes do comunismo, a metade oriental do continente era a parte da Europa que ansiava por reconhecimento; já a Europa *Ocidental* era aquela que demonstrava "autoconhecimento" e junto à qual se buscava a tão esperada chancela.[35] Com o advento do bloco soviético, o sentimento de que o leste da Europa fora separado das suas raízes tornara-se tema constante da dissidência intelectual e da oposição.

Mas o lamento pela perda da identidade européia tinha adquirido um significado especial para os europeus orientais nos últimos anos, com o surgimento de algo novo no Ocidente: uma entidade institucional — uma Comunidade Européia, uma União Européia — construída em torno de valores declaradamente "europeus", com os quais os europeus do leste se identificavam prontamente: direitos individuais, deveres cívicos, liberdade de expressão e movimento. O debate sobre a "Europa" se tornou menos abstrato e, por conseguinte, mais interessante para os jovens. Não mais constituindo um lamento pela cultura perdida da velha Praga ou Budapeste, o tópico agora representava um conjunto de metas políticas concretas e alcançáveis. O antônimo de comunismo não era "capitalismo", mas "Europa".

Isso era mais do que uma questão de retórica. Embora apontassem (de modo convincente e até com convicção) as depredações da abstração chamada "capitalismo", as velhas facções comunistas nada tinham a oferecer em substituição à "Europa" — porque o conceito não representava uma alternativa ideológica, mas, tão-somente, a norma política. Por vezes, a noção aparecia matizada como "economia de mercado", outras vezes, como "sociedade civil", mas, em ambos os casos, "Europa" significava — pura e simplesmente — normalidade e o estilo moderno de viver. O comunismo já não era o futuro — argumento que durante seis décadas servira de trunfo para o regime —, mas o passado.

É óbvio que houve variações. Nacionalistas e até alguns conservadores políticos e religiosos — muitos dos quais ativos e influentes em 1989 — mostravam-se menos propensos a pensar na Europa do que na "Polônia", ou na "Hungria". E alguns talvez não se interessassem tanto por liberdade ou direitos individuais. As prioridades imediatas do povo também variavam; para tomarmos um exemplo inconteste: a idéia de voltar a fazer parte da Europa era mais importante para mobilizar o sentimento popular na Tchecoslováquia do que na Romênia, onde destituir um ditador e pôr comida na mesa eram prioridades. E embora alguns líderes de 1989 pretendessem, desde o início, desenvolver uma economia de mercado (ao formar o seu primeiro governo, em setembro de 1989, Tadeusz Mazowiecki declarou, memoravelmente: "Procuro o meu Ludwig Erhard!"), outros — sobretudo Havel — preferiam se concentrar nos alicerces cívicos da democracia.

A relevância dessas sutilezas só transpareceria mais tarde. Convém aqui, no entanto, oferecer um comentário sobre a posição dos *Estados Unidos* nesse relato. Os europeus orientais, principalmente os residentes de Berlim Oriental, tinham plena ciência do papel dos EUA na

[35] Essa linha de raciocínio foi desenvolvida por Voltaire, entre outros, e está belamente explicada por Larry Wolff no livro *Inventing Eastern Europe* (Inventando o Leste Europeu) (Stanford, 1994).

contenção da URSS. Também conheciam as nuanças que distinguiam os políticos da Europa Ocidental — que, em sua maioria, não se incomodavam com o comunismo, desde que por ele fossem deixados em paz — de políticos norte-americanos como Ronald Reagan, que definiam o comunismo como o "Império do Mal". O Solidariedade era, em grande parte, financiado pelos EUA, e foram os EUA que ofereceram o estímulo oficial mais constante aos manifestantes em Berlim e outros locais — depois que ficou evidente que estes haveriam de vencer.

Mas é errôneo concluir (como, às vezes, se faz) que os povos subjugados da Europa Oriental desejassem se tornar... norte-americanos; muito menos que foi o incentivo ou o apoio dos EUA que precipitou ou facilitou a libertação desses povos.[36] Os EUA desempenharam um papel notavelmente diminuto nos dramas de 1989, ao menos até que os fatos já estivessem consumados. E o próprio modelo social norte-americano — o "livre-mercado" — apenas esporadicamente era postulado pelas multidões e seus porta-vozes como objeto de admiração e imitação. Para a maioria das pessoas que tinham vivido sob o comunismo, libertação não implicava, em absoluto, qualquer anseio por concorrência econômica desenfreada, muito menos pela perda de serviços sociais gratuitos, de garantia de emprego, de aluguéis baixos ou de qualquer outro benefício propiciado pelo regime. Afinal, na imaginação dos europeus orientais, um dos atrativos da "Europa" era a perspectiva de prosperidade *e* segurança, liberdade *e* proteção. A situação ideal era um socialismo com liberdade.

Esses sonhos europeus foram arautos de futuras decepções. Mas pouca gente percebeu isso naquele momento. No mercado de modelos alternativos, o estilo de vida norte-americano ainda era valorizado por uma minoria, e os EUA, a despeito de todo o poder global, estavam muito distantes. A outra superpotência, entretanto, estava diante da porta. Os Estados-satélites do Leste Europeu eram todos colônias do império comunista sediado em Moscou. Portanto, em relação às mudanças ocorridas em 1989, as forças políticas e sociais locais — fossem elas formadas por organizações católicas eslovacas, bandas de *rock* polonesas ou livres-pensadores de qualquer outro país da região — desempenharam um papel limitado. No extremo, era sempre Moscou que cantava as pedras.

Na seqüência inebriante da libertação, muitos europeus orientais menosprezaram a importância de Moscou, para melhor ressaltar a conquista da liberdade. Em janeiro de 1992, József Antall, do Fórum Democrático, agora primeiro-ministro da Hungria, falando a uma platéia húngara, queixou-se de que o Ocidente não reconhecia o papel heróico da Europa Central na queda do comunismo: "Esse amor unilateral precisa acabar, pois nós agüentamos firme, lutamos sem fazer um disparo e vencemos para eles a Terceira Guerra Mundial". O relato pungente de Antall, por mais que agradasse aos ouvintes, ignorava a grande verdade de 1989: se as multidões, os intelectuais e os líderes sindicais do Leste Europeu "venceram a Terceira Guerra Mundial", foi porque, simplesmente, Mikhail Gorbatchev permitiu que isso acontecesse.

---

[36] A primeira resposta à declaração da lei marcial na Polônia foi nitidamente morna — até mesmo por parte de Reagan. Somente depois que surgiram, publicamente, críticas veementes (expressas por Henry Kissinger, entre outros) Washington adotou a atitude linha-dura pela qual ficou conhecida.

Em 6 de julho de 1989, Gorbatchev discursou diante do Conselho da Europa, em Estrasburgo, e informou aos ouvintes que a União Soviética não impediria as reformas na Europa Oriental: a questão "dependia inteiramente do povo". Durante um encontro de líderes do bloco oriental, realizado em Bucareste em 7 de julho de 1989, o líder soviético afirmou o direito de todo Estado socialista seguir a própria trajetória, sem interferência externa. Cinco meses mais tarde, num camarote do SS *Maksim Górki*, nas costas de Malta, Gorbatchev garantiu ao presidente Bush que não usaria força para manter os regimes comunistas no poder na Europa Oriental. A posição do líder soviético nada tinha de ambígua. Gorbatchev, conforme Michnik observara em 1988, era "prisioneiro do sucesso de sua política externa". Depois que a metrópole imperial admitira publicamente que não tinha como manter a periferia colonial — e fora universalmente aclamada por tê-lo dito —, as colônias se perderam, e com elas se foram também os colaboradores do império. Bastava determinar o modo e a direção em que tombariam.

Os próprios colaboradores, sem dúvida, compreendiam o que estava acontecendo: entre julho de 1988 e julho de 1989, Károly Grósz e Miklós Németh, principais reformadores do partido húngaro, fizeram quatro visitas a Moscou, com o intuito de se encontrarem com Mikhail Gorbatchev. O companheiro Rezsõ Nyers também conversou com Gorbatchev, em Bucareste, em 7 de julho de 1989, no dia seguinte à morte de Kádár, ocasião em que já era evidente que a causa fora perdida. Gorbatchev nada fez, diretamente, para precipitar ou instigar as revoluções de 1989; ele apenas saiu do caminho. Em 1849, a intervenção da Rússia selara o destino da revolução húngara (e de outras); em 1898, a abstenção da Rússia contribuiu para o sucesso dos levantes.

Gorbatchev fez mais do que abrir mão das colônias. Ao indicar que não interviria, ele solapou a única fonte genuína de legitimidade política disponível aos líderes dos Estados-satélites: a promessa (ou ameaça) de intervenção militar por parte de Moscou. Sem essa ameaça, os regimes locais ficavam politicamente despidos. Talvez, em termos econômicos, os regimes resistissem mais alguns anos, mas também na esfera econômica a lógica do recuo soviético foi implacável; depois que Moscou passou a fixar os preços de suas exportações para os países do Comecon segundo os valores correntes no mercado internacional (o que ocorreu em 1990), os referidos países, que muito dependiam de subsídios soviéticos, teriam quebrado de qualquer jeito.

Conforme sugere este último exemplo, Gorbatchev permitiu a queda do comunismo na Europa Oriental para salvar a Rússia — assim como Stalin criara os regimes-satélites não para o bem dos vizinhos, e sim para garantir a segurança das suas fronteiras ocidentais. Mas Gorbatchev cometeu um grave erro tático: dois anos depois, as lições do Leste Europeu seriam utilizadas contra o próprio libertador da região, dentro do seu território natal. Mas, estrategicamente, o feito de Gorbatchev foi tão grandioso quanto inusitado. Nenhum outro império territorial registrado pela História abandonou seus domínios de maneira tão súbita, com tamanha elegância e tão pouco derramamento de sangue. A Gorbatchev, diretamente, não pode ser atribuído o crédito pelo que ocorreu em 1989 — ele não planejou os eventos, e apenas vagamente entendia a importância dos fatos a longo prazo. Mas ele permitiu e precipitou os acontecimentos. Foi a revolução de Gorbatchev.

QUARTA PARTE

Depois da Queda: 1989-2005

XX

Um Continente Divisível

"Nada preciso fazer para impedi-lo; os soviéticos o farão por mim. Jamais permitirão a existência dessa Alemanha bem em frente deles."
François Mitterrand, 28 de novembro de 1989

"Quando começamos, não percebíamos a profundidade dos problemas que estavam diante de nós."
Mikhail Gorbatchev, 1990

"Nosso país não tem tido sorte. Decidiram realizar esse experimento marxista conosco. Afinal, provamos que a idéia é descabida — ela simplesmente nos desviou do caminho seguido pelos países civilizados do mundo."
Boris Ieltsin, 1991

"A existência da nação tcheca jamais foi uma certeza, e, precisamente, tal incerteza constitui a característica mais marcante dessa nação."
Milan Kundera

Libertada do comunismo, a Europa Oriental passou por uma segunda transformação, ainda mais surpreendente. Ao longo da década de 1990, quatro Estados desapareceram do mapa do continente e 14 países nasceram — ou ressuscitaram. As seis repúblicas mais ocidentais da União Soviética — Estônia, Letônia, Lituânia, Bielo-Rússia, Ucrânia e Moldávia — tornaram-se Estados independentes, ao lado da própria Rússia. A Tchecoslováquia se transformou em dois países distintos — República Tcheca e Eslováquia. E a Iugoslávia dividiu-se nas unidades que a constituíam: Eslovênia, Croácia, Bósnia-Herzegóvina, Sérvia-Montenegro e Macedônia.

O surgimento e o desaparecimento de nações foram comparáveis, em escala, ao impacto dos tratados de Versalhes após a Primeira Guerra Mundial — e, sob certos aspectos, mais dramáticos. O advento de Estados-nações em Versalhes foi o clímax de um longo processo cujas raízes remontavam a meados do século XIX, ou mesmo antes; o fenômeno não foi uma surpresa. Mas quase ninguém previu que algo similar ocorreria no final do século XX. Na verdade, três Estados que desapareceriam no decorrer dos anos 90 — Tchecoslováquia, Iugoslávia e URSS — eram de uma safra posterior a 1918.

Contudo, não é mera coincidência que estes tenham sido os últimos Estados federais multiétnicos da região. A divisão territorial verificada nos anos 90 acompanhou a extinção do último dos quatro impérios continentais da Europa — o Império Russo. Com efeito, a mencionada divisão constituiu o epílogo tardio da criação pós-imperial de Estados que se seguira à queda dos outros três: o Turco-Otomano, o Austro-Habsburgo e a Alemanha-Guilhermina. Mas a lógica de divisão do império não teria, por si só, provocado a reorganização institucional do Leste Europeu. Conforme tantas vezes acontecera no passado, o destino daquela região foi determinado por eventos na Alemanha.

O crédito pela reunificação alemã — caso único de fusão numa década de divisão — cabe, em primeiro lugar, a Helmut Kohl. De início, o chanceler da Alemanha Ocidental hesitou tanto quanto qualquer outra pessoa — em 28 de novembro de 1989 Kohl apresentou ao *Bundestag* um programa qüinqüenal, lento e cauteloso, visando à unificação da Alemanha. Porém, após ouvir as multidões na Alemanha Oriental (e garantir o apoio de Washington), Kohl concluiu que, agora, uma Alemanha unificada não era apenas viável, mas talvez premente. Ficou claro que o único meio de deter o êxodo para o Ocidente (que chegou a 2 mil pessoas por dia) era trazer a Alemanha Ocidental para o leste. Para evitar que alemães orientais deixassem o país, o líder da Alemanha Ocidental empenhou-se em aboli-lo.

Tanto quanto no século XIX, a unificação alemã seria posta em marcha por meio de uma padronização monetária — mas a união política seguiria, inevitavelmente. A sugestão de uma "confederação", que os alemães ocidentais a princípio defendiam e o Ministério de Hans Modrow, na RDA, acalentava com ardor, foi subitamente descartada, e, nas eleições (convocadas às pressas) realizadas em março de 1990 na Alemanha Oriental, a plataforma dos candidatos democratas cristãos baseou-se na tese da unificação. A Aliança pela Alemanha conquistou 48% dos votos; os socialdemocratas, prejudicados pelo alarde que foi feito da sua ambivalência acerca da questão, conquistaram apenas 22%.[1] Os ex-comunistas — agora Partido do Socialismo Democrático — garantiram uma respeitável presença de 16%; mas a Aliança dos Anos 90, coalizão de ex-dissidentes que incluía o *Neues Forum*, de Bärbel Bohley, contou com apenas 2,8% dos votos.[2]

O primeiro ato da nova maioria da *Volkskammer* da RDA, representada pela coalizão entre a União Democrática Cristã, o Partido Socialdemocrata e o Partido Liberal, e comandada por Lothar de Maizière, foi comprometer o país com a unificação.[3] Em 18 de maio de 1990 foi assinada entre as duas Alemanhas uma "união monetária, econômica e social", e em 1° de julho a cláusula principal do documento — a extensão do marco alemão (DM) à Alemanha Oriental — entrou em vigor. Os alemães orientais agora podiam trocar os seus quase inúteis

[1] Em agosto de 1989, o vice-líder do Partido Socialdemocrata criticara o governo de Kohl por ter "agravado" a crise, acolhendo refugiados da Alemanha Oriental que pretendiam chegar ao Ocidente através da recém-aberta fronteira húngara. Entretanto, em Berlim (reduto do Partido Socialdemocrata da Alemanha), o referido partido saiu-se bem melhor nas eleições de 1990, obtendo 35% dos votos.

[2] A reação de Bohley foi um comentário um tanto azedo: "Queríamos justiça e obtivemos o *Rechstaat* [Estado constitucional]".

[3] O segundo ato de De Maizière foi, finalmente, reconhecer a participação da Alemanha Oriental no Holocausto e alocar 6,2 milhões de marcos para serem pagos a título de indenização.

marcos orientais — até o limite de 40 mil DM — ao câmbio extremamente vantajoso de 1 = 1. A partir daquele momento, os salários na RDA seriam pagos em DM, e com paridade — mecanismo sumamente eficaz para fazer com que os alemães orientais permanecessem na própria região, mas que, a longo prazo, trouxe conseqüências nefastas para o mercado de trabalho da Alemanha Oriental e para o orçamento da Alemanha Ocidental.

Em 23 de agosto, por meio de um acordo prévio com Bonn, a *Volkskammer* votou pela integração com a República Federal. Uma semana depois, foi assinado o Tratado de Unificação, através do qual a RDA foi absorvida pela RFA — de acordo com a aprovação dos votantes nas eleições de março e nos termos do Artigo 23 da Lei Básica de 1949. Em 3 de outubro, o tratado passou a vigorar: a RDA foi integrada à República Federal e deixou de existir.

A divisão da Alemanha tinha sido obra dos vencedores da Segunda Guerra Mundial, e a reunificação do país, em 1990, jamais teria acontecido sem o incentivo ou o consentimento dos vitoriosos. A Alemanha Oriental era um Estado-satélite soviético e, ainda em 1989, 360 mil soldados soviéticos estavam baseados no país. Quanto à Alemanha Ocidental, apesar de independente, não tinha autonomia para interferir *nessa* questão. No caso de Berlim, enquanto não se chegasse a um acordo final de paz, seu destino dependeria formalmente das forças de ocupação — França, Grã-Bretanha, EUA e URSS.

Nem os britânicos nem os franceses tinham pressa de ver a Alemanha reunificada. Quando os europeus ocidentais se davam o trabalho de pensar numa Alemanha unida, supunham — com toda razão — que isso ocorreria no *final* de um longo processo de mudanças verificadas na Europa Oriental, e não logo no começo. Conforme Douglas Hurd (ministro das Relações Exteriores da Grã-Bretanha) observou, em dezembro de 1989, refletindo sobre o fim iminente da Guerra Fria: tratava-se de "um sistema [...] no qual vivemos bem felizes durante quarenta anos".

A primeira-ministra Margaret Thatcher não escondia seus temores. Em suas memórias, ela relembra uma reunião convocada às pressas com o presidente francês Mitterrand: "Tirei da bolsa um mapa que exibia as diversas configurações da Alemanha no passado, o que não prenunciava um futuro dos mais tranqüilos [...]. [Mitterrand] disse que, no passado, em momentos de grande perigo, a França sempre mantinha relações especiais com a Grã-Bretanha, e que ele achava que estávamos diante de mais um desses momentos [...]. Ocorreu-me que, embora não houvéssemos descoberto o meio de fazê-lo, ao menos nós dois queríamos deter a força destruidora germânica. Já era um começo".

Mrs. Thatcher (e nisso ela não estava sozinha) temia também que a unificação alemã desestabilizasse Mikhail Gorbatchev e talvez até provocasse a queda do líder russo (uma analogia à derrocada de Nikita Kruschev depois da humilhação em Cuba). Mas os britânicos, a despeito de suas apreensões, nada tinham a oferecer como alternativa ao curso dos eventos que se desenrolavam na Alemanha e, portanto, aquiesceram. Mitterrand não cedeu tão facilmente. Mais do que qualquer outro povo, os franceses ficaram deveras atordoados com o colapso das estruturas conhecidas e estáveis da Alemanha e do bloco soviético como um todo.[4]

---

[4] Não por mera coincidência, Mitterrand foi a única grande figura política ocidental a aceitar, sem hesitação, a suposta derrubada de Gorbatchev no golpe frustrado que ocorreu em Moscou no ano seguinte.

A primeira reação de Paris foi tentar bloquear qualquer iniciativa em prol de unificação alemã — Mitterrand chegou a visitar a RDA, em dezembro de 1989, como demonstração de apoio à soberania do país. O presidente francês declinou um convite de Helmut Kohl para participar de uma cerimônia comemorativa da reabertura do Portão de Brandemburgo e tentou convencer os líderes soviéticos de que a França e a Rússia, na condição de antigas aliadas, compartilhavam um interesse em impedir a concretização das ambições germânicas. Na verdade, os franceses apostavam que Gorbatchev vetasse a unificação alemã — conforme Mitterrand explicou a seus assessores, em 28 de novembro de 1989: "Nada preciso fazer para impedi-lo; os soviéticos o farão por mim. Jamais permitirão a existência dessa Alemanha bem em frente deles".

Mas, assim que ficou claro que isso não aconteceria — e na seqüência da decisiva vitória de Kohl nas eleições da Alemanha Oriental —, o presidente francês tomou um curso diferente. Os alemães poderiam se unificar, mas haveria um custo. Uma Alemanha maior, seguindo um caminho independente, ou retomando as suas antigas prioridades de país da Europa Central, estava fora de cogitação. Kohl precisaria se comprometer a desenvolver o projeto europeu sob a égide de um consórcio franco-germânico, e a Alemanha precisaria se submeter a uma união "cada vez mais próxima" — cujos termos (notadamente, uma moeda européia comum) seriam estabelecidos num novo tratado (a ser negociado no ano seguinte, na cidade holandesa de Maastricht).[5]

Os alemães concordaram prontamente com todas as condições impostas pelos franceses (embora a natureza canhestra das manobras diplomáticas francesas esfriasse as relações entre os dois países por algum tempo), fazendo ecoar o passado, quando Bonn concordou, depois de 1955, em limitar a "Europa" aos seis países originais, para aplacar a ansiedade francesa diante da plena restauração da soberania alemã. Ao longo dos meses seguintes, Kohl chegou até a concordar com uma gama de pequenas concessões destinadas a recompensar a boa vontade de Paris.[6] Para garantir a unificação, a Alemanha estava disposta a tranqüilizar os vizinhos apreensivos. Em todo caso, Kohl — nascido em Ludwigshafen e, a exemplo do concidadão renano, Adenauer, instintivamente inclinado a se voltar para o Ocidente — tinha os seus motivos para estar preocupado com a idéia de amarrar a Alemanha à Comunidade Européia.

Porém, o mais importante era que o chanceler alemão tinha o vento a seu favor, conforme qualquer fotografia ou filme da época poderá comprovar: a unificação alemã contava com o apoio total dos Estados Unidos. Assim como os seus aliados, a administração do presidente Bush supôs, inicialmente, que a união alemã só aconteceria ao final de uma série de mudanças imprevisíveis que ocorreriam na URSS e na Europa Oriental, e apenas mediante o consentimento soviético. Mas Washington logo percebeu a atmosfera dominante, sobretudo depois que uma pesquisa realizada em fevereiro de 1990 apontou que 58% dos alemães ocidentais preferiam uma Alemanha unida e *neutra*. Era esse, precisamente, o desfecho que os EUA (e

---

[5] É bastante irônico que os sucessores de Mitterrand agora tenham de combater as restrições orçamentárias e as conseqüências sociais desse mesmo tratado.

[6] Inclusive com a nomeação do amigo de Mitterrand, Jacques Attali, para dirigir uma nova instituição — o Banco Europeu de Reconstrução e Desenvolvimento (BERD) —, cujo objetivo era reconstruir a Europa Oriental. Depois de gastar milhões reformando um prédio ilustre para servir de sede — e gastar pouco com os supostos beneficiários do banco —, Attali foi destituído de maneira desonrosa. A experiência, no entanto, não parece ter abalado a sua grande auto-estima.

muitos políticos na Alemanha Ocidental) mais temiam: uma Alemanha maior, neutra e independente no meio da Europa, desestabilizando e perturbando vizinhos nos dois lados.

Portanto, os EUA se comprometeram inteiramente em apoiar os objetivos de Kohl, a fim de garantir que os alemães nunca precisassem escolher entre a unificação e a aliança ocidental. Sob pressão de Washington, franceses e britânicos concordaram em negociar com a União Soviética e representantes das duas Alemanhas, a fim de chegar a uma decisão quanto às condições para o surgimento de uma nova Alemanha. As conversações (conhecidas como "4 x 2"), conduzidas por ministros das Relações Exteriores entre fevereiro e setembro de 1990, resultaram no Tratado sobre a Regulamentação Definitiva Referente à Alemanha, assinado em Moscou em 12 de setembro.

Com esse tratado, que reconhecia, formalmente, nas fronteiras da futura Alemanha divisas que incluíam os dois Estados alemães, a condição de Berlim diante das quatro potências chegou ao fim, exatamente à meia-noite de 2 de outubro de 1990. A União Soviética concordava com a permanência da Alemanha unificada na OTAN, e foi acertada a retirada do Exército Vermelho e de todas as forças estrangeiras de Berlim (ao longo de um período de quatro anos, depois do qual apenas um pequeno complemento de tropas da OTAN permaneceria em solo alemão).

Por que Mikhail Gorbatchev permitiu tão prontamente o avanço da unificação alemã? Durante décadas, o principal objetivo estratégico da União Soviética tinha sido preservar o seu território na Europa Central: Moscou — a exemplo de Londres, Paris e Washington — se acomodara com a idéia de uma Alemanha dividida e há muito tempo abandonara o propósito de Stalin, no período do pós-guerra, de retirar Bonn da aliança ocidental. E, diferentemente das lideranças francesa e britânica, a soviética ainda tinha condições de impedir o processo de unificação, ao menos em tese.

Gorbatchev, assim como todos na década de 1990, fazia um vôo cego. Quer no Oriente, quer no Ocidente, ninguém dispunha de um plano que detalhasse como proceder se a RDA se desintegrasse; tampouco havia projetos para a unificação alemã. Mas, ao contrário dos colegas ocidentais, o líder soviético não contava com boas opções. Para evitar a união alemã, ele teria de voltar atrás quanto a seus recentes pronunciamentos, com isso prejudicando seriamente a própria credibilidade. De início, Gorbatchev se opôs ao ingresso da Alemanha na OTAN; e, mesmo depois de ceder, em princípio,[7] o líder soviético insistiu que as tropas da OTAN não poderiam se deslocar 300 quilômetros a leste, até a fronteira com a Polônia — promessa que o secretário de Estado dos EUA, James Baker, fez ao colega russo, em fevereiro de 1990. Porém, quando a promessa foi mais tarde quebrada, Gorbatchev nada pôde fazer.

O que ele *pôde* fazer, literalmente, foi estipular um preço para as concessões feitas. Conforme previra o chanceler alemão ocidental, a URSS estava aberta à persuasão de ordem financeira. De início, Gorbatchev tentou cobrar um "resgate" de 20 bilhões de dólares pelas negociações relativas ao processo de unificação, mas acabou por aceitar um valor próximo

[7] Existem indicações de que Gorbatchev tenha cedido nesse ponto crucial inadvertidamente, quando, em maio de 1990, concordou com a sugestão do presidente Bush de que o direito da Alemanha à autodeterminação deveria incluir a liberdade de "escolher alianças".

a 8 bilhões de dólares, e mais 2 bilhões em empréstimos sem juros. No total, de 1990 a 1994, Bonn transferiu para a União Soviética o equivalente a 71 bilhões de dólares (e mais 36 bilhões para os antigos Estados comunistas do Leste Europeu). Helmut Kohl também concordou em aplacar os temores soviéticos (e poloneses) de que a Alemanha pretendesse recuperar territórios que dela haviam sido tomados, o que foi feito, conforme já vimos, quando o chanceler prometeu aceitar como permanente a fronteira oriental do país, compromisso sacramentado no ano seguinte pelo Tratado da Polônia.

Após conseguir o melhor negócio possível, Moscou concordou em abrir mão da RDA. Dadas as circunstâncias, a União Soviética fez o melhor que pôde, e cedeu o aliado alemão oriental, diminuto e melindrado, expressando os devidos protestos, mas com pouco arrependimento. Fazia mais sentido construir uma relação estratégica com uma nova Alemanha amiga e cordata do que torná-la inimiga; além disso, sob a perspectiva soviética, uma Alemanha unificada — e contida num abraço ocidental — não seria um desenlace tão ruim.

A RDA não era muito benquista. Mas o seu desaparecimento não passou inteiramente em branco. Além de intelectuais da Alemanha Ocidental, como Günter Grass e Jürgen Habermas, que temiam pela alma de uma Alemanha "maior" e reunificada,[8] muitos alemães orientais, que não conheciam outra pátria, experimentaram um sentimento "ambivalente" quando a Alemanha "deles" lhes foi tomada. Duas gerações haviam crescido na RDA. Talvez não acreditassem nas descrições mais absurdas e escandalosas que a RDA fazia de si mesma, mas não podiam ignorar totalmente a propaganda oficial. Não deveríamos nos surpreender ao constatar que, muito depois de 1989, as crianças nas escolas secundárias da Alemanha Oriental continuavam a crer que tropas nacionais tinham lutado ao lado do Exército Vermelho para libertar o país do domínio de Hitler.

Esse equívoco de percepção fazia parte da identidade central da RDA e em nada contribuiu para atenuar a difícil transição dos ex-cidadãos da Alemanha Oriental "de volta" à Alemanha, especialmente enquanto a Alemanha "deles" era expurgada dos registros oficiais. Os nomes de cidades, ruas, edifícios e condados foram alterados, muitas vezes voltando aos que vigoravam antes de 1933. Rituais e cerimônias foram reinstaurados. Não se tratava, no entanto, do resgate da História, mas do seu apagamento — era como se a RDA jamais houvesse existido. O processo e a condenação de Erich Mielke por assassinato não resultou dos crimes por ele autorizados enquanto chefe da *Stasi*, mas de um assassinato político cometido na década de 1930, com provas obtidas através de registros de interrogatórios nazistas.

Isto é, em vez de pensar na conturbada história da RDA, os ex-cidadãos da nação foram incentivados a esquecê-la — numa irônica reprise do "tempo de esquecer" vivido pela própria Alemanha Ocidental nos anos 50. E, assim como ocorrera nos primeiros anos da República Federal, ocorreu após 1989: a prosperidade seria a resposta. A Alemanha compraria a sua saída da História. É certo que a RDA precisava de tratamento. Não eram apenas as instituições nacionais que estavam caindo aos pedaços, mas grande parte da infra-estrutura material do país

[8] Na visão de Grass, a moderna história da Alemanha consiste na eterna disposição de "inchar" e "expandir", seguida de tentativas desesperadas de contenção, por parte do resto do continente — ou, como ele disse: "De tantos em tantos anos, por causa da nossa constipação alemã, dão-nos um laxante europeu".

mostrava-se decrépita. Duas residências em cada cinco tinham sido construídas antes de 1914 (na Alemanha Ocidental, em 1989, a relação era inferior a uma em cada cinco); a quarta parte das moradias não dispunha de local para se tomar banho, a terça parte tinha apenas um vaso sanitário externo e mais de 60% careciam de qualquer tipo de aquecimento central.

A exemplo do modo como lidava com Moscou, Bonn respondeu por meio da alocação de carradas de dinheiro para resolver o problema. Nos três anos seguintes à unificação, o total de repasses financeiros da Alemanha Ocidental para a Oriental chegou ao equivalente a 1,2 bilhão de euros; em fins de 2003, o custo da absorção da antiga RDA alcançara 1,2 *trilhão* de euros. A entrada dos alemães orientais na República Federal foi subsidiada: empregos, pensões, transporte, educação e habitação foram bancados através de vultosos aumentos nos gastos do governo. A curto prazo, a tática funcionou — confirmando o fato de que os alemães orientais confiavam mais nos recursos insondados do Tesouro da Alemanha Ocidental do que no livre-mercado. Mas, passado o frêmito inicial da unificação, muitos "orientais" se decepcionaram com o triunfalismo arrogante dos primos ocidentais — sentimento que os ex-comunistas haveriam de explorar com algum sucesso em eleições futuras.

Nesse ínterim, para evitar o descontentamento de eleitores na Alemanha Ocidental — pois nem todos tinham acolhido a unificação com entusiasmo —, Kohl decidiu não elevar os impostos. Antes, para fazer frente aos novos e pesados compromissos, a República Federal — que até então havia acumulado superávits — não teve escolha a não ser entrar em déficit. O *Bundesbank*, atônito diante do impacto inflacionário dessa política, passou a elevar as taxas de juros, a partir de 1991 — exatamente no momento em que o marco alemão era congelado (de acordo com os planos para a criação de uma moeda européia). O efeito indireto dessas taxas de juros — aumento do desemprego e crescimento econômico mais lento — seria sentido não apenas na Alemanha, mas em todo o Sistema Monetário Europeu. Com efeito, Helmut Kohl exportou o custo da unificação de seu país, e os parceiros europeus da Alemanha foram obrigados a dividir o ônus.

É certo que as concessões feitas por Mikhail Gorbatchev à Alemanha contribuíram para o declínio do prestígio doméstico do líder — na realidade, James Baker o advertira de que a presença de uma Alemanha unificada dentro da OTAN talvez "fosse o fim da *Perestroika*". A perda dos demais Estados-satélites europeus poderia ser atribuída à falta de sorte; mas descartar também a Alemanha parecia descaso. O ministro da Defesa da URSS, marechal Sergei Akhromeiev, estava convencido de que Gorbatchev poderia ter feito melhor negócio com o Ocidente se tivesse cuidado do problema no devido tempo; e outros pensavam do mesmo modo. Mas este era, de fato, o problema de Gorbatchev: no final da década de 1980, ele estava a tal ponto envolvido nos desafios internos que sua resposta ao rápido avanço dos problemas da URSS na fronteira ocidental, conforme já vimos, foi deixar que a região se virasse sozinha.

Mas, chegada a hora de enfrentar desafios comparáveis dentro das divisas da própria União Soviética, a complacência benevolente não era uma opção. O Império Russo se expandira através dos séculos, por meio de conquistas e anexações, e muitas áreas que no passado eram território estrangeiro estavam agora intimamente associadas à pátria. "Libertar" tais áreas, assim como a Polônia e a Hungria tinham sido agora "libertadas", era inviável. E, como aqui já foi visto, as conquistas soviéticas mais recentes permaneciam semi-digeridas e, portanto, vulneráveis à influência e ao exemplo estrangeiro: na Ásia Central, no Cáucaso e, principalmente, na fronteira ocidental do império, ao longo do mar Báltico.

As Repúblicas bálticas da União Soviética — Estônia, Letônia e Lituânia — eram diferentes sob três aspectos importantes. Em primeiro lugar, ficavam expostas ao Ocidente mais do que qualquer outra região soviética. Os estonianos, principalmente, tinham contato com a Escandinávia, assistindo à televisão finlandesa desde a década de 1970, sempre conscientes do contraste entre a sua condição e a dos prósperos vizinhos. Os lituanos, cuja maior afinidade histórica e geográfica era com a vizinha Polônia, não podiam deixar de notar que, mesmo sob o comunismo, os poloneses eram decididamente mais livres e prósperos do que eles.

Em segundo lugar, e apesar das comparações desfavoráveis com os vizinhos, os Estados do Báltico, para os padrões da União Soviética, eram prósperos. Eram os maiores produtores soviéticos de diversos produtos industrializados — vagões ferroviários, aparelhos de rádio, derivados do papel —, e eram também fontes importantes da atividade pesqueira, da produção de laticínios e algodão. A julgar pelas mercadorias que produziam e as que passavam por seus portos, estonianos, letões e lituanos ao menos conheciam um estilo e um padrão de vida com os quais grande parte do restante da União Soviética apenas sonhava.

Mas a terceira característica marcante das Repúblicas bálticas, de longe a mais significativa, era que somente tais repúblicas tinham uma história recente de autêntica independência. Após conquistar a liberdade, em 1919, na seqüência do colapso do império tsarista, elas foram reabsorvidas, à força, vinte anos mais tarde, pelos herdeiros soviéticos dos Romanov, por meio das cláusulas secretas do Pacto Molotov-Ribbentrop, de agosto de 1939. Mas a invasão de 1940 ainda estava gravada na memória. No Báltico, a *glasnost* introduzida por Gorbatchev — que em outras partes da União Soviética provocara reivindicações de maiores direitos civis ou econômicos — reabriu, inevitavelmente, a questão da independência. Na mencionada região, o tom da imprensa clandestina sempre fora, necessariamente, nacionalista.

Um outro motivo para tal foi a "Questão Russa". Em 1945, a população das três Repúblicas bálticas era bastante homogênea, a maioria dos residentes pertencendo ao grupo nacional dominante e falando o idioma local. Já no início dos anos 80, graças às expulsões ocorridas durante e depois da guerra e à entrada contínua de soldados, administradores e trabalhadores russos, a população ficou bem mais heterogênea, sobretudo nas repúblicas do norte. Na Lituânia, cerca de 80% dos residentes ainda eram de lituanos; mas, na Estônia, apenas cerca de 64% da população acusavam origem estoniana e falavam o idioma nacional; já na Letônia, segundo o censo de 1980, o segmento de letões na população era de 1,35 milhão, num total de cerca de 2,5 milhões: apenas 54%. A região rural ainda era povoada por bálticos nativos, mas as cidades se tornavam cada vez mais russas, e o idioma russo era cada vez mais falado — uma transformação que causava grande desagrado.

Os primeiros sinais de protesto voltaram-se, portanto, para questões de língua e nacionalidade, e para a lembrança da deportação para a Sibéria, a mando dos soviéticos, de milhares de "subversivos" que viviam na região. Em 23 de agosto de 1987, houve manifestações simultâneas em Vilnius, Riga e Tallinn, em comemoração ao aniversário do Pacto Molotov-

Ribbentrop, seguidas, três meses depois, em Riga, por um encontro para celebrar o aniversário da declaração da independência da Letônia, ocorrida em 1918. Animados com o sucesso — ou, mais precisamente, com a inusitada tolerância das autoridades quanto a esse tipo de expressão pública de dissidência implícita —, grupos e reuniões independentes começaram a surgir por toda parte.

Assim sendo, em Riga, em 25 de março de 1988, centenas de pessoas se reuniram para lembrar as deportações ocorridas na Letônia em 1949, e em junho houve uma manifestação em memória das expulsões de 1940. Seguiu-se um encontro bastante entusiasmado do Sindicato de Escritores Letões (até então bastante complacente), onde se falou de uma Frente Popular da Letônia. Algumas semanas depois, sob os auspícios do supostamente apolítico Clube de Proteção Ambiental, nasceu o Movimento de Independência Nacional da Letônia. O curso dos eventos na Estônia foi praticamente idêntico: na seqüência das comemorações de 1987 e de uma série de protestos de natureza ambientalista, surgiu a primeira Sociedade da Tradição Estoniana, dedicada à preservação e à restauração de monumentos culturais da região; mais tarde, em abril de 1988, nasceu a Frente Popular da Estônia e, finalmente, em agosto — um mês depois do movimento confrade letão —, nasceu o Movimento de Independência Nacional da Estônia.

O aspecto mais dramático desses movimentos políticos que surgiam na Estônia e na Letônia era a sua simples existência — e sua nomenclatura extraordinariamente subversiva. Mas foi na Lituânia, onde a presença russa era bem menos perturbadora, que o desafio ao poder soviético se tornou evidente. Em 9 de julho de 1988, uma manifestação em Vilnius, cujo propósito era reivindicar proteção ambiental, democracia e maior autonomia para a Lituânia, reuniu 100 mil pessoas em apoio ao *Sajudis*, o recém-criado Movimento de Reorganização Lituana, que criticava abertamente o Partido Comunista da Lituânia, pela "subserviência" a Moscou, e exibia faixas com os dizeres: "Fora Exército Vermelho". Já em fevereiro de 1989, o *Sajudis* se transformara num partido político com abrangência nacional. No mês seguinte, por ocasião das eleições para o Congresso Soviético dos Deputados do Povo, o partido conquistou 36 dos 42 assentos disponíveis à Lituânia.

Nas três Repúblicas, as eleições foram uma importante vitória para candidatos independentes e proporcionaram a conscientização crescente de uma trajetória comum no Báltico. Isso ficou confirmado, simbolicamente, em 23 de agosto de 1989, com a realização de uma corrente humana ("O Abraço ao Báltico") de 650 quilômetros de extensão, indo desde Vilnius, passando por Riga, até Tallinn, em homenagem ao 50° aniversário do Pacto Molotov-Ribbentrop. Cerca de 1,8 milhão de pessoas — a quarta parte da população regional — participou do "Abraço". Com os movimentos de independência na Estônia e na Letônia agora repetindo o movimento congênere na Lituânia e proclamando, abertamente, o objetivo de independência nacional, o confronto com Moscou parecia inevitável.

Mas tal confronto demorou a acontecer. Os movimentos de independência do Báltico fizeram o máximo de pressão durante todo o ano de 1989. Quando os parlamentos primeiramente na Lituânia e depois na Letônia, agora com idéias de independência na cabeça, tentaram copiar uma lei estoniana de novembro de 1988 que autorizava a privatização de empresas estatais regionais, Moscou anulou os decretos, assim como anulara a iniciativa estoniana; mas, fora isso, o governo se abstinha de qualquer envolvimento. Quando, em 8 de outubro de 1989 (no dia seguinte à advertência pública feita por Gorbatchev em Berlim Ocidental de que "a vida pune aqueles que se atrasam"), a Frente Popular da Letônia anunciou a intenção de avançar até a independência total, as autoridades soviéticas estavam por demais preocupadas com a crise na Alemanha para tomar qualquer atitude.

E em 18 de dezembro o Partido Comunista da Lituânia se dividiu, com a grande maioria se declarando favorável à independência imediata. Agora Gorbatchev já não podia se calar. Em 11 de janeiro de 1990, viajou até Vilnius, com o intuito de desaconselhar a separação pretendida, instando "moderação". No entanto — e não pela primeira vez —, o exemplo do próprio Gorbatchev pesou contra ele. Incentivado pela vitória eleitoral do *Sajudis*, pelo sucesso do presidente soviético em convencer o Comitê Central soviético a abrir mão da garantia constitucional que determinava o "papel de liderança" do partido,[9] e pelas negociações "4 x 2" então em curso, o Parlamento lituano, em 11 de março, votou por unanimidade (120 x 0) a favor da restauração da independência lituana, simbolicamente reinstituindo a Constituição do Estado da Lituânia de 1938 e anulando a autoridade da Constituição da URSS na República da Lituânia.

É bastante revelador da situação incerta que prevalecia em 1990 — quando o governo da própria República da Rússia reivindicava a sua "soberania" e a precedência das leis russas sobre os decretos destinados à União Soviética como um todo — o fato de que a reação dos líderes soviéticos à declaração de Vilnius não tenha ido além da ameaça de um boicote econômico; embora incapaz de evitar que a Lituânia escapasse, Gorbatchev conseguiu impedir a intervenção militar que muitos dos seus colegas da linha-dura agora exigiam. Até o próprio boicote foi abandonado, em junho, como recompensa ao consentimento da Lituânia em "suspender" a plena implementação da declaração de independência.

Depois de seis meses agitados, em que praticamente todas as demais Repúblicas soviéticas importantes declararam a sua "soberania", se não (ainda) a independência total, a posição de Gorbatchev se tornava insustentável. Seu empenho para conter as iniciativas no Báltico haviam em muito debilitado a sua imagem de "reformador", e a incapacidade do líder de impedir discursos de autonomia, soberania e independência provocava indignação entre seus companheiros e — o que era mais perigoso — entre o Exército e as forças de segurança. Em 20 de dezembro de 1990 o ministro das Relações Exteriores da URSS, Edvard Shevardnadze, renunciou e lançou, publicamente, uma advertência sobre o crescente risco de um golpe de Estado.

Em 10 de janeiro de 1991, enquanto os EUA e seus Aliados estavam inteiramente distraídos com a Guerra do Golfo, que então acontecia no Iraque, Gorbatchev deu um ultimato aos lituanos, exigindo, em sua capacidade de presidente da União Soviética, que se submetessem prontamente à Constituição da URSS. No dia seguinte, soldados das forças de elite da KGB e representantes do Ministério do Interior da URSS ocuparam prédios públicos em Vilnius e instalaram um Comitê de Salvação Nacional. Passadas 24 horas, as tropas atacaram os

---

[9] Cumpre observar que oito semanas antes Gorbatchev recusara-se, implacavelmente, a considerar mudanças dessa natureza.

estúdios de rádio e televisão, disparando contra uma multidão de manifestantes ali reunidos: 14 civis foram mortos, setecentos ficaram feridos. Uma semana depois, militares das mesmas unidades atacaram o Ministério do Interior da Letônia, em Riga, matando quatro pessoas.

O derramamento de sangue no Báltico sinalizou o começo do fim na União Soviética. Uma semana depois, mais de 150 mil pessoas reuniram-se em Moscou para protestar contra as mortes. Boris Ieltsin, anteriormente primeiro-secretário do Comitê da Cidade de Moscou e — desde maio de 1990 — chefe do Parlamento soviético da Rússia, foi a Tallinn assinar um reconhecimento de "soberania" mútua entre a Rússia e as Repúblicas bálticas, passando por cima das autoridades soviéticas. Em março de 1991, plebiscitos realizados na Letônia e na Estônia confirmaram que a grande maioria dos eleitores desses respectivos países também favorecia a independência total. Gorbatchev, que embora sem muito ânimo começara a reprimir as Repúblicas recalcitrantes, agora voltava à postura anterior e buscava, em vão, um meio de conviver com elas.

Mas o presidente soviético estava sendo atacado pelos dois lados. Sua relutância em reprimir os bálticos tinha afastado os aliados militares (dois dos generais que atuaram nos ataques em Vilnius e Riga haveriam de desempenhar papéis importantes no golpe de Moscou). E os amigos e admiradores de Gorbatchev já não confiavam nele. Em março de 1991, Ieltsin denunciou publicamente as "mentiras e artimanhas" de Gorbatchev e pediu a sua renúncia, desafiando a pressão oficial para que se calasse ou então se preparasse para um *impeachment*. Nesse ínterim, o exemplo do Báltico era seguido por outras Repúblicas.

Enquanto as grandes estruturas do poder soviético permaneceram firmes, líderes comunistas, da Ucrânia ao Cazaquistão, restringiram suas "reformas" a cautelosas imitações dos atos de Gorbatchev. Mas, depois do fiasco no Báltico, a mesma antena que os sintonizara com a *Perestroika* agora captava sinais de que a própria União Soviética talvez estivesse condenada; em todo caso, os mencionados líderes percebiam que em determinados círculos do poder o presidente soviético estava marcado. Portanto, enquanto a nova política das Repúblicas bálticas refletia uma ampla renascença nacional, em diversas outras Repúblicas as ações voltadas para "soberania" configuravam, tipicamente, uma mistura mais variável de sentimento nacional e autopreservação por parte da classe burocrática. Havia também um crescente elemento de temor: a sensação de que, se a segurança e a autoridade estavam ruindo — ou, pior, se fossem reafirmadas unilateralmente e com força pelos inimigos de Gorbatchev —, seria então prudente que as rédeas do poder ficassem em mãos locais. Finalmente, dentre os gestores soviéticos, começava a despontar a consciência de que, se o centro capitulasse, grande parte de um valioso patrimônio público ficaria livre e disponível: propriedades do partido, direitos sobre a exploração mineral, fazendas, fábricas, receita de impostos etc.

Sem sombra de dúvida, a mais importante das pretensas Repúblicas "soberanas" a apresentar suas reivindicações era a Ucrânia.[10] À semelhança das Repúblicas bálticas, a Ucrânia

[10] Somadas, as cinco repúblicas da Ásia Central — Cazaquistão, Quirguistão, Tadjiquistão, Turquimênia e Uzbequistão — cobriam uma extensão territorial maior (18% do território soviético) do que qualquer outra república, exceto a própria Rússia, embora a fatia do PIB soviético correspondente às cinco Repúblicas, em 1991, fosse apenas de 9,9%. Mas a História dessas Repúblicas foge ao escopo deste livro.

tinha uma história de independência (embora errática), afirmada pela última vez (e logo perdida) na seqüência da Primeira Guerra Mundial. A história da Ucrânia estava também intimamente relacionada com a da Rússia; aos olhos de muitos nacionalistas russos, o "*Rus*" de Kiev — reino do século XIII com sede na capital ucraniana e que se estendia desde os Cárpatos ao Volga — era tão essencial à identidade do Império quanto a própria identidade russa. Porém, os recursos materiais da região mereciam considerações mais imediatas e práticas.

Situada bem no meio das rotas de acesso da Rússia para o mar Negro (e o Mediterrâneo) e também a Europa Central, a Ucrânia era um sustentáculo da economia soviética. Contando com apenas 2,7% da superfície da URSS, o país abrigava 18% da população e gerava quase 17% do Produto Interno Bruto da União, ficando atrás apenas da própria Rússia. Nos últimos anos da União Soviética, a Ucrânia continha 60% das reservas nacionais de carvão e a maior proporção de titânio (vital para a produção de aço) da URSS; e o solo ucraniano, extremamente rico, era responsável por mais de 40% da produção agrícola soviética, em cifras.

A grande importância da Ucrânia na história russa e soviética refletia-se na própria liderança da URSS. Tanto Nikita Kruschev quanto Leonid Brejnev eram russos cujas origens estavam no leste da Ucrânia — sendo que Kruschev voltou para lá na década de 1930 como primeiro-secretário do Partido Comunista da Ucrânia. Konstantin Chernenko era filho de "*kulaks*" ucranianos deportados para a Sibéria, enquanto Iuri Andropov subira ao poder depois de ter ocupado o cargo estratégico de chefe da KGB na Ucrânia. Mas a ligação estreita entre a República da Ucrânia e a liderança soviética não implicava qualquer consideração especial pelos habitantes do país.

Ao contrário. Durante grande parte da sua história como república soviética, a Ucrânia foi tratada como colônia interna — os recursos naturais eram explorados, e a população vigiada constantemente (e, nos anos 30, submetida a um programa de repressão punitiva, quase um genocídio). Produtos ucranianos — notadamente gêneros alimentícios e metais ferruginosos — eram despachados para o restante da URSS a preços bastante subsidiados, prática que prosseguiu quase até o final do período soviético. Depois da Segunda Guerra Mundial, o território da República Socialista da Ucrânia foi ampliado, com a anexação da Galícia Oriental e da Volínia Ocidental (que pertenciam à Polônia); a população polonesa local, conforme já vimos, foi expulsa para o Oeste, em troca de poloneses de origem ucraniana forçados a deixar a Polônia.

Essas trocas populacionais — e o extermínio, durante a guerra, de grande parte da população judaica local — geraram uma região, para padrões soviéticos, bastante homogênea; assim, enquanto a República da Rússia, em 1990, incluía mais de cem minorias, 31 das quais vivendo em regiões autônomas, a Ucrânia era 84% ucraniana. A maioria do restante da população era russa (11%), os demais constituindo pequenos percentuais de moldávios, poloneses, húngaros, búlgaros e os judeus sobreviventes. Vale destacar que a única minoria de peso — os russos — concentrava-se na região industrial situada a leste do país e na capital, Kiev.

Na Ucrânia Central e Ocidental, especialmente em torno de Lvov, segunda cidade do país, falava-se, predominantemente, ucraniano, e as religiões Ortodoxa Oriental ou Uniata (Ortodoxa Grega) eram praticadas. Graças à relativa tolerância dos Habsburgo, os ucranianos radicados na Galícia tiveram permissão para preservar o idioma nativo. Dependendo do distrito, em 1994, entre 78% e 91% dos habitantes locais utilizavam o ucraniano como primeira língua, ao passo que em territórios antes dominados pelo tsar até os que se identificavam como ucranianos muitas vezes costumavam falar russo.

A Constituição soviética, como vimos, atribuía identidades nacionais aos residentes das diversas repúblicas e definia os respectivos cidadãos de acordo com categorias étnico-nacionais. Assim como em outros locais, na Ucrânia — sobretudo na recém-anexada Ucrânia Ocidental — a prática teve conseqüências marcantes. No passado, quando o idioma local se restringia, principalmente, a remotas zonas rurais e as cidades eram dominadas por soviéticos falantes de russo, a natureza teoricamente descentralizada e federal da união de repúblicas nacionais só tinha interesse aos estudiosos e defensores do sovietismo. Porém, com o aumento do número de falantes de ucraniano residentes em cidades, com o surgimento de mídia em língua ucraniana e de uma elite política que se identificava, conscientemente, com interesses "ucranianos", o nacionalismo ucraniano era um paralelo previsível da fragmentação soviética.[11]

Um movimento não-partidário — o RUKH (Movimento do Povo pela *Perestroika*) — foi fundado em novembro de 1988, em Kiev, sendo a primeira organização política ucraniana criada em várias décadas. O movimento obteve apoio considerável, principalmente nas grandes cidades e por parte de comunistas reformadores ativos na década de 60; mas, em contraste com os grupos pela independência que operavam no Báltico, o RUKH não podia contar, automaticamente, com a adesão das massas, e tampouco refletia grande expressão de sentimento nacionalista. Nas eleições para o Parlamento soviético da Ucrânia, realizadas em março de 1990, os comunistas garantiram franca maioria; o RUKH conquistou menos de uma quarta parte dos assentos.

Portanto, não foram os nacionalistas ucranianos que tomaram a iniciativa, mas os próprios comunistas. Os comunistas do Parlamento soviético ucraniano votaram, em 16 de julho de 1990, a favor da "soberania" da Ucrânia, afirmaram o direito da república a possuir o próprio exército e reiteraram a primazia das leis nacionais. E foi sob a direção de Leonid Kravchuk — membro da burocracia comunista e "ex-secretário de Questões Ideológicas" do partido na Ucrânia — que os ucranianos participaram do plebiscito realizado em março de 1991, em toda a União Soviética, e demonstraram seu apoio ao sistema federal, embora "renovado" (o termo é de Gorbatchev). Somente na Ucrânia Ocidental, onde se perguntou aos eleitores se preferiam independência imediata ou soberania "intrafederal", foram os comunistas ucranianos derrotados pelos que pretendiam romper inteiramente com Moscou: 88% votaram sim para a independência. Kravchuk e seus companheiros de partido registraram o resultado, enquanto aguardavam, cautelosamente, o desfecho dos acontecimentos em outros locais.

O modelo ucraniano foi repetido nas pequenas repúblicas soviéticas ocidentais, variando de acordo com as circunstâncias locais. A Bielo-Rússia, ao norte da Ucrânia, não tinha identidade e tradições nacionais tão acentuadas. A independente e efêmera República Nacional da Bielo-Rússia, de 1918, não chegou a ser reconhecida internacionalmente, e muitos dos seus

---

[11] Mas não foi previsto. Exceções impressionantes são os ensaios de Roman Szporluk, escritos ao longo dos anos 70 e 80 e reunidos no livro *Russia, Ukraine and the Break-Up of the Soviet Union* (Rússia, Ucrânia e a dissolução da União Soviética) (Hoover Institution, Stanford, 2000).

cidadãos consideravam-se mais próximos da Rússia, da Polônia ou da Lituânia. Depois da Segunda Guerra Mundial, com a anexação de partes do leste da Polônia, a República Socialista Soviética da Bielo-Rússia passou a abrigar uma minoria significativa de russos, poloneses e ucranianos. Os próprios bielo-russos — embora fossem a maior comunidade lingüística da República — não demonstravam sinais de querer ou esperar conquistar qualquer tipo de soberania; tampouco poderia o país, tão dependente da Rússia, pretender sustentar uma verdadeira independência.

Região pobre e pantanosa, mais propícia à pecuária do que à agricultura em larga escala, a Bielo-Rússia fora devastada pela guerra. As contribuições mais significativas do país à economia soviética no pós-guerra eram a indústria química e o linho — bem como a sua posição estratégica, atravessada sobre gasodutos e vias de comunicação entre Moscou e o mar Báltico. O que mais se aproximava de um movimento de independência era o *Adradzhenne* (Renascer), grupo com sede na capital, Minsk, surgido em 1989 e similar ao RUKH ucraniano. Na Bielo-Rússia, assim como na Ucrânia, as eleições soviéticas de 1990 trouxeram de volta os comunistas em grande maioria; e quando, em julho de 1990, o Parlamento da Ucrânia se declarou "soberano", o vizinho ao norte fez o mesmo, duas semanas mais tarde. Em Minsk, assim como em Kiev, a elite da burocracia local procedia com prudência, aguardando o desenrolar dos eventos em Moscou.

A Moldávia soviética, espremida entre a Ucrânia e a Romênia, era um caso distinto e bem mais interessante.[12] O território em questão — "Bessarábia", conforme era conhecido no tempo dos tsares — pertencera, alternadamente, à Rússia e à Romênia no decorrer do século e das vicissitudes da guerra. Os 4,5 milhões de habitantes eram, predominantemente, moldávios, mas as minorias russa e ucraniana registravam números elevados, e havia também uma quantidade significativa de búlgaros, judeus, ciganos e gagauzes (povo ortodoxo, falante de turco, que vivia nas proximidades do mar Negro). Em tal mistura de povos, tipicamente imperial, a maioria falava romeno; mas, sob o domínio soviético — para melhor separá-los dos vizinhos romenos —, os cidadãos da Moldávia foram coagidos a adotar o alfabeto cirílico e a se definir como "moldávios", e não romenos.

Assim sendo, a questão da identidade nacional na Moldávia era incerta. Por um lado, muita gente, sobretudo na capital, Chisinau, falava bem o russo e se considerava cidadã soviética; por outro lado, a ligação com a Romênia (em história e língua) propiciava uma ponte com a Europa e uma base para as crescentes expectativas de maior autonomia. Quando, em 1989, surgiu no país um movimento de Frente Popular, o principal objetivo era definir o romeno como idioma oficial da República, concessão feita pelas autoridades comunistas locais naquele mesmo ano. Corriam boatos sensacionalistas, em sua maioria especulativos e desautorizados por Bucareste, de que a Moldávia "se reintegraria" à Romênia.

Na seqüência das eleições de 1990, em que a Frente Popular conquistou maioria, o novo governo procedeu, primeiramente, à mudança do nome do país, de República Moldávia Socialista Soviética para República Socialista Soviética da Moldávia (mais tarde, apenas República da Moldávia), e em junho procedeu à declaração de soberania. Entre os falantes de russo e a

[12] E não deve ser confundida com a Moldávia histórica, do outro lado do rio Prut, na Romênia.

pequena comunidade gagauz, esses gestos bastante simbólicos causaram crescente ansiedade e boatos de um separatismo antecipado. Depois de um referendo sobre a questão da autonomia, no outono de 1990, a liderança comunista em Tiraspol — maior cidade da Moldávia Ocidental, do outro lado do rio Dniester, onde russos e ucranianos constituíam a maioria — declarou a formação da República Socialista Soviética Autônoma Transnistriana, um paralelo à igualmente "autônoma" República Socialista Soviética Gagauz, a sudeste.

Considerando-se que a comunidade gagauz é constituída, no máximo, de 160 mil pessoas e que a "Transnístria" é uma área estreita e alongada, em formato de banana, com superfície de apenas 4 mil quilômetros quadrados e uma população de menos de 500 mil habitantes, o surgimento dessas "Repúblicas autônomas" pode parecer o absurdo das "tradições inventadas", das "nações imaginadas". Mas, enquanto a República Gagauz jamais conseguiu ir além da proclamação da própria existência (o futuro Estado moldávio haveria de reincorporá-la pacificamente, mediante o reconhecimento do direito à separação, caso a Moldávia "se reintegrasse" à Romênia), a "independência" transnistriana foi apoiada pela presença do 14° Exército Soviético (mais tarde russo), que auxiliou os protegidos a repelir as tentativas iniciais feitas pela Moldávia para recuperar o território.

Na atmosfera cada vez mais incerta que predominava à época, as autoridades soviéticas (mais tarde russas) não hesitavam, em absoluto, em oferecer proteção a um pequeno Estado leal a Moscou, dependente da benevolência russa e cujos líderes eram marajás comunistas locais que tomaram o poder no território, em breve convertendo-o em santuário para contrabando e lavagem de dinheiro. Sendo a Transnístria fonte de 90% da energia da Moldávia, os novos administradores contavam com recursos econômicos legítimos, os quais poderiam ser retidos, se Chisinau se recusasse a cooperar.

A independência transnistriana não foi reconhecida pela Moldávia, nem por qualquer outro país; nem mesmo Moscou chegou a conferir legitimidade à região insurgente. Mas a cisão na pequena Moldávia foi um prenúncio de problemas mais sérios que surgiriam alguns quilômetros mais a leste, no Cáucaso. Ali, o antigo antagonismo entre armênios e azerbaijanos, complicado pela presença no Azerbaijão de uma substancial minoria armênia na região de Nagorno-Karabakh, já havia provocado choques violentos entre os dois povos e com tropas soviéticas em 1988, resultando em centenas de mortes.[13] Em Baku, capital do Azerbaijão, ocorreram mais confrontos em janeiro do ano seguinte.

Na vizinha Geórgia, em abril de 1989, vinte manifestantes foram mortos durante choques entre nacionalistas e soldados, na capital Tbilisi, em meio à crescente tensão entre multidões que exigiam a saída da Geórgia da União Soviética e autoridades ainda decididas a manter o país unido à URSS. Mas a Geórgia soviética, a exemplo das repúblicas soviéticas da Armênia e do Azerbaijão, era por demais vulnerável (geograficamente) e por demais complexa (etnicamente) para contemplar com equanimidade a insegurança que decorreria do colapso soviético. Por conseguinte, as autoridades locais resolveram antecipar, isto é, precipitar os eventos: os partidos comunistas se redefiniram como movimentos de independência nacio-

[13] Sendo os azerbaijanos de origem turca, em parte, a tensão se devia aos massacres dos armênios durante a Primeira Guerra Mundial na Turquia otomana.

nal, e líderes regionais do partido — dos quais o mais famoso era Edvard Shevardnadze, da Geórgia — prepararam-se para tomar o poder, assim que o poder caísse nas mãos do povo.

Já na primavera de 1991, os que estavam na periferia aguardavam para ver o que aconteceria no centro. O ponto vital, é claro, era a própria Rússia — nitidamente a república que dominava a União, com a metade da população do país, três quintos do Produto Interno Bruto e três quartos da massa territorial. Em certo sentido, o país "Rússia", como tal, não existia: tratava-se de um império havia séculos, fosse em realidade ou em aspiração. Abrangendo 11 fusos horários e 12 povos diferentes, a "Rússia" sempre fora grande demais para ser reduzida a uma única identidade ou a um propósito comum.[14]

Durante e depois da Grande Guerra Patriótica, as autoridades soviéticas exploraram muito bem a condição russa, apelando ao orgulho nacional e exaltando a "vitória do povo russo". Mas o povo russo jamais obtivera o status de "nação", não no sentido oficial em que cazaques, ucranianos ou armênios eram "nações", segundo o jargão soviético. Sequer havia um Partido Comunista "russo". Ser russo era ser soviético. Os dois conceitos apresentavam uma complementaridade natural: na era pós-imperial, a União Soviética protegia o Estado imperial russo, enquanto a "Rússia" emprestava à União Soviética legitimidade histórica e territorial. Os limites entre "Rússia" e "União Soviética" eram, portanto, mantidos (propositadamente) indistintos.[15]

Já na época de Gorbatchev a ênfase em "ser russo" aumentara bastante, pelas mesmas razões que levaram o Estado germânico a demonstrar orgulho por Frederico, o Grande, e a enaltecer as qualidades autenticamente *germânicas* da República Democrática Alemã. Nos anos finais das "repúblicas do povo", o patriotismo ressurgiu como substituto útil do socialismo. Por esse motivo, precisamente, o patriotismo foi também a forma de oposição política mais fácil e menos ameaçadora. Na Rússia ou na RDA, assim como na Hungria, os intelectuais da "oposição" talvez fossem perseguidos, mas expressões de nacionalismo, desde que discretas, não eram necessariamente reprimidas, nem mesmo desestimuladas — podiam ser canalizadas para benefício das autoridades. O renascimento do "chauvinismo russo" em publicações soviéticas e na mídia deve ser entendido sob essa luz. Era, também, mais uma fonte de apreensão, para minorias nacionais vulneráveis.

Era esse o cenário para a inesperada ascensão de Boris Ieltsin. Sendo um típico burocrata da era de Brejnev, especializado em construção industrial antes de se tornar secretário do Comitê Central, Ieltsin galgou os escalões do partido — até ser sumariamente demovido, em 1987, por se exceder nas críticas aos colegas veteranos. Naquele momento crucial, Ieltsin, que tivera a oportunidade de observar bem a eficiência com que o partido e a burocracia estatal impediam mudanças concretas, teve o instinto político de se reprogramar como um político

[14] A auto-imagem típica da Rússia, um instável amálgama de insegurança e arrogância, é bem captada no comentário do filósofo liberal Peter Chaadaiev, em suas "Cartas Filosóficas", de 1836: "Somos uma daquelas nações que parecem não pertencer à raça humana, mas que existem apenas para dar ao mundo alguma grande lição. O ensinamento que nos cabe passar certamente não será perdido; mas quem sabe quando será o dia em que nos veremos como parte da humanidade, e o quanto teremos de padecer antes de realizarmos o nosso destino".

[15] É por isso que o fim da União Soviética foi e ainda é sinceramente lamentado por muitos russos. Para os demais povos, "independência" significava ganhar algo; para a Rússia, independência constituía uma perda inequívoca.

marcantemente *russo*: aparecendo, primeiro, como deputado pela Federação Russa, após as eleições de março de 1990, e depois como presidente do Parlamento soviético — i.e., do Parlamento russo.

Posicionado num cargo influente e visível, Boris Ieltsin tornou-se o principal reformista do país, deixando acintosamente o Partido Comunista em julho de 1990 e usando a sua base na Moscou *russa*, por assim dizer, para atacar ex-camaradas da Moscou *soviética*. Seu primeiro alvo foi o próprio Gorbatchev (apesar de Ieltsin ter, de início, apoiado o presidente soviético, em cuja região nativa — Sverdlovsk — Ieltsin trabalhara durante mais de uma década). Os fracassos do líder soviético ficavam cada vez mais evidentes, conforme Ieltsin não podia ignorar.

O maior erro tático de Gorbatchev em relação às questões internas tinha sido o estímulo à instalação de uma legislatura nacional, com visibilidade nacional, poderes verdadeiros e bastante independência. Ieltsin e seus seguidores russos foram muito mais rápidos do que o próprio Gorbatchev, ao perceberem que aquele novo Parlamento, constituído mediante eleição livre, seria um fórum natural para a expressão de todo tipo de descontentamento; e Ieltsin se tornou perito em alinhar os interesses da Rússia aos interesses das várias nações e Repúblicas. Gorbatchev estava ciente da ameaça que tais alianças representavam para a União Soviética, mas agora era tarde demais para tomar qualquer atitude, a não ser se aliar, com apreensão e sem convicção, a funcionários soviéticos nostálgicos pelo velho monopólio do partido — o mesmo monopólio que ele tanto se empenhara em romper.

Assim, enquanto Gorbatchev ainda "triangulava" entre o desejável e o possível, defendendo um "federalismo controlado" (concessão tipicamente gorbatcheviana), Ieltsin defendia, apaixonada e publicamente, os esforços pela independência do Báltico. Em abril de 1991, um relutante Gorbatchev consentiu, através de uma nova Constituição da União Soviética, que as referidas repúblicas tivessem direito à separação; mas ao se curvar diante da realidade, ficou ainda mais enfraquecido, convencendo os conservadores que a ele se opunham de que o presidente do partido precisava ser removido, para que a ordem fosse restabelecida. Nesse ínterim, em 12 de junho de 1991, Ieltsin, que havia muito tempo já superava Gorbatchev nas pesquisas de opinião, foi eleito presidente da República Soviética da Rússia — sendo o primeiro líder russo escolhido democraticamente.[16]

No mês seguinte, em 12 de julho, o Parlamento soviético votou a favor de uma nova União: descentralizada e permitindo bastante latitude aos Estados membros dissidentes. Somada à eleição de Ieltsin, líder que agora se mostrava abertamente anticomunista, a decisão do Parlamento foi a gota d'água. A ala conservadora do partido se desesperava, e um grupo de funcionários de alto nível — inclusive o primeiro-ministro, o ministro da Defesa, o ministro do Interior e Vladimir Kriuchkov, chefe da KGB — começou a se preparar para um golpe. Que algo dessa natureza estava sendo tramado era agora corrente em Moscou — já em 20 de junho, o embaixador norte-americano chegou a advertir Gorbatchev sobre o complô — tudo em vão.

[16] Ieltsin obteve 57% dos votos, sendo que 74% dos membros do Parlamento compareceram à votação.

O golpe foi planejado para coincidir com as férias anuais de Gorbatchev na Criméia; o último líder do partido a ser removido à força, Nikita Kruschev também estivera descansando no sul quando os companheiros em Moscou armaram o palco para a sua súbita destituição. Em 1991, os conspiradores tão-somente retomavam antigas práticas soviéticas. Então, em 17 de agosto, Gorbatchev foi instado a entregar os poderes presidenciais a um Comitê de Emergência. Quando o líder se recusou a fazê-lo, o Comitê de Emergência, em 19 de agosto, anunciou que o presidente estava impedido de exercer autoridade "por motivo de saúde", e que o Comitê, então, assumiria plenos poderes. O vice-presidente soviético, Gennadi Ianaev, assinou um decreto destituindo a autoridade de Gorbatchev, e foi declarado um "estado de emergência", com duração de seis meses.

Mas, embora Gorbatchev estivesse indefeso, para todos os efeitos, prisioneiro em sua casa no mar Negro (na ponta sul da Criméia), a situação dos conspiradores não era muito melhor. Em primeiro lugar, o simples fato de terem precisado declarar estado de emergência e anunciar algo semelhante a uma lei marcial, apenas para substituir um líder comunista por outro, demonstrava o quanto as estruturas tradicionais da União Soviética estavam desgastadas. Os conspiradores não tinham sequer apoio unânime em suas próprias agências — acima de tudo, a maioria dos oficiais mais antigos da KGB se recusava a cooperar com Kriuchkov. E embora não restasse dúvida sobre ao que os conspiradores *se opunham*, eles não chegaram a indicar, claramente, o que *aprovavam*.

Além disso, os insurgentes eram uma caricatura involuntária de tudo o que havia de errado com o passado soviético: homens da era de Brejnev, idosos, grisalhos, com um discurso lento e monótono, fora de sintonia diante de mudanças que ocorriam num país cujo relógio eles tentavam, sem muito jeito, atrasar trinta anos. No passado, quando homens como aqueles conspiravam no Kremlin, faziam-no longe dos olhos do público, pois só eram vistos à distância, em plataformas, durante cerimônias públicas. Agora, no entanto, eram obrigados a aparecer na televisão, diante da imprensa, para explicar e defender suas ações — e o público tinha a oportunidade de observar de perto a fisionomia do socialismo oficial em sua caduquice.

Enquanto isso, Boris Ieltsin aproveitou o momento. O prestígio de Ieltsin se ampliara mais ainda após um encontro com George Bush, durante a visita do presidente norte-americano à URSS, três semanas antes. Agora, 19 de agosto, Ieltsin rechaçou publicamente a tomada de poder no Kremlin, como um golpe ilegal, e se colocou no comando da oposição, dirigindo as operações a partir do seu quartel-general no Parlamento russo e mobilizando as multidões que cercavam o edifício a defender a democracia, mesmo diante dos tanques. Simultaneamente, sob os holofotes da mídia internacional, Ieltsin passou a conversar e negociar com líderes mundiais — todos (com uma exceção) lhe oferecendo total apoio e negando qualquer reconhecimento aos conspiradores.[17]

A resistência não foi mera formalidade: na madrugada de 21 de agosto, três manifestantes morreram em confrontos com o Exército. Mas os líderes do golpe — tendo perdido a iniciativa pública — agora começavam a perder o ânimo. Os insurgentes não obtiveram o

[17] A exceção foi o presidente francês, François Mitterrand, ainda insatisfeito com a desestabilização do Leste Europeu e um tanto precipitado ao reconhecer o sucesso dos conspiradores no resgate do *status quo* anterior.

apoio necessário das Forças Armadas para tomar o poder no país, e a cada hora que durava o impasse nas ruas de Moscou (e Leningrado) perdiam o seu trunfo principal: o medo. Em vez de se intimidar com os acontecimentos no Kremlin, democratas e nacionalistas se fortaleciam; no auge da incerteza, em 20 de agosto, a Estônia se declarou independente e, no dia seguinte, a Letônia seguiu o exemplo. Em 21 de agosto, um dos líderes do golpe, Boris Pugo (ministro do Interior e ex-chefe da KGB na Letônia), suicidou-se; sob ordens de Ieltsin, os colegas de Pugo foram detidos. Naquele mesmo dia, Gorbatchev, exausto e angustiado, foi trazido de avião de volta a Moscou.

Formalmente, Gorbatchev foi reinstituído no poder, mas tudo havia mudado para sempre. O Partido Comunista da União Soviética (PCUS) estava terminalmente desacreditado — somente em 21 de agosto porta-vozes do partido condenaram publicamente o golpe dado pelos companheiros, quando, àquela altura, os conspiradores já estavam presos, e Ieltsin, valendo-se da hesitação fatal do partido, proibiu o de operar na Federação Russa. Gorbatchev, que em público parecia atônito e inseguro, demorou (compreensivelmente) a perceber a relevância dos acontecimentos. Em vez de elogiar Ieltsin, o Parlamento russo, ou o povo russo, pelo sucesso, Gorbatchev falou às câmeras sobre a *Perestroika* e sobre o papel indispensável que o partido continuaria a desempenhar na própria renovação, promovendo reformas etc.

Essa abordagem ainda funcionava bem no Ocidente, onde a suposição (e a esperança) geral era de que, após o fracasso do golpe, a situação continuaria mais ou menos a mesma. Mas na própria União Soviética, as reiterações anacrônicas de Gorbatchev, quando se referia a objetivos frustrados, bem como a sua aparente ingratidão para com aqueles que o haviam resgatado, configuravam uma revelação. Gorbatchev não acompanhara a História, e sequer tinha consciência de tal fato. Para muitos russos, os eventos de agosto tinham constituído uma verdadeira revolução, um levante genuinamente popular, não *a favor* dos reformadores e do partido, mas *contra*; o PCUS, conforme gritavam os manifestantes, dirigindo-se a Gorbatchev quando este chegou ao Parlamento russo, era "uma iniciativa criminosa" cujos ministros haviam tentado derrubar a Constituição. Quando, finalmente, um abatido Gorbatchev captou a mensagem, suspendeu o PCUS e (em 24 de agosto) demitiu-se do cargo de secretário-geral, já era tarde. O comunismo se tornara irrelevante, assim como Mikhail Gorbatchev.

Evidentemente, o ex-secretário-geral ainda era presidente da União Soviética. Mas a relevância da própria União era agora questionada. O golpe fracassado fora o derradeiro e maior impulso à cisão. Entre 24 de agosto e 21 de setembro, Ucrânia, Bielo-Rússia, Moldávia, Azerbaijão, Quirguistão, Uzbequistão, Geórgia, Tadjiquistão e Armênia seguiram as repúblicas bálticas e se declararam independentes da União Soviética — a maioria anunciando a medida ao longo dos dias confusos e incertos após o retorno de Gorbatchev.[18] Seguindo o exemplo de Kravchuk, na Ucrânia, primeiros-secretários regionais — como Nursultan Nazarbaev, do Cazaquistão; Askar Akaev, do Quirguistão; Gaidar Aliev, do Azerbaijão; Sta-

[18] Mesmo na Ucrânia, onde muitos falantes de russo receavam mencionar a independência, o golpe de agosto teve um impacto dramático sobre o estado de espírito do público: em 24 de agosto, o Parlamento da Ucrânia votou a favor da independência (votação ainda sujeita a um plebiscito), com a contagem de 346 votos contra um. Quando o plebiscito foi realizado, em 1° de dezembro, 90,3% (de um total de votantes que correspondeu a 84% do eleitorado) dos votos foram a favor da saída da União Soviética.

nislav Shushkevich, da Bielo-Rússia, e outros — tiveram a esperteza de se distanciar de suas antigas filiações com o partido e se reposicionar no comando dos novos Estados, apressando-se em nacionalizar todo o patrimônio local do partido.

Para Gorbatchev e o Parlamento em Moscou restava pouco senão admitir a realidade, reconhecer os novos Estados e, debilmente, propor mais uma "nova" Constituição que abrigasse as repúblicas independentes por meio de algum tipo de acerto confederativo. Nesse ínterim, a algumas centenas de metros dali, Boris Ieltsin e o Parlamento russo instalavam uma Rússia independente. Em novembro, Ieltsin passara para o controle da Rússia praticamente toda a atividade financeira e econômica realizada em território russo. A União Soviética era agora um estado apenas em nome, esvaziado de poder e recursos.

Àquela altura, as instituições centrais da URSS ou estavam nas mãos de estados independentes ou já não existiam: em 24 de outubro, a própria KGB foi formalmente extinta. Quando Gorbatchev propôs um novo "Tratado sobre a Comunidade Econômica dos Estados Soberanos", a maioria das repúblicas independentes simplesmente se recusou a assiná-lo. E as repúblicas ocidentais não compareceram às sessões do Parlamento da URSS realizadas em outubro. Finalmente, em 8 de dezembro, os presidentes e primeiros-ministros da Rússia, Ucrânia e Bielo-Rússia — principais Estados eslavos do império Soviético — decidiram se reunir nas redondezas de Minsk e condenar o Tratado de União, de 1922, para todos os efeitos, extinguindo a União Soviética, a ser substituída por uma Comunidade de Estados Independentes (CEI).

Ao saber disso, Gorbatchev, em Moscou, denunciou a medida como "ilegal e perigosa". Mas as opiniões do presidente da União Soviética já não importavam a quem quer que fosse: conforme o próprio Gorbatchev finalmente começava a perceber, ele já não mandava. Nove dias depois, em 17 de dezembro, Gorbatchev encontrou-se com Ieltsin e os dois concordaram (ou melhor, Gorbatchev assentiu) que a União Soviética deveria ser formalmente extinta; seus ministérios, embaixadas e exércitos ficariam sob o controle russo, e a posição da URSS no âmbito do direito internacional seria herdada pela República da Rússia.

Passadas 24 horas, Gorbatchev anunciou a intenção de renunciar à presidência da União Soviética. Em 1991, no dia de Natal, a bandeira russa substituiu a insígnia soviética no telhado do Kremlin: Mikhail Gorbatchev abriu mão das prerrogativas de comandante-chefe ao presidente Ieltsin, da Rússia, e entregou o cargo. Em 48 horas, Gorbatchev já havia deixado sua sala de trabalho, e Ieltsin então passou a ocupá-la. À meia-noite de 31 de dezembro de 1991, a União das Repúblicas Socialistas Soviéticas deixou de existir.

O desaparecimento da União Soviética foi um acontecimento notável, sem paralelos na história moderna. Não houve guerra com outra nação, nem revolução sangrenta, nem catástrofe natural. Um grande Estado industrial — uma superpotência militar — simplesmente desmoronou: sua autoridade se esvaiu, suas instituições evaporaram. O fim da URSS não foi inteiramente desprovido de violência, conforme vimos nos casos da Lituânia e no Cáucaso; e, nos anos seguintes, haveria mais luta em algumas das Repúblicas independentes. No entanto, de modo geral, o maior país do mundo saiu de cena quase sem protestar. Descrever o que se passou como o fim incruento de um império é absolutamente correto, mas não traduz a inesperada facilidade com que o processo se desenrolou.

Por que, então, foi tudo aparentemente indolor? Por que, após décadas de violência interna e agressão estrangeira, a primeira sociedade socialista do mundo implodiu sem sequer se defender? Uma resposta, evidentemente, é que o socialismo, de fato, nunca existira, que, nas palavras do historiador Martin Malia, "não existe essa coisa de socialismo; e a União Soviética o construiu". Mas, se isso explica a fragilidade da burocracia comunista nos Estados-satélites, mantida exclusivamente pela presença do Exército Vermelho, não bastará para explicar o que aconteceu na sede do império. Mesmo se a sociedade que o comunismo afirmava ter construído fosse algo basicamente fraudulento, o Estado leninista, afinal, era uma realidade. E tratava-se de um produto caseiro.

Em parte, isso decorreu do sucesso inesperado de Mikhail Gorbatchev em eviscerar o aparato administrativo e repressor do qual o Estado soviético dependia. Depois que o partido perdeu o pulso, depois que ficou claro que nem o Exército nem a KGB seriam empregados para esmagar os críticos do regime e punir a dissidência — o que só se tornou evidente em 1991 —, as tendências naturalmente centrífugas de um maciço império terrestre se evidenciaram. Somente então ficou óbvio — a despeito de setenta anos de afirmações contrárias — que, a rigor, não existia uma sociedade comunista: apenas um Estado que definhava, e seus aflitos cidadãos.

Mas — e este é o segundo aspecto da explicação — o Estado soviético, na realidade, *não* desapareceu. Antes, a URSS se dividiu numa multiplicidade de pequenos Estados, a maioria dos quais governada por experientes autocratas comunistas cujo instinto primário era reproduzir e impor os sistemas e o comando por eles até então manejados como gestores soviéticos. Na maioria das repúblicas, não houve "transição para a democracia"; tal transição ocorreu — se é que ocorreu — bem mais tarde. O poder autocrático do Estado, o único tipo de poder que a maioria dos habitantes do império doméstico soviético conhecia, não foi propriamente destronado, mas reduzido. Vista de fora, a mudança era dramática; mas, para quem a vivenciou diretamente, as implicações foram bem menos radicais.

Além disso, enquanto os secretários comunistas (locais), que se transformaram de maneira tão natural em presidentes (nacionais), tinham plenos motivos para agir com firmeza — a fim de preservar seus feudos —, as autoridades soviéticas que ocupavam o centro não dispunham de um feudo territorial a ser protegido. O máximo que podiam oferecer era um retorno às estruturas decrépitas que Gorbatchev havia restringido com tanto entusiasmo; não seria surpresa que tais autoridades carecessem de disposição para persistir.[19] O único ex-líder comunista que ainda contava com uma base de poder em Moscou era Boris Ieltsin; este, como vimos, agiu, de fato, com firmeza — mas em nome de uma "Rússia" que renascia.

Portanto, o aparecimento dos novos Estados não deveria ser interpretado como prova de que a União Soviética tivesse desmoronado sob o peso de um nacionalismo antes adormecido e agora recém-despertado. À exceção dos países bálticos, cuja trajetória mais

[19] De disposição, mas não de meios. Se Gorbatchev — ou os conspiradores de agosto — tivessem optado por utilizar o Exército para esmagar a oposição, nada indica que teriam fracassado.

se assemelhava à dos vizinhos ocidentais, as repúblicas soviéticas eram, em si, resultado do planejamento soviético e — como já foi visto — muito complexas sob o ponto de vista étnico. Mesmo nos Estados cuja independência era recente, havia muitas minorias vulneráveis (especialmente os russos onipresentes) — ex-cidadãos soviéticos com bons motivos para lamentar a perda de proteção "imperial" e que demonstrariam ambivalência com as novas circunstâncias.

E não estavam sozinhos. Quando visitou Kiev, em 1° de agosto de 1991, o presidente George Bush fez questão de recomendar publicamente aos ucranianos que permanecessem na União Soviética. "Algumas pessoas", ele declarou, "têm instado os EUA a escolher entre apoiar o presidente Gorbatchev e apoiar os líderes que buscam a independência por toda a URSS. Considero essa uma falsa escolha. O presidente Gorbatchev realizou verdadeiras façanhas [...]. Manteremos as relações mais sólidas possíveis com o governo soviético do presidente Gorbatchev". Essa tentativa um tanto quanto canhestra de defender o presidente soviético, cada vez mais vulnerável, não era exatamente a mesma coisa que endossar a URSS... mas chegou bem perto disso.

A tão propalada cautela do presidente norte-americano é mais um lembrete salutar do papel limitado que os EUA desempenharam nos mencionados acontecimentos. Em que pese o relato vanglorioso que entrou para os registros públicos norte-americanos, Washington não "derrubou" o comunismo — o comunismo implodiu sozinho. Enquanto isso, se os ouvintes ucranianos ignoraram o conselho de Bush e, alguns meses depois, votaram em massa, optando por sair da URSS para sempre, não o fizeram devido a um ímpeto de entusiasmo patriótico. A independência, na Ucrânia, na Moldávia ou mesmo na Geórgia, não era tanto uma questão de autodeterminação, mas de autopreservação — boa base para a criação de Estados, mas frágil fundação para a democracia.

Nada na vida da União Soviética a ela própria coube tão bem quanto a sua morte. Até certo ponto, o mesmo pode ser dito em relação ao fim da Tchecoslováquia, o "divórcio de veludo" entre eslovacos e tchecos, consumado pacífica e amigavelmente em 1° de janeiro de 1993. À primeira vista, isso poderia parecer um exemplo clássico do fluxo natural de sentimento étnico para ocupar o vácuo deixado pelo comunismo: a "volta da História", em forma de renascimento nacional. E assim, evidentemente, o processo foi anunciado por vários dos protagonistas locais. Mas, examinada de perto, a divisão da Tchecoslováquia em dois Estados distintos — Eslováquia e República Tcheca — ilustra, mais uma vez, numa escala provinciana no coração da Europa, os limites dessa interpretação.

É certo que não faltava "História" a ser invocada. Tchecos e eslovacos, por mais indistintos que parecessem para quem estava de fora, tinham passados bem diferentes. A Boêmia e a Morávia — territórios históricos que compreendiam as terras tchecas — podiam se orgulhar não apenas de um notável passado medieval e renascentista, no seio do Sacro Império Romano-germânico, mas também de um papel proeminente na industrialização da Europa Central. Na metade austríaca do Império Habsburgo, os tchecos desfrutavam cada vez mais autonomia e prosperidade. A cidade principal, Praga — uma das glórias estéticas do continente —, já em 1914 era um centro importante do modernismo nas artes visuais e na literatura.

Em contrapartida, os eslovacos tinham pouco do que se gabar. Dominados por Budapeste durante séculos, careciam de uma História nacional relevante — na metade húngara do Império, não eram considerados "eslovacos", mas camponeses que habitavam a região rural ao norte da Hungria e falavam o idioma eslavo. Os habitantes urbanos da região eslovaca eram na maioria alemães, húngaros ou judeus; não por acaso, a maior cidade da região, uma estranha aglomeração às margens do Danúbio, a alguns quilômetros a leste de Viena, era conhecida como Pressburgo (para os austríacos que falavam alemão) ou Pozsony (para os húngaros). Somente com a independência da Tchecoslováquia, em 1918, e a relutante incorporação dos eslovacos, o povoado se tornou a segunda cidade do novo Estado, com o nome de Bratislava.

No entreguerras, a República da Tchecoslováquia era democrática e liberal, para os padrões dominantes regionais, mas as instituições centralizadas da nação favoreciam os tchecos, que ocupavam quase todas as posições de poder e influência. A Eslováquia era apenas uma província pobre e desfavorecida. O mesmo impulso que levou muitos dos 3 milhões de cidadãos nacionais falantes de língua alemã a dar ouvidos aos separatistas pró-nazistas portanto também levou um certo número dos 2,5 milhões de eslovacos que habitavam a Tchecoslováquia a ver com simpatia os populistas eslovacos que exigiam autonomia e até independência. Em março de 1939, quando Hitler anexou as regiões tchecas ao Protetorado da Boêmia e da Morávia, foi estabelecido um Estado eslovaco autoritário, clericalista e manipulado, sob o comando do padre Józef Tiso. O primeiro Estado independente da Eslováquia, portanto, surgiu por ordem de Hitler e depois da morte da República da Tchecoslováquia.

É difícil saber, hoje em dia, o grau de popularidade da "independência" da Eslováquia durante a guerra. Nos anos do pós-guerra, essa "independência" foi desacreditada, tanto em decorrência dos atos da própria Eslováquia (o país deportou para campos de extermínio a totalidade de sua população judaica — 140 mil pessoas) quanto à grande dependência do país em relação aos protetores nazistas. Após a libertação da Eslováquia, a Tchecoslováquia foi restabelecida como Estado único, e demonstrações de nacionalismo eslovaco passaram a ser malvistas. Na verdade, nos primeiros anos do stalinismo, "nacionalismo burguês eslovaco" era uma das acusações imputadas aos réus dos julgamentos forjados então em curso — Gustav Husák passou seis anos na cadeia sob tal acusação.

Mas, com o tempo, os comunistas da Tchecoslováquia e de outros locais começaram a perceber as vantagens de incentivar um grau moderado de sentimento nacional. Refletindo um estado de espírito crescente em Bratislava, os reformadores de 1968 (muitos dos quais de origem eslovaca) propuseram, como já vimos, uma nova Constituição federal que abarcasse duas Repúblicas, uma tcheca e outra eslovaca; de todas as inovações importantes discutidas ou implementadas na Primavera de Praga, essa foi a única que sobreviveu à subseqüente "normalização". Tendo inicialmente tratado a Eslováquia rural e católica como território hostil, as autoridades do partido agora passaram a favorecê-la (ver Capítulo 13).

O atraso da Eslováquia — ou melhor, a ausência de grandes concentrações de cidadãos de classe média que contavam com educação formal — agora pesava a favor do país. Com menor número de carros e televisores e com um sistema de comunicação pior do que o das mais avançadas províncias ocidentais, os eslovacos pareciam menos vulneráveis à influência estrangeira do que os radicais e dissidentes baseados em Praga, pois estes tinham acesso à mídia internacional. Por conseguinte, os eslovacos sofreram bem menos durante a repressão e os expurgos da década de 1970. Agora eram os *tchecos* o objeto do descaso oficial.[20]

Com tal histórico em mente, a divisão da Tchecoslováquia, após 1989, senão previsível, ao menos haveria de parecer um desfecho lógico para décadas de ressentimentos mútuos, suprimidos e explorados pelo comunismo, mas não esquecidos. Mas não foi bem assim. Nos três anos entre o fim do comunismo e a separação definitiva, todas as pesquisas de opinião indicavam que a maioria dos tchecos *e* eslovacos preferia alguma forma de Estado tcheco-eslovaco. E a classe política não estava muito dividida a respeito da questão: desde o início, tanto em Praga quanto em Bratislava, era amplo o consenso de que a nova Tchecoslováquia seria uma federação, dotada de considerável autonomia para ambas as partes. E o novo presidente, Václav Havel, defendia, com firmeza e publicamente, a manutenção de tchecos e eslovacos no mesmo país.

A irrelevância da "questão nacional" pode ser constatada a partir dos resultados das primeiras eleições livres, em junho de 1990. Na Boêmia e na Morávia, o Fórum Cívico de Havel garantiu a metade dos votos, com a maioria dos votos restantes dividida entre comunistas e democratas cristãos. Na Eslováquia, o quadro era mais complexo: o partido-irmão do Fórum Cívico — o Povo Contra a Violência — surgiu como o grupo maior, mas uma boa parte dos votos ficou dividida entre democratas cristãos, comunistas, democratas cristãos húngaros e o Partido Verde.[21] Mas o reemergente Partido Nacional Eslovaco obteve apenas 13,9% nas eleições de representantes para o Conselho Nacional Eslovaco e 11% nas eleições de delegados para a Assembléia Federal (Parlamento). Menos de um eleitor eslovaco em cada sete optou pelo único partido favorável à divisão do país de acordo com os grupos étnicos distintos.

Mas, no decorrer de 1991, o Fórum Cívico passou a se desintegrar. Sendo uma aliança que dependia de um inimigo comum (comunismo) e um líder popular (Havel), o Fórum agora não tinha nem um nem outro: o comunismo se fora e Havel era presidente da República, supostamente acima do embate político. As diferenças políticas entre ex-colegas agora ficavam evidentes, com os defensores do livre-mercado liderados pelo ministro da Fazenda Václav Klaus (que se dizia seguidor do thatcherismo) cada vez mais influentes. Em abril de 1991, na seqüência da aprovação pelo Parlamento de ampla legislação para a privatização de empresas estatais, o Fórum Cívico se dividiu, e a facção de Klaus (dominante) tornou-se o Partido Democrático Cívico.

Klaus estava decidido a fazer o país avançar em direção ao "capitalismo". Mas, embora houvesse, em terras tchecas, apoio concreto a tal objetivo, na Eslováquia o mesmo já não

[20] O fato ocasionou um certo rancor entre os tchecos. Em 1985, em visita a Praga, este autor foi regalado por tchecos liberais com relatos de privilégios dispensados pelo regime à minoria eslava. Professores primários na Eslováquia — recrutados para ensinar em escolas de ensino fundamental em Praga, e considerados provincianos e inadequados pelos pais dos alunos para desempenhar a tarefa — eram alvo de grande ressentimento.

[21] O aparecimento de um partido húngaro separado reflete a presença em território eslovaco de cerca de 500 mil húngaros, 10% da população da Eslováquia.

acontecia. Privatização, livre-mercado e um setor estatal reduzido pouco atraíam a maioria dos eslovacos, que, bem mais do que os tchecos, dependiam de empregos em fábricas, minas e moinhos estatais não-lucrativos e obsoletos — "empresas" cujos produtos já não contavam com um mercado protegido e que dificilmente atrairiam capital estrangeiro ou investidores privados. Aos olhos de determinadas empresas e círculos políticos de Praga, a Eslováquia era uma herança onerosa.

Nesse ínterim o Povo Contra a Violência também se dividiu, por razões análogas. A figura pública mais marcante era agora Vladimír Mečiar, um ex-pugilista que desempenhara um pequeno papel nos eventos de 1989, mas que, desde então, se mostrara bem mais apto do que os colegas para navegar entre os bancos de areia da política democrática. Na seqüência das eleições de junho, Mečiar formara um governo por meio do Conselho Nacional Eslovaco, mas seu estilo pessoal um tanto grosseiro produziu uma fissura na coalizão, e Mečiar foi substituído pelo político católico Jan Carnogurský. Mečiar, então, deixou o Povo Contra a Violência e criou o Movimento por uma Eslováquia Democrática.

Entre o outono de 1991 e o verão de 1992, representantes das administrações tcheca e eslovaca conduziram longas negociações, buscando uma base consensual para uma Constituição descentralizada e federal — preferência da grande maioria de políticos e eleitores em ambos os lados. Mas, a fim de criar um eleitorado para si e para o partido, Mečiar assumiu a causa do nacionalismo eslovaco — assunto pelo qual até então não demonstrara grande interesse. Os eslovacos, dizia ele aos que o ouviam, estavam ameaçados por tudo, desde planos de privatização elaborados pelos tchecos, passando pelo separatismo húngaro e chegando à perspectiva de serem absorvidos pela "Europa". A existência dos eslovacos enquanto nação (sem falar de subsistência) agora estava em jogo.

Incentivado por tal retórica e por um estilo tão vulgar quanto carismático, Mečiar conduziu o novo partido a uma vitória folgada nas eleições federais de junho de 1992, obtendo na Eslováquia quase 40% dos votos. Enquanto isso, na região tcheca, o novo Partido Democrático Cívico, de Václav Klaus, aliado aos democratas cristãos, também saiu vitorioso. Sendo Klaus agora primeiro-ministro da região tcheca, as duas metades autônomas da República federal estavam nas mãos de homens que — por razões diferentes, mas complementares — não lamentariam ver o país se desintegrar. Somente o próprio presidente agora representava, constitucional e pessoalmente, o ideal de uma Tchecoslováquia unida e federal.

Mas Václav Havel já não era tão popular — e portanto tão influente — quanto o fora menos de dois anos antes. Em sua primeira viagem oficial como presidente, ele não visitara Bratislava, mas a Alemanha — decisão compreensível, à luz da antiga animosidade tcheco-germânica e da necessidade de o país estabelecer laços com a Europa Ocidental, mas, sob o ponto de vista das sensibilidades eslovacas, o gesto foi um erro tático. E Havel nem sempre foi bem servido por seus assessores: em março de 1991, seu porta-voz, Michael Žantovský, declarou que a política eslovaca, cada vez mais, estava nas mãos de ex-comunistas e "de gente que se lembra do Estado eslovaco como a era de ouro da nação eslovaca".[22]

[22] Citado em *Mladá Fronta dnes*, 12 de março de 1991. Ver Abby Innes, *Czechoslovakia: The Short Goodbye* (Tchecoslováquia: O breve adeus) (Yale UP, Newhaven, 2001), p. 97.

A afirmação de Žantovský não estava de todo equivocada e, no contexto, iria se mostrar uma profecia anunciada. A exemplo de outros ex-dissidentes tchecos, Havel e seus companheiros nem sempre viam os eslovacos com bons olhos. Antes, costumavam considerá-los chauvinistas de mentalidade tacanha: na melhor das hipóteses, perseguindo ingenuamente a miragem da soberania, e, na pior, nostálgicos em relação ao Estado fantoche do tempo da guerra. Ironicamente, Klaus não compartilhava desses preconceitos liberais, tampouco se importava com o passado da Eslováquia. Tanto quanto Mečiar, Klaus era realista. Os dois, que eram agora os políticos mais poderosos em suas respectivas regiões, passaram as semanas seguintes supostamente negociando os termos de um tratado de Estado cujo objeto era a Tchecoslováquia federal.

Um acordo seria improvável. Mečiar reivindicava a emissão de moeda e direito a empréstimo para uma República da Eslováquia praticamente soberana; a moratória da privatização; a retomada dos subsídios praticados na era comunista e uma série de outras medidas — todas anátemas para Klaus, que, obstinado, insistia na marcha em direção ao mercado irrestrito. Na realidade, as reuniões que os dois realizaram ao longo de junho e julho de 1992 não configuraram, em absoluto, uma negociação: Klaus dizia-se surpreso e contrariado diante das exigências de Mečiar, mas tais exigências não eram segredo, pois Mečiar muitas vezes se pronunciara a respeito do assunto. Na prática, era Klaus quem manobrava o líder eslovaco no rumo da separação, não o contrário.

Como conseqüência, embora a maioria dos representantes eslovacos no Conselho Nacional e na Assembléia federal, de bom grado, tivessem aprovado um tratado que concedia autonomia e condições igualitárias a cada metade do país num Estado federal, os referidos representantes enfrentavam um fato já consumado. Com a paralisação das negociações, Klaus declarou aos interlocutores eslovacos que, diante da aparente impossibilidade de se chegar a um consenso, seria preferível desistir dos esforços inúteis e seguir cada um o seu caminho. Os eslovacos, deparando com a suposta satisfação dos seus desejos, foram levados a concordar — muitas vezes, contra a sua própria vontade.

Assim sendo, em 17 de julho de 1992, o Conselho Nacional Eslovaco votou a favor da adoção de nova bandeira, nova Constituição e novo nome: República Eslovaca. Uma semana depois, Klaus e Mečiar, este ainda atônito diante do próprio "sucesso", concordaram em dividir o país a partir de 1° de janeiro de 1993. Naquele dia, a Tchecoslováquia desapareceu e as duas Repúblicas que a constituíam emergiram como Estados distintos, com Klaus e Mečiar como primeiros-ministros. Václav Havel, cujos esforços para manter o país unido se mostravam cada vez mais melancólicos — e totalmente ignorados nos meses finais —, deixou de ser presidente da Tchecoslováquia e foi "reencarnado" como presidente da República Tcheca.[23]

Durante algum tempo não se soube, ao certo, se o divórcio beneficiou os parceiros — nem a República Tcheca nem a República Eslovaca prosperaram na primeira década pós-comunista. Tanto a "terapia de choque" aplicada por Klaus quanto o comunismo nacional de

[23] A divisão política foi mais fácil do que a econômica — somente em 1999 foi possível se chegar a um acordo sobre a partilha do patrimônio federal da Tchecoslováquia.

Mečiar falharam, ainda que de maneira diferente. Mas, embora os eslovacos viessem a se arrepender do flerte com Vladimír Mečiar e a estrela de Klaus deixasse de brilhar em Praga, não se constatou grande nostalgia pela extinta Tchecoslováquia. O divórcio tchecoslovaco foi um processo manipulado, em que a direita tcheca conseguiu realizar algo que dizia não buscar, enquanto populistas eslovacos conseguiram bem mais do que pretendiam; pouca gente ficou feliz com o resultado, mas tampouco perduraram os arrependimentos. À semelhança do rompimento com a União Soviética, o poder do Estado e a máquina política provocada pela separação não ficaram ameaçados — apenas duplicados.

A divisão da Tchecoslováquia foi produto do acaso e das circunstâncias. Foi também obra de determinados homens. Com outros indivíduos no controle — se as eleições de 1990 e 1992 houvessem chegado a resultados diferentes —, a história teria sido outra. O contágio também desempenhou o seu papel: o exemplo da União Soviética (e os eventos que se desenrolavam nos Bálcãs) fez com que a cisão entre duas "Repúblicas nacionais" de um pequeno Estado europeu central parecesse menos absurda ou impossível. Se um tratado acerca de um Estado federal tivesse sido firmado em 1992 (se a Tchecoslováquia durasse mais alguns anos), é muito improvável que indivíduos em Praga ou Bratislava continuassem a buscar a separação, pois a perspectiva de ingresso na União Européia haveria de lhes absorver a atenção, e os massacres na Bósnia ocupariam a mente deles.

XXI
O Ajuste de Contas

"Se houver na Europa outra guerra, esta decorrerá de alguma bobagem infame nos Bálcãs."
Otto von Bismarck

"Parece que esses camponeses briguentos mal podiam esperar pela invasão do país, para poderem perseguir e se matar uns aos outros."
Milovan Djilas, Wartime *(*Tempo de guerra*) (1977)*

"Nada temos a ver com essa briga."
James Baker, secretário de Estado dos EUA (junho de 1991)

"O pior problema do comunismo é o que vem depois dele."
Adam Michnik

"A verdade é sempre concreta."
G. W. Hegel

A fragmentação pacífica da Tchecoslováquia contrastou dramaticamente com a catástrofe que se abateu sobre a Iugoslávia naqueles mesmos anos. Entre 1991 e 1999, centenas de milhares de bósnios, croatas, sérvios e albaneses foram mortos, violentados ou torturados por seus concidadãos; milhões foram obrigados a deixar suas casas e procurar exílio. Na tentativa de entender os massacres e uma guerra civil cuja escala não era vista desde 1945 — num país que por muito tempo fora considerado por radicais no Ocidente uma espécie de modelo de sociedade socialista —, observadores internacionais oferecem duas explicações que se contrapõem.

Uma visão, amplamente veiculada na mídia ocidental e presente nos pronunciamentos públicos de estadistas europeus e norte-americanos, apresenta os Bálcãs como causa perdida, um caldeirão de rixas inexplicáveis e ódios antigos. A Iugoslávia estava "condenada". Segundo um dito muito citado, o país era constituído por seis repúblicas, cinco nações, quatro idiomas, três religiões e dois alfabetos, tudo reunido sob um mesmo partido. O que aconteceu depois de 1989 foi simples: removida a tampa, o caldeirão explodiu.

Segundo essa explicação, antigos conflitos — numa região definida pelo marquês de Salaberry, em 1791, como "os limites impolidos" da Europa — transbordaram, assim como já haviam transbordado em séculos passados. Animosidades homicidas, alimentadas por recordações de injustiça e vingança, assolavam toda a nação. Nas palavras do secretário de Estado dos

EUA, Lawrence Eagleburger, pronunciadas em setembro de 1992: "Enquanto bósnios, sérvios e croatas não resolverem parar de se matar, não há o que o resto do mundo possa fazer".

Propondo outra interpretação, alguns historiadores e observadores internacionais afirmavam que — ao contrário — a tragédia dos Bálcãs era, em grande medida, causada por fatores externos. Graças à intervenção externa e à ambição imperial, o território da antiga Iugoslávia, ao longo dos últimos dois séculos, fora ocupado, dividido e explorado para a vantagem de terceiros: Turquia, Grã-Bretanha, França, Rússia, Áustria, Itália e Alemanha. Se havia derramamento de sangue entre os povos da região, o motivo remetia à manipulação imperialista e não à hostilidade étnica. O argumento era de que a interferência irresponsável de poderes estrangeiros exacerbava as dificuldades locais: se o ministro das Relações Exteriores alemão, Hans-Dietrich Genscher, por exemplo, não houvesse insistido, em 1991, no reconhecimento "prematuro" da independência da Eslovênia e da Croácia, os bósnios talvez nunca tivessem feito o mesmo, Belgrado não teria invadido e uma década de desastres poderia ter sido evitada.

A despeito do que se pode pensar sobre essas duas leituras da história dos Bálcãs, é surpreendente a constatação de que, apesar da aparente incompatibilidade, elas têm uma importante característica comum. Ambas diminuem ou ignoram o papel dos próprios iugoslavos, preteridos como vítimas do destino, ou da manipulação e dos erros de outros. É certo que havia muita história enterrada nas montanhas da antiga Iugoslávia, e muitas lembranças tristes também. E os fatores externos de fato contribuíram de modo crucial para a tragédia do país, embora principalmente através da irresponsável aquiescência a crimes locais. Mas a divisão da Iugoslávia — semelhante, sob esse aspecto, ao desmantelamento de outros ex-Estados comunistas — foi obra do homem, não do destino. E a maior responsabilidade pela tragédia ocorrida na Iugoslávia não recaiu sobre Bonn, ou qualquer outra capital estrangeira, mas sobre os políticos de Belgrado.

Quando Josip Broz Tito faleceu, em 1980, aos 87 anos, a Iugoslávia por ele montada em 1945 tinha uma existência real. As repúblicas que a constituíam eram unidades separadas dentro de um Estado federal cuja presidência incluía representantes das seis repúblicas e de duas regiões autônomas (Voivodina e Kosovo) da Sérvia. As regiões tinham passados bastante diversos. A Eslovênia e a Croácia, ao norte, eram basicamente católicas e tinham pertencido ao Império Austro-húngaro, assim como a Bósnia (embora esta por pouco tempo). A parte sul do país (Sérvia, Macedônia, Montenegro e Bósnia) estivera durante séculos sob o domínio turco-otomano, o que explica a presença de elevado número de muçulmanos, além dos sérvios, predominantemente ortodoxos.

Mas tais disparidades históricas — embora autênticas e exacerbadas pela experiência da Segunda Guerra Mundial — haviam sido atenuadas nas décadas seguintes. As mudanças econômicas provocaram a aproximação nem sempre fácil de populações rurais até então isoladas e que agora se reuniam em pequenas cidades como Vukovar ou Mostar; mas essas mesmas mudanças também aceleraram a integração, cruzando antigas fronteiras sociais e étnicas.

Portanto, embora o mito comunista de unidade fraternal exigisse vista grossa e ouvido de mercador em relação às lembranças e divisões que remontavam à época da guerra — na Iugoslávia de Tito os livros de História eram prudentemente reticentes a respeito das violentas guerras civis que marcaram o passado do país —, os benefícios desse silêncio eram

Iugoslávia 1945-91

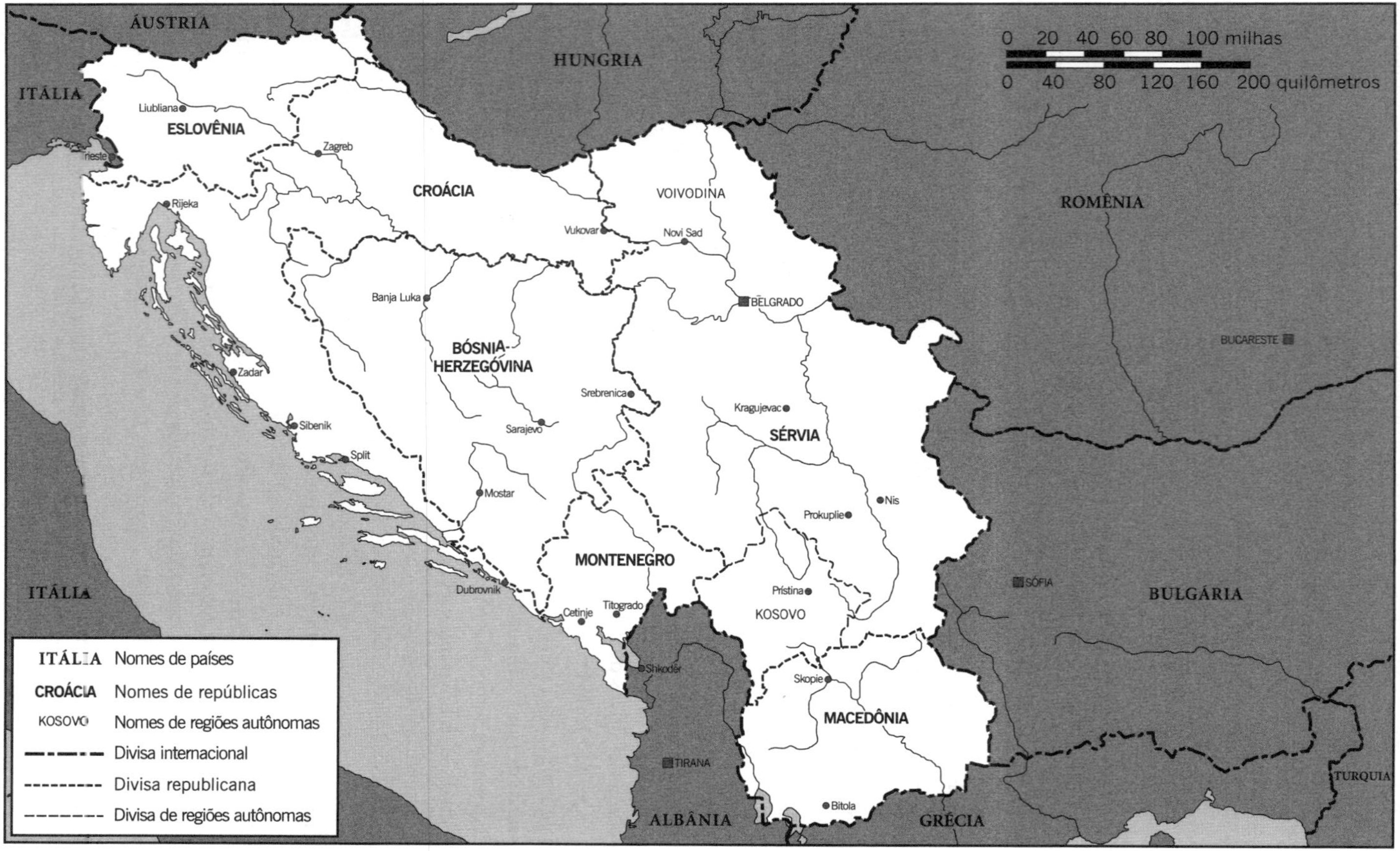

reais. A geração do pós-guerra foi estimulada a se considerar "iugoslava", não "croata" ou "macedônica"; e muita gente — especialmente os jovens, os mais bem-educados e o número crescente de residentes em áreas urbanas — havia adotado tal hábito.[1] Jovens intelectuais, em Liubliana ou Zagreb, já não se interessavam muito pelo passado heróico ou sofrido dos antepassados. Já em 1981, na cosmopolita Sarajevo, capital da Bósnia, 20% da população se diziam "iugoslavos".

A Bósnia sempre fora a região da Iugoslávia com maior variedade étnica e, portanto, talvez fosse atípica. Mas o país, como um todo, era uma teia de minorias sobrepostas. Os 580 mil sérvios que viviam na Croácia em 1991 constituíam 12% da população da República. Naquele mesmo ano, a população da Bósnia era 44% muçulmana, 31% sérvia e 17% croata. Até a pequenina Montenegro era um misto de montenegrinos, sérvios, muçulmanos, albaneses e croatas — sem falar nos que preferiam se definir para os funcionários encarregados do censo como "iugoslavos". Muitas vezes, os residentes de regiões etnicamente misturadas desconheciam a nacionalidade ou a religião dos amigos ou vizinhos. Os "casamentos mistos" eram cada vez mais freqüentes.

Na realidade, as linhas divisórias "étnicas" na Iugoslávia nunca foram muito bem definidas. As diferenças lingüísticas podem servir de ilustração. Albaneses e eslovenos falam idiomas diferentes. Macedônicos falam macedônico (i.e., búlgaro com pequenas variações). Mas as diferenças entre as formas "sérvia" e "croata" do idioma "sérvio-croata" falado pela grande maioria da população eram e ainda são mínimas. Os sérvios utilizam o alfabeto cirílico e os croatas (e bósnios) o alfabeto latino; no entanto, além de alguns termos literários e eruditos, variações esporádicas de ortografia e da pronúncia diferente da letra "e" ("ie", na forma "iekaviana" ou croata; "e", na forma "ekaviana" ou sérvia), as duas "línguas" são idênticas. Além disso, montenegrinos escrevem em cirílico (assim como os sérvios), mas pronunciam ao modo "iekaviano", à semelhança de croatas e bósnios — assim como o fazem os residentes sérvios da Bósnia. Somente os habitantes da própria Sérvia utilizam a variante "ekaviana" — e quando os líderes nacionalistas sérvios da Bósnia tentaram, depois de 1992, impor aos compatriotas sérvios a pronúncia oficial "sérvia" (i.e., "ekaviana") na região por eles arrancada da Bósnia, a resistência foi imensa.

Por conseguinte, a língua "croata" reconhecida em 1974 como idioma oficial da república da Croácia — atendendo à exigência da "Declaração de Idioma" expedida em 1967 por um grupo de intelectuais de Zagreb — era, acima de tudo, um crachá: um meio de os croatas protestarem contra a supressão que Tito impusera a toda e qualquer expressão de identidade nacional no âmbito da federação por ele criada. O mesmo valia no caso de alguns escritores sérvios, obcecados pela preservação ou reafirmação do sérvio "puro". Parece válido concluir que — em contraste com diferenças convencionais entre dialetos de uma língua nacional única, onde o uso varia bastante mas as elites cultas costumam compartilhar uma forma comum e "correta" — na antiga Iugoslávia era a massa da população que na verdade falava

[1] Zagreb, Belgrado e Skopie (capital da Macedônia) constaram das cidades que mais cresceram na Europa Central entre 1910 e 1990.

um idioma único e permutável, enquanto uma minoria de nacionalistas tentava se diferenciar, acentuando o narcisismo das pequenas diferenças.

As tão divulgadas diferenças religiosas não são menos enganosas. A diferença entre croatas católicos e sérvios ortodoxos, por exemplo, importava muito mais em séculos anteriores — ou durante a Segunda Guerra Mundial, quando os Ustashe, em Zagreb, usavam o catolicismo como arma tanto contra sérvios quanto contra judeus.[2] Já na década de 1990, a prática religiosa nas cidades iugoslavas (que cresciam em ritmo acelerado) declinava, e somente nas zonas rurais a correspondência entre religião e sentimento nacional ainda pesava. Muitos bósnios muçulmanos foram inteiramente secularizados — e, em todo caso, tinham pouco em comum com os albaneses muçulmanos (nem todos os albaneses eram muçulmanos, embora tal fato não fosse percebido pelos seus inimigos). Portanto, embora não restasse dúvida de que a velha prática otomana de definir nacionalidade de acordo com religião houvesse deixado a sua marca, principalmente exagerando a posição do cristianismo ortodoxo dos eslavos do sul, as evidências desse fenômeno ficavam cada vez mais tênues.

Embora uma geração de iugoslavos mais velhos continuasse a demonstrar muitos dos preconceitos já observados no passado — o futuro presidente da Croácia, Franjo Tudjman, era notoriamente ecumênico em termos de preconceitos, desprezando, ao mesmo tempo, muçulmanos, sérvios e judeus —, consta que a única discriminação generalizada nos anos recentes fosse direcionada à minoria albanesa, ao sul, criticada por eslovenos, croatas, sérvios, macedônicos e montenegrinos como criminosos e incompetentes. Tais sentimentos eram mais fortes na Sérvia.[3]

Isso acontecia por diversas razões. Os albaneses eram o grupo que mais crescia no país. Enquanto, em 1931, o grupo não passava de 3,6% da população da Iugoslávia, em 1948 (graças à imigração proveniente da própria Albânia), o segmento já representava 7,9%. Já em 1991, devido a um índice de natalidade bem mais elevado (11 vezes mais do que o das comunidades sérvia e croata), o número estimado de albaneses na Iugoslávia — 1,728 milhão — constituía 16,6% da população total da Sérvia (inclusive as regiões de Voivodina e Kosovo). A maioria dos cidadãos albaneses da Iugoslávia vivia na Sérvia, na região autônoma do Kosovo, onde somavam 82% da população local e superavam em muito os 194 mil sérvios — embora estes ocupassem os melhores cargos, as melhores residências e gozassem de outros privilégios sociais.

Kosovo tinha importância histórica para os nacionalistas sérvios por ter sido o último bastião da Sérvia medieval contra o avanço dos turcos e local de uma histórica derrota militar, em 1389. Por conseguinte, a predominância albanesa era vista por alguns intelectuais e políticos sérvios como demograficamente preocupante e historicamente afrontosa — sobretudo porque o fato repetia a substituição dos sérvios pelos muçulmanos, na condição de

---

[2] "Mataremos alguns sérvios, deportaremos outros e obrigaremos os demais a aceitar o catolicismo" — assim falou o ministro da Religião do regime Ustashe, em Zagreb, em 22 de julho de 1941.

[3] Numa visita a Skopje, logo após a guerra no Kosovo (1999), com o propósito de levantar dados, este autor foi informado "confidencialmente" pelo primeiro-ministro da Macedônia que albaneses (inclusive seu colega ministro que acabara de sair da sala) não eram confiáveis: "Não se pode acreditar em nada que eles dizem — não são como nós. Não são *cristãos*".

minoria mais numerosa na adjacente república da Bósnia. Constava que os sérvios estivessem perdendo terreno para as minorias antes subservientes, e que haviam se beneficiado da rigorosa observância que Tito impusera à igualdade federal.[4] Kosovo, portanto, era um tema potencialmente explosivo, por motivos relacionados apenas indiretamente às antigas rixas dos Bálcãs: conforme o perspicaz André Malraux aconselhou um visitante iugoslavo na França, já nos anos 60: "*Le Kosovo c'est votre Algérie dans l'Orléanais*".[5]

Enquanto o desafeto dos sérvios em relação aos albaneses era alimentado pela proximidade e pela insegurança, no extremo norte da Iugoslávia a crescente antipatia pelos indolentes habitantes do sul era etnicamente indiscriminada e não se baseava em nacionalidade, mas na economia. Assim como na Itália, na Iugoslávia o norte mais próspero se tornava cada vez mais avesso ao sul empobrecido, sustentado — supostamente — à base de repasses e subsídios viabilizados por concidadãos mais produtivos. O contraste entre riqueza e pobreza na Iugoslávia se acentuava cada vez mais e demonstrava uma preocupante correlação com a geografia.

Sendo assim, embora a Eslovênia, a Macedônia e o Kosovo tivessem fatias semelhantes (8%) da população nacional, em 1990 a pequenina Eslovênia era responsável por 29% do total das exportações da Iugoslávia, enquanto a Macedônia gerava apenas 4%, e o Kosovo, 1%. Tanto quanto se pode depreender dos dados oficiais fornecidos pela Iugoslávia, o PIB *per capita* na Eslovênia era o dobro do registrado na Sérvia, o triplo do da Bósnia e oito vezes maior do que o do Kosovo. Na Eslovênia alpina, o índice de analfabetismo em 1988 era inferior a 1%; na Macedônia e na Sérvia, era 11%. No Kosovo, o índice era 18%. Na Eslovênia, no final da década de 1980, o índice de mortalidade infantil era de 11 mortes para cada mil nascimentos vivos. Na vizinha Croácia, o índice era 12 em cada mil; na Bósnia, 16 em cada mil. Mas na Sérvia a proporção era de 22 em cada mil; na Macedônia, 45 em cada mil; e no Kosovo, 52 em cada mil.

O que esses números sugerem é que a Eslovênia e (em menor escala) a Croácia já figuravam entre os países menos prósperos da Comunidade Européia, enquanto Kosovo, Macedônia e a região rural da Sérvia se assemelhavam a determinadas áreas da Ásia ou da América Latina. Se eslovênios e croatas se mostravam cada vez mais inquietos em seu território iugoslavo comum, não era devido ao ressurgimento de sentimentos religiosos ou lingüísticos profundamente enraizados, tampouco ao reaparecimento do particularismo étnico. Isso ocorria porque tais povos começavam a crer que estariam em melhores condições se pudessem gerir seus próprios assuntos, sem precisar levar em conta as necessidades e os interesses de iugoslavos improdutivos que viviam no sul do país.

A autoridade pessoal de Tito e a rigorosa repressão por ele imposta às críticas mantinham as opiniões dissidentes bem longe do olhar do público. Porém, depois da morte de Tito, a situação logo se deteriorou. Durante os anos 60 e no início dos 70, quando o progresso da Europa Ocidental absorvia a força de trabalho iugoslava, e esta fazia substanciosas remessas de capital ao seu país, a superpopulação e o subemprego no sul representavam um problema

---

[4] Evidentemente, a coisa não era bem assim para croatas e outros povos, que apontavam o domínio sérvio sobre o Exército nacional (em 1984, 60% do corpo de oficiais eram sérvios, justo reflexo da presença sérvia no total da população) e a fatia desproporcional de investimento de Belgrado em despesas federais.

[5] "Kosovo é sua Argélia, bem no coração do país" (A cidade de Orléans fica no centro da França). (N. da E.)

menor. A partir do final dos anos 70, entretanto, a economia iugoslava começou a desandar. Assim como outros Estados comunistas, a Iugoslávia tinha grandes dívidas com o Ocidente; mas enquanto em Varsóvia ou Budapeste a resposta era pedir mais empréstimos financeiros no exterior, em Belgrado a solução foi imprimir mais dinheiro. Ao longo da década de 1980, o país entrou num processo de hiperinflação. Em 1989, o índice anual de inflação era 1.240%, e ainda apresentava tendência de alta.

Os equívocos econômicos eram cometidos na capital, Belgrado, mas as conseqüências eram sentidas principalmente em Zagreb e Liubliana. Muitos croatas e eslovenos, comunistas e não-comunistas, acreditavam que seriam mais prósperos se tomassem as suas próprias decisões econômicas e conseguissem se livrar da corrupção e do nepotismo que imperavam nos círculos do poder na capital federal. Tais percepções eram intensificadas pelo medo crescente de que um pequeno grupo de burocratas reunidos em torno de Slobodan Milošević, o até então desconhecido presidente da Liga Comunista da Sérvia, tentasse conquistar o poder, valendo-se do vácuo político deixado pelo falecimento de Tito — e incitando e manipulando o sentimento nacionalista dos sérvios.

O comportamento de Milošević não era incomum entre líderes comunistas naquele período. Na RDA, os comunistas, como já vimos, tentavam conquistar simpatia invocando as glórias da Prússia setecentista; e o "comunismo nacional" estivera em exibição por alguns anos na Bulgária e na Romênia. Quando, em 1986, Milošević acolheu, ostensivamente, um memorando patriótico da Academia Sérvia de Artes e Ciências, ou quando visitou Kosovo, no ano seguinte, para se solidarizar com as queixas dos sérvios contra o "nacionalismo" albanês, seus planos não diferiam muito dos planos de outros líderes comunistas do Leste Europeu daquela época. Na Era de Gorbatchev, com a legitimidade ideológica do comunismo e o partido definhando, o patriotismo oferecia um meio alternativo de se resguardar o poder.

Mas enquanto no restante da Europa o recurso ao nacionalismo e a invocação de lembranças nacionais apenas provocavam ansiedade entre os *estrangeiros*, na Iugoslávia o preço seria pago *internamente*. Em 1988, para reforçar a sua posição dentro da República Sérvia, Milošević passou a incentivar aglomerações públicas nas quais a insígnia dos *chetniks* do tempo da guerra era exibida publicamente pela primeira vez em quatro décadas — lembrança de um passado reprimido por Tito e medida destinada a constranger sobretudo os croatas.

O nacionalismo foi o modo que Milošević encontrou para se manter no poder na Sérvia — confirmado em maio de 1989, com sua eleição para a presidência da República Sérvia. Mas, para resguardar e fortalecer a influência sérvia na Iugoslávia como um todo, ele precisava transformar o próprio sistema federal. O equilíbrio de influências entre as diversas Repúblicas (cuidadosamente calculado) fora sustentado, primeiramente, pela liderança carismática de Tito e, então, por um sistema de rodízio na presidência. Em março de 1989, Milošević resolveu derrubar tal esquema.

Forçando a introdução de uma emenda à própria Constituição sérvia, Milošević anexou as províncias de Kosovo e Voivodina, até então autônomas, à Sérvia — mas permitiu que ambas mantivessem seus assentos na presidência federal. A partir daquele momento, em caso de disputas, a Sérvia contaria com quatro dos oito votos federais (Sérvia, Kosovo, Voivodina e República de Montenegro, esta submissa à Sérvia). Uma vez que o objetivo de Milošević era constituir um Estado de poder político mais centralizado (comandado pela Sérvia), ao que as outras quatro Repúblicas, naturalmente, resistiriam, o sistema federal de governo ficou paralisado. Principalmente sob a perspectiva da Eslovênia e da Croácia, o desenrolar dos eventos apontava uma única solução: visto que já não era possível avançar ou defender seus interesses através de um sistema federal inoperante, restava apenas se afastar de Belgrado, se necessário declarando independência total.

Por que, em fins de 1989, a situação havia chegado a tal impasse? Em outros locais, a saída do comunismo era a "democracia": funcionários do partido e burocratas, da Rússia à República Tcheca, transformaram-se, em poucos meses, de aduladores que integravam a casta dirigente em praticantes de uma política partidária pluralista. A sobrevivência dependia de realinhar alianças de acordo com as diretivas de uma cultura política liberal. Por mais implausível que fosse, em muitos casos, a transição funcionou. E funcionou porque não havia alternativa. Na maioria dos países pós-comunistas a palavra "classe" estava desacreditada, e havia poucas divisões étnicas internas a serem atacadas; por conseguinte, um novo conjunto de categorias públicas — "privatização", "sociedade civil" ou "democratização" (ou "Europa", que englobava as três) ocupava a maior parte do novo terreno político.

Mas a Iugoslávia era diferente. Precisamente porque as diversas populações que constituíam a nação eram tão misturadas (e não haviam sofrido os genocídios nem os deslocamentos que em décadas passadas redesenharam países como a Polônia e a Hungria), a Iugoslávia oferecia oportunidades lucrativas para demagogos como Milošević ou Franjo Tudjman, seu colega croata. Ao planejar a saída iugoslava do comunismo a partir de numa nova base política, esses demagogos puderam utilizar uma jogada que já não estava disponível em outros locais da Europa — e empregá-la como substituta da preocupação com democracia.

Nos Estados bálticos, na Ucrânia ou na Eslováquia, os políticos do período pós-comunista puderam recorrer à independência nacional como saída do passado comunista — construindo, ao mesmo tempo, um novo Estado e uma nova democracia —, sem ter de se preocupar excessivamente com a presença das minorias nacionais. Contudo, na Iugoslávia, a divisão da federação nas repúblicas que a constituíam, a não ser no caso da Eslovênia, deixaria alguma minoria significativa, ou grupos de minorias, "encalhada" num país estranho. Sob tais circunstâncias, depois que uma república se declarasse independente, outras fariam o mesmo. Em suma, a Iugoslávia enfrentava agora as mesmas questões espinhosas que Woodrow Wilson e seus colegas não haviam conseguido resolver em Versalhes, setenta anos antes.

O elemento catalisador, conforme muita gente previra, foi Kosovo. Ao longo da década de 1980, sobretudo na capital, Prístina, os albaneses fizeram esporádicas demonstrações de protesto contra o tratamento que Belgrado lhes dispensava. As instituições albanesas tinham sido fechadas, os líderes afastados, a rotina diária tolhida por policiamento ostensivo e, a partir de março de 1989, por um toque de recolher. As emendas constitucionais sérvias praticamente despojaram os albaneses (que já eram uma subclasse oprimida) de toda e qualquer autonomia ou representação política — evento celebrado e sublinhado por ocasião da visita de Milošević à província, em junho de 1989, para celebrar o sexto centenário da "Batalha do Kosovo".

Discursando para uma multidão de quase um milhão de pessoas, Milošević garantiu aos sérvios presentes que eles haviam "reconquistado a integridade estatal, nacional e espiritual [...]. Até hoje, em conseqüência da ação de seus líderes e políticos, bem como da sua mentalidade servil, [os sérvios] sentem-se culpados diante de si mesmos e de terceiros. Essa situação perdurou por décadas [...], e aqui estamos agora, no Kosovo, para dizer que isso acabou". Poucos meses depois, na seqüência de violentos confrontos entre polícia e manifestantes em que muita gente morreu ou ficou ferida, a Assembléia da Província do Kosovo foi fechada por Belgrado, que submeteu a região ao seu domínio direto.

O curso dos eventos no extremo sul do país afetou diretamente as decisões tomadas nas repúblicas do norte. Demonstrando, na melhor das hipóteses, um pingo de solidariedade com a situação difícil dos albaneses, Liubliana e Zagreb estavam bem mais preocupadas com o crescente autoritarismo sérvio. Nas eleições eslovenas de abril de 1990, embora ainda preferisse permanecer unida à Iugoslávia, a maioria dos eleitores ofereceu apoio a candidatos não-comunistas e de oposição que criticavam abertamente os esquemas federais vigentes. No mês seguinte, na vizinha Croácia, um novo partido nacionalista conquistou uma grande maioria, e o líder do partido, Franjo Tudjman, assumiu a presidência da república.

A gota d'água veio em dezembro de 1990, quando — sob o comando de Milošević — a liderança sérvia em Belgrado apoderou-se, notavelmente, e sem a devida autorização, de 50% do total dos recursos da federação iugoslava, para pagar salários atrasados e gratificações de funcionários públicos federais e trabalhadores de empresas estatais. Os eslovenos — cujos 8% da população proviam a quarta parte do orçamento federal — ficaram indignados. No mês seguinte, o Parlamento da Eslovênia anunciou que estava se retirando do sistema fiscal federal e proclamou a independência da república, embora sem tomar medidas relacionadas à separação. Dentro de um mês, o Parlamento da Croácia fez o mesmo (o Parlamento da Macedônia, em Skopie, foi o próximo).

De início, as conseqüências desses acontecimentos pareciam obscuras. A importante minoria sérvia que vivia no sudeste da Croácia — notadamente, numa antiga região fronteiriça de população sérvia, a Krajina — já se engajava em confrontos com a polícia croata e pedia ajuda a Belgrado contra os repressores "Ustashe". Mas a distância entre a Eslovênia e Belgrado, bem como a presença de menos de 50 mil sérvios na república alimentaram esperanças de que uma saída pacífica pudesse ser orquestrada. A opinião internacional estava dividida: Washington, que em conseqüência das medidas tomadas pela Sérvia no Kosovo havia suspendido toda ajuda econômica à Iugoslávia, opunha-se publicamente porém a qualquer iniciativa relacionada à divisão do país.

Algumas semanas depois, antecipando-se à declaração do presidente Bush em Kiev, o secretário de Estado, James Baker, visitou Belgrado, em junho de 1991, e garantiu aos governantes que os EUA apoiavam uma "Iugoslávia democrata e unificada". Mas, àquela altura, uma Iugoslávia "democrática e unificada" era um paradoxo. Cinco dias após o discurso de Baker, a Eslovênia e a Croácia assumiram o controle de suas fronteiras e iniciaram um processo unilateral de rompimento com a federação, contando com grande apoio dos cidadãos e o tácito amparo de importantes estadistas europeus. Em resposta, o Exército federal se deslocou para a divisa eslovena. A guerra na Iugoslávia estava prestes a começar.

Ou melhor, *as guerras*, pois foram cinco. O ataque iugoslavo à Eslovênia em 1991 durou apenas algumas semanas, pois o Exército logo se retirou e permitiu que o Estado secessionista partisse em paz. Seguiu-se, então, entre a Croácia e a minoria sérvia rebelde (apoiada pelo

Exército da "Iugoslávia" — na prática, Sérvia e Montenegro), uma luta sangrenta, que durou até o advento de um frágil cessar-fogo intermediado pela ONU no ano seguinte. Depois que os croatas e muçulmanos da Bósnia, em março de 1992, votaram pela independência, os sérvios da Bósnia declararam guerra contra o novo Estado e se dedicaram à criação da "*Republika Srpska*", mais uma vez com o apoio do Exército iugoslavo, sitiando várias cidades bósnias — sobretudo a capital, Sarajevo.

Nesse ínterim, em janeiro de 1993, eclodiu uma guerra entre croatas e muçulmanos da Bósnia, quando alguns croatas tentaram criar um pequeno Estado na região de Herzegóvina, dominada pela Bósnia. E, finalmente, depois que esses conflitos haviam terminado (mas não antes que a guerra entre Croácia e Sérvia voltasse a irromper, em 1995, quando Zagreb conseguiu recapturar a região de Krajina, perdida para os sérvios três anos antes), ocorreu a guerra no (e pelo) Kosovo; tendo perdido em todas as outras frentes, Milošević voltou-se para o Kosovo, e só foi impedido de destruir ou expulsar a população local de origem albanesa graças a um ataque das forças da OTAN, sem precedentes, à Sérvia, na primavera de 1999.

Todos esses conflitos tinham, ao mesmo tempo, uma dinâmica interna e um comprometimento externo. A independência da Eslovênia e da Croácia foi impulsionada por considerações domésticas bem fundamentadas, conforme aqui já foi visto. Mas foi o reconhecimento precipitado por parte da Alemanha — e, na seqüência, da Comunidade Européia — dos dois novos Estados que confirmou a existência oficial destes para amigos e inimigos. Com o advento de uma Croácia independente, surgiu nas estações de rádio e televisão em Belgrado uma propaganda histérica, explorando o medo dos sérvios que residiam no novo Estado, invocando lembranças de massacres ocorridos durante a guerra e incitando os sérvios a se prepararem para a luta contra os vizinhos "Ustashe".

Na Bósnia, onde os sérvios eram bem mais numerosos, a perspectiva de uma Bósnia independente, com uma maioria croata-muçulmana, provocava um receio similar. Se a independência da Bósnia era inevitável, é algo que permanece obscuro: antes da guerra, a Bósnia era a mais integrada das Repúblicas, a que mais teria a perder em decorrência de qualquer medida que contemplasse uma separação à força das comunidades que a constituíam e que se espalhavam como uma colcha de retalhos por todo o território; e mais, antes da ascensão de Milošević, nenhuma das minorias étnicas ou religiosas havia demonstrado uma vontade inabalável de promover a separação institucional. Porém, depois que os vizinhos do norte se separaram, a questão entrou em pauta.

Após 1991, no que restou da Iugoslávia de Milošević, os croatas e muçulmanos da Bósnia haveriam de preferir a independência soberana ao status de minoria, e expressaram tal preferência num plebiscito realizado no final de fevereiro de 1992. No entanto, os sérvios da Bósnia, durante alguns meses expostos ao discurso de Belgrado não apenas sobre os massacres Ustashe, mas também de um iminente *jihad* muçulmano, prefeririam uma união com a Sérvia (ou ao menos ter a sua própria região autônoma) a usufruir uma condição de minoria num Estado croata-muçulmano comandado por Sarajevo. Depois que a Bósnia (ou melhor, seus líderes muçulmanos e croatas — os sérvios haviam boicotado o plebiscito e o voto parlamentar), em março de 1992, declarou-se independente, seu destino foi selado. No mês seguinte, os líderes sérvios na Bósnia declararam a criação da *Republika Srpska* e o Exército iugoslavo entrou em cena, para ajudar a garantir o território e para "limpá-lo".

As guerras sérvio-croata e sérvio-bósnia causaram terrível sofrimento aos respectivos povos. Embora, de início, sobretudo dentro do perímetro ou nas redondezas de locais estratégicos, tais como Sarajevo e Vukovar, houvesse confrontos diretos entre os Exércitos, grande parte da luta foi realizada por milícias, especialmente milícias sérvias. Tais grupos eram constituídos de bandos de matadores e criminosos, armados por Belgrado e comandados por criminosos. Havia, por exemplo, Arkan (Zeljko Raznatovic), cuja Guarda Voluntária Sérvia (os "Tigres") massacrou centenas de pessoas em distritos do leste da Croácia e da Bósnia, ou então ex-oficiais do Exército da Iugoslávia, como, por exemplo, o tenente-conorel Ratko Mladić (definido pelo diplomata norte-americano Richard Holbrooke como "assassino carismático"), que a partir de 1991 se colocou à frente das forças sérvias da Bósnia e ajudou a organizar os primeiros ataques aos aldeães croatas que viviam em comunidades de maioria sérvia na região de Krajina.

O primeiro objetivo estratégico não era tanto derrotar as forças inimigas, mas expulsar os cidadãos não-sérvios de suas casas, terras e estabelecimentos comerciais, nos territórios reivindicados pelos sérvios.[6] Essa "limpeza étnica" — nova expressão para qualificar uma velha prática — foi praticada por todos os participantes do conflito, mas as forças sérvias foram as mais agressivas. Além dos mortos (a estimativa é de 300 mil, ao final da guerra da Bósnia), milhões foram forçados a se exilar. Os pedidos de asilo junto à Comunidade Européia mais do que triplicaram entre 1988 e 1992: em 1991, somente a Alemanha, por exemplo, deparou-se com solicitações encaminhadas por 256 mil refugiados. No primeiro ano das guerras da Croácia e da Bósnia, 3 milhões de habitantes da Iugoslávia (um em cada oito) procuraram refúgio no exterior.

Portanto, não se pode dizer, absolutamente, que a comunidade internacional não estivesse a par da tragédia na Iugoslávia — que, aliás, era veiculada em tempo real pelos televisores mundo afora, exibindo imagens horrendas de muçulmanos famintos em campos de prisioneiros mantidos pelos sérvios — e coisa ainda pior. Os europeus foram os primeiros a tentar intervir, em junho de 1991, despachando uma equipe ministerial da CE para a Iugoslávia — foi nessa ocasião que Jacques Poos, ministro das Relações Exteriores de Luxemburgo, numa expressão infeliz, invocou a eterna asserção de que "a hora da Europa" era chegada. Mas, apesar de criar comissões de alto nível para investigar, arbitrar e propor, a Comunidade Européia e suas diversas agências se mostraram bem impotentes — mesmo porque os próprios membros estavam divididos entre os que — a exemplo da Alemanha e da Áustria — eram favoráveis às repúblicas separatistas, e outros — liderados pela França — que pretendiam manter as fronteiras e os Estados e que, por esse motivo (e outros), demonstravam certa simpatia pela Sérvia.

[6] Uma vez que identidade étnica na Iugoslávia não podia ser definida por aparência física ou idioma, as milícias dependiam da delação de vizinhos — famílias com as quais, em muitos casos, os delatados haviam convivido em paz, quiçá como amigos, durante anos e até décadas.

Visto que os EUA (e portanto a OTAN) permaneceram decididamente acima do conflito, restavam apenas as Nações Unidas. Mas, além de impor sanções a Belgrado, a ONU pouco podia fazer. Historicamente, os soldados sob o comando da ONU eram enviados a regiões e países em guerra para obter e garantir a paz: mas na Iugoslávia ainda não havia paz a ser mantida, e tampouco disposição ou meios de se chegar à paz. Conforme no caso comparável da Guerra Civil espanhola, uma postura internacional ostensivamente neutra, na prática, favorecia o agressor; o embargo internacional de armamentos imposto à ex-Iugoslávia nada fez para conter os sérvios, que podiam contar com a forte indústria armamentista da antiga Federação Iugoslava, mas prejudicou muito a luta dos muçulmanos da Bósnia e explica as numerosas baixas militares destes entre 1992 e 1995.

Até 1995, a única medida prática adotada pela comunidade internacional foi o envio, para a Croácia, de 14 mil soldados da Força de Proteção da ONU, cuja missão era separar croatas e sérvios, depois que as lutas na região haviam acalmado, medida esta seguida pela inserção em determinadas cidades da Bósnia — designadas "Áreas de Segurança" — de centenas de tropas de paz cujo objetivo era proteger o número crescente de refugiados (em sua maioria muçulmanos) reunidos nas referidas Áreas. Mais tarde, com autorização da ONU, e para coibir a Iugoslávia de ameaçar os civis (ou descumprir sanções impostas pela ONU), foram estabelecidas "zonas de vôo proibido" no espaço aéreo da Bósnia.

Mas, a longo prazo, a medida mais relevante talvez tenha sido a criação, em Haia, em maio de 1993, do Tribunal Internacional de Crimes de Guerra. A simples existência desse tribunal confirmava o que àquela altura já era óbvio — que crimes de guerra, e coisa pior, estavam sendo perpetrados a poucos quilômetros ao sul de Viena. Contudo, visto que a maioria dos supostos criminosos, inclusive Mladić e seu compatriota sérvio-bósnio, Radovan Karadžic (presidente da *Republika Srpska*), cometiam crimes impunemente, o tribunal, por ora, não passava de um cenário fantasmagórico e irrelevante.

A situação só começou a mudar em 1995. Até esse momento, todas as discussões sobre intervenção internacional tinham sido bloqueadas pela asserção — apresentada com veemência por oficiais franceses e britânicos servindo dentro e fora das forças da ONU — de que os sérvios-bósnios estavam fortalecidos, decididos e bem armados. Não deveriam ser provocados: segundo constava, qualquer tentativa mais séria de garantir um acordo de paz na Bósnia, contrariando a vontade ou os interesses dos sérvios-bósnios, não apenas seria injusta, mas poderia agravar a situação... linha de raciocínio que era incentivada com astúcia por Milošević, em Belgrado, que, entretanto, declarava (de modo um tanto implausível) desempenhar um papel menor nas decisões dos conterrâneos sérvios na Bósnia.

Contando, por conseguinte, com uma espécie de carta branca,[7] os sérvios-bósnios exageraram. Embora a comunidade internacional concordasse (inclusive um Grupo de Contato composto por diplomatas estrangeiros que, incansavelmente, buscavam um acordo) que uma Federação "Croata-muçulmana" (formada em março de 1994 numa cerimônia em Washington que pôs um ponto final à luta croata-muçulmana) deveria ser contemplada com 51%

[7] Entre 1992 e 1994, as agências da ONU nos Bálcãs eram, praticamente, cúmplices dos sérvios-bósnios — permitindo-lhes, por exemplo, poder de veto sobre o que e quem poderia entrar ou sair da cidade sitiada de Sarajevo.

da nova Bósnia federal, cabendo à Sérvia 49%, os líderes sérvios baseados na cidade de Pale ignoraram o fato e continuaram os ataques. Em fevereiro de 1994, as forças sérvias, posicionadas nas montanhas, dispararam um morteiro contra o mercado público de Sarajevo, matando 68 pessoas e ferindo centenas. Depois do ocorrido, a OTAN — com o apoio da ONU — ameaçou realizar bombardeios aéreos, caso houvesse novos ataques, e seguiu-se uma breve calmaria.

Contudo, em maio de 1995, em retaliação aos avanços militares bósnios e à recaptura da região de Krajina pela Croácia (fato que desmentia o mito das proezas militares sérvias), o bombardeio a Sarajevo recomeçou. Quando, em contra-ataque, os aviões da OTAN bombardearam instalações dos sérvios, estes detiveram como reféns 350 integrantes da tropa de paz da ONU. Assustados com o que ocorrera com suas tropas, os governos ocidentais pressionaram a ONU e a OTAN a desistirem da campanha. A presença internacional, longe de conter os sérvios, agora lhes oferecia mais cobertura.

Diante da falta de firmeza por parte do Ocidente, em 11 de julho as forças sérvio-bósnias, sob o comando de Mladić, cometeram o atrevimento de entrar numa das chamadas Áreas de Segurança da ONU, na cidade de Srebrenica, no leste da Bósnia, que àquela altura transbordava de refugiados muçulmanos apavorados. Srebrenica estava oficialmente "protegida", não apenas por um mandato da ONU, mas por um contingente de quatrocentos soldados holandeses que integravam a força de paz. No entanto, quando os combatentes de Mladić chegaram, o batalhão holandês depôs as armas e não ofereceu qualquer resistência, enquanto as tropas sérvias vasculhavam a comunidade muçulmana, isolando homens e meninos. No dia seguinte, depois que Mladić deu sua "palavra de honra de oficial" de que os homens nada sofreriam, os soldados obrigaram os muçulmanos, inclusive meninos com apenas 13 anos de idade, a marchar em direção aos campos situados nas redondezas de Srebrenica. Nos quatro dias que se seguiram, quase todos — 7.400 homens e meninos — foram mortos. Os soldados holandeses voltaram para casa sãos e salvos.

Srebrenica foi o pior massacre ocorrido na Europa desde a Segunda Guerra Mundial: um crime de guerra em escala comparável a Oradour, Lídice ou Katyn, diante dos olhos dos observadores internacionais. Em poucos dias, a notícia do que parecia ter se passado em Srebrenica foi transmitida pelo mundo todo. No entanto, a única reação imediata foi uma advertência oficial da OTAN aos sérvios de que os ataques aéreos seriam reiniciados caso outras Áreas de Segurança fossem atacadas. Somente em 28 de agosto, sete semanas depois, a comunidade internacional finalmente reagiu — e somente porque os sérvios-bósnios, supondo ter carta branca para perpetrar massacres, cometeram o erro de bombardear o mercado público de Sarajevo pela segunda vez, matando mais 38 civis, muitos dos quais crianças.

Agora, finalmente, a OTAN agiu. Ignorando a relutância de líderes da ONU, de alguns líderes europeus e até de militares norte-americanos, o presidente Clinton autorizou um bombardeio maciço e contínuo destinado a reduzir e, em última instância, eliminar a capacidade agressora dos sérvios. A medida foi tardia, mas funcionou. A tão alardeada "máquina de combate" foi pelos ares. Deparando-se com um ataque prolongado e sem limites às suas posições, e sem contar com o apoio de Milošević (que fazia questão de se manter distante dos homens de Pale), os sérvios-bósnios cederam.

Com os sérvios fora de cena e os EUA agora bastante presentes, foi surpreendentemente fácil introduzir a paz — ou ao menos eliminar a guerra — nos Bálcãs. Em 5 de outubro, o presidente Clinton anunciou um cessar-fogo, declarando que as partes conflitantes tinham concordado em participar de conversações de paz nos EUA. Em 1° de novembro, as conversações tiveram início numa base aérea norte-americana em Dayton, no estado de Ohio. Três semanas mais tarde, as discussões chegaram ao fim, mediante um acordo assinado em Paris, em 14 de dezembro de 1995.[8] Tudjman representou a Croácia, Alija Izetbegovic falou pelos muçulmanos bósnios e Slobodan Milošević assinou em nome dos iugoslavos e dos sérvios-bósnios.

O objetivo de Dayton, sob a perspectiva norte-americana, era encontrar uma solução para os conflitos na Iugoslávia que não implicasse a divisão da Bósnia. Uma divisão seria a vitória para os sérvios (que, nesse caso, tentariam unir a sua parte à própria Sérvia e criar a Grande Sérvia dos sonhos nacionalistas); e também representaria a aprovação internacional à limpeza étnica como procedimento de construção de Estado. Em vez disso, foi estabelecido um complicado sistema tripartite de governo, no qual os sérvios, muçulmanos e croatas da Bósnia tinham certo grau de autonomia administrativa e territorial, somente no âmbito de um único Estado bósnio cujas fronteiras externas permaneceriam inalteradas.

Em termos formais, portanto, a Bósnia sobreviveu à guerra civil. Mas os efeitos do terror e da expulsão não podiam ser neutralizados. A maioria dos indivíduos expulsos (sobretudo muçulmanos) jamais retornaria às suas casas, a despeito das garantias e dos incentivos de autoridades locais e internacionais. Na realidade, haveria outras "faxinas" — agora contra os sérvios, sistematicamente expulsos por Zagreb da recém-tomada Krajina, ou então pressionados por suas próprias milícias armadas a deixar seus lares em Sarajevo (e outras localidades) e "reassentar" em áreas predominantemente sérvias. Mas, de modo geral, a paz foi mantida e a Bósnia permaneceu unida — mediante a presença de 60 mil soldados do Exército da OTAN que atuavam como Força de Implementação (mais tarde, Força de Estabilização) e de um civil da agência da ONU, Alto Representante internacional na Bósnia-Herzegóvina, habilitado a administrar o país até que este pudesse assumir a responsabilidade sobre a condução dos seus próprios interesses.

Atualmente (dez anos depois das conversações de Dayton), tanto o Alto Representante quanto as tropas internacionais continuam presentes na Bósnia, supervisionando a rotina do país — indicação do nível de calamidade nacional constatado após a guerra e da mágoa e falta de cooperação que ainda vigoram entre as três comunidades.[9] A Bósnia recebeu uma série de agências internacionais: governamentais, intergovernamentais e não-governamentais. Com efeito, depois de 1995, a economia do país passou a depender quase inteiramente da presença e dos recursos dessas agências. Uma estimativa do Banco Mundial divulgada em janeiro de 1996 indicou que, para se recuperar, a Bósnia precisaria de 5,1 bilhões de dólares ao longo de três anos. Tal valor se mostrou sumamente otimista.

---

[8] A cerimônia de assinatura foi realizada em Paris por insistência dos franceses — um exagero de obséquio que serviu apenas para chamar a atenção para o quanto a França relutara em agir contra os sérvios.

[9] A Força de Estabilização comandada pela OTAN foi substituída pela EUFOR (da União Européia) em 2 de dezembro de 2004.

Terminada a guerra na Bósnia, e com a presença de diversas agências internacionais para ajudar a garantir a paz, o interesse internacional diminuiu. A União Européia, como de hábito, mostrava-se imobilizada em decorrência das suas próprias preocupações institucionais, e Clinton, ocupado primeiramente com a eleição interna e mais tarde com a expansão da OTAN e a instabilidade da Rússia de Ieltsin, desviou o foco de atenção da crise dos Bálcãs. Mas embora Eslovênia, Croácia e Bósnia fossem agora Estados supostamente independentes, o problema iugoslavo não estava resolvido. Slobodan Milošević ainda controlava o que restara do país, e o problema que o levara ao poder estava prestes a aflorar.

Os albaneses na Sérvia continuavam a sofrer discriminação e repressão — a bem dizer, com a atenção internacional voltada para a crise mais ao norte, os albaneses estavam mais vulneráveis do que nunca. Depois de Dayton, a reputação internacional de Milošević havia melhorado bastante; embora ele não houvesse conseguido remover todas as sanções (motivo principal de sua cooperação intensa com as medidas norte-americanas em prol da paz na Bósnia), a Iugoslávia deixara a condição de pária. E assim, acumulando uma série de derrotas, e com políticos nacionalistas sérvios em Belgrado criticando-o por fazer concessões aos "inimigos" da Sérvia, Milošević voltou-se para Kosovo.

Já na primavera de 1997, Elisabeth Rehn, relatora especial da ONU para questões de direitos humanos, registrou uma advertência a respeito da probabilidade de desastre na província do Kosovo, pois Belgrado pressionava a maioria albanesa ali residente, negava todas as reivindicações de autonomia local e privava a comunidade de qualquer tipo de representação institucional. Ignorando a liderança inútil e humilhante de Ibrahim Rugova, uma geração de jovens albaneses — armada e incentivada pela própria Albânia — desistiu da resistência pacífica e recorreu cada vez mais ao ELK (Exército de Libertação de Kosovo).

Surgido na Macedônia em 1992, o ELK dedicava-se à luta armada pela independência do Kosovo (e talvez pela união com a Albânia). A tática do grupo — que consistia, principalmente, em ações guerrilheiras contra delegacias policiais — propiciou a Milošević a oportunidade de condenar *toda* a resistência albanesa como "terrorista" e autorizar uma campanha de violência. Em março de 1998, depois que forças sérvias — armadas com morteiros e apoiadas por helicópteros de combate — mataram e feriram dezenas de pessoas em massacres ocorridos em Drenica e outros vilarejos albaneses, a comunidade internacional, finalmente, atendeu aos pedidos de Rugova e começou a prestar mais atenção à região. Contudo, quando os EUA e a UE expressaram "repúdio à violência policial no Kosovo", a resposta agressiva de Milošević foi advertir que "o terrorismo que visasse à internacionalização do problema seria extremamente prejudicial àqueles que se valessem de tal método".

Àquela altura, toda a liderança albanesa do Kosovo — em sua maioria exilada ou refugiada — havia decidido que apenas uma separação total em relação à Sérvia poderia salvar a comunidade. Nesse ínterim, os EUA e os países do Grupo de Contato continuavam a buscar a mediação entre Milošević e os albaneses — fosse para negociar uma solução "justa", fosse para impedir uma guerra maior no sul dos Bálcãs. Tal receio tinha fundamento: se não fosse possível fazer com que a Iugoslávia tratasse com respeito os seus cidadãos de origem albanesa — e estes optassem por se separar —, o fato poderia ter conseqüências graves para a vizinha Macedônia, onde também vivia uma numerosa e infeliz minoria albanesa.

A recém-independente Macedônia, conhecida, por insistência da Grécia, como Antiga República Iugoslava da Macedônia,[10] era uma zona historicamente sensível. Suas divisas com a Bulgária, Grécia e Albânia tinham sido objeto de disputa, antes e depois das duas Guerras Mundiais. A região era vista com desconfiança por todos os vizinhos — dos quais o pequeno Estado (sem saída para o mar) depende para comércio e acesso ao mundo exterior. E a sobrevivência do país, depois da divisão da Iugoslávia, não estava, em absoluto, garantida. Mas, se a Macedônia ruísse, talvez a Albânia, Bulgária, Grécia e até a Turquia fossem arrastadas para o conflito.

Portanto, o fato de Milošević continuar maltratando — massacrando — os albaneses no Kosovo haveria de fazer pesar sobre ele a desaprovação e, finalmente, a intervenção das potências ocidentais. Curiosamente, segundo consta, Milošević não se apercebia disso, a despeito das advertências feitas ao longo do verão de 1998 pela secretária de Estado norte-americana, Madeleine Albright (que disse que responsabilizaria Milošević, "pessoalmente"); pelo presidente da França, Jacques Chirac, e pelo secretário-geral da OTAN, Javier Solana. Conforme ocorreria com Saddam Hussein alguns anos mais tarde, Milošević isolou-se da opinião pública ocidental e superestimou a própria capacidade de manipular e manobrar os estadistas internacionais.

Mas a culpa não era só de Milošević. Adulado por visitas freqüentes de determinados diplomatas norte-americanos — que se vangloriavam de sua perícia como mediadores —, Milošević tinha bons motivos para crer que não era visto no Ocidente como um inimigo intransigente, e sim como um interlocutor privilegiado.[11] E o ditador iugoslavo estava bem consciente da preocupação da comunidade internacional no sentido de evitar novas mudanças nas divisas nacionais. Ainda em julho de 1998, apesar de claros indícios de que a situação no Kosovo era desesperadora, o Grupo de Contato composto por ministros estrangeiros rechaçou, publicamente, a independência como solução.

O que Milošević deixou de perceber foi o impacto transformador que a catástrofe na Bósnia teria na opinião internacional. Os direitos humanos — sobretudo a preocupação com a limpeza étnica — passaram a ser prioridade, mesmo porque era geral o sentimento de culpa que o mundo sentia coletivamente diante da incapacidade de reagir a tempo no passado. Em junho de 1998, o Tribunal de Crimes de Guerra, em Haia, declarou-se competente para exercer jurisdição sobre crimes cometidos no Kosovo — Louise Arbour, promotora pública encarregada, argumentou que a escala e a natureza da luta configuravam um conflito armado atinente ao direito internacional — e em 19 de julho o Senado dos EUA instou os oficiais de Haia a indiciar Milošević por "crimes de guerra, crimes contra a humanidade e genocídio".

---

[10] O idoso primeiro-ministro grego, Andreas Papandreou, manipulando o sentimento nacionalista para obter vantagem eleitoral, afirmava que o termo "Macedônia" pertencia ao antigo patrimônio do país e só podia ser aplicado ao extremo norte da própria Grécia. Se o Estado eslavo surgido no sul da Iugoslávia assim se chamava era porque haveria de ter ambições irredentistas. O que Papandreou não admitia era que muitos dos "gregos" da Macedônia grega descendiam de eslavos — embora oficialmente helenizados, por motivos patrióticos.

[11] No inverno de 1996, na seqüência de eleições visivelmente fraudulentas, estudantes sérvios realizaram protestos durante três meses pelas ruas de Belgrado, denunciando a ditadura de Milošević e exigindo mudanças. No entanto, os estudantes não receberam qualquer apoio ou incentivo das potências ocidentais, que viam Milošević como um fator estabilizante nos anos subseqüentes às conversações de Dayton e nada faziam para enfraquecer-lhe a posição.

A plausibilidade das acusações aumentava rapidamente. Além do fato de que centenas de "terroristas" albaneses estavam sendo mortos por unidades de polícia especial recrutadas na Sérvia, acumulavam-se os indícios de que, sob a camuflagem do conflito, Belgrado planejava "estimular" a partida da população albanesa, forçando os albaneses a abandonar suas terras e seu sustento, se quisessem salvar suas vidas. Ao longo do inverno de 1998-1999, houve relatos de ações policiais sérvias — por vezes em reação a ataques do ELK, mais freqüentemente envolvendo massacres de famílias inteiras — cujo objetivo era aterrorizar as comunidades, para pressioná-las a deixar os vilarejos e cruzar as fronteiras, fugindo para a Albânia ou para a Macedônia.

A opinião internacional mostrava-se agora cada vez mais dividida. Já em outubro de 1998, os EUA e a maioria dos parceiros da OTAN favoreciam, abertamente, alguma forma de intervenção militar em defesa dos albaneses sitiados. Mas na ONU (que precisaria autorizar qualquer intervenção em questões nitidamente "domésticas" de um Estado soberano) era forte a oposição da China e da Rússia — cujo Parlamento aprovou uma resolução que definia qualquer ação futura da OTAN como "agressão ilegal". No âmbito da UE e da própria OTAN, a Grécia, por motivos próprios, era contrária a qualquer intervenção nos problemas iugoslavos. Enquanto isso, a Ucrânia e a Bielo-Rússia ofereciam "solidariedade incondicional" e "apoio moral" aos companheiros eslavos na Sérvia.

O suposto impasse teria perdurado indefinidamente se Belgrado não houvesse intensificado a crise com uma série de massacres, no início de 1999; o primeiro ocorreu em 15 de janeiro, no vilarejo de Racak, no sul do Kosovo, e depois em março, por toda a província. O ataque a Racak, no qual 45 albaneses foram mortos (sendo 23 aparentemente executados), serviu — a exemplo do massacre no mercado de Sarajevo — para, finalmente, instigar a reação da comunidade internacional.[12] Depois de negociações infrutíferas entre Madeleine Albright e uma delegação iugoslava, realizadas em Rambouillet e concluídas com a previsível recusa de Belgrado em retirar suas forças do Kosovo e aceitar uma presença militar estrangeira na área, a intervenção se mostrou inevitável. Em 24 de março, sem a autorização formal da ONU, navios, aviões e mísseis da OTAN entraram em ação na Iugoslávia, para todos os efeitos, uma declaração de guerra ao regime de Belgrado.

A guerra final na Iugoslávia durou pouco menos de três meses, ao longo dos quais as forças da OTAN causaram sérios danos à Sérvia, mas foi limitado o sucesso na prevenção da contínua expulsão dos albaneses que viviam no Kosovo; no decorrer da guerra, 865 mil refugiados (metade da população albanesa no Kosovo) buscaram acampamentos improvisados do outro lado da fronteira, em Montenegro, Bósnia, Albânia e nas áreas de origem albanesa, no oeste da Macedônia. Mas, apesar da imprudente insistência do presidente Clinton de que tropas de Infantaria da OTAN não deveriam ser envolvidas nos ataques — obrigando os Aliados a realizar uma guerra aérea, com acidentes inevitáveis (dos quais a propaganda iugoslava e a autopiedade típica dos sérvios muito se aproveitaram) —, o resultado era previsível. Em 9 de junho, Belgrado concordou em retirar do Kosovo seus soldados e policiais, os ataques da

[12] E, à semelhança das atrocidades cometidas em Sarajevo, Belgrado e seus apologistas insistiam que o ataque jamais tinha acontecido ou, quando isso ficou impossível, que fora uma "provocação" encenada pelas próprias vítimas.

OTAN foram suspensos e a ONU determinou a ocupação "temporária" da província pela Força do Kosovo, comandada pela OTAN.

A ocupação do Kosovo marcou o fim do ciclo de uma década de guerras na Iugoslávia — e também o início do declínio do próprio Milošević. Com a credibilidade abalada pelo recente e pior revés sofrido pelo projeto nacionalista sérvio, Milošević perdeu feio a eleição presidencial de setembro de 2000 para o candidato da oposição, Vojislav Koštunica. Quando assentiu, com cinismo, que Koštunica tinha mais votos, mas declarou que a margem era tão pequena que seria necessário um segundo turno, Milošević provocou, finalmente, uma onda de protesto popular entre o sofrido povo sérvio. Milhares de manifestantes saíram às ruas de Belgrado e em 5 de outubro, por fim, Milošević reconheceu a derrota e entregou o cargo. Seis meses mais tarde, o governo da Sérvia, cada vez mais desesperado para obter assistência econômica ocidental, concordou em prender Milošević e entregá-lo ao Tribunal de Haia, onde ele foi acusado de genocídio e crimes de guerra.

Quem terá sido o culpado da tragédia na Iugoslávia? Muita gente foi responsável. As Nações Unidas demonstraram, de início, pouco interesse na questão — o secretário-geral, Boutros Boutros-Ghali, incompetente e desinteressado, definiu a Bósnia como "guerra de rico" ,
e, quando finalmente chegaram aos Bálcãs, os representantes da organização se dedicaram a obstruir qualquer ação militar decisiva contra os piores agressores. Os europeus se saíram pouco melhor. A França, especialmente, demonstrou clara relutância em identificar o culpado do curso dos eventos na Sérvia — e até mesmo uma nítida indisposição de se envolver.

Portanto, quando, em setembro de 1990, Washington quis incluir a Iugoslávia na pauta de um encontro da Organização para a Segurança e Cooperação na Europa (OSCE), a ser realizado em Paris, François Mitterrand acusou os americanos de fazer um "dramalhão" e rejeitou a proposta de inclusão. Quatro meses depois, quando a questão voltou à baila, o Ministério das Relações Exteriores da França agora dizia ser "tarde demais" para uma intervenção estrangeira... Paris continuou sem disposição de cooperar, mesmo depois que as forças internacionais foram obrigadas a agir na região: o general francês Bernard Janvier, comandante da Força de Proteção da ONU na Bósnia, proibiu ataques aéreos contra as forças sérvio-bósnias em Srebrenica.[13] Já o governo holandês chegou a vetar qualquer ataque da OTAN a fortificações sérvio-bósnias até que todos os soldados holandeses estivessem sãos e salvos, longe do país.

Outros países se saíram melhor, mas não muito. Embora a Inglaterra, no fim, apoiasse a pressão norte-americana em prol da intervenção, as autoridades britânicas passaram os primeiros anos do conflito iugoslavo tentando, em surdina, impedir qualquer envolvimento direto por parte da CE ou da OTAN. E o tratamento dispensado pelos britânicos aos refugiados iugoslavos foi vergonhoso: em novembro de 1992, quando o fluxo de bósnios desesperados e apátridas chegava ao auge, Londres anunciou que nenhum bósnio poderia

[13] O desempenho de Janvier suscitou pedidos, na França e em outros locais, para que também ele fosse indiciado por responsabilidade no massacre subseqüente.

entrar no Reino Unido sem o devido visto. Era a traiçoeira Álbion, cínica como sempre. Não havendo Embaixada britânica em Sarajevo para expedir tais vistos, o único caminho para uma família bósnia era por intermédio de uma Embaixada britânica em algum outro país... mas, nesse caso, o governo do Reino Unido declarava que, se a família já havia conseguido asilo em outro local, a Grã-Bretanha não precisava mais recebê-la. Sendo assim, enquanto, entre 1992 e 1995, Alemanha, Áustria e os países escandinavos acolheram centenas de milhares de refugiados iugoslavos, o Reino Unido chegou a registrar um *declínio* nos pedidos de asilo.

Embora Washington demorasse a se deter nos eventos dos Bálcãs, depois que se envolveram no conflito, os EUA se saíram bem melhor do que os demais países. Na realidade, o fato de ter sido por iniciativa norte-americana que a intervenção internacional avançou, passo a passo, foi motivo de humilhação para os aliados da Europa Ocidental. Mas também os EUA se moveram lentamente — sobretudo porque as autoridades públicas norte-americanas responsáveis pela defesa não queriam assumir riscos e porque muitos políticos continuavam a achar que o país nada tinha a ver com aquela guerra. A idéia de enviar tropas da OTAN nessas circunstâncias — ou de que os EUA pudessem intervir unilateralmente nos assuntos domésticos de um Estado soberano com o qual não estavam em disputa — não era fácil de encontrar apoio. Conforme observou o secretário de Estado Warren Christopher no auge na guerra da Bósnia, tratava-se de um "problema dos infernos".

Quanto aos próprios iugoslavos, ninguém escapou da desonra. O fracasso do sistema federal iugoslavo foi precipitado por Belgrado, mas Liubliana e Zagreb não lamentaram o fim do sistema. Os muçulmanos bósnios, é bem verdade, tinham poucas oportunidades de cometer crimes de guerra — de modo geral eram o alvo da agressão. A perda incorrida por eles é a mais triste de todas — e a destruição de Sarajevo é motivo de grande pesar. Em escala reduzida, a capital da Bósnia era uma autêntica cidade cosmopolita: talvez o último dos centros urbanos multiétnicos, multilíngües e ecumênicos que no passado fizeram a glória da Europa Central no Mediterrâneo Oriental. A cidade será reconstruída, mas jamais poderá se recuperar.

Por outro lado, croatas armados foram responsáveis por inúmeros atos de violência contra civis — sob a direção de Zagreb e por iniciativa própria. Em Mostar, pequena cidade do oeste da Bósnia que registra um percentual elevado de casamentos entre indivíduos de religiões diferentes, extremistas croatas se dedicaram a expulsar muçulmanos e famílias mistas que viviam na metade oeste. Em seguida, substituíram estes por croatas forçados a sair do campo, radicalizados pela experiência de limpeza étnica praticada no interior, e procederam ao cerco dos bairros muçulmanos a leste. Enquanto isso, em novembro de 1993, os extremistas croatas também destruíram a ponte otomana sobre o rio Neretva (construída no século XVI), símbolo do passado ecumênico e integrado da cidade.

Os croatas, então, tinham pouco do que se gabar — e de todos os líderes pós-comunistas que emergiram dos escombros, Franjo Tudjman era um dos menos interessantes. Mais do que ninguém, Tudjman se incumbiu, pessoalmente, de apagar o passado iugoslavo da memória dos seus concidadãos: já em março de 1993, a própria palavra "Iugoslávia" fora removida de livros didáticos, compêndios, enciclopédias, títulos de obras e mapas publicados na nova

Croácia. Somente depois da morte de Tudjman pôde o Estado croata, por ele fundado, começar a se reposicionar como candidato ao ingresso na comunidade internacional.

Contudo, em última instância, a maior responsabilidade pela catástrofe iugoslava recai sobre os sérvios e seu líder eleito, Slobodan Milošević. Foi sua busca de poder que levou as outras Repúblicas a deixar a federação. Milošević, então, instigou seus compatriotas sérvios na Croácia e na Bósnia a criar enclaves territoriais e os apoiou com seu Exército. E foi Milošević que autorizou e dirigiu o ataque contínuo à população albanesa da Iugoslávia, ação que, por seu turno, provocou a guerra no Kosovo.

As ações de Belgrado foram desastrosas para os sérvios. Estes perderam suas terras na região de Krajina, na Croácia; foram obrigados a aceitar a independência da Bósnia e abandonar os planos para a criação de um Estado sérvio soberano; foram derrotados no Kosovo, de onde a maioria da população sérvia fugiu, com medo (justificado) da retaliação albanesa; e no que sobrou do Estado iugoslavo (do qual até Montenegro já tentou se separar), o padrão de vida dos sérvios está mais baixo do que nunca. O curso dos eventos tem exacerbado uma antiga propensão sérvia à autopiedade diante da injustiça da História, mas é verdade que, a longo prazo, talvez os sérvios sejam mesmo os que mais tenham perdido com as guerras na Iugoslávia. É revelador da condição do país o fato de que, atualmente, até a Bulgária e a Romênia estejam acima da Sérvia em termos de padrão de vida e perspectivas futuras.

Mas essa ironia não deve nos cegar quanto à responsabilidade dos sérvios. A ferocidade e o sadismo revoltantes verificados nas guerras da Croácia e da Bósnia — a agressão, degradação, tortura, o estupro e assassinato cometidos por indivíduos contra centenas de milhares de concidadãos — foram obra de sérvios, em sua maioria jovens do sexo masculino, incitados por propaganda e pela liderança de chefões locais, cujas ordens e cujo poder emanavam de Belgrado, a agir com ódio e indiferença diante do sofrimento. O que se seguiu não era tão extraordinário: já havia acontecido na Europa poucas décadas antes, quando — por todo o continente e com a desculpa da guerra — gente comum cometera crimes bárbaros.

Não resta dúvida de que, ao menos na Bósnia, a propaganda sérvia podia se valer de uma certa história — um relato de sofrimento que jazia logo abaixo da superfície da plácida vida iugoslava no pós-guerra. Mas a decisão de instigar essa memória, de manipulá-la e explorá-la para fins políticos, foi tomada por homens: um homem, em particular. Conforme disse Slobodan Milošević, cinicamente, a um jornalista, por ocasião das conversações em Dayton, ele jamais tinha esperado que as guerras em seu país durassem tanto tempo. É verdade que duraram muito tempo. Mas as guerras não irromperam a partir de combustão étnica espontânea. A Iugoslávia não caiu: foi empurrada. Não morreu: foi morta.

O caso da Iugoslávia foi o pior, mas a experiência do pós-comunismo foi difícil em toda parte. O caminho que levou o autoritarismo à democracia, em Portugal ou na Espanha, correu ao lado da modernização acelerada de economias agrárias ultrapassadas — combinação bem conhecida do restante da Europa Ocidental. Mas a saída do comunismo não teve precedentes. A tão aguardada passagem do capitalismo para o socialismo fora teorizada *ad nauseam* em academias, universidades e cafés, de Belgrado a Berkeley, mas ninguém planejara a transição do socialismo para o capitalismo.

Entre os muitos legados onerosos do comunismo, a herança econômica foi a mais tangível. Na Eslováquia, na Transilvânia ou na Silésia, os parques industriais, já obsoletos, somavam incapacidade econômica com irresponsabilidade ambiental. Os dois fatores estavam intimamente relacionados: a poluição do lago Baikal, a morte do mar de Aral e a chuva ácida que se precipitava sobre as florestas do norte da Boêmia representavam não apenas uma catástrofe ecológica, mas também o comprometimento do futuro. Antes que se pudesse investir em novas indústrias, as antigas precisariam ser desmontadas, e alguém teria de reparar os danos por elas causados.

Nas *Länder* a leste da Alemanha, a conta relativa à neutralização dos danos do comunismo foi assumida pelo governo federal. A *Treuhand* (ver Capítulo 17) gastou bilhões de marcos ao longo de quatro anos comprando e revendendo instalações industriais obsoletas, acertando as contas com os operários dispensados e melhorando — ao máximo possível — as condições locais. Mas, embora os resultados tenham sido desiguais e o Tesouro Federal quase quebrasse, os ex-alemães orientais tiveram sorte: sua saída do comunismo foi financiada pela economia mais sólida do Oeste Europeu. Em outros locais, o custo da reinvenção da vida econômica teve de ser assumido pelas próprias vítimas.

A escolha básica diante dos governos pós-comunistas era tentar uma transformação única e imediata de economia socialista subsidiada em capitalismo comandado pelo mercado — uma abordagem tipo "big bang" — ou proceder com cautela, desmontando ou vendendo os piores setores da "economia planejada" e resguardando ao máximo possível fatores que tanto importavam para a população local: aluguel baixo, emprego garantido, serviços sociais gratuitos. A primeira estratégia convinha melhor aos teoremas do livre-mercado tão apreciados por uma nova geração de economistas e empresários pós-comunistas; a segunda, sob o ponto de vista político, era a mais prudente. O problema é que ambas as abordagens, a curto prazo (e talvez a prazo nem tão curto), causam grande sofrimento e perda: na Rússia de Boris Ieltsin, onde *as duas* foram aplicadas, a economia encolheu, dramaticamente, durante oito anos — o maior revés em tempo de paz registrado numa grande economia na história moderna.

Foi na Polônia, sob a supervisão firme de Leszek Balcerowicz (primeiro à frente do Ministério da Fazenda, mais tarde na chefia do Banco Central), que a abordagem "big bang" foi aplicada pela primeira vez e de modo mais consistente. Era óbvio, argumentava Balcerowicz, que a Polônia — praticamente insolvente — não poderia se recuperar sem auxílio internacional. Mas o auxílio só seria concedido se o país criasse estruturas dignas de crédito que inspirassem a confiança dos banqueiros e das agências de empréstimo ocidentais. Não era o Fundo Monetário Internacional que estava impondo medidas de austeridade à Polônia; antecipando-se às exigências do FMI, a Polônia faria por onde, e receberia o auxílio necessário. E o único modo de fazer isso era agir com *rapidez,* enquanto durasse a lua-de-mel do pós-comunismo, antes que o povo percebesse o quanto o processo seria doloroso.

Portanto, em 1° de janeiro de 1999, o primeiro governo pós-comunista da Polônia embarcou num ambicioso programa de reformas: aumentando as reservas em moedas estrangeiras, extinguindo o controle de preços, apertando o crédito e cortando subsídios (i.e., deixando que as empresas falissem) — tudo à custa do salário real, que despencou cerca de 40%. A não ser pelo pronto reconhecimento de que o desemprego era inevitável (atenuado pela criação de um fundo de apoio e treinamento para desempregados), a situação não diferia muito do que, por duas vezes, se tentara fazer (em vão) durante a década de 1970. O que mudara era o clima político.

Na vizinha Tchecoslováquia, sob o comando do ministro da Fazenda (mais tarde, primeiro-ministro) Václav Klaus, foi implementado um programa igualmente ambicioso — com ênfase adicional em convertibilidade monetária, liberalização de comércio exterior e privatização, tudo de acordo com o "thatcherismo" abertamente assumido por Klaus. A exemplo de Balcerowicz e alguns jovens economistas do Kremlin, Klaus era favorável à "terapia de choque": nada encontrando que valesse a pena preservar nas economias socialistas, ele não via por que adiar a mudança para o capitalismo.

No outro extremo havia homens como Mečiar, na Eslováquia, Iliescu, na Romênia, ou o primeiro-ministro ucraniano (e logo presidente) Leonid Kuchma. Cautelosos para não contrariar seus eleitorados, tais indivíduos retardavam ao máximo a introdução de mudanças — o primeiro "programa de reforma econômica" da Ucrânia só foi anunciado em outubro de 1994 — e mostravam-se bastante relutantes quanto à liberalização dos mercados internos ou à redução da fatia do Estado na economia. Em setembro de 1995, Kuchma defenderia sua postura — em termos bem conhecidos pelos historiadores da região —, criticando a "imitação cega da experiência estrangeira".

Após passar por um atoleiro de adversidade no início da década de 1990, o primeiro escalão de ex-Estados comunistas reemergiu sobre fundações mais sólidas, conseguindo atrair investidores ocidentais e até vislumbrar a ascensão à União Européia. O sucesso relativo das estratégias econômicas polonesas ou estonianas, quando comparado à sorte da Romênia ou da Ucrânia, fica evidente a qualquer visitante — na realidade, no que diz respeito às atividades das pequenas empresas, e até em relação ao otimismo do povo, os países mais bem-sucedidos do Leste Europeu saíram-se melhor do que a antiga Alemanha Oriental, a despeito das supostas vantagens desta última.

É tentador concluir que os Estados pós-comunistas mais "avançados", como a Polônia — ou a República Tcheca, a Estônia, a Eslovênia e, talvez, a Hungria —, tenham conseguido, ao longo de alguns anos de aperto, transpor o abismo existente entre o socialismo estatal e o capitalismo de mercado, ainda que os cidadãos mais velhos e mais pobres tivessem pago caro por isso; nesse ínterim, o segundo escalão de países, nos Bálcãs e na antiga União Soviética, ficou um tanto à deriva, detido por uma elite governamental incompetente e corrupta, relutante em contemplar as mudanças necessárias.

Isso é verdade apenas em termos gerais. Mesmo sem Klaus, Balcerowicz ou seus colegas húngaros e estônios, determinados países ex-comunistas prosperariam mais do que outros, na transição para uma economia de mercado: ou porque já haviam embarcado no projeto antes de 1989 — conforme já vimos —, ou então porque as distorções da era soviética não eram tão patológicas em seus países quanto nos países vizinhos e menos afortunados (sob esse aspecto, a comparação entre a Hungria e a Romênia é reveladora). E, evidentemente, os milagres da transformação econômica vigente nas capitais de certos países — em Praga, Varsóvia ou Budapeste, por exemplo — nem sempre ocorriam nas províncias distantes. Assim como era no passado, era no presente: as verdadeiras divisas na Europa Central e Oriental não separam países, mas centros urbanos prósperos e zonas rurais negligenciadas e empobrecidas.

Bem mais reveladoras do que as diferenças entre as experiências pós-comunistas nessas regiões são as semelhanças. Afinal, em cada país, as novas elites governamentais encaravam as mesmas opções estratégicas. O "romance com a economia de mercado", conforme disse o primeiro-ministro russo, Viktor Chernomirdin, em tom de crítica, em janeiro de 1994, era universal.[14] Universais eram também os objetivos econômicos: a liberalização da economia, a transição para alguma forma de livre-mercado e o acesso à União Européia — com sua sedutora promessa de conquistar consumidores estrangeiros, investimentos e fundos para desenvolvimento regional, cujo propósito era atenuar o sofrimento do desmonte da economia. Tratava-se de metas perseguidas por quase todos os países — e, vale dizer, segundo parecia aos observadores mais bem informados, não havia alternativa.

Se eram grandes as diferenças quanto às políticas públicas a serem implementadas nas sociedades pós-comunistas, então, o fato não decorria de opiniões conflitantes sobre o rumo a ser seguido e o meio de se chegar ao destino. A questão concreta era como dispor dos recursos. As economias dos Estados comunistas talvez fossem distorcidas e ineficientes, mas contavam com recursos vastos e potencialmente lucrativos: energia, minério, armamentos, bens imóveis, sistemas de mídia, redes de transportes e muito mais. Além disso, nas sociedades pós-soviéticas, as únicas pessoas que sabiam dirigir um laboratório, uma fazenda ou uma fábrica — que tinham experiência no comércio internacional ou na gerência de grandes organizações — e que sabiam fazer acontecer eram os próprios integrantes do partido: os intelectuais, os burocratas e a elite governante.

Essas seriam as pessoas que passariam a administrar seus respectivos países depois de 1989 (tanto quanto antes) — até que surgisse uma nova geração pós-comunista. Mas elas agora operariam de outra maneira: em vez de trabalhar para o partido, estariam atuando e competindo pelo poder nos diversos partidos políticos; e, em vez de serem empregadas pelo Estado, trabalhariam de modo independente, num mercado competitivo que envolvia talento, produtos e capital. Quando o Estado vendeu a sua participação em tudo, desde direitos de prospecção do solo até edifícios residenciais, esses eram os homens (de fato, em sua maioria, homens, a futura primeira-ministra da Ucrânia, Julia Timoshenko, sendo uma notável exceção) que realizariam as vendas — e as compras.

O capitalismo, segundo a boa-nova que se espalhou por toda a Europa pós-comunista, tem a ver com mercados. E mercados têm a ver com privatização. A liquidação de patrimônio público verificada no Leste Europeu no período pós-1989 não teve qualquer precedente histórico. O culto à privatização no Oeste Europeu, que ganhara fôlego a partir do final dos anos 70 (ver Capítulo 16), serviu de base para o atabalhoado recuo da propriedade estatal no Leste; fora isso, Oeste e Leste tinham pouco em comum. O capitalismo, conforme surgido no mundo atlântico e na Europa Ocidental ao longo de quatro séculos, era acompanhado de leis, instituições, regulamentações e práticas das quais o sistema dependia totalmente para funcionar com legitimidade. Em muitos países pós-comunistas, tais leis e instituições eram

[14] Numa geração mais jovem, dotada de mentalidade empresarial e ávida por escapar do oneroso passado do país, a perspectiva até gerou um novo conformismo, em substituição à insípida oratória pública do comunismo: a adulação acrítica aos mantras da economia neoclássica, sem qualquer tipo de familiaridade com o custo social da prática.

bastante desconhecidas — e perigosamente subestimadas por inexperientes defensores do livre-mercado.

O resultado foi privatização enquanto cleptocracia. Descaradamente, na Rússia sob o comando de Boris Ieltsin e amigos, a economia do período pós-transição ficou nas mãos de um pequeno número de homens que enriqueceram de modo extraordinário — já em 2004, 36 bilionários russos ("oligarcas") tinham capturado cerca de 110 bilhões de dólares, a quarta parte do Produto Interno Bruto. As distinções entre privatização, suborno e roubo praticamente desapareceram: havia muito que roubar — petróleo, gás, minério, metais preciosos, oleodutos —, e ninguém ou nada que impedisse o roubo. Patrimônio e órgãos públicos foram desmantelados e distribuídos entre funcionários que se apropriavam de qualquer coisa que se movesse (literalmente) ou que pudesse ser legalmente designada ao setor privado.

A Rússia foi o pior caso, mas a Ucrânia não ficou muito atrás. Kuchma e outros políticos foram eleitos à custa de imenso apoio financeiro de "empresários" que viam os desembolsos como pagamentos a serem revertidos em rendas, no futuro; na Ucrânia pós-soviética, conforme bem se sabia, o poder levava ao dinheiro, não o contrário. Bens públicos, empréstimos estatais ou subsídios passavam diretamente das mãos do governo para os bolsos de alguns clãs, e grande parte dos recursos era então transferida para contas bancárias particulares no exterior. Os novos "capitalistas" desses países não produziam coisa alguma: apenas lavavam o patrimônio público em benefício de particulares.

O nepotismo corria solto, tanto quanto fora o caso durante o comunismo, mas com ganhos privados bem maiores: quando a Kryvorizhstal, uma das maiores usinas de aço do mundo — com 42 mil empregados e um lucro bruto anual de 300 milhões de dólares (num país onde a renda média mensal era de 95 dólares) —, foi posta à venda, tardiamente, em junho de 2004, ninguém em Kiev se surpreendeu com a notícia de que o "comprador" era Viktor Pinchuk, um dos empresários mais ricos do país e genro do presidente da Ucrânia.

Na Romênia e na Sérvia, o destino do patrimônio estatal foi semelhante, ou então nem chegou a ser vendido, pois os políticos locais resistiam às negociatas de privatização e preferiam manter o poder e a influência à moda antiga. A exemplo dos albaneses, mais ou menos à mesma época, aos romenos que buscavam ganhos instantâneos no mercado eram oferecidos "esquemas de pirâmide" que prometiam lucros imensos, a curto prazo e sem risco. Um desses cambalachos, conhecido como "Caritas", que funcionou de abril de 1992 a agosto de 1994, chegou a ter cerca de 4 milhões de participantes — quase um em cada cinco habitantes da Romênia.

Assim como as privatizações "legítimas", os tais esquemas (eram comuns também na Rússia) funcionavam sobretudo para canalizar dinheiro para máfias instaladas em antigas redes do partido e nos serviços de segurança nacional. Enquanto isso, 14 anos depois da queda de Ceauşescu, 66% da indústria romena ainda pertenciam ao Estado, embora alguns dos empreendimentos mais lucráveis e atraentes tivessem novos donos. Durante muitos anos, os investidores estrangeiros receavam arriscar seu capital nesses países: a perspectiva de ganhos substanciais era neutralizada pela ausência crônica de proteção legal.

Em outros pontos da Europa Central o saldo dos riscos favorecia os investidores estrangeiros, mesmo porque a expectativa de ingresso na União Européia acelerava a reforma institucional necessária, bem como a legislação. Mesmo assim, na Hungria e na Polônia, grande parte da privatização inicial consistiu ora na transformação de mercados paralelos existentes na era comunista em negócios legais, ora na venda rápida de segmentos das empresas estatais mais viáveis para empreendedores locais respaldados por recursos provenientes do exterior. Três anos após a revolução, apenas 16% das empresas estatais polonesas tinham sido vendidas para o setor privado. Na República Tcheca, um criativo sistema de vales, por meio do qual era possível adquirir ações de empresas estatais, supostamente transformaria o país numa nação de capitalistas; no entanto, o efeito principal do sistema, ao longo dos anos seguintes, foi preparar o terreno para futuros escândalos e uma reação política contra a "ganância" generalizada.

Uma razão das distorções observadas no processo de privatização na Europa pós-comunista foi a ausência do envolvimento ocidental. É verdade que, a princípio, Moscou e Varsóvia ficaram repletas de jovens economistas norte-americanos dispostos a ensinar os anfitriões a construir o capitalismo, e que empresas alemãs, de modo especial, logo demonstraram interesse em companhias comunistas bem-sucedidas, como a Škoda, fabricante de veículos.[15] Mas não houve, praticamente, envolvimento por parte de governos estrangeiros, nenhum Plano Marshall ou qualquer esquema semelhante; a exceção foi a Rússia, onde entravam somas consideráveis em empréstimos provenientes de Washington para apoiar o regime de Ieltsin — e de onde tais somas saíam para os bolsos de amigos e partidários de Ieltsin.

O mencionado investimento estrangeiro não se assemelhou ao esforço coordenado que caracterizou o período posterior à Segunda Guerra Mundial, mas ao tipo de envolvimento fragmentado que o setor privado praticou na seqüência do Tratado de Versalhes: investindo quando o momento era propício e sacando quando a coisa ia mal.[16] Como no passado, portanto, os europeus orientais têm competido com o Ocidente em condições bastante desiguais, carecendo de capital local e mercados internacionais, exportando apenas gêneros alimentícios e matérias-primas com pequenas margens de lucro ou, então, bens industriais e de consumo cujos preços se mantêm baixos à custa de baixos salários e subsídios.

Não será surpresa que muitos governos pós-comunistas, a exemplo de administrações anteriores no período entre as duas guerras, tenham se sentido tentados a se proteger do desgaste político provocado pela privatização instituindo mecanismos de proteção — no caso, leis que restringiam a propriedade estrangeira de terras e empresas. Condenadas (um tanto injustamente) por críticos estrangeiros por serem "nacionalistas", essas reprises de esforços para conquistar independência econômica (previsivelmente) alcançaram resultados inexpressivos: ao inibir o investimento externo e distorcer o mercado interno, as medidas tão-somente empurraram o processo de privatização no rumo da corrupção.[17]

---

[15] Fato que provocou um certo nervosismo nacionalista, diante da perspectiva da inclusão de Praga na Grande Esfera de Prosperidade Alemã — e uma piada. "Tenho boas notícias e más notícias sobre o futuro da Tchecoslováquia pós-comunista." "Qual é a boa notícia?" "Os alemães estão chegando!" "E qual é a má notícia?" "Os alemães estão chegando."

[16] Uma exceção notável é a Estônia, que muito tem se beneficiado por ter sido praticamente adotada pelos vizinhos escandinavos. Em 1992, 92% do comércio da Estônia eram com a antiga União Soviética. Cinco anos depois, mais de três quartos do comércio do país eram com o Ocidente, principalmente através do Báltico.

[17] E da ineficiência — uma ironia da privatização ritualizada na Europa Oriental foi que, depois de desmembradas em pequenos lotes, as fazendas coletivas não mais podiam ser trabalhadas com trator, apenas à mão.

Assim sendo, para cada russo desonesto com casa em Londres ou Cannes, ou para cada jovem empresário polonês com BMW e telefone celular, havia milhões de pensionistas descontentes e trabalhadores demitidos para os quais a transição ao capitalismo, na melhor das hipóteses, era um benefício duvidoso — sem falar dos milhões de camponeses que não podiam se deslocar nem se tornar economicamente auto-suficientes; na Polônia, no final do século XX, a agricultura gerava apenas 3% do PIB — mas ainda empregava a quinta parte da população ativa. O desemprego continuou endêmico em muitos locais — e com a perda do emprego perdia-se também o aluguel barato e outros benefícios que normalmente acompanhavam o emprego nesses países. Com a alta constante dos preços, fosse em conseqüência da inflação[18] ou da expectativa de ingresso na UE, qualquer pessoa que vivesse com salário fixo ou pensão paga pelo Estado (ou seja, a maioria dos professores, médicos e engenheiros que antes eram o orgulho do socialismo) tinha bons motivos para sentir saudade do passado.

No Leste Europeu, muita gente — sobretudo quem tivesse mais de 40 anos — se queixava amargamente de perdas quanto à segurança material, alimentação, moradia e serviços a preços acessíveis; mas isso não queria dizer que desejassem, necessariamente, voltar para o sistema comunista. Conforme uma engenheira militar russa aposentada, com 50 anos, que vivia ao lado do marido pensionista com uma renda familiar de 448 dólares mensais disse a jornalistas estrangeiros, em 2003: "O que queremos é uma vida tranqüila, como era na União Soviética, com a garantia de um futuro estável e bom, e preços acessíveis — e, ao mesmo tempo, essa liberdade que não existia antes".

No entanto, pesquisas de opinião realizadas com letões, que se apavoram só de imaginar a volta do domínio russo, apontam que os camponeses, em especial, acham que viviam melhor na época da URSS. E talvez estejam certos, e não apenas os camponeses. No final dos anos 80, antes das revoluções, os europeus do leste eram cinéfilos. Já em 1997, a freqüência aos cinemas na Letônia diminuíra 90%. O mesmo era verdade por todo lugar — na Bulgária, a queda foi de 93%; na Romênia, 94%; na Rússia, 96%. O interessante é que na Polônia, no mesmo período, a freqüência aos cinemas caiu apenas 77%; na República Tcheca, 71%; e na Hungria, 51%. Na Eslovênia, a freqüência praticamente não decresceu. Esses dados sugerem uma relação direta entre prosperidade e presença nas salas de cinema, e confirmam a explicação apresentada por uma pesquisa realizada na Bulgária para tal declínio: desde a queda do comunismo, a oferta de filmes era melhor... mas as pessoas já não podiam comprar o ingresso.

Considerando as circunstâncias, a difícil e incompleta transformação econômica do Leste Europeu enseja a observação johnsoniana de que, embora não tenha sido bem feita, é até surpreendente que tal transformação tenha ocorrido. O mesmo pode ser dito da transição para a democracia. Excetuando-se a Tchecoslováquia, nenhuma das antigas sociedades comunistas entre Viena e Vladivostok tinha memórias vivas de autêntica liberdade política, e muitos observadores locais mostravam-se pessimistas quanto às chances de uma política pluralista. Se o capitalismo sem restrições legais mergulha, diretamente, no roubo — na ausência de limites consensualmente aceitos para a retórica pública e a competição política —, temia-se, então, que a democracia se tornasse uma demagogia competitiva.

---

[18] Estima-se que na Ucrânia pós-comunista a inflação tenha alcançado o índice anual de 5.371% em 1993.

O temor não era de todo infundado. Ao concentrar poder, informação, iniciativa e responsabilidade nas mãos do Estado-partido, o comunismo tinha gerado uma sociedade de indivíduos não apenas desconfiados uns dos outros e céticos diante de qualquer assertiva ou promessa oficial, mas inexperientes em termos de iniciativa individual ou coletiva e carentes de embasamento para fazer escolhas públicas bem informadas. Não por acaso, a iniciativa jornalística mais importante nos Estados pós-soviéticos foi o surgimento de jornais dedicados à apresentação de fatos: *Fatos e Argumentos*, em Moscou, e *Fatos*, em Kiev.

Os mais idosos eram os menos preparados para negociar a transição para uma sociedade aberta. A geração mais jovem tinha melhor acesso à informação — fornecida pela televisão e pelo rádio internacional e, cada vez mais, pela Internet. Mas se, por um lado, o acesso à informação tornou muitos jovens eleitores mais cosmopolitas e até sofisticados, por outro, os afastou de seus pais e avós. Uma pesquisa realizada com jovens eslovacos uma década após a independência do país revelou um nítido hiato entre as gerações. Os jovens se mostravam totalmente distantes do passado pré-1989, do qual tinham um conhecimento restrito; no entanto, a juventude se queixava de que, no "admirável mundo novo" da Eslováquia pós-comunista, seus pais estavam à deriva, desamparados: não tinham condições de oferecer nem ajuda nem orientação aos filhos.

Esse hiato entre as gerações teria conseqüências políticas em toda parte, visto que eleitores mais velhos e mais jovens se revelavam, periodicamente, suscetíveis aos apelos de partidos que ofereciam alternativas nostálgicas ou ultranacionalistas ao novo consenso liberal. Como era de se esperar, o problema se mostrava mais grave na antiga União Soviética, onde o sofrimento e a desarticulação eram maiores e a democracia algo até então desconhecido. Extremamente empobrecidos, inseguros e rancorosos diante da nova e ostensiva riqueza de uma pequena minoria, eleitores na Rússia e na Ucrânia — idosos e nem tão idosos — eram presas fáceis para políticos autoritários. Portanto, embora tenha sido relativamente fácil, nas terras pós-comunistas, criar Constituições modelares e partidos democráticos, formar um eleitorado discernente foi questão bem mais complexa. As primeiras eleições, de modo geral, favoreceram as alianças liberais ou de centro-direita que intermediaram a derrubada do velho regime, mas o retrocesso causado pelas dificuldades econômicas e as inevitáveis decepções pesavam, freqüentemente, a favor dos ex-comunistas, agora reciclados em roupagem nacionalista.

Essa transformação da velha elite foi, na verdade, algo menos estranho do que pode ter parecido aos observadores internacionais. O nacionalismo e o comunismo tinham mais em comum entre si do que com a democracia; os dois compartilhavam, digamos, uma "sintaxe" política — ao passo que a linguagem do liberalismo era completamente diferente. No mínimo, o comunismo soviético e os nacionalistas tradicionais tinham um inimigo comum — o capitalismo, ou "o Ocidente" —, e seus herdeiros iriam se mostrar peritos em manipular um igualitarismo generalizado e invejoso ("ao menos naquela época éramos *todos* pobres"), fazendo com que a culpa das agruras do pós-comunismo recaísse sobre a interferência estrangeira.

Não houve, portanto, nada de incoerente com a ascensão de Corneliu Vadim Tudor, por exemplo: famoso adulador literário da corte de Nicolau Ceauşescu que se dedicava a escrever odes à glória do *Conducator* antes de pular do comunismo nacional para o ultranacionalismo.

Em 1991, financiado por dinheiro romeno proveniente do exterior, ele fundou o Partido da Grande Romênia, cuja plataforma combinava nostalgia irredentista, ataques à minoria húngara e anti-semitismo descarado. Nas eleições presidenciais de dezembro de 2000, um eleitor romeno em cada três optou por Tudor, em detrimento da única alternativa disponível, o ex-burocrata comunista Ion Iliescu.[19]

Mesmo quando partiam de uma crítica ao comunismo — como no caso do movimento "nacional-patriótico" russo *Pamyat* (Memória) —, os políticos nacionalistas logo expressavam uma simpatia simbiótica pelo passado soviético, misturando uma espécie de *ressentimento* nacionalista com uma nostalgia pelo legado soviético e seus monumentos. Uma mescla similar de retórica patriótica e arrependimento pelo mundo perdido do autoritarismo em estilo soviético explica a popularidade dos novos nacionalistas na Ucrânia, Bielo-Rússia, Sérvia e Eslováquia — e tem a sua contrapartida nos diversos partidos "populares" surgidos na Polônia no final dos anos 90, notadamente o prestigiado Partido da Autodefesa, de Andrzej Lepper.

Embora comunistas reciclados tenham feito alianças com nacionalistas autênticos,[20] o apelo do nacionalismo direto mostrou-se mais forte e duradouro na Rússia. Isso não deve surpreender: nas palavras de Vladimir Jirinovski, figura pública entusiasmada cujo apelo eleitoral foi construído à base da velha e franca xenofobia russa: "O povo russo veio a ser a nação mais humilhada do planeta". A despeito das suas limitações, a União Soviética tinha sido uma potência mundial: um gigante territorial e cultural, herdeira e extensão legítima da Rússia imperial. O desmonte da URSS era objeto de profunda humilhação para os russos mais velhos, muitos dos quais compartilhavam o ressentimento dos militares soviéticos, resultante da anexação feita pela OTAN do "oeste próximo" russo e da incapacidade de o país impedir a referida anexação. O desejo de recuperar o "respeito" internacional norteou grande parte da política externa pós-soviética de Moscou e explica a natureza da presidência de Vladimir Putin, bem como o amplo apoio com o qual Putin pôde contar, apesar (e por causa) de suas políticas domésticas cada vez menos liberais.

Por motivos óbvios, os cidadãos do antigo Império Russo na Europa Central não se inclinavam a esse tipo de nostalgia. Mas o apelo do mundo perdido do comunismo se fazia sentir até na Alemanha Oriental, onde pesquisas realizadas em meados dos anos 90 apontavam a crença generalizada de que, excetuando-se a possibilidade de ir e vir, a existência da mídia eletrônica e a liberdade de expressão, a vida era melhor antes de 1989. Em outros países, até mesmo a velha mídia da era comunista despertava certa simpatia — em 2004, o programa mais popular da televisão tcheca foi a reprise de *Major Zeman*, seriado de histórias policiais rodado no início dos anos 70 cujos roteiros não passavam de exercícios de propaganda da "normalização" pós-68.

---

[19] Talvez o caso da Romênia seja singular. Nas eleições para a Prefeitura de Bucareste, em 1998, o Partido dos Trabalhadores Romenos cobriu a cidade com cartazes de Nicolau Ceauşescu. "Eles me executaram", diziam os cartazes. "Sua vida melhorou? Lembre-se do que eu fiz pelo povo romeno."

[20] E até, em certos casos, com neofascistas, saudosos dos dias melhores da Segunda Guerra Mundial — especialmente na Croácia.

Somente na República Tcheca (além da França e dos Estados que integravam a antiga URSS) o Partido Comunista ousou preservar o nome. Mas, em todos os países pós-comunistas da Europa Central, cerca de um eleitor em cada cinco apoiava algum "anti"-partido: anti-EUA, anti-UE, anti-Ocidente, antiprivatização... ou, comumente, todas as alternativas acima. Sobretudo nos Bálcãs, o "antiamericanismo" e o "antieuropeísmo" eram, tipicamente, senhas do "anticapitalismo", véus que encobriam ex-comunistas impossibilitados de expressar abertamente nostalgia pelo passado, mas que continuavam a invocá-lo em dissimuladas declarações públicas.

Esse voto de protesto ilustrava, indiretamente, o consenso inescapável que unia as correntes políticas predominantes: só havia um futuro possível para a região, e tal futuro estava no Ocidente, na União Européia e no mercado global, custasse o que custasse. No que dizia respeito a esses objetivos, os principais partidos pouco diferiam entre si; todos venciam eleições criticando as políticas "fracassadas" dos seus oponentes e, em seguida, implementavam programas nitidamente semelhantes. O resultado, na Europa Central e Oriental, foi uma nova e "canhestra" linguagem para as políticas públicas — "democracia", "mercado", "déficit orçamentário", "crescimento", "concorrência" — com pouco significado ou interesse para muitos cidadãos.

Os eleitores que pretendiam registrar o seu protesto ou expressar o seu pesar eram, portanto, marginalizados. No início dos anos 90, na Europa pós-comunista, os observadores viam na ascensão de partidos de periferia com perfil nacional-populista e em seus líderes demagogos uma perigosa reação antidemocrática, o retrocesso atávico de uma região retrógrada presa numa "máquina do tempo" havia meio século. Em anos recentes, no entanto, o sucesso de Jörg Haider, na Áustria, Jean-Marie Le Pen, na França, e de seus parceiros por toda parte, da Noruega à Suíça, tem diluído o tom condescendente dos comentários produzidos na Europa Ocidental. O atavismo não respeita fronteiras.

O sucesso da democracia em muitos ex-países comunistas teve conseqüências ambíguas para os intelectuais que tanto fizeram para concretizá-la. Alguns, como Adam Michnik, na Polônia, mantinham-se influentes através do jornalismo. Outros, como János Kis, na Hungria, transferiram-se da dissidência intelectual para a política parlamentar (no caso de Kis, como líder dos Democratas Livres), mas voltaram à vida acadêmica depois de passar alguns anos tumultuados sob o olhar do público. Porém, a maioria dos intelectuais de oposição atuantes nos primeiros anos não conseguiu se transformar em político ou figura pública de sucesso no período pós-comunista, exceto como símbolo da transição, e, infelizmente, muitos dos que tentaram se mostraram incapazes. Václav Havel foi singular — mas nem mesmo ele obteve grande sucesso.

Conforme Edmund Burke comentara, referindo-se a uma antiga geração de ativistas revolucionários: "Os melhores eram homens de teoria". Muitos não estavam preparados para enfrentar as confusas questões políticas e técnicas que surgiriam na década seguinte. Tampouco estavam preparados para a dramática queda de prestígio público dos intelectuais em geral, à medida que os hábitos de leitura mudavam e uma geração mais jovem se desviava das fontes tradicionais de orientação e opinião. Já em meados dos anos 90, alguns dos periódicos que mais influenciaram a geração anterior de intelectuais haviam se tornado secundários.

A *Zeszyty Literackie* (de Barbara Toruńczyk, polonesa exilada pertencente à geração de 68), revista literária muito apreciada e publicada em Paris, desempenhara um papel central na manutenção do debate cultural polonês antes de 1989. Agora, depois de se estabelecer, vitoriosamente, na capital da pátria libertada, o periódico lutava para manter o número de leitores em 10 mil. O *Literární Noviný*, o mais antigo e mais influente semanário cultural tcheco, não se saiu muito melhor, com uma circulação de 15 mil exemplares em 1994. Esses números, proporcionalmente à população, não pareceriam fracos do ponto de vista de editores de revistas literárias na maioria dos países ocidentais, mas, na Europa Central, a condição cada vez mais marginal desses periódicos representava uma mudança traumática em prioridades culturais.

Uma das razões do declínio dos intelectuais foi que a grande ênfase por eles atribuída à *ética* do anticomunismo, à necessidade de construir uma sociedade civil moralmente consciente e com ela preencher o espaço desorganizado que havia entre o indivíduo e o Estado, tinha sido superada por questões práticas relacionadas à construção de uma economia de mercado. Em poucos anos, "sociedade civil" na Europa Central haveria de se tornar uma noção arcaica, de interesse apenas para um punhado de sociólogos estrangeiros. Algo semelhante ocorrera depois da Segunda Guerra na Europa Ocidental (ver Capítulo 3), quando o elevado tom moral da Resistência se dissipou e foi substituído, primeiramente, pelas medidas práticas atinentes à reconstrução, e depois pela Guerra Fria. Porém, enquanto escritores franceses e italianos, nos anos em questão, ainda contavam com um público razoavelmente grande — graças, em parte, ao alardeado engajamento político dos autores —, os colegas húngaros ou poloneses não tiveram a mesma sorte.

Os intelectuais que *conseguiram* dar um salto em direção à vida pública democrática eram, no mais das vezes, "tecnocratas" — advogados ou economistas — que não haviam desempenhado papéis de destaque na dissidência pré-1989. Sem ter até então encarnado qualquer papel heróico, esses intelectuais constituíam modelos mais seguros para os concidadãos — igualmente nada heróicos. Logo após suceder Havel como presidente tcheco, em 2003, Václav Klaus definiu a questão abruptamente, num discurso presidencial: "Sou um pouco parecido com todos vocês. Nem ex-comunista nem ex-dissidente; nem capacho nem moralista, alguém cuja presença é um lembrete da coragem que vocês não tiveram: a sua consciência pesada."

Alusões à consciência pesada suscitavam o problema do acerto de contas — o que as pessoas tinham feito no passado comunista e o que (se é que algo) deveria acontecer com elas agora. Tal situação configuraria um dilema traumático para quase todos os regimes pós-comunistas. Por um lado, era amplo o consenso, e não apenas entre intelectuais preocupados com moral e padrões, de que os crimes políticos cometidos no período soviético deveriam ser denunciados e os criminosos punidos. A menos que a verdade sobre o passado comunista fosse reconhecida publicamente, a já difícil transição para a liberdade ficaria ainda mais complicada: apologistas do antigo regime encobririam os pecados do sistema e o povo esqueceria o significado de 1989.

Por outro lado, os comunistas tinham permanecido no governo por mais de quarenta anos — cinqüenta anos nos Estados bálticos, setenta anos na própria União Soviética. O Estado-partido exercera monopólio sobre o poder. Suas leis, instituições e polícia eram a única força existente. Quem diria que os comunistas não eram líderes legítimos? Tinham sido reconhecidos como tal por governos estrangeiros, e nenhum tribunal internacional havia declarado o comunismo um regime criminoso. Como seria possível, então, aplicar a alguém uma punição retroativa, por ter obedecido às leis comunistas, ou servido ao Estado comunista?

Além disso, alguns dos indivíduos que se apressaram em reivindicar retaliações contra a tirania comunista tinham origens dúbias eles próprios — o anticomunismo, na atmosfera confusa do início dos anos 90, muitas vezes coincidia com um certo saudosismo pelos regimes que o comunismo havia substituído. Nem sempre seria fácil distinguir entre a condenação do comunismo e a intenção de reabilitar o fascismo que o precedeu. Os mais sensatos concordavam que seria necessário excluir a era stalinista: passara o momento para punir os que haviam colaborado nos golpes, julgamentos forjados e nas perseguições dos anos 50, e a maioria das vítimas já estava morta.

Tais questões, acreditava-se, deveriam ser delegadas aos historiadores, que agora teriam acesso aos arquivos e poderiam corrigir os relatos, para o bem das gerações futuras. Quanto às décadas *pós*-stalinistas, entretanto, era grande o consenso de que deveria haver um acerto público de contas em relação aos crimes e aos criminosos mais notórios: líderes comunistas tchecos que colaboraram para esmagar a Primavera de Praga; policiais poloneses responsáveis pelo assassinato do padre Popiełuszko (ver Capítulo 19); autoridades da Alemanha Oriental que deram ordens para disparar contra qualquer pessoa que tentasse escalar o Muro de Berlim etc.

Mas faltava resolver dilemas ainda mais complexos. O que fazer com antigos membros do Partido Comunista e oficiais de polícia? Se não eram acusados de crimes específicos, deveriam sofrer qualquer punição por atos cometidos no passado? Poderiam participar da vida pública — como policiais, políticos, ou mesmo primeiros-ministros? Por que não? Afinal, muitos deles tinham cooperado com o desmonte do próprio regime. Mas, se não pudessem participar da vida pública, se fossem criadas restrições aos direitos civis e políticos desses indivíduos, por quanto tempo deveriam valer tais restrições, e quantos escalões da elite governamental seriam por elas afetados? De modo geral, tais perguntas comparavam-se àquelas com que as forças aliadas de ocupação se separaram na Alemanha no pós-guerra, ao tentarem implementar o programa de desnazificação — com a diferença de que, depois de 1989, as decisões não eram tomadas por um exército de ocupação, mas pelas partes diretamente interessadas.

Esse era um problema bem espinhoso. O outro, em certo sentido, era ainda mais complicado, e só apareceu com o passar do tempo. Os regimes comunistas não somente forçavam a sua ascendência na coletividade de cidadãos; os regimes comunistas incentivavam as pessoas a ser coniventes com a sua própria repressão, e estas colaboravam com as agências de segurança, informando as atividades e opiniões de colegas, vizinhos, amigos e parentes. A escala dessa rede subterrânea de espiões e informantes variava de país para país, mas existia por toda parte.

A conseqüência foi que, se a sociedade, como um todo, estava sob suspeita — quem, em algum momento, não teria cooperado com a polícia ou o regime, mesmo que inadvertidamente? —, por isso mesmo, ficava difícil distinguir entre a colaboração venal e até mercenária e o medo puro e simples, ou mesmo a intenção de proteger a família. O preço de se recusar a informar algo à polícia poderia ser o comprometimento do futuro dos filhos. Por conseguinte, um véu cinzento de ambigüidade moral encobria muitas das decisões tomadas por indivíduos indefesos.[21] Em retrospecto, quem — exceto um pequeno grupo de dissidentes heróicos e obstinados — poderia julgar? E é impressionante que muitos desses mesmos ex-dissidentes — sobretudo Adam Michnik — fossem os que se opunham com mais vigor a qualquer retaliação contra os seus compatriotas.

Apesar de essas dificuldades serem comuns a todos os Estados pós-comunistas, cada país lidou com elas à sua maneira. Onde, na realidade, jamais chegou a haver uma transição — onde os comunistas, ou seus parceiros, permaneceram no poder, apenas sob nova nomenclatura e novas pautas "ocidentais" —, o passado ficou incólume. Na Rússia, assim como na Ucrânia, Moldávia ou no que restara da Iugoslávia, a questão do ajuste de contas jamais veio à tona, e funcionários de alto escalão do antigo regime foram, discretamente, reciclados e reinstituídos no poder; sob o comando de Vladimir Putin, *siloviki* (promotores, policiais e pessoal militar e de segurança) constituíam mais da metade da assessoria informal do presidente.

Na Alemanha, por outro lado, revelações sobre a magnitude e o alcance da burocracia de segurança estatal tinham deixado a nação atônita. Ficou evidente que, além dos 85 mil funcionários contratados em tempo integral, a *Stasi* contava com cerca de 60 mil "colaboradores extra-oficiais", 110 mil informantes cadastrados e mais de meio milhão de informantes "esporádicos", muitos dos quais sequer tinham condições de saber que pertenciam a tal categoria.[22] Maridos espionavam esposas, professores delatavam alunos, padres prestavam informações a respeito de paroquianos. Na antiga Alemanha Oriental, havia dossiês sobre 6 milhões de residentes, um em cada três habitantes. Com efeito, toda a sociedade fora infiltrada, atomizada e poluída por guardiães voluntários.

A fim de lancetar o furúnculo do medo e da desconfiança, em dezembro de 1991 o governo federal nomeou uma comissão, presidida pelo ex-ministro luterano Joachim Gauck, cuja tarefa era supervisionar os dossiês da *Stasi* e impedir abusos. Os indivíduos teriam direito a saber se havia um dossiê a seu respeito e, se quisessem, poderiam examiná-lo. Sendo assim, as pessoas ficavam sabendo — por vezes, com terríveis conseqüências domésticas — quem havia prestado informações sobre elas; no entanto, o material não era disponibilizado para o grande público. Tratava-se de um estranho acerto. Porém, afinal, o procedimento deu algum resultado: já em 1996, mais de um milhão de pessoas tinham pedido vista dos seus respectivos dossiês. Era impossível neutralizar o mal já causado, mas, uma vez que se confiava em que a Comissão Gauck não abusava do poder, as informações por ela controladas eram raramente exploradas para fins políticos.

Foi o receio desse tipo de exploração que inibiu procedimentos semelhantes em outros locais da Europa Oriental. Na Polônia, acusações de colaboração no passado se tornaram um meio de causar o descrédito de adversários políticos — em 2000, até Lech Wałesa foi acusado de colaborar com os antigos serviços especiais, embora a acusação jamais fosse comprovada. Um primeiro-ministro do período pós-comunista chegou a ameaçar publicar os nomes de todos os seus oponentes políticos maculados pela colaboração; apreensivos diante

[21] Embora tal observação não proceda, talvez, no caso de certos comportamentos de alguns escritores ilustres — que pouco teriam arriscado, caso se recusassem a colaborar: e.g., Christa Wolf, cuja tão propalada ambivalência literária parece menos admirável à luz de revelações posteriores de que ela teria cooperado com a polícia.

[22] A título de comparação, a Gestapo, em 1941, contava com um quadro de menos de 15 mil funcionários para policiar toda a "Grande Alemanha".

desse tipo de conduta, Michnik e outros optaram, simplesmente, por isolar o passado comunista e seguir adiante. De acordo com tal visão, em 2001, Michnik se opôs às iniciativas para processar o ex-presidente comunista Jaruzelski (então com 78 anos), por ter ordenado que se disparasse contra trabalhadores em greve. Em 1989, a memória recente da lei marcial e suas conseqüências fez parecer insensato remexer no passado e atribuir culpas; quando se tornou seguro fazê-lo, a oportunidade já não se apresentava, a atenção popular se desviara e a busca de uma justiça tardia e retroativa mais parecia configurar oportunismo político.

Na Letônia, foi decretado que qualquer indivíduo que houvesse se envolvido com a KGB seria impedido de ocupar cargo público durante dez anos. A partir de 1994, seguindo o modelo alemão, os letões puderam examinar suas fichas policiais catalogadas durante o comunismo, mas os conteúdos só eram divulgados se a pessoa se candidatasse em alguma eleição ou buscasse emprego na polícia. Na Bulgária, o novo governo, baseando-se em práticas da França pós-Vichy, criou tribunais com autoridade para imputar a acusação de "degradação cívica" a cidadãos condenados por certos delitos relacionados ao regime anterior.

Na Hungria, a atuação benigna do Partido Comunista ao abandonar o poder dificultou a purgação ou a punição por erros cometidos no passado — sobretudo porque, na Hungria pós-Kádar, o principal ponto de disputa era, evidentemente, o ano de 1956, data que em breve se tornaria História Antiga para a maior parte da população. Na vizinha Romênia, onde havia motivos reais e recentes para acertos de contas, os esforços para se criar uma versão local da Comissão Gauck soçobraram, durante alguns anos, devido à firme oposição da elite política pós-comunista, cujos membros ilustres (a começar pelo próprio presidente Iliescu) certamente estariam implicados em qualquer inquérito sério acerca das atividades do regime de Ceauşescu. Com o tempo, foi criado o Conselho Nacional de Estudos dos Arquivos da *Securitate*, mas a instituição jamais pôde aspirar à autoridade inerente ao original alemão.

Em nenhum desses países foi o problema do confronto com o passado resolvido para satisfação de todos ou com plena justiça. Mas na Tchecoslováquia a solução adotada gerou uma controvérsia que transpôs as divisas do país. Ali, o stalinismo havia chegado mais tarde e sobrevivido mais tempo do que em qualquer outro lugar, e a lembrança nefasta da "normalização" ainda se mostrava viva. Ao mesmo tempo, o comunismo contava com uma base política mais sólida nessa região do que em qualquer outro local do Leste Europeu. Finalmente, havia um certo desconforto nacional diante da memória da aparente incapacidade de a Tchecoslováquia resistir à tirania — em 1938, 1948 e depois de 1968. Por um motivo ou por outro, o país inteiro — segundo parecia aos críticos internos mais francos — tinha a consciência pesada. Václav Klaus falava com conhecimento de causa.

A primeira legislação tchecoslovaca pós-comunista — uma lei de 1990 que reabilitava todos os indivíduos condenados entre 1948 e 1989 e que, com o tempo, propiciaria o pagamento de 100 milhões de euros em indenizações — gerou pouca discussão. Mas foi seguida da lei de "lustração"[23] (renovada em 1996, por cinco anos, e novamente renovada no início do século XXI), cujo objetivo era investigar todas as figuras públicas, em busca de ligações com os antigos serviços de segurança. Esse objetivo de triagem oficial, entretanto,

[23] Do tcheco *lustrace*, que significa "trazer à luz", embora o termo carregue também conotações de "purificar", "purgar".

provocou muitas oportunidades de abuso. Muitos dos nomes encontrados nas antigas listas de informantes da polícia secreta eram de meros "candidatos": homens e mulheres que o regime esperava poder pressionar para que se tornassem cúmplices. As listas incluíam vários escritores tchecos famosos, alguns dos quais sequer residiam no país.

Essas listas logo chegaram à imprensa, sendo publicadas e anunciadas por políticos e candidatos parlamentares que pretendiam desacreditar os adversários. No decorrer do processo de difamação, até Havel foi mencionado como candidato a ser recrutado pela rede de espiões da polícia. E, conforme alguns críticos haviam advertido, embora fornecessem dados copiosos sobre os possíveis "recrutas", os arquivos da polícia pouco diziam sobre as identidades dos policiais encarregados do recrutamento. Uma charge no diário *Lidové Noviný* estampava dois homens conversando em frente ao Parlamento, em Praga: "Não estou preocupado com as lustrações", diz um deles. "Eu não era informante. Eu apenas dava ordens."[24]

"Lustração" não era um procedimento penal, mas causava grande constrangimento às vítimas, injustamente "citadas e humilhadas". O mais grave, talvez, é que desde o primeiro momento a prática se tornou um mecanismo flagrantemente político. O antigo Fórum Cívico havia rachado, em parte, por esse motivo — ex-dissidentes (inclusive Havel) se opunham à nova lei, enquanto Klaus a apoiava com entusiasmo, como um meio de "esclarecer o posicionamento de cada um" (e constranger os ex-dissidentes que o criticavam, alguns dos quais antigos comunistas reformadores). Cumpre destacar que, na Eslováquia, Vladimir Mečiar também propôs a lei da lustração, principalmente devido aos muitos boatos de que ele próprio tivera ligações com a polícia secreta — mas, depois que conduziu o país à independência, Mečiar fez uso freqüente das informações contidas nos arquivos da polícia para fins políticos.

Ao longo dos primeiros 12 anos em que vigorou, a lei da lustração causou, relativamente, poucos danos diretos. Foi aplicada a quase 300 mil pessoas que solicitaram o atestado: cerca de 9 mil foram reprovadas, número extremamente reduzido, se comparado ao meio milhão de tchecos e eslovacos que perderam seus empregos ou foram expulsos do partido após 1968. Todavia, o impacto mais duradouro da legislação foi o gosto amargo por ela deixado, contribuindo para o advento de um cinismo generalizado na sociedade tcheca quanto ao resultado final da "revolução de veludo". "Lustração", na República Tcheca, parecia ter mais a ver com a legitimação de uma elite que se aproximava do que com o sincero enfrentamento do passado que se afastava.

Em julho de 1993, o Parlamento tcheco adotou a Lei da Ilegalidade e da Oposição ao Regime Comunista, para todos os efeitos definindo o Partido Comunista como organização criminosa. Em teoria, a lei deveria ter criminalizado milhões de integrantes do partido, mas o seu impacto foi estritamente retórico e nenhuma ação foi implementada. Longe de desacreditar o comunismo e legitimar a queda do regime, a legislação apenas reforçou o distanciamento e o ceticismo do público ao qual ela se dirigia. Dez anos após a aprovação da lei, pesquisas de opinião revelaram que um eleitor tcheco em cada cinco era favorável ao Partido Comunista tradicional (e perfeitamente legítimo), o qual continuava sendo a maior organização política do país, com 160 mil membros.

---

[24] Agradeço ao Dr. Jacques Rupnik pela referência.

XXII

A Velha Europa — e a Nova

"Cabe indagar por que a Europa não parece ser capaz de realizar ações decisivas em seu próprio cenário."

Richard Holbrooke

"*Si c'était à refaire, je commençerais par la culture*" (Se fosse voltar ao início, eu começaria pela cultura).

Jean Monnet

"É sempre possível unir um número considerável de pessoas através do amor, desde que sempre restem outras pessoas para suportar as manifestações de agressividade."

Sigmund Freud

"Como explicar essa estranha combinação entre o desemprego permanente de 11% da população e a sensação geral de prosperidade por parte da maioria dos habitantes de um país?"

Beatrice Webb (1925)

O temperamento propenso à divisão, típico dos anos 90, não se restringiu aos países do antigo leste comunista. O mesmo ímpeto de escapar das amarras do governo centralizado — ou então se abster de responsabilidade por compatriotas que viviam em províncias distantes — era sentido no Ocidente. Desde a Espanha até o Reino Unido, as unidades territoriais estabelecidas na Europa Ocidental foram objeto de extensa descentralização administrativa, embora todas essas nações conseguissem, ao menos, preservar a forma do Estado nacional.

Em alguns locais, essa propensão centrífuga já despontara havia décadas, conforme vimos no Capítulo 16. Na Espanha, onde uma antiga reivindicação por autonomia na Catalunha ou no País Basco tinha sido reconhecida pela nova Constituição, sobretudo a Catalunha surgira, praticamente, como um Estado-dentro-do-Estado, com sua própria língua, instituições e conselhos governamentais. Graças a uma Lei de Normalização Lingüística (*sic*), de 1983, o catalão ali se tornou o "principal idioma de instrução"; dez anos mais tarde, o *Generalitat* (Parlamento) decretou o uso exclusivo de catalão na pré-escola. Não deve surpreender o fato de que, embora o espanhol castelhano continuasse a ser utilizado em todas as regiões, muitos jovens se sentissem mais à vontade falando catalão.

Nenhuma outra região espanhola alcançaria tal nível de singularidade nacional; e nenhuma outra região tinha a mesma importância no país. Em 1993, a Catalunha, uma das 17 regiões da Espanha, era responsável pela quinta parte do PIB nacional. Mais de um quarto de todo o investimento estrangeiro na Espanha destinava-se à Catalunha, sendo a maior parte para a próspera capital da província, Barcelona; a renda *per capita* em toda a província era mais de 20% superior à média nacional. Se a Catalunha fosse uma nação independente, seria incluída entre as mais prósperas do continente europeu.

Um motivo para o surgimento de uma identidade marcantemente catalã era o ressentimento facilmente despertado pela pesada contribuição que os catalães tinham de fazer para os cofres do Estado, em parte devido à criação, em 1985, de um Fundo Interterritorial de Compensação para auxiliar as regiões mais pobres da Espanha. Mas a Catalunha — a exemplo do País Basco, da Galícia, de Navarra e de outras províncias que reivindicavam autonomia — beneficiou-se ao se afastar da "identidade espanhola". Franco havia explorado à exaustão a gama de valores nacionais — a glória do império, a honra militar, a autoridade da Igreja espanhola — e, depois da queda do ditador, muitos espanhóis demonstraram pouco interesse na retórica do legado e da tradição.

Com efeito, à semelhança de uma geração anterior de alemães do período pós-autoritário, os espanhóis se mostravam bastante inibidos para "falar em escala nacional". A identificação regional, por outro lado, estava livre de estigmas autoritários: antes, tal identificação tinha sido perseguida pelo antigo regime e, portanto, podia ser apresentada como um aspecto crucial na transição para a própria democracia. Essa associação entre autonomia, separatismo e democracia era menos evidente no caso basco, onde o ETA seguia a sua trilha homicida (chegando, em 1995, a planejar atentados contra o rei e o primeiro-ministro). Além disso, enquanto os 6 milhões de catalães prosperavam, os velhos distritos industriais do País Basco declinavam. O desemprego era endêmico e os níveis de renda na região eram inferiores aos da Catalunha, ficando próximos à média nacional.

Se os nacionalistas bascos não se beneficiaram de tais problemas foi porque, em grande medida, muitos dos 2 milhões de habitantes da região eram novos na área — em 1998, somente uma pessoa em cada quatro falava *euskera*, o idioma basco. Previsivelmente, era reduzido o interesse desses indivíduos nos movimentos separatistas: apenas 18% dos bascos expressavam apoio pela independência, preferindo a autonomia regional já conquistada. Até no Partido Nacional Basco a maioria dos eleitores tinha essa mesma opinião. O Herri Batasuna, braço político do ETA, estava perdendo votos para os autonomistas moderados e até para os partidos espanhóis mais tradicionais. Já no final da década, o Batasuna decaíra para a condição de partido generalista e periférico, que reunia descontentes do Partido Verde, feministas, marxistas e oponentes da globalização.

Na Espanha, a fragmentação do Estado-nação foi impelida por memórias do passado. Na Itália, tal fragmentação resultou mais de descontentamentos com o presente. As regiões dissidentes da Itália situavam-se, por tradição, no extremo norte: zonas fronteiriças onde a população local fora contemplada com a identidade italiana na memória recente — muitas vezes em conseqüência de guerras e geralmente a contragosto — e onde a maioria das pessoas ainda preferia falar francês, alemão ou esloveno a italiano. Grande parte da insatisfação existente nessas áreas foi atenuada graças a uma série de acordos que estabeleciam novas regiões autônomas: o vale de Aosta, no noroeste alpino, onde Itália, França e Suíça convergem; o Trentino-Alto Adige, adjacente ao Tirol austríaco; e a Friuli-Venezia Giulia, nas divisas etnicamente instáveis ao longo da fronteira iugoslava (mais tarde eslovena). Essas regiões também se beneficiaram (conforme já vimos, no caso do Alto Adige) de uma série de subsídios regionais e outros incentivos oferecidos pela União Européia, em Bruxelas. Na década de 1990, com mais insumos gerados pelo turismo alpino e a passagem do tempo, a região da Itália próxima à fronteira norte se afastou do cenário político, configurando bolsões regionais num continente regionalizado.

Em seu lugar, entretanto, surgira uma forma bem mais ameaçadora de separatismo regional. Desde 1970, atendendo tardiamente a uma provisão da Constituição do pós-guerra, a Itália estava subdividida em 15 regiões, além de cinco províncias autônomas (os três distritos fronteiriços e mais a Sardenha e a Sicília). Havia, por certo, um número suficiente de precedentes: em termos de singularidade histórica, o Piemonte, a Úmbria e a Emília tinham argumentos tão sólidos quanto a Catalunha ou a Galícia, e embora as diferenças lingüísticas regionais (tão marcantes até poucas décadas antes) começassem a diminuir, não haviam desaparecido totalmente.

Mas as novas regiões da Itália — em contraste com as da Espanha — eram, em grande medida, uma ficção administrativa. Por mais que se vangloriassem de seus conselhos e autoridades eleitas — e empregassem tanta gente —, as unidades regionais da Itália não conseguiam nem superar a grande identificação típica dos italianos com seu vilarejo natal nem romper o alcance político e sobretudo financeiro da capital. O que a criação de regiões *de fato fez*, contudo, foi lembrar aos italianos da profunda e contínua rixa entre o norte próspero e o sul dependente — e propiciar expressão política ao descontentamento que a divisão provocava.

O resultado foi o advento de algo bastante novo, ao menos no cenário italiano: o separatismo dos prósperos. O norte italiano — especialmente as cidades e vilarejos industriais do Piemonte e da Lombardia, e as bem-sucedidas fazendas e pequenas empresas de Bolonha e arredores — havia décadas era bem mais rico do que o restante do país, e a diferença ficava cada vez maior. No final da década de 1980, o produto bruto *per capita* regional na Lombardia, nos arredores de Milão, apresentava um índice 132% acima da média nacional; na Calábria, a ponta da bota italiana, tal índice correspondia a 56%. Os indicadores de pobreza no Mezzogiorno, no final dos anos 80, eram três vezes mais elevados do que os registrados no norte da Itália. Enquanto o norte e o centro-norte italianos eram comparados, em termos de riqueza e serviços, à França e à Grã-Bretanha, o sul ficava cada vez mais atrás, abrindo um hiato que só seria diminuído (parcialmente) graças a polpudos repasses financeiros.

Ao longo da década de 1980, uma nova aliança política, a Liga Lombarda (depois, Liga do Norte, Lega Nord), surgiu para capitalizar a crença generalizada de que o "sul" vivia à custa do norte. A solução, segundo o carismático fundador da liga, Umberto Bossi, era esvaziar o poder fiscal de Roma, separar o norte do restante do país e, no extremo, conquistar a independência da Lombardia e de seus vizinhos, deixando que o rebotalho empobrecido e parasita do resto do país se virasse sozinho. A semelhança com a Catalunha (com a Eslovênia, ou mesmo a República Tcheca sob o comando de Václav Klaus) fica evidente.

Nas eleições nacionais da década de 1990, a Liga do Norte conseguiu conquistar um número suficiente de votos na Lombardia e no Vêneto que lhe garantissem uma posição nas coalizões governamentais conservadoras. Ironicamente, no entanto, a manutenção da liga no poder dependia da aliança com o movimento Forza Italia, de Silvio Berlusconi, e com os ex-fascistas do Partido da Aliança Nacional, de Gianfranco Fini — sendo que ambos (sobretudo este último) dependiam, precisamente, do apoio dos eleitores do sul, desvalidos e "subsidiados", tão desprezados pela liga. Mas, a despeito dessas antipatias mútuas, e da ilusão dos seguidores de Bossi mais irresponsáveis, jamais se cogitou seriamente a divisão da Itália, ou que as províncias italianas se tornassem independentes.

O mesmo se pode dizer da França, onde a presidência de Mitterrand implementou uma limitada descentralização administrativa e deu início a esforços um tanto débeis de espalhar instituições e recursos pelas províncias. Das unidades regionais recém-estabelecidas no país, nem mesmo a Alsácia ou o País Basco francês demonstravam grande interesse em cortar os elos com Paris, apesar das identidades históricas tão distintas que as caracterizavam. Somente na ilha de Córsega surgiu um movimento em prol da separação nacional, baseado numa percepção autêntica de singularidade lingüística e histórica e na asserção implausível de que a ilha haveria de prosperar, caso se tornasse independente do continente. Mas, a exemplo do ETA, o gosto dos nacionalistas córsicos pela violência (e pela luta entre famílias) só era constatado junto a uma minoria.

A diferença no caso da França era que, enquanto em outros locais da Europa políticos e observadores agora celebravam, formalmente, as virtudes da autonomia e do autogoverno local, em Paris o menor rumor de separatismo regional provocava uma avalanche de desprezo neojacobino por todo o espectro político. Além disso, as províncias da França onde o sentimento de diferença era mais acentuado — a Bretanha, por exemplo, ou as montanhas despovoadas do alto Languedoc — eram aquelas que durante muitas décadas mais haviam dependido da generosidade do governo. Tudo, desde gastos com infra-estrutura de ligações ferroviárias para trens de alta velocidade até benefícios fiscais para investimento interno, vinha de Paris, e nunca foi grande o apoio para os novos separatistas bretões ou occitanos, em sua maioria militantes idosos que ficaram isolados depois que acabou o entusiasmo dos anos 60. De modo inverso, áreas mais ricas, tais como a região do Ródano, ao redor de Lyon e Grenoble, talvez houvessem prosperado sozinhas, mas estas tinham há muito perdido qualquer memória de independência e não demonstravam ânimo político por reconquistá-la.

Entretanto, do outro lado do canal da Mancha, na Grã-Bretanha, as "margens" celtas — a despeito da grande dependência econômica em relação a Londres — passaram por uma espécie de renovação nacional. No País de Gales, tal renovação muitas vezes assumiu uma forma cultural, com crescente pressão para que o galês fosse o idioma da educação e da mídia. Somente nas áreas montanhosas e subpovoadas do norte do País de Gales as reivindicações por independência, conforme articuladas pelo partido nacionalista Plaid Cymru, tinham o apoio da população. O sul urbano, contudo, que contava com melhores vias de transporte para a Inglaterra e sólidas ligações políticas com o movimento sindicalista nacional e com os Partidos Liberal e Trabalhista, desconfiava das ambições tacanhas dos nacionalistas que sempre diziam "primeiro o País de Gales".

O resultado foi que, embora garantissem, de início, um bom avanço nas eleições nacionais de 1974 e, a partir de então, mantivessem uma presença reduzida mas visível, os candidatos do Plaid Cymru jamais conseguiram seduzir os compatriotas para que abraçassem a causa nacionalista. Entre o número relativamente pequeno de eleitores galeses que compareceram às urnas, em março de 1979, para se expressar quanto à outorga de poderes às Assembléias regionais, a maioria se opôs ao pleito. Quando, duas décadas mais tarde, finalmente, a referida outorga se concretizou, o fato não decorreu da exigência dos nacionalistas, mas de uma ampla reforma administrativa implementada pelo primeiro governo trabalhista de Tony Blair — que demonstrou astúcia ao prever que o poder limitado conferido ao novo Parlamento em Cardiff certamente cairia nas mãos das mesmas pessoas que agora o detinham em Westminster.

O desfecho — a criação de uma Assembléia galesa dotada de considerável valor simbólico mas pouco poder efetivo — pareceu, no entanto, satisfazer a aspiração por uma identidade nacional distinta que existia no principado. Afinal, o País de Gales tinha sido anexado à Inglaterra em 1536, durante o reinado de Henrique VIII — ele mesmo descendente de uma dinastia galesa —, e, embora o renascimento do interesse em língua e história galesas fosse autêntico, o fenômeno não deveria ser confundido com um grande resgate de consciência nacional. Se havia indignação ou ressentimento sob a superfície da vida pública galesa, o problema era o aperto econômico, não a frustração diante das aspirações nacionais. Diante da escolha entre a independência do País de Gales e uma recuperação, sob o domínio inglês, dos vales e vilarejos ligados à mineração, bem como dos portos, devastados pelo retrocesso da industrialização e pelo desemprego, poucos galeses teriam hesitado.

O caso da Escócia era diferente. Também na Escócia, o custo do declínio das antigas indústrias tinha sido terrível, mas o Partido Nacional Escocês (PNE), surgido nos anos 70, contava com uma fatia do eleitorado quatro vezes maior do que a dos colegas galeses. Duas décadas após emergir como partido de "causa única", nas eleições de 1974 — quando elegeu 11 parlamentares —, o PNE já havia superado os conservadores e já pressionava, seriamente, os alicerces do Partido Trabalhista. Ao contrário dos galeses, os eleitores na Escócia eram *favoráveis* à transmissão de poderes para a esfera local; e, embora tivesse de aguardar até 1997, o Parlamento escocês, em Edimburgo, inegavelmente, representa um país que se considera uma nação diferente e separada, se não um Estado.

O nacionalismo escocês se beneficiou tanto da feliz descoberta de óleo e gás no mar do Norte — fato que levou prosperidade a Aberdeen e à região nordeste — quanto de políticas regionais da CE, as quais permitiram a empresários e administradores escoceses passar por cima de Londres e consolidar elos diretamente com Bruxelas. Mas a Escócia, embora unida à Inglaterra, em 1707, pelo Ato de União, sempre fora uma terra separada. Ali, a noção de identidade dependia menos de diferenças lingüísticas e religiosas (que, embora concretas, pareciam atenuadas para a maioria dos cidadãos) do que de uma estranha mescla de sensação de superioridade e ressentimento.

Por conseguinte, assim como tantos clássicos da literatura inglesa moderna são, na realidade, *irlandeses*, algumas das grandes realizações do pensamento político e social em língua inglesa a partir do Iluminismo, desde David Hume, passando por Adam Smith e chegando a John Stuart Mill e mais além, foram, na realidade, *escocesas*. Não apenas, de certo modo, era Edimburgo a capital intelectual da Grã-Bretanha no início do período de industrialização e Glasgow o centro radical do movimento trabalhista britânico nos primeiros anos do século XX, mas empresários, administradores e exilados escoceses foram responsáveis pela concretização, pelo povoamento e pela gestão de grande parte do Império Inglês. Além disso, a Escócia sempre reivindicara e preservara uma identidade diferente e separada: mesmo no auge da centralização governamental em Londres, a Escócia manteve os seus próprios sistemas educacional e legal.

Uma Escócia independente, portanto, era uma proposição perfeitamente plausível — sobretudo numa União Européia na qual o país não seria, em absoluto, nem o menor nem o mais pobre. Se a maioria da população escocesa, tendo garantido uma certa aparência e alguma substância de independência, pretendia algum dia seguir em frente, é difícil saber. Os limites geográficos, demográficos e materiais que mantêm a Escócia dependente do Reino Unido ainda se fazem presentes, e, no final dos anos 90, parecia que na Escócia, tanto quanto em outros locais, o motor do nacionalismo começava a perder força.

Não está claro se o mesmo pode ser afirmado em relação aos descendentes dos emigrantes escoceses que cruzaram o mar até a Irlanda. O canal que separa a Escócia da Irlanda do Norte tem menos de 80 quilômetros de largura, mas o abismo entre as sensibilidades das duas comunidades permanece imenso. Enquanto o nacionalismo escocês resultava, acima de tudo, do desejo de resistir e repelir os ingleses, o patriotismo dos protestantes da Irlanda do Norte consistia na determinação inabalável de se manter no âmbito da "União", a qualquer custo. A tragédia dos "distúrbios" irlandeses resultou de objetivos opostos (mas, de resto, idênticos) dos radicais de ambos os lados: o IRA pretendia expulsar as autoridades britânicas da região de Ulster e reintegrar a província à Irlanda católica e independente; os unionistas protestantes e os voluntários paramilitares dedicavam-se a reprimir os "papistas" e preservar, por tempo indeterminado, a ligação de trezentos anos com Londres (ver Capítulo 14).

Se, nos últimos anos do século, tanto os unionistas quanto os que queriam a reintegração de Ulster, finalmente, foram obrigados a entrar em acordo, isso não decorreu de falta de determinação de extremistas nos dois lados. Mas, pelos mesmos motivos que os massacres na Bósnia e no Kosovo acarretaram intervenção externa, o infindável ciclo de atrocidades na região de Ulster não apenas minou a boa vontade das populações locais para com os militantes armados que supostamente as representavam, mas forçou Londres, Dublin e até Washington a intervirem com mais energia do que nunca e exigir ao menos um acordo temporário entre as partes conflitantes.

Não se sabia ao certo se o Acordo da Sexta-feira Santa, assinado em abril de 1998, resolveria o problema nacional da Irlanda. A solução provisória, com a qual os dois lados concordaram (relutantemente), deixava muitas questões em aberto. Na realidade, os termos do acordo intermediado pelos primeiros-ministros da Irlanda e do Reino Unido, com a assessoria do presidente Clinton — um governo local autônomo, liderado por uma Assembléia sediada em Ulster, na qual a minoria católica teria a sua representação garantida; o fim do monopólio protestante sobre a polícia e outros poderes; a adoção de medidas que visavam à construção de confiança entre as duas comunidades e a criação de uma Comissão Intergovernamental Permanente, para supervisionar a implementação do acordo —, contemplavam muitas questões que poderiam ter sido tratadas vinte anos antes (se houvesse boa vontade de ambos os lados). Mas, na condição de armistício na Guerra dos Cem Anos na Irlanda, o acordo prometia ser respeitado durante algum tempo. E, não pela primeira vez em tais assuntos, os radicais idosos que lideravam a insurgência eram seduzidos pela expectativa da obtenção de cargos oficiais.

Além disso, na década de 1990, a República da Irlanda passou por uma transformação socioeconômica sem precedentes, e agora mal fazia lembrar o "Eire" dos sonhos dos nacionalistas. Na jovem Dublin, com seus impostos reduzidos e seu recente papel de líder multicultural da prosperidade européia pós-nacional, as preocupações sectárias do IRA começavam a ser encaradas do mesmo modo que as obsessões imperiais dos unionistas da Ordem Laranja eram vistas em Londres: estranhas relíquias de uma era passada.

Para qualquer pessoa que conhecesse a história dos maiores Estados do Oeste Europeu, a nova política do particularismo subnacional talvez parecesse simplesmente uma reversão à normalidade, depois do desvio a favor da centralização observado no século anterior. Nesse particular, até mesmo a grande exceção européia comprova a regra: a Alemanha, o maior Estado europeu a oeste da antiga União Soviética, *não* registrou o ressurgimento do separatismo. Isso não decorreu de qualquer peculiaridade histórica, mas do fato de que a Alemanha pós-nazista *já era*, na realidade, uma República federal.

Fossem elas demarcadas, diretamente, em antigos Estados (como no caso da Bavária) ou em combinações territoriais recém-concebidas de principados e Repúblicas antes independentes (como Baden-Württemburg, ou o norte do Reno-Westfália), as *Länder* da Alemanha moderna dispunham de um grau razoável de autonomia financeira e administrativa no que dizia respeito a muitas questões de governo que mais incidem no cotidiano das pessoas: educação, cultura, meio ambiente, turismo, bem como a gestão de estações de rádio e televisão locais. Se é que questões de identidade territorial agradavam aos alemães — e, nesse particular, é provável que o passado da Alemanha *fosse* um fator inibidor —, as *Länder* vinham bem a calhar.

Na verdade, não foi no maior país do Oeste Europeu, mas num dos menores, que a política de separatismo nacional se mostrou mais candente. A Bélgica, do tamanho do País de Gales, com uma densidade populacional superada apenas pela vizinha Holanda, era o país da Europa Ocidental onde as divisões internas faziam lembrar os acontecimentos registrados no leste pós-comunista. Portanto, a história da Bélgica talvez explique por que, depois que a onda separatista observada no final do século XX se dissipou, os Estados da Europa *Ocidental* ficaram intactos.

Já na década de 1990, povoados e vales da Valônia se afundavam no declínio pós-industrial. A mineração de carvão, a fabricação de aço, as indústrias de exploração de pedras e metais, a produção têxtil — fontes tradicionais da riqueza industrial belga — haviam praticamente desaparecido: a produção de carvão da Bélgica, em 1998, era inferior a 2 milhões de toneladas por ano, enquanto, em 1961, tal produção chegara a 21 milhões de toneladas. Onde antes ficava a região industrial mais lucrativa da Europa, restavam apenas fábricas decrépitas no vale do Meuse, acima de Liège, e minas sombrias e caladas nos arredores de Mons e Charleroi. Nessas comunidades, a maioria dos ex-mineradores, operários das usinas de aço e suas respectivas famílias agora dependia de um sistema de previdência social administrado na capital bilíngüe do país e sustentado — segundo parecia aos nacionalistas flamengos — pelos impostos pagos pelos cidadãos produtivos que viviam no norte.

Ocorreu que Flandres havia prosperado. Em 1947, mais de 20% da força de trabalho flamengo ainda se concentravam na agricultura; cinqüenta anos depois, menos de 3% dos belgas falantes de holandês viviam à custa da terra. Entre 1966 e 1975, a economia de Flandres cresceu a um índice inusitado: 5,3% ao ano; mesmo na depressão econômica do final dos anos 70 e início dos 80, a região continuou a crescer, a um ritmo que era quase o dobro do registrado na Valônia. Livres de indústrias obsoletas e do desemprego, cidades como Antuérpia e Ghent prosperaram, registrando crescimento em serviços, tecnologia e comércio, auxiliadas por uma localização geográfica privilegiada, num raio que ia de Milão até o mar do Norte. Havia agora no país mais falantes de holandês do que de francês (na proporção de três para um), e os primeiros produziam mais e ganhavam mais. O norte da Bélgica superara o sul na condição de região dominante — transformação acompanhada pelo aumento de reivindicações políticas por parte dos flamengos, reivindicações que fizessem jus à sua recém-descoberta hegemonia econômica.

Em suma, a Bélgica combinava todos os ingredientes dos movimentos nacionalistas e separatistas existentes pela Europa: antiga divisão territorial[1] acirrada por igualmente antigas divisões lingüísticas, supostamente insuperáveis (embora muitos residentes das regiões de língua holandesa tenham ao menos noções de francês, a maioria dos valões não fala holandês), e reforçada por evidentes contrastes econômicos. E havia outra complicação: durante a maior parte da breve história da Bélgica, as comunidades empobrecidas das regiões rurais de Flandres foram oprimidas pelos compatriotas urbanos das regiões industrializadas, onde predominava a língua francesa. O nacionalismo flamengo tinha sido moldado pelo ressentimento e pela obrigação de falar francês, pela hegemonia que os falantes de língua francesa exerciam em relação ao poder e à influência e pelo autoritarismo cultural e político da elite francófona.

Os nacionalistas flamengos, portanto, haviam assumido um papel comparável ao dos eslovacos antes da separação da Tchecoslováquia — chegando mesmo a colaborar ativamente com as forças de ocupação durante a Segunda Guerra Mundial, na esperança de catar algumas migalhas de autonomia separatista que porventura caíssem da mesa nazista. Porém, já na década de 1960, os papéis econômicos tinham se invertido: Flandres era agora apresentada pelos políticos nacionalistas não como uma Eslováquia atrasada e desprotegida, mas como uma Eslovênia (ou, conforme prefeririam os flamengos, uma Lombardia): uma nação dinâmica e moderna, encurralada num Estado anacrônico e inepto.

Essas duas identidades autodesignadas — de minoria lingüística reprimida e dínamo econômico frustrado — estavam agora *ambas* inseridas na política separatista flamenga; portanto, mesmo depois que as antigas injustiças tinham sido postas de lado e as províncias do norte, onde se falava holandês, conquistaram o direito ao uso da língua local no trato de assuntos de caráter público, os ressentimentos e as mágoas, simplesmente, se transferiram para novas questões, imprimindo ao debate sobre políticas públicas na Bélgica uma intensidade — e malignidade — que as questões em si jamais poderiam justificar.

Um dos momentos simbólicos cruciais na "guerra de idiomas" ocorreu nos anos 60 (meio século depois que o holandês foi adotado oficialmente nas escolas, nos tribunais e nos governos locais flamengos, e quatro décadas após o uso do idioma se tornar obrigatório), quando, na Universidade de Leuven (Louvain), estudantes que falavam holandês se opuse-

[1] A Gallia Belgica de Júlio César atravessava a linha divisória entre os territórios da Gália romana e dos francos, e demarcaria a fronteira entre a Europa latinizada e dominada pela França e o norte germânico.

Bélgica em 2005

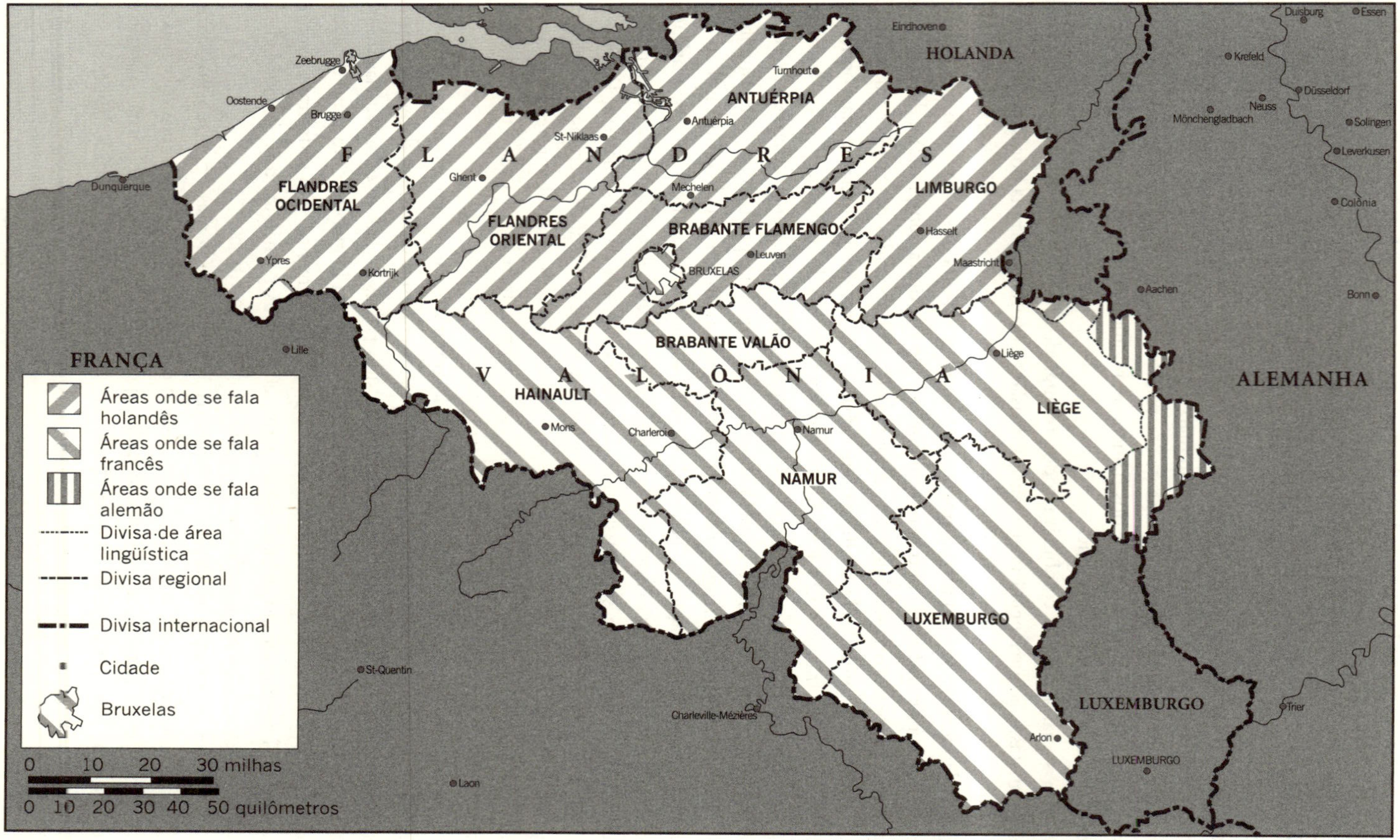

ram à presença de professores falantes de língua francesa na referida instituição, situada na província de Flandres-Brabante, onde predominava a língua holandesa. Marchando e gritando palavras de ordem como "*Walen buiten!*" (Fora, valões!), os estudantes conseguiram dividir a universidade, cuja comunidade francófona se dirigiu para o sul, para a Valônia-Brabante, de língua francesa, e ali estabeleceu a Universidade de Louvain-la-Neuve (mais tarde, a biblioteca universitária também foi dividida, e o acervo redistribuído, para prejuízo de ambas as partes).

Os eventos dramáticos ocorridos em Leuven — constituindo um eco provinciano e chauvinista dos protestos estudantis que aconteciam em outros locais — derrubaram o governo e provocaram uma série de revisões constitucionais (sete ao todo) ao longo dos trinta anos seguintes. Embora elaborados por políticos moderados como concessões para satisfazer às exigências dos separatistas, os ajustes institucionais postos em prática na Bélgica sempre foram vistos por esses mesmos políticos como degraus que levariam à separação final. No fim das contas, nenhum dos lados alcançou seus objetivos, mas eles quase conseguiram desmantelar o Estado unitário belga.

O desenlace revelou uma complexidade bizantina. A Bélgica foi subdividida em três "regiões": Flandres, Valônia e "Capital-Bruxelas", cada qual com o seu Parlamento eleito (além do Parlamento nacional). Havia, ainda, as três "comunidades" formalmente instituídas: a de língua holandesa, a de língua francesa e a de língua alemã (esta constituída por cerca de 65 mil falantes de alemão que habitam a Valônia Oriental, perto da fronteira alemã). Também as comunidades tinham os seus Parlamentos.

As regiões e as comunidades lingüísticas não coincidem — na Valônia há falantes de língua alemã e em Flandres há diversas cidades (ou setores de cidades) onde se fala francês. Privilégios especiais, concessões e proteções foram estabelecidos para todos esses contextos, o que representa uma fonte contínua de ressentimento geral. Duas das regiões, Flandres e Valônia, são praticamente monolíngües, salvas as mencionadas exceções. Bruxelas foi declarada oficialmente bilíngüe, ainda que ao menos 85% da população falem francês.

Além das comunidades regionais e lingüísticas, a Bélgica foi dividida em dez províncias (cinco em Flandres e cinco na Valônia). Também a essas províncias foram designadas funções administrativas e governamentais. Mas, no decorrer das diversas revisões constitucionais, a autoridade recaiu cada vez mais sobre a região (em questões de urbanismo, meio ambiente, economia, obras públicas, transportes e comércio exterior) ou sobre a comunidade lingüística (educação, língua, cultura e alguns serviços sociais).

O efeito dessas mudanças foi embaraçoso a ponto de se tornar cômico. A ética lingüística (e a Constituição) agora exigia, por exemplo, que o governo nacional, a despeito de orientação política, fosse "equilibrado", incluindo ministros de língua holandesa e francesa, e o primeiro-ministro devia ser bilíngüe (e, portanto, geralmente originário de Flandres). A igualdade lingüística na Cour d'Arbitrage (Corte Constitucional) era também obrigatória, e a presidência do órgão mudava, anualmente, alternando representantes das duas comunidades lingüísticas. Em Bruxelas, os quatro integrantes do comitê executivo responsável pela região da capital se reuniriam (e falariam o idioma que preferissem) para decidir questões de interesse comum — mas quando se tratasse de assuntos exclusivos das "comunidades" flamenga ou francófona, as reuniões seriam exclusivas, envolvendo apenas os dois respectivos representantes.

A conseqüência foi que a Bélgica já não era um, nem dois Estados, mas uma colcha de retalhos, com autoridades que se duplicavam e se sobrepunham. Ficava difícil formar um governo: havia a necessidade de acordos multipartidários, dentro e através de regiões; de "simetria" entre coalizões partidárias nacionais, regionais, comunitárias, provincianas e locais; de maioria nos dois grupos lingüísticos principais e de paridade lingüística em cada nível político e administrativo. E quando *era* formado, o governo demonstrava pouca iniciativa: até a política externa — teoricamente uma das maiores responsabilidades do governo nacional — ficava a cargo das regiões, visto que, para a Bélgica contemporânea, política externa significa, sobretudo, acordos comerciais, e estes são prerrogativa regional.

A política dessa convulsão constitucional era tão enrolada quanto a própria reforma constitucional. No lado flamengo, surgiram partidos radicais nacionalistas e separatistas que exigiam mudanças e queriam se beneficiar das novas oportunidades por elas geradas. Quando o Vlaams Blok, herdeiro espiritual dos ultranacionalistas do tempo da guerra, se tornou o principal partido da Antuérpia e de alguns subúrbios ao norte de Bruxelas onde se falava holandês, os partidos "holandeses" mais tradicionais viram-se obrigados a adotar posicionamentos mais sectários, para se manter competitivos.

Do mesmo modo, na Valônia e em Bruxelas, políticos vinculados a partidos tradicionais de língua francesa adotaram uma linha "comunitária" mais dura, para melhor acomodar eleitores valões que se ressentissem do domínio flamengo sobre a pauta política. Como resultado, todos os partidos tradicionais se viram obrigados a se dividir, segundo características lingüísticas e comunitárias: na Bélgica, os Democratas Cristãos (desde 1968), os Liberais (desde 1972) e os Socialistas (desde 1978) existem em duplicata, com um partido para cada comunidade lingüística. O resultado inevitável foi o agravamento da fissura existente entre as comunidades, pois os políticos passaram a se dirigir apenas aos membros de seu próprio grupo lingüístico.[2]

Por conseguinte, o preço do apaziguamento dos separatistas lingüísticos e regionais foi elevado. Em primeiro lugar, houve um custo econômico. Não por acaso, no final do século XX, a Bélgica apresentava a maior dívida pública (em relação ao Produto Interno Bruto) da Europa Ocidental — é caro duplicar todos os serviços, todos os empréstimos, todas as subvenções. A prática estabelecida da dispensa de recursos públicos (inclusive subvenções regionais), com bases proporcionais, para recompensar clientes dos diversos "pilares" comunitários era agora aplicada à política da comunidade lingüística: ministros, secretários de Estado, seus assessores, seus orçamentos e seus amigos são universais, mas somente na Bélgica cada um traz consigo um "duplo" lingüístico.

No final do século, "Bélgica" assumira uma natureza nitidamente *pro forma*. Ao entrar no país por alguma auto-estrada, o visitante talvez não enxergasse a placa onde se lia, em letras miúdas, "België" ou "Belgique". Mas não poderia deixar de ver a placa, em cores, identificando a província (Liège, digamos, ou Flandres Ocidental), muito menos os quadros

---

[2] Os principais jornais, *Le Soir* e *De Standaard*, quase não têm leitores fora das comunidades de línguas francesa e holandesa, respectivamente. O resultado é que tais jornais não se preocupam em veicular notícias sobre a outra metade do país. Quando alguém fala holandês na televisão valona (e vice-versa), legendas são introduzidas. Até os letreiros eletrônicos que prestam informações nos trens inter-regionais alternam holandês e francês (ou exibem os dois idiomas, como se vê em Bruxelas). Não é piada dizer que o inglês é atualmente o idioma comum na Bélgica.

de informação (em holandês ou francês, mas não nos dois idiomas) indicando Flandres ou Valônia. Era como se as convenções tivessem sido, convenientemente, invertidas: as fronteiras internacionais do país eram mera formalidade, mas as divisas internas eram relevantes e concretas. Por que, então, a Bélgica, simplesmente, não se dividiu?

Três fatores ajudam a explicar a sobrevivência improvável da Bélgica e, de modo geral, a persistência de todos os Estados do Oeste Europeu. Primeiro, com o passar das gerações e a implementação das reformas constitucionais, a causa separatista perdeu a sua urgência. Os velhos "pilares" comunitários — redes sociais e políticas hierarquicamente organizadas que substituíam o Estado-nação — já estavam em declínio. Uma geração de belgas mais jovens mostrava-se menos suscetível a apelos baseados em afinidade sectária, ainda que os políticos mais velhos demorassem a atentar para tal fato.

O declínio da prática religiosa, o acesso à educação superior e o êxodo do campo para a cidade afrouxaram o poder dos partidos tradicionais. Por motivos óbvios, isso era verdade especialmente em relação aos "novos" belgas: centenas de milhares de imigrantes, de segunda e terceira gerações, egressos da Itália, Iugoslávia, Turquia, do Marrocos ou da Argélia. A exemplo dos novos bascos, esses povos têm os seus próprios interesses prementes, e pouco se importam com as velhas pautas dos separatistas. Pesquisas de opinião realizadas nos anos 90 indicavam que a maioria das pessoas, mesmo em Flandres, já não apontava questões regionais ou lingüísticas como as mais preocupantes.

Em segundo lugar, a Bélgica era *rica.* A diferença óbvia entre a Bélgica e outras áreas menos privilegiadas da Europa, onde os nacionalistas conseguiam explorar as sensibilidades comunitárias, é que, para a ampla maioria dos residentes da Bélgica moderna, a vida era a um só tempo tranqüila e abastada. O país está em paz — se não consigo mesmo, ao menos com os vizinhos —, e a mesma prosperidade que sustentou o "milagre flamengo" também amenizou o ressentimento lingüístico. Essa observação se aplica igualmente à Catalunha ou a regiões da Escócia onde os expoentes mais radicais da causa da independência nacional viram seus argumentos minados pelo efeito desmobilizador de uma prosperidade inusitada.

A terceira razão da sobrevivência da Bélgica — e dos demais Estados-nações da Europa Ocidental internamente fragmentados — tem menos a ver com economia do que com geografia, embora os dois fatores estejam intimamente relacionados. Se Flandres ou a Escócia, afinal, permaneceram integrados à Bélgica ou ao Reino Unido, não foi porque carecessem do forte sentimento nacionalista que parecia ter ressurgido em terras antes pertencentes ao mundo comunista. Ao contrário: o desejo de autogoverno era mais vigoroso na Catalunha, digamos, do que na Boêmia; e o abismo que separava flamengos de valões era bem maior do que o existente entre tchecos e eslovacos, ou mesmo entre sérvios e croatas. A diferença residia no fato de que os Estados do Oeste Europeu já não eram unidades nacionais isoladas que exerciam o monopólio da autoridade sobre os seus cidadãos. Faziam parte, cada vez mais, de um outro fenômeno.

O mecanismo formal que permitiu o avanço em direção a uma União Européia total foi deflagrado pelo Ato Único Europeu de 1987, mas o que realmente impeliu o processo foi o

Da Comunidade à União: União Européia, 1957-2003

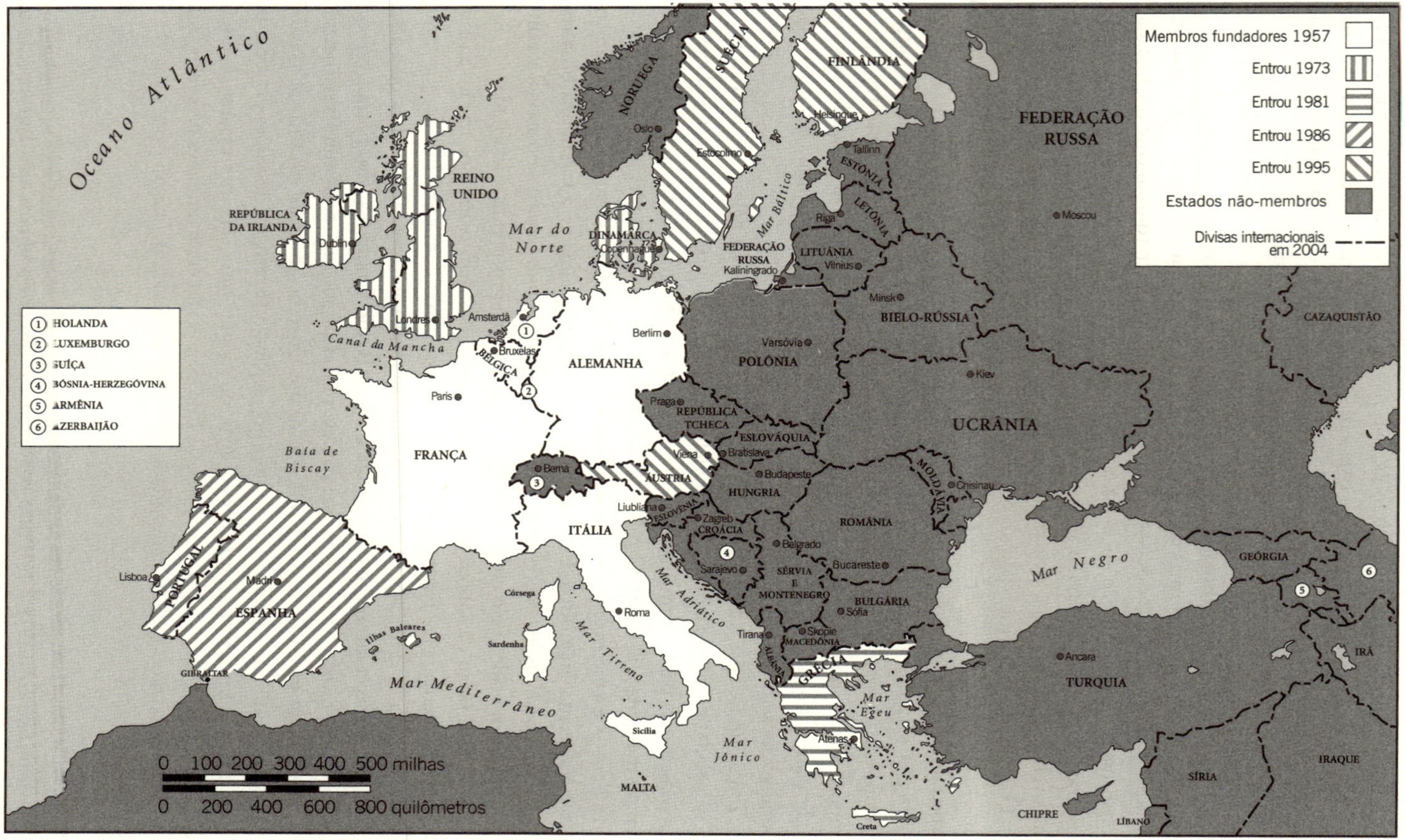

fim da Guerra Fria. O Ato Único Europeu comprometia os 12 integrantes da comunidade a implementar, até 1992, a circulação plena e livre de mercadorias, serviços, capital e pessoas — o que não representava uma inovação, pois esses mesmos objetivos já estavam contemplados havia décadas. Foram o Tratado de Maastricht, assinado naquele mesmo ano, e o sucessor, o Tratado de Amsterdã, cinco anos mais tarde, que levaram os membros da União a um conjunto realmente novo de esquemas institucionais e financeiros, e estes foram o resultado direto de circunstâncias externas radicalmente alteradas.

Em Maastricht, foi o tão propalado acordo para a criação de uma moeda comum européia que captou a atenção do público. Os franceses, com o intuito de superar a ansiedade diante da unificação alemã, atrelaram com firmeza a República Federal ao Ocidente, fazendo com que Bonn concordasse em abandonar o *Deutschmark* a favor de uma unidade monetária européia comum — o euro —, e comprometendo o Estado alemão (agora aumentado) a operar dentro dos limites de uma União Européia vinculada a uma rede cada vez mais densa de leis, regras e acordos; Bonn, em contrapartida, insistiu que a nova moeda fosse uma cópia do velho *Deutschmark*, regulada — a exemplo da moeda alemã — por uma diretoria autônoma composta por representantes de bancos centrais e compromissada com os princípios fiscais do Banco Central alemão: inflação baixa, crédito difícil e déficits mínimos. Os negociadores alemães — preocupados com as tendências perdulárias dos países do "Club Mediterranée", como Itália e Espanha — impuseram condições draconianas para a adoção da nova moeda, e a Comissão Européia foi autorizada a aplicar multas a governos faltosos.

Sob o comando de Bonn, os ministros da Fazenda europeus estariam, por assim dizer, amarrados ao mastro do euro, como Ulisses, impossibilitados de se deixar levar pelo canto da sereia entoado por eleitores e políticos que pedissem a facilitação do crédito e o aumento dos gastos públicos. As condições, cujo propósito era garantir que o novo euro fosse tão imune à inflação quanto o próprio *Deutschmark*, não foram universalmente bem recebidas — nos países membros mais pobres, temia-se (com razão) que tais condições inibissem as políticas públicas e talvez até impedissem o crescimento. E assim, para tornar mais palatáveis os termos estipulados em Maastricht, foram oferecidas subvenções em espécie aos governos recalcitrantes: Jacques Delors, presidente da comissão, só faltou subornar os ministros da Fazenda de Grécia, Espanha, Portugal e Irlanda, prometendo grandes aumentos na concessão de recursos estruturais da UE em troca das suas assinaturas no tratado.

O Reino Unido e a Dinamarca, nesse ínterim, assinaram a parte central do tratado, mas optaram por declinar da moeda comum — por um lado prevendo o impacto restritivo da nova moeda na economia, por outro, devido à ressonância simbólica que a medida teria em nações já um tanto relutantes em entregar o luxo da soberania a agências transnacionais; e, no caso do Reino Unido, porque — como tantas vezes ocorrera no passado — o avanço em direção à União era visto com grande ambivalência, como mais um passo rumo ao estabelecimento de um super-Estado europeu.[3]

---

[3] As pessoas mais versadas em História talvez se recordassem do trecho do *Mémorial de Sainte-Hélène*, do conde de Las Cases, no qual Napoleão Bonaparte, exilado, prevê uma futura "*association européene*", com "um código de leis, um sistema de justiça, uma moeda".

É certo que o Tratado de Maastricht abusou da "subsidiariedade" — uma espécie de "princípio de parcimônia" para os eurocratas, declarando que "a União (exceto em áreas de sua competência exclusiva) não atua, a menos que a ação se mostre mais eficaz do que a já implementada em nível nacional, regional ou local". Mas até isso suscitou interpretações diversas: na França, tal noção significava limitar o poder dos organismos supranacionais; para os alemães, implicava privilégios especiais e poderes para os governos regionais; para os britânicos, representava um mecanismo que impedia a integração institucional.

Maastricht produziu três importantes efeitos colaterais. Um deles foi o inesperado impulso que o tratado deu à OTAN. De acordo com as restrições estipuladas, ficava claro (conforme os franceses, ao menos, pretendiam) que os países da Europa Oriental recém-liberados não poderiam ingressar na União Européia no futuro próximo — tampouco eram as suas frágeis instituições legais e financeiras capazes de operar sob as severas regras fiscais impostas pelos membros da União aos atuais e futuros signatários.

Em vez disso, circulava pelos corredores de Bruxelas a sugestão de que à Polônia, Hungria e aos países vizinhos seria oferecida a possibilidade de um ingresso antecipado na OTAN, como espécie de compensação: um prêmio provisório. O valor simbólico de estender a dimensão da OTAN nesse sentido era, evidentemente, considerável, motivo pelo qual a idéia foi prontamente acolhida pelos novos candidatos a país membro. Os benefícios práticos eram menos óbvios (ao contrário dos danos à relação com Moscou, que foram concretos e imediatos). Mas uma vez que Washington tinha as suas próprias razões para favorecer a expansão da Comunidade de Defesa do Atlântico Norte, um primeiro grupo de nações da Europa Central foi admitido à OTAN poucos anos mais tarde.[4]

O segundo impacto ocorreu na consciência pública européia. O Tratado de Maastricht provocou um nível de interesse sem precedentes no até então obscuro funcionamento da União Européia e na sua burocracia anônima. Embora tenha sido aprovado em todos os países onde foi objeto de sanção eleitoral (ainda que conquistando apenas 50,1% dos votos na França), o tratado suscitou oposição bastante para situar a questão da "Europa" nas pautas políticas domésticas, não raro pela primeira vez. Durante quatro décadas, as instituições e as regras de um novo sistema continental tinham sido planejadas e decididas em surdina, nas pequenas cidades do Benelux, sem qualquer referência ao desejo do povo ou a procedimentos democráticos. Os tempos, segundo parecia, tinham mudado.

A terceira conseqüência de Maastricht foi que o tratado abriu caminho para a convergência, se não de toda a Europa, ao menos da metade ocidental. O fim da Guerra Fria e o compromisso da UE com um mercado comum acabaram com os impedimentos ao ingresso dos demais integrantes da antiga Área Européia de Livre-comércio.[5] Receosas de ficar fora do espaço comum europeu, a Suécia, a Finlândia e a Áustria se candidataram, pois o com-

---

[4] Polônia, Hungria e República Tcheca foram admitidas em 1999, a tempo (embora relutantemente) de se comprometerem com o envolvimento da OTAN no Kosovo. Bulgária, Romênia, Estônia, Letônia, Lituânia, Eslováquia e Eslovênia foram admitidas em 2004.

[5] A recessão econômica do início dos anos 90 também ajudou, contribuindo para o entendimento geral, sobretudo na Suécia, de que os exportadores do país não poderiam sobreviver sem ter acesso irrestrito ao mercado europeu.

promisso com a neutralidade já não as impedia (ou, no caso da Finlândia, a necessidade de manter boas relações com Moscou).

As negociações relativas à admissão dos novos candidatos foram concluídas em apenas três meses, facilitadas pelo fato de que os três países, além de estáveis e pequenos — o somatório de suas populações correspondia a menos da quarta parte da população da Alemanha —, eram também claramente ricos. O mesmo teria acontecido com os últimos "teimosos", Noruega e Suíça. Mas, apesar do entusiasmo de líderes empresariais locais, as populações desses dois países votaram contra o ingresso — preocupadas com a perda de autonomia e iniciativa própria, no contexto de uma federação supranacional, e desconfiadas dos benefícios decorrentes da adoção da nova moeda.

Um ceticismo similar marcou uma votação acirrada na Suécia, em novembro de 1994, quando o ingresso na UE foi objeto de plebiscito. Apenas 52,3% dos eleitores votaram a favor, e o fizeram mediante o entendimento de que o país não adotaria a moeda comum (dez anos mais tarde, quando o governo em Estocolmo recomendou que a nação, finalmente, abandonasse a coroa e adotasse o euro, a proposta foi derrotada de modo humilhante, a exemplo do fracasso do governo dinamarquês, em setembro de 2000, quando este apresentou proposta semelhante). A reação de Per Gahrton, representante do Partido Verde no *Riksdag* sueco e opositor ferrenho ao ingresso do país na UE, fez ecoar uma apreensão vigente em toda a Escandinávia: "Naquele dia, o *Riksdag* decidiu transformar a Suécia de nação independente em espécie de província de uma superpotência expansionista e, ao fazê-lo, converteu-se, de órgão legislativo, em conselho consultivo."

O sentimento de Gahrton era compartilhado por muitos europeus do norte, inclusive alguns que votaram a favor do ingresso. Até os indivíduos pertencentes às elites políticas e empresariais suíças e escandinavas favoráveis à UE, e que não queriam perder a oportunidade de se beneficiar do mercado comum, reconheciam que a opção tinha um custo político e econômico: na intimidade, tais indivíduos admitiam que, se resultasse contrária à sua vontade, a votação não acarretaria um desastre total para seus países. Na Suécia — na Noruega, ou mesmo na Dinamarca e no Reino Unido —, a UE (sem falar da nova moeda integrada) era vista como uma opção, não uma necessidade.

Na Europa Central e Oriental, entretanto, o ingresso na "Europa" era a única alternativa. Qualquer que fosse a sua motivação — modernizar a economia, conquistar novos mercados, obter ajuda estrangeira, estabilizar a política interna, abraçar o "Ocidente" ou apenas evitar a tentação de uma volta ao comunismo —, os novos líderes, de Tallinn a Tirana, tinham os olhos voltados para Bruxelas. A perspectiva de entrar para a UE, com a promessa de riqueza e segurança, era acenada diante dos eleitorados da Europa pós-comunista, agora livres. "Não se deixem seduzir pelos que dizem que o antigo sistema era melhor", advertiam os líderes. "O sofrimento da transição terá valido a pena: a Europa é o seu futuro."[6]

Sob a perspectiva de Bruxelas, no entanto, o quadro era bem diferente. Desde o início, o projeto se mostrava esquizofrênico. Por um lado, era inclusivo, aberto a todos os povos

---

[6] Ver Capítulo 21. O sofrimento foi real. Depois de 1989, os países do Leste Europeu perderam de 30% a 40% da renda nacional. O primeiro país a recuperar os índices registrados em 1989 foi a Polônia (em 1997); outros só o fariam em 2000, ou mesmo depois.

da Europa. A participação na Comunidade Econômica Européia, na Comunidade Européia e, finalmente, na União Européia era direito de qualquer Estado europeu "cujo sistema de governo [fosse] fundamentado nos princípios da democracia" e que concordasse em aceitar os termos de admissão.

Mas, por outro lado, funcionalmente, a União era exclusiva. Cada novo acordo e tratado impunha exigências cada vez mais complexas aos países membros, em troca da coligação com a família "européia"; e as regras surtiam um efeito cumulativo, construindo cercas cada vez mais altas, que impediam a entrada de países e povos incapazes de enfrentar os desafios. Portanto, o Tratado de Schengen (1985) foi uma bênção para cidadãos dos Estados participantes, que agora se moviam livremente através das fronteiras abertas dos Estados soberanos. Mas os residentes de países que não pertenciam ao clube de Schengen eram obrigados a fazer fila — literalmente — para aguardar a admissão.

O Tratado de Maastricht, com suas regras rígidas para a adoção da moeda comum e a insistência de que todos os países que desejassem ingressar na União integrassem em seus sistemas de governo o *acquis communautaire*, o crescente código de práticas européias, era a maior zona de exclusão burocrática. O código não apresentava impedimento algum a candidatos nórdicos ou à Áustria, mas era um grande obstáculo a candidatos do Leste Europeu. Comprometida com os termos de sua própria carta patente a acolher os novos europeus, a UE, na prática, tentou adiar-lhes ao máximo o ingresso.

Havia bons motivos para tal. Até os mais prósperos entre os novos candidatos — a Eslovênia, digamos, ou a República Tcheca — eram bem mais pobres do que qualquer membro da UE. O abismo que separava a Europa Oriental da Ocidental era imenso: em 1996, a mortalidade infantil nos Estados do Báltico era o dobro da média do índice registrado nos 15 membros da UE. Na Hungria, a expectativa de vida entre os homens era oito anos inferior à média da UE; na Letônia, 11 anos.

Se Hungria, Eslováquia ou Lituânia — muito menos a Polônia, com 38 milhões de habitantes — fossem admitidas à União em condições comparáveis às dos membros já credenciados, os custos em subsídios, assistência regional, subvenções para infra-estrutura e outros repasses certamente afundariam o orçamento da UE. Em dezembro de 1994, a Fundação Bertelsmann, na Alemanha, publicou um estudo sugerindo que, se os seis países da Europa Central que então se candidatavam ao ingresso (Polônia, Hungria, Eslováquia, República Tcheca, Romênia e Bulgária) fossem admitidos em termos paritários, a despesa com fundos estruturais excederia 30 bilhões de *Deutschmarks* por ano.

Receava-se que a situação provocasse um retrocesso junto aos eleitorados dos países que pagavam a maioria das contas da União, países que certamente seriam convocados a contribuir ainda mais: Holanda, Grã-Bretanha e, principal e perigosamente, a Alemanha. E os países do Leste Europeu a serem beneficiados não tinham condições de oferecer qualquer contrapartida financeira prevista nas normas da UE. O que a Europa pós-comunista precisava era de um Plano Marshall, mas ninguém estava disposto a fazer semelhante oferta.

Além de gerar despesas, os novos recrutas causariam problemas. Seus sistemas legais eram corruptos, ou inoperantes, seus líderes políticos não tinham sido testados, suas moedas eram instáveis, suas fronteiras, porosas. Temia-se que cidadãos carentes e indigentes partissem em bandos para o oeste, em busca de previdência social, ou ficassem onde estavam, contentando-se com salários irrisórios — roubando investidores e empregadores estrangeiros aos antigos países da UE. De um jeito ou de outro, constituiriam uma ameaça. Falava-se que a Europa Ocidental seria "invadida" — eco distante mas inconfundível dos medos que Herder expressava em relação ao "barulho" causado pelos "povos selvagens" do Leste Europeu. Ninguém duvidava que a UE pudesse fazer maravilhas pela Europa Oriental. Mas o que a Europa Oriental faria pela UE?

Com tais preocupações, os europeus ocidentais procrastinaram. Em seguida aos acontecimentos de 1989, o ministro das Relações Exteriores da Alemanha, Hans-Dietrich Genscher, propôs, inicialmente, que a União Européia absorvesse o quanto antes todos os países do Leste Europeu, como medida profilática contra uma recaída nacionalista. Mas foi logo contido; e, embora Margaret Thatcher continuasse a instar a expansão imediata (supondo que uma União mais extensa seria, inevitavelmente, diluída numa zona pan-européia de livre-comércio, sonho dos britânicos), foi a abordagem francesa que veio a dominar a estratégia da UE.

A primeira reação de François Mitterrand foi propor uma Confederação Européia — uma espécie de fileira externa, aberta a todos os membros novatos, sem obrigações e com poucos benefícios materiais. Anos depois, diplomatas franceses deplorariam a falta de apoio a essa sugestão, lamentando a perda da oportunidade de "colaboração tranqüila" em prol da expansão da UE. Mas, à época, a sugestão era vista como um estratagema óbvio, cujo propósito era encurralar as recém-libertadas nações do Leste Europeu numa falsa "comunidade européia", mantendo-as indefinidamente longe da verdadeira comunidade. Václav Havel percebeu tal intenção desde o início, motivo pelo qual logo rejeitou a proposta (tornando-se, durante algum tempo, *persona non grata* no Palácio Élysée).

Então, ao longo dos anos seguintes, as relações entre a Europa Oriental e Ocidental ficaram restritas a trocas bilaterais e acordos comerciais, com alguns países — Hungria, Polônia, República Tcheca e Eslováquia — fazendo jus ao limitado status de "associado" à UE, nada mais. Todavia, o golpe de Moscou, em 1991, e as guerras dos Bálcãs que eclodiram logo depois canalizaram a atenção ocidental para os riscos de permitir que os países pós-comunistas ficassem sofrendo na incerteza; e ficou decidido, num encontro da UE realizado em Copenhague, em junho de 1993, que, em princípio — e numa data ainda a ser estipulada —, "os países associados da Europa Central e Oriental que o desejassem poderiam se tornar membros da União Européia".

A decisão pouco amenizou a frustração dos aspirantes à União, cujas transações com Bruxelas e as capitais ocidentais os deixavam "decepcionados", na expressão discreta da primeira-ministra polonesa, Hanna Suchocka. E, na realidade, os líderes políticos do Leste Europeu passaram o resto da década buscando, com paciência e frustração, o compromisso dos relutantes parceiros ocidentais, prometendo aos seus eleitores que o ingresso na UE estava deveras na pauta, e aproveitando toda e qualquer oportunidade para convencer os interlocutores estrangeiros da urgência do pleito.

Mas a atenção do Ocidente estava voltada para outro ponto. A transição para uma nova moeda comum e a implementação dos planos de integração institucional previstos pelo Tratado de Maastricht eram a principal preocupação de todas as capitais ocidentais européias.

Na Alemanha, crescia a apreensão diante dos custos e das dificuldades da integração dos territórios da antiga RDA. Nesse ínterim, a catástrofe na Iugoslávia — que, de início, servira para lembrar aos estadistas ocidentais dos riscos de se subestimar os problemas do pós-comunismo — tornara-se uma obsessão constante.

O olhar dos intelectuais ilustres — sempre um barômetro das variações da moda política — se desviara. Fazia poucos anos que a "Europa Central" fora redescoberta pelos observadores ocidentais, ocasião em que Havel, Kundera, Michnik e seus colegas foram celebrados em editoriais de diários de primeira linha, de Paris a Nova York. Mas a História seguia em ritmo acelerado: Praga e Budapeste, depois da saída milagrosa da tirania, estavam entregues a turistas e empresários. Era mais fácil encontrar Bernard-Henri Lévy e Susan Sontag em Sarajevo. Os 15 minutos de fama da Europa Central tinham passado e, com eles, qualquer pressão pública para facilitar a absorção da área por instituições ocidentais. Publicamente, políticos e administradores em Bruxelas insistiam no desejo de ver a União se expandir para o leste, quando as condições fossem "propícias". Extra-oficialmente, eram mais francos. Conforme, em meados dos anos 90, expressou um experiente funcionário da Comissão Européia: "Ninguém aqui fala sério a respeito de expansão."

Contudo, a expansão estava na pauta. De acordo com as próprias normas da UE, não era permitido negar aos países o direito à candidatura. A Comissão Européia foi, portanto, obrigada a aceitar solicitações encaminhadas pela Hungria e Polônia, em 1994, pela Romênia, Eslováquia, Letônia, Estônia Lituânia e Bulgária, em 1995, e Eslovênia e República Tcheca, em 1996. Os dez candidatos ex-comunistas, portanto, juntaram-se a Malta e Chipre, que haviam encaminhado candidaturas em 1989, e à Turquia (cuja solicitação se arrastava desde 1987). Todos esses países candidatos agora lotavam uma sala de espera, aguardando para ser atendidos pela União.

Em 1997, o Tratado de Amsterdã acrescentou ao Tratado de Roma uma série de emendas importantes, de caráter técnico, implementando as metas do Tratado de Maastricht e reforçando o propósito da União de desenvolver um programa de cidadania européia e criar instituições pan-européias capazes de abordar questões como desemprego, saúde, meio ambiente e a ausência gritante de uma política externa comum. Àquela altura, com a moeda comum prevista para entrar em vigor em 1999, a União completara uma década de integração interna, processo que havia absorvido toda a sua energia burocrática. Já não havia desculpa para adiar o tópico bem mais espinhoso da expansão.

A preferência de alguns líderes nacionais e de muitos funcionários experientes da Comissão Européia era pela limitação de candidaturas aos casos mais "fáceis": países pequenos, como a Eslovênia ou a Hungria, contíguos às fronteiras da União e dotados de economias relativamente modernizadas, nações que representariam um desafio limitado à estrutura institucional e ao orçamento da UE. Porém, logo ficou claro que tal postura seria politicamente imprudente — deixadas à deriva, a Romênia ou a Polônia poderiam chegar em águas perigosamente antidemocráticas; portanto, a partir de 1998, a União Européia inaugurou, oficialmente, o processo de admissão dos dez candidatos do Leste Europeu, e ainda de Chipre. Pouco tempo depois, Malta entrou na lista. A Turquia, no entanto, foi detida.

A partir daquele ponto, a expansão assumiu uma dinâmica própria, apesar dos receios sempre presentes de diversos membros da UE e, a julgar pelas pesquisas de opinião, apesar também da falta de entusiasmo das populações dos países já filiados. Tiveram início, então, negociações bilaterais, com vistas à admissão, primeiramente, com um núcleo de candidatos — Chipre, República Tcheca, Estônia, Hungria, Polônia e Eslovênia; mais tarde, com os demais — Bulgária, Romênia, Eslováquia, Letônia, Lituânia e Malta. A presença da Polônia no primeiro grupo, a despeito das dificuldades econômicas que isso acarretava, foi explicada pela dimensão e importância do país. Por outro lado, a Eslováquia ficou "relegada" ao segundo círculo devido à estagnação e à corrupção ali instaladas pelo governo autoritário de Mečiar — e como advertência e exemplo para os demais.

Seguiram-se cinco anos de negociações intensas e por vezes difíceis. Bruxelas "baixou em peso" nas capitais dos países candidatos, inundando-as de conselheiros, recomendações, modelos, programas e instruções, num esforço para elevar os padrões das instituições, leis, normas, práticas e serviços locais ao patamar mínimo exigido pela União. Os candidatos, por seu turno, pressionavam ao máximo para obter garantias de que teriam acesso livre aos consumidores da UE, enquanto defendiam o mercado doméstico, para que este não sucumbisse diante das mercadorias e dos serviços mais atraentes e eficientes originários do Oeste Europeu.

O embate foi absolutamente desigual. Enquanto a UE era o antigo e assumido objeto do desejo do Leste Europeu, os (futuros) novos membros pouco podiam oferecer em troca, exceto a promessa de bom comportamento. Portanto, ficou acordado que, embora fossem contemplados com algumas concessões — entre as quais restrições temporárias a compras de terras por estrangeiros, sempre uma questão política delicada —, os novos membros aceitariam que a UE, não obstante o compromisso com um mercado comum, impusesse consideráveis restrições às exportações de mercadorias e, sobretudo, a indivíduos originários dos países candidatos.

Reagindo a estimativas exageradas de prováveis deslocamentos populacionais (um relatório da Comissão Européia publicado em 2000 previa um êxodo anual de 335 mil pessoas, que deixariam os dez Estados candidatos se as fronteiras fossem abertas sem restrições), a maioria dos Estados membros ocidentais insistia na fixação de cotas máximas de europeus orientais que se destinavam ao Ocidente — em flagrante desrespeito ao espírito e mesmo à letra de proclamações e tratados registrados na década anterior. Alemanha, Áustria e Finlândia impuseram limites rígidos durante dois anos, guardando para si a prerrogativa de estender tais limites por mais cinco anos. Bélgica, Itália e Grécia logo fizeram o mesmo. Somente o Reino Unido e a Irlanda declararam-se dispostos a corresponder ao princípio de "portas abertas" adotado pela União — mas anunciaram que os benefícios previdenciários para trabalhadores provenientes do Leste Europeu seriam mantidos em níveis mínimos.

A extensão de subsídios agrícolas e outros benefícios aos candidatos do Leste Europeu também foram objeto de severas restrições. Em parte, conforme definiu o Relatório de Transição 2003 expedido pela comissão, isso decorreu de "questões levantadas a respeito da capacidade de os países candidatos absorverem e utilizarem, eficientemente, as subvenções que seriam concedidas após a admissão, subvenções essas provenientes dos fundos de coesão e estrutura da UE". Mas o principal motivo foi, simplesmente, conter os custos da expansão e minimizar a concorrência para os produtores ocidentais. Somente em 2013 os agricultores do Leste Europeu obterão subsídios idênticos aos oferecidos na Europa Ocidental — ocasião em que, segundo as estimativas, a maioria desses agricultores estará aposentada ou já não trabalhará na terra.

Com o término das negociações, os termos acordados e as 97 mil páginas do *acquis communautaire* da União devidamente incorporadas aos códigos governamentais dos países candidatos, a expansão em si foi uma espécie de anticlímax. Tendo esperado 15 anos para ingressar na UE, era compreensível que a maioria dos novos Estados membros não demonstrasse o entusiasmo que teria sido expresso uma década antes. E, a bem da verdade, muitos dos benefícios práticos decorrentes do engajamento com o Ocidente já haviam sido contabilizados — sobretudo na fabricação de carros, atividade em que os antigos Estados comunistas contavam com um provimento de mão-de-obra especializada e barata e na qual indústrias como a Volkswagen, Renault e Peugeot-Citroën investiram maciçamente durante os anos 90. Entre 1989 e 2003, o total cumulativo de investimento estrangeiro na Europa Oriental alcançou 117 bilhões de dólares.

Já no início do século XXI, o investimento econômico na Europa ex-comunista começava, na verdade, a diminuir. Ironicamente, isso resultou em grande parte da iminente expansão da UE. Depois que entrassem para a União, seria mais fácil fazer negócios com países como a Polônia ou a Estônia. E esses países, por sua vez, poderiam vender mais para o Ocidente: a Polônia esperava dobrar a exportação de gêneros alimentícios para os EUA três anos após haver ingressado na União. Mas isso provinha do atraso. Depois que os candidatos entraram para a UE, verificou-se que salários e outros custos começaram a subir, aproximando-se dos patamares ocidentais. A vantagem de custos que a região demonstrara em relação à Índia ou ao México desapareceu. Margens de lucros — ao menos no setor industrial — começaram a decrescer.

Ao mesmo tempo, graças ao custo elevado da dissolução das economias comunistas, o Leste Europeu, nas vésperas do ingresso, continuava bem atrás dos países da UE. O PIB *per capita*, mesmo nos novos países membros mais prósperos, ficava bem abaixo dos vizinhos ocidentais: na Eslovênia, o índice era de 69% da média da UE; na República Tcheca, 59%; na Hungria, 54%. Na Polônia, o percentual não passava de 41%; na Letônia, o membro mais pobre, 33%. Mesmo que as economias dos novos Estados da UE continuassem a crescer num ritmo médio 2% acima do ritmo dos membros antigos,[7] a Eslovênia precisaria de 21 anos para alcançar a França. No caso da Lituânia, seriam necessários 57 anos. Evidentemente, os cidadãos dos antigos Estados comunistas não tinham acesso a esses dados. Contudo, a maioria alimentava poucas ilusões quanto às dificuldades futuras. Quando, numa série de pesquisas de opinião realizadas em 2000, perguntou-se aos tchecos quanto tempo levaria até que sua situação "melhorasse", 30% dos entrevistados responderam "cinco anos"; 30%, "dez anos"; 30%, "15 anos ou mais"; e 10%, "nunca".

Todavia, a despeito do justo ceticismo dos beneficiários, as implicações formais da explosiva expansão da UE eram bastante concretas. Quando o tratado de adesão, assinado em

[7] Suposição extremamente otimista. Nos anos subseqüentes à admissão da Espanha e de Portugal à CE em 1986, a economia desses países cresceu num ritmo entre 1% e 1,5% mais acelerado do que o restante da Comunidade.

Atenas em abril de 2003, entrou em vigor em 1° de maio de 2004, a União Européia cresceu, de uma só vez, de 15 para 25 membros (Bulgária e Romênia ficaram de fora até 2007). A população aumentou em um quinto (embora o incremento da economia fosse inferior a 5%); a massa territorial cresceu também quase um quinto. E as fronteiras orientais da "Europa", que em 1989 não passavam de Trieste, agora chegavam à região que antes correspondera à URSS.

No alvorecer do século XXI, a União Européia enfrentava uma gama de problemas graves: alguns antigos, alguns novos e outros por ela própria criados. As dificuldades econômicas talvez fossem as mais comuns e, no fim das contas, as menos sérias das preocupações. Com ou sem os novos países membros, a UE continuava a gastar — como sempre — vultosas e desproporcionais quantias de dinheiro com o setor agrícola. Do orçamento da União, 40% — ou seja, 52 bilhões de dólares, em 2004 — eram destinados, por motivação política, a "pagamentos de subsídios agrícolas", muitas vezes beneficiando grandes agronegócios mecanizados, na França ou na Espanha, empreendimentos que podiam prescindir de ajuda.

Mesmo após a assinatura de um acordo que reduzia subsídios e introduzia cortes no Programa Agrícola Comum, estimava-se que subvenções destinadas a garantir preços do setor agrícola continuariam a corresponder a mais de uma terça parte dos gastos totais da UE ainda na segunda década do novo século, impondo um ônus insuportável ao orçamento. O problema não era que a União fosse pobre. Ao contrário: a riqueza coletiva e os recursos dos países membros comparavam-se aos dos EUA. Mas o orçamento da UE, segundo um relatório independente encomendado por Bruxelas em 2003, era uma "relíquia histórica".

A União Européia surgira, meio século antes, como um consórcio alfandegário — um "mercado comum" — aglutinado por pouco mais do que uma tarifa externa. O padrão de gastos da União foi impulsionado e depois contido por acordos de tarifas, preços, subsídios e subvenções. Ao longo dos anos, as ambições da UE se expandiram para as áreas da cultura, do direito, do governo e da política, e a União assumira — em Bruxelas e outros locais — muito da pompa de um governo tradicional.

Porém, enquanto governos convencionais têm a liberdade de levantar recursos para fazer frente a gastos previstos, a União Européia tinha e tem uma capacidade reduzida de geração de receita própria. Os rendimentos da UE decorrem de tarifas alfandegárias fixas, taxação sobre produtos agrícolas, do Imposto sobre o Valor Acrescentado[8] e, sobretudo, de contribuições dos países membros que não excedam 1,24% da Renda Nacional Bruta (RNB). Portanto, pouco da receita da UE é controlada diretamente pela administração da própria União — e a totalidade da receita é vulnerável a pressões políticas no âmbito interno dos diversos países membros.

Além disso, a maioria desses países membros é mais beneficiária da generosidade da UE do que contribuinte do orçamento. Em 2004, na seqüência da expansão oriental, 19 desses membros receberam mais de Bruxelas do que contribuíram. Na prática, o custo da gestão da

[8] Em inglês, Value-Added Tax (VAT). (N. do T.)

Uma União em Contínua Expansão? A União Européia em 2004

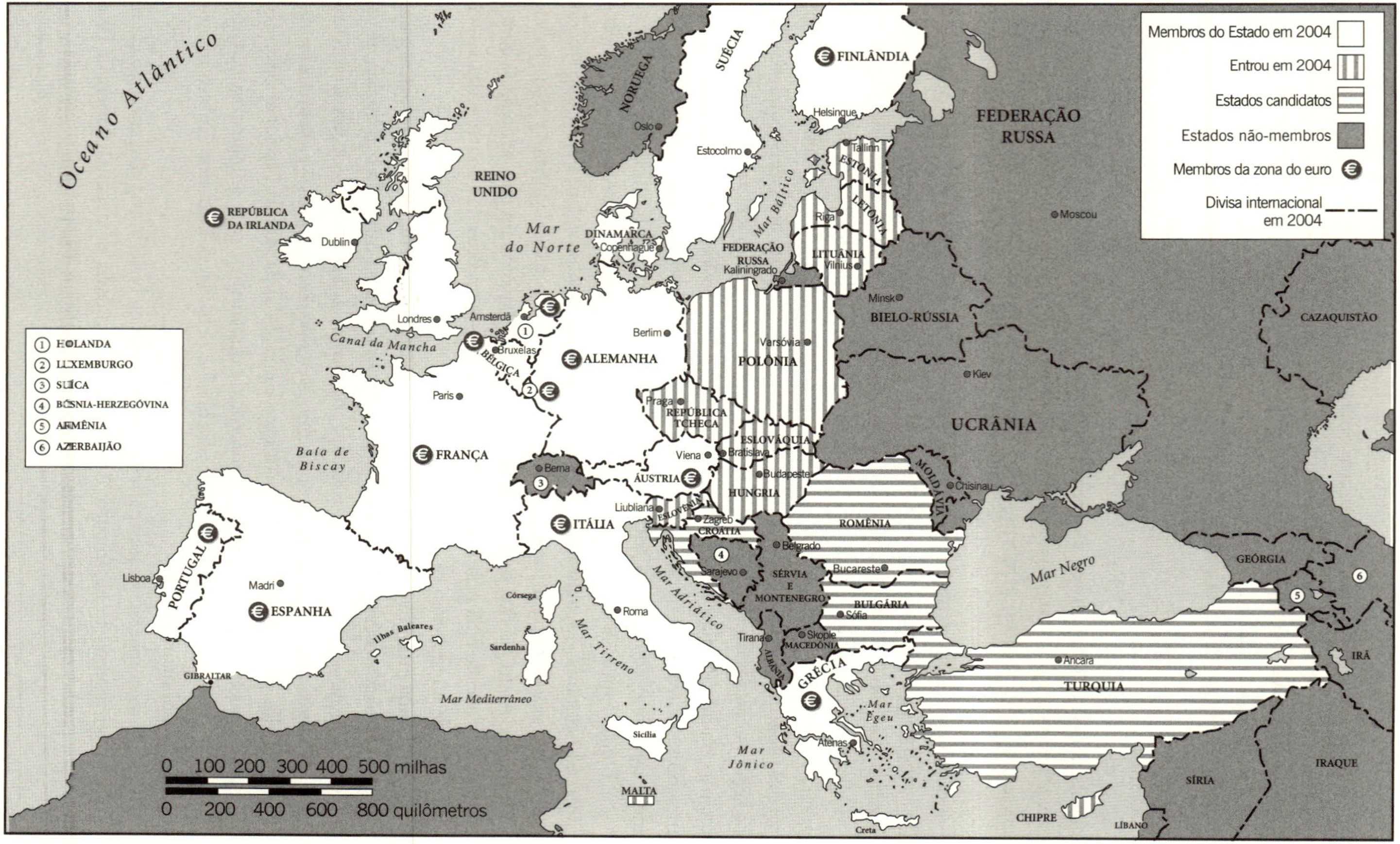

UE era coberto pela contribuição de apenas seis países: Reino Unido, França, Suécia, Áustria, Holanda e Alemanha. Pondo em risco as perspectivas futuras da União, esses seis países, em dezembro de 2003, solicitaram à comissão que lhes reduzisse a contribuição para o orçamento do órgão, de 1,24% para apenas 1% da RNB.

O orçamento da União, mínimo, se comparado ao do menor dos países membros, e alocado principalmente para fundos estruturais, subvenção de preços e para a dispendiosa administração da própria UE, é, portanto, refém permanente, quer dos interesses dos contribuintes, quer dos beneficiários. A eficiência das alavancas da máquina econômica da União depende do consentimento de todas as partes constituintes. Quando todos concordam mais ou menos com o princípio e os benefícios de determinada política — abertura de divisas internas, criação de mercados irrestritos para bens e serviços —, a UE realiza avanços notáveis. Quando um punhado de membros diverge (ou mesmo apenas um, sobretudo em se tratando de um contribuinte de peso), a política fica paralisada — a harmonização de sistemas de impostos, a exemplo da redução de subsídios agrícolas, está na pauta há décadas.

E, por vezes, os ponteiros do relógio andam para trás. Depois de duas décadas de esforços envidados por Bruxelas para eliminar subsídios estatais destinados a "setores campeões" e assim garantir condições justas de competitividade econômica no âmbito da própria Europa, o comissário do mercado comum (o holandês Frits Bolkestein), em julho de 2004, expressou surpresa ao constatar que a França e a Alemanha voltavam a adotar políticas "protecionistas" típicas dos anos 70, em defesa de empresas locais que se achavam em dificuldade. Mas cumpre lembrar que Paris e Berlim, ao contrário dos comissários de Bruxelas (que não são eleitos para seus cargos), têm eleitores que pagam imposto e que não podem, simplesmente, ser ignorados.

Esses paradoxos são bem apreendidos nas tribulações do euro. O problema da moeda comum não residiu na substituição técnica de diversas moedas nacionais por uma única unidade de referência — tal processo já estava em curso muito antes da extinção do franco, da lira ou do dracma, e se mostrou surpreendentemente tranqüilo e indolor;[9] o problema estava no pré-requisito da harmonização das políticas econômicas nacionais. A fim de evitar danos morais e riscos concretos atinentes a "parasitas", Bonn, conforme aqui já foi visto, insistia no que ficou conhecido como "pacto de crescimento e estabilidade".

Países que desejassem adotar o euro seriam obrigados a manter o déficit público em patamares que não excedessem 60% do Produto Interno Bruto, e não poderiam apresentar déficits orçamentários superiores a 3% do PIB. Qualquer país que deixasse de cumprir tais metas estaria sujeito a sanções, inclusive multas elevadas, a serem impostas pela União. O propósito dessas medidas era assegurar que nenhum governo da zona do euro baixasse a guarda fiscal, estourasse o orçamento e, por conseguinte, onerasse injustamente as economias de outros países da zona do euro, que teriam de assumir o peso da garantia da estabilidade da moeda comum.

Para surpresa geral, os países do sul da Europa, geralmente perdulários, foram disciplinados. A Espanha "se habilitou" para adotar o euro devido ao que um observador espanhol

[9] Em 1° de janeiro de 2002, um total de 600 bilhões de euros foram distribuídos eficientemente e introduzidos nos países da zona do euro, verdadeira façanha técnica.

chamou, sarcasticamente, de combinação de *fortuna* e *virtu*: uma melhora da economia permitiu ao governo amortizar o déficit público do país a tempo da adoção da moeda comum, em 1999. Até a Itália conseguiu passar nas provas germânicas (que, com razão, muitos italianos desconfiavam ter sido estipuladas para mantê-los fora do esquema), embora com certo grau de manipulação de dados e com a venda de patrimônio público. Já em 2003, a zona do euro abrangia 12 países, da Irlanda à Grécia.

Mas — conforme muitos céticos haviam previsto — a pressão da moeda tipo "tamanho único" logo se fez sentir. O recém-criado Banco Central Europeu (BCE), em Frankfurt, manteve, desde o início, um índice de juros relativamente elevado, para sustentar a nova moeda e defendê-la da inflação. Contudo, as economias dos Estados da zona do euro diferiam entre si, tanto em relação ao nível de desenvolvimento quanto ao ponto em que se encontravam no ciclo econômico. Algumas, como a da Irlanda, prosperavam; outras — notadamente a economia portuguesa — vinham bem atrás, e teriam se beneficiado do aumento da atividade doméstica e das exportações que provavelmente teriam se concretizado se os juros baixassem e a moeda se tornasse menos "dura".

Sem dispor de poder para implementar tais medidas, o governo de Portugal, para não sofrer multas pesadas, foi forçado pelos termos do "pacto" a reduzir os gastos públicos precisamente quando, segundo a teoria econômica tradicional, deveria gastar mais, para sair da recessão. O quadro não cativou a simpatia do povo; mas ao menos o país podia afirmar que não renegara os termos da adoção da nova moeda: já em 2003, Lisboa conseguira reduzir o déficit público para 59,4% do PIB, e o déficit anual para 2,8%, mantendo-se ligeiramente abaixo dos limites oficiais.

No ano seguinte, entretanto, a França apresentou um déficit de quase 4,1% — e a própria Alemanha, com a economia finalmente pagando o preço da unificação, registrou um déficit de 3,9%, e um endividamento de cerca de 65%. Dada a dimensão dessas respectivas economias, o fato de que nem a França nem a Alemanha obedeciam às regras por elas criadas constituiu um sério desafio ao acordo como um todo. Mas, desta feita, quando a comissão aplicou as penalidades, Paris e Berlim declararam que consideravam economicamente inevitáveis os "déficits temporários" e que não pretendiam pagar as multas, nem mesmo queriam se comprometer com um desempenho muito melhor no ano seguinte.

Os menores Estados da UE — seja aqueles que, a exemplo da Grécia e de Portugal, muito lutaram para conseguir cumprir os termos do "pacto", seja aqueles que, como Holanda e Luxemburgo, temiam a instabilidade de uma moeda que agora era *deles* também — estrilaram, mas a mensagem era clara. Menos de uma década após ter surgido, o pacto de crescimento e estabilidade estava morto. Quanto, exatamente, o euro sofreria, caso os países participantes dispusessem de mais flexibilidade em seus orçamentos domésticos, era algo incerto. Muitos achavam que o problema não estava nos governos nacionais, mas num Banco Central inflexível e aparentemente insensível, obstinado com sua independência total e ainda engajado nas batalhas antiinflacionárias da década de 1970.

As dificuldades do euro apontavam um defeito maior no projeto europeu: um sistema de governo extraordinariamente canhestro. O problema estava na concepção original. Jean Monnet e seus herdeiros haviam, propositadamente, evitado qualquer esforço no sentido de imaginar, muito menos implementar, um sistema democrático ou federal. Em vez disso, tinham defendido um projeto de modernização da Europa que vinha de cima para baixo: uma estratégia de produtividade, eficiência e crescimento econômico concebido segundo parâmetros de Saint-Simon, gerido por especialistas e pouco atentando para as aspirações dos beneficiários. As energias dos proponentes e defensores do projeto eram, basicamente, canalizadas para as complexas dimensões *técnicas* relacionadas à "construção da Europa". Quando outras preocupações surgiam, eram sistematicamente adiadas.

Ainda nos anos 90, portanto, a União Européia era administrada segundo parâmetros estabelecidos havia décadas, parâmetros que visavam principalmente à conveniência dos gestores. Em Bruxelas, a comissão comandava uma burocracia substanciosa, introduzindo políticas e implementando medidas e decisões sujeitas à aprovação de um Conselho de Ministros representantes dos países membros. Um Parlamento europeu de difícil manejo, reunido em Estrasburgo ou Bruxelas e eleito diretamente desde 1979, exercia poderes de supervisão gradativamente mais amplos (no antigo Tratado de Roma, a função do Parlamento era apenas consultiva), mas não tinha poder para tomar iniciativas.

As decisões incontroversas eram geralmente tomadas em Bruxelas, por especialistas e servidores públicos. Políticas passíveis de afetar eleitorados importantes ou interesses nacionais eram debatidas no Conselho de Ministros e produziam acordos complicados, ou então transações dispendiosas. O que não podia ser resolvido ou acordado simplesmente ficava em suspenso. Os países membros mais importantes — Grã-Bretanha, Alemanha e, sobretudo, a França — nem sempre conseguiam o que queriam, mas o que eles *não* queriam não era aprovado.

Tratava-se de um esquema singular. Nada tinha a ver com a condição dos estados distintos da América do Norte em 1776, todos surgidos como satélites de um único país — a Grã-Bretanha —, cujo idioma, cultura e sistema legal eram por eles compartilhados. Tampouco se comparava à Confederação Suíça, embora tal analogia fosse, por vezes, sugerida; com suas seculares redes de soberanias sobrepostas, seus enclaves administrativos e direitos e privilégios locais, os cantões suíços fazem lembrar a França do velho regime, sem o rei.[10]

Os países membros da União Européia, em contrapartida, permaneceram unidades totalmente independentes e separadas, numa associação voluntária à qual os membros, ao longo do tempo, haviam conferido um conjunto de poderes acumulados, sem jamais declarar o princípio que norteava o esquema, nem até onde aquela empreitada comum deveria ir. "Bruxelas" — sede devidamente anônima para uma entidade administrativa indefinida, nem democrática nem autoritária — governava exclusivamente com o consentimento dos governos filiados. Desde o início, "Bruxelas" se apresentara a tais governos como um empreendimento diretamente lucrativo: a Comunidade/União contribuiria com o bem-estar dos membros, sem subtrair-lhes a independência. Mas isso não poderia continuar indefinidamente.

O impasse não resultou da natureza inerentemente complicada do sistema administrativo da União, mas da impossibilidade da manutenção de tal sistema diante de 25 países membros. Até

[10] Se os cantões ainda funcionavam bem, isso decorria, em parte, do fato de que a máquina federal era muito bem lubrificada, inclusive à custa de muito dinheiro: na década de 1990, a Suíça ainda era o país mais rico do mundo.

então, a presidência do Conselho de Ministros era trocada semestralmente, e cada país tinha o direito de organizar uma conferência européia bianual para fins de autopromoção — sistema que muito desagradava aos administradores da União. A perspectiva de um "circo" de tais proporções, pulando por 25 capitais, de Lisboa a Liubliana, era absurda. Além disso, um processo decisório criado para atender a seis países membros e já complicado para 12, quanto mais para 15, simplesmente ficaria imobilizado por cinqüenta comissários (dois de cada país), ou por um Conselho Europeu que representasse 25 países membros — todos com poder de veto.

As dificuldades foram prenunciadas num encontro em Nice, realizado em dezembro de 2000. Convocado, supostamente, para fixar as bases da expansão e instituir um novo sistema eleitoral para o Conselho de Ministros da UE — um sistema que, ao mesmo tempo, pesasse os votos dos países membros em função do tamanho da população e garantisse a possibilidade de decisões baseadas na maioria dos votos —, o encontro se transformou numa negociata ríspida e até embaraçosa. Os franceses insistiam em manter paridade com a Alemanha (a despeito de uma diferença populacional de 20 milhões de habitantes), enquanto nações como Espanha e Polônia, esta na condição de observadora do encontro, tentavam maximizar sua futura força eleitoral no conselho, vendendo apoio a quem pagasse mais.

A vexatória luta por influência travada em Nice, em que os principais estadistas europeus, como Tony Blair, Jacques Chirac e Gerhard Schröder passaram noites em claro, barganhando e discutindo a conquista de status e prestígio em seu continente comum, ilustrou o preço pago pela negligência em relação às sutilezas constitucionais. Ao conduzir a União a um impasse, o encontro de Nice resultou no estabelecimento de uma Convenção Européia: uma espécie de Assembléia Constituinte (não-eleita) autorizada a produzir um sistema de gestão pertinente para uma "Europa" expandida e, esperava-se, um relato crível dos objetivos do empreendimento. Em decorrência de um certo grau de lobby (agora reconhecido) feito por Paris, a presidência da convenção foi designada ao veterano e sempre vanglorioso Valéry Giscard d'Estaing.

Depois de dois anos de deliberações, a convenção expediu algo que era mais do que um simples esboço, mas bem menos do que uma Constituição. Expurgado do pomposo preâmbulo giscardiano (que ficava muito aquém da elegante concisão do predecessor jeffersoniano, segundo comentários imediatos), o documento preparado pela convenção continha poucas propostas constitucionais clássicas — nada de definições arrebatadoras de liberdade individual, nenhuma declaração esclarecedora sobre a divisão de poderes etc. Sob esse aspecto, como tanta gente havia previsto, o documento foi decepcionante.

Mas o texto de Giscard — que após alguma discussão foi adotado como Tratado Constitucional, em Roma, em 2004 — conseguiu, pelo menos, propiciar uma base para a condução prática dos interesses da União: o aperfeiçoamento dos sistemas de coordenação de atividades relacionadas à defesa e imigração; um resumo simplificado e unificado da legislação da UE; uma Carta dos Direitos Fundamentais para os cidadãos da União, documento cujo propósito era fortalecer a autoridade dos tribunais europeus; bem como um relato claro e até ambicioso da competência formal e da autoridade da União.

Acima de tudo, a Constituição proposta serviria para reduzir — ao longo do tempo — o oneroso sistema de representação nacional na comissão; e criava um sistema de votação para o Conselho Europeu que, após algum regateio, foi aceito por todas as partes e se mostrou demograficamente eqüitativo. Se as novas disposições contariam com o apoio da maioria quando se tratasse de questões delicadas, era algo que permanecia incerto: ainda mais porque, no que dizia respeito a tópicos realmente controversos, como impostos e defesa, ficou acordada — por insistência da Grã-Bretanha, mas para alívio tácito de muitos outros países — a manutenção do velho mecanismo gaullista do veto. E ninguém duvidava que, a despeito da cuidadosa atribuição de pesos aos votos, o poder permanecia nas mãos dos países maiores — conforme Ortega y Gasset concluíra, já em 1930, a Europa, para todos os efeitos, era "uma trindade: França, Inglaterra, Alemanha". Porém, ao menos — e supondo-se que a Constituição fosse sancionada em todos os países membros, obstáculo que não foi previsto —, agora seria possível tomar decisões.

Portanto, já em 2004, aparentemente, a União Européia — para surpresa de muitos observadores — havia superado, ou ao menos amenizado, as dificuldades práticas inerentes ao governo de uma comunidade incipiente composta de 25 Estados distintos. Mas o que a União não conseguiu fazer — o que nem a convenção de Giscard, nem os diversos tratados, nem a Comissão Européia e seus vários relatórios e programas, nem as caras publicações e os portais da Internet destinados a esclarecer o povo europeu sobre a União e seus procedimentos sequer começaram a fazer — foi enfrentar a crônica falta de interesse demonstrada pelos europeus.

Se os tecnocratas que construíram as instituições da nova "Europa" exibiam um arrogante descaso pela opinião pública, o sentimento era agora pago na mesma moeda. Lamentando a obsessão dos colegas do Partido Trabalhista pelas técnicas e normas da gestão político-partidária, o primeiro-ministro britânico, Clement Attlee, costumava advertir contra a "falácia fundamental", a crença de que "é possível, por meio da sofisticação dos mecanismos, fugir à necessidade de se confiar nos seres humanos".[11] Mas isso era tão-somente a premissa sobre a qual as instituições da unidade européia no pós-guerra haviam sido construídas, com conseqüências que finalmente se tornavam visíveis. A UE padecia de um grave "déficit democrático".

A cada nova eleição para o Parlamento europeu o número de eleitores decrescia; as exceções que comprovavam a regra eram as ocasiões em que os pleitos nacionais coincidiam com os da UE e os eleitores mobilizados em torno de questões locais ou nacionais aproveitavam para votar questões européias. Exceto nesses casos, o declínio foi contínuo — na França, a queda foi de 60%, em 1979, para 43%, em 2004; na Alemanha, de 66% para 43%; na Holanda, de 58% para 39%.[12]

O contraste entre o nível de interesse demonstrado pelos eleitores em política nacional e seu crescente desinteresse pelo Parlamento, em Estrasburgo, é extremamente sintomático. Nas eleições européias de junho de 2004, a primeira desde a expansão da UE, o número de votantes no Reino Unido foi 20 pontos percentuais inferior ao registrado nas eleições

[11] Citado por Kenneth Harris, em *Attlee* (Londres, 1984), p. 63.

[12] O declínio do número de eleitores holandeses talvez seja particularmente alarmante. Antes o centro do entusiasmo europeu e contribuinte generosa para a CE e a UE, a Holanda, recentemente, vem se retraindo — fenômeno ao mesmo tempo iluminado e acelerado pela ascensão e subseqüente assassinato do político direitista Pim Fortuyn.

nacionais imediatamente anteriores; na Espanha foram 23 pontos percentuais a menos; Portugal registrou uma queda de 24 pontos percentuais; a Finlândia, de 39; a Áustria, de 42; e a Suécia, de 43 (índices que contrastam com o comparecimento de 80% do eleitorado nas eleições nacionais suecas).

A tendência é forte demais para ser atribuída a circunstâncias locais. Além disso — e com sérias implicações para o futuro da União —, a tendência foi também constatada nos novos países membros situados na Europa Oriental, mesmo diante da primeira oportunidade de eleger o Parlamento europeu, órgão no qual tais países havia tanto tempo aguardavam para ingressar. Na Hungria, o comparecimento às urnas nas eleições européias de junho de 2004 ficou 32 pontos percentuais abaixo das eleições nacionais anteriores; na Estônia, 31 pontos; na Eslováquia, onde as eleições nacionais tinham registrado a presença de 70% do eleitorado, o segmento de votantes que se deram o trabalho de comparecer às urnas foi de 17%. Na Polônia, o índice de apenas 20% representou um declínio de 26 pontos percentuais em relação às eleições nacionais de 2001, marca mais baixa desde a queda do comunismo.

Por que os europeus, tanto os "mais velhos" quanto os "mais jovens", se mostravam tão indiferentes aos interesses da União Européia? Em grande parte, devido à crença generalizada de que não tinham como influenciar tais assuntos. A maioria dos governos europeus jamais realizara um plebiscito para determinar se deveria ingressar na UE ou na zona do euro — mesmo porque, nos países onde a questão tinha sido objeto de plebiscito, o resultado fora a rejeição, ou a aprovação por margens mínimas. Portanto, a União não "pertencia" aos seus cidadãos — ela parecia, de certo modo, ficar à margem dos instrumentos usuais da democracia.

E mais: era geral (e correta) a sensação entre os povos europeus de que, de todo os organismos da UE, o Parlamento europeu, com seus 732 membros, era o menos significativo. O poder estava nas mãos de uma comissão, apontada pelos governos nacionais, e de um Conselho de Ministros, constituído de seus representantes. Em suma, era nas eleições *nacionais* que se faziam as escolhas decisivas. Por que perder tempo escolhendo o mico, quando se pode escolher o tocador de realejo?

Por outro lado, como começava a ficar cada vez mais claro até para o cidadão mais simples, os "rostos desconhecidos" de Bruxelas passavam a exercer um poder concreto. Tudo, desde a forma dos pepinos até a cor e os dizeres dos passaportes, era agora decidido em Bruxelas. "Bruxelas" dava (desde subsídios ao leite até bolsas de estudo) e "Bruxelas" tirava (a moeda nacional, o direito a demitir empregados, até o rótulo dos queijos). E, nas últimas décadas, em algum momento, todos os governos nacionais tinham achado por bem culpar "Bruxelas" por leis ou impostos malquistos pelo povo, ou por políticas econômicas tacitamente defendidas pela capital, mas pelas quais ela relutava em se responsabilizar.

Sob tais circunstâncias, o déficit democrático da União poderia, facilmente, se transformar de desinteresse em hostilidade, isto é, na sensação de que as decisões eram tomadas "lá, por eles", com conseqüências desfavoráveis para "nós, aqui", decisões sobre as quais "nós" não podíamos opinar: preconceito alimentado por políticos irresponsáveis e alardeado por demagogos nacionalistas. Não por acaso, nas mesmas eleições européias de 2004, em que foi registrada uma forte queda no interesse dos votantes, muitos dos que se dispuseram a comparecer às urnas apoiaram candidatos abertamente — e mesmo raivosamente — contrários à UE.

No Oeste Europeu, a própria expansão facilitou esse retrocesso. Na Grã-Bretanha, somados, o eurofóbico Partido da Independência e o Partido Nacional Britânico (defensor da supremacia branca) alcançaram 21% dos votos, prometendo manter o Reino Unido longe da "Europa" e proteger o país da esperada onda de imigrantes e exilados. O Vlaams Blok, na Bélgica, o Dansk Folkeparti (Partido do Povo), na Dinamarca, e a Liga do Norte, na Itália, batiam na mesma tecla — conforme haviam feito no passado, mas agora com mais sucesso.

Na França, a Frente Nacional de Jean-Marie Le Pen adotou uma postura similar, mas as dúvidas francesas quanto à expansão da UE não se restringiam aos extremos políticos. Era público e notório que na França, de longa data, os poderes políticos constituídos se opunham à expansão da UE, o que causaria uma diluição da influência francesa: Mitterrand, Chirac e seus representantes diplomáticos tinham se empenhado em adiar o inevitável, o máximo possível. A opinião pública confirmava tais sentimentos: numa pesquisa realizada quatro meses antes da data do ingresso dos novos membros na União, 70% dos eleitores franceses declararam a UE "despreparada" para a chegada dos novatos e 55% se opunham totalmente à inclusão (na UE, como um todo, o índice de oposição era 35%).[13]

Mas a antipatia pela UE também fez o seu papel no Leste Europeu. Na República Tcheca, o Partido Democrático Cívico — aliado a Václav Klaus e veementemente cético em relação à UE e seus "superpoderes" — foi o grande vitorioso em 2004, conquistando 38% dos assentos designados ao país no Parlamento europeu. Na vizinha Polônia, partidos da extrema direita que não acreditavam na União saíram-se melhor do que a coalizão de centro-esquerda que governava o país — o que talvez não devesse surpreender, pois, numa pesquisa realizada alguns meses antes, tinha-se verificado que pouco mais da metade do eleitorado polonês considerava a União Européia "algo positivo".

Contudo, no cômputo geral, a UE é algo positivo. Os benefícios econômicos do mercado comum têm se mostrado concretos, conforme até mesmo os britânicos mais ressabiados com a União tiveram de admitir, sobretudo depois que passou a mania de "harmonização" que havia caracterizado a presidência da Comissão de Jacques Delors. A recém-descoberta liberdade de viajar, trabalhar e estudar em qualquer parte da União foi uma dádiva, especialmente para os jovens. E havia algo mais. Em termos relativos, o chamado fator "social" do orçamento da UE era diminuto — correspondia a menos de 1% do PIB da área européia. Todavia, a partir do final dos anos 80, os orçamentos da Comunidade Européia e da União passaram a apresentar características marcantemente redistributivas, repassando recursos de regiões ricas para regiões pobres e contribuindo para a redução contínua do abismo entre os ricos e o restante da população, na realidade atuando como um substituto dos programas socialdemocratas da geração anterior.[14]

---

[13] Talvez valha a pena acrescentar que em janeiro de 2004 somente um francês em idade adulta em cada cinqüenta era capaz de enumerar os dez novos países membros da UE.

[14] Entretanto, isso não ocorreu em todos os locais: no Reino Unido — assim como nos EUA —, a distância entre ricos e pobres aumentou continuamente a partir do final dos anos 70.

Recentemente, os cidadãos europeus até conseguiram instituir o seu próprio tribunal. O Tribunal Europeu de Justiça (TEJ), criado em 1952, no mesmo Tratado de Paris que criou a Comunidade Européia do Carvão e do Aço, começara com a função limitada de garantir que a legislação da CE (o "Direito Comunitário") fosse interpretada de modo uniforme em todos os países membros. Já no final do século, os juízes do TEJ — originalmente, um de cada país membro — tinham competência para resolver disputas legais entre Estados membros e instituições da UE, e para julgar recursos impetrados contra decisões de tribunais inferiores, ou até de governos nacionais. Na prática, o TEJ assumira vários dos poderes e funções de um Tribunal de Recursos Pan-europeu.[15]

Conforme sugere esse exemplo do tribunal, a maneira um tanto indireta e muitas vezes inadvertida com que as instituições da UE surgiam tinha as suas vantagens. Poucos advogados ou parlamentares, até mesmo no caso dos Estados mais favoráveis à União e pertencentes ao "núcleo" europeu, estariam dispostos a abrir mão de supremacia jurídica em nível local se isto lhes fosse solicitado desde o início. Do mesmo modo, qualquer "projeto europeu" claramente articulado (descrevendo as metas e as instituições da União conforme estas mais tarde se desenvolveriam) que tivesse sido apresentado aos eleitores dos Estados do Oeste Europeu teria sido rejeitado.

Assim sendo, a vantagem da idéia de uma união na Europa nas décadas seguintes à Segunda Guerra Mundial residia, precisamente, na sua imprecisão. À semelhança de "crescimento" ou "paz" — conceitos com os quais estava intimamente associada no pensamento de muitos dos seus defensores —, a idéia de "Europa" era demasiadamente benigna para atrair uma oposição efetiva.[16] No início dos anos 70, quando o presidente francês Georges Pompidou começou a aventar a noção de uma "União Européia", o ministro das Relações Exteriores, Michel Jobert, perguntou ao colega, Edouard Balladur (futuro primeiro-ministro) o que, exatamente, a idéia significava: "Nada", respondeu Balladur. "Mas é essa a beleza da coisa." O próprio Pompidou descartou o conceito como "uma fórmula vaga [...] para evitar disputas doutrinárias paralisantes".[17]

Evidentemente, foi essa imprecisão formulista, somada ao extremamente preciso detalhamento das diretivas legais da UE, que gerou o déficit democrático: é difícil para os europeus se importar com uma União cuja identidade permaneceu confusa durante tanto tempo, mas que, paralelamente, parece afetar todos os aspectos da sua existência. E no entanto, a despeito das falhas enquanto sistema de governo indireto, a União apresenta alguns atributos interessantes e originais. Decisões e leis podem até ser aprovadas numa esfera transgovernamental, mas são implementadas por autoridades nacionais. Tudo precisa ser realizado mediante acordo, uma vez que não existem instrumentos de coerção: não há cobradores de impostos na UE;

---

[15] O TEJ não deve ser confundido com o Tribunal Europeu de Direitos Humanos, criado sob a égide do Conselho da Europa para fiscalizar o cumprimento da Convenção Européia para a Proteção dos Direitos Humanos e das Liberdades Fundamentais, que entrou em vigor em 1953.

[16] Na Constituição da Europa, de Giscard, o Artigo 3 (I) estabelece que os objetivos da União são "promover a paz, seus valores e o bem-estar dos povos europeus".

[17] Citado por Andrew Moravscik em *The Choice of Europe* (A escolha da Europa) (Nova York, 1998), p. 265.

não há policiais na UE. A União Européia, portanto, representa um compromisso incomum: um governo internacional implementado por governos nacionais.

Finalmente, embora a União Européia não disponha de meios nem mecanismos para impedir que os países membros cheguem às vias de fato, a sua própria existência torna a idéia um tanto absurda. A lição de que uma guerra era preço por demais elevado a ser pago para se obter vantagem política ou territorial já havia sido aprendida pelos vencedores depois da Primeira Guerra Mundial, embora tenha sido necessária uma segunda guerra para que a mesma lição fosse assimilada pelo lado *perdedor*. Mas uma terceira guerra na Europa poderia ter acontecido, ao menos nos primeiros anos do pós-guerra, ainda que um terceiro conflito fosse catastrófico e talvez terminal.

No final do século, entretanto, as elites e instituições da União Européia estavam a tal ponto entrelaçadas e interdependentes que um conflito armado, embora sempre possível, tornara-se, de certa maneira, inconcebível. Por isso, a "Europa" era um objeto de desejo para membros aspirantes, tais como a Letônia e a Polônia, um trajeto de fuga do passado e uma apólice de seguro para o futuro. Mas, ironicamente, foi por isso também que os líderes da própria UE se mostraram tão inoperantes diante da realidade da guerra nos Bálcãs.

A humilhação diante da Iugoslávia[18] é um lembrete de que a União Européia não consegue escapar de seus defeitos. Por *não* ser um Estado, a União pôde reunir cerca de 450 milhões de pessoas numa mesma comunidade, vagamente articulada, com baixos níveis de dissidência. Mas, por não ser um Estado — porque a lealdade principal dos seus cidadãos permanece comprometida com o país onde se encontram, cujas leis respeitam, cujo idioma falam e ao qual pagam seus impostos —, a UE não dispõe de mecanismo para determinar ou fazer valer seus próprios interesses de segurança.

Isso não quer dizer que a "Europa" não tenha uma política externa comum. Ao contrário, a Comunidade Européia e sua sucessora, a União Européia, há muitas décadas têm demonstrado bastante eficiência ao propor e defender seus interesses em fóruns internacionais e perante concorrentes estrangeiros. No entanto, desde o início, tais interesses têm sido definidos em termos predominantemente econômicos — melhor dizendo, protecionistas. Os ministros da Economia e comissários de comércio têm travado uma batalha campal com Washington a respeito de incentivos fiscais oferecidos a exportadores norte-americanos e de restrições impostas a produtos europeus.

Mais controverso é o fato de que a UE tem lutado e conseguido manter elevadas tarifas externas em defesa dos agricultores europeus subsidiados — restringindo o livre-comércio de mercadorias como açúcar, por exemplo, em detrimento de agricultores na África e na América Central.[19] Mas embora deleguem a Bruxelas a responsabilidade de representá-los

[18] Prevista à época, com mordacidade, pelo secretário de Estado dos EUA, Lawrence Eagleburger, que advertiu que os europeus "vão fracassar, e vão aprender uma lição".

[19] A UE não foi a única a subsidiar seus agricultores em detrimento de terceiros. Sequer foi a mais agressiva: Noruega, Suíça, Japão e EUA oferecem mais subsídios em valores *per capita*. Mas a UE, de certo modo, parecia ser mais hipócrita. Enquanto Bruxelas apregoa a virtude pelo mundo afora, suas próprias práticas são muitas vezes bastante seletivas. Os europeus orientais, instruídos a incorporar e adotar uma verdadeira biblioteca de regras expedidas pela União Européia, não deixariam de perceber a freqüência com que os governos do Oeste Europeu se esquivam dessas mesmas regras.

na Organização Mundial do Comércio e em outros órgãos, os países membros da UE — inclusive os mais poderosos — guardam para si o atributo vital de qualquer Estado moderno. A União Européia não tem exército.

Em certa medida, isso é um acidente da História. No início da década de 1950, muita gente pensava que no futuro os europeus ocidentais poderiam e deveriam administrar seus interesses militares coletivamente — numa reunião da Assembléia do Conselho da Europa, realizada em agosto de 1950, Paul Reynaud, da França, chegou a defender a criação de um Ministério da Guerra europeu. Mas a derrota da proposta de criação de uma Força Européia de Defesa (ver Capítulo 8) e a incorporação da Alemanha Ocidental à OTAN puseram um ponto final nesses planos (ao menos para uma geração); em vez disso, a Europa Ocidental se aconchegou sob o guarda-chuva nuclear dos EUA.

Após o fim da Guerra da Coréia e do recuo da noção de império, todos os países do Oeste Europeu cortaram os orçamentos de defesa. Na seqüência da queda do comunismo, os gastos com o setor militar diminuíram ainda mais. No final dos anos 80, o índice médio relativo a gastos de defesa incorridos pelos integrantes da OTAN decaíra para 3,4% do PIB; em 2003, a Dinamarca despendeu apenas 1,6% do PIB com defesa; a Itália, 1,5%; a Espanha não mais do que 1,4%. Somente franceses e britânicos gastaram bem mais, embora em nenhum desses casos o gasto excedesse 5% — índice desprezível para os padrões históricos.

Além disso, nenhuma das Forças Armadas existentes na Europa estava sob controle "europeu", nem estaria no futuro próximo, a despeito de planos anunciados em 2000 para uma "Força de Reação Rápida" européia. Embora já existisse há alguns anos a figura do comissário europeu para Relações Exteriores, desde o Tratado de Amsterdã, as funções desse comissário estavam acumuladas (e a autoridade do cargo, portanto, diminuída) com as do alto representante para Política Externa e de Segurança, subordinado diretamente ao Conselho de Ministros da UE. E nem o comissário nem o alto representante tinham autoridade para estabelecer suas próprias políticas, enviar Forças Armadas, falar de política externa ou se manifestar em nome dos ministros, a menos que previamente instruídos. A pergunta sardônica formulada por Henry Kissinger numa década anterior — "Se eu quiser telefonar para a Europa, que número devo chamar?" — não perdera a força.

Mas essas limitações — o fato de que, apesar do tamanho e da riqueza, a UE não era um Estado, muito menos uma grande potência — serviram, paradoxalmente, para realçar a imagem da União, interna e externamente. Nesse particular, a UE começava deveras a fazer lembrar a Suíça, repositório de agências e de cooperação internacional, modelo de estratégias "pós-nacionais" voltadas para a solução de problemas e coesão social: nem tanto uma rede de instituições ou um código de leis, mas um conjunto de valores — "valores europeus" — encarnados na nova Carta dos Direitos Fundamentais.

Se os valores e as regras dessa nova Europa estavam sob pressão no final do século XX, tal pressão não vinha dos Estados já estabelecidos, contra os quais a idéia de "Europa" tinha sido equivocadamente justaposta. Antes, tanto a UE quanto os diversos países membros agora encaravam uma onda de desafios econômicos e sociais sem precedentes, provocada por forças que fugiam ao controle dessas mesmas nações, forças que em sua maioria estavam, de algum modo, associadas com o que começava a ser chamado de "globalização".

A globalização nada tinha de muito misterioso. Havia, inclusive, precedentes — o impacto de novas e rápidas redes de transporte e comunicações na economia mundial registrado no final do século XIX foi, no mínimo, tão dramático quanto a transformação causada pela Internet e pela desregulamentação e liberalização dos mercados financeiros, um século mais tarde. Tampouco era novidade a distribuição desigual dos benefícios do livre-comércio — muito menos quando, no final do século XX, assim como nos anos que antecederam 1914, os sistemas de comércio internacional serviam sistematicamente aos interesses dos ricos e poderosos.

Mas, segundo a perspectiva européia, as transformações mais recentes observadas na economia mundial constituíam novidade sob um aspecto importante. No final do século XIX, os Estados europeus apenas começavam a expandir o alcance doméstico: com o tempo, muitos desses Estados seriam proprietários, gestores e reguladores de grandes segmentos da economia. Os gastos do governo — financiados através do recolhimento dos novos impostos progressivos — aumentariam sensivelmente, em parte para custear guerras, mas também para atender às necessidades sociais e previdenciárias sobre as quais o Estado agora assumia responsabilidade.

A internacionalização econômica ocorrida na década de 1990, entretanto, surgiu na seqüência da primeira grande onda de privatizações na Europa e propiciou condições para futuras privatizações (ver Capítulo 17). O Estado europeu agora recuava — primeiramente, na Grã-Bretanha, depois na maioria da Europa Ocidental e, finalmente, no antigo leste comunista —, processo estimulado também pela implementação, depois de 1987, do Ato Único Europeu, com suas provisões de livre concorrência dentro e fora das fronteiras. Através de fusões, aquisições e internacionalização de operações, as empresas agora operavam em escala global. A produção e distribuição de mercadorias, muitas vezes, ficavam fora do controle dos países.

Quanto ao dinheiro, este começava a se multiplicar e migrar de um modo que seria impensável poucos anos antes. Em 1980, a soma de todos os empréstimos bancários internacionais foi de 324 bilhões de dólares; em 1991, esse valor subira para 7,5 trilhões — um incremento de 2.000% em pouco mais de uma década. E isso era só o começo. O controle sobre o movimento do capital — procedimento eliminado pela maioria dos Estados europeus no decorrer dos anos 80 — agora parecia tão antiquado quanto o racionamento de gêneros alimentícios. O *crack* de setembro de 1992 — quando primeiro o Reino Unido e depois a Itália foram forçados a sair do Sistema Monetário Europeu e obrigados a desvalorizar suas moedas, cedendo à pressão de especuladores e investidores institucionais cujas atividades os mencionados países não podiam impedir — foi um momento extremamente simbólico.

As vantagens dessa revolução para a economia internacional eram evidentes. O capital para investimento, não mais restrito a fronteiras nacionais, a regimes de câmbio, nem a regras monetárias locais, fluía livremente aonde se fizesse necessário (e aonde houvesse expectativa de lucro) — já em 1990, 34% da dívida alemã estavam nas mãos de estrangeiros. Mas havia desvantagens também: as indústrias européias, com margens de lucros limitadas pelos salários elevados e os custos gerais indiretos da mão-de-obra especializada na Alemanha, França ou

Suécia, agora podiam procurar não apenas investidores internacionais, mas também mão-de-obra mais maleável e barata no exterior.

Em vez de importar para a Europa a mão-de-obra barata existente em países pobres — conforme era feito no passado —, firmas alemãs, britânicas ou francesas agora achavam mais eficiente exportar as fábricas, instalando-as no Brasil ou na Nigéria, em Portugal ou na Romênia, e vender seus produtos, diretamente, para mercados pelo mundo afora. Isso acelerou a desindustrialização da Europa Ocidental, aumentando o desemprego que já era crônico em muitas regiões — e onerando o Estado em termos de seguro-desemprego e outros encargos sociais.

Quando, em abril de 2004, a última mina de carvão na França — em Creutzwald, na região de Mosel — fechou, ninguém sequer sugeriu que os mineradores pudessem encontrar algum outro tipo de trabalho fixo. O desemprego na região de Mosel ficava em torno de 10% da população ativa; mais ao norte, nos antigos vilarejos de mineração situados ao longo da divisa com a Bélgica, o índice chegou a 15%. No total, a França perdeu 1,5 milhão de empregos no setor industrial durante as três últimas décadas do século, a maioria a partir de 1980. A Espanha, que logo deixou de acumular vantagens por ser à época um dos países mais atrasados da Europa Ocidental, depois da transição para a democracia, perdeu 600 mil empregos em vinte anos. No auge da recessão, registrado em meados da década de 1990, 44% da força de trabalho espanhola com menos de 25 anos estavam desempregados.

Desemprego não era novidade. E considerando a generosa rede previdenciária existente na maioria dos países da UE, o impacto econômico do desemprego sobre os indivíduos e as comunidades não se comparava à devastação ocorrida no período entre as duas guerras mundiais (as conseqüências psicológicas são outra questão). Mas a novidade sobre os custos sociais dos distúrbios econômicos verificados nos últimos anos do século XX foi que o fenômeno ocorreu em tempos de prosperidade. A privatização e a abertura dos mercados financeiros haviam gerado grande riqueza, ainda que para poucos; em certos lugares — Londres, digamos, ou Barcelona —, as conseqüências eram absolutamente visíveis. E, graças à diminuição das distâncias e ao aumento na velocidade das comunicações — via computador e mídia eletrônica —, informações sobre o modo de vida das pessoas ficavam prontamente disponíveis a todos.

Foi essa sensação de contraste gritante entre riqueza e pobreza, prosperidade e insegurança, fartura particular e miséria pública que instigou uma crescente desconfiança na Europa em relação às tão propaladas virtudes dos livres mercados e da globalização irrestrita — embora muitos europeus fossem os beneficiários diretos das mudanças por eles próprios agora criticadas. No passado, esse tipo de sentimento — somado à pressão do movimento trabalhista e ao interesse dos políticos — talvez tivesse causado um recuo a alguma forma de protecionismo limitado.

Contudo, os governos estavam agora de mãos amarradas, e o movimento trabalhista, no sentido tradicional, praticamente já não existia. Somente na França a força de trabalho sindicalizada, com o apoio da opinião pública, conseguiu durante algum tempo impedir a venda de empresas estatais: e isso apenas em alguns casos, como a Electricité de France, um ícone do setor nacionalizado no pós-guerra cujos empregados constavam entre os remanescentes da antes gigantesca (e comandada pelos comunistas) Confédération Générale du Travail (CGT). Nos últimos anos do século, embora o restante do mercado europeu de energia estivesse passando por um processo de desregulamentação, a EdF permaneceu propriedade do Estado.

Mas a CGT, anteriormente o principal sindicato de "colarinho azul" na França, era agora apenas uma sombra do que fora no passado — o movimento sindical francês, como um todo, tinha perdido dois terços de seus membros, desde 1980 —, e os trabalhadores agora representados já não eram típicos do contingente trabalhista, na França ou em qualquer outro lugar. O trabalho em si havia mudado. Em muitos locais, surgia um novo sistema, composto de quatro classes. No topo ficava a nova camada profissional: metropolitana, cosmopolita, próspera e letrada — não raro ligada a bancos e outros agentes financeiros, os maiores beneficiários da nova economia global. Depois vinha um segundo nível, um núcleo protegido de empregados — em fábricas, empresas de serviços ou no setor público —, com empregos razoavelmente estáveis e muitos benefícios e garantias ainda a salvo.

Um terceiro nível consistia em pequenas empresas e serviços (lojistas, agentes de viagem, alfaiates, técnicos em eletrônica etc.), no mais das vezes de propriedade e operadas por comunidades imigrantes ou seus descendentes (árabes, no caso da França; turcos ou curdos, na Alemanha; sul-asiáticos, na Grã-Bretanha). Aqui cabe acrescentar a respeitável economia do sul da Europa, tipicamente de base familiar. Na Itália, onde tudo, desde sapatos a têxteis e peças de maquinaria, era muitas vezes produzido e distribuído fora do alcance do radar da economia oficial, estimava-se que, em 1997, o setor "informal" contribuísse, no mínimo, com um quarto do Produto Interno Bruto do país. Em Portugal, tal índice — por certo uma estimativa — era de 22%; mas em algumas regiões — como na cidade de Braga, no extremo norte — trabalhadores "extra-oficiais" chegavam a somar 45% da força de trabalho local.

Então havia o quarto nível — o que crescia de modo mais acelerado, formado por indivíduos, contratados (ou não), em empregos que careciam da estabilidade (a longo prazo) que caracterizava o trabalho especializado e dos benefícios que haviam se tornado padrão durante os anos de crescimento nas décadas de 50 e 60. É bem verdade que o índice de desemprego em alguns países — Grã-Bretanha ou Holanda — caíra para patamares auspiciosos, o que, segundo os rumores, comprovava as ações benéficas do mercado livre e globalizado. Mas muita gente que já não constava das estatísticas de desemprego — sobretudo mulheres e jovens — agora desempenhava funções de baixa remuneração, em meio expediente e sem benefícios; ou então trabalhava sob contrato, mas por tempo determinado, em programas subsidiados ou apoiados pelo Estado.

Os cidadãos cujos salários não supriam o seu próprio sustento e o sustento da família ainda podiam recorrer ao Estado previdenciário, e muitos o fizeram. No Reino Unido, onde a investida do thatcherismo contra o Estado e a sociedade se fez sentir severamente, 14 milhões de pessoas agora viviam na pobreza, inclusive 4 milhões de crianças.[20] Uma pessoa em cada cinco dependia de programas de Auxílio Pecuniário ou Crédito-família para se manter

[20] Em 1995, de acordo com um estudo do Unicef, uma criança britânica em cada cinco vivia na pobreza, comparada com uma em cada dez na Alemanha, e uma em cada vinte na Dinamarca.

acima do limiar de pobreza. A situação dos sem-teto, que ao menos no norte da Europa fora solucionada no final da década de 1950, ressurgia: no decorrer dos governos de Thatcher, o número de sem-teto em Londres cresceu dez vezes. Em meados dos anos 90, esse número chegara a 80 mil. A poucos quilômetros de onde o metro quadrado era um dos mais caros do mundo, determinadas áreas da capital britânica começavam a parecer a "Londres Marginalizada", notória no final da era vitoriana.[21]

Enquanto, no passado, viradas econômicas positivas costumavam guindar muitos pobres a empregos com melhor remuneração e mais estabilidade, no presente isso já não acontecia. Em outras palavras, a Europa estava gerando uma subclasse, em plena fartura. Conforme já nos anos 60 previra o sociólogo francês André Gorz, o fim da era industrial provocaria o surgimento de uma nova casta de trabalhadores esporádicos, temporários — uma "classe nula, de trabalhadores nulos"—, a um só tempo à margem da vida moderna e, de certo modo, no cerne da vida moderna.[22]

A exemplo da sua equivalente norte-americana, a subclasse européia era definida não apenas por pobreza e desemprego (ou subemprego), mas sobretudo (e cada vez mais) por raça: em meados dos anos 90, o índice de desemprego em Londres, entre *negros*, chegou a 51%. Os desvalidos, a exemplo da Europa como um todo no final do século, eram notadamente multinacionais — ou "multiculturais", conforme a nova nomenclatura, criada em reconhecimento ao fato de que muitos holandeses, alemães ou britânicos de pele escura eram europeus nativos e também filhos, ou mesmo netos, de imigrantes marroquinos, turcos ou paquistaneses. Cidades como Roterdã ou Leicester eram agora multilíngües e multicores, de um modo que teria causado espanto a qualquer um que lá retornasse após uma ausência de apenas duas décadas. Em 1998, jovens brancos eram minoria nas escolas públicas secundárias do centro de Londres.

As maiores cidades da Europa, principalmente Londres, eram agora deveras cosmopolitas. Embora os empregos urbanos bem remunerados ainda se destinassem a europeus (e norte-americanos) brancos, quase todo o trabalho mal remunerado, desde limpeza urbana à puericultura, já não era desempenhado por europeus de "segunda classe", provenientes do Alentejo ou do Mezzogiorno, mas por "minorias", freqüentemente negras ou pardas, sendo que muita gente não tinha carteira de trabalho. De acordo com os números oficiais, o aumento do número de estrangeiros residentes em Londres e no sudeste da Inglaterra entre 1992 e 2002 era de 700 mil; mas o total real era bem mais elevado.

A imigração, embora sempre desestimulada e rigorosamente controlada em toda a Europa Ocidental, ainda era um importante fator demográfico: entre as crianças, já mencionadas, que viviam no centro de Londres em 1998, um terço não usava o inglês como primeira língua. Muitas dessas crianças eram filhos de refugiados, que haviam se multiplicado após as guerras

---

[21] Recorrendo a critérios ligeiramente distintos para defender uma tese similar, o cientista político de Cambridge John Dunn divide as forças de trabalho dos países ricos em três grupos: "Os que sabem muito bem se cuidar no mercado, individualmente [...], os que se seguram, apenas porque pertencem a unidades sobreviventes de ação coletiva com uma vantagem perante ameaças, fora de proporção do valor do trabalho individual de cada [...], e os que estão afundando, porque ninguém escolheria lhes pagar muito pelo seu trabalho". Dunn, *The Cunning of Unreason, Making Sense of Politics* (A esperteza da irracionalidade, fazendo sentido da política) (Londres, 2000), p. 333.

[22] Gorz, como convinha a um homem do seu tempo e inclinação política, supunha que essa nova classe, por seu turno, fomentaria uma nova geração de movimentos sociais radicais. Até o momento há poucas evidências de que isso ocorra.

iugoslavas; outras eram filhos de trabalhadores sazonais egressos do sudeste e do centro da Ásia, do Oriente Médio e da África — muitos dos quais em condições de ilegalidade e, portanto, sem documentação.

Na Alemanha, onde as condições para o asilo eram (e continuam sendo) as mais generosas da Europa,[23] mas onde era bastante difícil para os imigrantes obter a cidadania, estimava-se que no final do século havia cerca de 5 milhões de pessoas em tal situação — incluindo familiares e dependentes. No início do século novo, a maioria dos indivíduos que buscava asilo na Alemanha era proveniente do Iraque, da Turquia e de países que constituíam a antiga Iugoslávia, mas havia um número crescente de egressos do Irã, do Afeganistão, da Rússia e do Vietnã.

O temor de que a Europa Ocidental fosse "invadida" por "refugiados carentes", imigrantes ilegais, exilados etc. contribuía para a total falta de entusiasmo pela expansão da UE. Já na década de 1980, trabalhadores ilegais originários da Polônia se faziam presentes em grandes números na construção civil britânica e alemã. Mas o problema não era tanto a Polônia, nem a Hungria, nem os futuros países membros da Europa Central, e sim as terras a leste. Em 1992, na própria Polônia havia 290 mil imigrantes em situação "irregular", a maioria vinda da Bulgária, da Romênia e da antiga URSS; a Hungria, com uma população de apenas 10 milhões, abrigava mais de 100 mil exilados. Embora a vida na Hungria — na Eslováquia ou na República Tcheca — fosse dura, não era insuportável, e a distância que separava esses países dos vizinhos ocidentais já começava a diminuir, ainda que lentamente. Entretanto, o abismo entre a Europa Central e o restante da Europa pós-comunista ficava cada vez maior.

Por conseguinte, embora no final dos anos 90 o salário mensal médio na Polônia e na República Tcheca já beirasse 400 dólares, na Bielo-Rússia, Ucrânia e Romênia o valor ficava em torno de 80; na Bulgária, 70; e na Moldávia, apenas 30 — este último um valor distorcido, pois fora da capital, Chisinau, a renda era mais baixa, numa população em que 48% das pessoas ainda trabalhavam na terra. E, ao contrário da Polônia, ou mesmo da Bulgária, a condição das antigas Repúblicas soviéticas não mostrava sinais de melhora: em 2000, um cidadão da Moldávia em cada dois ganhava menos de 220 dólares por ano — apenas 19 por mês.

Em tais circunstâncias, a única esperança para os moldávios — ucranianos ou mesmo muitos russos que viviam fora dos grandes centros urbanos — era encontrar trabalho no Ocidente. E, portanto, uma grande parte dessa gente — sobretudo mulheres jovens — acabava nas mãos do crime organizado, sendo exportada para a UE, através da Romênia e dos Bálcãs, para ser empregada em oficinas e restaurantes, na melhor das hipóteses, e, na pior e mais freqüente, para trabalhar na prostituição — na Alemanha, na Itália ou até na Bósnia, atendendo a uma clientela bem paga de soldados ocidentais, funcionários e "voluntários de ajuda humanitária". Portanto, "trabalhadores convidados", recrutados na Moldávia e na Ucrânia, juntavam-se aos ciganos para compor a camada mais baixa da pirâmide multicultural do continente.[24]

---

[23] Somente no ano de 1992, a República Federal abriu as portas para quase 250 mil refugiados iugoslavos. A Grã-Bretanha admitiu 4 mil; a França, apenas mil.

[24] No final do século XX, viviam na Europa cerca de 5 milhões de ciganos: quase 50 mil na Polônia; 60 mil na Albânia; meio milhão na Hungria; e talvez 600 mil na Bulgária, na antiga Iugoslávia e na República Tcheca; e ao menos 2 milhões na Romênia. Os ciganos eram alvo de preconceito e abuso em todos os países em que viviam (sem falar de locais como a Grã-Bretanha, onde a entrada deles era proibida).

As vítimas do comércio do sexo eram, de modo geral, invisíveis — a exemplo de gerações anteriores de migrantes brancos provenientes das margens da Europa, elas se misturavam facilmente com a maioria local, e por isso era tão difícil para a polícia e para os serviços sociais localizá-las. Porém, a maioria das pessoas que os sociólogos e pensadores franceses descreviam como *les exclus* ("os excluídos") era perfeitamente visível. Nem tanto de pessoas excluídas de oportunidades de trabalho, mas de "oportunidades de vida", consistia a nova subclasse: indivíduos fadados a permanecer excluídos da comunidade econômica, com filhos que não recebiam boa educação, famílias isoladas em deprimentes blocos de apartamentos nas periferias das cidades, onde não havia comércio, serviços, nem transporte. Em 2004, um estudo do Ministério do Interior da França concluiu que cerca de 2 milhões de pessoas viviam nessas condições, em guetos urbanos, padecendo de exclusão social, discriminação racial e altos níveis de violência doméstica. Em alguns desses *quartiers chauds*, o desemprego juvenil chegava a 50%; os mais afetados eram os jovens de origem argelina ou marroquina.

Com freqüência, essa subclasse era marcada não apenas pela cor, mas também pela fé, pois, além de ser multicultural, a União Européia era agora, cada vez mais, multirreligiosa. Os cristãos continuavam sendo a grande maioria, embora muitos fossem não-praticantes. Os judeus eram agora pequena minoria, com números significativos apenas na Rússia, França e, em grau bem menor, no Reino Unido e na Hungria. Mas os hindus e, sobretudo, os muçulmanos eram agora uma presença substanciosa e visível no Reino Unido, na Bélgica, Holanda e Alemanha, bem como nas maiores cidades da Escandinávia, Itália e Europa Central. E — entre as principais religiões presentes na Europa — o número de seguidores do islã crescia rapidamente.

Já nos primeiros anos do século XXI, havia talvez 6 milhões de muçulmanos na França (a maioria vinda do norte da África) e um número quase igual na Alemanha (principalmente de origem turca ou curda). Ao lado dos quase 2 milhões de muçulmanos no Reino Unido (a maioria do Paquistão e de Bangladesh) e de uma presença significativa nos países do Benelux e na Itália, esses números apontavam um total aproximado de 15 milhões de muçulmanos na UE.

A presença muçulmana em comunidades até então predominantemente seculares impunha questões difíceis para a política social: Quais regras adotar para o uso de trajes religiosos ou símbolos nas escolas públicas? Até que ponto o Estado deveria estimular (ou desestimular) instituições e instalações culturais separadas? Seria benéfica a política de apoio às comunidades multiculturais (e, portanto, separadas) ou deveriam as autoridades procurar facilitar ou mesmo induzir a integração? A política oficial francesa defendia a integração cultural e proibia a exibição de símbolos religiosos nas escolas; em outros locais, notadamente na Grã-Bretanha e Holanda, havia mais tolerância à diferença cultural e à identificação religiosa explícita. Mas, por toda parte, as opiniões se dividiam (ver Capítulo 23).

Se tais questões logo passaram para o topo das pautas políticas nacionais e cada vez mais se inseriam nos debates sobre imigração e asilo político, isso se devia à crescente apreensão, em todo o continente, diante do surgimento de uma nova geração de partidos xenófobos. Alguns desses partidos tinham raízes numa era anterior de políticas sectárias ou nacionalistas;

outros — a exemplo do Dansk Folkeparti (cujo sucesso foi surpreendente) ou do List Pim Fortuyn, este na Holanda — eram bem recentes. Mas todos tinham se mostrado bastante competentes na manipulação do sentimento "antiimigrante".

Fosse, como no caso do Partido Nacional Britânico, atacando "minorias étnicas" ou, como a Frente Nacional de Jean-Marie Le Pen, condenando "imigrantes" — na Alemanha, o termo predileto era "estrangeiro" ou "forasteiro" —, os partidos da extrema direita conseguiram recrutar muita gente no período em questão. De um lado, o crescimento mais vagaroso, combinado com a vulnerabilidade diante das forças econômicas globais, expunha muitos trabalhadores a um nível de insegurança econômica sem precedentes na memória viva. Por outro lado, as velhas instituições da esquerda já não podiam denunciar essa insegurança sob o rótulo de "classe"; não por acaso, a Frente Nacional muitas vezes obtinha os melhores resultados em distritos que anteriormente eram baluartes do Partido Comunista.

A presença cada vez mais numerosa de uma minoria visível e culturalmente estrangeira — e a perspectiva de mais estrangeiros se valendo da previdência ou roubando "nossos" empregos, depois que fossem abertas as comportas do Leste Europeu — caiu como sopa no mel para a nova direita. Declarando que o "barco está lotado" — ou que os governos haviam vendido o controle das fronteiras em troca de "interesses cosmopolitas", ou para os "burocratas de Bruxelas" —, demagogos populistas prometiam suspender a imigração, repatriar "estrangeiros" e devolver o Estado aos sofridos cidadãos brancos, marginalizados em seus próprios países.

Comparada ao fascismo da era anterior, essa nova manifestação de xenofobia talvez parecesse branda — mas, na Alemanha, no início dos anos 90, estrangeiros e minorias foram alvo de uma onda de ódio que fez com que alguns observadores expressassem grande preocupação: Günter Grass denunciou a indiferença autocentrada da política cultural da Alemanha Ocidental, bem como o entusiasmo míope do país por uma unidade "imerecida", argumentando que a responsabilidade pela violência racista (sobretudo nas cidades industriais agonizantes da antiga RDA, onde o sentimento contrário aos estrangeiros era mais intenso) deveria recair sobre os ombros da elite política do país — complacente e amnésica.

Mas mesmo que o nível de violência fosse contido, a escala de apoio popular à nova direita era motivo de grande preocupação. Na vizinha Áustria, sob a liderança de Jörg Haider, jovem e fotogênico líder, o Partido da Liberdade (PL) — herdeiro da Liga dos Independentes, no pós-guerra, mas supostamente livre das associações da Liga com o nazismo — cresceu rapidamente nas pesquisas, apresentando-se como defensor dos "pequenos", esquecidos pela colaboração mutuamente benéfica dos dois grandes partidos e ameaçados pela multidão de "criminosos", "drogados" e pela "ralé estrangeira" que invadia a pátria.

Para não descumprir a lei, Haider teve o cuidado de evitar condutas que o identificassem por demais com a nostalgia pelo nazismo. De modo geral, o austríaco (tanto quanto Jean-Marie Le Pen) só revelava seus preconceitos indiretamente — por exemplo, identificando, como exemplos daquilo que o ofendia na vida pública pessoas que por acaso eram judias. Haider e seus seguidores sentiam-se mais à vontade diante de novos alvos, como a União Européia: "Nós, austríacos, não deveríamos responder à UE, nem a Maastricht, tampouco a essa ou àquela idéia internacional, mas sim a esta nossa Pátria."

Nas eleições legislativas austríacas de 1986, o Partido da Liberdade, liderado por Haider, conquistou 9,7% dos votos. Quatro anos depois, o índice subiu para 17%. Nas eleições de outubro de 1994, o PL abalou a sociedade vienense ao atingir 23%, apenas quatro pontos abaixo do Partido Popular, que governara o país ao longo de 25 anos, desde o final da guerra, e que ainda dominava as províncias rurais da Áustria. Mais assustador foi o fato de que Haider conseguira grande apoio junto ao eleitorado da classe operária de Viena, tradicionalmente socialista. Considerando que (de acordo com pesquisas realizadas em 1995) um austríaco em cada três concordava com a visão de Haider de que "trabalhadores convidados" e outros estrangeiros na Áustria gozavam de benefícios e privilégios em excesso, tais resultados não devem surpreender.

A influência de Haider chegou ao auge no final do século, na esteira das eleições de outubro de 1999, quando seu partido teve o apoio de 27% dos eleitores austríacos, empurrando o Partido Popular para a terceira posição e ficando a apenas 290 mil votos dos socialistas (vencedores). Em fevereiro de 2000, diante do assombro um tanto exagerado dos parceiros europeus da Áustria, o Partido Popular formou um governo de coalizão com o Partido da Liberdade (embora não incluindo o próprio Haider). Mas o novo chanceler austríaco, Wolfgang Schüssel, agira com perspicácia: o Partido da Liberdade era um movimento de protesto, um partido do tipo "fora com eles", que exercia grande apelo junto "ao povo explorado e cansado de mentiras" (para citar Pierre Poujade, protótipo do populista). Depois que se visse no governo, exposto ao desgaste da administração e obrigado a dividir responsabilidades por políticas impopulares, o partido logo perderia o charme. Nas eleições de 2002, o PL obteve apenas 10,1% dos votos (ao passo que o Partido Popular subira para 43%). Nas eleições européias de 2004, o partido de Haider se viu reduzido a 6,4% do eleitorado.

A ascensão e o declínio de Haider (que, no entanto, manteve a popularidade como governador da Caríntia, sua terra natal) foram emblemáticos da trajetória de outros partidos contrários aos estrangeiros. Depois de conquistar 17% dos votos em 2003, na seqüência do assassinato do líder, o List Pim Fortuyn avançou pelas fileiras do governo holandês, mas sua base de apoio desmoronou, não passando de 5% nas eleições seguintes, e a representação parlamentar do partido caiu de 26 para oito. Na Itália, a ascensão da Liga do Norte nos escalões governamentais sob as asas de Berlusconi provocou uma queda brusca do apoio ao partido.

Na Dinamarca, o Dansk Folkeparti, após sair da obscuridade em 1995, tornara-se, em 2001, o terceiro maior contingente parlamentar do país. Mantendo-se longe do governo e focalizando, quase exclusivamente, a questão da imigração, o partido e a líder Pia Kjaersgaard conseguiram alavancar um inusitado poder de influência. Os dois principais partidos dinamarqueses — Liberal e Socialdemocrata — agora competiam entre si, com sua recém-descoberta "firmeza" no que dizia respeito à legislação sobre asilo político e residentes estrangeiros. "Nós", como disse Kjaersgaard depois que seu partido garantiu 12% dos votos nas eleições de 2001, "estamos no controle da situação".[25]

[25] O Dansk Folkeparti nasceu de uma dissidência do Partido Progressista Dinamarquês, por seu turno resultante dos movimentos contrários aos impostos surgidos no início dos anos 70 (ver Capítulo 14) e considerado, por uma nova geração de radicais, excessivamente "brando" em relação à UE e aos imigrantes.

Quase não mais havendo políticos tradicionais, de esquerda ou direita, que ousassem parecer "brandos" diante de tais questões, Kjaersgaard estava certa. Até o diminuto e agressivo Partido Nacional Britânico (PNB) fez sombra às políticas dos governos do Novo Trabalhismo no Reino Unido. Até então sempre à margem — sua melhor atuação recente fora a conquista de 7% dos votos, em 1997, num bairro da zona leste de Londres, onde bengalis haviam tomado o lugar dos judeus na condição de minoria étnica local —, o PNB obteve 11.643 votos (14%), quatro anos mais tarde, em dois bairros de Oldham, antiga cidade de mineração, em Lancashire, onde conflitos raciais haviam explodido pouco tempo antes das eleições.

Esses números eram desprezíveis, se comparados ao que ocorria no continente, e o PNB não chegou nem perto de conquistar um assento parlamentar. Porém, visto que as preocupações do PNB (de acordo com as pesquisas de opinião) pareciam refletir uma apreensão generalizada no país, a extrema direita conseguiu assustar o primeiro-ministro o suficiente para fazer com que ele apertasse ainda mais as provisões do Reino Unido (já pouco generosas) relativas a futuros imigrantes e refugiados. O estado de espírito da época fica evidente quando se constata que o governo do Novo Trabalhismo, mesmo contando com maioria parlamentar e quase 11 milhões de votos nas eleições de 2001, se deixasse levar pela propaganda desse grupo neofascista que obtivera o apoio de apenas 48 mil eleitores no país: 0,2% dos votos, e apenas 40 mil votos a mais do que o Partido Monstro dos Malucos.

A França foi outra questão. Ali, a Frente Nacional tinha uma causa — imigrantes —, e apoio das massas: 2,7 milhões de votos nas eleições gerais de 1986, e um líder carismático, brilhante em sua capacidade de transformar insatisfação pública em ódio e preconceito político. Sem dúvida, a extrema direita jamais teria se saído tão bem se Mitterrand não houvesse cinicamente introduzido na França, em 1986, um sistema de representação proporcional destinado a garantir o sucesso parlamentar (e, portanto, a visibilidade) da Frente Nacional — e assim dividir e enfraquecer os partidos conservadores franceses.

Mas o fato é que 4,5 milhões de eleitores apoiaram Le Pen nas eleições presidenciais de 1995: número que se elevou a 4,8 milhões em abril de 2002, quando o líder da FN alcançou um sucesso sem precedentes, chegando em segundo lugar nas eleições presidenciais, garantindo 17% dos votos e tirando da competição o candidato da esquerda, o infeliz primeiro-ministro, Lionel Jospin. Na França, também, a conclusão a que chegaram os políticos tradicionais foi de que, de algum modo, deveriam solapar o apoio a Le Pen, apropriando-se de suas preocupações e prometendo medidas duras a respeito de "segurança" e imigração, sem explicitamente recorrer à linguagem de Le Pen — ou ao seu programa ("A França para os franceses" e repatriação para todos os demais).

A despeito das ligações de Le Pen com a antiga tradição política de extrema direita — o apoio que, na juventude, ele oferecera aos poujadistas, sua passagem por organizações obscuras de extrema direita durante a guerra com a Argélia e sua cuidadosamente articulada defesa de Vichy e da causa pétainista —, o movimento por ele encabeçado, a exemplo de movimentos congêneres por todo o continente, não podia ser descartado como, simplesmente, uma regurgitação atávica e nostálgica do passado fascista europeu. Por certo, nem Fortuyn nem Kjaersgaard poderiam ser assim caracterizados. Na verdade, ambos faziam questão de enfatizar o desejo de resguardar a conhecida tolerância de seus respectivos países — ameaçada, afirmavam eles, pelo fanatismo religioso e por práticas culturais retrógradas das novas minorias muçulmanas.

Tampouco era o Partido da Liberdade austríaco um movimento nazista; e Haider não era Hitler. Ao contrário, ele fazia absoluta questão de ressaltar suas credenciais no pós-guerra. Nascido em 1950, conforme sempre lembrava aos ouvintes, ele tivera "*die Gnade der späten Geburt*": a sorte de um nascimento tardio. Parte do sucesso de Haider — a exemplo de Christoph Blocher, cujo Partido Popular Suíço conquistou 28% dos votos populares em 2003, com uma plataforma antiimigração e anti-UE — decorria de sua habilidade de inserir um subtexto racista sob a imagem de modernizador, de populista de tendências liberais. Esse perfil agradava aos jovens eleitores: em dado momento, o Partido da Liberdade foi o predileto dos austríacos com menos de 30 anos de idade.[26]

Na Áustria, assim como na França, foram o medo e o ódio aos imigrantes (na Áustria, aqueles provenientes do leste; na França, do sul — em ambos os casos de terras antes dominadas pelos dois países) que substituíram as velhas obsessões — sobretudo o anti-semitismo — como o elo que une a extrema direita. Mas os novos partidos contrários ao sistema também se beneficiaram de algo mais: mãos limpas. Excluídos do governo, esses partidos não se sujaram com a corrupção que no início dos anos 90 parecia corroer as raízes do sistema europeu. Não apenas na Romênia, na Polônia ou (principalmente) na Rússia, onde a corrupção podia ser explicada como um custo colateral da transição para o capitalismo, mas no centro democrático do continente.

Na Itália, onde desde a guerra os democratas cristãos gozavam de uma relação amigável e lucrativa com banqueiros, empresários, empreiteiros, chefões municipais, funcionários públicos e — segundo muitos boatos — com a Máfia, uma nova geração de magistrados, demonstrando grande coragem, começou a reverter o quadro de décadas de silêncio público. Ironicamente, o primeiro a cair foi o Partido Socialista, derrubado pelo escândalo da *tangentopoli* (cidade do suborno), em 1992, na seqüência de investigações sobre a administração do PS na cidade de Milão. O partido foi humilhado, e o líder, o ex-primeiro-ministro Bettino Craxi, foi obrigado a cruzar o Mediterrâneo e buscar exílio na Tunísia.

Mas os interesses dos socialistas estavam inextricavelmente ligados aos dos democratas cristãos, seus velhos parceiros de coalizão. Os dois partidos ficaram ainda mais desacreditados devido à subseqüente onda de prisões e processos, e caiu com eles toda a rede de acertos e conchavos políticos que moldava a política italiana havia duas gerações. Nas eleições de 1994, *todos* os principais partidos políticos do país, exceto os ex-comunistas e ex-fascistas, foram praticamente eliminados — embora, a longo prazo, o único beneficiário desse terremoto político tenha sido um ex-cantor de boate, o magnata da mídia sensacionalista Silvio Berlusconi, que entrou na política menos para dar continuidade à "limpeza da casa" do que para garantir que seus *próprios* interesses comerciais não fossem atingidos.

---

[26] Na Suíça, onde o preconceito contra os imigrantes era geral nos cantões de língua alemã, o racismo nem sempre se escondia no subtexto: um cartaz de campanha eleitoral estampava um conjunto de rostos escuros acima da legenda: "Os suíços estão ficando negros."

Na Espanha, um tipo de escândalo bastante diverso acabou com a carreira política de Felipe González, quando transpareceu, em meados dos anos 90 (graças ao trabalho de uma jovem geração de repórteres dos diários *El Mundo* e *Diario 16*), que o governo de González, entre 1983 e 1987, conduzira uma "guerra suja" contra o terrorismo basco, permitindo e incentivando a ação de esquadrões da morte, que praticavam seqüestros, tortura e assassinatos. Isso ocorria na Espanha e até mesmo do outro lado da fronteira, nas regiões bascas da França, de onde muitas vezes partiam as operações do ETA (ver Capítulo 14).

Diante da reputação do ETA, o fato talvez não bastasse para desacreditar o carismático González — em conseqüência do cínico estado de espírito do povo nos últimos anos de Franco, muitos contemporâneos de González haviam crescido com uma visão bastante utilitária do Estado e de suas leis —, mas surgiram outras revelações de suborno e tráfico de influência por parte de companheiros de González, práticas que ecoavam o exemplo italiano e suscitavam uma apreensão generalizada sobre a condição moral da ainda incipiente democracia espanhola.

Na França — na Alemanha, ou na Bélgica —, o surto de escândalos que desfigurou a vida pública nos anos 90 sugeria menos a fragilidade das instituições e dos *valores* do que o custo cada vez mais elevado da prática da democracia na modernidade. Política — assessorias, publicidade, consultorias — custa caro. Na Europa, dinheiro público para partidos políticos era severamente limitado pela lei e pela tradição, e, geralmente, só disponibilizado com o objetivo de se concorrer à eleição. Quando precisavam de mais recursos, os políticos, no passado, recorriam às fontes de sempre: membros do partido, sindicatos (de esquerda), empresários e corporações. Mas esses recursos se tornavam escassos: a filiação aos partidos estava em declínio, os sindicatos também, e com o crescente consenso (transpartidário) em relação à política econômica, empresas e indivíduos não viam por que contribuir generosamente para determinado partido.

Talvez seja compreensível que, quase universalmente, os principais partidos políticos da Europa Ocidental começassem a buscar meios alternativos de captar fundos — precisamente no momento em que, graças à abolição dos controles e à globalização da economia, havia muito mais recursos financeiros em circulação. Na França, ficou comprovado que gaullistas *e* socialistas — a exemplo dos Democratas Cristãos, na Alemanha, e do Novo Trabalhismo, na Grã-Bretanha — haviam conseguido recursos ao longo das últimas duas décadas de várias maneiras escusas: vendendo favores, traficando influência ou, simplesmente, apoiando-se mais insistentemente do que nunca em doadores tradicionais.

A situação foi um pouco mais longe na Bélgica: um escândalo, entre tantos outros — o chamado caso Dassault/Augusta —, servirá de exemplo. No final da década de 1980, o governo belga contratou a compra de 46 helicópteros militares à empresa italiana Augusta e a reforma de aviões F-16 à empresa francesa Dassault. Os concorrentes à obtenção do contrato foram mantidos de fora. Em si mesma, a prática não era incomum, e o fato de que três países estavam envolvidos até confere à questão uma natureza ecumênica e pan-européia.

Porém, mais tarde transpareceu que o Partido Socialista da Bélgica (então no governo) obtivera bons lucros com propinas nos dois negócios. Pouco tempo depois, em 1991, um importante político socialista que sabia demais, André Cools, foi morto num estacionamento, em Liège; outro, Etienne Mange, foi preso em 1995; e um terceiro, Willy Claes, ex-primeiro-ministro da Bélgica, ex-secretário-geral da OTAN (1994-1995) e ministro das Relações Exteriores na ocasião em que os contratos foram fechados, foi condenado, em setembro de 1998, por ter aceito suborno em nome do partido. Um quarto suspeito, o ex-general do Exército Jacques Lefebvre, intimamente envolvido no caso, morreu em circunstâncias misteriosas, em março de 1995.

Se este é um relato tipicamente belga ("*La Belgique*", segundo Baudelaire, "*est sans vie, mais non sans corruption*"), talvez seja porque a duplicação e a diluição da autoridade constitucional no país produzira não apenas a ausência de fiscalização governamental, mas quase o desmantelamento de grande parte do aparato do Estado, inclusive o sistema de justiça criminal. Em outros locais, exceto na Itália (conforme observado anteriormente), havia pouquíssima evidência de corrupção *pessoal* — a maioria dos crimes e das contravenções era cometida, literalmente, pelo bem do partido[27] —, mas diversos homens ilustres foram forçados, de uma hora para outra, a deixar a vida pública.

Entre tais indivíduos constava não apenas González, o ex-primeiro ministro francês Alain Juppé e os líderes históricos dos democratas cristãos na Itália, mas até o ex-chanceler alemão Helmut Kohl, o herói da unificação, cuja reputação ficou manchada quando ele se recusou a divulgar os nomes de doadores secretos que haviam contribuído para seu partido. Se não contasse com imunidade funcional, o presidente francês Jacques Chirac — prefeito de Paris numa época em que a cidade estava inundada de suborno político e venda de favores — teria, certamente, engrossado as fileiras dos acusados.

Talvez o aspecto mais impressionante desses acontecimentos seja que, em termos relativos, eles causaram *pouco* descrédito ao sistema político como um todo. É bem verdade que o declínio no comparecimento às urnas traduz uma perda de interesse em assuntos públicos, mas o fenômeno já fora detectado décadas antes, com o aumento dos índices de abstenção e a diminuição da intensidade do debate político. A verdadeira surpresa não é o surgimento de um novo grupo de partidos populistas de direita, mas o fato de esses partidos não terem se saído ainda melhor do que antes, aproveitando o desgoverno e a insatisfação existentes desde 1989.

Havia uma razão para tanto. Talvez os europeus tivessem perdido a fé nos políticos, mas no cerne do sistema europeu de governo existe algo que nem os partidos mais radicais ousam confrontar, algo que continua a cativar uma aliança quase universal. Esse algo não é, absolutamente, a União Européia, a despeito dos seus muitos méritos. Tampouco é a democracia: por demais abstrata, nebulosa e talvez excessivamente invocada como objeto de admiração. Tampouco é a liberdade, nem o estado de direito — que há várias décadas já não são seriamente ameaçados no Ocidente, e que já são dados como certos por uma geração mais jovem de europeus, em todos os países membros da UE. O que une os europeus, mesmo quando criticam, veementemente, determinado aspecto do seu próprio estilo de atuar, é o que se convencionou chamar — em revelador contraste com o "American way of life" — de "modelo de sociedade europeu".

---

[27] Com uma exceção: Edith Cresson — ex-primeira ministra francesa filiada ao Partido Socialista, e mais tarde comissária da UE — contribuiu para o descrédito de toda a comissão, quando foi revelado, em 1999, que ela se valera de seu poder, em Bruxelas, para inventar uma consultoria muito bem remunerada para seu antigo dentista.

Boris Ieltsin e Mikhail Gorbatchev, Moscou, 1991. Os escândalos da presidência de Ieltsin não devem obscurecer as suas realizações. Ieltsin foi bem mais rápido do que Gorbatchev ao compreender o que estava se passando e ao se adaptar — especialmente ao ressurgimento dos Estados nacionais depois do império.

A primeira entrega de Big Macs feita em Moscou, 1° de janeiro de 1990. Mercadorias e dinheiro provenientes do Ocidente fluíram para o vácuo pós-comunista. Mas a economia sem regulamentação logo se tornou vítima de um pequeno número de "oligarcas" que se tornaram extremamente ricos: era o capitalismo enquanto cleptocracia.

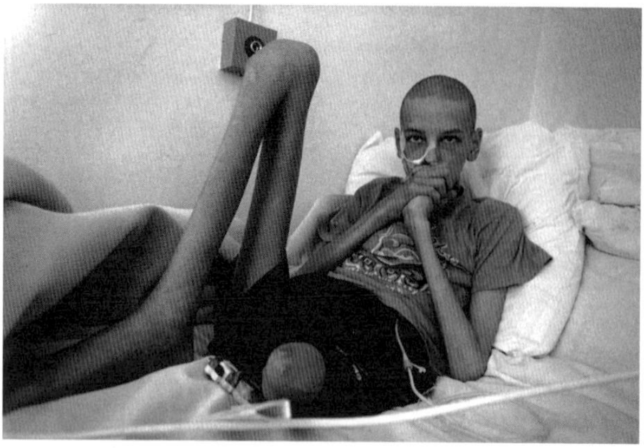

Minsk, Bielo-Rússia, 1999: Hospital Infantil do Câncer. Trinta mil pessoas morreram em conseqüência da explosão em Chernobyl, em 1986. Um em cada quatro bielo-russos foi contaminado. E Chernobyl não foi o primeiro desastre nuclear na história soviética — apenas o mais grave.

Mar Aral, Uzbequistão, outubro de 1997. A política industrial soviética somava ineficiência econômica com irresponsabilidade ambiental. A morte do mar Aral — a exemplo da poluição do lago Baikal — foi uma catástrofe ecológica e um grande prejuízo para o futuro.

Manifestantes em Kiev, em setembro de 1991 (uma semana após a independência da Ucrânia), exibindo fotografias de vítimas do gênero masculino (comissariado do povo para assuntos internos). A memória da repressão soviética era particularmente vívida na Ucrânia, submetida por Stalin a uma penúria induzida e punitiva, quase um genocídio.

Ciganos em Bucareste, 1996. Estima-se que cerca de 5 milhões de ciganos vivam na Europa, ao menos 2 milhões somente na Romênia. Em toda parte, são vítimas de preconceito e humilhação (ou, então, conforme ocorre no Reino Unido, não têm permissão para entrar).

Mulher romena à venda por 800 dólares, em Bucareste, dezembro de 2002. No Leste Europeu, o comércio do sexo alcançava proporções epidêmicas. Vítimas do crime organizado, jovens na Romênia e na antiga URSS eram aliciadas ou seqüestradas, prostituindo-se na Europa Ocidental e nos Bálcãs.

Enquanto aguardava admissão à UE, a Hungria ingressou na OTAN, como segunda opção (em 1999) – e foi logo designada (um tanto a contragosto) para combater no Kosovo. A faixa sobre o estande da OTAN, na Feira Internacional de Budapeste, em 1997, diz: "Às portas da OTAN".

Sérvios, em junho de 1989, celebrando o sexto centenário da "Batalha do Kosovo": último bastião da resistência sérvia contra o avanço dos turcos. Slobodan Milošević, propositadamente, incitou mágoas históricas, prometendo defender a "integridade nacional e espiritual" da Sérvia.

Vítimas do massacre de Srebrenica, em julho de 1995. Diante de um contingente da ONU formado por soldados holandeses armados, cuja tarefa era preservar a paz, milícias sérvias, comandadas por Ratko Mladić, expulsaram da cidade 7.400 homens e meninos sérvios e os executaram.

Albaneses do Kosovo, 21 de março de 1999. No desfecho das guerras iugoslavas, Milošević tentou afugentar a comunidade albanesa. Somente mais tarde essa flagrante prática de limpeza étnica provocaria a intervenção armada da OTAN, a primeira de sua história.

A Turquia – país predominantemente muçulmano da Ásia Menor – tem "vocação" tipicamente européia. Aqui, seguidores do primeiro-ministro Erdogan saúdam-no, quando ele retorna a Ancara, em dezembro de 2004, após conseguir estabelecer uma data para o início das conversações sobre o ingresso do país na UE.

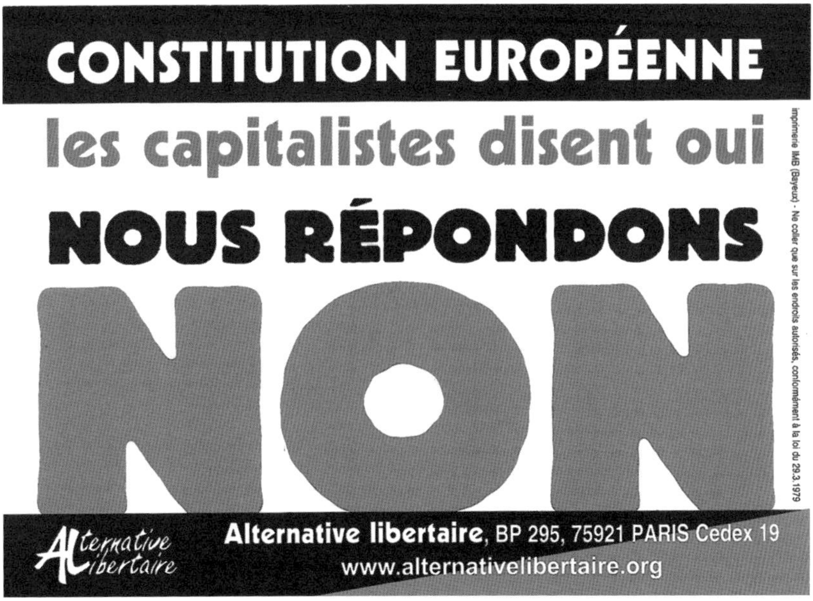

A França – membro fundador da UE – rejeitou a proposta de "Constituição Européia", num plebiscito nacional realizado em maio de 2005. Alguns eleitores franceses temiam a insuficiência de regulamentação européia; outros temiam o excesso. Muitos temiam uma Europa extensa demais – que incluísse, sobretudo, a Turquia.

Jörg Haider, líder do Partido da Liberdade, da extrema direita austríaca. A despeito de recaídas esporádicas, Haider conseguiu se distanciar do passado nazista da Áustria, ao mesmo tempo atacando outros partidos e a "ralé estrangeira". O cartaz diz: "Ele não mentiu para você!"

"Vote Dinamarca!" Pia Kjaersgaard, cujo Partido Popular Dinamarquês conquistou 12% dos votos em 2001. Mesmo na Escandinávia, o novo populismo fez com que os partidos tradicionais demonstrassem "firmeza", restringindo o asilo e os direitos dos estrangeiros.

A "Terceira Via" de Tony Blair, situada entre o "modelo" europeu e o livre-mercado – a exemplo dos seus esforços para triangular "relações especiais" entre a UE, Londres e Washington –, teve sucesso limitado. Diante da oportunidade que lhes foi apresentada, muitos britânicos buscaram atendimento médico no continente europeu.

Marroquinos na cidade andaluz de Almería, protestando contra o racismo demonstrado pelos espanhóis, fevereiro de 2000. Embora grande parte da Europa Ocidental tivesse se tornado mais multicultural, a incidência de preconceito e tensão se manteve elevada — notadamente ao longo da porosa fronteira mediterrânea da UE.

Somalis em frente à Igreja de Santa Maria Novella, em Florença, 1997. Já no ano 2000 havia na UE cerca de 15 milhões de muçulmanos. O islamismo era a religião que mais crescia na Europa — legado irônico da passado imperial da Europa cristã.

Jacques Chirac, em cerimônia comemorativa da caça a 13 mil judeus parisienses, em julho de 1942. Há que se reconhecer que Chirac foi o primeiro presidente francês a admitir o papel desempenhado pela França na Solução Final: foi ele quem tornou a data um dia "de luto e vergonha para os franceses".

O chanceler alemão Gerhard Schröder falando no sexagésimo aniversário da libertação de Auschwitz. A destruição dos judeus da Europa durante a guerra, fato nitidamente ausente da consciência pública nas primeiras décadas do pós-guerra, tornara-se o foco da memória oficial européia, na Alemanha e por todo o continente.

XXIII
As Variedades de Europa

"Se fôssemos deveras sábios compreenderíamos bem os sinais dos tempos, e conhecendo as suas carências e vantagens ajustaríamos a nossa própria posição. Em vez de fitarmos, perturbados, a distância obscura, olhemos um pouco, calmamente, ao nosso redor, a cena complexa na qual estamos."
Thomas Carlyle

"O Criador da Europa a fez pequena e a dividiu em pequenas partes, de modo que nossos corações pudessem encontrar alegria, não no tamanho, mas na diversidade."
Karel Čapek

"Na Europa éramos asiáticos, enquanto na Ásia somos também europeus."
Fiodor Dostoiévski

Quando o comunismo caiu e a União Soviética implodiu, levaram consigo não apenas um sistema ideológico, mas as coordenadas políticas e geográficas de todo um continente. Durante 45 anos — além da memória viva da maioria dos europeus —, o desfecho incômodo da Segunda Guerra Mundial ficara congelado. A divisão acidental da Europa, com tudo o que isso acarretava, viera a parecer inevitável. E agora a divisão acabara de uma vez por todas. Em retrospecto, as décadas do pós-guerra assumiram uma relevância radicalmente alterada. Embora, de início, se pensasse que as mencionadas décadas fossem o princípio de uma nova era de polarização ideológica permanente, elas agora eram vistas com mais clareza: um longo epílogo da guerra civil européia iniciada em 1914, um intervalo de quarenta anos entre a derrota de Adolf Hitler e a resolução final das questões deixadas em suspenso pela guerra por ele criada.

Com o desaparecimento do mundo correspondente ao período de 1945-1989, as ilusões desse mesmo mundo ficaram mais visíveis. O tão alardeado "milagre econômico" da Europa Ocidental no pós-guerra devolvera à região o status no comércio e na produção mundial por ela perdido entre 1914 e 1945, com índices de crescimento econômico voltando a patamares, *grosso modo*, comparáveis aos registrados no final do século XIX. Tratava-se de uma façanha e tanto, mas não era o avanço rumo à prosperidade infinitamente crescente que os contemporâneos, de bom grado, um dia previram.

Além disso, a recuperação não fora concretizada *apesar* da Guerra Fria, mas *devido à* Guerra Fria. A exemplo da ameaça otomana no passado, a sombra do Império Soviético fez a Europa encolher, mas impôs ao que restou os benefícios da unidade. Na ausência dos europeus aprisionados a leste, os cidadãos da Europa ocidental haviam prosperado: livres de qualquer obrigação de lidar com a pobreza e com o atraso dos Estados que sucederam os antigos impérios continentais, e protegidos pelo guarda-chuva militar americano contra a ressaca política do passado recente. Sob o ponto de vista oriental, tratava-se sempre de uma visão estreita. Após o colapso do comunismo e a divisão do império Soviético, isso já não podia vingar.

Subitamente, o casulo feliz que era a Europa Ocidental no pós-guerra — com suas comunidades econômicas e zonas de livre-comércio, suas fortes alianças externas e desnecessárias divisas internas — parecia vulnerável, chamado para atender às expectativas frustradas de futuros "eurocidadãos" que viviam no leste do continente, e já não ancorado numa relação patente com a grande potência a oeste, do outro lado do oceano. Mais uma vez obrigados a reconhecer os limites orientais do continente, os europeus ocidentais, ao esboçar um futuro comum para a Europa, tinham de recorrer ao passado comum europeu.

A conseqüência foi que o período de 1945 a 1989 assumiu um caráter parentético. A guerra entre os Estados, traço característico do modo de vida europeu durante trezentos anos, alcançara níveis apocalípticos entre 1913 e 1945: na primeira metade do século XX, cerca de 60 milhões de europeus pereceram em guerras ou extermínios promovidos pelos Estados. Porém, de 1945 a 1989, a guerra entre os Estados desapareceu do continente.[1] Duas gerações de europeus cresceram sob a até então inconcebível impressão de que a paz era a ordem natural. Enquanto conseqüência política, a guerra (e o confronto ideológico) foi desviada para o chamado Terceiro Mundo.

Dito isso, vale a pena lembrar que, embora mantivessem a paz com os vizinhos, os Estados comunistas praticavam uma forma típica de hostilidade no âmbito de suas próprias sociedades, sobretudo a censura rigorosa, a escassez de produção e o policiamento repressivo; por vezes, no entanto, tais Estados recorriam ao conflito direto, principalmente em Berlim, em 1953, Budapeste, em 1956, Praga, em 1968, e na Polônia, em caráter esporádico, entre 1968 e 1981, e depois sob o regime de lei marcial. No Leste Europeu, as décadas do pós-guerra, portanto, figuram de modo diverso na memória coletiva (embora não sejam menos parentéticas). Mas, comparado ao que ocorrera antes, também a Europa Oriental vivenciara um período de rara calma, embora involuntária.

Se a era posterior à Segunda Guerra Mundial, agora rapidamente desaparecendo na memória, com o advento de novas (des)ordens mundiais, se tornaria objeto de nostalgia e remorso, isso dependeria muito de onde e quando a pessoa havia nascido. De ambos os lados da Cortina de Ferro, os filhos dos anos 60 — i.e., o núcleo da geração que resultou da explosão demográfica registrada entre 1946 e 1951 — certamente viam com afeto a "sua" década e continuavam a alimentar gratas lembranças e um exagerado sentimento da sua própria relevância. E, ao menos no Ocidente, a geração anterior ainda era grata pela estabilidade política e pela segurança material contemporâneas, contrastadas com os horrores antes vividos.

Mas os que eram jovens demais para se lembrar dos anos 60 muitas vezes se ressentiam da auto-exaltação dos memorialistas idosos, enquanto muita gente mais velha, que tinha passado a vida toda sob o comunismo, se recordava não apenas da estabilidade no emprego,

[1] Mesmo incluindo as guerras na Iugoslávia durante os anos 90, o número de baixas decorrentes de conflitos bélicos na segunda metade do século foi inferior a um milhão.

de aluguéis baratos e ruas seguras, mas também, e principalmente, de um cenário cinzento de talentos desperdiçados e esperanças frustradas. E, de ambos os lados da divisa, havia limites quanto ao que podia ser resgatado dos escombros da história do século XX. Paz, prosperidade e segurança, com certeza, mas as convicções otimistas de um tempo passado tinham sido perdidas para sempre.

Antes de se suicidar em 1942, o romancista vienense Stefan Zweig escreveu com nostalgia sobre o mundo perdido da Europa pré-1914, expressando "compaixão pelos que não eram jovens durante aqueles últimos anos confiantes". Sessenta anos depois, no final do século XX, quase tudo mais fora recuperado ou reconstruído. Mas a confiança com que a geração de europeus contemporâneos de Zweig ingressara no século jamais seria inteiramente resgatada: muito tinha acontecido. No entreguerras, europeus nostálgicos pela *Belle Époque* talvez murmurassem: "Ah, se..."; contudo, depois da Segunda Guerra Mundial, o sentimento predominante entre as pessoas que refletiam sobre a catástrofe que se abatera sobre o continente ao longo de trinta anos era "nunca mais...".[2]

Em suma, não havia caminho de volta. O comunismo no Leste Europeu tinha sido a resposta errada para a pergunta premente. Na Europa Ocidental, a mesma pergunta — como superar a catástrofe da primeira metade do século XX — fora respondida empurrando-se a história recente para o lado, recapitulando-se alguns dos sucessos da segunda metade do século *XIX* — estabilidade política doméstica, incremento da produtividade econômica e contínua expansão do comércio internacional — e os rotulando de "Europa". Depois de 1989, entretanto, a Europa Ocidental próspera e pós-política viu-se, novamente, diante da irmã gêmea oriental, e o conceito de "Europa" precisou ser repensado.

A perspectiva de abandonar o casulo não foi universalmente bem-vinda, conforme já vimos; e escrevendo em março de 1993 para o jornal polonês *Polityka*, Jacek Kuroń não exagerou ao deduzir que "certas figuras políticas ocidentais sentem nostalgia pela velha ordem mundial e pela URSS". Mas essa "velha ordem mundial" — o conhecido imobilismo das quatro décadas passadas — fora perdida para sempre. Os europeus agora confrontavam não apenas um futuro incerto, mas um passado que mudava com rapidez. O que até recentemente era algo bastante simples, agora, mais uma vez, tornava-se complexo. No final do século XX, meio bilhão de pessoas que habitavam a península ocidental da massa territorial da Eurásia, cada vez mais, questionavam a própria identidade. Quem são os europeus? Que significa ser europeu? Que é a Europa — e que tipo de lugar querem os europeus que a Europa seja?

Há pouco a ganhar, ao tentar destilar a essência da "Europa". A "Idéia de Europa" — em si um tópico bastante debatido — tem longa história, parte dela bastante ilustre. Mas, embora uma certa "idéia" de Europa — reiterada num grande sortimento de convenções e tratados — sirva de base à União à qual hoje pertence a maioria dos europeus, essa idéia oferece não

---

[2] Raymond Aron (nascido em 1905) compartilhava algumas das memórias saudosas de Zweig, embora não o desespero: "Desde que, sob um sol de julho, a Europa burguesa entrou num século de guerras, os homens perderam o controle da história."

mais do que um pequeno lampejo do tipo de vida que se tem no continente. Numa época de transição e reassentamento demográfico, os europeus de hoje são mais numerosos e heterogêneos do que nunca. Qualquer relato da condição comum européia na alvorada do século XXI deve partir do reconhecimento dessa variedade, do mapeamento dos contornos sobrepostos e fissuras da identidade e da experiência européias.

O termo "mapeamento" é empregado avisadamente. Afinal, a Europa é um lugar. Ocorre, entretanto, que suas fronteiras sempre foram extremamente fluidas. As antigas divisas — de Roma e de Bizâncio, do Sacro Império Romano e da Europa cristã — correspondem às linhas demarcatórias posteriores, o que sugere uma continuidade autêntica: os delicados pontos de contato entre a Europa germânica e eslava eram tão evidentes para um autor do século XI, como Adam de Bremen, quanto para nós dos dias de hoje; as fronteiras medievais entre o cristianismo católico e ortodoxo, da Polônia à Sérvia, são bastante semelhantes às de hoje; e o conceito de uma Europa dividida pelo Elba entre leste e oeste seria do conhecimento dos administradores do Império Carolíngio, no século IX, se eles pensassem nesses termos.

Mas se essas antigas linhas fronteiriças constituem, de fato, um guia para a "localização" da Europa, é algo que sempre dependeu de onde o observador plantava os pés. Vejamos um caso célebre: já no século XVIII, a maioria dos húngaros e boêmios era católica havia séculos, e muitos falavam alemão. Mas para os austríacos esclarecidos a Ásia começava na Landstrasse, a estrada que servia de saída leste de Viena. Quando Mozart deixou Viena, rumo ao *oeste*, para Praga, em 1787, ele dizia estar cruzando uma fronteira *oriental*. Leste e oeste, Ásia e Europa, sempre foram muros mentais, tanto quanto linhas sobre a superfície.

Uma vez que grande parte da Europa até recentemente não se dividia em Estados, mas se inseria em impérios, convém pensar as demarcações externas do continente não como fronteiras, mas como regiões divisórias indeterminadas — limites, *limes*, *militärgrenze*, *krajina*: zonas de conquista imperial e colonização, nem sempre topograficamente precisas, mas delimitando área políticas e culturais importantes. Desde o Báltico até os Bálcãs, tais regiões (e seus habitantes) há séculos são consideradas guardiães limítrofes da civilização, o ponto vulnerável e sensível onde acaba o mundo conhecido e onde os bárbaros são mantidos acuados.

Mas essas terras fronteiriças são fluidas e têm se alterado conforme a época e as circunstâncias: as implicações geográficas podem ser confusas. Poloneses, lituanos e ucranianos têm se apresentado, na literatura e em mitos políticos, como defensores dos limites da "Europa" (ou do cristianismo).[3] Mas basta olhar o mapa para ver que as reivindicações são mutuamente exclusivas: não é possível que todos estejam certos. O mesmo vale para os discursos húngaro e romeno, ou para a insistência de croatas e sérvios de que é a *sua* fronteira sul (respectivamente, com a Sérvia e a Turquia) que constitui a linha vital de defesa da Europa civilizada.

O que essa confusão demonstra é que, há séculos, os limites da Europa são suficientemente importantes a ponto de fazer com que os interessados concorram para neles serem incluídos. Estar "na" Europa representava uma certa segurança, ou ao menos uma expectativa de refúgio e inclusão. Ao longo dos séculos, pertencer à Europa passou a constituir uma fonte de identidade coletiva. Ser um "Estado fronteiriço", modelo e guardião dos valores

[3] Muitos poloneses, cumpre observar, também insistem na posição do país como *centro* da Europa — deslize revelador.

centrais da civilização européia, era fonte de vulnerabilidade mas também de orgulho, motivo pelo qual a sensação de terem sido excluídos ou esquecidos pela "Europa" tornou o domínio soviético tão humilhante para tantos intelectuais da Europa Central e Oriental.

A Europa, então, tem menos a ver com uma geografia *absoluta* — onde um país ou um povo efetivamente se localizam — do que com uma geografia *relativa* — onde um país e um povo se situam em relação a outros. No final do século XX, escritores e políticos, em locais como a Moldávia, Ucrânia ou Armênia, afirmavam a sua condição de "europeu" não a partir de bases históricas ou geográficas (o que pode ou não ser plausível), mas precisamente enquanto defesa *contra* a história e a geografia. Sumariamente libertados do império moscovita, os países órfãos pós-imperiais agora se voltavam para outra capital "imperial": Bruxelas.[4]

O que essas nações periféricas esperavam ganhar com a perspectiva distante de inclusão na nova Europa era menos importante do que o que elas poderiam perder com a exclusão. Nos primeiros anos do novo século, as implicações da exclusão já eram evidentes até para o visitante mais desatento. O que antes havia de cosmopolita ou "europeu" em cidades como Cernovitz, na Ucrânia, ou Chisinau, na Moldávia, fora há muito tempo extirpado pelos domínios nazista e soviético; e a região rural circundante ainda constituía um "mundo pré-moderno de estradas não-pavimentadas e carroças, de poços artesanais e botas de feltro, de grandes silêncios e noites de veludo preto".[5] Identificar-se com a "Europa" não era ter um passado comum, agora verdadeiramente destruído; era reivindicar, ainda que débil e melancolicamente, um futuro comum.

O receio de ficar fora da Europa não se restringia ao perímetro do continente. Sob a perspectiva dos moldávios falantes de romeno, os vizinhos a oeste, na Romênia em si, tinham sido abençoados pela História. Diferentemente da Moldávia, os romenos eram vistos pelo Ocidente como candidatos legítimos (ainda que um tanto improdutivos) à UE e, portanto, tinham um futuro *europeu* garantido. Mas, sob a perspectiva de Bucareste, o quadro se alterava: a própria Romênia corria o risco de ser excluída. Em 1989, quando, finalmente, começaram a se rebelar contra ele, os colegas de Nicolau Ceauşescu escreveram uma carta acusando o *Conducator* de tentar extirpar as raízes européias da nação: "A Romênia é, e continua sendo, um país europeu [...]. Vossa Excelência já começou a alterar a geografia das áreas rurais, mas não poderá transferir a Romênia para a África". No mesmo ano, o já idoso dramaturgo romeno Eugène Ionesco descreveu seu país natal como "prestes a sair da Europa, para sempre, o que significa sair da história". Tampouco era nova tal preocupação: em 1972, E. M. Cioran, contemplando a história lúgubre do país, expressou uma insegurança generalizada na Romênia: "O que mais me deprimia era o mapa do Império Otomano. Olhando o mapa, entendi nosso passado, e tudo mais".[6]

---

[4] O mesmo vale para os albaneses do Kosovo, que libertados pela OTAN da opressão sérvia aspiram por independência, menos em virtude de ambições nacionalistas do que como garantia contra o risco de serem deixados na Sérvia — e fora da Europa.

[5] Anna Reid, *Borderland. A Journey through the History of Ukraine* (Terra fronteiriça. Uma viagem pela história da Ucrânia) (2000), p. 20. Daí o lugar da "Europa" no discurso e nas esperanças da revolução ucraniana de dezembro de 2004.

[6] Ver Tony Judt, "Romania: Bottom of the Heap" (Romênia: o último do ranking), *New York Review*, 1° de novembro de 2001.

A exemplo dos búlgaros, sérvios e outros que têm bons motivos para crer que o "núcleo" da Europa os enxerga como estrangeiros (se é que a Europa os enxerga), os romenos, por vezes, ressaltam as suas características primordiais de europeus (na literatura, arquitetura, topografia etc.) e, por vezes, reconhecem a futilidade da causa e se refugiam no Oriente. Na seqüência do comunismo, as duas reações se manifestaram. Enquanto o ex-primeiro-ministro romeno, Adrien Nastase, descrevia para os leitores do *Le Monde*, em julho de 2001, o "valor agregado" que a Romênia aduzia à Europa, seus compatriotas romenos somavam mais da metade do número de estrangeiros detidos ao tentar atravessar a fronteira entre a Polônia e a Alemanha. Numa pesquisa realizada no início do novo século, 52% dos búlgaros (a grande maioria com menos de 30 anos) declararam que, se tivessem a oportunidade, emigrariam da Bulgária — de preferência, para a "Europa".

Essa sensação de estar na periferia, de ser uma espécie de europeu de segunda classe, está hoje em dia restrita, principalmente, a ex-países comunistas, a maioria dos quais na zona de pequenas nações, desde o cabo Norte até o cabo Matapan, no Peloponeso, nações cuja existência foi prevista por Tomáš Masaryk. Mas nem sempre foi assim. Na memória recente, as outras margens do continente eram também periféricas — em termos econômicos, lingüísticos, culturais. O poeta Edwin Muir descreveu sua mudança, ainda menino, das ilhas Orkney para Glasgow, em 1901, como um salto de "150 anos em dois dias de viagem"; tal sentimento não seria incongruente meio século depois. Ainda em plena década de 1980, as regiões montanhosas e as ilhas próximas ao litoral da Europa — Sicília, Irlanda, o norte da Escócia, a Lapônia — tinham mais em comum entre si, em termos do passado, do que em relação às prósperas regiões metropolitanas centrais.

Mesmo atualmente — a bem dizer, sobretudo atualmente —, divisas nem sempre coincidem com fronteiras nacionais. O Conselho dos Estados do Mar Báltico é um bom exemplo. Criado em 1992, o conselho inclui participantes escandinavos: Dinamarca, Finlândia, Noruega e Suécia; os três países bálticos da antiga URSS: Estônia, Letônia e Lituânia; e, ainda, Alemanha, Polônia, e Rússia (e, desde 1995, desrespeitando a geografia, mas por insistência da Escandinávia, a Islândia). Essa reafirmação simbólica de antigas afinidades comerciais era no passado muito apreciada por cidades hanseáticas, como Hamburgo ou Lübeck — e muito bem-vinda por administradores de Tallinn e Gdansk, ávidos por se posicionar no centro de uma comunidade báltica reinventada (com tendências ocidentais) e por se distanciar dos confins continentais e do passado recente.

Mas para outras regiões de alguns dos países participantes, especialmente na Alemanha e Polônia, o Báltico tem pouco significado. Ultimamente, a perspectiva da captação de receita estrangeira com turismo levou a Cracóvia, por exemplo, a destacar a sua orientação meridional e anunciar a sua ex-encarnação como capital da "Galícia" dos Habsburgo. Munique e Viena, embora competindo por investimentos estrangeiros, redescobriram um legado "alpino" comum, facilitado pelo quase desaparecimento da fronteira que separa o sul da Bavária de Salzburgo e do Tirol.

Diferenças culturais em nível regional, portanto, importam, e muito — embora disparidades econômicas importem ainda mais. A Áustria e a Bavária têm em comum mais do que o catolicismo e o cenário alpino: ao longo de décadas recentes, ambas se transformaram em economias de serviço, com elevados níveis salariais, economias dependentes de tecnologia, em vez de força de trabalho, superando em produtividade e prosperidade regiões industriais mais antigas ao norte. Assim como a Catalunha, a Lombardia e a Emília-Romana, na Itália, as regiões do Ródano-Alpes e da Île-de-France, o sul da Alemanha e a Áustria — ao lado de Suíça, Luxemburgo e partes de Flandres, na Bélgica — constituem uma zona comum de privilégio econômico europeu.

Embora níveis absolutos de indigência e desvantagem econômica ainda fossem mais elevados no antigo bloco oriental, os contrastes mais agudos agora eram constatados *no interior* dos países, e não entre os países. A Sicília e o Mezzogiorno, a exemplo do sul da Espanha, ainda se achavam bem atrás do próspero norte, situação que perdurava havia décadas; no final dos anos 90, o nível de desemprego no sul da Itália era três vezes mais elevado do que ao norte de Florença, enquanto a distância entre o PIB *per capita* do norte e do sul, na realidade, estava maior do que na década de 1950.

Também no Reino Unido a diferença entre as regiões ricas do sudeste e os antigos distritos industriais do norte crescera nos últimos anos. Londres, é verdade, prosperara. Apesar de se manter longe da zona do euro, a capital britânica se tornara, sem sombra de dúvida, o centro financeiro do continente, e adotara um perfil extravagante, *high-tech*, fazendo com que outras cidades européias parecessem obsoletas e envelhecidas. Lotada de jovens profissionais e bem mais aberta do que outras capitais européias aos fluxos da maré de culturas cosmopolitas e diferentes idiomas, Londres, no final do século XX, parecia ter recuperado o brilho dos anos 60 — fato muito bem aproveitado pelos seguidores de Tony Blair, que rebatizaram o país como "*Cool Britannia*".[7]

Mas o brilho era superficial. No mercado imobiliário inflacionado da metrópole mais populosa da Europa, motoristas de ônibus, enfermeiras, faxineiras, professoras primárias, policiais e garçons que trabalhavam para os novos britânicos cosmopolitas já não tinham condições de morar perto desses, e eram obrigados a buscar moradia cada vez mais distante, deslocando-se até o local de trabalho com dificuldade, pelas estradas mais movimentadas da Europa, ou então pelo sistema ferroviário nacional, caro e dilapidado. Além dos limites da Grande Londres, estendendo os seus tentáculos pelo sudeste rural, surgia um contraste regional sem precedentes na história da Inglaterra.

No final do século XX, entre as dez regiões administrativas da Inglaterra, apenas três (Londres, o sudeste e a Ânglia oriental) alcançavam ou superavam a riqueza média nacional *per capita*. Todo o restante do país era mais pobre, às vezes muito mais pobre. O nordeste da Inglaterra, anteriormente centro das indústrias de mineração e construção naval do país, registrava um Produto Interno Bruto *per capita* que não passava de 60% do índice em Londres. Depois da Grécia, de Portugal, das regiões rurais da Espanha, do sul da Itália e das *Länder* ex-comunistas da Alemanha, o Reino Unido, em 2000, era o maior beneficiário de fundos estruturais concedidos pela União Européia — o que significa que regiões da Grã-Bretanha constavam entre as mais necessitadas da UE. Os baixos índices nacionais de desemprego, objeto de orgulho tanto dos seguidores de Thatcher quanto dos seguidores de Blair, eram distorci-

[7] Algo como "A Grã-Bretanha é 'legal'". (N. do T.)

dos devido ao tamanho desproporcional da próspera capital: no norte do país, o desemprego chegava aos piores níveis registrados na Europa continental.

As acentuadas disparidades entre riqueza e pobreza na Grã-Bretanha tinham sido exacerbadas por políticas públicas mal formuladas, mas eram também conseqüência previsível do final da era industrial. Nesse sentido, as disparidades tinham, por assim dizer, natureza orgânica. Na Alemanha, contudo, tais disparidades eram conseqüência direta (embora não intencional) de uma decisão política. A anexação das *Länder* orientais à Alemanha unificada custara à República Federal mais de um trilhão de euros em repasses e subsídios, entre 1991 e 2004. Porém, longe de alcançar o Ocidente, a região oriental da Alemanha, no final dos anos 90, na realidade, ficava cada vez mais para trás.

As empresas privadas alemãs não se animavam a se estabelecer no leste do país — na Saxônia ou em Mecklenburg —, pois podiam encontrar mão-de-obra mais qualificada, com remuneração inferior (além de melhor infra-estrutura de transportes e serviços locais), na Eslováquia ou na Polônia. Populações envelhecidas, educação deficiente, baixo poder aquisitivo, evasão de trabalhadores especializados para o oeste e hostilidade contra estrangeiros por parte dos que ficaram para trás tornavam o leste da Alemanha pouco atraente para investidores estrangeiros que agora tinham muitas outras alternativas. Em 2004, o desemprego na antiga Alemanha Ocidental era de 8,5%; no leste do país esse índice passava de 19%. Em setembro daquele ano, o neonazista Partido Democrático Nacional conquistou 9% dos votos e elegeu 12 deputados para o Parlamento da Saxônia.

O abismo de ressentimento mútuo que separava ocidentais de orientais na Alemanha não tinha a ver apenas com emprego e desemprego, riqueza ou pobreza, embora, na visão do leste, esse fosse o sintoma mais óbvio e mais doloroso. Os alemães, tanto quanto o restante da população na nova Europa, estavam cada vez mais divididos por um novo conjunto de disparidades que atravessava as camadas econômicas ou geográficas convencionais. De um lado, ficava uma elite sofisticada de *europeus*: homens e mulheres, tipicamente jovens, viajados e cultos, que haviam freqüentado duas ou até três universidades no continente. Suas qualificações e profissões lhes permitiam encontrar trabalho em qualquer ponto da União Européia: de Copenhague a Dublin, de Barcelona a Frankfurt. Renda elevada, baixas tarifas aéreas, fronteiras abertas e um sistema ferroviário integrado (ver adiante) facilitavam a mobilidade e tornavam-na mais freqüente. Para os propósitos de consumo, lazer e entretenimento, bem como emprego, essa nova classe de europeus viajava com tranqüilidade por todo o continente — comunicando-se, a exemplo dos *clercs* medievais que transitavam entre Bolonha, Salamanca e Oxford, numa *língua franca* cosmopolita: na época, latim; agora, inglês.

Do outro lado da divisa ficavam aqueles — ainda a grande maioria — que não podiam se integrar ao bravo continente ou que tinham optado por (ainda?) não ingressar na União: milhões de europeus cuja carência de habilidades, educação, treinamento, oportunidades ou recursos os mantinha firmemente plantados onde estavam. Esses homens e mulheres, os *villeins* na nova paisagem medieval da Europa, não podiam se beneficiar tão prontamente do mercado comum europeu de bens, serviços e mão-de-obra. Em vez disso, permaneciam ligados a seus respectivos países ou comunidades locais, limitados por desconhecerem possibilidades distantes e idiomas estrangeiros e freqüentemente mais avessos à idéia de "Europa" do que seus concidadãos cosmopolitas.

Havia duas exceções importantes a essa nova diferença de classe internacional que começava a diminuir os velhos contrastes nacionais. Para artesãos e operários oriundos do Leste Europeu, as novas oportunidades de trabalho em Londres, Hamburgo ou Barcelona se coadunavam com antigas e consolidadas tradições de trabalho migratório e sazonal no exterior. Sempre houvera homens (a maioria era, de fato, do sexo masculino) que viajavam para países distantes em busca de trabalho — desconhecendo idiomas estrangeiros, alvos da desconfiança dos anfitriões e, diga-se de passagem, decididos a voltar para casa trazendo consigo suas economias. Nada havia de particularmente europeu nesse modelo, e pintores de paredes nativos da Eslováquia — a exemplo de mecânicos turcos ou ambulantes senegaleses — não costumavam ser vistos jantando em restaurantes em Bruxelas, passando férias na Itália ou fazendo compras em Londres. Mesmo assim, o estilo de vida deles era marcantemente *europeu*.

A segunda exceção era britânica — ou melhor, inglesa (sendo os ingleses, notoriamente, desconfiados em relação à "Europa"). Impelida para o exterior em decorrência das condições meteorológicas, freqüentemente adversas nos céus das ilhas Britânicas, e por uma safra de companhias aéreas que no período pós-Thatcher passaram a oferecer tarifas promocionais para qualquer ponto da Europa continental, por vezes a custo inferior a um almoço num *pub*, uma nova geração de britânicos, cuja educação não era superior à de seus pais, inaugurou o século XXI como uma das mais viajadas, se não a mais cosmopolita, de toda a Europa. A ironia dessa justaposição do célebre descaso e desconfiança dos ingleses diante das instituições e aspirações da "Europa" com o desejo generalizado de passear e gastar dinheiro nessa mesma "Europa" não passava despercebida dos observadores continentais, aos quais sempre causava estranheza.

Mas, é bom lembrar, os britânicos — a exemplo dos irlandeses — não precisavam aprender língua estrangeira. Falavam inglês. Em outras partes da Europa, a habilidade lingüística (conforme anteriormente observado) tornava-se, cada vez mais, o principal crachá de identificação no continente, índice de status pessoal e força cultural coletiva. Em pequenos países, como Dinamarca e Holanda, de longa data já se aceitava que o monolingüismo de um idioma que não era falado por outros povos constituía uma desvantagem impossível de ser ignorada. Alunos da Universidade de Amsterdã agora cursavam disciplinas ministradas em língua inglesa, e o funcionário mais simples de uma agência bancária do interior na Dinamarca era capaz de conduzir, com segurança, uma transação em inglês. Tanto na Dinamarca quanto na Holanda (bem como em muitos dos menores países europeus), a competência lingüística de estudantes e bancários era desenvolvida também graças a programas de televisão transmitidos em língua inglesa, sem dublagem.

Na Suíça, onde qualquer pessoa que houvesse concluído o ensino médio costumava dominar três ou até quatro dos idiomas locais, era considerado mais fácil e mais diplomático recorrer ao inglês (que não era a língua materna) para a comunicação entre pessoas de diferentes regiões do país. Também na Bélgica, onde — conforme já vimos — valões e flamengos tinham dificuldade de se comunicar, a praxe era recorrer, prontamente, à língua inglesa.

Nos países em que os idiomas regionais — por exemplo, catalão ou basco — eram agora ensinados oficialmente, não raro os jovens (a "Geração E" — de Europa —, conforme ficou conhecida) aprendiam a língua local, mas, nas horas vagas — como gesto típico de rebeldia de adolescente, esnobismo ou auto-interesse —, falavam *inglês*. Quem perdia não era o idioma ou o dialeto minoritário — que, na realidade, tinha um passado pobre e nenhum futuro internacional —, mas a língua nacional do respectivo Estado. À medida que o inglês se tornava, automaticamente, o veículo de comunicação, línguas até então importantes passavam para o segundo plano. Enquanto idiomas marcantemente *europeus*, o espanhol, o português e o italiano já não eram amplamente ensinados fora dos respectivos países; a língua espanhola só era mantida como meio de comunicação além dos Pireneus graças ao status de língua oficial da União Européia.[8]

Também o alemão perdia a sua posição de destaque na liga dos idiomas europeus. No passado, a capacidade de leitura em língua alemã era obrigatória a qualquer participante da comunidade internacional científica ou acadêmica. Ao lado do francês, o alemão fora o idioma universal dos europeus cultos — e até o advento da guerra o alemão era mais difundido do que o francês, sendo utilizado, cotidianamente, desde Estrasburgo até Riga.[9] Mas, com a destruição dos judeus, a expulsão dos alemães e a chegada dos soviéticos, a Europa Centro-Oriental desviou-se, abruptamente, da língua alemã. Nas cidades, a geração mais velha continuava a ler e — menos freqüentemente — a falar alemão, e nas comunidades germânicas isoladas da Transilvânia e outros locais o alemão claudicava como idioma marginal com uso limitado; no entanto, todos aprendiam, ou ao menos estudavam russo.

A associação entre língua russa e ocupação soviética restringiu consideravelmente o apelo desse idioma, mesmo em países como a Tchecoslováquia ou a Polônia, onde a congruência lingüística o tornava acessível. Embora cidadãos dos Estados-satélites fossem obrigados a estudar russo, a maioria das pessoas pouco se esforçava para dominar o idioma, e só o falava quando obrigada.[10] Poucos anos após a queda do comunismo, ficara claro que, paradoxalmente, um dos efeitos da ocupação promovida pela Alemanha e pela União Soviética fora a erradicação de qualquer familiaridade a longo prazo com os respectivos idiomas. Nas terras que há muito tempo se viam encurraladas entre a Rússia e a Alemanha, agora apenas uma língua estrangeira importava. Depois de 1989, ser "europeu" na Europa Oriental, sobretudo para os jovens, era saber falar *inglês*.

Para falantes nativos de língua alemã, na Áustria, Suíça ou na própria Alemanha, a crescente provincialização do idioma — a ponto de nem aqueles cujas línguas nativas derivavam do alemão, como os holandeses, estudarem ou compreenderem alemão — era fato consumado e de nada adiantava lamentar a perda. No decorrer dos anos 90, grandes empresas alemãs, como a Siemens, juntaram o útil ao agradável e estabeleceram o inglês como idioma de trabalho. Políticos e empresários alemães ficaram conhecidos pela facilidade com que transitavam em círculos anglófonos.

O declínio do francês foi outra questão. Enquanto linguagem de uso diário, o francês já não desempenhava papel de destaque na Europa desde a queda das aristocracias imperiais dos

---

[8] Na condição de idioma comum a dezenas de milhões de pessoas nas Américas, de Santiago a São Francisco, o espanhol tinha o seu prestígio internacional garantido. O mesmo vale para a língua portuguesa, ao menos em sua peculiar variante brasileira.

[9] À exceção da Romênia, onde a situação era inversa, e o francês predominava.

[10] A exceção, nesse caso, é a Bulgária, onde a Rússia e o idioma russo sempre contaram com boa recepção.

antigos regimes. Fora da França, apenas alguns milhões de belgas, luxemburgueses e suíços, além de comunidades isoladas nos Alpes italianos e nos Pireneus espanhóis, usavam o francês como idioma nativo — e muitos falavam formas dialetais desprezadas pelos guardiões oficiais da Académie Française. Em termos estritamente estatísticos, quando comparado ao alemão — ou ao russo —, o francês se achava há muito tempo na periferia lingüística da Europa.

Mas, desde o declínio do latim, o francês foi a língua das elites cultas e cosmopolitas — e, portanto, o idioma europeu *par excellence*. Quando, nos primeiros anos do século XX, surgiu a proposta de introduzir a língua francesa no programa de línguas estrangeiras modernas da Universidade de Oxford, vários professores se opuseram à idéia, alegando, corretamente, que qualquer candidato admitido à universidade já deveria ser fluente em francês. Ainda em meados do século, suposições desse tipo vigoravam — embora nem sempre explicitadas — em academias e embaixadas por toda parte. Este autor pôde atestar a necessidade e a utilidade da língua francesa como meio de comunicação entre estudantes, de Barcelona a Istambul, ainda em 1970.

Num período de trinta anos tudo isso mudou. Em 2000, a língua francesa já não era o veículo de comunicação internacional das elites. Somente no Reino Unido, na Irlanda e na Romênia o francês era a opção recomendada como primeiro idioma estrangeiro a ser ministrado no ensino fundamental — nos demais níveis, aprendia-se inglês. Em determinadas regiões da antiga Europa dos Habsburgo, o francês já não era sequer a *segunda* língua estrangeira ensinada nas escolas, tendo sido superado pelo alemão. A "francofonia" — comunidade mundial de falantes de língua francesa, a maioria dos quais vivia em antigas colônias — continuava a atuar no palco lingüístico mundial, mas o declínio do francês no solo europeu era inquestionável e, provavelmente, irreversível.

Mesmo na Comissão Européia, em Bruxelas, onde nos primeiros anos da Comunidade o francês tinha sido a língua oficial e onde falantes nativos de francês atuavam na burocracia oficial e, portanto, conferiam ao idioma uma vantagem de ordem psicológica e funcional, o quadro se alterara. Não foi tanto o ingresso da Grã-Bretanha que propiciou a mudança — os funcionários egressos de Londres eram fluentes em francês —, mas a entrada dos escandinavos, fluentes em *inglês*; a expansão da comunidade de língua alemã (graças à unificação da Alemanha e à admissão da Áustria); e a perspectiva do ingresso de novos países membros localizados no Leste Europeu. A despeito do trabalho dos tradutores simultâneos (capazes de cobrir as 420 combinações de idiomas, abrangendo a União de 25 países), a capacidade de comunicação em uma das três línguas principais da UE era indispensável a quem desejasse, de fato, influenciar a formulação e a implementação de políticas. E a língua francesa era agora minoritária.

Ao contrário das autoridades alemãs, entretanto, as francesas não passaram a adotar o inglês enquanto mecanismo que garantisse a eficácia comercial e política. Embora um número sempre crescente de jovens franceses estudasse inglês e praticasse o idioma em viagens ao exterior, a posição oficial se mantinha nitidamente defensiva, sem dúvida em conseqüência também do concomitante declínio da importância do papel da França no cenário internacional — algo do que o Reino Unido foi poupado, graças ao fato de os norte-americanos também falarem inglês.

A reação inicial dos franceses diante dos indícios de declínio lingüístico foi insistir para que se continuasse a falar francês: conforme dissera o presidente Georges Pompidou, no início dos anos 70: "Se o francês deixar de ser o principal idioma de trabalho na Europa, a própria Europa deixará de ser genuinamente européia". No entanto, logo ficou claro que a causa estava perdida, e intelectuais e políticos franceses optaram por uma mentalidade isolacionista: se já não era falada além das fronteiras do país, a língua francesa seria internamente exclusiva. Uma petição assinada, em julho de 1992, por 250 personalidades ilustres — inclusive os escritores Régis Debray, Alain Finkielkraut, Jean Dutourd, Max Gallo e Philippe Sollers — exigia que o governo determinasse, pela força da lei, o uso exclusivo do idioma nacional em congressos e encontros realizados em solo francês, filmes produzidos com recursos franceses etc. Caso contrário, advertiam os signatários, "*les angloglottes*" nos farão a todos falar inglês, "ou melhor, americano".

Governos franceses de todas as inclinações políticas concordaram de bom grado, ainda que apenas *pour le forme*. "A batalha em defesa do francês é indispensável", declarou a ministra socialista Catherine Tasca, "nas organizações internacionais, nas ciências e até nos muros das nossas cidades". Dois anos mais tarde, um ministro da Cultura conservador, Jacques Toubon, abraçou a causa, explicitando o que Tasca deixara de dizer: que o objeto da ansiedade não era apenas o declínio da língua francesa, mas também, e acima de tudo, a hegemonia do *inglês*. Melhor seria se os franceses aprendessem outro idioma — *qualquer* outro: "Por que", indagava Toubon, "nossas crianças devem aprender um inglês empobrecido — algo que podem aprender em qualquer idade —, quando deveriam adquirir uma apreciação mais aprofundada de alemão, espanhol, árabe, japonês, italiano, português ou russo?".

O alvo de Toubon — o "inglês mercantil" (por ele assim rotulado com descaso) que suplantava o francês ("o maior capital, o símbolo da dignidade do povo francês") — saía de alcance exatamente no momento em que ele o mirava. Intelectuais como Michel Serres queixavam-se solenemente de que, durante a ocupação, as ruas de Paris tinham menos nomes em alemão do que hoje em dia em inglês, mas a nova geração, que crescera em meio a filmes, programas de TV, jogos eletrônicos, Internet e música pop, e que falava um francês dinâmico e com gírias, cheio de palavras e expressões emprestadas e adaptadas, pouco se importava.

Criar legislação que obrigava os franceses a falar francês entre si era, até certo ponto, aceitável. Mas exigir que acadêmicos estrangeiros, empresários, consultores, advogados, arquitetos e outros se expressassem em francês — ou que entendessem o idioma — sempre que se reunissem em solo francês só poderia ter um único resultado: os negócios e as idéias seriam levados para outros locais. Já na virada do novo século a verdade transparecera e a maioria (embora não a totalidade) das figuras públicas e dos formuladores de políticas na França havia se resignado à dura realidade da Europa no século XXI. As novas elites européias, fossem lá quem fossem, não falavam e não falariam francês: a "Europa" já não era um projeto francês.

Para compreender a Europa no final do segundo milênio, vale a pena delinear, conforme fizemos, as divisões, rixas e rupturas internas — que fizeram reverberar, inescapavelmente, a cismática história moderna do continente e a sua incontestável variedade de comunidades, identidades e histórias. Mas a noção de identidade e de modo de vida dos europeus foi moldada tanto pelo que os uniu quanto pelo que os dividiu, e os europeus estavam agora mais unidos do que nunca.

O melhor exemplo dessa "união cada vez mais íntima" na qual os europeus tinham se agrupado — ou, melhor dizendo, tinham sido agrupados através da ação de líderes políticos esclarecidos — era a rede de comunicações cada vez mais complexa que a mencionada união propiciou. Nas últimas décadas do século, a infra-estrutura de transportes no interior da Europa — pontes, túneis, estradas, trens e balsas — sofrera uma transformação concreta. Exceto o merecidamente criticado sistema britânico, os europeus contavam agora com o sistema ferroviário mais rápido e mais seguro do mundo.

Num continente superpovoado, em que as distâncias relativamente curtas favoreciam o transporte de superfície em relação ao aéreo, as estradas de ferro constituíam um objeto consensual de investimento público. Os mesmos países que haviam se reunido em Schengen agora cooperavam — com o apoio maciço da UE — na construção de uma extensa rede ferroviária para trens de alta velocidade, uma rede que abrangia Madri, Roma, Amsterdã e Hamburgo, com planos de expansão para o norte, até a Escandinávia, e para o leste, atravessando a Europa Central. Mesmo em regiões e países não beneficiados por trens TGV, ICE ou ES,[11] os europeus podiam agora viajar por todo o continente — nem sempre com mais velocidade do que um século antes, mas de modo bem mais livre.

Conforme ocorrera no século XIX, o aperfeiçoamento das ferrovias na Europa se deu à custa de cidades e distritos por elas servidos, e que corriam o risco de perder mercados e população, ficando atrás dos concorrentes mais afortunados. Mas havia agora também uma extensa rede de auto-estradas — e, a não ser na antiga União Soviética, no sul dos Bálcãs e nas províncias mais pobres da Polônia e da Romênia, a maioria dos europeus agora tinha acesso a carros. Aliadas ao surgimento de aerobarcos e de companhias aéreas não mais sujeitas à regulamentação governamental, essas mudanças tornavam possível residir numa cidade, trabalhar em outra e fazer compras ou se divertir numa terceira — nem sempre a baixo custo, mas com uma eficiência sem precedentes. Tornou-se relativamente comum para jovens famílias européias contemplar a possibilidade de morar em Malmö (na Suécia) e trabalhar em Copenhague (na Dinamarca), por exemplo; ou residir em Freiburg (na Alemanha) e trabalhar em Estrasburgo (na França), ou fazer o mesmo por mar, em relação a Londres e Roterdã; ou viver em Bratislava (na Eslováquia) e trabalhar em Viena (na Áustria), neste caso resgatando um antigo elo da era Habsburgo. Surgia uma Europa verdadeiramente integrada.

Com crescente mobilidade, os europeus agora conheciam uns aos outros melhor do que nunca. E viajavam e se comunicavam de igual para igual. Contudo, alguns europeus continuavam a ser "mais iguais" do que outros. Dois séculos e meio depois que Voltaire definiu o contraste entre a Europa que "conhece" e a Europa que "espera ser conhecida", tal distinção continuava em vigor. O poder, a prosperidade e as instituições se aglomeravam no canto

[11] Respectivamente, os expressos francês, alemão e italiano.

ocidental do continente. A geografia moral da Europa — a Europa que está na cabeça dos europeus — consistia num núcleo de Estados "verdadeiramente" europeus (alguns dos quais, como a Suécia, geograficamente bastante periféricos) cujos valores constitucionais, legais e culturais eram exibidos como modelo para europeus inferiores, pretendentes que, digamos, buscavam uma identidade autêntica.[12]

Esperava-se, então, que os europeus orientais desejassem conhecer o Ocidente. Quando o interesse fluía na direção oposta, entretanto, isso nem sempre se dava de modo lisonjeiro. Não apenas os europeus mais pobres, provenientes do leste e do sul, procuravam o norte e o oeste para vender seu trabalho e seu corpo. Já no final do século, determinadas cidades do Leste Europeu, após esgotarem seu apelo como postos avançados redescobertos de uma Europa Central perdida, se reposicionaram, passando a ocupar um nicho lucrativo como destino barato e espalhafatoso, voltado para o turismo ocidental em massa, relativamente mais barato. Tallinn e Praga, de modo particular, adquiriram a reputação nada invejável de destino preferido dos chamados "vôos para homens desacompanhados" — pacotes de fim de semana, a preços módicos, destinados a ingleses ávidos por álcool e sexo barato.

Agentes de viagem e organizadores de excursões cuja clientela, no passado, satisfazia-se com Blackpool ou (mais recentemente) Benidorm agora constatavam o grande entusiasmo pelos atrativos exóticos disponíveis no Leste Europeu. Mas, é bom lembrar, os ingleses eram, por assim dizer, periféricos — motivo pelo qual, para muitos deles, a Europa era sempre algo exótico. Em 1991, o semanário *Kultura*, publicado em Sófia, pediu aos búlgaros que indicassem a cultura da qual se sentiam mais próximos: 18% responderam "francesa"; 11%, "alemã" (e 15%, "norte-americana"). Mas apenas 1,3% declarou proximidade com a "cultura inglesa".

O *centro* inquestionável da Europa, a despeito das agruras do período posterior à unificação, ainda era a Alemanha; sendo, em termos de população e produção, o maior Estado da UE, a Alemanha era o cerne do "núcleo europeu", conforme insistiram todos os chanceleres, desde Adenauer até Schröder. A Alemanha era também o único país que transcendia as velhas divisórias. Graças à unificação, à imigração e ao advento do governo federal, a área total ocupada pela Grande Berlim era agora seis vezes maior do que a de Paris — fato que simbolizava as posições relativas aos dois principais países da União Européia. A Alemanha dominava a economia européia. Era o maior parceiro comercial da maioria dos países membros da UE. Dois terços da receita líquida da União advinham da República Federal. E, apesar de serem os principais contribuintes — ou talvez por esse motivo —, os alemães constavam entre os cidadãos mais comprometidos com a UE. Em dados momentos, estadistas alemães propunham a criação de um processo de tramitação rápida para Estados comprometidos com a plena integração da Europa, mas, diante da procrastinação dos parceiros, retiravam a proposta, sem conseguir disfarçar a sua decepção.

Se a Alemanha — retomando a imagem de Voltaire — era o país que melhor "conhecia" a Europa, seria de se esperar que, no início do século XXI, dois outros antigos Estados im-

[12] Em junho de 2004, este autor recebeu a seguinte nota de um correspondente do Ministério das Relações Exteriores, em Zagreb: "Por aqui, tudo bem. A Croácia recebeu convite para entrar na UE. Isso vai alterar o mapa mental de muita gente."

periais buscassem, insistentemente, ser pela Alemanha "conhecidos". À semelhança da Alemanha, a Rússia e a Turquia desempenharam, no passado, um papel imperial nas questões européias. E muitos russos e turcos haviam compartilhado o destino infeliz das comunidades européias de origem germânica: herdeiros deserdados de uma potência autocrata agora reduzida a minorias ressentidas e vulneráveis, vivendo num Estado-nação que não lhes pertencia, uma espécie de lixo abandonado durante a retirada imperial. No final da década de 1990, estimava-se que mais de 100 milhões de russos vivessem fora da Rússia, nos países independentes do Leste Europeu.[13]

Mas aí paravam as semelhanças. A Rússia pós-soviética era um império eurásio, não um Estado europeu. Preocupada com as rebeliões violentas que eclodiam no Cáucaso, a Rússia se mantinha longe do restante da Europa, protegida pelos novos Estados da Bielo-Rússia, Ucrânia e Moldávia, bem como pela sua própria política doméstica, cada vez menos liberal. O ingresso da Rússia na UE estava fora de questão: novos ingressantes, conforme já vimos, eram obrigados a adotar "valores europeus" (fosse em relação ao domínio da lei, a direitos e liberdades ou à transparência institucional) que a Moscou de Vladimir Putin estava longe de aceitar, muito menos implementar.[14] Além disso, as autoridades russas mostravam-se mais interessadas em construir oleodutos e vender gás para a UE do que nela ingressar. Muitos russos, inclusive os que residiam em cidades ocidentais, instintivamente, não se consideravam europeus: quando viajavam para o oeste, diziam (a exemplo dos ingleses) que iam para a "Europa".

Mesmo assim, a Rússia tinha sido uma potência européia durante trezentos anos, e o legado prosseguia. O controle de bancos da Letônia foi adquirido por empresários russos. Um presidente lituano, Rolandas Paksas, foi destituído em 2003 sob suspeita de ter ligações com a Máfia russa. Moscou mantinha um enclave no Báltico, em torno de Kaliningrado, e continuava a exigir trânsito livre (através da Lituânia) para tráfego militar e carga russa, bem como dispensa de visto para cidadãos russos em visita à UE. O dinheiro gerado pelos empreendimentos dos oligarcas russos era lavado e canalizado para o mercado imobiliário em Londres e na Riviera francesa.

A curto prazo, a Rússia era, portanto, uma presença decididamente constrangedora nos limites da Europa. Mas não configurava uma ameaça. O poderio militar russo já estava comprometido e, na realidade, se achava num estado dilapidado. A saúde da população russa era fonte de grave preocupação — a expectativa de vida, especialmente entre os homens, diminuía aceleradamente, e as agências internacionais, havia algum tempo, advertiam que

[13] Ainda no século XXI, húngaros, na Romênia, na Eslováquia e na Sérvia, constituíam outra minoria pós-imperial — antes dominante, agora vulnerável. Na região de Voivodina, no norte da Sérvia, húngaros que ali habitavam havia séculos passaram a ser atacados e seus bens destruídos pelo vandalismo de jovens sérvios. A reação das autoridades em Belgrado, que pareciam nada ter aprendido com a catástrofe dos anos 90, foi tão lamentável quanto previsível: os ataques não eram "para valer" e, além disso, "eles" é que tinham começado tudo.

[14] Ao contrário. Numa série de medidas tomadas na primavera e no verão de 2004, as autoridades impuseram limites severos aos direitos da imprensa e às já restritas possibilidades de protesto público. A pequena janela que a Rússia abrira para a liberdade — com efeito, se tratava mais de desordem e ausência de restrições do que de uma liberdade autêntica e constitucionalmente protegida — logo se fechava. Em 2004, segundo a estimativa de observadores russos, oficiais treinados pela KGB ocupavam um em cada quatro cargos administrativos civis no país.

a tuberculose ressurgira no país e a Aids ameaçava se tornar epidêmica — mas isso era, em primeiro lugar, fonte de preocupação para os próprios russos. No futuro imediato, a Rússia preocupava-se, acima de tudo, com os seus próprios problemas.

A longo prazo, o simples fato da proximidade da Rússia, suas dimensões e suas inigualáveis reservas de combustível fóssil, inevitavelmente, haveriam de constituir uma ameaça ao futuro de um continente europeu pobre em recursos energéticos. Já em 2004, a metade do gás natural da Polônia e 95% do petróleo consumido no país provinham da Rússia. Mas, por enquanto, o que as autoridades e os cidadãos russos esperavam da Europa era "respeito". Moscou queria se ver mais envolvida no processo decisório europeu, fosse no que tocava à OTAN, à gestão dos acordos dos Bálcãs ou aos acordos comerciais (tanto os bilaterais quanto os firmados através da Organização Mundial do Comércio): não porque as decisões tomadas na ausência da Rússia fossem, necessariamente, prejudiciais aos interesses do país, mas por questão de princípio.

A história da Europa, segundo parecia a vários observadores, havia desenhado um grande círculo. O que ocorrera no século XVIII voltara a ocorrer no século XXI: a Rússia estava, ao mesmo tempo, dentro e fora da Europa, a "*nation d'Europe*" de que falava Montesquieu, ou o "deserto cítico", segundo Gibbon. Para os russos, o Oeste europeu era o mesmo havia séculos, algo contraditório, um objeto que despertava atração e repulsa, admiração e ressentimento. Tanto os governantes quanto o povo russo continuavam bastante sensíveis à opinião externa e demonstravam grande desconfiança diante da crítica ou interferência internacional. A história e a geografia haviam legado aos europeus um vizinho que eles não podiam ignorar nem acomodar.

O mesmo talvez valesse para a Turquia. Durante quase setecentos anos, os turcos otomanos foram o "outro" da Europa, suplantando os árabes, que haviam desempenhado tal papel ao longo dos quinhentos anos anteriores. Durante muitos séculos, a "Europa" começava onde os turcos "acabavam" (motivo pelo qual Cioran ficou tão deprimido ao recordar o longo período em que a Romênia esteve sob o domínio otomano); e era comum dizer que, de tempos em tempos, a Europa cristã tinha sido "salva" — fosse nos portões de Viena, Budapeste ou na Batalha de Lepanto, em 1571 — das garras do islamismo turco. A partir de meados do século XVIII, à medida que a Turquia otomana entrava em declínio, a "Questão Oriental" — como administrar o declínio do Império Otomano e o que fazer com os territórios então emergentes de séculos de domínio turco — foi o maior desafio enfrentado pelos diplomatas europeus.

A derrota da Turquia na Primeira Guerra Mundial, a queda dos otomanos e a sua substituição pelo Estado de Kemal Ataturk, flagrantemente laico e modernizado, retiraram a Questão Oriental da pauta européia. Agora governados a partir de Ancara, os turcos tinham os seus próprios problemas a resolver; no entanto, apesar da sua remoção dos Bálcãs e do Oriente Médio árabe ter resultado um emaranhado de conflitos e de escolhas com graves conseqüências, a longo prazo, tanto para a Europa quanto para o resto do mundo, os turcos, em si, já não constituíam um problema. Não fosse a localização estratégica do país, em plena rota de acesso da União Soviética ao Mediterrâneo, a Turquia talvez tivesse desaparecido completamente da consciência ocidental.

Em vez disso, durante toda a Guerra Fria, Ancara atuou como um afável participante da aliança ocidental, oferecendo à OTAN um significativo contingente de soldados. Mísseis e bases norte-americanas foram estabelecidas em solo turco, integrando o *cordon sanitaire* que circundava as fronteiras soviéticas, desde o Báltico até o Pacífico, e os governos ocidentais não apenas forneceram à Turquia grandes somas, a título de auxílio, como também fizeram vista grossa para os regimes instáveis e ditatoriais que vigoravam no país — tantas vezes resultantes de golpes militares — e para o desrespeito aos direitos de minorias (sobretudo dos curdos que viviam no extremo oriental da Turquia e que correspondiam à quinta parte da população). Nesse ínterim, "trabalhadores convidados" turcos, a exemplo do restante das populações rurais excedentes que viviam na região do Mediterrâneo, migravam em grandes quantidades para a Alemanha e outras nações européias, em busca de emprego.

Mas o legado otomano voltaria a assustar a nova Europa. Com o final da Guerra Fria, a localização singular da Turquia assumiu nova importância. O país já não era um posto fronteiriço avançado, tampouco um Estado que servia de barreira ao confronto geopolítico internacional. A Turquia era agora um canal situado entre a Europa e a Ásia, com ligações e afinidades voltadas em ambas as direções. Embora a Turquia fosse, formalmente, uma república secular, a maioria dos seus 70 milhões de cidadãos era muçulmana. Muitos dos turcos mais velhos não eram, exatamente, ortodoxos, mas com a ascensão do islamismo radical crescia o temor de que até mesmo o Estado secular imposto por Ataturk se mostrasse vulnerável a uma nova geração que se rebelava contra os pais laicos e buscava raízes num legado mais antigo, o islamismo otomano.

Mas as elites profissionais e empresariais turcas concentravam-se na cidade européia de Istambul e se identificavam entusiasticamente com a moda, a cultura e as práticas ocidentais. À semelhança de outros europeus orientais ambiciosos, tais elites viam a Europa — valores, instituições, mercados e carreiras — como o único futuro viável para eles e para o seu país, cuja localização era tão ambivalente. O objetivo desses turcos era claro: escapar da História e correr para a "Europa". E tal objetivo era compartilhado com o sempre influente corpo de oficiais, que se identificava, inteiramente, com o sonho de Ataturk, de um Estado secular e se exasperava diante da crescente islamização inserida na vida pública turca.

No entanto, a Europa — ao menos Bruxelas — demonstrava hesitação: a candidatura da Turquia ao ingresso na União Européia ficou esquecida durante anos. Havia bons motivos para se proceder com cautela: as prisões turcas, o tratamento que o país dispensava aos críticos internos e a inadequação dos códigos civil e econômico eram apenas algumas dentre muitas questões que precisavam ser resolvidas antes que a Turquia pudesse ir além de relações estritamente comerciais com os parceiros europeus. Funcionários experientes da Comissão Européia, como o austríaco Franz Fischler, expressavam, abertamente, suas dúvidas sobre as credenciais democráticas turcas. E havia também dificuldades de ordem prática: como país membro, a Turquia seria o segundo mais extenso da UE, depois da Alemanha, mas seria também um dos mais pobres — o abismo existente entre o extremo oeste, próspero, e o leste, empobrecido, era imenso, e se lhes fosse concedida a oportunidade, milhões de turcos talvez afluíssem à Europa Ocidental em busca de um meio de vida. As implicações desse fato para as políticas nacionais de imigração, bem como para o orçamento da UE, não podiam ser ignoradas.

Mas os verdadeiros impedimentos eram de outra natureza.[15] Se a Turquia entrasse para a UE, a fronteira externa da União seria contígua à Geórgia, à Armênia, ao Irã, ao Iraque e à Síria. Era deveras procedente a questão de se estender (ou não) a Europa até cerca de 160 quilômetros de Mosul; dadas as circunstâncias da época, tratava-se, sem dúvida, de um risco. E à medida que a Europa expandia suas fronteiras, mais gente acreditava (inclusive os redatores do documento constitucional de 2004) que a União deveria definir o território comum. Isso, por sua vez, induziu vários políticos, na Polônia, Lituânia, Eslováquia e em outros locais — sem falar do papa polonês, em Roma —, a tentar inserir no preâmbulo de um novo texto constitucional europeu um lembrete de que a Europa fora, no passado, a Europa *cristã*. Václav Havel, discursando em Estrasburgo, em 1994, não havia lembrado aos ouvintes que "a União Européia fundamenta-se num grande conjunto de valores, com raízes na antiguidade e na cristandade"?

Seja lá o que for, os turcos, certamente, não eram cristãos. A ironia era que, precisamente por essa razão — por não poderem se definir como cristãos (ou "judaico-cristãos") —, os turcos que aspiravam à condição de europeus mostravam-se mais propensos do que outros europeus a enfatizar as dimensões seculares, tolerantes e liberais da identidade européia.[16] E, com uma urgência crescente, os turcos invocavam valores e normas européias para combater influências reacionárias na vida pública do país — objetivo que havia muito tempo contava com o apoio dos próprios países membros da Europa.

Mas, embora o Parlamento da Turquia, finalmente, em 2003, a pedido da Europa, tivesse suspendido muitas das antigas restrições impostas à vida cultural e à expressão política dos curdos, a longa "valsa da hesitação" executada pelos governos e funcionários em Bruxelas começava a custar caro. Turcos que se opunham ao ingresso do país na UE apontavam, insistentemente, para a humilhação de uma nação que já tivera status de império e agora se via reduzida à condição de mendicante à porta da Europa, rogando a países antes subjugados pela própria Turquia que lhe apoiassem a candidatura. Além do mais, o aumento constante do sentimento religioso na Turquia produziu não apenas uma vitória eleitoral para o moderado Partido Islâmico, mas incentivou o Parlamento a debater uma moção para tornar o adultério, novamente, um ato criminoso.

Diante das advertências explícitas encaminhadas por Bruxelas — de que a moção poderia pôr em risco, definitivamente, a candidatura de Ancara ao ingresso na UE —, a Turquia abandonou a moção; então, em dezembro de 2004, a União Européia, afinal, concordou em dar início a conversações sobre a admissão de Ancara. Mas o estrago já estava feito. Oponentes ao ingresso da Turquia — e havia muitos, na Alemanha[17] e na França, e mais perto do território turco, na Grécia e na Bulgária — insistiam novamente na inadequação do país. Em 2004, o comissário da UE, Frits Bolkestein, prestes a deixar o cargo, advertiu a Comunidade a respeito da iminente "islamização" da Europa. A probabilidade de as negociações prosseguirem naturalmente diminuiu ainda mais — Günter Verheugen, comissário da UE encar-

[15] Inclusive as manobras de políticos gregos que durante muitos anos valiam-se de seu voto em Bruxelas para retardar e obstruir qualquer movimento em prol da candidatura da Turquia.

[16] Além disso, os turcos inclinavam-se a identificar como "europeu" um livre-mercado idealizado, fazendo contraste à politicagem e ao corporativismo que caracterizavam a economia turca.

[17] Onde a União Democrata Cristã se opunha, oficialmente, à admissão da Turquia à UE.

regado de questões relacionadas à expansão, admitiu que não esperava o ingresso da Turquia "antes de 2015". Nesse ínterim, o custo da rejeição futura ou de mais procrastinação — para o orgulho turco e a estabilidade política do vulnerável extremo da Europa — aumentou um tantinho. A Questão Oriental voltara à baila.

Considerando que a História pouco pesava nos ombros dos europeus contemporâneos, foi irônico que pesasse tanto nas questões européias no princípio do século XXI. O problema não era tanto a educação — o ensino ou o mau ensino de História nas escolas, embora em algumas partes do sul da Europa isso fosse também motivo de preocupação —, mas o uso que foi feito do passado. Em sociedades autoritárias, evidentemente, o problema era antigo; mas a Europa se definia como pós-autoritária. Os governos já não exerciam o monopólio sobre o conhecimento, e a História já não podia ser prontamente alterada conforme a conveniência política.

E, de modo geral, não era. Na Europa, a ameaça à História não decorreu da distorção propositada do passado, com fins escusos, mas de algo que a princípio talvez parecesse um acessório natural do conhecimento histórico: a nostalgia. As últimas décadas do século constataram o crescente fascínio do público pelo passado enquanto artefato distinto, algo que não encapsulava memórias recentes, e sim memórias perdidas: tratava-se da História nem tanto como fonte do esclarecimento do presente, mas enquanto exemplo de como antes as coisas tinham sido diferentes. A História na televisão, fosse narrada ou encenada; a História nos parques temáticos; a História nos museus: não se enfatizava aquilo que ligava as pessoas ao passado, mas o que as separava do passado. O presente não era retratado como herdeiro da História, mas como seu órfão: separado do modo como as coisas eram e do mundo que perdemos.

No Leste Europeu, a nostalgia foi nutrida, diretamente, pelo lamento diante da frustração gerada pelo comunismo, agora expurgado do seu lado negativo. Em 2003, o Museu de Artes Decorativas, em Praga, montou uma exposição de "indumentária do período pré-revolucionário": botas, roupa íntima, vestidos etc. que remontavam a um mundo extinto havia apenas 14 anos, mas que já se tornara objeto de fascínio. A exposição atraiu muita gente da terceira idade, para quem a monotonia cinzenta dos itens mal confeccionados por certo reverberaria na memória recente. No entanto, a reação do público sugeriu um grau de afeto e até arrependimento que surpreendeu os curadores.

A *Ostalgie*, conforme o fenômeno se tornou conhecido na Alemanha, também se nutriu de memórias tênues. Considerando que a RDA — se adaptarmos a descrição feita por Mirabeau da Prússia dos Hohenzollern — era pouco mais do que um serviço de segurança provido de um Estado, perceberemos que o referido país demonstrou uma capacidade notável de suscitar afeto e até nostalgia. Enquanto os tchecos admiravam indumentária antiga, os alemães corriam para assistir a *Adeus Lenin!*, filme cuja zombaria da escassez, dos dogmas e do absurdo da vida sob o governo de Erich Honecker era deliberadamente contrabalançada por uma certa simpatia e por uma nítida ambivalência em relação à abrupta perda do passado.

Mas, a exemplo de outros habitantes da Europa Central, alemães e tchecos estão fartos de experiências com renascimentos nacionais súbitos e traumáticos. A sua nostalgia seletiva diante do que pudesse ser resgatado dentre os detritos dos passados perdidos era bastante procedente — não por acaso, cada episódio da minissérie *Heimat: Uma Epopéia Alemã*, realizada por Edgar Reitz, atraiu em média 9 milhões de telespectadores na Alemanha Ocidental, quando foi ao ar em 1984. Não é fácil explicar a obsessão por nostalgia que varreu o restante da Europa *Ocidental* nos últimos anos do século passado, gerando uma verdadeira indústria do patrimônio nacional, além de uma onda de memoriais, reconstruções, reencenações e renovações.

O que o historiador Eric Hobsbawm descreveu, em 1995, como "a grande era da mitologia histórica" não foi, evidentemente, algo sem precedentes — o próprio Hobsbawm escreveu de modo brilhante sobre a "invenção da tradição" na Europa oitocentista, no amanhecer da era nacional: o tipo de falsa cultura desprezada por Edwin Muir, quando se refere a Burns e Scott, no livro *Scotland 1941* (Escócia 1941), definindo-os como "bardos falsos de uma nação falsa". Mas a reinvenção do passado nacional na França e no Reino Unido no final do século XX foi algo bastante diverso.

Não por acaso, a História-enquanto-nostalgia mostrou-se particularmente pronunciada nesses dois contextos nacionais. Tendo ingressado no século XX como altivas potências imperiais, esses dois países foram, aos poucos, destituídos de território e recursos, em conseqüência da guerra e da descolonização. A confiança e a segurança do império global foram substituídas por memórias constrangedoras e incertezas quanto ao futuro. Antes, o significado de ser francês ou britânico era absolutamente claro — agora não mais. A alternativa — tornar-se, entusiasmadamente, "europeu" — era bem mais fácil em países pequenos como a Bélgica ou Portugal, ou em locais como a Itália ou a Espanha, onde convinha ocultar o passado nacional recente.[18] Mas para nações que na memória viva se alimentavam de grandeza e glória, a "Europa" seria sempre uma transição incômoda: uma obrigação, não uma escolha.

Em termos institucionais, a guinada britânica em direção à nostalgia teve início logo após a Segunda Guerra Mundial, quando o ministro do Partido Trabalhista, Hugh Dalton, criou o Fundo Nacional do Patrimônio, cujo objetivo era adquirir para a nação locais e edificações "belas e históricas", a serem administradas pelo Patrimônio Público. No período de tempo correspondente a uma geração, propriedades do Patrimônio Público — parques, castelos, palácios e áreas de extrema beleza natural — tornaram-se grandes atrações turísticas, algumas ainda ocupadas pelos proprietários originais, que haviam legado seu patrimônio à nação em troca de abatimentos fiscais.

Desde os anos 50 até os anos 70, versões reconfortantes do passado recente ressurgiram, mais de uma vez, em filmes de guerra e de época, bem como na moda: a reciclagem do estilo eduardiano, desde os trajes usados por jovens rebeldes até os ornamentos faciais capilares, foi uma característica típica dessa tendência — culminando em 1977 na celebração propositadamente nostálgica do Jubileu de Prata da Rainha, em meio a festas de rua, exposições de fotografias e à celebração, em nível nacional, de um passado melhor. Porém, depois da revolução realizada pelo thatcherismo nos anos 80, até mesmo esse elemento de continuidade

---

[18] A Espanha democrática deveras desenvolveu uma "indústria do patrimônio nacional", sustentada pelo Patrimônio Nacional, mas este fez questão de ressaltar o longínquo Século de Ouro, e não a História recente.

foi perdido. Ao longo da referida década, aquela Grã-Bretanha — mais precisamente, aquela Inglaterra — que sentia um certo orgulho ao relembrar os anos 40 ou o ano de 1913 foi extinta.

Em seu lugar surgiu um país incapaz de se relacionar com o passado recente, exceto através da ironia (involuntária) da negação, ou enquanto uma espécie de "tradição" asséptica ou desencarnada. A negação foi bem percebida pelas inseguranças do antigo sistema educacional de Oxford e de Cambridge, que, na nova atmosfera de oportunismo igualitário que prevalecia na época de Blair, viu-se obrigado a reafirmar o seu "antielitismo"; ou pela autodepreciação grotesca praticada por instituições como o Museu Victoria & Albert, em Londres, que na década de 1990 se anunciava jocosamente como um "belo café, com um museu bastante bom ao lado".

Já o patrimônio nacional foi, declaradamente, transformado em empreitada comercial, na "indústria do patrimônio nacional", promovida e apoiada pelo recém-criado Departamento do Patrimônio Nacional. Estabelecido em 1992 pelo governo conservador, mas em conformidade com planos originalmente elaborados pelo governo trabalhista, o novo ministério, durante as administrações do Novo Trabalhismo (sob o comando de Tony Blair), seria absorvido pelo Departamento de Cultura, Mídia e Desportos (cujo nome já diz tudo). O apoio ecumênico é significativo: patrimônio não era projeto de determinado partido político. O passado não deveria ser aviltado nem explorado; deveria ser desinfetado e retocado.

O caso de Barnsley, no coração da extinta região carbonífera ao sul de Yorkshire, foi típico. Antes um importante pólo de mineração, Barnsley, na era pós-Thatcher, transformara-se a ponto de se tornar irreconhecível. O centro da cidade foi eviscerado, sendo substituído por espaventosas ruas de pedestres no meio de estacionamentos de concreto. Sobraram apenas a Prefeitura Municipal e um punhado de prédios circundantes, relíquias arquitetônicas da glória do município de Barnsley no século XIX, que os visitantes identificavam seguindo placas que fingiam ser antigas. Enquanto isso, bancas de livros, no mercado local, vendiam antiguidades aos próprios residentes da cidade (Barnsley não constava de qualquer roteiro turístico) — fotos em tom sépia, estampas e livros com títulos do tipo *Os Anos Dourados de Barnsley* ou *Memórias da Velha Doncaster* (vilarejo vizinho): lembranças de um mundo recentemente perdido e já meio esquecido.

A poucos quilômetros de Barnsley, em 2001, perto do povoado de Orgreave, a "Batalha de Orgreave" foi reencenada — para a televisão. O confronto, em junho de 1984, entre mineradores em greve e a polícia foi o choque mais violento e desesperado no conflito entre Margaret Thatcher e o Sindicato Nacional dos Mineradores ocorrido naquele ano. Desde então, muitos dos mineradores estiveram desempregados — alguns participaram (por dinheiro) da reencenação, devidamente vestidos com trajes da "época". A "encenação" de batalhas célebres era um passatempo britânico. Mas o fato de ser conferido a Orgreave o status de "patrimônio" ilustrou o acelerado processo de historização então em vigor. Afinal, foram necessários trezentos anos para que os ingleses se dispusessem a reencenar a Batalha de Naseby, ocorrida durante a Guerra Civil, em local situado a poucas horas, ao sul; a Batalha de Orgreave estava sendo revivida, para a televisão, passados apenas 17 anos.

A cidade de Barnsley tem papel de destaque em *A Caminho de Wigan*, livro em que George Orwell descreve, de modo inesquecível, a tragédia do desemprego na classe operária britânica durante o período entreguerras. Setenta anos depois, na própria Wigan, havia agora não apenas um cais (Orwell, notoriamente, registrara a ausência do cais), mas também uma placa numa rodovia próxima, incentivando os visitantes a visitá-lo. Ao lado do canal (agora limpo) foram construídos o museu "Éramos Assim" e o "Orwell no Cais de Wigan", este um genérico *pub* moderno vendendo hambúrgueres e batatas fritas. Os terríveis cortiços do norte descritos por Orwell tinham sido, de fato, obliterados — não apenas da paisagem, mas também da memória local: *Memórias de Wigan 1930-1970*, um guia à venda no museu, trazia belas fotos em sépia de vendedoras educadas e lojinhas charmosas e esquecidas. Mas sobre as escavações e os operários cujas condições atraíram Orwell e conferiram a Wigan uma fama dúbia não se dizia uma só palavra.

Não foi apenas o norte que ganhou este tratamento de "patrimônio". No distrito da cerâmica, no centro-oeste da Inglaterra, turistas e estudantes eram informados a respeito dos procedimentos utilizados no século XVIII pelo fabricante de cerâmica Josiah Wedgwood na confecção de seus célebres artigos. Mas os visitantes buscariam em vão qualquer dado acerca do modo de vida dos ceramistas, ou do motivo pelo qual a região se chamava Black Country (País Negro) (Orwell afirma que até a neve ficava negra, em conseqüência da fumaça cuspida por uma centena de chaminés). E tais exemplos — em que a maneira como as coisas *deveriam ser* substituía a maneira como as coisas eram (ou são) — poderiam ser multiplicados por cem.

E assim as ferrovias britânicas de verdade, efetivamente em uso, eram um conhecido escândalo nacional; mas no ano de 2000 a Grã-Bretanha tinha mais trens a vapor e museus de locomotivas a vapor do que todo o restante da Europa: 120 no total, sendo 91 somente na Inglaterra. A maioria desses trens não chega a lugar algum, e os que conseguem fazê-lo mesclam realidade e fantasia com certa complacência: no verão, turistas que percorrem a Rota Oeste de Yorkshire são convidados a passear na Locomotiva Thomas, subindo pela linha Keighley-Haworth, para visitar a residência paroquial dos Brontë.

Na Inglaterra contemporânea, portanto, História e ficção se misturam. Indústria, pobreza e conflito de classes foram oficialmente esquecidos e soterrados. Os profundos contrastes sociais são negados ou homogeneizados. E até o passado mais recente e questionado só está disponível em nostálgicas reproduções de plástico. Essa sanitização da memória foi uma realização notável da nova elite política do país. Na trilha de Mrs. Thatcher, o Novo Trabalhismo conseguiu descartar o passado; e a próspera "indústria" do Patrimônio foi o trocar por "O Passado".

A habilidade inglesa para plantar e cultivar o Jardim do Esquecimento — ao mesmo tempo invocando carinhosamente o passado e o negando de modo incansável — é singular. A obsessão da França pelo *patrimoine* da nação assumiu uma forma diversa. Na França, o fascínio pela identificação e a preservação de objetos e locais valiosos do passado nacional remontava, há várias décadas, ao período entre as duas guerras, quando foram organizadas exposições agrárias que já expressavam nostalgia pelo mundo perdido anterior a 1914, mais tarde incentivada pelos esforços do regime de Vichy para substituir o inoportuno presente urbano por um passado rural idealizado.

Depois da guerra, na Quarta e na Quinta República, o Estado canalizou somas consideráveis para projetos de preservação nacional e regional, acumulando um *patrimoine culturel* destinado a servir como uma espécie de pedagogia tangível: um lembrete atual (na esteira de um século sofrido e turbulento) do passado ímpar do país. Porém, nas últimas décadas do século, a França — aquela França dos presidentes Mitterrand e Chirac — mudara a ponto de não mais ser reconhecida. A continuidade em relação às glórias — ou tragédias — do passado já não era alvo de comentário, mas a descontinuidade. O passado — o passado revolucionário, o passado camponês, o passado lingüístico, sobretudo o passado recente, de Vichy a Argel — oferecia pouca orientação para o futuro. Tragada pela transformação demográfica e por duas gerações de mobilidade sócio-geográfica, a história da França, antes íntegra, parecia destinada a desaparecer de uma vez por todas da memória nacional.

A angústia diante da perda surtiu dois efeitos. Um foi o aumento da amplitude do *patrimoine* oficial, o conjunto de monumentos e artefatos públicos classificados como "patrimônio" pela autoridade do Estado. Em 1988, por determinação do ministro da Cultura de Mitterrand, Jack Lang, a lista de itens protegidos oficialmente pelo *patrimoine culturel* francês — antes restrita a riquezas tradicionalmente tombadas pela Unesco, como a Pont du Gard, perto de Nîmes, ou as fortalezas de Felipe, o Valente, em Aigues-Mortes — foi radicalmente alterada.

A abordagem de Lang e seus sucessores fica evidenciada pelo fato de constarem as ruínas da fachada do Hotel du Nord, no Quai de Jemappes, em Paris, entre os novos locais identificados como "patrimônio": um tributo assumidamente nostálgico ao filme homônimo produzido por Marcel Carné em 1938. Mas o filme de Carné foi rodado inteiramente num estúdio. Portanto, a preservação de um edifício (ou da fachada de um edifício) que sequer havia aparecido no filme poderia ser vista — segundo o gosto do observador — como um exercício sutil de ironia (francesa) pós-moderna, ou então como algo sintomático da natureza inescapavelmente falsa de qualquer memória, quando submetida à taxidermia oficial.

A contribuição marcante de Mitterrand para o *patrimoine* nacional não foi tanto a preservação ou a classificação do referido patrimônio, mas a sua construção em tempo real. Nenhum governante francês, desde Luís XIV, marcou o seu domínio com tamanha profusão de edifícios e cerimoniais. Os 14 anos da presidência de Mitterrand foram marcados não apenas pelo acúmulo de museus, memoriais, inaugurações solenes, sepultamentos e homenagens póstumas, mas também por esforços hercúleos para garantir uma posição para o próprio presidente no patrimônio nacional — desde o horrendo Grande Arche, em La Défense, no oeste de Paris, passando pela graciosa Pirâmide, no Louvre, pelo agressivamente modernista Teatro da Ópera, próximo à Bastilha, chegando até a nova Biblioteca Nacional na margem sul do Sena.

Enquanto Mitterrand se dedicava ao monumentalismo, inscrevendo-se, quase literalmente, na memória física da nação, a sensação inquietante de que o país perdia contato com suas próprias raízes levou um ilustre historiador parisiense, Pierre Nora, a editar *Les Lieux de Mémoire* (Os lugares da memória), obra coletiva organizada em três partes, sete volumes e 5.600 páginas, publicada entre 1984 e 1992. O trabalho se propunha a identificar e explicar as localidades e os setores da antiga memória comum francesa: nomes e conceitos, lugares e pessoas, projetos e símbolos que são — ou eram — a França, das catedrais à gastronomia, do solo à língua, do planejamento urbano ao mapa da França na imaginação dos franceses.

Não existe publicação congênere em qualquer outra nação, e é difícil imaginar que pudesse haver. Pois a obra *Les Lieux de Mémoire*, de Nora, capta, simultaneamente, a impressionante confiança da identidade coletiva francesa — a suposição incontestável de que oitocentos anos de história nacional conferiram à França uma singularidade e um patrimônio comum que se prestam a tal representação mnemônica — bem como a preocupação, conforme o editor aponta na introdução, de que esses símbolos coletivos de um passado comum estivessem prestes a ser perder para sempre.

Isso é nostalgia enquanto *Angst*: o medo de que um dia — muito em breve — os painéis de informação amontoados ao longo das *autoroutes* francesas, magnificamente construídas, impecavelmente desenhadas, deixassem de expressar qualquer significado para os próprios franceses. De que adiantaria fazer qualquer referência — primeiro por meio de símbolos, mais adiante pelo nome — à Catedral de Reims, ao anfiteatro de Nîmes, ao vinhedo Clos de Vougeot, ao Mont Saint Victoire, ou ao campo da Batalha de Verdum, se a alusão nada significasse? O que restaria da França se o turista, vendo-se diante desses nomes, perdesse contato com as memórias que tais elementos deveriam invocar e os sentimentos que deveriam despertar?

Na Inglaterra, a indústria do patrimônio assinala uma obsessão pelo modo como as coisas *não eram* — o culto, por assim dizer, à nostalgia autêntica em relação a um passado inautêntico. Em contrapartida, o fascínio francês pelo *patrimoine* espiritual da nação apresenta uma certa autenticidade cultural. A "França" sempre representou a si mesma de maneira alegórica: basta considerar as diversas configurações e encarnações de "Marianne", a República. Foi, portanto, bastante propício que o lamento pela perda de francesice houvesse focalizado um corpo formal de símbolos, fossem eles físicos ou intelectuais. Tais símbolos "são" a França. Caso tenham se perdido, ou se já não forem comuns, a nação não poderá ser ela mesma — no sentido atribuído por Charles de Gaulle, quando declarou que "a França não pode ser a França sem glória".

Essas noções eram defendidas por políticos, intelectuais e gente de todas as inclinações ideológicas — motivo pelo qual *Les Lieux de Mémoire* foi tão bem-sucedido, captando para dezenas de milhares de leitores uma francesice evanescente e que já lhes escapava na vida cotidiana francesa. É, portanto, revelador que, enquanto o cristianismo — idéias cristãs, edifícios, práticas e símbolos cristãos — ocupa um espaço importante nos tomos escritos por Nora, existe apenas um breve capítulo sobre os "judeus" — apresentados sobretudo como objetos de assimilação, exclusão ou perseguição —, e que nada conste sobre os "muçulmanos".

Isso não foi mero descuido. Não havia espaço designado ao islamismo no palácio da memória francesa, e seria contrário ao propósito do empreendimento criar tal espaço após o fato. Contudo, a omissão ilustrou o problema que a França, a exemplo dos países vizinhos, teria para acomodar milhões de novos europeus. Dos 105 membros da Convenção Européia cuja tarefa era redigir a Constituição da Europa, *nenhum* tinha um passado não-europeu. Assim como o restante da elite política do continente, desde Portugal até a Polônia, esses indivíduos representavam, principalmente, a Europa branca e cristã.

Ou, mais precisamente, a *antiga* Europa cristã. Embora as variedades de cristianismo no interior da Europa fossem muitas — de uniatas ucranianos a metodistas galeses, de católicos gregos da região para além dos Cárpatos a luteranos noruegueses —, o número de cristãos praticantes continuava a decrescer. Na Espanha, que no final do século XX ainda se gabava de ter novecentos conventos e monastérios — 60% do total mundial —, a prática religiosa diminuía, identificando-se mais com isolamento, velhice ou atraso rural. Na França, somente um adulto em cada sete dizia que ia à igreja, e não mais do que uma vez ao mês. Na Escandinávia e na Grã-Bretanha os índices eram ainda menores. O cristianismo se atenuava mesmo na Polônia, onde os cidadãos se mostravam cada vez mais surdos às exortações morais da antes tão poderosa hierarquia católica. Na virada do século, bem mais do que a metade dos poloneses (e, no caso dos indivíduos com menos de 30 anos, esse número era ainda maior) era favorável à legalização do aborto.

Em contrapartida, o islamismo se expandia — sobretudo entre os jovens, para os quais servia de fonte de identidade comunitária e orgulho coletivo, em países onde os cidadãos de origem árabe, turca ou africana ainda eram vistos e tratados como "estrangeiros". Enquanto, no passado, os pais e avós desses indivíduos tinham se esforçado ao máximo para se integrar e assimilar a nova cultura, agora, jovens em Antuérpia, Marselha ou Leicester identificavam-se, veementemente, tanto com a terra natal — Bélgica, França e Grã-Bretanha — quanto com a religião e a região onde a família tinha as suas raízes. As jovens, sobretudo, passaram a usar trajes tradicionais e símbolos religiosos — às vezes, pressionadas pela família, mas freqüentemente como demonstração de rebeldia diante de concessões feitas pela geração anterior.

A reação das autoridades públicas, como já vimos, variava muito de acordo com a tradição e as circunstâncias locais: somente a Assembléia Nacional Francesa, num ímpeto moralista de republicanismo secular, decidiu no voto (494 contra 36) proibir o uso de *todos* os símbolos religiosos nas escolas públicas. A medida, adotada em fevereiro de 2004 e visando à proibição do véu usado pelas jovens muçulmanas, precisa ser compreendida num contexto mais amplo e mais preocupante. Em muitos locais, a extrema direita se aproveitava do preconceito racial; e o anti-semitismo na Europa estava em ascensão pela primeira vez em mais de quarenta anos.

Visto desde o outro lado do Atlântico, onde se tornou comum nos discursos de políticos eurofóbicos e articulistas conservadores, o anti-semitismo, na França, Bélgica ou Alemanha, foi prontamente identificado com a volta ao passado lúgubre do continente. Em texto publicado em maio de 2002 no *Washington Post*, o influente articulista George Will chegou a definir o retorno do sentimento antijudaico na Europa como "a segunda fase — seria a final? — da luta pela 'solução final para a questão judaica'". Em Bruxelas, o embaixador norte-americano junto à UE, Rockwell Schnabel, disse durante um encontro do Comitê Judaico Norte-americano que o anti-semitismo na Europa "está chegando a um ponto tão ruim como na década de 1930".

Tratava-se de uma retórica inflamatória, e bastante equivocada. O sentimento antijudaico era algo desconhecido na Europa contemporânea — *exceto* entre muçulmanos e, de modo especial, entre os europeus de ascendência árabe, onde tal sentimento resultava da crise do Oriente Médio. Emissoras de televisão árabe, agora disponíveis em toda a Europa via satélite, transmitiam continuamente relatos de Gaza e dos territórios ocupados. Enfurecidos diante do que viam e ouviam, e incentivados pelas autoridades árabes e israelitas a identificar seus vizinhos judeus com Israel, jovens nos subúrbios de Paris, Lyon ou Estrasburgo voltavam-se contra a vizinhança judaica: pichavam as paredes dos edifícios da comunidade israelita, profanavam cemitérios, bombardeavam escolas e sinagogas e, em alguns casos, atacavam adolescentes judeus ou suas famílias.

Os ataques contra judeus e instituições judaicas — concentrados nos primeiros anos do novo século — geraram preocupação não por causa da sua escala, tampouco devido à sua natureza racista, mas em decorrência da natureza implicitamente intercomunitária. Não se tratava do velho anti-semitismo europeu: para os que buscavam um bode expiatório para as suas insatisfações, os judeus já não eram o alvo predileto. Na realidade, os judeus pouco importavam na escala hierárquica. Em janeiro de 2004, uma pesquisa de opinião realizada na França revelou que, enquanto 10% dos entrevistados admitiam antipatia em relação aos judeus, um índice bem maior — 23% — repudiava indivíduos originários do "norte da África". Ataques motivados por questões raciais e desferidos contra árabes — ou, dependendo do país, contra turcos, hindus, paquistaneses, bangladeshianos, senegaleses e outras minorias — eram bem mais numerosos do que as agressões contra judeus. Em algumas cidades, esses ataques eram endêmicos.

A faceta preocupante do novo anti-semitismo era que, embora, mais uma vez, os judeus fossem as vítimas, agora os algozes eram os árabes (ou muçulmanos). A exceção que comprovava a regra surgiu na Alemanha, onde a extrema direita ressurgente não se dava o trabalho de diferenciar imigrantes, judeus e outros "não-alemães". Mas a Alemanha, por motivos óbvios, era um caso especial. Em outros locais, as autoridades públicas preocupavam-se mais com a crescente alienação das comunidades árabes e muçulmanas do que com o suposto ressurgimento do fascismo. Provavelmente, tinham razão.

Em contraste com os Estados Unidos, que continuavam a tratar o islamismo e os muçulmanos como um desafio distante, estrangeiro e hostil, mais bem enfrentado através do alerta permanente e da "guerra preventiva", os governos europeus tinham razões de sobra para ver a questão de outro modo. Sobretudo na França, a crise no Oriente Médio já não era questão de política externa: tornara-se um problema doméstico. A transferência de paixões e frustrações dos árabes perseguidos na Palestina para seus confrades indignados e desiludidos que residiam em Paris não deveria surpreender — afinal, tratava-se de mais um legado do Império.

XXIV

A Europa como Estilo de Vida

"Um Serviço de Saúde gratuito é o exemplo triunfal da superioridade da ação coletiva e da iniciativa pública aplicadas a um segmento da sociedade no qual os princípios comerciais são os mais ignóbeis."

Aneurin Bevan

"Queremos que o pessoal da Nokia sinta que somos todos parceiros, não patrões e funcionários. Talvez seja essa a maneira européia de trabalhar, mas funciona conosco."

Jorma Ollila (diretor presidente da Nokia)[1]

"Os europeus querem ter a certeza de que o futuro não trará aventuras. Eles já tiveram aventuras demais."

Alfons Verplaeste (diretor do Banco Nacional da Bélgica, 1996)

"Aos Estados Unidos deve-se ir quando se é jovem e solteiro. Mas quando chega a hora de crescer, convém voltar à Europa."

(Empresário húngaro, respondendo a pesquisa de opinião, 2004)

"A sociedade moderna [...] é uma sociedade democrática que deve ser observada sem arroubos de entusiasmo nem de indignação."

Raymond Aron

A crescente multiplicidade da Europa no final do século XX — a variada geometria de suas regiões, países e da UE; as perspectivas e os estados de espírito contrastantes do cristianismo e do islamismo, as duas principais religiões do continente; a velocidade inusitada das comunicações e das trocas dentro e além das fronteiras da Europa; a multiplicidade de fissuras que confundem divisões nacionais ou sociais anteriormente bem demarcadas; incertezas tanto em relação ao passado quanto ao futuro — dificulta o discernimento de um padrão de experiência coletiva. O fim do século XX na Europa carece da homogeneidade implícita nas definições confiáveis observadas no *fin-de-siècle* anterior.

Ainda assim, surgia uma identidade nitidamente européia, perceptível em muitos padrões de vida. Em termos de cultura erudita — sobretudo nas artes cênicas —, o Estado mantivera

[1] Em *The United States of Europe. The New Superpower and the End of American Supremacy* (Os Estados Unidos da Europa. A nova superpotência e o fim da supremacia norte-americana) (Nova York, 2004), p. 131.

o papel de financiador, ao menos na Europa Ocidental. Museus, galerias de arte, companhias de ópera, orquestras e corpos de baile dependiam consideravelmente, em alguns países exclusivamente, de generosas subvenções anuais feitas com dinheiro público. A exceção infame da Grã-Bretanha no período pós-Thatcher, quando a loteria aliviou o Tesouro Nacional de uma parte do ônus inerente ao apoio cultural, é enganosa. As loterias eram tão-somente mais um mecanismo para levantar receita junto ao público: ocorre que, sob o ponto de vista social, elas são também mais regressivas do que os órgãos captadores convencionais.[2]

O custo elevado desse tipo de financiamento público suscitou dúvidas a respeito da manutenção de subvenções vultosas por tempo indeterminado, especialmente na Alemanha, onde durante os anos 90 alguns governos regionais começaram a questionar a escala generosa dos desembolsos. Na Alemanha, o subsídio público costumava cobrir mais de 80% dos custos operacionais de teatros ou companhias de óperas. Mas, nesse nível, a cultura estava intimamente relacionada a status e identidade regional. A cidade de Berlim, apesar do déficit crescente e da estagnação no recolhimento de receita, sustentava três companhias em tempo integral: a *Deutsche Oper* (antiga Ópera de Berlim Ocidental); a *Staatsoper* (antiga Ópera de Berlim Oriental) e a *Komische Oper*, às quais se somavam a Orquestra de Câmera e a Filarmônica de Berlim. Todas dependiam de considerável apoio do setor público. Frankfurt, Munique, Stuttgart, Hamburgo, Düsseldorf, Dresden, Freiburg, Würzburg e muitas outras cidades alemãs continuavam a apoiar excelentes companhias de balé ou de ópera, pagando salários anuais, com todos os benefícios, bem como pensões a artistas, músicos e pessoal técnico. Em 2003, havia na Alemanha 615 mil pessoas classificadas oficialmente como "artistas" — em dedicação exclusiva.

Na França, também, as artes (sobretudo o teatro) floresceram em cidades provincianas distantes entre si — graças a subsídios distribuídos diretamente a partir de um fundo único, centralizado no Ministério da Cultura. Além de construir a biblioteca que lhe tomou o nome bem como outros monumentos, o presidente Mitterrand gastou somas sem precedentes desde o reinado de Luís XIV, não apenas no Louvre, na Ópera de Paris e na Comédie Française, mas também em museus e centros de arte regionais, companhias de teatro sediadas no interior do país e na criação de uma rede nacional de *cinémathèques* cujo propósito era abrigar e exibir filmes clássicos e modernos.

Enquanto na Alemanha a arte erudita era orgulhosamente cosmopolita (Vladimir Derevianko, o diretor russo da Ópera e Balé de Dresden, encomendou obras a William Forsythe, coreógrafo norte-americano, para atender ao entusiasmado público alemão), na França, o objetivo principal das subvenções artísticas era preservar e exibir a riqueza cultural da própria nação — a *exception culturelle* francesa. A alta cultura na França resguardava uma função reconhecidamente pedagógica, e o cânone do teatro francês ainda se achava rigorosamente inculcado no ensino nacional. Jane Brown, diretora de uma escola londrina que em 1993 proibiu uma excursão de alunos que iriam assistir a uma montagem de *Romeu e Julieta*, alegando que a peça era politicamente incorreta ("ostensivamente heterossexual", segundo ela), não teria conseguido consolidar uma carreira do outro lado do canal.

---

[2] A Grã-Bretanha não esteve sozinha. Numa semana de setembro de 2004, a loteria espanhola — El Gordo — captou 5.920.293 euros.

A escala do financiamento público talvez fosse mais impressionante na França e na Alemanha, mas o Estado era a principal — e na maioria dos casos a única — fonte de apoio às artes em toda a Europa. Na realidade, a "cultura" era a última área importante da vida pública na qual o Estado nacional, em vez da União Européia ou da iniciativa privada, podia desempenhar papel de destaque como provedor de um (quase) monopólio. Mesmo na Europa Oriental, onde a geração anterior tinha bons motivos para temer as implicações de se permitir que o governo controlasse a vida cultural, o empobrecido tesouro público era a única alternativa para fazer frente ao impacto nocivo das forças de mercado.

Sob o comunismo, as artes cênicas tinham sido valorizadas, mas não eram arrojadas; de modo geral, mostravam-se tecnicamente aptas, mas quase sempre cautelosas e conservadoras — qualquer pessoa que visse *A Flauta Mágica* encenada, digamos, em Viena e em Budapeste, não deixaria de perceber o contraste. Porém, depois do comunismo, embora houvesse um bom índice de experimentação que se valia de orçamentos modestos (Sófia, em especial, tornou-se um celeiro de exóticos experimentos pós-modernos em coreografia e montagem), quase não havia recursos, e muitos dos melhores músicos, bailarinos e mesmo atores partiram para o Ocidente. Entrar para a Europa também podia significar tornar-se provinciano.

Outro motivo para tal era que o público que prestigiava a arte erudita européia era agora europeu: nas grandes cidades, companhias nacionais atuavam diante de platéias cada vez mais internacionais. A nova casta de funcionários transnacionais que se comunicavam facilmente através de fronteiras e idiomas tinha recursos e tempo para viajar livremente à procura de diversão e cultura, assim como quem vai em busca de roupa ou emprego. Críticas a uma determinada exposição, peça ou ópera surgiam na imprensa de diversos países. Um espetáculo de sucesso em dada cidade — por exemplo, Londres ou Amsterdã — podia contar com espectadores vindos de Paris, Zurique ou Milão.

Se as novas platéias cosmopolitas seriam deveras sofisticadas — ou apenas abastadas — era questão um tanto controversa. Eventos tradicionais, como o Festival Anual de Salzburgo ou as apresentações periódicas do Ciclo do Anel, em Bayreuth, ainda atraíam um público mais velho, versado não apenas no material encenado mas também nos rituais sociais correspondentes. Mas o momento favorecia esforços no sentido de popularizar material tradicional, tornando-o acessível ao público jovem, cuja familiaridade com os clássicos (e com o idioma original) não podia ser considerada certa; ou então se encomendavam obras originais e acessíveis, voltadas para a nova geração.

Para aqueles que as aceitavam, as produções operísticas transpostas para ambientações modernas, as companhias vanguardistas de dança e as exposições de arte pós-moderna ilustravam a transformação ocorrida no cenário cultural europeu, que se tornara jovem, inovador, atrevido e, acima de tudo, popular — conforme convinha a uma indústria que tanto dependia da generosidade do setor público e, portanto, tinha o dever de alcançar e tentar agradar um grande número de pessoas. No entanto, para aqueles que não aceitavam esse tipo de arte, o novo cenário cultural de Londres (a chamada "Brit Art") — à semelhança dos controversos balés de William Forsythe encenados em Frankfurt, ou das estranhas "adaptações" operísticas ocasionalmente montadas em Paris — confirmava a previsão pessimista de que tudo estava pior.

Sob essa ótica, a "alta" cultura européia — que antes contava com a familiaridade do público diante do cânone comum — agora explorava as inseguranças culturais de um público novato, incapaz de distinguir entre o bom e o ruim (mas que haveria sempre de reagir com entusiasmo aos ditames da moda). Ao contrário do que os pessimistas afirmavam, a situação não era inusitada — as aspirações vulneráveis dos novos-ricos incultos tinham sido objeto de troça literária e teatral, ao menos desde Molière. A novidade, entretanto, era a escala continental da guinada cultural. A configuração das platéias, de Barcelona a Budapeste, era agora extraordinariamente uniforme e, portanto, uniforme era também o material ofertado. Para os críticos, isso apenas ratificava o óbvio: que as artes e sua clientela estavam engatadas num abraço mutuamente prejudicial — cultura européia e lixo europeu.

Se a crescente união dos europeus tornava os beneficiários mais cosmopolitas ou simplesmente lhes mesclava os respectivos provincianismos, não era questão apenas para as páginas eruditas do *Frankfurter Allgemeine Zeitung* (*FAZ*) ou do *Financial Times* (*FT*). O *FAZ*, o *FT*, o *Le Monde* e, em menor grau, o *La Repubblica* italiano eram agora jornais autenticamente europeus. A imprensa sensacionalista de grande circulação, entretanto, permanecia firmemente circunscrita aos idiomas e fronteiras nacionais. Mas o número de leitores desse tipo de jornal decrescia em todos os locais (sendo maior na Grã-Bretanha e menor na Espanha), de modo que as tradições nacionais do jornalismo popular importavam menos agora do que no passado — exceto, mais uma vez, na Inglaterra, onde a imprensa popular atiçava e explorava a eurofobia. No Leste Europeu e na península Ibérica, a longa ausência de uma imprensa livre fez com que a população, sobretudo fora das grandes cidades, ficasse excluída da era da imprensa — transitando, diretamente, do pré-letramento à mídia eletrônica.

Esta — principalmente a televisão — tornara-se agora, para a maioria dos europeus, a grande fonte de informação, idéias e cultura (erudita e popular). O mesmo que ocorreu com os jornais ocorreu com a televisão: os britânicos eram os que mais assistiam à TV, mantendo-se no topo dos índices de audiência, seguidos de perto por portugueses, espanhóis, italianos e — embora bem mais atrás — por europeus do leste. As emissoras de televisão tradicionalmente estatais passaram a enfrentar a concorrência de companhias comerciais e de canais transmitidos por satélite, mas garantiam elevados índices de audiência. Em sua maioria, essas emissoras seguiram o exemplo da imprensa escrita e diminuíram drasticamente a cobertura do noticiário internacional.

Como resultado, a televisão européia no final do século XX apresentava um curioso paradoxo. A programação oferecida pouco variava de um país para outro: filmes importados e comédias, reality shows, programas de auditório em que prêmios são distribuídos aos participantes; estes e outros programas comuns podiam ser assistidos em todo o continente, a diferença estando no fato de os programas importados serem dublados (conforme ocorre na Itália), legendados ou exibidos com o som original (opção mais freqüente em países pequenos ou multilíngües). O estilo de apresentação — nos telejornais, por exemplo — tornou-se sumamente parecido, muitas vezes uma cópia do modelo dos noticiários norte-americanos.[3]

[3] Embora ainda não sujeitos ao molde norte-americano de reunir um homem de cor branca (como âncora), um homem de cor negra (para falar de esportes), uma mulher de cor branca (notícias leves e reportagens) e um meteorologista (cujo gênero e cor da pele eram opcionais).

Por outro lado, a televisão continuou a ser um veículo nitidamente *nacional*, e até insular. Por conseguinte, a televisão italiana era, inequivocamente, *italiana* — dos programas de variedades (de estilo um tanto ultrapassados) e entrevistas (nada espontâneas) à célebre beleza das apresentadoras e aos ângulos ousados de que se valiam as câmeras para focalizar jovens pouco vestidas. Na vizinha Áustria, os *talk shows* produzidos localmente eram revestidos de seriedade moral, contrastando com o quase-monopólio que a Alemanha exercia sobre o restante da programação. Na Suíça (como na Bélgica), cada região do país tinha os seus próprios canais de TV, utilizando idiomas diferentes, cobrindo eventos distintos e operando em estilos bastante diversos.

Conforme denunciavam os críticos, a BBC, no ímpeto de concorrer com os canais comerciais, abandonara a estética e os princípios de dias passados, quando a emissora atuava como árbitro moral da nação e pedagoga benevolente. Porém, apesar de haver baixado os padrões de qualidade (ou, talvez, precisamente por esse motivo), a BBC parecia mais britânica do que nunca. Para quem duvidasse, bastaria comparar uma reportagem, um debate ou um espetáculo transmitido pela BBC com programas congêneres na Antenne 2, francesa, ou na TF1: o que havia mudado, dos dois lados do canal, era bem menos marcante do que havia permanecido inalterado. As preocupações intelectuais ou políticas, as atitudes contrastantes em relação à autoridade e ao poder continuavam tão singulares e distintas quanto o eram meio século antes. Numa época em que a maioria das atividades coletivas e organizações comunitárias se achavam em declínio, a televisão era o que a maioria da população de cada país tinha em comum. E servia, eficazmente, para reforçar disparidades nacionais e altos níveis de ignorância mútua.

Exceto durante graves momentos de crise, os canais de TV demonstravam pouco interesse por eventos ocorridos em países vizinhos — interesse bem menor, inclusive, do que fora o caso nos primórdios da televisão, quando o fascínio pela tecnologia e a curiosidade sobre o semi-estrangeiro propiciaram inúmeros documentários e "transmissões externas" realizadas a partir de cidades e litorais exóticos. Mas, visto que a Europa era agora algo conhecido e — à exceção do conturbado e empobrecido sudeste — nada tinha de exótica para a maioria dos telespectadores, os programas sobre viagens veiculados pela TV européia passaram por um processo de "globalização", voltando o olhar para horizontes longínquos, em detrimento do restante da Europa — supostamente território familiar, mas, na prática, bastante desconhecido.

Grandes espetáculos públicos — funerais em estilo imperial realizados na França; casamentos e mortes da realeza na Grã-Bretanha, Bélgica, Espanha ou Noruega; homenagens póstumas, celebrações e retratações presidenciais em diversas regiões pós-comunistas — eram questões estritamente locais, transmitidas para o público doméstico e assistidas em outros locais apenas pelas minorias representativas.[4] Os resultados de eleições ocorridas na Europa só eram cobertos pelos meios de comunicação de massa se tivessem algum componente

[4] A morte da princesa Diana e suas mórbidas conseqüências podem parecer uma exceção a essa regra, mas, embora muitos europeus tenham assistido aos funerais pela TV, o interesse logo se desfez. A estranha efusão de pesar registrada foi um fenômeno estritamente britânico.

impactante ou implicações transcontinentais. Em sua maioria, os europeus pouco sabiam do que se passava nos países vizinhos. A notável falta de interesse nas eleições européias não decorria apenas de desconfiança ou tédio diante das elucubrações que partiam de Bruxelas; tal desinteresse era subproduto natural da mentalidade não-européia verificada na maioria dos europeus.

Havia, entretanto, uma exceção universal: o esporte. Um canal de TV via satélite — o Eurosport — dedicava-se à transmissão de uma grande variedade de eventos esportivos, em várias línguas européias. Todas as emissoras nacionais, da Estônia a Portugal, dedicavam grande espaço de tempo à transmissão de competições esportivas, muitas das quais em âmbito europeu, mas nem sempre envolvendo a equipe local ou nacional. O interesse por esportes de massa cresceu de modo dramático nas últimas décadas do século, embora o número de pessoas que compareciam aos estádios, de modo geral, houvesse diminuído; em três países mediterrâneos havia suficiente procura para justificar a existência de bons jornais diários, inteiramente voltados aos esportes (*L'Equipe*, na França; *Marca*, na Espanha; e *Gazzetta dello Sport*, na Itália).

Embora muitos países ainda se orgulhassem da prática de esportes e da realização de eventos esportivos tipicamente nacionais — hóquei sobre o gelo, na República Tcheca; basquetebol (curiosamente) na Lituânia e Croácia; a *Volta da França* e o torneio anual de tênis, em Wimbledon —, em termos continentais esses eventos eram minoritários, ainda que atraíssem milhões de espectadores (a *Volta da França* foi o único evento esportivo cujo índice de audiência ao vivo aumentou ao longo das décadas). Na Espanha, a tourada despertava pouco interesse entre os jovens, embora revivida, nos anos 90, como elemento da "indústria do patrimônio" destinado a levantar fundos. Até o críquete, o icônico esporte de verão praticado pelos ingleses, em termos de entretenimento, perdera terreno, a despeito dos esforços para tornar o jogo mais interessante, mais empolgante — e para acabar com as partidas que duravam cinco dias, divertidas para os praticantes, mas comercialmente desastrosas. O que, realmente, unia a Europa era o futebol.

Nem sempre fora assim. O jogo era praticado em todos os países europeus, mas nas primeiras décadas do pós-guerra os jogadores permaneciam próximos à terra natal. Os espectadores acompanhavam os jogos das ligas domésticas; em alguns lugares, as relativamente infreqüentes partidas internacionais eram tratadas como reprises apaixonadas da história militar. Nos anos em questão, ninguém que assistisse a um jogo de futebol entre, por exemplo, Inglaterra e Alemanha ou Alemanha e Holanda (quanto mais entre Polônia e Rússia) teria qualquer ilusão sobre o Tratado de Roma e a idéia de "união crescente". A referência histórica relevante era, explicitamente, a Segunda Guerra Mundial.

Nas primeiras décadas do pós-guerra, os atletas egressos de diferentes países europeus pouco se conheciam e, de modo geral, jamais se encontravam fora do campo; quando, em 1957, o atacante galês John Charles fez história ao deixar o Leeds United pelo Juventus de Turim, pelo valor inaudito de 67 mil libras esterlinas, a notícia foi manchete nos dois países. Já em plenos anos 60, havia poucos estrangeiros nos times, exceto na Itália, onde empresários inovadores começavam a caçar talentos no exterior. Na década de 1950, a gloriosa equipe do Real Madrid vangloriava-se de contar com a presença do inigualável húngaro Ferenc Puskás, mas o caso de Puskás nada tinha de típico. Depois da invasão soviética, o capitão da seleção nacional da Hungria fugira de Budapeste e adquirira cidadania espanhola. Antes disso, a exemplo de qualquer outro jogador húngaro, Puskás era praticamente desconhecido fora de seu país de origem — consta que, em novembro de 1953, quando Puskás surgiu à frente do time húngaro, no Estádio de Wembley, em Londres, um dos adversários ingleses teria dito: "Olha só aquele gorducho! Nós vamos arrasar esse time" (a Hungria venceu por 6 x 3, sendo aquela a primeira vez que a Inglaterra perdeu uma partida em casa).

Na geração seguinte, o Juventus, o Leeds, o Real Madrid e todos os principais clubes de futebol europeus contavam com um plantel cosmopolita, recrutado em diversos países diferentes. Qualquer jovem talentoso, nativo da Eslováquia ou da Noruega, antes fadado a fazer uma carreira em Košice ou Trondheim, com atuações esporádicas na seleção nacional, agora contemplava a possibilidade de jogar nas superligas, adquirindo visibilidade, experiência e excelente salário, em Newcastle, Amsterdã ou Barcelona. Em 2005, o técnico da equipe inglesa era sueco. O Arsenal, líder do *ranking* inglês no início do século XXI, era dirigido por um francês. O time titular do célebre clube sediado ao norte de Londres incluía jogadores da França, Alemanha, Suécia, Dinamarca, Islândia, Irlanda, Holanda, Espanha, do Brasil, da Costa do Marfim e dos EUA — além da Inglaterra. O futebol se tornou um esporte sem fronteiras, fosse em relação aos jogadores, técnicos ou espectadores. Clubes da moda, como o Manchester United, aproveitaram o sucesso no campo para criar uma "imagem" que podia ser (e era) muito bem vendida, de Lancashire à Letônia.

Determinadas estrelas do futebol — nem sempre os jogadores mais talentosos, mas os fisicamente mais atraentes, com belas esposas e instigante vida particular — assumiram papéis na vida pública européia e nos jornais populares, papéis antes reservados às estrelas de cinema e à pequena nobreza. Quando, em 2003, David Beckham (jogador inglês com dotes técnicos limitados, mas com talento incomparável para a autopromoção) se transferiu do Manchester United para o Real Madrid, o fato foi manchete de telejornais em todos os países membros da União Européia. A atuação vexatória de Beckham na Eurocopa de Futebol, realizado em Portugal no ano seguinte — quando o capitão do time inglês perdeu dois pênaltis, antecipando a saída humilhante da seleção inglesa da competição —, pouco abalou o entusiasmo dos fãs.

Mais revelador foi o fato de que a saída da equipe inglesa não causou qualquer impacto perceptível nos índices de audiência registrados no Reino Unido por ocasião das partidas restantes, entre times de países pequenos (Portugal, Holanda, Grécia e República Tcheca), nas quais os fãs ingleses não tinham interesse direto. A despeito do incrementado ardor que se observava em partidas internacionais, com bandeiras desfraldadas e competição entre as torcidas, a obsessão comum pela idéia de assistir aos jogos — qualquer jogo — pesava mais do que fidelidades específicas.[5] Nos picos de audiência, as transmissões feitas pela BBC dos jogos realizados em Portugal naquele verão atraíram 25 milhões de telespectadores apenas no Reino Unido. A Euro.com, página oficial do campeonato na Internet, registrou 40 milhões de visitas e meio bilhão de páginas HTML foram visitadas durante a competição.

---

[5] A exceção notória ficava por conta de um pequeno grupo de fanáticos torcedores alemães e (sobretudo) ingleses que viajavam para assistir às partidas internacionais e cujo interesse explícito era em brigar — para perplexidade geral.

O futebol se adaptou bem à sua nova popularidade. Trata-se de um divertimento indubitavelmente igualitário. Sem precisar de outros equipamentos além de uma simples bola, o futebol pode ser jogado em qualquer lugar e por qualquer pessoa, ao contrário do tênis, da natação ou do atletismo, esportes que exigem um certo nível de renda, ou então instalações esportivas públicas, nem sempre disponíveis em muitos países europeus. Ter altura acima da média ou ser musculoso não constituem vantagens — ao contrário —, e o jogo não é muito perigoso. Enquanto atividade profissional, o futebol havia tempo já figurava como alternativa de baixa remuneração para rapazes da classe operária que viviam em cidades industriais; agora o jogo se tornara um caminho de acesso aos escalões superiores da prosperidade urbana.

Além disso, por mais talentosos e populares que sejam, os jogadores fazem parte de um time. Portanto, não podem ser transubstanciados (como Raymond Poulidor, o ciclista francês que se tornou célebre na condição de eterno perdedor) em símbolos do esforço nacional frustrado. Devido à sua pouca ambigüidade, o futebol não se presta ao uso metafórico e quase metafísico por vezes imposto ao beisebol nos Estados Unidos. E o jogo se mantém aberto a qualquer homem (e, cada vez mais, a qualquer mulher), de um modo que já não se constatava em esportes coletivos profissionais praticados nos EUA, por exemplo. Em suma, o futebol é um tipo de jogo bastante *europeu*.

Enquanto alvo da atenção do público europeu, o futebol, às vezes se dizia, era não apenas um substituto da guerra, mas também da política. Sem dúvida, o esporte ocupava mais espaço nos jornais, e políticos em toda parte faziam questão de homenagear atletas vitoriosos e demonstrar conhecimento de suas façanhas. Mas, cumpre registrar, a política européia havia perdido o caráter competitivo; o desaparecimento das antigas narrativas-mestras (socialismo x capitalismo; proletários x proprietários; imperialistas x revolucionários) não queria dizer que determinadas questões de políticas públicas já não mobilizassem ou dividissem a opinião, mas dificultou a definição de escolhas e alianças políticas, segundo os termos partidários tradicionais.

Os antigos extremos políticos — de direita e esquerda — agora freqüentemente se uniam: por exemplo, opondo-se aos estrangeiros e temendo a integração européia. O anticapitalismo — remodelado de modo implausível como antiglobalização, como se o capitalismo estritamente *doméstico* fosse uma espécie diferente e menos ofensiva — era atraente tanto para reacionários ativistas quanto para radicais internacionalistas. Quanto à política dominante, as velhas divergências entre partidos de centro-direita e centro-esquerda haviam, em grande medida, desaparecido. Em relação a um leque de questões contemporâneas, socialdemocratas suecos e neogaullistas franceses, por exemplo, tinham mais em comum entre si do que com os respectivos antepassados ideológicos. A topografia política da Europa havia se alterado drasticamente nas duas décadas anteriores. Embora se continuasse a pensar em termos de "esquerda" e "direita", as distinções entre uma e outra já não eram claras.

O partido político à moda antiga foi uma das vítimas dessas mudanças, com filiações decrescentes e menos eleitores comparecendo às urnas, conforme já vimos. Outra baixa foi uma instituição européia quase tão venerável, o intelectual enquanto figura pública. O *fin-de-siècle* anterior testemunhara o surgimento do intelectual politicamente engajado — em Viena, Berlim, Budapeste e sobretudo em Paris: homens como Theodor Herzl, Karl Kraus ou Léon

Blum. Um século mais tarde, no cenário europeu, seus sucessores, se não estivessem inteiramente ausentes, ocupariam uma posição cada vez mais marginal.

Muitas foram as razões para o desaparecimento do intelectual no continente (a espécie sempre fora rara na Grã-Bretanha, onde a presença isolada desses indivíduos costumava ser subproduto do exílio, como no caso de Arthur Koestler ou Isaiah Berlin). Na Europa Central e Oriental, questões que antes mobilizavam a intelectualidade política — marxismo, totalitarismo, direitos humanos ou a economia de transição — agora provocavam uma reação de desânimo e indiferença nas gerações mais jovens. Moralistas idosos, como Havel — ou ex-heróis políticos como Michnik —, estavam irrevogavelmente associados a um passado que poucos se mostravam inclinados a revisitar. O que Czesław Miłosz um dia chamara de "irritação dos intelectuais do Leste Europeu" diante da obsessão norte-americana por objetos de consumo estritamente materiais agora se voltava cada vez mais contra os próprios cidadãos europeus.

Na Europa Ocidental, a função exortatória do intelectual não havia desaparecido totalmente — leitores da imprensa de qualidade alemã ou francesa ainda se mostravam suscetíveis aos ardorosos sermões políticos feitos por Günter Grass ou Régis Debray —, mas havia perdido o propósito. Os moralistas podiam condenar muitos pecados específicos, mas não havia um objetivo ou ideal geral cuja causa pudesse mobilizar seguidores. O fascismo, o comunismo e a guerra tinham sido expurgados do continente, além da censura e da pena de morte. O aborto e o controle da natalidade estavam agora quase universalmente disponíveis; o homossexualismo era permitido e praticado abertamente. Os estragos causados pelo livre-mercado capitalista, em nível global ou local, continuavam na mira dos intelectuais, mas, na ausência de um consistente contraprojeto anticapitalista, o debate era mais propício aos consultores do que aos filósofos.

A única arena em que os intelectuais ainda podiam combinar seriedade moral e prescrições políticas universais era a de relações internacionais, livres das concessões da formulação de políticas domésticas, e onde certo e errado, vida e morte ainda prevaleciam. Durante o conflito na Iugoslávia, intelectuais da Europa Ocidental e Oriental "empunharam o bastão". Alguns, como Alain Finkielkraut, em Paris, se identificaram de corpo e alma com a causa croata. Alguns poucos — sobretudo na França e na Áustria — condenaram a intervenção ocidental, por eles considerada uma afronta dos EUA à autonomia sérvia, uma agressão baseada (segundo esses mesmos críticos) em relatos exagerados, ou mesmo falsos, de crimes inexistentes. A maioria defendia a intervenção na Bósnia ou no Kosovo por uma questão de princípio, estendendo as posições baseadas em direitos apresentados pela primeira vez vinte anos antes e enfatizando as práticas genocidas das forças sérvias.

Mas, a despeito de toda a crise, nem mesmo a Iugoslávia foi capaz de reconduzir intelectuais ao centro da vida pública. Em Paris, Bernard-Henri Lévy era convidado ao Palácio Élysée para assessorar o presidente, assim como, esporadicamente, Tony Blair convidava seus jornalistas britânicos prediletos e outros literatos da corte. Todavia, esses exercícios de construção de imagem política, cuidadosamente encenados não tinham qualquer efeito na formulação das políticas: nem a França nem a Grã-Bretanha, e tampouco os seus aliados, se deixavam levar por pressões dos intelectuais a ponto de alterar qualquer planejamento. E os intelectuais engajados já não conseguiam desempenhar o papel antes crucial na mobilização da opinião pública, conforme ficou evidente durante a ruptura atlântica, em 2003.

O público europeu (ao contrário de certos estadistas) opunha-se maciçamente à invasão do Iraque pelos norte-americanos, levada a cabo naquele ano, e às linhas gerais da política externa do presidente George W. Bush. Mas a onda de nervosismo e raiva suscitada por tal oposição, embora compartilhada e expressa por muitos intelectuais europeus, não dependeu destes para ser articulada ou organizada. Alguns escritores franceses — Lévy, mais uma vez, ou Pascal Bruckner — recusavam-se a condenar Washington; de um lado, por receio de parecerem antiamericanos; de outro, por simpatizarem com a posição de Washington contrária ao "islamismo radical". Porém, tais intelectuais não foram ouvidos.

Figuras antes influentes, como Michnik e Glucksmann, instavam os leitores a apoiar a política de Washington em relação ao Iraque, argumentando, a partir dos seus próprios escritos anteriores sobre o comunismo, que uma política de "intervencionismo liberal" em defesa de direitos humanos se justificava, com base em princípios gerais, e que os EUA estavam agora, tanto quanto no passado, na vanguarda da luta contra o mal de natureza política e o relativismo moral. Convencendo-se de que o presidente norte-americano conduzia a política externa do país em sintonia com as razões por eles próprios apontadas, os intelectuais ficaram surpresos quando se viram isolados e ignorados por seus leitores tradicionais.

Mas a irrelevância de Michnik ou Glucksmann nada tinha a ver com o caráter particular de suas opiniões. Um destino idêntico aguardava os intelectuais que seguiram o caminho oposto. Em 31 de maio de 2003, Jürgen Habermas e Jacques Derrida — dois dos escritores/filósofos/intelectuais mais famosos da Europa — publicaram no *Frankfurter Allgemeine Zeitung* um artigo intitulado "Unsere Erneuerung. Nach dem Krieg: Die Wiedergeburt Europas" (Nossa Renovação. Depois da Guerra: o Renascer da Europa), em que argumentavam que o caminho perigoso sendo então trilhado pelos EUA era um alerta urgente para a Europa: uma oportunidade para os europeus repensarem a sua identidade comum, recorrendo aos valores compartilhados no Iluminismo e assumindo uma postura européia diante das questões mundiais.

O ensaio de Habermas e Derrida foi impresso, propositadamente, para coincidir com a publicação, por toda a Europa Ocidental, de ensaios semelhantes escritos por figuras públicas igualmente renomadas: o de Umberto Eco, em *La Repubblica;* o de seu colega italiano, o filósofo Gianni Vattimo, em *La Stampa;* o do presidente da Academia Alemã de Artes, o suíço Adolf Muschg, no *Neue Zürcher Zeitung;* o do filósofo espanhol, Fernando Savater, em *El País;* e o de um norte-americano solitário, o filósofo Richard Rorty, no *Süddeutsche Zeitung.* Em qualquer momento do século anterior, uma iniciativa intelectual dessa magnitude, veiculada em jornais tão ilustres e levada a termo por figuras de prestígio comparável, configuraria um grande acontecimento público: um manifesto e um chamado às armas que teria reverberado pela comunidade política e cultural.

Mas a iniciativa de Habermas e Derrida, embora articulasse sentimentos dos quais muitos europeus compartilhavam, passou praticamente despercebida. Não recebeu o tratamento de notícia, e tampouco foi citada por simpatizantes. Ninguém pediu aos autores que empunhassem suas canetas e apontassem o caminho a ser seguido. Os governos de um número significativo de Estados europeus, inclusive da França, Alemanha, Bélgica e, mais tarde, da Espanha, sem dúvida, viam com bons olhos as opiniões expressas nos mencionados ensaios, mas a nenhum desses governos ocorreu a idéia de convidar os professores Derrida ou Eco para uma consultoria. O projeto fracassou. Cem anos após o Caso Dreyfus, cinqüenta anos após a apoteose de Jean-Paul Sartre, os principais intelectuais da Europa haviam feito uma convocação — mas ninguém se apresentou.

Seis décadas após o final da Segunda Guerra, a Aliança do Atlântico, firmada entre a Europa e os Estados Unidos, estava em desalinho. De certo modo, a situação era o resultado previsível do fim da Guerra Fria — embora pouca gente desejasse o desmantelamento da OTAN, a organização, em seu estado presente, não fazia muito sentido, e os objetivos futuros eram incertos. A Aliança sofreu ainda mais no decorrer da guerra na Iugoslávia, pois generais dos EUA se ressentiam de dividir o processo decisório com colegas europeus que hesitavam em tomar a iniciativa e ofereciam pouco suporte prático no campo.

Acima de tudo, a OTAN ficou sob uma pressão sem precedentes, imposta pela reação de Washington aos ataques de 11 de setembro de 2001. O unilateralismo inflexível e grosseiro do presidente Bush ("Quem não está conosco está contra nós"), o descaso diante da oferta de ajuda encaminhada pelos aliados da OTAN e o avanço dos EUA na Guerra do Iraque, apesar da imensa oposição internacional e da ausência de autorização da ONU, fizeram com que os Estados Unidos — tanto quanto o "terrorismo" contra o qual o país havia declarado guerra sem fim — passassem a representar uma importante ameaça à paz e à segurança mundial.

A distinção entre a "Velha Europa e a Nova Europa", que o secretário de Defesa dos EUA, Donald Rumsfeld, com o objetivo de apartar os aliados na Europa, dizia haver identificado na primavera de 2003, pouco elucidava sobre as divisões internas do continente europeu e se mostrou profundamente equivocada. Somente na Polônia os EUA puderam contar com o respeito e apoio da população. Em outras regiões da Europa, tanto da velha quanto da nova, as políticas norte-americanas voltadas ao Iraque e muitas outras eram bastante malvistas.[6] Mas o fato de um veterano funcionário do governo dos EUA se atrever a dividir os europeus desta maneira, poucos anos depois que estes tinham começado a se unir, e com tanta dificuldade, levou muita gente a concluir que os EUA eram o problema mais grave a ser enfrentado pela Europa.

A OTAN fora criada para compensar a incapacidade da Europa Ocidental de se defender sem a ajuda norte-americana. O fracasso contínuo dos governos europeus em constituir a sua própria força militar eficaz foi responsável pela sobrevivência da organização. A partir do Tratado de Maastricht, assinado em 1993, a União Européia finalmente admitiu a necessi-

---

[6] Em janeiro de 2003, por iniciativa dos primeiros-ministros espanhol e britânico, oito governos europeus (Grã-Bretanha, Espanha, Portugal, Dinamarca, Itália, Polônia, Hungria e República Tcheca) assinaram uma declaração conjunta de solidariedade com os EUA. Poucos meses depois, os húngaros e os tchecos expressariam, sigilosamente, arrependimento e mágoa por terem assinado o documento sob pressão do primeiro-ministro espanhol, José María Aznar. Um ano depois Aznar seria removido do cargo pelos eleitores espanhóis, sobretudo por ter levado a Espanha a fazer parte da "coalizão" para invadir o Iraque — ao que a nação se opunha em peso.

dade de uma política externa e de segurança comum, embora não se soubesse como definir ou implementar tal política. Mas, dez anos depois, a UE estava prestes a estabelecer uma Força de Reação Rápida, composta por 60 mil indivíduos, para realizar intervenções e missões de paz. Incentivados pela França, e flagrantemente contrariando Washington, os governos europeus logo chegariam a um acordo sobre a criação de um sistema autônomo de defesa capaz de agir fora da esfera e independentemente da OTAN.

Mas o abismo entre os dois lados do oceano Atlântico não era apenas uma discordância em relação a exércitos. Nem dizia respeito a divergências econômicas, embora a União Européia agora tivesse peso bastante para pressionar o Congresso dos EUA e determinadas indústrias norte-americanas, visando à conformidade de normas e regulamentação impostas pela União, sob pena de os americanos perderem mercado — fator que pegou de surpresa muitos congressistas e empresários nos EUA. Não apenas a Europa já não era ofuscada pelos EUA, mas a relação, na realidade, se invertera. Os investimentos diretos europeus nos EUA em 2000 chegaram a 900 bilhões de dólares (contra menos de 650 bilhões em investimentos diretos norte-americanos na Europa); quase 70% de todo o investimento estrangeiro nos EUA partia da Europa; e companhias multinacionais européias eram agora proprietárias de diversos produtos americanos icônicos, inclusive Brooks Brothers, Random House, cigarros Kent, Pennzoil, Bird's Eye e os Dodgers, time de beisebol de Los Angeles.

No entanto, a concorrência econômica, embora tensa, não deixava de ser uma espécie de aproximação. O que de fato apartava os dois continentes era um crescente desacordo em relação a "valores". Nas palavras do *Le Monde*: "A comunidade transatlântica de valores está ruindo." Sob o olhar da Europa, os Estados Unidos — que haviam se tornado relativamente conhecidos ao longo da Guerra Fria — começavam a parecer algo bastante estranho. A religiosidade sincera de muitos norte-americanos — refletida no presidente "renascido" — era incompreensível para a maioria dos cristãos europeus (embora não para os devotos vizinhos muçulmanos). O apego dos norte-americanos às armas de uso pessoal, inclusive rifles semiautomáticos, fazia a vida nos EUA parecer arriscada e anárquica, enquanto, na opinião da grande maioria dos observadores europeus, o recurso freqüente e insensível à pena de morte situava os EUA fora dos limites da civilização moderna.[7]

A tudo isso somaram-se o crescente menosprezo de Washington por tratados internacionais, a visão singular dos norte-americanos a respeito de tudo (desde aquecimento global até direito internacional) e, principalmente, a postura facciosa diante da crise entre Israel e a Palestina. Em nenhuma dessas questões a política norte-americana mudou de rumo após a eleição do presidente George W. Bush, em 2000. O processo de afastamento entre os dois lados do Atlântico havia começado muito antes, mas o tom mais ríspido da nova administração confirmou, para muitos observadores europeus, algo de que já suspeitavam: que as desavenças eram mais do que simples diferenças de opinião sobre determinados pontos da política. Tratava-se de um acúmulo de evidências de um antagonismo cultural básico.

---

[7] "É verdade que os americanos costumavam exibir grandes cartazes com os dizeres 'Ama Teu Próximo', mas as estatísticas que registram o quanto eles matam e estupram o próximo são de abismar qualquer país europeu." T. R. Reid, *The United States of Europe* (Os Estados Unidos da Europa) (Nova York, 2004), p. 218.

A idéia de que a América do Norte era culturalmente diferente — ou inferior, ou ameaçadora — nada tinha de original. Em 1983, o ministro da Cultura francês, Jack Lang, advertiu que a série *Dallas*, grande sucesso da televisão, representava séria ameaça à identidade francesa e européia. Nove anos depois, quando *Parque dos Dinossauros* estreou nos cinemas franceses, o comentário de Lang foi repetido por um dos seus sucessores (aliás, um conservador). Quando, na primavera de 1992, a EuroDisney foi inaugurada, a radical diretora de teatro parisiense, Ariane Mnouchkine, foi mais além, e avisou que o parque da Disney seria uma "Chernobyl cultural". Mas essas reações configuravam a conhecida conversa fiada do esnobismo intelectual e da insegurança cultural, misturada — na França e em outros locais — com uma boa dose de nostalgia nacionalista. No qüinquagésimo aniversário do Dia D, Gianfranco Fini, líder do Partido da Aliança Nacional (ex-fascista) na Itália, disse ao diário italiano *La Stampa*: "Espero que não pensem que estou justificando o fascismo, caso eu indague se, com o desembarque norte-americano, a Europa não perdeu parte da sua identidade cultural."

No início do século XXI, o novo componente da situação foi que tais sentimentos começaram a se tornar comuns, e haviam passado da periferia política para o centro da vida européia. A profundidade e a abrangência do sentimento antiamericano na Europa contemporânea excederam tudo o que se vira durante a Guerra do Vietnã, ou mesmo no auge dos movimentos pela paz ocorridos no início da década de 1980. Embora em muitos países a maioria das pessoas ainda acreditasse que a relação entre os dois lados do Atlântico pudesse ser preservada, em 2004, três em cada quatro europeus (em determinados países, sobretudo na Espanha, Eslováquia e, surpreendentemente, na Turquia, essa proporção era ainda maior) consideravam "indesejável" a liderança mundial norte-americana.

Em parte, o fenômeno podia ser atribuído à antipatia generalizada pelas políticas e pela pessoa do presidente George W. Bush, em contraste com o afeto de que Bill Clinton, seu predecessor, gozara. É verdade que muitos europeus se indignaram com o presidente Lyndon Johnson, no final dos anos 60; contudo, seus sentimentos sobre a guerra no Sudeste da Ásia, de modo geral, não tinham causado aversão aos EUA ou aos norte-americanos. Quarenta anos depois, era comum a sensação, por todo o continente (inclusive entre os britânicos, que, com contumácia, se opuseram à entusiasmada identificação do primeiro-ministro com o aliado americano), de que havia algo errado com o tipo de lugar que a América do Norte estava se tornando — ou, como muitos agora afirmavam, sempre fora.

Na realidade, as supostas qualidades "antiamericanas" da Europa tornavam-se, rapidamente, o principal fator comum da identidade européia. Valores europeus contrastavam com valores norte-americanos. A Europa era — ou deveria tentar ser — tudo o que os EUA não eram. Em novembro de 1998, Jérôme Clément, presidente da Arte, emissora franco-alemã de TV dedicada à cultura e às artes, advertiu que a "criatividade européia" era o único baluarte contra o canto das sereias do materialismo americano, e apontava o exemplo da Praga pós-comunista, cidade que corria o risco de sucumbir a "*une utopie libérale mortelle*" ("uma utopia liberal mortal") sob o domínio dos livres mercados e da sedução do lucro.

Nos primeiros anos do pós-comunismo, a exemplo do restante da Europa Oriental, Praga sem dúvida se confessaria culpada de desejar tudo o que fosse norte-americano, desde a liberdade individual até a abundância material. E ninguém que visitasse as capitais do Leste

Europeu, de Tallinn a Liubliana, deixaria de perceber a nova elite de jovens, de ambos os sexos, vestidos no rigor da moda, dirigindo-se com pressa a reuniões ou ao comércio, em carros novos e caros, desfrutando a utopia liberal dos pesadelos de Clément. No entanto, mesmo os europeus do leste se distanciavam do modelo norte-americano — em parte por respeito ao recente ingresso na União Européia, e em parte devido à crescente aversão a certos aspectos da política externa dos EUA; porém, cada vez mais, o motivo do afastamento era que, enquanto sistema econômico e modelo de sociedade, os Estados Unidos já não pareciam apontar o caminho do futuro.[8]

No leste da Europa, o antiamericanismo extremado continuava a agradar uma minoria. Agora, em países como Bulgária ou Hungria, tal sentimento se tornara um meio indireto e politicamente aceitável de expressar nostalgia pelo comunismo, bem como (conforme tanto ocorrera no passado) uma alternativa útil ao anti-semitismo. Contudo, mesmo entre os observadores e políticos que pertenciam à cultura dominante, já não era comum apontar instituições e práticas norte-americanas como fonte de inspiração ou algo a ser copiado. Durante muito tempo, os EUA pareceram ser uma espécie de nova era — o futuro da Europa. Agora se tornaram um lugar como outro qualquer. É certo que muitos jovens ainda sonhavam em ir para a América do Norte. Mas, conforme um húngaro que havia trabalhado durante alguns anos na Califórnia disse a um entrevistador: "Aos Estados Unidos deve-se ir quando se é jovem e solteiro. Mas quando chega a hora de crescer, convém voltar à Europa."

A imagem da América do Norte como terra da juventude e da aventura — e da Europa novecentista como paraíso de indivíduos maduros e avessos a risco — era bastante corrente, sobretudo na própria América. E, de fato, a Europa estava envelhecendo. Em 2004, entre os vinte países do mundo com os números mais elevados de pessoas com mais de 60 anos, apenas um não se situava na Europa (o Japão). Em muitos países europeus, o índice de natalidade era bem inferior ao de mortalidade. Na Espanha, Grécia, Polônia, Alemanha e Suécia, o índice de fertilidade era inferior a 1,4 filho por mulher. Em determinadas regiões da Europa (na Bulgária e na Letônia, por exemplo, ou na Eslovênia), o índice se aproximava de 1,1, o mais baixo do mundo. Extrapolados até 2040, tais dados sugeriam que em muitos países europeus a população teria uma redução de um quinto, ou até mais.

Nenhuma das explicações para o decréscimo de fertilidade parecia dar conta da incipiente crise demográfica européia. Países pobres, como a Moldávia, e ricos, como a Dinamarca, enfrentavam o mesmo desafio. Em países católicos, como Itália e Espanha, os jovens (casados ou solteiros) muitas vezes residiam com os pais até os 30 anos, enquanto na Suécia luterana os jovens tinham as suas próprias residências e acesso a um generoso auxílio à infância oferecido pelo Estado, bem como à licença-maternidade. Porém, embora os escandinavos tivessem mais filhos do que os europeus do Mediterrâneo, as diferenças entre os índices de fertilidade

[8] A nova classe empresarial instalada no Leste Europeu, cumpre observar, alimentava-se e se vestia com produtos europeus e utilizava serviços telefônicos também europeus. Para ser moderno, já não era preciso imitar os EUA. Ao contrário, bens de consumo fabricados nos Estados Unidos passaram a ser desprezados como "fora de moda" ou "sem graça".

eram menos marcantes do que as semelhanças. E, por toda parte, os números seriam ainda menores, não fossem os imigrantes vindos de fora da Europa, que empurravam para cima os índices demográficos e se mostravam bem mais inclinados a procriar. Na Alemanha, em 1960, o número de crianças nascidas de pai ou mãe estrangeira não passou de 1,3% do total anual. Quarenta anos depois, tal número crescera para uma criança em cada cinco.

O cenário demográfico na Europa não era, na verdade, muito diverso do verificado do outro lado do Atlântico — no início do novo milênio, o índice de natalidade nos EUA também decaíra, ficando abaixo do índice de mortalidade. A diferença era que, nos EUA, o número de imigrantes era tão elevado — e a grande maioria destes era composta de jovens adultos — que a fertilidade geral nos Estados Unidos superaria em muito à da Europa no futuro próximo. E embora as baixas perspectivas demográficas significassem que tanto os EUA quanto a Europa teriam dificuldades em cobrir a previdência social e outros compromissos nas décadas seguintes, os sistemas previdenciários europeus eram incomparavelmente mais generosos e, portanto, enfrentavam uma ameaça maior.

Os europeus estavam diante de um dilema aparentemente simples: o que aconteceria se (quando?) não houvesse jovens suficientes trabalhando para custear uma comunidade cada vez maior de aposentados cuja expectativa de vida era agora muito mais longa do que no passado, cidadãos que não pagavam impostos e que oneravam os serviços médicos?[9] Uma solução seria reduzir os benefícios da aposentadoria. Outra era elevar a idade mínima para o recebimento de tais benefícios — i.e., fazer as pessoas trabalharem mais tempo antes de se aposentar. Uma terceira alternativa era recolher mais impostos dos salários da população ativa. Uma quarta opção, considerada somente na Grã-Bretanha (e sem grande zelo), era imitar os EUA e incentivar, ou mesmo obrigar, os cidadãos a obter previdência social junto ao setor privado. Todas essas escolhas continham um potencial politicamente explosivo.

Na opinião de muitos críticos dos Estados previdenciários europeus e defensores do livre-mercado, o maior problema da Europa não era o déficit demográfico, mas a rigidez econômica. Não é que não houvesse, ou não fosse haver, um número suficiente de trabalhadores — é que havia leis demais protegendo salários e empregos, ou então garantindo pagamentos de seguro-desemprego e pensão tão elevados que a população economicamente ativa carecia de estímulo para trabalhar. Se essa "inflexibilidade do mercado de trabalho" fosse confrontada e as dispendiosas provisões sociais fossem reduzidas ou privatizadas, então mais gente ingressaria na força de trabalho, o peso sobre empregadores e contribuintes seria aliviado e a "euro-esclerose" poderia ser sanada.

Enquanto diagnóstico, isso era, ao mesmo tempo, verdadeiro e falso. Não restava dúvida de que algumas das compensações do Estado previdenciário negociadas e cristalizadas no auge do crescimento registrado durante o pós-guerra agora constituíam um grande peso. Na Alemanha, qualquer trabalhador que perdesse o emprego tinha direito a 60% do último salário pelos próximos 32 meses (67%, se tivessem filhos). Depois desse período, os pagamentos mensais caíam para 53% (ou 57%) do último salário — por tempo indeterminado. Não

[9] Na França, em 1960, havia quatro trabalhadores para cada pensionista. Em 2000, havia dois. Em 2020, se a tendência atual se mantiver, haverá apenas um.

era patente que tal segurança desestimulasse as pessoas a buscar trabalho remunerado, mas o sistema teve o seu preço. Para os empregadores da maioria dos países da UE (sobretudo na França), uma penumbra de regulamentações destinadas a proteger os interesses dos cidadãos empregados dificultava a demissão de funcionários contratados em tempo integral, e a conseqüente relutância dos empregadores contribuiu para a manutenção de elevados níveis de desemprego juvenil.

Por outro lado, apesar de serem extremamente reguladas e inflexíveis em relação aos padrões americanos, as economias européias não eram, necessariamente, ineficientes ou improdutivas. Em 2003, aferidas em termos de produtividade por hora trabalhada, as economias da Suíça, Dinamarca, Áustria e Itália se comparavam à dos EUA. Pelo mesmo critério, Irlanda, Bélgica, Noruega, Holanda e França (*sic*) produziam mais do que os EUA. Mas se, no cômputo geral, a América era mais produtiva, se os norte-americanos fabricavam mais, prestavam mais serviços e ganhavam mais dinheiro, era porque um percentual mais elevado de indivíduos contava com trabalho remunerado; os americanos trabalhavam mais horas do que os europeus (trezentas horas a mais por ano, em média, em 2000); e tinham menos feriados e férias mais curtas.

Enquanto os britânicos tinham direito, por lei, a 23 dias de férias remuneradas anualmente, os franceses a 25 e os suecos a 30 ou mais, muitos americanos precisavam se contentar com menos da metade desses dias de férias pagas, dependendo do local onde vivessem. Os europeus haviam optado por trabalhar menos, ganhar menos — e viver melhor. Em troca de impostos extremamente elevados (outro empecilho ao crescimento e à inovação, aos olhos dos críticos anglo-americanos), os europeus recebiam assistência médica gratuita, ou quase gratuita, aposentadoria precoce e uma prodigiosa gama de serviços sociais e públicos. Até o ensino médio (inclusive), os europeus eram mais bem educados do que os norte-americanos. Tinham uma vida mais segura e — talvez por esse motivo — mais longa, gozavam de melhor saúde (embora nisso gastassem bem menos)[10] e registravam um número bem inferior de indivíduos em estado de pobreza.

Esse era, então, o "Modelo Social Europeu" — sem dúvida, bastante caro. Mas, para a maioria dos europeus, promessa de estabilidade no emprego, escala progressiva de impostos e repasses sociais vultosos representavam um contrato tácito entre governo e cidadãos, bem como entre os próprios cidadãos. Segundo as pesquisas anuais conhecidas como "eurobarômetro", uma grande maioria de europeus achava que a pobreza era causada por circunstâncias sociais, não por incapacidade individual. Além disso, os europeus se mostravam mais dispostos a pagar impostos mais elevados, se estes fossem direcionados ao combate à pobreza.

Como seria de se supor, tais sentimentos eram generalizados na Escandinávia. Mas eram também quase tão prevalentes na Grã-Bretanha, Itália e Espanha. Existia um consenso internacional, abrangendo todas as classes sociais, sobre o dever do Estado de proteger os cidadãos

[10] Em 2004, o custo com saúde absorvia 8% do PIB na Suécia, contra 14% nos EUA. Na Suécia, quatro quintos desse custo eram cobertos pelo governo; nos EUA, o governo federal assumia menos de 45% do custo. O restante pesava diretamente sobre as empresas norte-americanas e seus empregados. Quarenta e cinco milhões de americanos não tinham seguro-saúde.

contra os revezes do mercado: nem a empresa nem o Estado podiam tratar os empregados como unidades de produção descartáveis. Responsabilidade social e vantagem econômica não deveriam ser mutuamente exclusivas — "crescimento" era louvável, mas não a qualquer custo.

Esse modelo europeu existia em mais de um estilo — o "nórdico", o "renano", o "católico" —, apresentando variações em cada um deles. O que elas tinham em comum não era um conjunto específico de serviços ou de práticas econômicas, tampouco um determinado nível de envolvimento estatal. Antes, tratava-se de um entendimento — por vezes (mas nem sempre) articulado em documentos e leis — do equilíbrio adequado e possível ao Estado moderno entre direitos sociais, solidariedade cívica e responsabilidade coletiva. Os resultados talvez parecessem bem diversos, digamos, na Itália e na Suécia. Mas o consenso social por eles agregado era visto por muitos cidadãos como um compromisso formal — quando, em 2004, o chanceler socialdemocrata da Alemanha introduziu alterações nos pagamentos da previdência nacional, seguiu-se uma grande onda de protestos, conforme ocorrera com um governo gaullista dez anos antes, quando propôs reformas similares na França.

Desde a década de 1980, houve várias tentativas de se chegar a alguma conclusão sobre a escolha entre a solidariedade social européia e a flexibilidade econômica à moda norte-americana. Uma jovem geração de economistas e empresários, alguns dos quais haviam cursado faculdades de administração de empresas nos EUA ou trabalhado em firmas americanas e se decepcionado com o que, a seu ver, constituía a inflexibilidade do ambiente empresarial europeu, conseguiu convencer os políticos sobre a necessidade de "otimizar" procedimentos e incentivar competição. Na França, a "*Gauche Américaine*", cujo nome calhava tão bem, dispôs-se a libertar a esquerda do seu complexo anticapitalista sem, no entanto, perder a consciência; na Escandinávia, discutia-se (embora nem sempre fosse reconhecido) o efeito inibidor dos impostos elevados, mesmo nos círculos socialdemocratas. A direita fora levada a aceitar o argumento a favor da previdência pública; a esquerda agora admitiria as virtudes do lucro.

O esforço para juntar o que havia de melhor nos dois lados se sobrepunha (não por mera coincidência) à busca de um projeto que substituísse o extinto debate entre capitalismo e socialismo, o qual formara o núcleo da política ocidental durante mais de um século. O resultado, durante um breve momento (no final dos anos 90), foi a chamada "Terceira Via": a suposta mescla de entusiasmo pela produção capitalista irrestrita e de considerações relativas aos resultados sociais e ao interesse coletivo. Isso nada tinha de novo: acrescentava pouco à noção de "Economia do Mercado Social", definida por Ludwig Erhard, na década de 1950. Mas política, em especial a política pós-ideológica, tem a ver com *forma*; e foi a forma da Terceira Via, modelada a partir da auspiciosa "triangulação" da direita e da esquerda proposta por Bill Clinton e articulada, principalmente, pelo Novo Trabalhismo de Tony Blair, que conquistou os observadores.

Blair, evidentemente, contou com certas vantagens, específicas do tempo e lugar em que ele se achava. No Reino Unido, Margaret Thatcher tinha transferido as metas políticas para a extrema direita, e os predecessores de Blair na liderança trabalhista tinham conseguido destruir a velha guarda do partido. Num contexto pós-Thatcher, Blair parecia, de fato, progressista e "europeu", apenas por falar positivamente sobre a vantagem dos serviços públicos bem distribuídos; nesse ínterim, a tão propalada admiração de Blair pelo setor privado e o cenário econômico propício às empresas que as políticas dele tentavam criar situavam-no firmemente no lado "americano". Blair falava com ardor a respeito de levar a Grã-Bretanha para dentro da Europa, mas insistia em manter o país isento das proteções sociais previstas na legislação européia e da harmonização fiscal implícita ao "mercado comum" da União.

A Terceira Via foi "vendida" *tanto* como solução pragmática aos dilemas econômicos e sociais *quanto* como importante avanço conceitual, após décadas de estagnação teórica. Os admiradores da Terceira Via no continente, esquecendo-se das "terceiras vias" abortadas nos passados dos seus respectivos países — sobretudo a célebre "terceira via" fascista da década de 1930 —, logo compraram a idéia. Sob a liderança de Jacques Delors (1985-1995), a Comissão Européia mostrara-se ligeiramente preocupada com a criação e aplicação de normas — substituindo o legado perdido do socialismo burocrático em estilo fabianista pela noção de "Europa". Também Bruxelas parecia precisar de uma Terceira Via, uma história edificante que fosse capaz de situar a União entre a invisibilidade institucional e o excesso regulatório.[11]

A política de visual novo de Blair não sobreviveria durante muito tempo à decisão desastrosa de comprometer o seu país e a sua reputação com a invasão do Iraque, em 2003 — medida que serviu apenas para lembrar aos observadores internacionais que a Terceira Via do Novo Trabalhismo estava inextricavelmente relacionada à hesitação do Reino Unido quanto à opção pela Europa ou pelos Estados Unidos. E as evidências de que a Grã-Bretanha (assim como os EUA) registrava um aumento sensível no número da população pobre — em contraste com o restante da UE, onde a pobreza pouco (ou nada) aumentava — diminuíam, severamente, o apelo do modelo britânico. Mas a Terceira Via estava destinada a uma vida curta. A própria expressão implicava a presença de dois extremos — o capitalismo de mercado ultralivre e o socialismo estatal —, sendo que nenhum dos dois existia mais (e o primeiro fora sempre um produto da imaginação doutrinária). A necessidade de uma grande virada teórica (ou retórica) era coisa do passado.

Por conseguinte, a privatização, no início da década de 1980, tinha sido controversa, provocando ampla discussão sobre a abrangência e a legitimidade do setor público, questionando a viabilidade dos objetivos socialdemocratas e a legitimidade moral do tema "lucro" na produção de bens públicos. Já em 2004, entretanto, privatização era questão absolutamente pragmática. No leste da Europa, tratava-se de condição necessária para ingresso na UE, em conformidade com as restrições impostas por Bruxelas, visando coibir a concessão de subsídios públicos que distorcessem o mercado. Na França ou na Itália, a venda de patrimônio público era agora realizada como mecanismo para ajuste de contas a curto prazo, mecanismo esse cujos propósitos eram reduzir o déficit anual e observar as regras da eurozona.

Até mesmo os projetos da Terceira Via apresentados pelo próprio Tony Blair — a semiprivatização do metrô de Londres, por exemplo, ou a introdução de "concorrência" nos serviços hospitalares — foram implementados como planos de eficiência de custos, gerando benefícios

[11] Sob a liderança dos sucessores de Delors, o pêndulo oscilou: a comissão continua ativa como sempre, mas seus esforços estão voltados para a desregulamentação dos mercados.

para o orçamento nacional. Na medida que tivessem algum elemento de princípio social, isso era lembrado, sem grande convencimento, de maneira secundária. Mas o apelo de Blair diminuía com o passar do tempo (conforme ficaria patente na escala reduzida da terceira vitória eleitoral do primeiro-ministro, em maio de 2005). Apesar dos cortes nas despesas do governo, da opção por ficar de fora do contrato social europeu, da redução dos impostos cobrados às empresas e do incentivo ao investimento interno por meio de todo tipo de "adoçante", o Reino Unido continuava improdutivo. Medido com base em produção por hora, o desempenho britânico ficava sempre abaixo dos parceiros da UE, "esclerosados" e limitados pelas regulamentações.

Além disso, um projeto do Novo Trabalhismo para evitar a iminente crise dos esquemas de pensão europeus carentes de recursos — que consistia em repassar o encargo para o setor privado — já estava fadado ao fracasso menos de uma década após a sua fogosa implementação. No Reino Unido, a exemplo dos EUA, as empresas que investiram seus fundos de pensão num mercado de ações nervoso tinham poucas perspectivas de poder honrar, a longo prazo, seus compromissos com os empregados, sobretudo porque estes — tanto quanto os pensionistas que dependiam dos recursos públicos — agora viviam bem mais tempo. Ficara evidente que a maioria jamais receberia pensão integral... a menos que se forçasse o Estado a voltar a atuar no setor previdenciário e, assim, complementar o déficit. A Terceira Via começava a parecer um golpe.

No início do século XXI, o dilema que se apresentava aos europeus não era o socialismo ou capitalismo; Esquerda contra direita; nem a Terceira Via. Tampouco era "Europa" contra "Estados Unidos", uma vez que, para a maioria das pessoas, a opção mental já fora feita a favor da Europa. O dilema era, na verdade, uma questão — a questão — que a História introduzira na pauta em 1945 e que, em surdina, continuava a monopolizar a atenção dos europeus: Qual seria o futuro dos Estados europeus? Teriam eles um futuro?

Já não era possível voltar ao mundo do Estado-nação autônomo, independente, que nada compartilhava com o vizinho, a não ser a fronteira. Poloneses, italianos, eslovenos, dinamarqueses — até os britânicos — eram agora europeus. E europeus eram também milhões de siques, bengaleses, turcos, árabes, hindus, senegaleses e outros tantos. Em termos de vida econômica, todo cidadão cujo país pertencesse à União Européia — ou desejasse pertencer — era agora, irrevogavelmente, europeu. A UE tornara-se o maior mercado interno do mundo, a maior prestadora de serviços e a única fonte de autoridade dos países membros em todas as questões de regulamentação econômica e códigos legais.

Num mundo onde as vantagens comparativas de recursos naturais limitados — energia, minérios, solo cultivável e até localização — contavam menos do que as políticas favoráveis à educação, à pesquisa e ao investimento, era extremamente importante que a União tomasse cada vez mais a iniciativa nessas áreas. Assim como os Estados tinham sido vitais na instituição dos mercados — criando regras para troca, emprego e deslocamento —, agora era a UE que criava tais normas; e graças à moeda comum a UE também exercia quase um monopólio sobre os mercados monetários. A única atividade econômica vital legada à iniciativa nacional e não à européia era a estipulação de índices de tributação — e isso por insistência do Reino Unido.

Mas os homens não vivem em mercados, e sim em comunidades. Nos últimos séculos, tais comunidades têm se agrupado, voluntariamente ou (com mais freqüência) sob coerção, em Estados. Após as experiências de 1914 e 1915, europeus de todas as regiões sentiram a necessidade do Estado: a política e a pauta social da década de 1940 refletem essa ansiedade acima de qualquer outra coisa. No entanto, com o advento da prosperidade econômica, da paz social e da estabilidade internacional, tal necessidade aos poucos desapareceu, sendo substituída pela desconfiança quanto à intrusão da autoridade pública e pelo desejo da autonomia individual e da suspensão de restrições à iniciativa privada. Além disso, na era das superpotências, o destino da Europa parecia estar fora das mãos do continente europeu. Portanto, os Estados europeus pareciam, cada vez mais, algo supérfluo. Todavia, desde 1990 — e principalmente desde 2001 —, os Estados parecem ter voltado a ter grande importância.

No início da Idade Moderna, o Estado tinha duas funções, intimamente relacionadas: recolher impostos e fazer guerra. A Europa — a União Européia — não é um Estado. Não recolhe impostos e não tem capacidade bélica. Como já vimos, foi preciso muito tempo para que a UE pudesse ter o simples embrião de uma capacidade militar, quanto mais uma política externa. Durante a maior parte do meio século que se seguiu ao fim da Segunda Guerra Mundial, isso não foi uma desvantagem: a perspectiva de empreender outra guerra na Europa era algo abominável à maioria dos europeus, e a defesa do continente contra o único inimigo possível fora contratada do outro lado do Atlântico.

Porém, depois de 11 de setembro de 2001, os limites de uma receita pós-nacional para um futuro melhor europeu ficaram evidentes. Afinal, o Estado europeu tradicional não apenas fazia guerra no exterior, mas zelava pela paz internamente. Isso, conforme Hobbes há muito tempo já sabia, é o que confere ao Estado a sua legitimidade singular e insubstituível. Em países onde violência política contra cidadãos desarmados fora endêmica no passado recente (Espanha, Reino Unido, Itália e Alemanha), a importância do Estado — da polícia, do Exército, dos serviços de inteligência e do aparato judicial — jamais foi esquecida. Na era do "terrorismo", para a visão da maioria dos cidadãos, o monopólio do Estado sobre a força constitui uma garantia positiva.

A segurança dos cidadãos é tarefa do Estado. E não havia qualquer sinal de que Bruxelas (a União Européia) assumiria, ou poderia assumir, tal responsabilidade no futuro próximo. Sob esse aspecto vital, o Estado continuava a ser o representante legítimo dos seus cidadãos, de tal modo que a união transnacional de europeus, a despeito de todos os passaportes e Parlamentos, jamais poderia se equiparar a ele. Os europeus podiam se valer da liberdade de recorrer das decisões dos seus respectivos governos aos juízes da UE, e muita gente se admirava de que os tribunais na Alemanha ou na Grã-Bretanha aceitassem, prontamente, julgamentos que emanavam de Estrasburgo ou Luxemburgo. Mas, quando se tratava de manter o soldado e o bombardeiro à distância, a responsabilidade e, portanto, o poder continuavam em Berlim ou Londres. O que, afinal, deveria fazer uma cidadã européia se sua casa fosse bombardeada? Chamar um burocrata?

Legitimidade é função de capacidade: por exemplo, até certo ponto, o fato de o Estado desarticulado e ultrafederal da Bélgica às vezes parecer incapaz de garantir a segurança dos cidadãos tem suscitado o questionamento da sua legitimidade. E, embora a capacidade do

Estado comece com as armas, estas não são o único pré-requisito, nem mesmo hoje em dia. Enquanto o Estado — em vez de uma entidade transestatal — pagar pensões e seguro-desemprego e educar as crianças, o monopólio estatal sobre alguma forma de legitimidade política prosseguirá inconteste. No decorrer do século XX, o Estado-nação europeu assumiu muitas responsabilidades pela previdência, segurança e pelo bem-estar dos cidadãos. Nos anos recentes, o Estado descartou a função de supervisionar a moralidade privada e descartou também alguma — embora não toda — iniciativa econômica. O restante permanece intacto.

Legitimidade é também função de território. A União Européia, conforme diversos observadores já apontaram, é um animal absolutamente original: é definida territorialmente sem constituir entidade territorial homogênea. Suas leis e normas são válidas em todo o território, mas os cidadãos de um país membro não podem votar nas eleições nacionais de outro (embora sejam livres para votar em pleitos locais e europeus). A abrangência geográfica da União é bastante contrabalançada pela sua relativa irrelevância no cotidiano dos europeus, se comparada ao país natal ou de residência destes. É certo que a União é grande prestadora de serviços econômicos e de outra natureza. Mas isso define os cidadãos da UE como consumidores, não participantes — "uma comunidade de cidadãos passivos (...) governados por estranhos" —, e, portanto, existe o risco de comparações nada lisonjeiras com a Espanha ou a Polônia pré-democrática, ou com a inerte cultura política da Alemanha Oriental no tempo de Adenauer: precedentes nada promissores para uma empreitada tão ambiciosa.

Cidadania, democracia, direitos e deveres são intimamente ligados ao Estado — sobretudo em países que têm uma tradição viva de participação ativa dos cidadãos em assuntos públicos. A proximidade física é importante: para participar do Estado é preciso se sentir incluído. Mesmo numa era de trens supervelozes e comunicação eletrônica em tempo real, não parece claro como é possível alguém em Coimbra, digamos, ou Rzeszow ser um cidadão ativo da *Europa*. Para o conceito preservar algum sentido e para os europeus se manterem utilmente politizados, a referência destes, no futuro próximo, deve continuar a ser Lisboa ou Varsóvia: não Bruxelas. Não por caso, na era moderna, Estados gigantescos — China, Rússia, EUA — ou foram governados por um regime autoritário ou se mantiveram decididamente centrífugos, com cidadãos cada vez mais desconfiados da capital federal e de suas obras.

As aparências, portanto, enganaram. A União Européia, em 2005, não havia substituído as unidades territoriais convencionais e não o faria no futuro próximo. Seis décadas após a derrota de Hitler, as múltiplas identidades, soberanias e regiões que somadas definiam a Europa e sua história certamente se sobrepunham e se intercomunicavam mais do que nunca. O que havia de novo, e portanto bem mais difícil de ser captado pelos observadores externos, era a possibilidade de ser francês *e* europeu, ou catalão *e* europeu — ou árabe *e* europeu.

As nações e os Estados independentes não tinham desaparecido. Assim como o mundo não convergia para uma norma única, "norte-americana" (as sociedades capitalistas desenvolvidas exibiam um grande leque de formas sociais e atitudes bastante diversas tanto em relação ao mercado quanto ao Estado), também a Europa continha uma gama de povos e tradições. A ilusão de que vivemos num mundo pós-nacional ou pós-estatal advém da atenção exagerada ao processo econômico "globalizado"... e da suposição de que fenômenos transnacionais operam em todas as esferas da vida humana. Vista exclusivamente sob a ótica da produção e da troca, a Europa, de fato, se tornara um grande fluxograma de ondas transnacionais. Mas, vista como local de poder e legitimidade política, ou de afinidades culturais, a Europa continuava a ser o que sempre fora: um somatório de diferentes partículas estatais. O nacionalismo veio e foi embora;[12] mas as nações e os Estados permaneceram.

Considerando o que os europeus fizeram uns com os outros na primeira metade do século XX, isso foi algo notável. Contemplando os escombros de 1945, por certo, ninguém poderia ter previsto tal desenlace. Na verdade, o renascimento dos sofridos povos europeus e suas culturas e instituições nacionais, a partir das ruínas deixadas pelos trinta anos de guerra no continente, pode ser considerado uma façanha ainda maior do que o sucesso coletivo na formação da União transnacional. Esta, afinal, já estava na pauta européia muito antes da Segunda Guerra e, com efeito, teve a sua criação facilitada pela devastação causada pelo conflito. Mas a ressurreição da Alemanha, da Polônia ou da França, sem falar da Hungria ou da Lituânia, parecia bem menos provável.

Ainda menos previsível — de fato, impensável, poucas décadas antes — foi o surgimento da Europa, no alvorecer do século XXI, como modelo de virtudes internacionais: uma comunidade de valores e um sistema de relações interestatais exibidos por europeus e não-europeus como exemplo para a imitação geral. Até certo ponto, tratava-se de uma contracorrente, uma desilusão cada vez maior diante da alternativa norte-americana — mas a reputação foi merecida. E ensejou uma oportunidade sem precedentes. Para que a nova imagem da Europa, livre de pecados e vicissitudes do passado, sobrevivesse aos desafios do futuro, entretanto, tudo dependeria muito de como os europeus responderiam aos não-europeus, em seu meio e ao longo das suas divisas. Nos anos turbulentos do início do século XXI, a questão permanecia em aberto.

No amanhecer da era nacionalista, 170 anos antes, o poeta alemão Heinrich Heine tinha estabelecido uma distinção reveladora entre dois tipos de sentimento coletivo: "Nós [os alemães]", ele escreveu:

> recebemos ordens para nos tornar patriotas, e nos tornamos patriotas, pois fazemos tudo o que os nossos governantes nos mandam fazer. Entretanto, não devemos comparar esse tipo de patriotismo à emoção que recebe o mesmo nome aqui na França. O patriotismo de um francês significa que seu coração arde e, com tal ardor, o órgão se expande a tal ponto que o amor abraça não apenas o parente mais próximo, mas toda a França, todo o mundo civilizado. O patriotismo de um alemão significa que seu coração se contrai e encolhe, como couro no frio, e o alemão, por conseguinte, odeia tudo o que é estrangeiro, e já não quer se tornar cidadão do mundo, um europeu, mas apenas um alemão provinciano.

A França e a Alemanha, é claro, já não eram as referências críticas. Mas a escolha proposta por Heine, de duas modalidades de patriotismo, remete, diretamente, à condição européia contemporânea. Se a Europa que surgia procedesse a uma guinada "germânica", contraindo-

[12] Na Europa, mas não nos Estados Unidos. Em pesquisas internacionais realizadas no final do século XX, o número de norte-americanos que se diziam "muito orgulhosos" de seu país excedia 75%. Na Europa, apenas irlandeses e poloneses demonstravam ardor patriótico comparável; em outras regiões, o número de "muito orgulhosos" variava entre 49% (entre os letões) e 17% (entre os ex-alemães ocidentais).

se, como couro no frio, num provincianismo defensivo — algo sugerido pelos plebiscitos realizados na França e na Holanda, na primavera de 2005, quando as respectivas maiorias rejeitaram a proposta da "Constituição européia" —, a oportunidade seria perdida, e a União Européia jamais iria além das suas origens funcionais, jamais passaria do somatório e do fator comum mais elevado relativo aos interesses estanques dos seus diversos membros.

Mas, se o patriotismo europeu pudesse encontrar um meio de superar a si mesmo, de captar o espírito da França idealizada por Heine, expandindo-se para "abraçar todo o mundo civilizado", então algo a mais seria possível agora. O século XX — o século dos EUA — testemunhara o mergulho da Europa no abismo. A recuperação do Velho Continente foi um processo lento e incerto. Sob determinados aspectos, jamais se completaria: os EUA teriam o maior Exército e a China fabricaria mais produtos, a preços mais baixos. Contudo, nem os EUA nem a China dispunham de um modelo útil a ser universalmente copiado. Apesar dos horrores do passado recente — e, em grande medida, por causa desses horrores —, eram os *europeus* que agora se encontravam em condições de oferecer ao mundo alguns conselhos sobre como evitar a repetição dos erros por eles próprios cometidos. Pouca gente poderia prever tal condição sessenta anos antes, mas o século XXI talvez seja da Europa.

Epílogo

Da Casa dos Mortos

ENSAIO SOBRE A MEMÓRIA EUROPÉIA MODERNA

"O problema do mal será o grande problema da vida intelectual da Europa no pós-guerra — assim como a morte se tornou o grande problema depois da última guerra."
Hannah Arendt (1945)

"Esquecer, eu diria, inclusive, o erro histórico, é fator crucial na criação de uma nação; portanto, o progresso do estudo da História é muitas vezes um risco à identidade nacional [...]. A essência de uma nação é o fato de os indivíduos terem muito em comum, e também o fato de terem esquecido muitas coisas."
Ernest Renan

"Todo o trabalho histórico sobre os eventos deste período terá de ser realizado ou considerado em relação aos eventos ocorridos em Auschwitz [...]. Aqui, todo historicismo chega ao limite."
Saul Friedlander

Para os judeus, concluiu Heinrich Heine, o batismo é o "ingresso para se entrar na Europa". Mas tratava-se, então, de 1825, quando o preço do ingresso no mundo moderno correspondia ao abandono de um legado opressivo de diferença e isolamento judaicos. Hoje, o preço do ingresso para se entrar na Europa mudou. Numa mudança irônica, que Heine — com suas insinuações proféticas de "tempos selvagens e sombrios, ribombando em nossa direção" — teria apreciado melhor do que ninguém, os que desejam se tornar europeus plenos no início do século XXI precisam, primeiramente, assumir um legado novo e bem mais opressivo. Hoje, a referência européia relevante já não é o batismo. É o extermínio.

O reconhecimento do Holocausto é o nosso ingresso para a Europa. Em 2004, o presidente Kwasniewski, da Polônia, na tentativa de pôr um ponto final num capítulo doloroso do passado polonês e alinhar a Polônia com seus parceiros da UE, reconheceu, oficialmente, o sofrimento dos judeus poloneses durante a guerra, inclusive o extermínio de judeus pelas mãos dos próprios poloneses. No ano seguinte, até o sociável presidente Iliescu, da Romênia, para atender à ambição do país de se filiar à União Européia, foi obrigado a admitir algo que tanto ele quanto seus colegas negavam com veemência havia muito tempo: que a Romênia também fizera o seu papel na destruição dos judeus da Europa...

É certo que há outros critérios para se participar plenamente da família européia. A insistência da Turquia em negar o "genocídio" da sua população armênia, em 1915, será um empecilho à candidatura do país à União Européia, assim como a Sérvia continuará a penar à porta da Europa até que a classe política local assuma a responsabilidade pelos extermínios em massa e outros crimes praticados durante as guerras iugoslavas. Mas o motivo pelo qual esses tipos de crime contêm hoje tamanho peso político — e o motivo pelo qual a "Europa" arrogou a si a responsabilidade de zelar para que tais crimes sejam levados a sério e de definir como "europeus" as pessoas que os levam a sério — é que esses crimes são exemplos parciais (no caso, respectivamente, antes e após o fato) do crime *fundamental*: a tentativa de um grupo de europeus de exterminar todos os membros de outro grupo de europeus, aqui, em solo europeu, num tempo que ainda pertence à memória viva.

A "Solução Final de Hitler para o problema judaico" na Europa não é apenas fonte crucial da jurisprudência internacional do pós-guerra — "genocídio" ou "crimes contra a humanidade". O conceito também afere a postura moral (e, em alguns países europeus, a postura legal) dos que o julgam. Negar ou subestimar o *Shoah* — o Holocausto — é se colocar fora dos limites do discurso público civilizado. É por isso que políticos tradicionais evitam, ao máximo possível, a companhia de demagogos como Jean-Marie Le Pen. Hoje, o Holocausto é bem mais do que apenas um fato inegável sobre um passado que os europeus já não podem ignorar. No momento em que a Europa se prepara para deixar para trás a Segunda Guerra Mundial — no momento em que os últimos memoriais são inaugurados, os últimos ex-combatentes e vítimas homenageados —, a memória resgatada dos judeus mortos na Europa tornou-se a garantia da humanidade restaurada do continente. Nem sempre foi assim.

Nunca foi mistério o que ocorreu com os judeus da Europa. O fato de que cerca de 6 milhões deles tinham sido exterminados durante a Segunda Guerra Mundial já era aceito amplamente poucos meses após o fim do conflito. O punhado de sobreviventes, quer nos campos de deslocados de guerra, quer nos seus países de origem, era um testemunho implícito do número de mortos. Dos 125 mil judeus removidos da Áustria, 4.500 voltaram depois da guerra. Na Holanda, onde havia 140 mil judeus antes da guerra, 110 mil foram deportados — dos quais menos de 5 mil retornaram. Na França, dos 76 mil judeus (em sua maioria nascidos no exterior) deportados entre 1940 e 1944, menos de 3% sobreviveram. Mais a leste, os números são ainda piores: na Polônia, de uma população de mais de 3 milhões de judeus, 97,5% foram dizimados. Na própria Alemanha, em maio de 1945, restavam apenas 21.450 dos 600 mil judeus que viviam no país.

Os que regressaram não foram exatamente bem-vindos. Depois de anos de propaganda anti-semita, as populações locais, em toda parte, não apenas se mostravam inclinadas a culpar os "judeus", no sentido abstrato, por qualquer sofrimento, como também lamentavam constatar a volta de homens e mulheres cujos empregos, bens e apartamentos tinham sido roubados por essas mesmas populações. Em Paris, no 4° arrondissement, em 19 de abril de 1945, centenas de pessoas protestaram quando um judeu deportado, de volta à cidade, tentou recuperar a posse do seu apartamento (já ocupado). Antes de ser disperso, o protesto quase degenerou em violência, com a multidão gritando: "*La France aux français!*" O respeitável filósofo católico francês Gabriel Marcel, sem dúvida, não teria recorrido a esse tipo de linguagem, mas não se envergonhou de escrever, alguns meses depois, no periódico *Témoignage Chrétien*, que "os judeus" tinham a "presunção" e o ímpeto de "tomar conta de tudo".

Não é de surpreender que a futura ministra do governo francês, Simone Weil, escrevesse, ao voltar de Bergen Belsen: "Tínhamos a sensação de que nossa vida nada valia; e o pior é que éramos tão poucos." Na França (assim como na Bélgica), membros da Resistência que haviam sobrevivido à deportação e agora retornado foram tratados como heróis: os salvadores da honra da pátria. Mas os judeus deportados não por questões políticas, mas raciais, não podiam servir a tais propósitos. Seja como for, De Gaulle (a exemplo de Churchill) se mostrou estranhamente cego diante da especificidade racial das vítimas de Hitler, entendendo o nazismo no contexto do militarismo prussiano. Em Nuremberg, o promotor francês François de Menthon não se sentia à vontade com o próprio conceito de "crimes contra a humanidade" — preferia a expressão "crimes contra a paz" — e, durante todo o julgamento, não fez qualquer referência à deportação ou ao assassinato dos judeus.[1]

Quase três anos depois, em 11 de janeiro de 1948, um editorial do *Le Monde*, intitulado "Os Sobreviventes dos Campos de Extermínio", conseguiu aludir de modo tocante a "280 mil deportados, 25 mil sobreviventes", mas sem mencionar uma única vez a palavra "judeu". De acordo com uma legislação aprovada em 1948, o termo "*déportés*" só podia ser aplicado a cidadãos franceses ou residentes deportados por razões políticas ou por resistir às forças de ocupação. Não se fazia qualquer distinção quanto ao campo para onde a pessoa era enviada, nem ao destino que lhe era reservado após a chegada. Por conseguinte, crianças judias trancafiadas em trens e despachadas para Auschwitz para morrer na câmara de gás constavam dos documentos oficiais como "deportados políticos". Com uma ironia mordaz, embora não intencional, essas crianças, na maioria filhos e filhas de judeus nascidos no exterior e que haviam sido separados dos pais à força, por ação de policiais franceses, seriam homenageadas em documentos e placas, por terem "morrido pela França".[2]

Na Bélgica, partidos católicos integrantes do primeiro Parlamento no pós-guerra protestaram contra a idéia de pagar qualquer indenização a "judeus detidos por simples razão racial" — a maioria dos quais, insinuava-se, atuava no mercado negro. Com efeito, na Bélgica, a exclusão dos judeus de qualquer benefício no pós-guerra foi levada mais adiante. Visto que 95% dos judeus deportados do país eram estrangeiros ou apátridas, uma lei aprovada no pós-guerra estabeleceu que — a menos que tivessem lutado em movimentos organizados de resistência — judeus sobreviventes com paradeiro na Bélgica depois da guerra não teriam direito a qualquer tipo de assistência pública. Em outubro de 1944, as autoridades belgas designaram, automaticamente, nacionalidade "alemã" a todo sobrevivente judeu que se encontrasse no país e que não pudesse comprovar cidadania belga. Teoricamente, o procedimento abolia as diferenças "raciais" observadas durante o conflito — mas também transformava ju-

[1] O promotor norte-americano, Telford Taylor, posteriormente, se disse impressionado com o fato, mas admitiu que, à época, não se deu conta — admissão das mais reveladoras. Ver Telford Taylor, *The Anatomy of the Nuremberg Trials* (A anatomia dos julgamentos de Nuremberg) (Nova York, 1992), p. 296.

[2] Na cidade de Pithiviers, perto de Orléans, onde crianças judias arrebanhadas em Paris eram mantidas até serem despachadas para o leste, foi construído um monumento, em 1957, com a seguinte inscrição: "*A nos déportés morts pour la France.*" Somente em 1992 a municipalidade local afixou uma nova placa, mais correta, embora menos reconfortante, onde se lê: "Em memória de 2.300 crianças judias detidas no campo de Pithiviers, de 19 de julho a 6 de setembro de 1942, antes de serem deportadas e exterminadas em Auschwitz."

deus sobreviventes em inimigos estrangeiros que podiam ser detidos e cuja propriedade seria confiscada (e só devolvida em janeiro de 1947). Essas decisões tinham, ainda, o benefício de marcar esses judeus para uma eventual devolução à Alemanha, agora que já não estavam sob a ameaça do nazismo.

Na Holanda, onde segundo o jornal da Resistência holandesa, *Vrij Nederland*, os próprios nazistas se espantaram com a disposição com que cidadãos e líderes civis locais colaboraram na sua própria humilhação, os poucos judeus que regressaram não foram, absolutamente, bem-vindos. Uma judia, Rita Koopman, lembra-se de ter sido assim recebida: "Muitos de vocês voltaram. Agradeçam por não terem ficado aqui — sofremos muita fome!" É verdade que os holandeses sofreram imensamente no "Inverno de Fome", entre 1944-1945, e as tantas casas desocupadas pelos judeus deportados, principalmente em Amsterdã, serviram de valioso estoque de lenha e outros materiais. Contudo, durante a guerra, apesar da entusiasmada cooperação da burocracia holandesa com o esforço de identificação e caça aos judeus no país, no pós-guerra, as autoridades — com a consciência tranqüila — não se sentiram na obrigação de oferecer qualquer tipo de indenização aos judeus. Em vez disso, numa atitude bastante autocomplacente, fizeram questão de se recusar a distinguir os cidadãos holandeses a partir de critérios raciais (ou quaisquer outros), e assim "congelaram" os judeus do país numa situação de anonimato e invisibilidade. Nos anos 50, os primeiros-ministros católicos da Holanda chegaram a se esquivar de contribuir com a construção de um monumento internacional, em Auschwitz, descartando a iniciativa como "propaganda comunista".

Na Europa Oriental, é claro, se admitir o sofrimento dos judeus era algo praticamente fora de cogitação, muito menos admissível era o pagamento de indenização. Nos primeiros anos do pós-guerra, os judeus da região se preocupavam, acima de tudo, em sobreviver. Em agosto de 1946, Witold Kula, polonês não-judeu, descreveu uma viagem de trem, de Lódz a Wroclaw, na qual testemunhou o escárnio anti-semita dirigido a uma família judaica: "O intelectual polonês médio não percebe que na Polônia de hoje um judeu não pode dirigir carro, não se arrisca a viajar de trem, não se atreve a mandar o filho numa excursão da escola; tampouco pode ir a locais remotos; prefere as grandes cidades e será imprudente se sair a caminhar à noite. Depois de seis anos de tormento, só mesmo um herói seria capaz de continuar a viver numa atmosfera dessas."

Após a derrota da Alemanha, muitos judeus no leste da Europa levaram adiante a estratégia de sobrevivência adotada durante a guerra: escondiam sua identidade judaica de colegas, vizinhos e até dos próprios filhos, esforçando-se ao máximo para se integrar ao mundo do pós-guerra e assumindo ao menos a aparência de uma vida normal. E isso não ocorreu apenas na Europa Oriental. Na França, embora novas leis proibissem a retórica abertamente anti-semita corrente na vida pública durante o período anterior à guerra, o legado de Vichy prevalecia. Os tabus da geração seguinte não haviam se instalado, e o comportamento que no futuro seria censurado ainda era aceitável. Conforme ocorrera nos anos 30, a esquerda não se mostrou imune. Em 1948, o parlamentar comunista Arthur Ramette apontou determinados políticos judeus de destaque — Léon Blum, Jules Moch, René Mayer — a fim de compará-los com parlamentares do seu próprio partido: "Nós, comunistas, só temos nomes franceses" (afirmação tão inconveniente quanto inverídica).

Em tais circunstâncias, para a maioria dos judeus da Europa, as opções pareciam extremas: partir (para Israel, depois que o país passou a existir, ou para os EUA, depois que este país abriu suas portas, em 1950) ou ficar calado e, na medida do possível, invisível. Por certo, muitos judeus tinham o ímpeto irresistível de falar, de testemunhar. Segundo suas próprias palavras, Primo Levi era impelido por uma "energia narrativa, absoluta e patológica" para escrever o que acabara de vivenciar. Mas o destino do próprio Levi é elucidativo. Quando, em 1946, Levi encaminhou *É Isto um Homem?*, relato de sua prisão em Auschwitz, à principal editora de esquerda na Itália, a Einaudi, o manuscrito foi rejeitado prontamente: a narrativa da perseguição e sobrevivência de Levi, a começar pela deportação como judeu e não como membro da Resistência, não condizia com os edificantes relatos italianos de oposição antifascista em nível nacional.

É Isto um Homem? foi publicado, então, por uma editora menor, com tiragem de apenas 2.500 exemplares — a maioria dos quais ficou encalhada num depósito em Florença, sendo destruída na grande enchente que se abateu sobre a cidade vinte anos depois. As memórias de Levi só foram publicadas na Grã-Bretanha em 1959, ocasião em que *É Isto um Homem?* vendeu apenas algumas centenas de exemplares (e a edição norte-americana, intitulada *Survival in Auschwitz* [Sobrevivência em Auschwitz] só começou a vender bem vinte anos depois). A Gallimard, editora de maior prestígio na França, durante muito tempo, declinou de adquirir qualquer escrito de Levi; somente após a morte deste, em 1978, seu trabalho e sua importância começaram a ser reconhecidos na França. Assim como não se falava do assunto, Primo Levi permaneceu calado durante vários anos. Em 1955, ele observou que se tornara "indelicado" falar dos campos de concentração: "Corre-se o risco de ser acusado de se fazer de vítima, ou de atentar contra o pudor." Giuliana Tedeschi, outra sobrevivente italiana de Auschwitz, faz a mesma observação: "Encontrei gente que não queria saber de coisa alguma, porque os italianos, afinal, também haviam sofrido, inclusive os que não tinham ido para os campos [...]. Costumavam dizer: 'Pelo amor de Deus, já acabou', e por isso fiquei calada durante muito tempo."[3]

Nem mesmo na Grã-Bretanha o Holocausto era discutido em público. Assim como para os franceses o campo de concentração representativo era Buchenwald, com seus bem organizados comitês de presos políticos comunistas, na Grã-Bretanha, o ícone do campo de concentração nazista não era Auschwitz, mas Bergen-Belsen (libertado por tropas britânicas); e os sobreviventes esqueléticos filmados e exibidos em noticiários da TV no fim da guerra nem sempre eram identificados como judeus.[4] Também na Grã-Bretanha, no pós-guerra, os judeus muitas vezes preferiam manter a discrição e guardar para si as próprias memórias. Escrevendo, em 1996, sobre sua infância inglesa na condição de filho de sobrevivente de campo de concentração, Jeremy Adler lembra-se que, embora em casa o Holocausto não fosse tabu, em outros locais o tópico era visto como inadequado: "Meus amigos podiam se gabar do pai

---

[3] Giuliana Tedeschi é citada por Nicola Caracciolo em *Uncertain Refuge: Italy and the Jews During the Holocaust* (Refúgio incerto: A Itália e os judeus durante o Holocausto) (University of Illinois Press, 1995), p. 121.

[4] Na Grã-Bretanha, no período pós-guerra, uma pessoa extremamente magra ou debilitada costumava ser descrita como alguém que "parece ter saído de Belsen". Na França, os castelos dos horrores em parques de diversão eram chamadas de "Buchenwald" — como incentivo ao voyeurismo.

ter lutado com Monty,[5] no deserto. As experiências do meu pai não podiam ser mencionadas. Até recentemente, tais experiências não eram reconhecidas. Na Grã-Bretanha, o ciclo — da repressão à obsessão — demorou quase cinqüenta anos para ser fechado".[6]

Em retrospecto, o que mais impressiona é o caráter universal do esquecimento. O Holocausto dos judeus foi apagado da mente não apenas em locais onde havia bons motivos para não se pensar nele — como na Áustria, digamos (cuja população correspondia a apenas um décimo do total da Alemanha antes da guerra, mas que proveu um em cada dois guardas lotados em campos de concentração), ou na Polônia; mas também na Itália — onde a maior parte da nação não tinha motivos para se envergonhar do Holocausto — ou na Grã-Bretanha, onde os anos da guerra eram vistos com orgulho e até com certa nostalgia. O rápido início da Guerra Fria também contribuiu, evidentemente.[7] Mas havia também outras razões. Para a maioria dos europeus, a Segunda Guerra Mundial nada teve a ver com os judeus (exceto pelo fato de estes terem sido culpados pela deflagração do conflito), e qualquer sugestão de que o sofrimento dos judeus deveria ocupar um lugar de honra causava profundo ressentimento.

O Holocausto era apenas uma das muitas coisas que as pessoas queriam esquecer: "No período de vacas gordas do pós-guerra [...] os europeus se protegeram detrás de uma amnésia coletiva" (Hans-Magnus Enzensberger). Entre concessões feitas a administradores fascistas e forças de ocupação, colaboracionismo com determinadas agências e governantes, humilhações pessoais, privações materiais e tragédias familiares, milhões de europeus tinham bons motivos para virar as costas ao passado recente, ou se valer de memória seletiva. O que o historiador francês Henry Rousso mais tarde denominaria "síndrome de Vichy" — a dificuldade, durante décadas, de se admitir o que de fato ocorrera durante a guerra, e o desejo irresistível de bloquear a memória, ou reconstruí-la de maneira a não corroer os frágeis elos da sociedade do pós-guerra — não foi, absolutamente, exclusividade da França.

Todos os países da Europa que foram ocupados desenvolveram a sua versão da "síndrome de Vichy". As privações sofridas pelos italianos durante a guerra, por exemplo, seja no país, seja nos campos prisionais, fizeram com que a atenção do público se desviasse do sofrimento que os próprios italianos haviam causado a outros povos — nos Bálcãs, por exemplo, ou nas colônias italianas na África. Os relatos de guerra que holandeses e poloneses construíram para

[5] General Bernard Montgomery. (N. da E.)

[6] Ver o *Times Literary Supplement* de 4 de outubro de 1996. Os judeus não foram os primeiros na Grã-Bretanha a optar por discrição no que dizia respeito ao Holocausto. Durante a guerra, o governo de Churchill decidiu não utilizar na propaganda contra a Alemanha informações sobre os campos de extermínio, com receio de que isso aumentasse o sentimento anti-semita — já bastante elevado em algumas áreas de Londres, conforme haviam registrado os relatórios de inteligência elaborados durante a guerra.

[7] Sobretudo nos EUA. Em 1950, a Comissão dos Deslocados de Guerra, instituída pelo Congresso, afirmou que "as unidades das Waffen-SS do Báltico devem ser consideradas separada e diferentemente, em termos de propósito, ideologia, atividades e qualificações, da SS alemã. Portanto, a comissão não as considera um movimento hostil ao governo dos Estados Unidos". As Waffen-SS do Báltico tinham sido uma das forças mais brutais e entusiasmadas em relação à tortura e ao extermínio dos judeus na Frente Ocidental; porém, dadas as novas circunstâncias da Guerra Fria, as Waffen-SS eram constituídas pelos "nossos" nazistas. Sou grato ao professor Daniel Cohen, da Universidade de Rice, por esta informação.

si mesmos haveriam de sustentar a auto-imagem nacional durante décadas — os holandeses, particularmente, enfatizando a imagem de nação que havia resistido, ao mesmo tempo que tentavam esquecer que 23 mil holandeses tinham se apresentado como voluntários para as Waffen-SS: o maior contingente da Europa Ocidental. Até a Noruega teve de engolir a lembrança de que, antes ou depois de abril de 1940, mais de um em cada cinco oficiais do país haviam aderido, voluntariamente, à Nasjonal Samling (Força Nacional) neonazista de Vidkun Quisling. Mas, enquanto libertação, resistência e deportações — e até derrotas heróicas, como Dunquerque ou o Levante de Varsóvia, em 1944 — podiam ser utilizadas na construção de mitos nacionais, no Holocausto nada havia de "útil".[8]

Na realidade, sob certos aspectos, era mais fácil para os *alemães* encarar e reconhecer a escala do crime por eles cometido. Não a princípio, é claro; já vimos como o processo de "desnazificação" fracassou. O ensino da História nos primórdios da República Federal parava no Império Guilhermino. Com a rara exceção de um estadista como Kurt Schumacher — que, já em junho de 1947, advertia seus compatriotas que melhor seria aprender logo a "falar de uma vez por todas a respeito dos judeus na Alemanha e no mundo" —, as figuras públicas germânicas, nos anos 40 e 50, evitavam qualquer referência à Solução Final. O escritor norte-americano Alfred Kazin observou o fato de que, para seus alunos, em Colônia, em 1952, "a guerra acabou. A guerra era um assunto evitado. Nenhuma palavra sobre a guerra era pronunciada por meus alunos". Quando os alemães ocidentais olhavam o passado, sua atenção se fixava nas lembranças do seu próprio sofrimento: pesquisas de opinião realizadas no final dos anos 50 revelaram que a imensa maioria dos entrevistados considerava a ocupação aliada no pós-guerra "a pior época de suas vidas".

Conforme alguns observadores já previam em 1946, os alemães conseguiram se distanciar de Hitler, esquivando-se de punição e responsabilidade moral ao oferecerem o Führer ao mundo como bode expiatório. De fato, era *considerável* o ressentimento diante do que Hitler havia causado — mas diante do mal que ele causara aos alemães, e não do mal que os alemães tinham causado aos outros. Na opinião de muitos alemães naqueles anos, atentar contra os judeus não tinha sido o maior crime de Hitler, mas o maior *erro*: numa pesquisa realizada em 1952, quase dois em cada cinco adultos na Alemanha Ocidental não hesitaram em informar aos pesquisadores que achavam "melhor" para a Alemanha não ter judeus em seu território.

Atitudes como essas eram facilitadas pela relativa ausência de "lembretes" das atrocidades nazistas; os nazistas tiveram o cuidado de situar os principais campos de extermínio longe do "Velho Reich". Não que a proximidade, em si, fosse o suficiente para despertar sensibilidade. O fato de Dachau ser subúrbio de Munique, cujo acesso se dava via ônibus urbano, não aumentou o entendimento quanto ao que se passava lá: em janeiro de 1948, o Parlamento da Bavária aprovou, por unanimidade, um projeto para que o local onde ficava o campo nazista se convertesse num *Arbeitslager*, campo de trabalho forçado para "elementos indolentes e anti-sociais". Conforme observou Hannah Arendt, ao visitar a Alemanha, em 1950: "Por toda parte percebe-se que não existe reação quanto ao que ocorreu, mas é difícil dizer se isso decorre da recusa intencional de lamentar o passado ou se é expressão autêntica de incapacidade emocional". Em 1955, um tribunal de Frankfurt absolveu um tal dr. Peters, gerente-geral de

---

[8] Exceto, logicamente, em Israel.

uma empresa que fornecia gás Zyklon-B para a SS, alegando "insuficiência de provas" de que o gás tinha sido empregado para matar deportados.

Ao mesmo tempo, entretanto, os alemães — singularmente na Europa — não podiam negar o que haviam feito com os judeus. Podiam evitar o assunto; podiam insistir no seu próprio sofrimento; podiam empurrar a culpa para um "punhado" de nazistas, mas não podiam se esquivar da responsabilidade e atribuir o crime de genocídio a outro povo. Até Adenauer, que publicamente se limitava a exprimir pesar pelas "vítimas" judaicas sem jamais apontar os algozes, foi obrigado a assinar o tratado de indenizações com Israel. E embora nem britânicos, nem franceses, nem mesmo seus compatriotas italianos demonstrassem interesse pelas memórias de Primo Levi, *O Diário de Anne Frank* (há que se reconhecer, trata-se de um documento mais acessível) iria se tornar o livro de bolso mais vendido na Alemanha, com mais de 700 mil exemplares até 1960.

O que deflagrou o autoquestionamento, conforme já vimos, foi uma série de julgamentos resultantes de investigações tardias de crimes cometidos pelos alemães na Frente Oriental. Tendo início em Ulm, em 1958, com processos contra membros de "Grupos de Intervenção" que operavam durante a guerra, seguidos pela detenção e condenação de Adolf Eichmann e culminando nos julgamentos de guardas de Auschwitz, realizados em Frankfurt, entre dezembro de 1963 e agosto de 1965, esses processos foram a primeira oportunidade, desde o fim da guerra, para os sobreviventes dos campos falarem em público de suas experiências. Ao mesmo tempo, a Lei da Caducidade (concedida à República Federal), que estabelecia o limite de vinte anos em caso de assassinato, foi estendida (mas ainda não suspensa).

Tal mudança de atitude foi movida, em grande parte, por uma onda de vandalismo antissemita registrada no final dos anos 50 e pelo acúmulo de evidências de que os jovens alemães ignoravam totalmente o Terceiro Reich: os pais nada lhes diziam, e os professores evitavam o assunto. Em 1962, dez *Länder* da Alemanha Ocidental anunciaram que, a partir de então, a história dos anos 1933-1945 — inclusive o extermínio dos judeus — seria conteúdo obrigatório em todas as escolas. A suposição inicial de Konrad Adenauer no pós-guerra foi, portanto, revertida: a saúde da democracia alemã agora exigia que o nazismo fosse lembrado, não esquecido. E, cada vez mais, focalizava-se o genocídio e os "crimes contra a humanidade", e não os "crimes de guerra", aos quais o socialismo nacional até então tinha sido associado. A nova geração se conscientizava da natureza — e da escala — das atrocidades nazistas. Revistas populares, como *Stern* e *Quick*, já não poderiam diminuir a magnitude dos campos de concentração, conforme o fizeram nos anos 50; tampouco poderiam elogiar os "bons" nazistas. Uma certa consciência pública da inadmissibilidade, da indecência do passado germânico recente começou a se consolidar.

Mas não se deve exagerar a dimensão da mudança. Na década de 1960, um chanceler da Alemanha Ocidental (Kiesinger) e um presidente da República Federal (Hans Lübke) eram ex-nazistas — contradição flagrante da auto-imagem da República de Bonn, devidamente registrada por jovens observadores, conforme vimos no Capítulo 12. E uma coisa era dizer a verdade sobre os nazistas, outra era admitir a responsabilidade coletiva do povo alemão, tema sobre o qual a maioria da classe política se mantinha calada. Além disso, enquanto o número de alemães ocidentais que acreditavam que Hitler teria sido um dos maiores estadistas da Alemanha "se não fosse a guerra" diminuiu de 48%, em 1955, para 32%, em 1967, este último índice (embora composto, predominantemente, por entrevistados idosos) era desanimador.

A verdadeira transformação ocorreu na década seguinte. Uma série de eventos — a Guerra dos Seis Dias, entre Israel e os árabes, em 1967; o chanceler Brandt ajoelhando-se diante do Memorial do Gueto de Varsóvia; o assassinato de atletas israelenses nas Olimpíadas de Munique, em 1972; e, finalmente, a transmissão da minissérie *Holocausto* pela televisão alemã, em janeiro de 1979 — contribuiu para situar os judeus e seu sofrimento no topo da lista de questões públicas na Alemanha. E entre esses eventos, a minissérie foi, de longe, o mais importante. Autêntico produto da televisão comercial norte-americana — história simples, personagens bidimensionais, narrativa estruturada para causar o máximo de impacto emocional —, a minissérie *Holocausto* (conforme observado no Capítulo 14) foi execrada e abominada por cineastas europeus, de Edgar Reitz a Claude Lanzmann, que a acusaram de transformar a história alemã em telenovela americana e de tornar acessível e compreensível algo que deveria permanecer indescritível e impenetrável.

Mas essas mesmas limitações explicam o impacto do programa. A minissérie foi transmitida para toda a Alemanha Ocidental, em quatro noites consecutivas, e teve uma audiência estimada em 20 milhões de telespectadores — bem mais da metade da população adulta. A transmissão coincidiu com o julgamento de ex-guardas do campo de extermínio de Majdanek: um lembrete aos telespectadores de que o assunto ainda não havia se esgotado. O impacto no público foi enorme. Cinco meses mais tarde, o *Bundestag* votou a suspensão da Lei da Caducidade em caso de assassinato (registre-se, porém, que o futuro chanceler Helmut Kohl votou contra a suspensão). A partir daquele momento, os alemães estariam entre os europeus mais bem informados acerca do *Shoah* e à frente de todos os esforços para preservar a consciência pública em relação ao crime cometido pelo país. Enquanto em 1968 apenas 471 escolas visitaram Dachau, no final dos anos 70 o número anual de visitas excedia 5 mil.

Saber — e reconhecer publicamente — o que os alemães tinham feito com os judeus quatro décadas antes foi um avanço considerável, mas situar essa questão na história da Alemanha e da Europa continua a ser um dilema, conforme o "embate dos historiadores" ocorrido nos anos 80 haveria de demonstrar. Alguns estudiosos conservadores, entre os quais o até então respeitado historiador Ernst Nolte, mostravam-se insatisfeitos com a insistência em se tratar Hitler, seu movimento e seus crimes como algo singular, *sui generis*. Se quisermos entender o nazismo, eles insistiam, precisamos situá-lo no seu tempo e lugar. Segundo Nolte, a ascensão do nacional-socialismo e de algumas de suas práticas mais grotescas foram, acima de tudo, uma reação ao bolchevismo: seguiram e, em certa medida, imitaram o exemplo da ameaça representada por Lenin e seus herdeiros. Isso não minimiza os crimes do nazismo, argumentou Nolte, em notório artigo publicado no *Frankfurter Allgemeine Zeitung*, em junho de 1986, mas sem o precedente bolchevique tais crimes não podem ser devidamente explicados. Chegara o momento de reconsiderar a era nazista, situando o Holocausto num quadro mais abrangente de genocídios modernos.

A reação a Nolte partiu, principalmente, de Jürgen Habermas, que — à semelhança de Enzensberger, Günter Grass e outros integrantes da "geração cética" — tinha idade suficiente para se lembrar do nazismo e, portanto, desconfiava profundamente de qualquer tentativa de "limitar" as responsabilidades germânicas. "Absurdo", Habermas respondeu a Nolte: a questão do nazismo não é "situá-lo" ou "historicizá-lo" — essa era, exatamente, a tentação à qual alemão algum teria o direito de ceder. O crime nazista — o crime germânico — era singular: singular em escala, singular em ambição, singular em sua malignidade insondável. No sentido pretendido por Nolte, a contextualização, somada à conseqüente e implícita relativização da responsabilidade alemã, era simplesmente proibida.

Mas a postura inabalável de Habermas estabeleceu um parâmetro que poucos compatriotas seus (inclusive historiadores, para quem comparação e contexto são a seiva vital da disciplina) poderiam seguir por muito tempo. O novo destaque do Holocausto no debate público alemão — culminando, nos anos 90, em abundantes demonstrações de remorso por erros do passado, com os alemães se rendendo ao que o escritor Peter Schneider chamou de "espécie de autodesprezo moralista" — não poderia durar indefinidamente. Pretender que cada nova geração de alemães vivesse para sempre oprimida pela sombra de Hitler, exigir que cada nova geração assumisse a responsabilidade pela memória da culpa germânica e fazer dessa culpa a própria medida da identidade nacional era o mínimo que se poderia pedir — mas era também querer demais.

Em outros locais da Europa Ocidental o processo de relembrar e admitir teve, primeiramente, de vencer ilusões autocentradas — processo que, de modo geral, envolveu duas gerações e várias décadas. Na Áustria — onde a minissérie *Holocausto* foi transmitida apenas dois meses após ter sido exibida na Alemanha, mas onde o impacto foi incomparavelmente menor —, somente quando transpareceu, em meados dos anos 80, que o presidente do país, Kurt Waldheim, participara da brutal ocupação da Iugoslávia pelas mãos da Wehrmacht durante a guerra, os austríacos (alguns deles) começaram a questionar seriamente (embora de modo limitado) o passado nazista do país. Na verdade, o fato de Waldheim ter sido Secretário-geral da ONU, sem que ninguém na comunidade internacional se desse o trabalho de examinar-lhe a ficha de guerra, alimentou as suspeitas de muitos austríacos de que estavam sendo avaliados segundo parâmetros bastante rigorosos. Afinal, no pós-guerra, a Áustria tivera um chanceler judeu (o socialista Bruno Kreisky), o que jamais acontecera com os alemães.

Mas ninguém esperava muito dos austríacos. A relação despreocupada destes com a história recente — ainda na década de 1990, quase dois austríacos em cada cinco ainda consideravam o país vítima de Hitler, e não cúmplice, e 43% dos austríacos achavam que o nazismo tinha "facetas boas e más" — tão-somente confirmava os seus próprios preconceitos e os preconceitos de terceiros.[9] Já no vizinho alpino da Áustria, a Suíça, a situação era outra. A partir de 1945, ao longo de quarenta anos, a Suíça teve passe livre em virtude do seu posicionamento durante a guerra. Não apenas foi esquecido que a Suíça envidara grandes esforços para impedir a entrada de judeus no país, como também, na ficção popular e em filmes, o país era representado como refúgio seguro e acolhedor para qualquer perseguido que conseguisse

[9] Em outubro de 1991, após a profanação de túmulos no cemitério judeu de Viena, o Instituto Gallup realizou uma pesquisa entre os austríacos para identificar a atitude destes em relação aos judeus: 20% pensavam que "cargos de autoridade" não deveriam ser ocupados por judeus; 31% declararam que "não gostariam de ter um vizinho judeu" e 50%, na íntegra, concordaram com a afirmação de que "os judeus são responsáveis pela perseguição por eles sofrida no passado".

alcançar suas fronteiras. Os suíços se deleitavam com sua consciência tranqüila, a admiração e a inveja do mundo.

Na realidade, por volta de 1945, os suíços só haviam admitido a entrada de 28 mil judeus no país — 7 mil dos quais antes do início da guerra. Os refugiados que chegavam ao país durante o conflito não obtinham permissão de trabalho — eram sustentados com contribuições cobradas de judeus residentes e abastados. Somente em junho de 1944 as autoridades em Berna reconheceram oficialmente que a solicitação da Suíça (encaminhada a Berlim em outubro de 1938) — de que a letra "J" fosse estampada nos passaportes de todos os judeus alemães (para dificultar-lhes o ingresso na Suíça) — foi um ato de "intolerável discriminação racial". Se esse fosse o ponto máximo da má conduta suíça, não haveria muito que criticar — Londres e Washington jamais solicitaram qualquer identificação nos passaportes dos judeus, mas, em se tratando de amparar refugiados de origem judaica, os registros britânicos e norte-americanos nada têm do que se orgulhar. No entanto, os suíços foram muito mais longe.

Infelizmente, conforme ficou claro no decorrer de investigações oficiais conduzidas na década de 1990, a Suíça não apenas traficou ouro roubado e fez contribuições substanciais para o esforço de guerra germânico (ver Capítulo 3), mas bancos e seguradoras do país embolsaram grandes somas de dinheiro pertencente a correntistas judeus ou a beneficiários de apólices de seguro de vida de parentes executados. Num acordo secreto firmado com a Polônia comunista no pós-guerra — que só veio a público em 1996 —, Berna chegou a propor a transferência de contas bancárias de judeus poloneses mortos para as novas autoridades em Varsóvia, em troca de indenizações a serem pagas a instituições financeiras e empresas suíças expropriadas depois que os comunistas tomaram o poder.[10] Quando surgiu esse tipo de evidência, a reputação imaculada do país se desfez e, tão cedo, nenhum montante pago (de má vontade) nem "fundos destinados às vítimas" haverão de resgatar a boa imagem da Suíça. Em 13 de setembro de 1996, um editorial publicado no jornal alemão *Die Zeit* — observando que a Suíça, finalmente, fora encoberta pela "longa sombra do Holocausto" — cheirava forte a *Schadenfreude*. Mas era pura verdade.

A imagem nobre da Holanda durante a guerra — onde quase a totalidade da população teria "resistido" e se empenhado em obstruir os planos alemães — fora questionada e desacreditada bem antes, e por iniciativa local. Em meados dos anos 60, histórias da Segunda Guerra Mundial publicadas em edições de múltiplos volumes disponibilizavam bastante informação sobre *fatos*, no que dizia respeito à experiência da Holanda durante a guerra, inclusive à questão das deportações, mas evitavam detalhar o *quem*, o *como* e o *porquê* da catástrofe dos judeus. Seja como for, pouca gente leu esses compêndios. Porém, em abril de 1965, um historiador holandês — Jacob Presser — publicou a obra *Ondergang* (Decadência), o primeiro relato completo do extermínio dos judeus da Holanda; somente em 1965, 100 mil exemplares do livro foram vendidos, provocando uma torrente de interesse público pelo tema.[11] Em pouco tempo, o livro foi seguido por uma avalanche de documentários para a

---

[10] Os poloneses concordaram de bom grado — para tais propósitos, Varsóvia não via qualquer impedimento à definição de judeus como poloneses...

[11] Em 1968, *Ondergang* foi publicado em língua inglesa sob o título *The Destruction of the Dutch Jews* (A destruição dos judeus holandeses).

televisão, seriados sobre a ocupação durante a guerra — um destes, *De Bezetting* (A ocupação), iria ao ar durante duas décadas — e por uma mudança na postura oficial. Foi em 1965 que um governo holandês, pela primeira vez, contribuiu para o Memorial de Auschwitz — embora somente sete anos mais tarde a Holanda, finalmente, concordasse em pagar aos judeus deportados sobreviventes a pensão que desde 1947 era concedida a membros da Resistência e outras vítimas do nazismo.

Assim como no caso germânico, o que deflagrou o interesse holandês no passado oculto foram os julgamentos em Israel e na Alemanha no início dos anos 60. E na Holanda, tal qual em outros locais, os integrantes da geração do pós-guerra mostraram-se curiosos sobre a história recente e um tanto quanto céticos em relação às versões dos eventos que lhes haviam sido apresentadas — ou melhor, que não haviam sido apresentadas — pela "geração calada", isto é, a geração dos seus pais. As mudanças sociais dos anos 60 contribuíram para a derrubada do muro de silêncio oficial no que dizia respeito à ocupação: a quebra de tabus sociais e sexuais — que, em partes da Holanda, sobretudo em Amsterdã, teve implicações das mais perturbadoras para uma sociedade até então conservadora — acarretou desconfiança diante de outras práticas correntes e truísmos culturais. Para alguns grupos de leitores, o texto-base do Holocausto holandês — o diário de Anne Frank — passou a ser lido sob uma ótica bastante diferente: afinal, Anne e sua família foram entregues aos alemães pelos vizinhos holandeses.

No final do século, os anos entre 1940 e 1945 haviam se tornado o período mais estudado da história holandesa. Mas, embora a verdade sobre o papel dos holandeses na identificação, detenção, deportação e morte de seus compatriotas judeus tenha se tornado público nos anos 60, foi preciso mais tempo até que as implicações desse fato fossem assimiladas: somente em 1995 um chefe de Estado — a rainha Beatriz — reconheceu publicamente a tragédia dos judeus holandeses, durante uma visita a Israel. Talvez somente em meados dos anos 90, quando a força de paz da ONU integrada por holandeses permitiu, placidamente, que milícias sérvias caçassem e executassem 7 mil muçulmanos, em Srebrenica, a lição, finalmente, tenha sido aprendida. Um debate nacional, há tanto tempo adiado, sobre o preço que os holandeses pagaram por seu legado de ordem, cooperação e obediência pôde, afinal, ter início.

Em sua defesa, os holandeses — assim como belgas, noruegueses e italianos (depois de setembro de 1943) e a maioria do Leste Europeu ocupado — alegaram que, embora a cooperação de burocratas, policiais e outros com as autoridades das forças de ocupação fosse vergonhosa, a iniciativa sempre vinha de cima: dos alemães. Hoje isso já não consta como verídico, e em alguns locais — sobretudo em territórios como a Eslováquia ou a Croácia (ou a Hungria, nos últimos meses da guerra), onde governos fantoches implementavam os seus próprios projetos criminosos — a alegação jamais passou de meia-verdade. Porém, nas regiões ocupadas da Europa Ocidental, com uma importante exceção, não havia regimes popularmente acreditados, não havia governos nacionais legítimos em exercício de plena autoridade e, portanto, responsáveis por seus atos. Os alemães não poderiam ter feito o que fizeram na Noruega, na Bélgica ou na Holanda ocupada sem a colaboração da população local (no único país — a Dinamarca — onde tal colaboração não se deu, os judeus sobreviveram). Mas, em todos esses casos, eram os alemães que davam as ordens.

A exceção, obviamente, é a França. E é a torturante, há muito tempo renegada e incompleta memória do papel da França na guerra — do regime de Vichy e do ativo papel de cúmplice por ele desempenhado no projeto nazista, sobretudo quanto à Solução Final — que tem empanado todos os esforços da Europa no pós-guerra para confrontar a Segunda Guerra Mundial e o Holocausto. Não é que a conduta da França fosse a pior. É que a França era extremamente importante. Até 1989, Paris — por razões discutidas neste livro — ainda era a capital intelectual e cultural da Europa, talvez mais do que nunca, desde o Segundo Império. A França era, também, o Estado mais influente do Oeste Europeu continental, graças aos feitos de Charles de Gaulle, que reintroduziu o país nos salões do poder internacional. E foi a França — e estadistas franceses, instituições francesas e interesses franceses — que fez avançar, segundo a vontade francesa, o projeto de um continente unido. Enquanto a França não encarasse o passado, uma sombra haveria de pairar sobre a nova Europa — a sombra de uma mentira.

O problema de Vichy tem explicação simples. Em julho de 1940, o regime do marechal Pétain foi eleito pelo último Parlamento da Terceira República; tratava-se, portanto, do único regime do período da guerra que podia afirmar alguma continuidade, por mais espúria que fosse, com as instituições democráticas do período anterior à guerra. Ao menos até o final de 1942, a grande maioria de franceses e francesas considerava Vichy e suas instituições a autoridade legítima na França. E para os alemães, Vichy era uma grande conveniência — poupava-lhes o trabalho de instalar um dispendioso regime de ocupação num país de grande extensão, como a França, e lhes garantia tudo de que precisavam: aceitação da derrota, "indenizações de guerra", matérias-primas, mão-de-obra barata... e muito mais.

Ocorreu que Vichy fez mais do que acomodar a si e aos seus cidadãos à derrota da França e dirigir o país segundo as conveniências da Alemanha. Sob a liderança de Pétain e seu primeiro-ministro, Pierre Laval, a França deu início aos seus próprios projetos colaboracionistas: notoriamente, a adoção das "leis raciais", em 1940 e 1941, sem qualquer pressão por parte da Alemanha para fazê-lo, e do esquema segundo o qual as próprias autoridades francesas arrebanhariam a população judaica do país (a começar pelos muitos estrangeiros judeus que residiam na França), segundo cotas estabelecidas pelas autoridades nazistas, depois que a Solução Final foi implementada. Em conseqüência dessa bem-sucedida afirmação de autonomia administrativa francesa, a maioria dos judeus deportados da França jamais deparou com um uniforme estrangeiro até ser entregue aos alemães, para o transporte derradeiro até Auschwitz, partindo dos terminais ferroviários em Drancy (ao norte de Paris). Até aquele momento, tudo ficava a cargo dos próprios franceses.

Após a Libertação, apesar de toda a censura despejada sobre Pétain e seus companheiros, a contribuição do regime de Vichy ao Holocausto raramente foi invocada, e certamente não pelas próprias autoridades francesas no pós-guerra. Não foi apenas o fato de os franceses conseguirem isolar "Vichy" num canto da memória nacional, retirando o episódio de circulação. Simplesmente, os franceses jamais estabeleceram qualquer ligação entre Vichy e Auschwitz. Vichy havia traído a França. Colaboracionistas haviam cometido traição e crimes de guerra. Mas "crimes contra a humanidade" não faziam parte do léxico jurídico francês. Eram práticas dos alemães.

A situação ainda era essa vinte anos mais tarde. Quando este autor estudou a história da França, no Reino Unido, no final dos anos 60, a literatura acadêmica — bastante escassa — do período de Vichy quase não abordava a dimensão "judaica". Os estudos sobre Vichy, na França e em outros locais, tentavam estabelecer se o regime de Pétain era "fascista" ou "reacionário", e até que ponto o referido regime representava uma continuidade ou um rompimento com o passado republicano do país. E existia também uma respeitável escola de historiadores franceses que defendia a tese de que o "escudo" de Pétain tinha protegido a França de um processo de "polonização" — como se Hitler pretendesse tratar as conquistas ocidentais com a ferocidade bárbara com que castigou o Leste Europeu. E qualquer questionamento do mito de uma Resistência heróica, presente por todo o país, ainda era tabu — quer em historiografia, quer na vida nacional.

A única concessão que as autoridades francesas fizeram à mudança de estado de espírito observada no exterior ocorreu em dezembro de 1964, quando a Assembléia Nacional, tardiamente, incorporou a categoria de "crimes contra a humanidade" (definidos, pela primeira vez, pelos acordos de Londres, em 8 de agosto de 1945) à legislação francesa e os declarou imprescritíveis. Mas isso nada tinha a ver com Vichy. Era uma reação ao Julgamento de Auschwitz, que então transcorria em Frankfurt, e destinava-se a facilitar qualquer perseguição futura, em solo francês, a indivíduos (alemães ou franceses) envolvidos diretamente nos esquemas de extermínio montados pelos nazistas. O quanto ainda faltava para que se decidisse reabrir, oficialmente, a questão da responsabilidade *coletiva* da França ficou óbvio, em 1969, quando o governo proibiu a televisão francesa de transmitir *O Desgosto e a Piedade*, de autoria de Marcel Ophuls.

O filme de Ophuls, um documentário sobre a ocupação de Clermont Ferrand, na região central da França, durante a guerra, baseava-se em entrevistas gravadas com franceses, britânicos e alemães. O filme quase não tocava no Holocausto, e pouco falava de Vichy: o tema era a venalidade generalizada e o colaboracionismo diário praticados nos anos da guerra. Ophuls expunha o autocomplacente relato da Resistência construído no pós-guerra. Mas isso já era demais para as autoridades, no último ano da presidência de De Gaulle. E não apenas para as autoridades: quando, dois anos depois, o filme foi, finalmente, liberado, não para ser exibido em televisão nacional mas num pequeno cinema do Quartier Latin, em Paris, uma mulher de meia-idade teria dito, ao sair da sala de projeção: "Vergonhoso — mas o que se pode esperar? Ophuls é judeu, não é?"

Vale ressaltar que na França, singularmente, o avanço no que concerne ao enfrentamento honesto da história do período da Segunda Guerra resultou do trabalho de historiadores *estrangeiros*, dois dos quais — Eberhard Jäckel, na Alemanha, e Robert Paxton, nos EUA, cujos livros mais importantes foram publicados entre o final dos anos 60 e meados dos anos 70 — foram os primeiros a utilizar fontes alemãs para demonstrar até que ponto os crimes de Vichy foram cometidos por iniciativa francesa. Nenhum estudioso nativo sentia-se à vontade para abordar o tema: trinta anos após a Libertação da França, o sentimento nacionalista ainda se mostrava bastante aguçado. Ainda em 1976, ao tomar conhecimento dos detalhes de uma exposição cujo objetivo era homenagear as vítimas francesas de Auschwitz, o Ministère des Anciens Combattants (Ministério dos Ex-combatentes) solicitou algumas alterações — os nomes que constavam da lista "careciam da devida ressonância francesa".[12]

Tendo em vista a situação na França durante aqueles anos, é provável que esses sentimentos tivessem mais a ver com orgulho ferido do que com "simples" racismo. Até 1939, a França era uma grande potência internacional. Porém, em três décadas, o país sofreu uma derrota militar devastadora, uma ocupação humilhante, duas perdas coloniais sangrentas e vexatórias e (em 1958) uma mudança de regime que foi quase um golpe de Estado. *La Grande Nation* acumulava tantas perdas e humilhações desde 1914 que a atitude compensatória de afirmar a honra nacional em toda e qualquer ocasião se tornara profundamente arraigada. Episódios inglórios — ou piores que isso — eram despachados por um buraco na memória. Afinal, Vichy não era o único fato que os franceses queriam tanto deixar para trás — ninguém queria falar das "guerras sujas" na Indochina e na Argélia, muito menos da tortura praticada pelo Exército nesses locais.

A saída de De Gaulle pouco alterou esse contexto, embora uma geração mais jovem de franceses e francesas demonstrasse interesse reduzido em glória nacional e nenhum comprometimento pessoal com os mitos que cercavam a história recente da França. Sem dúvida, nos anos seguintes, os franceses se fizeram mais cientes do Holocausto e se mostraram mais sensíveis diante do sofrimento dos judeus, de modo geral — em parte, graças à indignação que se seguiu à notória entrevista coletiva concedida por De Gaulle, em 27 de novembro de 1967, depois da vitória de Israel na Guerra dos Seis Dias, quando o presidente francês se referiu aos judeus como "um povo seguro de si e dominador". E o documentário *Shoah*, de 1985, rodado pelo diretor francês Claude Lanzmann, causou um impacto dramático no público francês, apesar (ou talvez por isso) de abordar quase exclusivamente o extermínio dos judeus no Leste Europeu.

Mas, ainda que os historiadores franceses — no rastro dos colegas estrangeiros — agora estabelecessem que, inquestionavelmente, os indivíduos que governaram a França durante a guerra tinham sido responsáveis pelo destino dos judeus deportados do solo francês, a atitude oficial francesa jamais se alterou. Desde Georges Pompidou (que presidiu o país de 1969 a 1974), passando por Valéry Giscard d'Estaing (1974-1981) e chegando a François Mitterrand (1981-1995), a linha se manteve inalterada: o que fora feito pelo ou sob o regime de Vichy era problema de Vichy. O fenômeno Vichy ocorrera na França e fora produzido por alguns franceses, mas Vichy tinha sido um interlúdio autoritário na história da República francesa. Vichy, em outras palavras, não era a "França" e, portanto, a consciência pública do país se mantinha tranqüila.

O presidente Mitterrand (nascido em 1916), último chefe de Estado francês que vivenciou a guerra quando adulto, tinha motivos especiais para observar essa distinção artificiosa. Ex-servidor público que atuara em Vichy, Mitterrand, mais tarde, construiu a carreira política, em grande medida, ocultando os comprometimentos e as ambigüidades de sua própria biografia e projetando essas mesmas ambigüidades no país como um todo. Em ocasiões

[12] Ver Sonia Combe, *Archives interdites: Les peurs françaises face à l'histoire contemporaine* (Arquivos proibidos: Os medos franceses diante da história contemporânea) (Paris: Albin Michel, 1994), p. 14.

públicas, o presidente evitava, de propósito, qualquer referência a Vichy; e, embora nunca relutasse em falar do Holocausto de modo geral — fosse em Jerusalém, em 1982, ou na França, no qüinquagésimo aniversário do arrebanhamento de 12.884 judeus parisienses, levado a cabo em julho de 1942 —, jamais deixou escapar qualquer insinuação de que a França tinha contas a pagar.

O tabu que Mitterrand reforçou, encarnou e, sem dúvida, teria defendido até a morte foi, finalmente, quebrado (conforme tantas vezes ocorreu com essa questão) por uma série de julgamentos. Em 1994, após passar quase cinqüenta anos escondido, Paul Touvier — ativista da milícia de Vichy durante a guerra — foi preso e levado a julgamento, acusado do assassinato de sete judeus franceses, em Lyon, em junho de 1944. Touvier, em si, não era peixe grande: não passava de pequena engrenagem da máquina de Vichy e colaborador de Klaus Barbie, o chefe da Gestapo em Lyon capturado e julgado em 1987. Mas o processo de Touvier — e as provas que apontavam a colaboração das autoridades de Vichy com a Gestapo e o papel desempenhado por elas na deportação dos judeus — serviu como uma espécie de sucedâneo de outros julgamentos que jamais ocorreram: sobretudo o de René Bousquet, chefe de polícia em Vichy. A instauração de um processo contra Bousquet, que em 1942 negociou pessoalmente com autoridades alemãs a entrega de judeus, teria propiciado à França a oportunidade de encarar a verdade sobre Vichy. E não apenas sobre Vichy, pois no pós-guerra Bousquet viveu impune na França durante várias décadas, protegido por amigos em altos escalões — inclusive o próprio Mitterrand. Porém, antes de ser levado a julgamento, Bousquet foi convenientemente assassinado (por um "demente"), em junho de 1993.

Na seqüência da condenação de Touvier, e na ausência de Bousquet, o Judiciário francês, finalmente, reuniu coragem (após o falecimento de Mitterrand) para indiciar, prender e processar outra figura importante: Maurice Papon. Ex-ministro de Estado e chefe de polícia durante a gestão de De Gaulle, Papon fora secretário-geral da região administrativa de Bordeaux durante a guerra. O cargo era estritamente burocrático, e sua passagem por Bordeaux a serviço de Pétain em nada atrapalhou o sucesso da carreira de Papon como servidor público no pós-guerra. Todavia, enquanto estivera em Bordeaux, Papon havia autorizado a detenção e o envio dos judeus da região para Paris, de onde foram deportados. Em conseqüência de tal fato — agora definido pelas leis francesas como crime contra a humanidade —, Papon foi processado em 1997.

O julgamento de Papon, com seis meses de duração, não revelou novas provas — a não ser sobre ele próprio, que demonstrou impressionante falta de piedade ou remorso. E, obviamente, o julgamento foi realizado com cinqüenta anos de atraso, sendo tarde demais para punir o octogenário Papon por seus crimes, tarde demais para vingar as suas vítimas, tarde demais para salvar a honra do país. Diversos historiadores franceses, convocados a depor como especialistas, declinaram de comparecer. Sua função, insistiam eles, era relatar e explicar o que se passara na França cinqüenta anos antes, não utilizar tal conhecimento num processo criminal.[13] Contudo, o julgamento foi exemplar. Ficou evidenciado, de maneira conclusiva, que a tênue

[13] O professor Paxton, da Universidade da Columbia, que cerca de 25 anos antes dera início à investigação histórica dos crimes cometidos por Vichy (quando a maioria dos colegas franceses desenvolviam outros projetos), demonstrou uma visão menos monástica da sua missão profissional e prestou um depoimento importante.

distinção entre "Vichy" e "França", meticulosamente estabelecida por todos, de De Gaulle a Mitterrand, nunca existira. Papon era um francês que tinha servido ao regime de Vichy e à subseqüente República francesa, sendo que ambas as instâncias tinham pleno conhecimento das atividades do servidor na Prefeitura de Bordeaux e pouco se incomodaram com o fato.

E mais, Papon não agiu sozinho — na verdade, tanto o homem quanto as ações praticadas eram lugares-comuns. A exemplo de muitos outros, Papon assinou sentenças de morte de gente que ele sequer conhecia e cujo destino lhe era indiferente. O aspecto mais interessante do caso de Papon (e do de Bousquet, também) foi o porquê de terem sido necessários quase cinqüenta anos para que a França os localizasse — e por que, no final do século, a crosta de silêncio, finalmente, rachou. Muitas são as explicações, nem todas lisonjeiras para a classe política francesa, ou para a mídia nacional. Mas a passagem do tempo, somada à importância psicológica atinente ao final de uma era, talvez seja a explicação mais pertinente.

Enquanto esteve no governo, François Mitterrand encarnou a incapacidade nacional de falar abertamente sobre a vergonha que foi a ocupação. Com a saída de Mitterrand, tudo mudou. Seu sucessor, Jacques Chirac, tinha apenas 11 anos quando a França foi libertada, em 1944. Poucas semanas após assumir o poder, no 53° aniversário do já citado recolhimento de judeus parisienses, fato sobre o qual Mitterrand sempre procedera com discrição, o presidente Chirac quebrou um tabu de cinqüenta anos e, pela primeira vez, admitiu francamente o papel desempenhado pela França no extermínio dos judeus da Europa. Dez anos mais tarde, em 15 de março de 2005, no recém-inaugurado Museu do Holocausto, em Jerusalém, o primeiro-ministro de Chirac, Jean-Pierre Raffarin, declarou solenemente: "*La France a parfois été le complice de cette infamie. Elle a contracté une dette imprescritible qui l'oblige*" ("A França foi, por vezes, cúmplice dessa infâmia. Ela contraiu uma dívida imprescritível que a mantém sob obrigação").

No final do século XX, a centralidade do Holocausto na identidade e na memória da Europa Ocidental parecia garantida. É verdade que restavam alguns indivíduos e organizações — os "revisionistas" — que insistiam em demonstrar que o extermínio em massa dos judeus não poderia ter acontecido (embora tais revisionistas atuassem mais nos Estados Unidos do que na própria Europa). Mas esses indivíduos ficavam confinados às margens políticas — e a insistência na impossibilidade técnica do genocídio, involuntariamente, celebrava a própria enormidade do crime nazista. Entretanto, a amplitude com que os europeus agora reconheciam, ensinavam e memorizavam a perda dos judeus trazia consigo outros riscos.

Em primeiro lugar, havia sempre o perigo de um retrocesso. De vez em quando, até políticos alemães tradicionais expressavam frustração diante do peso da culpa nacional — já em 1969, o líder social-cristão bávaro Franz-Josef Strauss extravasara publicamente, o pensamento de que "um povo que alcançou tamanho sucesso econômico tem o direito de não mais precisar ouvir falar de 'Auschwitz'". Os políticos, evidentemente, têm os seus motivos.[14]

[14] Quando o presidente dos EUA, Ronald Reagan, em visita à Alemanha Ocidental, em 1985, foi aconselhado a evitar o cemitério militar de Bitburgo (onde há muitos túmulos de integrantes da SS) e, em vez disso, render homenagem a algum campo de concentração, o chanceler Kohl escreveu-lhe, advertindo que o ato "causaria sérios danos psicológicos aos sentimentos amigáveis que os alemães nutriam pelos Estados Unidos". Os norte-americanos cederam: Reagan visitou Belsen *e* Bitburgo...

O que talvez tenha sido mais indicativo de uma iminente guinada cultural foi o impulso generalizado, no princípio do século XXI, para se retornar à questão do sofrimento germânico, após anos de atenção às vítimas judaicas.

Artistas e críticos — entre os quais Martin Walser, contemporâneo de Habermas e voz literária influente na República Federal durante o pós-guerra — começavam a discutir um outro "passado não-mencionado": não o extermínio dos judeus, mas o outro lado da história recente da Alemanha, pouco reconhecido. Por que, perguntavam esses indivíduos, passados tantos anos, não devemos falar das cidades alemãs incendiadas, ou mesmo da verdade constrangedora de que a vida na Alemanha de Hitler (para os alemães) nada tinha de desagradável, ao menos até os últimos anos da Segunda Guerra? Por que devemos falar do que a Alemanha fez aos judeus? Já falamos disso há décadas; já se tornou rotina, hábito. A República Federal, em todo o mundo, é, declaradamente, uma das nações mais pró-judeus; por quanto tempo mais teremos (nós, alemães) de olhar para trás? Novos livros sobre os "crimes dos Aliados" — o bombardeio de Dresden, o incêndio de Hamburgo e o afundamento de navios de alemães refugiados durante a guerra (tema de *Passo de Caranguejo*, romance de Günter Grass publicado em 2002) — venderam muitos exemplares.

Em segundo lugar, o recente destaque do Holocausto nos relatos oficiais do passado europeu acarretava o perigo de um outro tipo de problema, pois a verdade mais desconcertante da Segunda Guerra Mundial foi que o que ocorreu com os judeus entre 1939 e 1945 importou menos para a maioria dos protagonistas do que as sensibilidades futuras gostariam que fosse o caso. Se, durante décadas, muitos europeus conseguiram ignorar o destino dos vizinhos judeus, não foi porque estivessem se roendo de culpa e reprimindo lembranças insuportáveis. Foi porque — exceto nas mentes de um punhado de nazistas veteranos — a questão central da Segunda Guerra Mundial não era os judeus. Mesmo para os nazistas, o extermínio dos judeus fazia parte de um ambicioso projeto de depuração e reassentamento racial.

A tentação compreensível de se ler a década de 1940 com base no conhecimento e nos sentimentos existentes meio século depois, portanto, incita a reescritura do relato histórico, situando o anti-semitismo no centro da história da Europa. De que outra maneira, afinal, haveremos de explicar o que se passou na Europa naqueles anos? Mas fazer isso é fácil demais — e, de certa maneira, reconfortante demais. Vichy foi aceitável para a maioria dos franceses após a derrota em 1940, por exemplo, não porque o povo francês gostasse de viver sob um regime que perseguia os judeus, mas porque a gestão de Pétain permitia aos franceses continuar vivendo numa ilusão de segurança e normalidade, com um mínimo de perturbação. O modo como o regime tratava os judeus era indiferente: os judeus não tinham grande importância. E, em grande medida, o mesmo se passava na maioria das regiões ocupadas.

Hoje em dia essa indiferença pode causar revolta — sintoma de que havia algo seriamente errado com a condição moral da Europa na primeira metade do século XX. E será correto lembrar que, em todos os países europeus, houve quem *percebesse* e tentasse vencer a indiferença dos seus concidadãos quanto ao que acontecia com os judeus. Mas, se ignorarmos essa indiferença e supormos que a maioria dos europeus vivenciou a Segunda Guerra Mundial tal e qual os judeus — como *Vernichtungskrieg*, guerra de extermínio —, então estaremos adquirindo mais um estrato de memória equivocada. Em retrospecto, "Auschwitz" é o fato mais importante para se saber da Segunda Guerra Mundial. Mas não era assim que as coisas pareciam à época.

Tampouco assim parecia no leste da Europa. Para os europeus orientais, tardiamente livres, depois de 1989, do peso da interpretação oficial que o comunismo conferia à Segunda Guerra, a preocupação ocidental com o Holocausto dos judeus, típica de *fin-de-siècle*, traz consigo implicações problemáticas. Por um lado, após 1945, a Europa Oriental tinha muito mais do que se lembrar — e se esquecer — do que a Europa Ocidental. Havia mais judeus na metade oriental do continente, e ali mais judeus foram mortos; a maior parte do extermínio ocorreu nessa região e um número bem maior de habitantes locais participou do morticínio. Por outro lado, no pós-guerra, as autoridades constituídas do Leste Europeu se esmeraram muito mais em apagar a memória pública do Holocausto. Não é que os horrores e os crimes de guerra na Frente Oriental fossem minimizados — ao contrário, eram repetidos pela retórica oficial e preservados em memoriais e livros escolares em todo lugar. É que os judeus não faziam parte do relato.

Na Alemanha Oriental, onde o ônus da responsabilidade pelo nazismo foi imputado, unicamente, aos herdeiros de Hitler — os alemães ocidentais —, o novo regime não pagou indenizações aos judeus, mas aos soviéticos. Em livros escolares da RDA, Hitler era apresentado como instrumento do capitalismo monopolista que se apoderava de territórios e provocava guerras para defender grandes interesses comerciais. O "Dia da Lembrança", inaugurado por Walter Ulbricht, em 1950, não homenageava as vítimas da Alemanha, mas os 11 milhões de "combatentes que tombaram lutando contra o fascismo de Hitler". Antigos campos de concentração localizados em solo da Alemanha Oriental — notadamente, Buchenwald e Sachsenhausen — foram convertidos, durante algum tempo, em "campos especiais de isolamento", destinados a prisioneiros políticos. Muitos anos mais tarde, depois que Buchenwald foi transformado em memorial, o livro de informações sobre o campo apontaria como objetivos do "fascismo alemão" a "destruição do marxismo, a represália pela perda da guerra e o terror contra todos os oponentes". No mesmo livreto, fotografias da rampa de seleção, em Auschwitz, tinham como legenda uma frase do comunista alemão Ernst Thälmann: "É sério o objetivo da burguesia de aniquilar o partido e toda a vanguarda da classe operária".[15] Tais palavras só foram retiradas depois da queda do comunismo.

Uma versão idêntica dos eventos podia ser constatada por toda a Europa comunista. Na Polônia, era impossível negar ou minimizar o que acontecera nos campos de extermínio em Treblinka, Majdanek e Sobibor. Mas alguns desses lugares já não existiam — os alemães tinham envidado esforços extraordinários para destruí-los, antes de fugir do avanço do Exército Vermelho. E onde as provas sobreviveram — como em Auschwitz, a poucos quilômetros de Cracóvia, a segunda maior cidade polonesa —, novos significados lhes foram atribuídos. Embora 93% do milhão e meio de pessoas mortas em Auschwitz fossem judeus, o museu ali estabelecido sob o regime comunista do pós-guerra listava as vítimas apenas por nacionalidade: poloneses, húngaros, alemães etc. É certo que os colegiais poloneses passavam

[15] Citado por Ian Buruma no artigo "Buchenwald", *Granta* 42, 1992.

diante das fotografias horrendas, viam os montes de sapatos, cabelos e óculos. Mas não lhes era informado que a maioria daqueles itens pertencia a judeus.

Evidentemente, havia o Gueto de Varsóvia, cuja vida e morte eram, de fato, lembradas no exato local onde o gueto existiu. Mas a revolta dos judeus, em 1943, foi ofuscada na memória polonesa pelo Levante de Varsóvia, protagonizado pelos próprios poloneses no ano seguinte. Na Polônia comunista, embora ninguém negasse o que os alemães tinham feito aos judeus, o assunto não era muito discutido. A "recaptura" da Polônia pelos soviéticos, somada à crença generalizada de que os judeus haviam acolhido e até facilitado a ocupação comunista, confundiu a lembrança popular da ocupação alemã. E, além disso, o sofrimento da Polônia durante a guerra diluiu a atenção local ao Holocausto judeu e, até certo ponto, com este competiu — o tema da "comparação de sofrimento" envenenaria as relações entre poloneses e judeus durante muitas décadas. A justaposição era sempre inadequada. Três milhões de poloneses (não-judeus) morreram na Segunda Guerra Mundial, índice proporcionalmente inferior ao registrado em regiões da Ucrânia, ou entre os judeus, embora seja um número absolutamente terrível. Havia, porém, uma diferença. Para os poloneses, era difícil sobreviver durante a ocupação alemã, mas, em princípio, era viável. Para os judeus, era possível sobreviver durante a ocupação alemã — mas, em princípio, inviável.

Onde regimes fantoches haviam colaborado com os chefes supremos nazistas, as vítimas foram devidamente homenageadas. Mas pouca atenção era canalizada ao fato de que a grande maioria dessas vítimas era composta por judeus. Havia categorias nacionais ("húngaros") e, principalmente, categorias sociais ("trabalhadores"), mas identidades étnicas e religiosas eram propositadamente evitadas. A Segunda Guerra Mundial, conforme já visto (Capítulo 6), foi rotulada e ensinada como um combate ao fascismo; a dimensão racista do conflito foi ignorada. Após 1968, o governo da Tchecoslováquia se deu o trabalho de fechar a Sinagoga Pinkus, em Praga, e encobrir com tinta as inscrições das paredes onde se liam os nomes dos judeus tchecos mortos no *Shoah*.

Ao reescrever a história recente da região durante o pós-guerra, as autoridades comunistas, sem dúvida, puderam contar com antigas reservas de sentimento anti-semita — motivo pelo qual as mencionadas autoridades se empenharam em suprimir evidências desse sentimento, mesmo em retrospecto (durante os anos 70, censores poloneses sempre proibiam alusões ao anti-semitismo verificado no país no período entre as duas guerras). Mas, se em retrospecto os europeus do leste prestavam menos atenção ao sofrimento dos judeus, não foi apenas por indiferença, ou por preocupação com a própria sobrevivência. Foi porque os comunistas, por seu turno, impuseram tanto sofrimento e injustiça que se criou uma nova camada de ressentimento e memórias.

Entre 1945 e 1989, o acúmulo de deportações, prisões, julgamentos forjados e processos de "normalização" tornou quase todos no bloco soviético perdedores, ou então cúmplices da perda de alguém. Muitos apartamentos, lojas e outras propriedades roubadas de judeus mortos ou alemães expulsos foram, alguns anos depois, novamente expropriados, em nome do socialismo; o resultado foi que, depois de 1989, a questão da indenização por perdas passadas se perdeu num emaranhado de datas. As pessoas deveriam ser indenizadas por perdas incorridas quando os comunistas tomaram o poder? E quem seriam os beneficiários, se as restituições fossem implementadas? Aqueles que se apossaram dos bens após a guerra, em 1945, e que voltaram a perdê-los poucos anos depois? Ou a restituição deveria ser feita aos herdeiros dos indivíduos cujos negócios e apartamentos tinham sido confiscados ou roubados entre 1938 e 1945? Qual seria a data-chave? 1938? 1939? 1941? Cada data apresentava definições politicamente sensíveis de legitimidade nacional ou étnica, bem como precedência moral.[16]

E ainda havia dilemas típicos da história interna do próprio comunismo. Deveriam os indivíduos que convidaram os tanques russos para esmagar o Levante da Hungria, em 1956, ou reprimir a Primavera de Praga, em 1968, ser indiciados por crimes? Logo em seguida às revoluções de 1989, muita gente achava que sim. Mas algumas das vítimas eram ex-líderes comunistas. Quem merecia a atenção da posteridade: desconhecidos camponeses eslovacos e húngaros expulsos de suas propriedades ou os burocratas comunistas que os expulsaram, mas que foram também vitimados poucos anos depois? Quais vítimas — quais memórias — teriam prioridade? Quem haveria de decidir?

A queda do comunismo, portanto, acarretou uma torrente de memórias amargas. As discussões acaloradas sobre como dispor dos arquivos secretos da polícia foram apenas uma dimensão do caso (ver Capítulo 21). O verdadeiro problema era a tentação de aniquilar a memória do comunismo, invertendo-a. O que antes fora oficialmente verdadeiro agora era totalmente desacreditado — tornando-se, por assim dizer, oficialmente falso. No entanto, esse tipo de quebra de tabu tem os seus riscos. Antes de 1989, todo anticomunista era tachado de "fascista". Mas se o "antifascismo" não passava de mais uma mentira comunista, era agora tentador ver com simpatia *todos* os anticomunistas até então desacreditados, inclusive os fascistas. Escritores nacionalistas que haviam atuado na década de 1930 voltaram à moda. Em diversos países, Parlamentos pós-comunistas aprovaram moções de elogio ao marechal Antonescu, da Romênia, ou a seus equivalentes, em outras regiões dos Bálcãs e da Europa Central. Execrados até recentemente como nacionalistas, fascistas e colaboracionistas do nazismo, esses indivíduos agora teriam estátuas erigidas em louvor ao heroísmo por eles demonstrado durante a guerra (o Parlamento romeno chegou a honrar Antonescu com um minuto de silêncio).

Com a retórica desacreditada do antifascismo, outros tabus caíram. O papel do Exército Vermelho e da União Soviética podia agora ser discutido sob um prisma diferente. Os recém-libertados Estados bálticos exigiam que Moscou reconhecesse a ilegalidade do Pacto Molotov-Ribbentrop e a destruição unilateral que Stalin causou à independência desses Estados. Os poloneses, finalmente (em abril de 1995), tendo conseguido que os russos admitissem que os 23 mil oficiais poloneses dizimados na Floresta de Katyn tinham sido mortos pela ação do Ministério do Interior da União Soviética, e não pela Wehrmacht, exigiam que os investigadores do Estado polonês tivessem pleno acesso aos arquivos russos. Até maio de 2005, nenhuma das duas exigências tinha sido atendida pela Rússia, e as lembranças continuavam a causar indignação.[17]

---

[16] Quando, em 1991, o Parlamento tcheco votou a favor da restituição de propriedade tomada após a guerra, os benefícios foram limitados, explicitamente, àquelas expropriadas depois de *1948* — com o intuito de excluir os alemães dos Sudetos expulsos entre 1945 e 1946, antes que os comunistas tomassem o poder.

[17] Sob o governo do presidente Putin, a Rússia continua a insistir que os Estados bálticos foram libertados pelo Exército Vermelho e, em seguida, aliaram-se, voluntariamente, à União das Repúblicas Socialistas Soviéticas.

Os russos, no entanto, tinham as suas próprias lembranças. Sob a ótica dos países-satélites, a versão soviética da história recente era claramente falsa, mas para muitos russos tal versão continha mais do que um pingo de verdade. A Segunda Guerra Mundial *foi* uma "Grande Guerra Patriótica"; os soldados e civis soviéticos *foram*, em números absolutos, as maiores vítimas do conflito; o Exército Vermelho liberou *sim* dos horrores do domínio germânico extensas regiões do Leste Europeu; e a derrota de Hitler *foi* motivo de plena satisfação e alívio para a maioria dos cidadãos soviéticos — e de outros também. Depois de 1989, muita gente na Rússia ficou perplexa diante da aparente ingratidão de nações antes consideradas fraternais, nações que em 1945 tinham sido libertadas do jugo alemão graças ao sacrifício das forças soviéticas.

Mas, apesar de tudo, a memória russa estava dividida. Na realidade, a divisão assumiu forma institucional, com duas organizações civis sendo criadas para promover relatos críticos diametralmente opostos do passado comunista do país. A Memorial foi fundada em 1987 por dissidentes liberais, com o objetivo de descobrir e publicar a verdade sobre a história soviética. As principais preocupações dos integrantes da organização eram o abuso dos direitos humanos e a importância de reconhecer o que tinha sido feito no passado, para evitar situações reincidentes no futuro. A Pamiat', criada dois anos antes, também se propunha a resgatar e honrar o passado (o nome da organização significa "memória", em russo), mas aí terminam as semelhanças. Os fundadores da Pamiat', dissidentes anticomunistas, mas nada liberais, pretendiam construir uma versão melhorada do passado russo: sanitizada das "mentiras" soviéticas, mas também livre de outras influências alheias à tradição russa, principalmente da influência "sionista". Em poucos anos, a Pamiat' se estendera, envolvendo-se na política nacional, manuseando a história esquecida e "distorcida" da Rússia como arma para repelir ataques "cosmopolitas" e intrusos.

Uma política de ressentimentos em relação ao passado — por mais que estes se diferenciassem entre si e fossem até contraditórios — constituiu o último elo entre o antigo centro soviético e seus domínios imperiais. Centro e periferia compartilhavam de mágoa porque a comunidade internacional lhes subestimava os sofrimentos e as perdas. E as vítimas do Gulag? Por que não foram contempladas com indenizações e homenagens, como as vítimas e os sobreviventes da opressão nazista? E os milhões para os quais a opressão nazista na guerra se transformou em opressão comunista no pós-guerra, sem qualquer intervalo perceptível? Por que o Ocidente prestou tão pouca atenção?

O desejo de nivelar o passado comunista e condená-lo na íntegra — ler tudo, de Lenin a Gorbatchev, como um conto de ditadura e crimes, uma narrativa contínua de regimes e repressão impostos por estranhos ou perpetrados em nome do povo por autoridades não-representativas — implicava outros riscos. Em primeiro lugar, tratava-se de uma prática histórica errônea que eliminava dos registros o entusiasmo e o comprometimento autênticos observados em décadas pregressas. Em segundo lugar, a nova ortodoxia tinha implicações políticas contemporâneas. Se os tchecos (croatas, húngaros ou qualquer outro povo), não tiveram participação ativa no lado obscuro do seu passado recente, se a história do Leste Europeu desde 1939 (ou, no caso da Rússia, de 1917 a 1991) era exclusivamente obra de terceiros, então o período como um todo se tornava uma espécie de parênteses no relato nacional, situação comparável ao lugar ocupado por Vichy na consciência francesa no pós-guerra, mas abrangendo um tempo bem mais longo e um arquivo ainda mais sombrio, repleto de memórias negativas. E as conseqüências seriam semelhantes: em 1992, durante o Festival de Cinema de Karlovy Vary, autoridades da Tchecoslováquia proibiram a exibição de um documentário da BBC sobre o assassinato de Reinhard Heydrich, ocorrido em Praga, em 1942, porque a película mostrava cenas "inaceitáveis" de tchecos apoiando o regime nazista durante a guerra.

Como resultado dessa reordenação pós-comunista da memória na Europa Oriental, o tabu relativo à comparação entre comunismo e nazismo começou a ruir. Na realidade, políticos e estudiosos passaram a insistir na comparação. No Ocidente, a justaposição era alvo de controvérsia. A questão não era o confronto direto entre Hitler e Stalin: pouca gente agora questionava a natureza monstruosa de ambos os ditadores. Mas a sugestão de que o comunismo — antes e depois de Stalin — deveria ser situado na mesma categoria que o fascismo ou o nazismo trazia consigo implicações constrangedoras para o passado do próprio Ocidente, e não apenas na Alemanha. Na visão de muitos intelectuais do Oeste Europeu, o comunismo era a variante fracassada de um legado progressista comum. Mas, para seus colegas do Centro e do Leste Europeu, o comunismo era a aplicação bem-sucedida das patologias criminais do autoritarismo do século XX, e assim deveria ser lembrado. A Europa podia estar unida, mas a memória européia permanecia profundamente assimétrica.

A solução ocidental para o problema das lembranças difíceis da Europa foi fixá-las, literalmente, em pedra. Já nos primeiros anos do século XXI, haviam surgido por toda a Europa Ocidental, de Estocolmo a Bruxelas, placas, memoriais e museus em homenagem às vítimas do nazismo. Em alguns casos, como já vimos, antigos locais foram, por assim dizer, "retocados", mas muitos eram novos. Alguns vislumbravam uma função flagrantemente pedagógica: o Memorial do Holocausto, inaugurado em Paris, em janeiro de 2005, reuniu dois locais já existentes: o Memorial do Mártir Judeu Desconhecido e o Centro de Documentação Judaica Contemporânea. Com um muro de pedra onde estão gravados os nomes de 76 mil judeus deportados da França para campos de extermínio nazistas, o Memorial do Holocausto faz reverberar tanto o Memorial do Vietnã, nos EUA, quanto — em escala bastante reduzida — as aspirações do Museu e Memorial do Holocausto em Washington, D.C., ou o Yad Vashem, em Jerusalém. Em sua grande maioria, essas instalações dedicam-se — em parte ou no todo — à memória do Holocausto: a mais impressionante delas foi inaugurada em Berlim, em 10 de maio de 2005.

A mensagem explícita desse recente conjunto de memoriais estabelece um contraste marcante com a ambivalência e a omissão de uma geração anterior de monumentos lapidados. O Memorial de Berlim, ocupando uma área de 19 mil metros quadrados ao lado do Portão de Brandemburgo, é o mais explícito de todos: longe de homenagear, ecumenicamente, as "vítimas do nazismo", a instalação se intitula Memorial dos Judeus Exterminados na Europa.[18] Na Áustria, jovens que por motivos ideológicos não quiserem prestar serviço militar podem

[18] O monumento não deixou de gerar controvérsia: além do grande número de pessoas que desaprovou a sua concepção abstrata, houve quem, a exemplo de Eberhard Diepgen, prefeito cristão-democrata da cidade, o criticasse por contribuir para a imagem de Berlim como "a capital do arrependimento".

trabalhar no *Gedenkdienst* (Serviço Comemorativo, criado em 1991), como estagiários e guias nas principais instituições relacionadas ao Holocausto. Não resta dúvida de que os europeus ocidentais — sobretudo os alemães — têm agora muitas oportunidades de confrontar a plenitude do horror do seu passado recente. Conforme o chanceler alemão Gerhard Schröder lembrou aos ouvintes, no 60° aniversário da libertação de Auschwitz: "A lembrança da guerra e do genocídio faz parte da nossa vida. Nada poderá alterar isso: essas lembranças fazem parte da nossa identidade."

Outros locais, entretanto, continuam sombrios. Na Polônia, onde o recém-criado Instituto da Memória Nacional se esforça para incentivar a investigação acadêmica de qualidade sobre temas históricos controversos, o arrependimento oficial pelo tratamento que o país dispensou à minoria judaica tem suscitado objeções veementes. Estas podem ser exemplificadas pela lamentável reação do vencedor do Prêmio Nobel da Paz e herói do Solidariedade, Lech Wałesa, à publicação, em 2000, do livro de Jan Tomasz Gross, *Vizinhos*, influente estudo realizado pelo historiador norte-americano de um massacre de judeus levado a cabo pelos vizinhos poloneses: em entrevista transmitida por rádio, Wałesa queixou-se de que Gross pretendia semear a discórdia entre poloneses e judeus. É um "escritor medíocre [...]. Um judeu que quer ganhar dinheiro".

A dificuldade de se incorporar a destruição dos judeus à memória contemporânea da Europa no período pós-comunista é bem ilustrada pela experiência da Hungria. Em 2001, o governo de Viktor Orbán instituiu o Dia da Lembrança do Holocausto — 16 de março (aniversário do estabelecimento do gueto, em Budapeste, em 1944, durante a guerra). Três anos depois, o sucessor de Orbán como primeiro-ministro, Péter Medgyessy, inaugurou o Centro e Memorial do Holocausto, numa casa de Budapeste onde, no passado, judeus ficavam detidos. No entanto, esse Centro do Holocausto costuma estar quase vazio, sendo o acervo visitado por um pequeno fluxo de visitantes — muitos dos quais são estrangeiros. Enquanto isso, do outro lado da cidade, os húngaros afluem à *Terrorhaza.*

A *Terrorhaza* (Casa do Terror), conforme o nome indica, é um museu dos horrores, onde é mostrada a violência oficial, a tortura, a repressão e a ditadura na Hungria, entre 1944 e 1989. Essas datas são significativas. Conforme apresentada aos milhares de colegiais e outros visitantes que percorrem celas policiais sombrias (reproduzidas no estilo do Museu Madame Tussaud) e câmaras de tortura e interrogatório que no passado funcionavam ali mesmo (a Casa do Terror fica na sede do antigo Serviço Secreto), a versão da história da Hungria contada na *Terrorhaza* não distingue entre os matadores que integravam o Partido da Cruz de Flechas, detentor do poder na Hungria de outubro de 1944 a abril de 1945, e o regime comunista instalado depois da guerra. No entanto, aos integrantes da Cruz de Flechas — e à chacina de 600 mil judeus húngaros, com a qual eles contribuíram ativamente — são destinadas apenas três salas. O restante do espaçoso edifício é dedicado a uma grande mostra de crimes do comunismo, amplamente ilustrada e decididamente sectária.

A mensagem nada subliminar da *Terrorhaza* é que o comunismo e o fascismo se equivalem. Mas eles *não* se equivalem: a apresentação e o conteúdo da Casa do Terror de Budapeste deixam bem claro que, aos olhos dos curadores do museu, o comunismo não apenas durou mais tempo, mas foi muito mais nocivo do que o nazismo que o precedeu. Para muitos húngaros da geração anterior, tal visão é plausível, pois coincide com a experiência vivida por eles. E tal mensagem é confirmada por legislação húngara aprovada no período pós-comunista que proíbe a exibição pública de *qualquer* representação do passado antidemocrático do país: não apenas a suástica e a cruz de flechas, mas também a estrela vermelha, bem como a foice e o martelo, antes onipresentes. Em vez de avaliar as distinções existentes entre os regimes representados por esses símbolos, a Hungria — segundo as palavras do primeiro-ministro Orbán, proferidas na inauguração da Casa do Terror, em 24 de fevereiro de 2002 — "bateu a porta na cara do doentio século XX".

Mas não é fácil fechar essa porta. A Hungria, a exemplo do restante da Europa Central e Oriental, ainda está exposta a contracorrentes.[19] Os mesmos Estados bálticos que exigem que Moscou reconheça que os tratou de maneira injusta têm se mostrado nitidamente morosos no questionamento de suas próprias responsabilidades: desde que conquistaram a independência, nem a Estônia, nem a Letônia nem a Lituânia abriram um processo sequer contra criminosos de guerra que sobrevivem em seu meio. Na Romênia — apesar de o ex-presidente Iliescu admitir a participação do país no Holocausto —, o Memorial das Vítimas do Comunismo e da Resistência Anticomunista, inaugurado em Sighet, em 1997 (com o apoio do Conselho da Europa), celebra diversos ativistas da Guarda de Ferro que atuaram antes e durante a guerra, bem como outros fascistas e anti-semitas romenos, agora "reciclados" como mártires da perseguição comunista.

Para justificar a insistência em "equivalência", os observadores que atuam no Leste Europeu apontam para o culto da "vítima" na política cultural contemporânea praticada no Ocidente. Estamos passando da história dos vencedores para a história das vítimas, eles afirmam. Muito bem, sejamos então coerentes. Mesmo que o nazismo e o comunismo tivessem propósitos totalmente distintos — mesmo que, segundo a formulação de Raymond Aron, haja "diferença entre uma filosofia cuja lógica é monstruosa e uma filosofia à qual pode ser atribuída uma interpretação monstruosa" —, tal constatação não ofereceria às vítimas grande consolo. O sofrimento humano não deve ser avaliado de acordo com os objetivos dos algozes. Segundo esse raciocínio, para os que ali são punidos ou mortos, um campo comunista não é melhor nem pior do que um campo nazista.

Comparativamente, a ênfase em "direitos" (e respectiva indenização) na jurisprudência internacional moderna e na retórica política propicia um argumento para os que pensam que *suas* agruras e perdas passaram despercebidas — e não foram compensadas. Na Alemanha, alguns conservadores, seguindo a deixa da condenação internacional à "limpeza étnica", retomaram as reivindicações das comunidades alemãs expulsas de suas terras no final da Segunda Guerra Mundial. Por que, perguntam eles, seriam aquelas pessoas consideradas vítimas menores? O que Stalin fez aos poloneses — ou, mais recentemente, o que Milošević fez aos

---

[19] Em março de 2004, 84 escritores húngaros, inclusive Péter Esterházy e György Konrád, desligaram-se do Sindicato Nacional dos Escritores em sinal de protesto diante da tolerância do sindicato em relação ao anti-semitismo. O motivo específico da saída foram os comentários do poeta Kornel Döbrentei, na seqüência da outorga do Prêmio Nobel de Literatura ao sobrevivente do Holocausto Imre Kertész. O prêmio, segundo Döbrentei, configurou "dinheiro dado por questão de consciência" para um autor que apenas alimentava o "gosto pelo terror", gosto esse demonstrado pela "sua própria minoria".

albaneses — não seria o mesmo que o presidente da Tchecoslováquia, Benes, fez aos alemães dos Sudetos depois da Segunda Guerra Mundial? Nos primeiros anos do novo século, em círculos respeitáveis, falava-se de construir em Berlim outro memorial: o Centro Contra Expulsões, um museu dedicado a todas as vítimas de limpeza étnica.

Essa recente deformação, que sugere que *todas* as formas de se fazer vítimas são comparáveis, e até intercambiáveis, e que portanto merecem lembranças equivalentes, suscitou vigorosa objeção por parte do último sobrevivente entre os comandantes do levante do Gueto de Varsóvia, Marek Edelman, quando este assinou uma petição, em 2003, opondo-se ao centro proposto. "Que tipo de lembrança? Será que eles sofreram muito? Sofreram porque perderam suas casas? Claro que é triste ser forçado a abandonar a própria casa e a própria terra, mas os judeus perderam suas casas *e* seus parentes. Expulsões causam sofrimento, mas existe muito sofrimento no mundo. Os doentes sofrem, mas ninguém constrói monumentos em sua homenagem" (*Tygodnik Powszechny*, 17 de agosto de 2003).

A reação de Edelman é um lembrete oportuno dos riscos que corremos ao exagerarmos o culto da homenagem — e ao substituirmos as vítimas pelos algozes enquanto foco de atenção. Por um lado, em princípio, não há limite para as memórias e experiências que merecem ser lembradas. Por outro, preservar o passado em edifícios e museus é também um modo de contê-lo e até esquecê-lo — relegando a terceiros a responsabilidade pela memória. Enquanto havia homens e mulheres cujas lembranças se baseavam em experiência própria, talvez a questão não fosse tão premente. Mas agora, conforme, aos 81 anos, Jorge Semprún fez lembrar aos companheiros, na ocasião do 60° aniversário da libertação de Buchenwald, em 10 de abril de 2005, "o ciclo da memória viva está chegando ao fim".

Mesmo que a Europa *pudesse*, de algum modo, se agarrar, indefinidamente, à memória viva de crimes cometidos no passado — objetivo que os memoriais e museus tentam, embora inadequadamente, alcançar —, isso pouco importaria. A memória é, naturalmente, controversa e sectária: a admissão de uma pessoa é a omissão de outra. E, enquanto guia do passado, a memória fica a desejar. A primeira Europa do pós-guerra foi construída, propositadamente, com base na "*des*memória" — no esquecimento como estilo de vida. No entanto, desde 1989, a Europa vem sendo construída com base num excedente de memória: na lembrança pública institucionalizada como fundação da identidade coletiva. A primeira construção não conseguiu resistir — tampouco poderá a segunda. Alguma medida de omissão e até esquecimento é condição necessária para a saúde cívica.

Fazer tal afirmação não significa defender a amnésia. Primeiramente, uma nação precisa se lembrar de algo, antes de poder começar a esquecer esse algo. Só depois que compreenderam Vichy como realmente foi, e não conforme haviam optado por lembrar, os franceses puderam deixar Vichy de lado e seguir adiante. O mesmo é verdadeiro em relação aos poloneses no que respeita à lembrança confusa da presença dos judeus que entre eles viviam. O mesmo será verdadeiro em relação à Espanha, que nos vinte anos subseqüentes à transição do país para a democracia manteve um véu tácito encobrindo a lembrança dolorida da Guerra Civil. O debate público sobre esse conflito e as suas conseqüências apenas inicia.[20] Somente depois que

[20] A última estátua de Franco, em Madri, foi removida, discretamente, no alvorecer de 17 de março de 2005, diante de uma centena de espectadores.

aceitaram e digeriram a enormidade do seu passado nazista — um ciclo de sessenta anos que compreendeu negação, educação, debate e consenso — puderam os alemães começar a conviver com tal passado, i.e., a deixá-lo para trás.

O instrumento da lembrança, em todos esses casos, não foi a memória em si mesma. Foi a *História*, nos dois sentidos: como passagem de tempo e como estudo profissional do passado — sobretudo este último. O mal, principalmente o mal na escala praticada pela Alemanha nazista, jamais pode ser lembrado satisfatoriamente. A própria enormidade do crime torna incompleto o ato de lembrar.[21] A implausibilidade inerente ao crime — a dificuldade de concebê-lo na tranqüilidade do retrospecto — é um convite à redução e até à negação. Impossível de ser lembrado como de fato foi, o crime se torna passível de ser lembrado equivocadamente. Contra *esse* assalto a memória, sozinha, é indefesa: "Somente o historiador, com sua paixão austera pelo fato e pela prova, elementos centrais à sua vocação, pode, efetivamente, atuar como sentinela."[22]

Ao contrário da memória, que afirma e reforça a si mesma, a História contribui para a desilusão do mundo. A maior parte do que a disciplina tem a oferecer é incômodo e até perturbador — motivo pelo qual nem sempre é politicamente aconselhável manusear o passado como um cassetete moral para espancar ou censurar um povo em conseqüência de pecados por ele cometidos. Mas a História precisa ser aprendida — e, periodicamente, reaprendida. Numa piada corrente na era soviética, um ouvinte telefona para a Rádio Armênia e pergunta: "É possível prever o futuro?" Resposta: "Sim, sem problema. Sabemos exatamente como será o futuro. Nosso problema é o passado: está sempre mudando."

E está mesmo — e não apenas em sociedades totalitárias. Contudo, a investigação e o questionamento rigorosos dos passados rivais da Europa — e do lugar ocupado por esses passados no entendimento coletivo que os europeus têm deles mesmos — têm sido uma das (não cantadas) realizações e fontes da unidade européia nas últimas décadas. Trata-se de uma realização, no entanto, que haverá de falhar, se não for incessantemente reiniciada. A bárbara história européia recente, o "outro" obscuro contra o qual a Europa no pós-guerra foi diligentemente construída, já escapa da memória dos jovens europeus. Na próxima geração, memoriais e museus estarão acumulando poeira — sendo visitados, como os campos de batalha da Frente Ocidental hoje em dia, apenas por aficionados e parentes.

Se em anos vindouros quisermos nos lembrar por que nos pareceu tão importante construir um determinado tipo de Europa a partir dos crematórios de Auschwitz, somente a História poderá nos ajudar. A nova Europa unida pelos signos e símbolos de seu terrível passado é uma façanha, mas será sempre devedora do passado. Se os europeus quiserem preservar esse elo vital, se o passado da Europa continuará a prover o presente da Europa de aconselhamento e propósito moral, o passado terá de ser *re*ensinado a cada nova geração. A "União Européia" pode ser uma resposta à História, mas jamais poderá ser um substituto.

---

[21] "Nós, os sobreviventes, não somos as verdadeiras testemunhas [...]. Nós somos [...] uma minoria anômala: somos aqueles que, graças às nossas omissões, aos nossos atributos ou à sorte, não afundamos. Os que o fizeram, os que se viram diante da Górgone, não puderam voltar para contar a história, ou voltaram mudos." Primo Levi, *The Drowned and the Saved* (Os afogados e os sobreviventes) (Nova York, 1988), p. 84.

[22] Yosef Hayim Yerushalmi, *Zakhor: Jewish History and Jewish Memory* (Zakhor: História judaica e memória judaica) (Seattle, 1982), p. 116.

Créditos das Fotografias

Primeira Parte

Página 1, superior (cadáveres em Bergen-Belsen): George Rodger/Time Life/Getty Images; inferior (vingança soviética, 1946): AKG Images.

Página 2, superior (julgamento de Mihailović, 1946): John Phillips/Time Life/Getty Images; inferior (vingança francesa, 1944): Bettmann/Corbis.

Página 3, superior (escassez de carvão, Londres, 1947): Harry Todd/Fox Photos/Getty Images; inferior (assistência social, Londres, 1946): Topical Press Agency/Getty Images.

Página 4, superior (carregamento de açúcar fornecido pelo Plano Marshall): Edward Miller/Keystone/Getty Images; centro (Plano Marshall, Grécia): Bettmann/Corbis; inferior (charge, URSS recusando o Plano Marshall): Alain Gesgon/CIRIP.

Página 5, superior (golpe tcheco, 1948): Bettmann/Corbis; centro (a Iugoslávia de Tito, 1948): Walter Sanders/Time Life/Getty Images; inferior (bloqueio de Berlim, 1948): AKG Images.

Página 6, superior (Schuman, Bevin e Acheson): Keystone/Getty Images; inferior (Stalin com uma menina): Wostok Press.

Página 7, superior (levante de Berlim, 1953): AKG Images; centro (julgamento de Rajk, 1949): Bettmann/Corbis; inferior (trabalhadores no *Gulag*, 1949-1953): Wostok Press.

Página 8, superior (Sartre em Leningrado, 1954): AFP/Getty Images; inferior (Aron na REL, 1952): Archives familiales, Raymond Aron, Rádio Europa Livre.

Segunda Parte

Página 1, superior (Kruschev na URSS): Wostok Press; centro (Nagy, Tildy e Maleter): AFP/Getty Images; inferior (construção do Muro de Berlim, 1961): AKG Images.

Página 2, superior (cartaz de Fassbinder): Ronald Grant Archive; inferior (Adenauer e o Muro de Berlim, 1961): AKG Images.

Página 3, superior (holandeses retirados da Indonésia, 1949): Magnum/Henri Cartier Bresson; inferior (prisioneiros franceses, Indochina, 1954): Gamma/J.C. Labbe Collection/Katz Pictures.

Página 4, superior (protesto, canal de Suez, 1956): ECPAD; centro (De Gaulle no poder, 1958): Loomis Dean/Time Life/Getty Images; inferior (cartaz da OSE): Alain Gesgon/CIRIP.

Página 5, superior (belgas deixando o Congo, 1960): Gamma/Keystone/Katz Pictures; inferior (charge do Império Britânico, de Vicky, 1962): Vicky/*Evening Standard* 6.12.1962/Centro de Estudo de Charges e Caricaturas, Universidade de Kent.

Página 6, superior (carro na Tchecoslováquia, 1959): Bettmann/Corbis; centro (carro na Grã-Bretanha e mulheres, 1960): Magnum/Bruce Davidson; inferior (Bardot na praia): George W. Hales/Getty Images.

Página 7, superior (planejamento urbano, Glasgow, 1953): Haywood Magee/Getty Images; centro ("juventude transviada", 1955): Popperfoto; inferior (Beatles, 1964): John Leongard/Time Life/Getty Images.

Página 8, superior (greve estudantil na França, 1968): Magnum/Bruno Barbey; centro (greve de trabalhadores italianos, 1969): Bettmann/Corbis; inferior (Primavera de Praga, 1968): Bettmann/Corbis.

Terceira Parte

Página 1, superior (cartaz de Baader-Meinhof): AKG Images; inferior (terroristas das Brigadas Vermelhas): Bettmann/Corbis.

Página 2, superior (terroristas do ETA, 1982): Magnum/Harry Gruyaert; inferior (crianças em Belfast, 1976): Davis Factor/Corbis.

Página 3, superior (trabalhadores imigrantes portugueses, França, 1970): J. Pavlosky/Rapho; inferior (mulheres italianas em marcha pelo divórcio, 1974): Contrasto/Katz Pictures.

Página 4, superior (Juan Carlos e Franco, 1971): Bettmann/Corbis; inferior (vendedora de jornal em Lisboa): Magnum/Jean Gaumy.

Página 5, superior (Brandt em Erfurt, 1970): AKG Images; inferior (Mitterrand e Thatcher, 1984): Bryn Colton/Assignments Photographers/Corbis.

Página 6, superior (João Paulo II na Polônia, 1979): Topham Picture Library; centro (Michnik em Gdansk, 1984): Wostok Press; inferior (Gorbatchev em Praga, 1987): Peter Turnley/Corbis.

Página 7, superior (trem com refugiados da Alemanha Oriental): Marc Deville/Gamma/Katz Pictures; centro (manifestação estudantil em Praga, 1989): Lubomir Kotek/AFP/Getty Images; inferior (Havel e Dubček, 1989): Chris Niedenthal/Time Life/Getty Images.

Página 8, superior (estátua de Lenin, Hungria, 1990): Wostok Press.

Quarta Parte

Página 1, superior (Ieltsin e Gorbatchev, 1991): Wostok Press; inferior (McDonald's em Moscou, 1990): Sergei Guneiev/Time Life/Getty Images.

Página 2, superior (conseqüências de Chernobyl, Bielo-Rússia): Magnum/Paul Fusco; centro (desastre do mar de Aral, 1997): Magnum/Francesco Zizola; inferior (manifestação na Ucrânia, 1991): Alain/Nogues/Sygma/Corbis.

Página 3, superior (pobreza cigana, Bucareste, 1996): Wostok Press; centro (comércio de sexo no Leste Europeu, 2002): Sasha Bezzubov/Corbis; inferior (OTAN em exposição na Hungria, 1997): Wostok Press.

Página 4, superior (comemoração na Sérvia, 1389-1989, em 1989): Wostok Press; centro (túmulos do massacre em Srebrenica): Danilo Krstanovic/Reuters; inferior (refugiados albaneses, 1999): David Brauchli/Getty Images.

Página 5, superior (Turquia e a UE, 2004): European Press Photo Agency/Kerim Okten; inferior (cartaz francês "Contra a UE"): Alternative Libertaire.

Página 6, superior (Haider, 1995): Viennareport/Sygma/Corbis; centro (Kjaersgaard, 1998): Dean Francis/Sygma/Corbis; inferior (Blair e a reforma do Serviço Nacional de Saúde, 2004): David Bebber/Reuters/Corbis.

Página 7, superior (marroquinos na Espanha, 2000): J. M. Bendich/Sygma/Corbis; inferior (imigrantes somalis na Itália, 1997): Magnum/John Vink.

Página 8, superior (Chirac numa comemoração): Jacques Langevin/Sygma/Corbis; inferior (Schröder numa comemoração): Arnd Wiegmann/Reuters.

Índice

Abandono de taxas de câmbio fixas, 457-58
Abbas, Ferhat, 294
Abetz, Otto, 82
Aborto, 379-80, 382-84, 760-61
Abraço ao Báltico, 639-40
Acampamentos, 349
Acheson, Dean, 143, 161-62, 167, 172, 263-64
Acordo das Quatro Potências, 261-62
Acordo de Schengen, 535, 708
Acordo do Benelux, 168
Acordo Geral sobre Tarifas e Comércio (GATT), 121
ingresso da Romênia, 435-36
participação da Espanha, 517-18
Acordos Blum-Byrnes, 243
Acordos de Dayton, 670-71
Acordos de Evian, 297
Acordos de Helsinque, 504-5, 565-67, 587-88
Acordos de Londres, 255
Acordos de Trieste, 256
Acordos firmados no pós-guerra, 115
acordos salariais inflacionários, 464
Adamec, Ladislas, 614-16
Adams, Gerry, 457, 472
Adenauer, Konrad, 73, 103, 260-61, 276-83, 311-12, 449-50, 634
como democrata-cristão, 94, 95, 276
como primeiro chanceler da Alemanha Ocidental, 160
indenizações aos judeus, 280-81
tratado de indenizações firmado com Israel, 796
Adler, Jeremy, 794
Administração das Nações Unidas para Auxílio e Restabelecimento (ANUAR), 35
auxílio à Iugoslávia, 153-54
fornecimento de gêneros alimentícios, 43
indenizações e assistência a reassentamentos, 42-43
Adolescentes, 354-57
Adorno, Theodor, 495
AELC. *Ver* Associação Européia de Livre Comércio
Afeganistão, invasão soviética, 551-52, 574, 582, 588-89. *Ver também* União Soviética
África do Sul, 306
África
colônias britânicas na, 124, 191, 287, 288, 296, 364
colônias francesas e, 128, 290, 291, 461
colônias portuguesas na, 288, 514
descolonização da, 296, 306-7
primeira independência conquistada na, 294
Agência Central de Inteligência, 234
Agência Nacional do Hidrocarboneto, 267-68
Agricultores/cultivo
como percentual do PIB, 334-35
condições no pós-guerra, 91-92, 312-13
declínio, 334-35
França, 312-13
percentual da população do Leste Europeu trabalhando na terra, 335
percentual da população do Oeste Europeu trabalhando na agricultura, 334
Política Agrícola Comum (PAC), 313-15
proprietário, 92
Agricultura. 312-15. *Ver também* Agricultores/cultivo
Akaev, Askar, 649
Akhmatova, Anna, 205-6
Akhromeiev, Sergei, 637
Albânia, 99, 504
como representante da China na Europa, 429, 435-36
discriminação e repressão, 671-74
estatísticas populacionais, 662-63
massacres de albaneses pelas mãos de Milošević,
reformas econômicas, 435
stalinismo nacional, 435
Albert, príncipe, 176
Albright, Madeleine, 673-75
alcoolismo, 373-74, 579, 590-91, 606
Alemanha
acordo entre os aliados ocidentais, 136
Alemanha Oriental. *Ver* Alemanha Oriental
anti-semitismo, 796
atividade industrial, 362-63
Bizona, 138
como centro da Europa, 750-51
como chave do futuro da Europa, 112-13
comunismo no pós-guerra, 73-74
Conselho Econômico da Bizona, 139
contribuição à OTAN, 253-54
crimes de ódio, 730-31
culpa diante do Holocausto, 805-6
decisões tomadas no pós-guerra, 136
dedicação a promover prosperidade, 284-85
destruição física, 30
disparidades econômicas regionais, 743-45
divisão, 125, 140-41, 252-53
estatística de imigração, 729
estratégia anglo-americana, 136-37
força após a Primeira Guerra Mundial, 18
indenizações de guerra, 137-38
ingresso na OTAN, 635
intelectuais, 215-16
judeus, 795-96
mapa da Alemanha e da Áustria no pós-guerra, 69
Memorial do Holocausto, 811
mercado negro, 101
milagre econômico, 362
muçulmanos, 730
necessidade de reconhecer o sofrimento, 805-7
nostalgia, 755-56

obediência, 284
Partido de Centro Católico, 94
Partido Nazista. *Ver* Alemanha Nazista
programa de reeducação e desnazificação, 70-75
punições aos criminosos de guerra, 68
rearmamento, 253-54, 281-82
reconhecimento do Holocausto, 795-98
recuperação, 99-100
República Federal da Alemanha. *Ver* Alemanha Ocidental
ressentimento contra Hitler, 809
reunificação, 611-12, 632-37
sentimento de dupla deserdação, 474-75
Setembro Negro, Olimpíadas de Munique, assassinato dos israelenses, 476-77
subsídios do setor público para as artes, 764
terrorismo revolucionário, 473-77
tratado de divisas no pós-guerra, 501-2
Tratado de Unificação, 633
Tratado sobre a Regulamentação Definitiva referente à Alemanha, 633
tratados para acabar com a ocupação, 254-56
União Democrática Cristã (UDC), 70-71
Alemanha nazista
bombardeios, 30
campos de prisioneiros de guerra, 33
como origem do milagre econômico, 362
contribuições feitas por terras ocupadas/conquistadas, 28
Holocausto. *Ver* Holocausto
países ocupados, 27-28
programa de reeducação e desnazificação, 70-75
resistência contrária, 47
Solução Final. *Ver* Holocausto
tratamento dispensado a europeus ocidentais, 31
tratamento dispensado a nações ocupadas, 53
Alemanha Ocidental
acordos diplomáticos firmados com o Leste Europeu, 501-3
ambientalistas, 496
americanização, 283
apoio à Alemanha Oriental, 608-9
armas nucleares, 282
atividades artísticas e culturais, 384
Bundesrat, 274
Bundestag, 274
Caso Spiegel, 422
censura ao cinema, 279-80
cinema Heimat, 283
comércio internacional, 333
compra de prisioneiros políticos, 572
conseqüência das relações com a Alemanha Oriental, 572
consumismo, 285
corporativismo, 275
criação, 158-59
crimes de assassinato imprescritíveis, 796, 797
descentralização de poder, 274-75
desempenho econômico comparado ao da Grã-Bretanha, 361-66
devoluções a judeus, 280-81
estabilização política, 274-85
estatística populacional, 338
estrutura parlamentar, 274-75
Facção do Exército Vermelho (FEV), 473-75
filmes nostálgicos, 283
financiamento de movimentos estudantis pela Alemanha Oriental, 425
geração dos anos 60 e interesse no Holocausto, 423
grupos religiosos, 274-75
identificação com os EUA, 422
ilusões do Partido Socialdemocrata, 608
incorporação à OTAN, 255-56
índice de desemprego, 461
ingresso na ONU, 502
integração de banidos, 40
intelectuais, 215-16, 421
intelectualidade radical, 422
jovens radicais, 425-26
Kommune I, 424
Länder, 384
Lei da Reforma da Previdência Social, 1957, 378-79
Lei dos Estrangeiros de 1965, 423-24
manifestações em Berlim contra o xá do Irã, 425
maoístas, 424
marco alemão, 158-59
movimentos estudantis, 423-26
Nova Esquerda, 425-26
oposição à Guerra do Vietnã, 423-24
organizações estudantis socialdemocratas, 424
participação na OTAN, 274
Partido Democrático Livre, 501
Partido Socialdemocrata, 276-78, 376-77, 499-501
Partido Verde, 496
partidos políticos, 275, 413-14
periódicos literários e políticos, 215-16
planejamento governamental, 84, 336-37
política e liberdade sexual, 424
política externa — Ostpolitik, 500-3, 572, 608
presença de estrangeiros de origem alemã, 278-79
privatizações, 556
produção industrial, 171-72
programa dos aliados ocidentais relativo à reeducação e à desnazificação, 70-73
promiscuidade adolescente, 424
questões domésticas, 279-80
rearmamento, 164, 165-66, 281-82
reconhecimento da Alemanha Oriental, 500-1
refugiados da Alemanha Oriental, 259-62
República de Bonn, 275
terrorismo revolucionário, 473-77
trabalhadores convidados, 342
trabalhadores estrangeiros, 461
União Democrática Cristã (UDC), 94, 275, 499-501
União Social Cristã (USC), 276
Vertriebene, 278-79
violência retórica dos comunistas, 231
visão sobre o ingresso na CEE, 311-13
visão sobre o nazismo, 421
Wirtschaftswunder, 274
Alemanha Oriental
abertura do Muro de Berlim, 611-12
ações visando à reunificação, 632-33
Aliança pela Alemanha, 632
apoio da Alemanha Ocidental, 608-9
aquiescência da Alemanha Ocidental, 633
atrativo para jovens radicais, 425
Bausoldaten, 573-74
burocracia de segurança, 688-90
colaboracionistas, 688-89
criação, 160

custeio de movimentos estudantis na Alemanha Ocidental, 425
demissão do governo, 611
deportações de dissidentes, 572-73
golpe de Estado, 611
informantes, 688-90
infra-estrutura, 637
ingresso nas Nações Unidas, 502
intelectuais, 215-16
jovens radicais, 425-26
legislação relativa a viagens, 611
libertação, 607-13
manifestações em Leipzig, 610-11, 612
manifestantes a favor de mudança, 610-11
marco, 159
movimento dissidente, 572-73, 612
movimento pela paz, 573-74
Neues Forum, 612, 613, 632
Partido da Unidade Socialista, 146-47
Partido de Dresden, 612
Partido do Socialismo Democrático, 612
Perestroika, 611
programa soviético de reeducação e desnazificação, 73-75
queda do comunismo, 607-13
reconhecimento do Holocausto, 807
refugiados para a Hungria, 609-10
refugiados para a Tchecoslováquia, 611
refugiados, 259-60, 261-62
remoção de registros oficiais, 636
revolução de 1989, 610-13
subsídios, 637
visita de Gorbatchev, 610
votação fraudulenta, 609
Alexandre I, tsar, 133
Alfa Romeo, 389, 556
Aliados ocidentais
assistência humanitária, 42
bombardeios, 30
desconfiança da União Soviética, 117-18
desconfiança em relação à União Soviética, 117-18
desconforto mútuo, 114-15
programa de reeducação e desnazificação, 70-72
rearmamento, 164-66
volta de cidadãos soviéticos, 44
Aliev, Gaidar, 649
Allende, Salvador, 561
Almodóvar, Pedro, 525-26
Althusser, Louis, 409-10
Alto Comissariado das Nações Unidas para os Refugiados, 46
Amalrik, Andrei, 575, 581-82
Amante de Lady Chatterley, O (Lawrence), 382-83
Ambientalismo, 493-99, 569-70
Amendola, Giorgio, 218-19
Amnésia coletiva, 75-76
Andreieva, Nina, 601-2
Andreotti, Giulio, 478-79
Andropov, Iuri, 324-25, 446-47, 449-50, 589-90
falecimento, 591-92, 609
Andrzejewski, Jerzy, 211
Angola, 288, 514, 515
Annan, Noel, 142
Antall, József, 628
Antiamericanismo, 287, 771-77
Anticomunismo, 117, 209-36
Anti-semitismo
alemão, 796
no Leste Europeu, 38, 42, 46, 194-200, 206-7, 792-93, 808
polonês, 38, 57
Antonescu, Íon, 59, 809
Antonioni, Michelangelo, 388-89, 394
apartheid, 306
Apátridas, 44
apátridas, 728. *Ver também* Deslocados de guerra
Apelo Krefeld, 588-89
Aposentadoria
custo do pagamento aos aposentados, 536-37
reduções na idade mínima, 536
Apprentice Boys' March, 472
Aragon, Louis, 235, 360
Arbour, Louise, 673-74
Arendt, Hannah, 328, 789, 796
Argélia, 230, 290, 293-97, 342, 461
Arjak, Nikolai, 430
Armas balísticas, 257, 258-59
Armas nucleares
Alemanha Ocidental, 282
atitude na Europa Ocidental em relação ao uso de armas nucleares, 587-89
balística, 258
britânicas. *Ver* Grã-Bretanha
Campanha pelo Desarmamento Nuclear (CDN), 264-65
Centro de Armas Atômicas de Aldermaston, 264-65
Estados Unidos. *Ver* Estados Unidos
francesas, 258-59
negociações entre Reagan e Gorbatchev, 597-99
nuclearização da Europa, 258-59
Tratado de Forças Nucleares de Alcance Intermediário, 597-98
Tratado de Mísseis Antibalísticos, 589-90
Tratado de Não-proliferação Nuclear, 448-49
Tratado de Proibição Limitada de Testes Nucleares, 264-65
União Soviética. *Ver* União Soviética
Armênia, 645-46, 649, 740-41, 754
Aron, Raymond, 22, 209, 215-16, 221-22, 233, 234, 562, 813
Arquipélago Gulag (Soljenitsin), 468, 559, 560, 561, 564-65
Arquitetura dos anos 50 e 60, 391, 392-95, 579
Arquitetura pública das décadas de 1950 e 1960, 393
Arsenal, 769
Artes cênicas, 764-66
Artesãos, 744-45
Associação Européia de Livre-comércio (AELC), 314-15
Ataques terroristas de 11 de setembro, 772-73, 782
Ataturk, Kemal, 752, 753
atentado contra Margaret Thatcher, 542-43
Ato Europeu Único, 530-31, 532-34, **703, 705**, 725
Ato Final, Helsinque, 610
Attali, Jacques, 553
Attlee, Clement, 82, 83, 136, 370, 377-78
Auschwitz, 35, 194, 195, 463n7, 805-6, 812, 815
julgamentos, 421, 796, 801-2
sobreviventes, 35
Austrália, 30, 46, 272-73, 287, 310, 364
Áustria, 16-17, 67, 100, 155-56, 167, 269-72, 375-76, 694
como democracia, 269-73
como primeira vítima de Hitler, 16, 66
corrupção, 272-73
Grande Coalizão, 271-72
mapa da Alemanha e da Áustria no pós-guerra, 69
participação na União Européia, 17, 528-29, 706, 713, 715, 719-20

Partido da Liberdade, 731-34
Partido Popular, 270-72
Proporz, 271-73
reação aos imigrantes, 17, 610, 711-12
reconhecimento do Holocausto, 794, 798-99, 811-12
Social-democratas, 67, 269-71, 375-76
socialistas cristãos, 269-72
tratamento dos nazistas no pós-guerra, 66-67
tratamento no pós-guerra, 66-67
automóveis, 65, 72, 84, 164, 339-41, 342-43, 353, 373-74, 749
alemães, 362-64
britânicos, 362-64
Auxílio financeiro às famílias, 87
Auxílio-desemprego, 537
Ayer, A. J., 233
Azerbaijão, 645-46, 649

Baader, Andreas, 421, 473-75, 476-77, 478
baby-boom (explosão demográfica), 338-39, 354, 380-81, 491
[illegible]
efeitos econômicos, 354-57
Bacílek, Karol, 202-3
Badoglio, Pietro, 61
Bahr, Egon, 500, 608
Bahro, Rudolf, 572
Baixas fora de combate, Segunda Guerra Mundial, 32
Baixas militares, Segunda Guerra Mundial, 32-33
Baker, James, 635, 637, 658, 666-67
Balcerowicz, Leszek, 581-82, 603
Balladur, Edouard, 722
Banco Central Europeu (BCE), 715-16
Banco de Compensações Internacionais, 108
Banco Europeu de Investimento, 531-32
Banco Mundial, 121-22
ingresso da Romênia, 435-36
participação da Espanha, 517-18
Banco Nacional de Investimentos, 555
Banham, Rayner, 392
Barre, Raymond, 553
Batalha de Argel, 294-95
Batalha do Bulge, 117
Batalha dos Livros, 234-35
Bauer, Támás, 581-82
BBC, 217-18, 309, 351, 485, 767, 770, 811
Bech, Joseph, 255
Beckett, Samuel, 385
Beckham, David, 769
Bélgica, 43, 79, 168, 169, 232, 359, 369
católicos, 94, 239, 273-74, 380, 381-82
empresas do setor público, 369
escândalo de Dassault e Agusta, 735-36
estatizações no pós-guerra, 369
judeus, 791-92
mapa das comunidades lingüísticas, 700
movimentos separatistas, 698-703
muçulmanos, 730
nacionalistas flamengos, 699
Partido Social Cristão, 273-74
partidos comunistas, 93, 229
produção de carvão, 462, 698-99
prosperidade, 698-99, 703, 705
punições aos colaboracionistas, 60
razões para sobreviver, 702-3
região de Flandres, 698-99, 699, 701
regiões, 698-705
resistência à expansão da EU, 721
rivalidade entre os idiomas, 170, 698-705, 745-46
separatismo nacional, 698-703
Social-democratas, 376-77
Societé Nationale d'Investissement, 556
valões, 701
Bell, Daniel, 481-82
Belloc, Hilaire, 228
Belohradsky, Václav, 495-96
Bender, Peter, 608
Benés, Edvard, 39-40, 85, 128, 189, 814
Benjamin, Walter, 19
Bergen-Belsen, 68, 280, 791, 793
sobreviventes, 35
Beria, Lavrenti, 192, 193, 197-98, 316-17, 320-22
Berlim, 23, 258-64
como centro de espionagem, 259-60
como cidade aberta, 259-60
destruição, 30
Berlin, Isaiah, 21, 229, 396, 560, 563-64, 771
Berlinguer, Enrico, 498, 499
Berlusconi, Silvio, 695, 732-33, 734-35
Beveridge, William, 88-89, 95, 377-78
Bevin, Ernst, 105, 109, 125, 126, 143, 161, 171
Bibó, István, 325-26, 329
Bichelonne, Jean, 82
Bidault, Georges, 94, 109
Bielo-Rússia, 72, 194, 391, 729, 751
declaração de independência, 631, 634, 649, 650
movimento de independência, 643-44
Biermann, Wolf, 215-16, 572, 573
Bierut, Bolesław, 193, 202-3, 319-20
Bil'ák, Vasik, 579-80
Birmânia, 301
BL. *Ver* British Leyland (BL)
Blair, Tony, 546-47, 696, 718-19, 732-33, 756-57, 772, 779-80
conseqüências do apoio à invasão do Iraque pelos EUA, 780-81
modelo econômico da Terceira Via, 779-82
Blanco, Luis Carrero, 469
Blocher, Christoph, 733-34
Bloco de partidos antifascistas, 145
Blum, Léon, 95, 152-53, 230, 294, 771, 793
BMC. *Ver* British Motor Corporation (BMC)
Bodes expiatórios, 200-2
Bodnaras, Emil, 149
Boêmia, manifestações em Pilsen, 189-90
Boêmia-Morávia, Partido Comunista, 144
Bohlen, Charles, 120, 162
Bohley, Bärbel, 612, 632
Bolchevismo, 118
Bolkestein, Frits, 715, 755
Böll, Heinrich, 210
Bomba atômica. *Ver* Armas nucleares
programa soviético, 132
Bombardeios
Alemanha nazista, 30
Aliados Ocidentais e Exército Vermelho, 30
EUA contra os sérvios, 670-71
Bonner, Helena, 574
Borowski, Tadeusz, 211
Bósnia-Herzegóvina, 631
ações da ONU, 674-676
ações dos EUA, 670-71, 675-77

ações dos europeus ocidentais, 675-76
consequência das guerras, 676-77
croatas e muçulmanos, 665-71
economia após 1995, 671-72
etnias, 661
guerra civil, 666-71
limpeza étnica, 667-71, 672
sérvios, 666-67
Bossi, Umberto, 695
Boulier, Abbé, 228
Bourdet, Claude, 78
Bourdieu, Pierre, 482-83, 563-64
Bousquet, René, 803-4
Boutros-Ghali, Boutros, 675-76
Brandt, Willy, 278, 383-84, 424, 474-75, 499-503, 530-31, 588-89, 797
escândalo de espionagem, 501
Prêmio Nobel da Paz, 501
Brasillach, Robert, 65
Braudel, Fernand, 404-6
Brecht, Bertolt, 190, 215-16, 285
Brejnev, Leonid, 318-19, 429, 442-43, 499, 503, 504, 505, 581-82, 587-88, 590-91, 642
doutrina, 447-48, 601-2
falecimento, 591-92
Briand, Aristide, 166,
Brigada da Cólera, 473
Brigadas Vermelhas (BV), grupo terrorista, 476-79
financiamento, 480-81
seqüestro de Aldo Moro, 478-79
táticas, 477-79
British Broadcasting Corporation (BBC), 217-18, 767
programação satírica, 485
responsabilidade moral, 240-41
British Leyland (BL), 363, 364, 365
British Motor Corporation (BMC), 363
Brockway, Fenner, 125
Brook, Peter, 386
Brooke, Alan, 125
Bruckner, Pascal, 771-72
Brusati, Franco, 342
Buback, Siegfried, 473-74
Buber-Neumann, Margarete, 226, 233, 560
Buchenwald, 75, 95, 793, 807
sobreviventes, 35
Bukharin, Nikolai, 191
Bukovski, Vladimir, 430, 574
Bulgária
colaboracionistas, 689-90
coletivização agrária, 182
coletivização rural, 182
Frente pela Pátria, 37
influência soviética, 148
libertação, 622-23
minoria turca, 622
Partido Socialista, 623
queda do comunismo, 622-23
salários mensais, 729
Tratado de Paz, 148
Burke, Edmund, 687
Bush, George H. W., 605, 628, 634, 652
primeira reunião com Ieltsin, 648-49
Bush, George W., 771-72
reação aos ataques terroristas de 11 de setembro, 772-73
sentimentos europeus relativos às políticas, 772-73, 774-76
Butlin, Billy, 349
Byrnes, James, 120, 123

Cabral, Amílcar, 514
Caetano, Marcello, 514
Cagol, Mara, 477-78
Calfa, Marían, 615-16
Callaghan, James, 462, 465, 539-40, 588-89
Campanha de Solidariedade ao Vietnã, 412-13
Campanha pela Cerveja Autêntica, 489
Campanha pelo Desarmamento Nuclear (CDN), 264-65
Camponeses
condições no pós-guerra, 91-92
revoluções, 411-12
Campos de concentração, 32
prisioneiros, 27
sobreviventes, 35, 38
visitas feitas por cidadãos alemães, 70
Ver também campos específicos
Camus, Albert, 65, 210, 221-22, 229, 230-31, 293, 405-6, 481-82, 560, 562, 563-64
Canadá, aceitação de deslocados de guerra, 45, 46
Capital de investimento, livre circulação, 725-26
Capitalismo previdenciário, 369
Capitalismo
comunismo, 677-91
europeu, 368
fenômeno "big bang" na transição do comunismo para o capitalismo, 678-79
planejamento, 82
Carlos, Juan, 519-20, 521, 522-23
Carlyle, Thomas, 86
Čarnogurský, Jan, 655
Carrillo, Santiago, 499, 521-22, 523-24
Carta 77. *Ver* Tchecoslováquia
Carter, Jimmy, 587-88, 590-91, 618-19
Casamento de Maria Braun, O, 33, 285, 475-76
Casas da América, 235, 358
Cassola, Carlo, 218-19
Catalunha, 521-22, 692-93
Católica, "internacional negra", 171
Cáucaso, 645-46
CCA. *Ver* Conselho de Controle Aliado (CCA)
Ceauşescu, Nicolau, 182, 391, 435-36, 574, 618-22, 624, 741-42
execução, 621
golpe de Estado sofrido, 621
políticas econômicas, 619-20
políticas populacionais, 618-19
restauração de Bucareste, 620-21
títulos oficialmente aprovados, 620-21
CECA. *Ver* Comunidade Européia do Carvão e do Aço
CEE. *Ver* Comunidade Econômica Européia
CEI. *Ver* Comunidade dos Estados Independentes (CEI)
Censura
cinema na Alemanha Ocidental, 279-80
Europa Ocidental, 379-80
Europa Oriental, 570
Grã-Bretanha, 382-84
Tchecoslováquia. *Ver* Tchecoslováquia
União Soviética, relaxamento, 596-97
Centro de Armas Atômicas de Aldermaston, 264-65
Cerník, Oldrich, 445-46
Certificados Persil, 71
Charles, John, 769

Chernenko, Konstantin, 591-92, 600-1, 609, 642
Chernobyl, desastre do reator nuclear, 594-96
Chernomirdin, Viktor, 680
Chesterton, G. K., 228
Chiaromonte, Nicola, 233
China
  Albânia como representante na Europa, 435-36
  concorrência soviética, 427
  manifestações na praça Tiananmen, 624
  utopia pós-revolucionária de Mao, 411-12
Chipre, 510-11, 512
Chirac, Jacques, 551-53, 673-74, 718-19, 736
  reconhecimento do Holocausto, 804-5
Christopher, Warren, 676-77
Churchill, Winston, 23, 66, 129, 136, 174, 284, 386, 539
  como democrata cristão, 95
  defensor de assembléia européia, 168
  discurso sobre a Cortina de Ferro, 124
  integrante das Três Grandes, 115-16
CIA. *Ver* Agência Central de Inteligência
Cidades agrárias, 391, 619-20
Cinema
  anos dourados, 241-44
  conseqüências da televisão, 353
  conseqüências do cinema norte-americano, 358-59
  freqüência nas nações pós-comunistas, 683-84
  qualidade do cinema europeu, 386
cinismo, 51, 484-85
Cioran, E. M., 741-42
Civis mortos, Segunda Guerra Mundial, 32
Claes, Willy, 735-36
Classe média
  conseqüências da recessão econômica dos anos 70, 466
  grupos políticos defensores de questões únicas, 489
Clay, Lucius, 70
Clayton, William, 125
Clément, Jérôme, 775-76
Clementis, Vlado, 74, 197-98, 201-2
Clinton, Bill, B591-92, 674-75, 775-76, 779-80
  bombardeio contra os sérvios, 670-71
Coca-Cola Company, 232
Cohn-Bendit, Daniel, 414, 417, 426
Colaboracionistas, 47-53
  convicções, 58
  definição, 58
  expurgos no pós-guerra, 56-65
  punições, 64
  tratamento após a queda do comunismo, 689-91
Coletivização, 181-83
Collaboration Horizontale, 57
Colonialismo
  colapso, 287-88
  descolonização, 286-88
  importância, 286
  Ver também cada Estado-nação
Comecon (Conselho para Assistência Econômica Mútua), 184, 577-78
Comércio do sexo, 730
Comércio internacional, incremento, 332-33
Comércio internacional. *Ver* Comércio internacional
Cominform (Agência de Informação Comunista), 130-39
  ataques à Iugoslávia, 158-59
  criação, 156-57
  dissolução, 318-19
Comintern (organização internacional comunista), 154, 155-56
Comissão de Controle dos EUA, 53
Comitê Antifascista Judaico, 195-96, 201-2
Comitê de Distribuição da União Judaico-americana, 198-200
Comitê de Lublin, 116
Comitê Internacional em prol da União Alfandegária Européia, 166
Comitê Permanente do Congresso Mundial dos Defensores da Paz, 232
Commissariat General du Plan (França), 84-85
Companhia do canal de Suez, 302-3
Comunidade dos Estados Independentes (CEI), 650
Comunidade Econômica Européia (CEE), 311-17, 530-32
  comércio internacional, 334
  ingresso da Grécia, 512
  o chamado Acordo "Serpente", 465
  Política Agrícola Comum (PAC), 313-15
  problemas, 316-17
  projetos de financiamento regional, 531-35
  realizações, 315-17
  término das negociações com a junta grega, 510
Comunidade Européia (CE), 626
  acordo de livre-comércio com a Noruega, 527-28
  Declaração Solene, 530-31
  dificuldades administrativas, 529-30
  ingresso da Espanha, 524-25, 528-29
  ingresso da Grã-Bretanha, 527-28
  ingresso da Grécia, 528-30
  ingresso de Portugal, 517-18, 529
  integração econômica negativa, 529-31
  novos ingressantes na década de 1970, 527-28
  novos ingressantes na década de 1990, 528-29
  países pobres, 527-29
  período de ativismo e expansão, 527
  processo decisório, 529-30
Comunidade Européia de Energia Atômica, 310
Comunidade Européia do Carvão e do Aço (CECA), 237-38, 252
  França, 170-72
  Grã-Bretanha, 172, 177
Comunismo
  artes cênicas, 765
  atitudes dos intelectuais, 227, 560-62
  atrativo, 102
  características das revoluções (que costumam levar à queda), 432-34
  colapso, 583-628
  controle, 145
  declínio, 406-8
  desgoverno, 206-8
  entusiasmo inicial, 212-14
  entusiasmo pelo futuro, 211
  estratégia de pressão velada, 146
  Europa como oposição, 626
  expropriações, 808
  fenômeno "big bang" na transição para o capitalismo, 678-79
  fim da ilusão do consentimento popular, 450
  fracasso das economias, 432-33
  implosão, 650-52
  ineficiências, 432
  legado econômico, 677-91
  na Alemanha durante o pós-guerra, 73-74
  objetivo declarado, 145
  papel da mídia na queda, 624
  papel de Gorbatchev na queda, 628

Planos Qüinqüenais, 81, 180
política em 1948, 147
poluição, 570
proletariado como classe revolucionária, 411-12
proposta para alternativa, 431
queda, 599-600, 601-23, 809
razões do colapso, 623-28
responsabilidade por crimes cometidos, 808-9
resultados, 206-8
sistema econômico, 432-34
táticas de confronto, 157-58
transição do nazismo, 205-7
transição final, 677-91
transição para o capitalismo, 677-91
tratamento dos colaboracionistas após a queda, 689-91
união com o socialismo, 145-46
visão do passado nazista/fascista, 74-75
Comunistas
apelo aos intelectuais, 212
decisão de se tornar comunista, 212
eslovacos, 443-45
intelectuais, 209-228
judeus, 438-40
julgamentos, 191-94
reciclado, 685
Concílio Vaticano Primeiro, 380-81
Concílio Vaticano Segundo, 380-82
Conferência de Bretton Woods, 121-22
fim do sistema monetário, 457-58
Conferência de Messina, 310
Conferência de Moscou, 1947, 138
Conferência de Potsdam, 127, 136
Conferência de Yalta, 115-16
Conferência sobre Segurança e Cooperação na Europa, 504, 564-65
Confrontos entre sindicatos de trabalhadores comunistas e sindicatos de trabalhadores socialistas, 230
Congestionamento de trânsito, 350
Congresso de Viena, 133
Congresso do Movimento de Unidade Européia, 168
Congresso Mundial de Intelectuais, 232
Congresso pela Liberdade Cultural (CLC), 233-34, 390
Connolly, Cyril, 217-18
Conselho da Europa, 168, 172
Convenção para a Proteção dos Direitos Humanos, 252
discurso de Gorbatchev, 628
expulsão da Grécia, 510
Conselho das Regiões Européias, 534-35
Conselho de Controle Aliado (CCA), 120, 127, 135, 140
ações francesas, 127
Conselho dos Estados do Mar Báltico, 741-43
Conselho Econômico da Bizona, 138-40, 159
Conspiração dos Doutores, 197, 316-17
Contra-Reforma, 238
Convenção Européia dos Direitos do Homem, 168
Convenção Européia, 718-19
Convenção para a Proteção dos Direitos Humanos, 252
Cools, André, 735-36
corrida armamentista, 164-65, 257-60, 587-92
Cortina de Ferro, 138
Corvalán, Luis, 574
Coty, René, 295
Craxi, Bettino, 734-35
Crianças
conseqüências da Segunda Guerra Mundial, 35
enfermidades no pós-guerra, 36
índice de mortalidade infantil, 36
Crichton, Charles, 308
Crime organizado, 730
Crime, pós-guerra, 51
crimes de ódio, Alemanha, 730-32
Criminosos de guerra, punição de alemães, 68
Cripps, Stafford, 176
Crise de 1947, 100-2
Crise do dólar, 101
Crise do Suez, 302-6
lições aprendidas, 307
Crise dos Mísseis em Cuba, 263-64
Crise econômica, 457-66
Cristianismo na Europa, 760-61
Croácia, 631
Áreas de Segurança da ONU, 668-70
conseqüências das guerras, 676-77
declaração de independência, 665-67
Força de Proteção da ONU, 668-69
guerra contra a minoria sérvia, 666-67
regime Ustase. *Ver* Regime Ustase
Croce, Benedetto, 210, 218-19, 233
Cruz de Flechas Fascista, 74
cultura erudita, 764-66
Cunhal, Álvaro, 515, 516
Curcio, Renato, 477-78

D'Argenlieu, Thierry, 291
Dachau, 95
Dalton, Hugh, 102, 137, 284, 756-57
dança, 245
Daniel, Iuli, 430
Daniel, Larissa, 450
Danos materiais, Segunda Guerra Mundial, 30-31
de Beauvoir, Simone, 210, 221-22, 223, 226, 227, 491, 492
de Gasperi, Alcide, 94, 95, 162, 170, 267-68
de Gaulle, Charles, 75, 77, 79, 80, 95, 103, 127, 129, 160, 282, 291, 415, 435-36, 549-50, 800-1
entrevista coletiva após a Guerra dos Seis Dias, 802-3
esforços de modernização doméstica e política, 298
falecimento, 315-16, 550-51
política externa, 299
problema com a Argélia, 295-97
questões com os EUA, 299-300
reação à venda (pelos EUA) de mísseis nucleares instalados em submarinos, 301
reação aos "Eventos" de maio de 1967, 416
reformas políticas implementadas, 298
veto ao ingresso britânico na Comunidade Econômica Européia (CEE), 315-16
volta ao poder, 295
de Maizière, Lothar, 632
de Man, Hendrik, 82
de Menthon, François, 791
de Sica, Vittorio, 220-21
de Spínola, António, 515-16, 525-26
Debray, Régis, 748, 771
Declaração da Europa Libertada, 115, 117
Declaração de Moscou, 1943, 67
Declaração de Potsdam, 40, 260-61
Declaração Tripartite, 304
déficits de pagamentos, 462
déficits orçamentários, 462
Delors, Jacques, 543-44, 554, 705, 721, 779-80

Democratas cristãos (DC), 170-71
alemães ocidentais. *Ver* Alemanha Ocidental
italianos. *Ver* Itália
demografia
no século XXI, 776-77
pós-guerra, 337-44
Ver também índice de natalidade
Deneuve, Catherine, 491
deportações, 36-37
Depressão da década de 1970, 460-61
Depressão dos anos 30, 18
Derrida, Jacques, 483-85, 771-73
deslocados de guerra, 30-31, 36-46
aceitação, 45
judeus, 45-46
refugiados, 43
Deslocamentos populacionais. *Ver* Emigração
desnazificação, 70-75, 119
détente, 304
Deutschland im Herbst, 475-76
Dewey, John, 233
Dia da Lembrança (RDA), 807
Diário de Anne Frank, O, 796, 799-800
Dias de férias, 777-79
Diferenças culturais, surgimento, 209-10
Dimitrov, Georgi, 148, 154-55, 202-3
Dinamarca
como Estado previdenciário, 372-73
Constituição, 371
punições impostas a colaboracionistas, 60
resistência à expansão da União Européia, 721
Direito ao voto para as mulheres, 93
Direitos ao controle da natalidade, 491-92
Direitos civis, 505, 563-66
Direitos de propriedade sob ocupação, 52
Direitos humanos, 505, 563-66
Disputas/greves trabalhistas, 463
Espanha, 518-20
Europa Ocidental, 412-20
França, 415-16
Itália, 418-21
Polônia, 586
Portugal, 514-15
Distância entre gerações, 359, 397-98
Distanciamento entre os dois lados do Atlântico, 772-77
Distúrbios políticos, 473
Djilas, Milovan, 34, 49, 143, 153-54, 156-57, 212, 214, 434, 435
Doenças, no pós-guerra, 36
Doutrina de Hallstein, 279
Doutrina de Truman, 141, 507
Dubček, Alexander, 444-48, 450, 451, 614-15, 616-17
Duclos, Jacques, 150-51
Dulles, Allen, 108
Dulles, John Foster, 253, 254, 258
Durafour, Michel, 550-51
Dutourd, Jean, 748
Dutschke, Rudi, 412-13, 421, 424, 426
tentativa de assassinato, 425
Duverger, Maurice, 360

Eagleburger, Lawrence, 659
Eco, Umberto, 772-73
Economistas favoráveis à reforma, 433
ecu. *Ver* Unidade Monetária Européia
Edelman, Marek, 814
Eden, Anthony, 168, 177, 255, 257, 302-3
pedido de demissão, 306
Educação superior, 398-400
Egito
descolonização britânica, 302-6
invasão militar, 304-5, 326
Eichmann, Adolf, 421, 796
Einaudi, Luigi, 229
Eisenhower, Dwight, 42, 117, 120, 121, 165, 253, 257, 304
Doutrina, 305
política do New Look, 258, 259
reação à revolução húngara, 325-26
Eleições para o Parlamento europeu, 527-29
Eliade, Mircea, 215
Eliot, T. S., 216-17
ELK. *Ver* Exército de Libertação do Kosovo
Eluard, Paul, 223
Embargo do petróleo pelos árabes, 459
Emigração, 337, 340-42
Alemanha Oriental, 259-62
depois da revolução húngara, 325-26
impacto, 341-42, 344
Encontro de Cúpula em Genebra (1995), 256-57
Engholm, Björn, 608
Ensslin, Gudrun, 421, 473-75
Enzensberger, Hans-Magnus, 284, 421, 425
Era da Frente Popular, 20, 80, 118, 144, 294, 413-14
Era da Teoria, 403-7
Era de Ouro do modernismo no teatro, 385
Erhard, Ludwig, 275, 311-13, 358, 362, 422, 500, 779-80
Erlander, Tage, 171, 371
Escândalos, 734-36
Escandinávia
admiração pelo modelo socialdemocrata, 373-74
ambientalismo, 497
coalizões, 371-72
depressão econômica histórica, 371
diferenças em relação aos Estados previdenciários da Europa continental, 371-73
Estados previdenciários, 371-76
grupos políticos defensores de questões únicas, 489
inclusão de camponeses no processo político, 371-73
lado negativo do modelo socialdemocrata, 373-75
limpeza étnica, 374-75
muçulmanos, 730
patamares de impostos, 489-90
programas de esterilização, 374-75
socialdemocratas, 94, 370-76
sucesso do modelo socialdemocrata, 373-74
vantagens sociais herdadas, 371
escassez alimentar, 35-36, 100
escassez de carvão, 101, 128-29
escassez de moradia, 96, 246-47
Eslováquia, 631
criação, 654-55
obsoletismo, 653-54
questões históricas, 653-54
reformas econômicas, 679
transição do comunismo ao capitalismo, 679
Eslovênia, 631
ataque desferido pela Iugoslávia, 666-67
declaração de independência, 665-67
Espanha
Aliança Popular, 522, 523-25

atitudes sexuais, 525-26
Catalunha, 521-23, 467-70
coalizão de coordenação democrática, 520-21
Constituição, 521-23
disparidades econômicas regionais, 742-43
domínios imperiais, 287
eleição democrática, 521-22
escândalo com Felipe González, 734-35
ETA. *Ver* ETA
fragmentação, 521-23, 692-93
Golpe de Estado, 522-23
governo democrático, 522-24
Herri Batasuna, 469-70
História política recente, 517-25
identidades regionais, 521-23, 692-93
Igreja Católica no pós-guerra, 238-39
indústria do turismo, 518-19
legislação sobre o aborto, 492-93
liberdade religiosa, 519-20
militares, 519-21
oposição política, 519-20
partidos comunistas, 498-99
partidos socialistas, 523-25
Plano de Estabilização Nacional, 517-18
políticas econômicas, 517-19, 523-24
privatizações, 556
províncias autônomas, 521-23, 692-93
relações trabalhistas, 518-20
relutância em se ater ao passado, 523-25
separatistas bascos, 468-70
transição para a democracia, 520-21
União Democrata Central, 520-23
Esportes, 768-70
Esquerda intelectual, influência, 210
Estações de trem, 394
Estado(s) previdenciário(s), 86-87
anos de pico, 368
apoio, 90-91
beneficiários, 466
benefícios, 89-90
custo do pagamento aos aposentados, 536-37, 776-78
diferenças entre os sistemas escandinavos e os do continente europeu, 371-73
escandinavos, 371-76
estilo de vida, 777-79
financiamento, 87-88, 90
gastos do governo, 368
liberalização econômica, 536-39
Modelo Social Europeu, 778-79
papel na atenuação das dificuldades com a recessão dos anos 70, 463
suposições errôneas, 537
sustentabilidade, 536-37
tentativas de modificar, 778-80
vantagens aos cidadãos, 777-79
Ver também Socialdemocratas; *Estados específicos*
Estados Unidos
aceitação de deslocados de guerra, 46
ações na Bósnia, 670-71, 675-77
ações que levaram à Guerra Fria, 143-66
apoio às forças francesas no Vietnã, 292, 293
ataques terroristas de 11 de setembro, 772-73, 782
atrativo da cultura popular, 235, 241-46, 358-59
boicote às Olimpíadas de 1980, 587-88
bombardeio contra os sérvios, 607-71
capacidade nuclear, 257
como modelo para a Europa no pós-guerra, 21
como o problema mais grave diante da Europa, 773-74
como polícia continental, 587-88
como potência na Europa, 118-19
competição econômica com a EU, 773-74
corrida armamentista, 257-59
crescimento depois da Segunda Guerra Mundial, 97, 118-19
Crise dos Mísseis em Cuba, 263-64
divergência com a UE sobre valores, 773-76
exportação de filmes, 242-44
guerra cultural contra o comunismo, 233-34
Guerra do Vietnã, 412-13
Guerra nas Estrelas (Iniciativa de Defesa Estratégica), 589-91
índice de natalidade, 776-77
influência na Europa, nos anos 50 e 60, 357-60
influência nas atividades de lazer praticadas na Europa no pós-guerra, 241-45
intenções para com a Alemanha, 119-20
invasão do Iraque, 771-73
investimentos estrangeiros, 773-74
investimentos na Europa, 773-74
menosprezo pelos aliados da OTAN, 772-73
menosprezo por tratados internacionais, 774-75
o que os europeus sabiam a respeito dos EUA nos anos 50 e 60, 357-58
planos para deixar a Europa de lado, 258-59
poderio militar em 1955, 257
política de détente, 504
política para o Leste Europeu, 325-26
políticas para o pós-guerra, 116-24
programa de rearmamento, 589-90
programa de reeducação e desnazificação, 70-72
programas de intercâmbio cultural e de informações com a Europa, 234
questões das quais a Europa depende, 258-60
redução do comprometimento militar na Europa, 123
reunificação alemã, 634-35
tentativa de dividir a Europa, 772-74
Tratado de Não-proliferação Nuclear, 448-49
tratativas com a França, 299-300
valores, 773-75
venda de mísseis nucleares instalados em submarinos à Grã-Bretanha, 300-1
violência retórica comunista, 231
visão comunista, 231-32
visão dos europeus conservadores, 229
Estados-nações
perspectivas, 781-85
Ver também Estados específicos
Estagflação, 460
Estatística populacional, pós-guerra, 42, 337-44
Estônia, 638
declaração da independência, 648-49
movimentos pela independência, 639-40
Estratégia Morgenthau, 119, 139
Estruturalismo, 404-8
Estupros cometidos pelo Exército Vermelho, 34-35
ETA, 469-70, 521-23, 693, 734-35
Eugenia, 374-75
euro, 530-31, 715, 716-17
Euro.com, portal da Internet, 770
Eurocomunismo, 498-99
EuroDisney, 774-75
Europa

agricultura no pós-guerra, 312-13
americanização, 357
atividades de recreação no pós-guerra, 245
atrativo da cultura popular dos EUA, 235, 241-42
capitalismo previdenciário, 369
capitalismo, 368
características essenciais, 737-55
colônias. *Ver* Colonialismo
como mistura de raças e culturas, 22-23
como oposto do comunismo, 626
conseqüências da globalização, 725-35
cristianismo, 760-61
custo de admissão, 789-90
diferenças entre os Estados previdenciários da Escandinávia e do continente, 371-73
diferenças regionais, 207-8
distinções de classe, 744-46
Estados previdenciários. *Ver* Estado(s) previdenciário(s)
Estados-babá, 370, 391 91
Europa Central. *Ver* Europa Central
Europa Ocidental. *Ver* Europa Ocidental
Europa Oriental. *Ver* Europa Oriental
ferrovias. *Ver* ferrovias
fim da política de ideologia, 453
futuro do Estado-nação, 781-85
incentivo à integração econômica, 310-17
índice de natalidade no pós-guerra, 248
indústrias estatais, 368
investimentos nos EUA, 773-74
islamismo, 760-62
linhas divisórias, 740-43
mapa em 1942, 29
medo de exclusão, 740-42
muçulmanos, 23, 730-31
natureza cosmopolita das principais cidades, 728-29
necessidade de esquecer o Holocausto, 794-95
nostalgia, 737-55
nuclearização, 258-59
países limítrofes, 740-43
planejamento urbano, 391-95
população não-qualificada, 744-45
produtividade da força de trabalho, 777-78
questões lingüísticas, 745-48
reação à invasão do Iraque pelos EUA, 771-72
reação aos imigrantes, 730-35
religião no pós-guerra, 238-40
revolta de adolescentes, 245-46
sentimentos após a Segunda Guerra Mundial, 27
sistemas de transportes, 749
subclasse, 728-30
subsídios do setor público para as artes, 764-65
vida no pós-guerra, 238-48
visão de possível guerra nuclear, 264-65
xenofobia, 730-31
Europa Central, 572
aceitação de nações na União Européia (UE), 707-13
dissidentes, 574-75
muçulmanos, 730
Europa mediterrânea
Programas Integrados do Mediterrâneo, 528-29
transição democrática, 506-28
Ver também Grécia; Portugal; Espanha
Europa Ocidental
aceitação de deslocados de guerra, 45
ações na Bósnia, 675-76
alianças políticas, 488-89
ambientalismo, 493-95, 496-99
antipatia pela EU, 720-22
atitude em relação ao comunismo, 214
atitude em relação ao uso de armas nucleares, 587-89
autoridades provisórias, 79
censura, 379-80
como ilha de paz civil, 467
como pólo de atração para pessoas sofisticadas, 389
comunismo, 156-58
conseqüências da globalização, 725-35
crise econômica, 457-66
danos aos sistemas de comunicação e transporte, 31
danos materiais sofridos, 30-31
desafios importantes a enfrentar, 468
desaparecimento da economia industrial, 462-63
desemprego, 339, 412-13
deslocamento populacional, 340-42
diferenças em relação à Europa Oriental, 207-8
direitos e liberdades, 563-66
disparidades econômicas regionais, 742-45
disputas/greves trabalhistas, 412-14
envolvimento da Igreja Católica com política, 380-82
Era de Ouro do modernismo no teatro, 385
escassez de alimentos, 100
estabilidade política, 252
estagflação, 460
estatística populacional relativa ao pós-guerra, 337-38
estatística sobre imigração, 729
estilo comercial, 389-90
explosão demográfica, 338-39, 354-57
gastos com defesa, 724
gastos sociais, 537
hábitos eleitorais, 490-91
homenageando lembranças dolorosas, 811-15
imigração. *Ver* Imigração
importância do petróleo, 459
índice de mortalidade infantil, 338-39
índice de natalidade. *Ver* Índice de natalidade
influência governamental sobre interesses particulares, 379-84
iniciativas artísticas e culturais, 383-96
lembranças dolorosas, 789-806, 811-15
memória coletiva dos anos do pós-guerra, 737-38
migrações em massa, 340-42
moralidade e relações pessoais, 379-80
movimento pela paz, 573
movimentos e partidos defensores de questões únicas, 489-90
movimentos nacionalistas, 692-703
movimentos separatistas regionais, 692-703
mudanças políticas durante os anos 50, 265-67
mudanças políticas durante os anos 60, 397-26
mudanças políticas durante os anos 70, 487-500
mulheres na força de trabalho, 490-91
nacionalizações do setor privado, 556-57
papel das mulheres na política, 493
partidos políticos, 487
Partidos Verdes, 496-97
paz civil, 467
perspectivas do comunismo e do fascismo, 468
planejamento governamental. *Ver* Planejamento governamental
planejamento urbano, 392-95
potências coloniais. *Ver* Colonialismo
privatização do setor público, 555-58
Produto Doméstico Bruto nos anos 70, 460-61
qualidade dos itens fabricados, 389-90

queda no mercado de exportações, 461-62
recuperação econômica. *Ver* Recuperação econômica
reforma agrária, 92
reformas liberais, 382-84
relações com Gorbatchev, 598-99, 601-2
romances influentes, 386
sindicatos trabalhistas, 339-40
sistema universitário, 399-400
sistemas previdenciários, 88
trabalho importado das ex-colônias, 342-44
trabalho importado de outros países europeus, 340-44
tratamento de empregados do setor de serviços e profissional, 413-14
tratamento dispensado aos operários da indústria, 412-14, 418
visão do comunismo, 561
visão do desarmamento nuclear, 264-65
visão do imperialismo norte-americano, 561
visão dos EUA, 22

Europa Oriental
ações secretas dos EUA, 325-26
admissão de nações à União Européia (UE), 707-13
ambientalismo, 495-96
antipatia pela União Européia, 721
anti-semitismo, 438-39
censura, 570
colaboracionistas no pós-guerra, 57
colaboracionistas, 48
como destino barato para férias, 750
conseqüências da globalização, 725-35
controle no pós-guerra, 115
declínio à obsolescência planejada, 185
desconfianças do Kremlin, 202-4
desejo de ser norte-americano, 627
diferenças da Europa Ocidental, 207-8
direitos e liberdades, 566-74
dívida financeira, 580-82
empréstimos financeiros recebidos, 580-81
ênfase industrial, 335
escritos clandestinos, 570-71
Estados do antigo bloco soviético, 680-82
estatísticas populacionais no pós-guerra, 337-38
estratégia norte-americana, 325-26
geração dos anos 60, 431-34
história econômica, 183-85
índice de mortalidade infantil, 338
índice de natalidade, 338-39, 776-77
insistência em "voltar" a pertencer à Europa, 571-72
judeus, 792-93
lembranças de crimes cometidos, 808-9
lembranças dolorosas, 808-9
mapa após a Segunda Guerra Mundial, 163
marxismo, 431-32
memória coletiva dos anos do pós-guerra, 738
nostalgia, 755-56
perseguição a cidadãos, 203-5
planejamento urbano, 391
poluição, 569-70
prejuízos materiais, 30-31
punições a cidadãos, 203-5
reação à "desestalinização", 318-21
reconhecimento do Holocausto, 806-11
reforma agrária, 92
represália contra judeus, 57
revisionistas, 431
salários mensais, 729
sentimentos em relação aos EUA, 775-76
sistemas previdenciários, 88
sovietização, 206-8
stalinismo, 431
sucesso e fracasso de nações nos anos 90, 631
trabalhadores convidados, 730
transformação durante os anos 90, 631
turismo do sexo, 750
venda de bens públicos, 680
visão dos Estados Unidos, 22
Ver também União Soviética

Eurosport, canal de televisão, 768
Euskadi Ta Askatasuna. *Ver* ETA
Exército de Libertação do Kosovo (ELK), 672-73
Exército Republicano Irlandês (IRA), 470-73
Exército Vermelho
bombardeios, 30
estupros, 34-35
execuções por covardia, 178
extermínios de massas, 32
libertação de Auschwitz, 194
ocupações no pós-guerra, 150-51
papel na derrota de Hitler, 68
poder no pós-guerra, 131
Exportações, mercado em queda, 461-62
Expurgos antifascistas, 64
extermínio em massa, 32

Fabius, Laurent, 554
Facção do Exército Vermelho (FEV), 473-75
Falangistas, 526-57
Fascismo
abandono, 209-10
benefícios para o Ocidente, 210
Itália, 47
proteção do Governo Militar Aliado, 75
represálias, 61-65
resistência, 77-78
Fascistas
expurgo na Itália, 61-62
proteção do Governo Militar Aliado, 75
Ver também países ou indivíduos específicos
Fassbinder, Rainer, 33, 285, 286, 421, 475
FDE. *Ver* Força de Defesa Européia
FDRE. *Ver* Fundo de Desenvolvimento Regional Europeu
Fejtö, François, 220-21, 228, 431
Fellini, Federico, 388
Feminismo, 490-93
fenômeno "big bang", na transição do comunismo para o capitalismo, 678
Ferrovias, 348, 749
privatização na era Thatcher, 544-45
Ferry, Luc, 484-85
Fertilidade. *Ver* Índice de natalidade
Festival da Canção da Eurovisão, 485-86
Festival da Grã-Bretanha, 176
Festival de Verão de Avignon, 384
Filosofia alemã, 483-84
fim da Era Ideológica, 390
Fini, Gianfranco, 695, 774-75
Finkielkraut, Alain, 748, 771
Finlândia
ingresso na União Européia, 706
Tratado de Amizade com a União Soviética, 152-53

Fischer, Joschka, 496
Fischler, Franz, 754
Fish, Hamilton, 103
Flanner, Janet, 60, 80, 103
Flexibilidade econômica, iniciativas, 778-80
Flick, Friedrich, 72
FMI. *Ver* Fundo Monetário Internacional
Fome, 36
Foot, Michael, 545-46
Força de Defesa Européia (FDE), 254
Forman, Milos, 442-43
Forsythe, William, 766
Fórum Cívico. *Ver* Tchecoslováquia
Foucault, Michel, 405-6, 482-84
Fourastié, Jean, 331
Fraga, Manuel, 522-24
França
  "Eventos" de maio de 1967, 414-18
  Acordos de Evian, 297
  agricultura no pós-guerra, 312-13
  anticomunistas, 228-29, 562-63
  apelo à OTAN, 162
  Argélia, 293-97
  atitude em relação à união alfandegária européia, 169-72
  capacidade nuclear, 258-59
  colônias do Norte da África, 293
  Commissariat General du Plan, 84-85
  como Grande Potência Européia, 126-27
  como império, 128, 289-300
  como iniciadora da nova Europa, 166
  Comunidade Européia do Carvão e do Aço (CECA), 170-72
  Conselho de Segurança da ONU, 127
  conseqüências das lutas coloniais, 297-98
  construção da imagem da Europa, 177
  controle estatal da indústria, 552-53
  crítica ao Plano Marshall, 110
  cumplicidade no Holocausto, 800-6
  descentralização regional, 695
  desemprego em 2004, 726
  diretores da nouvelle vague, 387
  disputas/greves trabalhistas, 415-16
  divergências políticas, 548-50
  domínios imperiais na África, 291
  domínios imperiais, 289-96
  efeitos da filosofia alemã, 483-84
  eleição de 1967, 415-16
  esforços para modernização interna e política, 298
  esquerda, 551-53
  estatizações no pós-guerra, 369
  estatizações, 552-53
  EuroDisney, 774-75
  evasão das zonas rurais, 548-49
  expurgos de colaboracionistas no pós-guerra, 56
  Frente Nacional, 732-34
  Frente Popular, 551-52
  Gauche Américaine, 779-80
  greve geral, 415-16
  guerra no Vietnã, 291-92
  guetos urbanos, 730
  Igreja Católica no pós-guerra, 239
  imigrantes, 732-34
  independência do Vietnã, 291-93
  indústria cinematográfica, 386-88
  indústria do aço, 167
  iniciativas artísticas e culturais, 383-84
  intelectuais, 220-28, 560-65
  invasão militar do Egito, 304-5, 326
  judeus. *Ver* judeus
  legislação relativa ao aborto, 491-92
  manifestações em Nanterre, 414-18
  manifestações estudantis, 414-18
  Memorial do Holocausto, 811
  Milices Patriotiques, 56
  modernização, 548-50
  monumentos do patrimônio histórico, 758-61
  Movimento Republicano Popular (MRP), 94, 95
  muçulmanos, 730, 761-62
  nacionalistas córsicos, 695
  Noite das Barricadas, 417
  Organisation de l'Armée Secrète (OAS), 296-97
  Parti Communiste Français (PCF), 93
  participação em decisões tomadas no pós-guerra, 127-28
  Partido Socialista, 223, 549-52
  partidos comunistas, 93, 102, 156-57, 222-24, 328, 497-98, 550-52
  partidos políticos dos anos 60, 413-14
  patrimoine culturel, 758-60
  perdas e humilhações, 802-3
  planejamento governamental, 84, 336
  Plano Schuman, 169-72
  políticas econômicas de Mitterrand, 552-54
  postura no pós-guerra, 126-31, 802-3
  preocupações com a Alemanha, 128
  privatização do setor público, 554
  problema alemão, 129-31
  Programa Comum, 550-51
  Programa de Ação do Conselho de Resistência Nacional, 80
  punições aos colaboracionistas, 60
  reação ao declínio da importância da língua francesa, 747-48
  reação aos imigrantes, 732-34
  regime de Vichy. *Ver* Regime de Vichy
  relação com a União Soviética, 129-30
  resistência à expansão da União Européia, 721
  revitalização, 548-49
  revolução sem mortes, 414-18
  Riviera, 349
  sindicatos, 727
  sociologia política, 547-49
  subsídios às artes pagos pelo setor público, 764
  teatro, 385
  visão quanto ao ingresso na CEE, 311, 312-14
Franco, Francisco, 468-69, 506, 517-21, 693
  falecimento, 520-21
  milagre econômico, 518-19
Frank, Josef, 201-2
Franks, Oliver, 112
Frente da Pátria, 57, 145
Friedman, Milton, 538
Fundação Ford, 234, 357
Fundo Agrícola Comum, 528-29
Fundo de Desenvolvimento Regional Europeu (FDRE), 531-33
Fundo Monetário Internacional (FMI), 121, 187
  empréstimo concedido à Grã-Bretanha, 305
  ingresso da Espanha, 517-18
  ingresso da Romênia, 435-36
Furet, François, 562-63
Futebol, 768-70

Gahrton, Per, 707
Gaillard, Felix, 295

Gaitskell, Hugh, 376-77
Gáli, József, 325-26
Gallo, Max, 748
Gauche Américaine, 779-80
Gauck, Joachim, 689-90
Genocídio. *Ver* Holocausto
Genscher, Hans-Dietrich, 659, 709
Geórgia
  declaração de independência, 649
  movimento pela independência, 645-46
Geração 60, 397-426
  Alemanha Ocidental, 421-26
  como Revolução dos Intelectuais, 412-13
  cultura, 481-82
  Era da Teoria, 403-7
  fim das ilusões, 451-52
  hippies, 402-3
  Itália, 418-21
  música popular, 401-2
  no bloco soviético, 427-53
  partidos políticos franceses, 413-14
  política, 403-4
  realizações práticas, 451-52
  relevância, 412-18
  revolução da Teoria, 403-7, 484-85
  revolução sexual, 401-2
  tendências da moda, 401-3
  União Soviética, 427-30
  visão de mundo, 400-1
Geração 70
  cinismo, 484-85
  crises econômicas, 457-67
  cultura popular, 484-85
  cultura, 481-83
  desafios à sociedade, 467-71
  era "pós-tudo", 481-82
  ligação entre repressão social e sexual, 482-83
  punk rock, 484-85
  terrorismo. *Ver* Terrorismo
Geremek, Bronisław, 586
Gerhardsen, Einar, 371
Gerö, Ernö, 321-23
Gheorghiu-Dej, Gheorghe, 182, 197, 202-3, 435, 618-19
Giannini, Guglielmo, 65, 66
Gide, André, 291
Gide, Charles, 166
Gierek, Edward, 581-82, 585
Gimes, Miklós, 325-26
Ginzburg, Eugenia, 560
Giolitti, Giovanni, 266-67
Giscard d'Estaing, Valéry, 492, 528-31, 550-52
  atitude em relação ao regime de Vichy, 803-4
  Tratado Constitucional da EU, 718-20
glasnost, 594-95
Glistrup, Morgens, 489
Globalização, 725-35
Globke, Hans, 72
Glucksmann, André, 562, 771-72
Godard, Jean-Luc, 387, 388, 394
Golpe de Praga, 139, 152-53, 161, 169
Golpes de Estado
  Alemanha Oriental, 611
  contra Boris Ieltsin, 647-49
  contra Erich Honecker, 611
  contra Nicolau Ceauşescu, 621
  Espanha, 522-23
  Grécia, 509-10
  Kremlin, outubro de 1964, 429
  Portugal, 515
  Romênia, 621
  Tchecoslováquia. *Ver* golpe de Praga
  União Soviética, 647-49
Goma, Paul, 329, 574
Gomułka, Władysław, 193, 205-6, 319-21, 431, 436-37, 449-50
  anti-semitismo, 438-40
  reação aos movimentos estudantis, 437-39
Göncz, Árpád, 325-26
González, Felipe, 470, 520-21, 523-25, 526-27, 592-93
  escândalo, 734-35
Gorbanevskaia, Natália, 574
Gorbatchev, Mikhail, 525-26, 608, 633, 634
  apoio, 601-2
  como reformista, 591-93, 596-98
  dados biográficos, 591-92
  discurso perante o Conselho da Europa, 628
  estratégia de saída do Afeganistão, 598-600
  glasnost, 594-95
  invasão do Afeganistão, 598-600
  maior erro tático, 646-48
  mudança na política externa soviética, 597-600
  papel na libertação dos Estados-satélites, 628
  reforma do Partido Comunista, 594-95
  reformas econômicas, 592-95
  relações com a Europa Ocidental, 598-602
  remoção do poder, 647-48
  renúncia à Doutrina de Brejnev, 601-2
  renúncia, 650
  resposta à reivindicação de autonomia dos Estados-satélites, 599-600, 637
  reunificação alemã, 634, 635-36
  sem relevância, 649-50
  tolerância à música popular, 599-600
  tratamento das iniciativas dos países bálticos, 640-41
  ultimato à Lituânia, 641
  visão de reformador radical, 601-2
  visão linha-dura, 600-2
  visita à Alemanha Oriental, 610
Gorz, André, 728
Gosplan, 577
Gottwald, Klement, 106, 151-52, 197-99
Governo de Unidade, 145
Governo Militar Aliado, 54, 75, 363
  esforços de reconstrução, 53-54
  proteção aos fascistas, 75
Grã-Bretanha
  Acordo da Sexta-feira Santa, assinado com a Irlanda, 697-98
  anticomunistas, 228-29
  atitude em relação à união alfandegária européia, 172-77
  atividade industrial, 363-65
  Barnsley como exemplo da indústria do patrimônio histórico, 756-58
  British Broadcasting Corporation (BBC). *Ver* British Broadcasting Corporation
  British Leyland (BL). *Ver* British Leyland (BL)
  British Motor Corporation (BMC), 363
  British Petroleum (BP), 542-43
  British Telecom, 542-43
  Campanha de Solidariedade ao Vietnã, 412-13
  Campanha pela Cerveja Autêntica, 489

Campanha pelo Desarmamento Nuclear (CDN), 264-65
candidatura à Comunidade Econômica Européia (CEE), 314-16
capacidade nuclear, 258-59
censura, 382-84
cinema dos anos 50, 307-9
colonialismo, 286-87
como nação que mais deve no mundo, 174-75
como potência nuclear, 173
como receptora de fundos estruturais fornecidos pela EU, 743-44
compra (aos EUA) de mísseis nucleares instalados em submarinos, 300-1
Comunidade Britânica, 173, 301, 306, 309-10
Comunidade Econômica Européia (CEE), 311, 314-16
condições econômicas no pós-guerra, 172, 742-43
crise de Suez, 302-10
decisão de dividir a Alemanha, 125
decisões relativas à economia e à indústria no pós-guerra, 364-66
declínio da hegemonia atlética, 309
declínio econômico, 364-65
declínio industrial, 363-65, 389
dependência dos EUA, 310
descolonização do Egito, 302-3
desempenho econômico comparado ao da Alemanha Ocidental, 361-66
desmantelamento do setor público, 542-44
despesas militares no pós-guerra, 175
disparidades econômicas regionais, 742-44
disputas/greves trabalhistas, 540, 542-43
distúrbios raciais em Londres, 343
domínios asiáticos, 288
domínios imperiais, 363-65, 300-10
Estado previdenciário, 88-89, 175-76, 538-48
estatística de imigração, 729
estatística populacional, 338
Estatuto de Westminster, 301
estratégia econômica, 538-39
Exército Republicano Irlandês (IRA). *Ver* Exército Republicano Irlandês (IRA)
fabianistas, 216-17
fim da ilusão de império, 309
força de trabalho no pós-guerra, 365
freqüência aos cinemas, 241, 353
Guerra das Malvinas, 546-47
hindus, 730
imigração não-européia, 342-43
impacto do Plano Marshall, 174-75
Império, 173
independência africana, 306-7
independência da África do Sul, 306
independência de Chipre, 510-11
índice de desemprego em 1977, 540
índice de desemprego em 1985, 543-44
índices de pobreza, 727-28, 780-81
indústria do patrimônio histórico, 756-59
ingovernabilidade, 540-41
ingresso na Comunidade Européia (CE), 527-28
iniciativas artísticas e culturais, 383-84
intelectuais, 216-18
invasão militar do Egito, 304-5, 326
Inverno do Descontentamento, 540-41
Irlanda do Norte, 470-73
judeus, 793-94
Lei das Relações Raciais de 1965, 343
Lei de Imigração da Comunidade Britânica de 1962, 343
Lei de Poderes Emergenciais de 1940, 82
Lei do Serviço Nacional de Saúde, 89
Lei dos Desvalidos/princípio de "mais elegibilidade", 87, 89
Lei sobre Publicações Obscenas, 382-83
mineradores, 539, 542-43
moralidade e relações pessoais, 382-84
movimento nacionalista escocês, 696-97
movimento nacionalista galês, 695-96
movimento nacionalista irlandês, 696-98
muçulmanos, 730
neofascistas, 732-33
nostalgia, 756-59
Novo Partido Trabalhista, 546-47, 779-81
Orgreave como exemplo da indústria do patrimônio histórico, 757-58
otimismo na década de 1950, 307-8
Partido Comunista da Grã-Bretanha (PCGB), 216-17
Partido Conservador, 539, 540-48
Partido Nacional Britânico (PNB), 730-31, 732-33
Partido Social-democrata, 545-46
Partido Socialista da Grã-Bretanha (PSGB), 406-7
Partido Trabalhista, 83, 376-79, 545-47
partidos comunistas, 328
Patrimônio Público Nacional, 756-57
período de austeridade, 175-76
planejamento governamental, 82-83, 337
Política de Preços e Rendas, 539
política interna no pós-guerra, 174
preocupações com a União Soviética, 125-26
preocupações no pós-guerra, 124
presença de estrangeiros morando e trabalhando, 729
privatização das ferrovias, 544-45
privatização de bens geridos pelo Estado, 542-45
programa de armas atômicas, 126, 173
racionamento, 175-76, 246
reação aos imigrantes, 732-33
recuo dos domínios imperiais, 300-10
recursos empregados para lutar na Segunda Guerra Mundial, 28
recusa de ingresso na Comunidade Econômica Européia (CEE), 311
reestruturação de estratégia econômica, 540
reformas liberais, 382-84
reformas por justiça social, 174
regiões autônomas, 695-98
relações industriais, 377-79
relutância em se unir à Europa continental, 172-74
resistência à expansão da União Européia, 720-21
saída da Palestina, 301
saída do Oriente Médio, 301-6
saída do sul da Ásia, 301
separatismo nacional, 695-98
separatismo regional, 695-98
sindicatos trabalhistas, 365
sistema de cotas para filmes, 242
sistema de taxas fixas relativas a benefícios e serviços, 377-78
sistema universitário, 399
social-democratas, 376-79
Sociedade Vitoriana, 394
subsídios do setor público para as artes, 764
Teatro Nacional, 385
Thatcherismo, 540-49
tratativas com a França, 299-300

turbulência no setor industrial, 540
Ulster, 470-73
vida no pós-guerra, 237-38
Graham, Billy, 605
Gramsci, Antonio, 218-19, 407-9, 482-83
Grass, Günter, 285, 421, 425, 636, 730-31, 771, 798, 806-7
Grechko, Andrei, 447-49
Grécia
admissão à OTAN, 507
Aliados ocidentais, 507-8
auxílio econômico, 529-30
como beneficiária do Plano Marshall, 105, 507
comunistas, 154-55
conflitos regionais, 507
expulsão do Conselho da Europa, 510
expurgos de colaboracionistas no pós-guerra, 62-63
golpe de Estado, 509-10
grupos políticos de direita, 508-10
guerra civil, 49
História política recente, 508-12
ingresso na Comunidade Econômica Européia (CEE), 512
ingresso na Comunidade Européia (CE), 528-30
junta, 509-10
militares, 507-8
Movimento Socialista Pan-helênico, 512
Partido da Nova Democracia, 511
partidos comunistas, 507
políticas econômicas depois do golpe, 509-10
relações com a Turquia, 510-12
sentenças prisionais para comunistas, 507
situação de Chipre, 510-11
situação política, 508-12
terrorismo, 506-7
terroristas comunistas, KKE, 506-7
União de Centro, 508, 509
União Helênica, 508
União Radical Nacional, 509
volta à democracia, 511-12
Greene, Graham, 228
Gromiko, Andrei, 587-97
Gross, Tomasz, 812
Grossman, Vassili, 596-97
Grósz, Károly, 606, 628
Grupo 47, 211
Grupo de Baader-Meinhof, 469, 473-76, 477-78
Grupos políticos defensores de questões únicas, 489-90
Grusa, Jirí, 561
Guala, Filiberto, 352
Guerra da Coréia, 164
Guerra do Vietnã, 412-13
conseqüências sobre as decisões econômicas dos EUA, 457-58
oposição na Alemanha Ocidental, 423-24
Guerra do Yom Kippur, 458-59
Guerra dos Seis Dias, 438-39, 797, 802-3
Guerra dos Trinta Anos, 28
Guerra Fria
competição cultural, 234-35
experiências regionais, 257
início, 117, 140
no Oriente Médio e na África, 305-6
nova, 588-89, 618-19
percepções, 22
segunda, 587-90
Guerra nas Estrelas (Iniciativa de Defesa Estratégica), 589-91
Guerras civis, 46-49, 666-71
Gysi, Gregor, 612

Habermas, Jürgen, 285, 421, 425, 636, 771-72, 798
Habitação na era soviética, 391, 579
Haider, Jörg, 17, 686, 731-32, 733-34
Hájek, Jiří, 568
Halimi, Gisèle, 491, 492
Hall, Stuart, 484-85
Hammerskjöld, Dag, 324-25
Haraszti, Miklós, 566-67
Harich, Wolfgang, 329, 573
Harriman, Averell, 120
Hartmann, Detlef, 476-77
Hauser, Wilhelm, 72
Havel, Václav, 442-43, 496, 567-68, 573, 613-18, 627, 654-57, 687, 709, 710, 771
Havemann, Robert, 572
Hayek, Friedrich, 538, 560
Healey, Dennis, 162, 466, 540
Heath, Edward, 353, 527-28, 539, 541-43
Heidegger, Martin, 215, 285, 483-84
Heine, Heinrich, 177, 220-22, 784-85, 789
Hermlin, Stephan, 71
Herri Batasuna, 469-70
Herriot, Edouard, 56, 222-23
Herzen, Alexander, 221-22
Herzl, Theodor, 771
Heuss, Theodore, 280
Heydrich, Reinhard, 811
Heym, Stefan, 612
Hindus, 730
Hippies, 402-3
História
como nostalgia, 755-62
diferença em relação à memória, 815
incertezas, 562-64
História e ciências sociais, revolução teórica, 404-5
Hitler, Adolf, 23
Áustria como primeira vítima, 16, 66
deportações, 37
divisão da Europa, 54
Holocausto. *Ver* Holocausto
invasão da Polônia, 27
papel do Exército Vermelho na derrota de Hitler, 68
políticas como origem do milagre econômico, 362
ressentimento alemão, 795
Solução Final. *Ver* Holocausto
unificação da Europa, 167
visão da Alemanha no pós-guerra, 797
visão da Alemanha Ocidental na década de 1960, 422-23
Ver também Alemanha nazista
Ho Chi Minh, 291-93
Hobsbawm, Eric, 755-56
Hochhuth, Rolf, 421, 425
Hoggarth, Richard, 404-5
Holanda
Banco Nacional de Investimentos, 555
cumplicidade no Holocausto, 792, 795
Dansk Folkeparti, 730-31, 732-33
domínios imperiais, 288-89
estatística populacional, 338
Igreja Católica no pós-guerra, 239
judeus, 792, 799-800
List Pim Fortuyn, 730-31, 732-33
muçulmanos, 730

Partido Católico, 272-74
Partido Popular Católico, 273-74
pilares, 271-73
planejamento governamental, 84
protestantes, 271-73
punições para colaboracionistas, 60
reação aos imigrantes, 730-33
reconhecimento do Holocausto, 799-800
visão quanto ao ingresso na CEE, 311-12
Holbrooke, Richard, 667-68
Holocausto
cumplicidade internacional, 789-806
estatística sobre sobreviventes, 790
minissérie para televisão, 797
necessidade de esquecer, 794-95
reconhecimento por parte da Europa Ocidental, 789-806, 811-12
reconhecimento por parte da Europa Oriental, 806-11
Homens Culpados, 78
homens, escassez no pós-guerra, [illegible]
Homogeneidade, pós-guerra, 42
Honecker, Erich, 581-82, 608-11, 625, 755-56
golpe de Estado, 611
Hook, Sidney, 233
Hoover, Herbert, 120
Horkheimer, Max, 495-96
Horn, Gyula, 610
Hoxha, Enver, 581-82
Hume, David, 696-97
Hungria
autocensura, 570
censura, 570
colaboracionistas, 689-91
como beneficiária do Plano Marshall, 105
economia mista, 433-34
economia, 605-6
economistas favoráveis à reforma, 433
emigração após a revolução, 325-26
empréstimos financeiros recebidos, 580-81
Frente Popular, 150-51
imagem, 605
influência soviética, 149-51
judeus, 438
libertação, 605-7
Memorial do Holocausto, 812
movimento dissidente, 567-68, 606
Novo Mecanismo Econômico, 433-34
oposição política, 606
partidos comunistas, 144, 149-51, 605-7
perseguição a cidadãos, 204-5
queda do comunismo, 605-7
reformas legislativas, 606-7
refugiados da Alemanha Oriental, 609-10
resposta à "desestalinização", 320-23
revolução contra a União Soviética, 321-26, 326-30, 809
revolução de 1989, 606-7
socialismo, 149-51
Terrorhaza, 812-13
Hurd, Douglas, 633
Husák, Gustav, 449-50, 495, 565-66, 581-82, 613, 653
renúncia, 615-16
Hussein, Saddam, 673-74

Iakovlev, Aleksandr, 598-99, 601-2
Idéia de Europa, 740
Ieltsin, Boris, 330, 601-2, 641, 646-51, 678, 681
como presidente, 650
eleito presidente, 647-48
golpe de Estado, 647-49
poderio, 651
primeiro encontro com Bush, 648-49
Igreja Católica, 62
ataque de Tito, 63
autoridade sobre moralidade e relações pessoais, 379-84
envolvimento em política, 380-82
na Europa durante o pós-guerra, 238-40
Polônia. *Ver* Polônia
Igrejas protestantes, 240
Iliescu, Ion, 621, 622, 679, 685
reconhecimento de participação no Holocausto, 813
Imigração
de não-europeus para a Grã-Bretanha, 342-43
restrições vigentes na Europa Ocidental, 461, 729
Indenizações alemãs, 137-38
Independência transnistriana, 644-46
Índia, 301
índice da natalidade, 337-39, 344
após o sucesso do movimento feminista, 493, 537
Estados Unidos, 776-77
Leste Europeu, 337-38, 776-77
planos para aumento, 87, 88, 491, 618-19
pós-guerra, 248, 338-39
Índice de desemprego, 339, 461, 726
Índice de mortalidade infantil, 36, 338-39
Índice de mortalidade, Segunda Guerra Mundial, 31-32
Indústria do aço, desaparecimento, 463
Inflação, 101
índices em diversas nações, 459-60
riscos, 464-65
informantes, 51
inglês como idioma dominante, 745-47
Ingovernabilidade, 466, 473
britânica, 540-41
Ingrao, Pietro, 218-19
Iniciativa de Defesa Estratégica (Guerra nas Estrelas), 589-91
iniciativas artísticas e culturais, 383-89, 764-66
INPS. *Ver* Instituto Nacional de Previdência Social (INPS)
Instituto de Reconstrução Industrial (IRI), 267-68, 555
Instituto Nacional de Previdência Social (INPS), 267-68
Instituto Nacional Italiano de Órfãos de Guerra, 369
Intelectuais
adulação comunista, 212
características, 210-11
condições na Europa Ocidental, 215-21
condições na Europa Oriental, 211
declínio, 687
derrota, 771-72
destino na Europa Oriental, 215-21
França, 220-28, 560-65
liberais, 229
mais influentes, 210-11
Paris, 220-28, 560-65
Ver também Movimento dissidente
intelectuais liberais, 229
Intelectuais parisienses, 220-28, 560-65
"Internacional negra", 171
Inverno de 1947, 100
Inverno de fome, Holanda, 35
Ionescu, Eugène, 741-42
IRA. *Ver* Exército Republicano Irlandês

Iraque
- conseqüências do apoio oferecido por Tony Blair à invasão norte-americana, 780-81
- independência, 301-2
- invasão norte-americana, 771-73
- reação européia à invasão norte-americana, 771-72

IRI. *Ver* Instituto de Reconstrução Industrial

Irlanda
- Domingo Sangrento, 472
- Exército Republicano Irlandês (IRA). *Ver* Exército Republicano Irlandês
- Movimento nacionalista, 696-98
- Ulster, 470-73

Irlanda do Norte, 470-73

Islamismo na Europa, 760-62

Israel, 46
- Guerra do Yom Kippur, 458-59
- Guerra dos Seis Dias. *Ver* Guerra dos Seis Dias
- invasão militar do Egito, 304-5, 326

Itália
- Anos de Chumbo, 479-81
- anticomunistas, 228
- Brigadas Vermelhas, grupo terrorista. *Ver* Brigadas Vermelhas, grupo terrorista
- caso Moro, 478-79
- como democracia, 265-70
- corrupção, 269-70
- Decreto nº 159, 61
- Democratas Cristãos, 267-70, 368, 478-80, 734-35
- disparidades econômicas regionais, 742-43
- disputas trabalhistas da Pirelli, 418, 420
- disputas/greves trabalhistas, 418-21
- emigração, 340-41
- empresas do setor público, 368-69
- escândalo de suborno, 734-35
- esquerda extra-parlamentar, 419
- estatística populacional, 338
- estatizações no pós-guerra, 368-69
- expurgo de fascistas, 61-62
- expurgos de colaboracionistas no pós-guerra, 56, 61
- fascínio pelo maoísmo, 420
- fascismo, 47
- fragmentação, 693-95
- grupos terroristas menores, 477-78
- guerra civil, 47-48
- Igreja Católica no pós-guerra, 239, 267-69
- indústria cinematográfica, 388-89
- Instituto de Reconstrução Industrial (IRI), 267-68, 555
- intelectuais, 217-21
- intermediários e agências econômicas, 267-68
- legislação sobre o aborto, 492
- Liga do Norte, 694-95, 721
- Liga Lombarda, 694-95
- Máfia, 479-81, 734-35
- marxistas, 420
- Mezzogiorno, 266-67
- milagre econômico, 418
- movimento grevista de 1969, 418-21
- movimentos estudantis, 418-21
- muçulmanos, 730
- Partido Comunista Italiano (PCI), 93, 157-58, 218-20, 498
- Partido da Ação, 80
- Partido Socialista Italiano (PSI), 218-19
- Partido Socialista, 734-35
- partidos comunistas, 93, 102, 218-19, 328, 407-8, 420, 478-79, 498
- partidos políticos dos anos 60, 413-14
- planejamento governamental, 83-84, 335-36
- pobreza na região sul, 266-67
- privatizações, 556
- produção de refrigeradores, 345-46
- reformas agrárias, 92-93
- regiões autônomas, 694
- resistência à expansão da União Européia, 721
- separatismo regional, 693-94
- sistema universitário, 400
- terrorismo de extrema direita, 478-80
- terrorismo de extrema esquerda, 478-80
- terrorismo, 476-81
- transição de potência do Eixo a aliado democrata, 62
- tratamento de colaboracionistas, 65
- tratamento de operários da indústria, 418
- Tribunais Especiais, 61

Iugoslávia
- Acordos de Dayton, 670-71
- ataque à Eslovênia, 666-67
- auxílio do Ocidente, 186-87
- como exceção dos planos econômicos soviéticos para o pós-guerra, 186
- crise econômica, 664
- dedicação ao bolchevismo, 153-54
- dialética, 661-62
- divisão catastrófica, 658-77
- divisão, 631
- empréstimos contraídos, 186-87
- etnias coexistentes, 661
- Frente Popular, 153-54
- gastos com defesa, 187
- Grupo de Contato, 673-74
- guerras, 666-77
- hiperinflação, 664
- julgamentos de crimes de guerra, 64, 675-76
- limpeza étnica, 667-71, 672
- mapa (1973), 660
- massacre de Srebrenica, 669-71
- massacres dos Ustase, 666-68
- partidos comunistas, 144, 153-59
- população albanesa, 662-63
- produtividade per capita após a Segunda Guerra Mundial, 186
- questões históricas, 659-64
- reformas econômicas, 434-35
- relação com a União Soviética, 327-28
- religiões, 662
- rompimento com a União Soviética, 157-59

Izetbegovic, Alija, 670-71

Jäckel, Eberhard, 802-3

Jakeš, Miloš, 613-15

Jaruselski, Wojciech, 587, 588-89, 602-5, 689-90

Jaspers, Karl, 216-17, 233

Jendretsky, Hans, 197

Jenkins, Roy, 382-83, 545-46

Jennings, Humphrey, 176

Jeune Europe, 82

Jirinovski, Vladimir, 685

João Paulo II, papa, 583-85

João XXIII, papa, 380-81

Jobert, Michel, 722

Johnson, Lyndon, 500, 775-76

Joliot-Curie, Frédéric, 232
Jornada ao Furacão (Ginzburg), 560
Jornais, 766
Jospin, Lionel, 733-34
Judeus
  admissão de sofrimento (por parte da Polônia), 789
  admissão de sofrimento (por parte da Romênia), 789
  admissão de sofrimento, 789-94
  alemães, 795-98
  anti-semitismo. *Ver* anti-semitismo
  argelinos, 297
  assassinatos nas Olimpíadas de Munique, 476-77, 797
  ataques muçulmanos, 761-62
  atitude de Stalin, 194-200
  belgas, 791-92
  britânicos, 730, 793-94
  como deslocados de guerra, 45-46
  comunistas, 438-40
  conseqüências do extermínio nazista, 50
  estatística sobre libertados, 38
  estatística sobre sobreviventes do Holocausto, 790
  europeus durante o pós-guerra, 789-815
  europeus orientais, 792-93
  franceses, 730, 790-91, 793, 800-6
  holandeses, 792, 799-800
  Holocausto. *Ver* Holocausto
  húngaros, 438-39
  indiferença ao sofrimento, 806-7
  Israel. *Ver* Israel
  no Leste Europeu durante o pós-guerra, 194-95
  números de mortos, 38, 790
  pogroms, 57
  poloneses, 438-39
  represálias na Polônia, 57
  russos, 730
  sob ocupação alemã, 52
  suíços, 799
  vienenses, 17, 272-73
  visão alemã durante o pós-guerra, 72
Julgamento de Slánsky, 197-200, 201-3
Julgamento dos Líderes do Centro de Conspiração contra o Estado, 193
Julgamentos de crimes de guerra cometidos pela Alemanha. *Ver* Julgamentos de Nuremberg
Julgamentos de Crimes de Guerra, 67. *Ver também* Julgamentos de Nuremberg
Julgamentos de Moscou, 191
Julgamentos de Nuremberg, 67-68
  benefícios, 68
  opinião alemã, 72
  presença soviética, 68
Julgamentos forjados, 431, 440-41
  anti-semitas, 197-98
  comunistas como vítimas, 202-4
  de Lucretius Pătrașcanu, 197
  Julgamento de Slánsky. *Ver* Julgamento de Slánsky
  objetivo, 199-201
  União Soviética, 191-94, 197-200
Julgamentos/crenças, independência, 482-83

Kádár, János, 322-26, 433, 581-82, 605-7
  falecimento, 607
  remoção do poder, 606
Kádárismo, 433-34
Kafka, Franz, 19, 441-43
Karadzic, Radovan, 668-70
Karamalis, Constantine, 508, 509, 511, 512, 525-27
Kardelj, Edvard, 156-57
Kazin, Alfred, 795
Kennan, George, 33, 68, 102, 103, 120, 122, 134, 137, 140, 167
Kennedy, Jacqueline, 389
Kennedy, John F., 258, 260-62, 389
  Crise dos Mísseis em Cuba, 263-64
  venda (à Grã-Bretanha) de mísseis nucleares instalados em submarinos, 300-1
Kéthly, Ann, 149-50
Kefauver, Estes, 122
Keynes, Maynard, 87, 104, 121, 129, 364, 537, 538
Kiesinger, Kurt-Georg, 422-23, 425, 499, 797
Kis, János, 686
Kissinger, Henry, 504-5
Kiszczak, Czesław, 603
Kjaersgaard, Pia, 732-33
Klaus, Václav, 654-57, 679, 687, 690-91, 721
Klíma, Ivan, 570
Koestler, Arthur, 211, 221-22, 228, 233-35, 560, 562, 771
Kohl, Helmut, 70, 501, 530-31, 588-89, 608, 634-37, 736
  crédito pela reunificação da Alemanha, 632
Kohout, Pavel, 212, 442-43
Kołakowski, Leszek, 431, 436-38, 561
Komarov, Vladimir, 196
Konrád, George, 567-68, 571, 575
Koopman, Rita, 792
Kornai, János, 433
Kosovo
  ações sérvias, 665-76
  ocupação pela OTAN, 674-75
Kostov, Traicho, 154-55, 191-92, 202-3, 224
Koštunica, Vojislav, 674-75
Kovács, Béla, 149-50
Kovaly, Heda, 211
KPD. *Ver* Partido Comunista Alemão (KPD)
Kraus, Karl, 19, 771
Kravchenco, Victor, 224-25, 235
Kravchuk, Leonid, 643-44
Kreisky, Bruno (chanceler da Áustria), 375-76, 798
Krenze, Egon, 611, 624
Kriuchkov, Vladimir, 647-49
Krivine, Alain, 417
Kruschev, Nikita, 256, 257, 258, 316-17, 391, 427, 633, 642
  "desestalinização" controlada, 317-20
  antipatia pela Romênia, 435
  ataque a Stalin, 317-19
  Crise dos Mísseis, 263-64
  discurso secreto, 317-18, 328
  discussão de cozinha, 579-80
  encontro com Tito, 327
  estratégia para a União Soviética, 318-19
  golpe do Kremlin, outubro de 1964, 429
  imprevisibilidade, 429
  libertação de prisioneiros do Gulag, 317-18
  ofensiva sobre Berlim, 259-63
  reformas implementadas, 428
  tratamento da revolução húngara, 321-26
Kuchma, Leonid, 679, 681
Kula, Witold, 792
Kun, Béla, 408-9
Kundera, Milan, 442-43, 571-72, 710
Kuroń, Jacek, 436-37, 440-41, 568, 585-87, 739

Lacan, Jacques, 482-85
Lafontaine, Oskar, 608
Laker, Freddie, 349
Lambrakis, Grigoris, 508
Lang, Jack, 758-59, 774-75
Lange, Anders, 489
Langer, Oskar, 204-5
Lanzmann, Claude, 797, 802-3
Lasky, Melvin, 215-16
Laurent, Jacques, 228
Lavadoras de roupa, 346
Laval, Pierre, 63, 64, 800-1
Lawrence, D. H., 382-83
Le Pen, Jean-Marie, 686, 721, 730-31, 733-34, 790
Leclerc, Annie, , 482-83
Lefebvre, Jacques, 735-36
legitimidade
  como função de capacidade, 782
  como função de território, 783
Lei da Neutralidade, 126
Lei de Assistência Emergencial à Iugoslávia, 187
Lei dos Desvalidos/princípio de "menos elegibilidade", Grã-Bretanha, 87, 88
Leis Básicas alemãs, 93, 160, 278
Leis Fabris, 89
Lembranças sofridas. *Ver* Memória
Leonhard, Wolfgang, 560
Leopoldo III, rei, 93
Lepper, Andrzej, 685
Letônia, 638
  colaboracionistas, 689-90
  declaração de independência, 648-49
  movimentos pela independência, 639-40
  opções no período pós-comunista, 682
Levante do Gueto de Varsóvia, 116, 807
Levi, Carlo, 266-67
Levi, Primo, 793, 796
Lévi-Strauss, Claude, 404-6
Lévy, Bernard-Henri, 562, 710, 771-72
Lewis, Norman, 266-67
Liebknecht, Karl, 609
Liga das Nações, 41
Liga dos Estudantes Húngaros, 321-23
Ligachev, Igor, 596-97
Limpeza étnica, 38, 41
  de judeus. *Ver* Holocausto
  de sérvios, 671-72
  perpetrada por sérvios, 667-71
língua alemã, provincialização, 745-46
língua francesa, provincialização, 746-48
Linha Curzon, 115
linha direta entre Washington e Moscou, 264-65
Lippman, Walter, 122
Lituânia, 638
  cisão do Partido Comunista, 640
  Comitê de Salvação Nacional, 639
  movimentos de independência, 639-40
Litvinov, Pavel, 450
Litynski, Jan, 438-39
Lloyd, Selwyn, 326
Löbl, Eugen, 74
Loebl, Fritz, 204-5
London, Artur, 211, 224
Longo Telegrama, 122
Loterias, 764
Lozonczy, Géza, 211, 325-26
Lübke, Hans, 797
Luca, Vasile, 149
Lukács, Georg, 407-9
Lustração, 690-91
Luta pela paz, 234-35
Luxemburgo, Rosa, 407-9, 609
Lyotard, Jean François, 483-84

Macciocchi, Maria-Antonietta, 411-12
Macedônia, 631
  declaração de independência, independência, 665-66
  sensibilidades regionais, 672-73
Macmillan, Howard, 89, 160, 261-64, 299-300, 306, 307, 309, 310, 541-42
Máfia. *Ver* Itália
Mahler, Horst, 475-77
Maisky, Ivan, 133
Major, John, 542-44
Makarios, arcebispo, 511-12
Malenkov, Georgy, 316-17
Maléter, Pál, 325-26
Malia, Martin, 651
Malraux, André, 297, 383-84, 663
Manchester United, 769
Mange, Etienne, 735-36
Manifestações em Nanterre, 414-18
Manifesto sobre o Conceito de Guerrilha Urbana, 473-74
Mann, Klaus, 226
Maoísmo, 411-13
  fascínio despertado na Itália, 420
Mapas
  Alemanha e Áustria no pós-guerra, 69
  Bélgica, 700
  Europa em 1942, 29
  Europa Oriental depois da Segunda Guerra Mundial, 163
  Iugoslávia em 1973, 660
  União Européia (1957-2003), 704
  União Européia (pós-2004), 714
Marcel, Gabriel, 791
Marchais, Georges, 550-52
Marcuse, Herbert, 409-10
Margolius, Rudolf, 21
Maritain, Jacques, 233
Marshall, George C., 104, 139
Marx, Karl, 220-21, 406-7
  primeiros escritos, 408-9
Marxismo
  apogeu, 406-8
  falhas, 562-63
  Leste Europeu, 431-32
  redescoberta, 407-9
  Ver também Comunismo
Masaryk, Jan, 106, 152-53
Masaryk, Tomás, 150-52, 617-18, 741-42
Massacre de Srebrenica, 669-71
massacres
  massacres de albaneses sob ordens de Milošević, 672-75
  Srebrenica, 669-71
  Ustase, 666-68
Massificação do turismo, 348-50
Mastroiani, Marcello, 388
Mauriac, François, 81, 210, 229

Mauroy, Pierre, 552-53
Maurras, Charles, 513
Mayer, René, 793
Mazowiecki, Tadeusz, 586, 605, 625, 627
Mazzini, Giuseppe, 221-22
McCloy, John J., 53, 72
Meciar, Vladimír, 655-57, 679, 691
Medgyessy, Péter, 812
Medvedev, Zhores, 574
Meinhof, Ulrike, 473-74
Meios de comunicação de massa, 766-68
Meir, Golda, 196
Memória
  diferença em relação à História, 815
  lembranças dolorosas na Europa Ocidental, 789-806, 811-15
  lembranças dolorosas na Europa Oriental, 808-9
  lembranças dolorosas na Rússia, 809-10
  memória coletiva do pós-guerra no Leste Europeu, 738
  memória coletiva do pós-guerra no Oeste Europeu, 737-38
Memoriais do Holocausto, 811
Mendès-France, Pierre, 254-55, 292, 293, 311-12, 416, 564-65
Menzies, Robert, 303
mercado negro, 51
  alemão, 101
Merker, Paul, 201-2
Merleau-Ponty, Maurice, 221-22, 226
Michnik, Adam, 437-39, 440-41, 566-68, 572, 573, 586, 587, 602, 603, 604, 624, 686, 688-90, 710, 771-72
Mickiewicz, Adam, 221-22, 437-38
Mídia, 352-54, 766-68
  papel na queda do comunismo, 624
Mielke, Erich, 636
Mihajlovic, Draza, 48, 63
Mikhoels, Solomon, 196, 199-200
Mikolajczyk, Stanislaw, 149-50
Mikoyan, Anastas, 321-22
Milans del Bosch, Jaime, 522-23
Milices Patriotiques, 56
Mill, John Stuart, 696-97
Millet, Kate, 482-83
Milošević, Slobodan (presidente da Sérvia), 664-66, 670-71, 672-75
  indiciamento como criminoso de guerra, 673-74
  massacres de albaneses, 672-75
  papel na catastrófica divisão da Iugoslávia, 676-77
Miłosz, Czesław, 211-13, 215, 220-21, 570, 572, 771
Mineração, desaparecimento de empregos, 462-63
minorias étnicas, 730-31
mito comunista, 20
Mitscherlich, Alexaner, 421
Mitscherlich, Margarete, 421
Mitterrand, François, 416, 530-31, 540-41, 549-54, 588-89, 758-60
  admissão de nações do Centro e do Leste Europeu à União Européia, 709
  dados biográficos, 549-50
  modernização da economia, 554
  políticas econômicas, 552-54
  políticas sociais, 552-53
  reconhecimento do Holocausto, 803-5
  reunificação alemã, 633-34
Mladenov, Petar, 623
Mladić, Ratko, 667-70
  massacre de muçulmanos, 669-71
Mlynář, Zdeněk, 179, 213, 451, 565-66, 592-93
Mňačko, Ladislas, 442-43
Mnouchkine, Ariane, 774-75
Moch, Jules, 793
Moczar, Mieczysław, 438-40
Modelo econômico da Terceira Via, 779-81
Modelo europeu, 21-22
Modelo social europeu, 778-79
Modrow, Hans, 612, 632
Modzelewski, Karel, 436-38
Moedas flutuantes, 457-58
Moldávia
  como país europeu, 740-42
  declaração de independência, 649
  Frente Popular, 644-45
  movimento de independência, 643-46
  salários mensais, 729
  trabalhadores convidados, 730
Mollet, Guy, 294, 291
Molotov, Viacheslav, 105, 117, 135, 139, 150-51, 318-19
  repúdio aos planos da França para a Alemanha, 129
Monnet, Jean, 84, 110, 167, 716-17
Montand, Yves, 525-26
Monty Python, 485
Moravia, Alberto, 210
Moreau, Jeanne, 491
Moro, Aldo, 478-79
Morrison, Herbert, 173, 288
Mosley, Oswald, 82
Motonetas, 348
Mounier, Emmanuel, 222-23, 228
Movimento de Independência Nacional da Letônia, 639
Movimento de Reorganização da Lituânia, 639
Movimento dissidente
  Alemanha Oriental, 572-73
  Europa Central, 574-75
  Hungria, 567-68
  Polônia, 568
  Romênia, 574
  Tchecoslováquia, 565-68
  União Soviética, 430, 565-76
Movimento feminista, 490-93
Movimento nacionalista do País de Gales, 695-96
Movimento nacionalista escocês, 696-97
Movimento pela Paz, 232-33
Movimento pelos Direitos, Helsinque, 505-6
Movimento Solidariedade. *Ver* Polônia
Movimentos de resistência
  colaboracionistas, 56
  como motivo de orgulho nacional, 55
  desarmamento, 58
  desconfianças, 79-80
  inexperiência política, 80-81
  integração, 79
  políticas, 78
  punições praticadas, 56
  visão dos governos legítimos, 78
Movimentos estudantis
  Alemanha Ocidental, 423-26
  França, 414-18
  Itália, 418-21
  Polônia, 436-41
  Tchecoslováquia, 444-50
Movimentos separatistas, Europa Ocidental, 692-705
Muçulmanos
  ataques a judeus, 761-62

como fatia substancial da população do Oeste Europeu, 730-31
massacre de Mladić, 669-71
na Bósnia-Herzegóvina, 665-71
na França. *Ver* França
na Grã-Bretanha, 730
na União Soviética, 590-91
Muir, Edwin, 741-42, 755-56
Mulheres
direitos ao controle da natalidade, 491-93
na força de trabalho, 339-40
Partido Democrata Cristão, 94
punição a colaboracionistas, 57
sufrágio e direito ao voto, 93
Muro de Berlim, 500, 608, 609, 687-88
construção, 261-63, 264-65
inauguração, 611-12
Portão de Brandemburgo, 611, 634
queda, 15, 611, 612
Muschg, Adolf, 772-73
Música popular, 355-56, 358, 401-2
punk rock, 484-85
tolerância de Gorbatchev, 599-600
Mussolini, Benito, 47, 219-21

Nacionalistas, 685
Nacionalização, 85
Nações Unidas
ações na Bósnia, 674-76
Assembléia Geral, 121
Conselho de Segurança, 127
Força de Proteção na Croácia, 668-69
ingresso da Alemanha Oriental e Ocidental, 502
reação à limpeza étnica sérvia, 668-69
Nagy, Imre, 320-21, 322-27, 330, 446-47, 606-7
Narrativa-Mestra, 406, 559, 562-63
Nasser, Gamal Abdul, 302-5
Nastase, Adrien, 741-42
Navarro, Carlos Arias, 520-21
Nazarbaev, Nursultan, 649
Nazismo
opiniões na Alemanha, 72
reconhecimento por parte da Alemanha, 795-98
transição para o comunismo, 205-7
Negri, Antonio, 478-80
Németh, Miklós, 580-81, 628
Nenni, Pietro, 218-19
Nimier, Roger, 228
Nixon, Richard, 435-36, 504
abandono das taxas de câmbio fixas, 457-58
discussão de cozinha, 579-80
Nizan, Paul, 223
Nolte, Ernst, 797-98
Nora, Pierre, 759-60
Nord, Lega, 732-33
Noruega
como Estado previdenciário, 372-73
como linha de frente na Guerra Fria, 372-73
Comunidade Européia (CE), 527-28
conseqüências da Segunda Guerra Mundial, 372-73
Constituição, 371
punições a colaboracionistas, 59
Nostalgia, 755-62
Nova Esquerda, 408-11, 413-14, 425-26
Nova Ordem de Hitler, 82
Novo Brutalismo, 392
Novomeský, Ladislav, 442-43
Novotný, Antonin, 440-44
reação ao movimento estudantil, 444-45
Número de mortos, Segunda Guerra Mundial, 31-33
Nyers, Rezsõ, 628

OAS. *Ver* Organisation de l'Armée Secrète (OAS)
Obersovszky, Gyula, 325-26
OCDE. *Ver* Organização para Cooperação e Desenvolvimento Econômico
OCEE. *Ver* Organização para Cooperação Econômica Européia
ocupação japonesa de colônias européias, 290
Ocupações, 50-53
danos materiais causados pela ocupação alemã da União Soviética, 179
ocupação do Kosovo pela OTAN, 674-75
ocupação japonesa das colônias européias, 290
ocupação soviética da Hungria, 305
ocupações do Exército Vermelho no pós-guerra, 150-51
protestos no bloco soviético contra a ocupação soviética da Tchecoslováquia, 450
resistência. *Ver* Movimentos de resistência
tratados para acabar com a ocupação da Alemanha, 254-56
Ohnesorg, Benno, 425
OIR. *Ver* Organização Internacional de Refugiados (OIR)
Olimpíadas de Munique, Setembro Negro, assassinatos de israelenses, 476-77, 797
ônibus, 348
OPEP. *Ver* Organização dos Países Exportadores de Petróleo
Operação Danúbio, 447-48
Ophuls, Marcel, 801-3
Orbán, Viktor, 330, 607, 625, 812
Órfãos, 35
Organisation de l'Armée Secrète (OAS), 296-97
Organização do Tratado do Atlântico Norte (OTAN), 161-66, 252
ações na Iugoslávia, 674-75
como blefe, 162-63
conseqüências do Tratado de Maastricht, 1992, 706
contribuição alemã, 253-54
incorporação da Alemanha Ocidental, 255-56
ingresso da Alemanha, 635
ingresso da Grécia, 507
menosprezo dos EUA pelos Aliados, 772-73
nuclearização, 258
objetivo primário, 165
papel no futuro, 772-74
percepções, 162
Organização dos Países Exportadores de Petróleo (OPEP), 459
Organização Internacional de Refugiados (OIR), 43
Organização Mundial do Comércio, 121
Organização para Cooperação e Desenvolvimento Econômico (OCDE), 517-18
Organização para Cooperação Econômica Européia (OCEE), 107-8, 172
Orwell, George, 216, 757-58
Osborne, John, 308
Ostpolitik, 500-3, 572, 584
OTAN. *Ver* Organização do Tratado do Atlântico Norte
Outubro polonês, 320-21, 437-38

PAC. *Ver* Política Agrícola Comum
Pacelli, Eugenio. *Ver* Pio XII, papa

Pachman, Ludek, 212
Pacifistas, 588-89
Pacto de Varsóvia, 256
  anúncio de manobras na fronteira tcheca, 447-48
  poderio militar, 587-88
  renúncia húngara, 324-25
Pacto Molotov-Ribbentrop, 118, 226, 638, 639, 809
Padover, Saul K., 114
Padrão de vida, 344-60
  acampamentos, 349
  aumento da renda, 345
  carros, 346-48
  congestionamento de trânsito, 350
  conseqüências da explosão demográfica, 354-57
  férias remuneradas, 349
  influência dos EUA, 357-60
  música popular, 355-56
  orçamento doméstico, 344-45
  publicidade, 356-57
  rádios, 350-51
  renda disponível, 344-45
  televisão, 352-54
  turismo, 348-50
  utensílios domésticos, 345-46
  viagens de lazer, 348-50
Países do Benelux
  partidos católicos, 272-74
  pilares, 272-74
  Ver também cada Estado-nação
Palach, Jan, 449-50, 613-14
Palestina
  independência, 301
  Setembro Negro, Olimpíadas de Munique, assassinato dos israelenses, 476-77
Papadopoulos, George, 509
Papagos, Alexander, 508
Papandreou, Andreas, 509, 512, 526-27, 529-30
Papandreou, George, 508
  governo parlamentar, 508-9
  tensões políticas, 508-9
Papon, Maurice, 803-5
Paquistão, 301
Parri, Ferrucio, 80
Partakhov, Krastyn, 188
Partido Comunista Alemão, 73
Partido Comunista Espanhol (PCE), 521-22
Partido Comunista Francês (PCF), 223-24
Partido Comunista Italiano , 93, 157-58, 218-20, 498
Partido de Resistência, 80
Partido Democrata Cristão, 75, 94-95
  eleitores historicamente favoráveis, 487-88
Partido dos Camponeses, 149
Partido dos Pequenos Proprietários, 149-50
Partido dos Trabalhadores Romenos, 618-19
Partido dos Trabalhadores Socialistas Húngaros, 330, 607
Partido em Prol da Drástica Redução de Impostos, Tarifas e Intervenção Estatal, 489
Partido Progressista Dinamarquês, 489
Partido Progressista Norueguês, 489, 490
Partido Rural, 489
Partido Socialdemocrata. *Ver* Alemanha Ocidental
Partido Socialista Espanhol (PSOE), 520-21
Partido Socialista Francês, 223, 549-52
Partido Socialista Húngaro, 607
Partidos Agrários, 149-50, 188, 371-72, 490
Partidos comunistas, 93
  aparato repressor, 203-6
  eleitores historicamente favoráveis, 487
  Ver também cada Estado-nação
Partidos conservadores
  eleitores historicamente favoráveis, 487-88
  visão dos Estados Unidos, 229
Partidos liberais, 145, 146
Partidos Socialistas, 146-47
  eleitores historicamente favoráveis, 487
  Espanha, 520-21, 523-24
  Portugal, 515-16
Partidos trotskistas, 407-13
Partidos Verdes, 496-97
Pasolini, Píer Paolo, 421
Patočka, Jan, 495, 568
Pătraşcanu, Lucretius, 123, 202-3
  julgamentos forjados, 197
Pauker, Ana, 144, 147, 149, 197, 202-4
Pavelic, Ante, 37, 49
  regime Ustasa. *Ver* Regime Ustase
Paxton, Robert, 802-3
PCF. *Ver* Partido Comunista Francês
Péju, Marcel, 223
Pelikán, Jiří, 445-46, 572
Perestroika
  Alemanha Oriental, 611
  União Soviética, 596-97, 600-1
Pétain, Philippe, 63, 127, 167, 800-2
Petkov, Nikola, 148, 188
Petróleo
  aumento acelerado dos preços, 459, 460
  crises, 459, 460
  embargo árabe, 459
  preços históricos, 459
  russo, 752
Pfimlin, Pierre, 295
Philip, André, 102
Pinchuk, Viktor, 681
Pineau, Christian, 326
Pinter, Harold, 360
Pio IX, papa, 380-81
Pio XII, papa, 62, 239, 380-81, 386
Pisier, Marie-France, 491
Pithart, Petr, 566-67, 615-16
Planejamento governamental
  capitalismo, 82
  confiança, 83, 369
  conseqüências políticas, 85-86
  definição, 83
  economia, 86
  na Europa Ocidental, 82-83, 335-37
  objetivo, 85
  Planos Qüinqüenais do comunismo. *Ver* Comunismo
  recuperação econômica durante o pós-guerra, 335-36
Planejamento social. *Ver* Estado(s) previdenciário(s)
Planejamento urbano, 391-95
Plano de Balcerowicz, 605
Plano de Nivelamento da Economia Alemã no Pós-Guerra, 119
Plano Marshall, 161
  Alemanha Ocidental, 139
  aspecto limitador, 107
  beneficiários, 104, 110, 507
  benefícios, 110-11
  campanhas comunistas contrárias, 157-58

como barreira à expansão soviética, 106
conseqüências, 109, 110-11
críticas feitas pela França, 110
custo total, 105
distribuição de auxílio, 109
missões de produtividade, 107
União Européia de Pagamentos, 108
Plano Monnet, 84-85, 128
Plano Pleven, 254, 256
Plano Schuman, 169-72, 277
Planos Qüinqüenais. *Ver* Comunismo
Pleven, René, 254
Plumb, J. H., 251
Pobreza, 778-80
Política
candidatos em defesa da ecologia, 496
conseqüências da televisão, 353
contracultura, 403-4
futebol como substituto, 770
papel das mulheres, 493
Partidos Verdes, 496-97
Política Agrícola Comum (PAC), 313-15
Política contracultural, 403-4
Política externa tsarista, 133
Política sobre a população ativa, 410-11
Políticas educacionais, 397-98
Polônia
acordo sobre fronteiras, 501, 503
anti-semitismo, 438-39
apoio à política dos EUA, 772-73
Carta dos Direitos dos Trabalhadores, 568, 585
Caso Kuroń-Modzelewski, 436-38
colaboracionistas, 689-90
Comitê de Defesa dos Direitos Humanos e Civis, 568
Comitê de Defesa dos Trabalhadores (KOR), 568, 585-86
como exceção dos planos econômicos soviéticos para o pós-guerra, 185-86
direitos e liberdades, 568
estatística de imigrantes, 729
Exército de Casa, 116, 149-50
greves trabalhistas, 586, 603-4
Igreja Católica, 191, 432, 584-87, 602
influência soviética, 149
Instituto da Memória Nacional, 812
intelectuais, 586
invasão comandada por Hitler, 27
judeus. *Ver* judeus
lei marcial, 587-89, 602
liberdade de expressão na Universidade de Varsóvia, 437-38
libertação, 601-5
Ministério da Reforma Econômica, 602
movimento dissidente, 568, 585-86
movimento Solidariedade, 586-88, 602-5
movimentos estudantis, 436-41
Partido dos Trabalhadores Unidos, 436-37, 603
partidos comunistas, 149-50, 601-5
privatização, 682
queda do comunismo, 601-5
reconhecimento do Holocausto, 807-8
reconhecimento do sofrimento dos judeus, 789
reconhecimento do Solidariedade por parte da URSS, 604
reformas econômicas, 602-3, 679-80
reorganização geográfica, 41
represálias contra judeus, 57
resistência à expansão da EU, 721
resistência à ocupação, 50-51
resposta à "desestalinização", 319-21
revisionistas, 431, 436-37
revolução de 1980-1981, 586-87
salários mensais, 729
socialismo, 149-50
transição do comunismo ao capitalismo, 678-79
Universidade de Varsóvia, 436-38
Poluição, 569-70, 678
Pompidou, Georges, 415, 492, 502, 530-31, 722
atitude em relação ao regime de Vichy, 803-4
reação aos "Eventos" de maio de 1967, 416
Ponto, Jürgen, 473-74
Poos, Jacques, 668-69
Popiełuszko, Jerzy, 602, 687-88
Popper, Karl, 562-63
Portugal
colônias africanas, 514
domínios imperiais, 288
golpe de Estado, 515
governo democrático, 516-17
greves trabalhistas, 514-15
História política recente, 512-18
Lei da Reforma Agrária, 516-17
militares, 513, 516-17
Movimento das Forças Armadas (MFA), 515-16
padrão de vida, 513
Partido Comunista Leninista (PCL), 515-16
Partido Socialista, 515-16
partidos comunistas, 515-19
perda da colônia de Goa, 513-14
privatizações, 556
Rebelião de Angola, 514
Poujade, Pierre, 490
Poulidor, Raymond, 770
Powers, Gary, 260-61
Pozsgay, Imre, 607, 624
PRE. *Ver* Programa de Recuperação Européia (PRE)
Presser, Jacob, 799-800
Priestley, J. B., 357
Primavera de Praga, 445-46, 565-66, 592-93, 613-14, 653, 687-88, 809
Primeira Guerra Mundial, problemas pendentes, 18
Prisioneiros de guerra, 33
Privatizações, 780-81
como pré-requisito para ingresso na EU, 780-81
nos antigos Estados do bloco soviético, 680-82
propriedades geridas pela Grã-Bretanha, 542-44
setor público francês, 554
setor público na Europa Ocidental, 555-58
Problema Alemão, 131, 500
Produtividade do trabalho, 333-34
deslocamento populacional, 340-44
trabalho importado, 340-44
Programa de Ação do Conselho de Resistência Nacional da França, 80
Programa de Recuperação Européia (PRE), 105-12. *Ver também* Plano Marshall
Programa Fulbright, 234, 358
Programas de esterilização, 374-75
Programas Integrados do Mediterrâneo, 528-29
Projeto europeu, 310
Protestos em Pilsen, 189-90
Publicidade, 356-57
Pucheu, Pierre, 167

Pugo, Boris, 648-49
Punk rock, 484-85
Puskás, Ferenc, 769
Putin, Vladimir, 686, 688-89

Quarta Internacional (dos Trabalhadores), 407-8
Questão Alemã, 116, 119-20, 252, 256
questões lingüísticas, 745-48
Quirguistão, 649
Quisling, Vidkun, 795

Racionamento alimentar, 35
Racionamento, 246
Radice, Lucio Lombardo, 218-19
Rádio Europa Livre, 235, 326, 351, 437-38
Rádios transistores, 351
Rádios, 350-51
Raffarin, Jean-Pierre, 805-6
Rais, Stephan, 204-5
Rajk, László, 149-50, 192, 201-4, 224, 320-22
Rákosi, Mátyás, 144, 194, 202-3, 320-21
Ramette, Arthur, 793
Ratzinger, cardeal Joseph, 583
Raznatovic, Zeljko, 667-68
RDA. *Ver* República Democrática Alemã
Reagan, Ronald (presidente dos EUA), 587-90, 597-98, 627
Real Madrid, 769
Rearmamento pelos aliados ocidentais, 164-65
Recessão
  conseqüências para a classe média dos anos 70, 466
  papel do(s) Estado(s) na atenuação das dificuldades com a recessão dos anos 70, 463
Recuperação econômica, 96
  comércio internacional. *Ver* comércio internacional
  durante a década de 1950, 332
  padrão de vida. *Ver* padrão de vida
  papel do planejamento governamental, 335-36
  produtividade do trabalho, 333-34
Redistribuição de propriedade, 52-53
Reforma agrária, 71-93, 182, 266-67, 515-1-7, 548-49
Reformas políticas, 93
Refrigeradores, 345
Refugiados políticos45
Refugiados, 36-46
  diferença entre refugiados e deslocados de guerra, 43
  políticos, 45
  repatriação, 43
Regime de Vichy
  cumplicidade com o Holocausto, 800-6
  posição francesa, 801-6
  tratamento dos judeus, 800-6
Regime Ustase, 48, 49
  crimes cometidos, 63
Rehn, Elizabeth, 671-72
Reino Unido. *Ver* Grã-Bretanha
Reitz, Edgar, 421, 475-76, 755-56, 797
Relações trabalhistas
  disputas trabalhistas/greves. *Ver* Trabalho
  tratamento de empregados do setor de serviços e profissional, 413-14
  tratamento dos operários da indústria, 412-13, 418
Renault, Alain, 484-85
Renault, Louis, 65
renda disponível, 344-45
Renner, Karl, 270-71
Renoir, Jean, 19
Reorganização geográfica, 41
Repatriações forçadas, 44-45
Represálias
  exemplos, 56-57
  necessidade, 55
República da Hungria, 607
República da Moldávia, 644-45
República de Saló como colaboracionistas, 47-48
República Democrática Alemã (RDA). *Ver* Alemanha Oriental
República Federal da Alemanha. *Ver* Alemanha Ocidental
República Socialista da Tchecoslováquia, 616-17
República Tcheca, 631
  criação, 654-56
  privatização, 682
  questões históricas, 652-54
  resistência à expansão da União Européia, 721
  salários mensais, 729
Repúblicas bálticas, 638-42, 647-48, 651-52
  Abraço ao Báltico, 639-40
  ações militares soviéticas, 647-48
  aquiescência soviética ao direito de se separar, 647-48
  movimentos de independência, 631, 648-50
  populações, 638-39
  Ver também cada Estado-nação
Resistência chetnik, 48-49, 63-64, 153-54
Resnais, Alain, 279, 525-26
Retórica antifascista, 226, 809
Reuter, Ernst, 285
Revisionismo, 431
Revolução da Teoria, 403-7, 484-85
Revolução sexual dos anos 60, 401-2
Revoluções
  Alemanha Oriental, 610-13
  características da revolução comunista de 1989, 624
  de camponeses, 411-12
  episódios violentos da revolução comunista de 1989, 625
  papel dos EUA na revolução comunista de 1989, 627
  revolução da teoria, 403-7
  revolução de veludo, Tchecoslováquia, 616-17
  revolução húngara contra a União Soviética, 321-26, 327-30
  revolução húngara de 1989, 606-7
  revolução na França, sem vítimas, 414-18
  revolução polonesa de 1980-1981, 586-87
  revolução sexual dos anos 60, 401-2
  Tchecoslováquia, 614-17
  Ver também Golpes de Estado
Reynaud, Paul, 724
Rips, Ilia, 450
Rivette, Jacques, 387, 484-85
Rocard, Michel, 564-65
Rohmer, Eric, 388, 562-63
Rokossowski, Konstanti, 319-20
Romênia
  admissão do sofrimento dos judeus, 789
  anti-semitismo, 196-98
  cidades agrárias, 391, 619-20
  colaboracionistas, 690-91
  coletivização agrária, 182
  coletivização rural, 182
  como país europeu, 740-42
  esquema "Caritas", 681
  Frente de Salvação Nacional (FSN), 621, 622
  golpe de Estado, 621
  greves trabalhistas, 618-19

índice de mortalidade infantil, 618-19
influência soviética, 148-49
legislação sobre o aborto, 618-19
libertação, 618-22
massacre em Timisoara, 621
movimento dissidente, 574
Partido Comunista, 144, 145, 197, 435-36
perseguição de cidadãos, 204-5
políticas econômicas, 619-20
prisões experimentais, 204-5
privatização, 681
programa de racionamento, 619-20
projeto de sistematização rural, 619-20
queda do comunismo, 618-22
reconhecimento da Alemanha Ocidental, 435-36
reforma agrária, 92
reformas econômicas, 435-36, 679
relações com o Ocidente, 435-36
salários mensais, 729
Securitate, 620, 621, 622
stalinismo nacional, 435, 436
transição do comunismo ao capitalismo, 679
Roosevelt, Franklin Delano, 136
como um dos Três Grandes, 115-16
opinião sobre De Gaulle, 299
Rossellini, Roberto, 220-21
Roudy, Yvette, 491
Rousset, David, 225-26
Rousso, Henry, 794
Roy, Claude, 329
Rugova, Ibrahim, 672-73
Rumsfeld, Donald, 772-73
Rusk, Dean, 262-64
Russell, Bertrand, 233
Rússia
bilionários, 681
como império eurasiano, 751
como produtora/fornecedora de energia, 752
legado à Europa, 751
nacionalistas, 685-86
nepotismo, 681
oligarquias, 681, 683, 753
privatização, 681
reformas econômicas, 681
saúde do Estado na virada do século, 752
transição do comunismo ao capitalismo, 681

safras fracassadas, 100
Sagan, Françoise, 491
Saint-Tropez, 349
Sakharov, Andrei, 264-65, 574, 596-97
Salazar, António, 494, 506, 512-14
Sante, Luc, 237
Sartre, Jean-Paul, 57, 210, 212, 221-23, 227, 360, 406-7, 411-12, 485, 562
Satiristas políticos, 485
Satisfação sexual, 409-11
Savater, Fernando, 772-73
Scargill, Arthur, 541-42
Schabowski, Günter, 611
Scheel, Walter, 501
Schleyer, Martin, 473-74
Schmidt, Carl, 483-84
Schmidt, Helmut, 258, 275, 501-3, 529-31, 588-89
proposta para o Sistema Monetário Europeu (SME), 465
Schnabel, Rockwell, 761-62
Schneider, Peter, 421, 422, 798
Schröder, Gerhard, 718-19, 812
Schumacher, Kurt, 140, 230, 277, 795
Schuman, Robert, 169, 170-71, 177
Schumann, Maurice, 94
Schüssel, Wolfgang, 731-32
Se questo è un uomo (Levi), 793
Segunda Guerra Fria, 587-90
Segunda Guerra Mundial
bombardeios. *Ver* Bombardeios
como experiência para a população civil, 27-28
como experiência universal, 28
como revolução social, 49
danos causados, 96-97
impacto econômico, 97
recuperação, 97-99
Segundo Mundo, 412-13
Seguro contra acidentes e enfermidades, 86
Seguro social, 368
Seguro-desemprego obrigatório, 86, 88
Seguros
seguro contra acidentes e enfermidades, 86
seguro-desemprego obrigatório, 86, 88
Seifert, Jaroslav, 318-19
Semprún, Jorge, 328, 814
Separatistas bascos, 521-23, 692, 693
Sereni, Emilio, 218-19
Serge, Victor, 560
"Serpente", 530-31
Serres, Michel, 748
Sérvia-Montenegro, 631
ações no Kosovo, 665-76
antipatia por albaneses, 663
bombardeio de Sarajevo, 669-70
bombardeio realizado pelos EUA, 670-71
bombardeios aéreos de posições sérvias pela OTAN, 669-70
conseqüências das guerras croata e bósnia, 677
discriminação e repressão de albaneses, 671-74
limpeza étnica realizada contra sérvios, 671-72
limpeza étnica realizada pelos sérvios, 667-71
Milošević como presidente, 664-76
privatização, 681
Seydoux, Jacques, 301
Sharett, Moshe, 280
Shelest, Petro, 446-47, 449-50
Shevardnadze, Edvard, 597, 641, 652
Shtern, Lina, 196
Shuchkevich, Stanislav, 649
Shultz, George, 597-98
Siegfried, André, 360
Sik, Ota, 433, 441-42, 443-44
Silone, Ignazio, 210, 219-20, 230-31, 233, 234, 561
Silva, Aníbal Cavaço, 516-17
Šimečka, Milan, 431
Simone, André, 224
Sindicato dos Mineradores de Durham, 176
Sindicatos trabalhistas, 339-40
Grã-Bretanha, 365
Síndrome de Vichy, 794-95
Siniavski, Andrei, 429-30
Sionismo, apoio soviético, 195, 196, 810
Sistema de quatro classes, 727
Sistema Monetário Europeu (SME), 465, 530-31

consequências da privatização do setor público, 557
Sistemas de pensão, 87
financiamento, 536-37, 776-78, 779-81
Sistemas de transportes, 749
automóveis. *Ver* Automóveis
ferrovias. *Ver* Ferrovias
prejuízos, 96-97
sistemas previdenciários integrados, 88
Sistemas sociais, imposição, 143
Škvorecky, Josef, 442-43
Slánský, Rudolf, 197-99
Sling, Otto, 201-2
SME. *Ver* Sistema Monetário Europeu
Smith, Adam, 696-97
Smith, Walter Bedell, 162
Soares, Mário, 516-17, 526-27, 557
Socialdemocratas, 94, 146, 147
convicções, 370
missão, 370
transformações radicais, 375-77
Ver também países específicos; Estado(s) previdenciário(s)
Socialismo
abalo de fé, 561
como fraude bárbara, 559
crença na superioridade, 370
desvantagem do sistema econômico, 576-82
disfunção, 581-82
Hungria, 149-51
identificação com trabalhador urbano, 410-11
Polônia, 149-50
poluição, 570
Tchecoslováquia, 445-46
união com o comunismo, 146-47
Socialistas cristãos, 269-72
Sociologia do conhecimento, 482-84
Sokolovski, Vassili, 140, 158-59
Solana, Javier, 673-74
Soljenitsin, Aleksandr, 429, 468, 559-60, 561, 581-82, 599-600
Sollers, Philippe, 748
Solução Final. *Ver* Holocausto
Sontag, Susan, 710
Sotelo, Calvo, 522-23
Souvarine, Boris, 560
Sovietização da Europa Oriental, 206-8
Spaak, Paul Henri, 82, 177, 255, 310-11
Speer, Albert, 82, 167, 362
Spichalski, Marian, 202-3
Sputnik, 258
Stalin, Josef, 23, 102, 114, 120, 129, 136, 143
ações que levaram à Guerra Fria, 143-66
admiradores, 227
ataque de Kruschev, 317-19
bloqueio de Berlim, 159
como anti-semita, 194-200
como construtor de império, 180-81
como um dos Três Grandes, 115-16
culto à personalidade, 187-88
deportações, 37
divisão da Europa, 54
embates para sucedê-lo, 316-17
encontro em Szklarska Poręba, 156-58
falecimento, 316-17
frustração com Tito, 154-55
julgamentos forjados. *Ver* Julgamentos forjados
Movimento pela Paz, 232-33, 281
planos/decisões no pós-guerra, 131-35
proposta para a Alemanha unificada, 253
reação aos estupros cometidos pelo Exército Vermelho, 35
rompimento com Tito, 155-56, 186, 188-89
visão sobre a Polônia, 116
Stalinismo nacional, 435
transição para o comunismo reformista na Tchecoslováquia, 440-41
Stalinismo, 179-206
Staudte, Wolfgang, 280
Stepinac, cardeal Alois, 63
Stikker, Dirk, 161
Strang, William, 124
Strauss, Franz Josef, 261-62, 422, 805-6
Stresemann, Gustav, 167
Suárez, Adolfo, 520-23, 525-26
Subclasse, 728-30
Subnutrição, 35-36
subsídios públicos para as artes, 764-65
Suchocka, Hanna, 709
Sudetos, 28
Suécia
como Estado previdenciário, 372-74
como simpatizante nazista, 98
Constituição, 371
empresas privadas, 373-74
estatística populacional, 338
Participação na União Européia, 706-7
riqueza, 372-74
Suíça
como simpatizante nazista, 98
Lei Federal de Previdência da Terceira Idade e dos Sobreviventes judeus, 89-90
lidando com bens roubados aos judeus, 88-89
Supermercados, 345
Svoboda, Ludvík, 444-45
Syberberg, Hans-Jürgen, 474-76
Szálasi, Ferenc, 64, 812
Szász, Béla, 321-22
Szelenyi, Ivan, 567-68
Szilágy, József, 325-26
Szlajfer, Henryk, 437-38
Sztójay, Döme, 64

Tadjiquistão, 649
Tarchiani, Alberto, 256
Tasca, Catherine, 748
Taylor, A. J. P., 83
Taylor, Telford, 40-41, 67
Tchecoslováquia
"desestalinização", 318-20, 440-42
"divórcio de veludo", 652
"revolução de veludo", 616-17
aceitação da influência soviética, 150-53
ambientalismo, 495-96
atmosfera liberal do início dos anos 60, 441-43
Carta 77, 568-69, 613, 614-16
censura, 444-47, 448-49, 570
Clube da Paz John Lennon, 613-14
colaboracionistas, 690-91
comissões de inquérito, 440-41
Comitê de Defesa dos Perseguidos Injustamente (VONS), 569
como sociedade socialista plena, 441-42

comunismo democrático, 445-46
Congresso dos Escritores Eslovacos, 441-43
demissão do governo, 614-15
direitos e liberdades, 568-69
distribuição de renda, 441-42
divisão, 631, 652-57
estatísticas do ensino médio, 441-42
eventos em Strahov, 444-45
eventos reformistas de 1968, 444-48
exclusão do Plano Marshall, 106
expurgo dos reformistas, 449-51, 613
Fórum Cívico, 614-17, 654, 655, 691
golpe de Praga. *Ver* golpe de Praga
imposição da ditadura militar, 448-50
invasão soviética, 448-49
Lei sobre a Ilegalidade e a Resistência ao Regime Comunista, 691
libertação cultural , 441-43
libertação, 613-19
lustração , 690-91
manifestações em defesa do meio ambiente, 613-14
movimento dissidente, 565-68, 613-14
movimento reformista, 444-50
movimentos estudantis, 444-45
movimentos pró-democracia, 449-50
nacionalização, 85
Partido Democrático Cívico, 655
Partido do Povo Contra a Violência, 654, 655
partidos comunistas, 93, 151-53, 613-19, 691
planejamento governamental, 85
planos soviéticos para operações militares, 447-48
polícia secreta, 690-91
poluição, 570
Praga como janela para o Ocidente, 447-48
Primavera de Praga. *Ver* Primavera de Praga
Princípios Programáticos do Fórum Cívico, 615-16
prisioneiros políticos, 204-5
produtividade per capita antes da Segunda Guerra Mundial, 184
produtividade per capita no pós-guerra, 184-85
Programa de Ação do Comitê Central, 444-46, 448-49
protesto das "Mães de Praga", 613-14
protestos no bloco soviético contra a ocupação soviética, 450
queda do comunismo, 613-19
questões históricas, 652-54
reação à "desestalinização", 318-20
reformas econômicas, 441-42, 679
refugiados da Alemanha Oriental, 611
região eslovaca, 443-44
região tcheca, 443-44
repressão soviética às reformas de Praga, 447-49
revolução de 1968, 614-17
socialismo humanizado, 445-46
submissão à União Soviética, 106
tensões na sociedade, 443-44
transição do comunismo para o capitalismo, 679
transição do stalinismo nacional ao comunismo reformista, 440-41
Tribunais Populares Extraordinários, 64
Tedeschi, Giuliana, 793
Tejero Molín, Antonio, 522-23
Televisão comercial, 352
Televisão, 352-54, 766-68
Tendências da moda, 401, 402-3
Terceiro Mundo, 411-13
Terror Vermelho, 117
Terrorismo
Alemanha, 473-77
ataques de 11 de setembro aos EUA, 772, 782
Brigadas Vermelhas (BV). *Ver* Brigadas Vermelhas (BV), grupo terrorista
conseqüências, 480-81
década de 1970, 468-74
Exército Republicano Irlandês (IRA). *Ver* Exército Republicano Irlandês (IRA)
Facção do Exército Vermelho (FEV), 473-75
financiamento soviético, 480-81
Grécia, 506-7
Itália, 476-81
Palestina, 476-77
revolucionário, 473-77
separatistas bascos, 468-70, 693
Setembro Negro, Olimpíadas de Munique, assassinato dos israelenses, 476-77
Terrorismo revolucionário, 473-77
Tertz, Abram, 430
Thälmann, Ernst, 807
Thatcher, Margaret, 527-28, 540-48, 587-88, 601-2, 728, 757-58, 779-80
admissão de países da Europa Central e Oriental à EU, 709
atentado do IRA, 542-43
como radical, 545-46
conseqüências das políticas para o Partido Conservador, 544-45
dados biográficos, 540-41
políticas econômicas, 540-44
políticas sociais, 543-45
privatização dos serviços ferroviários, 544-45
realizações, 547-48
reunificação alemã, 633
Thatcherismo, 540-48
Thompson, E. P., 560
Thorez, Maurice, 79, 102, 156-57, 224, 231, 440-41
Timoshenko, Julia, 680
Tiso, Padre Józef, 49, 64
Tito, Josip Broz, 48, 56, 153-56, 186, 327, 581-82, 653, 659
ataque à Igreja Católica, 63
como constrangimento para a União Soviética, 155-56, 188-89
reformas econômicas, 434-35
rompimento com Stalin, 155-56, 186
Titoísmo, 191-93
Tocqueville, Aléxis de, 411-12
Togliatti, Palmiro, 62, 79, 95, 102, 218-20, 239, 328, 498
Tökés, Lázslo, 620-21
Toruńczyk, Barbara, 438-39, 687
Toubon, Jacques, 748
Touvier, Paul, 803-4
trabalhadores convidados, 341-42, 730
trabalhadores estrangeiros, atitudes, 461
trabalho contratado, 730
trabalho forçado, 38
trabalho importado, 340-44
Transformação social, grupos que a afetam, 411-12
Tratado da CDE. *Ver* Tratado da Comunidade de Defesa Européia
Tratado da Comunidade de Defesa Européia (CDE), 254-55
Tratado de Amsterdã, 705, 710
Tratado de Brest-Litovsk, 132
Tratado de Bruxelas (1948), 139, 161, 255

Tratado de Dunquerque, 138, 139
Tratado de Forças Nucleares de Alcance Intermediário, 597-98
Tratado de Maastricht, 1992, 530-31, 705, 705-6, 773-74
  conseqüências para a OTAN, 706
  impacto, 706
Tratado de Moscou, 1970, 501-2
Tratado de Não-proliferação Nuclear, 448-49
Tratado de Paris, 170, 507
Tratado de Paz de Paris, 123
Tratado de Paz, Itália, 155-57
Tratado de Proibição Limitada de Testes Nucleares, 264-65
Tratado de Roma. *Ver* Comunidade Econômica Européia (CEE)
Tratado de Versalhes, 41, 119
Tratado do Estado da Áustria, 256, 317-18
Tratado Franco-russo, 129
Tratado sobre a Regulamentação Definitiva Referente à Alemanha, 635
Tratados de Paz de Paris, 119
Tratados de Paz, 135
  Tratado de Paz com a Alemanha, 137-38
  Tratado de Paz com a Bulgária, 148
  Tratado de Paz Italiano, 155-57
  Tratados de Paz de Paris, 123, 148
Três Grandes, 115
Tribunais Especiais, 61
Tribunais Populares
  Tchecoslováquia, 64
Tribunal de Crimes de Guerra instituído pela ONU, 68
Tribunal em Lüneberg, 68
Tribunal Europeu de Justiça (TEJ), 311, 721-22
Tribunal Internacional para Crimes de Guerra, Haia, 668-70, 673-74, 675-76
Tribunal Militar Internacional, Nuremberg. *Ver* Julgamentos de Nuremberg
Triolet, Elsa, 235
Trocas forçadas de populações , 39-40
Trótski, Lev, 407-8
Truffaut, François, 387-88
Truman, Harry, 42-43, 104-5, 119-20, 123
  ordens para bomba de hidrogênio, 257
Tudjman, Franjo, 662, 664-66, 670-71, 676-77
Tudor, Corneliu Vadim, 685
Turismo, 348-50
  comércio do sexo, 750
  indústria espanhola, 518-19
Turquia
  candidatura à EU, 753-55
  como membro da OTAN, 753
  legado à Europa, 752-53
  legado otomano, 752-53
  questões a serem enfrentadas, 753
  relações com a Grécia, 510-12
  situação de Chipre, 510-12

Ucrânia
  declaração de independência, 643-44
  declaração de soberania, 643-44
  importância para a União Soviética, 642
  movimento de independência, 642-44
  Movimento do Povo pela Perestroika, 642-43
  nepotismo, 681
  população, 642-43
  reformas econômicas, 679
  RUKH, 642-43
  salários mensais, 729
  trabalhadores convidados, 730
  transição do comunismo ao capitalismo, 679
Ugrešic, Dubravka, 435
Ulbricht, Walter, 72, 73, 145, 164, 449-50, 579-80, 807
Ulster, 470-73
União alfandegária européia
  atitude britânica, 172-77
  atitude francesa, 169-72
  Comitê Internacional da União Alfandegária Européia, 166
União Democrática Cristã (UDC), 70-71
  Alemanha Ocidental. *Ver* Alemanha Ocidental
União Européia (UE), 626
  aceitação de nações da Europa Central e Oriental, 707-13
  Acordo de Schengen, 535
  benefícios econômicos, 721
  benefícios, 721-25
  capacidade de recolhimento de receita, 713, 715
  como resposta à História, 815
  comparecimento às urnas, 719-20
  competição econômica com os EUA, 773-74
  conflitos armados entre países membros, 722-23
  Conselho de Ministros, 717-19, 720
  controle de passaporte, 535
  Convenção de Giscard, 718-20
  Convenção Européia, 718-19
  custo de admissão, 789-90
  custo do ingresso de nações do Centro e do Leste Europeu, 708
  déficit democrático, 719-20, 722
  desafios a enfrentar, 713, 721
  direito à participação, 708
  divergências com os EUA em relação a valores, 773-75
  Encontro de Nice, 717-19
  esforços anteriores à Primeira Guerra Mundial, 166-67
  euro, 530-31, 715, 717-18
  exercício de controle econômico, 781-82
  expansão, 710-12, 720-21
  fim dos efeitos da Guerra Fria, 703, 705
  Força de Reação Rápida, 773-74
  Forças Armadas, 724, 773-74
  impotência durante as guerras iugoslavas, 672-73, 675-76, 723
  ingresso da Áustria, 17
  maior mercado interno do mundo, 781-82
  mapa (1957-2003), 704
  mapa (pós-2004), 714
  militares, 724
  negociações bilaterais para admissão, 711
  orçamento, 713, 715
  países membros reconhecem crimes cometidos no passado, 789-90
  política externa, 723
  políticas comerciais, 723-24
  preocupações em meados dos anos 90, 709-10
  primeiros acordos, 530-32
  privatização como pré-requisito para ingresso, 780-81
  problemas econômicos, 713, 715
  Programa Agrícola Comum, 713

proposta de moeda comum, 705
questões de segurança, 723
relação com unidades territoriais convencionais, 783
responsabilidade pela segurança de cidadãos, 782
sentimentos contrários, 720-21
sistema de gestão, 716-20
sistema governamental/burocrático, 716-20
subsídios agrícolas, 713, 723
território, 783
Tratado Constitucional, 718-20
Tratado de Amsterdã, 705, 710
Tratado de Maastricht, 1992. *Ver* Tratado de Maastricht, 1992
vantagens, 721-25
União Européia de Pagamentos (UEP), 108, 252
União Européia Ocidental (UEO), 255
União Soviética
"desestalinização" controlada, 317-20
ações que levaram à Guerra Fria, 142-66
ações que levaram ao império, 180-81
acordo sobre as divisas da Polônia, 501-3
Aliados ocidentais devolvem cidadãos, 44
anexação dos Estados bálticos, 44
apoio ao sionismo. *Ver* Sionismo, apoio soviético
aspirações territoriais, 115-17
benesses da vitória, 132
bodes expiatórios, 200-2
boicote às Olimpíadas de 1984, 587-88
bomba atômica, 257
campos de prisioneiros de guerra, 33
capacidade nuclear, 257-58
cientistas, 574
Clube Perestroika, 596-97
cobrança de indenizações, 180
colapso, 583-628
coletivização agrária, 181-83
coletivização rural, 181-83
como império multinacional, 41
como importadora de alimentos, 579-81
concorrência com a China, 427
condições econômicas no pós-guerra, 131, 179
contraste com o Ocidente, 34
contribuição ao Fundo Monetário Internacional, 122
corrida armamentista, 257-59
Crise dos Mísseis em Cuba, 263-64
danos materiais causados pela ocupação alemã, 179
debate aberto, 596-97
denúncia do Tratado de União, 1922, 650
desastre do reator nuclear de Chernobyl, 594-96
desastres ambientais, 594-96
desconfiança dos aliados ocidentais, 117-18
desconfiança em relação ao Ocidente, 117-18
despesas militares, 589-90
desvantagem do sistema econômico, 576-78
dilema militar, 590-91
direitos e liberdades, 566-74
eleições de 1989, 597-98
emprego de arma nuclear na Ucrânia, 587-88
empréstimos financeiros contraídos, 580-81
era pós-Stalin, 316-26
Estados se declaram independentes, 649
Estados-satélites, 599-600, 601-23, 637-50
estagnação econômica, 576-82
estupros cometidos pelo Exército Vermelho, 34-35
exceções aos planos econômicos do pós-guerra, 185-86
extinção, 650
financiamento do terrorismo, 480-81
fracasso da agricultura coletiva, 428
garantindo a aliança com vizinhos, 180
Geração 60, 427-30
glasnost, 594-95
golpe de Estado, 647-49
golpe do Kremlin, outubro de 1964, 429
governos de coalizão, 144-45
guerra não-declarada contra os próprios cidadãos, 203-5, 214, 738
igrejas, 191
importância da República da Rússia, 645-47
imposição de ditadura militar à Tchecoslováquia, 448-50
incorporação de Estados do Leste Europeu, 144, 179-80
indenizações à Hungria, 180
indenizações à Romênia, 180
indenizações pagas pela Alemanha, 180
independências dos Estados-satélites, 637-50
invasão da Tchecoslováquia, 448-49
invasão do Afeganistão, 551-52, 587-91
julgamento de Siniavski-Daniel, 430
julgamentos forjados. *Ver* Julgamentos forjados
libertação dos Estados-satélites, 637-50. *Ver também cada Estado-nação*
máquina de guerra, 179
microfazendas particulares, 428
monopólio sobre decisões econômicas, 180
Movimento de Direitos, Helsinque, 505-6
movimento dissidente, 430, 565-76
mudança na política externa, 597-600
ocupação da Hungria, 305
Operação Danúbio, 447-48
oportunidades no pós-guerra, 189
oposição polonesa, 185
papel na derrota de Hitler, 68
Partido Comunista da União Soviética (PCUS), 649
perdas militares, 32-33
Perestroika, 596-601
perseguição aos intelectuais, 429-30
perseguições na Polônia e na Alemanha Oriental, 193
plano de operações militares na Tchecoslováquia, 447-48
planos para a indústria, 183
Planos Qüinqüenais. *Ver* Comunismo
política externa, 133-34
população muçulmana, 590-91
posição na Guerra dos Seis Dias, 438-39
posição no pós-guerra, 131-35
preço da vitória, 179
programa de reeducação e desnazificação, 72-75
propriedade de televisão, 596-97
publicações clandestinas, 430
punições aos cidadãos, 203-5
queda do comunismo nos Estados-satélites, 599, 601-23
razões do colapso, 650-52
Reação de Gorbatchev às reivindicações de autonomia dos Estados-satélites, 599-600
reconhecimento do Solidariedade, 604
reformas culturais dos anos 50 e 60, 429
reformas econômicas, 428-29, 579-82, 592-95
reformas monetárias, 180-81
regras para comércio entre Estados comunistas, 184
relaxamento da censura, 596-97

religião, 191
repatriação, 44-45
repressão às reformas de Praga, 447-49
Repúblicas bálticas, 638
resposta norte-americana à expansão, 120-21
revolução húngara, 321-26
rompimento com a Iugoslávia, 157-59
segunda economia, 578
Sionismo. *Ver* Sionismo; apoio soviético
tirania e terror, 188
Tito como constrangimento, 155-56
traição e julgamentos políticos no pós-guerra, 188-91
transformação durante os anos 90, 631
Tratado de Amizade com a Finlândia, 152-53
Tratado de Não-proliferação Nuclear, 448-49
tratamento dispensado à Ucrânia, 642-43
Unidade Monetária Européia (ecu), 465, 530-31
Universidades, 398-400
movimentos estudantis. *Ver* Movimentos estudantis
Uri, Pierre, 110
URSS. *Ver* União Soviética
utensílios domésticos, 345-46
Uzbequistão, 649

Vaculík, Ludvík, 213, 442-43, 567-68, 575, 617-18
manifesto, 446-47
Vadim, Roger, 349
Vajda, Mihaly, 566-67
Valletta, Vittorio, 65
Valões, 701
Varda, Agnès, 387
Vaticano II, 380-82
Vattimo, Gianni, 772-73
Velha Esquerda, 408-10
Velha Europa e Nova Europa, distinção, 772-74
Verheugen, Günter, 755
viagens de lazer, 348-50
Viena
em 1989, 16-17
judeus, 17, 272-73
posição no pós-guerra, 271-73
refugiados croatas e bósnios, 17
Vietnã
apoio dos EUA às forças francesas, 292, 293
divisão, 293
independência da França, 291-93
Vilar, Jean, 384
Vittorini, Elio, 210, 483-84
Vlaams Blok, 701-2, 721
Vogel, Hans-Jochen, 500
Volkswagen, 362-63
Von Weizsäcker, Richard, 500
Voz da América, 351

Wadja, Andrzej, 587
Waldheim, Kurt, 798
Walesa, Lech, 585, 586, 602, 603-4, 625, 689-90, 812
Wallace, Henry, 124
Walser, Martin, 421, 425, 805-6
Watson, Sam, 176
Waugh, Evelyn, 228
Webb, W. L., 559
Wehler, Hans-Ulrich, 404-5
Wehrmacht
dissolução, 119
extermínios de massas, 32
Weil, Simone, 492
Weiss, Peter, 423
Wells, H. G., 216-17
Will, George, 761-62
Williams, Raymond, 404-5
Wilson, Harold, 307, 353, 377-78, 539
Wilson, Woodrow, 665-66
Wojtyla, Karol. *Ver* João Paulo II, papa
Wolf, Christa, 215-16, 571, 612
Wolf, Markus, 581-82

Xenofobia, 730-31
Xoxe, Koçi, 191

Yanaev, Gennady, 647-48
Younger, Kenneth, 171

Zantovky, Michael, 656
Zdanov, Andrei, 156-58, 198-99, 205-6
dogma de duas culturas, 214
Zhivkov, Todor, 449-50, 581-82, 622-23
Zona de privilégio europeu, 742-43
Zweig, Stefan, 739

Impressão e Acabamento:
Geográfica
editora